国家出版基金项目
NATIONAL PUBLICATION FOUNDATION

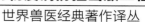

动物疫病防控出版工程
世界兽医经典著作译丛

兽医微生物
及所致传染病

第 2 版

Veterinary Microbiology and Microbial Disease

［爱尔兰］P.J. Quinn　B.K. Markey　F.C. Leonard
E.S. FitzPatrick　S. Fanning　P.J. Hartigan ｜ 编著

陈继明　马洪超　陆承平 ｜ 主译

中国农业出版社

Veterinary Microbiology and Microbial Disease, Second Edition

By P. J. Quinn, B. K. Markey, F. C. Leonard, E. S. FitzPatrick, S. Fanning, P. J. Hartigan

ISBN 978-1-4051-5823-7

北京市版权局著作权合同登记号：图字01-2014-0705号

图书在版编目（CIP）数据

兽医微生物及所致传染病：第2版／（爱尔兰）奎恩（P. J. Quinn）等编著；陈继明，马洪超，陆承平主译. 一北京：中国农业出版社，2015.4
（世界兽医经典著作译丛）
ISBN 978-7-109-20102-6

Ⅰ．①兽… Ⅱ．①奎… ②陈… ③马… ④陆… Ⅲ.
①兽医学－微生物学 ②兽医学－传染病学 Ⅳ．①S852.6
②S855

中国版本图书馆CIP数据核字（2015）第010416号

中国农业出版社出版
（北京市朝阳区麦子店街18号楼）
（邮政编码100125）
责任编辑　邱利伟　黄向阳　蒋丽香

北京通州皇家印刷厂印刷　新华书店北京发行所发行
2015年12月第2版　2015年12月北京第1次印刷

开本：889mm×1194mm 1/16　印张：52.75
字数：1350千字
定价：498.00元
（凡本版图书出现印刷、装订错误，请向出版社发行部调换）

本书翻译人员 |

主　译　陈继明　马洪超　陆承平

副主译　于建敏　张喜悦　刘永杰　严亚贤　孙建和　费荣梅

译　者　（按拼音排序）

中国动物卫生与流行病学中心：

陈继明　龚振华　蒋文明　刘　朔　马洪超　孙学强　孙映雪

王楷成　王素春　于建敏　张喜悦　张永强　朱　琳　庄青叶

南京农业大学：费荣梅　刘沛增　刘永杰　鲁　岩　陆承平　单博文　汤　芳

上海交通大学：程玉强　傅　强　黄庆庆　孙建和　严亚贤

青岛农业大学：刘向明　王丽萍　吴美丽　张　康

东北农业大学：张笑春

甘肃农业大学：张丽娟

浙江农林大学：宋厚辉

江苏农业科学院：温立兵

嘉兴学院：陈贵钱

译者分工 ▎

章节	翻译者	校译者
目录前	陈继明	马洪超
第1章	陈继明　孙学强	马洪超
第2章	孙学强　陈继明	马洪超
第3章	陈继明　孙映雪　孙学强　刘沛增　王楷成	马洪超
第4章	孙映雪	马洪超
第5章	蒋文明	刘永杰　陈继明
第6章	刘向明	宋厚辉
第7章	张喜悦	孙建和
第8章	张喜悦	孙建和
第9章	张喜悦	孙建和　陈继明
第10章	张喜悦	孙建和
第11章	张喜悦	孙建和
第12章	张喜悦	孙建和
第13章	张喜悦	孙建和　陈继明
第14章	陈继明	陈继明
第15章	吴美丽	陈继明
第16章	吴美丽	陈继明
第17章	吴美丽	陈继明
第18章	吴美丽	陈继明
第19章	吴美丽	陈继明
第20章	吴美丽	陈继明
第21章	吴美丽	陈继明
第22章	程玉强　黄庆庆　朱琳	严亚贤
第23章	傅强　朱琳	严亚贤　陈继明
第24章	王楷成	严亚贤　陈继明
第25章	王楷成	严亚贤　陈继明
第26章	张康　龚振华	严亚贤　陈继明
第27章	张笑春	严亚贤
第28章	吴美丽	严亚贤

章节	翻译者	校译者
第29章	刘沛增	严亚贤
第30章	吴美丽	严亚贤　陈继明
第31章	王丽萍　龚振华	严亚贤　陈继明
第32章	张丽娟　龚振华	严亚贤
第33章	王丽萍　龚振华	严亚贤
第34章	张丽娟　龚振华	严亚贤
第35章	费荣梅	严亚贤　陈继明
第36章	费荣梅	严亚贤　陈继明
第37章	费荣梅	严亚贤
第38章	费荣梅	严亚贤　陈继明
第39章	费荣梅	严亚贤
第40章	费荣梅	严亚贤
第41章	费荣梅	严亚贤
第42章	于建敏	刘永杰
第43章	于建敏	刘永杰
第44章	于建敏	刘永杰
第45章	于建敏	刘永杰
第46章	于建敏	刘永杰
第47章	于建敏	刘永杰
第48章	于建敏	刘永杰
第49章	于建敏	刘永杰
第50章	于建敏	刘永杰
第51章	于建敏	刘永杰
第52章	于建敏	刘永杰
第53章	于建敏	刘永杰
第54章	陈贵钱	陆承平
第55章	汤芳　陈贵钱	陆承平
第56章	汤芳　陈贵钱	陆承平
第57章	汤芳　陈贵钱	陆承平
第58章	鲁岩　陈贵钱	陆承平
第59章	鲁岩　蒋文明	陆承平

章节	翻译者	校译者
第60章	鲁岩　吴美丽	陆承平
第61章	蒋文明	陆承平
第62章	蒋文明	陆承平
第63章	蒋文明	陆承平
第64章	单博文	陆承平
第65章	刘朔	陆承平
第66章	单博文	陆承平
第67章	刘朔	陆承平
第68章	王楷宬　陈继明	陆承平
第69章	张笑春	陈继明
第70章	刘朔	陈继明
第71章	刘朔	刘永杰
第72章	刘朔	刘永杰
第73章	张永强	刘永杰
第74章	刘朔	刘永杰
第75章	张永强	刘永杰
第76章	张永强	刘永杰
第77章	刘朔	刘永杰

章节	翻译者	校译者
第78章	刘朔	刘永杰
第79章	孙映雪	陈继明
第80章	孙映雪	陈继明
第81章	孙映雪	刘永杰
第82章	孙映雪	陈继明
第83章	张永强	陈继明
第84章	王素春	孙建和　陈继明
第85章	王素春	陈继明　孙建和
第86章	王素春	陈继明　孙建和
第87章	王素春	陈继明　孙建和
第88章	王素春	孙建和　陈继明
第89章	王素春	陈继明　刘永杰
第90章	王素春　刘沛增	陈继明　刘永杰
第91章	陈继明　刘向明	陈继明
第92章	庄青叶	陈继明　宋厚辉
第93章	庄青叶	陈继明　温立兵
第94章	庄青叶　刘沛增	陈继明　温立兵
术语审定	陈继明	

近年来，我国动物疫病防控工作取得重要成效，动物源性食品安全水平得到明显提升，公共卫生安全保障水平进一步提高。这得益于国家政策的大力支持，得益于广大动物防疫人员的辛勤工作，更得益于我国兽医科技不断进步所提供的强大支撑。

当前，我国正处于加快建设现代养殖业的历史新阶段，人民生活水平的提高，不仅要求我国保持世界最大规模的养殖总量，以满足动物产品供给；还要求我们不断提高养殖业的整体质量效益，不断提高动物产品的安全水平；更要求我们最大限度地减少养殖业给人类带来的疫病风险和环境压力。要解决这些问题，最根本的出路还是要依靠科技进步。

2012年5月，国务院审议通过了《国家中长期动物疫病防治规划（2012—2020年）》，这是新中国成立以来，国务院发布的第一个指导全国动物疫病防治工作的综合性规划，具有重要的标志性意义。为配合此规划的实施，及时总结、推广我国最新兽医科技创新成果，同时借鉴国外先进的研究成果和防控经验，我们通过顶层设计规划了《动物疫病防控出版工程》，以期通过系列专著出版，及时将研究成果转化和传播到疫病防控一线，全面提高从业人员素质，提高我国动物疫病防控能力和水平。

本出版工程站在我国动物疫病防控全局的高度，力求权威性、科学性、指导性和实用性相兼容，致力于将动物疫病防控成果整体规划实施，重点把国家优先防治和重点防范的动物疫病、人兽共患病和重大外来动物疫病纳入项目中。全套书共31分册，其中原创专著21部，是根据我国当前动物疫病防控工作的实际需要而规划，每本书的主编都是编委会反复酝酿选定的、有一定行业公认度的、长期在单个疫病研究领域有较高造诣的专家；同时引进世界兽医名著10本，以借鉴世界同行的先进技术，弥补我国在某些领域的不足。

本套出版工程得到国家出版基金的大力支持。相信这些专著的出版，将会有力地促进我国动物疫病防控水平的提升，推动我国兽医卫生事业的发展，并对兽医人才培养和兽医学科建设起到积极作用。

农业部副部长 于康震

引进翻译一套经典兽医著作是很多兽医工作者的一个长期愿望。我们倡导、发起这项工作的目的很简单，也很明确，概括起来主要有三点：一是促进兽医基础教育；二是推动兽医科学研究；三是加快兽医人才培养。对这项工作的热情和动力，我想这套译丛的很多组织者和参与者与我一样，来源于"见贤思齐"。正因为了解我们在一些兽医学科、工作领域尚存在不足，所以希望多做些基础工作，促进国内兽医工作与国际兽医发展保持同步。

回顾近年来我国的兽医工作，我们取得了很多成绩。但是，对照国际相关规则标准，与很多国家相比，我国兽医事业发展水平仍然不高，需要我们博采众长、学习借鉴，积极引进、消化吸收世界兽医发展文明成果，加强基础教育、科学技术研究，进一步提高保障养殖业健康发展、保障动物卫生和兽医公共卫生安全的能力和水平。为此，农业部兽医局着眼长远、统筹规划，委托中国农业出版社组织相关专家，本着"权威、经典、系统、适用"的原则，从世界范围遴选出兽医领域优秀教科书、工具书和参考书50余部，集合形成《世界兽医经典著作译丛》，以期为我国兽医学科发展、技术进步和产业升级提供技术支撑和智力支持。

我们深知，优秀的兽医科技、学术专著需要智慧积淀和时间积累，需要实践检验和读者认可，也需要具有稳定性和连续性。为了在浩如烟海、林林总总的著作中选择出真正的经典，我们在设计《世界兽医经典著作译丛》过程中，广泛征求、听取行业专家和读者意见，从促进兽医学科发展、提高兽医服务水平的需要出发，对书目进行了严格挑选。总的来看，所选书目除了涵盖基础兽医学、预防兽医学、临床兽医学等领域以外，还包括动物福利等当前国际热点问题，基本囊括了国外兽医著作的精华。

目前，《世界兽医经典著作译丛》已被列入"十二五"国家重点图书出版规划项目，成为我国文化出版领域的重点工程。为高质量完成翻译和出版工作，我们专门组织成立了高规格的译审委员会，协调组织翻译出版工作。每部专著的翻译工作都由兽医各学科的权威专家、学者担纲，翻译稿件需经翻译质量委员会审查合格后才能定稿付梓。尽管如此，由于很多书籍涉及的知识点多、面广，难免存在理解不透彻、翻译不准确的问题。对此，译者和审校人员真诚希望广大读者予以批评指正。

我们真诚地希望这套丛书能够成为兽医科技文化建设的一个重要载体，成为兽医领域和相关行业广大学生及从业人员的有益工具，为推动兽医教育发展、技术进步和兽医人才培养发挥积极、长远的作用。

国家首席兽医师
《世界兽医经典著作译丛》主任委员

前言 |

近年来，借助于分子生物学技术，许多病原微生物的致病机理得以阐明，许多病原微生物所致疾病的诊断检测程序得以完善，兽医微生物学进展的步伐也随之加快。今天，兽医微生物学已经形成一门非常复杂的学科，并且在兽医专业教育中占据核心地位。

2002年本书第1版面世以来，兽医微生物学发生了很多变化。有些变化源自一些国际委员会的建议，而另外一些变化则是相关研究的结果。与这些变化相对应，本书第2版各个章节融入了一些新的知识。此外，还增设了免疫缺陷疾病、疫苗和免疫接种、分子诊断方法、细菌耐受性、真菌感染的药物治疗、病毒感染的药物治疗、泌尿系统微生物所致疾病、心血管系统微生物所致疾病、肌肉骨骼系统微生物所致疾病、皮肤系统微生物所致疾病等章节。

这个版本分为七篇。第一篇介绍了微生物学、感染、免疫和分子诊断方法；第二篇是细菌学概述；第三篇讲述各类致病细菌；第四篇含有十二章，讲述真菌学；第五篇是病毒学概论；第六篇是病毒和朊病毒各论；第七篇，讲述病原微生物与宿主各个系统相互作用。第七篇还单设一章，专门讲述奶牛乳腺炎。最后一章全面综述了消毒、生物安全措施等传染病控制方面的知识。

为方便读者就本书所涉及的主题，进一步阅读一些新的材料，本书在第七篇结尾处列出了相关网站地址。全书彩色印刷，有助于读者通过图片和图形理解文中内容。

欢迎读者告知这个版本存在的一些错误或不准确之处。

翻译说明

本书可以说是《兽医微生物学》和《动物传染病学》两本教材的扩大版、深入版和综合版，适合各类兽医工作者和研究者阅读。全书运用通俗易懂的语言，详细介绍了各类重要的动物病原微生物，也详细介绍了这些微生物所引起的疾病临床症状、流行特征、致病机理、免疫反应，以及这些疾病的预防控制方法，实现了兽医微生物学和动物传染病学的立体覆盖和有机整合，具有很强的指导性和实用性。

在术语翻译上，本书尽可能遵循一个基本原则和三个优化原则。其基本原则是译名要有专一性，即某个术语的译名不能与另一个意义不同的术语译名相同；其三个优化原则分别是译名要简约（便于听说读写）、译名要尊重英文名称的内涵（即在意译或音译两个方法中，至少选一个）、译名在满足上述条件下要尊重前人和教科书的译法。

按照上述原则，本书在术语翻译上，参考了中国农业出版社出版的《兽医微生物学》（第五版）的术语译法，但极少数术语未沿用之。例如，对"*Alphacoronavirus*"本书译为"甲冠状病毒属"，而不是"甲型冠状病毒属"，其原因是该英文术语中没有表示"型"的字母组合，并且按照"甲冠状病毒属"的译法，另一术语"*Alphacoronavirus* 1"可译为"甲冠状病毒1型"，而非"甲型冠状病毒1型"，从而避免同一术语出现两个"型"字。

由于本书覆盖面广，内容深入，所以本书中很多术语可能是在国内首次翻译。本书对一些过时的偏僻术语，没有给出译名，直接用英语表示。例如，*Flexispira rappini* 已经调整为螺旋菌属，所以本书没有给出其译名。有些术语有多种译法，本书尽可能对同一术语采用同一种译法。因此，本书对"salmon"统一翻译为"鲑鱼"或"鲑"，而不再翻译为"大马哈鱼"或"三文鱼"；"*Acanthamoebae*"统一翻译为"棘变形虫"，而不再翻译为"棘阿米巴"；对"*Brucella*"统一翻译为"布鲁菌"或"布鲁菌属"；对"*Retrovirus*"统一翻译为"逆转录病毒"或"逆转录病毒属"，而不翻译为"反转录病毒"或"反录病毒"。本书对"天然免疫""非特异性免疫"和"先天性免疫"统一为"先天性免疫"，而"适应性免疫""特异性免疫"和"获得性免疫"统一为"获得性免疫"；"过敏反应""变态反应"和"超敏反应"统一用"超敏反应"表示。

本书对于各类霉菌，如曲霉菌、青霉菌、链霉菌等术语，统一将"菌"字去掉，即译为曲霉、青霉、链霉等；但是对于单独出现的"霉菌"或"霉菌毒素"，保留其中的"菌"字。

有些术语含有"pseudo"词根。这些术语中"pseudo"或翻译为"伪"，或翻译为"假"，通常是依据前人或教科书的译法。再如，具有鞭毛的细菌是"motile"，该词通常被翻译为"能运动的"，但本书统一译为"能游动的"，强调这类细菌能够借助其鞭毛自主运动。对微生物的"colonization"，本书统一译为"定殖"，以区别于高等生物的"定植"。本书用汉字表达各类单位，如"微米"用"微米"表示，不用"μm"表示。

本书在翻译时，力求简单易懂，经常把原文中一个长句译成数个汉语短句。此外，在翻译时，遇到一些"信（忠实）""达（通顺）""雅（优美）"之间出现矛盾之处，这些地方如果完全忠实于原文翻译，则翻译后的材料并不通顺或优美。因此采取折中原则，即在基本忠实于原文的基础上进行小幅调整完善，使其尽可能通顺优美。

本书在翻译、校对和出版过程中，许多同志倾注了大量的精力，在此一并表示感谢。感谢翻译委员会全体人员的付出，感谢庄青叶、王素春、王楷宬等人在格式排版、人员联系、术语统一等方面为本书做的大量工作，感谢中国农业出版社养殖业出版分社负责编辑所做的大量修改完善工作。

尽管付出了巨大努力，但书中难免存在一些不当之处，欢迎读者来信指正（Email：chenjiming@cahec.cn；jmchen678@qq.com）。

译　者

2015年8月

目 录 |

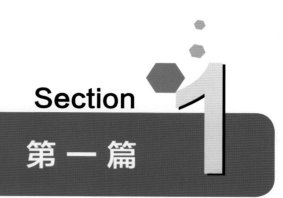

Section 1

第一篇

微生物学、感染、免疫和
分子诊断方法概述

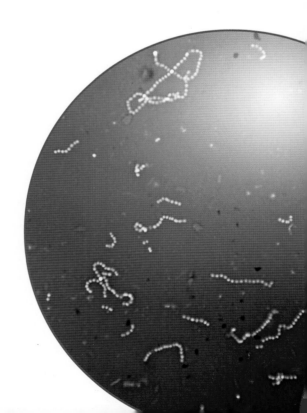

第1章

微生物学早期发展史

■微生物自然发生论的破灭

通俗说来，微生物（microorganism）就是肉眼看不见的微小生物，包括病毒、细菌、酵母、霉菌、原生生物等。

很多世纪以来，人们认为引起有机物腐败的微生物，以及蛆、蚤、蚊等个体较小的一些生物，是无需父母而自然产生的。这种观点被称为"自然发生论（spontaneous generation）"。自然发生论认为，腐肉会自生蛆，脏衣会自生虱，垃圾会自生蚁。这一论点可追溯到古希腊和古罗马学者的一些著作，并且是随后数个世纪的主流观点。

1668年，意大利医生兼博物学家Francesco Reddi通过对比试验，证明只有苍蝇在腐肉中下卵，腐肉才能生蛆，否定了自然发生论"腐肉会自生蛆"的论点。但是，人们继续认为比蛆更为简单的引起有机物腐败的微生物是自然产生的。有人甚至开展了一些试验，企图证明这一观点。例如，在18世纪中叶，英国博物学家John Needham发现煮过的肉汤放在密闭的玻璃瓶中，搁置几天后，就自然长满了微生物。这是当时微生物自然发生论的重要证据。

1769年，Lazzaro Spallanzani发现肉汤煮沸1小时后立即装入密闭的瓶中，没有微生物能够生存，从而驳倒了Needham的试验结果。Needham对Spallanzani的试验结果是如此辩驳的：对所有生命来说，空气是必需的，而Spallanzani排除了肉汤瓶中的空气，导致没有自然产生微生物。

随着科学方法和仪器设备的推陈出新，微生物自然发生论受到越来越多的挑战。大约在1600年，人们发明了显微镜，从而为观察微生物提供了可靠的手段。荷兰科学爱好者Antonie van Leeuwenhoek用显微镜观察水、其他液体以及有机物，发现液体中存在很多能够运动的但肉眼看不见的东西，他称之为"微型动物（animalcule）"。1675年，van Leeuwenhoek记录了他观察到的一些"微型动物"的结构。现在看来，这些"微型动物"很可能是细菌、酵母或原生动物。van Leeuwenhoek对微生物的观察并没有推翻微生物自然发生论。

19世纪，法国化学家Louis Pasteur（路易斯·巴斯德）在面对甜菜酿酒腐败问题时，对自然发生论产生了浓厚兴趣。他发现甜菜发酵腐败的主要原因是一种酵母的污染，而且这种酵母与酿酒酵母不同，它在发酵过程中产生乳酸，而不是酒精。他继而推导出发酵产生酒精和产生乳酸，都是酵母细胞复制和代谢的结果。他将酿酒原料加热至49℃，杀死其中产生乳酸的酵母，然后再在酿酒原料中加入酿酒酵母，就解决了甜菜酿酒腐败问题。这种加热消毒的方法后来衍变为著名的巴氏消毒法（pasteurization）。该法在牛奶等食品的灭菌保存中得到广泛应用。

Pasteur还以令人信服的方法，验证了上述Spallanzani试验结果。此外，他进一步地证实空气中的灰尘附着了一些微生物，这些微生物能够污染暴露于空气中的营养肉汤，继而造成肉汤腐臭。据此，Pasteur无可争辩地彻底否定了微生物自然发生论。

现在来看，包括微生物在内的各种生物都是自然进化而来的，并且地球上最早的生命形式就是微生物。据推测，这些最原始的微生物可能与一些厌氧菌相似，从这些最原始的微生物进化而来的原核生物，以及随后光合作用产生的氧气，促进了微生物多样性的发展。图1.1显示了微生物与真核生物的

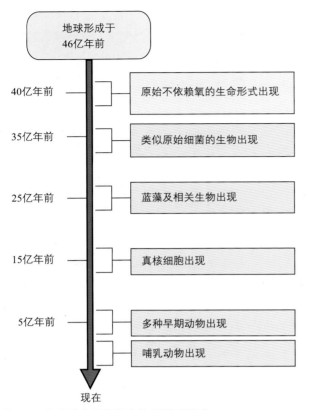

图1.1　地球形成后各类生物起源时间表
这些生物包括不同形式的微生物以及后来出现的真核生物。虽然目前还缺乏有力的科学证据说明微生物最早的生命形式，但在距今约35亿年的微生物化石中确定存在类似蓝藻的生物。

起源时间表。该图是基于有限的信息绘制的。这些信息包括距今35亿年的化石中原核生物遗迹，以及微生物核糖体RNA的研究结果。

■传染病病因学说的更新

很多世纪以来，传染病的发生常常归因于上层气体混乱所产生的邪恶力量、被称为"瘴气（miasmas）"的有毒气体、超自然力量，或其他与生物无关的因素。

后来，人们逐渐认识到一些肉眼看不到的微小生物，即微生物，可能是传染病的病因。1546年，Girolamo Fracastoro在其发表的一篇关于传染病的论文中提到，传染病不是由神秘的力量引起的，而是由微生物引起的，这些微生物可以在宿主体内繁殖，还可以从一个宿主传染到另一个宿主，可以因直接接触而传染，或借助衣物、毛巾、床单等媒介而传染，甚至可经空气传染。

不久，人们发明了显微镜，用它观察到一些肉眼看不到的微生物。继而，人们又分离出这些微生物，并对其特性进行分析研究。

19世纪中期，Louis Pasteur和Robert Koch（罗伯特·科赫）的开拓性工作，证实了某些微生物是传染病的病因，彻底更新了人们对传染病的认识。

Pasteur在酿酒发酵研究上，取得重大技术突破——用液体培养基培养酵母细胞。然后，他发明了含有适应某些特殊病原菌生长需求成分的液体培养基。这项技术突破为Pasteur证明传染病的微生物病因理论（germ theory）奠定了坚实基础。Pasteur依据微生物病因理论，发明了禽霍乱疫苗、炭疽疫苗和狂犬病疫苗。这项理论还被英国外科医生Joseph Lister用于外科手术的消毒，即以苯酚作为消毒剂，用来杀死可能造成外科手术感染的微生物。

与Louis Pasteur一起，德国医生Robert Koch也被认为是现代微生物学的奠基人。Koch观察到，死于炭疽的动物血液中存在一种杆菌，而且通过小鼠试验证实了它的致病性，并在小鼠肿大的脾中也发现了该菌。该病能够在小鼠之间传播，并且所有被感染的小鼠体内都存在这种杆菌。Koch用血清在体外成功培养了炭疽杆菌。后来，他又研制了固体培养基进行细菌单菌落分离培养。他利用固体培养基，成功分离到结核杆菌（病料来自显微镜下观察到含有结核杆菌的实验动物组织）。根据这些观察研究，Koch建立了某种微生物感染导致特定疾病的证明法则，即Koch法则（Koch's postulates），见贴1.1。

△ **贴1.1　Koch法则**

- 该病原微生物必须存在于每个发病动物体内，而不存在于健康动物体内
- 所怀疑的病原微生物必须能够被分离得到纯培养物
- 分离到的纯培养物接种到健康易感动物体内后，必须能够导致相同的疾病
- 从接种并发病的动物体内，必须能够再次分离到该病原微生物

Pasteur的微生物病因理论和Koch的Koch法则是微生物学两大基石。没有这两大基石，微生物学就不可能得到发展。

19世纪末，很多重要传染病已被证实是由细菌引起的。Pasteur和Koch共同为炭疽病病原的鉴定作出

了贡献。Pasteur证明禽霍乱、恶性水肿和化脓性病变分别是由某种特定的细菌感染引起的。Koch及其同事确认了肺结核和伤寒的病原菌。马鼻疽、气性坏疽、白喉和痢疾的病原菌，也相继由欧洲、北美和日本的科学家分离和鉴定出来。

微生物学的诞生正是源于自然发生论的破灭、显微观察技术的持续发展，以及传染病病因学说的更新。随着相关研究的日积月累，微生物学逐渐发展为非常重要的学科，不仅关系到人与动物的健康，也涉及食品的加工和储藏。

■ 微生物学的发展

Pasteur和Koch开创了细菌学技术方法，在狂犬病、天花、口蹄疫和牛瘟等一些严重病毒性传染病的研究上，却无能为力。18世纪末，虽然天花病因依旧未知，Edward Jenner（爱德华·詹纳）用牛痘免疫人类，成功地预防了天花。19世纪末，Pasteur及同事研制了狂犬病疫苗。Pasteur的同事Charles Chamberland利用陶瓷滤器，制备用于配制培养基的无菌水。这一技术最终促进病毒的发现，但该技术最初用于一种植物传染病（烟草花叶病）的研究，而不是动物传染病的研究。病毒也因此曾被定义为可滤过的病原体，是病毒性传染病的病原。

1892年，俄国科学家Dmitri Ivanovsky报道，使用患烟草花叶病叶片的滤液接种健康的烟草植株，能够使健康烟草植株发病。其所使用的滤器是上述设计用来为饮用水滤过除菌的Chamberland陶瓷滤器。

1898年，Martinus Beijerinck在不了解Ivanovsky研究结果的情况下，同样证明了烟草花叶病病原的可滤过性，而且他意识到该病原不可能是一种毒素，因为感染叶片滤液可以连续进行传代致病而不降低效力。同年，德国微生物学家Loeffler和Frosch发现了第一个可滤过的动物病原体，即口蹄疫病毒。1901年，Walter Reed和其团队报道了人的滤过性病原——黄热病病毒。1908年，Ellerman和Bang报道了一种能够致癌的可滤过的禽白血病病原。

1915年，Frederick Twort观察发现细菌对某种滤过性病原敏感。两年后，Felix d'Herelle也发现了这种现象。d'Herelle称这种病毒为"噬菌体（bacteriophage）"，并且建立了一种噬菌体富集技术。此后，噬菌体在病毒复制和细菌基因组学研究方面发挥了重要作用。

起初，获得大量病毒的唯一方法是接种易感动物。1913年，Steinhardt及其同事在埋植于凝固血浆中的豚鼠角膜上，成功培养了痘苗病毒。约20年后，Furth和Sturmia用小鼠作为宿主动物进行病毒培养，而Woodruff和Goodpasture在鸡胚绒毛尿囊膜上培养禽痘病毒，也获得成功。20世纪50年代初，单细胞培养技术取得重大进步，包括用抗生素控制细菌污染，以及应用胰酶从胚胎或者成年动物组织中获得悬浮的细胞。这些悬浮的细胞可以在玻璃表面生长。随后出现的具有无限繁殖能力的连续传代细胞系，为病毒培养提供了稳定的细胞来源。

1887年，Buist用光学显微镜观察到痘苗病毒。由于光学显微镜分辨能力有限，他观察到的病毒结构并不清晰。1939年，Kausche及其同事采用了一种新型显微镜，即电子显微镜（本书简称为"电镜"），并利用金属造影技术，对纯化的烟草花叶病毒进行观察。在20世纪50年代，随着负染技术和超薄切片技术的发展，病毒超微结构研究速度显著加快。20世纪30年代初，人们发现病毒粒子能够结晶，随后X射线衍射技术就开始应用于病毒晶体结构的研究。第一个获得高分辨率晶体结构的病毒是番茄矮化病毒。这项工作是由Harrison及其同事在1978年完成的。通过计算机对病毒晶体结构衍射图谱进行分析，对阐明病毒的分子结构，发挥了重要作用。

1935年，Stanley完成了烟草花叶病毒结晶工作，有力促进了病毒化学组成的分析。1937年，Bawden和Pirie的研究表明烟草花叶病毒含有核酸和蛋白，并且提出病毒的蛋白质衣壳内含有核酸的论点。1956年，Watson和Crick在阐明DNA结构以及病毒核酸部分编码功能后推测，包裹病毒核酸的蛋白质外壳由相同的蛋白质分子组成。

1962年，Lwoff及其同事提出了一种通用的病毒分类方法。该方法是现今病毒分类方法的基础。它根据以下标准对病毒进行分类：①核酸类型；②病毒粒子的对称性；③是否有囊膜；④核衣壳的直径（螺旋病毒）或病毒壳粒的数目（二十面体病毒）。1970年，Temin和Baltimore发现了逆转录酶，促进了逆转录病毒的遗传研究，并提供了一种制备互补DNA重要技术，引发了重组DNA技术的革命。逆转录病毒的研究为肿瘤基础研究和恶性肿瘤中原癌基因的研究，奠定了重要基础。

在20世纪，微生物学理论、技术和应用均取得了巨大发展。现代微生物学主要研究细菌、真菌、病毒等微观和亚微观生物（图1.2）。兽医微生物学注重与动物传染病相关的微生物。免疫学与微生物学既相互独立又不可分割，主要研究宿主对病原微生物的应答。

译者注：本章在忠实于原文内容基础上，对标题和结构进行了调整修改：将标题从"微生物学、病原微生物和传染病"改为"微生物学早期发展史"，使标题与内容一致；将原本合并阐述的"微生物自然发生论的破灭"和"传染病病因理论的更新"分成两个部分阐述，使条理更为清晰。

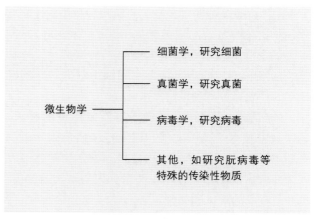

图1.2　与病理学、免疫学、药物学、医学和治疗学相关联的微生物学各个分支学科

◉ 进一步阅读材料

Dunlop, R.H. and Williams, D.J. (1996). Veterinary Medicine: An Illustrated History. Mosby, St. Louis, Missouri.

Frankland, P. and Frankland, P. (1901). Pasteur. Cassell, London.

Lechevalier, H.A. and Solotorovsky, M. (1965). Three Centuries of Microbiology. McGraw-Hill, New York.

Pelczar, M.J., Chan,E.C.S. and Krieg, N.R.(1993).Microbiology Concepts and Applications. McGraw-Hill, New York.

Porter, R. (1999). The Greatest Benefit to Mankind. Fontana, London.

Prescott, L.M., Harley, J.P. and Klein, D.A. (2002). Microbiology. Fifth Edition. McGraw-Hill, New York.

van Regenmortel, M.H.V. (1990). Virus species, a much over-looked but essential concept in virus classification. Intervirology, 31, 241–254.

第2章

病原微生物的分类及形态学特征

最小的能够独立存活的细胞可分为两大类，即原核细胞（prokaryote）和真核细胞（eukaryote）。表2.1概括了原核细胞和真核细胞的各自特征。真核细胞具有包含着染色体的细胞核结构，并且通过有丝分裂进行繁殖。此外，一个典型的真核细胞中含有多种细胞器，如线粒体、高尔基体、溶酶体和较大的核糖体。古细菌和细菌则没有真核细胞内部复杂的结构，它们没有核膜包裹的细胞核，其遗传信息包含在单一的环状染色体中。在有些原核生物（如细菌）中，染色体以外的DNA是以质粒形式存在的，且编码某些特定的蛋白质。

虽然生命起源依旧备受争议，但原始微生物有可能在数十亿年前，由原始生命形式演化而来。微生物间的相似性可以通过核酸序列比对来评价。已有证据表明所有生物是由一群而不是一个原始细胞演化而来。目前公认为原核生物和真核生物在系统发育树上属于不同分支（图2.1）。在进化过程中，遗传物质不仅可以垂直传递，也可能发生水平传递，如有些细菌的基因整合至古细菌，也有可能有些原核细胞的基因整合至真核细胞。这种基因水平转移也许可以解释复杂的真核细胞一些基因和细胞器的来源。

内共生假说（endosymbiosis）认为，在进化早期的某些阶段，真核动物细胞变为吞噬细胞，"吞噬"了某些特定的细菌，从而增强了自身的呼吸功能，因此能够为宿主细胞提供更多的能量（de Duve，1996）。这些被吞噬的细菌最终进化为动物细胞的线粒体。这一假说同样也能解释植物细胞是如何获得叶绿体的。细胞膜是原核细胞呼吸作用和光合作用产生能量的位置，而真核生物的这些生命活动均发生在线粒体膜上或叶绿体膜上。

◉ 显微技术

多种显微技术在微生物检查中得到应用，其中包括明场显微镜、暗场显微镜、相差显微镜和电镜。表2.2中简要说明了微生物观察常用的显微技术，以

表2.1　原核细胞和真核细胞比较

特征	原核细胞	真核细胞
单细胞大小	通常最大直径小于5微米	通常最大直径大于5微米
遗传物质	与细胞质没有隔离	细胞核与细胞质有核膜隔离
染色体特性	一般为单股、环状	多股、线状
有丝分裂	无	有
高尔基体	无	有
内质网	无	有
核糖体位置	胞浆中游离	胞浆中游离或者附着于内质网上
细胞增殖	二分裂	有丝分裂

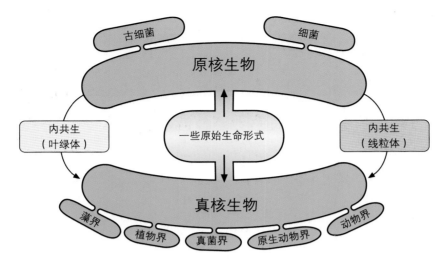

图2.1　各类生物进化关系
内共生假说认为真核细胞通过内吞整合了原核细胞，获得了叶绿体或者线粒体。

表2.2　微生物学显微技术种类和用途

技术种类	用途
明场显微镜	用于观察染色细菌和真菌的形态大小；通过染色特征可以对细菌进行初步分类；通过观察真菌的结构，可以鉴定真菌的属
相差显微镜	用于检测液体样本中未染色的细胞
暗场显微镜	用于检测液体样本中未染色细菌（如螺旋体）
荧光显微镜	用于鉴定与特异性荧光标记的抗体反应的微生物
透射电镜	用于对生物材料中的病毒进行鉴定，或对细菌、真菌、哺乳动物细胞的超微结构进行观察
扫描电镜	用于对微生物三维结构的观察

表2.3　测量微生物常用单位

单位	符号	备注
毫米	mm	千分之一米。细菌和真菌菌落大小常用单位。细菌在适宜培养基上生产，其菌落直径为0.5～5毫米
微米	μm	千分之一毫米。细菌和真菌细胞大小常用单位。大多数细菌的直径为0.5～5微米。少数几种细菌的长度大于20微米
纳米	nm	千分之一微米。病毒大小的常用单位。大多数具有兽医意义的病毒直径为20～300纳米

及它们在微生物学中的应用情况。显微测量常用单位见表2.3。

　　用明场显微镜的油镜观察，可将被观察的物体放大1 000倍，能够观察到最小直径为0.2微米、经过适当染色的细菌。使用暗场显微镜，由于细菌对光的散射，在暗视野中可以观察到液体样本中的菌体，如螺旋菌。一般来说，使用暗场显微镜和相差显微镜，可以观察非染色的样本。因此这种方法更适用于微生物学研究，而不是常规的微生物学诊断检测。

　　透射电镜使用电子束替代可见光，可以观察更小的物体，如病毒。样本固定在铜网上并用磷钨酸等电子密度较高的试剂进行负染后，在透射电镜的荧光屏幕上可观察被放大的病毒图像。现代电镜放大倍数可以超过十万倍。扫描电镜可以对包被了重金属膜的微生物进行三维成像。扫描电镜放大倍数也可以达到10万倍。

◉ 病原微生物

　　自然界中发现的微生物大多数对人、动物和植物是无害的。实际上，很多细菌和真菌在土壤、水以及人与动物的消化道中，发挥重要的生物作用。只有那些能够导致人类与动物发病的微生物，被称为病原微生物（pathogenic microorganism）。

■ 细菌

　　古细菌（archaea，英文曾用archaebacteria）对家养动物不致病。兽医学所涉及的许多病原菌属于细菌（bacteria，英文曾用eubacteria）。

　　细菌是单细胞生物，相对真核细胞（如哺乳动物的红细胞），小且结构简单（表2.4）。细菌通常具有含肽聚糖的坚硬细胞壁，以二分裂方式进行增殖，有球状、杆状、螺旋状，偶尔也表现为分枝的丝状。虽然形态多样，但细菌直径一般为0.5～5微米。有些

表2.4　细菌与哺乳动物红细胞的形态和大小比较

细胞类型	形态与大小	备注
红细胞	7微米	普通光学显微镜可见
杆菌	5微米	杆状细胞，通常用革兰染色，多数需用明场显微镜放大1 000倍观察
球菌	1微米	球状细胞，常呈链状或者葡萄状
螺旋体	10微米	螺旋状，常用暗场显微镜（不染色）或者特殊染色方法观察

表2.5　细菌与真菌的细胞形态和大小比较

结构	形态与大小	备注
细菌细胞		
球菌	1微米	常呈链状或者葡萄串状
真菌细胞		
酵母	5微米	出芽繁殖
霉菌	30微米	由多个细胞组成的分枝状结构（菌丝）

细菌具有鞭毛，可以在液体中游动。大多数细菌可以在适宜的普通培养基上生长；有些细菌生长需要特殊的营养因子或者气体。有两类小的细菌，即立克次体（rickettsiae）和衣原体（chlamydiae），不能在无细胞的培养基上生长。蓝藻（cyanobacteria，英文曾用blue-green algae）则可以利用叶绿素进行代谢。与藻类不同的是，蓝藻的叶绿素并没有形成叶绿体，而是广泛分布在细胞膜的内表面。

■ 真菌

　　酵母、霉菌和蘑菇等一大类非光合作用的真核生物，称为真菌（fungi）。有些真菌是单细胞生物，有些真菌是多细胞生物。多细胞真菌产生丝状结构，称为霉菌。酵母是单细胞真菌，具有球形或者卵形结构，以出芽方式进行增殖。霉菌的细胞呈圆柱形，且通过顶端相连，形成分枝状的菌丝（表2.5）。真菌的一个显著特征是能够分泌酶，而且这些酶活性较强，能够消化分解有机物质。当湿度等环境条件比较适宜时，真菌能够降解多种有机物。少数酵母和霉菌对人与动物具有致病性。有些真菌能够侵入宿主体内，有些真菌能产生有毒物质，如真菌毒素。如果农作物或者储藏的谷物、坚果等食物存在真菌毒素，能导致食用它们的人或动物发病。

■ 藻类

　　藻类（algae）在形态和生理特征上不同于其他微生物。由于藻类含有叶绿素，通常被认为类似于植物。许多藻类生活在水中，但也有一些藻类生长在岩石或者其他物体的表面。当水中一些产生色素的藻类大量繁殖时，能使水体变色。当水温升高时，藻类生长加快，水和水中的贝类生物体内积累的藻类毒素，也因此显著增多。

■ 病毒

　　病毒（virus）比细菌要小得多，直径一般为20～300纳米（表2.6）。与细菌和真菌不同，病毒没有细胞结构。一个病毒颗粒或者病毒粒子是由蛋白衣壳包裹DNA或者RNA组成。有些病毒在衣壳外面还有一层囊膜结构。尽管结构简单，但病毒颗粒的形态多种多样，多数为球状，少数为杆状、丝状或子弹状。由于缺乏某些代谢所需的结构和酶，病毒必须在活细胞上进行复制。原核生物和真核生物均可被病毒感染。感染细菌的病毒称为噬菌体。致病性病毒通过入侵和破坏宿主细胞，导致人与动物发生严重疾病。少数几种病毒与人和动物的肿瘤发生有关。

■ 朊病毒

　　朊病毒（prion）是比传统意义的病毒还小的感染性颗粒。它与人和动物的传染性海绵状脑病有关。朊病毒与传统病毒显著不同之处在于，它不具有核酸。朊病毒是由非正常折叠的蛋白组成，它能够诱导同源宿主细胞中该蛋白的构象发生变化。这导致非正常折叠的蛋白的变构蛋白不断积累，从而损伤

表2.6　细菌细胞与较大的和较小的病毒相比较[a]

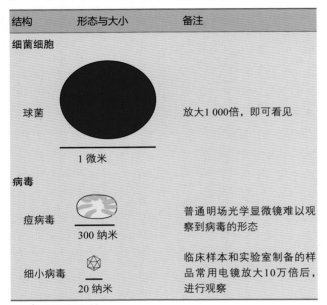

结构	形态与大小	备注
细菌细胞		
球菌	1 微米	放大1 000倍，即可看见
病毒		
痘病毒	300 纳米	普通明场光学显微镜难以观察到病毒的形态
细小病毒	20 纳米	临床样本和实验室制备的样品常用电镜放大10万倍后，进行观察

a：未按比例绘制。

神经元等长寿细胞。遗传因素有可能影响人和动物对朊病毒的易感性。朊病毒对物理和化学灭活方法，均表现出较强的抵抗力。

◉ 生物学分类和命名法

以前，人们常依据微生物表型，包括形态特征和生化代谢特征，进行微生物分类。近年来，微生物分类和命名越来越依靠基因的研究，并因此发生了很大变化。

生物有序分类的理论研究和实际应用称为分类学。分类学主要包括相互关联的三方面内容：鉴定、命名和分类。分类学在微生物学中具有重要意义，因为：①它能够使微生物的鉴定更为精确；②为有效交流提供精准的名称；③以某种方式对生物进行分类，可以根据同一分类成员共有的特点，合理提出一些推测和假说。大多数生物都是根据其基因型和表型特征进行分类。传统的分类注重解剖学和表型的相似性，而现在的分类基于更多的信息。这些信息的获得源于人们掌握了一些高度复杂的鉴定方法。相应的，确立一个新物种也需要符合更多的分类标准。

分类学上所用的表型特征包括形态、代谢、生理、细胞化学（尤其是细菌脂肪酸的组成）和运动性。DNA图谱、DNA杂交、多位点序列分析（multilocus sequence typing，MLST）和GC含量分析则是核酸分析常用方法。系统发育（即遗传进化）分析，作为表型和核酸两类分析方法的补充，为生物进化关系分析，构建了一个新的框架。基因序列数据的快速增长，使分类学越来越能反映出微生物的系统发育关系。

生物分类的基本单位是种（species）。相似的种归为同一个属（genus）；相似的属归为同一个科（family）。生物分类因此具有层次性或者等级性。生物分类层次按照升序，依次为种（species）、属（genus）、科（family）、目（order）、纲（class）、门（phylum）和界（kingdom或domain），见图2.2。较高等级通常由某些具有共性的较低等级的成员组成。传统生物学家将生物分为五界，即动物、植物、真菌、原生生物和细菌。但小亚基核糖体RNA序列分析表明，细胞生命主要是沿着三个谱系进行进化，即细菌界和古细菌界（两者都是微生物和原核生物），以及真核生物界（真核生物）。

在有性繁殖的高等生物中，"种"定义为一群能够相互自然交配并繁殖的相似个体，它们在生殖上，与其他生物个体隔离开来。但是，这个种的定义显然不适用于微生物。细菌和古细菌并不进行真正意义的繁殖。事实上，细菌的种更倾向于定义为多种特征相似的菌株组成的群体，并且该群体的菌株与其他菌株相比，存在显著的差异。基于遗传数据分析，如按照标化的DNA与DNA杂交方法，结合率超过70%，或者16S核糖体RNA的序列分析相似性大于97%，作为细菌"种"的判断标准，可能更为精确。新近，有人提出，细菌DNA的相似性如果为98.7%~99.0%，则需要用DNA与DNA复性试验，检验相应分离株基因组的独特性（Stackebrant和Ebers，2006）。总之，细菌"种"的定义，仍需讨论和完善。

微生物的命名通常是根据瑞典植物学家卡罗卢斯·林奈（Carolus Linnaeus）在18世纪创建的双命名法。名字一般采用拉丁文或者拉丁化的希腊派生词，并且斜体，包括大写的属名和小写的种名两个部分。例如，导致人类与动物发生炭疽的细菌命名为炭疽杆菌，英文名为*Bacillus anthracis*。其中，*Bacillus*是芽胞杆菌属的名称，*anthracis*是种名。细菌种和种以上层次的命名，由细菌学法则（the Bacteriological

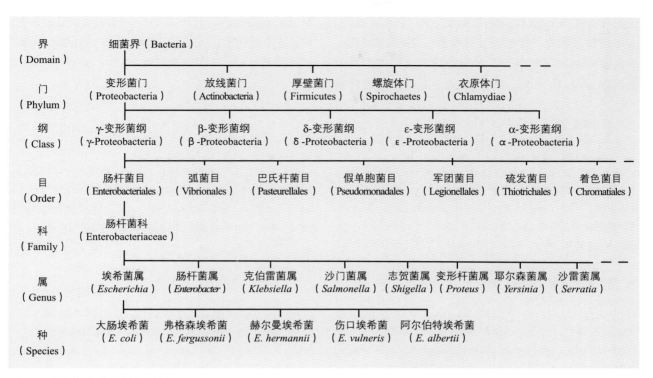

图2.2　大肠杆菌分类层级示例
注：为精简图表，未将全部细菌层级列出。

Code），即"国际细菌学命名法则（The International Code of Nomenclature of Bacteria）"，进行统一规范。《国际系统与进化微生物学杂志》（The International Journal of Systematic and Evolutionary Microbiology）是记录细菌和古细菌分类变更的官方出版物。http:// www.dsmz.de/bactnom/bactname.htm等网站提供根据已经核准的原核生物分类目录，包括"已分类的原核生物名录"。

　　病毒是不能独立生存，且具有感染性的亚细胞结构。学者们在考虑所有生物分类时，常常忽略病毒的分类，或者将其与宿主的分类一并考虑。但是，病毒学家则一致同意病毒应该单独划分为一个生物群体，而无须考虑其宿主。病毒学家参考经典的林奈分类方法以及一些病毒学特有的规则，建立了一个独立的病毒分类系统。国际病毒分类委员会（International Committee on Taxonomy of Viruses, ICTV）负责病毒分类工作，并以报告的形式公布病毒分类最新信息。其官方网站还提供病毒分类最新信息的电子版（Fauquet 等，2005），网址是http:// ictvonline.org/virusTaxonomy.asp。

　　在病毒分类方面，必须深刻了解以下几项内容：①所有病毒并非由同一个原始病毒进化而来，

因此病毒分类最高的级别是"目（order）"；②有些病毒进行高频的基因重组和基因重排，产生基因组多源化的嵌合生物体；③有些病毒既感染脊椎动物，又感染无脊椎动物，在不同的宿主群体内以不同的方式进行进化；④有些病毒能整合至宿主细胞基因组内，通过进出宿主细胞基因组的方式，在水平和垂直两种传播方式之间进行转换，这一现象导致了病毒基因组中携带了某些宿主基因。鉴于上述因素，病毒的分类有时表现出一些人为痕迹和不当之处。

　　目前，病毒分类系统基于多种性状，是分层次的，不是浑然一体的。通常，病毒根据形态特征和核酸类型归类于不同的科。本质上，一个病毒的"种（species）"是一群在某些性状上相似的病毒，且这些病毒可能无须同时具备任一性状。每一个病毒"属（genus）"都包含一个标准的病毒"种"（type species）；标准的病毒"种"是病毒"属"构建的基础，其名称与对应的属的名称常常相关。病毒"种"的名称常采用缩写形式，如BPIV-3是牛副流感病毒3型的缩写。动物致病性病毒的进一步分类，常常依据宿主动物的种类及所致临床症状来划分。

　　在目前的病毒分类描述中，依旧采用一些非正

式的分类术语，如双股DNA病毒、单股DNA病毒、DNA逆转录病毒、RNA逆转录病毒、双股RNA病毒、单负股RNA病毒和单正股RNA病毒。这些术语是根据病毒基因组的组成、编码方向、是否存在逆转录等特征而确定的。另外，有不少病毒至今还未归类，并且还有类病毒（viroid）、卫星病毒（satellite virus）和朊病毒（prion）等亚病毒物质。

◉ 参考文献

de Duve, C. (1996). The birth of complex cells. Scientific American, 274, 38–45.

Doolittle, W.F. (1999). Phylogenetic classification and the universal tree. Science, 284, 2124–2128.

Fauquet, C.M., Mayo, M.A., Maniloff, J., Desselberger, U. and Ball, L.A. (2005). Eighth Report of the ICTV. Elsevier, Amsterdam.

Stackebrandt, E. and Ebers, J. (2006). Taxonomic parameters revisited: tarnished gold standards. Microbiology Today, 33, 152–155.

◉ 进一步阅读材料

Madigan, M.T., Martinko, J.M., Dunlap, P.V. and Clark, D.P. (2009). Brock Biology of Microorganisms. Twelfth Edition. Pearson Benjamin Cummings, San Francisco.

Prescott, L.M., Harley, J.P. and Klein, D.A. (2005). Microbiology. Sixth Edition. McGraw Hill, Boston.

Schlegel, H.G. (1993). General Microbiology. Seventh Edition. Cambridge University Press, Cambridge.

第3章

感染与免疫

（一）感染与免疫概论

鸟类和哺乳动物体内各个系统分别提供呼吸、营养、感觉、防御等功能。其中，免疫系统提供防御功能，以抵抗不同途径和不同来源的微生物和寄生虫的感染，而这些感染是鸟类和哺乳动物发病和死亡的重要原因。对动物来说，有些微生物是机会致病微生物（opportunistic microorganism），而其他一些微生物则是病原微生物（pathogenic microorganism）。病原微生物一旦进入动物体内，就可能导致动物发生严重感染。免疫系统是由一系列的组织、细胞及分泌物组成，不但可以抵抗病原微生物的感染，也可以抵抗机会致病微生物的感染。

先天性免疫（innate immunity）系统是抗感染第一道也是快速反应的防御屏障，主要由皮肤、黏膜等解剖学结构，以及抑制微生物的分泌物、抗微生物因子和吞噬细胞等组成（图3.1）。传染性病原体进入宿主体内后，其组分就会被吞噬细胞，如巨噬细胞，提呈给淋巴细胞。被激活的淋巴细胞会进行功能分化、增殖，并分泌可溶性因子，进一步激活免疫系统其他细胞，参与控制感染。这种淋巴细胞介导的免疫应答被称为获得性免疫反应（acquired immune response），或者适应性免疫反应（adaptive immune response）、特异性免疫反应（specific immune response），本译著统一称之为获得性免疫。

此外，免疫系统一旦接触了某种病原微生物后，不仅对之产生获得性免疫应答，而且从中"学到经验"，对该病原产生"记忆"。免疫记忆功能是因为在免疫应答过程中产生了某些记忆淋巴细胞。当同样的病原再次感染时，这些记忆细胞能够迅速作出反应。

免疫系统为动物提供保护，抵抗其生存环境中存在的各种病原体。实际上，免疫应答并不局限于对感染性病原的反应，它同时也能够对多种无害物质，如花粉、外源蛋白以及多种治疗药物，产生应答，甚至还可能导致严重的超敏反应。虽然免疫系统的主要功能被认为是抗感染，但其免疫监测功能也尤为重要，例如在某些情况下免疫系统可以清除突变的或癌变的细胞。

宿主个体出生后不久，细菌便在宿主体内消化道、呼吸道和尿道内表面的大多数位置上开始定殖。当这些微生物仅在宿主体内某些能够耐受的部位定殖时，它们与宿主以相对和平的状态共生。由于宿主体内天然存在的一些抗微生物机制，这些细菌难以入侵到宿主组织内部。定殖在宿主组织中的细菌，只要不致病，都是宿主正常菌群（normal flora）的组成部分。动物与其所处环境之间这种和谐关系，可以通过良好的管理制度、合适的营养、足够的活动空间以及有效的疾病控制措施，得到加强（图3.2）。而密度过大、温度变化较大、营养不平衡以及良好的疾病控制措施缺乏等不利因素，则能够打破动物与环境之间的和谐关系，导致动物发病。

即使细菌、真菌或者病毒成功进入宿主体内，并发生感染，也不一定导致动物发病。病原特性、环境因素，以及感染动物的敏感性，决定了感染动物是否发病。如果没有及时控制感染，则有可能出现临床症状或亚临床症状（图3.3）。病原菌自身的特性与其突破宿主防御导致发病的能力，密切相关。

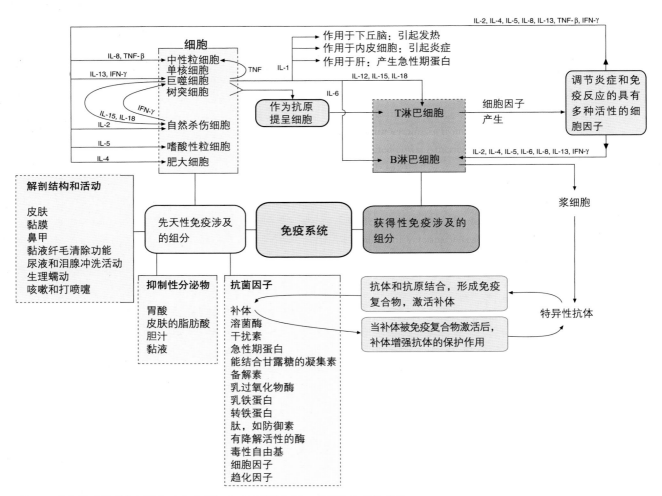

图3.1　参与抗感染的先天性免疫和获得性免疫过程的细胞、分泌物和其他成分
IL：白介素；IFN-γ：γ干扰素；TNF：肿瘤坏死因子。

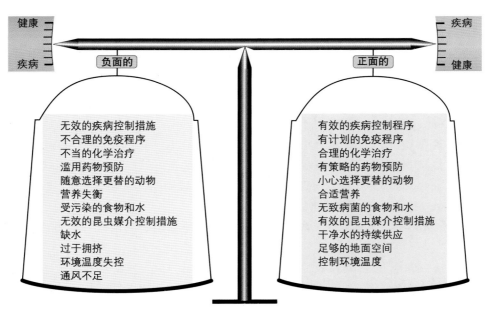

图3.2　疾病控制措施、环境条件和其他因素对动物群体健康状况的影响
促进健康的因素与诱发疾病的因素之间的平衡，决定着动物群体的健康和福利状况。

第
一
篇

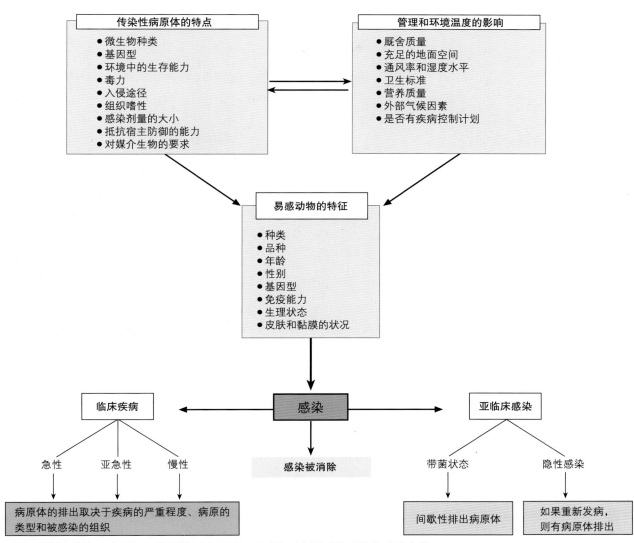

图 3.3 影响宿主和病原相互作用的因素以及初次感染后存活动物可能发生的变化

表3.1列出了能够增强细菌致病性的结构、代谢等方面的特征。

■**正常菌群**

动物出生后不久，便通过接触、食入或者吸入等途径，暴露于母畜所携带的微生物。新出生的动物所处环境中的细菌、酵母等微生物，可以在动物皮肤某些特定部位，以及消化道、呼吸道或者泌尿生殖道内定殖。在上述部位具有竞争优势的微生物逐渐形成稳定的正常菌群。

宿主身体各个部位的正常菌群有所不同；这一现象提示成功定殖于某个部位的微生物在这一部位，具有生存优势。某些细菌具有对酸性环境的抵抗能

力，以及对某些自然产生的抗微生物因子的耐受性，而在消化道内具有生存优势。某些细菌和酵母能够黏附宿主细胞，或者能够产生抑制其他微生物生存的物质，而在皮肤、黏膜表面或者消化道某些部位的定殖。

目前已证实正常菌群能够与病原微生物进行竞争。有时，正常菌群能够通过竞争营养、产生抑制物，或者封闭细胞表面受体等方式，阻止病原微生物在宿主体内的定殖。虽然正常菌群对病原菌的竞争抑制与先天性免疫无关，但它们确实对宿主动物有利。此外，正常菌群还可以温和地刺激幼龄动物免疫系统，使其对将要接触的强毒力病原具有一定的免疫力。对于成年动物来说，尤其是反刍动物，

表3.1　促进疾病发展的细菌结构和代谢等方面的特征

细菌特征/案例	相关说明
存在荚膜/炭疽杆菌	能够抵抗吞噬细胞的吞噬作用，从而能够在宿主组织中不受限制地繁殖
细胞内增殖/流产布鲁菌	在巨噬细胞内生存是布鲁菌一个重要的毒力特征
细菌细胞壁脂质含量高和分枝杆菌酸的存在/牛结核分枝杆菌	结核分枝杆菌具有一个复杂的、富含脂质的、含有分枝杆菌酸的细胞壁，能赋予细菌抵抗多种环境因素、清洁剂和消毒剂的作用。该细胞壁还能帮助细菌在被巨噬细胞吞噬后，逃避巨噬细胞的杀菌作用
产生外毒素/破伤风梭菌	产生一种毒力很强的神经毒素（破伤风毒素），引起肌肉痉挛
产生内毒素/大肠杆菌	内毒素作为热原引起发热；它也能导致血管内凝血和低血压休克
倾向于特定的组织/牛摩拉菌	黏附到牛的结膜上，导致牛角膜结膜炎
在免疫反应较弱的部位定殖/问号钩端螺旋体	这些螺旋体在肾小管定殖，可以脱落到被感染动物的尿液中
细菌间相互作用/坏死梭杆菌和化脓隐秘杆菌	在反刍动物的足部病变中，化脓性隐秘杆菌分泌一种蛋白质，促进坏死梭杆菌的繁殖；而由坏死梭杆菌产生的白细胞毒素有利于化脓性隐秘杆菌在同一部位的定殖

正常菌群在消化作用中发挥着重要作用。在有些物种中，正常菌群可以合成维生素B和维生素K。

长时间使用抗生素药物进行治疗，往往容易破坏肠道正常微生物，使具有抗生素耐受的微生物得以生存并繁殖。抗生素耐受菌株出现并替代了消化道内正常菌群，可以导致消化功能紊乱并发病。消化道中缺少正常菌群，可引起致病性白色念珠菌过度繁殖，甚至导致它们侵入宿主体内。

■先天性免疫和获得性免疫的比较

在胚胎发育期，骨髓中的多能干细胞（pluripotent stem cell）分化出髓样细胞（myeloid cell）和淋巴样细胞（lymphoid cell）（图3.4和表3.2）。髓样细胞和自然杀伤（natural killer，NK）细胞是先天性免疫（innate immunity）系统防御的一部分。单核细胞（monocyte）从血流迁移至组织后，或驻留于组织内，或成为游离的巨噬细胞。在多形核白细胞（polymorphonuclear leukocyte）中，中性粒细胞（neutrophil）在抗化脓性细菌感染方面，发挥重要作用。受损的细胞释放可溶性因子，促使多形核白细胞从血液中迁移至受损的组织。此外，血液中或体液中可溶性因子可促使炎症细胞迁移至病变部位。骨髓中的淋巴干细胞可产生T淋巴细胞

（T lymphocyte）和B淋巴细胞（B lymphocyte）（图3.5）。在相应组织内熟化后，这些淋巴细胞以及它们的分泌物，共同构成了获得性免疫。

表3.3列出了先天性免疫和获得性免疫的差异。脊椎动物和无脊椎动物都存在防御感染的先天性免疫。物理屏障、机械性活动、生理因素、可溶性抗菌物和吞噬细胞共同构成了先天性免疫，即对疾病的天然抵抗力，它能对病原的入侵做出快速而没有记忆的反应。表3.4阐述了先天性免疫各个组分及其生理活动在抗感染方面的作用。贴3.1列举了能够改变宿主对病原微生物敏感性的因素。获得性免疫仅存在于脊椎动物，是自然感染或者疫苗免疫所诱导的。参与获得性免疫应答的T细胞和B细胞释放一些可溶性蛋白，称为细胞因子（cytokine）。很多种类的细胞，尤其是T细胞，都能分泌细胞因子。这些分子量较小的调节性蛋白或糖蛋白，是细胞之间交流的化学信号。抗体是由B细胞分化出的浆细胞分泌的。传染性病原诱导的抗体能够与传染性病原发生高度特异性结合（图3.6）。

先天性免疫可以看作宿主针对机会性病原的第一道防御屏障，而获得性免疫虽然产生较慢，但可以对许多致病性病原的侵袭，产生特异性的、有效的免疫应答。由于记忆细胞的形成，所以有T淋巴

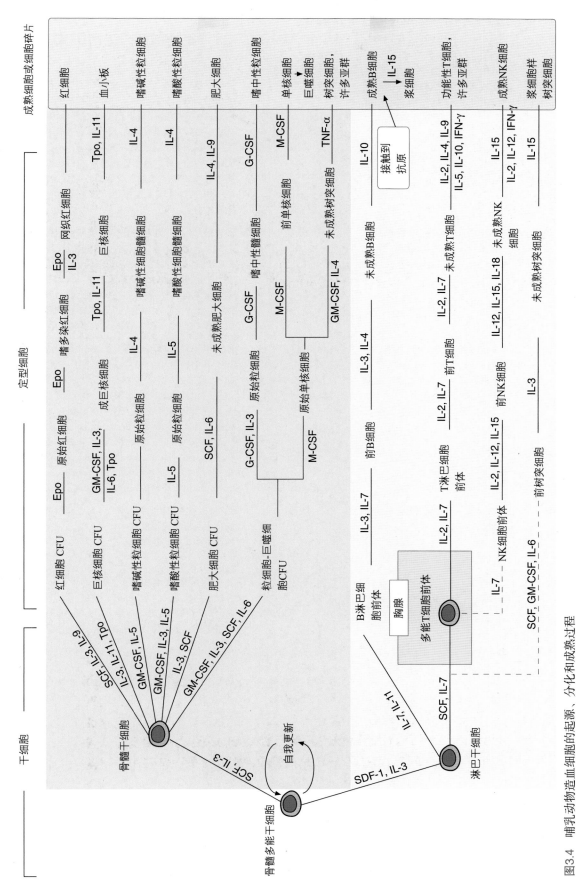

图3.4 哺乳动物造血细胞的起源、分化和成熟过程

细胞外的生长因子和分化因子显著影响着造血细胞的分化。CFU：集落形成单位；Epo：促红细胞生成素；GM-CSF：粒细胞单核细胞集落刺激因子；G-CSF：粒细胞集落刺激因子；IL：白介素；INF-γ：γ干扰素；M-CSF：单核细胞集落刺激因子；SCF：干细胞因子；SDF-1：基质细胞衍生因子1；TNF-α：α肿瘤坏死因子；Tpo：促血小板生成素。

表3.2　与造血过程有关的一些细胞或血小板的起源、谱系、分布等特点

细胞或血小板	起源	谱系	形态学	分布	说明
嗜碱性粒细胞	骨髓	来自骨髓干细胞	分叶状细胞核、细胞质含有大的异染性颗粒	血液	血液中的粒细胞，没有吞噬功能，其结构和功能类似于肥大细胞；是血涂片中最不常见的白细胞，在血液白细胞中的比重不到1%；它们细胞质中的颗粒被碱性染料染色很深，这些颗粒含有药理活性物质，包括组胺、蛋白酶和细胞因子；表达高亲和力的IgE受体；参加速发型超敏反应；从嗜碱性粒细胞释放的物质能增加血管通透性，促进血管扩张；C3a和C5a与嗜碱性粒细胞受体结合，导致这些细胞脱颗粒
B淋巴细胞	骨髓	来自淋巴干细胞	圆形的或者轻微的锯齿状、浓密的细胞核	血液和组织	哺乳动物B淋巴细胞在骨髓或者肠道相关淋巴组织中成熟；鸟类B淋巴细胞的成熟部位是法氏囊；B淋巴细胞主要发现于淋巴滤泡和次级淋巴组织；B淋巴细胞表面的膜免疫球蛋白是其抗原受体，该受体与抗原相互作用后，将B淋巴细胞诱导为分泌抗体的浆细胞和记忆细胞；作为唯一能产生抗体的细胞，B淋巴细胞在体液免疫中发挥着核心作用
树突细胞	骨髓	有些来自骨髓干细胞，有些可能来源于淋巴干细胞	大的单核细胞，有细长的突起（类似于神经细胞突起）	发现于皮肤、大多数器官、淋巴组织、血液和淋巴液中	是一组专门从事抗原提呈的细胞，其特征是细胞膜上有一些微小的突起，这些突起呈抗原给辅助性T细胞；这些细胞来源于淋巴干细胞或者单核干细胞，存在于皮肤和脾中，与黏膜上皮密切相关；它含有多个亚群，包括朗罕树突细胞、间质树突细胞（interstitial dendritic cell）、并指树突细胞（interdigitating dendritic cell）、浆细胞样树突细胞（plasmacytoid dendritic cell）；这些细胞有一个独特的亚型，即滤泡树突细胞（follicular dendritic cell），提呈抗原给B淋巴细胞
嗜酸性粒细胞	骨髓	来自骨髓干细胞	细胞质含有大的颗粒，有双叶细胞核，对酸性染料有亲和力	血液和组织	能移行的粒细胞，有吞噬活性，在抵抗一些多细胞的寄生虫感染方面有保护作用；在速发型超敏反应的组织中大量出现
红细胞	骨髓	来自骨髓干细胞	无细胞核，细胞呈扁平双凹形	血液	血中最丰富，人的红细胞寿命120天，家畜可达140天；红细胞的产生受促红细胞生成素控制，该激素由肾皮质和髓质细胞产生；C3a和C4a的受体存在于红细胞，该受体促进免疫复合物的清除
巨噬细胞	骨髓	来自骨髓干细胞	大的细胞，单个的细胞核呈不规则轮廓	出现在全身组织中。有些驻留于特定的器官中，有些处于巡游状态	来源于血液中单核细胞的巨噬细胞可驻留于特定的器官，包括肺的肺泡巨噬细胞、肝的枯否细胞、肾的肾小球系膜细胞；它们被T细胞或NK细胞分泌的γ干扰素激活后，吞噬功能活跃，能破坏被摄入的病原微生物；巨噬细胞还能作为抗原提呈细胞，在先天性免疫和获得性免疫中发挥核心作用
肥大细胞	骨髓	来自骨髓干细胞	单个细胞核，细胞质含有异染性颗粒	血管和神经附近结缔组织，或黏膜组织的固有层（lamina propria）	包含大量的颗粒，这些颗粒中富含组胺、肝素等活性物质；表达高亲和力的IgE受体；抗原与IgE结合后，再与肥大细胞的Fc受体结合，引起肥大细胞脱颗粒，释放活性物质，导致速发型超敏反应；C3a和C5a结合到肥大细胞受体，也能导致这些细胞脱颗粒

（续）

细胞或血小板	起源	谱系	形态学	分布	说明
单核细胞	骨髓	来自骨髓干细胞	大的细胞，单个的细胞核呈肾型	血液	能移行的单核吞噬细胞，在分化成组织吞噬细胞前，在血液中循环较短时间
自然杀伤细胞	骨髓	来自淋巴干细胞	大的细胞，单个的细胞核，含有颗粒	血液和外围组织	大的含有颗粒的细胞毒性淋巴细胞；该细胞不同于T淋巴细胞和B淋巴细胞，它通过破坏被病毒感染的细胞，而参与先天性免疫反应；自然杀伤细胞分泌γ干扰素来激活巨噬细胞；自然杀伤细胞没有类似于膜免疫球蛋白或者T细胞受体的受体，所以不能识别各种各样的抗原决定簇；因为自然杀伤细胞表达IgG的Fc受体，它们能参与到抗体依赖性细胞介导的细胞毒作用，破坏被抗体标记的靶细胞
中性粒细胞	骨髓	来自骨髓干细胞	细胞质含有浅粉色颗粒，有多个细胞核	血液，在趋化因子作用下，可迁移到组织中	存活时间短，能够移行，能够吞噬和破坏病原菌；它们的颗粒中含有多种具有降解活性的酶，包括酸性水解酶、弹性蛋白酶和溶菌酶；被吞噬的病原微生物在中性粒细胞的溶酶体中被这些酶降解消化
浆细胞	骨髓	来自淋巴干细胞	具有丰富的内质网，含嗜碱性颗粒，细胞核呈车轮状且偏离中心	结缔组织和次级淋巴器官，包括脾、淋巴集合和淋巴结	当成熟的B淋巴细胞与抗原性物质相互作用时，分化为浆细胞；浆细胞分泌抗体，寿命长达2周
血小板	源自骨髓的巨核细胞（megakar-yocyte）	来自骨髓干细胞	细胞碎片（无细胞核）	血液	巨核细胞在促血小板生成素作用下产生的细胞碎片，即血小板，没有细胞核；血小板黏附于血管皮下内膜，可启动血液凝固；在炎症反应中，血小板在IL-6影响下数量增加（IL-6似乎诱导血小板生成素的产生）；血小板上有C1q的补体
T淋巴细胞	源自骨髓，在胸腺中成熟	来自淋巴干细胞	圆形或者轻微的锯齿状、浓稠的核	血液和组织	在获得性免疫中，T淋巴细胞介导的免疫反应；T淋巴细胞表面表达CD4或CD8糖蛋白，以及T细胞受体；T细胞受体识别自身MHC分子提呈的抗原肽；T细胞按照功能可以分为CD4$^+$的辅助性T细胞、CD8$^+$的细胞毒性T淋巴细胞。近来，还确认了分泌炎症促进因子的T_H17亚群的T细胞、抑制宿主免疫反应的调节性T细胞（Treg）、分泌β转化生长因子的T_H3亚群的T细胞（该细胞可能有助于调节性T细胞的分化）

细胞和B淋巴细胞参与的再次免疫反应，比第一次免疫反应要快。表3.5描述了T淋巴细胞和B淋巴细胞的差异，以及它们在获得性免疫应答中的作用。

△ 贴3.1 可限制病原菌定殖或改变对病原微生物易感性的因素
- 在宿主细胞上，正常菌群与细菌性或真菌性病原体之间竞争营养或附着位点
- 正常体温可以使一些动物抵抗某些病原体
- 有一些动物天然能够抵抗特定种类的病原微生物

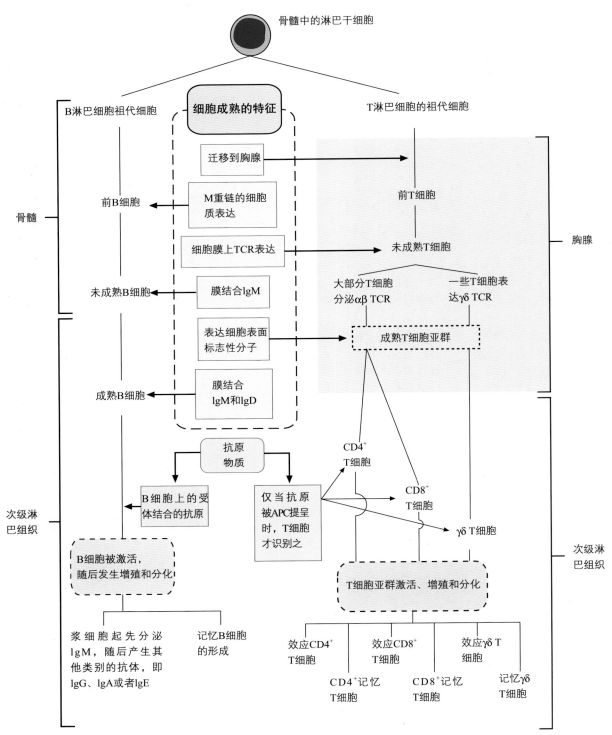

图3.5 哺乳动物骨髓中淋巴干细胞分化成B淋巴细胞和T淋巴细胞的各个阶段

它们在与抗原斗争中，形成了效应细胞和记忆细胞。APC：抗原提呈细胞；TCR：T细胞受体。

表 3.3　先天性免疫和获得性免疫特点比较

特点	先天性免疫	获得性免疫
进化史	所有动物都具备的一种古老的保护形式	脊椎动物在进化中形成的，比先天性免疫系统出现要晚
诱发	在出生时就存在，没接触任何病原体就能发挥作用	出生后在抗原刺激下发挥作用
应答速度	感染后几分钟到几小时内迅速作出应答	相对较慢；可能需要长达7天才能产生保护力
生理屏障	皮肤、黏膜、鼻甲、脱落的黏膜纤毛	不适用
机械作用	眼泪和尿液的冲刷作用、肠蠕动、咳嗽和打喷嚏	不适用
生理影响	皮肤、胃液、胆汁、黏液的低pH	不适用
特异性	相对非特异；同一个细胞和分子可以与多种传染性病原的决定簇发生反应	高度特异；免疫应答细胞发生多种多样的遗传变化，从而能够对病原体每一个决定簇，产生特异性反应
传染性病原的识别	通过吞噬细胞、上皮细胞、血清或位于细胞内的模式识别受体，识别传染性病原	B淋巴细胞上的膜表面免疫球蛋白和T淋巴细胞上的T细胞受体，都是抗原识别分子
识别分子的性质、数量和作用	模式识别受体识别微生物保守的结构，如脂磷壁酸和脂多糖；大概有数百种识别微生物的模式识别受体	固定在病原体上或游离的抗原性物质，可以被免疫球蛋白识别。T细胞受体识别结合到宿主细胞MHC分子上的抗原肽。T淋巴细胞和B淋巴细胞存在大量的识别抗原的受体
免疫记忆	缺少免疫记忆；再次接触相同的病原，免疫应答不会增强	存在免疫记忆；再次接触病原，免疫应答变得更快、更强、效力更持久
不良反应发生的概率	很少造成组织损伤的不良反应	由不良反应（超敏反应或自身免疫性疾病）造成的组织损伤，时有发生
对宿主防御体系的贡献	是防御机会性病原的第一道防线；对致病微生物提供有限的保护，是启动获得性免疫应答必需的基础	对多种致病微生物产生持久的保护性免疫反应；当再次遇到相同的病原，会引起更为有效的免疫反应
参与的细胞	多形核白细胞、单核细胞、巨噬细胞、自然杀伤细胞、树突细胞、肥大细胞和上皮细胞	抗原提呈细胞、B淋巴细胞和T淋巴细胞
主要的可溶性分子	补体、溶菌酶、干扰素、应激蛋白、具有降解活性的酶、细胞因子和抗菌肽	由T淋巴细胞产生的细胞因子以及细胞毒性物质、浆细胞分泌的抗体

表3.4　解剖结构和机械活动对抗感染的天然保护的作用

解剖结构和机械活动	说明
皮肤	对细菌和真菌的侵袭，提供机械保护；皮肤表层脱屑可移除附着其上的微生物
黏膜	黏膜表面覆盖一层黏液，能截留微生物，阻止致病菌入侵宿主体内；此外，黏液含有抗菌物质，如溶菌酶；脱落的肠上皮细胞可黏附细菌并将之排出体外
纤毛清除	肺呼吸道覆盖着黏液，并通过纤毛上皮细胞将进入的微粒排送到咽部
鼻甲	作为挡板，将吸入空气中的微粒转移到覆盖黏液的鼻腔内表面
尿液和泪液分泌物的冲刷作用	从相应的组织表面清除细菌
肠蠕动	推动肠内容物和微生物排出体外
咳嗽和打喷嚏	将颗粒从上呼吸道排出

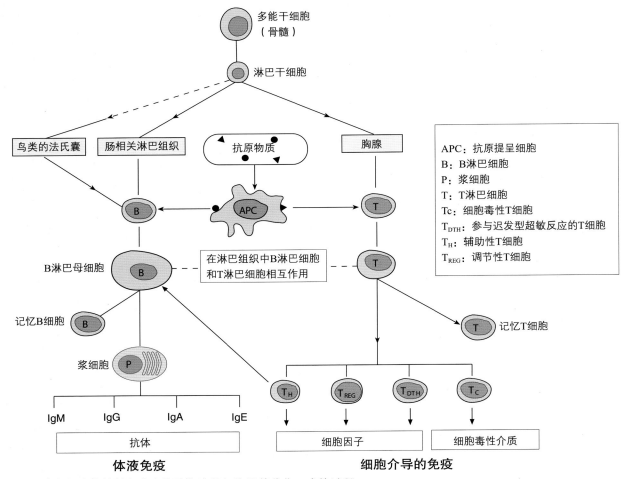

图3.6 参与细胞介导的免疫和体液免疫的细胞及其分化、成熟过程
在鸟类中，淋巴干细胞有一部分迁移到法氏囊，分化为B细胞。

表3.5 T淋巴细胞和B淋巴细胞的功能及其在获得性免疫应答中的作用

特点	T淋巴细胞	B淋巴细胞
起源部位	骨髓	骨髓
成熟部位	胸腺	鸟类法氏囊；哺乳动物骨髓和相关淋巴组织
抗原受体	T细胞受体	膜表面免疫球蛋白，当B细胞与抗原相互作用后，分化为浆细胞，浆细胞产生抗体
产生的可溶性因子	激活的T细胞分泌一些细胞因子	抗体
保护性作用	参与细胞介导的免疫反应，对清除细胞内增殖的病原尤为重要	抗体在对抗许多传染性病原方面，发挥保护性作用
参与超敏反应	参与Ⅳ型超敏反应	参与Ⅰ型、Ⅱ型和Ⅲ型超敏反应
免疫记忆作用	产生记忆T细胞	产生记忆B细胞

（二）先天性免疫

■病原识别

巨噬细胞（macrophage）和其他吞噬细胞识别病原微生物，依赖于细胞编码的模式识别受体（pattern recognition receptor，PRR）。不同于获得性免疫中特异性反应的识别系统，这些受体分子不发生体细胞突变。PRR存在于先天性免疫系统的细胞中，识别微生物上被称为"病原相关的分子模式"（pathogen-associated molecular pattern，PAMP）的保守结构。PAMP保守结构的典型例子包括革兰阳性菌的脂磷壁酸、革兰阴性菌的脂多糖和真菌的β-葡聚糖。这些保守结构的识别使宿主能够通过一组有限的受体识别多种微生物。

PRR的表达受到细胞因子和包括微生物成分在内的免疫调节剂的调节。除了病原识别，PRR也影响巨噬细胞介导的反应，并且在很大程度上决定了针对入侵微生物的免疫应答性质。这些受体可能存在于细胞膜上，或游离在血清中，或位于细胞内。血清来源的PRR包括胶凝素（collectin）、五聚素（pentraxin）以及补体成分C1q和C3。这些补体成分结合微生物后，促进吞噬细胞上的调理素受体（opsonic receptor）识别和黏附这些微生物。获得性免疫诱导产生特异性抗体后，微生物与这些抗体结合，再与吞噬细胞上的抗体Fc受体结合，为吞噬细胞提供了另一种调理素识别方式。微生物还可以与C型凝集素（C-type lectin）、富亮氨酸蛋白（leucinerich protein）、清道夫受体（scavenger receptor）和整合素（integrin）相互作用，无需调理性分子参与，就可以被吞噬细胞直接识别。

虽然许多不同的PRR都可以介导微生物被捕捉和被吞噬的过程，但捕捉后引发适当的免疫反应，多数归因于这样一类PRR分子，即toll样受体（toll-like receptor，TLR）。这些受体类似于白介素-1（interleukin-1，IL-1）受体的特性。不同的TLR分子联合作用，可以区分不同种类的微生物病原体，启动类似于IL-1受体介导的信号级联反应（cascade），从而激活存在于细胞质中的核因子κB（nuclear factor κB，NF-κB）。激活的NF-κB从细胞质移动到细胞核，结合到转录起始位点，增加肿瘤坏死因子α（tumour necrosis factor-α，TNF-α）、IL-1β、IL-12等炎症促进因子（proinflammatory cytokine）的翻译。

除了巨噬细胞参与病原识别的受体，还有许多其他的受体，如细胞因子受体、趋化因子受体，参与吞噬细胞的迁移、黏附和抗原提呈给T淋巴细胞的过程。

■参与先天性免疫的细胞

骨髓中多能干细胞演化成两群重要的细胞：一群属于髓样细胞（myeloid cell），另一群属于淋巴样细胞（lymphoid cell）。中性粒细胞（neutrophil）、嗜酸性粒细胞（eosinophil）和嗜碱性粒细胞（basophil），都属于多形核细胞（polymorphonuclear cell）；它们起源于原始粒细胞（myeloblast），而单核巨噬细胞（monocyte-macrophage）却来源于原始单核细胞（monoblast）（图3.4）。虽然许多类型的细胞能够吞噬颗粒，但巨噬细胞和中性粒细胞是先天性免疫系统中最重要的吞噬细胞。

中性粒细胞在骨髓中形成后，转移到血液，后期进入各个组织。虽然它们的寿命只有几天时间，但它们能够对入侵的微生物（尤其是细菌）做出快速响应。单核细胞和巨噬细胞对细菌入侵的反应比较慢，但它们可以更好地吞噬和消灭入侵的病原体，尤其是那些能在细胞内繁殖的微生物。

■中性粒细胞

当化脓性细菌侵入组织后，中性粒细胞是第一批到达炎症部位的细胞。炎症部位受损的内皮细胞分泌黏合蛋白，该蛋白能够结合中性粒细胞。内皮组织捕捉中性粒细胞，以及中性粒细胞在内皮组织滚动移行，是中性粒细胞与选择素（selectin）和β整合素（integrin）相继发生作用的结果，这种作用可以克服中性粒细胞移动所遇到的阻力（Ferrante，2005）。中性粒细胞从内皮细胞之间穿过，即细胞渗出（diapedesis），其后在趋化因子（如C5a）的刺激下，迁移到组织中受到病原体入侵的部位。接着，中性粒细胞与入侵的病原发生黏附作用，然后开始吞噬病原体。但是，在缺乏调理素（opsonin）时，中性粒细胞对于许多细菌的吞噬作用是无效的。

■单核巨噬细胞

虽然单核巨噬细胞与中性粒细胞共享同一祖代细胞，但单核巨噬细胞在许多方面，与中性粒细胞是不同的。循环系统的单核细胞进入组织后，成为组织中驻留的巨噬细胞（图3.4）。整个身体中都存在组织巨噬细胞，根据组织部位不同，其名称和功能也有所差异：存在于肺的是肺泡巨噬细胞（alveolar macrophage），存在于肝的是枯否细胞（Kupffer cell），存在于大脑中的是小胶质细胞（microglial cell）。不同于中性粒细胞，巨噬细胞是长寿命的细胞，它可以更好地吞噬并最终消灭微生物。巨噬细胞还有很多重要功能，例如吞噬作用、将抗原提呈给T细胞而启动获得性免疫反应，分泌细胞因子从而活化淋巴细胞，促进炎症反应。

■树突细胞

有一类细胞，它们能够以T淋巴细胞能够识别的形式，将抗原提呈给T淋巴细胞。这类细胞被称为抗原提呈细胞（antigen-presenting cell，APC）。虽然许多表达MHC（组织相容性抗原）分子的细胞能够将抗原提呈给T淋巴细胞，它们因此也可以称为APC，但按照惯例，APC是指通过MHC分子向CD4$^+$辅助性T淋巴细胞提呈抗原的细胞，通常是巨噬细胞、树突细胞和B淋巴细胞；而通过MHC分子向CD8$^+$细胞毒性T细胞提呈抗原的细胞，被称为靶细胞。APC是一群与先天性免疫和获得性免疫反应相关的、有差异的白细胞，它们对辅助性T细胞的功能发挥非常重要。在此方面，树突细胞和巨噬细胞尤为重要；其他类型的细胞，在急性炎症反应的短暂期间，在抗原提呈作用上也发挥作用。树突细胞因为表达了高水平的MHCⅡ类分子，又有共刺激活性，被认为是最有效的抗原提呈细胞。

树突细胞是白细胞中表达MHCⅡ分子的一组特别的白细胞，分布于人体的大部分组织中。这些细胞来源于淋巴细胞或单核吞噬细胞系，出现在皮肤、淋巴结、脾，并与上皮黏膜关系密切。树突细胞在功能上可以分为两类：一类主要是向T淋巴细胞提呈抗原；另一类是以免疫复合物的形式，被动地向B淋巴细胞提呈抗原物。后者的细胞被称为滤泡树突细胞（follicular dendritic cell）。

除滤泡树突细胞和B淋巴细胞相互作用以外，还有至少四个亚群的树突细胞具有激活T淋巴细胞和促进其分化作用。这些亚群包括位于表皮的朗罕树突细胞（Langerhans dendritic cell）、间质树突细胞（interstitial dendritic cell）、并指树突细胞（interdigitating dendritic cell）和浆细胞样树突细胞（plasmacytoid dendritic cell）。虽然它们确切的功能可能与它们的解剖位置相关，但整体上，它们都能够启动CD4$^+$的T细胞反应。

树突细胞在接受与处理MHCⅡ类所提呈的抗原方面，非常有效。它们能够表达一系列的共刺激分子，并分泌一些可溶性因子，促进T淋巴细胞的活化和分化。由于树突细胞对来自于病原体和受损的组织的信号特别敏感，所以它们是先天性免疫反应和获得性免疫反应系统中非常重要的细胞。

这些细胞可以识别传染性病原体对宿主的威胁，从而向身体的免疫系统发出信号，使免疫系统以合适的方式检测这些微生物，并作出反应。表皮中的朗罕树突细胞来源于骨髓干细胞，是一种组织内驻留的树突细胞。这些相对不成熟的处于静止的细胞，通过内吞作用（endocytosis）和吞噬作用（phagocytosis）监视周围的环境。当这些APC接触到致病微生物的产物，如脂多糖、鞭毛蛋白、细菌DNA或病毒核酸等，其toll样受体（TLR）与这些微生物产物结合后，激活了这些APC。这些APC摄取这些外来的微生物的产物，将其处理为一些抗原肽，而抗原肽与MHCⅡ类分子形成复合物，这些复合物转移到细胞表面，并在那里可以保持很长时间。与这些生物活性相一致的是，树突细胞可以自主运动，能够迁移到淋巴结中。树突细胞活化后，表达共刺激信号，这是T淋巴细胞充分激活所需要的。树突细胞是功能最强的抗原提呈细胞，可以借助许多形式执行不同的功能。在外周组织，它们充当哨兵，监视其周围环境，然后将捕获的抗原物质转移到淋巴器官，提呈给T淋巴细胞。

有一群独特的树突细胞，即滤泡树突细胞，它们虽然在形态上类似于其他的树突细胞，但在谱系和功能上与其他向T淋巴细胞提呈抗原的树突细胞，有所不同。这些细胞不是起源于骨髓干细胞或淋巴系干细胞，也不表达MHCⅡ类分子。因此，它们不提呈抗原，不能激活T淋巴辅助性细胞。这些树突细胞的另一个特点是它们定位在B细胞滤泡中，因而这类细胞被称为滤泡树突细胞。滤泡树突细胞向B细胞提呈完整的抗原或抗体结合的抗原复合物；有时补体成分也会黏附在抗体抗原复合物上。滤泡树突细胞提呈的免疫复合物，可能有助于B细胞的成熟，并且可能有助于记忆B淋巴细胞的长期存活。

■自然杀伤细胞

在哺乳动物的血液中，有超过15%的淋巴细胞既不是T淋巴细胞，又不是B淋巴细胞，它们属于一个独特的细胞群，称为自然杀伤细胞（natural killer cell，NK细胞）。这些大颗粒淋巴细胞对于其他细胞具有毒性，但缺乏T淋巴细胞和B淋巴细胞所携带的抗原结合受体。虽然NK细胞也可以从胸腺中分离出来，但胸腺并没有在NK细胞的发育过程中起到关键作用。对NK细胞发育中特别重要的是细胞因子IL-15

（图3.4）。NK细胞和细胞毒性T淋巴细胞（CD8[+]的T细胞）具有一些共同的特点。这两种类型的细胞都来自淋巴干细胞，都具有细胞毒性，都分泌炎症促进因子、γ干扰素（IFN-γ）。然而，在其他许多方面，这两个具有细胞毒性的细胞类型仍有很大不同。NK细胞存在于循环系统或血液含量丰富的器官（如脾和肝）之中。这些细胞表现出对肿瘤细胞、病毒感染的细胞的自然杀伤作用。在病毒感染过程中，感染的细胞和免疫细胞分泌一些细胞因子，这些细胞因子能够召集和激活NK细胞。

Ⅰ型干扰素、IL-12和IL-15对NK细胞的刺激和激活，特别重要。尽管缺乏特异性受体，NK细胞仍然可以识别肿瘤细胞或被病毒感染的细胞。NK细胞可通过两种方式识别这些靶细胞：①NK细胞利用NK细胞受体检测到靶细胞表面存在异常的表面抗原；②NK细胞检测到正常细胞上MHCⅠ类分子发生显著减少。在某些病毒感染过程中，受感染的细胞表面呈现出病毒的抗原，继而诱导抗体产生反应。抗病毒抗体与结合到被感染细胞表面所提呈的病毒抗原。由于NK细胞有结合抗体的受体，所以它们能够借助于上述抗体，与受病毒感染的细胞表面发生接触，并进而使被病毒感染的细胞裂解死亡。这种细胞毒性作用被称为抗体依赖性细胞介导的细胞毒作用（antibody-dependent cell-mediated cytotoxicity，ADCC）。在这一反应中，与被病毒感染的细胞结合的抗体帮助NK细胞识别被病毒感染的细胞。

NK细胞与细胞毒性T淋巴细胞的共同特征是摧毁靶细胞。NK细胞的细胞质中含有大量颗粒，这些颗粒中储存有穿孔素（perforin）和颗粒酶（granzyme）。在NK细胞与靶细胞接触时，NK细胞的颗粒内容物释放到靶细胞的表面，并在细胞外高钙水平下，穿孔素在靶细胞表面导致一些小孔。这些小孔允许颗粒酶进入靶细胞，颗粒酶是一种丝氨酸蛋白酶。丝氨酸蛋白酶切割和激活细胞内的凋亡酶（caspase），结果使靶细胞凋亡。

在病毒感染早期，NK细胞的参与及Ⅰ型干扰素的产生，是宿主重要的抗感染机制。这两类物质在抗病毒感染的获得性免疫发挥作用之前，提供了相当有用的短期防护。NK细胞不产生免疫记忆。

■补体

补体系统由约30种血清蛋白和细胞膜蛋白组成。它们可以调节和参与多种免疫反应，包括促进炎症反应、趋化作用、调理作用，以及对有囊膜的病毒的破膜溶解作用等。构成补体系统的多种可溶性蛋白的合成遍布整个身体的不同部位，但是肝脏是一些补体成分合成的主要部位。单核细胞、巨噬细胞以及胃肠道和泌尿生殖道的上皮细胞也能产生大量的某些补体成分。补体系统中的膜结合蛋白质大多数是在表达这些蛋白质的细胞中合成的。

大部分补体成分以没有活性的酶（proenzyme）形式存在于循环系统中。它们被水解去除了抑制活性的片段，暴露出活性位点后，才具有活性。补体系统可以在宿主受到微生物感染但还没有产生抗体时被激活，这是作为先天性免疫反应的一部分。与病原体结合的抗体也能激活补体，这是获得性免疫反应的一部分。在进化上，补体系统被认为是一个非常古老的防御机制，它早于获得性免疫系统的出现。

补体成分使用数字C1至C9来表示。这个数字代表每一个补体成分被发现的时间顺序，而不是它们激活序列的顺序中的位置。补体生化反应顺序是C1-C4-C2-C3-C5-C6-C7-C8-C9。那些与补体成分相互作用的因子用大写字母符号表示，而补体成分的名称后小写字母符号表示相应的补体成分被激活后形成的肽片段。补体成分水解后产生小片段的名称上有一横线，表示该片段具有酶活性。补体的激活过程中，涉及补体系统单个成分（如C4b）或一些复合体（如C$\overline{4b2a}$复合体，即C3转化酶）。被激活的补体成分或复合体能共价结合到其活化范围内的细胞表面上，从而保证了其作用范围局限于特定的部位。少量的补体分子激活后，能导致大量的效应分子产生。正由于这个原因，补体系统受到许多血清蛋白和细胞膜蛋白的有效调控。

■补体活化途径

补体活化有三种途径（图3.7）。其中有两种不需要抗原抗体复合物的参与，被称为旁路途径（alternative pathways）和凝集素途径（lectin pathways）；另外一种需要免疫复合物的引发，被称为经典途径（classical pathway）。表3.6列出了补体活化三种途径的概况。这三种途径最后都有一个共同的结尾阶段（terminal pathway）。在结尾阶段，靶细胞的细胞膜受到补体复合体的攻击，产生跨膜孔隙，

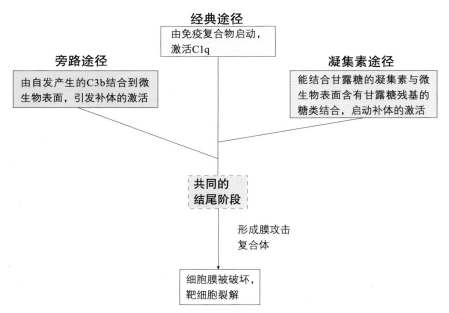

图3.7　通过经典途径、旁路途径和凝集素途径的补体激活方式
免疫复合物的形成（抗体与抗原）发起的经典途径；微生物表面可激活的旁路途径；微生物的碳水化合物可以激活的凝集素途径。后两种补体激活方法不需要抗体的参与。

引起细胞膜渗透性裂解。

■经典途径

补体经典激活途径通常是免疫复合物引发的。此复合物中含有IgM或IgG抗体。抗原抗体复合物形成时，引起了抗体分子发生变构，即Fc部分发生构象变化，暴露出C1成分结合位点。在血浆中，C1是一个多组分构成的大的复杂体，包括一个识别Fc的C1q分子、两个C1r酶分子和两个C1s酶分子。C1q、C1r和C1s之间通过钙离子相互交联。补体C1q结合到抗体Fc部分，导致了C1q分子发生诱导构象变化，这种构象变化又导致了C1r构象发生变化，使C1r自我催化而被激活。

激活的C1r使C1s裂解，C1s具有丝氨酸蛋白酶活性。在活化的补体复合物中，C1s裂解了经典途径第二个成分，即C4，将C4裂解为C4a和C4b。C4b与C1附近的靶细胞膜结合，而C2酶原在镁离子帮助下与C4b所暴露的结合位点结合。当C2与C4b结合后，被相邻的C1s切断，产生C2a片段（仍与C4b结合）和C2b（该片段较小，从C4b和C2a的结合体脱落下来）。这样就形成了C$\overline{4b\ 2a}$复合体。该复合体被称为C3转化酶。这是因为C$\overline{4b\ 2a}$中的C2a具有丝氨酸蛋白酶活性，能够裂解C3这个补体系统最丰富的成

分。C3裂解后，释放小的、具有生物活性的肽C3a和另一片段C3b。C3b与C$\overline{4b\ 2a}$结合，形成一个新复合体C$\overline{4b\ 2a\ 3b}$。C$\overline{4b\ 2a\ 3b}$是C5转化酶。C5与C$\overline{4b\ 2a\ 3b}$中C3b结合而被水解为C5b（结合到C$\overline{4b\ 2a\ 3b}$复合体上）和C5a（扩散消失）。经典途径具体过程见图3.8。

补体激活的结尾阶段依次涉及C$\overline{5b}$、C6、C7、C8和C9等成分。它们形成一个大分子结构的膜攻击复合体。这个复合体能在靶细胞的细胞膜上钻出一个孔，该孔允许水和离子的自由运动，导致靶细胞发生渗透性裂解。膜攻击复合体的形成需要C6分子结合到C5b上，然后C$\overline{5b\ 6}$复合体结合C7。结合C7后，C$\overline{5b\ 6\ 7}$复合体的构象发生变化，从而从C5转化酶（C$\overline{4b\ 2a\ 3b}$）上脱落下来，并形成C8的结合位点。C8结合到C$\overline{5b\ 6\ 7}$的复合体，诱导C8发生构象变化，并与靶细胞的细胞膜相互作用。

C$\overline{5b\ 6\ 7\ 8}$复合体在靶细胞膜上制造一个小孔。膜攻击复合体形成的最后一步是C9结合到C$\overline{5b\ 6\ 7\ 8}$复合体上，并发生聚集。当C9结合到C$\overline{5b\ 6\ 7\ 8}$复合体上，C9的构象发生重大变化。该结尾阶段的复合体的形成暴露出C9结合的其他位点，促进膜攻击复合体的最终构建完毕。膜攻击复合体插入靶细胞的细胞膜，制造出小孔。该小孔在电镜下清晰可见。膜攻击复合体在靶细胞的细胞膜造孔后，导致靶细胞

表3.6 补体激活的经典途径、旁路途径和凝集素途径所涉及的组分及其作用

组分	作用
经典途径	
C1q	通过C1q球状头部基团与免疫复合物中的抗体的Fc区结合，引起C1r自我催化
C1r	激活的C1r剪切和激活C1s
C1s	当C1s被激活后，具有丝氨酸蛋白酶的活性。该酶有两个底物：C4和C2。C1q、C1r、C1s组成的复合体被激活后，形成三聚体的$C\overline{1}$
C4	在C1s作用下，C4裂解产生结合$C\overline{1}$的C4b和另一个片段C4a
C2	C2结合C4b，并在C1s作用下，裂解为C2a和C2b；C2a结合到这一复合体，形成$C4b\ \overline{2a}$（C3转化酶）
C3（三个途径共享）	当C3被C3转化酶作用后，C3裂解为C3b和C3a，形成$C4b\ \overline{2a}\ \overline{3b}$（C5转化酶）；而C3a片段被释放
旁路途径	
C3	C3自发水解形成的C3b，C3b与微生物表面结合后，激活旁路途径
B因子	B因子结合到C3b上，并激活D因子
D因子	当D因子与B因子结合后，将B因子裂解为Ba和Bb两个片段。其中Bb与上述复合体结合，形成$C3b\ \overline{Bb}$复合体（C3转化酶）；$C3b\ \overline{Bb}$复合体再作用于C3后，形成$C3b\ \overline{Bb}\ \overline{3b}$复合体（C5转化酶）
备解素（properdin）	$C4b\ \overline{Bb}$复合体结合了备解素后，更加稳定
凝集素途径	
能结合甘露糖的凝集素（MBL）	MBL能与微生物表面的糖蛋白或碳水化合物的甘露糖结合，其活性类似于C1q
MBL相关的丝氨酸蛋白酶（MASP）：MASP-1和MASP-2	当MBL与甘露糖结合后，MASP-1和MASP-2被激活而具有类似经典途径的C1s的活性，裂解C4
各途径的结尾阶段	
C5	经典途径中$C4b\ \overline{2a}\ \overline{3b}$的复合体（C5转化酶），将C5裂解成C5b（C5b与上述复合体结合），并释放C5a；在旁路途径中，$C3b\ \overline{Bb}\ \overline{3b}$复合体形成的C5转化酶，发挥类似于$C4b\ \overline{2a}\ \overline{3b}$的作用
C6	C6与C5b结合，并与C7相互作用
C7	与$C5\overline{b}\ \overline{6}$的复合体结合，形成一个C8结合的位点
C8	与$C5\overline{b}\ \overline{6}\ \overline{7}$的复合体结合
C9	当C9与$C5\overline{b}\ \overline{6}\ \overline{7}\ \overline{8}$的复合体结合，形成膜攻击复合体

渗透性裂解。有核细胞借助于离子泵（ion pump）的作用和膜自我修复的功能，能够抵抗膜攻击复合体的钻孔破坏作用。然而，膜攻击复合体引起的损伤有时也能导致有核的靶细胞凋亡。

补体活化的一个特征是一系列的蛋白发生水解而被激活（级联反应）。一个单独的C3转化酶复合体可产生许多C3b分子，从而放大这一步骤的效应。补体系统激活所产生的效应，使补体成分、碎片和复合体在抗感染的先天性免疫反应中，发挥核心作用。

补体系统也能增强特异性抗体在对抗病原微生物方面的作用。

■凝集素途径

凝集素途径是由微生物的碳水化合物引起的补体活化途径。它与经典途径在起始识别和活化步骤上有所不同。凝集素是可以识别特定的碳水化合物并与之结合的蛋白质。其中，能结合甘露糖的凝集素（mannose-binding lectin，MBL）是一种分子量较

大的血清凝集素，它能够结合细菌、真菌、原生动物的细胞壁以及某些病毒的囊膜上的甘露糖和N-乙酰葡糖胺。在补体激活的凝集素途径中，两种MBL相关的丝氨酸蛋白酶（mannose-binding lectin-associated serine protease，MASP）：MASP-1和MASP-2，发挥酶的活性，见图3.8。当MBL与细菌表面的甘露糖残基结合后，发生构象变化，从而激活MASP-1和MASP-2的自我催化活性。激活的MASP-1和MASP-2可水解C4和C2。由于MASP-1和MASP-2在结构和生化活性上类似C1r和C1s，其激活C4和C2的方式类似于补体经典途径。这种C4和C2的激活方式，与旁路途径一样，不需要特异性抗体的参与，因此是一种重要的先天性免疫机制，但它与补体激活的经典途径仍有密切联系。最近的证据表明，凝集素样血浆蛋白质（lectin-like plasma protein）家族的纤维胶原素（ficolins），可以代替MBL，并且能与MASP-1和MASP-2结合，形成能激活补体的复合体（Morgan，2005）。

■旁路途径

补体激活的旁路途径仅在细胞表面（通常是微生物的细胞壁）可以有效地激活补体。这种旁路途径的激活方式也提供了一种不依赖于抗体的C3转换为C3b的方法。补体激活的旁路途径必需四种血浆蛋白：C3、B因子、D因子和备解素（properdin，或称P因子）。正常情况下，血浆中的C3缓慢而持续发生断裂，即按照一种"空转（tickover）"的方式，产生C3b。C3的这种自发水解源自它有一个不稳定的硫酯键。当C3b在血液中自然产生时，两种抑制剂（H因子和I因子）能阻断其大部分活性。首先，H因子结合C3b，这种结合的复合体能捕捉到具有蛋白酶活性的I因子，而被捕捉的I因子使C3b水解并失去活性（图3.9）。然而，当C3b结合到细胞表面后，能与B因子相互作用，然后与D因子相互作用，由此产生的复合体在备解素存在时，性质很稳定，使H因子和I因子不能抑制C3b的活性。

大多数哺乳动物的细胞膜上，都有大量的唾液酸。这些唾液酸有助于宿主细胞上结合的C3b快速失活。与哺乳动物细胞表面不同，微生物的表面（如细菌细胞、真菌细胞的细胞壁和病毒的囊膜）只具有低水平的唾液酸。因此，C3b与微生物表面结合后，可以保持较长时间的活性。当C3b附着在微生物细胞表面时，在镁离子作用下，C3b可结合B因子。结合

之后，B因子通过具有丝氨酸蛋白酶活性的D因子水解，产生Bb片段（仍与C3b结合）和更小的Ba片段（被释放）（图3.8）。

C$\overline{3b}$ $\overline{Bb}$的复合体具有C3转化酶的活性，这类似于经典途径中的C$\overline{3b}$ $\overline{2a}$复合体。备解素（也称P因子）有助于C$\overline{3b}$ $\overline{Bb}$的生存和稳定。通过旁路途径C3转化酶而产生的一些C3b分子与C3转化酶再结合，结果形成了C$\overline{3b}$ $\overline{Bb}$3b复合体，它的功能类似于旁路途径的C5转化酶。C$\overline{3b}$ $\overline{Bb}$ 3b复合体将C5裂解为C5b（与C$\overline{3b}$ $\overline{Bb}$ $\overline{3b}$结合）和C5a（自由扩散）。这是旁路途径上的最后一个蛋白水解步骤。C5b按照经典途径相同的顺序，结合到膜攻击复合体上。

除公认的补体激活途径外，其他一些物质，包括病毒、细菌和真菌的细胞的依稀组分以及许多化学品也是补体的激活物（表3.7）。

■补体活化途径的调节

补体系统的许多组分都能够破坏宿主细胞、外源细胞和微生物。为了尽量减少自我损坏，补体活化的各个阶段都受到一些血清蛋白和膜蛋白的严格控制。这些膜蛋白在血细胞、内皮细胞和其它多种类型的细胞表面分布广泛。另一种调节机制分子存在于所有补体激活途径中，即如果没有其他补体成分发挥稳定剂的作用，许多被活化的补体分子高度不稳定，会迅速失活。在这些激活途径中，一些抑制性物质可阻断或调节能够发挥酶促级联放大作用的补体成分。经典途径的第一步是由C1抑制剂（一种丝氨酸蛋白酶）调节。这种抑制剂与C1r和C1s形成的复合体，使它们脱离C1q，从而防止C4或C2的激活。

C3转化酶的调控是通过旁路途径的H因子和经典途径的C4结合蛋白控制的（图3.9）。在细胞膜上，衰变加速因子（decay-accelerating factor）加速了C3转化酶的衰变。膜辅助蛋白因子（membrane cofactor protein）参与了I因子对C4b和C3b的水解过程。膜攻击复合体通过血浆和膜表面的抑制剂进行调控。有一种称为S蛋白的血浆蛋白，与另一种称为凝聚素（clusterin，也称为补体分解因子）的血浆蛋白，通过阻止C$\overline{5b}$ $\overline{6}$ $\overline{7}$复合体进入附近的细胞膜，调节膜攻击复合体的活性。在液相中，C8与C$\overline{5b}$ $\overline{6}$ $\overline{7}$复合体的结合，可以有效防止膜攻击复合体的形成，也可阻断膜攻击复合体与细胞膜的结合。如果补体与裂解的细胞来源于不同的物

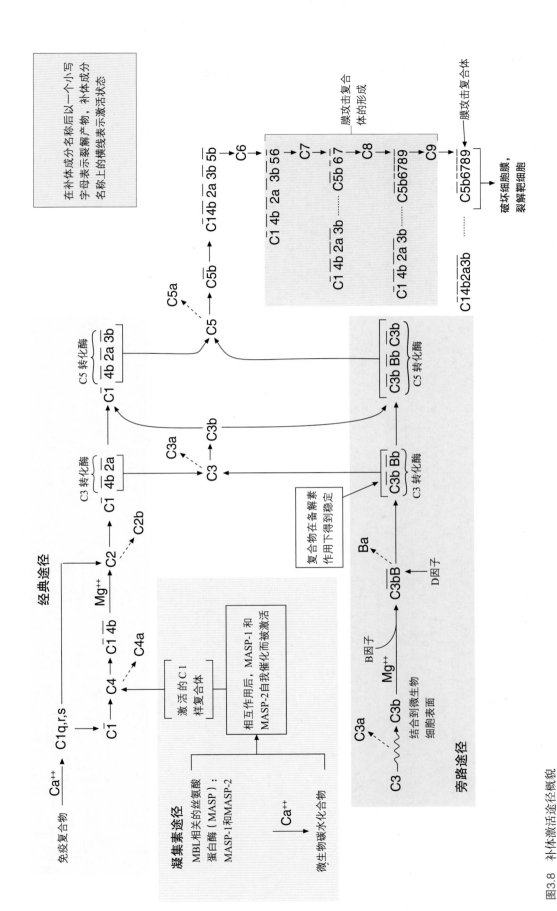

图3.8 补体激活途径概貌

常见的经典途径是C1q结合到IgM或IgG抗体的Fc部分，形成免疫复合物引发的；旁路途径无需免疫复合物，它由自发产生的C3b结合到微生物表面而引发的；凝集素途径也不需抗体的参与，它由凝集素结合到微生物表面的甘露糖残基上面引发的。补体成分C5至C9被依次激活，构成活化的结尾阶段。MASP：能结合甘露糖的凝集素相关的丝氨酸蛋白酶。

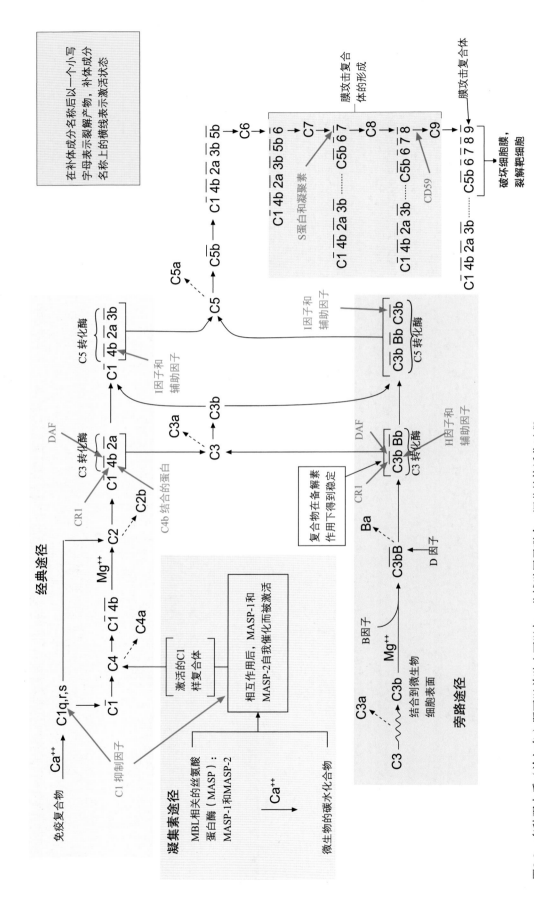

图3.9　多种蛋白质（涂红色）既可以单独也可以与一些辅助因子联合，调节补体活化过程

DAF：衰变加速因子；MBL：能结合甘露糖的凝集素。

表3.7 能激活补体途径的物质（含一些化学物质、来自于免疫系统的分子，以及哺乳动物、寄生虫和微生物的颗粒）

途径	常见的激活方法	其他的激活颗粒或物质
经典途径	结合抗原的IgM或IgG抗体，形成免疫复合物	受损细胞的组分、C-反应蛋白、一些病毒、细菌脂多糖、核酸、硫酸葡聚糖
凝集素途径	细菌、真菌或原生生物的细胞壁或病毒囊膜上的甘露糖和N-乙酰葡糖胺，与能结合甘露糖的凝集素发生结合	一些病毒，尤其是逆转录病毒
旁路途径	自发产生的C3b与微生物表面的相互作用	有些病毒和病毒感染的细胞、真菌细胞壁、病原原生动物、结合抗原的IgA和IgE的免疫复合物、琼脂糖、硫酸葡聚糖

种，则补体介导的细胞裂解作用更有效。如果补体与靶细胞是来自同一物种，则发生抑制反应。这种抑制反应是由一种膜蛋白调控的。这种膜蛋白称为同源限制因子（homologous restriction factor）或是CD59，它可以阻断膜攻击复合体与C8结合，也能防止与C9发生聚合，阻止其插入靶细胞中。补体系统的调节蛋白，以及它们的分布、相关的影响和功能，列于表3.8。

■ 补体在宿主防御体系中的作用

通过与先天性免疫系统组分的相互作用，以及与体液免疫反应相互作用，补体系统启动并放大了炎症反应，促进宿主细胞对微生物的吞噬作用，并且诱导细菌、原生动物和哺乳动物细胞的裂解作用。此外，补体成分的裂解产物可以活化B淋巴细胞，并且促进抗体的产生。

通过激活补体系统，导致炎症反应的发展，形成宿主身体一道重要的防御系统。这个系统不仅参与先

表3.8 补体系统的调节蛋白及其分布、受影响的途径和功能

调节蛋白	分布	受影响的途径	功能
C1抑制因子	细胞质	经典和凝集素途径	抑制C1r和C1s的酶活性；从MBL复合体中移除MASP酶
C4结合蛋白	细胞质	经典和凝集素途径	通过结合C4b，阻碍C3转化酶的形成
H因子	细胞质	旁路途径	通过与C3b的结合，阻碍C3转化酶的形成；是因子I剪切C3b的辅助因子
I因子	细胞质	经典、旁路和凝集素途径	在有适当的辅助因子存在下，剪切C4b和C3b，从而消除C3转化酶和C5转化酶活性
膜辅助蛋白	白细胞、上皮细胞、内皮细胞等细胞的膜	经典、旁路和凝集素途径	是因子I剪切C3b的辅助因子
衰变加速因子（decay-accelerating factor）	血细胞、上皮细胞、内皮细胞等细胞的膜	经典、旁路和凝集素途径	加快$\overline{C4b\ 2a}$和$\overline{C3b\ Bb}$的分离
S蛋白和凝聚素（clusterin）	细胞质	作用于结尾阶段	结合可溶的$\overline{C5b\ 6\ 7}$，防止其插入到靶细胞的脂质双层
CD59 [保护素（protectin）]	血细胞、上皮细胞、内皮细胞	作用于结尾阶段	阻碍C9与$\overline{C5b\ 6\ 7\ 8}$复合体的结合，从而阻止膜攻击复合体的形成
CR1（CD35）	中性粒细胞、单核吞噬细胞、嗜酸性粒细胞、滤泡树突细胞、淋巴细胞	经典、旁路和凝集素途径	通过与C3b或者C4b的结合，阻碍C3转化酶的形成；是因子I剪切C3b的辅助因子

天性免疫反应，也参与获得性免疫反应。补体激活的经典途径将先天性免疫和获得性免疫连接起来。补体激活的经典途径中，C1q与已经结合了抗原的IgM和IgG抗体的Fc部分结合，形成免疫复合物，该复合物能增强特异性抗体的保护作用，也能刺激产生具有趋化作用的肽，促进吞噬细胞的移行和调理病原微生物的能力。在微生物细胞和有囊膜的病毒表面，膜攻击复合体都会导致靶细胞或者病毒的裂解。

近年来的研究表明，与C3b结合的免疫复合物可以高效地刺激B细胞。该结果来自对补体敲除和补体缺陷小鼠的研究。补体敲除和补体缺陷可导致引起抗体反应的抗原物质明显减少。补体的一些裂解片段能够借助多种途径，直接或间接地刺激B细胞。2型补体受体（type 2 complement receptor，CR2）通过促进抗原诱导B细胞活化，或通过促进次级淋巴小结生发中心（germinal center）捕捉免疫复合物等途径，刺激体液免疫应答。当未成熟的B细胞通过B细胞受体结合抗原物质，同时通过CR2结合C3d，这双重的结合促进B细胞成熟。而在淋巴结中，成熟的B细胞与被调理的抗原物质相互作用后，被激活并发生增殖。在淋巴器官的滤泡中，树突细胞通过附着的C3片段捕获了抗原物质，向B细胞提呈该抗原，导致B细胞增殖并分化成浆细胞和记忆细胞。鉴于C3d在诱导抗体产生反应过程中发挥重要作用，有些免疫学研究已经将其与抗原耦合，使C3d发挥分子佐剂的作用。

细胞受体与补体成分和它们的片段结合后，发挥补体系统多种生物学活性。虽然补体受体存在于许多类型的细胞中，但在中性粒细胞、单核细胞、巨噬细胞、滤泡树突细胞、肥大细胞和嗜碱性粒细胞中，分布特别多（表3.9）。因此，这些细胞受体的功能主要体现在调理作用、与吞噬细胞的结合以及吞噬作用。C3和C5的裂解片段，即C3a和C5a，能够使肥大细胞和嗜碱性粒细胞脱颗粒，释放组胺和5-羟色胺等有血管活性的胺，引起平滑肌收缩和血管通透性增加，促进炎症反应。因为C3a和C5a能够使肥大细胞和嗜碱性粒细胞释放有血管活性的胺，具有类似超敏原的能力，所以有时被称为超敏毒素（anaphylatoxin）。羧肽酶-N（血浆中的一种酶）能够削弱这些超敏毒素的活性，通过将超敏毒素羧基末端的精氨酸切除，使C3a失去活性，使C5a活性降低。

抗体和病毒结合形成的免疫复合物，再与C3b结合，可以促进吞噬细胞的调理作用，即促进这些细胞吞噬和破坏病毒。补体的结合可以干扰病毒与靶细胞

表3.9 结合补体成分的受体及其在细胞中的分布和功能

受体	结合的补体成分或补体片段	受体的细胞分布	功能
C1qR	C1q	多形核白细胞、单核细胞、巨噬细胞、内皮细胞、血小板	结合C1q的黏性末端，促进吞噬
C1qRp（CD93）	C1q	内皮细胞、单核细胞、巨噬细胞、中性粒细胞	结合C1q的球状头部，促进吞噬
CR1（CD35）	C3b、C4b	B细胞、红细胞、单核细胞、巨噬细胞、嗜酸性粒细胞、滤泡树突细胞	促进C3b和C4b的剪切，阻碍C3转化酶的形成，促进免疫复合物的清除
CR2（CD21）	Ic3b[a]、C3d[b]	B细胞、滤泡树突细胞、部分T细胞	促进B细胞的活化和抗体的产生
CR3（CD11b/CD18）	iC3b、ICAM-1[c]	单核细胞、巨噬细胞、中性粒细胞、NK细胞、滤泡树突细胞	结合细胞的黏附分子，促进白细胞黏附到内皮细胞，促进白细胞的吞噬功能
CR4（CD11b/CD18）	iC3b	单核细胞、巨噬细胞、中性粒细胞、NK细胞、树突细胞	结合免疫复合物，促进吞噬作用
CRIg	C3b、iC3b	枯否细胞	促进枯否细胞吞噬血液中的颗粒和病原体
C3aR	C3a	嗜碱性粒细胞、肥大细胞、中性粒细胞、平滑肌细胞	激活肥大细胞和嗜碱性粒细胞，诱导脱颗粒，促进平滑肌收缩
C5aR	C5a	肥大细胞、嗜碱性粒细胞、内皮细胞、平滑肌细胞、巨噬细胞、中性粒细胞	诱导的趋化和炎症反应，诱导肥大细胞和嗜碱性粒细胞的脱颗粒

a：灭活的C3b；b：C3b的裂解片段；c：细胞间黏附分子-1（intercellular adhesion molecule-1）。

膜的相互作用，从而阻止病毒进入细胞。许多病毒的囊膜可被膜攻击复合体溶解，导致病毒核酸分解。细菌细胞壁的组成影响膜攻击复合体对细菌的溶解作用。革兰阳性细菌表面黏厚的肽聚糖层可以抵抗膜攻击复合体的攻击。虽然明显存在一些例外，大多数革兰阴性细菌对膜攻击复合体的攻击很敏感。

补体系统参与的免疫反应数量之多，使补体系统有别于先天性免疫系统其他组分。此外，补体在促进抵御病原微生物入侵的抗体反应和提高抗体抵御病原微生物活性中，发挥核心作用。补体系统的缺陷，使宿主容易受到许多微生物的感染（见第4章）。许多防御病原微生物必不可少的免疫反应，是由补体、补体降解片段或补体复合体介导的（表3.10）。

■ **补体成分的特征以及不同种类动物的补体水平**

大约在100年前，人们发现了补体，且了解到补体不稳定的性质。新鲜血清在56℃下加热30分钟，补体就被灭活。不同种类的动物补体系统，在溶解红血细胞的能力上，有显著差异。牛、羊、犬、猫、猪的血清中具有中等水平到低水平的溶血活性，人血清中含有较高的补体水平，豚鼠血清补体活性异常高。为了确保在血清学试验中，补体成分能够充分发挥作用，血清稀释剂应含有足够浓度的钙离子和镁离子。

■ **先天性免疫中的细胞和可溶性成分的抗感染活性**

细胞内部对于病原微生物入侵进行的先天性免疫防御，需要尽早识别这些病原。许多病原微生物的表面都有不同于哺乳动物的独特大分子。这些独特的大分子结构，即病原相关的分子模式（pathogen-associated molecular pattern，PAMP），可由先天性免疫系统的细胞内部的可溶性受体识别（表3.11）。参

表3.10　参与宿主防御的依赖于补体的免疫反应

免疫反应	补体成分	相关说明
吞噬细胞和其他细胞的激活和趋化作用	C3A、C5a、C5b 6 7	C5a是中性粒细胞、单核细胞和巨噬细胞一个强有力的趋化因子。C3a对单核细胞和巨噬细胞有趋化作用。C3a和C5a激活嗜酸性粒细胞和嗜碱性粒细胞
补体介导的溶解作用，可溶解细菌、原虫和哺乳动物细胞	C5b 6 7 8 9	在敏感的靶细胞表面形成膜攻击复合体，导致这些细胞渗透性溶解。因为革兰阳性菌肽聚糖层较厚，通常能耐受补体介导的溶解作用，而大多数革兰阴性细菌易于被补体介导的溶解作用溶解
肥大细胞和嗜碱性粒细胞脱颗粒	C3a、C5a	肥大细胞和嗜碱性粒细胞有C3a和C5a受体。这些受体结合了C3a和C5a后，导致肥大细胞和嗜碱性粒细胞脱颗粒，释放组胺以及其他具有药理活性的物质和细胞因子。被释放的物质引起平滑肌收缩和血管通透性增加，促进抗体从血管进入相应的部位，也促进吞噬细胞大量涌入这一部位
限制病毒感染能力：		
中和病毒	C3b	C3b结合到由病毒颗粒和病毒中和抗体组成的免疫复合物，增强抗体的中和作用
抗病毒的免疫调理作用	C3b	C3b结合到病毒颗粒上，可以激活吞噬细胞，促进吞噬细胞的吞噬作用
溶解病毒	C5b 6 7 8 9	形成膜攻击复合体，溶解有囊膜的病毒
抗细菌的调理作用	C3b、C4b、iC3b、C1q	C3b和C4b结合到病原菌的表面，促进吞噬细胞对病原菌的吞噬。C3b是补体系统中主要的调理素；iC3b、C4b和C1q也有调理活性。吞噬细胞表达的C3b、iC3b、C4b和C1q的受体，被这些补体分子连接的抗原物质容易被吞噬
中性粒细胞释放的水解酶	C5a	C5a与中性粒细胞受体结合后，激活中心粒细胞，从细胞质中释放颗粒和炎症促进细胞分子；也能引起其他的一些变化，包括增加这些活化的细胞黏附性能
在B细胞成熟活化中的作用	C3d	当C3b的一种裂解产物C3d结合到抗原上，它可以通过CR2受体与B细胞相互作用。B细胞能通过免疫球蛋白受体结合抗原，同时通过它们的CR2受体与C3d结合。这种双结合产生的组合信号，促进B细胞的活化和成熟
从循环系统中溶解和清除免疫复合物	C3b	循环系统经常出现免疫复合物。毛细血管中免疫复合物的沉积可引起强烈的炎症反应。免疫复合物与C3b结合后，有利于被红细胞CR1受体捕获。红细胞把这些免疫复合物带到肝和脾后，释放它们，让它们被巨噬细胞吞噬

表3.11　针对病原微生物的模式识别受体

受体	分布	识别的结构	说明
细胞表面的受体			
toll样受体	在单核细胞、巨噬细胞和树突细胞等抗原提呈细胞中分布不均一，也存在于中性粒细胞、内皮细胞和一些种类的上皮细胞	细菌、病毒、真菌和原生动物病原体的成分	这些受体与微生物多种成分（包括革兰阴性细菌的脂多糖）相互作用
3型和其他补体受体	单核细胞、巨噬细胞和中性粒细胞	补体结合的微生物	通过这些细胞表面受体，促进吞噬作用
CD14	单核细胞、巨噬细胞和中性粒细胞	脂多糖、脂磷壁酸、脂蛋白和肽聚糖	诱导应答细胞分泌细胞因子
C型凝集素	巨噬细胞	含甘露糖残基的碳水化合物	受体结合到糖蛋白和糖脂末端的甘露糖或岩藻糖的残基（这些残基是微生物细胞壁特有成分）
清道夫受体（scavenger receptor）	巨噬细胞	大部分的革兰阳性和革兰阴性细菌、脂多糖、脂磷壁酸、细菌DNA	有助于组织中微生物的清除，促进巨噬细胞吞噬微生物
N-甲酰蛋氨酰肽（N-formylmethionyl peptide）受体	中性粒细胞、巨噬细胞	细菌蛋白	使中性粒细胞和巨噬细胞识别细菌蛋白，并作出反应
β-葡聚糖的受体	巨噬细胞	病原真菌、β-葡聚糖、酵母多糖	促进巨噬细胞吞噬真菌病原体
细胞内的受体			
细菌通透性增加蛋白（bacterial permeability increasing protein，BPI）	中性粒细胞的初级颗粒	革兰阴性细菌、脂多糖	对革兰阴性细菌发挥杀菌作用
Caspase蛋白酶募集结构域蛋白（caspase-recruitment domain protein）	上皮细胞和其他细胞类型	脂多糖和细菌胞壁酰二肽	该蛋白以前被称为核苷酸结合寡聚化结构域蛋白（nucleotide-binding oligomerization domain protein，NOD），这个家族的蛋白质与toll样受体和CD14有一些共同的结构特点；它们被认为是细胞内的病原相关的分子模式的传感器
蛋白激酶R	巨噬细胞	双链RNA病毒	诱导Ⅰ型干扰素产生，防止病毒感染
可溶性受体			
C-反应蛋白	肝中合成的急性期蛋白	磷酸胆碱	促进补体激活，对目标微生物产生调理作用
可溶的CD14	由单核细胞和巨噬细胞产生	脂多糖、脂蛋白、脂磷壁酸和肽聚糖	诱导炎症促进因子的产生
脂多糖结合蛋白	肝中合成的急性期蛋白	脂多糖和脂磷壁酸	激活巨噬细胞，分泌炎症促进因子
能结合甘露糖的凝集素	肝中合成的急性期蛋白	细菌和真菌表面的甘露糖	促进补体活化，促进吞噬细胞吞噬细菌和真菌
血清淀粉样蛋白-P	肝中合成的急性期蛋白	革兰阳性细菌、真菌和一些原生动物的成分	促进补体活化，促进吞噬细胞的吞噬作用
表面活性蛋白A（surfactant protein A）	肺上皮细胞合成的急性期蛋白	流感病毒的血凝素分子	通过结合到病毒的血凝素分子，减少病毒感染

与先天性免疫反应的各类细胞对细菌、真菌和病毒的抵御，不是同等有效的。中性粒细胞对细菌和真菌的抵御特别有效，而NK细胞对于识别和破坏病毒感染的细胞起到重要作用。干扰素可以在病毒感染的早期阶段以及获得性免疫还未产生之前，抑制病毒的复制，因此在抗病毒免疫中具有特别重要的意义。当补体系统被激活以后，可以通过吞噬作用杀伤病原微生物，或通过炎症反应破坏其功能。先天性免疫系统中的细胞和可溶性组分，以及它们所抵御的病原微生物的种类，列于表3.12。

（三）获得性免疫

在胎儿发育的某一特定阶段，新生动物便获得了识别外源的抗原物质，并对子宫中接触到的传染性病原体产生免疫应答能力。从无菌的子宫内环境降临的新生动物，来到充满各种微生物的世界，便具有抵抗环境微生物侵袭的先天性免疫能力。然而如果没有初乳的保护作用，新生动物对多种肠道和呼吸道病原体非常易感。动物个体的免疫系统是伴随着其他组织器官和生理机能的发育，而同步发育的。大多数初生幼龄动物在出生后几周内便具有一定的免疫能力，如果遇到感染性病原的攻击，能够以适当方式进行应答，防止或减弱感染性病原对宿主的入侵。

免疫系统能够识别自身物质和外源物质，如外源的细胞和外源的可溶性物质。免疫系统识别并耐受自身组织抗原的能力，是在胚胎发育期形成的。在特殊情况下，有些动物个体能够对其自身的物质产生免疫应答，称为自身免疫。

淋巴细胞通过其表面受体与外源物质发生作用。B细胞表面受体是膜结合免疫球蛋白。相比而言，T细胞表面受体不是免疫球蛋白，只能与结合了其他分子的抗原相互作用。淋巴细胞受体能够识别大量的外源分子，包括细菌、病毒、真菌、原虫和蠕虫的一些组分和上些产物。这些外源物质统称为抗原（antigen）。抗原可以定义为任一种能够特异地结合到抗体或者T细胞受体等免疫系统组分的物质。免疫原（immunogen）则是任何一种能够诱导免疫应答的物质。必须正确区别抗原和免疫原。有些分子量小的化合物，包括有些抗生素的降解产物，被称为半抗原（hapten）。半抗原单独并不能诱导免疫应答，它

们只有与某些蛋白结合后才能够诱导免疫应答（但半抗原能够与特异性的抗体发生特异性结合反应）。一种物质只有具备了某些特性，包括外源性、分子量足够大、化学结构的复杂性，以及可生物降解，才能成为免疫原通常分子量低于1 000道尔顿的复合物不具有免疫原性；分子量在1 000～6 000道尔顿的复合物在某些情况下才具有免疫原性；分子量大于6 000道尔顿的复合物通常具有较好的免疫原性。蛋白质是较强的免疫原，碳水化合物属于中等强度的免疫原，而脂类和核酸的免疫原性通常较差。

传染性病原体的结构是由高度复杂的大分子组成。相应地，单个细菌表面就具有大量的能够被淋巴细胞受体识别的复杂表面抗原。淋巴细胞受体仅能识别复杂大分子中的一小部分，这一小部分被称为抗原决定簇（antigenic determinant）或者抗原表位（epitope）。大分子抗原含有许多抗原表位；当不同的传染性病原体存在类似的抗原表位时，用血清学方法检测这些病原体，会出现一些交叉反应。

先天性免疫系统的受体种类较少，仅有少数基因编码的PRR和TLR等受体。获得性免疫系统多个亚类的淋巴细胞，能够通过基因随机重排，产生大量的抗原特异性细胞表面受体，从而能够识别多种多样的抗原表位。

■ 淋巴器官的组织结构

淋巴器官可以分为初级和次级淋巴器官。哺乳动物中，初级淋巴器官主要是胸腺和骨髓，胸腺是淋巴细胞分化的专门场所，骨髓是淋巴干细胞的起源和T淋巴细胞亚群分化的位置。在胸腺中分化的淋巴细胞是T淋巴细胞，简称T细胞，表面带有T细胞受体能够识别抗原。T细胞主要负责介导很多针对传染性病原体的细胞介导的免疫应答、迟发型超敏反应以及辅助体液免疫应答。骨髓中分化的淋巴细胞是B淋巴细胞，简称B细胞，具有抗原特异性受体，即B细胞受体。B细胞与特异性抗原作用后，分化为浆细胞，产生特异性抗体。与此同时，有些B细胞则形成记忆细胞，能够保证免疫系统再次接触该抗原时，能够快速识别并产生应答。鸟类T细胞也是在胸腺中发育，但其B细胞的分化则发生在法氏囊中。当初生的淋巴细胞在初级淋巴器官内完成分化后，迁移到次级淋巴器官。

次级淋巴器官包括脾、外周和肠系膜淋巴结、

表3.12　先天性免疫中的细胞和可溶性组分及其抗菌性能

成分	微生物病原体			说明
	细菌	病毒	真菌	
细胞				
中性粒细胞	+++	+	++	寿命短，产生广谱抗菌物质，能吞噬和破坏很多种类的革兰阳性菌、革兰阴性菌、酵母和真菌
巨噬细胞	+++	++	++	寿命长，产生抗菌物质和细胞因子。除吞噬微生物病原体外，还能将抗原提呈给T细胞
树突细胞	++	+++	++	抗原提呈细胞，也能分泌细胞因子，在获得性免疫应答的启动中发挥核心作用
NK细胞	+	+++	+	大颗粒淋巴细胞，不能识别特定抗原，能够杀伤病毒感染的细胞和肿瘤细胞。其分泌的γ干扰素能激活巨噬细胞
可溶性组分				
α和β干扰素	+	++	+	由白细胞和成纤维细胞产生，能抑制病毒复制，能刺激CD4$^+$的T_H1细胞，能增加NK细胞的细胞毒性作用
补体	++	+	+	补体系统由很多种血浆蛋白质组成。它们被免疫复合物或者微生物激活后，产生蛋白水解酶，来裂解病原微生物；也能通过吞噬作用或炎症反应，促进宿主对病原微生物的破坏作用
溶菌酶	++	−	−	这种高价阳离子蛋白酶能裂解肽聚糖（革兰阳性菌的结构成分），存在于泪腺分泌物、汗液、唾液、血液和黏液中
C-反应蛋白	++	−	+	肝产生的急性期蛋白，能促进补体的激活，促进对细菌和真菌性病原的调理作用
转铁蛋白	++	−	−	血清中的铁结合蛋白，与细菌竞争铁。铁是很多细菌生长的重要元素，也影响重要毒力基因的表达
乳铁蛋白	++	−	−	这种铁结合蛋白存在于外分泌物中，包括奶汁和唾液，是转铁家族的一员，能螯合铁，从而抑制病原菌的生长。它是由中性粒细胞脱颗粒而释放的
防御素	++	+	+	这些阳离子抗菌肽是黏膜表面的天然保护物质。α防御素存在于中性粒细胞和小肠隐窝区潘氏细胞的初级颗粒中，也存在于呼吸道和生殖道的上皮细胞中。β防御素存在于口腔黏膜、气管、支气管、唾液腺和皮肤的上皮细胞中。有些α防御素具有抗病毒活性
杀菌肽（cathelicidin）	++	−	+	中性粒细胞的次级颗粒中存在许多种类的抗菌肽。其中一些对细菌和真菌性病原有直接影响。α螺旋肽LL-37能结合脂多糖，诱导趋化作用
汗腺抗菌肽（dermcidin）	+	−	+	这种抗菌肽由汗腺产生
磷脂酶A2	++	−	−	与一些常见的天然抗菌分子一样，磷脂酶A2由肠道潘氏细胞（Paneth cell）和中性粒细胞初级颗粒产生，抗链球菌和金黄色葡萄球菌活性
能结合甘露糖的凝集素（MBL）	++	−	+	MBL结合细菌和真菌的细胞壁上的甘露糖和N-乙酰葡糖胺后，能以凝集素途径激活补体系统。MBL结构类似于补体蛋白C1q，它结合到靶细胞后，其分子构象发生变化。随后，MBL与MASP（MBL相关的丝氨酸蛋白酶）相互作用，从而激活补体系统，引发对MBL结合的病原体的调理作用
血清淀粉样P	++	−	+	这个急性期蛋白是在肝脏合成的，能与革兰阳性菌、真菌和一些原生生物的成分结合，促进补体活化，促进调理作用和吞噬作用
表面活性蛋白A	−	+	−	虽然是急性期蛋白之一，表面活性蛋白A却是在肺上皮细胞合成的。它能结合流感病毒的血凝素分子，从而削弱这个病毒的感染力
脂多糖结合蛋白	++	−	−	血液中革兰阴性菌释放的脂多糖，与血液中的脂多糖结合蛋白结合。这种结合导致脂多糖被转移到巨噬细胞和中性粒细胞所产生的膜型或分泌型的CD14分子上，从而激活巨噬细胞，刺激巨噬细胞分泌炎症促进因子。该急性期蛋白主要在肝脏产生，肠和呼吸道上皮细胞也能产生这种蛋白
可溶性CD14	++	−	−	可溶性CD14能结合革兰阴性菌生长或死亡时所产生的脂多糖，这种结合物能刺激单核细胞和巨噬细胞，使它们分泌炎症促进因子

黏膜相关淋巴组织包括扁桃体、肠道相关淋巴组织如肠系膜淋巴集结（Peyer's patches）等。由于位置和生理活动的差异，次级淋巴器官分别完成不同的免疫功能。黏膜相关淋巴组织的功能是限制自黏膜部位进入的传染性病原体在宿主体内进一步扩散。外周淋巴结能够监视和收集体液中的病原体。脾内细胞以及肝中的枯否细胞能够清除血液中的传染性病原体，降解老化的细胞和外源抗原物质。在此方面，脾内细胞的作用更为显著。虽然存在形态学上的差异，淋巴器官都能为宿主提供防御性保护作用。次级淋巴器官为抗原提呈细胞提供监视和提呈抗原的场所，以监视血液或者体液中的病原微生物，并将其产物提呈给T细胞和B细胞。因此，次级淋巴器官在获得性免疫应答的起始上，发挥核心作用。它们类似于军事战略部署的兵营，能特异性识别病原微生物的入侵，并做出应答反应。

■淋巴细胞

所有的淋巴细胞都来自于骨髓中的一种干细胞（cumano 和 Godin，2007）。按照细胞的功能和细胞膜成分的差异，淋巴细胞大致可分为三个主要类别，即B细胞、T细胞和自然杀伤细胞（NK细胞）（图3.4）。T淋巴细胞或B淋巴细胞和抗原结合前称为幼稚型或未接触过抗原的淋巴细胞。淋巴细胞结合抗原后，发生一些变化：这些细胞增大，变成淋巴母细胞（lymphoblast）。最终，淋巴母细胞分化为效应细胞（effector cell）和记忆细胞（memory cell）。B淋巴细胞的名称反映了它们是在鸟类法氏囊中或哺乳动物相似的组织器官（即骨髓）中分化成熟的；T淋巴细胞的名称反映了它们是在胸腺中分化成熟的；自然杀伤细胞的名称与其免疫活性有关。在哺乳动物中，B淋巴细胞也可以在其他一些地方分化成熟，如在肠系膜淋巴结等肠道相关的淋巴组织分化成熟。

虽然淋巴细胞形态多样，T淋巴细胞和B淋巴细胞可通过它们抗原受体和表面的分子标记不同，而区别开来。高达70%的外周血淋巴细胞为T淋巴细胞。B淋巴细胞的主要作用是产生抗体。每个B淋巴细胞都含有一个特殊的遗传程序，针对一个特定的抗原表位产生特异性的表面受体。当这些受体接受抗原的刺激后，B淋巴细胞分化成能产生大量特异性抗体的浆细胞。此外，B淋巴细胞可以将抗原提呈给T淋巴细胞，从而引发或增强获得性免疫反应。成熟

的T淋巴细胞携带一些特征性标记物，可用于它们的鉴别。T淋巴细胞又分为不同的亚群，各亚群分泌的细胞因子不一样。T淋巴细胞的功能包括激活和调控许多获得性免疫反应。有一个亚群的T淋巴细胞能识别和杀死宿主中感染了病原微生物的细胞、肿瘤细胞和移植而来的外源细胞。NK细胞与T淋巴细胞和B淋巴细胞不同，它虽然和T淋巴细胞有一些共同的特征，但不表现出抗原的特异性。NK细胞是大的含有颗粒的淋巴细胞，是先天性免疫系统的一部分，它们不形成一个个携带不同的抗原受体（如免疫球蛋白受体或T细胞受体）的克隆。

在宿主体内能够高度特异性识别抗原决定簇的细胞仅有T淋巴细胞和B淋巴细胞。此外，这些淋巴细胞还产生记忆细胞。因此，特异性和记忆性是获得性免疫反应的两个基本特征。作为一种免疫记忆的结果，当宿主再次感染同一类病原时，相比初次感染这一病原而言，产生的免疫反应更强。与此相反，先天性免疫反应对宿主再次感染同一类病原时，发生的反应变化不大。

■各类淋巴细胞在获得性免疫中的贡献

获得性免疫反应分为两个阶段：首先是识别传染性病原的表面抗原，然后是产生获得性免疫应答，清除入侵的这些病原微生物。在第一阶段中，T淋巴细胞和B淋巴细胞某些特定的克隆，它们携带的抗原受体能够有选择性地识别外来的抗原，识别后它们就发生增殖（克隆扩增）。在第二阶段，淋巴细胞分化为效应细胞和记忆细胞，导致特异性体液和细胞免疫应答。这些获得性免疫反应能够中和或清除病原微生物，而免疫记忆细胞如果再次接触到同一类病原微生物时，可迅速做出免疫反应。

■各类T淋巴细胞

T淋巴细胞在表型、功能和形态上存在差异。有两个公认的T细胞亚群，即辅助性T细胞（T helper cells，T_H）和细胞毒性T细胞（cytotoxic T cells，T_C）。近年来，已确定另外两个T细胞亚群，即辅助性T细胞17（T helper 17，T_H17）和调节性T细胞（regulatory T cells，T_{REG}）（DeFranco等，2007）。T淋巴细胞亚群可以通过其表达的能被单克隆抗体识别的膜分子来区分。多克隆抗体可与很多抗原决定簇反应，而单克隆抗体只与一种特定的决定簇发生反应。因

此，可以用单克隆抗体区分淋巴细胞和其他细胞的表面分子。这些表面分子被命名为分化群（cluster of differentiation，CD）。尽管已发现几百种CD标志，仅有一些常见的CD分子被用来区分功能性淋巴细胞亚群，如辅助性T细胞和细胞毒性T细胞两个亚群可以通过CD4或CD8膜糖蛋白进行区分。大多数$CD4^+$的T细胞是辅助性T细胞；而$CD8^+$的T淋巴细胞通常发挥细胞毒性T细胞的作用。调节性T细胞（T_{REG}）的细胞膜上同时存在CD4和CD25标记。这些调节性T细胞与辅助性T细胞不同，它们会抑制免疫应答。

所有的T细胞，包括$CD4^+$的和$CD8^+$的T细胞，都表达结合抗原的T细胞受体，识别抗原提呈细胞加工和提呈的抗原肽。T细胞受体的功能类似于B细胞的膜结合抗体，但结构上与其不同。大多数T细胞受体含有成对的$\alpha\beta$多肽，也有一些T细胞受体含有成对的$\gamma\delta$多肽，它们与CD3分子配对，形成异二聚体（图3.5）。

在抗原肽被TCR识别之前，抗原肽必须与抗原提呈细胞上的MHC分子结合。而B细胞的膜结合抗体能识别未被处理的大分子，如蛋白质、脂类、碳水化合物和核酸。只有当T细胞与MHC分子结合后，TCR才会识别抗原肽。MHC分子是细胞膜上的具有遗传多样性的糖蛋白，由MHC分子表面将抗原肽提呈给TCR。在抗原被T细胞识别之前，它们必须被抗原提呈细胞处理或消化，形成TCR识别的碎片（抗原肽）。MHC分子是一系列连续的DNA片段编码的分子，分为MHC Ⅰ、MHC Ⅱ和MHCⅢ三类。MHC Ⅰ类分子是绝大多数有核细胞表面表达的MHC分子，其主要功能是将抗原提呈给细胞毒性T淋巴细胞，即$CD8^+$细胞。MHC Ⅱ类分子主要分布在抗原提呈细胞（如巨噬细胞、树突细胞）和B细胞的表面，也是糖蛋白。这些抗原提呈细胞将处理好的抗原肽提呈给辅助性T细胞，即$CD4^+$的T细胞（Snyder，2007）。MHCⅢ基因编码具有免疫功能的分泌分子，包括细胞因子、补体系统成分。

MHC Ⅰ类和MHC Ⅱ类分子结合不同来源的肽。MHC Ⅰ类分子结合的肽来自细胞内蛋白质，这类蛋白被称为内源性蛋白。MHC Ⅱ类分子结合的肽来自细胞外的蛋白，这类蛋白通过吞噬作用或细胞内吞作用被摄入细胞内。MHC Ⅰ类和MHC Ⅱ类分子的结构见图3.10。一般来说，MHC Ⅰ类分子结合的肽是内源性的，是抗原提呈细胞内部产生的蛋白质，并在细胞质中被消化。这些经消化而产生的抗原肽从胞浆转运到内质网的囊泡中，它们在囊泡中与MHC Ⅰ类分子相互作用。MHC Ⅰ类分子和结合的肽从内质网被转运到细胞表面，提呈给$CD8^+$的TCR识别。

$CD8^+$的T细胞识别抗原-MHC复合物后，开始增殖并分化为细胞毒性T细胞和记忆细胞。细胞毒性T细胞对于监测宿主细胞和清除呈了外源抗原（与MHC Ⅰ类分子结合的外源抗原）的细胞，如被病毒感染的细胞，发挥重要作用。辅助性T细胞识别与MHC Ⅱ类分子结合的抗原。辅助性T细胞与对应的抗原-MHC复合物相互作用而被激活，分化为$CD4^+$效应细胞，引发和促进免疫应答。这些$CD4^+$T淋巴细胞能激活巨噬细胞、B淋巴细胞、细胞毒性T淋巴细胞和参与免疫应答的其他类型细胞。$CD4^+$效应细胞可分为T_H1和T_H2亚群，两者分泌的细胞因子不同。T_H1亚群分泌IL-2、IL-3、IFN-γ和TNF-β，并负责经典的T细胞介导的免疫功能，如激活细胞毒性T淋巴细胞和引发迟发型超敏反应。另一个亚群，T_H2细胞，分泌IL-4、IL-5、IL-6、IL-10和IL-13。近年发现了第三个亚群，T_H17（Miossec等，2009）。各亚群的T_H细胞可能存在一个共同的前体细胞。被抗原激活的T_H细胞周围的细胞因子可能决定了它进一步分化成哪一种亚群的T_H细胞。

影响T_H细胞分化的其他因素包括抗原提呈的位置、抗原提呈细胞类型和其产生的细胞因子。最终，细胞因子之间的平衡是决定$CD4^+$的T细胞分化的主要影响因素。树突细胞和巨噬细胞在某种程度上是IL-12的来源。而IL-12是$CD4^+$的T_H1细胞产生所必需的。IL-4是T_H2免疫应答产生所必需的。由抗原刺激的T细胞向T_H2亚群的分化依赖于IL-4，而IL-4的功能需要转录因子STAT6分子的激活（转录因子STAT6还能刺激T_H2细胞发育）。在超敏性疾病和寄生虫感染中，T_H2亚群产生IL-4、IL-5、IL-10和IL-13，并促进嗜酸性粒细胞和肥大细胞的活化，以及IgE抗体的生产。T_H1和T_H2两群细胞的产生和分化之间存在相互拮抗作用。通过分泌不同的细胞因子，T_H细胞各亚群对产生它们自身发育所必需的细胞因子的淋巴细胞，有促进作用，而对产生其他亚群发育所必需的细胞因子的淋巴细胞，有抑制作用。因此，IL-4的分泌对T_H2细胞的产生具有促进作用，而对T_H1细胞的产生具有抑制作用。同样，IL-12的产生能促进T_H1细胞的产生，而抑制T_H2细胞的产生。细胞因子之外的其他

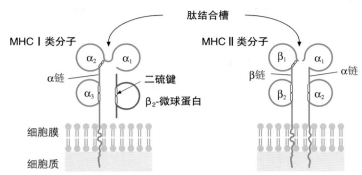

图3.10 MHC Ⅰ类和MHC Ⅱ类分子的结构
肽结合槽结合来自抗原的肽片段，抗原提呈细胞从此处将肽片段提交给T淋巴细胞。

因素也可影响T细胞分化，这些因素包括抗原量、抗原提呈细胞的性质和共刺激分子。

许多细胞内的细菌（如分枝杆菌和李氏杆菌）感染，和多种致病性原生生物感染，强烈影响着CD4$^+$的T细胞向CD4$^+$的T$_H$1亚群的T细胞分化。有些佐剂优先刺激T$_H$1辅助细胞的产生。许多细胞内病原体和佐剂是通过先天性免疫系统的细胞诱导IL-12产生。一些与巨噬细胞和树突细胞上toll样受体（TLR）相互作用的病原微生物，能直接刺激这些细胞分泌IL-12。其他微生物病原体可能会间接刺激NK细胞产生IFN-γ，而IFN-γ能刺激巨噬细胞分泌IL-12。IL-12是细胞介导的免疫反应中发挥主要作用的细胞因子。它与抗原激活的CD4$^+$的T细胞上的受体结合，能促使这些细胞表达转录因子STAT4，而转录因子STAT4又能刺激这些T$_H$淋巴细胞分化为T$_H$1细胞。另一个转录因子，即T-bet，由IFN-γ诱导，也能促进T$_H$1淋巴细胞的产生。干扰素，尤其是IFN-γ，不仅通过巨噬细胞刺激产生IL-12，还能通过促进T淋巴细胞上IL-12功能性受体的表达，促进T$_H$1淋巴细胞的产生。

新近研究表明，两种新发现的细胞因子，IL-23和IL-27，也属于白介素家族的蛋白质。它们有助于T$_H$1细胞的发育分化。这两种细胞因子与IL-12有一些共同的结构特征和功能。

■ 在获得性免疫应答中T淋巴细胞亚群的功能

活化的B细胞产生的抗体能中和病毒和细菌毒素。黏膜表面分泌的免疫球蛋白能够保护呼吸道和消化道，防止病原微生物的入侵（Snoeck等，2006）。然而，抗体抗感染的作用大多局限于抵抗细胞外的病原体，对抵抗在吞噬细胞和非吞噬细胞内增殖的病菌和寄生虫是无效的。抵抗细胞内增殖的病原体，包括病毒、细菌（如结核分枝杆菌和李氏杆菌）、真菌性病原体（如荚膜组织胞浆菌），需要有效的细胞介导的免疫反应。这涉及辅助性T细胞和细胞毒性T淋巴细胞。如果病原微生物在细胞内感染增殖时，感染的细胞无法杀死入侵的病原体，那么根除这类感染的唯一手段就是清除被感染的细胞。因此，细胞介导的免疫反应是抵抗病原感染的获得性免疫反应的一个重要组成部分。它在移植排斥反应和抗肿瘤免疫中，也发挥核心作用。

■ 抗体的产生、结构和生物活性

当B细胞通过其表面的膜免疫球蛋白结合了抗原后，就被激活了，并开始迅速分裂。活化的B细胞分化为效应细胞（称为浆细胞）和记忆B细胞。浆细胞分泌的抗体进入循环系统。这些抗体分泌细胞是终末期细胞，不能进一步分裂，它们分泌抗体通常持续2周时间。不同于浆细胞，记忆B细胞的寿命很长。记忆B细胞和它们的父辈B细胞表达的膜免疫球蛋白是相同的。游离的抗体是血清中丙种球蛋白中的一类糖蛋白，也是免疫球蛋白家族成员，可以分为五种类型，即IgM、IgG、IgA、IgD和IgE。每种类型的抗体具有各自特定的结构和免疫活性，并且它们的功能活性与它们的分子结构相关（表3.13）。尽管如此，各类型的抗体也有一些共同的结构特征。

当动物体内接触到病原微生物等外来抗原物质时，就启动了免疫反应。数日之内，被感染的动物作出反应，产生能特异性结合到病原体抗原决定簇的抗体分子，抗原特异性的调节性T细胞和效应T细胞也发生分化和增殖。此过程还诱导产生了免疫记忆细胞。以后如果宿主再次感染同一种类的病原微

表3.13　家养动物不同类型的免疫球蛋白的重要特性

特征	抗体类型				
	IgM	IgG	IgA	IgD	IgE
分子量	900 000	160 000	160 000（单体），也可形成二聚体和三聚体	180 000	190 000
分泌型的结构				无分泌型	
重链	μ	γ	α	δ	ε
副链或辅助成分	J链	没有	J链和某分泌物质	没有	没有
分布	主要分布于血管	血管内和血管外	血管内和膜表面（分泌型）	幼稚型B细胞的抗原受体	血管内和血管外（低水平）；与肥大细胞和嗜碱性粒细胞结合
抗原结合位点数	10	2	2（单体）	2	2
在超敏反应中的作用	参与一些Ⅱ型超敏反应，可能偶尔会涉及Ⅲ型超敏反应	参与Ⅱ型和Ⅲ型超敏反应	不参与超敏反应	不参与超敏反应	参与Ⅰ型超敏反应
保护作用等活动	单体形式作为B细胞抗原受体；在循环系统中，五聚体IgM可黏附相应的病原或抗原；当它结合病原或抗原后，可激活补体系统；在抗细菌感染和病毒感染中发挥重要作用	激活补体，有凝集病原体和沉淀病原体的作用，也能发挥调理作用；在抗细菌免疫、抗病毒免疫、中和毒素等方面，发挥重要作用	在黏膜表面发挥突出的免疫保护作用	B细胞表面的抗原受体	在Ⅰ型超敏反应中发挥核心作用；在抗寄生虫感染方面，有保护作用

生物，能够快速产生更持久的抗体反应（图3.11）。类似地，T细胞在再次免疫应答反应时，产生的反应也更强、更有效。这是对易感动物注射或接种疫苗产生快速和通常有保护作用的免疫反应基础。图3.12描述了获得性免疫的不同类型及其产生或诱导特点。

抗病原微生物的抗体有中和细菌毒素和病毒的能力。它们可以调理巨噬细胞和中性粒细胞，促进这些细胞吞噬病原微生物。有一些抗体，如IgA，在消化道和呼吸道等局部地方产生，可以防止病原体附着到宿主细胞，阻碍这些病原的定殖，从而减少疾病发生概率。这种黏膜免疫功能称为黏膜免疫，它对幼龄动物特别重要。抗体通过经典途径，激活补体，可以启动一些反应，导致病原微生物的裂解。被抗体激活的C3b分子还可以结合到靶细胞的细胞膜上，发挥免疫调理作用。它们还可以在补体系统激活后，通过产生一些切割下来的分子片段，促进炎症反应。母畜产生的抗体，可以分泌到初乳中，被

动保护新生动物，防止它们感染多种呼吸道和肠道病原菌。

被动免疫是指将一个动物体内通过主动免疫获得的抗体，转移到另一个易感动物。给易感动物注射病原特异或毒素特异的抗血清，可以使易感动物获得短暂的抗感染能力。新生动物可以口服抗血清，使它们免受某些肠道病原菌感染。给异种动物注射抗血清，比给同种动物接种抗血清，所产生的免疫保护期较短（图3.13）。

（四）抗细菌感染的免疫

动物身体各处存在多种细菌。其中，皮肤和胃肠道细菌的密度最高。这些细菌大多数与宿主是共生关系，不会引起宿主不良反应。很多细菌、酵母等微生物在皮肤、胃肠道和泌尿生殖道的特定部位生存。根据这些微生物在体表或者体内的分布位置、

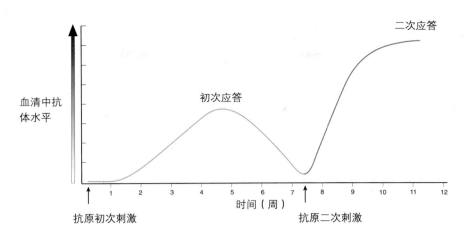

图3.11　接种疫苗或自然感染后体内发生的首次和再次抗体反应
首次反应大约需要10天时间，产生的抗体主要是IgM；再次反应时，抗体达到更高水平，持续时间更长，产生的抗体主要是IgG抗体。

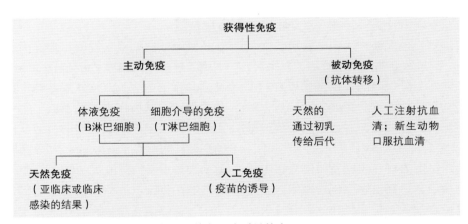

图3.12　获得性免疫的不同类型及其产生或诱导特点

与宿主组织的相互作用，以及对宿主的影响，可以把它们分为正常菌群、机会性病原菌和病原菌。但是，这种观点仍然存在争议。这是因为这种分类并非绝对可靠，细菌是否致病不仅取决于细菌的特性，也取决于宿主的免疫状态。在宿主体内特定部位定殖却不致病的细菌构成了正常菌群；病原菌则与正常菌群不同，能够侵入宿主的组织，产生毒素并导致疾病。有时候即使病原菌成功侵入宿主的组织并发生感染，但宿主仍不发病。这是因为它们侵入宿主组织后，宿主先天性免疫便迅速动员起来，发挥控制感染并清除病原菌的作用。宿主的皮肤和黏膜表面等解剖结构，为抵抗细菌侵袭，提供物理性屏障保护，同时宿主体内的抗菌物质和吞噬细胞也能有效抵抗多种病原菌。抗体、T细胞以及特异的获得性免疫组分，能提供相对于先天性免疫更为高效持

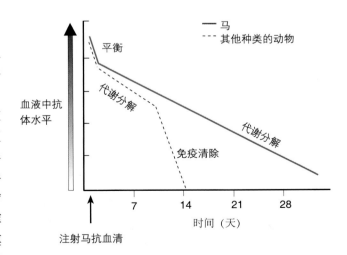

图3.13　给马和其他动物注射马抗血清而形成的被动免疫的持续期
该图提示马抗血清剂量影响了被动保护持续期的长短，对于马这个同源动物而言，按照推荐剂量接种马抗血清，其被动保护持续期有时达到3周。

久的免疫保护，以抵抗病原菌的侵袭。细胞介导和体液介导的免疫反应，是抵抗细胞内寄生菌、具有荚膜的细菌以及能够分泌毒素的细菌感染的必要手段。先天性免疫和获得性免疫反应之间的协作，在有效抵抗一些毒力很强的病原菌的侵袭方面，是必需的。

■抗细菌感染的先天性免疫

皮肤、黏膜表面、纤毛蠕动以及抑制性分泌物，包括胃酸、胆汁和皮肤的脂肪酸，都能够抵抗细菌的感染。肠道病原菌在新生动物和长期应用抗生素治疗的动物的肠道内定殖，相对比较容易；而在建立了良好的正常菌群的动物肠道内定殖，比较困难。能够引起全身性感染的病原菌必须与正常共生菌进行竞争，并在数量上占有优势，才能在组织中定殖并致病。正常菌群同样也能够产生抗菌物质，如细菌素（bacteriocin）。抗菌药物用于治疗细菌感染时，能够破坏正常菌群在黏膜表面的定殖，反而有利于某些对抗菌药物具有抗性的致病菌的定殖。病毒对呼吸道和胃肠道黏膜的侵袭破坏，也有利于病原菌的侵袭。

免疫系统发挥作用的核心问题是如何从宿主所接触到的很多物质中，识别出感染性病原体。多年来，先天性免疫一直被认为是非特异的，而且只能对病原体产生有限的防御作用。随着研究的深入，先天性免疫系统显然能够识别感染性病原体一些共有的结构，而宿主细胞则不具有这些结构。细菌、真菌和病毒能够被宿主细胞膜表面或细胞内部的受体，以及所分泌的一些大分子所识别。此类受体被命名为模式识别受体（pattern recognition receptor，PRR），与病原微生物共有结构相结合，然后刺激细胞发生反应，这就是先天性免疫系统发挥作用的核心机制。PRR能够识别的病原体共有的结构，包括肽聚糖、脂多糖、双股RNA以及甘露糖残基。与获得性免疫细胞的识别受体不同的是，先天性免疫的模式识别受体是在生殖细胞中编码的，而且在体细胞中并未发生突变。因此，在相同谱系的细胞中，都广泛分布模式识别受体。与获得性免疫淋巴细胞受体的多样性相比，模式识别受体仅具有有限的多样性。参与先天性免疫的某一特定类型的细胞，如巨噬细胞，表达相似的模式识别受体。多种对细菌感染免疫应答的细胞，均能够识别同样的模式结构。

先天性免疫系统对同种病原微生物的反复接触，采用同样的方式进行免疫应答。相比较而言，由于获得性免疫的记忆功能，获得性免疫再次接触同种病原微生物，能够产生更为强烈的免疫应答。

先天性免疫系统用于识别病原菌的受体存在于巨噬细胞、中性粒细胞、树突细胞、上皮细胞和内皮细胞（表3.11）。先天性免疫系统能否成功识别微生物，取决于参与识别的组织和识别系统是否被活化。抗菌肽合成增多、炎症反应因子分泌、补体激活和吞噬细胞向炎症部位趋化，是典型的先天性免疫对局部细菌感染的免疫应答。多种细胞因子，如IL-1、IL-6、α肿瘤坏死因子以及C-反应蛋白等急性期蛋白，能够增强宿主针对入侵细菌的炎症反应。

■抗菌肽

作为抵抗细菌入侵的物理屏障，皮肤的上皮层细胞能够产生抗菌肽（antimicrobial peptide），抑制细菌和真菌的生长。皮肤某些特定部位的上皮细胞和中性粒细胞所产生的抗菌肽，集中在细菌活动较多的部位。中性粒细胞中的抗菌肽能够杀死被吞噬的细菌。防御素（defensin）和杀菌肽（cathelicidin）是两大类重要的抗菌肽，具有广谱的抗病原菌活性。有两类防御素，α防御素和β防御素，具有相似的结构，能够阻止细菌在特定部位定殖。α防御素位于中性粒细胞颗粒中，由小肠隐窝底部的潘氏细胞（Paneth cell）产生。呼吸道和生殖道的上皮细胞也能够产生α防御素。β防御素是由口腔黏膜、唾液腺、皮肤、呼吸道和生殖道的上皮细胞所产生。杀菌肽存在于中性粒细胞、巨噬细胞、肥大细胞和肺上皮细胞的颗粒中。抗菌肽不仅具有破坏细菌和真菌细胞的能力，而且能够使中性粒细胞向炎症部位迁移并启动获得性免疫应答。

■溶菌酶

溶菌酶（lysozyme）是体液中的多种具有抗微生物活性的因子之一，是强阳离子低分子量蛋白。溶菌酶能够直接作用革兰阳性菌的细胞壁，能够酶切降解对细菌肽聚糖（peptidoglycan）层起稳定作用的N-乙酰基葡糖胺和N-乙酰磺酸之间的化学键。革兰阴性菌肽聚糖层的外膜能够保护细胞壁不被溶菌酶所降解。但是，革兰阴性菌的外膜一旦被膜攻击复合体破坏，溶菌酶同样能够作用其肽聚糖层。中性粒细胞的颗粒中存在溶菌酶，巨噬细胞也能够分泌溶菌酶。大多数体液中，包括唾液和泪液中，都含有溶菌酶。

■乳铁蛋白

铁是多种细菌，包括金黄色葡萄球菌、多杀巴氏杆菌和大肠杆菌，生长繁殖所必需的。阻断铁的吸收，能够抑制细菌（尤其是细胞内寄生菌）生长。

乳铁蛋白（lactoferrin）是胰腺分泌物中载铁蛋白（transferrin）家族成员之一，由具有脱颗粒活性的中性粒细胞分泌。乳铁蛋白能够从血浆和组织中吸收铁。细菌难以摄取到足够的铁，其繁殖就受到抑制。对于有些细菌，如多杀性巴氏杆菌，摄铁不足时，干扰其生物被膜形成。胃蛋白酶水解乳铁蛋白，产生具有强抗菌活性的乳铁蛋白抗菌肽（lactoferricin）。

外分泌腺合成并分泌到黏膜表面的乳过氧化物酶（lactoperoxidase），使多种黏膜分泌物中具有过氧化物酶活性。中性粒细胞也能够通过分泌髓过氧化物酶（myeloperoxidase），产生过氧化物酶活性。由于过氧化物酶催化卤化物的过氧化反应，尤其是氯化物和碘化物的过氧化反应，形成具有强抗菌活性的产物。

■吞噬细胞

吞噬细胞（phagocyte）是参与细菌的识别、破坏和清除的一些细胞。中性粒细胞、单核细胞、巨噬细胞和树突细胞是参与细菌吞噬的主要细胞。它们通过胞吞作用，对相对较大的颗粒如细菌、酵母，完成吞噬。吞噬过程是由受体介导的：首先，吞噬细胞表面的受体特异性识别被吞噬颗粒，然后颗粒被吞噬到细胞内，并与细胞内特定的细胞器形成吞噬小泡。病原菌的吞噬过程含有激活、趋化、黏附，以及后期的摄取和破坏等步骤。并非所有的病原菌都能够被吞噬。在没有调理素的参与下，被吞噬的细菌能够抵抗吞噬降解作用，并在宿主体内繁殖。

■中性粒细胞

摄取并杀死病原菌是宿主防御系统的重要组成部分。中性粒细胞能够摄取和杀死多种革兰阳性菌和革兰阴性菌，因此为宿主提供了重要的保护作用。

虽然中性粒细胞半衰期较短，从数小时到数日不等，但它们不仅能够参与病原菌的吞噬，而且能够产生多种抗菌物质，包括溶菌酶、杀菌素和防御素。在多种感染（尤其是细菌感染）的免疫应答中，骨髓释放出大量的中性粒细胞，首先到达细菌入侵的组织部位。循环系统里中性粒细胞数量暂时增多的现象，称为白细胞增多（leukocytosis），常用来指示存在细菌感染。虽然中性粒细胞能够产生多种重要抗菌物质，促进先天性免疫，但其最重要的作用还是吞噬并破坏病原体，尤其是病原菌。

在组织受伤后数分钟内，受伤部位的血液流动加快，同时伴随着血管通透性增强，趋化因子和吸引因子的释放，以及吞噬细胞向受伤部位内皮迁移。三个表面蛋白家族，即选择素（selectin）、整合素（integrin）和细胞间黏附素（intercellular adhesion molecule），促进中性粒细胞向炎症部位迁移。中性粒细胞表面的糖蛋白与内皮细胞表面的选择素形成微弱结合，使中性粒细胞缓慢滚动。在结合到中性粒细胞表面受体的趋化因子（chemoattractant）的作用下，吞噬细胞表面的整合素发生构象改变，促使吞噬细胞与内皮细胞产生牢固结合。这导致细胞渗出（diapedesis），即中性粒细胞从血管内皮细胞之间，穿行到血管外面，移动到细菌入侵部位。在中性粒细胞迁移到炎症部位之前，趋化因子激活循环系统里的中性粒细胞，诱导它们与内皮细胞结合。有两种趋化因子，IL-8和巨噬细胞炎症蛋白1β，结合到中性粒细胞的表面受体，增强中性粒细胞与内皮细胞之间的结合力。在中性粒细胞发生细胞渗出而移出到血管外面后，中性粒细胞被浓度递变的趋化因子，引诱到炎症部位。

补体片段如C3a、C5a，以及白三烯（leukotriene）、细菌多肽（包括N-甲酰肽）、局部产生的趋化因子、细胞因子，与中性粒细胞表面受体结合，能够促进中性粒细胞向受损组织迁移。中性粒细胞表达的表面受体能够识别血液和组织中的细菌病原。toll样受体（toll-like receptor，TLR）、补体受体以及N-甲酰蛋氨酰肽受体都是细菌性病原的受体，能够诱导中性粒细胞吞噬和降解病原菌。中性粒细胞对病原微生物的识别和黏附，最终导致吞噬。这一过程需要多种大分子蛋白质，尤其是特异性抗体和补体系统的参与。促进吞噬细胞对细菌吞噬的物质称为调理素（opsonin），调理素促进吞噬的作用称为调理作用（opsonization）。中性粒细胞具有C3b受体和IgG的Fc片段的一部分。其他调理素包括C-反应蛋白和能结合甘露糖的凝集素等。中性粒细胞摄取被调理的细菌后，形成一个小囊，称为吞噬体（phagosome）。在吞噬体内，细菌被破坏。中性粒细胞在吞噬细菌的过程中，首先形成伪足环绕菌体，然后伪足相互接触并融合，形成吞噬体。

吞噬体与溶酶体相互融合，形成含有抗菌蛋白的吞噬溶酶体（phagolysosome）。溶菌酶消化所吞噬的菌体，使其降解，降解产物释放到吞噬细胞外面。中性粒细胞拥有一个抗菌"武器库"，储藏着两种类型的颗粒，即初级颗粒和次级颗粒。这些吞噬细胞内部还有其他类型颗粒和分泌的囊泡。初级颗粒含有酸性水解酶（acid hydrolases）、髓过氧化物酶、弹性蛋白酶（elastase）、组织蛋白酶G（cathepsin G）、防御素（defensin）、细菌渗透性增强蛋白（bacterial permeability increasing protein，BPI）和溶菌酶。次级颗粒含有乳铁蛋白、溶菌酶和其他许多组分。杀死被吞噬的细菌主要由两个抗菌系统完成：一种是氧依赖抗菌系统，另一种是非氧依赖抗菌系统。非氧依赖抗菌系统主要由防御素、组织蛋白酶G和溶菌酶组成。氧依赖抗菌系统涉及活性氧和活性氮的产生。吞噬细胞需要消耗很多氧，才能产生活性氧；此过程被称为呼吸爆发（respiratory burst）；其特征就是氧摄取量显著提高。呼吸爆发产生的毒性物质主要有超氧阴离子、过氧化氢、单线态氧、羟基自由基和次氯酸。一氧化氮的超氧化反应生成活性氮。初级颗粒中存在高浓度的髓过氧化物酶。在吞噬作用过程中，呼吸爆发的激活伴随着脱颗粒（degranulation），从而将过氧化氢、髓过氧化物酶，以及其他毒性物质，如氯氨、羟自由基和单线态氧，释放到吞噬体中。虽然体液和组织中存在许多抗菌物质，但大部分病原菌是被吞噬细胞（如中性粒细胞）杀死的。

■巨噬细胞

中性粒细胞是一类高效吞噬细胞，但生命期较短；巨噬细胞与其不同，是一类长寿细胞。巨噬细胞不仅是一种吞噬细胞，同时还具有免疫监视功能，并且能以效应细胞的方式，参与获得性免疫反应。有些巨噬细胞驻留在组织中，有些巨噬细胞四处巡游。组织中的巨噬细胞依据其定位的不同而拥有不

同的名称和功能：肺中称为肺泡巨噬细胞（alveolar macrophage），肝中称为枯否细胞（Kupffer cell），脑内称为小胶质细胞。肝中的枯否细胞对于清除血液里的细菌，发挥作用。除杀死并清除病原菌外，巨噬细胞还在免疫组织和免疫细胞的协调方面，发挥核心作用。巨噬细胞是通过分泌的多种细胞因子，如IL-1、IL-6、IL-8、IL-18、α干扰素和α肿瘤坏死因子，发挥其协调作用的。巨噬细胞及其游离的前体——单核细胞的表面都有模式识别受体，如革兰阳性菌的脂磷壁酸受体、革兰阴性细菌的脂多糖受体和真菌病原体的β葡聚糖受体。从系统发育的角度来说，巨噬细胞类的细胞是先天性免疫系统中最古老的效应细胞之一。与中性粒细胞不同的是，巨噬细胞离开骨髓后便进行分化，受到某些刺激后被激活。虽然巨噬细胞和中性粒细胞都有吞噬功能，但在先天性免疫反应中巨噬细胞占据更为重要的地位，并且能够作为抗原提呈细胞，激活T淋巴细胞，引发获得性免疫反应。

病原体与巨噬细胞表面的受体结合后，形成跨膜激活信号，从而引发巨噬细胞的吞噬作用。当细菌被抗体或者补体调理后，更有利于巨噬细胞发挥吞噬作用。摄取菌体后，吞噬体经过一系列步骤后，变得成熟。成熟的吞噬体获得水解酶（如蛋白酶-D），并且其pH下降。吞噬体在熟化的后期，与溶酶体融合，形成吞噬溶酶体（phagolysosome）；吞噬溶酶体含有多种具有降解活性的水解酶。吞噬溶酶体成熟后，形成了一种能够将所吞噬细菌破坏并降解的抗微生物环境。巨噬细胞呼吸爆发产生的活性氧中间体，能够破坏所吞噬的细菌。吞噬溶酶体产生的超氧离子、羟基自由基和过氧化氢，都能对被吞噬的细菌产生毒性。诱导型一氧化氮合成酶（inducible nitric oxide synthase）是一种重要的酶，能够提高巨噬细胞的抗菌作用，还能够催化产生一氧化氮。一氧化氮与超氧阴离子自由基和巯基相互作用，产生一些抗菌化合物。

巨噬细胞活化后，抗菌能力得到增强。暴露的细菌产物与巨噬细胞表面受体结合，或者γ干扰素作用于巨噬细胞表面特异性受体，都能有效激活巨噬细胞。NK细胞和CD4$^+$的T_H1细胞能够对携带抗原的树突细胞所产生的IL-12、IL-15和IL-18等细胞因子，发生应答，分泌γ干扰素，从而增强巨噬细胞多种对抗细菌的途径，包括呼吸爆发以及产生诱导型

一氧化氮合成酶。细胞内寄生菌，如牛枝分杆菌和流产布鲁菌，所刺激的获得性免疫应答中，γ干扰素主要来源于CD4⁺的T_H1细胞。组织中巨噬细胞在参与针对细胞内病原体的免疫应答中，有可能进行终极分化，形成多核巨细胞（multinucleated giant cells）。在结核病变中，经常观察到这种变化。如果细胞内病原在组织的入侵部位长时间存在，巨噬细胞和T细胞在此部位的聚集和活化，会在该部位形成肉芽肿（granuloma）。动物结核病形成的肉芽肿通常由两部分组成，即感染和未感染的巨噬细胞、上皮细胞、多核巨细胞组成肉芽肿的"芯"，而T细胞聚集组成的"芯"的外围（图23.2）。

■抗细菌感染的获得性免疫

细菌被树突细胞摄取后，细菌多肽与MHC分子结合，被展示在树突细胞表面，提呈给T细胞。细胞内寄生菌和细胞外寄生菌都能够活化CD4⁺的T_H细胞。另外，有些细胞内寄生菌也能够借助MHC Ⅰ类分子，激活CD8⁺细胞毒性T细胞。接受MHC Ⅱ类分子提呈的T细胞，在与外源性细菌抗原接触后，也能够被诱导活化。细菌与巨噬细胞和树突细胞的特异性表面受体结合后，便发生受体介导的内吞或者免疫调理的吞噬作用，细菌在内吞小体（endosome）中被降解为一些多肽。这些多肽与细胞内合成的MHC Ⅱ类分子结合，形成多肽-MHC Ⅱ类分子复合物，然后被转运至细胞表面。细胞内寄生菌进入细胞，经抗原加工提呈后，被MHC Ⅰ类分子提呈给细胞毒性T细胞。

细胞内寄生菌常常从吞噬体内逃逸至细胞质。这些细菌能够在抗原处理过程中的多个步骤上，逃避巨噬细胞的降解和提呈。接受MHC Ⅰ类分子提呈的细胞毒性T细胞能够杀死被细胞内细菌感染的宿主细胞，而CD4⁺的T_H1细胞释放细胞因子，激活巨噬细胞，并促进巨噬细胞破坏被吞噬的细菌。它们也能促进B细胞产生抗体。CD4⁺的T细胞多个亚类通过分泌细胞因子，有力地影响免疫应答反应。CD4⁺的T_H1细胞亚类能够分泌γ干扰素和β肿瘤坏死因子，活化巨噬细胞，并促进巨噬细胞降解被吞噬的细菌，也能够促进免疫调理性抗体的产生。CD4⁺的T_H2细胞亚类能够分泌IL-4、IL-5、IL-6、IL-10和

IL-13，保障特定类型的抗体的产生。有些CD4⁺的T_H2细胞亚类参与超敏反应。CD4⁺的T_H2细胞亚类还参与嗜酸性粒细胞、嗜碱性粒细胞和肥大细胞对入侵的寄生虫（尤其是蠕虫）的免疫应答。T_H17亚类细胞分泌IL-17，能够促使上皮细胞产生抗菌肽，有利于中性粒细胞参与局部炎症反应。另一亚类的CD4⁺的T细胞作为协调性T细胞（T_{REG}），能够产生IL-10和TGF-β，抑制宿主免疫应答，尤其在入侵的病原微生物已经得到有效控制的情况下，抑制CD4⁺的T_H1细胞的应答。

细胞免疫对于细胞内寄生菌感染的控制是必需的，而体液免疫则在抵抗细胞外寄生菌的感染中发挥主要作用。除非细菌能在细胞内增殖和存活，抗体能够对多种细菌感染，提供高效的保护作用。细菌可以通过食入、吸入、接触、刺伤等途径，进入宿主体内（图3.14），然后黏附到宿主细胞，并入侵组织。细菌毒素造成的组织损伤能够导致局部或者全身性疾病。具有黏附菌毛的细菌能够黏附在黏膜上皮或上呼吸道的纤毛上皮。分泌性IgA能够与细菌的黏附素结合，从而阻断细菌对黏膜表面的黏附作用。虽然荚膜能够帮助菌体抵抗吞噬，但如果被特异性抗体或者C3b调理后，即使具有荚膜的细菌也能够被吞噬细胞吞噬和破坏。特异性抗体能够通过多种途径，发挥其抵抗细胞外寄生菌的作用。除阻断细菌黏附、调理荚膜细菌外，抗体还能够凝集细菌，固定可游动的细菌，阻碍它们在体内的扩散；能够活化补体，也能中和促进细菌在体内扩散的细菌毒素及酶（图3.14）。敏感的细菌与IgG或者IgM结合后，能够激活补体系统，补体激活后形成的膜攻击复合体能够将细菌裂解。宿主细胞感染细胞内寄生菌后，在宿主细胞表面展示出内源性细菌多肽。这些被展示的细菌多肽能够激活NK细胞或者巨噬细胞，使它们通过抗体依赖的细胞介导的细胞毒作用（ADCC），破坏被细菌感染的细胞。

由母畜所产生并经乳汁分泌的抗体，能够为新生动物提供抵抗细菌毒素（如破伤风杆菌分泌的神经毒素）的保护力。许多细菌性疫苗能够诱导产生特异性循环抗体，或者记忆性B细胞，使宿主抵抗细菌感染。先天性免疫及获得性免疫过程中，参与抵御病原菌的组分见表3.14。

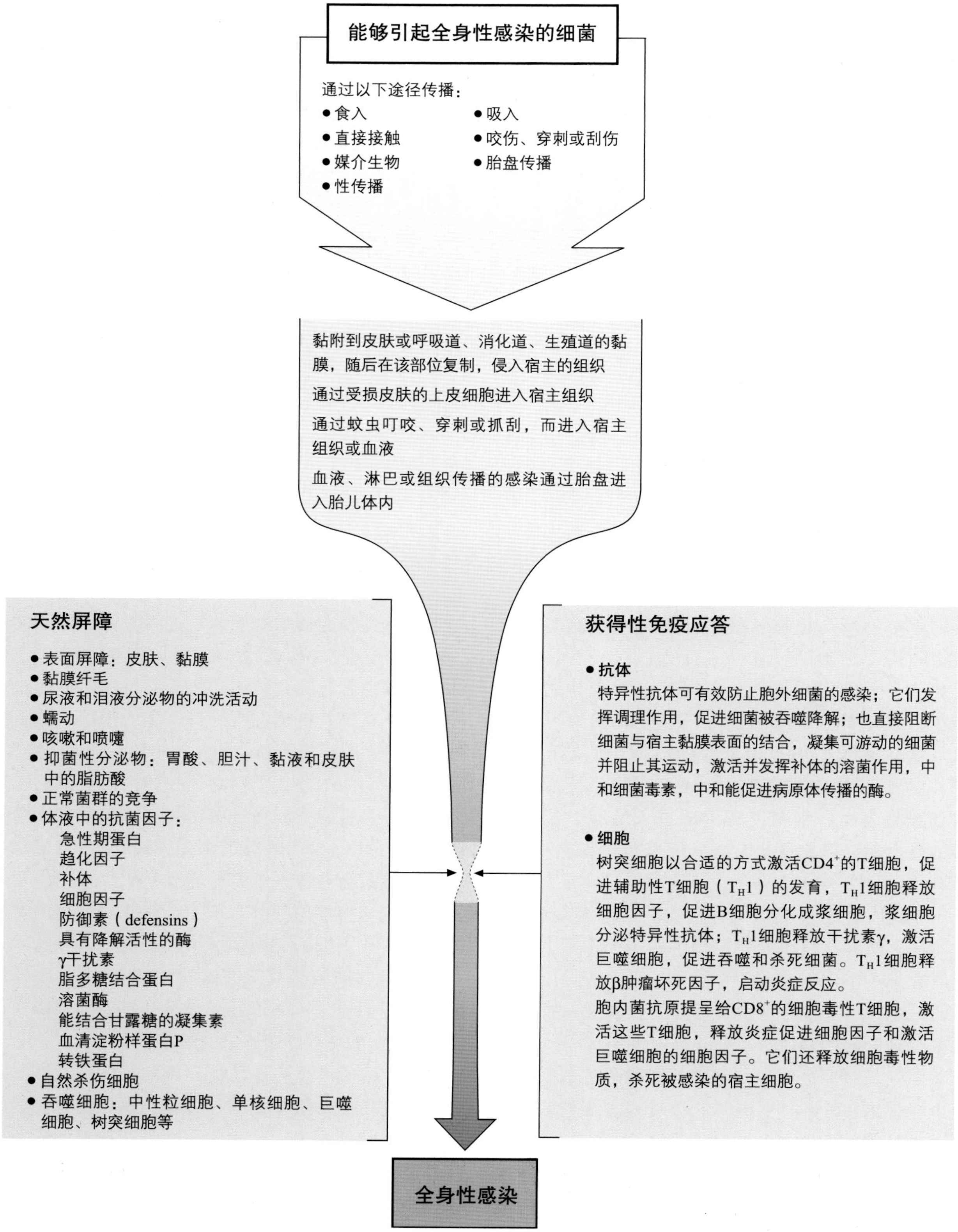

能够引起全身性感染的细菌

通过以下途径传播：
- 食入
- 直接接触
- 媒介生物
- 性传播
- 吸入
- 咬伤、穿刺或刮伤
- 胎盘传播

黏附到皮肤或呼吸道、消化道、生殖道的黏膜，随后在该部位复制，侵入宿主的组织

通过受损皮肤的上皮细胞进入宿主组织

通过蚊虫叮咬、穿刺或抓刮，而进入宿主组织或血液

血液、淋巴或组织传播的感染通过胎盘进入胎儿体内

天然屏障

- 表面屏障：皮肤、黏膜
- 黏膜纤毛
- 尿液和泪液分泌物的冲洗活动
- 蠕动
- 咳嗽和喷嚏
- 抑菌性分泌物：胃酸、胆汁、黏液和皮肤中的脂肪酸
- 正常菌群的竞争
- 体液中的抗菌因子：
  - 急性期蛋白
  - 趋化因子
  - 补体
  - 细胞因子
  - 防御素（defensins）
  - 具有降解活性的酶
  - γ干扰素
  - 脂多糖结合蛋白
  - 溶菌酶
  - 能结合甘露糖的凝集素
  - 血清淀粉样蛋白P
  - 转铁蛋白
- 自然杀伤细胞
- 吞噬细胞：中性粒细胞、单核细胞、巨噬细胞、树突细胞等

获得性免疫应答

- 抗体
  特异性抗体可有效防止胞外细菌的感染；它们发挥调理作用，促进细菌被吞噬降解；也直接阻断细菌与宿主黏膜表面的结合，凝集可游动的细菌并阻止其运动，激活并发挥补体的溶菌作用，中和细菌毒素，中和能促进病原体传播的酶。

- 细胞
  树突细胞以合适的方式激活CD4$^+$的T细胞，促进辅助性T细胞（T$_H$1）的发育，T$_H$1细胞释放细胞因子，促进B细胞分化成浆细胞，浆细胞分泌特异性抗体；T$_H$1细胞释放干扰素γ，激活巨噬细胞，促进吞噬和杀死细菌。T$_H$1细胞释放β肿瘤坏死因子，启动炎症反应。
  胞内菌抗原提呈给CD8$^+$的细胞毒性T细胞，激活这些T细胞，释放炎症促进细胞因子和激活巨噬细胞的细胞因子。它们还释放细胞毒性物质，杀死被感染的宿主细胞。

全身性感染

图3.14　能够引起全身性感染的细菌性病原的传播模式，以及针对这类病原感染的先天性免疫和获得性免疫的反应概况

表3.14　先天性免疫和获得性免疫过程中一些参与抗细菌感染的组分

组分	保护作用
可溶性因子	
抗体	能够中和毒素，能够抵抗细胞外细菌；对细菌感染有免疫调理作用；能够阻止细菌与黏膜表面黏附；凝集并固定能游动的细菌；中和能够促进细菌在体内扩散的毒素和酶
抗体与补体联合	与细菌结合的IgG和IgM激活补体后，形成膜攻击复合体，导致细菌裂解
抗菌肽	具有抗多种细菌活性的防御素和杀菌肽（Cathelicidin），能够阻止细菌在呼吸道及消化道黏膜表面等特定部位的定殖
C-反应蛋白	急性期蛋白，主要在肝内合成，对抗细菌感染有免疫调理作用
补体	当补体被免疫复合物或微生物激活后，这群血浆蛋白能产生膜攻击复合体，裂解细菌；通过免疫调理作用促进它们的破坏；C3a和C5a片段有趋化活性
γ干扰素	γ干扰素是提高巨噬细胞吞噬和破坏细菌的重要激活剂；促进CD4$^+$的T$_H$1细胞的分化成熟，促进多种细胞表达MHC分子
乳铁蛋白	载铁蛋白家族中成员之一，能够阻碍细菌从血浆和组织中吸收铁，从而抑制病原菌的繁殖
溶菌酶	体液中的一种强阳离子蛋白，能够裂解革兰阳性菌的肽聚糖层；能够破坏革兰阴性菌的肽聚糖层，使其易于受到补体系统形成的膜攻击复合体的攻击
细胞	
中性粒细胞	虽然寿命很短，但仍是高效的吞噬细胞，在摄取和破坏病原菌方面发挥重要作用，能够分泌许多抗菌物质
巨噬细胞	是一类长效吞噬细胞，在先天性免疫系统中发挥着核心作用，在获得性免疫反应的起始阶段发挥抗原提呈细胞作用。有些巨噬细胞驻留于一些器官组织内，其他的巨噬细胞则以游离状态存在；γ干扰素能够活化巨噬细胞，增强其抗菌作用，尤其是抵抗细胞内细菌的作用
T细胞亚类	
CD4$^+$的T$_H$1细胞	通过释放细胞因子，尤其是γ干扰素，活化巨噬细胞，促进其破坏被吞噬的细菌，对分枝杆菌和李氏杆菌等细胞内细菌，同样有效；促进前T细胞分化为细胞毒性T细胞
细胞毒性T细胞	MHC Ⅰ类分子与细胞内细菌的抗原，形成复合物，提呈给CD8$^+$的细胞毒性T细胞后，能够活化此类效应细胞，释放细胞毒性物质，杀死被感染的宿主细胞
调节性T细胞	一类CD4$^+$的T细胞，当免疫反应已经有效控制了病原体，能够抑制宿主的免疫应答（尤其CD4$^+$的T$_H$1细胞的免疫应答）

（五）抗真菌感染的免疫

已知的真菌种类很多，只有少数一些真菌对人与动物具有致病性。有三类真菌，即酵母、霉菌及担子菌，能够引起人与动物发病。除引起皮肤癣的皮肤癣菌（dermatophyte）外，致病性真菌都是腐生菌（saprophytes）。真菌感染常常是由于免疫缺陷或免疫抑制造成的。酵母的感染可能是长期应用抗生素的后果。先天性免疫保护机制是抵抗多种机会性真菌感染的第一道和最为重要的保护机制。细胞介导的获得性免疫反应能够增加宿主的抵抗力，在抵抗细胞内寄生真菌的入侵方面，作用尤为突出。真菌的体液免疫反应特异性强，对于疾病诊断有用。特异性抗体能够增强中性粒细胞对真菌的吞噬功能，但就抗体本身而言，仅对曲霉等少数的机会性真菌，能够提供有限的抵抗能力。

■抗真菌感染的先天性免疫反应

宿主完整的皮肤及其表面低pH环境和分泌的脂肪酸，以及完整的黏膜表面及其抗微生物分泌物，是抵抗真菌入侵的主要屏障。定殖于皮肤和黏膜表面正常菌群与真菌的竞争效应，对酵母在口腔、消化道等黏膜表面的繁殖，发挥重要的抑制作用。体液中一系列的抗菌因子、吞噬细胞和宿主细胞表面的病原识别受体，以及可溶性病原识别受体，不但能够为宿主提供抗真菌作用，而且能够识别呼吸道、消化道和尿道黏膜表面的真菌。

曲霉病（aspergillosis）是一种吸入孢子后引发的呼吸系统为主的疾病。呼吸道上皮细胞是抵抗入侵的第一道解剖学屏障。黏膜纤毛的清除作用能够提供局部保护。感染部位的肺泡巨噬细胞构成第一道细胞吞噬防御屏障，随后血液中的单核细胞和中性粒细胞也参与到这个细胞吞噬防御屏障中。随着真菌感染的进一步发展，NK细胞参与到抗感染的先天性免疫反应中。巨噬细胞中存在还原型烟酰胺腺嘌呤二核苷酸磷酸（nicotinamide adenine dinucleotide phosphate，NADPH）氧化酶，是宿主抗曲霉感染的必要物质。NADPH氧化酶活化后，产生超氧化物自由基等抗菌因子。在中性粒细胞内，NADPH氧化酶的活化与其初级颗粒中抗微生物蛋白酶相关，可破坏真菌菌丝。中性粒细胞抑制真菌孢子生长是不依赖于NADPH氧化酶的，但需要消耗铁的乳铁蛋白的参与。

细胞上固定的和细胞外可溶性的病原识别受体，能够识别真菌的特征性结构域。这些受体包括TLR、dectin-1、pentraxin-3、能结合甘露糖的凝集素、表面活性蛋白（surfactant protein）A和D。TLR的参与能够诱导炎症促进因子的产生。Dectin-1是一种β葡聚糖和真菌细胞壁常见组分的糖受体，在肺和胃肠道中高水平表达。Dectin-1和识别磷脂甘露聚糖（phospholipomannan）的TLR-2能够刺激炎症促进因子的产生。Dectin-1和TLR能够使宿主细胞区分烟曲霉的休眠孢子和萌发孢子，以及两种类型的孢子和菌丝。烟曲霉产生的胶霉毒素（gliotoxin）对巨噬细胞的吞噬能力，具有强烈的抑制作用。

在宿主细胞上固定的病原识别受体中，dectin-1、TLR-2和TLR-4负责真菌的识别。可溶性病原识别受体，包括pentraxin-3、凝集素和TLR-9，也能识别真菌。树突细胞通过病原识别受体识别真菌结构，刺激辅助性T细胞和调节性T细胞的抗原依赖反应。能结合甘露糖的凝集素，能够与白色念珠菌、隐球菌和烟曲霉等多种真菌病原体互相作用，然后通过凝集素途径活化补体系统，导致补体与真菌的菌体结合，促进吞噬细胞吞噬和破坏真菌。

真菌性病原的传播，以及宿主对真菌感染作出的先天性和获得性免疫反应见图3.15。抗真菌感染的先天性免疫和特异性获得性免疫的一些组分，见表3.15。

■抗真菌感染的获得性免疫反应

病原识别受体的活化能够诱导抗原提呈细胞的成熟，继而引发T细胞介导的免疫反应。巨噬细胞和淋巴细胞的相互作用是抵抗细胞内真菌（尤其是担子菌）感染的必要条件。真菌感染引起的免疫反应中，巨噬细胞释放IL-12，作用于T细胞和NK细胞；淋巴细胞和NK细胞经IL-12刺激后，释放γ干扰素；γ干扰素作用于巨噬细胞，促进其破坏已吞噬的真菌。另外，γ干扰素能够促进巨噬细胞产生α肿瘤坏死因子，增强巨噬细胞对真菌的杀伤作用。当上皮细胞表面的dectin-1与真菌菌体表面的β葡聚糖结合后，能够激活信号通路，刺激细胞因子的产生，促使$CD4^+$的T细胞转化为T_H17细胞。随后，T_H17淋巴细胞产生IL-17和IL-22，促使上皮细胞产生抗菌肽。虽然产生IL-17的$CD4^+$的T细胞能够刺激特异性的髓样细胞生长因子（myelopoietic growth factor）、细胞因子和趋化因子，进而促进中性粒细胞向炎症部位趋化，但在某些试验模型中，IL-17能够抑制宿主的免疫反应。调节性T细胞则诱导免疫耐受，降低对真菌抗原的超敏反应。

对于大多数真菌性病原的抵抗，都是依赖于T细胞介导的免疫反应，尤其是在树突细胞的参与下，$CD4^+$的T_H1细胞分泌γ干扰素。T_H2细胞与T_H1细胞不同，它能够产生IL-4、IL-5和IL-13，不能促进免疫保护，而与真菌抗原引起的超敏反应有关。虽然特异性抗体可以调理组织中的真菌菌体，有利于中性粒细胞对其进行清除，但体液免疫反应基本上对真菌感染没有免疫保护作用。

（六）抗病毒感染的免疫

病毒入侵宿主细胞能够干扰细胞正常的生物学功能，也可引起有害的宿主反应。由于病毒和宿主之间复杂的相互作用，导致的临床症状可能不明显，并且发病形式和严重程度受宿主易感性、病毒毒力、感染途径等多种因素影响。哺乳动物和鸟类有各自显著不同的易感病毒，因此不能直接对各种病毒的致病性进行比较。同样，一些抗病毒感染的免疫机

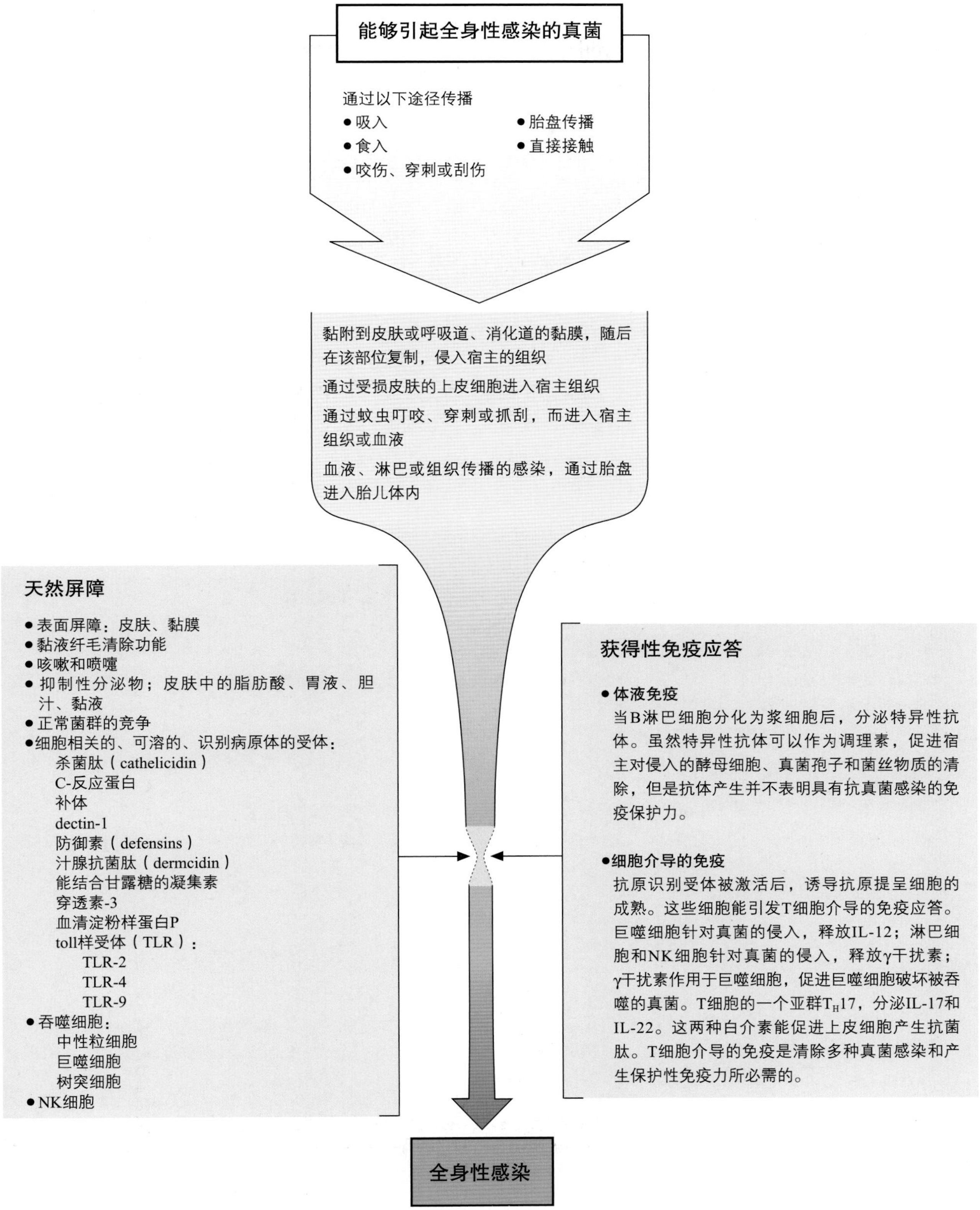

能够引起全身性感染的真菌

通过以下途径传播
● 吸入 ● 胎盘传播
● 食入 ● 直接接触
● 咬伤、穿刺或刮伤

黏附到皮肤或呼吸道、消化道的黏膜，随后在该部位复制，侵入宿主的组织

通过受损皮肤的上皮细胞进入宿主组织

通过蚊虫叮咬、穿刺或抓刮，而进入宿主组织或血液

血液、淋巴或组织传播的感染，通过胎盘进入胎儿体内

天然屏障

● 表面屏障：皮肤、黏膜
● 黏液纤毛清除功能
● 咳嗽和喷嚏
● 抑制性分泌物；皮肤中的脂肪酸、胃液、胆汁、黏液
● 正常菌群的竞争
● 细胞相关的、可溶的、识别病原体的受体：
　　杀菌肽（cathelicidin）
　　C-反应蛋白
　　补体
　　dectin-1
　　防御素（defensins）
　　汗腺抗菌肽（dermcidin）
　　能结合甘露糖的凝集素
　　穿透素-3
　　血清淀粉样蛋白P
　　toll样受体（TLR）：
　　　　TLR-2
　　　　TLR-4
　　　　TLR-9
● 吞噬细胞：
　　中性粒细胞
　　巨噬细胞
　　树突细胞
● NK细胞

获得性免疫应答

● 体液免疫
　当B淋巴细胞分化为浆细胞后，分泌特异性抗体。虽然特异性抗体可以作为调理素，促进宿主对侵入的酵母细胞、真菌孢子和菌丝物质的清除，但是抗体产生并不表明具有抗真菌感染的免疫保护力。

● 细胞介导的免疫
　抗原识别受体被激活后，诱导抗原提呈细胞的成熟。这些细胞能引发T细胞介导的免疫应答。巨噬细胞针对真菌的侵入，释放IL-12；淋巴细胞和NK细胞针对真菌的侵入，释放γ干扰素；γ干扰素作用于巨噬细胞，促进巨噬细胞破坏被吞噬的真菌。T细胞的一个亚群T$_H$17，分泌IL-17和IL-22。这两种白介素能促进上皮细胞产生抗菌肽。T细胞介导的免疫是清除多种真菌感染和产生保护性免疫力所必需的。

全身性感染

图3.15　能够引起全身性感染的真菌性病原的传播方式，以及针对这类病原感染的先天性免疫和获得性免疫的反应概况

表3.15　先天性免疫和获得性免疫过程中一些参与抗真菌感染的组分

组分	相关说明
先天性免疫	
细胞	
树突细胞	作为抗原提呈细胞，树突细胞在诱导和活化T细胞中发挥核心作用；它分泌IL-12，以促进CD4$^+$的T_H1分化成熟；它具有一些模式识别受体，包括结合β-葡聚糖的Dectin-1
上皮细胞	上皮细胞，尤其是动物的呼吸道和胃肠道中的上皮细胞，是抵御真菌侵袭的解剖学屏障，表达Dectin-1等识别真菌性病原体的受体
巨噬细胞	巨噬细胞表达TLR-2、TLR-4和Dectin-1等识别真菌性病原体的受体；当巨噬细胞被CD4$^+$的T_H1淋巴细胞释放的细胞因子（尤其是γ干扰素）激活后，增强其对吞噬的真菌进行破坏的能力；在这些吞噬细胞中，NADPH氧化酶是抗曲霉感染必不可少的物质
中性粒细胞	中性粒细胞在吞噬和破坏酵母和真菌孢子等真菌性物质中，发挥核心作用；中性粒细胞的颗粒中含有阳离子抗菌肽，能够抗真菌感染；NADPH氧化酶是中性粒细胞抗真菌物质之一；中性粒细胞表面TLR-2和其他病原体识别受体，帮助中性粒细胞识别和清除真菌
NK细胞	NK细胞虽然主要负责破坏被病毒感染的细胞和某些肿瘤细胞，但它们在巨噬细胞释放的IL-12刺激下，释放γ干扰素，而γ干扰素又可以激活巨噬细胞，促进它们吞噬真菌
细胞介导的可溶性病原识别受体	
杀菌肽（cathelicidin）	在中性粒细胞的次级颗粒存在的阳离子抗菌肽，具有抗细菌感染和真菌感染的作用
C-反应蛋白	在肝内合成的一种急性期蛋白，呈五聚体结构；促进补体激活，促进吞噬细胞对细菌和真菌性病原的吞噬作用
dectin-1	这种受体结合β-葡聚糖，是上皮细胞、巨噬细胞和树突细胞表达的一种C型凝集素
防御素（defensin）	阳离子抗菌肽，具有抗细菌感染和真菌感染的作用
α防御素	存在于中性粒细胞与小肠潘氏细胞（Paneth cell）形成的初级颗粒中
β防御素	表皮、呼吸道和泌尿生殖道等部位的上皮细胞产生的
汗腺抗菌肽（dermcidin）	汗腺产生的抗菌肽，具有抗细菌感染和真菌感染的作用
能结合甘露糖的凝集素（MBL）	在肝内合成的一种急性期蛋白，当MBL结合细菌和真菌表面的甘露糖残基上时，能够激活补体系统，促进吞噬作用
pentraxin-3	可溶性因子，识别真菌特有的基序（motif）
血清淀粉样蛋白-P	在肝内合成的一种急性期蛋白，可结合革兰阳性菌和真菌的成分，促进补体活化，促进免疫调理作用和吞噬作用。
toll样受体（TLR）	保守的病原体识别受体，激活TLR家族，通常导致炎症促进因子的表达
TLR-2	存在于巨噬细胞、树突细胞、中性粒细胞和内皮细胞等许多种类的细胞表面，结合真菌细胞的酵母多糖（zymosan）
TLR-4	存在于吞噬细胞的细胞膜上，与真菌成分相互作用后，刺激细胞因子和趋化因子的产生
TLR-9	细胞内病原体识别受体，与真菌DNA相互作用
β-葡聚糖受体	吞噬细胞的受体，可结合β-葡聚糖和真菌中酵母多糖，促进吞噬细胞对真菌性病原体的吞噬
获得性免疫	
细胞	
B淋巴细胞	B细胞表面受体直接或在树突细胞的协助下，与抗原相互作用，继而B细胞被激活。辅助性T细胞参与了B细胞激活过程。由T细胞分泌的细胞因子，如IL-2和γ干扰素，促进B细胞激活成浆细胞，并在浆细胞分泌特异性抗体过程中，影响抗体的类型。
T淋巴细胞	多个亚群的T细胞参与抗真菌感染的免疫反应，产生细胞介导的免疫。CD4$^+$的T_H1细胞可能是宿主防御系统中抵抗真菌感染最得力的免疫组分。树突细胞不仅将真菌抗原提呈给CD4$^+$的T_H1细胞，而且也产生IL-12，激活CD4$^+$的T_H1细胞。活化的CD4$^+$的T_H1细胞释放的γ干扰素，能够提高巨噬细胞吞噬和杀死真菌的能力。T_H1细胞产生的IL-17和IL-22，促进上皮细胞分泌抗菌肽
分泌物	
抗体	真菌性病原诱导的抗体通常对诊断有意义，但抗体水平与对抗真菌感染的防护能力没有对应关系
细胞因子	细胞因子包括巨噬细胞和树突细胞产生的IL-12、NK细胞和T淋巴细胞产生的IFN-γ。许多细胞因子对抗真菌感染的细胞介导的免疫过程中的免疫细胞，发挥影响作用；TH17细胞产生的IL-17和IL-22，能够刺激上皮细胞合成抗菌肽

制通常也仅对某科的病毒，或者某些具有共同生物学的病毒，发挥有效作用。

所有病毒都是严格的细胞内寄生病原。除此特征外，病毒表现出极为复杂的多样性。病毒在进化过程中形成了高度复杂的入侵细胞、复制增殖和逃避免疫机制。抵抗病毒的先天性免疫反应包括诱导I型干扰素的产生和激活NK细胞。抵抗病毒的获得性免疫反应主要包括细胞毒性T细胞的作用和中和抗体的作用；获得性免疫反应能够为宿主提供长效的抗病毒保护。病毒，尤其是RNA病毒和逆转录病毒，具有快速变异的特性；这个特性以及有些病毒逃避免疫的能力，是病毒再次感染的主要原因，也是难以形成长效的抗病毒免疫力的主要原因。

■ 抗病毒感染的先天性免疫

皮肤和黏膜是抗病毒感染的第一道屏障。如果病毒突破了这一屏障，就会激活早期先天性免疫反应，宿主会释放一些可溶性炎症因子，包括细胞因子、白介素以及补体片段等，引起炎症反应。这些可溶性炎症因子能够调节一些细胞的运动，促进一些细胞向炎症部位移行（趋化作用），促进一些细胞发生黏附和活化，有些还能诱导被感染的细胞发生凋亡。这些先天性免疫反应的目的在于彻底清除入侵的病毒。许多炎症因子本身就有强大的抗病毒活性。在易感动物方面，影响病毒感染发生的主要因素包括宿主的免疫状态、年龄、健康状况，以及是否存在并发感染。在病毒方面，主要影响因素包括毒株的毒力、感染剂量以及感染途径。

宿主对入侵病毒的识别并作出快速反应的能力是清除病毒的前提。先天性免疫反应是一个快速稳定的防御系统；它能够通过特异的细胞质受体或者toll样受体（toll-like receptor，TLR）与入侵病原结合，进而对其进行识别。TLR能够识别普通蛋白、脂蛋白、双股RNA以及非甲基化DNA等病原相关分子中的保守模式。识别后，激活多种信号通路，促进细胞活化和分泌。这些活动在早期激活宿主先天性免疫，在后期引发宿主获得性免疫。

抵抗病毒的先天性免疫反应诱导产生Ⅰ型干扰素，并活化NK细胞。干扰素是一类细胞因子；其命名来源于它抑制病毒复制的能力。宿主对病毒感染的最早期免疫反应是产生Ⅰ型干扰素，紧接着活化NK细胞。Ⅰ型干扰素是一个多肽家族，包括α干扰素、β干扰素、κ干扰素、λ干扰素，以及其他多种具有相似生物学活性的细胞因子。促进Ⅰ型干扰素合成的典型刺激物是病毒感染，尤其是在被感染的细胞内病毒复制过程所产生的双股RNA，能强烈刺激Ⅰ型干扰素的合成。Ⅱ型干扰素或者γ干扰素则由抗原或者有丝分裂原，刺激某些亚类的淋巴细胞所产生。α干扰素是由白细胞（尤其是病毒感染后的巨噬细胞）产生的。β干扰素是由成纤维细胞和上皮细胞产生。α干扰素、β干扰素、γ干扰素这三种干扰素的诱导、产生及特性见表3.16。

■ 干扰素

Ⅰ型干扰素由先天性免疫系统的细胞和感染的细胞产生。这两类细胞产生干扰素的机制不同：被感染的细胞检测到病毒在细胞内复制后，即产生Ⅰ型干扰素；而先天性免疫系统的细胞通过TLR检测到周围有病毒存在时，才产生Ⅰ型干扰素。病原来源的核酸能够被细胞内的一组TLR识别。病毒粒子经胞吞或胞饮的方式，被吞噬细胞吞噬后，可被吞噬细胞内的TLR识别。识别病毒的模式识别受体（Pattern-recognition receptor，PRR）包括TLR-3、TLR-7和TLR-9。未成熟的树突细胞、组织巨噬细胞和浆细胞样树突细胞（Plasmacytoid dendritic cells）能够表达一种或多种TLR，并对TLR传递的信号做出反应，进

表3.16　部分干扰素的诱导物、产生细胞和生物活性

干扰素	诱导信号	产生细胞	相关说明
α干扰素	病毒入侵、双股RNA	白细胞，尤其是巨噬细胞	存在多个同源异构体；诱导多种细胞的抗病毒作用，激活NK细胞
β干扰素	病毒入侵、双股RNA	成纤维细胞、上皮细胞	仅发现一个类型；诱导多种细胞的抗病毒作用，激活NK细胞
γ干扰素	抗原或有丝分裂原对细胞的刺激	$CD4^+$的T_H1细胞、$CD8^+$的T细胞、NK细胞	仅发现一个类型；是激活巨噬细胞的细胞因子，激活抗原提呈细胞的MHC Ⅰ类和MHC Ⅱ类分子；促进幼稚型$CD4^+$的T细胞分化为T_H1细胞

而产生I型干扰素。浆细胞样树突细胞在产生I型干扰素方面，特别重要。

病毒感染后几个小时内，宿主体内被感染的细胞和先天性免疫系统的哨兵细胞，就会产生α干扰素和β干扰素。在急性全身性病毒感染时，干扰素产生水平与病毒复制水平密切相关（图3.16）。干扰素与邻近的宿主细胞表面的干扰素受体结合，诱导其产生抗病毒蛋白，使其能够抵抗病毒的感染。干扰素本身并不能直接阻断病毒的复制，但可以激活宿主细胞与抗病毒相关的一些活性蛋白的基因。I型干扰素与细胞表面的干扰素受体结合后，诱导发生一系列变化，包括干扰蛋白质合成以及降解mRNA。干扰素干扰病毒复制的重要机制主要有三种，即双股RNA依赖的蛋白激酶的合成、潜伏的细胞内源性核酸酶（latent cellular endonuclease）的激活以及Mx蛋白的合成。

蛋白激酶R（protein kinase R，PKR）在多种细胞内低水平表达，但经过干扰素受体传递的信号诱导后，PKR高水平表达，有力干扰病毒的复制。PKR主要作用于翻译起始因子$eIF_{2\alpha}$；PKR通过磷酸化抑制$eIF_{2\alpha}$的活性，从而抑制细胞和病毒所有蛋白质的合成，达到抑制病毒复制的效果。PKR也可导致细胞死亡。干扰素受体信号通路诱导2',5'-寡腺苷酸合成酶；该酶识别双链RNA后，激活潜伏的细胞内源性核糖核酸酶RNase L，从而降解mRNA和核糖体RNA，进而抑制病毒的增殖。I型干扰素干扰病毒复制的第三个途径涉及Mx蛋白；该蛋白抑制较多的RNA病毒的转录，也能干扰病毒的组装。

■NK细胞

病毒感染后几天之内，组织中出现活化的NK细胞。NK细胞能够杀死表面表达了病毒抗原的被感染的细胞，从而帮助宿主清除病毒在体内的储存和增殖场所。NK细胞这种保护宿主细胞抗感染的功能，能够被巨噬细胞和树突细胞所分泌的细胞因子强化。这些细胞因子包括I型干扰素、IL-12、IL15、IL-18。α干扰素和β干扰素以及树突细胞和巨噬细胞所产生的细胞因子，能够与NK细胞表面受体结合，增强NK细胞的细胞裂解活性。有些病毒感染宿主细胞后，能够阻断被感染的细胞表达MHC Ⅰ类分子，导致病毒抗原不能与MHC Ⅰ类分子结合，从而不能将其抗原肽提呈给细胞毒性T细胞。在这种情况下，这些被感染的宿主细胞上原本正常存在的MHC Ⅰ类分子显著减少；而这种减少能够直接激活NK细胞，随后NK细胞破坏这些MHC Ⅰ类分子显著减少的宿主细胞。

在抗病毒感染方面，NK细胞在获得性免疫发挥作用之前，发挥保护作用。NK细胞的抗病毒作用主要包括三个方面：通过穿孔素和颗粒酶直接裂解靶细胞；产生γ干扰素保护被感染的细胞的相邻细胞，并激活巨噬细胞抗病毒活性；通过抗体依赖性细胞介导的细胞毒作用，破坏被感染的细胞。

巨噬细胞的抗病毒作用主要是通过对病毒和病毒感染的细胞的直接吞噬；有时这一过程需要特异性抗体和补体的参与。这些有吞噬作用的细胞能够破坏被病毒感染的细胞，并产生抗病毒分子，如α干扰素和α肿瘤坏死因子。

■抗病毒感染的获得性免疫

获得性免疫在先天性免疫反应发挥抗病毒作用后，开始发挥抗病毒作用。获得性免疫通过抗体阻断病毒结合至细胞表面，进而阻止病毒进入细胞内部，也能通过T细胞破坏病毒感染的细胞，从而终止病毒感染。

■体液免疫

在病毒侵入细胞之前，抗体介导的体液免疫是有效的。对于从宿主细胞中释放的病毒，抗体也能够发挥重要保护作用。在很多情况下，对抗病毒的再次感染，主要依赖于体液中的中和性循环抗体。中和抗体的抗病毒作用能够阻断病毒与细胞的结合，从而防止病毒进入宿主细胞内。这种阻断效应主要是通过抗体结合到病毒囊膜、衣壳抗原或者病毒表面其他成分。分泌性抗体IgA能够阻断病毒与宿主黏膜表面的细胞结合。新生动物通过分泌到乳汁中的母源抗体，能够获得抵抗多种病毒的被动保护。特异性抗体能够阻断病毒与T细胞受体的结合，从而阻止其进入细胞内部。抗体与游离的病毒颗粒结合使其相互聚集，为吞噬细胞吞噬和清除病毒提供便利。IgG和IgM能够与有囊膜的病毒的表面抗原结合，进而激活补体系统，形成膜攻击复合体，最终导致有囊膜的病毒的裂解。当病毒颗粒表面遍布特异性抗体后，C3b便与固定在病毒表面的抗体结合，促使巨噬细胞吞噬和破坏这些病毒。有些宿主细胞被病毒感染后，细胞表面会展示出病毒抗原。这些抗原与抗体结合后，不仅能够激活补体反应，从而裂解被感染的细胞，还可以活化NK细胞，通过抗体依赖性细胞介导的细胞毒作用（ADCC），裂解被感染的细胞。虽然抗体在抗病毒免疫中参与多种活动，但其抵抗细胞外病毒的作用，是最有效的。对于宿主细胞内的病毒，则需要NK细胞和细胞毒性T细胞的参与，才能够杀死被感染的细胞，从而清除细胞内的病毒。

■细胞介导的免疫

虽然抗体在清除游离病毒的过程中发挥重要作用，能够防止急性感染阶段出现病毒血症，防止病毒扩散至靶组织，但抗体却不能彻底清除细胞内的病毒感染。相对而言，T细胞抗病毒的免疫监测更为有效，且具有选择性，可通过细胞毒性T细胞，破坏被病毒感染的细胞。在病毒感染过程中，CD8$^+$的T细胞进行快速增殖，在10天内可以达到峰值，然后开始慢慢下降（图3.16）。T细胞不但数量增加，同时分化为CD8$^+$细胞毒性效应细胞，分泌细胞因子，尤其是γ干扰素和肿瘤坏死因子，并且可以直接通过释放穿孔素和颗粒酶，或者与Fas/Fas配体发生作用，诱导细胞凋亡等方式，杀死被感染的细胞。γ干扰素和肿瘤坏死因子不但能够促进炎症细胞向病毒感染部位募集，而且能够干扰病毒的复制。有一小部分表面具有独特受体的CD8$^+$的T细胞克隆被激活后，能够作为免疫记忆细胞，长期持续存在。这些在首次激活中得到CD4$^+$的T细胞辅助的记忆细胞，能够存活

若干年。

大多数病毒特异性细胞毒性T细胞为CD8$^+$的T细胞，能够识别位于有核细胞表面与MHC Ⅰ类分子相结合的病毒抗原。T细胞分化为CD8$^+$细胞毒性T细胞，需要CD4$^+$辅助性T细胞分泌的细胞因子，或者被感染的细胞分泌的共刺激因子。细胞毒性T细胞最重要的抗病毒作用是破坏被感染的细胞。此外，它们能激活被感染的细胞内的核酸酶，以降解病毒的核酸；它们还能产生γ干扰素，这些功能都有抗病毒作用。

细胞毒性T细胞和NK细胞与被感染的细胞之间直接的相互作用，通过释放细胞因子或颗粒，破坏被感染的细胞。其中，颗粒是以胞吐（exocytosis）的方式释放的。细胞毒性T细胞通过Fas（肿瘤坏死因子受体家族的一种，在多种细胞表面表达）传递信号给靶细胞。当表达在活化T细胞表面的Fas配体与Fas结合后，就能启动信号放大的级联机制（cascade），导致被感染的细胞发生凋亡。

NK细胞和细胞毒性T细胞分别采用不同的方式识别靶细胞，但却应用相同的裂解机制，破坏靶细胞。细胞毒性T细胞释放特定的细胞毒性物质，通过破坏靶细胞膜，杀死被感染的细胞。这些细胞毒性物质，即穿孔素（perforin）和颗粒酶，存在于细胞质中的裂解颗粒（lytic granule）。靶细胞一旦被识别，裂解颗粒则被移送到细胞毒性T细胞和靶细胞的接触面，释放穿孔蛋白，即穿孔素，以及与颗粒相

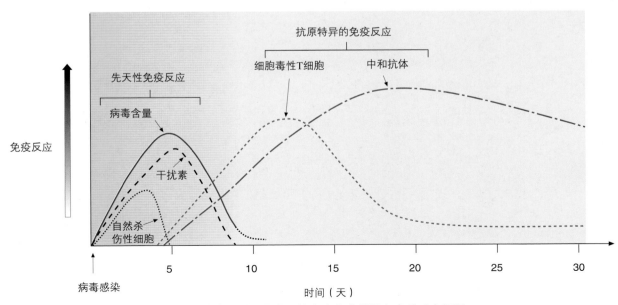

图3.16　一个典型的急性全身性病毒感染所引起的先天性免疫和获得性免疫的反应概况

关的酶类，即颗粒酶。

在细胞质中的裂解颗粒里，穿孔素分子是无活性的单体。穿孔素单体被释放到细胞外后，它们在高浓度钙离子的环境中，形成多聚体，使它们能够在靶细胞膜上发挥穿孔作用。穿孔素和补体C9在结构和功能上，具有相似性。

颗粒酶是细胞毒性T细胞的细胞质中裂解颗粒内的蛋白酶，在细胞毒性T细胞激活后便释放出来。颗粒酶属于丝氨酸蛋白酶。当穿孔素在靶细胞表面钻孔后，颗粒酶与一些小分子和钙离子一起，进入到靶细胞内。在颗粒酶进入靶细胞的过程中，颗粒酶诱导细胞质内发生一系列变化，如活化凋亡酶（caspase），导致细胞快速发生凋亡、诱导DNA片段化、干扰细胞修复机制。颗粒酶A通过非凋亡酶依赖途径，启动凋亡程序，导致DNA片段化；颗粒酶B能够对多种凋亡酶的前体进行剪切，导致靶细胞发生凋亡；颗粒酶C的作用不是很明确，但据报道，该酶以非凋亡酶依赖途径，诱导细胞发生凋亡。虽然穿孔素和颗粒酶的细胞毒性作用机制中诸多环节，仍有待于研究，但已经明确的是裂解颗粒的内容物一旦释放，就会导致靶细胞快速凋亡。

无论是NK细胞，还是细胞毒性T细胞，都不会被自身的裂解性颗粒所破坏。穿孔素和颗粒酶都是以无活性的形式合成，只有被释放后才会被活化。

穿孔素和颗粒酶活化需要较高浓度的钙离子。已有报道，组织蛋白酶B（cathepsin B）作为一种额外的保护机制，排列在裂解性颗粒的膜表面；该酶在细胞毒性T细胞和靶细胞接触时，能够在细胞毒性T细胞一侧，切下穿孔素，使其发挥作用。

能够导致动物发生全身性感染的病毒往往可以通过多种途径进行传播。常见的传播途径包括呼吸道和消化道。组织屏障、抗病毒细胞因子和巨噬细胞，共同构成了抗病毒先天性免疫（图3.17）。获得性免疫反应相对于先天性免疫，发生较慢；它包括抗体介导的病毒中和作用，以及细胞毒性T细胞破坏感染的宿主细胞的作用。表3.17汇总了先天性免疫和获得性免疫过程中一些组分的抗病毒作用。

（七）总结性评述

环境中的机会性微生物和病原微生物无处不在，因此抗微生物感染是宿主生存的必要条件。先天性免疫和获得性免疫相互协同，共同为抵抗多种微生物的感染，提供了有效防御作用。免疫系统通过有效的体液免疫和细胞免疫，对各种病原体诸多抗原表位产生获得性免疫应答，抵抗微生物的入侵。有些RNA病毒和逆转录病毒变异很快，它们能显著降低免疫反应的有效性。对于这些变异很快的病原体，

表3.17　先天性免疫和获得性免疫系统中参与抗病毒感染的一些组分

组分	保护作用
可溶性因子	
抗体	能够从循环系统中清除病毒，防止出现病毒血症，防止病毒向靶器官扩散；中和细胞外的病毒，防止病毒和宿主T细胞受体结合；促进病毒颗粒被吞噬细胞吞噬；黏膜表面的分泌型IgA可以防止病毒入侵宿主体内
结合到被病毒感染的细胞上的抗体	通过抗体依赖性细胞介导的细胞毒性作用（ADCC），促进NK细胞和巨噬细胞破坏被病毒感染的细胞
抗体和补体联合	形成膜攻击复合体，促进某些有囊膜的病毒的溶解；裂解被病毒感染的细胞；补体C3b对有囊膜的病毒或被感染的细胞发挥调理作用，从而促进巨噬细胞破坏有囊膜的病毒或被感染的细胞
干扰素	α干扰素和β干扰素能够诱导多种细胞进入抗病毒状态；当它们结合到干扰素受体上，这些细胞因子就能诱导以下变化：干扰病毒的复制；通过激活细胞内潜伏的核酸内切酶，以及刺激Mx蛋白的生产，抑制病毒的转录；γ干扰素能激活巨噬细胞，促进CD4$^+$的T细胞的分化
细胞	
NK细胞和巨噬细胞	通过抗体依赖性细胞介导的细胞毒性作用，杀死被病毒感染的细胞；NK细胞也能产生γ干扰素
CD4$^+$的T$_H$1淋巴细胞	CD4$^+$的T$_H$1淋巴细胞释放的细胞因子，尤其是γ干扰素，能够激活巨噬细胞，增强巨噬细胞破坏被摄入的病毒的能力；CD4$^+$的T$_H$1淋巴细胞还能促进前T细胞变为成熟的细胞毒性T淋巴细胞
细胞毒性T淋巴细胞	这些CD8$^+$的T淋巴细胞不仅能产生γ干扰素和肿瘤坏死因子，也能通过分泌穿孔素、颗粒酶或诱导细胞凋亡，而杀死被病毒感染的细胞

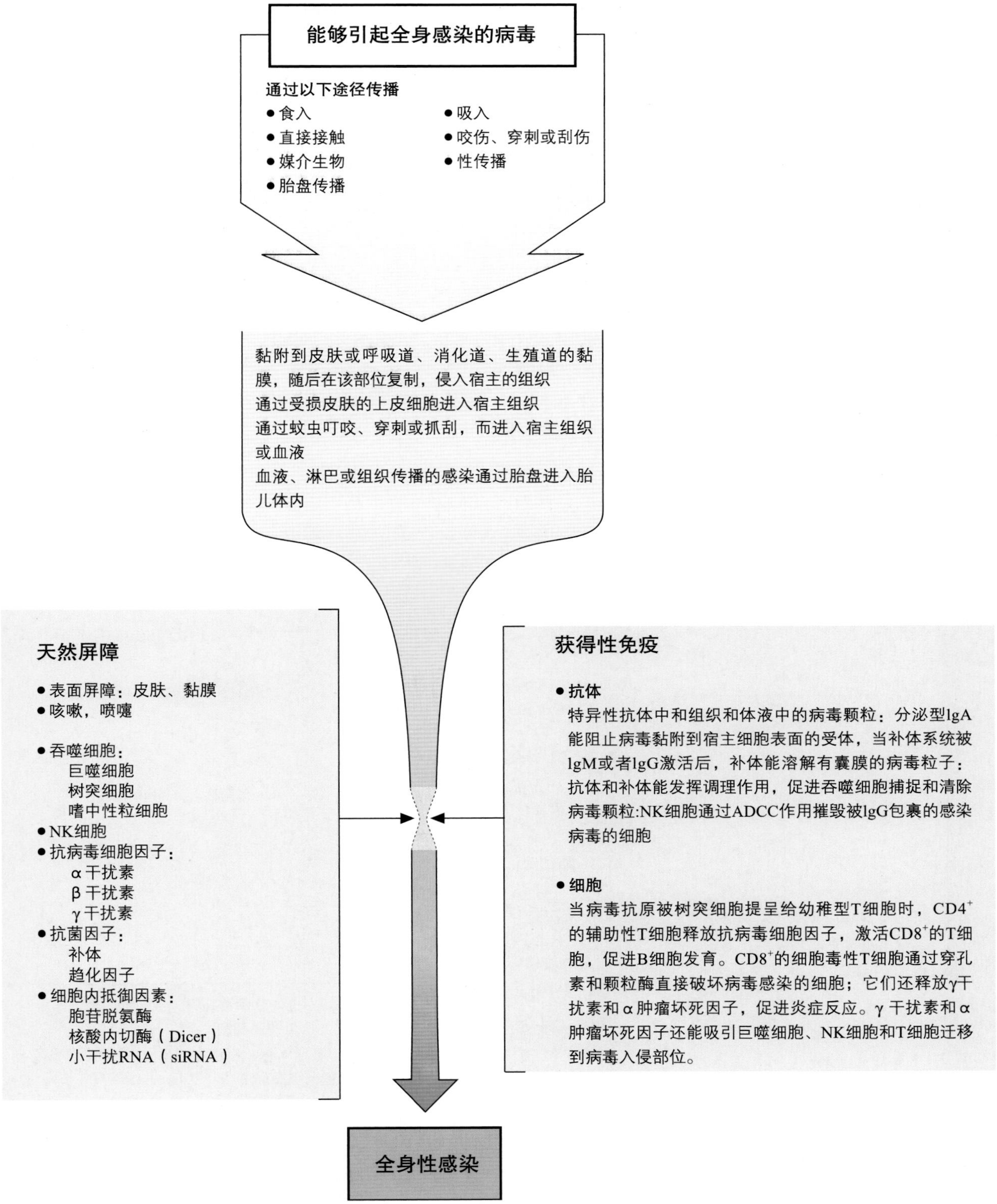

能够引起全身感染的病毒

通过以下途径传播
- 食入
- 吸入
- 直接接触
- 咬伤、穿刺或刮伤
- 媒介生物
- 性传播
- 胎盘传播

黏附到皮肤或呼吸道、消化道、生殖道的黏膜，随后在该部位复制，侵入宿主的组织
通过受损皮肤的上皮细胞进入宿主组织
通过蚊虫叮咬、穿刺或抓刮，而进入宿主组织或血液
血液、淋巴或组织传播的感染通过胎盘进入胎儿体内

天然屏障

- 表面屏障：皮肤、黏膜
- 咳嗽，喷嚏

- 吞噬细胞：
  巨噬细胞
  树突细胞
  嗜中性粒细胞
- NK细胞
- 抗病毒细胞因子：
  α 干扰素
  β 干扰素
  γ 干扰素
- 抗菌因子：
  补体
  趋化因子
- 细胞内抵御因素：
  胞苷脱氨酶
  核酸内切酶（Dicer）
  小干扰RNA（siRNA）

获得性免疫

- 抗体
  特异性抗体中和组织和体液中的病毒颗粒；分泌型IgA能阻止病毒黏附到宿主细胞表面的受体，当补体系统被IgM或者IgG激活后，补体能溶解有囊膜的病毒粒子；抗体和补体能发挥调理作用，促进吞噬细胞捕捉和清除病毒颗粒;NK细胞通过ADCC作用摧毁被IgG包裹的感染病毒的细胞

- 细胞
  当病毒抗原被树突细胞提呈给幼稚型T细胞时，CD4+的辅助性T细胞释放抗病毒细胞因子，激活CD8+的T细胞，促进B细胞发育。CD8+的细胞毒性T细胞通过穿孔素和颗粒酶直接破坏病毒感染的细胞；它们还释放γ干扰素和α肿瘤坏死因子，促进炎症反应。γ干扰素和α肿瘤坏死因子还能吸引巨噬细胞、NK细胞和T细胞迁移到病毒入侵部位。

全身性感染

图3.17 能够引起全身性感染的病毒的传播方式，以及先天性免疫和获得性免疫对这些病原体的免疫反应
ADCC：抗体依赖性细胞介导的细胞毒性作用。

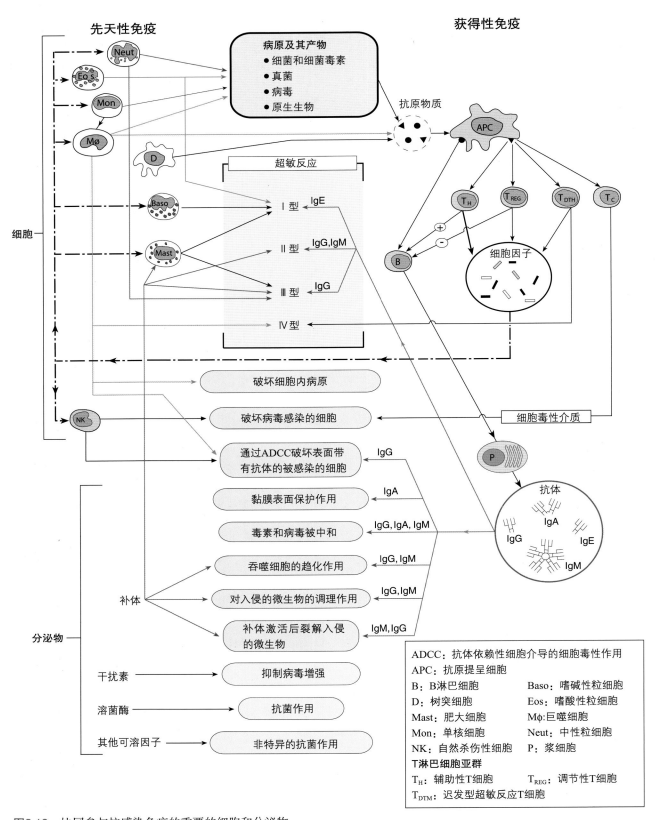

图3.18   协同参与抗感染免疫的重要的细胞和分泌物
先天性免疫和获得性免疫的合作能够提高宿主的防御能力。有时，免疫应答也能产生超敏反应等一些对身体有害的反应。

免疫系统很难建立持久有效的免疫保护力。

宿主对外源蛋白和一些治疗用的药物产生的免疫应答，有时也会导致超敏反应。有些动物可能因为超敏反应，丧失性命。

图3.18描述了参与先天性免疫和获得性免疫过程中一些重要的细胞和分泌物。先天性免疫和获得性免疫之间的合作，对于有效抵御病原微生物是必要的。免疫系统本身并不免除缺陷。有些免疫缺陷来自宿主的发育过程，有些免疫缺陷则是后天获得的。免疫系统中存在一个或多个组分的缺陷，会导致宿主感染环境中机会性微生物的概率增加。免疫系统中的缺陷如果影响到免疫保护能力形成的重要组分，宿主就无法避免发生严重感染。

免疫系统的功能变化可能与年龄、代谢影响、骨髓或淋巴组织发生肿瘤，以及其他诸多因素密切相关。年龄偏大或偏小的动物，其防御功能通常不佳。在初乳保护缺失情况下，新出生的动物容易受到环境中的病原体引起的感染。随着免疫能力逐渐下降，动物正常寿命走向结束。

◉ 参考文献

Cumano, A. and Godin, I. (2007). Ontogeny of the haematopoietic system. Annual Review of Immunology, 25, 745–785.

DeFranco, A.L., Locksley, R.M. and Robertson, M. (2007). Immunity. New Science Press, London. pp. 136–145.

Ferrante, A. (2005). Neutrophils. In *Topley and Wilson's Microbiology and Microbial Infections*. Immunology. Tenth Edition. Eds S.H.E. Kaufmann and M.W. Steward. Hodder Arnold, London. pp. 35–54.

Holland, S. M. and Vinh, D. C. (2009). Yeast infections—human genetics on the rise. New England Journal of Medicine, 361, 1798–1801.

Miossec, P., Korn, T. and Kuchroo, V. (2009). Interleukin-17 and type 17 helper T cells. New England Journal of Medicine, 361, 888–898.

Morgan, B.P. (2005). Complement. In *Topley and Wilson's Microbiology and Microbial Infections*. Immunology. Tenth Edition. Eds S.H.E. Kaufmann and M.W. Steward. Hodder Arnold, London. pp. 141–163.

Richardson, M.D. (2005). Aspergillosis, In *Topley and Wilson's Microbiology and Microbial Infections*. Medical Mycology. Tenth Edition. Eds W.G. Merz and R.J. Hay. Hodder Arnold, London. pp. 687–738.

Segal, B.H. (2009). Aspergillosis. New England Journal of Medicine, 360, 1870–1884.

Snoeck, V., Peters, I.R. and Cox, E. (2006). The IgA system: a comparison of structure and function in different species. Veterinary Research, 37, 455–467.

Snyder, P.W. (2007). Diseases of immunity. In Pathologic Basis of Veterinary Disease. Fourth Edition. Eds M.D. McGavin and J.F. Zachary. Mosby, St. Louis, Missouri. pp. 193–251.

◉ 进一步阅读材料

Abbas, A.K. and Lichtman, A.H. (2009). Basic Immunology. Third Edition. Saunders, Philadelphia.

Engleberg, N.C., DeRita, V. and Dermody, T.S. (2007). Schaechter's Mechanisms of Microbial Disease. Fourth Edition. Lippincott Williams and Wilkins, Philadelphia.

Gyles, C.L., Prescott, J.F., Songer, J.L. and Thoen, C.O. (2010). Pathogenesis of Bacterial Infections in Animals. Fourth Edition. Wiley-Blackwell, Ames, Iowa.

Lachmann, P.J. (2009). The amplification loop of the complement pathways. Advances in Immunology, 104, 115–149.

Mims, C., Nash, A. and Stephen, J. (2000). Mims'Pathogenesis of Infectious Disease. Fifth Edition. Elsevier, Amsterdam, The Netherlands.

Tizard, I.R. (2009). Veterinary Immunology. Eighth Edition. Saunders, St. Louis, Missouri.

Weiss, D.J. and Wardrop. K.J. (2010). Schalm's Veterinary Haematology. Sixth Edition. Wiley-Blackwell, Ames, Iowa.

第4章

免疫缺陷性疾病

对于哺乳动物和鸟类，抗感染是它们持续生存的基本要求。像其他复杂系统一样，免疫系统也会发生部分缺陷或全面缺陷。这些缺陷可能给宿主带来严重后果。例如，有些环境微生物能够引起机会性感染，而免疫系统内部发生一个或多个缺陷，可以增加宿主对这些微生物的易感性。免疫系统重要组分如果发生缺陷，那么宿主不可避免要发生严重感染。

免疫缺陷性疾病源于免疫系统众多组分中发生了一个或多个缺失或故障，可以分为先天性和获得性两类。先天性免疫缺陷（primary immunodeficiency）是由于基因突变导致的，或发育障碍产生的。尽管这些缺陷在出生时就已存在，但有些却是在宿主生存一段时间之后，才表现出病态。继发性免疫缺陷（secondary immunodeficiency），又称为获得性免疫缺陷（acquired immunodeficiency），是动物感染了一些病原微生物、受到一些免疫抑制物的刺激、患有肿瘤，或者因为营养不良，而导致的免疫缺陷。

艾滋病是人类最重要的获一种得性免疫缺陷病，其全称是获得性免疫缺陷综合征（acquired immunodeficiency syndrome，AIDS），是由于患者感染了人免疫缺陷病毒1型（human immunodeficiency virus 1，HIV-1）引起的。HIV-1是一种逆转录病毒，主要感染$CD4^+$的T淋巴细胞。人体内$CD4^+$的T淋巴细胞严重枯竭会导致细胞介导的免疫功能发生严重障碍，引发机会性感染或死亡。自1981年被发现以来，艾滋病已经成为全球性的疾病。据估计，全球已有超过4000万人感染了HIV-1，并且有超过2500万人死于艾滋病。

免疫缺陷疾病的结果是宿主对于细菌、真菌、病毒和原生动物的易感性显著增加。人或动物自然感染某种病原菌的频率，在很大程度上取决于宿主是否具有完备的免疫系统。体液免疫出现某种缺陷时，通常导致宿主感染化脓性细菌的频率增加。当出现细胞介导的免疫缺陷时，导致宿主感染病毒及其他细胞内寄生病原体的频率增加。当体液免疫和细胞介导的免疫都发生缺陷时，会导致宿主感染各类病原微生物的频率增加。

已有报道，与人类T细胞有关的多种免疫缺陷都会使致癌病毒引起肿瘤性疾病的概率增加。此外，某些特定的免疫缺陷性疾病与自身免疫性疾病相关。自身免疫性疾病可能是由于维持自身耐受的调节性T细胞发生缺陷。由于免疫缺陷可能源于淋巴细胞成熟或激活过程发生障碍，也可能源于与先天性免疫相关的一些组分发生缺陷，所以免疫缺陷性疾病临床和病理特征复杂多样。免疫系统不同发育阶段伴随着免疫系统的功能依次呈现，也伴随着一些免疫缺陷的病理特征依次呈现。图4.1表示了在免疫系统发育的不同阶段，可导致免疫系统发育中断的一些免疫缺陷。

图4.2描述了先天性免疫缺陷和获得性免疫缺陷的原因，以及免疫系统出现缺陷的组分。据已有报道，人类有超过200种先天性免疫缺陷疾病。其中有一半以上的遗传学基础已被确定。目前，已经识别的家养动物（尤其是犬和马）的先天性和获得性免疫缺陷病也越来越多。在某些情况下，根据生活史、临床症状和实验室检查报告，就可能确定动物免疫系统是否存在缺陷。与T和B淋巴细胞有关的先天性免疫缺陷，可以综合临床症状、实验室检测和尸检数据，进行确认（图4.3）。

在生命的头几周内有传染病发病史、对机会性病原易感性增加、存在反复发作或持续性的难以治愈的

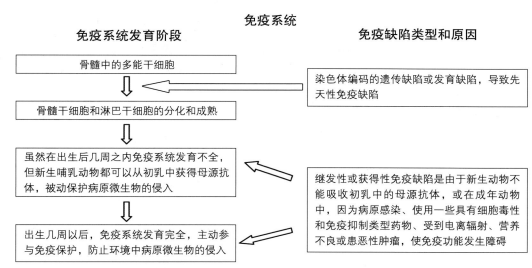

图4.1　在免疫系统发育过程中可导致免疫功能异常（发育中断、功能受损等免疫缺陷）的各个阶段

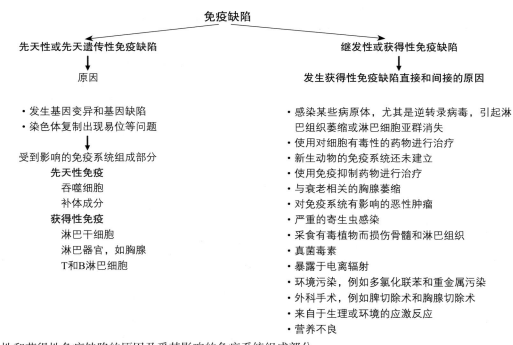

图4.2　引起先天性和获得性免疫缺陷的原因及受其影响的免疫系统组成部分

感染，都符合免疫缺陷性疾病的特征。通过血相检测可能会发现白细胞、淋巴细胞或中性粒细胞减少。免疫球蛋白的浓度和比例的改变，以及血清补体浓度的改变，都可以进一步证明免疫系统的正常功能产生缺陷。已有报道，与人类相比，家畜中发生免疫缺陷性疾病可能较少。然而，对于经常发病的动物，就需要认真检查，分析是否与免疫缺陷有关。许多经常发病的动物都与免疫系统发育和功能障碍相关。

人与动物的先天性免疫系统缺陷，有些与吞噬细胞和补体系统的发育和功能发生障碍有关。这些免疫系统缺陷在表4.1中进行了总结，并用图4.4进行了描述。

◉ **重症联合免疫缺陷病**

重症联合免疫缺陷病（severe combined

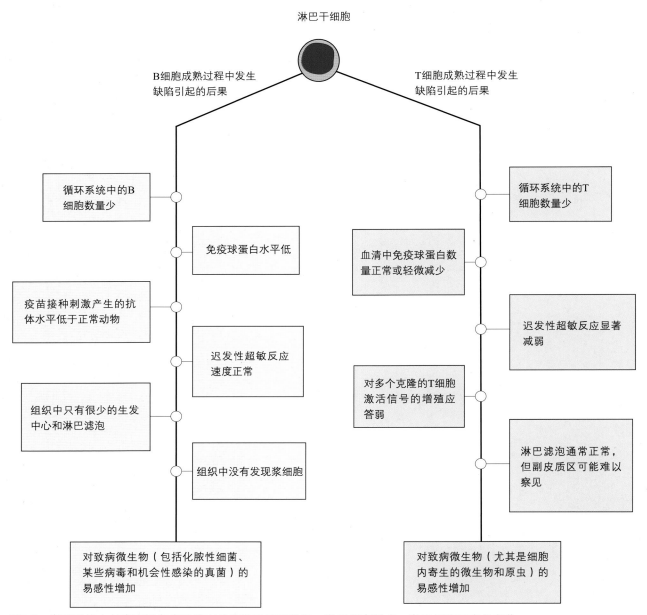

图4.3 循环系统中与先天性免疫缺陷有关的淋巴细胞数量、淋巴器官组成、淋巴细胞反应的变化
动物免疫缺陷病的突出特征是这些动物更容易感染病原微生物。

immunodeficiency diseases，SCID）是一种原因复杂的疾病。SCID源于T淋巴细胞单独发生发育障碍，或与B细胞和NK细胞联合发生发育障碍。SCID的发生通常是由于骨髓中的淋巴干细胞不能正常发育。SCID的其他原因包括腺苷脱氨酶缺乏症（adenosine deaminase deficiency）、嘌呤核苷磷酸化酶缺乏症（purine nucleoside phosphorylase deficiency）以及重组酶激活基因RAG1或RAG2发生缺陷。

如果SCID发生在胚胎发育早期，将会对整个免疫系统产生非常严重的影响。网状组织发育不全（reticular dysgenesis）是人类一种严重的SCID。它导致骨髓多功能造血干细胞的发育障碍。这种疾病是常染色体隐性遗传的疾病，能导致B细胞、T细胞和粒细胞不能正常发育（图4.4）。由此产生的免疫障碍将会使胎儿感染多种致病微生物，导致早期死亡。

由骨髓干细胞发育而来的淋巴干细胞，如果在

表4.1　人类与动物先天性免疫缺陷的本质和后果

发生缺陷的免疫系统组分	缺陷类型/相关的临床状况	说明
中性粒细胞	中性粒细胞减少症/从几乎完全缺失（粒细胞缺乏症），到外周血中中性粒细胞显著减少	人类先天性中性粒细胞减少症是常染色体隐性遗传的疾病。它是骨髓干细胞的遗传缺陷产生的后果。一旦中性粒细胞数量低于500个细胞/立方毫米的水平，细菌感染的概率就急剧增加。
	白细胞黏附缺陷病（leukocyte adhesion deficiency，LAD）/对革兰阳性菌和革兰阴性菌的易感性增加	这种免疫缺陷性疾病造成白细胞难以黏附于血管内皮上。其临床特点是动物频繁发生细菌感染。目前报道有两种类型的白细胞黏附缺陷病：LAD 1型和LAD 2型。 在LAD 1型中，白细胞表面的整合素分子的β链，因CD18基因发生突变，而发生缺陷，导致中性粒细胞黏附于血管内皮受损。此外，白细胞趋化作用也受到影响，导致中性粒细胞无法迁移出血管。由于β亚基是多形核白细胞和单核白细胞（包括NK细胞、B淋巴细胞、T淋巴细胞）三种整合素共有的组成部分，血液中许多类型的白细胞的黏附和迁移，都受到这种常染色体隐性遗传疾病的影响。幼龄动物长期反复发生细菌感染是本病的一个特点。荷兰Holstein Friesian品系奶牛和爱尔兰塞特种猎犬（Irish Setters）中，已发现白细胞黏附缺陷病。尸体检查，可见大量中性粒细胞没有迁移到组织中。 在LAD 2型中，中性粒细胞缺乏唾液酸化Lewis X抗原（sialyl Lewis X）；此抗原是一种碳水化合物配体，是中性粒细胞结合细胞因子活化的内皮细胞的E选择素和P选择素的必需组分。这个常染色体隐性遗传的疾病导致中性粒细胞随机流动性较差，趋化作用也很弱。由于中性粒细胞未能附着血管内皮，并且缺乏滚动附着力，患病幼龄动物感染化脓性细菌，并不出现化脓灶。
	过氧化物酶缺乏（myeloperoxidase deficiency）/吞噬细胞杀死被吞噬的微生物较慢	虽然过氧化物酶缺乏症很可能是最常见的中性粒细胞功能障碍，这种病症相比于其他中性粒细胞功能障碍，结果显得不太严重。在过氧化物酶缺乏的情况下，吞噬细胞杀死微生物时间被延迟，但趋化作用、吞噬功能和脱颗粒等其他功能都正常。
中性粒细胞和巨噬细胞（后者涉及较少）	慢性肉芽肿病/特征是反复发生细胞内细菌和真菌的感染	慢性肉芽肿病是吞噬细胞呼吸爆发（respiratory burst）方面缺陷的一个统称。它可以通过X染色体连锁遗传或常染色体隐性遗传。由于呼吸爆发缺陷，中性粒细胞，有时还包括巨噬细胞，不能产生过氧化氢、超氧阴离子、次氯酸等活性物质，从而不能杀死被吞噬的细菌，所以患有这种疾病的患者很容易受到细菌和真菌感染。慢性肉芽肿病最常见的原因是由于X染色体上的一个编码细胞色素b的基因发生突变。患者持续感染引起长期慢性T细胞介导的免疫反应，导致巨噬细胞不断被活化和肉芽肿的形成。这种遗传性疾病，在幼儿期表现得非常严重。据报道，在爱尔兰塞特种猎犬身上出现了类似的X染色体连锁遗传性疾病。
中性粒细胞，偶尔涉及巨噬细胞	切东综合征（Chédiak-Higashi syndrome）/中性粒细胞溶酶体功能发生缺陷；巨噬细胞、黑色素细胞和NK细胞内部出现异常颗粒或细胞器异常；血小板功能异常	切东综合征是一种常染色体隐性遗传病，发生在人类、牛、水貂、波斯猫、白老虎、米色小鼠和逆戟鲸中。患者的中性粒细胞、单核细胞、巨噬细胞、黑素细胞和NK细胞的细胞质中含有异常的巨大颗粒，血小板功能也发生异常。当中性粒细胞从骨髓干细胞分化而来时，其细胞质中就出现巨型溶酶体。该病是由于编码细胞内囊泡一个蛋白质的基因发生缺陷，导致溶酶体与吞噬小体融合失败，且脱颗粒异常，导致这些吞噬细胞无法杀死它们吞噬的微生物。在这种综合征中，中性粒细胞的组织蛋白酶（cathepsin）G和弹性蛋白酶（elastase）发生缺陷。此外，中性粒细胞和单核细胞对趋化刺激信号的反应显著下降。反复感染化脓性细菌是这种综合征的特点。有些患病动物有眼部异常和外科手术后过度出血的倾向。
	犬周期性造血障碍症/细菌的易感性增加	犬周期性造血障碍症（灰色牧羊犬综合征）是常染色体隐性遗传的疾病，导致白细胞的数量发生有规律的波动。病犬皮肤色素沉着减轻，眼部发生病变，毛发呈现银灰色。粒细胞减少，每次发病持续约3天，间隔约12天。在白细胞减少期间，动物容易受到细菌感染。骨髓中多能造血干细胞在发育成中性粒细胞的过程中发生障碍，可能是产生本病的病因。据报道，病犬造血生长因子的产生也呈周期性消长特点。
单核细胞和巨噬细胞	γ干扰素缺陷/对致病性弱的分枝杆菌和一些革兰阴性菌的易感性增加	单核细胞和巨噬细胞中编码γ干扰素受体的基因发生一个突变，导致这些细胞不能对γ干扰素产生应答。患有这种遗传缺陷的幼龄动物容易受到致病性弱的分枝杆菌和一些革兰阴性菌的感染。

（续）

发生缺陷的免疫系统组分	缺陷类型/相关的临床状况	说明
补体	补体蛋白的遗传缺陷/补体激活经典途径的早期一些组分发生缺陷，可导致复杂的免疫系统疾病；C3发生缺陷，导致对化脓性细菌感染的易感性增加；凝集素途径缺陷，导致幼龄动物对细菌的易感性增加。	宿主发生炎症反应时，补体发挥核心作用。许多细胞的细胞膜上产生一种或多种受体，接受补体激活的产物。补体的功能包括趋化作用、调理作用、细胞活化、靶细胞的裂解和启动获得性免疫反应。补体诸多组分及其调节蛋白发生缺陷的疾病都有报道。这些缺陷的临床表现不一样，如宿主对病原的易感性增加、由免疫复合物引起的组织损伤等。补体激活经典途径的早期一些组分，对于清除免疫复合物特别重要；这些成分任意一个发生缺陷，都会引起免疫复合物疾病，如系统性红斑狼疮和肾小球肾炎。C3的激活是补体三种激活途径（即经典途径、甘露糖结合的凝集素途径、旁路途径）共同需要的；因此C3发生缺陷，会导致宿主对细菌的易感性增加。补体激活途径中的结尾阶段一些组分发生缺陷，也会引起宿主反复感染一些细菌（通常是革兰阴性菌）。补体激活途径受一些蛋白因子的调节，如果这些调节蛋白存在缺陷，会引起补体激活异常，进而导致一些临床异常表现。C1r和C1s的蛋白水解性受到血浆蛋白C1抑制素的抑制。人类遗传性血管神经性水肿是一种C1抑制素缺陷的常染色体显性遗传性疾病。这种疾病可能在患者身体不同的部位诱发水肿。如果水肿影响上呼吸道，造成气管阻塞，有可能威胁生命。已有报道，人类还存在其他类型补体调控缺陷所致的疾病，包括I因子和H因子的缺陷。人们已经从家养动物和实验动物中，尤其是自交系动物，发现补体缺陷引起的一些疾病。已有报道，布列塔尼猎犬可发生先天性C3缺陷病，兔可发生先天性C6缺陷病。动物反复感染化脓性细菌是体内存在补体缺陷（尤其是C3缺陷）的特点。这也表明补体C3在抵抗化脓性细菌感染的免疫调理中的重要性。已有报道，约克夏猪可发生H因子缺陷，这个缺陷不能激活补体激活旁路径的C3b分子。患有此病的猪不能茁壮成长，并伴有贫血和肾小球肾炎。

人类妊娠第6周不能进入胸腺进行发育增殖，胸腺就不能成为淋巴器官。超过50%的SCID病例中，编码IL-2受体的γ_c链发生突变，这是X染色体连锁遗传的疾病基因。γ_c链是IL-4、IL-7、IL-9和IL-15等细胞因子的受体，因而这种突变损害了它们对γ_c链的反应，从而导致T细胞的成熟发生障碍。IL-7受体对γ_c链反应，在T细胞发育过程中尤为重要。此病中，IL-7受体不能接受γ_c链的信号刺激，从而引起T细胞发育障碍。

类似地，IL-15受体在正常情况下接受γ_c链的信号刺激。在此病中，IL-15受体不能接受γ_c链的信号刺激，从而严重影响NK细胞的发育，导致成熟的NK细胞数量不足。因此，X染色体连锁的SCID使T细胞和NK细胞成熟过程发生障碍，大大减少成熟T细胞和NK细胞的数量，而B细胞的数量通常是正常或增加的。有一种常染色体隐性遗传疾病，也导致患者T淋巴细胞减少而B淋巴细胞数量正常，从而表现出与X染色体连锁遗传的SCID相似的症状。常染色体隐性遗传的SCID患者在IL-7和链受体的基因上面发生突变。α链与γ_c链发生结合是JAK3激酶介导的细胞内信号传导的必须信号。细胞因子活化信号可以引起靶细胞的特异性反应。这与JAK Janus激酶（Janus kinase，JAK）密切相关，这是一类信号传导分子和基因转录激活分子。有一种常染色体隐性遗传的SCID是由于重组酶基因发生了突变。这些重组酶参与了编码前B细胞（pre-B cell）的免疫球蛋白的基因重排，也参与了编码T细胞受体基因的重排。这些重组酶激活基因，即RAG1和RAG2，对于上述基因的重排是必不可少的。这两个基因中任何一个发生突变都会导致T细胞和B细胞的缺少，但对NK细胞影响很小。

其他一些常染色体隐性遗传的免疫缺陷，也能使T细胞和B细胞的功能发生障碍。这些免疫缺陷性疾病包括腺苷脱氨酶缺乏症和嘌呤核苷磷酸化酶缺乏症。腺苷脱氨酶分别催化腺苷和脱氧腺苷转化为肌苷和脱氧次黄苷，缺失这种酶导致脱氧腺苷、脱氧腺苷三磷酸和其他对淋巴干细胞有毒的代谢物的积累。核糖核苷酸还原酶是DNA合成和细胞复制所必需的。通过抑制核糖核苷酸还原酶的活性，腺苷脱氨酶缺乏症也会导致B和T淋巴细胞的数量减少。虽然淋巴细胞数量在出生时通常是正常的，但在出生后会发生迅速下降。NK细胞的数量也发生下降。在B淋巴细胞和T淋巴细胞的发育或成熟时发生的一

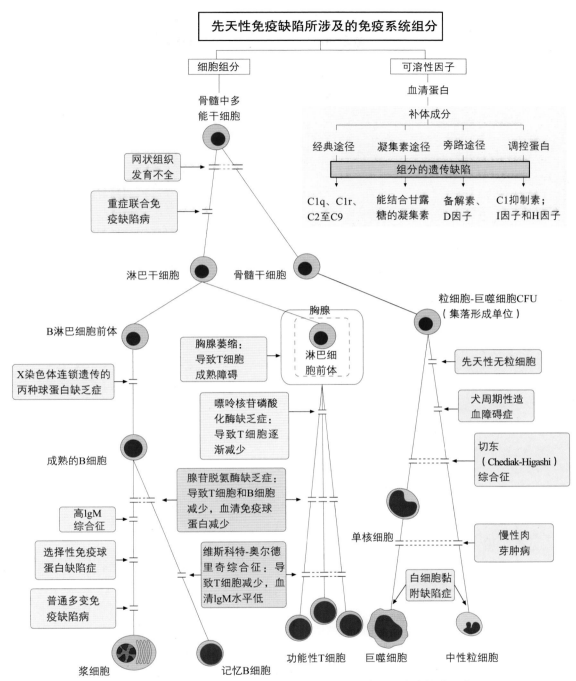

图4.4 人与动物的淋巴细胞和骨髓细胞在发育或成熟过程中所发生的会导致先天性免疫缺陷的障碍
图中也显示了补体系统的遗传性免疫缺陷。

些障碍，见图4.4，并在表4.2中予以总结。

马的免疫缺陷性疾病包括阿拉伯马的 SCID、雄性马驹的丙种球蛋白缺乏症、成年马的普通多变免疫缺陷病（common variable immunodeficiency）、马驹缺乏IgM抗体、马驹不能摄取或吸收初乳中的抗体等。马驹不能摄取或吸收初乳中抗体的原因有两个：

母马不能产生足量的初乳，或新生马驹没有进行适当的管理。在阿拉伯马或阿拉伯杂交马中，SCID是最重要的先天性免疫缺陷疾病。已经确认该病是常染色体隐性遗传的。

患SCID的马驹B或T淋巴细胞不具有正常功能，在它们的血液中几乎不存在循环的淋巴细胞。中性

表4.2 先天性免疫缺陷引起淋巴细胞发育、成熟和活化障碍的类型和后果

涉及的免疫组分和缺陷基础	缺陷的类型	说明
骨髓中的淋巴干细胞	导致重症联合免疫缺陷病（SCID）	患病动物不可避免地在幼年就发生死亡，其原因是多种微生物引起的致死性感染
编码IL-2等白介素受体的γ链的基因发生缺陷，导致T细胞成熟障碍	导致SCID；这些SCID中高达50%的病例属于X染色体连锁遗传	患病的人和犬在幼年期反复发生严重感染。患病婴儿通常在2岁前死去，而患病幼犬很少能活到4个月龄
参与免疫球蛋白基因重排和T细胞受体基因重排的重组酶RAG1和RAG2发生突变	导致常染色体隐性遗传的SCID。患病的人与动物容易发生机会性病原感染	婴儿容易反复发生严重感染；这种病主要影响阿拉伯马，多数马驹在6个月龄前死亡。近交系小鼠常染色体CB-17基因的隐性突变也可引起SCID；这种小鼠被称为SCID小鼠，它们缺乏成熟的B淋巴细胞或T淋巴细胞
由于缺乏嘌呤降解酶，所以对淋巴干细胞有毒的代谢物在体内不断积累	由于缺乏嘌呤降解酶、腺苷脱氨酶和嘌呤核苷磷酸化酶，引起SCID	在出生后，B和T淋巴细胞数量持续下降，伴随着淋巴细胞数量的下降，宿主对各种传染病的易感性增加
胸腺异常	先天性胸腺萎缩或发育不全。人类先天性胸腺萎缩称为迪格奥尔格综合征（DiGeorge syndrome）	由于细胞介导的免疫发生缺陷，宿主反复感染病毒、真菌、细菌和原生动物。无胸腺小鼠是无毛的、胸腺萎缩的、细胞介导的免疫应答发生缺陷的小鼠
T细胞功能异常，血小板数量异常减少和IgM水平下降	威斯科特-奥尔德里奇综合征（Wiskott-Aldrich syndrome，WAS）	患者容易感染细菌和病毒；T细胞和B细胞之间无法进行正常的协作；随着年龄的增加，患者的淋巴细胞数量减少
B淋巴细胞早期发育不正常引起B细胞缺陷	X染色体连锁遗传丙种球蛋白缺乏症	人类丙种球蛋白缺乏症的特征是反复发生化脓性细菌感染；患病婴儿循环系统中没有或只有很少B细胞；当母源抗体水平下降后，该病症状就显现出来了；被称为CBA/N的近交系小鼠发生一种X染色体连锁遗传的B细胞发育缺陷
以X染色体连锁遗传和常染色体隐性遗传形式出现的B细胞缺陷	高IgM综合征	IgM水平正常或升高，但IgG、IgA和IgE水平较低；一些患者容易发生机会性感染
特定类型的免疫球蛋白水平低或无的免疫缺陷	缺乏某种类型的免疫球蛋白	人与动物都有此病；IgA缺乏症是最常见的形式；临床表现多样，有些动物表现为反复发生细菌感染，有些动物没有临床症状
所有类型的免疫球蛋白水平都下降	普通多变免疫缺陷病	怀疑该病是由B细胞分化中存在缺陷导致的；通常在患有此病的人与动物的生命后期出现症状，即针对感染的病原和接种的疫苗抗体应答反应受损。该病导致宿主发生感染的风险增加

粒细胞和单核细胞的功能通常是正常的。哺乳前的血清样品中检测不到IgM抗体。通过摄入初乳获得的母源抗体通常可以被动保护患病马驹长达3个月。一旦这些母源抗体消失，马驹就会发生丙种球蛋白缺乏，绝大多数马驹会在6个月龄之前死于机会性病原体的反复感染。已有报道腺病毒肺炎是最常见的死亡原因之一。有些马驹可能没有肺部感染，但存在肠、肝或其他器官的感染和发炎。

对SCID马的尸检中，除了发现细菌和病毒感染的证据，也会发现明显的初级和次级淋巴组织发育不全。病驹的脾缺乏淋巴滤泡和生发中心，可以看到淋巴结缺乏生发中心以及副皮质区域发生明显的细胞耗

竭。患病动物胸腺发育非常有限，甚至很难找到胸腺组织。该病是由于第9号染色体上编码DNA依赖的蛋白激酶的催化亚基基因发生突变。该蛋白激酶的缺乏导致B细胞和T细胞受体的免疫球蛋白重链可变区发生变化。SCID是常染色体隐性遗传疾病，发生此病则表明，父母双方都携带了突变基因。这可以用DNA分析进行验证。PCR技术可以用来检测某匹马是该突变基因的杂合子或纯合子。遗传分析表明，超过8%的阿拉伯马都携带这种基因。

在多个品系的犬中发现SCID。巴吉度猎犬存在一种X染色体连锁遗传的SCID，其特点是B淋巴细胞增多以及T淋巴细胞减少。患病幼犬一开始通常无临

床症状，直到8～12周龄母源抗体水平开始下降时，开始发病。作为被动免疫的母源抗体减少以后，呼吸道和胃肠道容易反复发生细菌和病毒感染。患病幼犬很少能生存4个月。

SCID患畜一般是因为败血症和全身性病毒感染而死亡。尸检时，除了发现全身性感染的证据，还发现有明显的先天性和获得性淋巴器官发育不全。包括淋巴结、扁桃体、肠系膜淋巴集结和胸腺都较小，甚至无法看到。该病症是由于编码IL-2、IL-4、IL-7、IL-9和IL-15共同的受体（即γ链，γ_c）基因发生了突变。由于这些患畜无法表达IL-2受体，T淋巴细胞不能成熟，B淋巴细胞也仅对不依赖T淋巴细胞抗原作出应答反应，且IgM无法正常转化为IgG。已有报道SCID发生于威尔士柯基犬和杰克罗素梗犬；也有报道SCID散发病例发生于罗威纳犬、玩具贵宾犬以及一些杂交品种的犬。

CB-17近交系纯系小鼠产生一种常染色体隐性遗传的SCID。具有这种病症的纯合子小鼠，简称为SCID小鼠。该鼠缺少成熟的B淋巴细胞和T淋巴细胞。患病小鼠没有血清免疫球蛋白，不能产生细胞介导的免疫反应，并且对于机会性感染高度敏感。产生此病症的原因是淋巴细胞没有抗原特异性受体。这是由于DNA重组酶活化基因发生突变。该基因是T细胞受体和免疫球蛋白基因重组所必需的。SCID导致小鼠B细胞在其细胞质或细胞膜的免疫球蛋白表达之前，停止进一步发育。同样地，T细胞也在特异性抗原受体表达之前的早期阶段，停止进一步发育。SCID小鼠的血细胞发育正常；其红细胞、单核细胞和中性粒细胞数量和功能都正常。

◉ 先天性胸腺萎缩或发育不全

在早期胚胎发育过程中，来自骨髓的细胞向属于上皮组织的胸腺迁移。胸腺是从第三咽囊发育而来的，也有一些来自第四咽囊。响应于胸腺上皮网状细胞诱导因子，这些运送来的胸腺前体细胞在胸腺发育为成熟的T淋巴细胞。这些成熟T淋巴细胞从胸腺游走后，定殖于其他淋巴器官，并进一步分化成不同亚类的T细胞。这些亚类的T细胞是细胞介导的免疫反应的主体。先天性胸腺萎缩对所有亚类的T细胞，包括辅助性T细胞、细胞毒性T细胞和调节性T细胞产生严重影响。这种病症导致宿主对病毒、细胞内的细菌、真菌和原生生物的易感性显著提高。

人类第22号染色体产生一个缺失突变，导致迪格奥尔格综合征（DiGeorge syndrome）。先天性胸腺萎缩或发育不良、甲状旁腺功能减退、面部畸形和先天性心脏病，都是这种疾病的典型特征。除T细胞缺乏，血钙平衡也受到影响，因此临床上表现为手足搐搦。患者外周血中T淋巴细胞缺乏或数量很少，对多种T细胞激活信号不应答。虽然B细胞数量正常，但由于缺乏T细胞的辅助，所以体液免疫应答反应也可能受损。

胸腺发育异常的裸鼠（nude mouse）或称为无胸腺鼠（athymic mouse）是一种重要的T细胞免疫缺陷动物模型。该性状受到第11号染色体上一个隐性遗传的基因控制。该性状纯合子裸鼠标记为nu。纯合子裸鼠无毛并且胸腺腺体萎缩。它们没有正常的细胞介导的免疫应答，接受多种抗原刺激都不能产生抗体。然而，这种老鼠体内也有少量T淋巴细胞。这些T细胞多数携带γδ型T细胞受体，而不是αβ型T细胞受体。在正常小鼠中，循环系统中的T淋巴细胞通常携带αβ型T细胞受体。已报道有些家养动物也会发生先天性胸腺发育不全的病症。例如，一些犬和牛的自交系会发生胸腺缺失和小胸腺疾病，患病动物细胞介导的免疫反应发生缺陷。

◉ 维斯科特–奥尔德里奇综合征

维斯科特-奥尔德里奇综合征（Wiskott-Aldrich syndrome，WAS）是一种罕见的X染色体连锁的免疫缺陷疾病。其特征是血小板减少、湿疹和免疫缺陷。患者的血小板数量异常低，IgM水平下降，T细胞功能障碍。患者很容易受到病毒和带有荚膜的细菌感染，这可能是因为T细胞的逐渐丧失。该疾病的遗传基础是X染色体上一个编码Wiskott-Aldrich综合征蛋白（WASP）的基因发生了突变。这个蛋白在造血干细胞中表达，它很可能在控制淋巴细胞和血小板发育和其功能的调节上发挥重要作用。

当T淋巴细胞在识别抗原识别后而被激活时，WASP使细胞骨架中的肌动蛋白重排。通过扫描电镜检查时，发现此综合征患者的T淋巴细胞具有异常外观，T细胞表面只有很少的微绒毛，比正常T细胞少。在抗体的产生过程中，T淋巴细胞和B淋巴细胞有紧密的互动性，T细胞骨架会逐渐调整，指向B细胞。

WAS患者不能进行这样的细胞合作，即T淋巴细胞不能给予B淋巴细胞必要的支持，使B细胞无法对多糖抗原产生应答。低水平IgM是此病另一特点。随着年龄的增加，患者的淋巴细胞数量减少，病情更为严重。很有可能是由于WASP的缺陷干扰了淋巴细胞复杂的激活和迁移过程，对淋巴细胞的存活也有影响。

◉ 先天性B淋巴细胞的免疫缺陷病

人类B淋巴细胞早期发育障碍会引起B细胞缺陷，导致成熟的B细胞完全缺失。相应地，也没有免疫球蛋白产生。随着母源IgG水平下降，这种丙种球蛋白缺乏症导致患病婴儿发生大量感染。这是一种常染色体隐性遗传的疾病。有一些常染色体隐性遗传的丙种球蛋白缺乏症都与μ重链基因突变有关，这个突变引起前B细胞的受体发生改变，从而阻止了正常B的细胞发育。

人类有一种丙种球蛋白缺乏症是通过X-染色体连锁遗传的。其特征是血清中缺少免疫球蛋白，也被称为X染色体连锁遗传的丙种球蛋白缺乏症，或布鲁顿型丙种球蛋白缺乏症（Bruton-type agammaglobulinaemia）。这种病在6个月龄前，随着经胎盘获得的母源性IgG下降，就已经出现明显的症状，表现出化脓细菌反复感染。X染色体连锁遗传的丙种球蛋白缺乏症是由于骨髓中前B细胞不能正常发育为成熟的B细胞。

X染色体连锁遗传的丙种球蛋白缺乏症是由于布鲁顿酪氨酸激酶（Bruton tyrosine kinase）基因发生突变或缺失造成的。布鲁顿酪氨酸激酶参与前B细胞受体的信号转导过程。这个过程是B细胞成熟所必需的，所以该酶的缺陷能导致B细胞不能进一步分化成熟，持续维持在前B细胞水平。通过检测，发现该病患者免疫球蛋白水平都很低，在它们的血液或淋巴组织中几乎没有B细胞，淋巴结中没有生发中心，组织中没有浆细胞。男性患者的骨髓会前B细胞的数量正常。相比B细胞的发育情况，T细胞的发育、数量和功能通常是正常的。被称为CBA/N的近交系小鼠具有引起X染色体连锁遗传的B细胞发育缺陷。这是酪氨酸激酶基因上一个点突变的结果。

有一种不寻常的B细胞免疫缺陷，其特征是免疫球蛋白不能进行正常的类型切换，导致血清中的IgM水平正常或升高，而IgG、IgA和IgE抗体水平低。这种病症被称为高IgM综合征。此病既有X染色体连锁遗传的，也有常染色体隐性遗传的。其中一些病人很容易受到机会性感染。X染色体连锁遗传的患者由于编码CD40配体蛋白质的基因发生突变。该蛋白质存在于活化的T细胞表面。该配体与B细胞表面上的CD40分子相互作用，形成诱导免疫球蛋白种类别发生转换的必要信号。CD40配体发生突变使患者T细胞的CD40分子配体不能与B细胞的CD40分子结合，不能形成免疫球蛋白类型转换的信号，进而使B细胞不能对免疫球蛋白的重链进行转换。

人类有一种免疫缺陷疾病，其特征是某些类型的免疫球蛋白水平低或缺失。其中，最常见的是选择性IgA缺乏症。IgA缺乏症是由于B细胞终末分化发生缺陷造成的。这种缺陷导致正常浆细胞不能分化。这类免疫球蛋白缺乏症的临床表现可以从经常性细菌感染，到基本没有临床症状。患者缺乏特异性免疫球蛋白，而T细胞的数量和功能通常是正常的。

人类还有一种免疫缺陷病，其特点是所有类型的免疫球蛋白的数量都发生减少，一般出现在生命的第二个或第三个十年当中。此病被称为普通多变免疫缺陷病（common variable immunodeficiency）。患者除血清中免疫球蛋白水平降低外，患者应对病原或疫苗的抗体应答反应受损，以及感染频率增加。这种疾病在性别分布上无差异。目前各类型的普通多变免疫缺陷病共有病因尚不清楚，疾病的表现是患者成熟的B淋巴细胞不能正常进入血浆。虽然确切的遗传模式未知，但这种普通多变免疫缺陷病是一种遗传性疾病，也是一种先天性免疫缺陷病。

除阿拉伯马发生SCID和马驹摄入和吸收母源抗体障碍外，马和马驹还会发生一些免疫缺陷性疾病。这些疾病影响免疫球蛋白的合成。这些病症包括普通多变免疫缺陷病、丙种球蛋白缺乏症、IgM缺乏症、Fell小马综合征（Fell pony syndrome）和短暂丙种球蛋白缺少症（transient hypogammaglobulinaemia）。其中，普通多变免疫缺陷病发生在成年马群中，其原因是先天性B淋巴细胞不能合成免疫球蛋白，因此血清中的IgG、IgM和IgA水平低或检测不到，循环或淋巴组织中只有很少或没有B细胞。

患有普通多变免疫缺陷病的公马和母马，常常慢性或反复感染一些机会性病原，而且宿主对抗菌治疗反应迟钝。已经报道马群中有不同形式的IgM抗体缺乏症。马驹在母源抗体水平下降以后，IgM抗体水平减低或检测不到，由此引起的呼吸道或肠道感染，对于10月龄前的马驹，可能是致命的。偶尔成年马也会发生特异性IgM缺乏症。丙种球蛋白缺乏症的特征在于血清中所有的免疫球蛋白的浓度都很低，或检测不到，在循环系统中检测不到B淋巴细胞。这种疾病存在于Thoroughbred雄性纯种马驹和其他品系的马中，被认为是一种X染色体连锁遗传的疾病，与人类的X染色体连锁遗传的丙种球蛋白缺乏症类似。患病马驹在初乳被动保护失效以后，容易发展成为慢性细菌感染。还有一种Fell品系马驹也会发生免疫缺陷，其特征是发生免疫缺陷、贫血、淋巴细胞减少和IgM水平低；该病被推定是由于先天性遗传缺陷导致的。患病马驹临床症状包括机会性感染导致的肺炎和腹泻，与宿主免疫缺陷是一致的。据报道患病动物循环系统中的T淋巴细胞在正常范围内，但B淋巴细胞数量很少。

有报道某些品系的牛会发生IgG合成缺陷，但其临床意义还没有完全明确。也有报道比格犬、德国牧羊犬、爱尔兰长毛猎犬和沙皮犬会发生IgA缺乏症。在患有此病的犬中，发生超敏的概率较大。已报道马驹和其他幼畜会发生短暂的低丙种球蛋白症。这种病症的表现与母源抗体逐渐减弱相关，临床上常表现为反复性呼吸道感染。几个月后，随着免疫球蛋白的产生，临床症状逐步消失。有报道欧洲品系的牛中，会发生一种淋巴细胞发育障碍的疾病，这是一种常染色体隐性遗传的疾病。犊牛在出生时正常但毛发比较少，2月龄时发生明显的脱发、角化不全和生长迟缓等症状。淋巴细胞的数量明显减少，抗体反应功能降低。通过尸检可以发现，除表皮损伤外，胸腺、淋巴结和脾都发生萎缩。患病牛犊口服锌的治疗效果良好。已经表明，这种遗传性疾病导致宿主需要大量的锌，食物中锌的缺乏是患牛胸腺发育不全的原因之一。

◉ 获得性免疫缺陷病

获得性免疫缺陷是由于某些病原，尤其是病毒感染，或因为肿瘤治疗过程中使用了细胞毒性药物，或因为采食了有毒植物，或接触了环境中污染物，或暴露于电离辐射，引起的淋巴系统萎缩，或引起淋巴细胞的过度消耗。在人类中，估计全球有4 500万人感染了人免疫缺陷病毒（HIV）。除HIV感染外，人类T细胞淋巴病毒1型和麻疹病毒都可引起细胞免疫应答严重抑制，进而导致获得性细菌和真菌感染。由于艾滋病毒和人类T细胞淋巴病毒1型都是逆转录病毒，其基因组可以整合到人类基因组中去。随着基因复制，这些病毒可以长期对免疫系统造成损害。HIV感染后，宿主体内的CD4$^+$的T淋巴细胞会逐渐丧失，进而导致患者免疫系统失去功能，容易感染很多机会性病原。麻疹是发展中国家儿童死亡的一个主要原因。尽管麻疹病毒最初抑制了细胞免疫应答反应，但随着病毒从宿主的组织被不断清除，这种免疫抑制也仅持续有限一段时间。

犬、猫、牛、马、猪、猴和禽感染某些病毒后，都可发生淋巴组织萎缩或免疫应答功能减弱。除传染性病原，许多药物、化学品等环境因素都能直接或间接导致获得性免疫缺陷（图4.2）。马驹感染马疱疹病毒、牛感染牛病毒性腹泻病毒、猪感染猪瘟病毒或非洲猪瘟病毒，都会引起宿主淋巴组织或免疫系统其他组成部分发生故障。犬瘟热病毒的复制使淋巴细胞发生溶解、白细胞减少，进而导致明显的免疫抑制反应。这种免疫抑制使病犬更易受到弓形虫的感染，也会引起犬继发细菌感染。犬细小病毒感染也会引起明显的免疫抑制反应，这是沿着消化道分布的淋巴组织遭到破坏的结果。某些猫感染猫白血病病毒后，发生严重的免疫抑制，导致机会性病原的感染频率增加。猫细小病毒感染可引起猫泛白细胞减少症，受到严重伤害的有骨髓中的淋巴母细胞和髓细胞以及淋巴器官。这些免疫组织受损后，会导致泛白细胞减少症和明显的免疫抑制。猫感染的猫慢病毒主要在CD4$^+$的T淋巴细胞内增殖，这一增殖过程诱导细胞介导的免疫反应，使感染病毒的CD4$^+$的T淋巴细胞减少，进而逐渐导致猫发生获得性免疫缺陷症。其临床症状包括淋巴细胞减少、贫血，以及呼吸道、肠道和皮肤的慢性感染。幼鸡感染传染性法氏囊病病毒，能引起明显的免疫抑制。当感染扩散至法氏囊后，B淋巴细胞耗竭，伴随着免疫受损，患鸡对病原的抵抗力降低，并使疫苗接种无效。

给动物服用的一些药物能够抑制炎症反应，也能够用于自身免疫性疾病的治疗。这些药物都具有免疫调节作用。皮质类固醇药物是很强的免疫调节剂，且有些类固醇药物可引起淋巴细胞CD4$^+$的T细胞的耗竭。与此相反，类固醇药物治疗可引起血液里中性粒细胞增多。这是由于骨髓中释放出的成熟中性粒细胞增多，以及从循环系统游出的中性粒细胞减少。类固醇药物对细胞因子的合成也有抑制作用。用于治疗恶性肿瘤的细胞毒性药物也能引起免疫抑制反应。由于这些抗肿瘤药物主要作用于快速分裂和生长的细胞，所以它们常常会对参与免疫应答的多种细胞，尤其是淋巴细胞和中性粒细胞，产生影响。氨甲喋呤是一种结构类似叶酸的化合物，可以阻止依赖叶酸的DNA合成途径。这种化合物可以抑制免疫球蛋白的合成，抑制多形核白细胞参与炎症反应。通过DNA双链的交联，环磷酰胺对骨髓细胞发挥毒性作用，引起白细胞减少，以及影响T细胞和B细胞的活性，进而抑制细胞介导的免疫反应和体液免疫反应。除抗肿瘤药物，一些环境污染物，如多

氯联苯和重金属，也会引起免疫抑制。

临床观察和流行病学数据已经显示营养与宿主抗感染能力相关。营养不足影响细胞介导的免疫反应、吞噬细胞的功能和补体水平。营养缺乏对免疫反应的影响已被归因于淋巴器官（尤其是胸腺）的发育、淋巴细胞和中性粒细胞的发育、免疫球蛋白合成等过程，都需要特定的微量元素和维生素。已报道维生素A、维生素C、维生素E、锌、锰、铜和硒等营养物质，都可以提高宿主抗感染的能力。然而，由于宿主与病原体相互作用的复杂性，很难得出食物中何种营养因子与宿主抗感染能力存在某种确切的相关性。虽是如此，我们仍能合理推测良好的饮食可以增强宿主的细胞免疫和体液免疫的功能。

◉ 进一步阅读材料

DeFranco, A.L., Locksley, R.M. and Robertson, M. (2007). Immunity. NSP, London. pp. 320–321.

Fischer, A. (2005). The immunocompromised host. In *Topley and Wilson's Microbiology and Microbial Infections*. Immunology. Tenth Edition. Eds S.E. Kaufmann and M.W. Steward. Hodder Arnold, London. pp. 765–785.

Kahn, C.M. (2005). Immune-deficiency diseases. In *The Merck Veterinary Manual*. Ninth Edition. Merck, Whitehouse Station, NJ. pp. 657–662.

Kindt, T.J., Goldsy, R.A. and Osborne, B.A. (2007). Kuby Immunology. Sixth Edition. W.H. Freeman, New York, pp. 493–524.

McGeady, T.A., Quinn, P.J., FitzPatrick, E.S. and Ryan, M.T. (2006). Veterinary Embryology. Blackwell, Oxford. pp. 147–152.

Netea, M.G. and van der Meer, J.W.M. (2011). Immu-nodeficiency and genetic defects of pattern-recognition receptors. New England Journal of Medicine, 364, 60–70.

Snyder, P.W. (2007). Diseases ofimmunity. In *Pathologic Basis of Veterinary Disease*. Fourth Edition. Eds M.D. McGavin and J.F. Zachary. Mosby Elsevier, St. Louis. pp. 193–251.

Tizard, I.R. (2009). Veterinary Immunology. Eighth Edition. Saunders Elsevier, St Louis MO. pp. 448–479.

第5章

疫苗与免疫接种

免疫接种

被动免疫（passive immunization）又称为抗体转移，可以给予宿主短暂的特异性免疫力，以抵抗病原微生物的感染，或中和病原微生物产物的毒性作用。虽然被动免疫可以立刻提供免疫保护，但由于被转移的抗体在接受者的体内很快被分解，所以其提供的保护持续时间很短。主动免疫（active immunization）是对易感动物接种抗原，由接受者自己通过免疫反应产生免疫力。主动免疫比被动免疫产生免疫力的持续时间长。此外，再次接种相同的抗原，能显著提高已产生的免疫应答水平。

免疫接种或疫苗免疫（vaccination）是指给动物接种非致病性的微生物或微生物的组成成分，使之产生抵抗致病微生物的保护性免疫应答的过程。一个成功的疫苗可以诱导有效的针对病原体合适的靶抗原的获得性免疫反应，而不引起被接种动物发病。当前使用或开发的疫苗类型较多，包括由灭活微生物、减毒活微生物、微生物产物、合成肽和微生物来源的DNA制成的疫苗（图5.1）。疫苗接种后的保护期受许多宿主因素的影响，这些因素包括年龄、免疫系统完好性和动物体内的母源抗体。疫苗免疫可以降低发病率和死亡率，减少饲养动物疫病痛苦，提高动物生产性能，降低动物对化学治疗药物的需求。在可行的情况下，免疫接种是一种高度有效的控制动物传染病的方法。然而，同很多疾病控制措施一样，免疫接种也有局限性。目前，还没有控制马传染性贫血和非洲猪瘟的有效疫苗；针对金黄色葡萄球菌的疫苗，难以诱导保护性免疫反应；通过接种疫苗预防真菌感染也很少成功。

在一个大的动物群体中，不同年龄、免疫状态和健康状况的动物，对免疫接种的应答也是不同的。免疫应答受许多遗传和环境因素影响，免疫接种的结果往往遵循正态分布（图5.2）。少数动物对免疫接种仅有微弱的应答，它们受到病原攻击时，仍能感染和患病。大多数动物免疫后，会产生适当的应答反应，少数动物免疫反应强烈。疫苗中添加适当的佐剂，可以提高和延长免疫应答持续的时间，降低诱导有效免疫和提升细胞介导免疫应答所需要的抗原浓度（Heldens 等，2008）。

如果疫苗是可行、有效、安全的，那么免疫接种是伴侣动物和食用动物一种最经济有效的控制传染病的措施。野生动物是狂犬病等一些传染病的储存库，也可以给某些种类的野生动物接种疫苗，控制这类传染病。接种疫苗的好处并不限于降低免疫动物的患病率和死亡率，也可以降低狂犬病等人畜共患疾病感染人的风险。目前，虽然很多动物用的疫苗是常规方法制备的，但生物技术的发展给开发更高效和更安全的动物疫苗提供了机会。灭活疫苗常常包含许多无关紧要的抗原物质，有些还会产生不良的生物活性。减毒活疫苗也可以产生不良反应，如免疫抑制。尽管存在这些缺陷，传统的疫苗还将继续使用，直到被更安全、更有效的亚单位疫苗或基因工程活疫苗取代。

灭活疫苗

传染性病原体可以在不改变其诱导保护性免疫的抗原免疫原性的基础上被杀死。尽管大多数灭活作用的化学品会改变传染性病原体的免疫原性，但

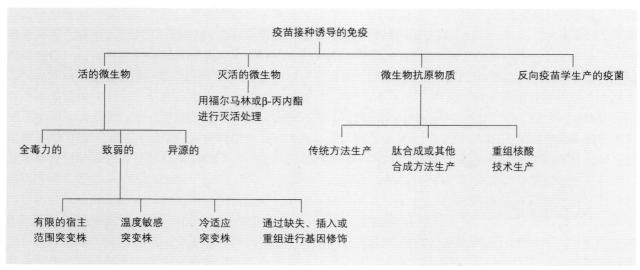

图5.1　当前正在使用或待开发的疫苗种类

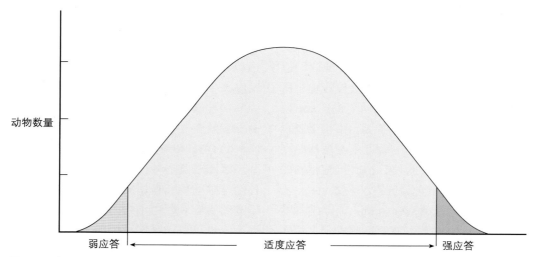

图5.2　随机选择的免疫后健康动物的抗体应答遵循正态分布

有些化学品，如甲醛，只会导致有限的抗原变化。在制备灭活疫苗时，必须要确保传染性病原体完全灭活。有些用于疫苗灭活的化学物质会导致粒子聚合，使聚合物中心的一些微生物会存活。用于制备灭活细菌和病毒疫苗的化学物质包括甲醛、β-丙内酯和乙烯亚胺。许多用于动物的细菌疫苗是这些化学物质灭活的细菌培养物或其毒素制备的。

灭活疫苗一个主要的缺陷是一些保护性抗原在体外不易制备。此外，一些灭活疫苗的成分可以干扰宿主的免疫应答。灭活疫苗可以部分纯化并结合佐剂，来增强其免疫原性。灭活疫苗在动物体内作为外源抗原被加工处理，可诱导产生高水平的循环抗体，但不能有效地刺激细胞免疫和黏膜免疫。灭活疫苗中的抗原是不能增殖的，这就需要一个更大的抗原量和更频繁的接种疫苗（加强免疫），以达到与减毒活疫苗相似的免疫结果。由于灭活疫苗不会发生毒力返强，且保质期较长，所以它们的优点体现在对环境温度的稳定性和对接种动物的安全性。

◉ 减毒活疫苗

除了用于绵羊的羊口疮疫苗，在动物上很少用强毒微生物作为活疫苗。通过毒力弱化，可以降低活病原体的毒力，这一过程涉及病原微生物在特定条件下的适应性生长，使它们丧失对自然宿主的亲和力，不会导致易感动物发病。卡介苗菌株就是牛分枝杆菌在一个添加胆汁的培养基中经过多年培养使毒力弱化而来的。采用一些遗传技术也可使细菌的毒力丧失。

病毒可通过在非自然适应的细胞单层上生长而达到减毒的目的。使用鸡胚已成功弱化了狂犬病毒。将犬瘟热病毒在犬肾细胞上长期培养，可以产生适用于犬免疫的减毒株。

即使没有弱化，也可以用抗原性相近的病毒在一些不常感染的物种上诱导主动免疫。例如，犬接种麻疹病毒可以抵抗犬瘟热，尽管犬瘟热病毒和麻疹疫苗病毒存在交叉反应，但针对犬瘟热病毒的母源抗体不会中和活的麻疹疫苗毒。抗原性相近的病毒诱导保护反应的另一个例子是使用火鸡疱疹病毒控制鸡马立克病。

相比灭活疫苗，减毒活疫苗可能有许多优势。它们可经多种途径接种，且因为它们可在接种者体内增殖，所以可以提呈诱导保护性免疫所需的所有相关抗原。在需要保护的身体部位，如黏膜表面，它们通常能诱导令人满意的细胞和体液免疫应答反应。因为它们能在动物体内复制，所以不需要添加佐剂。即使需要使用佐剂，加强免疫也可以间隔更长的时间进行，这是因为这类疫苗可诱导产生很好的免疫记忆。

这些弱毒苗的缺点是易引起免疫抑制，尤其是在幼龄动物或在免疫缺陷状态下。尽管减毒活疫苗已经使用了几十年，但尚不清楚导致有些病原弱化的确切原因。还无法以一个可靠的方式预测在何种情况下这些病原的毒力会返强。其他一些病原体可能会污染减毒活病毒疫苗，而诱发疾病。此外，因为经初乳摄入的母源抗体可以中和活病毒疫苗，所以通常要待母源抗体降到很低的水平时，才能给幼龄动物接种这类疫苗。某些活病毒疫苗严禁用于怀孕动物，因为这些活疫苗可能会引起正在发育的胎儿发生先天性缺陷。

活病毒疫苗保质期较短，为确保活性，应冷藏运输和储存。灭活疫苗和活疫苗的免疫应答比较见图5.3。

◉ 利用重组核酸技术生产疫苗

美国农业部将重组疫苗（recombinant vaccine）分为三类（Mackowiak 等，1999）。第一类重组疫苗

是由重组核酸技术或基因工程生产的蛋白质抗原。第二类重组疫苗是采用基因工程减毒的微生物制备的。第三类重组疫苗是利用克隆技术，将编码保护性抗原的DNA插入减毒的活病毒或细菌中。

第一类重组疫苗是由重组细菌或其他微生物生产的亚单位蛋白。将编码所需抗原的DNA克隆到合适的细菌或酵母菌株中，表达重组抗原（见第9章）。这些疫苗通常需要佐剂，以增强来源于重组微生物中纯化抗原的免疫原性。

目前，已经开发了大量的针对细菌和病毒的第一类重组疫苗，如被用于抵抗口蹄疫病毒、猫白血病病毒和导致莱姆病的伯氏疏螺旋体的疫苗。

第二类重组疫苗是通过基因缺失/敲除或点突变等方法，使强毒微生物的毒力减弱。疱疹病毒等大的DNA病毒基因组含有许多非必需基因，用基因工程技术将其胸苷激酶（TK）编码基因缺失，使病毒弱化而制备出伪狂犬病疫苗。TK通常是野生型疱疹病毒在神经元等非分化细胞中复制所必需的，而TK缺失的疱疹病毒可以感染神经元，但无法在这些细胞中复制。这种缺失突变体可诱导猪产生保护性免疫反应。编码猪疱疹病毒1型的糖蛋白I（gI）的基因缺失后，制备的疫苗可以区分自然感染和疫苗感染的猪，因为自然野毒感染可以产生针对gI的抗体，而疫苗免疫猪不能产生这种抗体。因此，可在本病正在消灭的国家使用这种疫苗进行免疫，而不会干扰用血清学方法识别和清除自然感染的猪。类似的策略也被用来开发针对兽医上一些重要的病原菌的疫苗。在这些细菌中，关键代谢过程的必需基因常被作为修饰的靶标。例如，敲除马链球菌（Streptococcus equi）TW928的aroA编码基因中932个碱基对，制备了一个重组细菌活疫苗（Jacob 等，2000）。这个基因缺失苗在马黏膜下免疫可刺激马产生免疫保护力。可以通过PCR方法确认减毒疫苗株染色体中基因发生改变。

由于疫苗中抗原呈递(delivery)存在一些困难，动物使用的有些疫苗不能产生保护性免疫应答。因此，开发有效、安全、方便的抗原呈递系统，满足动物生产者的需求，对疫苗研究提出了挑战。用活病毒作为载体递呈疫苗中的抗原是解决这个困难的一种可行的途径。第三类重组疫苗正是以修饰的活的微生物体作为载体，在其基因组中引入一个编码抗原决定簇的基因。这类基因工程改造的微生物作为抗原呈递系统，

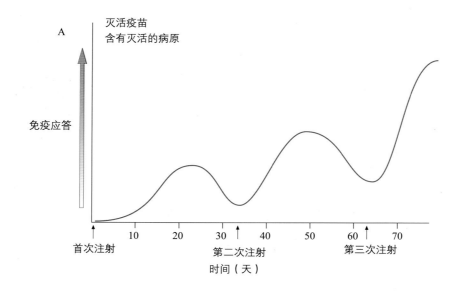

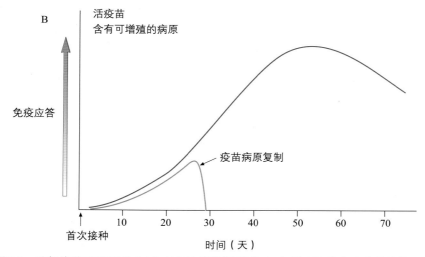

图5.3 重复接种灭活疫苗（A）与单次接种活疫苗（B）所产生的免疫应答比较

直接接种到动物体内。为了制备安全的病毒疫苗载体，必须确保病毒载体本身不会对所要接种的动物或人类构成威胁。可以选择毒力弱的病毒作为载体，或通过精确的基因改造，制备减毒的活病毒作为载体，确保它们适合于作为抗原提呈的载体。

重组核酸技术为病毒基因组结构提供了更好的解析方法，可以识别适合于外源DNA插入的区域。已经从多种病毒，如痘病毒（包括痘苗病毒和鸡痘病毒）、腺病毒、疱疹病毒和逆转录病毒，开发了多种有用的病毒载体（Sheppard，1999；Meeusen等，2007）。利用病毒载体呈递疫苗中的抗原一个优势是它们对于大的动物群体，可以采用喷雾或饮水方式进行接种，无需对单个动物进行一一注射。这种大规模免疫的简便程

序尤其适用于家禽和猪生产。如果设计得当，这些载体可以表达病原体的抗原，动物接触这些减毒的活载体后，可以诱导产生免疫保护应答，从而减少或消除特定疾病的发生概率。载体疫苗另一个明显的优势是它们可以诱导体液免疫和细胞免疫应答，包括强大的细胞毒性T细胞免疫。此外，一些载体疫苗在黏膜表面能够诱导局部免疫反应。

为确保载体稳定和外源DNA的适当表达，只有少量的外源DNA可以插入到载体的基因组中。因此，每个载体疫苗仅可以在宿主动物中产生针对一个或相对少量的外源抗原的保护性免疫反应。载体疫苗一个可能的缺点是它们获得外源DNA后可能改变载体的组织偏嗜性。此外，接种的动物以前接触过用于制备载体

的病毒，也会大大降低这类疫苗的效率。

目前，有少数病毒载体疫苗已经被批准用于动物。一种携带狂犬病G糖蛋白的牛痘疫苗载体，置于诱饵中作为口服疫苗，已被成功地用于野生食肉动物接种。免疫动物后，G糖蛋白诱导产生病毒中和抗体，可以抵抗狂犬病。其他的例子如预防犬的犬瘟热病毒和马的西尼罗病毒的金丝雀痘病毒载体疫苗，以及预防家禽禽流感病毒的禽痘病毒载体疫苗。表5.1列举了一些动物的微生物疾病以及通过生物技术生产的防控这些疾病的商品化疫苗。

◉ 合成肽疫苗

抗原分子上只有一小部分可以与B细胞和T细胞上的特定受体反应。对于B细胞来说，一个抗体分子最多可与抗原结合位点的5个氨基酸反应。T细胞受体表位由12～15个氨基酸组成。如果已知某个抗原表位的结构可以诱导产生保护性免疫应答，可以用化学方法合成与这些抗原决定簇相对应的多肽。这类疫苗即为合成肽疫苗。

合成肽疫苗研发的常规策略是先鉴定蛋白抗原上的可能表位，然后合成与氨基酸序列相应的一系列多肽，再在体内评估这些分子的免疫活性。这种方法只适合于由连续的氨基酸组成的线性表位。然而，大多数天然的抗原表位是非线性的，依赖于分子保守的三维结构。因此，合成肽疫苗诱导的抗体可能不会与天然分子发生反应，此外，由于这些合成肽分子量较小，其免疫原性通常较差，需要用合适的载体分子或佐剂，提高它们的免疫原性。合成肽在诱导保护性免疫反应抵抗传染性病原体方面的进展不大。

◉ DNA疫苗

近年来，DNA疫苗的使用是疫苗生产中一个最重要的进步，它将编码微生物抗原的DNA克隆到一个细菌质粒中，用于免疫。该过程包括注射含编码保护性抗原的DNA序列的质粒，其抗原表达受强大的哺乳动物启动子控制。将表达病原体抗原的重组质粒，注射到动物的皮肤或肌肉，可以表达诱导免疫反应的蛋白。编码基因在宿主细胞中获得表达，从而受体动物产生针对基因产物的一个明显的免疫应答。与病毒载体不同，重组质粒不能在哺乳动物细胞中复制，但其转染的宿主细胞可以表达疫苗抗原。DNA疫苗接种方法包括直接肌内注射和经基因枪发射的脂质体或金颗粒的重组质粒。虽然转染效率较低，但动物经肌肉接种DNA疫苗长达6个月后，还可以检测到抗原产物。因为DNA疫苗诱导细胞内的抗原加工，它似乎可以模拟自然感染，因此，这是一个有效诱导T细胞反应的方法。即使少量的DNA也可以刺激产生强烈的细胞介导的免疫应答。然而，DNA免疫可能不会获得像注射纯化抗原那样诱导高水平的抗体。利用DNA疫苗首免，弱毒病毒载体如禽痘病毒和修饰的痘苗病毒加强免疫的策略，可以诱导异常强烈的免疫反应（Ramshaw 和 Ramsay，2000）。这种DNA疫苗和减毒病毒载体疫苗相继使用的成功，归功于DNA疫苗产生高亲和力的T细胞的能力，而非复制病毒载体加强免疫后，这些T细胞进一步得到免疫刺激。DNA免疫后，虽然免疫反应可能是延迟的，但却能产生持久的反应。与减毒活疫苗相比，母源抗体似乎对幼龄动物的DNA疫苗免疫反应不会产生影响。DNA疫苗免疫的另一个优势是其抗原提呈过程类似于病原体在动物体内自然复制而

表5.1 动物的部分疫病及其运用生物技术生产的商品化疫苗

疫病	病原	感染动物	疫苗特征
布鲁菌病	流产布鲁菌	牛	自然产生的利福平抗性粗糙型突变体
犬瘟热	犬瘟热病毒	犬	金丝雀痘病毒载体疫苗
伪狂犬病	猪疱疹病毒1型	猪	胸苷激酶缺失的标记疫苗
断奶仔猪多系统衰竭综合征	猪圆环病毒2型	猪	表达猪圆环病毒2型ORF2蛋白的灭活杆状病毒，有佐剂
马腺疫	马链球菌	马	黏膜下免疫活疫苗：ΔaroA菌株
西尼罗病毒感染	西尼罗病毒	马	DNA疫苗

诱发的抗原提呈过程。通过这种免疫方法可以选择感兴趣的抗原基因，而不需要使用复杂的细菌或病毒载体。

DNA疫苗的安全性仍未得到解决。存在外源DNA整合到宿主染色体、诱导肿瘤或使细胞发生其他改变的可能性。也有人认为，接种DNA疫苗可能诱导抗宿主自身DNA的抗体。

◉ 反向疫苗学

利用许多传染性病原体的基因组序列，可以探索完整的蛋白质组，为理性选择候选疫苗提供了可能。这种新的疫苗研究方法称为反向疫苗学（reverse vaccinology）。它与功能免疫学联合应用，可以优化表位预测，开发DNA疫苗。针对不同性质的病原体，反向疫苗学具体应用途径可能有所不同。

利用反向疫苗学已开发了针对炭疽杆菌和钩端螺旋体等细菌病原体的候选疫苗（Ariel 等，2002年；Koizumi 和 Watanabe，2005）。利用合适的无偏估计算法，分析B群脑膜炎奈瑟菌（*Neisseria meningitidis*）的完整基因组中编码细菌表面蛋白质抗原的开放阅读框，之后再分析它们诱导杀菌抗体应答的能力（Pizza 等，2000；Tan 等，2010），评估它们作为疫苗的可行性（图5.4）。用PCR扩增相应的候选基因，然后克隆到合适的蛋白表达载体。通过ELISA鉴定每个克隆产生的蛋白，然后进行纯化，再在实验动物模型上评估它们的免疫原性。用标准的血清杀菌抗体试验（standard serum bactericidal antibody assay）确定它们的免疫原性，这个试验是衡量在有特异性抗体存在时血清的杀菌活性，这些抗体可以与病原体结合并激活补体。目前，已开发了5个针对B群脑膜炎奈瑟菌的候选疫苗的抗原。

公认的反向疫苗学的缺点是在研发具有复杂基因组的致病微生物的疫苗时，试验的菌株可能无法代表该种病原的遗传多样性。比较无乳链球菌等细菌不同菌株的基因组，这个问题就比较明显（Tettelin 等，2005）。这些菌株存在80%的核心基因组，每个菌株的相应基因组中含有大约18%的其特有的DNA序列。这些序列可能是重要的，但可能没有被包括在一个通用的疫苗中。因此，为了鉴定疫苗生产所需要的有效的靶抗原，需要预先分析多株微生物病原体基因组序列。

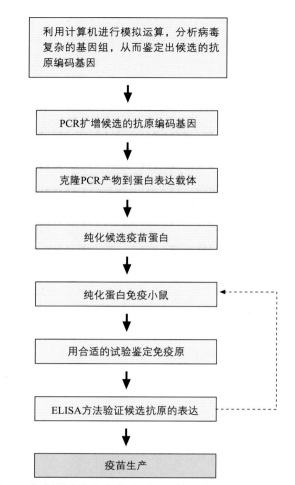

图5.4 解析微生物复杂的基因组以筛选出基因工程疫苗候选蛋白的研发步骤

相对于致病细菌的反向疫苗学，病毒性疫苗的反向遗传学使用了不同的策略。家畜的蓝舌病很可能是流行100多年的病毒性疾病。目前，该病毒的疫苗存在一些问题，因此人们用一些新的方法来改进它的疫苗，提高其安全性和保护性。已经用反向疫苗学开发出能够提供保护的减毒病毒株（Roy 等，2009），而传统的蓝舌病疫苗是通过鸡胚或羊体传代的弱毒病毒。还不清楚该种病毒减毒突变的性质，而近年来反向遗传学的发展提供了解决这个问题的新方法。

蓝舌病病毒（bluetongue virus，BTV）属于呼肠孤病毒科，基因组包括10个双链RNA片段，每个片段包含一个独特的开放阅读框。将每个开放阅读框的互补DNA（cDNA）克隆到T7质粒中，使其位于上游强T7启动子和下游限制性酶切位点之间（图5.5）。这10个独立的克隆代表蓝舌病病毒的完整基因组。在体外，T7噬菌体RNA聚合酶为每个基因组片段产生

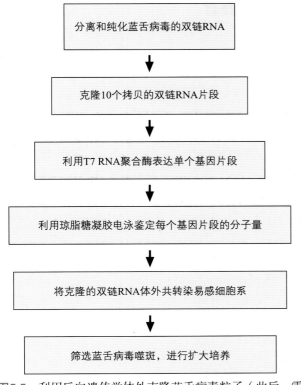

图5.5 利用反向遗传学体外克隆蓝舌病毒粒子（此后，需在动物体内评估它们是否适用于疫苗生产）

单个RNA转录本。用变性琼脂糖凝胶电泳，可以初步鉴定单个转录本。随后，将它们共转染易感的哺乳动物细胞系，用琼脂糖覆盖。收获形成的蓝舌病毒噬斑，最后用细胞培养方法进行病毒增殖。通过这种技术，可以引入定向突变，在体外产生减毒病毒。随后，在反刍动物模型上对人工改造的病毒进行试验，鉴定蓝舌病病毒的致病因素。获得的数据随后用于设计包含多个减毒突变的疫苗株。

◎ 佐剂（adjuvant）

能提高或调节抗原固有免疫原性的物质称为佐剂。通常，如果接种前将佐剂与抗原混合，可以增强免疫原性较低抗原的免疫应答。它们也可增强针对少量抗原物质的免疫反应。尽管许多佐剂的作用机制还不清楚，但一些佐剂如多聚核糖核苷酸和脂多糖类，是树突细胞和巨噬细胞toll样受体公认的配体。

近80年来，铝盐一直被作为佐剂使用。在初次免疫应答时，这些无机盐通过刺激T_H2细胞反应，促进抗体产生。以前，人们认为铝盐在注射部位出现

的缓慢释放抗原的效应使其具有佐剂活性。目前认为，铝盐的作用是由于抗原的局部浓度提高和提升抗原提呈细胞对抗原的摄入（Guy，2007）。疫苗制剂中铝盐的效应包括活化巨噬细胞、刺激IL-4的产生，以及促进针对特定抗原的B淋巴细胞的增殖。现在，一些理解比较深入的佐剂是那些能够充当识别细菌和病毒保守组分的toll样受体的配体分子。这些佐剂通过激活巨噬细胞和树突细胞，诱导免疫应答。佐剂可能有很多不同的特性，以增强获得性免疫反应，包括形成抗原贮藏库（缓慢释放抗原）、充当载体的能力和免疫刺激活性（贴5.1）。促进抗体的产生是佐剂与许多疫苗使用后的一个常见结果。针对细胞内增殖的一些细菌、许多病毒和原虫，有效的疫苗通常需要诱导细胞介导的免疫反应。然而，许多佐剂不能促进细胞介导的免疫应答，这严重地限制了针对细胞内病原体的疫苗的研发。为了有效控制食用动物和伴侣动物的一些疫病，研制出能够促进细胞介导的免疫应答的普适性佐剂是必要的。各种佐剂的优点与它们的配方组成、促进抗原提呈细胞摄入抗原的能力、活化抗原提呈细胞能力，以及刺激T淋巴细胞亚群、B淋巴细胞或其他参与抗原识别、加工、提呈细胞的能力有关。佐剂在疫苗研制和临床使用上，近年来已经被广泛研究（Alving 和 Matyas，2005）。通过基因工程重组技术或其他分子生物学技术研制的很多种类的疫苗是病原某种蛋白，甚至更短的多肽，它们本身的抗原性很弱，需要新型佐剂来提高它们的免疫原性。表5.2中列出了当前正在使用或评估的佐剂类别。

△ 贴5.1　佐剂的作用模式

- 在注射部位保留和缓慢释放抗原物质
- 提高小的或弱抗原性的合成或重组多肽的免疫原性
- 某些佐剂，如脂多糖的衍生物，作为toll样受体的配体，促进获得性免疫反应
- 提高对有效抗原应答的速度和持久性
- 提高免疫状态未成熟、免疫抑制或老龄化动物的免疫反应
- 刺激树突细胞和巨噬细胞活性，增强抗原提呈细胞的抗原加工
- 通过活化T淋巴细胞亚群，调节体液或细胞介导的免疫反应
- 刺激T、B淋巴细胞反应

表5.2　当前正在使用或评估的佐剂种类

类别/示例	备注
细菌衍生物	
胞壁酰二肽	可刺激巨噬细胞和树突细胞、γ干扰素的产生和T_H细胞活化
单磷酰脂A	增强树突细胞迁移,诱导T_H1应答,产生IL-2、IL-12和γ干扰素
脂类A衍生物	
大肠杆菌不耐热肠毒素	
海藻糖二霉菌酸酯	
细胞因子和相关物质分子	
IL-1、IL-2、IL-12、γ干扰素	与抗原物质结合使用的有效的佐剂,用于定向免疫应答
C3d	
乳化剂	
油包水乳化剂、矿物油、植物油、Montanide ISA720	这些乳化剂是缓慢释放抗原的佐剂;加入热灭活的分枝杆菌可以促进免疫应答;它们刺激抗原提呈细胞以及T、B淋巴细胞
鲨烯	
水包油乳化剂MF59(添加吐温80和司本80的鲨烯)	可能促进抗原提呈细胞接触到疫苗中的成分而发挥作用;促进T_H2细胞应答和IgG抗体的产生
可生物降解颗粒	
脂质体	抗原提呈细胞摄入后,经MHC II类分子依赖途径加工
病毒颗粒	与细胞膜融合后,包裹的抗原经MHC I类分子依赖途径提呈,产生有效的细胞毒性T淋巴细胞应答
蛋白小体	抗原提呈细胞摄入后,促进T_HI应答
病毒样颗粒	不需要额外的佐剂即具有很强的免疫原性
矿物盐	
氢氧化铝、磷酸铝、磷酸钙、钾铝矾	激活巨噬细胞、促进抗原提呈细胞对抗原的摄入;促进T_H2细胞应答和抗体产生
皂苷	
免疫刺激复合物(ISCOMs)	基于皂苷的佐剂作用,加强T_H1和T_H2细胞应答;含有ISCOMs的疫苗促进体液和细胞免疫应答;ISCOMs的活性包括与巨噬细胞和树突细胞相互作用、活化$CD4^+$ T细胞

■ **细菌衍生物**

因为细菌一些复杂的衍生物与病原体相关分子模式相关,所以它们可以被toll样受体识别,促进获得性免疫反应。然而,细菌衍生物与toll样受体直接结合的证据还比较少,且已确定脂多糖并不直接与TLR-4结合(Guy,2007)。虽然朗罕上皮细胞表达编码许多toll样受体的mRNA,但这些抗原提呈细胞不直接与toll样受体的激动剂反应。toll样受体识别天然或合成的受体激动剂后,可以将免疫应答定向于T_H1或T_H2细胞应答,并且细菌来源的一些免疫刺激物质被toll样受体识别后,能诱导T_H1细胞应答。

分枝杆菌细胞壁成分,如胞壁酰二肽(muramyl dipeptides)和海藻糖二霉菌霉酸酯(trehalosedimycolate)的佐剂效应,归功于它们能够刺激巨噬细胞和树突细胞、γ干扰素的产生和辅助性T细胞活性。单磷酰脂A(monophosphoryl lipid A)是脂多糖的衍生物,与TLR-2相互作用后发挥其活性(Del Giudice 和 Rapuoli,2005)。单磷酰脂A可增强树突细胞的迁移和T_H1反应,增加共刺激分子的表达和IL-2、γ干扰素和IL-12的产生。

■ **细胞因子和相关物质**

许多细胞因子,包括IL-1、IL-2、IL-12和γ干扰素,试验证明是有效的佐剂,尤其是与抗原物质联合使用。另外,细胞因子可在接近疫苗接种前后,单独使用。细胞因子作为佐剂的一个可能的优势是它们可以定向调节免疫应答。

■ 乳化剂（emulsions）

乳化剂是一种互不相溶的液体混合物，其中一相液体以很小的液滴分散于另一相液体中。乳化剂作为佐剂可以是油包水乳化剂，也可以是水包油乳化剂。用于制备油包水乳化剂的油包括矿物油、植物油、角鲨烯和Montanide ISA 720。弗氏完全佐剂是在矿物油中添加热灭活的分枝杆菌，进一步增强对抗原物质的免疫反应。因为分枝杆菌含有免疫刺激物质如胞壁二肽，弗氏完全佐剂对抗原提呈细胞、T细胞和B细胞是一种有力的刺激物。它诱导强烈的细胞免疫，并刺激抗体产生。

油佐剂有许多不足之处。它们可能诱导局部和全身的炎症反应，在接种部位可能形成肉芽肿和脓肿。因此，不允许在食用动物中使用弗氏完全佐剂，因为油佐剂会残留在注射部位，而且佐剂中灭活的分枝杆菌可在结核菌素试验中诱发阳性反应。矿物油类乳化剂作为佐剂的使用具有争议性，这是因为有些矿物油可能具有致癌性。弗氏佐剂的替代品已有建议并已评估，如植物油乳化剂（由花生油、橄榄油或芝麻油等成分组成）。

MF59是一种水包油乳化剂，含有角鲨烯，并添加了起稳定作用的吐温80和司本85两种乳化剂。与油包水乳化剂不同，这种乳化剂被称为贮存佐剂（depot adjuvants），MF59似乎通过将注射物质定向给抗原提呈细胞起作用。大量的试验证明，这种佐剂具有稳定性和非常高的通用性。目前资料表明，MF59可以促进T_H2细胞发育和优先产生IgG抗体（Del Giudice 和 Rapuoli，2005）。MF59对病毒性和细菌性疫苗的强大佐剂活性，在实验动物和灵长类上已得到证实。许多欧洲国家已经批准了MF59作为流感亚单位疫苗的佐剂。

■ 可生物降解颗粒

抗原物质可以通过吸附或共价作用，送入可生物降解颗粒之内或呈现于它们的表面。据推测，可生物降解颗粒的佐剂作用机理是促进抗原提呈细胞捕捉到抗原。微脂囊和天然磷脂的膜泡，可将蛋白质抗原包裹其中，是有效的佐剂。这些可生物降解颗粒被抗原提呈细胞摄入后，其中的抗原

主要通过MHC Ⅱ类分子依赖的途径加工（Nataro 和 Levine，2005）。可以通过包被在脂质体表面的抗体与抗原提呈细胞表面受体的相互作用，促进抗原提呈细胞对这些脂质体的摄入。病毒糖蛋白与脂质体重构形成的微脂囊被称为类病毒蛋白脂粒（virosome），具备病毒的很多性质。类病毒蛋白脂粒被用作抗原、药物和其他化合物的传递系统。通过与细胞膜结合和融合，类病毒蛋白脂粒释放的内容物进入到胞浆中。因此，有报道称，类病毒蛋白脂粒包装的抗原经MHC Ⅰ类分子依赖途径提呈，可以产生有效的$CD8^+$细胞毒性T细胞应答。据报道，应用类病毒蛋白脂粒进行黏膜免疫，可以诱导分泌型IgA反应。

来源于革兰阴性菌的一些外膜蛋白的自组装结构已被用作佐剂。这些结构被称为蛋白小体（proteosome），可通过细菌的洗涤提取物制备。革兰阴性菌外膜蛋白是高度疏水的，在洗涤萃取时它们可通过蛋白之间的相互作用，形成类似于囊泡的自组装结构，从而得到分离。清除洗涤剂后，可将合适的抗原物质送入这些囊泡状结构中（Nataro 和 Levine，2005）。另一个方法是将抗原与制备好的含有脂多糖的蛋白小体混合起来使用。蛋白小体的表面疏水性可促进它们被抗原提呈细胞摄入的能力，促进T_H1型反应。革兰阴性细菌外膜蛋白和脂多糖与抗原提呈细胞上的toll样受体相互作用，有助于增强蛋白小体包裹的抗原的免疫原性。

病毒样颗粒（virus-like particle）是非自我复制的重组病毒衣壳，具有与相应的病毒颗粒相似的结构。病毒的结构蛋白在合适的真核或原核系统表达后，通过自我装配，形成这些病毒颗粒。因此，它们具有病毒抗原的天然构象，但没有病毒核酸。据报道，病毒样颗粒的免疫原性很强，不需要额外的佐剂。大量临床试验证明，这些病毒颗粒在一些人类病毒性疾病免疫方面，取得了可喜的结果。

■ 矿物盐

虽然铝盐被广泛作为佐剂已将近80年，但它们的作用机理还不是很透彻。另一种矿物盐，磷酸氢钙也被用于佐剂。以前认为矿物盐的佐剂活性是因为它们可以缓慢释放抗原物质的效应。目前认为，矿物盐的佐剂活性源于它们能够活化巨噬细胞，提升抗原提呈细胞对抗原的摄入（Guy，2007）。

作为佐剂，初次免疫后，含有矿物盐佐剂的疫苗比可溶性疫苗可刺激产生更早、更高和更持久的抗体应答。这种刺激效应只针对初次免疫反应，对二次免疫反应没有作用。这些佐剂通过刺激T_H2细胞应答，促进抗体产生。矿物盐对细胞介导的免疫反应影响很小，因此，针对胞内病原体引起的疫病，矿物盐作为佐剂难以发挥作用。矿物盐作为佐剂在注射部位引起肉芽肿反应，可以持续很多个月，是使用这类佐剂的一个不足之处。

■皂苷和免疫刺激复合物

从南美洲石碱木树树皮分离的三萜苷，称为皂苷（saponin），具有毒性和佐剂特性。皂苷佐剂能增强T_H1和T_H2型反应。毒性小的皂苷可经分馏分离，并开发了半合成皂苷衍生物（Guy，2007）。

免疫刺激复合物（Immunostimulating complexes，ISCOMs）包含皂苷奎尔A、胆固醇和磷脂，是笼形结构，可以笼入抗原。用ISCOMs作为佐剂的疫苗不仅可以促进体液免疫，还可以促进细胞免疫反应。Iscomatrix佐剂类似于ISCOMs的组成和结构，可以不笼入抗原而直接使用。已有报道，用ISCOMs作为佐剂的疫苗经黏膜免疫后，可以诱导免疫应答。ISCOMs佐剂效应是由于它们能够与巨噬细胞和树突细胞相互作用，并可活化$CD4^+T$细胞。

◉ 疫苗的接种

影响动物疫苗免疫成功的因素包括疫苗性质、成分和疫苗的效力、疫苗接种动物的年龄、相关传染性病原体传播的路径和疫苗接种的方法。哺乳动物大多数疫苗是通过注射免疫的。对于感染特定的系统的疫病，可采用能够在病原入侵位点诱导局部的免疫应答的途径，接种疫苗。因此，鼻内接种途径可用于牛传染性鼻气管炎或猫病毒性鼻气管炎的疫苗免疫。当大量的动物需要免疫时，可能需要使用非注射免疫方法。对养殖的鱼，疫苗接种是一种预防传染病的重要方法。根据疫苗性质不同，可以腹腔注射或将鱼浸泡在稀释的抗原物质溶液中。

无论何种动物接种疫苗，都应该严格遵守制造商的说明进行，必须使用清洁的设备，并在有效期内使用疫苗。疫苗接种的动物不能接受免疫抑制治疗，疫苗免疫不能保护正在发病的动物。动物免疫后，大约需要间隔10天时间，才获得主动性免疫应答。

当免疫怀孕动物时，应考虑接种疫苗的时间，以产生满足保护新生动物的母源抗体。母羊应在产羔前6周接种疫苗，以确保产生高水平的母源抗体。母马至少在产仔前4周免疫破伤风类毒素。通常禁止给怀孕动物接种活病毒疫苗，因为活病毒疫苗可能对胎儿有致畸作用。

■家禽疫苗接种

禽类使用的疫苗有很多种，因此应制定周密的免疫计划和免疫程序。禽群的历史、生产系统的类型和该地区局部疾病流行状况，都是影响疫苗选择的因素（Cserep，2008）。

大多数活疫苗可通过饮水或气溶胶免疫。因为自来水中通常含有氯，所以，活病毒疫苗应不能用自来水进行稀释，而应使用另一种清洁的水。一些家禽疫苗可通过滴眼、注射、饲料或翅点刺接种。近年来，许多国家建立了鸡胚免疫接种程序。大量的活病毒疫苗，包括马立克病疫苗，都可经此途径接种。这个程序是利用一个自动化的鸡胚注射系统，在鸡胚孵化到18天将其从孵化器转移到孵化室时进行。

◉ 疫苗免疫副反应

即使在临床正常的动物，接种疫苗也不是一个没有风险的程序。它们可能在接种疫苗后立即或稍后出现一些不良反应。疫苗免疫引起的不良反应可能是由于疫苗生产、配置或接种等过程造成的病原污染引起的。有时，疫苗中的成分可引起超敏反应，尤其是反复使用含有蛋白质的细胞培养液或鸡胚制作的疫苗。疫苗注射部位的不良反应可能是由于在注射过程中引入了化脓性细菌，导致脓肿形成。使用油包水型佐剂疫苗时，有时在接种部位会发生肉芽肿。有报道，某些种类动物在注射部位发生肿瘤性变化。疫苗接种后的不良反应可能与病原污染、制剂中存活的病原、疫苗诱导的免疫抑制、对疫苗组分的超敏反应或在注射部位发生肿瘤等有关（贴5.2）。

△ 贴5.2　可能发生的免疫副反应

- 活疫苗中污染的外源病原引起的局部或全身性感染
- 灭活疫苗生产中，灭活不彻底，存在活的传染性病原体而引起疾病
- 灭活疫苗中存在耐受灭活条件的病原体（如朊病毒）而引起疾病
- 活疫苗在免疫抑制动物种引起疾病
- 怀孕的动物接种某些活疫苗可能引起胎儿先天性缺陷
- 诱发免疫抑制
- 疫苗组分引发的超敏反应(即发性或迟发性)
- 含矿物油佐剂在注射部位可诱发肉芽肿反应
- 由于疫苗中存在致瘤性传染性病原体或个别佐剂的作用，诱导肿瘤产生
- 活疫苗中存在目前常规方法检测不到的传染性病原体而所产生的疾病

⊙ 疫苗免疫失败

　　影响疫苗效力的因素很多。正因为如此，一小部分动物接种疫苗后可能不能获得有效保护（图5.2）。与免疫失败相关的疫苗方面的因素，包括疫苗固有的特征，以及疫苗生产和接种的问题。有信誉的公司，如果实施了严格的质量控制程序，生产有问题的疫苗相对少见。疫苗接种的效果不仅受疫苗质量影响，动物相关的因素，包括免疫接种时动物已经感染疾病的可能性、初乳中抗体对活病毒疫苗的中和能力，以及由药物或传染病引起的免疫抑制，都可能更强烈地影响到免疫效果（图5.6）。

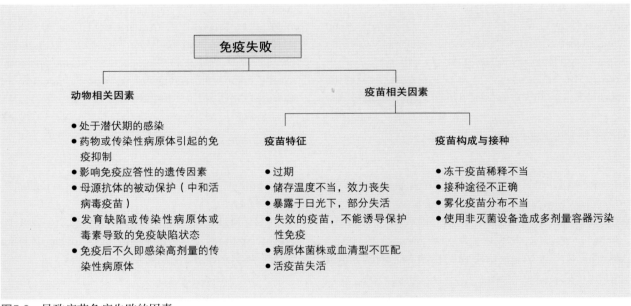

图5.6　导致疫苗免疫失败的因素

⊙ 参考文献

Alving, C.R. and Matyas, G.R. (2005). Design and selection of vaccine adjuvants: principles and practice. In *The Grand Challenge for the Future*. Eds S.H.E. Kaufmann and P.-H. Lambert. Birkhäuser Verlag, Basel. pp. 99–118.

Ariel, N., Zvi, A., Grosfield, H., et al. (2002). Search for potential vaccine candidate open reading frames in the Bacillus anthracis virulence plasmid pXO1: in silico and in vitro screening. Infection and Immunity, 70, 6187–6822.

Cserep, T. (2008). Vaccines and vaccination. In Poultry Diseases. Sixth Edition. Eds M. Pattison, P.F. McMullin, J.M. Bradbury and D.J. Alexander. Butterworth Heinemann, Edinburgh. pp. 66–81.

Del Giudice, G. and Rapuoli, R. (2005). Adjuvants and subunit vaccines. In *Topley and Wilson's Microbiology and Microbial Infections*. Immunology. Tenth Edition. Eds S.H.E. Kaufmann and M.W. Steward. Hodder Arnold, London. pp.

925–946.

Guy, B. (2007). The perfect mix: recent progress in adjuvant research. Nature Reviews Microbiology, 5, 505–517.

Heldens, J.G.M., Patel, J.R., Chanter, N., et al. (2008). Veterinary vaccine development from an industrial perspective. Veterinary Journal, 178, 7–20.

Jacobs, A.A., Goovaerts, D., Nuijten, P.J., Theelen, R.P., Hartford, O.M. and Foster, T.J. (2000). Investigations towards an efficacious and safe strangles vaccine: submucosal vaccination with a live attenuated *Streptococcus equi.* Veterinary Record, 147, 563–567.

Koizumi, N. and Watanabe, H. (2005). Leptospirosis vaccines: past, present and future. Journal of Postgraduate Medicine, 51, 210–214.

Mackowiak, M., Maki, J., Motes-Kreimeyer, L., Harbin, T. and Van Kampen, K. (1999). Vaccination of wildlife against rabies: successful use of a vectored vaccine obtained by recombinant technology. In *Advances in Veterinary Medicine 41, Veterinary Vaccines and Diagnostics*. Ed. R.D. Schultz. Academic Press, San Diego. pp. 571–583.

Meeusen, E.N.T., Walker, J., Peters, A., Pastoret, P. and Jungersen, G.J. (2007). Current status of veterinary vaccines. Clinical Microbiology Reviews, 20, 489–510.

Nataro, J.P. and Levine, M.M. (2005). New vaccine technologies. In *Topley and Wilson's Microbiology and Microbial Infections. Immunology. Tenth Edition. Eds S.H.E. Kaufmann and M.W. Steward. Hodder Arnold, London. pp. 837–852.

Pizza, M., Scatlato, V., Masignani, V., et al. (2000). Identification of vaccine candidates against serogroup B meningococcus by whole -genome sequencing. Science, 287, 1816–1820.

Ramshaw, I.A. and Ramsey, A.J. (2000). The prime-boost strategy: exciting prospects for improved vaccination. Immunology Today, 21, 163–165

Roy, P., Boyce, M. and Noad, R. (2009). Prospects for improved bluetongue vaccines. Nature Reviews Microbiology, 7, 120–128.

Sheppard, M. (1999). Viral vectors for veterinary vaccines. *In Advances in Veterinary Medicine 41, Veterinary Vaccines and Diagnostics*. Ed. R.D. Schultz. Academic Press, San Diego. pp. 145–161.

Tan, L.K., Carlone, G.M. and Borrow, R. (2010). Advances in the development of vaccines against *Neisseria meningitidis.* New England Journal of Medicine, 362, 1511–1520.

Tettelin, H., Masignani, V., Cieslewicz, M.J., et al. (2005). Genome analysis of multiple pathogenic isolates of *Streptococcus agalactiae*: implications for the microbial "pan-genome". Proceedings of the National Academy of Science (USA), 102, 13950–13955.

◉ 进一步阅读材料

DeFranco, A.L., Locksley, R.M. and Robertson, M. (2007). Immunity. New Science Press, London.

Male, D., Brostoff, J., Roth, D.B. and Roitt, I. (2006). Immunology. Seventh Edition. Mosby, London.

Peakman, M. and Vergani, D. (2009). Basic and Clinical Immunology. Second Edition. Churchill Livingstone, Edinburgh.

Peek, L.J., Middaugh, C.R. and Berkland, C. (2008). Nanotechnology in vaccine delivery. Advanced Drug Delivery Research, 22, 915–928.

第6章

分子诊断方法

细菌的特性与细菌染色体编码的基因有关。细菌染色体是一条双链螺旋状的脱氧核糖核酸（DNA）。它控制细菌的复制，储存细菌的遗传信息，并表达细菌某些独特的性状。尽管细菌DNA具有相对简单的化学成分，但其在指挥复杂有序的功能方面，有着令人难以置信的潜能。

细菌上述特性受到特定酶的严格控制。例如，细菌复制受DNA聚合酶的控制，该酶是细菌基因组DNA分子精确拷贝所必需的。细菌信使核糖核酸（mRNA）的合成受RNA聚合酶的控制，随后被解码，并在其他酶的参与下指导细菌蛋白质的合成（见第9章关于DNA结构的修复及DNA复制与转录的介绍）。

仔细分析细菌DNA结构的化学性质会发现一些可以对于检测分析有用的特性。这促使了检测细菌等微生物分子诊断技术的发展（这些技术可以用于与DNA相关的微生物性状的检测）。

◉ 核酸的分析性能

DNA的分析性能源于它的化学结构，因此开发了许多现代化的检测/诊断程序，这些程序经常见于科学文献中。DNA分子作为诊断的目标有三个重要的分析特性：

· 识别性能：DNA的碱基互补配对原则可用于开发一些试验检测方法，并且对独特的核酸序列进行检测。这种方法已经促进了分子生物学技术的发展，包括DNA探针杂交、DNA测序、聚合酶链式反应（PCR）和最近的基因芯片。所有这些看似复杂的技术有一个共同的特点：一个给定的DNA序列（称为探针或引物），可以通过碱基配对原则识别并结

合与之互补的序列。这种结合可以通过一个信号分子与另一个或者其他配体的结合进行检测。

· 稳定性和强大的灵活性：DNA分子能够保存几个世纪，甚至在干燥状态。例如，从埃及木乃伊的考古材料中可以检测出DNA。如果分离方法适当，在多种类型的保存标本中都可以提取出DNA。现在在法医调查利用基于DNA的方法，可提供快速诊断结果。

· 序列特性：如果对任何细胞的DNA序列进行仔细检查，会发现其最显著的特点之一是DNA中存在重复的碱基序列。这种现象在人类基因组中尤为明显，如人类DNA中的Alu序列。重复的序列也可能发生在动物和微生物上。虽然这些重复序列的确切功能未知，但它们已经推动了DNA分析方法的发展。

在我们对DNA结构认识的基础上，利用这三种分析特性，已开发出许多诊断程序。利用分子生物学方法调查人类和动物的疾病特征已成为现实。根据我们已了解的核酸化学性质，经常遇到的情况是通过检测确定是否存在传染性病原体（包括细菌或病毒）；查找组织切片是否存在肿瘤标记物和法医鉴定等。总的来说，这些方法统称为"分子诊断"。

分子方法有许多共同的特点。在图6.1中，通过应用程序的角度展示出各种分子诊断技术。所有这些方法都是基于与复制和转录相关的概念（第9章）。

◉ 分子杂交

如果一个DNA（或RNA）分子用标记物（如放射性或非放射性信号分子）进行标记，则构成一个可以被检测到的DNA（或RNA）探针。该标记的探针包含

一个能够找到与之互补的碱基序列，它可以通过氢键与之结合，从而被检测到。这些步骤就是所有分子杂交方法形成的基础。任何DNA探针，在适当的试验条件下，在溶解状态中都能结合或杂交到它的互补链上（基于建立的DNA碱基配对原则）。这种可以被检测到的结合性能，取决于所使用信号标记物的天然特性。分子杂交技术包括DNA印迹技术（Southern印迹）和RNA印迹技术（Northern印迹）（图6.1）。

Southern印迹技术（Southern，1975）是将DNA探针与预先用限制性核酸内切酶消化的DNA模板片段进行杂交（图6.2）。限制性内切酶可以定位并切割双链DNA的特定序列。然后利用常规的琼脂糖凝胶电泳将DNA限制酶消化片段分离开。电泳后，将该DNA片段转印到硝酸纤维素膜上，之后与DNA探针杂交。在严格的杂交缓冲条件下，包括用盐溶液充分洗涤滤膜，实现高度的特异性，使探针定位并结合到它的互补序列上。也可以通过减少洗涤溶液中盐的浓度进行低严谨条件下的杂交。这项技术在早期使用的是放射性同位素如^{32}P或^{35}S作为DNA探针的标记，但现在已经被非放射性的亲和标签取代，包

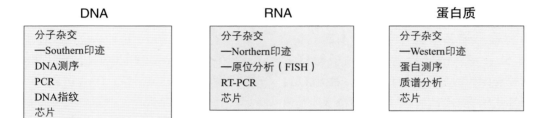

图6.1　以核酸和蛋白质为靶分子的现代诊断方法汇总
具体的分析程序由用于诊断所用的生物标记物的性质决定。

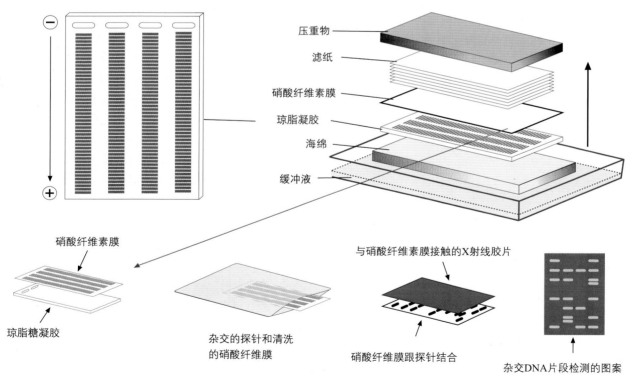

图6.2　Southern印迹技术的关键步骤
利用琼脂糖凝胶电泳将DNA片段分离，再通过毛细管作用，将DNA转移到硝酸纤维素膜上（将琼脂糖凝胶置于硝酸纤维素膜上，然后在干燥滤纸和压重物建立梯度的作用下，凝胶中各个DNA片段被挤压到硝酸纤维素膜上；一旦DNA接触硝酸纤维素膜，它们就会被牢牢吸附在膜上）。在这个过程中，初始的琼脂糖凝胶中DNA片段图谱的精确地转移到硝酸纤维素膜上。用放射性同位素标记的探针（与目的DNA互补的序列构成的）可特异性结合到目的DNA片段所在位置，将X线胶片与硝酸纤维素膜接触，即可检测到放射性标记的DNA探针所在位置，这也是目的DNA片段所在位置，从而识别目的DNA片段。

括生物素和地高辛（DIG）。用辣根过氧化物酶或碱性磷酸酶标记的链霉亲和素或抗地高辛抗体，可以进行非放射性标记检测。

Northern印迹技术是一种利用探针对RNA进行杂交的技术，可以通过类似于前面所描述的凝胶电泳对其进行分离。

DNA探针可以化学合成，并且可以实现边合成边标记。当靶序列不能被精确检测到的时候，可以使用这种方法同时应用几种探针进行检测。新近发展的一个例子是荧光标记的原位杂交技术（FISH分析）。后者在核型分析时，对于确定特定染色体上基因的位置非常有用。相对而言，在组织切片上进行的原位杂交是一种在技术上挑战性不强的老技术，与病理实验室用的一些技术相似。免疫印迹（Western blotting）是一种不涉及核酸的技术。它是将聚丙烯酰胺凝胶分离的蛋白混合物与标记的蛋白（例如，直接针对变性蛋白质并且带有标记的单克隆抗体）进行结合。

◎ DNA测序

毫无疑问，DNA测序是最为强大的一种分析/诊断方法。人们对所有DNA分子的深入了解都来源于核苷酸序列。核苷酸序列可以用来推断相应蛋白质的一级结构，也可以和来自其他生物体蛋白质的相似序列进行比较，确定DNA结合位点和基因的一些其他调控功能。

一个基因的DNA序列可以用Maxam和Gilbert创建的化学方法测定，也可以用Sanger创建的酶方法进行测定。后者是最常用的测序方法，称为双脱氧核酸测序法。由于专业技术水平的需要，该方法在常规基础上的应用已经进入主流诊断实验室。尽管许多研究和诊断实验室都能进行DNA分子测序，然而使用商业公司提供测序服务的实验室也越来越多。

现代双脱氧核苷酸测序的技术原理是使用4种脱氧核糖核苷三磷酸（dNTP）和4种双脱氧核糖核苷三磷酸（ddNTP），对短链的DNA序列进行部分复制。ddNTP是用化学方法去掉脱氧核糖第二位碳原子上的羟基的氧原子（图6.3插图）。像杂交一样，这种方法是根据碱基配对原则和精确的酶合成进行的序列识别，与自然状态下发生的复制特征一样。当用于DNA测序时（图6.3），其过程可作如下描述：

·DNA链间杂交
·序列延伸
·电泳检测
·数据分析

第一步是将被测的DNA片段与短的引物进行退火。短的引物（含有17个核苷酸的寡核苷酸链）提供一个游离的3'-OH基团；按照碱基互补配对原则，特定的dNTP或者ddNTP与这个游离的3'-OH基团发生结合。如果结合了dNTP，这个寡核苷酸链就会继续按照碱基互补配对原则向前延伸，直到结合ddNTP才停止延伸。对于每一个被测序的DNA片段，需要设立4个单独的反应，每一个反应均需要4种dNTP（dATP、dCTP、dGTP 和dTTP）和任一种ddNTP（ddATP、ddCTP、ddGTP 或ddTTP）。引物用放射性同位素^{32}P或^{35}S或者用报告荧光基团标记（图6.3）。dNTP 和ddNTP的比例需要仔细调整，以确保被测的DNA片段每一个碱基处都可能发生终止。DNA测序反应由DNA聚合酶催化，反应结束时加入甲酰胺抑制DNA聚合酶剩余的活性。此时，四个反应都产生了放射性或非放射性同位素标记的不同长度的与被测DNA片段互补的DNA片段。用高分辨率的聚丙烯酰胺凝胶电泳将互补的DNA片段按照长度进行分离。最后经过显影/定影后，DNA序列可从合适的感光性胶片中直接读出（例如，使用X射线胶片）。使用这种方法可以检测200～250个碱基。

这项技术经过一些改进，发展为荧光标记的DNA自动化测序技术，它能够减少手动操作步骤，同时又增加了样品处理量（图6.4）。这种方法已经为原核和真核细胞的全基因组测序带来了变革。在DNA自动测序中，碱基或者引物都可以用荧光染料标记。碱基荧光标记模式是用四种不同的荧光染料标记dNTPs，在DNA测序仪氩激光激发时每一个dNTP都会发射一个窄谱的光。随后检测并记录荧光激发/发射后产生的斯托克斯位移（Stokes shift）。在"四色单泳道"的模式（图6.4）中，测序反应完成后，如上所述对样品合并，将样品载入单个泳道的分离凝胶板或毛细管矩阵中。引物荧光标记模式是用一种荧光染料的"单色四泳道"模式。在这种情况下，操作程序类似于图6.3中的描述。机器可以捕捉标记染料所发射的光谱数据并转换成核苷酸序列信息。DNA自动化测序每次可以对500~1 000个碱基进行检测。

序列测定后，可从因特网上下载某种算法，对序列进行解析。通常，首先要确定被测序列的生物学功能，这一过程称为序列注释；然后，要确定被测序列

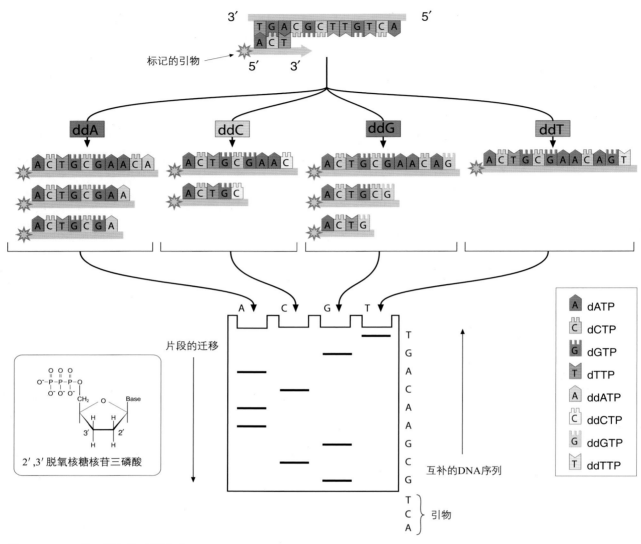

图6.3　Sanger的双脱氧核酸测序法

将被测DNA片段与一个短的、带有标记的引物序列杂交。引物序列提供一个游离的3′–OH末端，从而使下一个脱氧核糖核苷酸三磷酸（dNTP）可以与之结合。测序时，先进行四个分开的反应，每个反应分别含有一种双脱氧核苷酸（ddNTP），即ddATP、ddTTP、ddGTP或ddCTP。在反应过程中，如果结合了ddNTP，那么反应终止，未结合ddNTP的链继续延伸，从而每个反应形成了不同长度的许多片段。然后，通过聚丙烯酰胺电泳将这些片段进行分离（每个反应产物用单独孔道进行电泳），每个泳道可以读出某一种碱基所在的位置。将四个泳道的结果合并起来，即可读出DNA的序列。

的结构特征，是否存在DNA结合区域等。

　　RNA也可以作为测序模板，但由于DNA测序技术占绝对优势，RNA测序已经很少使用。

　　由于DNA测序技术的不断进步，DNA测序仪已经能够在几小时之内完成一个细菌基因组的测序。

◉ 聚合酶链式反应（PCR）

　　聚合酶链式反应（polymerase chain reaction，PCR）是为了应对DNA测序而开发出来的。PCR程序的大部分步骤类似于DNA测序。PCR技术开发于20世纪80年代中期，它可能是分子生物学中最为重要的技术。典型的PCR程序包括三个重复步骤。这三个步骤会导致部分特定的DNA片段（如果是RNA片段，则需要在PCR之前增设一个逆转录的步骤，这类PCR称为RT–PCR）的扩增。第一个步骤是DNA模板（例如，从兽医感兴趣的病原微生物、血液或其他组织样本中粗提的基因组DNA）的变性，将DNA双链分离（图

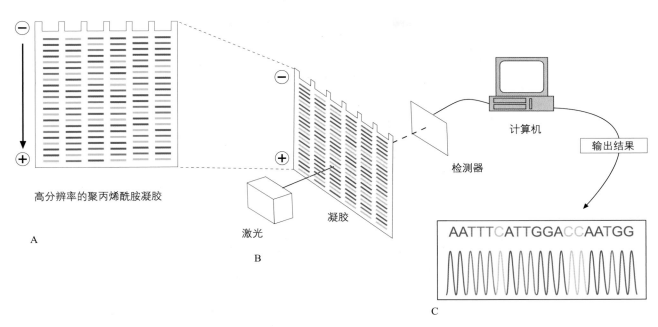

图6.4　使用荧光染料的DNA自动测序

用不同的荧光物质分别标记四种ddNTP，每种荧光物质都有独特的发射波长。用这四种荧光ddNTP进行图6.3所述的测序反应，反应结束后，在同一个泳道对反应产物进行电泳。电泳结束后，用DNA自动测序仪所携带的荧光检测设备，精确检测到所分离的各个DNA片段所发出的荧光特征，从而确定每个DNA片段所代表的碱基。这个电泳加样、电泳、荧光检测过程、荧光检测结果解析，都可以实现自动化。

6.5）。第二个步骤是退火过程，随着反应温度降低，两条合成的DNA引物（图6.5）与模板DNA结合（杂交），引物结合到互补的DNA链上。第三个步骤是温度再次升高（通常74℃），由耐热的DNA聚合酶启动新一轮的合成。总的来说，所有这些步骤构成一个循环，而常规PCR反应需要30个循环。温度之间的重复切换可以使一个特定的DNA片段进行高达一百万倍的扩增。

PCR仪是一个可编程的热循环仪，控制着温度变化的速度、每个温度下保温的时间和每个循环的重复次数。PCR反应使被测的基因的数量以指数形式增加。PCR扩增的产物或者扩增子可以通过常规的琼脂糖凝胶电泳进行检测，经溴化乙锭染色，用紫外灯进行观察。

常规的PCR试验已经发展到可以检测更广范围的动物病原体，包括食源性人畜共患的沙门菌。PCR检测方法能够识别伴侣动物越来越被大家所知的耐甲氧西林的金黄色葡萄球菌（MRSA）中甲氧西林耐受基因*mecA*。使用位于细菌细胞表面O型抗原基因的引物，可以用于鉴定肠出血性大肠杆菌等致病性大肠杆菌一些主要的血清型，如大肠杆菌O157、O111等（Murphy 等，2007）。已有商品化的试剂盒用于鉴定这

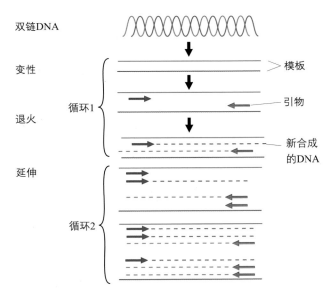

图6.5　常规PCR包含变性、退火和延伸三个重复的步骤

纯化兽医感兴趣的病原微生物的DNA，以之为模板，首先在一个较高的温度下进行DNA变性，从而打开模板DNA双链。然后温度下降到一个合适程度，此时特异的引物（一对较短的单链DNA片段）与模板DNA按照碱基互补配对原则，发生特异性（退火）。退火后，温度又升高到72℃，此时在耐热的DNA聚合酶（通常从水生嗜热菌中纯化），反应体系中的四种脱氧核糖核苷酸三磷酸（dNTPs）在引物3′端发生聚合，使引物按照与模板DNA反向互补的方式向前延伸，形成互补链。使用常规的琼脂糖凝胶电泳，检测PCR反应的产物或扩增片段。

些细菌和其他的致病菌。

　　PCR方法的一个可能的局限性是它对活细胞和死细胞都能检测。有两种克服这种局限性的方法。一是在核酸提取之前进行增菌；二是采用RT-PCR方法进行RNA的检测，因为RNA仅在活细胞中产生。RT-PCR不同于以DNA为模板的PCR，RT-PCR第一步是用依赖RNA的DNA聚合酶（即逆转录酶），使RNA转化成互补的DNA（cDNA），再以cDNA作为PCR模板。RT-PCR可用于检测轮状病毒、冠状病毒和诺如病毒等RNA病毒。

　　PCR技术最显著的特征是它能够从人和动物复杂的基因组背景中产生许多独立的DNA片段。这个特性使PCR比传统的诊断方法更加简便。相比其他的技术创新，基于PCR的扩增程序更加普遍（O'Regan 等，2008）。现在，基于这一扩增程序的商业试剂盒已用于检测和定量一些与兽医学相关的病原微生物。

⊙ 实时定量荧光PCR

　　实时定量荧光PCR有时简称为实时PCR、荧光PCR或定量PCR。实时定量荧光PCR仪可以看作是一个热循环仪和一个实时荧光检测器的结合，从而可以进行自动化检测。该技术用荧光来检测特定的DNA或靶RNA存在数量。正是这一过程将实时定量荧光PCR与常规PCR区别开来。与常规PCR相比，实时定量荧光PCR是分子生物学诊断中一个重要的有用技术。该方法有利于测定活细胞内所有正常DNA的绝对数量，可以定量测定细菌、其他微生物以及单个基因。

　　由于实时定量荧光PCR的速度、灵敏度、重复性不断提高，以及核酸污染的风险降低，这一方法已得到人们广泛认可。

　　实时定量荧光PCR有数种荧光染料标记方法。这些染料大致分为非特异性染料或特异性染料。SYBR green I是一种非特异性的掺入染料，可以与双链DNA结合。随着扩增反应进行，PCR反应产物增多，越来越多染料被结合导致荧光信号增加。特异性染料标记包括使用TaqMan探针（TaqMan probe）、分子信标（molecular beacon）和日出探针（sunrise probe）（表6.1）。一个TaqMan DNA探针的两端分别标记一个发射荧光信号的报告荧光基团和一个吸收信号的荧光淬灭基团。在未杂交时由于两种荧光基团邻近使发射的荧光信号被淬灭。当与扩增产物杂交时，Taq酶的5′→3′

表6.1　实时定量荧光PCR中使用的荧光染料标记方法和杂交探针类型

荧光染料	检测类型	多重检测能力
DNA结合染料	SYBR green I（上下游引物）	否
杂交探针	TaqMan（上下游引物和一个探针）	是
分子信标	游离时淬灭的探针（上下游引物和一个探针）	是
日出引物	游离时淬灭的引物（上下游引物）	是

外切酶活性将探针水解，导致报告荧光基团和淬灭荧光基团分离，荧光信号增加（图6.6）。

　　随着实时定量荧光PCR反应的进行，扩增子数量增加，产生的荧光信号也增加。通过荧光信号强度与循环数的关系图（图6.6），可以确定DNA的相对浓度。指定一个阈值（称为C_T值）区分阳性荧光信号和背景荧光信号。理论上，$\log_{10} C_T$值和标准DNA样品的浓度呈直线关系（图6.6），从而可以进行核酸的相对定量。此方法还可以检测生物样品中细菌细胞的数量。

　　以RNA为模板的实时定量荧光PCR被称为实时定量荧光PCR。它可以测定微生物或其他细胞中任一基因的表达水平。这是通过检测该基因mRNA转录数量而确定的。为了确定在特定条件下一个目标基因的表达水平，需要检测该基因mRNA的数量与另一个数量保持恒定的RNA（如16S rRNA）的数量。16S rRNA被看作是看家基因，对目标基因mRNA与16S rRNA的相对量进行比较，从而确定目标基因的表达量。

⊙ 用于细菌分型的诊断方法

　　了解动物病原体的特征对于动物疫情流行病学调查是必不可少的。借此建立一些检测方法识别与疫情暴发有关的病原微生物，同时排除与疫情无关的微生物。传统的实验室方法总结在图6.7上面部分。这些方法包括生化鉴定，它是基于一些特定的生化反应，通常可以在"种"的水平进行细菌鉴定；对于肠杆菌科的成员，可以用与脂多糖相关的O型抗原或H型抗原的特异性血清进行鉴定。这种方法能提示某种细菌某些血清型与临床疾病之间的关系，如O157：H7大肠杆菌与溶血性尿毒综合征（HUS）之

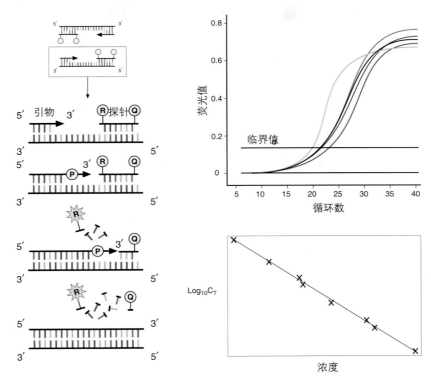

图6.6 实时定量荧光PCR示意图

该法不是用琼脂糖凝胶电泳，而是用实时定量荧光PCR仪进行检测的。将上下游引物和带有荧光报告基团（R）及荧光淬灭基团（Q）特异性的DNA探针一起加入反应体系中。当两个基团距离相近时，无荧光产生。一些常见的探针设计方法见表6.1。当扩增反应进行时，Taq DNA聚合酶的 $5'→3'$ 外切酶活性将探针酶切降解，导致两个基团分离，从而使报告基团发出荧光。随着循环数的增加，荧光强度也增加。通过设定一个阈值（称作C_T值）来判断样品是否为阳性。通过绘制$\log_{10}C_T$与标准DNA样品浓度相应的点，可以获得一条标准曲线，用于核酸的定量检测。该法可检测传染性病原体的数量或者DNA浓度。

间的关系。抗菌谱用来确定分离菌对一小组抗生素的敏感性分析。为了进一步鉴定分离株，噬菌体分型也用于一些疫情暴发调查中，尤其是肠炎沙门菌和鼠伤寒沙门菌引起的疫情。这种诊断方法缺少重复性，而且还需要维持质量持续稳定的噬菌体储存液。此外，一些分离株缺少必要的噬菌体表面受体，因而用这种方法无法分型。

一些以表型为基础的分型方法，如血清学分型，虽然已成功应用，但许多时候不适用，而且这些方法只适用于最初发现的有限种类的微生物。此外，基因的缺失和增加可以影响基因的表达，从而改变表型，导致鉴定错误。这些因素限制了基于表型监测的可靠性，因此这些方法缺少辨识力。

分子生物学方法的快速发展催生了一些新的诊断技术，克服了传统方法的固有不足（图6.7）。由于细菌分子分型方法是以细菌基因组的变化为基础，所以能够克服表型分型方法的局限性。

◉ 用于细菌精确鉴定的分子分型

表型分型方法可以在属和/或种的水平对铜绿假单胞菌或产单核细胞李氏杆菌等细菌进行鉴定。这种方法对于鉴定肠炎、鼠伤寒或者其他2 500种血清型的沙门菌很重要。致病性大肠杆菌按照这种方法，可以分为O157、O111和其他200多个血清型。细菌的分子分型允许在种以下的水平对细菌进行鉴定，并且可以用来追查病原来源、描述其分子流行病学特征以及确定其传播途径。这种新的分析方法提供了一种基于DNA指纹图谱的更为精确的鉴定方法。借助美国疾病控制中心（CDC）的PulseNet网络平台对600多个大肠杆菌O157：H7亚型，以及超过1800种的鼠伤寒沙门菌亚型进行识别（Swaminathan 等，2001）。

细菌的分子分型很重要，因为可以利用它来对食品加工进行质量控制，比如将适量的益生菌（probiotics）添加到食品或饮料当中增强身体健康。利

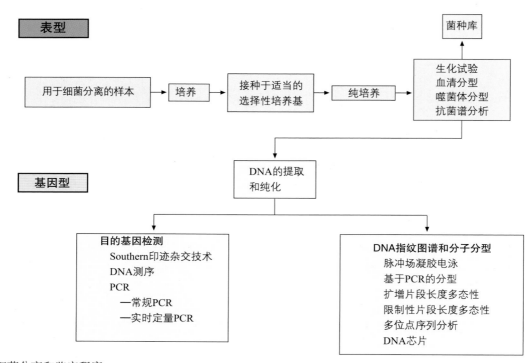

图6.7　细菌分离和鉴定程序
虽然，这个程序涉及的是细菌性病原体，但它适当修改后也可用其他病原体的分型。

用细菌分子分型的方法还可以用来追踪食品制造过程中细菌污染的来源（表 6.2）。经食物感染的疾病以及暴发的传染病都可以利用细菌DNA图谱分析进行追踪，以确定相关的发病原因，进而与兽医学公共卫生相联系。耐甲氧西林金黄色葡萄球菌在人与动物之间的传播，就是通过对分离株进行分子分型，比较DNA指纹图谱进行确定的（O'Mahony 等，2005；Strommenger 等，2006）。一般来说，细菌分子分型的方法有三种，即限制性片段长度多态性（RFLP）分析、细菌基因组中保守性重复序列的PCR扩增、DNA测序。没有某种单一的分型方法能够对所有的生物体进行分类，每种方法都有其优势和局限性。在方法选择上，受到需要获得亚类分型信息以及可用设备的影响。

表6.2　与动物和人类疫情相关的细菌性病原体溯源的分子分型方法

方法发展历程	分子分型方法
第一代方法	质粒DNA图谱（用限制性酶酶切纯化的质粒）
第二代方法	限制性内切酶酶切所有的DNA（包括染色体和质粒）和核糖分型
第三代方法	脉冲场凝胶电泳（PFGE）、PCR扩增、快速扩增多态性DNA（RAPD）、PCR-RFLP分析保守性基因、PCR核糖分型、REP-PCR、ERIC-PCR、BOX-PCR、AFLP
第四代方法	多位点可变数目串联重复序列分析（MLVA）、多位点序列分析（MLST）、DNA测序

耐药性相关的遗传标志物的特征方面很重要。

◉ 质粒图谱

这是一种原始的分型方法，首先纯化细菌的所有质粒，通过琼脂糖凝胶电泳对质粒进行分离，并与其他细菌菌株进行比较。这项技术操作相对容易，已经成功地用于区分沙门菌的血清型。然而，这种方法在应用上也有局限性，仅能应用于弯曲菌等一小部分可能含有质粒的细菌。不过，质粒图谱在确定与抗生素

◉ 限制性内切酶分析（REA）

将细菌总基因组DNA（包括染色体和质粒）用识别特异性位点的限制性内切酶降解，然后纯化降解产物，通过琼脂糖凝胶电泳可以检测到多个降解DNA条带（即RFLP图谱）。RFLP图谱往往过于复杂，作为指纹分析比较困难，从而限制了该分型方法的应用。此外，菌株中早先出现的质粒可能会丢失，从而改变了

菌株的条带谱，使菌株间的比较变得更加困难。

⊙ 核糖体分型

　　细菌核糖体DNA（rDNA）编码的基因已经成功地作为目标基因用于细菌鉴定。这些基因中大部分，如*rrs*基因编码的16S rRNA和*rrl*基因编码的23S rRNA，在整个进化过程中是保守的。核糖体分型步骤是先纯化染色体DNA，然后用特定的限制酶被消化，再与种特异性的rRNA探针杂交，进行前面所述的Southern印迹（图6.2）。检测到的片段图谱被称为核糖体分型。由于这些基因是高度保守的，病原体可以用标记的16S rRNA和23S rRNA探针鉴定。这些标记可用于任何已知序列的细菌。核糖体分型目前已被广泛用于病原体鉴定，包括食源性病原体，如空肠弯曲菌和沙门菌等。

　　该分析方法耗时、费力。与其他分型方法相比，该法识别能力差。目前已有自动化核糖体分型系统问世，具有较好的重复性，并且能够对所有的生物体进行分型，使标准化分型更容易。然而，每个样品的成本是很高的，这种实验室的操作程序可能需要结合另外的分型方法。

⊙ 脉冲场凝胶电泳（PFGE）

　　REA方法的一个主要局限性是产生的片段图谱很复杂，难以进行分析。PFGE技术分析可以克服这个局限性。它用稀有的限制性内切酶降解细菌染色体，将之切割成少量的DNA大片段，再用专门的脉冲场电泳设备分离这些DNA片段，进行检测。PFGE技术被视为细菌分子分型的金标准（图6.8）。为了防止机械剪切DNA，先将拟分型的细菌细胞嵌入到琼脂糖胶塞中。然后在琼脂糖胶塞中将细菌细胞壁溶解，再降解细胞内蛋白，然后纯化染色体DNA。通过洗涤，清除细胞碎片，然后琼脂糖胶塞中的染色体DNA可以进行酶解。取琼脂糖胶塞薄切片，在最佳温度和合适的缓冲液下，加入一种不常见的限制性内切酶（如沙门菌XbaⅠ）进行酶切。酶解染色体DNA通过脉冲场电泳，按照降解的DNA片段大小，分离成一些DNA片段（1万～90万个碱基对）（图6.8）。这种方法使DNA片段可以根据电场的方向改变自身的泳动方向，而大的DNA片段的泳动方向的调

整速度比小的DNA片段慢，从而将不同大小的DNA片段分离出来。降解的DNA片段大小和图谱主要取决于细菌种类及使用的限制性内切酶。一些稀有的限制性内切酶和细菌分型见表6.3。

表6.3　基于PFGE分型方法的细菌和普遍使用的稀有的限制性内切酶

细菌	稀有的限制性内切酶
空肠弯曲菌	Sma Ⅰ；Kpn Ⅰ
肉毒梭菌	Sac Ⅱ
大肠杆菌O157∶H7	Xba Ⅰ；Bln Ⅰ
产单核细胞李氏杆菌	Asc Ⅰ；Apa Ⅰ
弧菌	Not Ⅰ；Sfi Ⅰ
沙门菌	Xba Ⅰ；Bln Ⅰ
金黄色葡萄球菌	Sma Ⅰ

　　PFGE是一种灵敏的分型技术。从20世纪80年代中期开始，已被成功地应用于一些细菌的分型，以及确定与病例有关菌株和无关菌株的遗传关系。由于这种方法操作相对比较简单，因此经过标准化的技术细节可以在国内外不同的实验室之间进行比较。PulseNet（www.cdc.gov/ PulseNet）是一个标准化的、基于PFGE操作的全球性分型网络的例子，用于跟踪各个国家和各大洲食源性致病菌。前面所述的PFGE图谱，即DNA片段的凝胶成像图谱，可以被数字化并转换成一个TIFF文件（所有这些步骤都可以在24小时内完成）。然后将这些TIFF文件导出，用一个专用的软件程序进行PFGE技术分析，同时在一个不断扩大的DNA指纹图谱数据库中与其他类似的图谱进行比较。由于该系统是在严格标准化的条件下操作，所以这些文件可以在世界不同地区的实验室之间进行交换。这种方法经常被用来跟踪与疾病暴发相关的食源性细菌的传播。

　　虽然PFGE方法容易操作，但仍有许多限制。包括需要昂贵的专业性设备。同时这种方法也是劳动密集型的，还不能实现自动化。

⊙ 基于PCR的分型方法

　　基于PCR分型的方法有多种。一般来说，这些方法操作起来很简单，适用于任何基因组。其中一些方法见表6.2。下面简述常用的四种方法。

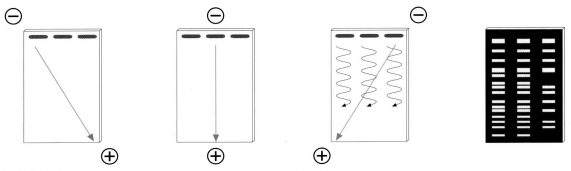

都柏林沙门菌CT-02021853基因组序列定位Xba I的[T'CTAG'A]酶切位点的计算分析

断裂位置	序列长度	序列长度（排序）	脉冲场凝胶电泳 （bp：碱基对）
5097	5099	726639	
105107	100010	652995	
592107	487000	487000	727500 bp
1001919	409812	409812	
1243266	241347	326283	
1535455	292189	296410	485500 bp
1650799	115344	292189	
1977082	326283	246771	388000 bp
2223853	246771	241347	
2301855	78002	191993	
2303058	1203	179839	291000 bp
2956053	652995	167143	
2962569	6516	144688	194000 bp
2983561	20992	115344	
3150704	167143	110443	
3295392	144688	100010	
3475231	179839	78002	97000 bp
3771641	296410	42190	
3963634	191993	20992	
4074077	110443	6516	48500 bp
4116267	42190	5099	
4842906	726639	1203	

图6.8　都柏林血清型沙门菌的基因组脉冲场凝胶电泳分析（PFGE）分析示意图

在进行PFGE之前，在http://insilico.ehs.es网站上用计算机程序确定所有Xba I位点的位置。提取都柏林血清型沙门菌的DNA，并嵌入到防止高分子量DNA分子机械断裂的琼脂糖胶塞中。所有的前期准备步骤都是在琼脂糖胶塞中进行的。将XbaI加到纯化的DNA片段上，利用脉冲电场解析产生的片段图谱。脉冲电场通过改变电流方向，导致DNA片段泳动方向改变。DNA大片段的改变速度慢于小片段的改变速度，因此促进了较大的DNA片段（>2万个碱基对）的分离。根据脉冲凝胶结果，3个分离株中就会有一个的图谱不同于其他的分离菌。这种图谱有时称为脉冲型图谱。如图所示，3个不同的都柏林沙门菌分离株用Xba I进行酶切，其中一个脉冲型编号为CT-02021853。

◉ 随机扩增多态性DNA（RAPD）技术

随机扩增多态性DNA技术也称为随机引物PCR法（AP-PCR）。这种方法无需预先知道被研究生物体的DNA序列。它用一条短的随机引物（10碱基），在一个较低的退火温度下，通过PCR反应产生一个DNA指纹。这是一种相对简单快速的程序，可以产生高区分度的DNA指纹。然而这种方法目前缺乏重复性，使其很难在实验室内标准化。由于这个原因，这项技术未被广泛接受。

◉ 限制性片段长度多态性聚合酶链式反应（PCR-RFLP）分析

PCR-RFLP可以用于分析表现出高度多态性的目的基因，因此可以被用来区分不同的细菌分离株。以空肠弯曲菌flaA分子分型为例，其目的基因为鞭毛蛋白亚单位A编码基因（*flaA*）。首先PCR扩增这个基因（Corcoran 等，2006），再用合适的限制性核酸内切酶（如HinfI）对扩增产物进行酶切，产生RFLP图谱。通过RFLP图谱比较来自同种细菌的不同分离株。其他可用的目的基因包括16S rRNA、23S rRNA以及16S rRNA和23S rRNA之间的基因、大肠杆菌O157的*fliC*基因、金黄色葡萄球菌凝固酶基因*coa*。

PCR-RFLP主要针对一个基因进行多态性分析，从而排除细菌基因组中的其他基因，因此区分能力有限。此外，这种方法只适合在一个特定设置的时间内进行流行病学分析，而不适合在一个全局或者纵向研究中进行流行病学分析。

细菌基因组重复序列PCR技术（REP-PCR）

细菌基因组中包含若干基因的重复序列。如表6.2所示，常见的重复序列包括38个碱基对的基因外重复回文序列（extragenic palindromic sequence，REP）、126个碱基对的肠杆菌基因间重复序列（enterobacterial repetitive intergenic consensus，ERIC）和158个碱基对的BOX重复序列。REP-PCR利用重复序列内的末端保守区域设计引物，可以扩增重复区之间的DNA（图6.9）。在不同种的细菌之间，REP、ERIC和BOX重复的位置和拷贝数都不同，因此可以区分不同种的细菌。

与RAPD不同，REP-PCR需要在高严谨的退火温度下进行。此特点增加了对程序进行标准化的可能性。自动化的无凝胶REP-PCR分析已经应用于沙门菌。在这个例子中，使用一个芯片来代替琼脂糖凝胶电泳解析REP-PCR后的扩增子，然后利用相关软件将DNA信息转换为像前面一样的数字化格式，将之输入菌株数据库，通过数据库可以比较标准化反应条件下产生的各种图谱。

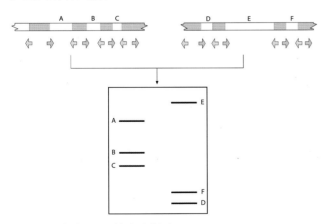

图6.9 重复序列PCR技术示意图
阴影部分表示两个不同细菌菌株染色体DNA中外重复回文序列（REP）。用两个特异的REP引物（箭头所指示）对纯化的DNA进行扩增。每个菌株可扩增出多条片段。

扩增片段长度多态性（AFLP）

扩增片段长度多态性（amplification fragment length polymorphism，AFLP）最初应用于植物遗传学，目前已用于细菌。该方法不需要知道目标细菌基因组的序列。首先，使用一种或多种限制性核酸内切酶切开细菌基因组DNA，用限制酶产生的黏性末端与合成的已知序列寡核苷酸接头相结合，再用与寡核苷酸接头匹配的特异性引物，扩增与接头结合的DNA片段。随后，通过常规的琼脂糖凝胶核酸电泳，制作这种扩增的DNA片段图谱（40～200个片段，大小范围为50～100个碱基对）。新近，接头引物可以进行荧光标记，这些荧光标记随后整合到扩增的DNA序列中，然后用DNA自动测序仪进行检测，可以增加AFLP的分辨率和检测速度，这项改进的技术被称为荧光AFLP。如前所述，AFLP产生的DNA片段图谱按照上述方法进行管理，也可以用于菌株的比较。

多位点序列分析（MLST）

随着DNA自动测序技术的发展与成本的下降，基于DNA测序的细菌分型方法已经应运而生，它们用于区别同种细菌不同的分离株。多位点序列分析（multilocus sequence typing，MLST）是这类方法的一个实例。它先对染色体DNA进行纯化，然后对7个看家基因的短片段进行扩增、测序和序列比较（图6.10）。这7个基因编码细菌生存所必需的蛋白产物，因此会受到选择的压力。基于发现的序列不同或多态性，每一个单独的序列称为等位基因，并且拥有独特的序列类型（sequence type，ST）号，对每个ST进行编号。被测定的7个基因都有各自的编号，因此每个菌株有一套ST编号。将分离株的序列与各个已知ST序列进行比较，可以推断分离株与各个已知

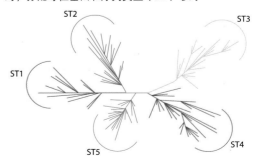

图6.10 多位点序列分型鉴定细菌菌株的示意图
不同颜色显示了不同序列分型的进化分支。

ST之间的亲缘关系，但是不能区别编号完全相同的两个菌株。MLST是一种高灵敏度的方法，可以鉴定一个弯曲菌等细菌属内的不同种。该方法也可以用来区分从同一属中的致病性菌株（如大肠杆菌O157）和非致病性菌株。最近，该方法揭示了金黄色葡萄球菌从人到家禽的适应性进化（Lowder 等，2009），展示了MSLT重要性，也阐明全球化对人和动物重要病原体的影响。

MLST已经应用于多种重要的兽医病原体。该方法很容易标准化，也有详细的操作程序（见www.mlst.net）。例如，用来扩增链球菌看家基因的七对引物，这些序列和完整的每组等位基因都包含在这个数据库中，并且随着新菌株的数据的录入，这个数据库得到定期的更新。

◉ DNA芯片技术

揭示病原微生物与宿主之间的相互作用过程中的复杂细节，对于加深我们对传染病机理的了解，发挥至关重要的作用。借此可以鉴定一些重要病原体的毒力因子，并识别宿主细胞对它们的应答方式。未来，这个领域能够促使新型药物的开发。

本章前面已经介绍了一些早期的核酸杂交技术（图6.1和图6.2），包括鉴定特定DNA片段的Southern印迹技术和特定mRNA分子的Northern印迹技术。这些杂交技术结合DNA测序和RT-PCR方法，可以鉴定和测定在特定环境下微生物基因表达水平。但是，这些技术方法只能够获得有限的信息。与此相反，通过检测细菌细胞中全部上调或下调的基因，可以获得全基因组基因表达的总体变化情况，从而可以确定在不同生长条件下细菌的基因转录情况。同理，将分离的mRNA和特定的细菌性病原体已知基因的DNA芯片杂交，可以鉴定与细菌感染相关的基因。

DNA芯片是以一种固相支持物为基础。固相支持物上连着一系列的基因或化学合成的基因片段，这些基因片段来自于细菌或者其他任何感兴趣的生物体。光蚀刻合成法用于制作二氧化硅芯片。DNA芯片上的探针疏密不同，有的DNA芯片每张可以包含成千上万条DNA探针。比如，目前使用的沙门菌DNA芯片包含4500条单独的DNA片段。

芯片上的基因既可以是PCR获得的完整扩增子（图6.5），也可以是合成的、含有基因部分开放阅读框的寡核苷酸。为了分析某种生物体全部基因的转录情况，芯片必须包括基因组中的所有基因。通常每个基因在芯片上不止出现一次。一旦附着于固相支持物上，微阵列上的DNA片段或者探针会与细菌细胞中的mRNA分子杂交、结合，从而被识别。这些DNA芯片杂交信号代表的是在特定培养条件下细菌细胞中表达的全部基因（图6.11）。

通常，细菌每条mRNA半衰期短，且只在特定的生长条件下产生所需的数量。使用mRNA与DNA芯片杂交时，mRNA必须用RT-PCR扩增且用荧光染料标记（图6.11）。一旦杂交步骤完成，即通过专用的计算机软件扫描DNA芯片并对荧光斑点进行检测。根据得到的荧光信号强度，计算各基因的表达量。根据功能，将上调和下调的基因进行归类。即通过芯片鉴定的在特定条件下的各种基因表达情况，可以用定量PCR进行进一步验证。

DNA芯片可应用于多个方面。它们可以用来识别有氧、无氧等特定生长条件下控制细菌生长的基因。在环境微生物学中，含有16S rRNA序列的DNA微阵列可用于识别在特定环境中存在的细菌和其他微生物。这种DNA芯片被称为种族芯片（phylochip）。利用DNA芯片进行的比较基因组分析，可以识别沙门菌各个血清型特有的基因（Reen 等，2005）。DNA芯片还可以同时识别某一生境中同时存在的细菌、病毒等许多重要的病原体。

◉ 细菌全基因组测序

1995年，人类首次完成了一株细菌（流感嗜血杆菌）的全基因组序列（含180万个碱基对）。随着DNA测序技术以及数据库技术的改进，完成全基因组序列测定的细菌数量也迅速上升。目前，有1 014种细菌的基因组已经录入到网上数据库，还有超过3 500种细菌的全基因组得到不同程度地测定。这些细菌基因组序列信息可以帮助我们了解传染病和微生物的进化。

起初，测定细菌全基因组序列需要建立一个庞大的随机DNA文库（图6.12），然后将这些DNA文库中的DNA片段克隆到合适的载体上，再用上述Sanger DNA测序法对每个DNA克隆进行测序。然后，利用强大的生物信息计算工具，识别各个克隆DNA片段中的重叠序列，利用重叠序列将各个DNA克隆的序列拼接

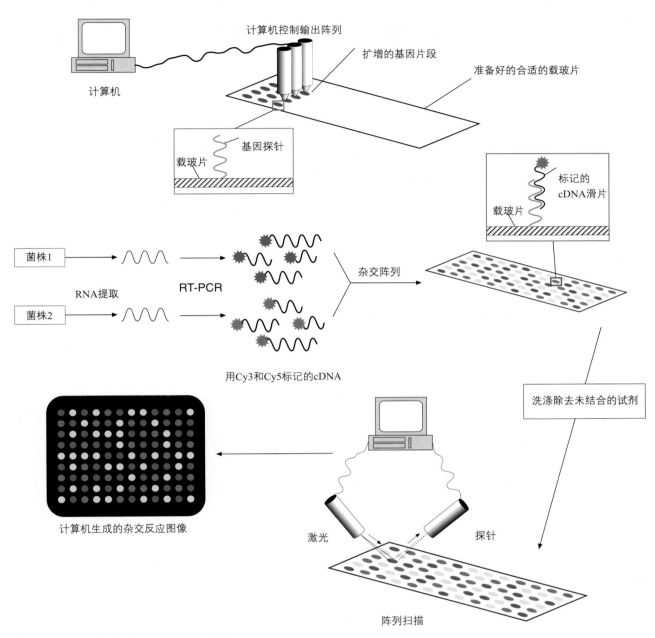

图6.11 DNA芯片分析的关键步骤示意图

DNA芯片的制备包括阵列中基因的选择。选择的基因可以通过PCR或者化学合成扩增，然后固定在玻片的特定位置上。提取两个细菌菌株的RNA，再用RT PCR合成cDNA，将来自每个菌株的cDNA用特异的荧光染料标记。标记好的cDNA与芯片进行杂交。与芯片中探针序列互补的cDNA片段在阵列中与特异性的探针结合。通过扫描芯片上的荧光信号，进行芯片检测。在有两个探针结合的位置上可以检测到两种荧光染料信号。

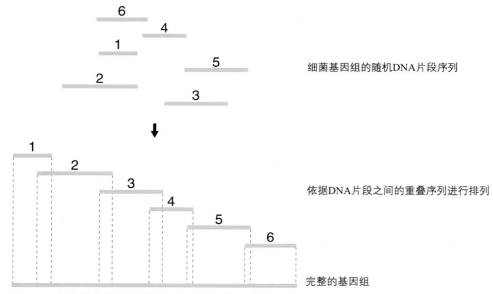

细菌基因组的随机DNA片段序列

依据DNA片段之间的重叠序列进行排列

完整的基因组

图6.12　细菌染色体完整基因组序列的组装和确定示意图

起来，直到确定完整的细菌DNA序列。

　　近年来，在DNA测序和分析技术进步的推动下，诞生了更为先进的核酸测序技术，即新一代测序（next-generation sequencing，NGS）技术。NGS技术极大地提高了测序通量，只需数日就能完成一个细菌基因组的测序工作。这使所有一定规模的实验室都能开展细菌全基因组的测序工作。

◎ **参考文献**

Corcoran, D., Quinn, T., Cotter, L., Whyte, P. and Fanning, S. (2006). Antimicrobial resistance profiling and fla-typing of Irish thermophilic *Campylobacter* spp. of human and poultry origin. Letters in Applied Microbiology, 43, 560–565.

Lowder, B.V., Guinane, C.M., Ben Zakour, N.L., et al. (2009). Recent human-to-poultry host jump, adaptation and pandemic spread of *Staphylococcus aureus*. Proceedings of the National Academy of Science (USA) 106, 19545–19550.

Murphy, M., Carroll, A., Whyte, P., et al. (2007). Development and assessment of a rapid method to detect *Escherichia coli* O26, O111 and O157 in retail minced beef. International Journal of Hygiene and Environmental Health, 210,155–161.

O'Mahony, R., Abbott, Y., Leonard, N.C., et al. (2005). Methicillin-resistant *Staphylococcus aureus* (MRSA) isolated from animals and veterinary personnel in Ireland. Veterinary Microbiology, 190, 285–296.

O'Regan, E., McCabe, E., Burgess, C., et al. (2008). Development of a real-time multiplex detection method for multiple *Salmonella* serotypes in chicken samples. BMC Microbiology, 8, 156.

Reen, F.J., Boyd, E.F., Porwollik, S., et al. (2005). Genomic comparisons of recent *Salmonella enterica* serovar Dublin, Agona, Typhimurium isolates from milk filters and bovine samples from Ireland using a *Salmonella* microarray. Applied and Environmental Microbiology, 71, 1616–1625.

Southern, E.M. (1975). Detection of specific sequences among DNA fragments separated by gel electrophoresis. Journal of Molecular Biology, 98, 503–517.

Strommenger, B., Kehrenberg, C., Kettlitz, C., et al. (2006). Molecular characterization of methicillin-resistant *Staphylococcus aureus* strains from pets and their relationship to human isolates. Journal of Antimicrobial Chemotherapy, 57, 461–465.

Swaminathan, B., Barrett, T.J., Hunter, S.B., Tauxe, R.V. and CDC PulseNet Task Force (2001). PulseNet: the molecular subtyping network for foodborne bacterial disease surveillance, United States. Emerging Infectious Diseases, 7, 382–389.

◉ 进一步阅读

Behravesh, C.B., Mody, R.K., Jungk, J., et al. (2011). 2008 Outbreak of *Salmonella* Saintpaul infections associated with raw produce. New England Journal of Medicine, 364, 918–927.

Carattoli, A. (2009). Resistance plasmid families in *Enterobacteriaceae*. Antimicrobial Agents and Chemotherapy, 53, 2227–2238.

Dijkshoorn, L., Towner, K.J. and Strulens, M. (2003). New Approaches for the Generation and Analysis of Microbial Typing Data. Elsevier, Amsterdam.

Logan, J., Edwards, K. and Saunders, N. (2009). Real-time PCR: Current Technology and Applications. Caister Academic Press, London.

第
一
篇

Section

第二篇

2

细菌学概述

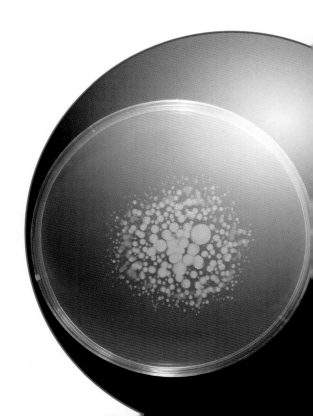

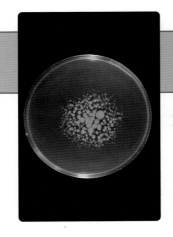

第7章

细菌细胞的结构

一个典型的细菌细胞包括荚膜（capsule）、细胞壁（cell wall）、细胞膜、内含核质的细胞质，以及一些附属结构，如鞭毛（flagella）和菌毛（pili或fimbriae）。某些种类的细菌可以形成抵抗环境影响的芽胞（endospore，spore）。第10章和第13章将详述致病菌的一些结构特点，以及它们在致病性和实验室诊断方面，所具有的重要作用。表7.1和图7.1分别列举和图示了细菌细胞的主要结构组成。

◉ 荚膜

细菌能合成通常被称为糖萼（glycocalyx）的胞外聚合物。这种聚合物在某些细菌中，会构成一个轮廓分明、结构紧密的黏附于细胞壁的荚膜，并在细胞四周呈现为疏松的网状纤维黏液层。大多数荚膜由多糖组成，但部分细菌如炭疽芽胞杆菌则会形成多肽成分的荚膜。光镜下用负染技术可见轮廓分明的荚膜。带有荚膜物质的细菌会在琼脂培养基上形成黏液型菌落。然而，大多数种类细菌的荚膜只有通过电镜或使用荚膜（K）抗原的特异性抗血清才能够观测。荚膜物质的主要功能是保护细菌免受如干燥等不利环境条件的影响。在体内，致病菌的荚膜有利于表面黏附并干扰细胞吞噬作用。

◉ 细胞壁

坚韧、致密的细胞壁可保护细菌免受机械损伤和渗透性裂解。由于细胞壁是非选择性渗透，故仅能排除非常大的分子的渗透。由于不同种类细菌的细胞壁结构和化学组成的不同，导致其致病性和包

表7.1 细菌细胞的结构组成

结构	化学组成	注解
荚膜	通常为多糖，炭疽杆菌为多肽	常与毒力、干扰吞噬作用有关，可延长在环境中的生存
细胞壁	革兰阳性细菌为肽聚糖和磷壁酸，革兰阴性细菌为脂多糖（LPS）、蛋白质、磷脂和肽聚糖	肽聚糖维持菌体的形状，LPS具有内毒素效应，孔蛋白是蛋白质结构，调节小分子通过磷脂层
细胞质膜	磷脂双分子层	选择性渗透膜参与营养、呼吸、排泄和化学感应的主动运输
鞭毛	称为鞭毛蛋白的蛋白质	提供游动能力的丝状结构
菌毛	称为菌毛蛋白的蛋白质	也被称为菌毛。许多革兰阴性细菌均有这种纤细、笔直的线状结构，有黏附菌毛和性菌毛两种类型
染色体	DNA	没有核膜的单环结构
核糖体	RNA和蛋白质	参与蛋白质合成
贮存颗粒或内含体	化学组成多变	存在于某些细菌细胞，可由被称为异染颗粒（volutin或metachromatic granule）的多聚磷酸盐（polyphosphate）、储备能量的聚-β-羟基丁酸酯（poly-beta-hydroxybutyrate）、糖原组成

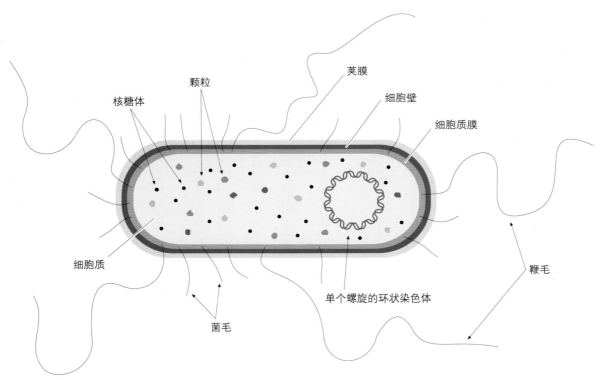

图7.1　细菌细胞的一般结构

括染色特征在内的其他特性的差异。肽聚糖是一种原核细胞特有的多聚物，使细胞壁具有坚韧性。该多聚物是由N-乙酰葡糖胺和N-乙酰胞壁酸通过短的四肽侧链和肽交联桥交叉连接组成。

　　基于革兰染色的颜色，可将细菌分为两大类，即革兰阳性细菌和革兰阴性细菌。这种颜色反应取决于细胞壁的组成成分。革兰阳性细菌染成蓝色，具有相对厚且均一的细胞壁，细胞壁主要由肽聚糖和磷壁酸构成。与此相反，革兰阴性细菌染成红色，具有结构更为复杂的细胞壁，由外膜和肽聚糖含量相对较少的周质间隙组成（图7.2）。革兰染色过程包括初染（结晶紫）、媒染（革氏碘液）、酒精脱色和复染（石炭酸复红）。结晶紫可穿透革兰阳性和革兰阴性细菌的细胞壁，加入碘液后，与初染染料形成复合物，酒精使革兰阳性细菌的肽聚糖脱水，因此革兰阳性细菌比革兰阴性细菌对结晶紫复合物的通透性低，使革兰阳性细菌保留了结晶紫-碘液复合物，而革兰阴性菌中则去除了该复合物。革兰阳性和阴性细菌均可吸收复染染料，但革兰阳性细菌中结晶紫的深紫色掩盖了粉红色，故仅革兰阴性细菌呈现粉红颜色。

　　革兰阴性细菌的外膜是含蛋白质的不对称的脂双层。膜的内表面结构类似于细胞质膜，而外表面由脂多糖（lipopolysaccharide，LPS）分子组成。分子量低的物质如糖和氨基酸通过外膜中被称为孔蛋白（porin）的特殊蛋白通道进入。外膜脂多糖即革兰阴性细菌的内毒素，仅在细菌细胞裂解后释放。LPS分子主要由类脂A、核心多糖和外侧的长的多糖链组成。LPS的多糖侧链可刺激抗体产生，它是革兰阴性细菌血清分型的菌体（O）抗原。类脂A是内毒素的活性成分。正是由于这样的组成，外膜可排斥疏水性分子，造成革兰阴性细菌可耐受能致死大多数革兰阳细菌的部分去污剂。图7.3阐述了革兰阳性细菌和革兰阴性细菌细胞壁中的差异化特征。

　　支原体（mycoplasmas）是一组没有细胞壁的重要细菌。普通的细菌在抗生素如青霉素或其他干扰肽聚糖合成物质的作用下，不能产生细胞壁；这种细菌形态被称为L型。

◉ 细胞膜

　　细菌的细胞膜（又称细胞质膜）是由磷脂和蛋白质组成的柔性结构。它们仅可通过电子显微镜观察，在结构上与真核细胞的细胞膜相似。除支原体外，细菌的细胞膜不含有胆固醇。细菌细胞膜的内、外表面

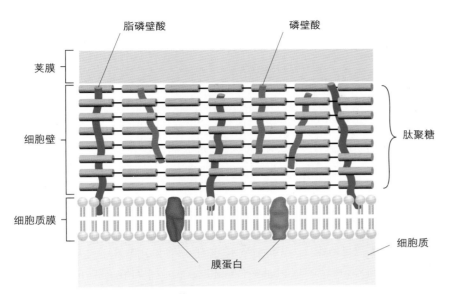

革兰阳性细菌

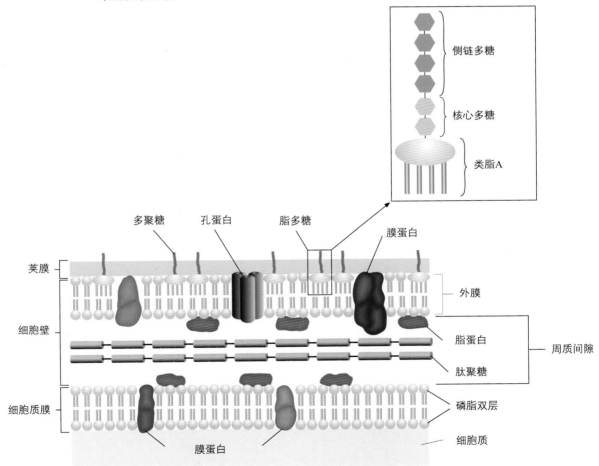

革兰阴性细菌

图7.2　革兰阳性细菌与革兰阴性细菌之间荚膜、细胞壁和细胞膜的比较

在染色、毒力和毒性、抗原性和对抗菌药物的敏感性等方面比较重要的结构均已列出。插图中显示了脂多糖详细的结构特征。

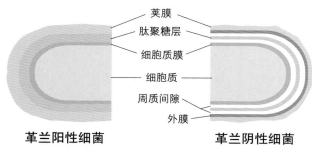

蒌膜
肽聚糖层
细胞质膜
细胞质
周质间隙
外膜

革兰阳性细菌　　　　　　　**革兰阴性细菌**

图7.3　革兰阳性细菌和革兰阴性细菌间细胞壁特征的比较

都是亲水性的，而膜内部是疏水性的，形成对大多数亲水分子的屏障。只有有限的小分子如水、氧气、二氧化碳和一些脂溶性化合物可以通过被动扩散进入细菌细胞。细胞膜的两个主要功能是主动运输营养物质进入细胞和从细胞中排除代谢废物，两个过程均需耗能。渗透酶和其他用于营养物质主动运输的载体分子所需的能量来自三磷酸腺苷（adenosine triphosphate, ATP）。细胞膜也是细菌细胞呼吸的电子转运场所、磷酸化系统所在场所以及相关酶和载体分子的分布场所，这些酶和载体分子在DNA、细胞壁多聚物和膜脂等的合成过程中发挥重要功能。

◉ 细胞质

细胞质是由细胞膜包围的流体，包含核物质、核糖体、营养物、酶类以及参与合成、细胞维持和代谢的其他分子。贮存颗粒可能会在某些环境条件下出现，通常是不利于细菌生长的环境条件。这些颗粒可能由淀粉、糖原、多聚磷酸盐或者其他化合物组成，通常可用特殊的染色方法进行鉴定。

◉ 核糖体

所有的蛋白合成过程都发生在核糖体。这些结构由核糖核蛋白构成，大小可达25纳米。核糖体包括两个亚基，分别为50S大亚基和30S小亚基（50S和30S的"S"全称为Svedberg，是测量沉降速率的单位，其值主要取决于颗粒大小和形状）。核糖体核糖核酸（rRNA）可与多种不同蛋白形成复合物，占细胞总RNA的80%，其他则为少量的转运RNA（tRNA）和信使RNA（mRNA）。核糖体或存在于细胞质，或存在于细胞质膜内表面。在活菌生长和蛋白快速合成时期，个别核糖体结合mRNA形成长链，也就是所谓的多聚核糖体（ploysome）。

◉ 核物质

细菌基因组通常为含有双链DNA的单个环形染色体。然而，伯氏菌（*Burkholderia*）等一些细菌有两条环形染色体，而疏螺旋体（*Borrelia*）等一些细菌含有线性染色体。核物质也含有少量蛋白质和RNA。细菌染色体基因编码细胞所有生命功能。细菌基因组的大小取决于细菌的种类。由于长度的原因，细菌染色体普遍折叠形成致密体，这一结构可在电镜下观察到。当采用针对DNA的富尔根染色（Feulgen staining）时，也可在光镜下观察到核物质。在复制期间，DNA解螺旋，二分裂产生的两个子代细胞各获得一个拷贝的基因组。

质粒（plasmid）是小的环形DNA，与基因组相分离，能自主复制。某一细菌细胞内可能存在多种不同质粒。质粒的拷贝可在二分裂时，或通过接合传递，从细胞传递到细胞（见第9章）。质粒DNA可以编码抗生素耐药性基因和外毒素基因。

◉ 鞭毛

有鞭毛的细菌具有游动性。能够游动的细菌可以移动到合适的微环境以应对物理的或化学的刺激。多种革兰阴性细菌具有鞭毛。尽管球菌中很少出现鞭毛，但某些肠球菌和刚果嗜皮菌也具有鞭毛。鞭毛通常比细菌细胞长几倍，由鞭毛蛋白（flagellin）组成，包含鞭毛丝（flagella filament）、鞭毛钩（flagella hook）和鞭毛基体（flagella basal body）。鞭毛钩连接着鞭毛丝和基体。基体锚定在细胞壁和细胞质膜上。鞭毛插入细菌细胞的位置多变，是某些属或科的特征（图7.4）。

可以用电镜观察鞭毛，也可以经特殊方法处理后用光镜观察，同样也可以使用针对鞭毛抗原的特异性抗体对鞭毛进行血清学检测。细菌的游动性可用悬滴法在新鲜肉汤培养中证实，或是在含有四唑盐的半固体运动培养基中证实。

◉ 菌毛

菌体上细直的毛发样结构称为菌毛，由菌毛素

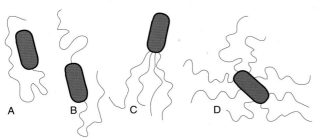

图7.4　细菌鞭毛

A. 单鞭毛（monotrichous flagellum）又称为极性鞭毛（polar flagellum）；
B. 双鞭毛（amphitrichous flagella）；C. 丛鞭毛（lophotrichous flagella）；D. 周生鞭毛（peritrichous flagella）。

蛋白构成，黏附在许多细菌的细胞壁上。每一个细菌细胞上的菌毛数量差别较大。菌毛多见于革兰阴性细菌，功能不尽相同。最常见的功能是通过位于菌毛顶端的黏附素来黏附到宿主组织上。

按装配路径的不同，革兰阴性细菌的菌毛可分为四类（Proft和Baker，2009）：

- 通过分子伴侣（chaperone）引领途径装配的菌毛。这一类菌毛中主要是Ⅰ型菌毛，存在于肠杆菌科和某些其他菌种；同时还包括尿道致病性大肠杆菌的P菌毛。这些菌毛由线型、无分支的菌毛亚单位聚合物形成。它们在黏附时发挥作用，也在生物膜形成中发挥功能。
- Ⅳ型菌毛。这类菌毛发现于多种革兰阴性细菌和包括梭菌属在内的两种革兰阳性细菌。梭菌是引起人类和动物患病重要的病原。Ⅳ型菌毛由长的弹性纤维构成，这些纤维常常聚集成束，发挥黏附素功能，并在生物被膜形成中发挥作用，此外还在转化、噬菌体转导时摄取DNA以及蹭行运动中发挥作用。
- 卷曲菌毛（curli pili）：是卷曲纤维蛋白，由卷曲蛋白或CsgA的重复亚单位构成。主要见于沙门菌和大肠杆菌。与某些其他菌毛类似，卷曲菌毛也被认为在黏附和生物被膜形成中发挥作用，但也在炎症应答中发挥重要作用。
- CS1菌毛家族。这一类菌毛见于产肠毒素大肠杆菌。该菌毛也见于多种革兰阳性细菌，例如棒状杆菌、放线菌、肠球菌和链球菌。

在革兰阳性细菌中鉴定出了两类菌毛：短细棒状的菌毛和很长的弹性菌毛。与革兰阴性细菌一样，这些菌毛的功能是黏附宿主组织。

F菌毛（性菌毛或接合菌毛）是一种独特类型的菌毛，在雄性或革兰阴性细菌供体细胞中发挥作用，主要是作为通道将DNA转移给雌性或受体细胞。该菌毛由Ⅳ型分泌系统构成，涉及菌毛的形成，包含一个将DNA从供体转移到受体细胞的通道。接合将在第9章中详细叙述。

◉ 生物被膜

生物被膜（biofilm）是细菌相互粘连形成的细菌群体，或固着于某种表面形成的细菌群体，或被某种二元共聚物构成的结构包裹的细菌群体。在自然环境下，细菌以浮游和固着两种方式存在；细菌以固着的方式增长时，才能形成生物被膜。细菌吸附于异物或组织表面并形成细胞单层是形成生物被膜的第一步，之后细菌继续繁殖并分泌大量多糖基质、纤维蛋白、脂蛋白等多糖蛋白复合物，构成生物被膜的糖萼基质，使细菌相互粘连、聚集，生物被膜开始成熟。细菌通过生物被膜糖萼基质内开放的水通道吸收营养物质。

细菌的密度感应（quorum sensing）是利用基因表达调节来应对细胞种群密度的波动，所涉及的分子能促进细胞与细胞间的信号传递，这是生物被膜发生所需要的。细菌的密度感应在决定生物被膜厚度时十分重要。一旦达到最大厚度，生物被膜中一些细菌就会脱落，进而在新的区域进行定殖。生物被膜的形成将在第13章详细讨论。

◉ 蛋白分泌系统

细菌需要一定的机制将细菌细胞质中的蛋白穿过细胞膜和细胞壁运送到周围环境和宿主细胞。革兰阳性细菌蛋白可直接分泌。革兰阴性细菌的分泌蛋白需穿过更为复杂的细胞壁，为此，细菌进化出了称之为分泌系统的分泌通路。被运输的蛋白质称为效应蛋白（effector），可调节一系列细胞功能。效应蛋白包括蛋白酶或脂酶等酶类以及发挥细胞毒素或促凋亡作用等的蛋白。目前，在革兰阴性细菌中发现了五种蛋白分泌系统或通路，即Ⅰ～Ⅴ型。这些系统是动物和人类感染某些病原引起疾病的重要致病机制。其中一个例子是鼠伤寒沙门菌的Ⅲ型分泌系统。该系统已研究得比较透彻，呈针状结构，其效应蛋白的一个功能就是促进细胞骨架的重排并摄取细菌进入宿主细胞。

◉ 芽胞

由某些细菌形成的具有高度抵抗力的休眠体称为芽胞,可确保其在不利环境条件下存活。能产生芽胞的致病菌局限于芽胞杆菌属和梭菌属的一些成员。芽胞产生于细菌细胞内,在不同种细菌表现出不同的形状、大小以及位置。由于芽胞壁的耐受性和抗渗性,要使用热处理的特殊染色来显示芽胞。芽胞的抵抗力归因于芽胞的分层结构、脱水的状态、微弱的代谢活动、高水平的酸溶性小蛋白(small acid-soluble protein,SASP)以及高含量的吡啶二羧酸(图7.5)。吡啶二羧酸在活跃的细菌细胞中未曾发现,而在芽胞的核中与大量的钙相结合。

高钙含量或许能解释芽胞在富钙土壤中长时间存活的原因。在低钙土壤或酸性土壤,钙会从芽胞中浸出,进而缩短其存活时间。酸溶性小蛋白结合到芽胞核心的DNA上,使芽胞免受干燥、干热和紫外线辐射的损伤。因芽胞是热稳定的,对它的破坏只能是121℃湿热处理15分钟。

当芽胞再次活化时,其萌发过程可分为三个阶段,即活化、启动和萌发。活化发生在芽胞短暂暴

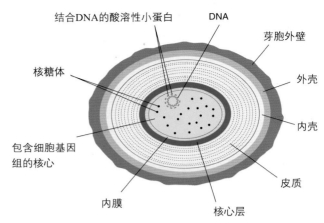

图7.5　成熟细菌芽胞的结构特征

露于热、芽胞壁磨损或是酸性环境等因素刺激下,如果其他环境条件有利,如营养充足,芽胞就能发生萌发。芽胞皮质(spore cortex)和外壳(spore coat)发生降解,水分进入芽胞,吡啶二羧酸钙(calcium dipicolinate)逐步释放,芽胞萌发。芽胞萌发是一个活跃的生物合成过程,直到形成新的活跃的细胞。某些丝状放线菌所产生的芽胞与一般芽胞不同,其功能主要是繁殖而非存活。

◉ 参考文献

Proft, T. and Baker, E.N.（2009）. Pili in Gram-negative and Gram-positive bacteria – structure, assembly and their role in disease. Cellular and Molecular Life Sciences, 66, 613–635.

◉ 进一步阅读材料

Brooks, G.F., Carroll, K.C., Butel, J.S. and Morse, S.A. (2007). Jawetz, Melnick and Adelberg's Medical Microbiology. Twenty- fourth Edition. McGraw-Hill, New York.

Clutterbuck, A.L., Woods, E.J., Knottenbelt, D.C., Clegg, P.D., Cochrane, C.A. and Percival, S.L. (2007). Biofilms and their relevance to veterinary medicine. Veterinary Microbiology, 121, 1–17.

Willey, J.M., Sherwood, L.M. and Woolverton, C.J. (2008). Prescott, Harley, and Klein's Microbiology. Seventh Edition. McGraw-Hill, New York.

Yao, J.D.C. (2005). Conventional laboratory diagnosis of infection. In *Topley and Wilson's Microbiology and Microbial Infections*. Vol. 1, Bacteriology, Eds S.P. Borrellio, P.R. Murray and G. Funke. Tenth Edition. Hodder Arnold, London.

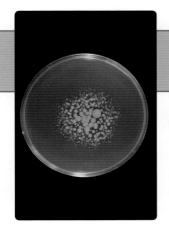

第8章

细菌的培养、保存与灭活

细菌的生长需要适当的条件，如湿度、pH、温度、渗透压、空气以及营养物质。细菌以二等分分裂法繁殖（图8.1）。单个细菌细胞增殖为两个子代细胞所需的时间称为细菌的世代时间，世代时间的长短受遗传和营养的影响。例如，常见的肠道微生物——大肠杆菌，在最佳营养条件下，其世代时间约为20分钟。细菌性病原体的世代时间从30分钟至20小时不等。微生物的长期保存可采用冷冻的方式。热处理或化学品可用于灭活细菌。

积累，细菌的指数生长受到限制并最终停止，从而进入稳定期。在稳定期，细菌数量不再增加，新分裂产生的细菌与死亡的细菌数达到平衡。当细菌群体进入衰亡期后，细菌由老到新逐渐死亡，呈现指数形式，可通过涂片染色观察到这一培养阶段的非正常形态菌体，即细菌的衰老型。若要维持细菌的指数生长，可使用微生物培养恒化器，新鲜的培养基不断进入生长室，代谢废物不断移除，最终维持细菌的指数生长。

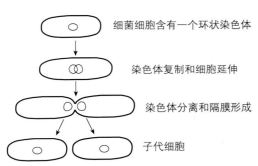

图8.1　细菌以二等分分裂方式复制
生长中的细菌产生两个子细胞所用的时间为世代时间。

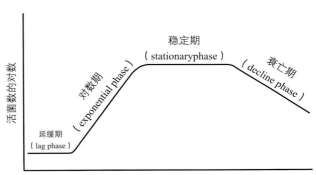

图8.2　液体培养基中细菌的生长曲线

细菌种群的大小可用菌体数量或密度来表示。其中，菌体数量可分别用全部菌体数量或活菌数量表示。表8.1列出了测定细菌细胞数量的标准方法，主要有直接镜检法、菌落计数法、滤膜法和电子计数法。对于疫苗制备和水的细菌学检测等特殊目的，就要求精确的细菌计数。

◉ 细菌的生长

细菌接种到新鲜肉汤培养基后，其生长繁殖可用生长曲线表示，分为迟缓期、对数期、稳定期和衰亡期（图8.2）。迟缓期以细胞活跃的新陈代谢为特征，在这一时期，细菌需要在分裂前积累各种必需的营养物质。细胞的二等分分裂法导致其数量以指数增长。在对数期，活细胞数的对数和培养时间近似为线性关系。因营养的消耗和有毒代谢产物的

◉ 细菌的营养

大部分细菌为化能异养型，需从外界环境获得

表8.1　细菌计数方法

方法	技术	注解
显微镜计数		
直接涂片（菌种法）	取一定数量的菌液，固定后染色，取50个视野镜检	奶中细菌计数的传统方法。缓慢且不可靠，无法区分活菌与死菌
计数室	使用计数室，对固定体积的细菌悬液进行计数	无法区分活菌与死菌
菌落计数		
涂布平板	细菌悬液作10倍倍比稀释，每一稀释度取固定体积，涂布于琼脂平板，孵育24~48小时	取每板30~300个菌落的平板进行计数，悬液中的活菌数可表示为菌落形成单位（colony-forming unit, CFU）/毫升
倾注平皿法（Pour plate）	细菌作10倍连续稀释，每个稀释度用0.1毫升涂布培养皿，再向培养皿中倒入约20毫升融化的琼脂（45~48℃），彻底混匀	用涂布平板技术对菌落进行计数，菌悬液的结果表示为菌落形成单位/毫升
Miles-Misra法	细菌作10倍连续稀释，每个稀释度0.02毫升加到扇形琼脂板中，每个板中作5个稀释度	用涂布平板技术对菌落计数，每个板中取5部分的菌落平均数用于活菌细胞数的计算，表示为菌落形成单位/毫升
滤膜法	通过0.22微米孔径的滤膜，过滤已知体积的液体到琼脂板表面，培养24~48小时	液体的活菌数表示为菌落形成单位/毫升
其他计数方法		
比浊管法	将菌悬液与麦克法兰标准比浊管比对	每毫升中的总细菌细胞数量与标准比浊管的浑浊度相当
最大可能计数法	样品中的微生物数量可采用肉汤连续稀释样品来测算。每一稀释度需准备几个小管，通常为3~10个。根据样品的稀释情况，有些管中微生物生长（变浑浊），有些管中依旧清亮，据此估算原始样品中的微生物数量	每毫升液体中的活菌总数与试管中生长的细菌数相当。本法适用于不能在固体培养基上生长的细菌；也适用于需要选择性富集来进行检测的细菌，如食品或环境样本中的沙门菌
电子计数	电子计数设备如库尔特计数器，在仔细校准后，可快速而精确地给出结果	结果的可靠性依赖于严格的质量控制，本法只提供总细胞数
Real-time PCR法	样品中的细菌数可基于其DNA浓度进行定量。Real-time RT-PCR法可用于全部活细胞的检测	快速是本方法的主要优势。现已有商品化的试剂盒，在很多情况下有望取代传统的计数方法

营养物质，以有机物为能量和碳的来源。小分子物质或被快速代谢利用，或被用于合成大分子物质。用于分离病原菌的培养基可按配方制作，对某些细菌而言，还应添加特定的生长因子。

大部分细菌需要相对较多的碳和氮。通常，蛋白胨是培养基中的主要氮源。肉和其他来源蛋白经消化后产生多肽类物质和氨基酸，二者混合在一起即为蛋白胨。此外，还经常添加其他必需营养物质，如磷酸盐、硫酸盐、钾、镁、钙和铁。磷酸盐是合成核酸和富含高能键的分子的必需物质；含硫氨基酸的合成需要硫酸盐；镁、钾、钙和铁是某些酶的重要辅因子。微量元素以及某些生长因子（如维生素等），也是细菌生长繁殖所必需的。

◉ 影响细菌生长的理化因素

除营养因素外，细菌的生长还受到遗传因素、

理化因素和其他环境因素的影响，要成功培养细菌并长期保存，就必须考虑这些因素。人工培养的细菌，其生长受温度、氢离子浓度、湿度、气体组成和渗透压等的影响。大多数病原菌可在37℃的需氧培养基上生长，这一温度接近正常体温，这类细菌叫做嗜温菌（mesophile）。尽管这些细菌的最适生长温度为37℃，但它们依然可在20~45℃之间生长。相比之下，许多环境细菌可在此温度范围以外生长。最适生长温度在15℃左右的为嗜冷菌（psychrophile），在60℃左右的为嗜热菌（thermophile）（图8.3）。

由于大部分细菌生长的最适pH为中性，因此，标准做法是将培养基缓冲到pH接近7。细菌生长需要水，不同细菌对干燥的敏感性不同。细菌的耐干燥能力由细胞壁成分和周围微环境决定。此外，细胞壁组成与细菌抵抗渗透压改变的能力相关。溶菌酶或抗生素（如青霉素）可诱导改变细胞壁组成，从而导致原生质体的形成。这种球形结构缺乏硬度，

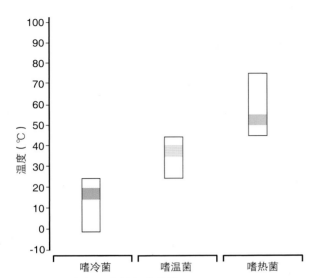

图8.3　基于生长温度的细菌分类
图中有色区域显示了细菌生长的最适温度范围。

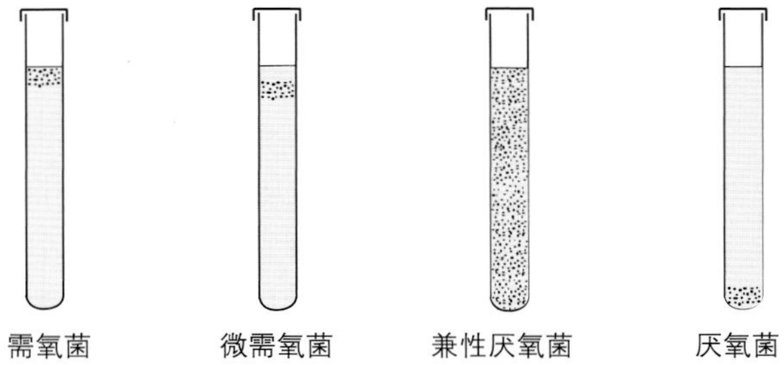

图8.4　细菌在半固体琼脂的不同深度中生长
反映了不同菌种对需氧、微需氧和厌氧条件的偏好性。

对渗透压的改变敏感。在动物体内，无细胞壁的病原菌（L型）可复制繁殖，造成慢性或持续性感染。通常情况下，当细菌细胞处于低渗环境，假定其细胞壁完整，那么这些细菌细胞将维持充盈状态且不被裂解；而在高渗溶液中，细菌细胞会皱缩。

有些细菌，可适应高渗环境，在高浓度盐溶液中也能生长。金黄色葡萄球菌是一种重要的人兽致病菌，可在含7.5%氯化钠的培养液中生长。

根据对氧需求程度的不同，可将细菌分为4种主要类型，分别是需氧菌（aerobe）、厌氧菌（anaerobe）、兼性厌氧菌（facultative anaerobe）和微需氧菌（microaerophile）（图8.4）。此外，第五种类型为嗜二氧化碳菌（capnophile），它们是需要二氧化碳的需氧菌。由于可以利用以氧为最终的电子受体的代谢途径，需氧菌的生长需要氧，故可在空气环境中培养。与之相反，厌氧菌不能在有氧环境中生长，它们可利用发酵途径，以有机物为最终的电子受体。由于缺少超氧化物歧化酶和过氧化氢酶等酶类，专性厌氧菌仅能在有氧环境中短暂存活。兼性厌氧菌在有氧和无氧环境下均能存活。微需氧菌的生长需要较低浓度的氧。

除需氧菌外，细菌的培养都需要特殊的实验室技术。培养严格厌氧菌要在密封罐中，罐中的氧气也需事先抽空。有一种商品化的气体发生袋，在向内注入水后，氢和二氧化碳会释放到罐中。在罐里或发生袋中附有钯催化剂，可加速氢与氧的反应生

成水。此外，二氧化碳的释放也增强了厌氧菌的生长。另一种更为方便的替代系统也已经开发出来，氧气通过与多孔袋中的抗坏血酸反应而被除去（图8.5）。这一系统消除了氢的产生，而仅在罐内释放二氧化碳（Brazier和Hall，1994），更适用于培养严格厌氧菌。厌氧袋可取代罐子，且有许多市售产品，适合小量使用。其他培养厌氧菌的方法还包括使用专门设计的厌氧培养室，尤其是在处理大量样本的时候更加适用。具有较低氧化还原电势的培养基，如硫胶质肉汤和熟肉汤可用于培养；但对常常混有多种菌群的临床样本来说，这些培养基并不适合作

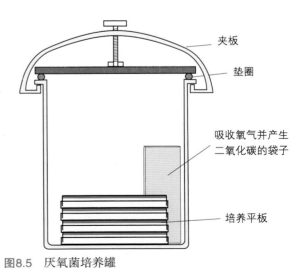

图8.5　厌氧菌培养罐
含抗坏血酸的多孔小袋放入培养罐，密封，氧气被吸收而二氧化碳随之产生。二氧化碳可加强厌氧菌的生长。

为唯一的分离培养基。在肉汤中，兼性厌氧菌的生长快于厌氧菌，从而对鉴定主要致病菌造成困难。

为培养微需氧菌，需降低氧水平。现已有商品化的气体发生袋，可向密封罐中释放高达10%的二氧化碳，此系统同样适用于嗜二氧化碳细菌的培养。

◉ 微生物的保存

为了生产改良活疫苗，同时也为了在教学和研究中储存细菌和真菌的原种，就必须保存这些微生物。保存时，应确保微生物的活性、无污染以及遗传稳定性。继代培养可用于细菌的短期保存，其缺陷主要是菌体的死亡，并存在污染和突变的风险。长期保存采用的方法是冷冻干燥法（冻干法）、超低温液氮保存法（-196℃）和冷冻保存法（-70℃）。若方法得当，这些保存方式可保持微生物的生物活性达30年之久，且不发生突变和污染。但是，由于冷冻会损伤微生物，因此需要采用化学试剂来降低损伤，并确保大多数细菌保持活力。防冻试剂如二甲基亚砜和甘油，可将冷冻对细胞活性的影响降到最低。新鲜的活力强、生长良好的培养物较陈旧培养物所受影响更小。现有用于-70℃的商品化冻存管，管内装1毫升冻存液和20～30个多孔聚丙烯小珠，可避免对所保存菌种的反复冻融。将待保存的细菌单菌落接种至保存管，混合并静置一段时间后，细菌会附着在小珠上，吸去冻存液，冻存管放于冷冻箱中保存。若要复苏菌体，可在无菌条件下快速取出一粒小珠，放于合适的培养基（如血平板）表面来回滚动。当采用冷冻干燥法保存时，细菌易因干燥而受损伤，故需要在真空条件下保存，最终避光保存在密闭的真空安瓿瓶中。

◉ 物理方法灭活微生物

理化方法可用于微生物的灭活或抑制。化学试剂包括抗菌药（见第11章）、消毒剂（参见第94章）和食品防腐剂。灭活细菌或干扰其代谢有多种技术，如升高温度、降低pH、干燥和提高渗透压等。表8.2列出了一些防止食物腐败或限制微生物生长的方法。灭菌技术常用于消除微生物学研究和外科手术时所用设备上的微生物。表8.3列出了设备和液体灭菌时所用的物理方法。灭菌可有效灭活细菌、真菌和病毒。但是，非常规的传染因子如朊病毒，它的灭活就需要更为严格的灭菌程序。当灭活梭菌等细菌芽胞时，需121℃加热15分钟。贴8.1列出了影响热灭菌效果的相关因素。

当微生物种群暴露在高温下，其活菌数量呈指数下降。高压灭菌法中，细菌对湿热的敏感性可用热致死时间（the thermal death time）来表示，即在一定温度下杀死细菌悬液中所有细菌所需要的时间。热致死时间依赖于微生物种群的起始数量。90%递减时间（the decimal reduction time，即D值）指在一定热致死温度下，90%的活菌被杀死所需要的时间(分钟)。D值与温度成反比，且不受起始菌群数量的影响。

△ 贴8.1　影响热灭菌效果的因素

• 温度和持续的时间
• 污染程度
• 存在芽胞或朊病毒
• 待热灭菌的材料的性质和数量

表8.2　预防腐败及限制食物中微生物生长的方法

方法	应用	注释
4℃冷藏	阻止腐败菌和病原菌的生长	病原菌如产单核细胞李氏杆菌、耶尔森菌属及许多真菌可在4℃生长
20℃冷冻	食品的长期保存；微生物增殖受阻	当食品解冻后置于室温，残存的微生物会快速繁殖
100℃煮沸	食物中的活跃的细菌和真菌会失活	有许多芽胞可抵抗持续煮沸
巴氏消毒法，72℃加热15秒	大部分活跃的细菌会失活	热处理后应快速冷却。如果数量较多，有些细菌可能仍会存活
酸化	调低pH以抑制细菌生长	适用于一定范围的食物，如浸泡保存在瓶罐中的蔬菜
提升渗透压	抑制微生物增殖，用于食品保存	添加盐或糖以提升渗透压；适用于一定范围的食物
真空包装	肉和其他易腐食品的包装	去除氧气、阻止需氧菌生长
辐射	灭活腐败微生物和致病菌	有些国家禁止使用该法

表8.3 设备、液体以及污染材料的物理灭菌方法

方法	注释
利用高压蒸汽产生湿热（高压灭菌法），在121℃加热15分钟，或在115℃加热45分钟	用于培养基、实验室物品和外科手术器材的灭菌。不适用于热敏感的塑料及液体灭菌。此方法不会使朊病毒失活
干热灭菌箱内，160℃干热灭菌1～2小时	用于金属、玻璃和其他固体材料的灭菌。不适用于橡胶和塑料的灭菌
在1 000℃焚化	用于被感染的尸体和其他受污染的材料；污染环境是其缺点
烧灼	适用于接种环在本生灯明火中灭菌
γ射线辐照	电离辐射用于实验室一次性塑料制品和外科器材的灭菌。不适用于玻璃和金属器材
紫外灯	非电离辐射，穿透能力较差。在生物安全柜内使用
膜滤法	适用于从对热敏感的液体，如血清和组织培养液中滤除细菌。滤膜孔径大小应在0.22微米及以下

◉ 生物安全柜

人员在操作危险材料时需要适当的保护措施。生物安全柜可保护操作人员免受含病原微生物的气溶胶的感染。不同类型的安全柜可提供不同级别的防护。在较高级别防护时，人员与感染性材料间无直接接触，可通过装有橡胶手套的密闭生物安全柜进行操作。排出生物安全柜的空气经高效空气过滤器（high efficiency particulate air，HEPA）过滤，可捕获包括微生物在内的颗粒物。

◉ 参考文献

Brazier, J.S. and Hall, V. (1994). A simple evaluation of the AnaeroGen™ system for the growth of clinically significant anaerobic bacteria. Letters in Applied Microbiology, 18, 56–58.

◉ 进一步阅读材料

Brooks, G.F., Carroll, K.C., Butel, J.S. and Morse, S.A. (2007). Jawetz, Melnick and Adelberg's Medical Microbiology. Twenty- fourth Edition. McGraw-Hill, New York.

Pelczar, M.J., Chan, E.C.S. and Krieg, N.R. (1993). Microbiology Concepts and Applications. McGraw-Hill, New York.

Quinn, P.J., Carter, M.E., Markey, B.K. and Carter, G.R. (1994). Bacterial pathogens: microscopy, culture and identification. In Clinical Veterinary Microbiology. Mosby Year Book, London. pp. 21–66.

Willey, J.M., Sherwood, L.M. and Woolverton, C.J. (2008). Prescott, Harley, and Klein's Microbiology. Seventh Edition. McGraw-Hill, New York.

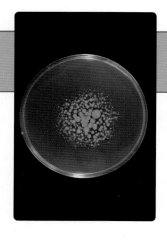

第9章

细菌遗传学、遗传变异机理和基因数据库

细菌的许多遗传信息都保存在细胞质中的单染色体上。细菌基因组的大小是决定细菌特性或表型的一个指征。本章概述了细菌基因的基本特征及其基因表达过程中涉及的生化途径，介绍了基因序列改变所引起的结果，阐述了染色体外的DNA元件及其对细菌独特性状的作用。本章最后还阐述了重组核酸技术以及细菌基因数据库，这些都可应用于治疗等目的。

细菌细胞的特性，诸如兽医领域所关注的耐药性和毒力，是由其基因组所决定的。细菌基因组结构由三种遗传信息构成：染色体、质粒和噬菌体（bacteriophages）。后两种结构可提供额外的遗传信息，并在某些情况下短暂存在。大部分细菌是单倍体细胞，有一条双链DNA组成的环状染色体。大肠杆菌K-12株的染色体为环状双链DNA分子，大小约 4.6×10^6 个碱基，包括157个核糖体RNA（rRNA）和转运RNA（tRNA）等RNA编码基因以及4 126个细菌蛋白质的编码基因。细菌染色体通常编码1 000～4 000个不同基因。每个基因由起始点（也称为起始密码子，由核苷酸ATG组成）、开放阅读框（open reading frame，ORF）和终止密码子（TTA、TAG或TGA）构成。

尽管染色体自由存在于细胞质中，但它通过超螺旋和成环而被压缩。遗传学的中心法则包括通过转录（即信使RNA的生产或称为mRNA合成）使染色体或质粒上的基因表达，最终完成翻译；翻译是将mRNA解码，合成多肽（图9.1）。由于DNA位于细菌细胞质内，故而可同时进行基因的转录和翻译。细菌的基因序列以及通过上述生化途径进行的基因表达使细菌产生了各种表型上的差异。目前，这一研究领域分别形成了细菌的基因组学（genomics）、功能基因组学（functional genomics）或转录组学（transcriptomics）以及蛋白组学（proteomics）。

◉ 细菌DNA的复制

由于细菌为二等分分裂复制，其子代细胞从遗传学角度不易区分。细菌染色体的复制开始于某一特定位点，这一位点被称作复制起点或原点，也叫作ori。其复制速度约为每秒钟1000个核苷酸。在复制期间，每条DNA链上的嘌呤和嘧啶都会精确复制，从而复制出两个新的双链子代DNA分子。每一个分子都是由母体的一条链和新合成的互补链构成，这一过程称为半保留复制。螺旋形DNA分子的两条母链在DNA解旋酶的作用下解旋，每一条都充当了合成互补链的模板。以这种方式，并在DNA合成酶的作用下形成了两个完全相同的螺旋形DNA分子。最后，通过DNA连接酶将新形成的DNA双链连接为环形染色体。

◉ 遗传信息的转录、翻译和表达

转录时，DNA的正向链转录形成mRNA分子。这一过程由DNA依赖的RNA聚合酶介导，其结合在基因的启动子区域，这一区域由两个保守的DNA结合位点构成，分别是−35位启动子序列和−10位启动子序列。两条DNA链部分解螺旋，局部分开，随后进行mRNA合成。转录持续进行，直到RNA聚合酶到达终止信号时停止。在tRNA的参与下，mRNA上的编码信息在核糖体上翻译成蛋白质。每一个tRNA分子含有3个碱基的反密码子，可与mRNA上的密码子互补配对。每一个tRNA分子转运特定的氨基酸到位于核糖体的mRNA上，在酶的作用下，氨基酸聚合形成肽键，并延伸为多肽链。随着两个氨基酸的结合，运输第一个氨基酸的tRNA从核糖体上释放出来。蛋白质链的合成会持续进行直到核糖体遇到mRNA上的终止密码子时方才停止（图9.2）。

◉ 遗传变异机理

　　遗传变异来源于突变或重组，前者如基因核苷酸序列的改变，后者如新的基因引入到基因组中（图9.3和贴9.1）。细胞的基因型（genotype）决定了它的遗传潜能。然而，在确定的环境条件下，仅有一小部分遗传信息得以表达。表型（phenotype）是指细胞核酸表达后呈现的可识别的特征。引发炭疽

△ 贴9.1 在细菌中观察到的突变

- 碱基置换或点突变
  - 沉默突变：编码相同氨基酸
  - 错义突变：编码不同氨基酸
  - 无义突变：编码终止密码子，导致蛋白质被截短
- 碱基对的微插入或微缺失
  - 如移码突变：蛋白质编码序列发生前移或后移一个碱基
- 回复突变
  - 回复突变使核酸序列回归到突变前状态
- 多个碱基对缺失
- 重组时插入导致错误
- 基因组中DNA片段的易位
- 染色体倒置
  - 染色体上DNA片段方向倒转

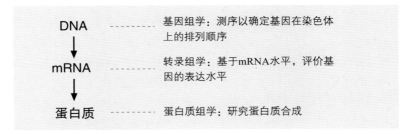

图9.1 遗传学中心法则显示了遗传信息的流动
本图指出了遗传学研究的新领域。

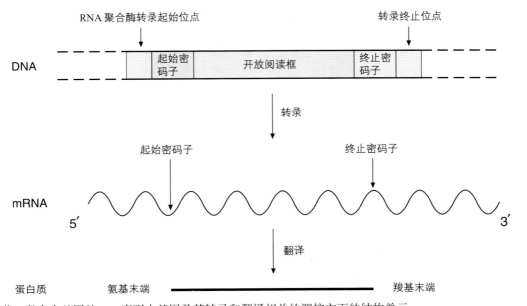

图9.2 细菌一段含有基因的DNA序列中基因及其转录和翻译相关的调控方面的结构单元
包括RNA聚合酶结合位点、基因开放阅读框的翻译起始密码子和终止密码子以及转录终止位点。由细菌DNA正向链转录生成mRNA，然后从mRNA翻译产生含有氨基端和羧基端的蛋白质。

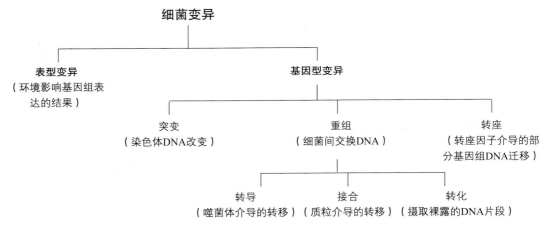

图9.3　细菌变异的基础
通过重组从其他细菌细胞中获取了DNA的细菌被称为重组菌。

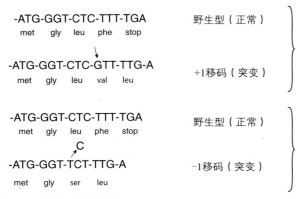

图9.4　移码突变的例子
在基因序列中插入一个碱基（如G），导致+1的移码；缺失一个碱基（如C），导致-1的移码。图中还列出了氨基酸序列改变而引起的多肽片段的改变。

的炭疽杆菌，仅在处于生物体内时才表达荚膜，而在实验室培养条件下生长时则不表达。因此，细菌的基因型及其所处环境都可影响细菌的表型。

■突变

　　细菌基因组中稳定可遗传的改变称为突变（mutation）。带有突变的细菌称为突变体（mutant）。当对原始菌株和突变菌株进行比较时，二者的基因型不同，表型也可能因突变的性质不同而不同。自发突变归因于DNA复制时发生的极少错误，其频率约为每10^6次细胞分裂中有1次出现突变。因为碱基的改变可能导致编码的蛋白质发生氨基酸序列改变，进而可以导致表型发生改变（图9.4）。对生物体而言，突变既可能是有益的，也可能是有害的。在特定环境条件下，相对于原始细菌或野生型细菌，经

过选择的突变可为突变株提供更大的生长优势。在试验条件下，可以通过物理的、化学的或生物的诱变剂，诱导突变。

　　许多感染动物的病毒具有RNA基因组。这些RNA病毒也可发生突变。它们自发突变率约为宿主染色体突变率的1 000倍。校正系统可帮助维持DNA基因组的保真度，而在RNA基因组中却不存在修正突变的校正系统，这导致RNA病毒的突变率更高。

　　突变可分为转换突变（transition mutation）和颠换突变（transversion mutation）。转换突变是一个嘌呤置换另一个嘌呤，或一个嘧啶置换另一个嘧啶。颠换突变是嘧啶与嘌呤之间相互置换。发生于细菌的突变类型列于贴9.1。涉及一个碱基对或有限数量碱基对的点突变，不会导致表型的改变。与此相反，多个碱基对的缺失或插入可导致蛋白质功能的丧失。影响蛋白质合成的许多突变都会影响细菌的活性。

　　接触化学诱变剂、暴露于紫外辐照或通过其他方法，都可能导致DNA损伤。通常，DNA的损伤类型包括DNA中单一碱基的损伤、单链损伤（这类损伤的修复在互补链指导下，重新合成新链，从而去除相应的损伤）以及更加严重的双链断裂。细胞中有不同的机理来修复不同类型的DNA损伤。对单个碱基或单链的损伤进行的修复几乎是无差错的，而对双链断裂的修复则可能需要应用易错修复机制（error-prone mechanism）。易错修复机制的一个例子就是SOS系统（SOS system），其作用过程中可使DNA发生突变。一旦损伤被修复，SOS系统便被抑

制，相应的DNA突变也就停止。

■ 遗传重组

当两个独立来源的DNA序列整合到一起时，即发生遗传重组。由于接受了其他细菌的遗传物质，遗传重组可诱导产生不可预料的可遗传的性状改变。细菌的遗传重组可分为接合（conjugation）、转导（transduction）或转化（transformation）等方式。

接合

接合过程中遗传物质的转移是一个复杂的过程。这一过程在大肠杆菌中已进行了广泛研究。研究表明，参与这一过程的两株大肠杆菌，分别是F^+（雄性）菌和F^-（雌性）菌。F^+菌是DNA的供体，F^-菌为受体。F^+菌将F^-菌所没有的致育质粒（fertility plasmid，即F质粒）转移给F^-菌。F质粒是一环形双链DNA分子，大小为9.92万个碱基对。该质粒包含质粒复制所需的基因和转移基因，其与接合配对的形成有关。此外，还有几个插入序列元件。在接合过程中，F^+菌合成一种修饰过的菌毛，即F菌毛或称为性菌毛。性菌毛能黏附在F^-菌上（图9.5），遗传物质通过F菌毛发生转移。F质粒DNA的一条链解旋，递送给受体F菌，并随后在受体F菌内合成互补链。一旦形成新的F质粒，受体F^-菌也就转变为F^+菌了。

由于接合的复杂性，接合质粒相对较大，至少含有3万个碱基对。接合时，质粒DNA是被转移的遗传物质。然而，染色体DNA有时也能被转移，尤其是在F质粒整合到细菌基因组中时。通过插入序列元件，F质粒整合到细菌染色体上的特定位点，这一过程称为同源重组。细菌染色体特定位点上整合了F质粒后，细菌变为高频重组（high frequency recombination，Hfr）菌株。这些整合位点是细菌染色体DNA和质粒DNA的同源区域。Hfr菌株接合时，靠近F因子复制起点的基因首先转移。全染色体被转移的可能性也是存在的，但这种可能性很小，因为转移全部的染色体要花费100分钟，通常在完成前就被中断。被转移的DNA链常常发生断裂，导致只有部分染色体被转移到了受体菌中。发生转移的部分片段只有与受体菌染色体发生重组，才能保证该片段在受体菌内稳定存在。这一过程可使受体菌细胞获得新的表型。尽管Hfr菌株能够高频转移，但受体菌却没有变为F+或Hfr菌，这是因为无法实现共整合质粒完整的转移。

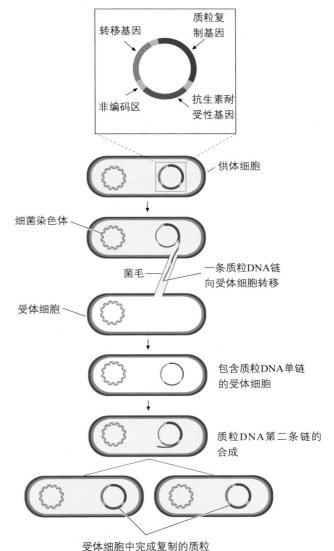

图9.5 典型的耐受性质粒（R质粒）的遗传图谱，包含抗生素耐受性基因、转移基因和质粒复制所需的基因

此图描述了来源于供体细菌的R质粒转移到敏感受体菌的步骤。这一过程称为接合，涉及细胞之间经性菌毛直接接触。质粒的单链通过菌毛进入受体细胞，随后完成第二条链的复制。这一过程引起了细菌的变异，使之包含了一个R质粒拷贝。

尽管革兰阴性细菌发生接合的频率较高，但革兰阳性细菌同样也能发生。革兰阳性细菌不形成性菌毛，当细菌紧密接触时，质粒DNA可穿过细胞壁而直接转移。通过接合进行的质粒转移具有重要的生态学意义，尤其是对编码抗生素耐受性的基因而言。当一个含抗生素耐受性基因的质粒存在于细菌细胞时，在适当条件下，可使整个群体中细菌转化为同样含有相似质粒的细菌细胞（图9.5）。基于这一机制，抗生素耐药菌可通过不适当的药物治疗而被选择出来。质粒转移也能自然发生于动物的胃肠道，引起共生菌的表型改变。

转导

来源于原始细菌染色体或质粒的DNA，可被整合到噬菌体核酸中，并随着子代噬菌体转移到易感受体菌，该过程称为转导（transduction）。作为载体，噬菌体在裂解循环中可转移来自宿主细菌基因组任何部分的DNA。对于温和噬菌体，当裂解循环被诱导后，转导的只是那些邻近前噬菌体（prophage）的细菌基因。在裂解循环中发生的转导称为普遍性转导（generalized transduction）。对于细菌某一种性状或遗传标记，普遍性转导发生的频率较低，每 $10^6 \sim 10^8$ 个感染的细胞约发生一次。当前噬菌体在诱变剂作用下，被诱导进行裂解循环时，可发生特殊化转导（specialized transduction）。这类转导发生时，细菌的一些基因被复制到所有子代噬菌体，从而导致这些细菌基因被转移到许多其他的细菌细胞中。当裂解发生时，细菌的少数基因会因为前噬菌体的插入而被切断，而有些噬菌体基因仍整合在细菌染色体上。在这些情况下，子代噬菌体会因为某些噬菌体的基因的缺失而有缺陷。

转化

转化过程涉及游离的或裸露的DNA从裂解的供体菌转移到感受态的受体菌内，这些DNA含有染色体或质粒DNA片段上的基因。自然转化罕有发生，仅见于几个属的细菌。转化发生于特定的细菌细胞，这些细胞被称为"感受态"细胞（competent cell）。感受态细胞可结合裸露的DNA，然后裸露的DNA被转移进入细胞内。特定的蛋白结合到DNA上，可保护其免受细胞内核酸酶的作用；随后，DNA整合到细菌基因组中。

实验室条件下，某些细菌细胞可通过化学的或电的方法诱导发生转化。该方法通常用于诱导重组DNA分子进入细菌内。

◉ 可移动遗传元件举例

■质粒

尽管大部分细菌的染色体上携带了其生存所必需的所有基因，但仍有许多细菌含有质粒等小的额外的遗传元件。质粒存在于细胞质内，可独立于宿主染色体进行复制。革兰阳性细菌和革兰阴性细菌都有多种质粒。这些质粒大部分为闭合环状双链DNA分子（图9.5），但也存在着一些线性质粒。质粒含有1 000～100万或以上个碱基对。质粒所携带的基因可赋予宿主细菌各种各样的特性。尽管这些特性并非细菌正常生存所必需，但仍能在特定条件下为细菌提供选择优势。例如，接合和转移遗传信息的能力、产生对抗生素的耐受性以及产生抑制其他细菌功能的细菌素（bacteriocin）的能力（表9.1）。所有的质粒都携带有维持其稳定性的基因。在某些致病细菌中，质粒含有毒力基因和抗生素抗性基因。

迄今，已发现数以千计的质粒。这些质粒在大小、遗传信息以及不相容性等方面存在差异。可在同一宿主菌内共存的质粒具有相容性；不能共存的质粒则具有不相容性（incompatibility，Inc）。在肠杆菌中已鉴定出数个不同的不相容性组群。属于同一个不相容性组群的质粒，不能在同一宿主细菌内共存，而属于不同组群的质粒则可共存于同一细菌。不相容性分型方法也应用于葡萄球菌和假单胞菌等细菌的质粒分型。非伤寒沙门菌的IncFI不相容质粒（编码氨苄耐受性、氨基糖苷类抗生素耐受性、氯霉素耐受性、磺胺类抗生素耐受性以及四环素耐受性）和IncH质粒与抗性基因簇的产生相关。细菌内质粒的稳定共存，为质粒基因发生重配提供了机会，导致新的抗性结构产生。

质粒的拷贝数可变，有些为高拷贝。质粒可利用宿主细胞的酶进行复制，有些质粒可在少数种类细菌中复制并稳定存在。与此相反，属于IncP和IncQ不相

表9.1　由明确的遗传元件编码的病原菌的毒力因子

病原菌	毒力因子	遗传元件
炭疽杆菌	毒素、荚膜	质粒
肉毒梭菌C、D和E型	神经毒素	噬菌体
大肠杆菌	类志贺毒素	噬菌体
	黏附因子，肠毒素	质粒
	热稳定毒素，铁载体产物	转座子
都柏林沙门菌	血清耐受性因子	质粒
金黄色葡萄球菌	肠毒素（A、D、E），中毒性休克综合征因子-1	噬菌体
	凝固酶，去角质毒素，肠毒素	质粒
鼠疫耶尔森菌	溶纤维蛋白酶，凝固酶	质粒

容性组群的质粒具有泛宿主特性，可存在于许多宿主菌内。大多数质粒的复制与宿主菌的复制不直接相关。

质粒在子代细菌间的分布是随机的。细菌细胞质内的质粒不只在复制时发生转移，也可在上述的接合或转化过程中发生转移。

有些质粒具有广泛的宿主范围，且具有接合能力，可造成广泛传播，其中一个实例就是菌株间抗生素耐受性的传播。在兽医领域，出现了对一种或多种抗生素耐药的菌株。这与滥用抗生素以促进动物生长和治疗动物传染病相关。更为重要的是，在某些情况，可能会影响人类健康，因为耐药的人畜共患病原菌，如沙门菌和弯曲菌，会通过食物链传播给人。

■ 噬菌体

感染细菌的病毒称为噬菌体（图9.6）。噬菌体具有高度的形态多样性。有些呈螺旋对称的丝状，有些呈二十面体，有些具五边形头部并带有不同长度的尾部。图9.7显示了噬菌体的结构特征。根据其复制方式的不同，噬菌体可分为烈性噬菌体（virulent phage）和温和噬菌体（temperate phage）（图9.8）。大部分噬菌体仅侵染少数相关菌株，因此具有狭窄

且特异的宿主范围。细菌内烈性噬菌体经历裂解循环，以子代噬菌体的产生和宿主细胞的裂解而告终。温和噬菌体或前噬菌体通常处于休眠状态，整合在细菌基因组中，但也能像质粒一样以环状DNA的形式存在于细胞质中。前噬菌体也能表达某些基因，从而给予宿主细胞额外的特性。在试验条件下如暴露于紫外线或其他诱变剂温和噬菌体也可进入裂解循环，但在自然情况下罕有发生。细菌细胞里的前噬菌体或许可以改变细菌的表型特征，这一现象称为溶源转换（lysogenic conversion）。某些类型的肉毒梭菌（Clostridium botulinum）的神经毒素的产生与宿主细胞的溶源转换有关（表9.1）。

噬菌体基因组由单链或双链DNA组成，也可由RNA组成。噬菌体的复制在很多方面与动物病毒的复制相似（图9.9）。但是，在噬菌体核酸侵入细胞质后，噬菌体的蛋白衣壳常常保留在细菌细胞外。噬菌体的宿主特异性与噬菌体上的吸附结构和细菌上的特异受体位点之间的化学亲和力有关。温和噬菌体进入细胞后，其编码的阻遏蛋白开始合成，这一阻遏物封闭了病毒粒子蛋白的产生。温和噬菌体的DNA通常在特异性整合位点处整合到宿主基因组中，

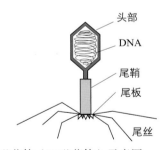

图9.6　DNA噬菌体（T2噬菌体）示意图

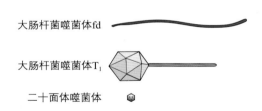

图9.7　噬菌体的形态学
大多数噬菌体含双链DNA，但有些为单链DNA、双链RNA或单链RNA。

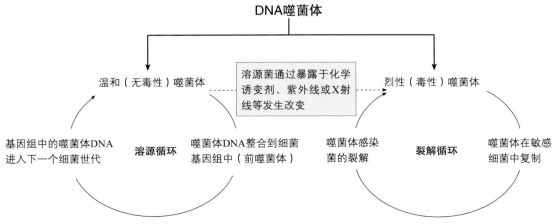

图9.8　噬菌体溶源循环、裂解循环以及溶源循环转换为裂解循环的示意图

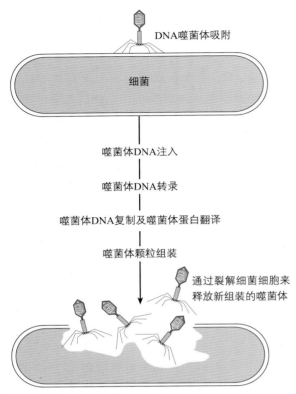

图9.9　双链DNA噬菌体的复制

噬菌体吸附于宿主细胞的特定受体，随后向细菌内注入噬菌体DNA。成熟的噬菌体从裂解的宿主细胞中释放。

并在细菌二分裂时传递给子代细菌。

■插入序列和转座子

转座子（transposon）作为遗传元件，能从一个

复制子（replicon）（染色体、质粒或噬菌体）移动到另一个复制子。这一过程称为转座（transposition）。转座子编码其位置移动所必需的基因，但并不具有复制起点，仅在它们所插入的宿主复制子复制时才发生复制（图9.10）。在一个世代中，转座所发生的频率从每10^3个转座子中发生1次，到每10^7个转座子中发生1次不等。转座的机理与经典的重组不同，转座时，转座子与它所插入的复制子之间几乎没有序列同源性。转座可描述为一种特殊类型的重组，转座子上独特的DNA序列被转座酶（transposase）所识别。一个简单的转座子是一段插入序列（insertion sequence，IS）元件，包含一个转座酶编码基因，该基因是转座子插入到新位点所必需的。这个基因约有1 000个碱基对，它的两侧是正向或反向重复序列（图9.10a）。已知的数个IS元件在核苷酸数量上有区别。许多细菌拥有多个插入其基因组不同位点的IS拷贝。

有些转座子包含编码抗生素耐受性基因，如图9.10b所示Tn5转座子中的卡那霉素耐受性基因。耐受性基因两侧为两个IS50元件，分别是IS50L和IS50R。IS50L是有缺陷的。其他转座子同样也包含抗生素耐受性基因，如Tn3转座子，其编码β-内酰胺酶基因以及其他的转座酶基因（*tnpA*和*tnpR*），如图9.10c所示，这些基因是催化插入以及随后解离所必需的。另外一个重要的复合转座子的例子是Tn1546，其含有对万古霉素、替考拉宁以及先前使用的生长促进剂阿

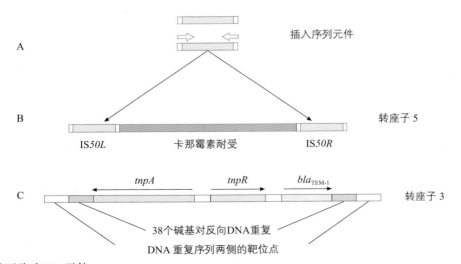

图9.10　图解三种可移动DNA元件

A. 插入序列（IS）元件，黄条表示转座酶编码基因，两边白条表示重复序列（上游为正向，下游为反向，如图示箭头）。B. 转座子5（transposon 5，Tn5）示意图，中心为卡那霉素耐受性基因，两侧分别为IS元件IS50L和IS50R。C. 转座子3（transposon 3，Tn3），包含一个*bla*TEM-1编码基因，连同一起的还有*tnpA*转座酶基因和*tnpR*解离酶基因。

伏霉素等糖肽类抗生素具有耐受性的基因。

如果转座子插入细菌存活所必需的基因中，会导致细菌死亡。

■整合子和基因盒

整合子（integron）来源于转座子Tn21（图9.11），这类元件可通过整合子编码的整合酶（integrase）捕获抗生素耐受性基因。整合酶是细菌整合酶超家族的一员，能够催化位点特异性重组。这些整合子在近端拥有一个保守结构（conserved structure，CS），即5′-CS，该保守结构包含整合酶基因（*int1*）、重组位点（*att1*）以及一个启动子（P_{ant}）。同时，整合子的远端（3′-CS）也同样保守，包含一个*qacEΔ1*基因，赋予整合子对消毒剂季铵化合物的耐受性；还包含有*sul1*基因，决定了对磺胺类药物的耐受性。这些CS保守结构区位于发生基因盒重组的可变中心位点的两侧。基因盒（gene cassette）含有一个或多个开放阅读框，编码抗生素耐受性基因；整合子基因盒3′端含有一段59个碱基的识别序列。

整合子能捕获多种编码抗生素耐受性的基因，如抗氨基糖苷类抗生素、β-内酰胺酶、氯霉素、红霉素、利福平以及甲氧苄氨嘧啶等抗生素的耐受性基因，因而有助于耐受性转移，以应对环境选择压力。现已鉴定出超过60种不同的基因盒，有些整合子可捕获多个基因盒，这些基因盒呈经典的"从头至尾"方向排列。由于这些耐受性决定因素位于一个强力的上游启动子控制下（启动子位于*int1*基因3′端），所有重组基因盒会共表达。因此，使用特定抗生素所产生的选择压力可对邻近基因盒的其他耐受性决定因素造成共选择。此外，含有整合子的细菌在暴露于亚抑制水平的杀菌剂时，可对耐药性进行共选择。

◉ 实验室里的细菌遗传工程

天然生物编码的有用的遗传特征的基因可在实验室内克隆到宿主细菌体内，进行表达，这一过程被称为遗传工程（genetic engineering）。这些基因可插入到质粒中构成重组质粒。重组质粒随后被引入细菌细胞（通常采用转化的方法）并进行扩增。携带有目的基因的DNA片段可通过两种方法获得，一种是采用合适的限制性核酸内切酶剪切供体DNA，另一种是通过PCR方法直接扩增（见第6章）。限制酶不对称地剪切核酸，其DNA产物带有黏性末端。若受体质粒也采用相同的限制酶进行剪切，那么，供

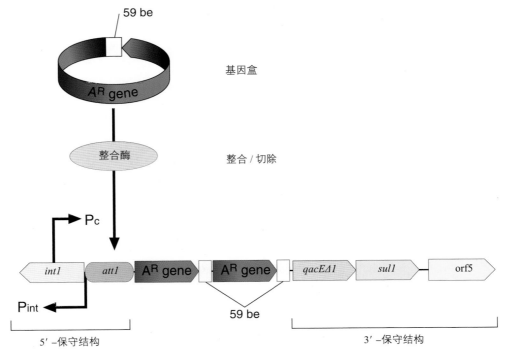

图9.11　典型的Ⅰ类整合子结构

5′-端保守结构（conserved structure，CS）含有*int1*编码的整合酶基因，以及*att1*位点特异性重组位点，3′-保守结构含有*qacEΔ1*基因和*sul1*基因。位于保守区域之间的是基因盒区。在这一区域，有两个编码耐受性基因的ORFs，称为A^R基因，随同一起的还有相关的重组元件59be（59 base elements），该元件是在*att1*位点进行重组所必需的。个别基因盒经*int1*催化，发生位点特异性重组。

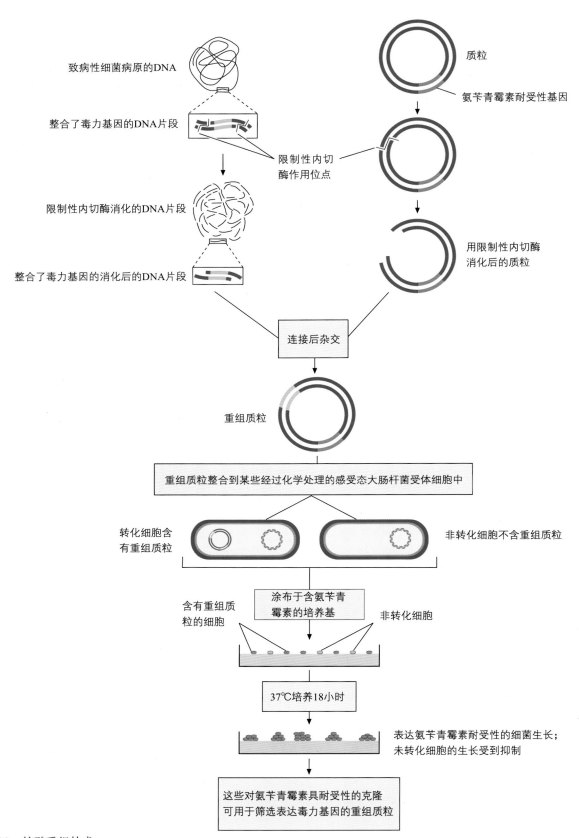

致病性细菌病原的DNA

整合了毒力基因的DNA片段

限制性内切
酶作用位点

质粒

氨苄青霉素耐受性基因

限制性内切酶消化的DNA片段

整合了毒力基因的消化后的DNA片段

用限制性内切酶
消化后的质粒

连接后杂交

重组质粒

重组质粒整合到某些经过化学处理的感受态大肠杆菌受体细胞中

转化细胞含
有重组质粒

非转化细胞不含重组质粒

含有重组质
粒的细胞

涂布于含氨苄青
霉素的培养基

非转化细胞

37℃培养18小时

表达氨苄青霉素耐受性的细菌生长；
未转化细胞的生长受到抑制

这些对氨苄青霉素具耐受性的克隆
可用于筛选表达毒力基因的重组质粒

图9.12 核酸重组技术

图示基因克隆及重组DNA分子所需的步骤。质粒DNA被限制性核酸内切酶剪切，含有目的基因（本例中为毒力基因）的外源DNA也同样被剪切。
被消化了的质粒和目的基因经混合或杂交，DNA分子中的缺口用连接酶连接，形成重组DNA分子。该重组分子随后被整合进细菌，通过培养，可
获得含有重组DNA的克隆菌落。

体DNA和质粒DNA的黏性末端就会互补。使用DNA连接酶，可使供体DNA片段连入断开了的质粒中，在此过程中，质粒再次恢复环形结构（图9.12）。

宿主细菌细胞繁殖产生完全相同的细胞群体，被称为一个克隆。在该克隆中，每一个细胞都包含新的重组遗传物质。用于引入新基因的质粒被称为克隆载体（cloning vector）。携带目标基因的重组质粒可表达预期的特性。质粒之所以被用作克隆载体，是因为它能独立复制，无需整合到细菌染色体上。有些合适的噬菌体也可用作克隆载体。

目前，遗传工程被应用于疫苗、激素和其他药品的生产（见第5章）。以这种方式生产的疫苗比传统疫苗更安全。编码疫苗抗原的基因可从父代复制相关基因克隆。因此，基因工程疫苗能有效刺激免疫应答，而无向被免疫动物体内引入具有复制能力的病原的风险。

◉ 基因数据库与生物信息学

1977年，首次公布了噬菌体Φχ174的全DNA序列。从那时起，世界范围内提交到基因数据库的DNA序列信息呈指数增长。现在，这一庞大的数据库包括了许多细菌以及其他微生物的全基因组序列。1995年，人类首次完成了流感嗜血杆菌的全基因组测序，该基因组含有180万个碱基对，用手工方法分析这些遗传信息不切实际。这就迫切需要发展特殊的计算工具，以便在分子水平分析DNA信息、鉴定基因及其相应的多肽序列和调控特征。

生物信息学是一门新的学科，与计算机算法和统计技术的发展息息相关，用于分析和管理遗传信息。这些工具促进了基因组序列的快速注释和基因位置的鉴定，以及涉及疾病过程的基因鉴定。

药物和诊断试剂生产企业常常利用生物信息学来对基因组进行数据挖掘，目的是鉴定出新的治疗药剂或有用的诊断标记。

◉ 进一步阅读材料

Baxenvanis, A.D. and Ouelette, B.F.F. (2004). Bioinformatics: A Practical Guide to the Analysis of Genes and Proteins. John Wiley, Hoboken, NJ.

Bennett, P.M. (1999). Integrons and gene cassettes: a genetic construction kit for bacteria. Journal of Antimicrobial Chemotherapy, 43, 1–4.

Berg, D.E. and Howe, M.M. (1989). Mobile DNA. American Society for Microbiology, Washington, DC.

Cairns, J., Gunther, S.S. and Watson, J.D. (2007). Phage and the Origins of Molecular Biology. Cold Spring Harbor Laboratory Press, Cold Spring Harbor, New York.

Carattoli, A. (2009). Resistance plasmid families in *Enterobacteriaceae*. Antimicrobial Agents and Chemotherapy, 53, 2227–2238.

Carattoli, A., Bertini, A., Villa, L., Falbo, V., Hopkins, K.L. and Threlfall, E.J. (2005). Identification of plasmids by PCR-based replicon typing. Journal of Microbiological Methods, 63, 219–228.

Dale, J.W. and Park, S.F. (2004). Molecular Genetics of Bacteria. Fourth Edition. John Wiley, Chichester.

Daly, M. and Fanning, S. (2004). Integron analysis and genetic mapping of antimicrobial resistance genes in Salmonella enterica serotype Typhimurium. Methods in Molecular Biology, 268, 15–32.

Feero, W.G., Guttmacher, A.E. and Collins, F.S. (2010). Genomic medicine – an updated primer. New England Journal of Medicine, 362, 2001–2011.

Glick, B.R. and Pasternak, J.J. (2003). Molecular Biotechnology: Principles and Applications of Recombinant DNA. Third Edition. American Society for Microbiology, Washington, DC.

Hall, R.H. and Collis, C.M. (1995). Mobile gene cassettes and integrons: capture and spread of genes by site-specific recombination. Molecular Microbiology, 15, 593–600.

Lipps, G. (2008). Plasmids: Current Research and Future Trends. Caister Academic Press, Norwich.

Miriagou, V., Carattoli, A. and Fanning, S. (2006). Antimicrobial resistance islands: resistance gene clusters in Salmonella chromosome and plasmids. Microbes and Infection, 8, 1923–1930.

Trun, N. and Trempy, J. (2004). Fundamental Bacterial Genetics. Blackwell Publishing, Oxford.

第二篇

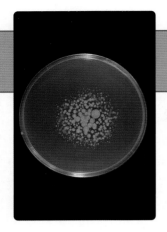

第10章

细菌性疾病的实验室诊断

细菌性疾病的实验室诊断是鉴定病原所必需的，有时也是确定病原对抗生素敏感性所必需的。送检样本时应附有一份完整的临床病史，包括日龄、性别、品种、感染动物的数量及治疗的情况，同时还应附有初步临床诊断结果。在缺乏足够的临床信息时，不适宜开展相关病原的检测。

◉ 样本的选择、采集和运输

实验室检测结果的准确性和有效性很大程度上受样本的选择、采集和运输的影响。在处理临床样本时，应注意以下几点：

- 样本最好从未经抗生素治疗的活体动物上采集。如果可能，采集已死亡动物的样本时，应在其发生自溶或腐败前进行。
- 应在最可能存在病原的部位采集样本，并采用尽可能避免污染的采样方法。
- 在天气暖和时，样本需要冷藏。用于细菌培养的样本不宜冷冻。
- 样本必须保存在独立的防漏容器内送检。每一个容器上都应有标签，注明动物的身份、样本类型和采集日期。公共和私营企业在运输诊断样本时，在其行政辖区内，要遵守相应的特殊规定。除样本容器外，还需要第二层和第三层包装。
- 按特定程序，所采样本必须适用于相应的诊断技术。举例来说，福尔马林固定的切片样本通常就不适合做荧光抗体染色。

◉ 病原菌的鉴定

病原菌是否存在，可通过以下方法确认：涂片染色检查、培养、生化特性鉴定以及免疫学和分子方法检测。

■涂片染色检查

细菌诊断学所用的常规染色方法列于表10.1。对于大批量样本，采取组织或渗出液作涂片革兰染色可快速检测细菌的存在。革兰阳性细菌和组织碎片间的对比明显，在涂片上较革兰阴性细菌更易观察。抗酸染色方法用于检测致病性分枝杆菌。贝氏柯克斯体（*Coxiella burnetii*）、布鲁菌（*Brucella*）、诺卡菌（*Nocardia*）和衣原体（*Chlamydiae*）可用改良抗酸染色法检测。荧光抗体染色法可快速、特异识别涂片和低温组织切片中的细菌性病原。尽管该方法可用于多种细菌的鉴定，但其更适用于气肿疽梭菌（*Clostridium chauvoei*）、螺旋体（*Spirochaete*）、胎儿弯曲菌（*Campylobacter fetus*）和胞内劳森菌（*Lawsonia intracellularis*）等不易培养的病原的鉴定。

■培养和生化特性

对培养基、气体条件和其他特性的选择，是由分离的疑似病原菌决定的。很多病原菌的常规分离采用接种血平板和麦康凯琼脂培养平板的方法，在37℃培养24～48小时。

细菌诊断学所用培养基列于表10.2。营养琼脂是基础培养基，为易培养菌生长提供必需的营养。然而，营养琼脂并不适合对营养要求苛刻的病原菌的

表10.1　常规的细菌染色方法

方法	注释
革兰染色	广泛应用于细菌涂片的常规染色。经脱色后，结晶紫仍然保留在细胞壁中，使革兰阳性细菌染为蓝色。与此相反，革兰阴性细菌不能保留结晶紫，从而复染为红色
姬姆萨染色	用于刚果嗜皮菌、立克次体和疏螺旋体的检测，可染成蓝色
稀释石炭酸品红染色	尤其适用于弯曲菌、短螺旋体和梭杆菌的检测，可染成红色
多色亚甲蓝染色	用于血涂片中炭疽杆菌的鉴定。菌体染成蓝色，荚膜呈现粉红色
抗酸染色	热的浓缩石炭酸品红可穿透分枝杆菌细胞壁，在酸-酒精脱色后，可保留下来。被染成红色的细菌具有抗酸性或为抗酸染色阳性
改良抗酸染色	与抗酸染色不同，本方法使用了稀释石炭酸品红染色、醋酸脱色

表10.2　用于实验室中细菌性病原分离与鉴定的培养基

培养基	注释
营养琼脂	基础培养基，对营养要求不苛刻的细菌能在其上生长。适用于观察菌落形态和色素产生，也可用于活菌计数
血琼脂平板	加富培养基，可支持大部分病原菌的生长，用于初次分离。可供识别细菌产生的溶血素
麦康凯琼脂	选择性培养基，含有胆盐，尤其适用于肠杆菌和一些革兰阴性细菌的分离。可区别乳糖发酵和非乳糖发酵。乳糖发酵菌菌落和周围培养基呈现粉红色
亚硒酸盐肉汤，氯化镁孔雀绿增菌肉汤（Rappaport- Vassiliadis broth）	选择性加富培养基，用于从包含其他革兰阴性肠道菌的样品中分离沙门菌
爱德华培养基	基于血平板的选择性培养基，用于链球菌的分离和鉴定
巧克力琼脂平板	经热处理的血平板，提供特殊生长因子（X因子和V因子），用于嗜血杆菌的分离和马生殖道泰勒菌的培养
亮绿琼脂	鉴定沙门菌的指示培养基。沙门菌菌落及周围培养基呈红色
蛋白胨缓冲液	非选择性的加富培养基，常常用于食品和环境样本中量少病原体的分离

初次分离。根据细菌在血平板和麦康凯培养基上的生长情况和反应，可初步鉴定多种细菌性病原。血平板支持大部分病原的生长，适合于常规的初次分离。选择性培养基可用于特定微生物的分离。有些培养基的设计是基于生化反应，根据形成的细菌菌落特征进行鉴定。麦康凯琼脂培养基含有胆盐，可选择性培养多种革兰阴性细菌。该培养基含乳糖，以中性红作为pH指示剂。如果微生物在此培养基上生长并发酵乳糖，酸性产物就会使培养基变成粉红色。非乳糖发酵菌可代谢培养基中的蛋白胨，产生碱性产物，使培养基和菌落变为淡黄色。

接种平板应采用划线技术，这样更易于分离菌落的生长（图10.1）。由于临床样本可能含有微生物污染，因此，该技术是鉴定病原的必需步骤。污染物可能来源于正常菌群或环境。要最终确定病原，需对所分离的菌落进行亚培养以获得纯培养物，进而进行生化鉴定或其他检测。

形态特征和生化试验可对细菌性病原进行初步鉴定（贴10.1）。其他有助于鉴定的特征包括在血平板和麦康凯琼脂上产生的色素和气味，以及在血平板上出现的溶血等。细菌的最终鉴定通常基于生化试验、分子检测或血清学方法。某些微生物的鉴定还需进行其他一些检测（表10.3）。

■ 生化鉴定技术

过氧化氢酶是一种由多种需氧菌和兼性厌氧菌产生的酶，其可将过氧化氢分解为氧气和水。氧化酶试验阳性表明，在细菌细胞内存在细胞色素氧化酶C。在氧化–发酵培养基上的反应，可用于鉴定某些病原菌对气体的需求（图10.2）。

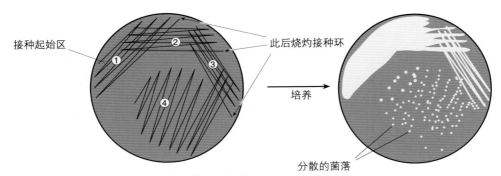

图10.1　平板接种技术用于在琼脂培养基上获得单个的菌落
用无菌接种环在平板边缘的一个小区域里涂布接种的细菌作为接种细菌的"源泉"（1）。随后，从"源泉"起，在平板的三个毗连区域涂布接种物（2、3、4）。在接种每一区域前，接种环都需灼烧灭菌。如果操作得当，在每一步的接种中，细菌数量都会逐渐减少。在区域4可见孵育后单独的细菌菌落。完成接种后，接种环需灼烧灭菌，以确保接种环上无病原微生物存活。

表10.3　鉴定特定细菌性病原的试验

试验	病原	注释
CAMP反应	无乳链球菌	金黄色葡萄球菌引起的溶血可被靠近其生长的病原菌增强
	马红球菌	
	胸膜肺炎放线杆菌	
	产单核细胞李氏杆菌	
吕氏血清斜面（Loeffler's serum slope）凹陷试验	化脓隐秘杆菌	菌落周围的培养基被消化水解
血凝试验	支气管败血波氏菌	细菌可引起悬浮绵羊红细胞的凝集
卵磷脂酶试验	产气荚膜梭菌	微生物产生α毒素（卵磷脂酶）分解卵黄琼脂中的卵磷脂。抗毒素可抑制α毒素活性

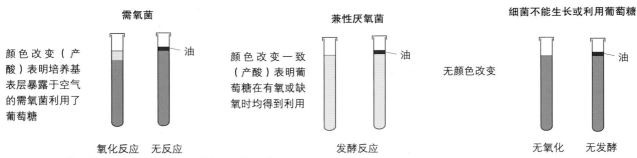

图10.2　细菌在氧化-发酵培养基上可能出现的反应
培养基在接种前呈绿色（指示剂：溴酚蓝）。

△ 贴10.1　细菌性病原的鉴定指标
- 菌落形态和颜色
- 在血平板上是否溶血
- 革兰染色特征
- 游动性
- 在麦康凯琼脂上的生长能力
- 在氧化-发酵试验中的反应
- 在过氧化氢和氧化酶试验中的反应

生化试验与细菌的代谢活动有关，通常用一种指示系统，来显示特定底物的利用情况（表10.4）。由于各种细菌对糖的利用范围有限，故细菌对不同糖的分解代谢能力常用于细菌鉴定。有些贸易公司生产了微型化的生化试验产品用于细菌鉴定。这些产品通常含有所需试剂的塑料管，将待鉴定细菌加入管内。细菌特性可从管内反应结果推断。现已有不同细菌的鉴定条，如肠杆菌、非肠道革兰阴性细

表10.4 用于初步鉴定细菌性病原的生化试验

试验	指示剂	注释
蛋白胨水中的糖	Andrade指示剂	用于区别链球菌
三糖铁	酚红	用于沙门菌的初步鉴定
硫化氢产生	铁或铅化合物	用于检测沙门菌和布鲁菌
脱羧酶	溴甲酚紫	用于肠道菌的初步鉴定
脲酶	酚红	用于变形杆菌和肾棒状杆菌的初步鉴定
吲哚试验、甲基红试验、VP试验、柠檬酸盐利用试验	柯氏试剂、甲基红、氧化乙偶姻、溴酚蓝	用于鉴定肠杆菌；共称为IMViC试验

菌、厌氧菌、葡萄球菌和链球菌。

■免疫学技术

血清分型是基于病原表面抗原的免疫学鉴定方法，这些病原包括大肠杆菌等肠杆菌科的成员、产单核细胞李氏杆菌（*Listeria monocytogenes*）、多杀性巴氏杆菌（*Pasteurella multocida*）和胸膜肺炎放线杆菌（*Actinobacillus pleuropneumoniae*）。

诸如免疫荧光抗体染色等免疫学技术，可用于鉴定细菌性病原。现已针对某些细菌性病原建立了抗原捕获和直接酶联免疫吸附试验，要求将特异性抗体固化在固相表面。如果待诊样本中存在相应的细菌抗原，就会与特异性抗体结合，并被酶标抗体检测到。免疫反应技术可与其他方法结合，提升病原的检测水平。免疫磁化分离，是将特定病原的抗体包被到磁性粒子上，再与病原结合，这是一种联合了物理学和免疫学的检测方法。免疫磁化分离之后通常进行微生物的培养鉴定或分子特性鉴定。

■噬菌体分型

一套标准化的、特性明确的裂解性噬菌体，可用于进一步鉴定人和动物病原。事实上，特定的噬菌体仅能裂解有限的易感菌株，据此可利用噬菌体分型来区分不同细菌。细菌分离株对一组分型噬菌体的敏感性可用来确立分离株的噬菌体型，如多重耐药性鼠伤寒沙门菌的噬菌体型DT104。有些噬菌体可裂解一种细菌的所有成员；它们能在种的水平上对细菌进行鉴定。更常见的是，噬菌体仅感染某种细菌的某些菌株；它们仅能在种以下的水平上对细菌进行定性。

噬菌体分型常用于金黄色葡萄球菌、鼠伤寒沙门菌（*Salmonella Typhimurium*）和肠炎沙门菌（*S.Enteritidis*）分离株，为鉴定和追溯食物中毒事件中感染来源提供了额外信息。

■分子技术

分子技术可用于病原菌的检测和计数。这些技术与噬菌体分型和血清学分型技术一起，还可用于流行病学调查。此外，可用分子技术鉴定与致病性相关的基因，并据此判定分离株的毒力。

用于病原检测的主要分子技术已在第6章阐述，包括核酸杂交和聚合酶链式反应（polymerase chain reaction，PCR）。在核酸杂交中，针对特定病原合成的核酸探针可应用于采集的临床样本的检测，或用于从病原中提取的遗传物质的检测。可设计探针用于DNA或RNA的检测。但是，由于RNA分子的不稳定性，故RNA探针不常使用。虽然如此，基于检测RNA的诊断试验仍在食品微生物学等特定领域发挥作用（这是因为这些诊断试验可区分微生物的死活）。此外，探针也可设计用于检测特定属的所有成员，或是检测某种细菌的所有菌株。例如，检测编码16S核糖体RNA基因的探针，可用于某属细菌内所有成员的检测（这是因为该基因在属内各菌种间高度保守）。与此相反，基因间隔区更具有可变性，因此在这一区域设计探针可区别种内的不同菌株。

相对而言，直接检测DNA或RNA的方法并不敏感，因其通常要求在样本中含有大量细菌（$10^4 \sim 10^5$个）。当样本中含有少量细菌时，可采用PCR的方法来扩增靶标生物的核酸。使用DNA或RNA模板扩增特定DNA片段，电泳后经与适当大小的标志分子比较，从而鉴定出扩增产物。

用于流行病学调查的方法详见第6章。这些方法应使用方便，并可根据具有流行病学意义的遗传差异区别密切相关的菌株。用限制性内切酶切割染色体或质粒DNA，产生的片段经凝胶电泳进行分离。电泳图谱可用于分离株间的分析比较。限制酶仅在某些位点切割DNA，所产生的大片段可用脉冲场凝胶电泳分离，该方法常用于流行病学研究。

◉ 血清学（Serology）

许多病原菌是宿主正常菌群的一部分，或普遍

存在于环境中。动物频繁暴露于这些细菌，产生了针对它们的抗体。血清中存在特异性的抗体，可证明动物曾感染了某种病原。但是，血清抗体不能说明某种病原微生物就是致病的病原。尽管有这些局限性，血清学试验仍广泛用于确定易感动物中的特定病原感染。间隔2周采集两份血清样本，若其抗体效价升高4倍，则表明宿主近期曾经感染了某种细菌，再加上相关临床症状，通常可确认某种细菌的感染。

◉ 进一步阅读材料

Murray, P.R., Baron, E.J., Jorgensen, J., Pfaller, M. and Landry, M.L. (Eds) (2007). Manual of Clinical Microbiology. Ninth Edition. American Society for Microbiology, Washington, DC.

Quinn, P.J., Carter, M.E., Markey, B.K. and Carter, G.R. (1994). Clinical Veterinary Microbiology, Mosby-Year Book Europe, London.

Smith, T.J., O'Connor, L., Glennon, M. and Maher, M. (2000). Molecular diagnostics in food safety: rapid detection of food-borne pathogens. Irish Journal ofAgricultural and Food Research, 39, 309–319.

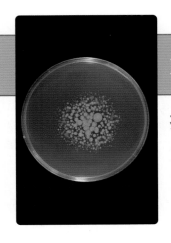

第11章

抗菌药物

抗生素是低分子量的微生物代谢产物，能杀死或抑制敏感菌的生长。抗生素是药物，用于治疗人类、动物和植物的感染性疾病，这些物质可天然获得，或半合成或全合成。

⊙ 化学治疗细菌感染的发展历程

19世纪80年代以前，人们普遍认为传染性疾病是由高空大气扰动、化学毒物或未知的邪恶因素造成。但Louis Pasteur用其令人信服的试验，以及Robert Koch一丝不苟的研究，使这一观念黯然无光。Pasteur和Koch促进了疾病发生的"微生物论"的发展，不仅在感染原免疫的新研究领域引起人们的兴趣，还在细菌性传染病的治疗上开辟了道路。但是，相关进展却是缓慢的，仅有少数科学家接受了研究化学品治疗细菌感染这一挑战。在这些科学家中，德国医学家Paul Ehrlich在免疫学上有丰富经验，承担了数百种作为潜在治疗药物的化合物的评价工作。20世纪90年代初，Paul Ehrlich提出了革命性的抗体产生侧链理论。他推断，一定存在某种称为"魔弹"的化学物质，该物质仅能与特定微生物发生结合而不能结合到宿主细胞。Paul Ehrlich合成的第606个化合物就是著名的药物砷凡纳明，此药物是一种砷化合物，具有选择性毒性。砷凡纳明对细菌引起的兔、猴和人类梅毒具有活性，而对感染者相对无毒。然而，因其不稳定性和需要静脉注射，砷凡纳明最终被证实难以使用。尽管存在这些局限性，砷凡纳明仍然为寻找更有效的化学治疗试剂指明了道路。

Ehrlich在研究有关梅毒的工作时期，人们对化学治疗细菌感染有着悲观情绪。多数科学家抱有抗菌化学疗法是不切实际的观点。为此，在Ehrlich开创性的试验之后近30年内，化学疗法没有更进一步地发展下去。1927年，德国生物化学家Gerhard Domagk延续了Ehrlich在化学物方面的研究（尤其是染料），并获得了重要发现。一种用于皮革染色的新型染料百浪多息红，不仅对小鼠无毒，且能保护它们免受链球菌感染。然而，这种染料在抑制实验室培养基上的细菌生长时却失败了。Domagk的试验结果发表于1935年；同年，法国科学家报道百浪多息红在体内转变为磺胺。随后的研究表明，磺胺不仅在体内对细菌有抑制活性，而且对实验室培养的细菌也同样有抑制活性。磺胺的发现刺激了相关治疗化合物的广泛研究。截止到1945年，数以千计的磺胺衍生物经过了毒性和抗菌性的评估。许多种磺胺类药物较磺胺更为低毒且有效，仍然用于细菌感染的治疗。

砷凡纳明和磺胺是化学家合成的化学治疗药物中的典范。化学治疗制剂的第二个范畴是微生物天然产生的化合物，早在19世纪70年代便已发现。这些微生物产生的天然化学治疗制剂可抑制其他微生物的生长，称之为抗生素。第一种用于治疗的抗生素是盘尼西林（青霉素）。1929年，苏格兰医生Alexander Fleming发现了青霉素，预示着化学治疗新纪元的到来，或称之为抗生素的时代。事实上，早在1896年法国医学生Ernest Duchesne就发现了青霉素，但他的工作却并未被人们记住。Fleming对于青霉产生的青霉素的再次发现，被证明具有重要意义。这一天然产生的化合物，对多种病原菌培养物都有效果，且较磺胺类药物毒性更小。尽管他的观察很重要，但随后的试验却表明，青霉素在接种体内后并不能保持一个较长的时间来消灭病原菌。1931年，

Fleming停止了对青霉素的研究。存在的主要问题是青霉素的评价问题，主要原因在于难以获得足够数量的、可用于临床试验的、纯化的抗生素。

　　随着第二次世界大战的爆发，盟军士兵对创伤感染的治疗需求愈加强烈，青霉素作为化学治疗药物的潜在价值也逐渐得到认识。经过Fleming、Ernest Chain、Howard Florey及其同事们的共同努力，青霉素的生产、纯化和检测得以飞速进行。由于美国制药工业的参与，在20世纪40年代早期实现了青霉素的大量使用。这一治疗士兵和平民感染的抗生素被戏剧性地重新发现，得到了人们狂热的追捧，也刺激了对其他抗生素的寻找。1944年，Selman Waksman宣布，他和他的同事发现了新的抗生素——链霉素，这是一种属于放线杆菌纲的灰色链霉菌（*Streptomyces griseus*）分泌的抗生素。这一发现得益于对数千种土壤里细菌和真菌产生抗生素能力的筛选。在随后的十年，又陆续分离到了产四环素、新霉素和氯霉素的微生物（表11.1和图11.1）。寻找新型、更有效的抗生素活动一直持续到了20世纪60年代，随后进入衰退阶段。这种衰退部分归因于制药工业对药物价格的不利影响，同时也归因于相关法规机构为新抗生素投放市场而设定的严苛标准，以确保药物的有效性和安全性。

　　20世纪70年代，普遍认为，抗生素治疗预示着引起人和动物高死亡率的细菌感染的终结。然而，多种细菌性病原耐药性的出现，击碎了这种过早的乐观。这一难题是由于广泛使用抗生素药物产生的。

◉ 作用机制和靶点

　　抗生素的治疗用途主要取决于它们的选择性毒性：或杀死（杀菌）或抑制（抑菌）细菌性病原，而不对接受治疗的动物产生直接毒性。许多抗生素的选择性毒性机理仍然不十分清楚。然而，哺乳动物细胞和细菌细胞在细胞结构和/或代谢途径上的生化差异，通常是抗生素具选择性抗菌毒性的原因。以青霉素为例，通过作用于细菌细胞壁特殊成分肽聚糖，可抑制细胞壁的合成。大量已知抗生素中仅有少量表现出足够用于有效治疗的选择性毒性。单一抗菌药物不会对所有病原菌都有效，有些为窄谱抗生素，有些为广谱抗生素，如四环素和氯霉素对多种病菌都有活性。

　　为扰乱细菌细胞的生长，抗菌药物必须与细菌的重要结构相互作用或阻断其代谢途径。抗菌药物的作用机制和作用靶点列于图11.2。抑菌剂抑制细菌生长，通过宿主免疫防御清除感染。若此类药物在组织中无法维持有效浓度，那么药物与细胞成分形成的复合体便会解离，从而使细菌得以存活。与之相反，杀菌剂通过不可逆地结合到靶位，从而引起不可修复的损伤和细胞死亡。有些抑菌剂在高浓度时可成为杀菌剂。抗菌药物可抑制细胞壁、核酸或蛋白的合成。另外，抗菌药物还能破坏细胞膜功能。主要抗菌药物及其作用机制列于表11.2。

表11.1　产自于微生物的抗菌药物

微生物	抗菌药物	微生物	抗菌药物
多黏类芽胞杆菌（黏菌素变种）	黏菌素（多黏菌素E）	弗氏链霉菌	新霉素
多黏类芽胞杆菌	多黏菌素B	灰色链霉菌	链霉菌素
枯草杆菌	杆菌肽	卡那霉素链霉菌	卡那霉素
头孢霉属菌种（F）	头孢菌素	林可链霉菌	林可霉素
紫色色杆菌	单环β-内酰胺类	委内瑞拉链霉菌	氯霉素
棘孢小单孢菌	庆大霉素	结节链霉菌	两性霉素B（仅有抗真菌活性）
点青霉（F）和其他种	青霉素G	糖多孢红霉	红霉素
灰黄霉（F）	灰黄霉素（仅有抗真菌活性）	东方拟无枝酸菌	万古霉素
链霉菌属的细菌	壮观霉素，四环素	地中海拟无枝酸菌	利福霉素
牲畜链霉菌	碳青霉烯类		

（F），真菌。

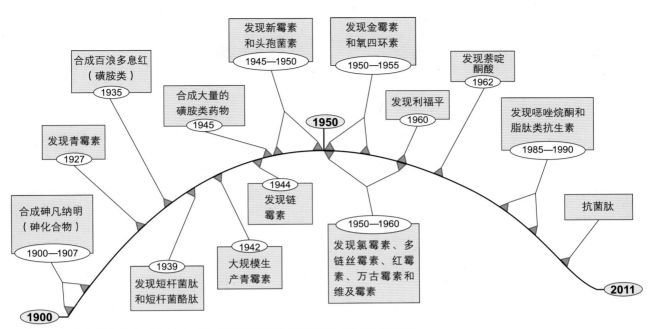

图11.1　与抗菌化合物合成和抗生素发现相关的重要发展历程（自1900年起）

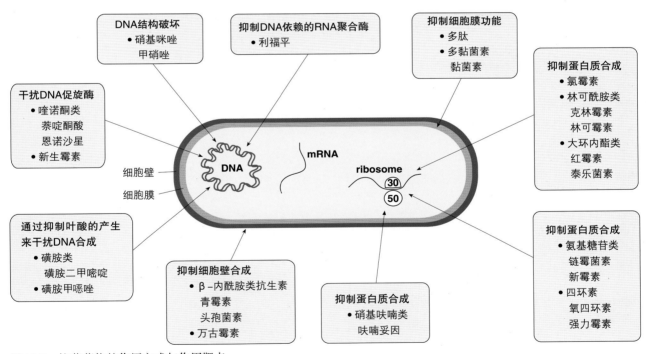

图11.2　抗菌药物的作用方式与作用靶点

■抑制细胞壁合成

　　鉴于肽聚糖是细菌细胞壁的独特成分，抗菌制剂可阻碍肽聚糖链的交联，进而抑制细胞壁的合成，从而达到对细菌的选择性毒性。青霉素和头孢菌素类组成了最多且最重要的一类抑制细胞壁合成的抗菌药物。它们的杀菌活性与细胞生长活性相关。

β-内酰胺抗生素的基本结构见图11.3。通过在基本分子结构上添加多种化学侧链可获得青霉素和头孢菌素的半合成品。特定抗生素侧链的不同，会影响其活性范围、稳定性以及对β-内酰胺酶的抵抗能力。β-内酰胺抗生素的作用方式主要涉及与细胞受体相结合，这些受体称之为青霉素结合蛋白（penicillin

表11.2　主要的抗菌药物及其作用机理

抗菌药物	作用机理	效果	相关说明
β–内酰胺类抗生素 青霉素 头孢菌素	抑制细胞壁合成	杀菌	低毒性。多数可被β–内酰胺酶灭活
糖肽类 万古霉素 替考拉宁	抑制细胞壁合成	杀菌	用于甲氧西林耐受性的金黄色葡萄球菌
多肽类 多黏菌素 黏菌素	抑制细胞膜功能	杀菌	耐药产生缓慢。可能有肾脏毒性和神经毒性
硝基呋喃类 呋喃妥因	抑制蛋白质合成	抑菌	广谱合成试剂，相对有
氨基糖苷类 链霉菌素 新霉素	抑制蛋白质合成 限制30S核糖体活性	杀菌	主要作用于革兰阴性细菌。有耳毒性和肾毒性
四环素 氧四环素 强力霉素	抑制蛋白质合成 限制30S核糖体活性	抑菌	以前用于饲料中，作为疾病预防用药。耐药性很常见
林可酰胺类 克林霉素 林可霉素	抑制蛋白质合成 限制50S核糖体活性	杀菌或抑菌	可能对多物种有毒性。禁止用于马和新生动物。反刍动物口服给药有危险
大环内酯类 红霉素 泰乐菌素	抑制蛋白质合成 限制50S核糖体活性	抑菌	对革兰阳性细菌有活性。某些大环内酯类对支原体病原有活性
喹诺酮类/氟喹诺酮类 萘啶酮酸 恩诺沙星	通过限制DNA促旋酶来抑制核酸合成	杀菌	合成试剂，用于治疗肠道感染和胞内病原
新生霉素	通过限制DNA旋转酶来抑制核酸合成	杀菌或抑菌	通常与其他药物合用以治疗乳腺炎
利福平	通过限制DNA指导的 RNA聚合酶来抑制核酸合成	抑菌	具有抗分枝杆菌活性；与红霉素联合用药，以治疗马红球菌感染
磺胺类 磺胺二甲嘧啶 磺胺甲噁唑	通过竞争性抑制对氨基苯甲酸（PABA）合成叶酸，进而抑制核酸合成	抑菌	PABA的结构类似物，对快速生长的细菌有活性
甲氧苄啶	通过结合二氢叶酸还原酶来抑制核酸合成	抑菌	通常与磺胺甲噁唑联合使用，这一组合加强了磺胺药物效果，可杀菌
硝基咪唑类 甲硝唑	破坏DNA结构并抑制DNA修复	杀菌	尤其是对厌氧菌有活性；对某些原生动物也具有活性

binding proteins，PBPs）。除干扰转肽作用外，多种此类抗生素还提升自溶素活性，进而引起细胞裂解。

由于β–内酰胺酶切割β–内酰胺环致使抗生素失效，因此，能产生这些酶的细菌就具有了对β–内酰胺抗生素的耐受性。这些酶在葡萄球菌中可能是由质粒介导的，而在许多革兰阴性细菌中则是由染色体编码的。有些细菌呈现的对β–内酰胺抗生素的耐受性，或许与抗生素无力诱导自溶素活性有关。在这种情况下，尽管细胞壁受损、生长受抑制，但细菌仍然存活着。革兰阳性细菌和阴性细菌在细胞壁结构和成分上的差异，决定了它们对β–内酰胺抗生素的敏感性不同。由于无法穿透革兰阴性细菌的外膜，故这类抗生素的抗菌谱就仅限于革兰阳性细菌。

糖肽类抗生素仅对革兰阳性细菌有效，阴性细

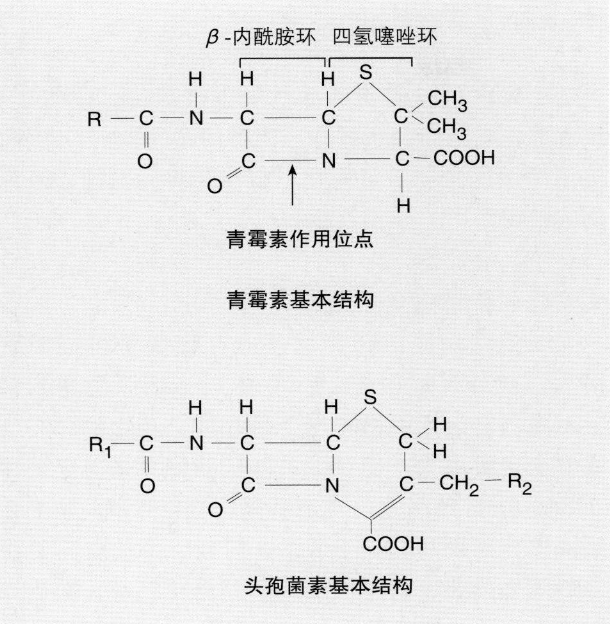

图11.3 青霉素与头孢菌素分子的基本结构

不同青霉素和头孢菌素的生物活性受其侧链结构（R）的影响。

菌因其具外膜蛋白而有耐受性。近年来，已出现对糖肽类抗生素如万古霉素的耐受性。万古霉素可共价结合到细菌细胞壁上普遍存在的N-D-丙氨酰基-D-丙氨酸，形成5个氢键。这种复合体的形成阻断了转糖基作用和转肽作用，而上述两种作用方式又是合成细胞壁多聚物所必需的。

■抑制细胞膜功能

如果细胞膜功能的完整性受损，大分子和离子就会从细胞内逸出，从而导致细胞损伤和死亡。相对而言，少有抗菌制剂作用于细胞膜，若作用则通常起到杀菌作用。因其对动物细胞的毒性较其他抗生素更大，所以这类抗生素通常仅在局部施用。

■抑制蛋白质合成

许多种类的抗菌制剂都抑制蛋白质合成。某些抗生素的选择性毒性与原核生物核糖体（70S）和真核生物核糖体（80S）的结构差异有关。此类抗生素结合到细菌核糖体30S或50S亚基上。氨基糖苷类抗生素结合到核糖体30S亚基上，影响蛋白质合成的不同阶段。这就导致了无功能蛋白的形成。对氨基糖苷类抗生素的耐受，在内因上或许是因为亚基缺少特异性受体所致，在外因上则可能由于质粒因素

影响。该质粒编码三种氨基糖苷修饰酶里的一种或多种，能够钝化这些抗菌药物的活性。在某些细菌，尤其是厌氧菌，由于缺失了摄取氨基糖苷所需的主动运输系统，从而造成这类细菌对氨基糖苷抗生素的耐受性。

通过主动摄取的过程，四环素进入细胞并结合到30S亚基受体上，进而阻断tRNA分子附着在受体位点，从而阻止氨基酸添加到肽链上，以此来抑制蛋白质的合成。氯霉素则是结合到50S亚基上，同样阻止氨基酸的连接，抑制多肽链的延伸。此类抗生素的抗菌活性会由于无法在要求的时间内维持有效浓度而降低。

大环内酯类抗生素通过封闭50S亚基活性从而抑制蛋白质合成。尽管这些抗生素仅有抑菌作用，但在高浓度时同样也可杀菌。对大环内酯类抗生素的耐受可通过染色体或质粒转移，涉及对50S核糖体亚基结合位点的更替。

■抑制核酸合成

多种抗菌制剂如喹诺酮、新生霉素、利福平、硝基咪唑类和磺胺类都可以抑制核酸合成（表11.2）。在细菌复制时，喹诺酮和新生霉素可作用于能使DNA链解开的酶，这种酶包括DNA促旋酶（革兰阴性细菌）和拓扑异构酶Ⅳ（多常见于革兰阳性细菌）。尽管新生霉素对葡萄球菌和链球菌都有活性，但因其自身毒性，仅限于局部乳房内治疗使用。利福平通过干扰DNA依赖的RNA聚合酶活性，从而阻止RNA的合成，对包括分枝杆菌在内的革兰阳性细菌有活性。鉴于微生物耐药性的快速产生，利福平通常与其他抗生素联合应用。甲硝唑是最常用的硝基咪唑类药物，可造成DNA链的断裂，尤其是对梭状芽胞杆菌等专性厌氧菌有效果。

叶酸是核酸合成所必需的前体，而磺胺类药物则干扰叶酸的形成。磺胺类药物因其结构和对氨基苯甲酸（para-aminobenzoic acid，PABA）相似从而发挥作用（图11.4）。当浓度足够时，磺胺类药物会取代PABA而被二氢蝶酸合成酶所利用，形成无功能的叶酸类似物。人工合成的嘧啶衍生物如甲氧苄氨嘧啶，可抑制二氢叶酸还原酶的活性，该酶在随后的细菌合成叶酸中发挥作用。当联合使用时，每一种药物都会发挥作用，最终增强抗菌活性。由于动物能从食物中获得叶酸，所以磺胺类药物对细菌有选择性毒性。

第二篇

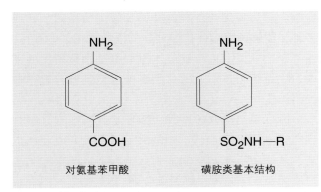

图11.4　磺胺类药物与对氨基苯甲酸的结构
磺胺类药物是对氨基苯甲酸的类似物，可竞争性抑制二氢蝶酸合成酶的活性，从而阻止叶酸的合成。叶酸合成是细菌DNA合成的必需步骤。这种活性类型被称为竞争性抑制。

联合抗菌疗法

当联合使用抗生素用于疾病治疗时，其结果会受特定组合的影响。联合用药的效果相当于每种药物单独使用时的效果相加，称之为累加效应。两种药物联合使用的效果比每种药物单独使用时的效果之和更强，称之为协同效应。两种药物联合应用时，其效果无增强作用，称之为无关效应。两种药物联合应用时，其总效果比每种药物单独使用时都低，这称之为拮抗作用。

这些效应可在体内外进行求证，故在选择药物联合用于治疗感染动物时必须加以考虑。抑菌药物和杀菌药物联用可能会发生拮抗效应。杀菌药物，尤其是β–内酰胺类抗生素，对分裂活跃的细胞尤为有效。如果此类抗生素和抑菌药物联合应用，由于抑菌药物抑制细菌生长，从而使杀菌活性被降低。具有协同效应的药物如磺胺类和甲氧苄氨嘧啶，作用于叶酸通路的不同位点；克拉维酸和青霉素联合使用时，前者抑制β–内酰胺酶活性，从而阻止青霉素的失活。

影响抗菌活性的因素

在体内，抗菌剂的活性受吸收部位、吸收率、排泄部位、组织分布和特定药物代谢的影响。此外，抗菌活性还受病原与药物、宿主与病原之间相互作用的影响。

药物与病原相互作用

细菌性病原对药物的反应在体内外可能差别很大。体外环境恒定，而在体内，病原会遇到宿主不同器官组织的微环境。治疗后，药物的分布与浓度变化幅度大。比如，有些药物能穿透血脑屏障（blood–brain barrier），而有些药物则在排泄时集中在尿液里。如果病原处于非活跃阶段，即使暴露于青霉素等杀菌药，病原仍然能够存活并复制，随后产生临床症状。胞内菌因其所处的位置而能抵抗化学治疗试剂的作用。药物结合到蛋白和其他组织成分时可能会降低疗效。此外，炎症反应的产物如脓汁和坏死碎片会吸附抗菌剂。坏死组织内的酸性环境同样也会抑制某些抗菌药物的活性。

宿主与病原相互作用

服用抗菌药物能改变宿主免疫反应和正常菌群，尤其是皮肤和肠道内的菌群。沙门菌病治疗后，正常肠道菌群被扰乱，这会延长沙门菌带菌状态。此外，正常菌群的扰乱还会使耐药微生物过度繁殖，进而导致疾病。例如，马口服抗生素后，艰难梭菌（*Clostridium difficile*）过度繁殖引起急性结肠炎。许多炎症反应可通过服药缓解。如果药物治疗仅仅抑制了病原的生长，而允许它们的存活，那么急性炎症可发展为慢性炎症。

进一步阅读材料

Arias, C.A. and Murray, B.E. (2009). Antibiotic-resistant bugs in the 21st century – a clinical super-challenge. New England Journal of Medicine, 360, 439–443.

Giguère, S., Prescott, J.F., Baggot, J.D., Walker, R.D. and

Dowling, P.M. (2006). Antimicrobial Therapy in Veterinary Medicine. Fourth Edition. Iowa State University Press, Ames, Iowa.

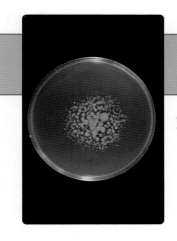

第12章

细菌耐药性

耐药微生物已成为一个全球性健康问题，导致多种常用抗生素的疗效下降。对这些抗生素耐受性的产生是畜牧业和人类医学中滥用抗生素所致选择压力的不可避免的后果。对人类和动物而言，细菌耐药是一个日渐重要的问题。一般地，对抗生素耐受会以如下形式出现，如药物失活、药物靶标改变、膜通透性降低导致的胞内聚积减少（伴随细胞外的跨膜的孔蛋白的减少）或药物排泄增加等（图12.1）。基本的遗传机制主要涉及以下几个方面：看家结构基因（如*gyrA*，编码DNA促旋酶的A亚基）和调节基因（如*acrR*，编码acrAB-tolC三重外排泵的调节物）的突变，或是通过水平传递获得外源遗传物质。偶尔，对四环素等抗生素的耐药性会通过多种途径产生。

广义上讲，微生物耐药性可分为先天的（固有的）和后天获得的（非固有的）。先天的耐药性是由染色体编码的，与微生物的生理相关，主要是与细菌的细胞壁复杂程度、细菌外排机制或灭活抗生素的酶等特性有关。与此相反，后天获得的耐药性可来自基因的突变或遗传物质的转移。这些遗传物质通过编码耐受性基因的质粒、噬菌体或通过转座子的转移作用，使接受这些遗传物质的细菌获得耐药性。遗传物质的转移是产生耐药细菌表型的常用方法，被转移的基因包括编码β–内酰胺酶的基因（该酶可降解青霉素和头孢菌素等β–内酰胺类抗生素）、新近识别的*qnr*基因（可耐受喹诺酮类抗生素）以及质粒编码的外排泵。

药物使用可引起选择压力，使耐药菌成为菌群中的优势菌种，它们可能还会将遗传物质转移给其

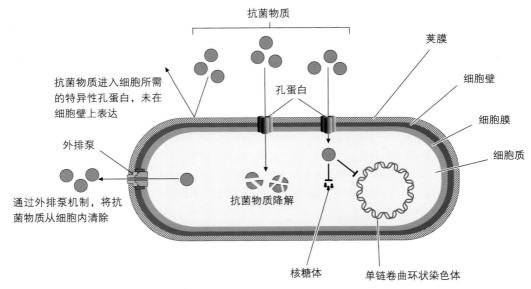

图12.1　抗生素耐药性产生的机制

他敏感菌，后者进而获得耐药性。细菌有多种转移耐药性的机理，包括接合（在"雄性"带有质粒的细菌和"雌性"无质粒的细菌之间的性配对）、转化（从环境中摄取裸露的DNA）和转导（噬菌体介导）。

在同类细菌之间，对某一抗菌药物的耐受通常会导致对其他抗菌药物的交叉耐受性。上述耐药形式可见于磺胺类、四环素、氨基糖苷类和大环内酯类抗生素。举例来说，用于猪的泰乐菌素能与红霉素发生交叉耐受性。质粒和转座子能运输多种耐受性基因，常常使不同种类的细菌对多种药物耐受。这种类型的耐受可在不同菌属和菌种间快速传递，尤其是肠杆菌科、假单胞菌和肠道内厌氧菌。

在美国、委内瑞拉和中国的城市儿童体内发现了非致病的耐药菌株或共生的大肠杆菌（Marshall等，2009）。非致病菌能获得耐药性具有重要意义。健康人群的内源性菌群所表现的高水平耐药性，增加了将耐药性传递给致病菌的风险。

◉ 耐受性机制

据报道，近些年有越来越多的细菌表现出对一种或多种抗生素具有耐受性。因此，这些抗生素在治疗上已无效果。细菌对抗生素的耐受性有多种机制。细菌细胞的外部结构是其耐药的第一道防线，可提供物理屏障防止多种抗生素进入细胞。其他耐受性机制还包括细菌产生破坏或失活药物的酶，如β-内酰胺酶和氨基糖苷激酶，以及通过改变孔蛋白的产生来降低细菌细胞通透性。细菌代谢途径被抑制后，还能发展出替代途径，这在万古霉素耐受性上得到了证实。抗生素可通过一系列与膜结合的外排泵排出细胞外，或是药物靶位点发生结构改变。例如，针对喹诺酮类药物的gyrA和parC、针对利福平的rpoB以及针对利奈唑胺的23S rRNA发生突变。靶位点的改变和酶的破坏作用是造成耐药性的最常见的机制。表12.1和图12.1简要列出了特定细菌的耐受性机制。

◉ 多重耐药

多重耐药性（multiple drug resistance，MDR）应格外关注，尤其是人兽共患病原和医院的病原。鼠伤寒沙门菌DT104是发达国家人类食物中毒最常见的原因（Glynn等，1998）。这一菌株出现于20世纪80年代，作为全球健康问题，曾引起动物和人类患病。鼠伤寒沙门菌DT104具有五重耐药性，称为ACSSuT（可同时耐受青霉素、氯霉素/弗洛芬妮、链霉菌素/壮观霉素、磺胺类药物和四环素）。2000年，Boyd等在该流行株内鉴定出沙门菌基因组岛1（Salmonella Genomic Island 1，SGI 1）。SGI 1是一个大小为4.3万个碱基对、整合的且可移动的基因组岛，位于某些沙门菌血清型的染色体上。该结构右侧是一个长达1.3万个碱基对的区域，包含所有与ACSSuT型相关的耐受性基因

表12.1　抗菌药的作用靶位、肠杆菌科病原和其他细菌耐药形成的遗传基础

药物	靶标	耐药菌或遗传基础	注释
氟喹诺酮	DNA促旋酶	肠杆菌/质粒介导或以染色体为基础	突变导致酶的结构改变
	细胞膜	肠杆菌/以染色体为基础	渗透性降低
利福平	DNA依赖的RNA聚合酶	肠杆菌/以染色体为基础	突变导致酶改变
红霉素	核糖体蛋白	金黄色葡萄球菌/以染色体为基础	由于结构改变，核糖体不受药物作用影响
链霉菌素	核糖体蛋白	肠杆菌/以染色体为基础	突变导致核糖体改变
四环素	核糖体蛋白	肠杆菌/质粒介导	保护蛋白阻断了药物对核糖体的作用
氯霉素	转肽酶	葡萄球菌，链球菌/质粒介导或以染色体为基础	通过特异性乙酰转移酶灭活药物
磺胺类	二氢叶酸合成酶	肠杆菌/质粒介导或以染色体为基础	改变生物合成通路，利用抗磺胺酶
β-内酰胺类抗生素	青霉素结合蛋白（PBP）	金黄色葡萄球菌/以染色体为基础	降低PBP对药物的亲和力
	青霉素结合蛋白	肠杆菌/以染色体为基础	大部分革兰阴性细菌外膜对这些药物具有固有的不通透性
	青霉素结合蛋白	金黄色葡萄球菌、肠杆菌/质粒介导或以染色体为基础	β-内酰胺酶降解这些药物

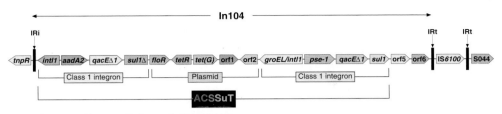

图12.2　多重耐药鼠伤寒沙门菌DT104株中SGI1岛的远端结构

图中显示了决定ACSSuT表型的耐药基因簇。这一结构包括复合整合子In104，In104有位于两个1类整合子两侧的反向重复序列（IR）。1类整合子的5'端和3'端都有保守结构。5'端保守结构中有*int1*整合酶基因（是一个单基因盒）；3'端保守结构中有*qacEΔ1*基因和*sul1*基因（详见第9章）。*aadA2*基因（决定链霉菌素耐受性和壮观霉素耐受性）和*pse1*基因（决定氨苄西林耐受性）的基因盒分属不同的整合子。*floR*基因编码弗洛芬妮/氯霉素耐受性；*tet*（*G*）基因编码四环素耐受性。*Sul1*基因编码磺胺类耐受性，位于图中右侧1类整合子的3'保守结构区。*SGI1*基因组岛中的其他基因还包括编码转座子解离酶的*tnpR*基因、编码假定的lysR型转录调节因子的orf1、编码类转座酶基因的orf2，以及未知功能的orf5和orf6开放阅读框。IS6100是一个插入序列（见第9章），S044是一个假定蛋白。

（图12.2）。SGI1不能独立存在于染色体外，但它能传递给其他沙门菌血清型，也能在"辅助质粒"帮助下传递给大肠杆菌（Doublet 等，2005）。从动物和人体内其他沙门菌血清型中均鉴定出SGI1，为SGI1的广泛分布和越来越多的微生物具有多重耐药表型提供了证据。沙门菌内其他抗生素耐受性基因的遗传重排也得到了研究，涉及可移动的遗传元件。

膜结合外排泵常见于原核生物，能外排一系列结构上并不相似的有机化合物，如抗生素、胆汁盐、染料、洗涤剂、消毒剂和其他物质。这一系统运输多种抗生素，与多重耐药表型一致，从而形成微生物的固有耐药性。已知5个外排泵家族与细菌多重耐药相关。表12.2概述了这些泵的特性，图12.3则

列出了它们的相应结构。外排泵的分类基于结构元件的数量、跨膜区数量和利用的能量来源。细菌可表现出一系列外排泵。大肠杆菌具有称之为acrAB-tolC的RND型外排泵；鼠伤寒沙门菌和空肠弯曲菌（campylobacter jejuni）具有称之为cmeABC的RND型外排泵。cmeABC是弯曲菌高度耐受喹诺酮类抗生素的原因。主要易化子超家族（major facilitator superfamily，MFS）转运蛋白floR和tetG位于鼠伤寒沙门菌SGI1内（图12.2）。

因其广谱特异性，外排泵的生理作用是消除胆汁盐等宿主产生的分子，这就使细菌得以在宿主体内存活。在某些细菌，外排泵除运输抗生素外，同样还能运输毒力因子，包括黏附素、毒素和其他蛋

表12.2　主要外排泵的结构特点及所处细菌的种属和运输的分子

外排泵家族	外排泵的结构特点	运输的分子	发现外排泵的细菌种属
主要易化子超家族（major facilitator superfamily，MFS）	12~14个跨膜区	抗生素，季铵盐化合物，碱性染料和磷离子	埃希菌（Escherichia） 弧菌（Vibrio） 分枝杆菌
多重耐药（small multidrug resistance，SMR）小家族	初级结构有100~120个氨基酸，包含4个螺旋	抗生素，季铵盐化合物，四苯基膦，溴化乙锭	埃希菌 葡萄球菌 分枝杆菌
多药物及毒性化合物外排（multidrug and toxic compound extrusion，MATE）家族	12个假定的跨膜区	氨基糖苷类，染料和氟喹诺酮	杆菌 弧菌 嗜血杆菌
耐药结化细胞分裂（resistance/nodulation/cell division，RND）家族	与内膜、外膜结合的多种成分组成的片段	抗生素，碱性染料，去污剂和脂肪酸	大肠杆菌 假单胞菌 沙门菌
ATP结合盒（ATP-binding cassette，ABC）转运体	多重跨膜螺旋，ATP结合盒区域	生物碱，溴化乙锭，磷脂，离子载体	埃希菌 葡萄球菌 分枝杆菌

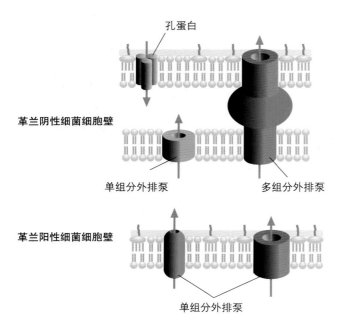

孔蛋白

革兰阴性细菌细胞壁

单组分外排泵　　　　　多组分外排泵

革兰阳性细菌细胞壁

单组分外排泵

图12.3　细菌中已鉴定的外排泵家族

白质（表12.3）。

人和动物医院等地点的抗生素选择压力高。这些地点某些微生物对多种抗菌化合物具有耐受性，可造成住院的病人或动物发病。这些医院内感染的病原有时被称为"超级细菌（superbug）"。"超级细菌"通常分为两类：①公认的病原，如耐甲氧西林金黄色葡萄球菌，其对多种抗菌药物具有耐药性；②环境微生物，如鲍氏不动杆菌（*Acinetobacter baumannii*）或铜绿假单胞菌（*Pseudomonas aeruginosa*），可造成机会性感染，对多种药物固有耐药。

◉ 控制耐药性产生的策略

耐药性分布广泛，在控制措施不严的国家，在食物中及动物或人体正常菌群中引入耐药菌，会使防控措施趋于无效。健康专业人士和公众应意识到耐药性的风险，以便控制措施能够得以实现。限制

抗生素的使用和控制细菌污染，或许能降低微生物耐药的发生和传播。

应对抗菌药物耐药性的推荐出版物有多种，如*The Copenhagen Recommendations*（Rosdahl 和 Pedersen，1998），由英国专家委员会（Anon，1998，1999）和美国专家委员会（Cohen，1998）推荐出版，以及2008由FAO/WHO/OIE出版的报告。应在地区、国家和国际水平上建立有效的监测系统，用于收集耐药菌的数据。抗生素的供给和使用要密切监控，以便评价治疗的风险和收益。开抗菌药处方要基于医学和兽医学治疗原则。理想的抗生素治疗要以实验室检测结果为依据，按推荐治疗剂量和规定期限给药。在治疗食用动物时要严格遵守休药期。抗生素禁止用于促生长目的，控制传染病应更注重改善卫生措施、加强消毒以及疫苗免疫接种。

药物敏感性监测系统，诸如美国国家肠道菌耐药性监测系统（National Antimicrobial Resistance Monitoring System，NARMS）和丹麦耐药性监测与研究项目（Danish integrated antimicrobial resistance monitoring and research programme，DANMAP），提供了有价值的食源菌耐药特性等信息。DANMAP的独特性在于它收集了动物、食品和人类消耗的抗菌药物与细菌耐药等数据。这些数据为研究抗生素使用量与耐药性产生之间的关系提供了重要信息（Bager，2000）。

◉ 抗菌药敏试验

对临床病例分离菌株的试验，可确定有效治疗某一疾病的最适抗生素。然而，体外开展的这些试验并不能完全顾及体内各种因子对抗菌活性的影响。治疗所获得的结果也不能反映通过实验室确定的敏感性。目前已有很多抗菌药敏试验，包括肉汤稀释、纸片扩散、琼脂梯度和一些自动化方法（Jorgensen 等，1999）。Kirby-Bauer纸片扩散法是一种灵活而又廉价的技术，常

表12.3　耐受性/结节化/细胞分裂（resistance/nodulation/cell division，RND）外排泵特点

RND外排泵	已鉴定有外排泵的细菌种类	表达外排泵的细菌的特性	自然状态下运输的分子
AcrAB-TolC	鼠伤寒沙门菌	黏附并入侵宿主细胞；在肠上皮细胞定殖，持续存在于禽的肠道	胆盐
	大肠杆菌	与鼠伤寒沙门菌特性相似	胆盐
MexAB-OprM	铜绿假单胞菌	入侵宿主细胞；造成多种动物机会性感染	尚未确定
CmeABC	空肠弯曲菌	在肠上皮细胞定殖，持续存在于禽的肠道	胆盐

常在诊断实验室中应用。这一标准程序基于临床和实验室标准协会的手册（CLSI，2008），主要用于检测快速生长的需氧菌。如图12.4所示，该法将含有不同浓度的抗菌制剂的滤纸片放到琼脂上，检测细菌生长。测量每一个抑菌圈的直径，以毫米表示（从三个不同的方向，取平均值），通过与标准区域大小相比较来判定结果（CLSI，2008）。对抗菌药敏感表明由该细菌造成的感染，如果在感染部位药物达到治疗水平，那么就能起到治疗作用。

■最小抑菌浓度的测定

图12.5和图12.6阐明了实验室测定最小抑菌浓度（minimum inhibitory concentration，MIC）的程序。

抗菌剂对特定细菌的最小抑菌浓度可在体外测定。MIC是抗菌剂抑制细菌生长的最高稀释度。最低杀菌浓度（minimum bactericidal concentration，MBC）是药物杀死特定细菌的最高稀释度（图12.5）。与MBC不同，MIC可直接用浓度梯度试纸条测定。用这种方法，最小抑菌浓度可通过试纸条和椭圆形抑菌区间的交叉点测定（图12.6）。

定量药敏试验越来越多地用于实验室研究和诊断，是目前进行药敏试验的优先方法。结合药代动力学和药效学数据，能够更加精确地计算药物剂量。此外，MIC数据在耐药性监测中较定性数据更有价值。

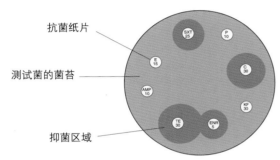

抗菌纸片编码：
AMP，氨苄西林　　　KF，头孢菌素
C，氯霉素　　　　　P，青霉素G
E，红霉素　　　　　SXT，复方新诺明
ENR，恩诺沙星　　　TE，四环素
抗菌纸片上的数字表明其药物含量（微克）；
对青霉素而言，剂量单位为国际单位。

图12.4　米勒–欣顿基础培养基（Mueller Hinton based medium）上大肠杆菌菌苔的药敏谱
使用抗菌纸片后，37℃培养18小时。测量抑菌圈直径（毫米），与国际公认的测量值相比较，以此来确定所分离菌株对药物的敏感性或耐受性。

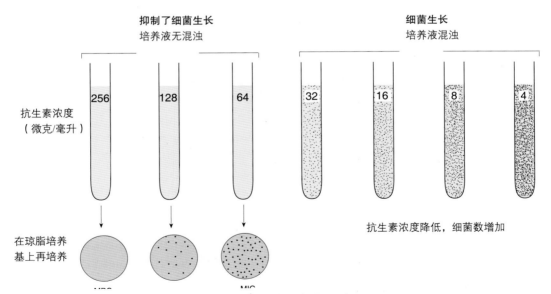

图12.5　稀释法测定抗生素的最小抑菌浓度（MIC）和最小杀菌浓度（MBC）
在肉汤中倍比稀释抗生素，将标准量的细菌接种物接种到每一个试管中，37℃孵育24小时。MIC是抗生素抑制待检测细菌生长的最高稀释度，如图中清亮试管所示（此例为64微克/毫升）。MBC是抗生素杀死所有细菌的最高稀释度（此例为256微克/毫升），可通过如图所示的将肉汤接种到琼脂上进行再培养来判断。抗生素浓度低于MBC的清亮试管中的肉汤接种到琼脂平板上，进行再培养，有细菌生长。

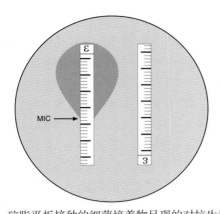

图12.6 琼脂平板接种的细菌培养物呈现的对抗生素的敏感性（左侧）以及对某种抗生素的耐受性（右侧）

惰性塑料条预先设定了抗生素梯度。接种后，可从刻度上（箭头所示）读出MIC值，其位于抑菌圈边沿与测试条的交汇点处。

■ 用于抗菌药敏试验的分子生物学方法

尽管基于表型的检测方法更常被诊断实验室用以检测耐药性，但仍建立了基于耐药基因的耐药性检测方法。这些方法通常基于传统PCR或实时PCR，可用于检测临床样本分离株或临床样本本身的耐药基因存在与否。分子生物学方法的优势在于可快速获得结果，尤其是在微生物难以生长的时候。这就能够快速使用抗生素处方药，从而有效治疗。但这些方法也存在缺点，存在耐药基因并不意味它一定显性表达，因此在使用这些方法的同时，有可能产生错误的临床信息。此外，如果直接使用分子生物学方法检测临床样品的耐药性，那么就无法获得用于最低抑菌浓度试验的分离的菌株。

◉ 参考文献

Anon. (1998). Standing Medical Advisory Committee, Sub-Group on Antimicrobial Resistance. Main Report: The Path of Least Resistance. Department of Health, London.

Anon. (1999). Advisory Committee on the Microbiological Safety of Food. Report on Microbial Antibiotic Resistance in Relation to Food Safety. Department of Health, London.

Bager, F. (2000). DANMAP: monitoring antimicrobial resistance in Denmark. International Journal of Food Microbiology, 14, 271–274.

Boyd, D.A., Peters, G.A., Ng, L.K. and Mulvey, M.R. (2000). Partial characterization of a genomic island associated with the multidrug resistance region of Salmonella enterica Typhimurium DT104. FEMS Microbiology Letters, 189, 285–291.

CLSI (2008). M100-S18 Performance Standardsfor Antimicrobial Susceptibility Testing. Clinical Laboratory Standards Institute, Wayne, Pennsylvania.

Cohen, M.L. (1998). Antibiotic use. In *Antimicrobial Resistance: Issues and Options*. Workshop Report. National Academy Press, Washington, DC.

Doublet, B., Boyd, D., Mulvey, M.R. and Cloeckaert, A. (2005). The *Salmonella* genomic island 1 is an integrative mobilizable element. Molecular Microbiology, 55, 1911–1924.

FAO/WHO/OIE (2008). Joint FAO/WHO/OIE Expert Meeting on Critically Important Antimicrobials. Report of a meeting held in FAO, Rome, Italy, 26–30 November 2007. FAO, Rome, Italy, and WHO, Geneva, Switzerland.

Glynn, M.K., Bopp, C., Dewitt, W., Dabney, P., Mokhtar, M. and Angulo, F.J. (1998). Emergence of multidrug-resistant *Salmonella enterica* serotype Typhimurium DT104 infections in the United States. New England Journal of Medicine, 338, 1333–1338.

Jorgensen, J.H., Turnidge, J.D. and Washington, J.A. (1999). Antibacterial susceptibility tests: dilution and disk diffusion methods. In *Manual of Clinical Microbiology*. Seventh Edition. Eds P.R. Murray, E.J. Barron, M.A. Pfaller, F.C. Tenover and R.H. Yolken. ASM Press, Washington, DC. pp. 1526–1543.

Marshall, B.M., Ochieng, D.J and Levy, S.B. (2009). Commensals: underappreciated reservoir of antibiotic resistance. Microbe, 4, 221–238.

Rosdahl, V.T. and Pedersen, K.B. (1998). The Copenhagen Recommendations: Report from the Invitational EU Conference on the Microbial Threat. Copenhagen, Denmark. 9–10 September 1998. Ministry of Health, Ministry of Food, Agriculture and Fisheries, Denmark.

Wright, G.D. (2007). The antibiotic resistome: the nexus of chemical and genetic diversity. Nature Reviews Microbiology, 5, 175–186.

◉ 进一步阅读材料

Amaral, L., Fanning, S. and Pagés, J.-M. (2011). Efflux pumps of Gram-negative bacteria: Genetic responses to stress and the modulation of their activity by pH, inhibitors and phenothiazines. In *Advances in Enzymology & Related Areas of Molecular Biology*. Ed E.J. Toone. Wiley-Blackwell Publishers, Oxford, United Kingdom, 77, pp. 61–108.

Bennett, P.M. (1995). The spread of drug resistance. In *Population Genetics of Bacteria*. Eds S. Baumberg, J.P.W. Young, E.M.H. Wellington and J.R. Saunders. Cambridge University Press, Cambridge. pp. 317–344.

Gold, H.S. and Moellering, R.C. (1996). Antimicrobial- drug resistance. New England Journal of Medicine, 335, 1445–1453.

Kohanski, M.A., Dwyer, D.J. and Collins, J.J. (2010). How antibiotics kill bacteria: from targets to networks. Nature Reviews Microbiology, 8, 423–435.

Levy, S.B. (1998). The challenge of antibiotic resistance. Scientific American, 278 (3), 32–39.

Mollering, Jr., R.C. (2010). NDM-1 – a cause for worldwide concern. New England Journal of Medicine, 363, 2377–2379.

Nicolaou, K.C. and Boddy, C.N.C. (2001). Behind enemy lines. Scientific American, 284, 46–53.

Peleg, A.Y. and Hooper, D.C. (2010). Hospital- acquired infections due to Gram-negative bacteria. New England Journal of Medicine, 363, 1804–1813.

Piddock, L.V.J. (2006). Multidrug-resistance efflux pumps – not just for resistance. Nature Reviews Microbiology, 4, 629–636.

Quinn, T., O'Mahony, R., Baird, A.W., Drudy, D., Whyte, P. and Fanning, S. (2006). Multi-drug resistance in Salmonella enterica: efflux mechanisms and their relationships with the development of chromosomal resistance gene clusters. Current Drug Targets, 7, 849–860.

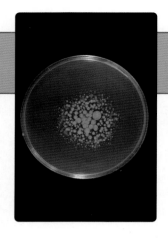

第13章

细菌定殖、组织侵染和临床疾病

许多细菌定居在动物宿主体内，或是共生，或是潜在的病原。哺乳动物是数量庞大的常驻微生物的宿主。例如，一个健康成年人能携带多至10^{14}个细菌，这一数字超过了宿主细胞总数至少一个数量级。绝大多数常驻菌与宿主有着和谐共生的协同进化史。与之相反，病原菌则与宿主组织相互作用导致疾病（图13.1）。

◉ 共生

共生微生物可在机体出生后很快获得，能黏附在机体表面。它们形成稳定的多种微生物的群体，以"正常菌群"贯穿于生命的整个阶段，存在于皮肤和中空器官，这些器官的表面和管腔与外界环境相通。正常菌群具有宿主特异性，而在宿主体内又具有器官特异性。在一个特定生境里，多种微生物的比例受彼此对营养素的竞争、黏附位点以及微生物群落中某些成员所释放的诸如细菌素等抗菌物质的控制。

稳定的微生物群落在多个方面对宿主有益。消化系统依靠正常菌群降解所摄入的物质，这些菌群存在于牛羊的瘤胃、马的盲肠和结肠以及猪的结肠。瘤胃菌群合成维生素K和部分B族维生素，而在非反刍动物则是由肠道菌群合成。正常菌群有利于免疫系统，促进宿主对细菌性病原的有效应答。有人提出，免疫系统受到共生菌抗原的非特异性刺激（Tannock，1995）。无菌动物未受到这种刺激，次级淋巴器官发育不良，细胞介导的免疫应答无力，血清免疫球蛋白水平较正常动物低。然而，也有学者认为，固有菌群的最重要的有利影响是与外源菌进行竞争，尤其是当外源菌试图定居时就必须和常驻菌群竞争营养物质和受体。

当共生菌群占据特定生境并处于生态平衡时，细菌可利用来源于宿主的资源，而并不造成任何明显的不利影响。然而，当平衡被打破或是宿主处于严重的应激状态时，固有细菌会摆脱群落的限制而成为机会致病菌。这种情况可发生于口服抗生素的胃肠道。此外，细菌在正常生境中无害，而在其他部位会致病。例如，坏死梭杆菌以共生菌形式存在于瘤胃时不致病，但当它转移到肝脏时可引起饲牛发生肝脓肿。

◉ 病原

某种微生物要成为病原，就必须在宿主体内找到合适的生境，必须和正常菌群竞争，必须逃避或克服正常的宿主防御，必须表达基因并编码致病因子。微生物损伤宿主的能力称为致病性；病原体损伤宿主的相对能力称为毒力。能使细菌获得致病性的是毒力因子，包括黏附素、毒素和荚膜。编码这些毒力因子的基因并不持续表达，细菌为了合理代谢，常常仅在需要某种基因的产物的时候才表达相应的基因。细菌开启或关闭基因表达的过程称为相转变（phase variation），这是病原菌极其重要的特性。

病原菌在生存过程中，要适应各种各样的环境条件改变，这种改变或发生在靶宿主，或发生在外部环境，也可能发生在偶然宿主。细菌存活与否，取决于它对不同环境条件的适应，这是通过改变基因表达来完成的。即使遇到宿主，细菌的命运仍然依赖着它对不同基因产物表达的上调或下调，尤其

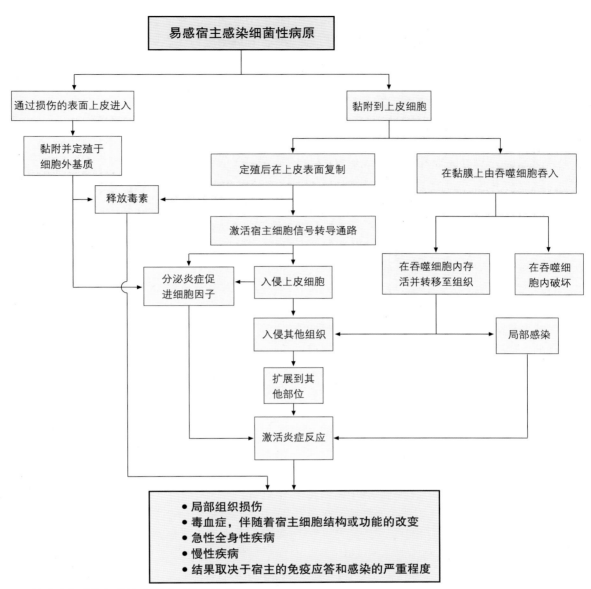

图13.1 易感动物感染细菌性病原后可能的结局

是那些公认的毒力因子。例如，当病原进入宿主体内，就必须表达特定的基因产物，从而使其能在适当的位置存活并复制。随后，与细菌到宿主特定生境相关的基因产物表达减少，以便有利于表达其他基因产物，从而使病原转移到新的位置。一般说来，在特定环境下对细菌有利的基因产物会表达，而非必需的或在当时环境中无帮助的基因产物则不表达。关闭不需要基因产物的表达可节约代谢能量，也能减少宿主对细菌毒力因子的有效免疫应答风险。在感染期间，相转变会调节毒力因子表达，以应对宿主和病原相互作用所产生的信号。某些毒力因子也会发生随机的相转变，所产生的菌群中，有些菌表达特定成分，而其他菌并不表达这些成分。这种随机的相转变可持续产生不同表型的亚群。更能适应当时条件的亚群得以存活。

编码毒力因子的基因并不在特定细菌的所有菌株中均匀分布，而是明显分布于一些细菌的某些菌株中。事实上，一种细菌可能存在许多不连续的遗传谱系，每个谱系均代表来自不同祖代细菌的细胞克隆。有些克隆较其他克隆生来就更加具有毒力。大肠杆菌、金黄色葡萄球菌和多种沙门菌被认为是高度克隆化的微生物，而铜绿假单胞菌则被认为是非克隆化的。某一克隆里的成员可能携带着相同的毒力决定簇。有人认为，由某种病原所引起的大多数病例可能归因于该种病原大量克隆中的一小部分克隆。金黄色葡萄球菌所引起的多种疾病中，大部分是由有限的克隆成员引起的，这就说明不同克隆的金黄色葡萄球菌在相对毒力上存在显著不同。某些克隆以共生形式存留于宿主体内，而其他克隆则可迅速引起宿主严重疾病。在一定程度上，某些致病性克隆组织偏嗜性与它们引起特定临床症状的相对频率明显相关。这一趋势在相隔很远的地理区域和不同环境条件下都得以证实。例如，有证据表明，金黄色葡萄球菌少数克隆是多起牛乳腺炎的病因，这些克隆在爱尔兰和美国的产品中都有发现（Fitzgerald等，1997）。

许多编码毒力因子的基因与可移动遗传元件相关：噬菌体、质粒和毒力岛（pathogenicity islands）。毒力岛占据了细菌基因组中较大的区域。它们编码毒力基因簇，可能是在进化过程中通过水平转移获得的。基因簇或许是细菌染色体的一部分，也可能是质粒或噬菌体的一部分。毒力岛中的编码基因在无毒菌株或其他密切相关菌株的基因组中缺失。毒力岛的水平转移能将无毒菌株转变为致病菌株。事实上，细菌所有的毒力因子，如黏附素、入侵因子、分泌系统或毒素，均能编码于毒力岛中。然而，一种病原菌染色体毒力岛上的毒力基因簇有可能存在于另一种病原的质粒中。尽管毒力岛在多种病原中存在，但在分枝杆菌属或衣原体，以及螺旋体和大部分链球菌中尚未发现。已有观察表明，毒力岛似乎能够扩大细菌生存和定殖的范围（Schmidt和Hensel，2004）。

传染性疾病中遗传因子的相互影响是持续动态过程的一部分。在该过程中，病原和宿主影响彼此的进化：随着时间的推移，病原体通过适应性改变进行遗传变异从而适应宿主，反之宿主也是如此。在这一过程中，随着时间推移，出现了多种不同的微生物基因型和宿主基因型的组合，在毒力上也发生了相应的改变。病原毒力可变，这是由病原和宿主的同期基因型触发所致的应答产物，其在特定时期受宿主环境条件的调节。尽管最接近的决定性因素，如遗传或环境，能增强某些病原-宿主相遇时的损伤；然而，一般说来，共同进化趋向于更加温和的结果，但在少数微生物感染时也有例外。

◉ 定殖和生长

动物可能会暴露于内源性或外源性感染。无害共生于皮肤或黏膜的细菌在宿主抗菌防御系统受损时，有可能成为机会致病菌，发生内源性感染。在上皮屏障受损时，免疫力因药物、辐射及其他病原体感染而下降时，常驻菌群生态平衡被服用抗菌药打乱时，或是细菌在其通常并不存在的位置出现时，这些机会致病菌可引起内源性感染。

从感染动物或环境直接或间接地传播，可导致外源性感染发生。感染途径决定了病原与宿主相互作用的起始位点以及受感染风险最大的器官。随后的相互作用由微生物基因表达的毒力因子和宿主基因表达的抗病原作用共同推动。病原会通过皮肤、结膜、脐、乳小管进入宿主，不过其主要侵染门户仍是胃肠道、呼吸道和泌尿生殖道的黏膜。在很大程度上，极性上皮细胞通过紧密连接与相邻细胞的细胞膜连接，这种紧密连接位于上皮组织自由表面的下方。屏障的紧密性在不同位置存在差异：位于肠道的渗漏性上皮，细胞间连接可透过小分子物质；位于肾单位的紧密上皮，细胞间连接几乎不允许相邻细胞间通过细胞旁路途径（即通过细胞间隙）运送任何物质。因此，上皮细胞层提供了机械屏障，用以保护上皮下的组织免受细菌侵染。上皮细胞分泌黏液截留细菌，并随后清除它们。上皮细胞还能"识别"病原，激活先天性免疫应答，分泌抗菌肽和蛋白质。

微生物要定殖在某一生境，就必须迅速附着在未损伤上皮细胞或是暴露的上皮下细胞外基质成分，诸如胶原、弹性蛋白、纤连蛋白和层粘连蛋白。因静电或疏水力可产生非特异吸附。特异吸附则由配体-受体结合获得。具有代表性的是，配体是蛋白质（如位于细菌细胞表面的黏附素），受体是宿主细胞成分糖蛋白或糖脂类碳水化合物的一部分。某些黏附素锚定在细菌细胞膜，即非菌毛黏附素（afimbrial adhesin或nonfimbrial adhesin），其他黏附素存在于菌毛上（菌毛是从细胞膜伸出的纤维状结构）。单个细菌可能拥有多个黏附素基因，但并不总是表达它们，每一个基因的表达受相转变的支配。黏附素的相转变为细菌从最初的黏附位点"滑动"到另一位点提供了机会。在此之后，细菌会利用另一黏附素附着于宿主的另外位点，或是脱落到外部，继而污染环境或转移到新的宿主。此外，由于表面成分可能是保护性抗体的重点靶标，病原会利用相转变这一机理来进行免疫逃避。

一旦细菌和宿主细胞受体结合，就必须在定殖位点复制，从而避免因宿主细胞脱落而引起的完全清除。新生菌与原有菌群竞争营养。铁离子的利用能力是细菌生长的限制性因素。铁离子是细胞色素和铁硫蛋白的组成成分，这两种物质涉及电子转移，在细菌呼吸过程中发挥主要作用。对细菌而言，动物体内的大部分铁是难以利用的，因为这些铁通常与诸如乳铁蛋白和转铁蛋白等铁结合蛋白相结合。然而，仍有许多病原菌进化出了相应的机制，从而能够从它们的宿主体内获得铁。例如，有些病原可以产生称为铁载体（siderophore）的铁螯合物，铁载体能从转铁蛋白和乳铁蛋白中移除铁。某些细菌能在缺乏铁载体时从这些分子中结合铁；其他细菌则能裂解红细胞以从血红蛋白中获得铁。细菌摄入铁不足，可以阻碍它们感染宿主，因此铁摄入系统属于细菌的毒力因子。如果营养充足且环境条件适宜，那么就会有新的细菌繁殖。细菌繁殖会导致以下三种情况：短暂的温和定殖、永久的温和定殖（细菌和宿主都无明显改变）、感染并造成宿主损伤。

细菌在宿主某些解剖部位成功定殖后，就会倾向于在上皮表面形成一层生物被膜。在定殖早期，细菌分泌多糖基质，将细菌包裹在里面。这些黏多糖可使细菌耐受宿主的防御机制和抗菌药物的作用。在多种不同情况下，细菌可适应生物被膜生长方式。例如，在牙垢和人类体内医疗器械上、在尿路和雌性生殖道、在空调系统中，军团菌能存在于生物被膜内。多种细菌在生物被膜内产生小的信号分子，即信息素（pheromone），以前也称为自身诱导素（auto-inducer）。通过信息素，细菌能相互"交流"。细菌增殖时，信息素在生物被膜内累积。当细菌达到一定密度时，信息素也达到一定阈值浓度，从而调节细菌基因表达，以便细菌以群体形式而非个体形式定殖下来。密度感应（quorum sensing）是金黄色葡萄球菌、铜绿假单胞菌、表皮葡萄球菌、大肠杆菌和链球菌等细菌定殖的一个特点。生物被膜中细菌的基因表达与其他状态的细菌在基因表达上存在显著不同。病原菌可调节毒力决定簇，以确保它们只在感染的适当阶段进行表达。具有密度感应的病原不会在其并不需要的时候浪费能量来表达毒力决定簇。这些细菌更倾向于延迟表达，从而能够避免宿主获得性免疫系统对它们的识别，除非它们达到临界数量，有足够的能力来挑战宿主防御系统。

◉ 病原−宿主相互作用

在细菌感染时，宿主可能会受到损伤，这些损伤源于细菌毒素、细菌或其毒素引起的炎症反应，但通常是由毒素和炎症反应共同造成的。宿主的免疫应答也可能是组织损伤的一个来源。与分枝杆菌感染相关的慢性炎症反应就与宿主免疫应答有关。病原-宿主相互作用的结果可以是从临床隐性感染直到暴发致死性疾病。这种差异是由细菌毒力和宿主免疫效应共同决定的。在很大程度上，病原表达毒力基因与其直接需求相关，主要是为了细菌在特定生境中能够存活、增殖并传播给新的宿主。因此，一般说来，细菌为了利用宿主的资源，并不会过度地损伤宿主。

◉ 毒力因子

病原菌进化出多种毒力因子，能使其定殖在哺乳动物宿主体内的胞外或胞内生境中。宿主细胞内存活的病原菌可分为两类：严格的（专性）胞内病原菌和兼性胞内病原菌。衣原体和立克次体是专性胞内病原菌。在兼性胞内菌中，分枝杆菌进入并在吞噬细胞内复制，而布鲁菌、尿道致病性大肠杆菌、沙门菌和产单核细胞李氏杆菌入侵并在非吞噬细胞的上皮细胞内复制繁殖。各种毒力因子是病原定殖到不同生境所必需的。主要的毒力因子有黏附素、荚膜和毒素。

■黏附素

病原利用黏附素附着在宿主组织上并抵抗体液的冲洗。因此，黏附素在感染过程中发挥着重要的作用。根据实际情况，黏附素的表达受相转变的支配。许多病原表达多种不同的黏附素，每一种可识别宿主不同类型细胞或相同类型但分布于细胞不同部位的受体。例如，尿道致病性大肠杆菌的1型菌毛附着于膀胱上皮细胞，而相同细菌的P菌毛则附着于肾上皮细胞。定殖时对某一生境的偏好导致需要多种黏附素，而并非一种。这是包括沙门菌在内的肠致病菌定殖于肠道时的特点。黏附素与细胞受体的相互作用激活了信号转导途径，引发细胞信号级联反应，从而改变细胞的行为，而这些改变是通过调节基因转录、细胞代谢或是宿主细胞骨架来实现的。肠道病原的黏附素与肠上皮受体的相互作用导致信号通路的激活，进而释放核因子κB（nuclear factor-kappaB，NF-κB）。该转录因子移动到细胞核，上调多种促进炎症反应的基因的表达。对于某些侵染的病原，如产单核细胞李氏杆菌，黏附素与宿主细胞受体具有高亲和性，从而激活信号转导途径，介导非吞噬细胞的上皮细胞对细菌的摄取。

荚膜

有荚膜的细菌通常对吞噬作用有抵抗力。荚膜可干扰调理作用，即干扰补体和抗体结合到细菌表面；因此，可保护细菌免受吞噬细胞的吞噬和抗菌药物的作用。在生长阶段，荚膜菌聚集在一起，形成微菌落或生物被膜，从而因其较大的体积而免于吞噬细胞的作用。某些细菌具有荚膜，能附着在宿主组织上。许多荚膜由多糖构成，具有亲水性；因此，这类荚膜能帮助细菌耐受干燥。炭疽杆菌的荚膜由多聚谷氨酸构成，能抵抗吞噬作用，被认为是炭疽杆菌基本的毒力因子。

毒素

习惯上，细菌毒素可分为两类：外毒素，由活菌产生并分泌；内毒素，细菌细胞壁部分成分，在细菌裂解后释放。细菌外毒素和内毒素的结构和作用方式不同（表13.1）。

内毒素是脂多糖（lipopolysaccharide，LPS），位于革兰阴性细菌外膜，由三部分构成：疏水性糖脂

表13.1 外毒素与内毒素的比较

外毒素	内毒素
由活细菌产生，革兰阴性细菌和革兰阳性细菌均可产生	革兰阴性细菌细胞壁成分，在细胞死亡后释放
蛋白质，分子量通常较高	脂多糖复合物含有的类脂A是其毒性成分
典型的热不稳定	热稳定
毒性强，通常具有特殊活性，不致热，抗原性强，易转变为类毒素，可诱导产生中和抗体	毒性中等，无特异性，具普遍活性；是强有效的致热源，抗原性差；不能转变为类毒素，自然暴露时不诱导中和抗体的产生
由染色体外的遗传物质编码的	由染色体编码的

（类脂A）、亲水性多糖（含有一个核心寡糖）和O-多糖链（即O抗原）。毒性存在于类脂A。当细菌细胞壁被补体系统、吞噬细胞或抗菌药物损伤时会释放脂多糖。内毒素在体内的效应（贴13.1）依赖其在血液循环中的含量。每天有少量的LPS进入血液循环，这主要是由于肠道内共生的革兰阴性菌死亡造成的。LPS与单核巨噬细胞、中性粒细胞、血小板、树突细胞和B淋巴细胞等具有toll样受体4（toll-like receptor 4，TLR-4）的细胞相互作用。通过这种方式，先天性免疫系统能够持续被共生菌刺激。血液中高浓度的内毒素大大增加了细胞因子的释放，尤其是白介素1和肿瘤坏死因子α。这些因子来自于一系列单核吞噬细胞，包括枯否细胞、单核细胞，脾脏、骨髓和肺泡的巨噬细胞。释放的细胞因子诱导机体发热，激活巨噬细胞和凝血因子XII，刺激B细胞分化并产生抗体。细胞因子刺激前列腺素和白三烯的产生，二者介导炎症。当达到中毒浓度时，LPS可导致小血管血栓沉积（弥散性血管内凝血），血压急剧下降，引起内毒素性休克，威胁生命。

△ 贴13.1 内毒素的效应
- 与多核吞噬细胞和单核吞噬细胞、血小板及B淋巴细胞相互作用
- 释放白介素1，导致发热
- 激活补体，促进炎症反应

革兰阳性细菌和阴性细菌都能产生外毒素。毒素是具有高度抗原性的蛋白，能诱导产生保护性的抗毒素。偶尔，有些毒力强的外毒素如肉毒梭菌毒素，经污染的食物摄入后会产生全身效应。最常见的是细菌在宿主体内产生外毒素，并在局部或全身发挥效应（贴13.2）。

△ 贴13.2 外毒素的效应
- 细胞膜损伤
  - 酶消化破坏细胞膜
  - 在细胞膜上形成小孔
- 干扰蛋白质合成
- cAMP水平升高
- 破坏神经组织功能
- 消化间质组织成分：胶原、弹性蛋白、透明质酸

许多外毒素具有双亚基结构：A亚基和B亚基。A亚基是毒素的毒性部位，有酶的活性，作用于细胞内的靶标，它仅在细胞内释放后，才具有活性。B亚基负责外毒素结合到宿主细胞膜上特异性受体，决定了毒素对宿主细胞的特异性，帮助毒素进入细胞内。如果细胞没有针对B亚基的受体，那么就不易受到毒素的侵害。破伤风毒素和肉毒毒素都含有A、B两个亚基。

外毒素可分为四个主要类型：① 作用于细胞外基质的毒素；② 作用于靶细胞细胞质膜的毒素，干扰跨膜信号通路或改变膜通透性；③ 在细胞内发挥作用的毒素，能修饰信号通路或细胞骨架的活性；④引起免疫系统功能紊乱的毒素，也称为超抗原。某些外毒素通过酶促降解上皮细胞、细胞间连接及其下层的组织，损伤黏膜表面，破坏黏膜的物理屏障作用，使细菌更易穿透组织进行传播。细菌透明质酸酶、胶原酶、卵磷脂酶、弹性蛋白酶和磷脂酶都能降解细胞膜和细胞间基质。

在小于致死浓度时，许多作用于膜的毒素会诱导cAMP、cGMP和自由的细胞质基质钙离子等细胞内信使的浓度升高。因为这些信使涉及众多的细胞生命过程，即使小于溶细胞剂量的外毒素也能妨碍许多关键的信号通路，呈现为一些通路上调和另外一些通路下调。大肠杆菌热稳定肠毒素（ST）能激活肠细胞内的膜结合鸟苷酸环化酶，产生信号诱导细胞内cGMP水平显著升高。离子运输受到干扰的结果就是导致腹泻。通过触发钙信号，外毒素能上调诱导型基因的表达，进而引起IL-6和IL-8等炎症促进因子的分泌。通过外毒素阻碍胞内蛋白的合成，某些在生理学上非常重要的细胞活性会受到干扰甚至丧失，这可能会导致靶细胞的死亡。因此，细菌感染后，外毒素的溶细胞性和非溶细胞性均可造成局部和系统损害。

一些毒素能使细胞膜形成小孔，破坏离子经膜的选择性进出。例如，尿道致病性大肠杆菌释放的α溶血素，对包括红细胞、白细胞、内皮细胞、成纤维细胞和尿道上皮细胞在内的各种细胞都有细胞毒性。它可以在这些细胞的细胞膜上形成跨膜孔道，使细胞内外正常的离子浓度梯度消失，而胞内蛋白并不流失。由此产生的结果是，细胞内部大分子物质将水吸入细胞内，造成细胞的渗透压升高并裂解死亡。在低于致死浓度时，尿道致病性大肠杆菌释

放的α溶血素能强有力地刺激白介素1β的释放，从而诱导发热和急性期蛋白的释放。膜损伤类毒素还包括化脓链球菌、产单核细胞李氏杆菌和金黄色葡萄球菌产生的穿孔溶血素。在低于溶细胞浓度时，这些穿孔毒素能削弱宿主的防御活动，能抑制或废止中性粒细胞和巨噬细胞的吞噬作用，诱导T淋巴细胞凋亡。当细菌需要铁离子时会合成释放穿孔毒素，裂解红细胞释放血红蛋白，从而成为病原菌获得铁离子的来源。

病原的毒素可释放到细胞外液（extracellular fluid，ECF），也能直接转运到靶细胞的细胞质基质。如果毒素进入ECF，宿主可通过产生中和抗体进行应对。许多在细胞胞内区发挥作用的细菌毒素会释放到细胞外液，附着在细胞质膜上，通过膜结合小泡进入细胞。与之相反，多种革兰阴性细菌如沙门菌、志贺菌、肠致病性大肠杆菌（enteropathogenic E. coli，EPEC）、肠出血性大肠杆菌（enterohaemorrhagic E. coli，EHEC）和铜绿假单胞菌，能直接将毒素运抵到靶细胞的细胞质基质中。这些病原菌使用了一种特殊的系统，即Ⅲ型分泌系统的"分子注射器"。该系统贯穿细菌内膜、细菌外膜和宿主细胞的细胞质膜，从而形成中空的管道，将细菌毒素从细菌内部直接输入到宿主细胞内部。因为输出的毒素并不进入细胞外间隙，因此宿主无法产生中和抗体。在靶细胞内，输出的蛋白被称为"效应蛋白"，它干扰信号转导或作用于细胞骨架。沙门菌和志贺菌输出的效应蛋白作用于细胞骨架，引起非吞噬细胞的上皮细胞对病原的摄取。EPEC的Ⅲ型分泌系统能引起细胞骨架重排，但不同的是细菌仍残留在细胞外面。此外，EPEC还提供配体和受体，使细菌紧密接触宿主细胞。细菌黏附素是外膜蛋白，称为紧密素（intimin）。受体是细菌蛋白Tir，即转位的紧密素受体（translated intimin receptor），被EPEC的Ⅲ型分泌系统转移进入宿主上皮细胞的细胞质膜。紧密素结合到Tir上，导致细胞骨架成分的重排，形成肌动蛋白基座，EPEC便附着其上。

另一类微生物外毒素——超抗原（superantigen）（图13.2），是通过交联两个最重要的抗原识别分子，即T细胞受体（T cell receptor，TCR）和主要组织相容性复合物（major histocompatibility complex，MHC）Ⅱ类分子，破坏获得性免疫应答。超抗原首先结合到抗原提呈细胞（antigen-presenting cells，APC）表面上

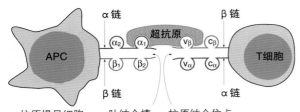

图13.2　超抗原结合到T细胞受体的Vβ结构域和MHC Ⅱ类分子的α链

与普通抗原不同，超抗原结合到MHC Ⅱ类分子肽结合槽的外面，这种结合不需进行抗原处理。因为超抗原结合到T细胞受体的Vβ区域，而不是结合到抗原结合位点，所以无论它们有何抗原特异性，都能使多至15%的总T细胞激活。

的MHC Ⅱ类分子上，但不是结合到MHC Ⅱ类分子抗原结合槽中。然后，双分子超抗原-MHC蛋白复合物与T细胞受体β链可变区（TCR Vβ）相互作用。这两种细胞的交联导致T细胞大量增殖，相关细胞因子大量释放，造成炎症、发热、休克和多器官系统机能障碍。一种超抗原分子能激活几乎所有的T细胞，这些T细胞携带着各类β链，以TCR与MHC分子相结合。与此相反，普通的抗原仅引起携带有特异性受体的T细胞发生应答，这些T细胞相对较少。因此，T细胞对超抗原的应答程度高出对普通抗原应答程度几个数量级。然而，超抗原的激活作用依赖于β链可变区，而不是TCR的抗原特异性，因此不能为宿主提供免疫保护来应对那些释放超抗原的病原。在某些疾病期间，T细胞对超抗原应答失败（T细胞无能）或特定的携带TCR Vβ的细胞凋亡和缺失后，细菌开始繁殖，从而提高了宿主对细菌的易感性。当超抗原建立起TCR Vβ与MHC Ⅱ类分子的非特异性连接时，活化了的细胞会释放大量细胞因子，主要是由很多T细胞亚群释放的IL-2、TNF-α和IFN-γ，以及抗原提呈细胞释放IL-1和TNF-α。炎症促进因子过度、不协调的释放，被认为是葡萄球菌和链球菌释放超抗原引起疾病的病理机制。

◉ 宿主对细菌性病原的应答

对宿主而言，首要的挑战是监测到病原，并在产生明显的组织损伤或干扰正常功能之前作出快速防御反应。一般地，获得性免疫系统需要花费几天的时间才能作出完整应答，而在这期间，宿主可能经受着严重的损伤甚至死亡。因此，先天性免疫系

统对病原的监测与应答能力是十分重要的。先天性免疫系统的细胞可表达多种模式识别受体（pattern-recognition receptor，PRR），它们能识别保守的分子模式，这些模式是微生物所独有的，宿主并不表达。尽管这些微生物模式可存在于共生菌和病原菌，但它们还是被称为病原相关分子模式（pathogen-associated molecular pattern，PAMP）。实际上，它们是一类特异的、个性化的分子——而不是分子模式（Beutler，2004）。已认可的PAMP配体包括LPS、脂蛋白、肽聚糖、脂磷壁酸和细菌DNA、病毒双链RNA以及来源于真菌的葡聚糖。这些配体是微生物不可缺少的成分，所以它们不易通过突变或选择进行改变（Beutler，2004）。

哺乳动物拥有一类跨膜PRR家族，称为toll样受体（toll-like receptor，TLR），在巨噬细胞、树突细胞、中性粒细胞、肥大细胞、B细胞以及特定类型的T细胞等宿主免疫细胞中持续表达。TLR也在上皮细胞、内皮细胞和成纤维细胞等一些非免疫细胞中表达。迄今，已在哺乳动物中鉴定出12个TLR。许多TLR位于细胞膜，但也有某些TLR仅在细胞内发现。此外，带有核苷酸寡聚结构域（nucleotide oligomerization domains，NOD）的两个胞内TLR被认为是受感染细胞细胞质中的病原传感器。因此，先天性免疫系统对侵染的病原能快速应答，而不论细菌是在细胞外还是细胞内。每一个TLR都具有识别独特结构成分（即PAMP）的能力，无论这些独特成分来自细菌、病毒、原生动物还是真菌。例如，位于宿主细胞膜上的TLR-4能识别革兰阴性细菌的LPS，TLR-2能识别革兰阳性细菌脂蛋白和肽聚糖等一组配体，而宿主细胞内的TLR-9则能识别来源于病毒和细菌的核酸。

TLR对上述PAMP的识别激活了细胞内信号通路，以转录因子NF-κB转位入核而告终。该因子结合到DNA，介导TNF-α、IFN-γ、IL-6、IL-1β和IL-12等多种炎症促进因子基因的表达。涉及炎症反应的效应分子和细胞包括补体、单核细胞、巨噬细胞、树突细胞、中性粒细胞和自然杀伤细胞。中性粒细胞和巨噬细胞是有效的"专职吞噬细胞"，能杀死大部分病原。巨噬细胞分泌趋化因子，吸引中性粒细胞到达感染部位，提呈微生物抗原给T细胞。来自于TLRs的信号也有助于通过激活树突细胞来启动病原特异的获得性免疫应答。某些激活了的树突细胞从感染部位移动到附近的淋巴结。在那里，树突

细胞与MHC Ⅱ类分子相互合作，将微生物抗原提呈给幼稚型CD4[+] T细胞并促进它们分化为辅助性T细胞。在多数情况，清除病原的过程并没有临床炎症表现。然而，当感染结局并不令人满意时，炎症反应就成了病理过程的一部分。

因为TLR等病原识别受体持续表达，且病原相关分子模式保守，因此先天性免疫系统在病原生命过程中的各个阶段均能对病原进行监测。TLR可识别致病微生物的分子特征（即PAMP），组织先天性免疫应答，并帮助启动获得性免疫应答。获得性免疫应答的功效取决于先天性免疫细胞的抗原提呈功能及其释放的细胞因子（Beutler，2004）。

宿主与病原之间的抗争并不总能分出清晰的胜负。有时候，致病菌本身具有多种毒力基因，能在宿主体内定殖并持续存在一段时间且不导致明显的疾病症状。牛体内的都柏林沙门菌或人体内的伤寒沙门菌等肠道病原菌隐性存在于胆囊或淋巴结，不排泄到粪中，此时宿主被称为隐性携带者；如果病原被排泄到粪中，无论连续性的还是间歇的，宿主都被认为是活动性携带者。在应激情况下，隐性携带者能转变为活动性携带者，无症状的宿主会污染环境并感染其他易感动物。史上最著名的活动性携带者是表面健康的厨师"伤寒玛丽（Typhoid Mary）"。她工作于20世纪早期的纽约州。她在从一个雇主转到另一个雇主的过程中，使超过200人感染了伤寒沙门菌。牛群中，都柏林沙门菌能在隐性携带者和活动性携带者中长期存在。这些病原，其毒力往往被抑制，但也有例外。如产芽胞的梭菌等厌氧菌的散播并不一定需要活的宿主，这些细菌产生高度致死的毒素并以此杀死宿主，宿主随后成为厌氧的基质，使这些厌氧菌能够繁殖，并以芽胞形式进行散播。

■病原在宿主体内的传播

某些病原不能侵入宿主的组织，也不分布于全身，但却能释放毒素和其他信号，进而干扰局部或全身的内稳平衡（homeostasis）。例如，当产肠毒素大肠杆菌黏附在新生家畜小肠上皮细胞时，虽然这些细菌不具有侵害性，但却能在不对黏膜产生明显组织损伤的情况下引起大量水样腹泻。同样地，破伤风梭菌能污染身体上的任何一个伤口，产生神经毒素。该病原存留于原地，但产生的毒素却能造成全身效应。外周神经末梢摄入毒素，通过轴突运输到中枢神经系统，封闭抑制运动神经元活动，引起相应症状。与之相反，其他病原菌穿透上皮屏障，接近下层组织，诱导炎症产生。例如，铜绿假单胞菌分泌多种毒素以降解上皮屏障，从而允许条件致病菌进入上皮下组织。

有侵害性的病原破坏上皮屏障的途径有两种：通过细胞间隙或通过上皮细胞。前者称为细胞旁路途径（the paracellular route），后者称为跨细胞途径（the transcellular route）。某些病原能同时利用这两种途径。肠致病性大肠杆菌、产单核细胞李氏杆菌、幽门螺杆菌、某些梭菌和某些沙门菌血清型等细菌能破坏细胞间紧密连接，可利用细胞旁路途径，进入上皮细胞。中性粒细胞因趋化作用对上皮细胞表面的病原进行应答，打开细胞间的紧密连接，使志贺菌等细菌通过细胞旁路途径进入宿主体内。

入侵的细菌如果要借助跨细胞途径，就必须能够进入未受损伤的上皮细胞。上皮细胞并非吞噬细胞，因此入侵的细菌就要改变分子策略，使其能够进入这些宿主细胞。宿主细胞膜对病原产生的信号应答的结果是形成膜结合液泡，病原则通过这些液泡进入上皮细胞。上皮细胞有两种主要的摄入细菌的机制，即"拉链"机制（the zipper mechanism）和"扳机"机制（the trigger mechanism）。拉链机制由细胞膜上特异性配体-受体相互作用而诱发，而扳机机制则是由细菌Ⅲ型分泌系统将效应蛋白运送到细胞内诱发的。在这两种机制中，病原均利用细胞内现有的信号转导通路来促进宿主细胞膜肌动蛋白细胞骨架的重排。肌动蛋白负责细胞膜形成伪足或大量的膜褶皱，促进病原包裹到液泡中，随后带入宿主细胞。肌动蛋白细胞骨架为液泡形成和进入宿主细胞提供能量。

对利用拉链机制的病原而言，信号通路的激活始于细菌配体与上皮细胞膜特异性受体的高度亲和性结合，如产单核细胞李氏杆菌表面的内化素与宿主细胞表面E-钙黏蛋白的结合，或是假结核耶尔森菌表面的侵袭素与宿主细胞的基底外侧β1-整合素的结合。对这两种病原来说，肌动蛋白细胞骨架在宿主-病原接触点附近积聚，随着细菌配体与细胞黏附素的相互作用增加，形成膜结合液泡，导致拉链样过程并紧密地包裹住细菌（图13.3）。

利用扳机机理的细菌包括沙门菌和志贺菌。它们释放效应蛋白，诱导宿主细胞质膜下肌动蛋白细胞骨架的重排，导致膜产生大量褶皱，形成一个膜包裹的、充满液体的囊泡，这些小泡融合并包裹病原和细胞外物质。继而，沙门菌和志贺菌借助这样较大的囊泡，进入上皮细胞内部（图13.4）。

细菌进入的位点受宿主细胞极性支配。紧密连接将上皮细胞质膜分为两个表面：顶层表面和基底外侧表面。这两个表面具有不同功能和显著不同的生化成分，包括受体、离子泵、通道、转运蛋白、脂质、蛋白和酶。某些侵略性细菌如产单核细胞李氏杆菌和沙门菌，在极化的上皮细胞吞噬前会附着于顶层表面的蛋白和糖脂成分的表位上。然而，同样也是侵袭性细菌的耶尔森菌和志贺菌，就不能结合到肠黏膜上皮细胞顶层表面，但却能通过基底外

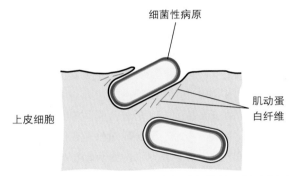

图13.3　细菌被非吞噬细胞的细胞摄取的拉链机制示意图
细菌接触细胞膜，首先形成配体-受体复合物。这进而导致受体聚集和肌动蛋白细胞骨架局部改变，细菌的配体和宿主细胞的受体结合形成拉链样结构，直到细菌被包裹到液泡里而进入细胞。李氏杆菌通过上皮细胞上表面进入细胞，耶尔森菌通过宿主细胞基底外侧表面进入细胞。

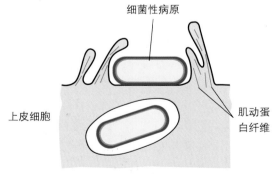

图13.4　细菌被非吞噬细胞的细胞摄取的扳机机制（the trigger mechanism）示意图
与结合宿主细胞受体相比，该机制中病原直接将细菌效应蛋白注入细胞。注入的效应蛋白使宿主细胞大量的肌动蛋白聚合，形成巨大褶皱，将病原包裹并进入细胞内。沙门菌通过上皮细胞上表面的褶皱包裹进入细胞，志贺菌通过宿主细胞基底外侧表面进入细胞。

侧膜进入这些细胞。病原被M细胞所摄取。M细胞是一种特化的位于肠系膜淋巴集结外层的上皮细胞。当病原到达M细胞的下层，被定居巨噬细胞吞噬，然后在吞噬细胞内繁殖并诱导细胞快速死亡。细菌从死亡的巨噬细胞中释放后，诱导邻近柱状上皮细胞（即M细胞）的基底外侧膜产生褶皱，导致M细胞将细菌吞噬到膜结合液泡。

一旦进入上皮细胞，李氏杆菌和志贺菌就能裂解液泡膜并逃逸到细胞质中。产单核细胞李氏杆菌的逃逸是由其分泌的穿孔酶（即李氏杆菌溶血素O）完成的。穿孔酶在李氏杆菌和志贺菌细胞质中呈游离状态时，能聚合肌动蛋白细丝，在细菌一极形成彗星样尾状结构，驱使它们向邻近细胞运动。宿主细胞提供了细菌运动的能量。当活动的细菌到达邻侧细胞膜时，能诱导类似伪足的突出物。这些突出部分随细菌一道被邻近细胞所吞噬。在新感染的细胞中，细菌不断重复裂解周围的细胞膜，引起大量细胞至细胞的转运，造成上皮层的显著损伤。与之相反，沙门菌能够存留在宿主细胞液泡中。该菌在这些新的细胞内区域的持续存在会导致效应蛋白通过Ⅲ型分泌系统释放到宿主细胞质中（Coburn 等，2007）。

细菌进入血液循环后散布全身，自由存在于血浆或吞噬细胞中。在菌血症期间，细菌在血液循环中仅短暂存留且不繁殖；而在败血症期间，病原微生物在血液循环中繁殖且持续存在，造成全身性疾病。牛分枝杆菌病可在被巨噬细胞吞噬后播散全身。

◉ 临床细菌疾病谱

发病并不是感染后不可避免的结局。一些个别病原在感染易感宿主后常产生可预见的临床表现。反刍动物的炭疽病总是急性死亡。相反地，牛感染都柏林沙门菌后可表现多种不同疾病形式。

细菌感染可分为急性、亚急性、慢性和持续性感染。急性感染通常表现为短期严重的临床过程，一般为几天，侵染的细菌也通常被宿主免疫应答所清除。宿主可能会短期排出大量病原。亚急性感染临床症状通常并不十分强烈。

当宿主清除病原失败时多发生慢性感染。最常见的是，病原起初大量繁殖，随后由宿主免疫应答清除大部分部位的病原。持续性感染多发生于特定部位，诸如输尿管和中枢神经系统，在这些部位细

胞免疫和体液免疫都是最弱的。在某些部位能发生持续性排菌，如牛发生钩端螺旋体病时，钩端螺旋体会经尿液排出，持续时间超过一年。某些其他慢性感染以持续性排出或不排病原为特征。牛如果对牛分枝杆菌感染产生有效的细胞免疫应答，能使病原持续存留在局部病灶中而不排出体外。

◉ 参考文献

Beutler, B. (2004). Innate immunity: an overview. Molecular Immunology, 40, 845–859.

Coburn, B., Sekirov, I. and Finlay, B.B. (2007). Type Ⅲ secretion systems and disease. Clinical Microbiology Reviews, 20, 535–549.

Fitzgerald, J.R., Meaney, W.J., Hartigan, P.J., Smyth, C.J. and Kapur, V. (1997). Fine-structure molecular epidemiological analysis of *Staphylococcus aureus* recovered from cows. Epidemiology and Infection, 119, 161–169.

Schmidt, H. and Hensel, M. (2004). Pathogenicity islands in bacterial pathogenesis. Clinical Microbiological Reviews, 17, 14–56.

Tannock, G.W. (1995). Normal Microflora, An Introduction to Microbes Inhabiting the Human Body. Chapman and Hall, London.

第二篇

Section 3

第三篇

病原细菌

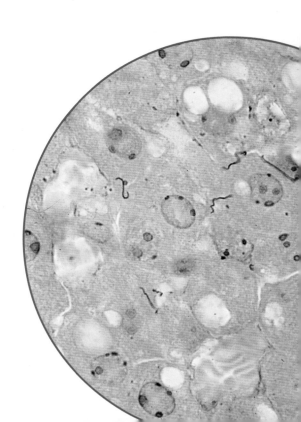

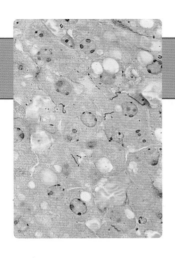

第14章

葡萄球菌

葡萄球菌（*Staphylococci*）是革兰阳性球菌，直径约1微米。此菌往往形成不规则集落，像一串串葡萄（图14.1）。它的英文名字源于希腊文"staphyle（葡萄串）"和"kokkos（浆果）"。葡萄球菌有些是皮肤和黏膜上的共生细菌，有些是机会致病菌，引起化脓性感染。

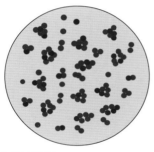

图14.1　葡萄球菌的特征
细菌群体像一串串葡萄。

大多数葡萄球菌都是兼性厌氧菌、过氧化氢酶阳性、氧化酶阴性，不能游动，不形成芽胞。但是，有两个品种例外，即金黄色葡萄球菌厌氧亚种（*S. aureus* ssp. *anaerobius*）和解糖葡萄球菌（*S. saccharolyticus*）；它们厌氧，且过氧化氢酶阴性。

迄今，共鉴定出43种葡萄球菌。其中7种是凝固酶阳性或凝固酶可变的（表14.1）。凝固酶阳性的金黄色葡萄球菌金黄亚种（以下简称为金黄色葡萄球菌）、伪中间葡萄球菌（*S. pseudintermedius*），以及凝固酶可变的猪葡萄球菌，是家养动物的重要病原（表14.1）。中间葡萄球菌（*S. pseudintermedius*）以前被认为是犬和猫的葡萄球菌病主要病原，但现在来自这些宿主的中间葡萄球菌被划为伪中间葡萄球菌（Sasaki 等，2007；Devriese 等，2009）。葡萄球菌凝固酶的产生与其致病性相关。虽然凝固酶阴性葡萄球菌通常毒力

小，但它们有时也会导致动物和人类发病（表14.2）。

◉ 常见的生存环境

葡萄球菌是全球范围内动物和人皮肤上共生的细菌。它还存在于上呼吸道和下泌尿生殖道的黏膜上，也可短暂停留在消化道中。致病性葡萄球菌的感染部位通常是在一些黏膜组织和皮肤上比较潮湿的部位（如腋下和会阴区）。鼻孔是动物和人的金黄色葡萄球菌的主要感染部位，大约20%的人的鼻孔是这种微生物长久的栖息地。从健康的家养动物中检出的凝固酶阴性葡萄球菌，以松鼠葡萄球菌和木糖葡萄球菌最为常见。葡萄球菌在环境中比较稳定，并且葡萄球菌不同毒株对每种动物的嗜好性有所不同。葡萄球菌在不同种类的动物之间，以及动物与人之间的传播较少，但此跨物种传播有其重要性。耐甲氧西林的金黄色葡萄球菌（methicillin-resistant *S. aureus*，MRSA）菌株从人向动物传播，或从动物向人传播，尤为重要。

表14.1　凝固酶阳性的葡萄球菌及其临床意义

细菌种类	宿主	临床症状
金黄色葡萄球菌（S. aureus）[a]	黄牛	乳腺炎，乳房脓疱疮
	羊	乳腺炎
		蜱媒脓毒症（羔羊）
		良性毛囊炎（羔羊）
		皮炎
	山羊	乳腺炎
		皮炎
	猪	乳腺葡萄状颗粒病
		乳腺脓疱病
	马	精索肿大硬化（精索葡萄状颗粒病），乳腺炎
	犬、猫	类似于由伪中间葡萄球菌引起的脓性症状
	家禽	火鸡的关节炎和败血症
		禽趾感染
		雏鸡脐炎
伪中间葡萄球菌（S. pseudintermedius）	犬	脓皮病，子宫内膜炎，膀胱炎，外耳炎及其他化脓性症状
	猫	多种化脓性症状
	马	很少分离到
	奶牛	很少分离到
猪葡萄球菌（S. hyicus）[b]	猪	渗出性皮炎（猪煤烟病）
		关节炎
	黄牛	乳腺炎（罕见）
中间葡萄球菌（S. intermedius）	马	从鼻孔分离
	鸽子	从上呼吸道分离
金黄色葡萄球菌厌氧亚种（S. aureus ssp. anaerobius）	羊	淋巴结炎
海豚葡萄球菌（S. delphini）	海豚	化脓性皮肤病变
	马	从鼻孔分离的
	鸽子	从上呼吸道分离的
水獭葡萄球菌（S. lutrae）	水獭	致病性尚不明确
施氏葡萄球菌凝固亚种（S. schleiferi ssp. coagulans）	犬	外耳炎

a：金黄色葡萄球菌能引起很多种类的新生动物败血症和伤口感染。
b：25%～50%的猪葡萄球菌分离株是凝固酶阳性的。

◉ 葡萄球菌的鉴定

在临床标本中，必须将葡萄球菌与链球菌（Streptococcus）、微球菌（Micrococcus）区别开来（表14.3）。葡萄球菌通常是过氧化氢酶阳性，而链球菌是过氧化氢酶阴性。葡萄球菌通常可以从其菌落形态、溶血特征、生化特征和核糖体RNA基因限制性内切酶图谱识别出来（Thomson-Carter 等，1989）。

凝固酶阳性的葡萄球菌其主要反应特性如表14.4所示。在某些临床情况下，尤其是在犬和猫的某些临床情况下，区分金黄色葡萄球菌和伪中间葡萄球菌尤为重要。

在兽医诊断实验室，通常保留一些凝固酶阴性的葡萄球菌特异性的识别工作。这些细菌几乎是纯的培养物，或从正常情况下是无菌的环境中（如关节或脑脊液）中分离出来的。

- 菌落特点：葡萄球菌的菌落通常是白色，不透明，直径可达4毫米。牛和人金黄色葡萄球菌的菌落是金黄色的。一些凝固酶阴性葡萄球菌的菌落也有色素沉着。
- 在绵羊或牛血平板上的溶血特性：已发现四种葡萄球菌溶血素，即α、β、γ和δ溶血素。这四种溶血素的抗原性、生化特性和对不同动物红细胞的作用互不相同。不同的菌株具有溶血素合成能力不同。动物来源的金黄色葡萄球菌和伪中间葡萄球菌通常会产生α溶血素和β溶血素。对反刍动物的血平板，α溶血素会在菌落周围导致一个狭窄的完全溶血圈，β溶血素会在菌落周围导致一个更大的部分或者不完全的溶血圈。两者的共同作用产生"双圈溶血"现象（图14.2）。这些溶血素在体内发挥毒素作用。凝固酶阴性葡萄球菌不同菌株的溶血特性各不相同，通常较慢。猪葡萄球菌的分离株不溶血。
- 凝固酶玻片和试管试验：此试验在玻片上或试管中，将葡萄球菌悬浮液与兔血浆混合。兔血浆中的纤维蛋白原会被葡萄球菌产生的凝固酶转化为不溶性纤维蛋白。
  - 玻片试验。检测的是与细菌壁结合的凝固酶或凝固因子。阳性者在1~2分钟内细菌发生凝集。

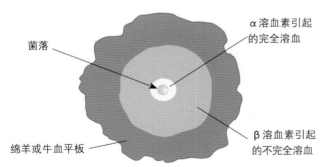

图14.2　金黄色葡萄球菌在绵羊或牛血平板上的双圈溶血

表14.2　来自动物的凝固酶阴性的葡萄球菌

细菌种类	宿主/来源
阿氏葡萄球菌（*S. arlettae*）	山羊/鼻孔
	家禽/皮肤
头部葡萄球菌（*S. capitis*）	牛/牛奶
山羊葡萄球菌（*S. caprae*）	山羊/皮肤
产色葡萄球菌（*S. chromogenes*）	牛/牛奶[a]
	猪、家禽/皮肤
科氏葡萄球菌（*S. cohnii*）	牛/牛奶
表皮葡萄球菌（*S. epidermidis*）	牛/牛奶[a]
	犬、马/伤口感染
马葡萄球菌（*S. equorum*）	马/皮肤
猫葡萄球菌（*S. felis*）[b]	猫/外耳道炎、皮肤感染
鸡葡萄球菌（*S. gallinarum*）	家禽/皮肤感染
溶血葡萄球菌（*S. haemolyticus*）	牛/牛奶[a]
人葡萄球菌（*S. hominis*）	牛/牛奶
缓慢葡萄球菌（*S. lentus*）	猪、绵羊、山羊/皮肤感染
尼泊尔葡萄球菌（*S. nepalensis*）	山羊/呼吸道
腐生葡萄球菌（*S. saprophyticus*）	猫/皮肤
	牛/鼻孔
松鼠葡萄球菌（*S. sciuri*）	猫和其他动物/皮肤感染
猴葡萄球菌（*S. simiae*）	松鼠猴/胃肠道
模仿葡萄球菌（*S. simulans*）	牛/牛奶[a]
	犬、猫、猪/皮肤
小牛葡萄球菌（*S. vitulinus*）	牛、羊、猪/皮肤
沃氏葡萄球菌（*S. warneri*）	牛/牛奶[a]
木糖葡萄球菌（*S. xylosus*）	牛、羊/牛奶[a]
	猫、禽、猪、马/皮肤

a：偶尔从临床或亚临床乳腺炎中分离到。
b：Igimi等1989年描述过。

表14.3　革兰阳性的球菌的鉴别

细菌	涂片染色	凝固酶	过氧化氢酶	氧化酶	O-F试验[a]	杆菌肽纸片试验
葡萄球菌	不规则的集落	±	+	−	F	耐受
微球菌	四聚体状	−	+	+	O	敏感
链球菌和肠球菌	链状	−	−		F	耐受

a：氧化-发酵试验（O：氧化；F：发酵）。

— 试管试验。检测游离的凝固酶（葡萄球菌凝固酶，staphylocoagulase）和与细菌壁结合的凝固酶。前者是由细菌分泌到兔血浆中的。这种试验是判断是否产生凝固酶的确切方法，阳性反应的试管在37℃下温育24小时后，形成凝块。

— 商品化的试剂盒，其中检测荚膜多糖和包括凝固因子、蛋白A（Protein A）等细胞壁成分，对初步鉴定金黄色葡萄球菌是有用的。

• 生化试验：鉴别金黄色葡萄球菌和伪中间葡萄球菌（表14.4）。

— 已开发出一种快速检测乙偶姻（acetoin）的方法（Davis 和 Hoyling，1973）。

— 紫色琼脂，含溴甲酚紫作为pH指示剂和1%麦芽糖，可以用来区分金黄色葡萄球菌、伪中间葡萄球菌和中间葡萄球菌（Quinn 等，1994）。金黄色葡萄球菌能够发酵麦芽糖并产生相应的酸，使培养基和菌落的颜色从紫色变为黄色。伪中间葡萄球菌和中间葡萄球菌对麦芽糖发酵利用能力弱，不能改变培养基的颜色。在厌氧条件下的检测甘露醇发酵能力，可以区别伪中间葡萄球菌和中间葡萄球菌。对这些细菌的确切方法是依靠分子生物学技术。正如近期的分子生物学研究表明，所有来自犬的中间葡萄球菌菌株都属于一个独立的进化分支，其中包含新近被描述的伪中间葡萄球菌（Fitzgerald，2009），这很可能是因为，过去用生化方法鉴定的来自犬的中间葡萄球菌实际上是伪中间葡萄球菌。

— 生化试验，有商品化的产品，可以用来鉴别一些种类的葡萄球菌。但当前所售的还不能区分伪中间葡萄球菌和中间葡萄球菌。

• 分子生物学方法，如PCR，诊断实验室和研究实验室越来越多地采用这类方法确切地区别各种葡萄球菌。

◉ 致病机理和致病性

由于葡萄球菌是化脓性细菌，它们通常会导致化脓性病灶。轻微外伤或免疫抑制可促使感染的发展。与许多其他细菌性病原一样，此菌的毒力因素大致可以分为三类：促进细菌在宿主组织中的定殖、逃避宿主免疫和破坏宿主组织。细菌表面蛋白，如葡萄球菌细胞壁蛋白，可结合纤连蛋白和纤维蛋白原，促进细菌附着到宿主组织上。细菌一些结构特点，包括荚膜多糖、磷壁酸和蛋白A，干扰抗体的调理作用和随后的细胞吞噬功能。细菌产生的过氧化氢酶可提高细菌在巨噬细胞内的存活率，细菌产生的凝固酶具有防止细菌被吞噬细胞捕捉吞噬的作用。细菌在宿主组织中的扩散以及导致宿主发生一些病理性变化的过程中，有一系列的毒力因子发挥作用。此菌的致病作用小至相对轻微的局部感染，

表14.4 凝固酶阳性的葡萄球菌鉴别性特征

细菌种类	菌落颜色	绵羊血清板上溶血特性	凝固酶合成		乙偶姻合成	麦芽糖利用[a]
			试管试验	玻片试验		
金黄色葡萄球菌（S. aureus）	金黄色[b]	+	+	+	+	+
伪中间葡萄球菌（S. pseudintermedius）	白色	+	+	−	+	±
中间葡萄球菌（S. intermedius）	白色	+	+	v	+	±
猪葡萄球菌（S. hyicus）	白色	−	v	−	+	−
金黄色葡萄球菌厌氧亚种[c]（S. aureus subsp. anaerobius）	白色	+	+	−	+	na
海豚葡萄球菌（S. delphini）	白色	+	+	−	+	na
施氏葡萄球菌凝固亚种（S. schleiferi subsp. coagulans）	白色	+	+	−	+	na

a：在紫色琼脂培养基中含有1%麦芽糖；b：仅对于牛和人的菌株；c：厌氧。
+：对于>90%菌株而言是阳性的；−：对于>90%菌株而言是阴性的；±：利用能力较弱；na：数据缺乏；v：结果可变。

大到危及生命的败血症。虽然金黄色葡萄球菌的主要毒力因子特征已经明确，那些伪中间葡萄球菌的毒力因子特征尚少有报道。不过，伪中间葡萄球菌的毒力因素与金黄色葡萄球菌已知的毒力因素相似（Fitzgerald，2009）。此菌分泌的一些胞外酶，包括激酶和透明质酸酶，可促进细菌入侵宿主组织；其分泌的一些外毒素，包括溶血素和杀白细胞毒素，可溶解宿主细胞的细胞膜。三种主要的致病性葡萄球菌，即金黄色葡萄球菌、猪葡萄球菌和伪中间葡萄球菌，都分泌表皮剥脱毒素（exfoliative toxin）。这些毒素是作用于桥粒芯蛋白（desmoglein）的蛋白酶。桥粒芯蛋白是皮肤中的细胞与细胞之间的黏附分子（Nishifuji 等，2008）。它们的作用似乎有宿主的特异性，因为人葡萄球菌分泌的表皮剥脱毒素能够导致人皮肤的剥脱，但对猪和犬的皮肤没有毒性。表14.5列出了金黄色葡萄球菌毒力因子和它们的作用。这些毒力因子的编码基因通常发现于可移动的遗传元件（mobile genetic elements）上，如金黄色葡萄球菌的毒力岛（pathogenicity island）上和噬菌体上。随着感染的持续，此菌一些调控基因，如agr和sarA，控制其毒力基因的表达（O'Neill 等，2007）。

葡萄球菌凝固酶的产生是其致病性的一个重要指标。此菌其他致病性标志物包括DNA酶的活性和蛋白质A的合成。

生物被膜（biofilm）的形成是金黄色葡萄球菌、表皮葡萄球菌和伪中间葡萄球菌一个显著的毒力决定因素；这些种类的葡萄球菌能够引起慢性义肢装置相关的感染。

由金黄色葡萄球菌产生的肠毒素是人类食物中毒的重要原因。伪中间葡萄球菌也产生一些类似的毒素，但这些毒素在人类食物中毒的作用还不确定。

◉ 诊断程序

- 只有仔猪渗出性皮炎和羔羊蜱媒脓毒症的临床症状十分明显和特殊，能够提示致病性金黄色葡萄球菌参与其中。对于其他化脓性病灶，需要考虑是否是葡萄球菌感染导致的，可采集适当的标本，如病灶处的分泌物和发炎乳房分泌的奶汁，用于实验室检测。
- 对于脓汁或其他合适的标本，用革兰染色涂片检查可以发现典型的葡萄球菌集落。
- 待检样品可以用血琼脂平板、选择性血琼脂平板和麦康凯琼脂平板培养，在37℃有氧下培养24～48小时。选择性血琼脂萘啶酸和多黏菌素，可抑制样品中变形杆菌（Proteus）和其他革兰阴性细菌的污染。
- 菌株的识别标准：
  - 菌落特征。
  - 存在或不存在溶血作用。

表14.5　金黄色葡萄球菌毒力因子（包括毒素）及其致病作用

毒力因子	致病作用
凝固酶	将纤维蛋白原转变为纤维蛋白。纤维蛋白沉积可以屏蔽吞噬细胞对葡萄球菌的吞噬
脂肪酶，酯酶，弹性蛋白酶，葡激酶，脱氧核糖核酸酶，透明质酸酶，磷脂酶	这些酶有助于破坏宿主组织，提高细菌毒力
蛋白A	细菌表面成分，与IgG的Fc段结合，抑制抗体的调理作用
杀白细胞毒素（leukocidin）	杀死某些动物的巨噬细胞
α毒素（α溶血素，α-haemolysin）	坏疽性乳腺炎的主要毒素。它会导致平滑肌痉挛，导致组织坏死，可引起动物死亡
β毒素（β溶血素，β-haemolysin）	一种鞘磷脂酶，破坏细胞膜
表皮剥脱毒素（exfoliative toxin）	引起人、犬和猪皮肤病变的蛋白酶
肠毒素（enterotoxin）	与人葡萄球菌食物中毒相关的一种热稳定毒素
毒素休克综合征毒素（toxic shock syndrome toxin，TSST）	诱导淋巴因子分泌过多，造成组织损伤。牛和人的金黄色葡萄球菌产生TSST-1。绵羊和山羊金黄色葡萄球菌产生这种毒素的一个变种。TSST-1具有超抗原活性

— 在麦康凯琼脂平板上不生长。

— 过氧化氢酶的产生。

— 凝固酶的合成。

— 生化特性。

— 分子分型，通常是基于一些PCR方法。Bannoehr等（2009）报告的一个针对*pta*基因的PCR方法，能够将伪中间葡萄球菌、中间葡萄球菌和海豚葡萄球菌区别开来。此法需要在PCR扩增之后，用MboI进行酶切，即采用一种RFLP的程序。Sasaki等（2010）开发出一种基于*nuc*基因的多重PCR方法，此基因存在于各种凝固酶阳性的葡萄球菌。

葡萄球菌的噬菌体分型方法已在流行病学调查中运用很多年，这些调查有些是针对人金黄色葡萄球菌食物中毒疫情的。但此方法已经在很大程度上被分子生物学方法所取代。对细菌染色体DNA进行限制性内切酶消化，然后进行脉冲场凝胶电泳（PFGE），这是流行病学调查中使用的最重要的方法之一。但是，这一PFGE方法在国际上还难以达成统一的操作标准，常见的PFGE数据库也只建立在国家级别上（Deurenberg等，2007）。

除食物中毒疫情外，耐甲氧西林金黄色葡萄球菌（MRSA）引起的人或动物的疫情，通常也需要开展流行病学调查。PFGE为基础的技术对这样的调查是有用的，但受限于某些MRSA菌株的克隆性质。用来描述MRSA菌株的其他方法，包括多位点序列分型、葡萄球菌的染色体*mec*盒（SCC MEC）的PCR分型、*spa*基因的分型（Frenay等，1996；Enright等，2002）。SCC MEC盒包含*mec*基因，编码耐甲氧西林的蛋白；*spa*基因编码葡萄球菌蛋白质A。

⊙ 临床感染

由于葡萄球菌既可以在宿主皮肤和黏膜上的共生，也可以来自污染的环境，所以其临床感染可以是内源性的，也可以是外源性的。许多感染是机会性的，与创伤、免疫抑制、并发寄生虫或真菌感染、过敏性疾病、内分泌和代谢紊乱等因素相关。凝固酶阳性的葡萄球菌是这些感染的主要病原（表14.1）。一些凝固酶阴性毒力低的菌株，也能引起动物疾病（表14.2）。目前可用的疫苗对防止葡萄球菌感染是无效的。治疗此类感染需要先开展药敏试验，因为葡萄球菌的耐药性很普遍。家养动物中，比较重要的

葡萄球菌感染包括乳腺炎、蜱媒脓毒症、渗出性皮炎、葡萄状颗粒病和脓皮病。

■ 牛葡萄球菌乳腺炎

通常是由金黄色葡萄球菌引起的，世界各地都常有发生。这可能是亚临床的、急性或慢性的，多数是亚临床的。特急的和坏疽性的乳腺炎可引起严重的全身反应，甚至危及生命。对于坏疽性乳腺炎，受影响的乳腺部分温度低，呈蓝黑色，最终脱落。细菌的α-毒素会导致在血管壁的平滑肌收缩和坏死，阻碍血液流向病变部位，从而导致组织坏死。此外，这种毒素使白细胞释放溶酶体酶。牛葡萄球菌乳腺炎将在第93章中给予更多描述。

■ 蜱媒脓毒症

蜱媒脓毒症是由金黄色葡萄球菌感染羔羊导致的，只限于英国和爱尔兰山上放牧的地区。这些地区是篦子硬蜱合适的栖息地。羔羊皮肤和鼻腔黏膜携带的金黄色葡萄球菌，通过轻微的皮外伤，包括被蜱叮咬的伤口，发生致病性感染。篦子硬蜱是蜱媒热的立克次体病原、嗜吞噬细胞乏质体的传播媒介；这些病原可以引起羔羊免疫抑制，并可能因此诱发金黄色葡萄球菌感染。

蜱脓毒症的特点，或者因败血症而迅速死亡，或者是在许多器官上形成局灶性脓肿。临床表现包括关节炎、后肢麻痹和发育迟滞。一些养殖场在春季和初夏高达30%的羔羊（2~10周龄）发病，经济损失很大。

诊断

- 对于在英国或爱尔兰高地不平的牧场放牧的羔羊，从上述临床症状可能诊断此病。

- 在显微镜下观察到脓汁中的细菌，再进行金黄色葡萄球菌的分离和鉴定，可以确诊此病。

治疗和控制

病重的羔羊治疗价值有限。应在羔羊群体水平上进行此病防控。

- 用抗生素，如长效四环素，进行预防性治疗，羔羊可从1周龄开始用药。四环素类药物对防止羔羊感染嗜吞噬细胞乏质体也有效果。

- 采取药物浸渍等措施，控制蜱的叮咬。

■ 渗出性皮炎（exudative epidermitis）

这种疾病有时也称为猪煤烟病（greasy-pig disease），由猪葡萄球菌引起的，全球范围内的乳猪和3个月龄内的断奶仔猪都有发生。它具有高度传染性，全身多处分泌过多的皮脂、表皮剥脱、并且皮肤表面有渗出液。受影响的猪厌食、抑郁和发热，全身多处皮肤存在油腻的渗出物和非瘙痒性皮炎。3周龄内的仔猪可能在24~48小时内死亡。发病率在20%~100%，受到严重影响的猪群死亡率可以达到90%以上。阴道黏膜和皮肤健康母猪也可以分离出猪葡萄球菌。此菌很可能通过轻微外伤（如咬伤），进入幼猪的皮肤。

此病的诱发因素包括母猪无乳、并发感染和断奶。猪葡萄球菌产生的表皮剥脱毒素（exfoliative toxin）是主要的致病因素。这种毒素注射到仔猪皮肤，会导致幼猪皮肤剥落（Amtsberg，1979）。

诊断
· 仔猪高死亡率与渗出性、非瘙痒性皮肤病变是本病的典型症状。
· 从皮肤的病变处分离和鉴定出猪葡萄球菌，即可确诊。

治疗和控制
· 早期抗生素全身性治疗与防腐剂或抗生素悬浮液局部治疗相结合，可能有效。
· 对受影响的猪进行严格隔离是必不可少的。
· 受污染的建筑物应进行清洗和消毒。
· 母猪产仔之前，应该用合适的消毒皂进行洗浴。
· 在实验室条件下，使猪葡萄球菌无毒菌株提前定殖于猪的皮肤，可以防止猪葡萄球菌强毒菌株感染（Allaker等，1988）。

■ 葡萄状颗粒病（Botryomycosis）

葡萄状颗粒病是一种慢性化脓性肉芽肿的病变，往往是由金黄色葡萄球菌引起的。它可以发生在马阉割后的几个星期内（精索感染导致的），也可以发生在母猪的乳腺组织中。病变之处含有大量的化脓灶和窦道的纤维样组织（类似葡萄球状颗粒）。

■ 犬和猫的葡萄球菌感染

伪中间葡萄球菌经常从患有脓皮病、化脓性外耳炎及其他化脓性炎症，包括乳腺炎、子宫内膜炎、膀胱炎、骨髓炎及伤口感染的犬和猫中分离出来。偶尔，类似的化脓性炎症是由金黄色葡萄球菌造成的。

■ 耐甲氧西林的葡萄球菌对动物的感染

许多年来，人类在住院治疗期间，感染耐甲氧西林的金黄色葡萄球菌（MRSA）是一个重要问题，但只在过去十年内，动物感染MRSA才成为一个兽医上重要问题。许多国家都有感染MRSA的小动物（主要是犬）的报道，以伤口感染、手术部位感染、脓皮病、中耳炎、尿路感染等最为常见（Weese 和 van Duijkeren，2010）。马也有类似病例的报道，包括兽医院内暴发的医院内感染（Hartmann 等，1997；O'Mahony 等，2005；Weese 等，2005）。已经报道MRSA的感染在宠物与人（包括兽医人员）以及马与人之间的传播（Leonard 等，2006；Moodley 等，2006）。MRSA在兽医人员身体上的定殖率一般都高于普遍人群，并且此菌可能会成为兽医人员这一特殊群体的职业危害（Weese 和 van Duijkeren，2010）。

人类感染MRSA，如果不是发生在住院治疗期间，则称为社区获得性MRSA感染。社区获得性MRSA感染是一个全球性重大问题。引起这类感染的金黄色葡萄球菌通常分泌一种杀白细胞毒素（Panton-Valentine，简称PVL毒素）。此毒素与溶血性肺炎、严重的软组织和皮肤感染相关。虽然分泌PVL毒素的金黄色葡萄球菌菌株已从动物分离出来（次数很少），但大多数动物中的MRSA菌株不分泌PVL毒素。

2004年，荷兰首次出现这样一个问题：与猪接触的养猪者具有较高的MRSA携带率（23%）（Voss等，2005）。与小动物和马携带的MRSA不同，猪MRSA的主要菌株ST398似乎是猪的适应株，不是人传给猪的。然而，已经从猪体内分离出人MRSA菌株。这表明MRSA由人向猪的传输，以及由猪向人的传播，皆有可能（Khanna 等，2008）。虽然养猪者较高的MRSA携带率引起了公共卫生的担忧，但猪感染MRSA较少。尽管从被MRSA感染的猪场的猪鼻拭子中，易于分离到MRSA，但由MRSA引起的猪渗出性皮炎等临床症状的报道很少。

甲氧西林耐药也可能发生于凝固酶阴性的葡萄球菌，但这在全球范围内不具有重大意义。然而，甲氧西林耐药性在伪中间葡萄球菌中，正在美国和一些欧洲国家等许多国家的兽医诊疗中，形成一个重要的临床问题（Weese 和 van Duijkeren，2010）。由于此菌耐药谱通常很广（含耐受β-内酰胺类抗生素），如何治疗感染耐甲氧西林的伪中间葡萄球菌的动物，是临床兽医者的一大挑战。

◎ 参考文献

Allaker, R.P., Lloyd, D.H. and Smith, I.M. (1988). Prevention of exudative epidermitis in gnotobiotic pigs by bacterial interference. Veterinary Record, 123, 597–598.

Amtsberg, G. (1979). Demonstration of exfoliation-producing substances in cultures of *Staphylococcus hyicus* of pigs and *Staphylococcus epidermidis* biotype 2 of cattle. Zentralblatt für Veterinärmedizin (B), 26, 257–272.

Bannoehr, J., Franco, A., Iurescia, M., Battisti, A. and Fitzgerald, J.R. (2009). Molecular diagnostic identification of *Staphylococcus pseudintermedius*. Journal of Clinical Microbiology, 47, 469–471.

Davis, G.H.G. and Hoyling, B. (1973). Use of a rapid acetoin test in the identification of staphylococci and micrococci. International Journal of Systematic Bacteriology, 23, 281–282.

Deurenberg, R.H., Vink, C., Kalenic, S., Friedrich, A.W., Bruggeman, C.A. and Stobberingh, E.E. (2007). The molecular evolution of methicillin-resistant *Staphylococcus aureus*. Clinical Microbiology and Infection, 13, 222–235.

Devriese, L.A., Hermans, K., Baele, M. and Haesebrouck, F. (2009). *Staphylococcus pseudintermedius* versus *Staphylococcus intermedius*. Veterinary Microbiology, 133, 206–207.

Enright, M.C., Robinson, D.A., Randle, G., Feil, E.J., Grundmann, H. and Spratt, B.G. (2002). The evolutionary history of methicillin-resistant *Staphylococcus aureus* (MRSA). Proceedings of the National Academy of Sciences, 99, 7687–7692.

Fitzgerald, J.R. (2009). The *Staphylococcus intermedius* group of bacterial pathogens: species re-classification, pathogenesis and the emergence of methicillin resistance. Veterinary Dermatology, 20, 490–495.

Frenay, H.M., Bunschoten, A.E., Schouls, L.M., et al. (1996). Molecular typing of methicillin-resistant *Staphylococcus aureus* on the basis of protein A gene polymorphism. European Journal of Clinical Microbiology and Infectious Diseases, 15, 60–64.

Hartmann, F.A., Trostle, S.S. and Klohnen, A.A. (1997). Isolation of methicillin-resistant *Staphylococcus aureus* from a postoperative wound infection in a horse. Journal of the American Veterinary Medical Association, 211, 590–592.

Igimi, S., Kawamura, S., Takahashi, E. and Mitsuoka, T. (1989). *Staphylococcus felis*, a new species from clinical specimens from cats. International Journal of Systematic Bacteriology, 39, 373–377.

Khanna, T., Friendship, R., Dewey, C. and Weese, J.S. (2008). Methicillin resistant *Staphylococcus aureus* colonization in pigs and pig farmers. Veterinary Microbiology, 128, 298–303.

Leonard, F.C., Abbott, Y., Rossney, A., Quinn, P.J., O'Mahony, R. and Markey, B.K. (2006). Methicillin-resistant *Staphylococcus aureus* isolated from a veterinary surgeon and five dogs in one practice. Veterinary Record, 158, 155–159.

Moodley, A., Stegger, M., Bagcigil, A.F., et al. (2006). spa typing of methicillin-resistant *Staphylococcus aureus* isolated from domestic animals and veterinary staff in the UK and Ireland. Journal of Antimicrobial Chemotherapy, 58, 1118–1123.

Nishifuji, K., Sugai, M. and Amagai, M. (2008). Staphylococcal exfoliative toxins: "molecular scissors" of bacteria that attack the cutaneous defense barrier in mammals. Journal of Dermatological Science, 49, 21–31.

O'Mahony, R., Abbott, Y., Leonard, F.C., et al. (2005). Methicillin-resistant *Staphylococcus aureus* (MRSA) isolated from animals and veterinary personnel in Ireland. Veterinary Microbiology, 109, 285–296.

O'Neill, E., Pozzi, C., Houston, P., et al. (2007). Association between methicillin susceptibility and biofilm regulation in *Staphylococcus aureus* isolates from device- related infections. Journal of Clinical Microbiology, 45, 1379–1388.

Quinn, P.J., Carter, M.E., Markey, B. and Carter, G.R. (1994). *Staphylococcus* species. In Clinical Veterinary Microbiology. Mosby-Year Book Europe, London, pp. 118–126.

Sasaki, T., Kikuchi, K., Tanaka, Y., Takahashi, N., Kamata, S. and Hiramatsu, K. (2007). Reclassification of phenotypically-identified *Staphylococcus intermedius* strains. Journal of Clinical Microbiology, 45, 2770–2778.

Sasaki, T., Tsubakishita, S., Tanaka, Y., Sakusabe, A., et al. (2010). Multiplex-PCR method for species identification of coagulase-positive staphylococci. Journal of Clinical Microbiology, 48, 765–769.

Thomson-Carter, F.M., Carter, P.E. and Pennington, T.H. (1989). Differentiation of staphylococcal species and strains by ribosomal RNA gene restriction patterns. Journal of General

Microbiology, 135, 2093–2097.

Voss, A., Loeffen, F., Bakker, J., Klaassen, C. and Wulf, M. (2005). Methicillin-resistant *Staphylococcus aureus* in pig farming. Emerging Infectious Diseases, 11, 1965–1966.

Weese, J.S. and van Duijkeren, E. (2010). Methicillin-resistant *Staphylococcus aureus* and *Staphylococcus pseudintermedius*

in veterinary medicine. Veterinary Microbiology, 27, 418–429.

Weese, J.S., Archambault, M., Willey, B.M., et al. (2005). Methicillin-resistant *Staphylococcus aureus* in horses and horse personnel, 2000–2002. Emerging Infectious Diseases, 11, 430–435.

◉ 进一步阅读材料

Brodie, T.A., Holmes, P.H. and Urquhart, G.M. (1986). Some aspects of tick-borne diseases of British sheep. Veterinary Record, 118, 415–418.

Cox, H.U., Newman, S.S., Roy, A.F. and Hoskins, J.D. (1984). Species of *Staphylococcus* isolated from animal infections. Cornell Veterinarian, 74, 124–135.

Leonard, F.C. and Markey, B.K. (2008). Methicillin-resistant *Staphylococcus aureus* in animals: a review. Veterinary Journal, 175, 27–36.

Lloyd, D. (1996). Dealing with cutaneous staphylococcal

infections in dogs. In Practice, 18, 223–231.

Mason, I.S., Mason, K.V. and Lloyd, D.H. (1996). A review of the biology of canine skin with respect to the commensals *Staphylococcus intermedius*, Demodex canis and Malassezia pachydermatis. Veterinary Dermatology, 7, 119–132.

Vanderhaeghen, W., Hermans, K., Haesebrouck, F. and Butaye, P. (2010). Methicillin-resistant *Staphylococcus aureus* (MRSA) in food production animals. Epidemiology and Infection, 138, 606–625.

第三篇

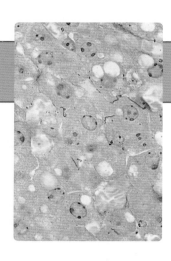

第15章

链 球 菌

链球菌（*Streptococcus*）是一群可以感染多种动物，并且引起乳腺炎、子宫炎、关节炎、脑膜炎等化脓性感染的细菌。肠球菌属（*Enterococcus*）是一群与链球菌相近的微生物，以前被划分在链球菌属中。以前也被划归为链球菌属的严格厌氧革兰阳性球菌的*Peptostreptococcus*，现在归类为嗜胨菌属（*Peptoniphilus*）（Ezaki 等，2001）。链球菌属大多数成员是致病菌。这些革兰阳性球菌直径约1.0微米，形成长度不同的链（图15.1）。

链球菌过氧化氢酶阴性、兼性厌氧、不能游动。它的营养要求高，需要向培养基里添加血液或血清。肺炎链球菌（*Streptococcus pneumoniae*）接近梨状，排列为双球状。致病性菌株有厚厚的荚膜，并产生黏液样菌落。这些细菌能引起人类、豚鼠和大鼠的肺炎。

吲哚嗜胨菌（*Peptoniphilus indolicus*）是一种厌氧的革兰阳性球菌，与化脓隐秘杆菌（*Arcanobacterium pyogenes*）、停乳链球菌（*S.dysgalactiae*）混合感染，能引起牛"夏季乳腺炎"。

△ 要点

- 链状革兰阳性球菌
- 营养要求较高，需要营养丰富的培养基
- 菌落较小、通常溶血、透明
- 过氧化氢酶阴性
- 兼性厌氧菌，通常不能游动
- 幼龄菌产生荚膜
- 易受干燥影响
- 导致化脓性感染

◉ 常见的生存环境

链球菌遍布全球。大多数作为共生菌，存在于上呼吸道和泌尿生殖道下游的黏膜上。该菌对干燥抵抗力不强，离开宿主只能存活很短的时间。

◉ 链球菌的鉴定

常规实验室鉴定链球菌通常有三种方法，即溶血类型、兰氏分类（Lancefield grouping）和生化试验。
- 羊或牛血琼脂平板上的溶血类型：
  - β-溶血是指在菌落周围形成完全透明的溶血环，为完全溶血。
  - α-溶血是指在菌落周围形成不透明的草绿色溶血环，为部分或不完全溶血。
  - γ-溶血是指在血液琼脂上菌落的周围无显著变化。
- 兰氏分类：是根据特定组群C-物质（C-substance）进行的血清学分类方法。大部分致病性链球菌具有C-物质，即细胞壁中的一种多糖抗原。C-物质在链球菌不

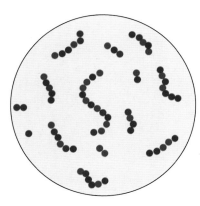

图15.1 链状链球菌

同种或某些种之间是不同的，从而被广泛应用于链球菌临床分离株的分类。试验方法包括：

— 环状沉淀试验。在试验中C-物质能够通过酸或加热从链球菌中提取。通过不同的特异性抗血清，提取的抗原能够在小口径试管中分层。30分钟内在两层液面交界处有白色沉淀即为阳性反应（图15.2）。

— 乳胶凝集试验。A～G群（E群例外）的特定C-物质抗血清是可以买到的。乳胶粒子的悬浮液表面吸附种群特异性抗体。群特异性抗原通过酶促作用从链球菌中提取。一滴抗原和一滴乳胶抗体在玻板上混匀，轻轻摇动，1分钟内出现凝集为阳性反应（图15.3）。

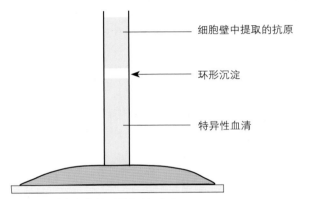

图15.2 链球菌的环状沉淀试验

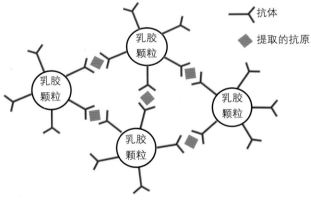

图15.3 鉴定链球菌的乳胶凝集试验示意图

• 生化试验：
 — 大量的商业检测系统可用于链球菌的快速生化鉴定。
 — 一个简单的生化试验用于鉴别马C群链球菌。

• 链球菌"种"的鉴定：可以进行分子生物学试验，如以PCR技术为基础的方法。已有成熟的多重PCR方法，用于检测和鉴定包括链球菌等引起牛乳腺炎的病原（Gillespie 和 Oliver，2005）。分子分型技术已经应用于检测动物的致病性链球菌，包括用于兽疫链球菌的多位点序列分析（MLST）技术（Webb 等，2008）、猪链

球菌的扩增片段长度多态性分析（AFLP）和乳腺链球菌（S. uberis）的脉冲场凝胶电泳（PFGE）与MLST（Rehm 等，2007；Rato 等，2008）。

◉ 致病机理和致病性

对动物致病的链球菌大部分可以引起化脓性感染，形成脓肿、化脓性症状和败血症。猪链球菌为非化脓链球菌，为猪的主要病原菌之一，能够引起败血症、脑膜炎和肺炎。β-溶血性链球菌的致病性比α-溶血性链球菌强。链球菌的毒力因子包括链球菌溶血素（溶血素）、透明质酸酶、DNA酶、糖苷水解酶（NADase）、链激酶（streptokinase）和蛋白酶等酶和外毒素。这些毒力因子的具体作用和意义还不完全了解。化脓链球菌、肺炎链球菌和马链球菌大部分菌株的主要毒力因子为具有抗吞噬作用的多糖荚膜。化脓链球菌（S. pyogenes）、马链球菌（S. equi）、豕链球菌（S. porcinus）的细胞壁的M蛋白也具有抗吞噬作用。如果不具有抗吞噬作用，这些细菌能够迅速被吞噬细胞杀死。

◉ 诊断过程

发病史、临床症状和病理变化可以表明某种链球菌的感染，例如马腺疫。

• 链球菌对干燥敏感，样本应该尽早分离培养。用棉签拭子蘸取的脓液或渗出液，如果不能及时处理的话就应放置培养基上。

• 灵敏的聚合酶链式反应技术已经成熟地应用于检测鼻拭子上存活的或已经死亡的猪链球菌（Timoney 和 Artiushin，1997）。

• 培养物涂片观察，可见链状的革兰阳性球菌。

• 样本应在血琼脂培养基、选择性血琼脂和麦康凯琼脂中培养。平板应在有氧、37℃下，培养24～48小时。

• 分离的鉴定标准：
 — 体积小、半透明的菌落，其中一些可能有黏液。
 — 在血琼脂板上的溶血类型。
 — 链状革兰阳性球菌。
 — 在MacConkey琼脂培养基上不生长，肠球菌除外。
 — 过氧化氢酶试验阴性。
 • 兰氏分类。
 • 生化试验特性。

◉ 临床感染

　　链球菌往往是黏膜上的共生菌。因此，许多链球菌是机会性感染菌。链球菌原发感染可引起马腺疫等疾病，宿主感染病毒后继发感染链球菌可引起链球菌肺炎。淋巴结、生殖道、乳腺可以被感染。新生儿败血症往往与产妇生殖道感染有关。人类的病原化脓链球菌偶尔会引起奶牛的乳腺炎、犬的扁桃体炎、马驹的淋巴管炎。荚膜血清3型的一株肺炎链球菌与其他病原混合感染，与驯养中的幼马呼吸系统疾病有关（Chapman 等，2000）。

　　除猪链球菌外，动物源性链球菌具有有限的公共健康意义。从事与猪相关工作的人，猪链球菌可能会导致严重的、有时甚至是致命的感染。链球菌兽疫亚种、犬链球菌是罕见的人畜共患病病原，也可能会导致严重的人类疾病。导致婴儿疾病的B群链球菌，似乎与该菌群的动物菌株有区别。

　　犬链球菌是犬的一种重要病原菌。这种病原菌与新生犬败血症和许多化脓性疾病以及中毒性休克综合征有关（Miller 等，1996）。马链球菌兽疫亚种是一种黏膜共生菌，并在一些动物上为机会性感染菌。此外，灵缇犬和圈养犬的急性出血性肺炎的疫情已被报道（Pesavento 等，2008）。马腺疫、猪链球菌脑膜炎和牛链球菌乳腺炎都是重要的特异性传染病。控制链球菌传染的疫苗通常是无效的。链球菌感染的临床后果见表15.1。

■ 马腺疫

　　马腺疫（strangles）是马链球菌造成的高度接触性传染病。它是一种涉及上呼吸道淋巴结局部脓肿的发热性疾病。

流行病学

　　尽管所有年龄段的非免疫马科动物都是敏感的，但马腺疫疫情通常发生在年轻的马群中。活马市场和赛马场马的聚集增加了马腺疫感染风险。马腺疫传播是通过上呼吸道或脓肿的脓性渗出物进行。与许多其他的链球菌不同，该菌不是共生菌，并且其感染传播经常归因于没有相应临床表现而处于潜伏期或恢复期的感染马的引进。许多马出现临床症状后，散播该菌达6个星期。慢性病的恢复期带菌者可以在喉咙部带菌，而且这些动物可以保持携带菌的

状态并在几个月内间歇性地散播细菌。马腺疫的一种非典型温和的形式已经被介绍，该形式表现为马链球菌存在于小的化脓灶中。

致病机理和致病性

　　该菌进入扁桃体随着扩增至局部淋巴结时，出现感染（Timoney 和 Kumar，2008）。细菌在淋巴结处繁殖引发炎症反应、中性粒细胞溢出以及脓肿形成。大量的中性粒细胞被诱导至马链球菌侵入和繁殖的位置。这是由于细菌细胞壁中的肽聚糖能够和C1起作用，并刺激趋化因子的产生。该菌分泌许多毒力因子，这些毒力因子能够使该菌免受宿主细胞的免疫应答反应，且即使在有中性粒细胞存在的情况下也能够继续繁殖。它具有透明质酸的荚膜和M蛋白，这使它能够抵制中性粒细胞的摄取和杀伤，而且它还可以产生杀白细胞毒素。M蛋白来自细胞壁的表面，它能够阻止补体的替代和经典途径的激活。然而，一旦宿主合成抗这些蛋白的抗体，这些效应将被中和。该菌能够被有效地吞噬。链激酶可以促进细菌在组织中的传播，链球菌溶血素S能够使红细胞溶解，也可以造成角质层细胞的损伤（Timoney，2004）。马链球菌能够产生大量的由噬菌体编码的超抗原。这些超抗原非特异性刺激T细胞，并且能够使患马腺疫的马产生高热临床症状、中性白细胞增多和无蛋白纤维原血症等症状。

临床症状

　　马腺疫潜伏期为3～6天。若无并发症，病程为5～10天。出现高热、沉郁、厌食，随后眼鼻排出化脓样物质。头部和颈部的淋巴结出现肿胀和疼痛。典型症状包括下颌淋巴结感染，甚至破裂排出化脓性、高度传染性的物质。喉囊积脓是一个常见症状。发病率高达100%，而死亡率通常低于5%。在一些康复的马中可以发生再次感染，但约75%感染动物中出现较强的免疫（Timoney，2004）。

　　肺炎、神经性紊乱、淋巴结肿胀压迫咽部造成窒息、出血性紫癜等并发症会造成死亡。出血性紫癜被认为是一种免疫介导的疾病。它可能在一些感染的马匹开始发病1～3周后出现。

　　能够造成温和型上呼吸道感染的兽疫链球菌（*S. zooepidemicus*）和类马链球菌（*S. equisimilis*），必须与马链球菌相区分。

表15.1 致病性链球菌的生存环境、宿主、感染结果

种类	兰氏分类	溶血类型[a]	宿主	感染后果	常见的生存环境
化脓链球菌（*S. progenes*）	A	β	人类	猩红热、链球菌性扁桃体炎、风湿热	主要在上呼吸道系统
无乳链球菌（*S. agalactiae*）	B	β（α，γ）	牛、绵羊、山羊	慢性乳腺炎	乳导管
			人、犬	新生儿败血症	阴道
停乳链球菌（*S. dysgalactiae*）	C	α（β，γ）	牛	急性乳腺炎	口腔、阴道、环境
			羔羊	多发性关节炎	
类马链球菌（*S. equisimilis*），又名停乳链球菌类马亚种（*S. dysgalactiae* subsp. *equisimilis*）	A、C、G、L[b]	β	马	脓肿、子宫内膜炎、乳腺炎	皮肤、阴道
			猪、牛、犬、鸟	化脓症状	
马链球菌（*S. equi*），又名马链球菌马亚种*S. equi* subsp. *equi*）	C	β	马	马腺疫、化脓症状、出血性紫癜	上呼吸道、喉囊
兽疫链球菌（*S. zooepidemicus*），又名马链球菌兽疫亚种（*S. equi* subsp. *zooepidemicus*）	C	β	马	乳腺炎、肺炎、肚脐感染	黏膜
			牛、羔羊、猪	化脓症状、败血症	皮肤、黏膜
粪肠球菌（*Enterococcus faecalis*）	D	α（β，γ）	许多物种	机会性感染产生化脓症状	肠道
猪链球菌（*S. suis*）	D	α（β）	猪	败血症、脑膜炎、关节炎、支气管肺炎	扁桃体、鼻腔
			牛、绵羊、马、猫	化脓症状、败血症、脑膜炎	
豕链球菌（*S. porcinus*）	E、P、U、Vb	β	猪	下颌淋巴结炎	黏膜
犬链球菌（*S. canis*）	G	β	食肉动物	新生儿败血症、化脓症状、中毒性休克综合征	阴道、黏膜
乳房链球菌（*S. uberis*）	没有确定	α（γ）	牛	乳腺炎	皮肤、阴道、扁桃体
肺炎链球菌（*S. pneumoniae*）	没有确定	A	人、灵长类	败血症、肺炎、脑膜炎	上呼吸道
			几内亚猪、鼠、	肺炎	
			驯养的马	肺炎（荚膜3型）	

a：溶血较少的类型放入括号中。

b：这些种的个别菌株可能属于四个群之一。

大约1%的感染动物发生恶性马腺疫。这是一种严重的并发症，造成很多器官发生脓肿。

诊断

- 临床症状和最近与可疑动物的接触史，可以用于马腺疫的初步诊断。
- 菌落通常黏液性的，其直径多达4毫米，并且被较宽的β溶血素环包围。
- 马链球菌必须与其他兰氏分类C群的链球菌相区分，尤其是类马链球菌和兽疫链球菌。其区分可以通过在含有血清的蛋白胨水中的糖酵解方法（表15.2）和其他验证性的生化试验。细菌种的快速鉴别可以用PCR方法，包括实时荧光PCR（Båverud 等，2007）。
- 无临床症状的携带者可以使用PCR进行诊断。然而，以PCR为基础的技术既能检测出活的微生物也能检测失活的微生物（在失活的菌体内DNA仍能存在），所以喉囊冲洗物的培养可能是检测病原携带者的理想方法。
- 基于编码马链球菌M蛋白基因分析进行的马链球菌分型，最近已经被报道。结果表明，某些菌株与特定的地理位置有关（Waller 和 Jolley, 2007）。此法可用于追溯一些马腺疫疫情来源。

表15.2　通过糖发酵进行马C群链球菌的区分

	海藻糖	山梨醇	乳糖	麦芽糖
马链球菌	–	–	–	+
兽疫链球菌	–	+	+	+（–）
类马链球菌	+	–	v	+

v：结果不确定。
（–）：少数菌株阴性。

治疗和控制

- 对接触病原或感染的马，在形成淋巴结病之前，推荐进行青霉素治疗。治疗的马经常容易再次感染，这是因为进行的治疗阻止了有效免疫应答的形成（Sweeney 等，2005）。如果脓肿已经形成，抗生素治疗的效果有限。
- 应该隔离临床可疑动物。
- 马应该在引进时，或返回原住地时，隔离2周时间。
- 一种减毒的鼻内活疫苗在北美可供使用。但是，因为担心其毒力恢复和其他不良副作用，这种疫苗在欧洲被禁止使用。另一种活疫苗是通过敲除aroA基因进行减毒，并通过黏膜下途径进行接种，这种疫苗在欧洲是允许使用的。疫苗减少了临床症状，但免疫作用也是相对短暂的。现在的研究主要集中在发展多组分亚单位疫苗（Waller 和 Jolley, 2007）。
- 尽量避免诱发因素，如过度拥挤和不同年龄段马的混养。
- 在疾病暴发之后，相关的建筑物和设备应该进行清洗和消毒。

■ 猪链球菌感染

猪链球菌是世界公认的给养猪业造成重大损失的疾病。它对各个年龄段的猪，能够引起脑膜炎、关节炎、败血症和支气管炎，并零星发生心内膜炎、新生儿死亡和流产。

分离菌株的血清学和生化特征

尽管猪链球菌菌株以前被认为是R、S、T型，但猪链球菌确实属于兰氏分类D群。血清试验基于荚膜抗原的不同，本质上主要是碳水化合物的不同。已公认了至少有35种不同毒力的血清型，约70%的猪链球菌菌株属于1型、9型和1/2型（该型既有1型又有2型抗原）。其中，2型是最为流行的血清型，携带者中90%为2型。这种血清型的链球菌与猪和人的脑膜炎有关。两种生物型，即猪链球菌Ⅰ和Ⅱ型，使用商品化的试剂盒可进行鉴别。

临床症状和流行病学

在无症状带菌的猪的扁桃体组织中，存在链球菌。集中饲养的猪群受到过度拥挤、通风不良及其他应激因素的影响，容易发生此疾病。携带病原的母猪会感染仔猪，并且可以导致仔猪死亡或者生命后期具有典型症状的携带者。具有致命性的脑膜炎常表现发热、震颤、共济失调、角弓反张及抽搐特征。

在北美，在支原体和巴氏杆菌引起的猪呼吸系统疾病病例中，往往分离到猪链球菌。直接参与猪的饲养或加工的人中，也会周期性发生严重的人感染猪链球菌病例。牛、小反刍动物、马和猫感染猪链球菌，也都有报道。

致病机理

虽然现在已经描述了猪链球菌的一些毒力因

子，但其确切的致病机理尚未被完全阐明。荚膜和一个不透明因子都是重要的致病因子。这两个因素的基因缺少任意一个，细菌的毒性会明显变弱。此外，分泌猪溶血素（suilysin）、细胞外蛋白因子（extracellular factor，EF）和溶菌酶释放蛋白（muramidase- released protein，MRP）的菌株比缺乏这些因子的菌株毒力更强。这些因素与全身性感染呈正相关（Beineke 等，2008；Wei 等，2009）。

suilysin作为一种溶血素，使许多猪链球菌分离株在血琼脂培养基中具有溶血性。黏附素如甘油醛-3-磷酸脱氢酶和纤连蛋白结合蛋白也是毒力因子。它们可促进猪链球菌与宿主细胞的结合，并且人们认为透明质酸酶可以促进细菌在宿主体内局部扩散。编码黏附素的基因在感染的早期阶段表达水平被提高，而编码EF等因子的基因在病情发展阶段表达水平被提高（Tan 等，2008）。

控制

这些细菌在一个牧群中往往成为地方病并且不能被彻底根除。改善畜牧业条件可能会降低临床疾病的患病率。亚单位疫苗研究开发正在进行，其中免疫原包括荚膜抗原、EF、MRP。

大多数猪链球菌对青霉素或氨苄青霉素敏感。对于有新生仔猪死亡或断奶期发生脑膜炎的猪群，给产前1周的怀孕母猪、2周龄内的仔猪注射长效青霉素，可有效预防猪链球菌感染。虽然许多国家猪链球菌菌株仍然对青霉素和β-内酰胺类抗生素敏感，但已有报道，中国该菌有4.0%～22%的对这类抗生素耐受（Zhang 等，2008）。

■ 牛链球菌乳腺炎

无乳链球菌、停乳链球菌和乳房链球菌是链球菌乳腺炎的主要病原。粪肠球菌、化脓链球菌、兽疫链球菌从乳腺炎中很少分离到。

· 无乳链球菌定居在乳导管，导致持续感染，产生急性、间歇发作的乳腺炎。
· 停乳链球菌定居于口腔、生殖器官、乳腺组织上，可引起急性乳腺炎。
· 乳房链球菌是一种皮肤、扁桃体和阴道黏膜上的正常生长菌。它也是造成临床乳腺炎的一个重要原因，通常不引起全身症状。

诊断

· 临床症状包括乳腺组织的发炎，牛奶中有凝块。
· 牛奶样品应小心收集避免污染。
· 样品在爱德华培养基、血琼脂培养基和麦康凯琼脂培养基上，37℃需氧培养24～48小时。
· 造成乳腺炎的链球菌的鉴别见表15.3。CAMP（Christie、Atkins和Munch-Peersen）阳性试验见图15.4。
· 糖发酵试验。
· 以分子为基础的方法越来越多地用于乳腺炎病原包括链球菌的检测和鉴别。用于检测造成乳房内感染的11种微生物的实时荧光PCR技术已经成熟（Koskinen 等，2009）。

治疗和控制

包括链球菌乳腺炎在内的牛乳腺炎的防治，将在第93章详细说明。

■ 肠球菌

肠道微生物存在于动物和人类肠道中。它们是机会致病菌，与链球菌有以下两个重要方面的不同：一是它们耐胆盐，在麦康凯琼脂上产生红色针尖状菌落；二是有些肠球菌能游动。

表15.3 引起奶牛乳腺炎链球菌的鉴别

	血平板上的溶血类型	CAMP试验	七叶苷水解作用	麦康凯平板生长情况	兰氏分类群
无乳链球菌	$\beta(\alpha, \gamma)$	+	−	−	B
停乳链球菌	A	−	−	−	C
乳房链球菌	A	−	+	−	没有指定
粪肠球菌	A	−	+	+	D

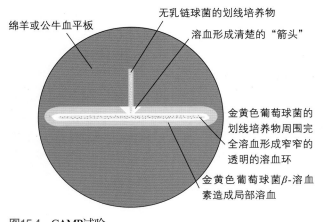

绵羊或公牛血平板

无乳链球菌的划线培养物

溶血形成清楚的"箭头"

金黄色葡萄球菌的
划线培养物周围完
全溶血形成窄窄的
透明的溶血环

金黄色葡萄球菌β-溶血
素造成局部溶血

图15.4　CAMP试验
无乳链球菌可以完全溶解被金黄色葡萄球菌β-溶血素损坏的红细胞，
出现了一个特征明显的"箭头"状的完全溶血图像。

肠球菌属包含许多种的细菌，但粪肠球菌是在家畜和家禽中分离到的最频繁的一种。许多动物的肠道中都含有肠球菌。肠球菌可引起机会性感染，如所有宿主的伤口感染、牛乳腺炎和犬的泌尿道和耳部感染。它们对多种抗菌剂有天然的抵抗力，这可造成抗菌药物难以选择的问题。此外，在人类医院中，耐万古霉素肠球菌是重要的医院内感染病原，在动物身上分离耐万古霉素的粪肠球菌是一个重要的公共卫生问题（Aarestrup 等，2001）。随着动物使用阿伏霉素，耐受万古霉素的肠球菌不断增加。然而，自1997年禁止使用阿伏霉素后，耐受万古霉素的肠球菌显著减少，但在动物群体中并没有完全消失（DANMAP，2005）。

◉ 参考文献

Aarestrup, F.M., Seyfarth, A.M., Emborg, H.D., Pedersen, K., Hendriksen, R.S. and Bager, F. (2001) Effect of abolishment of the use of antimicrobial agents for growth promotion on occurrence of antimicrobial resistance in fecal enterococci from food animals in Denmark. Antimicrobial Agents and Chemotherapy, 45, 2054–2059.

Båverud, V., Johansson, S.K. and Aspan, A. (2007). Real-time PCR for detection and differentiation of Streptococcus equi subsp. equi and Streptococcus equi subsp. zooepidemicus. Veterinary Microbiology, 124, 219–229.

Beineke, A., Bennecke, K., Neis, C., et al. (2008). Comparative evaluation of virulence and pathology of Streptococcus suis serotypes 2 and 9 in experimentally infected growers. Veterinary Microbiology, 128, 423–430.

Chapman, P.S., Green, C., Main, J.P., et al. (2000). Retrospective study of the relationships between age, inflammation and the isolation of bacteria from the lower respiratory tract of thoroughbred horses. Veterinary Record, 146, 91–95.

DANMAP (2005). Use of antimicrobial agents and occurrence of antimicrobial resistance in bacteria from food animals, foods and humans in Denmark. ISSN 1600–2032.

Ezaki, T., Kawamura, Y., Li, N., Li, Z.Y., Zhao, L. and Shu, S. (2001). Proposal of the genera Anaerococcus gen. nov., Peptoniphilus gen. nov. and Gallicola gen. nov. for members of the genus Peptostreptococcus. International Journal of Systematic and Evolutionary Microbiology, 51, 1521–1528.

Gillespie, B.E. and Oliver, S.P. (2005). Simultaneous detection of mastitis pathogens, Staphylococcus aureus, Streptococcus uberis and Streptococcus agalactiae by multiplex real-time polymerase chain reaction. Journal of Dairy Science, 88, 3510–3518.

Koskinen, M.T., Holopainen, J., Pyörälä, S., et al. (2009). Analytical specificity and sensitivity of a real-time polymerase chain reaction assay for identification of bovine mastitis pathogens. Journal of Dairy Science, 92, 952–959.

Miller, C.W., Prescott, J.F., Mathews, K.A., et al. (1996). Streptococcal toxic shock syndrome in dogs. Journal of the American Veterinary Medical Association, 209, 1421–1426.

Pesavento, P.A., Hurley, K.F., Bannasch, M.J., Artiushin, S. and Timoney, J.F. (2008). A clonal outbreak of acute fatal hemorrhagic pneumonia in intensively housed (shelter) dogs caused by Streptococcus equi subsp. zooepidemicus. Veterinary Pathology, 45, 51–53.

Rato, M.G., Bexiga, R., Nunes, S.F., Cavaco, L.M., Vilela, C.L. and Santos-Sanches, I. (2008). Molecular epidemiology and population structure of bovine Streptococcus uberis. Journal of Dairy Science, 91, 4542–4551.

Rehm, T., Baums, C.G., Strommenger, B., Beyerbach, M., Valentin-Weigand, P. and Goethe, R. (2007). Amplified fragment length polymorphism of Streptococcus suis strains correlates with their profile of virulence-associated genes and clinical background. Journal of Medical Microbiology, 56, 102–109.

Sweeney, C.R., Timoney, J.F., Newton, J.R. and Hines, M.T. (2005). Streptococcus equi infections in horses: guidelines for treatment, control, and prevention of strangles. Journal of Veterinary Internal Medicine, 19, 123–134.

Tan, C., Liu, M., Jin, M., et al. (2008). The key virulence-associated genes of *Streptococcus suis* type 2 are upregulated and differentially expressed in vivo. FEMS Microbiology Letters, 278, 108–114.

Timoney, J.F. (2004). The pathogenic equine streptococci. Veterinary Research, 35, 397–409.

Timoney, J.F. and Artiushin, S.C. (1997). Detection of *Streptococcus equi* in equine nasal swabs and washes by DNA amplification. Veterinary Record, 141, 446–447.

Timoney, J.F. and Kumar, P. (2008). Early pathogenesis of equine *Streptococcus equi* infection (strangles). Equine Veterinary Journal, 40, 637–642.

Waller, A.S. and Jolley, K.A. (2007). Getting a grip on strangles: recent progress towards improved diagnostics and vaccines. Veterinary Journal, 173, 492–501.

Webb, K., Jolley, K.A., Mitchell, Z., et al. (2008). Development of an unambiguous and discriminatory multilocus sequence typing scheme for the *Streptococcus zooepidemicus* group. Microbiology, 154, 3016–3024.

Wei, Z., Li, R., Zhang, A., et al. (2009). Characterization of *Streptococcus suis* isolates from the diseased pigs in China between 2003 and 2007. Veterinary Microbiology, 137, 196–201.

Zhang, C., Ning, Y., Zhang, Z., Song, L., Qiu, H. and Gao, H. (2008). In vitro antimicrobial susceptibility of *Streptococcus suis* strains isolated from clinically healthy sows in China. Veterinary Microbiology, 131, 386–392.

◉ 进一步阅读材料

Byun, J.W., Yoon, S.S., Woo, G.H., Jung, B.Y. and Joo, Y.S. (2009). An outbreak of fatal hemorrhagic pneumonia caused by *Streptococcus equi* subsp. *zooepidemicus* in shelter dogs. Journal of Veterinary Science, 10, 269–271.

Fox, L.K. andGay,J.M. (1993). Contagious mastitis. Veterinary Clinics of North America: Food Animal Practice, 9, 475–487.

Hillerton, J.E. (1988). Summer mastitis – the current position. In Practice, 10, 131–137.

MacLennan, M., Foster, G., Dick, K., et al. (1996). *Streptococcus suis* serotypes 7, 8 and 14 from diseased pigs in Scotland. Veterinary Record, 139, 423–424.

Newton, J.R., Verheyen, K., Talbot, N.C., et al. (2000). Control of strangles outbreaks by isolation of guttural pouch carriers identified using PCR and culture of Streptococcus equi. Equine Veterinary Journal, 32, 515–526.

Reams, R.Y., Glickman, L.T., Harrington, D.D., et al. (1994). *Streptococcus suis* infection in swine: a retrospective study of 256 cases. Part Ⅱ. Clinical signs, gross and microscopic lesions and coexisting microorganisms. Journal of Veterinary Diagnostic Investigation, 6, 326–334.

Sweeney, C.R., Benson, C.E., Whitlock, R.H., et al. (1987). *Streptococcus equi* infection in horses. Parts I and Ⅱ. Compendium on Continuing Education for the Practicing Veterinarian, 9, 689–695 and 845–852.

Welsh, R.D. (1984). The significance of Streptococcus zooepidemicus in the horse. Equine Practice, 6, 6–16.

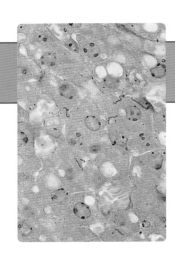

第16章

放 线 菌

放线菌（*Actinobacteria*）是门（phylum）和纲（class）级分类术语。汉语"放线菌"一词还可以指放线菌目（*Actinomycetales*）、放线菌亚目（Actinomycineae）、放线菌科（Actinomycetaceae）、放线菌属（*Actinomyces*）和放线菌种（*Actinomyces*）的细菌。

译者注：放线菌与放线杆菌（*Actinobacillus*）不是同一术语。放线杆菌不是放线菌门、目、纲、属的成员，而是巴氏杆菌科（Pasteurellaceae）的成员。放线菌是革兰阳性菌，而放线杆菌是革兰阴性菌。

放线菌门或放线菌纲包括了一群遗传差异较大的革兰阳性菌。其很多成员对动物不致病，但也有一些是动物重要的病原菌（图16.1）。本章主要介绍放线菌纲中放线菌亚目、放线菌科的一些属，包括放线菌属、隐秘杆菌属（*Arcanobacterium*）和放线棒菌属（*Actinobaculum*）。诺卡菌属（*Nocardia*）、嗜皮菌属（*Dermatophilus*）、克洛菌属（*Crossiella*）也属于放线菌纲成员。

由于有些放线菌能够形成菌丝，感染组织后也能够导致肉芽肿，因此这些放线菌早先被认为是真菌。然而，放线菌的菌丝宽度很少超过1微米，而通常真菌菌丝的宽度超过5微米。放线菌各个属汇总于表16.1中。

一些嗜热放线菌，例如在劣质过热干草中发现的直杆糖多孢菌（*Saccharopolyspora rectivirgula*），能够产生孢子。其孢子可以诱导牛、马、人发生过敏性肺炎。链霉菌（*Streptomyces*）是土壤中的腐生放线菌，也是实验室培养基常见的污染物。它们合成了多种抗菌物质，其中许多具有治疗活性。

△ 要点

- 革兰阳性菌，许多成员有分枝的菌丝
- 在培养基中生长相对缓慢
- 是产生不同炎症反应的机会致病菌
- 放线菌属、隐秘杆菌属和放线棒菌属
  - 厌氧或兼性厌氧
  - 形态学多样性
  - 不形成芽胞、不能游动
  - 抗酸染色阴性
  - 菌落无荚膜
- 诺卡菌属
  - 需氧菌、不能游动
  - 可形成气生菌丝
  - 在沙氏葡萄糖琼脂平板上生长
  - 抗酸染色阳性
  - 土壤腐生菌
- 刚果嗜皮菌
  - 需氧和嗜二氧化碳菌
  - 能运动的游动孢子
  - 在沙氏葡萄糖琼脂平板中不生长
  - 存在于带菌动物皮肤的疥癣和结痂上

兽医上重要的放线菌纲中的其他一些属，放在第17章（棒状杆菌属）、第18章（马红球菌）和第23章（隐秘杆菌属）中进行介绍。

◉ 放线菌属、隐秘杆菌属、放线棒菌属

放线菌、隐秘杆菌、放线棒菌是不能游动的、不产生孢子的革兰阳性菌。这些细菌中，在兽医

第

三

篇

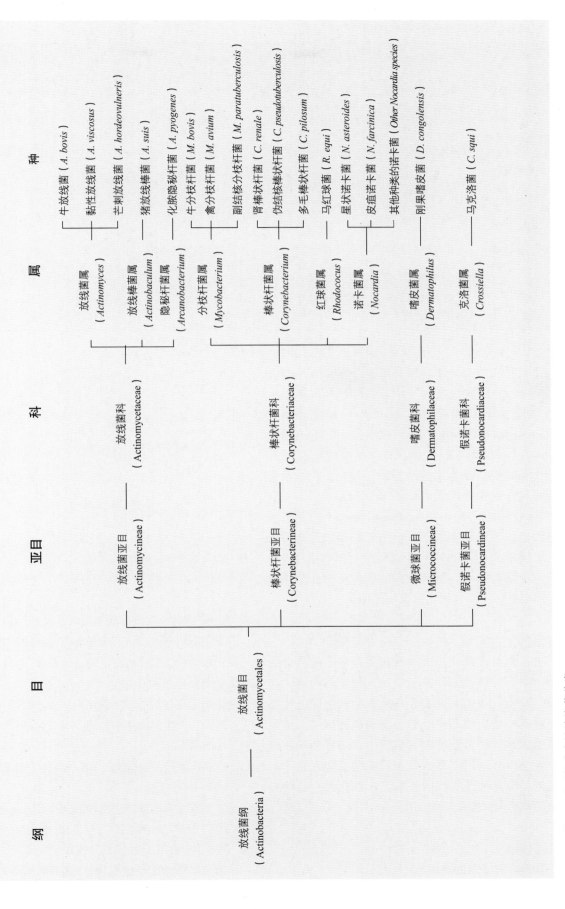

图16.1　兽医上重要的致病性放线菌分类

表16.1　兽医上重要的放线菌表形特点的比较

特点	放线菌种	化脓隐秘杆菌	猪放线棒菌	诺卡菌	刚果嗜皮菌
生长要求环境	厌氧或兼性厌氧和嗜二氧化碳	兼性厌氧和嗜二氧化碳	厌氧	需养	需氧或嗜二氧化碳
气生菌丝体的产生	–	–	–	+	–
改良的抗酸染色	–	–	–	+	–
沙氏葡萄糖琼脂培养基中的生长	–	–	–	+	–
正常的生存环境	鼻咽和口腔黏膜	牛、羊、猪的鼻咽黏膜	公猪的阴茎包皮囊内	土壤	动物携带者的皮肤和损害的结痂
损害的位置	包括骨组织在内的许多组织	软组织	母猪的尿路感染	胸腔、皮肤和其他组织	皮肤

上有重要意义的有化脓隐秘杆菌（*Arcanobacterium pyogenes*）、猪放线棒菌（*Actinobaculum suis*）、牛放线菌（*Actinomyces bovis*）、黏性放线菌（*Actinomyces viscosus*）、芒刺放线菌（*Actinomyces hordeovulneris*）。与这些细菌相关的疾病见表16.2。它们生长需要营养丰富的培养基。早先，化脓隐秘杆菌被称作化脓放线菌（*Actinomyces pyogenes*）和化脓棒状杆菌（*Corynebacterium pyogenes*）。猪放线棒菌曾经也改过许多名字；该菌与隐秘杆菌遗传上相近（Lawson 等，1997）。化脓隐秘杆菌和猪放线棒菌形态上都为棒状，而放线菌种的细菌为长的细丝状，但也有V、Y、T形状出现（图16.2）。

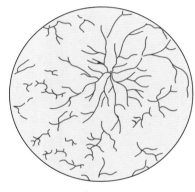

图16.2　病变部位的放线菌涂片
放线菌呈现长分枝的菌丝和较短的V、Y、T形状的菌丝。

■ 常见的生存环境

　　除芒刺放线菌外，这些致病菌存在于哺乳动物的黏膜中。牛放线菌存在于牛和其他家养动物的口咽部。黏性放线菌是犬和人口腔中的共生菌。化脓隐秘杆菌一般出现在牛、羊、猪的鼻黏膜中。猪放线棒菌通常位于公猪的包皮黏膜中。尽管芒刺放线菌正常的生存环境还不确定，但该菌可能存在于大麦属草类植物种子头部的芒刺上。在北美，这些草类植物常称为狐尾草（foxtail）。

■ 属的鉴别

　　属的鉴别特点见表16.3。

- 涂片染色时，某些种的细菌形态特征可以帮助鉴别。化脓隐秘杆菌和猪放线棒菌有似棒状的形态结构。
- 每种细菌的生长都有特定的空气要求。
- 生长菌落形态和溶血性：
  - 化脓隐秘杆菌有氧条件下培养24小时后，沿接种划线处，产生模糊的溶血斑。48小时后，可见针尖大小的菌落。
  - 牛放线菌和芒刺放线菌的菌落黏附在琼脂培养基上，通常不产生溶血。
  - 黏性放线菌能够产生两种菌落类型，一种是大而光滑，一种是小而粗糙。大的菌落由V、Y、T型组成；较小的菌落由短的分枝菌丝组成。
  - 猪放线棒菌能产生直径达3毫米的菌落，菌落有光

表16.2　家养动物感染放线菌、隐秘杆菌、放线棒菌产生的疾病症状

细菌的种	宿主	疾病症状
化脓隐秘杆菌	牛、羊、猪	脓肿、乳腺炎、化脓性肺炎、子宫内膜炎、子宫积脓、关节炎、脐带感染
芒刺放线菌	犬	皮肤脏器化脓、胸膜炎、腹膜炎、关节炎
牛放线菌	牛	牛放线菌病
黏性放线菌	犬	犬放线菌病
		皮肤化脓肿胀
		化脓性胸膜炎、增生、炎性肿胀性胸膜机能障碍
		弥漫性损伤（少见）
	马	皮肤脓包
	牛	流产
放线菌（未分类）	猪	肿胀性乳腺炎
	马	马的耳后脓肿、马肩隆瘘
猪放线棒菌	猪	膀胱炎、肾盂肾炎

表16.3　对动物具有重要意义的放线菌、隐秘杆菌、放线棒菌的表型鉴定

特征	牛放线菌	黏性放线菌	芒刺放线菌	化脓隐秘杆菌	猪放线棒菌
形态学	菌丝分枝、细长，有些菌丝较短	菌丝分枝、细长，有些菌丝较短	菌丝分枝、细长，有些菌丝较短	棒状	棒状
环境要求	厌氧，需CO_2	10% CO_2	10% CO_2	需氧	厌氧
羊血液琼脂培养基的溶血	±	−	±	+	±
过氧化氢酶反应	−	+	+	−	−
吕氏血清斜面液化坑	−	−	−	+	−
脓汁中的颗粒	硫黄颗粒	白色颗粒	−	−	−

泽，中间突起，边缘钝圆，很少能在反刍动物血液的平板中出现溶血。

• 生化反应。生化反应的技术要求较高（通常在参考实验室中进行），用于一些难以培养、生长缓慢的放线菌的最终鉴定。在日常诊断中，化脓隐秘杆菌的识别基于菌落形态和24小时内在吕氏血清斜面（Loeffler's serum slope）形成液化坑（表明有蛋白水解活性）。化脓隐秘杆菌也能水解明胶。

- 脓液中的颗粒。当脓液在培养皿用蒸馏水稀释时可以检测到颗粒。牛放线菌感染宿主时会出现针尖大小、黄色的"硫黄样颗粒"；黏性放线菌感染的动物的脓汁中出现白色、柔软、灰白色颗粒；牛放线菌引起的脓液中的颗粒，含有棒球状的菌丝集落（图16.3）。由林氏放线杆菌（*Actinobacillus lignieresii*）引起的牛放线杆菌病，以及金黄色葡萄球菌引起的葡萄球菌病等细菌引起的慢性感染的病灶中，病菌可形成棒球状集落。

- 猪放线棒菌产生脲酶。

- 16S rRNA基因序列的分析可以用于这些细菌的鉴别和分类（Lawson 等，1997；Jost 等，2002）。

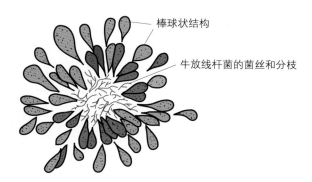

棒球状结构

牛放线杆菌的菌丝和分枝

图16.3 牛放线菌形成的棒球状集落
以分枝的菌丝为核心，周围被棒球状结构环绕。这些结构是宿主慢性感染的结果。

■ 致病机理和致病性

　　化脓隐秘杆菌能产生溶血性外毒素，即溶细胞素（pyolysin）。它是化脓隐秘杆菌重要的病毒因子，能够溶解中性粒细胞、巨噬细胞等宿主细胞，并能够导致实验动物皮肤坏死。感染的实验小鼠能够快速清除缺少溶细胞素基因的化脓隐秘杆菌（Jost 和 Billington，2005）。化脓隐秘杆菌产生的神经氨酸酶（neuraminidase）有利于细菌黏附组织，其作用方式很可能将隐藏的宿主细胞受体牵引出来，便于化脓隐秘杆菌产生的黏附素结合上去（Jost 和 Billington，2005）。化脓隐秘杆菌能产生许多黏附素，包括胞外基质结合蛋白（extracellular matrix-binding protein）和菌毛（fimbriae）。该菌还能产生蛋白酶，其毒性作用尚未确定。一些对动物有致病作用的放线菌的致病机理还未明确。化脓性反应是化脓隐秘杆菌的典型特征，而牛放线菌、黏性放线菌能引起化脓性肉芽肿。

■ 诊断程序

- 感染的动物物种、临床表现、类型、损伤位置可以提示感染了何种细菌。

- 适合于实验室细菌培养和组织病理检查的病料有渗出液、抽出物、组织病料。

- 涂片革兰染色可以显示感染菌的形态学特征（图16.2）。不像诺卡菌，放线菌为改良的抗酸染色（MZN）阴性（表16.1）。

- 对牛放线菌感染造成病变的病料，进行病原学检查，看到细菌为嗜酸染色的由大量的菌丝聚集形成的棒球状结构（图16.3）

- 在血平板和麦康凯培养基上接种病料样本，37℃培养5天。不同种细菌的培养的空气要求，见表16.3。除化脓放线菌外，其他种类的细菌从表型上难以区别。

- 分离的细菌鉴别标准：
  - 菌落的特点
  - 涂片染色的形态
  - 在血平板中是否出现溶血
  - 在沙氏培养基（Sabouraud dextrose agar）中再次培养是否生长
  - 在吕氏血清斜面形成液化坑（化脓隐秘杆菌）
  - 脲酶活性（猪放线棒菌）

- 由于该群细菌鉴定较困难，所以16S rRNA基因序列的PCR方法越来越多地用于这些菌的鉴定。

■ 临床感染

　　由致病性放线菌、隐秘杆菌、放线棒菌产生的疾病症状见表16.2。在有些病症中，放线菌的作用还没有完全明确。引起母猪脓性肉芽肿乳腺炎的病原是一种未分类的放线菌，其与牛放线菌相似。内氏放线菌（*A. naeslundii*）能够造成母猪流产，并且通常与人的龋齿有关（Palmer 等，1979）。在马耳后脓肿（poll evil）和马肩隆瘘（fistulous withers）脓液中分离出一种放线菌，可能是牛放线菌。

化脓隐秘杆菌感染

　　化脓隐秘杆菌是一种机会致病菌，是世界各地家养动物，尤其是牛、猪、羊化脓性感染的原因之一。任何器官和系统都可能会感染。通常，宿主感染化脓隐秘杆菌后，可发生淋巴结炎、骨髓炎、腹膜炎和神经组织脓肿。化脓隐秘杆菌还可以引起牛的子宫积脓、子宫炎、急性乳腺炎；英国和爱尔兰称化脓隐秘杆菌乳腺炎为夏季乳腺炎。化脓隐秘杆菌经常与厌氧的吲哚嗜胨菌（*Peptoniphilus indolicus*）联合感染。化脓隐秘杆菌与厌氧菌混合感染，还可引起牛、羊的蹄部脓肿（见第91章）。病料涂片革兰染色后，显示多形性细菌形态，以及该菌的菌落特点和在吕氏血清斜面形成液化坑的特征，可以用于诊断。以前该菌对许多抗菌药物敏感，但新近也出现抗生素耐受的菌株。这些抗生素包括在美国常用于促进家畜生长和预防疾病的大环内酯类和四环素类抗生素（Trinh 等，2002）。

犬放线菌病

黏性放线菌是犬放线菌病的病原。犬感染黏性放线菌可造成皮下化脓性肉芽肿，并在体腔内形成脓血样渗出物，造成腹膜和胸膜广泛性纤维样增生。胸腔病变与犬的诺卡菌病相似。犬放线菌病临床症状主要表现为呼吸困难。在马的病变皮肤和流产的犊牛中，也已经分离到黏性放线菌（Specht 等，1991；Okewole 等，1989）。犬感染芒刺放线菌后，也可造成组织损伤，包括皮肤和内脏的化脓肿胀、胸膜炎、腹膜炎和关节炎。黏性放线菌病通常在无并发症的感染下，用青霉素治疗有效。从一些临床症状不一样的犬中，分离到了一种新的放线菌，即犬放线菌（*Actinomyces canis*）（Hoyles 等，2000）。

牛放线菌病（下颌骨肿大病）

牛放线菌感染下颌骨，很少感染上颌骨，能引起慢性疏松性骨髓炎。牛放线菌可能是通过粗糙的饲料，或者是长牙期间造成的牙槽黏膜损伤，而感染下颌骨的。被感染骨的无痛性肿胀能持续好几个星期。肿胀逐渐变得疼痛，并形成瘘管，瘘管中排出大量脓性渗出物，还可能会蔓延到邻近的软组织，但很少感染局部淋巴结。

诊断

- 牛放线菌病发展到后期，具有特殊的临床特征。
- X线用于骨骼损害程度的检测。
- 其他合适的诊断技术见上述诊断程序。
- 牛放线菌病（actinomycosis）应该与导致下颌骨肿胀的其他病症，以及导致头部软组织损伤的牛放线杆菌病（actinobacillosis）区别开来。

治疗

- 当损伤面积小时，可进行外科手术；当病情严重时，通常不值得进行手术治疗。
- 有时不经肠道长期使用青霉素治疗，也是可取的；还可以口服异烟肼30天。

猪膀胱炎（cystitis）和肾盂肾炎（pyelonephritis）

妊娠母猪泌尿道是在交配时感染这种疾病的，可能会造成妊娠母猪死亡。猪放线棒菌可以从健康公猪的包皮和包皮憩室内分离到，但从健康母猪的泌尿生殖道中分离不到。公猪很少被感染，母猪通常在交配3~4周后出现临床特征，主要表现为厌食、背部拱起、尿痛和血尿。如果母猪两个肾都被严重地损坏，可能会导致死亡。这种疾病的诊治与第17章所述的牛肾盂肾炎的诊治相似。

◉ 诺卡菌

诺卡菌属的成员是革兰阳性、需氧的腐生放线菌。在感染组织渗出液的涂片检查中，诺卡菌形成细长的菌丝，并且菌丝常断裂为虚线状（图16.4）。培养诺卡菌时，可产生气生菌丝（aerial filament）；气生菌丝从培养基上深入到空气中。诺卡菌细胞壁的成分，尤其是分枝菌酸，使有些诺卡菌呈现抗酸染色（MZN阳性）。

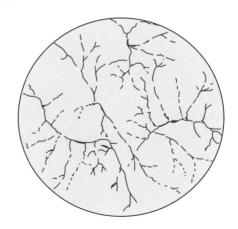

图16.4 感染组织渗出液涂片
诺卡菌的分枝菌丝，多数菌丝呈虚线状。

■ 常见的生存环境

诺卡菌是土壤和腐烂植物中的腐生菌。

■ 诺卡菌的鉴别

从表型上，鉴别诺卡菌较为困难，通常需要根据特定的生化试验和分枝杆菌酸组成分析，才能鉴别诺卡菌。现在，基于16S rRNA基因序列的分子生物学方法，常用于最终鉴定。已经被鉴别出的诺卡菌达90种，其中包括星状诺卡菌（*N. asteroides*）、皮疽诺卡菌（*N. farcinica*）和其他一些与动物和人疾病相关的细菌。

■ 致病机理和致病性

诺卡菌可导致机会性感染。其感染通常与免疫抑制或接触到大量的诺卡菌有关。诺卡菌通常是通过吸入而感染，也可以通过皮肤创伤或乳头管感染。肠道诺卡菌病可能因进食含有诺卡菌的食料而致。

星状诺卡菌的强毒株可在细胞内生存。该菌分泌的超氧化物歧化酶（superoxide dismutase，SOD）、过氧化氢酶和细菌细胞壁中存在较厚的肽聚糖，能够帮助该菌抵抗吞噬细胞的吞噬作用。细胞介导的免疫对抵御此细胞内细菌感染而言，很重要（Deem等，1982）。

■ 诊断程序

根据临床表现和实验室检测，可进行诺卡菌感染的初步诊断。

- 适合实验室检测的病料样本包括渗出物、器官分泌液、患乳腺炎的奶牛牛奶、肉芽肿组织和用于病理组织学检测的固定组织。
- 渗出物的涂片，进行革兰染色和MZN染色。诺卡菌MZN阳性，而放线菌MZN阴性。
- 组织样本的病理学检查，可见成簇的诺卡菌的菌丝。
- 该菌可生长于血琼脂或选择性培养基，如木炭酵母提取物培养基（charcoal–yeast extract medium），在培养基上37℃需氧培养长达10天。
- 分离菌的鉴定标准：
  - 血琼脂培养基上菌落的鉴定标准通常是培养约5天后可见白色粉状菌落，菌落牢固地黏附在琼脂上。菌落无气味，有些可溶血。
  - 在沙氏葡萄糖琼脂上再次培养5天后产生干燥、卷起、橙色的菌落。
  - 从菌落挑菌进行革兰染色涂片检查，可见一些以杆状和球状居多的丝状结构。
- 诺卡菌菌种需要与链霉菌区分开来。链霉菌可能会污染实验室培养基。诺卡菌区别于链霉菌的特点，包括强壮、泥土气味、MZN阴性的菌丝，以及在沙氏葡萄糖培养基上的菌落呈现白色粉状。
- 16S rRNA基因序列测定常用于诺卡菌的细菌种类的识别。

■ 临床感染

以前的观点认为，家养动物感染的诺卡菌中，大部分为星状诺卡菌。然而，随着新的分子生物学方法的出现，以前许多归类于星状诺卡菌的微生物现在已经归类于其他Z种类的诺卡菌（Brown-Elliott等，2006）。因此，诺卡菌有多个种引起动物的诺卡菌病（表16.4）。诺卡菌通常导致犬的皮肤和全身性感染，以及牛的乳腺炎。加拿大报道了皮疽诺卡菌引起的牛乳腺炎疫情（Brown等，2007），意大利报道了另一种诺卡菌（*Nocardia neocaledoniensis*）引起的牛乳腺炎的疫情（Pisoni等，2008）。偶尔，也会见到诺卡菌感染马的报道，免疫抑制是其一个重要的诱发因素（Biberstein等，1985）。星状诺卡菌与母猪的流产有关（Koehne，1981）。皮疽诺卡菌与牛皮疽有关。巴西诺卡菌（*Nocardia brasiliensis*）和豚鼠耳炎诺卡菌（*N. otitidiscaviarum*或*N. caviae*）能使人患病，但很少引起家养动物患病。

表16.4　家养动物感染诺卡菌菌种产生的疾病特点

细菌	宿主	引起的疾病
诺卡菌	犬	犬诺卡菌病： －皮肤化脓性肉芽肿 －弥漫性损伤
	牛	慢性乳腺炎、流产、牛皮疽[a]
	猪	流产
	绵羊、山羊、马	创伤感染、乳腺炎、肺炎、其他部位的化脓性肉芽肿

a：一些分枝杆菌也会引起牛皮疽。

犬诺卡菌病

犬通过吸入、皮肤创伤和食入等方式，感染诺卡菌。该疾病有三种确定的表现形式，即胸式、侵犯皮肤式和弥漫式。胸式犬诺卡菌病的特征是发热、厌食、呼吸困难；胸膜上存在血管纤维样增生，胸腔内有脓血样液体积聚。皮肤式犬诺卡菌病呈现慢性溃疡或瘘管状、结节状肉芽肿。弥散式通常发生在小于12月龄的犬，表现的临床症状类型很多；临床症状与感染的器官或系统有关。

诊断

尽管犬诺卡菌病临床上与犬的放线菌病相似，但诺卡菌病用抗生素治疗无效。因此，确定诺卡菌和黏性放线菌谁是主要的病原，对于此病的治疗很重要。这两种微生物主要区别见表16.5。

表16.5　诺卡菌与黏性放线菌的鉴别

特点	诺卡菌	黏性放线菌
菌丝的改良的抗酸染色	+	−
空气要求	需氧	10% CO_2
沙氏葡萄糖琼脂培养基	+	−
对青霉素G的敏感性	−	+

治疗

不同种类的诺卡菌对抗生素的敏感性不一样。在特定实验室里，用肉汤稀释技术，可进行抗生素敏感性试验。丁胺卡那霉素、西司他丁和复方新诺明等抗生素，如果有效，应全身给药至少6个星期。

牛诺卡菌乳腺炎

诺卡菌感染可引起牛慢性乳腺炎。患病奶牛的乳房可出现弥漫性或局灶性结节，其分泌牛奶含有白色凝块。挤完奶后，可触摸到乳房中局灶性结节，结节直径可达5厘米。泌乳早期感染可能会引起全身反应，包括发热、精神沉郁和厌食。诺卡菌乳腺炎通常化学治疗无效，且通常是零星发生的，即一群牛中发病的可能只是一两头。然而，在干奶期奶牛乳头管输液治疗（dry-cow therapy）后，尤其是输送的液体中含有新霉素可引起奶牛群体发生诺卡菌乳腺炎（Brown 等，2007）。

牛皮疽（Bovine farcy）

牛皮疽，也被称为牛诺卡菌病，仅发生在热带地区。它是一种发生在浅表层淋巴管和淋巴结的慢性感染疾病。早期病变包括腿和颈部内侧出现皮肤小结节。这些结节慢慢变大，形成直径达10厘米的肿块，并且很少发生溃疡。淋巴管增厚像绳索状。内部器官偶尔可能也会受到影响。牛皮疽临床特征与牛结核病的症状相似。由于皮疽诺卡菌、产鼻疽分枝杆菌（Mycobacterium farcinogenes）、塞内加尔分枝杆菌（M. senegalense）都可引起牛皮疽，所以牛皮疽在病原上需要进行区别鉴定。

◉ 刚果嗜皮菌

刚果嗜皮菌是一种革兰阳性菌，具有丝状、放线菌分枝的形态（图16.5）。该菌与众不同，因为它能产生直径达1.5微米能游动的球状孢子。成熟的游动孢子产生的芽管能发展成宽度为0.5～1.5微米的菌丝。这些横向和纵向分布的菌丝最终发展成很多新的游动孢子。成熟的菌丝宽度可以超过5微米，其中包含数列游动孢子，形成电车轨道状结构。刚果嗜皮菌引起的皮肤感染分布在世界各地，但热带和亚热带地区更为普遍。

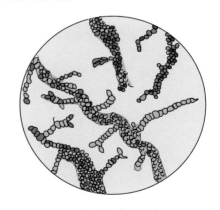

图16.5　结痂病料中刚果嗜皮菌的染色

较宽的菌丝中含有游动孢子。菌丝的侧面在游动孢子形成之前被分割成一些片段。

■ 常见的生存环境

刚果嗜皮菌似乎在临床表现正常的动物皮肤上持续存在。当微环境的温度和湿度水平合适时，休眠的游动孢子可被激活。游动孢子在环境中存活时间通常有限，但在干燥的结痂中，可存活3年。

■ 致病机理和致病性

刚果嗜皮菌通常不会感染健康的皮肤。创伤和环

第三篇

境持久的潮湿容易导致刚果嗜皮菌对皮肤的感染。改变皮肤表面微环境和皮肤屏障机制（如皮脂腺分泌作用），可激活休眠的游动孢子。休眠的游动孢子被激活后，游动孢子产生芽管，然后发展成侵入皮肤的菌丝。能够侵入皮肤的菌株与它们的毒力相关。菌株的毒力可能与一些酶（如磷脂酶、蛋白水解酶和碱性神经酰胺酶）的产生能力有关（Norris 等，2008）。

刚果嗜皮菌感染会造成化脓性炎症反应。大量中性粒细胞迁移到炎症部位，吞噬细菌，在上皮中形成微小脓肿。再生的上皮细胞可以被病菌继续感染，如此循环，形成结痂样外壳（含浆液性或脓性渗出物）。这些结痂样外壳中含有大量的分枝的菌丝。反复发作的一些疾病和妊娠等抑制宿主获得性免疫反应的因素，可能会增加宿主对嗜皮菌病的敏感性。

■ 诊断程序

- 依据动物临床表现，通常可以进行初步诊断，尤其是在流行地区。
- 适合实验室检查的病料样本包括皮肤结痂和福尔马林固定的皮肤样品。
- 对结痂底面和软化的结痂的病料进行涂片，用姬姆萨方法染色观察，可见含有游动孢子的分枝的菌丝（图 16.5）。当用涂片法观察该菌有困难时，可以使用病理组织学或免疫荧光技术。
- 用水软化的结痂病料，可以在血琼脂培养基中，37℃ 2.5% ~ 10% CO_2 条件下，培养5天。
- 对 CO_2 具有趋化作用的游动孢子可以从严重污染的样品中被分离出来。分离时，把结痂病料置于蒸馏水中，室温放置3.5小时，随后暴露于二氧化碳环境中15分钟。游动孢子漂浮在水的表面，即可以用来分离培养。
- 鉴定标准：
  - 刚果嗜皮菌培养48小时后，菌落直径可达1毫米、黄色、溶血。当培养3~4天时，菌落粗糙、金黄色、黏附在琼脂上。老龄化菌落可能有黏液样外观。
  - 菌落涂片后，姬姆萨染色观察，显示强壮的菌丝。
  - 沙氏葡萄糖琼脂上不生长。
  - 生化试验鉴定（通常不需要进行）：该菌液化吕弗勒血清培养基、水解明胶和酪蛋白，并降解葡萄糖和果糖产酸。
  - 和放线菌其他成员一样，在16S rRNA基因测序的基础上的鉴定方法已经成熟。在随机扩增多态性DNA分析方法基础上的基因分型技术也有报道，

相关研究表明一些基因型和宿主种类相关（Larrasa 等，2002）。

■ 临床感染

刚果嗜皮菌的感染通常仅限于表皮。然而，在猫中发现了皮下组织感染（Jones，1976）。通常习惯将这种细菌感染的疾病命名为嗜皮菌病和皮肤的链丝状菌病（streptothricosis）。绵羊皮肤感染时，可形成渗出性皮炎，该病曾被误称为真菌性皮炎。当该菌感染绵羊下肢的皮肤时，可导致草莓样腐蹄病（strawberry footrot）。

虽然该疾病影响所有年龄段的动物，但幼龄动物更易感染，并且往往更为严重。刚果嗜皮菌更倾向感染皮肤。直接接触感染动物，可导致游动孢子传播给易感动物。在该疾病流行的热带地区，嗜皮菌的患病率和严重性与彩色钝眼蜱（Amblyomma variegatum）有关（Morrow 等，1989）。在热带，很多吸血昆虫可能在该病传播中发挥重要作用。该病引起许多皮革和羊毛的品质下降，从而造成巨大经济损失。此外，嗜皮菌病造成了家畜对蝇疽更为易感（Norris 等，2008）。人通过密切接触被感染的动物，偶尔也会引起皮肤感染（Stewart，1972；Burd 等，2007）。

临床症状

病变通常发生在易于感染的皮肤部位。温暖的环境加上长时间大量降雨，可能造成家畜背部易于感染；在热带旱生灌木林中，放牧动物的面部和腿部容易感染。早期病变表现为丘疹，并经常仅仅通过触诊就检测到。随着病变的发展，浆液性渗出物会导致成簇的畜毛交织在一起。病变继而形成不规则的凸出的硬结痂。成簇的畜毛连同附着的结痂及相关渗出物，很容易一起从病变部位拔出来。牛和羊形成的结痂往往比马的结痂更加明显。

局部感染通常造成的后果很小。病变可自发地在几周内痊愈。干燥条件下，痊愈得更快。严重感染时，患畜病变部位较为广泛，可能偶尔发生死亡，尤其是在犊牛和羔羊上。在极少数情况下，口腔病变会导致精神沉郁、饮食困难和身体损耗。

诊断

从临床表现和结痂中观察到像刚果嗜皮菌的细

菌，可以进行初步诊断。分离到刚果嗜皮菌，可以确诊。

治疗

抗生素，如长效四环素，通过非肠道途径给药，是有效的。另一种给药方法为连续三天高剂量联合使用青霉素－链霉素。这些药物在皮肤必须达到足够的浓度，才能确保疗效。治疗效果还与组织损伤的严重程度和范围有关。在损伤局部进行治疗是无效的。

防控

依据当地的地理和气候特征，采取相应的控制措施。控制措施主要是减少诱发因素，和对临床病例进行尽早治疗。

- 感染发病的动物应及时隔离治疗。
- 长期降雨期间应给家畜提供防护。
- 应清除放牧区域里多刺的灌木和草。
- 每两周进行一次浸泡或喷洒杀螨剂，以及消除蜱栖息地，来减少蜱的感染。
- 流行地区应进行长效四环素类抗生素的预防。
- 控制并发疾病，降低了嗜皮菌病的严重性。
- 科研人员仍在研究如何提高牛羊对刚果嗜皮菌的抵抗力，也在研究如何改变动物皮肤上正常微生物群落，来减少刚果嗜皮菌的危害（Norris 等，2008）。

◉ 马克洛菌

马克洛菌是放线菌纲假诺卡菌亚目（*Pseudono-cardineae*）的成员；它与马诺卡菌样胎盘炎有关，发病的孕马约有50%发生流产。

◉ 参考文献

Biberstein, E.L., Jang, S.S. and Hirsh, D.C. (1985). *Nocardia asteroides* infection in horses: a review. Journal of the American Veterinary Medical Association, 186, 273–277.

Brown, J.M., Cowley, K.D., Manninen, K.I. and McNeil, M.M. (2007). Phenotypic and molecular epidemiologic evaluation of a *Nocardia farcinica* mastitis epizootic. Veterinary Microbiology, 125, 66–72.

Brown-Elliott, B.A., Brown, J.M., Conville, P.S. and Wallace, R.J., Jr (2006). Clinical and laboratory features of the *Nocardia* spp. based on current molecular taxonomy. Clinical Microbiology Reviews, 19, 259–282.

Burd, E.M., Juzych, L.A., Rudrik, J.T. and Habib, F. (2007). Pustular dermatitis caused by Dermatophilus congolensis Journal of Clinical Microbiology, 45, 1655–1658.

Deem, R.L., Beaman, B.L. and Gershwin, M.E. (1982). Adoptive transfer of immunity to *Nocardia asteroides* in nude mice. Infection and Immunity, 38, 914–920.

Donahue, J.M., Williams, N.M., Sells, S.F. and Labeda, D.P. (2002). *Crossiella equi sp. nov.*, isolated from equine placentas. International Journal of Systematic and Evolutionary Microbiology, 52, 2169–2173.

Hoyles, L., Falsen, E., Foster, G., Pascual, C., Greko, C. and Collins, M.D. (2000). *Actinomyces canis sp. nov.* isolated from dogs. International Journal of Systematic and Evolutionary Microbiology, 50, 1547–1551.

Jones, R.T. (1976). Subcutaneous infection with Dermatophilus congolensis in a cat. Journal of Comparative Pathology, 86, 415–421.

Jost, B.H. and Billington, S.J. (2005). *Arcanobacterium pyogenes*: molecular pathogenesis of an animal opportunist. Antonie van Leeuwenhoek, 88, 87–102.

Jost, B.H., Post, K.W., Songer, J.G. and Billington, S.J.(2002). Isolation of *Arcanobacterium pyogenes* from the porcine gastric mucosa. Veterinary Research Communications, 26, 419–425.

Koehne, G. (1981). *Nocardia asteroides* abortion in swine. Journal of the American Veterinary Medical Association, 179, 478–479.

Larrasa, J., Garcia, A., Ambrose, N.C., et al. (2002). A simple random amplified polymorphic DNA genotyping method for field isolates of *Dermatophilus congolensis*. Journal of Veterinary Medicine, Series B, 49, 135–141.

Lawson, P.A., Falsen, E., Akervall, E., Vandamme, P. and Collins, M.D. (1997). Characterization of some Actinomyces-like isolates from human clinical specimens: reclassification of *Actinomyces suis* (Soltys and Spratling) as *Actinobaculum suis comb. nov.* and description of *Actinobaculum schaalii sp. nov.* International Journal of Systematic Bacteriology, 47, 899–903.

Morrow, A.N., Heron, I.D., Walker, A.R. and Robinson, J.L. (1989). *Amblyomma variegatum* ticks and the occurrence of bovine streptothricosis in Antigua. Journal of Veterinary

Medicine, Series B, 36, 241–249.

Norris, B.J., Colditz, I.G. and Dixon, T.J. (2008). Fleece rot and dermatophilosis in sheep. Veterinary Microbiology, 128, 217–230.

Okewole, A.A., Odeyemi, P.S., Ocholi, R.A., Irokanulo, E.A., Haruna, E.S. and Oyetunde, I.L. (1989). *Actinomyces viscosus* from a case of abortion in a Friesian heifer. Veterinary Record, 124, 464.

Palmer, N.C., Kierstead, M. and Wilson, R.W. (1979). Abortion in swine associated with *Actinomyces* spp. Canadian Veterinary Journal, 20, 199.

Pisoni, G., Locatelli, C., Alborali, L., et al. (2008). Outbreak of *Nocardia neocaledoniensis* mastitis in an Italian dairy herd.

Journal of Dairy Science, 91, 136–139.

Specht, T.E., Breuhaus, B.A., Manning, T.O., Miller, R.T. and Cochrane, R.B. (1991). Skin pustules and nodules caused by *Actinomyces viscosus* in a horse. Journal of the American Veterinary Medical Association, 198, 457–459.

Stewart, G.H. (1972). Dermatophilosis: a skin disease of animals and man. Veterinary Record, 91, 537–544 and 555–561.

Trinh, H.T., Billington, S.J., Field, A.C., Songer, J.G. and Jost, B.H. (2002). Susceptibility of *Arcanobacterium pyogenes* from different sources to tetracycline, macrolide and lincosamide antimicrobial agents. Veterinary Microbiology, 85, 353–359.

◉ 进一步阅读材料

Cattoli, G., Vascellari, M., Corrò, M., et al. (2004). First case of equine nocardioform placentitis caused by *Crossiella equi* in Europe. Veterinary Record, 154, 730–731.

Ellis, T.M., Masters, A.M., Sutherland, S.S., Carson, J.M. and Gregory, A.R. (1993). Variation in cultural, morphological, biochemical properties and infectivity of Australian isolates of *Dermatophilus congolensis*. Veterinary Microbiology, 38, 81–102.

Kirpensteijn, J. and Fingland, R.B. (1992). Cutaneous actinomycosis and nocardiosis in dogs: 48 cases (1980–1990). Journal of the American Veterinary Medical Association, 201, 917–920.

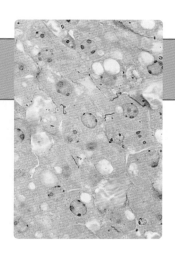

第17章

棒状杆菌

棒状杆菌属（*Corynebacterium*）为体积较小、形态多样的革兰阳性菌，有球状、梅花状和棒状；其英文名中"coryne"词根意义是"棒状的"。染色涂片观察，可见此菌是单个形式出现的，如果排列成一排或一簇，则与中国汉字的笔画相似（图17.1）。儿童白喉的病原为白喉棒状杆菌（*Corynebacterium diphtheriae*）。

以前的棒状杆菌属包含很多细菌。最近，通过DNA和16S rRNA基因的研究，将棒状杆菌原来的一些成员归类到其他属。分类上，棒状杆菌属于棒状杆菌科（*Corynebacteriaceae*）；棒状杆菌科包含棒状杆菌属、分枝杆菌属、诺卡菌属和红球菌属，这四个属构成了CMN群（the CMN group）。尽管CMN群多种多样，但该群细菌有较高的G+C含量，并且细菌细胞壁中含有分枝杆菌酸。棒状杆菌的分枝杆菌酸比该菌群中其他属的分枝杆菌酸短，并且通常其碳链是饱和的。

大部分棒状杆菌过氧化氢酶阳性、氧化酶阴性、兼性厌氧、不产生芽胞；其生长需要丰富的营养。致病性棒状杆菌是不能游动的。致病性棒状杆菌定

殖前，宿主相关组织常有一些损伤；致病性棒状杆菌导致化脓感染。

> △ 要点
>
> • 革兰阳性、形态多样的细菌
> • 需要的营养复杂，要求营养丰富的培养基
> • 多数为黏膜共生菌
> • 引起化脓性感染
>   — 不能游动、兼性厌氧的细菌
>   — 过氧化氢酶阳性、氧化酶阴性

◉ 常见的生存环境

大部分棒状杆菌为黏膜共生菌（表17.1）。伪结核棒状杆菌（*C. pseudotuberculosis*）原先称为羊棒状杆菌（*C. ovis*），在环境中能存活数月。

◉ 棒状杆菌的鉴别

大部分致病性棒状杆菌具有宿主特异性，并产生特异的临床症状。因此，宿主和临床症状能提示病原菌的种类。

· 菌落特点：
  —牛棒状杆菌（*C. bovis*）为亲脂性细菌，在含有牛乳的培养基中能够产生白色、干燥、非溶血性小菌落。
  —库氏棒状杆菌（*C. kutscheri*）产生白色菌落，少数分离菌株有溶血活性。
  —伪结核棒状杆菌菌落小、发白，被一圈窄窄的完全溶血环包围，明显的溶血环不会持续超过72小时。几天后菌落就变得干燥、易碎、米黄色。

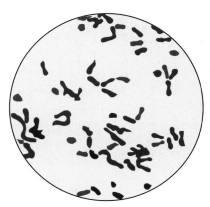

图17.1 菌体染色后棒状杆菌呈现的多种形状

表17.1　致病性棒状杆菌及其宿主、常见的生存环境和产生的症状

病原	宿主	病情	常见的生存环境
牛棒状杆菌 （*C. bovis*）	牛	亚临床乳腺炎	乳齿
白喉棒状杆菌 （*C. dihtheriae*）	人类	白喉病	人咽部黏膜
	马	血液感染很少	
库氏棒状杆菌 （*C. kutscheri*）	试验用的啮齿动物	皮肤脓肿；肝脏、肺脏、淋巴结的干酪性结节	黏膜、环境
伪结核棒状杆菌 （*C. pseudotuberculosis*）			
非硝酸盐还原菌 　（Non-nitrate-reducing biotype）	绵羊、山羊	咽淋巴结	皮肤、黏膜、环境
硝酸盐还原菌 　（Nitrate-reducing biotype）	马、牛	淋巴结溃疡、脓肿	环境
肾棒状杆菌群（the *C. renale* group）			
肾棒状杆菌群（Ⅰ型） 　（*C.renale*）(typeⅠ)	牛	皮炎、肾盂肾炎	母牛和公牛的泌尿生殖道下部
	绵羊、山羊	化脓性龟头包皮炎	包皮
多毛棒状杆菌（Ⅱ型） 　（*C. pilosum*）（typeⅡ）	牛	皮炎、肾盂肾炎	牛泌尿道
膀胱炎棒状杆菌（Ⅲ型） 　（*C. cystitidis*）（typeⅢ）	牛	严重皮炎、肾盂肾炎较少	牛泌尿道
溃疡棒状杆菌 （*C. ulcerans*）	牛	乳腺炎	人类咽黏膜
	猫	很少见上呼吸道感染	
	人类	白喉病（产毒素的菌株）	

- 肾棒状杆菌群（the *C. renale* group）的成员培养24小时后，可以产生不溶血的小菌落。培养48小时后，该菌群中三个种的细菌产生不同的色素（表17.2）；这是鉴别它们的特征之一。
- 生化反应：
  - 传统的或者有商业化的生化试验方法，都可以用于棒状杆菌的鉴别。
  - 伪结核棒状杆菌已经确定有两个生物型。绵羊/山羊菌株无硝酸盐还原能力，然而马/羊菌株常能还原硝酸盐。尽管这两个生物型有一定的宿主特异性，但从牛和马体内已经分离到不能还原硝酸盐的伪结核棒状杆菌（Yeruham 等，2004；Connor 等，2000）。

表17.2　肾棒状杆菌群中细菌的鉴别

特点	肾棒状杆菌（Ⅰ型）	多毛棒状杆菌（Ⅱ型）	膀胱炎棒状杆菌（Ⅲ型）
菌落颜色	黄白色	黄色	白色
pH5.4肉汤培养基中的生长	+	−	−
还原硝酸盐	−	+	−
分解木糖是否产酸	−	−	+
分解淀粉是否产酸	−	+	−
酪蛋白消化试验	+	−	−
吐温80的水解作用	−	−	+

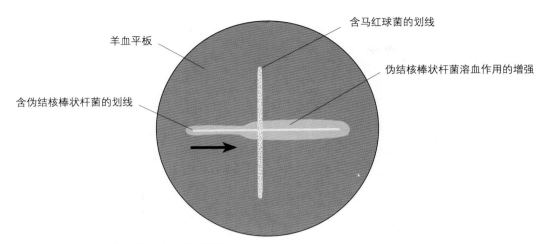

含马红球菌的划线

羊血平板

伪结核棒状杆菌溶血作用的增强

含伪结核棒状杆菌的划线

图17.2 伪结核棒状杆菌溶血试验的增强
当用伪结核棒状杆菌划一条线垂直于用马红球菌划的一条线时，溶血作用就会增强。

- 溶血增强试验
  - 当伪结核棒状杆菌接种在含有马红球菌的划线平板时，伪结核棒状杆菌产生的溶血作用被放大（图17.2）。

◉ 致病机理和致病性

许多棒状杆菌是机会致病菌。除牛棒状杆菌外，其他棒状杆菌为化脓菌，能够造成家养动物各种化脓症状。牛棒状杆菌在高达20%临床健康奶牛的乳头管中能分离到，能引起温和的中性粒细胞反应。有人认为，这种反应可以保护乳腺不感染其他毒力更强的病原菌（Pociecha，1989）。但是，在牛棒状杆菌对牛乳腺的致病性方面，也有矛盾的数据。Huxley等（2004）认为，这可能是因为以前的研究对细菌的分离鉴定不完全正确。他们用分子生物学方法检测762株牛棒状杆菌分离菌株，发现其中2.8%的菌株不是牛棒状杆菌。

伪结核棒状杆菌是一种兼性细胞内病原菌，可以在巨噬细胞内存活和复制。这种病原菌的毒力与细菌细胞壁的脂质和一种外毒素[即磷脂酶D（PLD）]有关。在哺乳动物的细胞膜上，磷脂酶D能水解鞘磷脂，释放胆碱。在感染的早期阶段，PLD可以提高假结核棒状杆菌在宿主中的生存能力和繁殖能力。另一种保护性抗原为伪结核棒状杆菌分泌的蛋白酶40（CP40）。该蛋白也是重要的毒力因子，它能激起强烈的抗感染保护的免疫反应（Baird 和 Fontaine，2007）。溃疡棒状杆菌（C. ulcerans）和伪结核棒状

杆菌如果整合了携带白喉毒素基因的β-噬菌体，可以产生白喉毒素。虽然这种毒素在动物体内的作用尚不清楚，但感染溃疡棒状杆菌的奶牛分泌的乳汁中存在这种毒素，可能对公共健康产生影响。

肾棒状杆菌群中的细菌为泌尿道感染菌，能引起牛的膀胱炎和肾盂肾炎。这些病原菌产生尿素酶，水解尿素。肾棒状杆菌群的成员具有菌毛，能够吸附在泌尿道黏膜上。

库氏棒状杆菌和伪结核棒状杆菌可以通过皮肤的轻微创伤感染，而泌尿道棒状杆菌可在宿主免疫功能下降或分娩造成局部组织损伤时，侵入宿主体内。

◉ 诊断程序

- 依据感染的动物种类和临床症状可以作出初步诊断。
- 适合进行实验室检查的病料有脓液、渗出液、受感染的组织和尿道中段的尿液。
- 病料涂片进行革兰染色直接镜检，发现棒状杆菌（图17.1）。
- 通常使用的培养基有血液琼脂培养基、选择性血液琼脂培养基和麦康凯琼脂培养基；接种培养基平板需要在有氧条件下，37℃培养24~48小时。
- 分离菌株的鉴别标准：
  - 菌落的特点。
  - 是否溶血。
  - 需氧或厌氧培养的要求。
  - 麦康凯琼脂培养基中生长较慢。
  - 培养菌进行革兰染色涂片观察可见典型的、棒状、

形态多样的细菌（图17.1）。

—生化试验结果。

—鉴别肾棒状杆菌群成员的特殊试验（表17.2）。

—伪结核棒状杆菌的溶血增强试验。

· 检测和鉴定伪结核棒状杆菌分子生物技术已经成熟。Cetinkaya等（2002）报道了一种PCR方法，用于伪结核棒状杆菌的鉴定；Pacheco等（2007）采用了多重PCR方法，用于分离菌株的鉴定和脓液病料的直接检测。

◎ 临床感染

棒状杆菌感染引起的主要疾病见表17.1。伪结核棒状杆菌偶尔引起人类感染；人感染的伪结核棒状杆菌有些来源于动物，有些来源于环境。偶尔会在动物体内检测到能够产白喉毒素的白喉棒状杆菌和溃疡棒状杆菌，它们可能是少数人类感染的来源。

■ 干酪样淋巴结炎（caseous lymphadenitis）

由伪结核棒状杆菌的非硝酸盐还原生物型引起的干酪性淋巴结炎是造成绵羊、山羊慢性化脓性症状的疾病。该病很少出现在牛上。感染会造成宿主表面或内部的淋巴结脓肿和增生。该疾病潜伏期为3个月左右。该病多见于澳大利亚、新西兰、中东、亚洲、非洲、北美和南美部分地区。英国和其他欧洲国家经常报道干酪性淋巴结炎的病例。受感染的动物明显出现体质虚弱。该病影响动物胴体和兽皮的使用价值。干酪样淋巴结炎通过鼻腔、口腔流出的脓液和分泌物进行传播。病原菌可以在环境中存活数月。从感染山羊的奶中已经分离到伪结核棒状杆菌。

绵羊通过剪毛伤口的污染、节肢动物的叮咬和污泥的污染，而感染干酪样淋巴结炎。当感染变成慢性时，会出现淋巴结肿大。淋巴结横截面呈现"洋葱环"状的囊状脓肿。脓肿为干酪样，由绿色逐渐变成油灰色。血源性传播可能导致无明显表面病变的内部淋巴结的脓肿。干酪样淋巴结炎可导致体质虚弱和肺炎。内脏的病变在宰前可能无法检测。患病的山羊通常会在头部和颈部等处的皮下出现脓肿。绵羊和山羊病变部位不同的分布，可能源于两种动物的行为和人们对两种动物的措施有所不同。例如，山羊经常用头部撞击而绵羊不经常用头部撞击，人们经常剪绵羊毛，而不是山羊毛。

诊断

· 本病可根据临床表现或尸体检查，进行初步诊断。

· 用病变部位进行涂片观察，可见革兰阳性棒状的细菌。

· 从脓肿中可以分离到伪结核棒状杆菌。

· 一些ELISA试剂盒已被成熟地用于伪结核棒状杆菌的血清学检测；这些试验可以检测抗细胞壁抗原的抗体或抗外毒素（PLD）抗原的抗体。基于PLD的双抗体夹心ELISA在绵羊上具有敏感性（79% ± 5%）和高特异性（99% ± 1%）（Dercksen等，2000）。

· Sunil等（2008）报道，在羊群中，使用γ干扰素可以进行感染的检测，该方法对干酪性淋巴结炎根除，有很好的应用前景。

治疗

尽管伪结核棒状杆菌菌株在体外对大多数类抗菌剂是敏感的，但由于该病慢性病变的特性和菌体在宿主细胞内可以存活的原因，抗生素治疗通常是无效的。

防控

各个国家所采取的控制此病的适当措施一定程度上取决于该病的流行率。

· 从一些无此病的国家排除干酪性淋巴结炎：

　—绵羊和山羊只能从无此病或感染率较低的国家进口。进口的动物必须来自官方认证3年内没有此病感染的动物群体。

　—动物必须用ELISA进行进口前检测。

　—进口动物应该被隔离数月，感染动物进行扑杀。

· 在低流行性国家消灭干酪性淋巴结炎：

　—有明显病变的动物应被隔离和宰杀。

　—用ELISA定期监测，阳性或可疑群体应该被宰杀。

　—阳性母畜生下的羊羔应该被隔离，进行人工饲养。

　—污染的建筑等设施应该彻底地消毒。

· 干酪性淋巴结炎发病率较高国家的控制措施：

　—房屋建筑，如剪毛棚，应采取严格的卫生措施；剪羊毛的器具和其运送存储的器具应该定期进行彻底的消毒。

　—有些国家使用疫苗免疫，并在该病控制中占重要地位。该病的预防已有菌苗、类毒素疫苗、菌苗和类毒素组合疫苗。此外，减毒活疫苗、DNA疫苗已经在研究中，其中一些对抗感染有免疫保护作用（Baird 和 Fontaine，2007）。

■ 溃疡性淋巴结炎

硝酸盐还原型伪结核棒状杆菌可导致牛和马溃疡性淋巴管炎的散发病例。溃疡性淋巴管炎发生在非洲、美洲、中东和印度。在美国，这种疾病多见于秋季和初冬，马比牛更易于感染发病。患马通过皮肤创伤、节肢动物叮咬或因接触受污染的马具而感染。其症状为下肢淋巴管炎或胸部脓肿。淋巴管炎发病缓慢，病情通常逐渐变成慢性。受感染的淋巴管肿胀、变硬、形成结节。感染的四肢慢慢水肿，并形成溃疡性结节，流出黏稠、无味、绿色、带血的脓汁。在以色列，牛感染此病较为常见，表现为淋巴结炎，形成淋巴管脓肿和溃疡。苍蝇在这个细菌的传播过程中，发挥重要作用。这个细菌还可以引起乳腺炎和奶牛蹄冠感染发炎损伤（Steinman 等，1999；Yeruham 等，2004）。

由于淋巴管炎也可以来自其他病原菌的感染，所以诊断该病需要对病料进行伪结核棒状杆菌的分离和鉴定。此病可进行全身性治疗，结合用碘液局部擦拭。感染动物必须被隔离，受污染的环境应该进行适当消毒。

■ 牛肾盂肾炎

牛肾盂肾炎的病原菌属于肾棒状杆菌群，可以从外表正常牛的外阴、阴道、包皮中分离到。奶牛分娩时的压力和奶牛尿道短，都促使奶牛容易发生此群细菌的尿路感染。该菌群中任何成员的感染都可引起膀胱炎；膀胱炎棒状杆菌的感染引起的症状最为严重。从膀胱经输尿管上行感染可导致肾盂肾炎。肾盂肾炎的临床症状包括发热、食欲减退、产奶量下降。不安和踢腹部可能提示肾脏疼痛。排尿困难、弓背、血尿都不可避免地存在。长期感染会引起肾功能严重损害。

诊断

- 临床症状可以表明该病是泌尿道疾病。
- 直肠触诊可发现输尿管增厚和肾脏肿大。通常单侧泌尿系统出现病变。
- 尿液中存在红细胞和蛋白质。
- 从存积的尿液中分离到肾状棒状杆菌，结合典型的临床特症，能够确诊此病。

治疗

基于药敏试验的抗生素治疗，必须在发病早期进行，治疗至少要持续3周。由于青霉素从尿中排出，这种抗生素治疗对敏感菌有效。对17个病例诊疗效果复查，发现如果是单侧发生严重的肾盂肾炎，可考虑单侧肾切除（Braun 等，2008）。

■ 溃疡性龟头包皮炎

某些地区流行的溃疡性龟头包皮炎（"阴茎腐烂"），常见于美利奴绵羊和安哥拉山羊。该病的病原是肾棒状杆菌。其特点是包皮口周围溃疡，有褐色结痂。类似的病变有时会发生于母羊的外阴。肾棒状杆菌可以水解尿素，产生氨气，这可能会导致黏膜发炎和溃疡。动物摄入的蛋白质多，可导致尿中的尿素水平升高；这能加剧病情的发展。性激素水平较高的放牧动物也易于发生此病。去势的公绵羊比未去势的公绵羊更容易感染此病。包皮周围缠绕着较多的羊毛可诱发感染。未经治疗的病羊可能会发生包皮口完全闭塞。

◉ 参考文献

Baird, G.J. and Fontaine, M.C. (2007). *Corynebacterium pseudotuberculosis* and its role in ovine caseous lymphadenitis. Journal of Comparative Pathology, 137, 179–210.

Braun, U., Nuss, K., Wehbrink, D., Rauch, S. and Pospischil, A. (2008). Clinical and ultrasonographic findings, diagnosis and treatment of pyelonephritis in 17 cows. Veterinary Journal, 175, 240–248.

Cetinkaya, B., Karahan, M., Atil, E., Kalin, R., De Baere, T. and Vaneechoutte, M. (2002). Identification of *Corynebacterium pseudotuberculosis* isolates from sheep and goats by PCR. Veterinary Microbiology, 88, 75–83.

Connor, K.M., Quirie, M.M., Baird, G. and Donachie, W. (2000). Characterization of United Kingdom isolates of *Corynebacterium pseudotuberculosis* using pulsed-field gel electrophoresis. Journal of Clinical Microbiology, 38, 2633–2637.

Dercksen, D.P., Brinkhof, J.M., Dekker-Nooren, T., et al. (2000). A comparison of four serological tests for the diagnosis of caseous lymphadenitis in sheep and goats. Veterinary Microbiology, 75, 167–175.

第三篇

De Zoysa, A., Hawkey, P.M., Engler, K., et al. (2005). Characterization of toxigenic *Corynebacterium ulcerans* strains isolated from humans and domestic cats in the United Kingdom. Journal of Clinical Microbiology, 43, 4377–4381.

Henricson, B., Segarra, M., Garvin, J., et al. (2000). Toxigenic *Corynebacterium diphtheriae* associated with an equine wound infection. Journal of Veterinary Diagnostic Investigation, 12, 253–257.

Huxley, J.N., Helps, C.R. and Bradley, A.J. (2004). Identification of *Corynebacterium bovis* by endonuclease restriction analysis of the 16S rRNA gene sequence. Journal of Dairy Science, 87, 38–45.

Pacheco, L.G., Pena, R.R., Castro, T.L., et al. (2007). Multiplex PCR assay for identification of *Corynebacterium pseudotuberculosis* from pure cultures and for rapid detection of this pathogen in clinical samples. Journal of Medical Microbiology, 56, 480–486.

Pociecha, J.Z. (1989). Influence of *Corynebacterium bovis* on constituents of milk and dynamics of mastitis. Veterinary Record, 125, 628.

Steinman, A., Elad, D. and Spigel, N.Y. (1999). ulcerative lymphangitis and coronet lesions in an Israeli dairy herd infected with *Corynebacterium pseudotuberculosis*. Veterinary Record, 145, 604–606.

Sunil, V., Menzies, P.I., Shewen, P.E. and Prescott, J.F. (2008). Performance of a whole blood interferon-gamma assay for detection and eradication of caseous lymphadenitis in sheep. Veterinary Microbiology, 128, 288–297.

Yeruham, I., Friedman, S., Perl, S., Elad, D., Berkovich, Y. and Kalgard, Y. (2004). A herd level analysis of a *Corynebacterium pseudotuberculosis* outbreak in a dairy cattle herd. Veterinary Dermatology, 15, 315–320.

◉ 进一步阅读材料

Dorella, F.A., Pacheco, L.G., Oliveira, S.C., Miyoshi, A. and Azevedo, V. (2006). *Corynebacterium pseudotuberculosis*: microbiology, biochemical properties, pathogenesis and molecular studies of virulence. Veterinary Research, 37, 201–218.

Lloyd, S. (1994). Caseous lymphadenitis in sheep and goats. In Practice, 16, 24–29.

Rebhun, W.C., Dill, S.G., Perdrizet, J.A. and Hatfield, C.E. (1989). Pyelonephritis in cows: 15 cases (1982–1986). Journal of the American Veterinary Medical Association, 194, 953–955.

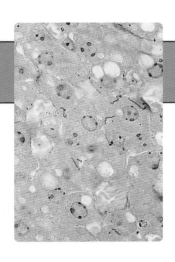

第18章

马红球菌

马红球菌（*Rhodococcus equi*）以前被称为马棒状杆菌（*Corynebacterium equi*），是一种革兰阳性、需氧、土壤腐生菌，分布在世界各地。对6月龄以下的马驹而言，马红球菌是一种机会致病菌。马红球菌在营养琼脂等普通培养基中生长，产生典型的黏液性、橙红色菌落。这些特点提示马红球菌能够形成荚膜和产生色素。马红球菌有些菌株为球菌，有些为长度达5微米的棒状菌（图18.1）。该菌不能游动、过氧化氢酶阳性、氧化酶阴性、抗酸性弱。分类上，马红球菌与诺卡菌（*Nocardia*）和分枝杆菌（*Mycobacterium*）有关。这三个属均属于放线菌目（*Actinomycetales*）。马红球菌的抗酸性、能够在细胞内生长、能够导致肺部病变等特征，进一步说明它与分枝杆菌比较相似。互联网上已经有该菌全基因组序列（Muscatello 等，2007）。

△ 要点

- 革兰阳性棒菌或球菌
- 在普通培养基上生长
- 橙红色、黏性、非溶血性菌落
- 需氧、不能游动
- CAMP试验阳性
- 土壤腐生菌
- 马驹的呼吸道病原菌

境下，马红球菌可以在富集食草动物粪的土壤中繁殖。多数养马场的土壤中有此细菌。

◉ 临床感染

马红球菌会引起马驹的化脓性支气管肺炎。6月龄以上的马中，马红球菌引起的浅表脓肿已有报道。受感染的猪在颈部淋巴结处出现肉芽肿性淋巴结炎；该细菌对其他家养动物引起的疾病很少（表18.1）。随着被人免疫缺陷病毒感染的人的数量增长，人机会性感染马红球菌，已经成为人类医学中相当重要的一种疾病。

表18.1　与马红球菌相关的临床症状

宿主	临床特征
1～4月龄的幼驹	化脓性支气管肺炎和肺脓肿
马	表皮脓肿
猪、牛	颈部淋巴结病
猫	皮下脓肿、纵隔肉芽肿
免疫抑制的人	肺炎

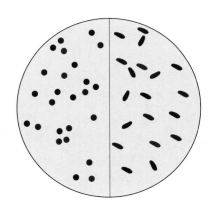

图18.1　马红球菌两种不同的形态（球状、棒状）

◉ 常见的生存环境

马红球菌寄生在土壤和动物肠道中。在温暖环

■ 马驹的支气管肺炎

1～4月龄马驹的重要疾病，以支气管肺炎和肺脓肿为主要特点。

流行病学

马感染一般是由吸入污染了马红球菌的灰尘造成的。该菌经常大量出现在3月龄以下健康马驹的粪中。对于感染发病的马，其粪中该菌含量非常高。马红球菌也存在于老龄马和许多其他哺乳动物和鸟类的粪中。一些马场每年可能重复发生马红球菌肺炎，而其他马场可能很少发生这一疾病。天气干燥、牧场草地贫瘠，导致牧场多尘，可能是促进此病流行的重要因素。马驹密度高、农场上大批量的马也是造成马发生此病的危险因素。在温和湿润气候的欧洲国家，马在马厩里发生感染似乎非常重要（Muscatello 等，2006）。最近研究表明，临床和亚临床感染的马驹形成的气溶胶中，带有马红球菌（Muscatello 等，2005）。因此，该病在马之间可能会通过接触发生传染，以及通过吸入含细菌的灰尘而感染。当马驹吞食含有大量马红球菌的痰时，可形成肉芽肿溃疡性小肠结肠炎和肠系膜淋巴结炎。马摄入少量病原菌，不会造成疾病。随着马驹成熟，它们免疫能力不断增强；马超过6月龄，感染马红球菌就难以引起肺部感染。

致病机理与致病性

作为一种细胞内病原菌，马红球菌的毒力主要与一个大质粒有关。此质粒编码一些毒力蛋白。其中最重要的是vapA蛋白。这些毒力相关的蛋白质和质粒可以用作流行病学标记。只能从自然感染的幼驹病变组织中，分离出马红球菌的强毒株。通过一种质粒分型方法，从不同宿主动物分离菌株的各个型别，有明显的宿主特异性（Ocampo-Sosa 等，2007）。只有马分离菌株vapA基因为阳性。该细菌的毒力蛋白与它在巨噬细胞中的存在和繁殖能力有关。该细菌的毒力蛋白能干扰巨噬细胞吞噬小体的成熟和酸化。该细菌增强毒力的其他因素还有荚膜多糖、细胞壁中阻碍吞噬作用的分枝杆菌酸，以及一些胞外酶。该病原菌感染4月龄以下马驹，很容易引起马驹支气管肺炎；这与4月龄马驹细胞免疫受损有关（Prescott 等，2004）。

临床症状

病原菌感染马驹的年龄不同，临床症状也不同。急性疾病常发生于1月龄的马驹，马驹会突然出现发烧、厌食和支气管肺炎。本病往往潜伏在2～4月龄的马驹中，感染动物表现出咳嗽、呼吸困难、消瘦、运动力下降，听诊时出现特征性很响的湿性啰音，其他症状不明显。感染马驹偶尔出现腹泻。

诊断

依据临床症状和听诊结果，可以对这种存在已久的马病作出诊断。但如果在马出现肺部严重损害和明显的临床症状之前，能够作出诊断，对此病的预后很重要。因此，对有马红球菌感染史的马场，应该经常进行该病检查。

- 农场上该病的发病史、感染马驹的年龄、临床和实验室检查结果，如白细胞增多和血纤维蛋白原过多症，可以表明马红球菌感染。
- 胸部超声经常用于肺部受损的检查。
- 对气管呼出物和病变处的脓汁，进行实验室检查。
- 呼吸道分泌物的细胞学检查非常有用；这是因为显微镜下，观察到宿主细胞内存在多形性细菌，这是有力支持马红球菌感染的证据。
- 血琼脂平板和麦康凯琼脂平板上接种可疑病料，需氧条件下37℃培养24～48小时。培养的敏感性低归因于该菌在细胞内的位置（Muscatello 等，2007）。
- 分离菌株鉴定标准：
  - 在血液琼脂培养基上呈橙粉红、似黏液状、不溶血菌落。
  - 在麦康凯培养基上生长不良。
  - CAMP反应阳性（图18.2）。
  - 氧化发酵试验、糖发酵试验阴性。
  - 运用市售试剂盒进行生化试验。
- 临床病料检测的分子生物学技术是可用的，但敏感性和特异性不稳定。针对vapA基因的PCR方法，对气管清洗液的检测，敏感性达到100%（Sellon 等，2001）；Rodríguez-Lázaro 等（2006）报道的一个新的实时定量PCR方法，针对胆固醇氧化酶（cholesterol oxidase）基因，也非常敏感。

治疗

- 可以口服利福平和大环内酯类抗生素，如红霉素、阿奇霉素、克拉霉素4～10周。这种治疗虽然很昂贵，却是首选的治疗方法。然而，对严重感染的马驹可能

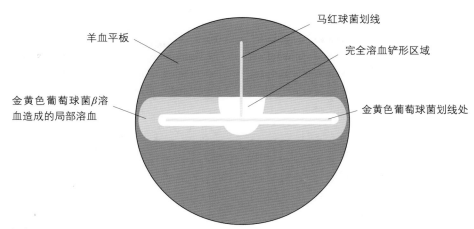

图18.2　CAMP试验

马红球菌产生一个溶血因子；该因子可以完全溶解由先前金黄色葡萄球菌β溶血素所损坏的红细胞，产生延伸到金黄色葡萄球菌划线处的完全溶血的铲形图案。

没有作用。X线和超声检查可以对治疗效果进行跟踪评估。

— 辅助性疗法包括补液和使用支气管扩张剂，或祛痰药。

防控

• 没有商品化疫苗用于该病预防。

• 对发生过此病的马场，4月龄以下的马驹应每周临床检查2次。

• 新近研究已经表明，如果该细菌保持在土壤中并且不能被吸入，则环境中马红球菌污染程度与该病的发生和流行无直接关系（Muscatello 等，2007；Cohen 等，2008）。所以，防止马驹接触到含有这个病菌的气溶胶，对预防此病很重要。

• 应采取一些措施，如洒水和维护牧场草的覆盖率，减少马围场和马厩的灰尘。

• 应减少牧场或马厩里的马驹数量，这既可以减少干燥的天气中产生气溶胶，也可限制病菌在马驹之间的感染扩散，尽管这种感染途径的重要性还没有确定。

• 如果马驹被关在马厩里，应该尽量减少在室内活动时间，尽可能改善通风，尽可能使用没有尘土的铺垫材料，以减少空气中的马红球菌。

• 应对临床感染的马驹所在的马厩，进行彻底清洗和消毒。

• 据报道，给1月龄的马驹注射母畜的高免血清，可以减少马场该病的患病率。

◉ 参考文献

Cohen, N.D., Carter, C.N., Scott, H.M., et al. (2008). Association of soil concentrations of *Rhodococcus equi* and incidence of pneumonia attributable to *Rhodococcus equi* in foals on farms in central Kentucky. American Journal Veterinary Research, 69, 385–395.

Muscatello, G., Gilkerson, J.R. and Browning, G.F. (2005). Foal-to-foal transmission of virulent *Rhodococcus equi*. An alternative method of spreading infection in the foal herd. Australian Equine Veterinarian, 24, 121–122.

Muscatello, G., Gerbaud, S., Kennedy, C., et al. (2006). Comparisons of concentrations of *Rhodococcus equi* and virulent *R. equi* in air of stables and paddocks on horse breeding farms in a temperate climate. Equine Veterinary Journal, 38, 263–265.

Muscatello, G., Leadon, D.P., Klayt, M., et al. (2007). *Rhodococcus equi* infection in foals: the science of 'rattles'. Equine Veterinary Journal, 39, 470–478.

Ocampo-Sosa, A.A., Lewis, D.A., Navas, J., et al. (2007). Molecular epidemiology of *Rhodococcus equi* based on traA, vapA, and vapB virulence plasmid markers. Journal of Infectious Diseases, 196, 763–769.

Prescott, J.F., Meijer, W.G. and Vazquez-Boland (2010). *Rhodococcus*. In Pathogenesis of Bacterial Infections in Animals, Fourth Edition. Eds C.L. Gyles, J. F. Prescott, J. G. Songer and C.O. Thoen. Iowa State University Press, Ames, Iowa. pp. 149–166.

第三篇

Rodríguez-Lázaro, D., Lewis, D.A., Ocampo-Sosa, A.A., et al. (2006). Internally controlled real-time PCR method for quantitative species -specific detection and vapA genotyping of *Rhodococcus equi*. Applied and Environmental Microbiology, 72, 4256–4263.

Sellon, D.C., Besser, T.E., Vivrette, S.L. and McConnico, R.S. (2001). Comparison of nucleic acid amplification, serol-ogy, and microbiologic culture for diagnosis of *Rhodococcus equi* pneumonia in foals. Journal of Clinical Microbiology, 39, 1289–1293.

◉ 进一步阅读材料

Chaffin, M.K., Cohen, N.D. and Martens, R.J. (2008). Chemoprophylactic effects of azithromycin against *Rhodococcus equi*-induced pneumonia among foals at equine breeding farms with endemic infections. Journal of the American Veterinary Medical Association, 232, 1035–1047.

Giguere, S. and Prescott, J.F. (1997). Clinical manifestations, diagnosis, treatment and prevention of Rhodococcus equi infections in foals. Veterinary Microbiology, 56, 313–334.

Knottenbelt, D.C. (1993). *Rhodococcus equi* infection in foals: a report of an outbreak on a thoroughbred stud in Zimbabwe. Veterinary Record, 132, 79–85.

Meijer, W.G. and Prescott, J.F. (2004). *Rhodococcus equi* Veterinary Research, 35, 383–396.

Pusterla, N., Wilson, W.D., Mapes, S. and Leutenegger, C.M. (2007). Diagnostic evaluation of real - time PCR in the detection of *Rhodococcus equi* in faeces and nasopharyngeal swabs from foals with pneumonia. Veterinary Record, 161, 272–275.

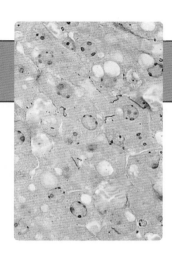

第19章

李氏杆菌

大部分李氏杆菌（*Listeria*）是体积小的、球棒状、革兰阳性菌，长度为2微米（图19.1）。该菌过氧化氢酶阳性、氧化酶阴性、能游动、兼性厌氧。本属有6个种，其中2个种对动物致病。产单核细胞李氏杆菌（*Listeria monocytogenes*）是这些病原菌中最重要的病原菌。该菌造成世界各地许多动物和人发病。产单核细胞李氏杆菌首次是在实验室里患有败血症和单核细胞增多症的兔子体内分离到的（Murray 等，1926）。李氏杆菌生长温度较为广泛，4～45℃均可生长，也能适应pH5.5～9.6的环境。感染李氏杆菌的动物临床表现见表19.1。尽管伊氏李氏杆菌（*Listeria ivanovii*）很少引起动物疾病，但它与产单核细胞李氏杆菌一样，也是反刍动物的重要病原菌。李氏杆菌具有重要的公共卫生意义，人类通过污染的食物和偶尔直接接触被感染的动物，也会感染李氏杆菌。无害李氏杆菌（*Listeria innocua*）通常为非病原菌，但已经从少数发生脑膜脑炎的羊体内分离到该菌。

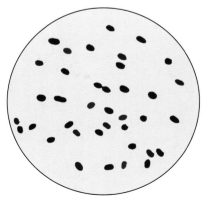

图19.1　产单核细胞李氏杆菌
在培养基中生长旺盛，呈球棒状典型形态。

表19.1　家畜感染李氏杆菌的临床表现

细菌的种	宿主	引起的疾病
产单核细胞李氏杆菌	绵羊	脑炎（神经型）
	牛、山羊	流产、败血症、眼内炎（眼型）
	牛	乳腺炎（少见）
	犬、猫、马	流产、脑炎（少见）
	猪	流产、败血症、脑炎
	鸟	败血症
伊氏李氏杆菌	绵羊、牛	流产
无害李氏杆菌	绵羊	脑膜脑炎（少见）

△ 要点

- 体积小、革兰阳性、棒状
- 在普通培养基上生长
- 适应的温度和pH范围较为广泛
- 血平板上出现小的溶血菌落
- 25℃时可翻滚运动
- 水解七叶苷
- 在环境中能繁殖
- 李氏杆菌病的暴发与饲喂青贮饲料有关
- 致病性与细胞内增殖有关

◉ 常见的生存环境

李氏杆菌可以在环境中增殖。该菌分布很广泛，可以存在于牧草、健康动物的粪便、下水道和淡水的水体中。

◎ 李氏杆菌的鉴定

　　绵羊血琼脂平板的溶血类型、CAMP试验和糖发酵是否产酸，是实验室鉴别李氏杆菌有用的方法（表19.2）。李氏杆菌培养24小时后，呈现小而光滑、透明的菌落。

- 市场销售的生化试剂盒可以用于李氏杆菌的鉴别。
- 按细菌细胞壁和鞭毛抗原进行分型，产单核细胞李氏杆菌至少有13种血清型（Murray等，2007）。
- 噬菌体分型是可重复、可鉴别的，但因为一些菌株不能分型，所以诊断的途径有限。
- 分子生物学方法已广泛地应用于产单核细胞李氏杆菌的菌株分型。使用限制性内切酶消化核酸，然后进行脉冲场凝胶电泳（pulsed-field gel electrophoresis，PFGE），该方法已经成为一种被广泛认可的分型方法。疾病预防控制中心（CDC）PulseNet网络的公共卫生实验室统一使用标准化的程序，从而各个实验室的PFGE结果能够相互对比。其他分型方法，包括扩增片段长度多态性（AFLP）、随机扩增多态性DNA分析（RAPD）和基因重复序列PCR方法（REP-PCR）。所有这些技术都具有良好的鉴别能力（Fonnesbech Vogel等，2004；Chou和Wang，2006）。目前可用于李氏杆菌分离和鉴别的各类方法，已有综述（Gasanov等，2005）。

◎ 致病机理和致病性

　　产单核细胞李氏杆菌的感染通常是因为食用了被此菌污染的饲料。感染后会导致败血症、脑炎或流产。该病原菌通过淋巴循环和血液循环，扩散到全身，但它进入肠道的机制还没被完全揭示。怀孕动物感染此菌，可通过胎盘传播给下一代。有证据表明，该菌可以通过口腔或鼻腔黏膜感染。当羊被割伤或掉牙时，此菌还可能通过牙髓进入宿主体内（Barlow和McGorum，1985），甚至进入宿主的颅神经，引起中枢神经系统的感染；这通常引致单侧脑干损伤，包括微小脓肿以及血管周围淋巴细胞套装聚集。

　　产单核细胞李氏杆菌能够进入吞噬细胞和非吞噬细胞，并在细胞内生存和复制，还能从一个细胞转移至另一个细胞，且不受体液防御机制的干扰。该菌一个特定的表面蛋白，即内化素（internalin），能够促进该菌黏附在宿主上皮细胞上，随后被上皮细胞吞噬。巨噬细胞对此菌的吞噬作用是受体介导的；该受体识别李氏杆菌细胞壁上的脂磷壁酸（lipoteichoic acid）（Flannagan等，2009）。该菌致病力强的菌株能够使吞噬体不能转变为成熟的吞噬溶酶体（phagolysosome），从而逃避吞噬细胞的降解作用。该菌分泌的溶细胞毒素、李氏杆菌溶血素和磷脂酶会破坏吞噬泡的质膜，

表19.2　李氏杆菌的实验室鉴别方法

李氏杆菌属的种类	羊血平板溶血试验	CAMP试验		糖酵解产酸试验		
		金黄色葡萄球菌	马红球菌	甘露醇	鼠李糖	木糖
产单核细胞李氏杆菌	+	+	−	−	+	−
伊氏李氏杆菌	++	−	+	−	v	+
无害李氏杆菌	−	−	−	−	v	−
塞氏李氏杆菌（*L. seeligeri*）	+	+	−	−	v	+
韦氏李氏杆菌（*L. welshimeri*）	−	−	−	−	v	+
戈氏李氏杆菌（*L. grayi*）	−	−	−	+	v	−

v：结果有些是阳性，有些是阴性。

使李氏杆菌逃脱到细胞质中。在细胞质中，该菌产生的一种肌动蛋白聚合蛋白（actin-polymerizing protein，ActA），能够诱导宿主微丝（microfilament）形成尾状结构；该结构能够提高入侵细菌的运动性能。能游动的李氏杆菌能够接触到细胞质膜的内表面，继而诱导宿主细胞产生伪足状的突起。这些突起含有细菌，并且能深入到相邻细胞的内部。这整个过程伴随着李氏杆菌感染新细胞，而重复进行（Chakraborty 和 Wehland，1997）。该菌编码的一些基因能够利用宿主细胞营养成分，这些基因的表达能够促进细菌在宿主细胞内的复制。产单核细胞李氏杆菌在细胞内生存，在某种程度上是因为它们具有逃避吞噬溶酶体的能力，也因为它们有抑制自噬溶酶体（autophagy）的能力；后者的机制尚未完全被阐明（Ray 等，2009）。自噬溶酶体是细胞生长和成熟的一个正常组成部分，并且还涉及正常细胞成分的新陈代谢。它在抵抗产单核细胞李氏杆菌等细胞内细菌感染中，发挥重要作用。

◉ 临床感染

据报道，产单核细胞李氏杆菌可感染40多种家养和野生动物。牛和羊感染伊氏李氏杆菌会造成零星流产。无害李氏杆菌与绵羊的脑膜脑炎有关（Walker 等，1994）。

■ 反刍动物李氏杆菌病

反刍动物李氏杆菌病可能会出现脑炎、流产、败血症或眼内炎。通常，一群感染此菌的动物以某一种临床症状为主。初生仔猪、马驹、笼养的鸟和家禽，感染此菌经常发生败血症，成年羊感染后也会发生败血症。

虽然产单核细胞李氏杆菌广泛分布于环境中，但在欧洲，李氏杆菌病往往具有季节性，并且主要危害青贮饲料喂养的怀孕后期的动物（与怀孕后期宿主的细胞免疫功能下降有关）。产单核细胞李氏杆菌可以在pH高于5.5的劣质青贮饲料的表层繁殖。在这种情况下，每克青贮饲料能够含有1万个李氏杆菌。优质青贮饲料发酵产生的酸，会抑制该菌的繁殖。

临床症状

神经型李氏杆菌病（转圈病）潜伏期为14～40天。迟钝、头部转圈和倾斜是常见的临床症状。单侧面部麻痹会导致流涎、眼睑和耳朵下垂。某些情况下可能会发生暴露性角膜炎，疾病早期体温可能会升高。绵羊和山羊在临床症状出现后数日内，可能会发生躺卧和死亡。牛感染该病后，持续的时间通常较长。牛羊感染后12天内虽然可能不表现全身性症状，但可引起流产。败血症型李氏杆菌病的潜伏期短，一般为2～3天。该病偶尔可能会发生在怀孕的羊上，但羔羊最常发生。对牛、羊而言，眼直接接触了受污染的青贮饲料，可引起角膜结膜炎和虹膜炎（眼型李氏杆菌病），常为单侧眼睛的局部感染。

诊断

- 与饲喂青贮饲料有关的典型神经症状和流产，可提示为李氏杆菌感染。
- 适合于实验室检查的病料取决于疾病的形式：
  - 来自具有神经症状动物的脑脊液（cerebrospinal fluid，CSF）和脑桥（pons）、髓质（medulla）等组织可以用于检测。新鲜组织可以用于细菌分离，福尔马林固定的组织可以进行组织病理学检查。
  - 流产病例的病料包括胎盘绒毛小叶、胎儿真胃内容和子宫分泌物。
  - 败血症的合适病料包括新鲜的肝脏、脾脏和血液。
- 用胎盘绒毛小叶或肝脏病变进行涂片可发现革兰阳性球棒状细菌。
- 使用单克隆抗体免疫荧光技术可进行快速诊断。
- 脑组织的组织学检查显示微小脓肿，髓质和脑干中血管周围出现严重单核细胞套状聚集。
- 患神经型李氏杆菌病的动物脑脊髓液中，每毫升白细胞数可超过12 000个，蛋白质浓度大于0.4克/升。
- 分离方法：
  - 流产和败血症病例的病料直接接种血平板、选择性血平板和麦康凯平板。平板37℃有氧培养24～48小时。
  - 冷增菌过程对从脑组织分离的细菌是必要的。使小块髓质均质化，在营养肉汤中制成10%的悬浮液。该悬浮液保存在4℃冰箱，每周在血琼脂上传代培养一次，至12周。
- 产单核细胞李氏杆菌的分离鉴定标准：
  - 菌落小、光滑、扁平状、光照射时青绿色。粗糙的变异体很少发生。单个菌落通常被较小的溶血环围绕。
  - 过氧化氢酶阳性，链球菌和化脓隐秘杆菌也能产生同样的溶血菌落，但过氧化氢酶阴性。

— 产单核细胞李氏杆菌与金黄色葡萄球菌的CAMP试验为阳性，但与马红球菌的CAMP试验为阴性（表19.2）。

— 能够水解七叶苷。

— 菌株在营养肉汤中25℃培养2~4小时，呈现出倾斜运动的特点。

— 大多数动物源性菌株毒力较强，可以通过动物接种确定。向兔子眼睛里滴入一滴培养的肉汤，可引起结膜炎（Anton test）。

· 分子学方法已经应用于检测临床病料和食品中的李氏杆菌。基于PCR技术的一些检测方法比细菌分离培养更快、更敏感。

治疗

在反刍动物李氏杆菌败血症的早期阶段，可用氨苄青霉素或阿莫西林进行全身疗法。尽管长期使用高剂量的氨苄青霉素或阿莫西林，配合氨基糖苷类抗生素，可能有效，但抗生素治疗神经型李氏杆菌病效果不佳。不同的报道对抗生素治疗效果，说法不同。Braun等（2002）报道，庆大霉素/氨苄青霉素组合是治疗绵羊和山羊最有效的方法，而Schweizer（2006）发现土霉素、青霉素G或阿莫西林，配合庆大霉素治疗数例牛李氏杆菌病，并没有发现两者存在差异。眼型李氏杆菌病需要在结膜下注射抗生素和皮质类固醇，进行治疗。头孢菌素类对治疗人或动物感染产单核细胞李氏杆菌无效。

防控

· 劣质青贮饲料不应饲喂怀孕的反刍动物，如果确认出现李氏杆菌病感染，应该终止饲喂青贮饲料。

· 应该使用正确的饲喂方法，避免使动物眼睛直接接触到青贮饲料。

· 因为产单核细胞李氏杆菌是一种细胞内病原，用不能引起细胞免疫效应的灭活疫苗进行接种，不能诱导免疫保护作用。尽管抗体可能会增加吞噬细胞摄取产单核细胞李氏杆菌的能力，但它们不具有抵御感染的能力。中性粒细胞对预防李氏杆菌感染十分重要，但细胞介导的免疫反应更为重要。细胞介导的免疫通过辅助性T细胞释放的IFN-γ，激活巨噬细胞。产单核细胞李氏杆菌在肝细胞和其他细胞中也能增殖，因此彻底抵御此菌的感染需要其他一些机制，虽然这些防御机制还没有完全被阐明。据报道，一些国家应用弱毒活疫苗已经降低了绵羊李氏杆菌病的患病率（Gudding等，1989）。亚单位疫苗正在研究中；亚单位疫苗配合有效的佐剂，可以起到保护作用。

■ 人类李氏杆菌病

如果正常健康成年人感染这种疾病，通常表现类似流感的轻微发热症状。兽医、农民接触感染的病料，手和胳膊上会出现丘疹性病变。产单核细胞李氏杆菌的感染可导致怀孕妇女流产，威胁新生儿、老年人和一些免疫功能低下者的生命。

人类感染通常是食用了受此菌污染的食物，如原料奶、软奶酪、凉拌卷心菜和未煮熟的蔬菜。由于该菌为细胞内寄生菌并对热耐受，巴氏消毒不能彻底杀死产单核细胞李氏杆菌。感染此菌的动物很少直接将它传染给人类，它们对健康的人威胁很小，但孕妇除外。

◉ 参考文献

Barlow, R.M. and McGorum, B. (1985). Ovine listerial encephalitis: analysis, hypothesis and synthesis. Veterinary Record, 116, 233–236.

Braun, U., Stehle, C. and Ehrensperger, F. (2002). Clinical findings and treatment of listeriosis in 67 sheep and goats. Veterinary Record, 150, 38–42.

Chakraborty, T. and Wehland, J. (1997). The host cell infected with *Listeria monocytogenes*. In Host Response to Intracellular Pathogens. Ed. S.H.E. Kaufmann. Springer, New York. pp. 271–290.

Chou, C.H. and Wang,C. (2006). Genetic relatedness between *Listeria monocytogenes* isolates from seafood and humans using PFGE and REP–PCR. International Journal of Food Microbiology, 110, 135–148.

Flannagan, R.S., Cosío, G. and Grinstein, S. (2009). Antimicrobial mechanisms of phagocytes and bacterial evasion strategies. Nature Reviews: Microbiology, 7, 355–366.

Fonnesbech Vogel, B., Fussing, V., Ojeniyi, B., Gram, L. and Ahrens, P. (2004). High-resolution genotyping of

Listeria monocytogenes by fluorescent amplified fragment length polymorphism analysis compared to pulsed-field gel electrophoresis, random amplified polymorphic DNA analysis, ribotyping, and PCR-restriction fragment length polymorphism analysis. Journal of Food Protection, 67, 1656–1665.

Gasanov, U., Hughes, D. and Hansbro, P.M. (2005). Methods for the isolation and identification of Listeria spp. and *Listeria monocytogenes* : a review. FEMS Microbiology Reviews, 29, 851–875.

Gudding, R., Nesse, L.L. and Gronstol, H. (1989). Immunization against infections caused by *Listeria monocytogenes* in sheep. Veterinary Record, 125, 111–114.

Murray, E.G.D., Webb, R.A. and Swann, M.B.R. (1926). A disease of rabbits characterised by a large mononuclear leucocytosis caused by a hitherto undescribed bacillus Bacterium monocytogenes. Journal of Pathology and Bacteriology, 29, 407–439.

Murray, P.R., Baron, E.J., Jorgensen, J., Pfaller, M. and Yolken, R. (2007). Manual of Clinical Microbiology. Ninth Edition. ASM Press, Washington, DC.

Ray, K., Marteyn, B., Sansonetti, P.J. and Tang, C.M. (2009). Life on the inside: the intracellular lifestyle of cytosolic bacteria. Nature Reviews: Microbiology, 7, 333–340.

Schweizer, G., Ehrensperger, F., Torgerson, P.R. and Braun, U. (2006). Clinical findings and treatment of 94 cattle presumptively diagnosed with listeriosis. Veterinary Record, 158, 588–592.

Walker, J.K., Morgan, J.H., McLauchlin, J., Grant, K.A. and Shallcross, J.A. (1994). *Listeria innocua* isolated from a case of ovine meningoencephalitis. Veterinary Microbiology, 42, 245–253.

◉ 进一步阅读材料

Low, J.C. and Donachie, W. (1997). A review of *Listeria monocytogenes* and listeriosis. Veterinary Journal, 153, 9–29.

第三篇

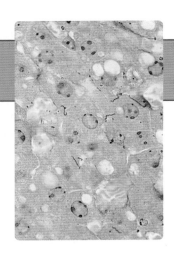

第20章

猪丹毒丝菌

猪丹毒丝菌（*Erysipelothrix rhusiopathiae*）是不能游动的革兰阳性菌，兼性厌氧。该菌过氧化氢酶阴性、氧化酶阴性、耐高盐。在5～42℃、pH为6.7～9.2的范围内生长。从急性感染的动物体内分离的菌株，能够形成光滑的菌落；而从慢性感染动物体内分离的菌株，能够形成粗糙的菌落。用光滑菌落进行涂片观察呈杆状，大小为（0.2～0.4）微米×（0.8～2.5）微米，而粗糙的菌落里的菌体呈短丝状（图20.1）；这些短丝状菌体染色时容易脱色。该菌能够在营养琼脂上生长，但在含有血液或血清的培养基中生长得更好。

猪丹毒丝菌引起世界各地猪和火鸡的丹毒（erysipelas）。偶尔感染绵羊和其他家畜。该菌也可引起人的类丹毒（erysipeloid），其临床表现为局部蜂窝组织炎。家畜感染猪丹毒丝菌的疾病症状，见贴20.1。

DNA杂交技术研究表明，有些血清型的猪丹毒丝菌属于一个新的细菌种（Takahashi 等，1992），即扁桃体丹毒丝菌（*E. tonsillarum*）。扁桃体丹毒丝菌似乎对猪不致病，但可以引起犬的心内膜炎（Eriksen 等，1987）。

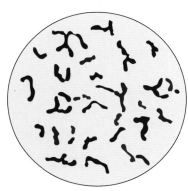

图20.1　来自慢性病变组织中的形态多样的猪丹毒丝菌

△ 要点

- 革兰阳性、小棒状（平滑形态）或细丝状（粗糙的形式）
- 在普通培养基上生长
- 菌落小，在48小时内不完全溶血
- 生长温度和pH范围较大
- 过氧化氢酶阴性
- 凝固酶阳性
- 不能游动、氧化酶阴性、兼性厌氧菌
- 三糖铁琼脂中，沿着穿刺线产生H_2S
- 猪扁桃体存在该菌
- 引起猪丹毒、火鸡丹毒和羔羊关节炎

◉ 常见的生存环境

据调查，高达50%健康猪的扁桃体中含有猪丹毒丝菌。带菌猪通过粪和口鼻分泌物，排泄该菌。该菌也可以从羊、牛、马、犬、猫、家禽和50种野生哺乳动物、30多种野生鸟类中分离到。尽管土壤和地表水可以受到猪丹毒丝菌的污染，但最适条件下，该菌在土壤中的存活时间不超过35天。该菌通常存在于鱼的黏液层，这是人类感染的一个可能的来源。

◉ 猪丹毒丝菌的确切诊断

- 菌落形态和溶血活性：不溶血，培养24小时后出现针尖状大小菌落，48小时后菌落周围有一个较小的绿色、不完全溶血的区域。在此阶段，菌落形态的差异非常明显。光滑菌落的直径达1.5毫米、边缘钝圆，而粗糙菌落稍大、平坦、不透明、边缘不规则。当粗糙菌株明胶穿刺接种，室温下培养5天后，形成类似"试管刷状"的培养物。

- 生化反应：适用于初步判断的生化反应包括以下。
  - 多种商品化的生化检测试剂盒可用于确诊。
  - 过氧化氢酶阴性。
  - 凝固酶阳性（Tesh 和 Wood，1988）。除少数金黄色葡萄球菌外，产生此酶的细菌很少见（见第14章）。
  - 当该菌在三糖铁琼脂（TSI）培养基上穿刺接种时，会在中心线上产生细细一条黑色的H_2S产物。
- 血清学流行病学调查：
  - 从细胞壁中提取的一种热稳定的肽聚糖，用于沉淀反应中血清学分型。目前已经确定了26个血清型。有些分离菌株难以定型。引起猪发病的常为1a、1b和2这三种血清型。
- 实验动物的毒力试验：
  - 猪丹毒分离菌毒力容易变化。如果有必要，毒力强弱可以通过小鼠或鸽子腹膜内接种，进行确认。
- 用PCR方法检测和鉴定猪丹毒丝菌，已有报道。Yamazaki于2006年报道了一种多重PCR方法，该方法能够区分猪丹毒丝菌和扁桃体丹毒丝菌。脉冲场凝胶电泳（PFGE）和随机扩增多态性DNA分析（RAPD）方法，已被用于猪丹毒丝菌的分型和流行病学调查（Eriksson 等，2009）。

◉ 致病机理和致病性

宿主通常是摄取了被猪粪污染的物质而感染。该菌可以通过扁桃体、皮肤或黏膜进入体内。该菌的荚膜是其毒力因子，它可以保护该菌免受巨噬细胞和中性粒细胞的吞噬和降解作用，并且还可以促进该菌在巨噬细胞内复制。该菌的毒力还与神经氨酸酶（neuraminidase）的产生相关；这种酶在细菌黏附和侵入内皮细胞的过程中，发挥重要作用。神经氨酸酶的作用是裂解宿主细胞表面的神经氨酸（neuraminic acid，有时也称为唾液酸，即sialic acid）的糖苷键。猪丹毒丝菌致病因子还有其表面蛋白；该蛋白有助于黏附宿主的组织，以及形成生物被膜。透明质酸酶（hyaluronidase enzyme）对细菌在组织内传播是很重要的。在疫苗研制方面，细胞表面的spaA蛋白是一个主要保护性抗原。抗重组spaA蛋白的抗体可以显著增强猪中性粒细胞对该菌的调理作

用（Imada 等，1999）。该病如果发展为败血症，则血管出现一些病变，包括血管内皮细胞肿胀、单核细胞黏附到血管壁上、血管中形成很多透明的微血栓。细菌通过血液传播，导致关节液中和心瓣膜上存在细菌，造成这些部位的慢性损伤。细菌抗原持续引起的免疫反应可能是关节长期损伤的机制。从长期感染的关节中很少能分离出有活性的猪丹毒丝菌。

◉ 临床感染

猪丹毒丝菌会感染猪、火鸡、绵羊（贴20.1）。此外，据报道，家禽中该病曾引起一些大规模的疫情（Mazaheri 等，2005）。其他家养动物偶尔会受到此病影响。

△ 贴20.1　家畜感染猪丹毒丝菌的临床表现
- 猪（猪丹毒）
  - 败血症
- "菱形"皮肤病变
  - 慢性关节炎
  - 慢性瓣膜心内膜炎
  - 流产
- 绵羊
  - 羔羊的多发性关节炎
  - 跛行
  - 肺炎
  - 瓣膜心内膜炎
- 火鸡（火鸡丹毒）
  - 败血症
  - 关节炎
  - 瓣膜心内膜炎

■ 猪丹毒

亚临床感染的带菌猪是主要的感染源。急性感染的猪排泄的粪中，含有大量的细菌。该菌也可以从尿液、唾液和鼻腔分泌物中排出。宿主通常是通过后天摄入受污染的食物或水而感染，很少通过皮肤的轻微擦伤而感染。对于养在户外的猪，其活动范围内的土壤反复被其粪污染，这就形成一个传染源。

不同个体的猪对猪丹毒的敏感性，以及猪丹毒丝菌不同菌株的毒力，都具有较高的可变性；这两

者共同决定感染的过程和结果。3月龄以下的猪可以通过母源抗体得到保护，3月龄以上的猪通过接触低毒力的菌株而获得保护性主动免疫。应激因子在疾病发生中显得非常重要，当天气突然改变、运输和断奶时，容易出现急性病例。

临床特征

猪丹毒可以出现四种形式：急性败血症、急性皮肤疹块（菱形）、慢性关节炎和慢性疣状心内膜炎。慢性关节炎对生产力有重大的消极影响。

在急性败血症形式的猪丹毒中，潜伏期为2~3天，随后发生败血症，有些病猪会发生死亡，其他的病毒出现发热、精神沉郁、走路僵硬、不愿走路或依靠休息。有些疫情中，猪死亡率较高。患有败血症的母猪会出现流产。

在急性皮肤疹块的猪丹毒中，猪全身症状不严重，死亡率比败血症要低。猪表现发热、皮肤损伤，皮肤损伤过程从小、淡粉红色或紫色的突起，发展到面积较大的典型的菱形疹块。

该病引起的关节炎常常发生在老龄猪上，主要表现为僵硬、跛行或发炎的关节不愿意承受重力。关节的损伤最初可能比较轻微，后来关节软骨逐渐腐蚀，最终变为纤维化和僵硬。猪丹毒丝菌感染是猪在被屠宰过程中发现的非化脓性关节炎的最常见的原因之一（Hariharan 等，1992；Buttenschon 等，1995）。

该病引起的疣状心内膜炎概率很小，主要表现为在二尖瓣上出现疣状集中的血栓。许多感染的动物无症状，但有些病猪因为剧烈活动或因为怀孕，发生充血性心力衰竭而突然死亡。

诊断

- 菱形状皮肤损伤具有特异性。
- 实验室病料检查包括猪血液的血培养。猪死亡后剖检，要查看肝、脾、心脏瓣膜和滑膜组织的病变。该菌很难从病变的皮肤和慢性感染的关节中分离出来。
- 显微镜下，观察急性发病动物的病料，可以看见细长的革兰阳性杆菌。慢性心脏瓣膜病变涂片，可能会看到该菌的菌丝（图20.1）。
- 血琼脂和麦康凯琼脂平板上接种的病料，在有氧条件下，37℃培养24~48小时。含有叠氮化钠（0.1%）或

结晶紫（0.001%）的选择性培养基可用于污染样品的培养。

- 分离菌的鉴定标准：
  - 培养48小时后的菌落形态。
  - 在麦康凯琼脂平板上生长不良。
  - 细菌革兰染色的结果。
  - 过氧化氢酶试验阳性。
  - 凝固酶阳性。
  - 三糖铁琼脂斜面产生H_2S。
  - 生化特性。
- 血清学检查不适用于诊断。
- 用于检测临床病料中猪丹毒丝菌的一些PCR方法已有描述。Shimoji等1998年报道了一种PCR方法，用于检测猪丹毒丝菌强毒。为了提高检测的灵敏度，此方法利用了一种选择性营养肉汤，在PCR程序之前培养病料。此外，在屠宰场和肉类样本中，PCR方法已被用于丹毒丝菌的监测（Wang 等，2002）。

治疗

青霉素和四环素对治疗有效，但有些猪丹毒丝菌对四环素具有抗药性（Yamamoto 等，2001）。当慢性损伤已形成时，抗生素治疗无效。

控制

- 养殖场应该进行卫生和管理评估，如有必要，将养殖场的卫生和管理水平提高到令人满意的水平。
- 慢性感染的动物需要从群体中清除出去。
- 隔离被感染的猪。
- 弱毒活疫苗和灭活疫苗都有效。减毒活疫苗可以口服、全身给药或喷雾。但不能用于正在用抗生素进行治疗的动物。使用弱毒疫苗会增加丹毒慢性关节炎的形成。Imada等（2004）运用随机扩增多态性DNA（RAPD）技术，分析在日本分离的800株猪丹毒丝菌，得出结论，某场11年间检测到的慢性丹毒疾病，有37%是由弱毒疫苗的副作用产生的。

■ 禽类的丹毒

火鸡丹毒是世界各地一个重要的疾病，各年龄段的火鸡都很敏感。雄火鸡的精液分泌物中含有该菌，雌火鸡通过人工授精感染该病原菌后，可在4~5天内死亡。本病一般表现为败血病，死亡率可能很高。该疾病的特征是肉髯红紫、发黑、肿胀。剖检

可见肝、脾肿大易碎。慢性感染的火鸡可能会出现关节炎和营养性心内膜炎，并逐渐消瘦变得瘦弱。接种灭活疫苗可以发挥免疫保护作用。

鸡丹毒偶尔会引起严重疫情，死亡率高达50%（Mazaheri等，2005）。据报道，红螨（red poultry mite），即鸡皮刺螨（Dermanyssus gallinae）可以作为该菌的储存宿主和传播媒介；从家禽和红螨中分离到的这种细菌，用脉冲场凝胶电泳方法检测，不能进行区分（Chirico等，2003；Eriksson等，2009）。

■ 羊的感染

羊羔通过肚脐，或者更常见的是通过断尾或阉割的伤口，感染该菌，引起非化脓性多发性关节炎。

较大的羔羊和成年羊的跛行可能是由于该菌引起的蜂窝组织炎和蹄叶炎造成的。猪丹毒丝菌可以通过蹄部擦伤皮肤进入蹄部，引起蹄叶炎，导致蹄部炎性渗出物严重污染。已有报道，母羊的瓣膜性心内膜炎和肺炎与猪丹毒丝菌有关（Griffiths等，1991）。

■ 类丹毒

人感染猪丹毒丝菌常与所从事的职业有关。从事渔业、养殖业等农业类职业的人的感染概率较高。该菌通过微小的皮肤损伤进入体内，造成蜂窝织炎，又称为类丹毒（Mutalib等，1993）。病菌在未经治疗的病人中，很少会经血液循环而发生扩散，导致关节和心脏感染。

◉ 参考文献

Buttenschon, J., Svensmark, B. and Kyrval, J. (1995). Non-purulent arthritis in Danish slaughter pigs. I. A study of field cases. Zentralblatt Veterinarmedizin A, 42, 633–641.

Chirico, J., Eriksson, H., Fossum, O. and Jansson, D. (2003). The poultry red mite, Dermanyssus gallinae, a potential vector of Erysipelothrix rhusiopathiae causing erysipelas in hens. Medical and Veterinary Entomology, 17, 232–234.

Eriksen, K., Fossum, K., Gamlem, H., Grondalen, J., Kucsera, G. and ulstein, T. (1987). Endocarditis in two dogs caused by Erysipelothrix rhusiopathiae. Journal of Small Animal Practice, 28, 117–123.

Eriksson, H., Jansson, D.S., Johansson, K.E., Båverud, V., Chirico, J. and Aspán, A. (2009). Characterization of Erysipelothrix rhusiopathiae isolates from poultry, pigs, emus, the poultry red mite and other animals. Veterinary Microbiology, 137, 98–104.

Griffiths, I.B., Done, S.H. and Readman, S. (1991). Erysipelothrix pneumonia in sheep. Veterinary Record, 128, 382–383.

Hariharan, H., MacDonald, J., Carnat, B., Bryenton, J. and Heaney, S. (1992). An investigation of bacterial causes of arthritis in slaughter hogs. Journal of Veterinary Diagnostic Investigation, 4, 28–30.

Imada, Y., Goji, N., Ishikawa, H., Kishima, M. and Sekizaki, T. (1999). Truncated surface protective antigen (SpaA) of Erysipelothrix rhusiopathiae serotype 1a elicits protection against challenge with serotypes 1a and 2b in pigs. Infection and Immunity, 67, 4376–4382.

Imada, Y., Takase, A., Kikuma, R., Iwamaru, Y., Akachi, S. and Hayakawa, Y. (2004). Serotyping of 800 strains of Erysipelothrix isolated from pigs affected with erysipelas and discrimination of attenuated live vaccine strain by genotyping. Journal of Clinical Microbiology, 42, 2121–2126.

Mazaheri, A., Lierz, M. and Hafez, H.M. (2005). Investigations on the pathogenicity of Erysipelothrix rhusiopathiae in laying hens. Avian Diseases, 49, 574–576.

Mutalib, A.A., King, J.M. and McDonough, P.L. (1993). Erysipelas in caged laying chicken and suspected erysipeloid in animal caretakers. Journal of Veterinary Diagnostic Investigation, 5, 198–201.

Shimoji, Y., Mori, Y., Hyakutake, K., Sekizaki, T. and Yokomizo, Y. (1998). Use of an enrichment broth-PCR 3: combination assay for rapid diagnosis of swine erysipelas. Journal of Clinical Microbiology, 36, 86–89.

Takahashi, T., Fujisawa, T., Tamura, Y., et al. (1992). DNA relatedness among Erysipelothrix rhusiopathiae strains representing all twenty-three serovars and Erysipelothrix tonsillarum. International Journal of Systematic Bacteriology, 42, 469–473.

Tesh, M.J. and Wood, R.L. (1988). Detection of coagulase activity in Erysipelothrix rhusiopathiae. Journal of Clinical Microbiology, 26, 1058–1060.

Wang, Q., Fidalgo, S., Chang, B.J., Mee, B.J. and Riley, T.V. (2002). The detection and recovery of Erysipelothrix spp. in meat and abattoir samples in Western Australia. Journal of Applied Microbiology, 92, 844–850.

Yamamoto, K., Kijima, M., Yoshimura, H. and Takahashi,

T. (2001). Antimicrobial susceptibilities of *Erysipelothrix rhusiopathiae* isolated from pigs with swine erysipelas in Japan, 1988–1998. Journal of Veterinary Medicine, Series B Infectious Diseases and Veterinary Public Health, 48, 115–126.

Yamazaki, Y. (2006). A multiplex polymerase chain reaction for discriminating *Erysipelothrix rhusiopathiae* from *Erysipelothrix tonsillarum.* Journal of Veterinary Diagnostic Investigation, 18, 384–387.

◉ 进一步阅读材料

Wood, R.L. and Henderson, L.M. (2006). Erysipelas. In *Diseases of Swine*. Ninth Edition. Eds B.E. Straw, J.J. Zimmerman, S. D'Allaire and D.J. Taylor. Iowa State University Press, Ames, Iowa. pp. 629–638.

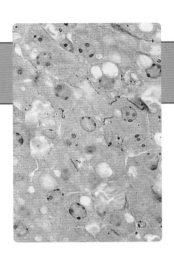

第21章

芽胞杆菌

大多数芽胞杆菌属（*Bacillus*）的细菌菌体大，革兰阳性，产生芽胞，长度可达10.0微米。一些非致病的芽胞杆菌革兰阴性；这些菌的陈旧培养物涂片染色时容易脱色。来自组织或培养物的芽胞杆菌涂片观察，可见单个、成对或长链的细菌（图21.1）。这个属由200种细菌组成，各个种的特征各有不同。芽胞杆菌过氧化氢酶阳性、需氧或兼性厌氧，多数种类的芽胞杆菌能游动，但致病性病原菌，如炭疽芽胞杆菌（*Bacillus anthracis*）不能游动。多数种类的芽胞杆菌是无致病能力的腐生菌。然而，它们往往污染临床病料和实验室培养基。炭疽芽胞杆菌是这个菌群中最重要的病原菌。毛状梭菌（*Clostridium piliforme*）已经被更名为毛样芽胞杆菌（*B. piliformis*），该菌为泰泽病（Tyzzer's disease）的病原菌（Duncan 等，1993）。幼虫芽胞杆菌（*B. larvae*）是蜜蜂的主要病原菌之一，该菌已经重新被分类为幼虫类芽胞杆菌幼虫亚种（*Paenibacillus larvae* subsp. *Larvae*）（Genersch 等，2006）。

图21.1 芽胞杆菌
呈短棒状，可组合成链状结构。细胞内未染色的为芽胞。

△ **要点**

- 菌体大、革兰阳性杆菌
- 产生芽胞
- 需氧或兼性厌氧
- 营养要求不高
- 多数种的细菌能游动、过氧化氢酶阳性、氧化酶阴性
- 大多数都是非致病性环境微生物
- 炭疽芽胞杆菌引起炭疽
- 地衣芽胞杆菌与牛、羊零星的流产有关

◉ 常见的生存环境

芽胞杆菌广泛分布于环境中，主要是因为它们产生抵抗力强的芽胞。在土壤中，炭疽芽胞杆菌的芽胞可以存活50年以上。一些芽胞杆菌可以抵抗极端不利的环境，如干燥、高温和化学消毒剂。

◉ 芽胞杆菌的鉴别

依据需氧生长和产生过氧化氢酶能力的特点，区分芽胞杆菌和梭菌。它们都是革兰阳性、形成芽胞的杆状菌。芽胞杆菌表型的鉴别大部分基于菌落特点和生化特性。包括炭疽芽胞杆菌在内的许多种类的芽胞杆菌在实验室培养基中生长时，不产生荚膜。基于基因组序列的分类学研究表明，炭疽芽胞杆菌、蜡状芽胞杆菌（*B. cereus*）、苏云金芽胞杆菌（*B. thuringiensis*）关系密切。这三种细菌和另三种细菌一起，组成非正式的蜡状芽胞杆菌群（*B. cereus* group）（Arnesen 等，2008）。质粒上存在何种毒力基

因和这些毒力基因的调控机制，是这些细菌种类鉴别的主要特征。

- 对人类和动物具有致病性的芽胞杆菌的菌落特点：
  - 蜡状芽胞杆菌菌落与炭疽芽胞杆菌菌落相似，但带有浅浅的绿色。多数菌株能够在菌落的周围形成完全溶血区域。由于蜡状芽胞杆菌和炭疽芽胞杆菌有一些相似的特性，所以鉴别时需仔细一些（表21.1）。
  - 炭疽芽胞杆菌培养48小时后，可形成直径达5毫米、扁平、干燥、灰白色、表面粗糙似毛玻璃状的菌落。来自菌落边缘的卷曲分枝显示"水母头"的外貌特点。分离菌罕见微弱的溶血。
  - 地衣芽胞杆菌（*B. licheniformis*）菌落灰暗、粗糙、有皱褶，牢固地黏附在琼脂上。该菌在琼脂培养基中划线培养，产生卷发状或地衣状菌苔。这是其名称的来源。随着时间的推移，菌落变成褐色。
  - 鉴定芽胞杆菌已有商品化生化试剂盒。
  - 菌株的确认和炭疽芽胞杆菌毒力的确定，可以通过使用基于PCR技术的方法检测两个毒力质粒（Anon，2008）。
- 所有炭疽芽胞杆菌分离菌株都属于同一个无性繁殖群，但高分辨率的分子技术，如多位点串联重复序列分析（MLVA），可以将该菌分为A、B、C三个系统进化分支（Kolstø等，2009）。尽管A分支在世界各地广泛分布，但这些谱系在地理分布上，仍有所不同（Simonson等，2009）。

表21.1　炭疽芽胞杆菌和蜡状芽胞杆菌的鉴别特征

特征	炭疽芽胞杆菌	蜡状芽胞杆菌
活力	不能游动	能游动
在羊血琼脂上的表现	非溶血	溶血
对青霉素的敏感性	易感	有抵抗力
在卵黄琼脂上的卵磷脂酶的活性	弱和慢	强壮、生长迅速
γ噬菌体的溶解作用	能溶解	很少溶解
对实验动物的致病性（应用于老鼠尾巴划痕区域）	24～48小时	无作用

⊙ 临床感染

由该菌群中的细菌所引起的主要疾病症状见表21.2。炭疽是这些疾病最重要的疾病。地衣芽胞杆菌是一种引起牛羊流产的新兴病原菌。蜡状芽胞杆菌在人类食物中毒中发挥重要作用，并可能导致呕吐或腹泻综合征。它偶尔也会与奶牛乳腺炎的病例有关。

⊙ 地衣芽胞杆菌的感染

地衣芽胞杆菌是一种广泛存在于环境中，并能引起食物腐败变质的细菌，最近已经被确认是造成牛和羊流产的一种原因。在英国一些农场，大量牛的流产都被归因于地衣芽胞杆菌感染。2006年在英国，地衣芽胞杆菌感染的诊断病例占流产病例的21%（Cabell，2007），且可能与饲喂青贮饲料或发霉干草有关。由于该菌无处不在，所以只有从高浓度纯培养的胎儿皱胃内容中分离该菌时，才具有诊断意义。

■ 炭疽

炭疽是一种严重的疾病，几乎影响包括人类在内的所有哺乳动物。该疾病在世界各地都有发生。在一些国家和其他国家的特定区域，该病长期存在。反刍动物对炭疽高度敏感，往往发展为迅速致命的败血症。猪和马也很敏感，而食肉动物具有相当的抵抗力。由于鸟类具有相对较高体温的特性，所以鸟类几乎完全不感染炭疽。

流行病学

芽胞的形成是炭疽存活和传播中的一个最重要因素，也是该菌在养分枯竭和其他恶劣环境条件下的反应。炭疽芽胞杆菌的芽胞可以在土壤中存活数十年。此菌芽胞可以在一些土壤条件有利于芽胞存活的区域中，被集中起来。这些地区为碱性土壤，含有丰富的钙、氮，水分含量也很高。此外，降水和蒸发的反复循环也能聚集孢子，尤其是低洼的地方（Dragon 和 Rennie，1995）。在碱性、钙丰富的土壤中芽胞的存活期增加。这是由于钙在芽胞核心中具有重要作用。钙与吡啶二羧酸（dipicolinic acid）能够形成一个晶体框架格芯，该结构能够稳固中心DNA和酶，并确保芽胞生存。在钙贫瘠的环境中，钙从芽胞中流出会损害芽胞的活力。当牧场被来自

表21.2　由炭疽芽孢杆菌和其他芽孢杆菌引起的疾病临床特征

芽孢杆菌属	易感动物	临床特征
炭疽芽孢杆菌	牛、绵羊	急性死亡或急性败血性坏疽性坏死
	猪	咽部水肿、肿胀、亚急性疽性坏死；肠道型少见，但死亡率较高
	马	局部水肿亚急性疽性坏死；有时伴有绞痛和肠炎的败血症
	人	在人类中出现皮肤型、肠道型和肺型炭疽的概率较小
蜡状芽孢杆菌	牛	乳腺炎（少见）
	人	食物中毒，眼部感染
地衣芽孢杆菌	牛、绵羊	零星的流产

埋葬尸体所携带的炭疽芽孢杆菌芽孢污染时，在上面放牧的食草动物就容易发生炭疽。芽孢也可能被洪水、开挖、沉降或蚯蚓的活动带到土地表面。

　　动物疾病的零星疫情与肉骨粉、动物源性肥料和一些兽皮的进口有关。宿主感染通常因为摄入芽孢引起，很少会通过吸入或透过皮肤擦伤而感染。尽管肉食动物对感染具有相当的抵抗力，但它们采食感染炭疽的尸体时，也会发病。

致病机理与致病性

　　炭疽芽孢杆菌的毒力源于其荚膜的存在和产生一种复杂的毒素。这两种毒力因子都是不可缺少的致病因素，且都由质粒编码。质粒PXO1编码两种外毒素和调节它们表达的蛋白质。编码荚膜产物的基因和它们的调节基因存在于质粒PXO2上。该菌毒力因子的表达受到一些参数的调节，这些参数包括宿主温度和二氧化碳浓度。荚膜由多聚谷氨酸（poly-γ-D-glutamic acid）构成，能够抑制吞噬作用。这种复杂的外毒素由3个抗原成分组成：保护性抗原（protective antigen）、水肿因子（oedema factor）和致死因子（lethal factor）。每个因素单独存在对实验动物没有毒性（尽管保护性抗原能够诱导产生局部免疫的抗体）。保护性抗原作为水肿因子和致死因子的结合部位。水肿因子是一种依赖腺苷酸环化酶的钙调节蛋白。它一旦进入细胞后就会绑定到保护性抗原上，造成环腺苷酸水平增高。在临床疾病上可见水平衡的紊乱，导致水肿。中性粒细胞是水肿因子的主要目标，水肿因子能够显著抑制其功能。致命的外毒素包含致死因子、金属蛋白酶（metalloprotease）和保护性抗原。保护性抗原含有水肿因子的结合区域。致命的外毒素会造成巨噬细胞和其他细胞，包括树突细胞、中性粒细胞和其他上皮和内皮细胞的死亡。在自然发生的疾病中，这些复杂的外毒素的局部作用导致宿主某些部位发生水肿、坏死、变黑。当发生败血症时，血管通透性增加，造成广泛出血，并导致休克而迅速死亡。

临床症状和病理特征

　　炭疽的潜伏期范围从数小时到数天不等。其临床表现和病理变化随感染物种、感染剂量和感染途径的不同而不同。

　　对于牛、绵羊，该疾病通常表现为败血症并导致迅速死亡。虽然大多数动物死亡前无预兆症状，但发热高达42℃、精神沉郁、黏膜充血及瘀斑等，在死前可观察到。存活超过一天以上的动物可能会出现流产或皮下水肿、痢疾等症状。牛的剖检结果包括快速腹胀、尸僵不全、广泛瘀血性出血和水肿，在体腔中有暗色、凝固不良的血液和血色的液体。病牛的软脾是该病一个显著特点。在感染的羊中，脾脏的肿大和水肿在剖解中不是很突出。据报道，羊比牛对炭疽更为易感，并死亡更为迅速。

　　猪感染该病通常会导致喉咙和头部水肿，以及局部淋巴结炎。如果在喉部水肿而不影响呼吸的话，感染的猪可能会存活。肠道存在多处出血，其临床表现为痢疾。死亡率可能会很高。

　　马炭疽的临床过程往往持续数日。芽孢进入擦伤部位，可能会引起胸部、腹下、腿部皮下大面积水肿。咽部肿胀与上述猪咽部症状相似。严重出血性肠炎造成的腹绞痛和痢疾不常见，该病是由于摄入芽孢造成。如果发生败血症，剖检时，可见脾肿大和广泛瘀斑。

犬很少受到炭疽影响，一旦发病，疾病过程、病理变化与猪感染的症状类似。

诊断

- 死于炭疽的动物尸体肿胀、腐烂迅速，不出现尸僵。有时从口、鼻孔和肛门流出暗黑色、凝固不良的血液。患有该病的动物尸体不应该被解剖，否则将有利于产生芽胞，存在长期污染环境的风险。
- 用无菌的注射器收集反刍动物尾静脉周边血液或猪的腹水。收集后用浸泡了70%酒精的药棉，按压该部位，尽量减少污染的血液或体液泄漏出来。用血液或体液进行涂片观察，经多色美蓝染色呈现两端平削的链状、四周环绕着粉红色荚膜的蓝色杆菌（图21.2）。动物死亡后，随着时间推移，荚膜数量减少。
- 细菌培养和分离被认为是该疾病诊断的标准。在血琼脂和麦康凯琼脂上接种病料，需氧条件下37℃，培养24～48小时。
- 分离细菌的鉴定标准：
  - 菌落形态。
  - 革兰染色显微镜观察。
  - 在麦康凯琼脂培养基上生长不良。
  - 培养特性，如果有必要，在实验室做动物的致病性试验（表21.1）。
  - 以PCR为基础的检测方法：此法可以用于检测两个与毒力相关的PXO1和PXO2的质粒，确定分离菌的毒力（Anon，2008）。
  - 生化试验。

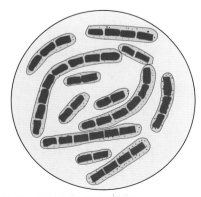

图21.2　血涂片上的链状炭疽芽胞杆菌
当用多色美蓝染色时，粉红色荚膜包围蓝染的菌体（M' Fadyean反应）。

- PCR技术也可用于临床样品中菌体的直接检测，对变质和储存病料中炭疽芽胞杆菌DNA的检测，也特别有用（Berg等，2006）。
- 阿斯科利试验（Ascoli test）是一个热沉淀试验，用于生物材料（如兽皮）炭疽芽胞杆菌抗原的检测。将这些材料匀浆后，进行煮沸并过滤澄清。滤液作为抗原进行检测。该抗原可以用于环状沉淀试验和琼脂扩散试验（这些试验需要炭疽芽胞杆菌抗血清）。由于炭疽芽胞杆菌与其他芽胞杆菌都具有耐热性抗原，所以该试验缺乏特异性。
- 琼脂凝胶免疫、补体结合试验、ELISA和免疫荧光试验用于对炭疽诊断的评估，但它们在日常使用中要么不敏感，要么缺乏必要的特异性。

治疗

如果在疾病的早期给予大剂量的青霉素G或土霉素可能有效。虽然已经证明炭疽芽胞杆菌菌株可以诱导产生β-内酰胺酶，但在临床分离菌中很少见到对青霉素具有天然的抵抗力的菌株。

防控

发现炭疽疑似病例，必须立即向有关监管部门报告。控制措施的设计应考虑到在所在国家或地区该疾病的患病率。

- 流行地区：
  - 对牛和羊，每年进行免疫接种。Sterne菌株炭疽芽胞疫苗应在预期发生疫情前1个月接种。活疫苗中的芽胞转换为无芽胞无毒力的活跃的细菌。
  - 疾病疫情威胁名贵家畜时，应考虑使用长效青霉素药物进行预防。
  - 主要成分为保护性抗原的灭活疫苗，可用于在工作过程中可能会暴露感染的人。
- 非流行地区的疫情：
  - 感染动物的废弃物、污染饲料、来自病畜畜舍和邻近畜舍的垫料，必须禁止移动。
  - 实施控制措施的工作人员应穿戴防护服和鞋套，在离开受感染的农场之前，这些物品必须消毒。
  - 在感染农场的入口处，应设立鞋消毒池，里面含有能够杀死芽胞的消毒液（5%的福尔马林或3%的过氧乙酸）。
  - 受污染的建筑物应该被封闭，并且在垫料移除之前，用甲醛熏蒸消毒。随后除去垫料、拆卸设备、所有沟渠都应堵上。整个建筑物用5%的福尔马林喷洒，10个小时以后再冲洗干净。

— 强制性立即处理尸体、垫料、肥料、饲料和其他污染物质。尸体应焚烧或远离河道深埋，污染的材料和设备必须用10%福尔马林进行消毒，如需要可以焚烧。

— 食腐动物不应该被允许接近尸体，在尸体上或周围使用杀虫剂，使昆虫的活动降到最低。

— 接触动物应被隔离并密切保持观察至少2周。

■ 人类炭疽

古代人类就知道人可以感染炭疽，并且人类炭疽被认为是埃及的瘟疫之一。自2001年美国遭受炭疽生物恐怖袭击后，人们对该病的意识增强（Jernigan等，2001）。人类炭疽主要有三种表现形式。一是皮肤炭疽（cutaneous anthrax），它是炭疽芽胞进入受损皮肤的结果，如果不及时治疗，这种局部病变可发展为全身性败血症；二是肺炭疽（pulmonary anthrax，曾称为"羊毛工人病"），它是肺部吸入炭疽芽胞导致的；三是肠炭疽（intestinal anthrax），它是由于食入了被炭疽芽胞杆菌污染的东西。该病如果得不到及时治疗，可能是致命的。由于炭疽芽胞杆菌可以用作生物恐怖袭击，这大大促进了人们对该菌的研究，尤其是诊断技术和疫苗研究。有一些方法可以提高已有疫苗的效果，包括使用佐剂和其他的抗原提呈系统。用细菌和病毒作为载体的重组疫苗已经研制成功，并且部分产品表现出了相当好的使用前景。

◉ 参考文献

Anon. (2008). Manual of Diagnostic Tests and Vaccine for Terrestrial Animals 2009, Anthrax. Available at: http://www.oie.int/fr/normes/mmanual/2008/pdf/2.01.01_ANTHRAX.pdf.

Arnesen, L.P.S., Fagerlund, A. and Granum, P.E. (2008). From soil to gut: *Bacillus cereus* and its food poisoning toxins. FEMS Microbiology Reviews, 32, 579–606.

Berg, T., Suddes, H., Morrice, G. and Hornitzky, M. (2006). Comparison of PCR, culture and microscopy of blood smears for the diagnosis of anthrax in sheep and cattle. Letters in Applied Microbiology, 43, 181–186.

Cabell, E. (2007). Bovine abortion: aetiology and investigations. In Practice, 29, 455–463.

Dragon, D.C. and Rennie, R.P. (1995). The ecology of anthrax spores: tough but not invincible. Canadian Veterinary Journal, 36, 295–301.

Duncan, J.A., Carman, R.J., Olsen, G.J. and Wilson, K.H. (1993). The agent of Tyzzer's disease is a Clostridium species. Clinical Infectious Diseases, 16 (Supplement 4), 422.

Friedlander, A.M. and Little, S.F. (2009). Advances in the development of next-generation anthrax vaccines. Vaccine, 27 (Supplement 4), D28–32.

Genersch, E., Forsgren, E., Pentikäinen, J., et al.. (2006). Reclassification of *Paenibacillus larvae* subsp. *pulvifaciens* and *Paenibacillus larvae* subsp. *larvae* as *Paenibacillus larvae* without subspecies differentiation. International Journal of Systematic and Evolutionary Microbiology, 56, 501–511.

Jernigan, J.A., Stephens, D.S., Ashford, D.A., et al. (2001). Bioterrorism-related inhalational anthrax: the first 10 cases reported in the United States. Emerging Infectious Diseases, 7, 933–944.

Kolstø, A.B., Tourasse, N.J. and Økstad, O.A (2009). What sets *Bacillus anthracis* apart from other Bacillus species? Annual Review of Microbiology, 63, 451–476.

Shadomy, S.V. and Smith, T.L. (2008). Zoonosis update. Anthrax. Journal of the American Veterinary Medical Association, 233, 63–72.

Simonson, T.S., Okinaka, R.T., Wang, B., et al. (2009). *Bacillus anthracis* in China and its relationship to worldwide lineages. BMC Microbiology, 9, 71.

◉ 进一步阅读材料

Dixon, T.C., Meselson, M., Guillemin, J. and Hanna, P.C. (1999). Anthrax. New England Journal of Medicine, 341, 815–826.

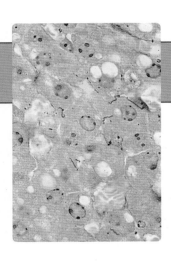

第22章

梭 菌

梭菌（*Clostridium*）是一类过氧化氢酶阴性、氧化酶阴性、菌体较大的革兰阳性菌，培养时营养要求比较高。梭菌呈直杆状或略弯曲杆状，大部分梭菌有周鞭毛，能够游动。梭菌可产生内生芽胞，引起菌体膨大（图22.1）。梭菌芽胞的大小、形状和位置可以用来鉴别梭菌属不同种类的细菌。虽然大多数病原梭菌是严格的厌氧菌，但也有一些是比较耐氧的。梭菌分布于全球各地，某些梭菌的分布与地理区域有关。

在已发现的100多种梭菌中，有致病性的不到20种。根据这些致病性梭菌所产的毒素的活性和组织偏嗜性，可以分为神经毒性梭菌、组织毒性梭菌、产气荚膜梭菌三类（图22.2）：破伤风梭菌（*Clostridium tetani*）和肉毒梭菌（*C. botulinum*）等神经毒性梭菌，在没有明显的组织损伤的情况下，就

可以影响神经肌肉的功能。组织毒性梭菌可在肌肉和肝脏等组织中引起较小的损伤，进而引发毒血症（toxaemia）。A~E型产气荚膜梭菌（*C. perfringen*）在胃肠道既可引起炎性损伤，也可导致肠毒血症（enterotoxaemia）。艰难梭菌（*C. difficile*）是一种新出现的动物肠道病原菌，也是人类一种重要的医院内传播的病原菌。螺状梭菌（*C. spiroforme*）可导致兔的腹泻，鹑梭菌（*C. colinum*）是禽类的肠道致病菌。毛状梭菌（*C. piliforme*）会导致驹发生肝坏死，该菌是梭菌属的非典型菌，不具有上述三类梭菌所描述的特征。

△ 要点

- 革兰阳性大杆菌
- 产生芽胞
- 厌氧、过氧化氢酶阴性、氧化酶阴性
- 能游动（产气荚膜梭菌除外）
- 生长需要营养丰富的培养基
- 产气荚膜梭菌菌落周围产生双溶血环
- 存在于土壤、动物消化道和粪中
- 根据细菌外毒素的模式和作用部位，病原梭菌可分为：神经毒性梭菌、组织毒性梭菌、肠致病性和引起肠毒血症梭菌
- 导致动物产生不同的疾病

◎ **常见的生存环境**

梭菌为腐生菌，存在于土壤、淡水或有适当的低氧化还原电位的海洋沉积物中。它们构成肠道正常菌群，也有一部分芽胞存在于肌肉与肝脏中。一

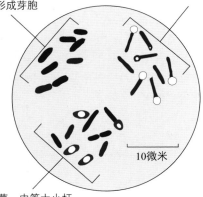

产气荚膜梭菌：菌体较宽的杆菌，很少在体外形成芽胞

破伤风梭菌：较细的杆菌，芽胞靠近菌体末端（"鼓槌"状）

10微米

气肿疽梭菌：中等大小杆菌，可产生柠檬形芽胞

图22.1　一些梭菌的典型形态特征

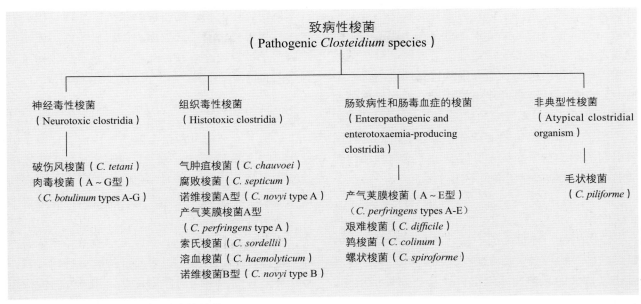

图22.2 在兽医学上的重要的致病性梭菌

些游离型的芽胞活化后会导致疾病。

⊙ 样本的收集和培养条件

为确保这些营养要求苛刻的厌氧菌的存活，样本需要利用特殊的方法进行收集和处理。

· 样本应取自活的或刚死亡的动物，因为动物死后梭菌可能迅速从肠道扩散到组织，导致某些试验结果难以解释。

· 感染动物的组织或分泌液样本应该保存在厌氧介质中运输到实验室，样本必须在采集后及时进行人工培养。

· 富含酵母提取物、维生素K和氯化血红素的血琼脂适用于梭菌的培养。培养基应该是新鲜制备的或经过还原处理以确保没有氧气。

· 适宜的气体供给是培养细菌的关键，在含有氢气的厌氧罐中通入5%～10%的二氧化碳可促进梭菌的繁殖。有些梭菌繁殖体接触空气超过15分钟可能无法存活。

⊙ 梭菌的检测与鉴定

除了利用培养技术进行鉴定，梭菌还可以通过分子生物学技术和其他方法鉴定。PCR技术已用于鉴定组织中的组织毒性梭菌（Sasaki 等，2001；Uzal 等，2003），荧光抗体技术也被广泛用于快速鉴别组织中

的这些梭菌。

实验室分离大多数梭菌的程序：菌落形态学鉴定、生化试验、毒素中和方法、针对有机酸的气液色谱技术。

· 能利用菌落形态学鉴定的梭菌比较少，然而，产气荚膜梭菌可通过能否产生特征性的双溶血环进行鉴定。

· 小型商品试剂盒可用于梭菌的生化鉴定。

· PCR技术可用于鉴定梭菌分离株，多重PCR技术可用于鉴定梭菌不同的种。Sasaki 等（2002）开发了一种基于鞭毛蛋白基因的多重PCR，可鉴别气肿疽梭菌（C. chauvoei）、溶血梭菌（C. haemolyticum）、诺维梭菌（C. novyi）A型和B型及腐败梭菌（C. septicum）。

· 在体液或肠道内容物中的梭菌毒素可通过实验室啮齿动物（通常是鼠）的毒素中和试验或保护性试验鉴定。

· ELISA等免疫分析法可检测毒素。肉毒梭菌毒素基因可用PCR技术检测。但是，这些检测技术不能完全代替鼠的生物检测方法，因为这些方法的敏感性和特异性还不够。

⊙ 神经毒素的梭菌引致的临床症状

具有神经毒性的梭菌（如破伤风梭菌和肉毒梭菌），通过释放神经毒素产生生物效应。破伤风梭菌的神经毒素由在受损组织繁殖的细菌产生。被吸收

的毒素在远离毒素产生位置的神经突触接头处发挥作用。肉毒梭菌的神经毒素是由存在于腐烂的有机物或者在厌氧条件下受污染的肉类或蔬菜罐头的梭菌在繁殖过程中产生。当毒素从胃肠道吸收进入血液时，会影响神经肌肉接头的功能。破伤风梭菌和肉毒梭菌的一些神经毒素的功能见表22.1。这两种梭菌的毒素在结构和功能上具有相似性，但这两种细菌引起不同的临床症状，可能是由于这两种结构和功能类似的毒素的作用部位不同引起的。

■ 破伤风

破伤风是一种急性的中毒，具有致命性。它可以影响许多物种，包括人类。然而，不同的物种对破伤风毒素的易感性差别很大。马和人类最敏感，反刍动物和猪中度敏感，食肉动物不太敏感，而家禽对破伤风不易感。

破伤风梭菌是一种厌氧的革兰阳性直杆菌，菌体较纤细。芽胞呈球形，位于菌体的一端并使菌体膨胀，使菌体呈现"鼓槌"状（图22.1）。芽胞耐化学试剂并耐高温，但121℃高压灭菌15分钟可将其杀灭。破伤风梭菌具有群游生长的特点，由于产生破伤风溶血素，该菌在血平板上具有溶血性。破伤风梭菌的10个血清型可以通过它们的鞭毛抗原特性加以区分。这10个血清型的破伤风梭菌产生的神经毒素（neurotoxin）和破伤风痉挛毒素（tetanospasmin）具有相同的抗原性，任何一个血清型的破伤风梭菌的神经毒素所诱导的抗体都可以中和其他血清型的破伤风梭菌所产生的神经毒素。

当有创伤的组织接触到有破伤风梭菌芽胞的土壤或粪时，便发生感染。常见的感染部位包括马的穿透伤口、羊的阉割和缝合伤口、难产母牛和母羊的摩擦伤，以及初生幼畜的脐带处。坏死组织、组织内异物等可为兼性厌氧菌提供厌氧条件，破伤风梭菌孢子可以萌芽。在坏死组织中繁殖的破伤风梭菌产生的破伤风痉挛毒素，可引起僵直性痉挛。

致病机理

结构上，破伤风毒素由两条链构成，这两条链通过一个二硫键连接。轻链为毒素的1/2，是发挥毒性作用的部位，重链参与靶细胞的结合及毒素的内化作用。在运动神经元末梢，破伤风神经毒素不可逆地与神经节苷脂受体结合，以含毒素囊泡的形式，沿神经轴突逆行向上，进入中枢神经系统的神经细胞体和树突部分。毒素通过跨越突触转移到抑制性神经元细胞末端的作用位点，并通过内吞作用进入抑制性神经元细胞。内吞小体内的毒素在较低pH条件下，发生构象改变，穿透内吞小体膜形成小孔（Cai 和 Singh，2007）。随着毒素构象的变化，毒素的轻链，一种锌内肽酶，进入抑制性神经元细胞溶质，通过水解含有神经递质的小囊泡的突触泡蛋白，阻断了抑制性信号的突触前转运过程（Sanford，1995），结果是小囊泡不能定位到细胞质膜释放神经递质。因为抑制性神经递质的释放被阻止了，导致了肌肉的痉挛性麻痹。当毒素大量产生时，也可以通过血液传播，在入侵中枢神经系统之前，毒素便可以结合到全身的运动神经末梢，并且这种结合后的毒素不能被抗毒素中和。

临床症状

破伤风潜伏期通常是5~10天，但可以延长至3周。当临床症状推迟出现时，伤口感染部位可能愈合，这种情况称为潜伏性破伤风。神经毒素引起

表22.1　破伤风梭菌和肉毒梭菌神经毒素的产生、作用方式及其效应

神经毒素特征	破伤风梭菌	肉毒梭菌
产生位置	伤口	尸体、腐烂的植被、罐头食品，偶尔在伤口或在肠道内(毒素感染)
调节毒素产生的基因	在质粒上	在染色体、质粒或者噬菌体上（与细菌型有关）
抗原类型	一种抗原类型（破伤风痉挛毒素)	七种不同的毒素抗原，A~G型
作用方式	突触抑制	抑制神经肌肉传输
临床效应	肌肉痉挛	迟缓性麻痹

所有家畜的临床症状是相似的。然而，它们临床特征和严重程度与细菌的繁殖、毒素产生的量，以及动物的易感性有关。头部或靠近头部的伤口感染通常潜伏期较短，并易发全身性僵直性痉挛，局部性僵硬和痉挛通常发生在犬等不易感动物，由于毒素影响局部神经末梢，使感染部位周围的肌肉僵硬和痉挛。

临床症状包括僵硬、局部痉挛、心跳和呼吸频率改变、吞咽困难和面部表情改变。相对温和的触觉或听觉的刺激可能导致肌肉剧烈的紧张性收缩。咀嚼肌痉挛可能导致"牙关紧闭症"。全身性肌肉僵硬会导致"木马"状姿势，尤其是马。感染破伤风梭菌康复的动物，不一定都能获得免疫力，因为引起临床症状的毒素的量有时不足以刺激机体产生抗体。

诊断程序

破伤风的诊断通常需要结合临床症状和未接种疫苗的动物近期的创伤史。

· 必须与马钱子碱中毒相区分，尤其是犬。损伤组织的涂片革兰染色，可见典型的破伤风梭菌"鼓槌"状菌体（图22.1）。
· 可以尝试在厌氧条件下从坏死伤口组织中培养破伤风梭菌，但成功率较低。
· PCR技术，包括实时定量PCR技术可作为辅助检测手段（Akbulut 等，2005）。基于PCR的技术，包括实时定量PCR技术的检测，可以进行毒素基因的检测，这有利于疾病的诊断（Akbulut 等，2005）。
· 将感染动物的血清接种小鼠，可以证明感染动物体内是否存在神经毒素。

治疗

· 为了中和游离的毒素，应该尽早通过蛛网膜下腔或静脉注射抗毒素，抗毒素的使用应持续3天。
· 皮下注射类毒素可增强动物的获得性免疫反应，甚至对那些已经注射过抗毒素的动物也是如此。
· 肌内或静脉注射大剂量的青霉素，可以杀死病变部位破伤风梭菌的繁殖体。
· 外科手术清创可以清除异物，过氧化氢冲洗创造富氧条件有助于抑制细菌繁殖。这一过程非常重要，研究表明，如果不进行清创术，静脉注射青霉素治疗16天的破伤风病人，仍然可以分离到破伤风梭菌

（Campbell等，2009）。
· 感染动物应该饲养在一个安静、黑暗的环境中，补液、镇静剂、肌肉松弛剂和良好的护理可以减少感染动物的不适感，并维持其正常的生命功能。

控制

· 动物应该按常规接种破伤风类毒素。如果接种后的动物受到更深的伤口损害，那么应加大剂量再次接种疫苗。
· 对于马来说，迅速对伤口进行外科清创术是必需的。
· 未接种疫苗却有很深伤口的动物或做了外科手术的动物，应该注射抗毒素血清进行预防，这种被动的保护通常需要持续约3周。

■ 肉毒毒素中毒

肉毒毒素中毒通常是摄入含肉毒毒素的食物而引起的一种严重的、可能致命的中毒。肉毒梭菌是一种病原菌，革兰阳性厌氧杆菌，能在靠近菌体的一端产生椭圆形的芽胞。肉毒梭菌的芽胞可分布在世界各地的土壤和水中，根据细菌产生的毒素的抗原特性的差异，已经确认了7个型（A～G型）的肉毒梭菌。需要至少20分钟煮沸后失活的神经毒素，会诱导类似的临床症状，但它们的抗原性和毒力不同。某些肉毒梭菌的型仅分布在某些特定区域。芽胞的萌发与细菌繁殖体的生长和毒素的产生均发生在厌氧环境中，如腐烂的尸体、植被和被污染的罐装食品。感染性肉毒毒素中毒，是芽胞在伤口或肠道中萌发导致不常见的动物疾病。肠道内感染性肉毒梭菌中毒在驹（驹震颤综合征）、幼犬（Farrow 等，1983）、肉鸡和火鸡中均有报道。这种疾病在违禁药物使用者使用被污染的针头时要特别引起重视，肉毒梭菌的芽胞在皮下注射时会被不经意地引入，然后萌发产生毒素。此外，有佐证表明马属动物的青草病，也被称为家族性自主神经异常病，可能是因为感染了肉毒梭菌C和D型引起的（McCarthy 等，2004a，b）。

C和D型肉毒梭菌可引发养殖动物肉毒毒素中毒的暴发。该疾病经常在水禽、牛、马、羊、水貂、家禽和鱼类中暴发，猪和犬对神经毒素抵抗力较强，肉毒梭菌中毒在家猫比较罕见。牛肉毒毒素中毒可能与摄入有家禽尸体污染的青贮垫料或污染的牧草有关（McLoughlin 等，1988），质量差的青贮饲料及有啮齿类动物尸体污染的青贮饲料和干草可能与马

和其他反刍动物的肉毒梭菌毒素中毒有关。在南非、美国、澳大利亚的大牧场的草食动物因饥饿或缺磷患上异食癖，异食癖的动物咀嚼含有肉毒梭菌毒素的骨头或尸体，由此导致肉毒毒素中毒，在南非被称作"瘸病（lamsiekte）"，在澳大利亚被称为"延髓性麻痹症（bulbar paralysis）"，在美国被称为"腰病（loin disease）"。污染的生肉和动物尸体往往是肉食动物食入毒素的来源。水禽和其他鸟类可以通过食用病死的无脊椎动物、腐草或含有毒素的蛆虫而摄入毒素（Hariharan 和 Mitchell，1977；Quinn 和 Crinion，1984）。表22.2中总结了常见的对动物易感的肉毒梭菌A～G型毒素的来源。

表22.2　肉毒梭菌毒素

毒素类型	来源	易感物种
A型	肉、罐装制品	人类
	毒素感染	婴儿
	肉、尸体、土壤	水貂、犬、猪、少数牛
B型	肉、罐装制品	人类
	毒素感染	婴儿
	毒素感染、饲料	幼驹（2个月）、成年马、牛
C型	死的无脊椎动物、蛆虫、腐烂的植被和家禽的尸体	水禽、家禽
	家禽粪便堆积、捆扎的青贮饲料（质量较差）、干草或者青贮饲料污染、啮齿动物的尸体	牛、羊、马
	肉，尤其是死鸡肉	犬、水貂、狮子、猴子
D型	尸体、骨头	牛、羊
	饲料污染的尸体	马
E型	死的无脊椎动物、池塘底部的淤泥	养殖的鱼
	鱼	以鱼为食的鸟，人类
F型	肉、鱼	人类
G型	土壤受污染的食物	人类（在阿根廷）

■ 致病机理

肉毒梭菌的神经毒素是已知生物毒素中毒力最强的，10皮克的A型肉毒毒素足以杀死一只小鼠（AOAC International，2001）。食物中的毒素通过胃肠道吸收后在血液中循环，然后作用于胆碱能神经的神经肌肉接头和外周自主神经。它的结构和作用方式与破伤风毒素类似，重链与神经末梢上的受体结合。轻链是发挥毒性作用的部分，通过胞吞作用和微孔形成作用进入细胞质中。轻链的作用与破伤风毒素一样，它可以水解突触小泡蛋白和被称为SNARE的一些蛋白，从而对神经递质（在这个例子中为乙酰胆碱）的释放造成不可逆的干扰，造成肌肉弛缓性麻痹，动物由于呼吸肌麻痹导致死亡。破伤风梭菌和肉毒梭菌毒素的效果差异是由于毒素作用位点不同导致的。破伤风毒素可沿神经轴突到达脊髓灰质前角，而肉毒梭菌毒素只是在神经肌肉接头处发挥作用。

摄入的肉毒梭菌芽胞通常通过粪排出体外。然而，在感染性肉毒毒素中毒中，芽胞在肠道中萌发并由其繁殖体产生毒素，然而诱发感染性肉毒毒素中毒的原因尚不明确。驹震颤综合征是一种发生在2月龄驹的感染性肉毒毒素中毒病，这一疾病被认为与母马应激造成乳中高水平的糖皮质激素有关（Swerczek，1980）。

临床症状

摄入毒素3～17天后，所有动物的肉毒毒素中毒症状相似。表现为瞳孔放大、黏膜干燥、唾液减少、舌瘘和吞咽困难。随后共济失调、球关节突球，紧接着出现肌肉弛缓性麻痹、斜卧、呼吸肌麻痹，导致只能进行腹式呼吸，体温正常，感染动物异常警觉，动物可在出现临床症状后几天内死亡。在禽类，渐进弛缓性麻痹最初影响腿和翅膀，颈部肌肉麻痹只在长颈鸟类中可以观察到。

诊断程序

可疑的动物尸体及样本应谨慎处理，因为这些样本可能会有大量的神经毒素。

- 根据临床症状和接触受污染食物的记录，可提示肉毒毒素中毒，因为肉毒毒素是一种界限不清的神经系统疾病暴发的原因。

- 确诊需要从被感染动物的血清中检测到肉毒毒素。检测毒素的传统方法是小鼠接种试验，接种毒素的小鼠由于呼吸肌麻痹而腹式呼吸导致典型的"黄蜂腰"，采自死亡动物的血清不适宜小鼠接种。虽然小鼠接种生物学鉴定程序昂贵且耗时长（4天），但这种方法以其卓越的灵敏度仍是确诊肉毒毒素中毒唯一可以普遍接受的方法。不过，可能因为牛对肉毒毒素极其易感，肉毒毒素很难在感染牛的血清中检测到（Hogg等，2008）。牛的胃肠内容物是确诊肉毒毒素的比较好的样本，必须在病畜死后迅速收集并冷冻，以防止任何一种肉毒梭菌在病畜死后繁殖。
- 基于聚合酶链式反应和核酸探针的检测方法已广泛用于检测肉毒毒素的基因。然而，基因检测并不能证明具有生物活性毒素的产生，因此仅能作为辅助的诊断方法。
- 采用ELISA或者化学发光检测等免疫方法检测毒素，灵敏度和特异性都较高，并且具有快速和便于自动化操作的优点。尽管已开发了多种放大信号的检测方法，但这些方法的灵敏度还是不能达到小鼠生物法。现有的和将来可能出现的肉毒毒素检测方法已有详细的综述（Cai 和 Singh，2007）。
- 使用单价抗毒素抗体在小鼠体内进行毒素中和试验，可用于鉴定特定的毒素。从一些而不是单个受感染的动物中采集血清，是因为在个别动物血清中没有检测到毒素，不能排除肉毒毒素中毒的。
- 在饲料中毒素的检测对于流行病学研究有重要的价值。
- 肉毒梭菌的分离株能够通过分子分型技术进行分型。这些技术通常应用于流行病学的研究，主要包括多位点可变数串联重复序列分析（Macdonald等，2008）和随机扩增DNA多态性分析（Hyytiä 等，1999）。

治疗

- 病程早期，对于未与受体结合的毒素，多价抗血清是有效的。但治疗成本和血清抗体的可获得性限制了这个疗法的实际应用。
- 静脉注射四乙胺和盐酸胍，可增强神经肌肉接头递质释放，具有一定的治疗作用。
- 患病较轻的动物往往不需治疗，也可在几周内康复。
- 治疗的同时应当进行良好的护理。
- 应当进一步研究肉毒毒素中毒的细胞致病机理，尤其

是毒素的结合机制，这或许对于未来开发有效的解毒药具有一定的帮助。

控制

- 在南非和澳大利亚地方流行性区域，牛应当接种类毒素进行免疫。饲养的水貂和狐狸应当进行常规的免疫接种。
- 不用可疑的食物饲喂动物。
- 尽可能提供营养均衡的饲料，可以防止草食动物干旱期间放牧时异食癖的形成。

⊙ 组织毒性梭菌引起的临床症状

组织毒性梭菌能使家畜产生许多损伤（表22.3），细菌繁殖时产生的外毒素能引起局部组织坏死和致命性的全身反应。一些组织毒性梭菌能够以芽胞形式存在于组织内，这些芽胞能够萌发并引起特定的临床症状。这些组织毒性梭菌包括存在于肌肉组织的气肿疽梭菌（C. chauvoei）和不常存在的腐败梭菌（C. septicum），在肝脏中存在B型诺维梭菌（C. novyi）和溶血梭菌（C. haemolyticum）。组织毒性梭菌能够通过伤口引起混合感染，导致恶性水肿和气性坏疽，这些梭菌主要有气肿疽梭菌、腐败梭菌、A型诺维梭菌型、A型产气荚膜梭菌，有时还有索氏梭菌（C. sordellii）。由腐败梭菌引起羊的皱胃炎（羊快疫）是局部组织毒性效应的例子。

■ 正常的生存环境

组织毒性梭菌的芽胞广泛分布在环境中，并且能在土壤中长时间存在。某些特定梭菌的芽胞的存在具有地方性和地理区域性。

■ 致病机理

多数芽胞被误食后会随着粪排出体外，部分会以休眠的状态在肠内保留下来，并以休眠状态分布在组织中。在肌肉或者肝脏内被激活的芽胞会导致内源性感染，引起黑腿病、传染性坏死性肝炎、杆菌性血红蛋白尿。导致组织内的芽胞分布的具体过程并不清楚，可能是来源于肠腔的芽胞被吞噬细胞吞噬，然后运送到其他组织。由于组织损伤引起氧张力的减少，促使芽胞萌发和营养细菌的繁殖。由细菌繁殖产生的外毒素引起的组织局部性坏死会促

表22.3　组织毒性梭菌及其引起的家畜疾病（已确定与疾病发生有关的毒素也在下表列出）

梭菌属	疾病	毒素名字	生物学活性
气肿疽梭菌 （ *C. chauvoei* ）	牛、羊黑腿病	α	氧稳定的溶血素，对宿主有致死作用，使器官组织坏死
		β	脱氧核糖核酸酶
		γ	透明质酸酶
		δ	氧不稳定的溶血素
腐败梭菌 （ *C. septicum* ）	牛、猪、羊恶性水肿。羊皱胃炎（羊快疫），皱胃炎偶尔发生于牛	α	对宿主有致死作用，溶血，使器官组织坏死
		β	脱氧核糖核酸酶、杀白细胞素
		γ	透明质酸酶
		δ	氧不稳定的溶血素
诺维梭菌A型 （ *C. novyi* type A ）	年轻公羊"大头"。伤口感染	α	细胞毒素，使小GTP酶糖基化，使器官组织坏死，对宿主有致死作用
A型产气荚膜梭菌* （ *C. perfringens* type A ）	气性坏疽。鸡坏死性肠炎和坏疽性皮炎，猪坏死性小肠结肠炎	α	磷脂酶；溶血，使器官组织坏死，对宿主有致死作用 消化卵磷脂
		θ	产气荚膜梭菌溶血素O（一种硫醇激活的细胞溶解素）
		NetB	功能不清楚，某些毒株的重要毒力成分导致鸡坏死性肠炎
索氏梭菌 （ *C. sordellii* ）	牛、羊、马肌肉炎。羊羔皱胃炎	α	卵磷脂酶，有溶血性
		β	细胞毒素，使小GTP酶糖基化，对宿主有致死作用
诺维梭菌B型 （ *C. novyi* type B ）	羊传染性坏死性肝炎(黑病)，偶尔发生于牛	α	细胞毒素，小GTP酶糖基化，使器官组织坏死，对宿主有致死作用
		β	使器官组织坏死，溶血，对宿主有致死作用，卵磷脂酶
溶血梭菌 （ *C. haemolyticum* ）	牛杆菌型血红蛋白尿，偶尔发生于羊	β	使器官组织坏死，溶血，对宿主有致死作用，磷脂酶C

＊：A型产气荚膜梭菌可能与伤口感染和一些肠道症状有关。

进组织中细菌的进一步增殖，从而伴随组织坏死的进一步扩展。

梭菌侵入伤口后引起外源感染，引致恶性水肿和气性坏疽。坏死组织中的厌氧条件有利于梭菌的繁殖，梭菌还会和其他兼性厌氧菌发生混合感染。外毒素的产生会导致局部损坏组织的进一步扩大。外源性和内源性梭菌感染引起的全身性的临床特征表现为毒血症。梭菌所产生的毒素及其生物学活性见表22.3。虽然不同种类的组织毒性梭菌产生的毒素命名与菌种名并不一致，但它们的结构和功能是相似的。某种梭菌的α毒素不一定与另一类梭菌的α毒素完全相同。索氏梭菌的α和β毒素、诺维梭菌的α毒素、艰难梭菌（一种肠道病原梭菌）的α和β毒素在结构和功能上属于同一个外毒素家族，被称为巨大梭菌细胞毒素。实际上这些毒素就是酶，通过糖基化作用灭活低分子量的三磷酸鸟苷结合蛋白的活性。这些蛋白活性的灭活导致细胞骨架的破坏，打开细胞间的紧密连接并引致细胞死亡。气肿疽梭菌的α毒素是一种对氧稳定的溶血素，A型产气荚膜梭菌的α毒素则是一种磷脂酶。

■ 临床感染

由组织毒性梭菌引起的临床感染包括黑腿病、恶性水肿、气性坏疽、羊快疫、传染性坏死性肝炎和杆菌性血红蛋白尿。这些疾病在一些没有完善的疫苗接种程序的养殖场通常会复发。当个别动物突然死亡时，应该考虑组织毒性梭菌的感染。尸体解剖的结果可进一步证明梭菌感染。

黑腿病

黑腿病是由气肿疽梭菌引起的一种世界范围的牛和羊的急性病。该病多发生在3月龄至2岁的幼牛，通常是内源性感染，肌肉组织中休眠的芽胞在挫伤时被激活。黑腿病可以侵害任何年龄段的羊，在许多情况下，是通过皮肤的伤口发生外源性感染。在牛、羊，由外毒素引起的坏疽性蜂窝组织炎和肌炎，会导致动物的快速死亡。四肢、背部和颈部的大范围肌肉会快速受到影响。由于气体的聚集，骨骼肌损伤会表现为跛、肿胀和爆裂；在舌头和喉咙的肌肉损伤会导致呼吸困难；心肌和膈肌病变会导致猝死。荧光抗体技术和PCR技术可快速灵敏检测病变样本。

恶性水肿和气性坏疽

恶性水肿和气性坏疽是外源性软组织感染引起的。恶性水肿的致病菌主要是腐败梭菌，气性坏疽主要由A型产气荚膜梭菌引起。但是，A型、C型诺维梭菌和索氏梭菌可单独或者与其他梭菌共同引起恶性水肿和气性坏疽。在损伤部位也能发现其他的需氧或厌氧致病菌。感染通常会发生在污染的伤口、分娩损伤和注射部位。损伤的组织部位会提供低的氧化还原电位、碱性pH和梭菌增殖需要的蛋白分解产物。

恶性水肿表现为蜂窝组织炎，产生小的坏疽和气体。明显的临床特征是组织水肿、畏寒、皮肤变色。广义的毒血症的症状表现为沉郁和虚脱。病变扩展会导致动物的快速死亡。

气性坏疽的特点是大量的细菌入侵受损的肌肉组织，产生大量气体，在临床上表现为皮下捻发音。气性坏疽毒血症的临床特征类似于恶性水肿。

在公羊，由于互相争斗造成的头部受伤引致梭菌感染，被称为"大头病"。这是由于头部、颈部和颅胸腔的皮下组织水肿、膨胀，能导致快速死亡。引起这些临床症状的是A型诺维梭菌的α毒素。

羊快疫

羊快疫又称羊皱胃炎，是由腐败梭菌的外毒素引起的，发生在冬季重霜大雪期间，以欧洲北部地区多发，在世界其他地方偶尔发生。据报道，摄入冻草可能会导致与瘤胃相连接的局部皱胃组织失去活力，这为腐败梭菌的入侵提供条件。整个疾病的发生过程快速，大多数动物死亡前没有先兆症状。厌食、沉郁和发热可能是猝死前的明显症状。在皱胃损伤的羊中采集样本，通过荧光抗体技术可以检测到腐败梭菌。

传染性坏死性肝炎（黑疫）

传染性坏死性肝炎，即"黑疫（black disease）"，是一种急性疾病，可感染绵羊，偶尔感染牛，马和猪很少发生。肝坏死是由B型维诺梭菌的外毒素引起的，细菌在未成熟的肝片吸虫或其他迁移的寄生虫损坏的肝脏组织上生长繁殖。尽管这些细菌被认为是内源性的，但也有可能是细菌或芽胞由迁移性的肝蛭携带到肝脏引起的。这种病引起无症状的快速死亡，应当与急性肝片吸虫病（acute fasciolosis）相区分。"黑疫"由于在尸体解剖时可见皮下组织明显的静脉充血引致皮肤变黑而得名。荧光抗体技术可用来鉴定引起肝损伤的B型维诺梭菌。

杆菌性血红蛋白尿

杆菌性血红蛋白尿主要发生在牛，偶尔也发生在羊，是由溶血梭菌引起的内源性感染。溶血梭菌的芽胞主要在肝脏，有时在枯否细胞（Kupffer），处于休眠状态。在传染性坏死性肝炎，肝蛭（liver fluke）的迁移是引起芽胞萌发和梭菌繁殖的主要因素。该菌繁殖体产生的磷脂酶，即α毒素，除了引致坏死性肝炎，还可引起血管内溶血。血红蛋白尿是这种疾病的主要临床表现，是广泛性红细胞破坏的结果。肝损伤样本的荧光抗体检测可以进行病原学确诊。

■ 诊断程序

- 组织毒性的梭菌引起的特征可以通过荧光抗体技术诊断。
- 产气荚膜梭菌需要在厌氧条件下在血琼脂上37℃培养48小时。
- A型产气荚膜杆菌的菌落直径约5毫米，圆形、扁平、淡灰色，并且周围区域出现双溶血圈（图22.3）。
- 无乳链球菌（*Streptococcus agalactiae*）的CAMP试验结果呈阳性，无乳链球菌释放的一种扩散因子可增强产气荚膜梭菌α毒素的溶血作用，这一过程与金黄色葡萄球菌的β溶血素的溶血作用相似。
- 卵磷脂酶反应，一种平板中和试验，可通过卵磷脂酶活性鉴定产气荚膜梭菌的α毒素（图22.4）。
- 对于许多组织毒性的细菌，PCR技术可用于鉴别组

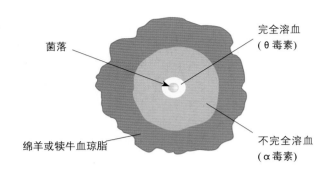

图22.3　血琼脂上产气荚膜梭菌菌落周围产生的双溶血圈

织中的细菌，包括气肿疽梭菌（Kuhnert 等，1997；Uzal 等，2003）和腐败梭菌（Sasaki 等，2001）。

■ 组织毒性梭菌疾病的治疗和控制

· 由于组织毒性梭菌的致病机理相似，因此治疗和控制的程序也相似。

· 虽然治疗通常无效，但发病早期，使用青霉素或广谱抗生素治疗可能有一定的价值。

· 接种辅以佐剂的全菌体和类毒素疫苗是预防这些疾病最有效的方法。对一些养殖场，需要多价联合疫苗来预防多种致病性梭菌。动物应在3月龄接种，3周后加强免疫，建议每年接种1次。

◉ 肠致病性梭菌和引起肠毒血症梭菌

　　能够引起肠毒血症和肠病变的梭菌在肠道内繁殖，分泌的毒素能够产生局部和全身性的反应。这些梭菌的致病菌株可能出现在动物的肠道菌群中，但只在特定的条件下才会致病。

■ 产气荚膜梭菌

　　产气荚膜梭菌的A、B、C、D型菌株对家畜是十分重要的。家畜不恰当的耕作活动、饲料的突然改变和不良环境的影响，容易诱发肠道内梭菌的增殖，这些细菌引致的疾病受到多因素的影响，适当的管理策略才能起到预防作用。

正常生存环境

　　产气荚膜梭菌存在于土壤、动物粪便和肠道中，B、C、D型产气荚膜梭菌的芽胞可以在土壤中生存数月之久。A型产气荚膜梭菌构成肠道正常菌群的一部分，也广泛分布在土壤中。

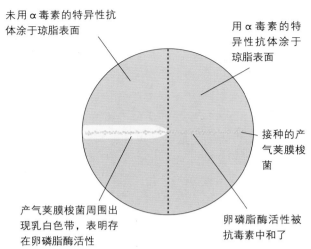

图22.4　产气荚膜梭菌在卵黄琼脂上生长产生的产气荚膜梭菌α毒素反应

α毒素的特异性抗体涂于半个蛋黄琼脂平板表面，自然干燥。在琼脂表面划线接种产气荚膜梭菌，在厌氧环境下37℃培养24小时。尽管产气荚膜梭菌在平板的两个部分都生长，但仅在没有抗毒素的一半琼脂表面看到明显的卵磷脂酶活性。

致病机理和致病性

　　A～E型产气荚膜梭菌能够产生多种有效的、免疫原性不同的外毒素，引起肠毒血症中局部和全身性的反应。产气荚膜梭菌主要产生 α、β、ε、ι四种毒素，每种毒素产生的模式不同，毒素的种类决定了出现的临床症状。这四种毒素的生物学活性和引起的疾病见表22.4。此外也发现了一系列次要毒素，其中一些可以增强细菌的毒力，包括溶血素、胶原酶、产气荚膜梭菌溶血素O、β2毒素和透明质酸酶。除此之外，所有类型的产气荚膜梭菌都能产生一种具有细胞毒性的肠毒素，它在产气荚膜梭菌引致的动物肠道疾病中发挥重要作用。

　　产气荚膜梭菌的不同毒素的相关重要性见表22.4。虽然所有的产气荚膜梭菌都能产生α毒素，且在气性坏疽中发挥主要作用，但由A型产气荚膜梭菌引致的肠道疾病中，α毒素作为一个毒力因子的作用尚不清楚。鸡的坏死性肠炎的研究表明，一个不能产生α毒素的A型突变菌株，在动物模型中仍然保持正常的毒力作用，说明α毒素不是产气荚膜梭菌重要的致病性因子（Keyburn 等，2006）。

　　肠道和饲料的诱发性因素会导致羊体内产气荚膜梭菌的机会性过度生长（贴22.1），持续的高水平的梭菌外毒素通常导致全身性的临床症状。

临床感染

由产气荚膜梭菌A～E型引起的相关疾病见表22.4。A型产气荚膜梭菌主要与人类和家畜的气性坏疽，以及人类的食物中毒相关，也与未断奶的仔猪和育肥猪的坏死性小肠结肠炎、肉鸡的坏死性肠炎、犬的出血性胃肠炎、马的盲肠结肠炎有关系。E型产气荚膜梭菌引起兔的肠炎，偶尔引致牛的出血性肠炎。在羊，B、C、D型产气荚膜梭菌分别引起羊痢疾、羊毒血症、肾髓样病。A型和C型产气荚膜梭菌

表22.4　产气荚膜梭菌的类型及其主要毒素

产气荚膜梭菌	疾病	毒素	
		名称	生物学活性
A型*	鸡坏死性肠炎，猪坏死性小肠结肠炎、胃肠炎	α毒素 NetB毒素	磷脂酶，溶血，使组织坏死，消化卵磷脂作用不明；是引起鸡坏死性肠炎的菌株，重要的毒力因子
B型	羔羊痢疾，犊牛和马驹的出血性肠炎	α毒素 β毒素（重要） ε毒素（以无活性的前体存在，经过水解后才有活性）	磷脂酶，溶血，使组织坏死，消化卵磷脂 致死、使组织坏死 增加肠和毛细血管的通透性，致死
C型	成年羊的羊肠毒血病；山羊和饲育场肉牛的突然死亡；仔猪、犊牛、羔羊和马驹的坏死性肠炎	α毒素 β毒素（重要） 肠毒素	磷脂酶，溶血，使组织坏死，消化卵磷脂 致死，使组织坏死 细胞毒性
D型	绵羊肾髓样病；犊牛、成年山羊、小山羊的肠毒血症	α毒素 ε毒素（重要，以无活性的前体存在，经过水解后才有活性）	磷脂酶，溶血，使组织坏死，消化卵磷脂 增加肠和毛细血管渗透，致死
E型	犊牛的出血性肠炎；兔的小肠炎	α毒素 ι毒素（重要）	磷脂酶，致死，溶血，使组织坏死，消化卵磷脂 使皮肤坏死，致死

*：A型产气荚膜梭菌可能与伤口感染和一些肠道症状有关。

引致新生仔猪的出血性肠炎。在其他动物，产气荚膜梭菌也会引起相关的疾病。

羊痢疾

这是一种由B型产气荚膜梭菌引起的羔羊疾病，在欧洲和南非的部分地区都有报道。在暴发羊痢疾的羊群中，该病的发病率高达30%，死亡率也较高。感染的羔羊在第一周表现为腹胀、疼痛和排血便，许多感染羊没有预兆地死亡，即猝死。这个年龄段的羔羊对该病高度敏感，主要是由于在新生羔羊肠内缺乏其他竞争性微生物，且蛋白水解活性较低（贴22.1）。β毒素极易被胰蛋白酶消化，但当胰酶蛋白水解活性缺乏时，β毒素会保持活性并导致疾病的发生。相反，B型产气荚膜梭菌产生的另一种毒素ε毒素，需要胰蛋白酶的水解作用来激活。据报道，在感染期肠道的主要状况决定了肠道内占主导活性的一种或几种毒素（Uzal和Songer，2008）。尸体解剖发现，小肠存在广泛性的出血性肠炎和溃疡。由毒素引起的毛细血管的通透性增加会导致腹腔和心包积液。

△ 贴22.1　诱发产气荚膜梭菌引起羊肠毒血症的因素
- 新生动物肠道蛋白水解酶活性偏低：
  - 初乳中胰蛋白酶抑制剂的存在
  - 胰液分泌水平低
- 新生动物肠道还没有建立完整的正常菌群
- 老年动物饲料的影响：
  - 突然变成丰富的饲料
  - 暴食能量丰富的食物
  - 过量进食引起的肠道运动不足

肾髓样病

肾髓样病是由D型产气荚膜梭菌引起的全球范围内羊的疾病，羊大量采食谷物和多汁的牧草促使本病的发展，因此该病也被称为"暴食症"（贴22.1）。摄入过量的食物会导致未完全消化的食物从瘤胃进入小肠，未消化的高淀粉含量的食物为梭菌的繁殖提供了适宜的环境。细菌持续性的产生ε毒素，作为一种强亲和力毒素，需要蛋白水解酶的激活，才能导致毒血症，并引起临床症状。

3～10周龄的羔羊经常会被感染，病程短暂，且常引起羊死亡。临床症状包括反应迟钝、角弓反张、抽搐和昏迷。在亚急性感染中，常表现为中枢神经

系统症状，如失明和头部紧张，后期可能会表现为胃气胀，常伴有高血糖症和糖尿症。感染后存活下来的成年羊，可能出现腹泻和摇晃。

在急性疾病中，解剖报告显示在肠道有分散的充血，在心包有积液。肾脏快速自溶导致肾脏皮质层软化是该病剖检的典型症状。脉管系统中的ε毒素引起亚急性的局部对称性脑软化，表现为特征性的对称的基底神经节和中脑出血性损伤。

羊感染C型产气荚膜梭菌

C型产气荚膜梭菌感染成年羊，引致羊的急性肠毒血症，这种病广泛发生在一些特定的地理区域，如英格兰的罗姆尼沼泽区。牧场羊群发病的特征性症状为猝死，部分动物表现为四肢末端抽搐。β毒素在致病机理中起关键作用。解剖结果发现空肠溃疡、小肠斑驳状充血、腹腔积液、腹膜血管充血和瘀血。

仔猪出血性肠炎

C型产气荚膜梭菌引起的新生仔猪的急性肠毒血症广泛发生在世界各地。通常，感染仔猪的死亡率高达80%。感染有时可能是由于接触了母猪的粪，恶劣的饲养环境可能是一个诱发该病暴发的因素。

这种疾病的临床病程短暂，发病24小时内便可导致死亡。最近的免疫组化研究表明，在疾病的早期，β毒素与血管内皮细胞结合，这可能会促使血管的坏死，导致可见的病理损伤（Miclard 等，2009）。2周龄的仔猪偶然感染后会发展为慢性疾病，临床症状包括反应迟钝、厌食，最后引起便血和肛周充血。剖检会发现肠道黏膜坏死和肠内容物带血，病变通常发生在小肠末端、盲肠和结肠，剖检还可观察到胸膜腔和腹膜腔内积有大量血清血液样的液体。A型产气荚膜梭菌引起的出血性肠炎，在未断奶仔猪和生长状态良好的猪上症状较轻。

鸡坏死性肠炎

鸡坏死性肠炎主要是由A型产气荚膜梭菌引起，部分由C型菌株引起，该疾病主要侵害12周龄以上的肉鸡。它是一种急性肠毒血症，特点是突发性和高死亡率。剖检时在小肠黏膜上发现融合性坏死区。饲料的改变、肠道蠕动不足和由球虫和其他肠道病原微生物引起的肠道损伤可诱发该病。禽类坏死性肠炎并发艾美球虫感染，引起的死亡率比单独坏死

性肠炎的死亡率高25%（Drew 等，2004）。近几年，在一些地区尤其是欧盟，由于禁止使用抗生素生长促进剂，坏死性肠炎对家禽业影响越来越大。例如，在法国，该病的发病率从1995年的4%上升到1999年的12%（Casewell 等，2003）。一个新发现的毒素NetB，被认为是坏死性肠炎菌株的一个重要的毒力因子，而α毒素的重要性较低，尽管后者能够诱导机体的保护性免疫反应（van Immerseel 等，2009）。

B、C、D型产气荚膜梭菌对其他家畜的感染

B型产气荚膜梭菌引起驹、犊牛和成年山羊的肠毒血症已经有相关报道。在这些动物中，剖检常见的疾病症状是快速致命性的出血性肠炎。

C型产气荚膜梭菌与饲养场内牛的一种疾病相关，这种疾病与成年羊的"羊肠毒血病"相似。C型产气荚膜梭菌可引起犊牛、羔羊和驹急性肠毒血症，且并发出血性肠炎，病症与仔猪的感染非常相似。

D型产气荚膜梭菌引起幼年及成年山羊的肠毒血症均有报道。这种急性病的临床症状及病理特征与羔羊的髓样肾病症状类似。虽然山羊这种疾病的亚急性型已经有相关报道，但山羊的局部对称性脑软化的症状还未见报道。

诊断程序

- 在曾经有梭菌性肠毒血症疫情记录的区域，农场中未免疫动物的突然死亡，提示可能与B、C、D型产气荚膜梭菌感染有关。
- 刚死亡的动物迅速进行剖检是有价值的。局灶性对称性脑软化的出现与D型产气荚膜梭菌有关（Buxton 等，1978）。
- 将刚死亡动物的小肠黏膜或内容物直接涂片检查，如涂片中含有大量的革兰阳性杆菌，符合梭菌性肠毒血症的特征。
- 从刚死亡的动物体分离获得大量的B型或C型产气荚膜梭菌，尤其是纯培养，可以辅助疾病的诊断。PCR基因分型技术对产气荚膜梭菌分离株的分型，可以替代体内毒素中和试验。
- 在髓样肾病中会持续性出现糖尿。
- 接种小鼠或豚鼠进行毒素中和试验，可以确定刚死亡动物肠道内存在的荚膜梭菌毒素。由于一些毒素（尤其是β毒素）的不稳定性，没有证明有毒素存在的，也不能排除产气荚膜梭菌的肠毒血症。回肠内容物离

心后的上清液通常用来进行检测，B、C、D型产气荚膜梭菌的特异性抗毒素分别加入上清液中，获得三份混合液。将盐加入上清液中，作为毒素存在的阳性对照。混合物在室温下放置1小时，以促进毒素的中和，然后将混合物静脉注射小鼠或者皮下注射豚鼠。通常是小鼠注射0.3毫升的混合物，而豚鼠注射0.2毫升。在小鼠和豚鼠中观察交叉中和模式，从而可以确定引起肠毒血症的特定的产气荚膜梭菌的型。

- ELISA试验可用来替代体内分析法检测肠内容物中的毒素（Songer，1997）。检测产气荚膜梭菌毒素的ELISA法的敏感性和特异性接近小鼠和豚鼠的接种方法。事实上ELISA方法的敏感性高于体内接种方法，当没有其他诊断指标时，这可能会导致误诊，之所以会产生误诊，是因为ELISA可以检测到正常动物肠内容物中低水平的毒素（Uzal 和 Songer，2008）。

治疗和控制

- 在某些情况下，如果可以获得，使用高免血清是有价值的，因为对于某些急性病例，抗生素的治疗是无效的。
- 疫苗接种是主要的控制方法。母羊在产羔前6周应接种类毒素，可保护羊羔至8周龄。母羊在第一次接种疫苗时，应该间隔1个月接种两个剂量的疫苗。建议每年要接种疫苗。
- 为了预防羊肾髓样病，羔羊应该在2月龄前接种类毒素，1个月后加强免疫1次。
- 应该避免突然改变饲料和其他能够诱发肠毒血症发生的因素（贴22.1）。

■ 艰难梭菌

据报道，感染了艰难梭菌的犬表现为慢性腹泻（Berry 和 Levett，1986）、新生驹表现为出血性小肠结肠炎（Jones 等，1988）。如果没有进行抗菌治疗，小马驹就会发病（Jones 等，1987），但在其他动物和人，疾病发生与抗菌治疗有关。利用抗菌药物治疗会抑制肠道内的正常菌群，促使梭菌以芽胞的形式存在。艰难梭菌芽胞的萌发和细菌的增殖产生了外毒素，从而引起腹泻。最近新出现的人医院内感染的流行菌株，核酸型为027，可严重影响人类的健康，该菌株在马也有报道（Songer 等，2009）。在美国，艰难梭菌为引起新生仔猪腹泻的重要病原。这种病原能产生两种外毒素，A和B，这两种外毒素都属于巨大梭菌细胞毒素家族。毒素A是一种肠毒素，而毒素B是一种强有力的细胞毒素。它们两者均可通过灭活低分子量三磷酸鸟苷结合分子，导致细胞骨架的破坏。在正常动物的粪中可以检测到艰难梭菌及其毒素，它的致病机理仍然不很清楚。然而，新近研究表明，腹泻的马粪中检测到毒素和/或艰难梭菌比那些没有检测到梭菌的症状更严重（Ruby 等，2009）。诊断是基于ELISA或者细胞毒性试验来确定粪中毒素的存在。有用于检测人样本的商业化ELISA试剂盒，但试剂盒是否适宜检测动物样本尚未彻底评估。检测犬样本的ELISA的灵敏度不令人满意（Chouicha 和 Marks，2006）。预防艰难梭菌引起的腹泻主要采用良好的抗菌治疗、缓解应激和彻底清洁、消毒（Baverud，2004）。

■ 鹑梭菌

这种梭菌能够引起鹌鹑、鸡、火鸡、雉鸡和松鸡的肠炎。鹑梭菌通过具有临床症状和阴性带菌的鸟类排泄到粪便中。敏感鹌鹑的死亡率可能接近100%，但鸡死亡率不到10%。有时候，解剖时发现肠道溃疡和肝坏死。

可在饮用水或饲料中添加抗生素进行治疗。及时清理受污染的垃圾也是防控程序的一部分。

■ 螺状梭菌

螺状梭菌，具有非典型的卷曲形态的梭菌，与自发感染和使用抗生素引起的兔的肠炎密切相关。肠毒血症的症状在48小时内就可能致命。诱发因素包括口服抗生素和低纤维饲料。抗生素的滥用对兔肠道菌群有不利影响，因为兔的肠道中主要是革兰阳性细菌。由螺状梭菌产生的A毒素，可被E型产气荚膜梭菌的 ι 毒素的抗毒素中和，因为它的结构类似于这种毒素（Borriello 和 Carman，1983）。这是一个具有细胞溶解活性的二元毒素，由sas和sbs基因编码。PCR检测梭菌和编码毒素的基因的方法已有报道（Drigo 等，2008）。

■ 毛状梭菌

这种能形成芽胞、丝状、革兰染色多变的胞内病原菌是梭菌中的非典型成员。还不能在人工培养基上培养，只能在组织培养和受精卵上培养。尽管最初命名为毛状杆菌，但DNA测序证明它属于梭菌属（Duncan 等，1993）。感染动物是该病原的来源。

　　感染毛状梭菌，即为泰泽病（Tyzzer's disease），导致严重的肝坏死。最初是在小鼠和其他实验动物中发现的（Sparrow 和 Naylor，1978）。据报道，这种疾病零星发生在驹，很少发生在犊牛、犬和猫。应激或免疫抑制容易引起毛状梭菌的感染。

　　通常6周龄以下的驹易感，而且感染后多数昏迷或死亡。通过口腔感染，潜伏期高达7天。临床症状包括沉郁、厌食、发热、黄疸和腹泻。肝肿大和广泛的坏死是剖检可见的主要症状。诊断是通过Warthin-Starry银浸染技术对肝细胞内的细菌进行组织学检测。PCR技术检测细菌已经有报道（Borchers 等，2006）。由于疾病的急性特征，该病还没有特异性的治疗方法。

◉ 参考文献

Akbulut, D., Grant, K.A. and McLauchlin, J. (2005). Improvement in laboratory diagnosis of wound botulism and tetanus among injecting illicit-drug users by use of real-time PCR assays for neurotoxin gene fragments. Journal of Clinical Microbiology, 43, 4342–4348.

AOAC International. (2001). AOAC Official Method 977.26 (Sec. 17.7.01) *Clostridium botulinum* and its toxins in foods. Official Methods of Analysis, 17th Edition. AOAC International, Gaithersburg, MD.

Båverud, V. (2004). *Clostridium difficile* diarrhea: infection control in horses. Veterinary Clinics of North America,Equine Practice, 20, 615–630.

Berry, A.P. and Levett, P.N. (1986). Chronic diarrhoea in dogs associated with *Clostridium difficile* infection. Veterinary Record, 118, 102–103.

Borchers, A., Magdesian, K.G., Halland, S., Pusterla, N. and Wilson, W. D. (2006). Successful treatment and polymerase chain reaction (PCR) confirmation of Tyzzer's disease in a foal and clinical and pathologic characteristics of six additional foals (1986—2005). Journal of Veterinary Internal Medicine, 20, 1212–1218.

Borriello, S.P. and Carman, R.J. (1983). Association of an iota-like toxin and *Clostridium spiroforme* with both spontaneous and antibiotic-associated diarrhoea and colitis in rabbits. Journal of Clinical Microbiology, 17, 414–418.

Buxton, D., Linklater, K.A. and Dyson, D.A. (1978). Pulpy kidney disease and its diagnosis by histological examination. Veterinary Record, 102, 241.

Cai, S.W. and Singh, B.R. (2007). Botulism diagnostics: from clinical symptoms to in vitro assays. Critical Reviews in Microbiology, 33, 109–125.

Campbell, J. I., Lam Thi Minh Yen, Huynh Thi Loan, et al. (2009). Microbiologic characterization and antimicrobial susceptibility of *Clostridium tetani* isolated from wounds of patients with clinically diagnosed tetanus. American Journal of Tropical Medicine and Hygiene, 80, 827–831.

Casewell, M., Friis, C., Marco, E., McMullin, P. and Phillips, I. (2003). The European ban on growth-promoting antibiotics and emerging consequences for human and animal health. Journal of Antimicrobial Chemotherapy, 52, 159–161.

Chouicha, N. and Marks, S. L. (2006). Evaluation of five enzyme immunoassays compared with the cytotoxicity assay for diagnosis of *Clostridium difficile*-associated diarrhea in dogs. Journal of Veterinary Diagnostic Investigation, 18, 182–188.

Drew, M.D., Syed, N.A., Goldade, B.G., Laarveld, B. and van Kessel, A.G. (2004). Effects of dietary protein source and level on intestinal populations of *Clostridium perfringens* in broiler chickens. Poultry Science, 83, 414–420.

Drigo, I., Bacchin, C., Cocchi, M., Bano, L. and Agnoletti, F. (2008). Development of PCR protocols for specific identification of *Clostridium spiroforme* and detection of sas and sbs genes. Veterinary Microbiology, 131, 414–418.

Duncan, A.J., Carman, R.J., Olsen, G.J. and Wilson, K.H. (1993). The agent of Tyzzer's disease is a *Clostridium* species. Clinical Infectious Diseases, 16 (Suppl. 4), 422.

Farrow, B.R.H., Murrell, W.G., Revington, M.L., Stewart, B.J. and Zuber, R.M. (1983). Type C botulism in young dogs. Australian Veterinary Journal, 60, 374–377.

Hariharan, H. and Mitchell, W.R. (1977). Type C botulism: the agent, host spectrum and environment. Veterinary Bulletin, 47, 95–103.

Hogg, R., Livesey, C. and Payne, J. (2008). Diagnosis and implications of botulism. In Practice, 30, 392–397.

Hyytiä, E., Hielm, S., Björkroth, J. and Korkeala, H. (1999). Biodiversity of *Clostridium botulinum* type E strains isolated from fish and fishery products. Applied and Environmental Microbiology, 65, 2057–2064.

Jones, R.L, Adney, W.S. and Shideler, R.K. (1987). Isolation of Clostridium difficile and detection of cytotoxin in the feces of diarrheic foals in the absence of antimicrobial treatment. Journal of Clinical Microbiology, 25, 1225–1227.

Jones, R.L., Adney, W.S., Alexander, A.F., Shideler, R.K. and Traub-Dargatz, J.L. (1988). Haemorrhagic necrotizing enterocolitis associated with *Clostridium difficile* infection in four foals. Journal of the American Veterinary Medical Association, 193, 76–79.

Keyburn, A.L., Sheedy, S.A., Ford, M.E., et al. (2006). Alphatoxin of *Clostridium perfringens* is not an essential virulence factor in necrotic enteritis in chickens. Infection and Immunity, 74, 6496–6500.

Kuhnert, P., Krampe, M., Capaul, S.E., Frey, J. and Nicolet, J. (1997). Identification of *Clostridium chauvoei* in cultures and clinical material from blackleg using PCR. Veterinary Microbiology, 51, 291–298.

Macdonald, T.E., Helma, C.H., Ticknor, L.O., et al. (2008). Differentiation of *Clostridium botulinum* serotype A strains by multiple -locus variable-number tandem-repeat analysis. Applied and Environmental Microbiology, 74, 875–882.

McCarthy, H.E., French, N.P., Edwards, G.B., et al. (2004a). Equine grass sickness is associated with low antibody levels to *Clostridium botulinum*: a matched case-control study. Equine Veterinary Journal, 36, 123–129.

McCarthy, H.E., French, N.P., Edwards, G.B., et al. (2004b). Why are certain premises at increased risk of equine grass sickness? A matched case-control study. Equine Veterinary Journal, 36, 130–134.

McLoughlin, M.F., McIlray, S.G. and Neill, S.D. (1988). A major outbreak of botulism in cattle being fed ensiled poultry litter. Veterinary Record, 122, 579–581.

Miclard, J., Jäggi, M., Sutter, E., Wyder, M., Grabscheid, B. and Posthaus, H. (2009). *Clostridium perfringens* beta-toxin targets endothelial cells in necrotizing enteritis in piglets. Veterinary Microbiology, 137, 320–325.

Quinn, P.J. and Crinion, R.A.P. (1984). A two year study of botulism in gulls in the vicinity of Dublin Bay. Irish Veterinary Journal, 38, 214–219.

Ruby, R., Magdesian, K.G. and Kass, P.H. (2009). Comparison of clinical, microbiologic, and clinicopathologic findings in horses positive and negative for *Clostridium difficile* infection. Journal of the American Veterinary Medical Association, 234, 777–784.

Sanford, J.P. (1995). Tetanus--forgotten but not gone. New England Journal of Medicine, 332, 812–813.

Sasaki,Y., Yamamoto, K. and Amimoto, K., et al. (2001). Amplification of the 16S–23S rDNA spacer region for rapid detection of *Clostridium chauvoei* and *Clostridium septicum* Research in Veterinary Science, 71, 227–229.

Sasaki, Y., Kojima, A., Aoki, H., Ogikubo, Y., Takikawa, N. and Tamura, Y. (2002). Phylogenetic analysis and PCR detection of *Clostridium chauvoei*, *Clostridium haemolyticum*, *Clostridium novyi* types A and B, and *Clostridium septicum* based on the flagellin gene. Veterinary Microbiology, 86, 257–267.

Songer, J.G. (1997). Clostridial diseases of animals. In *The Clostridia : Molecular Biology and Pathogenesis*. Eds J. Rood, B.A. McClane, J.G. Songer and R.W. Titball. Academic Press, San Diego. pp. 153–182.

Songer, J.G., Trinh, H.T., Dial, S.M., Brazier, J.S. and Glock, R.D. (2009). Equine colitis X associated with infection by *Clostridium difficile* NAP1/027. Journal of Veterinary Diagnostic Investigation, 21, 377–380.

Sparrow, S. and Naylor, P. (1978). Naturally occurring Tyzzer's disease in guinea pigs. Veterinary Record, 102, 288.

Swerczek, T.W. (1980). Toxicoinfectious botulism in foals and adult horses. Journal of the American Veterinary Medical Association, 176, 217–220.

Uzal, F.A. and Songer, J.G. (2008). Diagnosis of *Clostridium perfringens* intestinal infections in sheep and goats. Journal of Veterinary Diagnostic Investigation, 20, 253–265.

Uzal, F.A., Hugenholtz, P., Blackall, L.L., et al. (2003). PCR detection of *Clostridium chauvoei* in pure cultures and in formalin-fixed, paraffin-embedded tissues. Veterinary Microbiology, 91, 239–248.

van Immerseel, F., Rood, J. I., Moore, R. J. and Titball, R. W. (2009). Rethinking our understanding of the pathogenesis of necrotic enteritis in chickens. Trends in Microbiology, 17, 32–36.

◉ 进一步阅读材料

Bagadi, H.O. (1974). Infectious necrotic hepatitis (black disease) of sheep. Veterinary Bulletin, 44, 385–388.

Gay, C.C., Lording, P.M., McNeil, P. and Richards, W.P.C. (1980). Infectious necrotic hepatitis (black disease) in a horse. Equine Veterinary Journal, 12, 26–27.

Jones, T. (1996). Botulism. In Practice, 18, 312–313.

Lee, E.A. and Jones, B.R. (1996). Localized tetanus in two cats after ovario -hysterectomy. New Zealand Veterinary Journal, 44, 105–108.

Lewis, C.J. and Naylor, R. (1996). Sudden death in lambs associated with *Clostridium sordellii* infection. Veterinary Record, 138, 262.

Linnenbrink, T. and McMichael, M. (2006). Tetanus: pathophysiology, clinical signs, diagnosis, and update on new treatment modalities. Journal of Veterinary Emergency and Critical Care, 16, 199–207.

Louie, T.J., Miller, M.A., Mullane, K.M., et al. (2011). Fidaxomicin versus vancomycin for *Clostridium difficile* infection. New England Journal of Medicine, 364, 422–431.

Pearce, O. (1994). Treatment of equine tetanus. In Practice, 16, 322–325.

Popoff, M.R. (1984). Bacteriological examination in enterotoxaemia of sheep and lambs. Veterinary Record, 114, 324.

Reichmann, P., Lisboa, J.A.N. and Araujo, R. G. (2008). Tetanus in Equids: A review of 76 cases. Journal of Equine Veterinary Science, 28, 518–523.

Rood, J.I., McClane, B.A., Songer, J.G. and Titball, R.W. (1997). The *Clostridia*: Molecular Biology and Pathogenesis. Academic Press, San Diego.

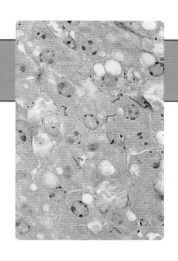

第23章

分枝杆菌

分枝杆菌（*Mycobacterium*）是需氧、不形成芽胞、不能游动、呈杆状的抗酸菌。其大小依种类而变。牛分枝杆菌（*Mycobacterium bovis*）和禽分枝杆菌禽亚种（*M. avium* subsp. *avium*）较为细长，长达4微米，而禽分枝杆菌副结核亚种（*M. avium* subsp. *paratuberculosis*）相对较粗，通常小于2微米。

尽管分枝杆菌呈革兰阳性，但其细胞壁中含有较多的脂质和分枝杆菌酸（mycolic acid），能阻止革兰染色中染料的吸收。通常，分枝杆菌用抗酸染色观察。抗酸染色又称为奇-尼染色（Ziehl-Neelsen，ZN）或ZN染色，其改良方法称为MZN染色。分枝杆菌细胞壁中的脂质能够结合石炭酸品红（carbol fuchsin），且结合的石炭酸品红不会被酸和乙醇脱色。分枝杆菌通过这种方法被染成红色，称为抗酸染色阳性。

分枝杆菌种类繁多，包括环境腐生菌、机会致病菌及致病菌等。

虽然一些致病性分枝杆菌表现出特定的宿主偏嗜性，但偶尔也会感染其他物种。家畜分枝杆菌疾病通常呈慢性、渐进性过程（表23.1）。结核分枝杆菌复合群的各成员之间有着密切的关系，并在许多哺乳动物宿主中引起类似的病理变化（表23.1）。

◉ 常见的生存环境

富含脂质的细胞壁可使分枝杆菌具有疏水性并能抵抗不良环境的影响。环境中的分枝杆菌可存在于植被、水和土壤中。感染动物排出的致病的分枝杆菌也可以在环境中存活较长时间（Morris等，1994）。

△ 要点

- 抗酸染色阳性的杆菌
- 细胞壁含有丰富的脂质和分枝杆菌酸
- 致病的分枝杆菌的生长需要复杂的富含鸡蛋的培养基
- 需氧、不能游动、不形成芽胞
- 包括专性致病菌、机会致病菌和环境腐生菌
- 致病的分枝杆菌生长缓慢，生长数个星期后才可见菌落
- 一些分枝杆菌产生类胡萝卜素
- 对化学消毒剂和不利的环境因素具有耐受性，但对热处理（如巴氏消毒）敏感
- 在细胞内繁殖，引起慢性、肉芽肿性感染
- 主要导致的疾病包括结核病、副结核病（Johne病）和猫麻风病

◉ 致病性分枝杆菌的鉴别

抗酸染色法可以区分结核分枝杆菌和其他细菌。不同的分枝杆菌的区别鉴定依赖于培养特性、生化试验、动物接种和色谱分析。此外，分子生物学技术也越来越多地用于鉴定菌株。分枝杆菌相关的机会性感染可以通过细菌产生的色素、最适培养温度和生长速率加以鉴别（表23.2）。

- 在操作含有分枝杆菌的材料时，必须采取一些安全预防措施，包括生物安全柜的使用。
- 致病性分枝杆菌生长缓慢，在固体培养基上，培养3~6周才可见菌落。与此相反，快速生长的腐生的分枝杆菌的菌落生长数日后便可见菌落。商品化的致病性分枝杆菌液体培养系统，如BACTEC™（Becton Dickinson公司，美国），缩短了分枝杆菌的分离培养时间，培养时间为10~20天。

表23.1 能够引起动物和人类发病的分枝杆菌

分枝杆菌	主要宿主	偶尔感染的物种	疾病
结核分枝杆菌复合群（*M. tuberculosis* complex）			
结核分枝杆菌（*M. tuberculosis*）	人，圈养的灵长类动物	犬，牛，鹦鹉，金丝雀	肺结核（世界各地）
牛分枝杆菌（*M. bovis*）	牛	鹿，獾，负鼠，人，猫，其他哺乳动物	肺结核
非洲分枝杆菌（*M. africanum*）	人		肺结核（主要在非洲西部）
坎纳分枝杆菌（*M. canettii*）	人		肺结核（主要在非洲东部）
田鼠分枝杆菌（*M. microti*）	田鼠	偶尔感染其他哺乳动物	肺结核
山羊分枝杆菌（*M. caprae*）	山羊	牛	肺结核
海豹分枝杆菌（*M. pinnipedii*）	海豹，海狮	偶尔感染其他哺乳动物，包括人类	肺结核
禽分枝杆菌复合群[a]（*M. avium* complex）	大部分禽类，鹦鹉除外	猪，牛	肺结核
海分枝杆菌（*M. marinum*）	鱼	人，水栖哺乳动物，两栖动物	肺结核
溃疡分枝杆菌（*M. ulcerans*）	人	树袋熊，负鼠	布路里溃疡
麻风分枝杆菌（*M. leprae*）	人	犰狳，黑猩猩	麻风病
鼠麻风分枝杆菌（*M. lepraemurium*）	鼠，老鼠	猫	鼠麻风病，猫麻风病
禽分枝杆菌副结核亚种（*M. avium* subsp. *paratuberculosis*）	牛，绵羊，山羊，鹿	其他反刍动物	副结核病
非特异性抗酸菌[a]	牛		与皮肤结核相关的疾病
塞内加尔分枝杆菌（*M. senegalense*），产鼻疽分枝杆菌（*M. farcinogenes*）	牛		涉及牛皮疽的疾病

a：被分枝杆菌感染的牛通常对结核菌素敏感。

- 牛分枝杆菌、结核分枝杆菌和禽分枝杆菌副结核亚种最适培养温度为37℃。属于禽分枝杆菌复合群的分枝杆菌生长温度范围为37~43℃。
- 培养特征：
  - 可通过含有鸡蛋的培养基上的菌落形态，区分致病性分枝杆菌。
  - 可利用甘油和丙酮酸钠对细菌生长速率的影响，区分致病性分枝杆菌。
  - 禽分枝杆菌副结核亚种的培养需要补充分枝菌素。分枝菌素可从实验室保存的、非分枝菌素依赖的禽分枝杆菌副结核亚种的优质菌株中提取。
- 根据特异性的检测方法，进行生化鉴定，有助于鉴别结核分枝杆菌、牛分枝杆菌和禽分枝杆菌。由于一些分枝杆菌分离株的生化特性难以解释，以至于这些分离株无法归为某一特定的种（Gunn-Moore 等，1996）。
- 过去曾使用接种豚鼠和家兔试验，区分一些分枝杆菌。豚鼠对结核分枝杆菌和牛分枝杆菌高度易感，兔对牛分枝杆菌和禽分枝杆菌高度易感。
- 一些专门的实验室对分枝杆菌的脂质成分进行色谱分析。
- 机会致病性分枝杆菌在色素产生和光反应方面的特性：
  - 不产生色素的细菌的菌落缺乏橙色的、类胡萝卜素的色素。
  - 感光产色素菌（photochromogen）在黑暗条件下培养时，产生无色素的菌落，在光照下继续培养一段时间后，产生色素。

表23.2 致病性分枝杆菌的临床特征、生长特点、生化鉴别要点

	结核分枝杆菌	牛分枝杆菌	禽分枝杆菌复合群	禽分枝杆菌副结核亚种
感染的意义	感染人，偶尔感染犬	感染牛，偶尔感染其他圈养动物和人	感染自由放养的家禽，对人和圈养动物为机会性感染	感染牛和其他反刍动物
培养特点和生长需求				
生长率	慢（3~8周）	慢（3~8周）	慢（2~6周）	非常慢（达16周）
最佳生长温度（范围）	37℃	37℃	37~43℃	37℃
气体要求	需氧	需氧	需氧	需氧
菌落特点	光滑，浅黄色，不容易被破坏	奶油色，中心突出光滑，容易被破坏	黏性，灰白色，容易被破坏	小，半球状，有颜色
生长必须补充物	无	无	无	分枝菌素
添加甘油的效果	促生长	抑制生长	促生长	
添加丙酮酸盐的效果	无影响	促进生长	无影响	
生化鉴定				
烟酸积累	+	−	−	
吡嗪酰胺酶产物	+	−	+	
硝酸盐还原作用	+	−	−	
对TCH的敏感性（10微克/毫升）[a]	抗性	敏感	抗性	

a：TCH，噻吩-2-羧酸肼。

— 暗产色素菌（scotochromogen）在黑暗或光照的培养条件下都能产生色素。
- 分子技术：
  — 目前已有商品化的与结核分枝杆菌复合群、禽分枝杆菌复合群和堪萨斯分枝杆菌（*M. kansasii*）rRNA 种属特异性序列互补的DNA探针。
  — 包括聚合酶链式反应在内的核酸扩增方法，逐渐成为检测组织样本中结核分枝杆菌的敏感和快速的方法（Aranaz等，1996）。虽然有很多商品化和内部的检测方法，但许多检测方法的可靠性还有待证实，并且需要进一步研究（Anon，2008）。
  — DNA分型方法用于流行病学研究（Collins等，1994）。间隔区寡聚核苷酸分型技术（spoligotyping），即鉴别染色体直接重复区域中的间隔单元的基因多态性，是研究牛分枝杆菌最常用的方法。该方法与可变数目串联重复序列（VNTR）分型方法一起被

认为是目前最令人满意的对牛分枝杆菌菌株进行流行病学调查的方法（Hewinson等，2006）。禽分枝杆菌副结核亚种菌株通常采用限制性片段长度多态性（RFLP）分析进行分型。

◉ 临床感染

由致病性分枝杆菌引起的疾病见表23.1。致病性分枝杆菌表现出比较高的宿主特异性，尽管它们偶尔也会引起其他宿主零星发病。

由分枝杆菌引起的动物疾病包括禽类和哺乳动物肺结核、反刍动物的副结核，以及猫麻风病。另外，皮肤结核和牛皮疽也与抗酸菌引起的损伤有关。在牛的皮肤结核中，结节性病灶沿着四肢的淋巴管分布。这些病灶中还有非特异的抗酸杆菌存在。塞内加尔分枝杆菌（*Mycobacterium senegalense*）和产鼻疽分枝杆

菌（*M. farcinogenes*）已从牛皮疽的病灶中分离到，但这两者是否是引起该病的病原还不确定。

在有腐生分枝杆菌存在的环境中，家畜偶尔会机会性感染这些分枝杆菌，引起肉芽肿性病变。这些腐生分枝杆菌可通过色素产生和生长速率的不同进行分组（贴23.1），禽分枝杆菌复合群一些成员也被列为机会性分枝杆菌（因为它们偶尔引起哺乳动物的感染）。

△ **贴23.1　源自环境中偶尔导致机会性感染的分枝杆菌（Runyon，1959）**

- 感光产色素菌（photochromogens）
  - 堪萨斯分枝杆菌（*M. kansasii*）
  - 海分枝杆菌（*M. marinum*）
- 暗产色菌（scotochromogens）
  - 瘰疬分枝杆菌（*M. scrofulaceum*）
- 无色原菌（non-chromogens）
  - 禽分枝杆菌复合群
  - 日内瓦分枝杆菌（*M. genavense*）
- 快速生长菌（rapid growers）
  - 龟分枝杆菌（*M. chelonae*）群
  - 偶发分枝杆菌（*M. fortuitum*）群
  - 草分枝杆菌（*M. phlei*）
  - 耻垢分枝杆菌（*M. Smegmatis*）

■ 牛结核病

由牛分枝杆菌引起的牛结核病，在世界各地均有发生。由于该病为人畜共患病，且其慢性渐进的特性导致巨大的经济损失，许多国家已经出台了该病的根除计划。野生动物中存在携带牛分枝杆菌的储存宿主，使该病的根除难以实现。当根除计划成功时，禽分枝杆菌复合群的一些成员和一些腐生分枝杆菌引起牛的感染会偶尔发生。在对牛结核病实施根除计划的国家，人感染牛分枝杆菌的发病率已经降低到很低的水平。此外，牛奶的巴氏消毒使人们不再暴露于受牛分枝杆菌污染的奶制品。偶尔，牛通过接触感染结核分枝杆菌的人后，交叉感染结核分枝杆菌。

流行病学

尽管牛分枝杆菌可在环境中生存数月，但其主要通过感染牛产生的气溶胶传播。已有研究证实，牛通过气溶胶感染只需要不超过10个病原体，而经口途径感染则需要1 000万个病原体。奶牛感染牛分枝杆菌的风险较高。这是因为在挤奶及冬季圈养时，奶牛有较多相互密切接触的机会。犊牛可以通过摄入被污染的牛奶发生感染，而摄入感染可能是该病传播给猪和猫的途径。牛分枝杆菌野生动物储存宿主是一些国家的放牧牛发生感染的主要来源。这些野生宿主主要包括欧洲的獾、新西兰的刷尾负鼠、非洲的岬水牛（the Cape buffalo）和其他反刍动物。野生或饲养的鹿都特别易感，并可能作为感染牛的储存宿主。野生动物作为储存宿主导致感染发生的相对重要性取决于若干因素，包括该动物是否是这个病原的维持宿主或偶尔感染的宿主、这种动物感染后的排菌量，以及与牛群的接触程度等。在Corner（2006）看来，澳大利亚野猪就是牛分枝杆菌的一个偶尔感染的宿主。如果它们不与感染的牛接触，那么它们就不能维持这个细菌的感染。野猪经口途径感染，出现含有很少牛结核杆菌的小病灶，因而被视为牛群低风险的感染源。相比之下，獾则是牛分枝杆菌的维持宿主，病变主要发生在獾的肺部，并导致感染性气溶胶的产生。此外，在獾患病晚期，其与牛群的接触有所增加，因为此时的獾在白天会表现出接近放牧牛群的异常行为。

致病机理及致病性

牛分枝杆菌的毒力涉及它在宿主巨噬细胞的生存和复制的能力（图23.1）。该菌特异性的毒素尚未发现，其毒力是许多致病因素协同作用的结果。这种分枝杆菌通过呼吸道进入宿主体内后，被巨噬细胞和树突细胞吞噬。分枝杆菌被树突细胞吞噬后，被带到附近的淋巴结。宿主对这种细菌感染的初始反应是非特异性的，是由分枝杆菌细胞壁中的蜡质和脂质引发的。该菌干扰吞噬体-溶酶体融合作用，使其在巨噬细胞的吞噬体中存活下来，这可能是通过延缓吞噬体成熟，以及使溶酶体消化失败实现的。死亡的巨噬细胞释放出的细菌被周围活的吞噬细胞所吞噬。吞噬了分枝杆菌的巨噬细胞的迁移可以引起这种感染在体内的扩散。

分枝杆菌细胞壁的复杂的脂质和蜡质成分，不仅构成细菌的毒力，同时与牛分枝杆菌蛋白一起，引致宿主的免疫反应和损伤的发展。巨噬细胞在激活之前，细胞内分枝杆菌可以存活和繁殖。感染的巨噬细胞积

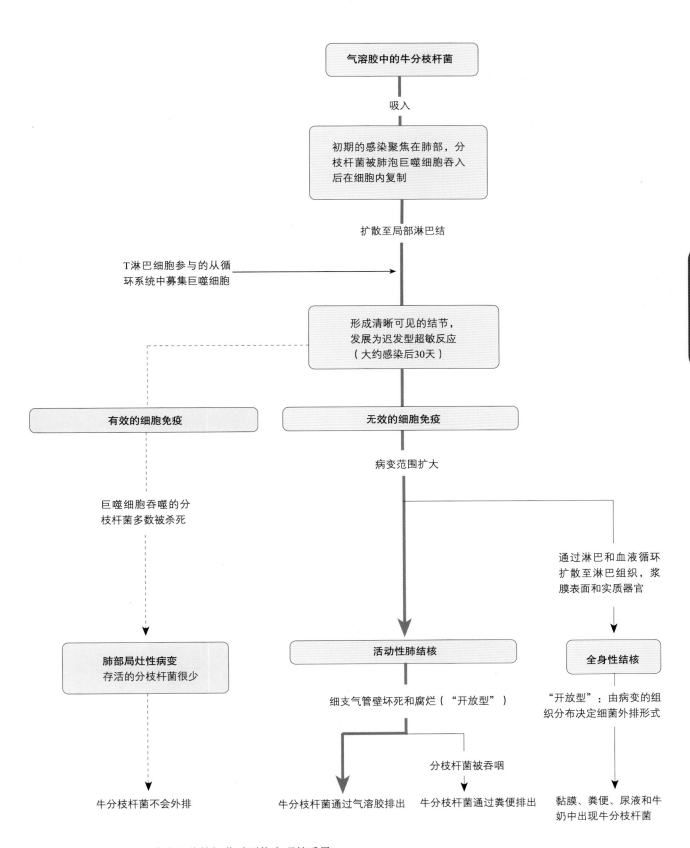

图23.1　牛通过气溶胶感染牛分枝杆菌后可能出现的后果

聚在肺泡感染的初始部位，并分泌多种细胞因子，这些细胞因子能够募集淋巴细胞移行到肺部，从而有助于肉芽肿的形成并限制细菌的扩散。细胞因子TNF-α和IFN-γ在抵抗分枝杆菌的过程中至关重要，并且它们是通过刺激先天性免疫和获得性免疫反应产生的。这些细胞因子能激活感染的巨噬细胞，并且能增强它们消灭所吞噬的分枝杆菌的能力。由于活化的树突细胞无法消灭已吞噬的分枝杆菌，但能抑制它们的繁殖，因而这些细胞可能作为分枝杆菌的储存库，在淋巴结中更是如此（Hope 和 Villarreal-Ramos，2008）。

随着感染后数个星期的细胞免疫反应，在细胞因子的影响下，提高了巨噬细胞的募集速率。这些细胞因子是T淋巴细胞针对牛分枝杆菌的细胞成分产生的。尽管对牛的研究表明CD8[+]T细胞可能在牛分枝杆菌感染的免疫病理学中发挥作用，但CD4[+]和CD8[+]的T细胞对于分枝杆菌免疫都是必需的。在病变周围，巨噬细胞逐渐蓄积成团，形成了结核性结节（tuberc'le）或肉芽肿（它们核心部分是坏死的细胞和细菌），这是宿主感染牛分枝杆菌后出现的典型反应（图23.2）。肉芽肿促进了巨噬细胞、树突细胞和T细胞之间密切的相互作用，并能抑制或破坏病原，所以这一结构具有重要意义。此外，这一层状结构有助于将坏死的核心和周围组织物理性地分开。用高剂量的牛分枝杆菌试验性感染牛之后，最早在3周就可观察到组织学上的肉芽肿病变（Cassidy 等，1998）。

通常情况下，一个牛群中只有少数牛呈现结核菌素试验阳性，并产生病理病变。这些动物可能代表了暴露于牛分枝杆菌产生病理反应的一个极端。牛群中的其他动物可能会清除感染，而不对结核菌素试验敏感（Cassidy，2008）。检测结果呈阳性，但没有检测到病变的动物可能为潜伏感染，或动物已经清除了感染，但仍对结核菌素试验敏感。

临床症状与病理变化

感染的牛只有在疾病晚期才出现临床症状，且有广泛病变的牛仍可能表现为健康状态。随着病情的发展，身体损耗症状可能会变得明显。在肺结核晚期，动物可能最终发展为咳嗽和间歇性发热。受感染的乳腺组织部分可能会出现明显硬化，并伴有乳前淋巴结肿大。结核性乳腺炎会加剧该病对犊牛和猫的传播。饮用未经高温消毒的牛奶对公共健康卫生具有重要影响。

在该病早期阶段，尸检可能难以观察到一些微

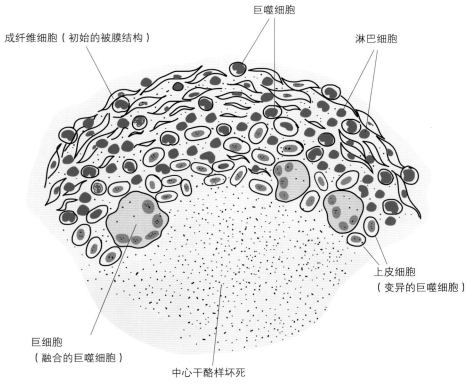

图23.2　典型的牛结核性病变的部分显微特征

这个结核性结节外围由单核细胞、成纤维细胞和巨细胞组成，中央是干酪样坏死组织。

小病变。这些病变主要由改变了的巨噬细胞即上皮样细胞聚集而形成。由巨噬细胞融合形成的多核朗罕巨细胞（multinucleate Langhans' giant cell）也可能出现。在陈旧的病灶中，早期纤维性增生导致结核样结节的形成，其核心有一个干酪样坏死区域（外观与软奶酪相似）。典型的结核性结节特征性的组织学外观见图23.2。

诊断程序

- 结核菌素试验（the tuberculin test）是标准的牛活体检验程序。该检测方法是基于结核菌素引起的迟发型超敏反应，也适用于猪和饲养的鹿的检验。牛在感染后30～50天通常能检测到结核菌素的阳性反应（Monaghan 等，1994）。结核菌素（tuberculin）是由分枝杆菌产生的，也称为纯蛋白衍生物（purified protein derivative，PPD）。检测时，进行PPD皮内注射来检测动物敏感性。结核菌素试验主要有两种方法：
  - 单一PPD皮内试验，即在尾部皱褶处皮内注射0.1毫升牛PPD。72小时后检查注射部位，阳性反应的特点是出现硬块或水肿隆起。
  - 双PPD比较皮内试验，即将0.1毫升禽PPD和0.1毫升牛PPD分别皮内注射至颈部侧面相距12厘米的位点。使用游标卡尺分别测量结核菌素注射前和注射后72小时注射部位的皮肤厚度。注射牛PPD部位的皮肤厚度超过注射禽PPD部位的皮肤厚度4毫米或以上，即可认为发生了感染，这样的牛被称为阳性反应牛。
- 结核菌素试验中假阳性结果的发生可能是由于动物被不是牛分枝杆菌的分枝杆菌所致敏。在假阳性发生率较高的国家，人们更倾向于比较皮内试验，而不是单一皮内试验。
- 结核菌素试验中假阴性结果也可能发生，其原因是：
  - 在牛产生针对结核菌素的迟发型超敏反应能力之前（在感染后30天内）接受结核菌素测试，牛不发生此类超敏反应。
  - 有些感染牛结核分枝杆菌的牛对结核菌素不产生迟发型超敏反应，即所谓的"无反应性（anergy）"，具体的机制尚不明确，这些牛可能正处于结核病进展期。
  - 注射结核菌素后可能出现短暂的脱敏现象（desensitization），通常在60天内恢复反应性。
  - 由于应激导致的免疫抑制，包括分娩后的初期或

使用免疫抑制药物，可能会导致结核菌素试验出现假阴性。

- 与结核菌素试验相结合的以血液为基础的检测方法包括：
  - γ 干扰素法（gamma interferon assay）。相对于结核菌素试验，该试验能在感染发生的早期检测出感染动物，并已被欧盟、美国和新西兰批准为牛结核病的补充检测方法（de la Rua-Domenech 等，2006）。在持续感染的牛群或大量感染情况下，通常将该方法和结核菌素试验一起，进行平行检验。此外，正在研究用这种方法区分BCG免疫的牛和自然感染的牛（Pollock 等，2001），在这类研究中，用BCG的PPD和非BCG的分枝杆菌的PPD，替代商品化的 γ 干扰素法检测试剂盒中哺乳动物结核杆菌的PPD和禽结核杆菌的PPD。
  - 酶联免疫吸附试验（ELISA），用于检测循环抗体。抗体在感染后期产生。这类检测方法在牛结核病患病率高的国家可能是最有用的，这些国家有大量的牛患此慢性疾病，需要低成本的检测方法加以检测（de la Rua-Domenech 等，2006）。
  - 淋巴细胞转化及相关的试验。
- 适合实验室检查的样本包括淋巴结、病变的组织、呼吸道分泌物和牛奶。
- 牛的病变组织含菌较少，很难用抗酸染色进行确认。相比之下，鹿、獾病料涂片中通常存在大量的抗酸杆菌（图23.3）。
- 组织切片的染色通常能发现典型的结核样结节（图23.2）。
- 牛分枝杆菌的分离要求：
  - 样本的去污处理，以消除快速增长的污染的杂菌。磨碎的样品用2%～4%的氢氧化钠或5%的草酸处理30分钟，再用酸或碱进行中和。然后，离心弃去上清液，沉淀中含有浓缩的分枝杆菌，用于分离培养。
  - 在无甘油、但含有0.4%丙酮酸钠的改良罗氏培养基的斜面上，接种上述离心沉淀，在37℃有氧条件下培养8周。
- 分离株鉴定标准：
  - 生长速率和菌落形态特征。
  - 菌落涂片呈抗酸染色阳性。
  - 细菌的生化特性（表23.2）。
  - 目前常规用于分离株的鉴定和分析的分子技术包括

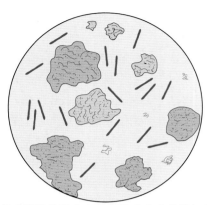

图23.3 鹿或獾结核性病变组织涂片中牛分枝杆菌
来源于牛病变组织涂片中的微生物比较稀少。使用抗酸染色方法，分枝杆菌被染成红色（抗酸），其他病变组织被染成蓝色。

间隔区寡聚核苷酸分型技术（spoligotyping），以及基因探针技术（Anon，2008）。
- 商品化的快速自动化检测系统，可用于结核分枝杆菌复合群中的致病性分枝杆菌的分离（Yearsley等，1998），且比传统的固体培养基分离培养需要的时间少。

控制措施
- 在牛结核病的控制程序中，治疗是不合适的，通常也不进行牛分枝杆菌抗菌药物敏感性检测。已有的研究表明，病原菌对大部分抗菌药具有敏感性。然而，造成人类疾病的结核分枝杆菌复合群的耐药性仍然是个重要问题，给许多国家人结核病的治疗带来了巨大挑战。
- 在许多国家牛结核病根除计划的基本路线是开展牛结核菌素试验，然后隔离和扑杀阳性牛，并对阳性养牛场进行消毒。
- 在许多国家，常规的肉类检疫是牛结核监测中的重要环节。
- 在一些国家，獾、负鼠等野生宿主是消灭该疾病的主要障碍。有些国家扑杀了这些野生动物，降低了牛感染结核分枝杆菌的感染率（Corner，2006）。然而，在英国，邻近实施扑杀獾的地区，牛感染分枝杆菌的感染率反而上升（White等，2008）。
- 世界各地一直在研究可用于牛和野生动物的疫苗。研究策略包括通过异源疫苗的初免–加强免疫的方法，提高在人类已经使用数十年的卡介苗（Bacille Calmette-Guérin，BCG）疫苗对牛结核的预防效果（Hope 和 Villarreal-Ramos，2008）。据报道，多种含蛋

白质或DNA的亚单位疫苗能够增强机体对结核分枝杆菌和牛分枝杆菌的抵抗作用。DNA疫苗和BCG疫苗联合使用能够增强宿主对强毒牛分枝杆菌气溶胶的攻击。使用两种不同载体表达同一抗原的疫苗进行异源初免–加强免疫策略，能够保护人免于结核分枝杆菌的侵袭。研究表明，在牛上使用BCG后，再使用编码分枝杆菌蛋白的三种DNA疫苗，其保护效率明显高于单独使用BCG疫苗（Hope 和 Villarreal-Ramos，2008）。

■ **家禽和其他禽类的结核病**

禽结核病通常是由禽分枝杆菌复合群中血清1型至血清3型禽分枝杆菌引起的，在全球范围内都有发生。该病常见于自由放养的成年禽。具有致病性的结核杆菌通过粪便排出体外，并可在土壤中长时间存活。

受感染的禽仅在疾病晚期出现一些非特异性的症状，如反应迟钝、消瘦和跛行。尸检时，在肝、脾、骨髓和肠道可见肉芽肿性病变特点。诊断依据为尸体解剖结果和在病变部位涂片中存在大量的抗酸染色阳性杆菌。对自由放养的家禽结核病的活体诊断依据是禽PPD结核菌素试验——将PPD注射于禽的肉垂皮肤。结核分枝杆菌偶尔感染鹦鹉和金丝雀，且从宠物鸟中分离到日内瓦分枝杆菌（Hoop 等，1993）。

禽分枝杆菌复合群成员可感染免疫功能低下的人。极少情况下，也有猫、犬和马感染禽分枝杆菌复合群成员引致全身性疾病的报道。猪通过食入未煮熟的、污染有禽分枝杆菌的泔水而受到感染，导致咽后、颌下及颈部淋巴结出现小结节。

■ **猫麻风病**

普遍认为猫麻风病是由鼠麻风分枝杆菌（*M. lepraemurium*）引起的，是全球范围内分布的一种猫皮肤疾病。鼠麻风分枝杆菌也是大鼠麻风病的病原。猫零星发生感染可能是由被感染的啮齿动物咬伤所致，啮齿动物是该病菌的野生动物宿主。在皮下组织出现单独或多个结节性病灶，通常仅限于头部区域或四肢。那些肉质化和可移动的结节，往往发生溃烂。病变组织的涂片中存在大量抗酸染色阳性杆菌。病理组织学检查显示大量巨噬细胞浸润，这些细胞中含有大量的分枝杆菌。

鼠麻风分枝杆菌生长缓慢且营养要求苛刻，需要专门配制的培养基培养。鼠麻风分枝杆菌对其他

家养动物或人类可能不具有感染性。该病诊断依据损伤部位的组织病理学特征且牛分枝杆菌和机会致病性分枝杆菌培养阴性（牛分枝杆菌和机会致病性分枝杆菌也会导致猫出现相似的肉芽肿性病变）。手术切除病灶是首选的治疗方法。

■ 副结核病（paratuberculosis）

副结核病（paratuberculosis）又称为约翰病（Johne's disease）。它是一种慢性、传染性强的疾病，常导致家畜和野生反刍动物致命性的肠炎。该病病原为禽分枝杆菌副结核亚种（*M. avium subsp. paratuberculosis*），是一种抗酸菌，以前称为约翰分枝杆菌（*Mycobacterium johnei*）。禽分枝杆菌副结核菌亚种感染与克罗恩病（Crohn's disease），即人的一种慢性肠炎，存在某些不确定的关联性（Waddell等，2008）。

流行病学

目前已对牛进行了该病流行病学方面的研究，其他物种中的感染和传播模式与之相似。犊牛可能通过摄入感染动物粪便中的病原而造成感染。有记录显示，在牛初乳和普通牛奶中发现有禽分枝杆菌副结核亚种（Taylor等，1981；Streeter等，1995）。虽然风险程度不明确（Nielsen等，2008；Stabel，2008），但在感染该病的牛群中，通过汇集初乳喂养犊牛，被认为是副结核传播的一个危险因素。禽分枝杆菌副结核亚种在合适的条件下，可在环境中存活一年。

尽管从感染公牛的生殖器官和精液中分离到病原，但性行为传播并不是该病一个重要的传播途径，也有子宫内传播的报道，但作为传播的一个途径，其重要性还不清楚。Whittington和Windsor对该病进行了全面综述，分析了大量的文献，计算了流行率不同时牛群中该途径传播的风险。他们建议，在流行率为5%～40%的牛群中，犊牛通过子宫感染的发病率为每百头0.44～9.3。犊牛出生后进行隔离，并采用巴氏消毒的初乳和人工代乳品喂养，在这样的卫生饲养条件下，犊牛感染率显著降低。禽分枝杆菌副结核亚种有三个重要的亚型，即牛型（Ⅰ型）、羊型（Ⅱ型）和中间型（Ⅲ型）。有些羊型菌株分离自牛，而有些牛分离株则来自羊。此外，禽分枝杆菌副结核亚种已从多种野生动物中分离到，包括

兔、鹿、雪貂和小鼠等。分子分型技术表明，在相同区域中，感染的野生动物和家养动物的菌株通常没有什么区别。目前还不清楚禽分枝杆菌副结核亚种各个菌株的宿主特异性或宿主偏好程度。然而，兔被认为是该病持续性感染的一个关键要素，并有可能给副结核病的防控带来困难（Daniels等，2003；Davidson等，2009）。

1月龄以下的犊牛特别容易受到感染，且比1月龄以上感染的牛更容易发展成临床病例。副结核病的潜伏期比较长且变化性大。2岁以下的牛很少出现临床疾病，并且不是所有的被感染的牛都出现临床症状。有些表现为无临床症状的携带者，间歇性地将分枝杆菌排到粪中。

致病机理及致病性

禽分枝杆菌副结核亚种是一种胞内寄生病原菌，细胞介导的反应是导致肠损伤的主要原因。肠系膜淋巴集结的M细胞捕获分枝杆菌。其捕获作用是由M细胞表面纤连蛋白的附着蛋白与纤连蛋白相互作用，之后与M细胞的表面上整合素相结合而实现的。细菌穿过肠上皮细胞层，被巨噬细胞所吞噬，然后在巨噬细胞内存活和繁殖，干扰吞噬小体的成熟，阻止吞噬溶酶体的融合，这对禽分枝杆菌副结核亚种胞内生存很重要，牛分枝杆菌也是如此。随着病情的发展，免疫介导的肉芽肿反应逐步发展，这标志着淋巴细胞和巨噬细胞聚集在黏膜固有层和黏膜下层。肠道病变导致血浆蛋白的损失，营养物质和水的吸收不良。在肠壁和局部淋巴结中的巨噬细胞内含有大量的分枝杆菌。可见两种类型的病变，一种是麻风样结节（含有很多分枝杆菌），另一种是结核样结节（分枝杆菌较少），病变的产生与宿主免疫反应状态相关。在具有广泛病理变化的牛体中，检测到高水平的IL-10基因的表达和大量的细菌，而亚临床疾病奶牛的肠组织发现IFN-γ水平上升。普遍认为禽分枝杆菌副结核亚种在疾病亚临床（未出现症状）即感染早期，以Th1反应为主，而Th2反应在随后的临床症状期出现。

临床症状和病理变化

大部分反刍动物经历了长期的亚临床感染阶段之后，临床症状逐步显现。受感染牛通常超过2岁才首次观察到症状。该病只有在成年的绵羊和山羊上

才出现明显的临床症状。圈养梅花鹿的临床症状发展较快，可能在1岁时就有明显症状。

牛的主要临床特征是腹泻，最初呈间歇性，之后发展为持续性频繁腹泻。体重逐步下降，但无食欲不振。感染动物在最初检测到副结核后，很少能存活超过1年。

绵羊和山羊的腹泻症状不太明显，甚至没有。一些受感染的鹿可能出现体重骤降、突发性腹泻，并在2~3周内死亡。其他动物可能在无明显腹泻的情况下，几个月后出现极度消瘦。

感染牛的小肠和大肠末端黏膜通常增厚，并折成横向波纹。肠系膜和回盲淋巴结变大、水肿。感染羊的肠黏膜增厚并不明显，局部淋巴结可出现坏死和干酪样坏死。鹿的病变与羊的病变相似。

诊断

- 应将副结核病与反刍动物其他慢性消耗性疾病相区别。
- 可供直接镜检的样品包括从活体动物的直肠刮出的碎屑或者组织，粪便可用于细菌分离培养，血清可用于血清学试验。
- 用于组织病理检验的死亡牛的样本包括肠道及局部淋巴结发生病变的部位。
- 镜检的样本应先进行抗酸染色（图23.4）。
- 从粪和组织中分离禽分枝杆菌副结核亚种是一个十分敏感的诊断方法，但这种方法既困难又费时。污染的标本使用0.3%的苯扎氯铵去污后进行离心浓缩，将离心沉淀接种于含有或不含有分枝杆菌素的Herrold卵黄培养基斜面。将斜面置于37℃下有氧培养16周，每周检查一次细菌生长情况。
- 目前已经有一些新的快速分离技术，例如，基于液体培养基，以及使用放射测量法检测细菌生长状况，该商品化的系统适用于大型专业实验室。
- 分离株鉴定标准：
  - 菌落直径小于1毫米，通常是无色、半球形，在培养5~16周时出现。从绵羊体内分离的菌株可能有色素沉着，且生长速度通常比从牛和山羊上分离的菌株慢。
  - 菌落涂片呈抗酸染色阳性。
  - 培养基中含分枝菌素，可促进细菌生长。
  - PCR技术可以检测禽分枝杆菌副结核亚种特有的IS900插入序列。

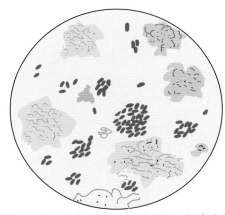

图23.4　从患副结核病的牛直肠刮取的组织涂片中的成簇的禽分枝杆菌副结核亚种

使用抗酸染色法，短的分枝杆菌成簇，被染成红色（抗酸），粪和直肠碎片被染色蓝色。

- 血清学检测
  - 补体结合试验已被应用，但比较费力，且相对不敏感。
  - 虽然琼脂凝胶免疫扩散试验灵敏度较低，但对确认临床感染是有用的。
  - 目前已经开发了多种检测禽分枝杆菌副结核亚种血清抗体的ELISA检测方法，其中有些已得到商品化应用。Nielsen和Toft对这些检测方法的敏感性和特异性进行了评估，结果发现其稳定性较差。该方法检测感染后粪便中排菌的牛时，敏感性较高，而检测感染后粪便中不排菌的牛时，灵敏度较低。ELISA方法也可用于牛奶的检测。
- 细胞介导的反应
  - 副结核菌素是结核菌素PPD的一种类似物，可用于田间检测。将副结核菌素对牛进行皮下或静脉接种。该试验的可靠性还有待商榷，且牛可能对结核菌素过敏。
  - γ干扰素检测法被广泛用于受感染动物的早期检测。而对于ELISA方法，其敏感性和特异性都不是很稳定（Nielsen和Toft，2008）。
  - 由于其参考价值有限，基于淋巴细胞刺激的检测方法并不常用。
  - DNA探针敏感性很高，可用于检测粪中的禽分枝杆菌副结核亚种。目前已建立多种实时PCR方法，这些方法与细菌培养分离方法的敏感性相当，但速度更快。

控制

- 当动物表现出副结核的可疑临床症状时，应进行隔离。确诊后应尽快将感染的动物屠杀，因为它们会排出大量的分枝杆菌，污染圈舍和牧场。

- 确诊和屠宰那些具有亚临床症状的动物，对临床兽医和实验室工作人员来说都具有挑战性。应该对一个畜群进行全面检测。亚临床症状动物排出的细菌可通过每隔6个月采集粪的样品进行细菌培养来检测，或通过DNA探针检测粪中细菌。在血清学方面，用吸附ELISA方法可检测到亚临床感染。
- 对疑似感染牛群，应制订适当的卫生和饲养措施，以防止易感的犊牛发生感染。犊牛出生后应与母畜隔离，同时饲喂巴氏灭菌牛奶，隔离期应持续2年。
- 灭活疫苗和弱毒全菌疫苗是可用的。接种疫苗

有可能降低牛的发病率，但依靠此法并不能从牛群中消灭该病。因为接种疫苗后的动物通常对结核菌素敏感，因而在一些国家，疫苗的使用受到控制。新的预防副结核感染的亚单位疫苗的研发有助于改进未来对该病的预防措施（Rosseels 和 Huygen，2008）。这些基于免疫原性强的蛋白抗原的疫苗能刺激产生强烈的Th1反应，其中一些疫苗还能通过血清学方法区分疫苗免疫和自然感染。这是因为相对于疫苗免疫，自然感染动物对这些特异性蛋白抗原产生的抗体水平要低。然而，目前能够用来评估这些新疫苗的实验室数据和田间免疫效果的数据还很有限。

◉ 参考文献

Anon. (2008). Bovine tuberculosis, In *Manual of Diagnostic Tests and Vaccines for Terrestrial Animals OIE*. pp. 683–697. Available from http://www.oie.int/eng/normes/mmanual/2008/pdf/2.04.07_B0VINE_TB. pdf.

Aranaz, A., Liebana, E., Pickering, X., Novoa, C., Mateos, A. and Dominguez, L. (1996). Use of polymerase chain reaction in the diagnosis of tuberculosis in cats and dogs. Veterinary Record, 138, 276–280.

Cassidy, J.P. (2008). The pathology of bovine tuberculosis: time for an audit. Veterinary Journal, 176, 263–264.

Cassidy, J.P., Bryson, D.G., Evans, R.T., Forster, F., Pollock, J.M. and Neill S.D. (1998). Early lesion formation in cattle experimentally infected with *Mycobacterium bovis.* Journal of Comparative Pathology, 119, 27–44.

Collins, D.M., deLisle, G.W., Collins, J.D. and Costello, E. (1994). DNA restriction fragment typing of *Mycobacterium bovis* isolates from cattle and badgers in Ireland. Veterinary Record, 134, 681–682.

Corner, L.A. (2006). The role of wild animal populations in the epidemiology of tuberculosis in domestic animals: how to assess the risk. Veterinary Microbiology, 112, 303–312.

Daniels, M.J., Henderson, D., Greig, A., Stevenson, K., Sharp, J.M. and Hutchings, M.R. (2003). The potential role of wild rabbits *Oryctolagus cuniculus* in the epidemiology of paratuberculosis in domestic ruminants. Epidemiology and Infection, b, 553–559.

Davidson, R.S., Marion, G., White, P.C. and Hutchings, M.R. (2009). Use of host population reduction to control wild-life infection: rabbits and paratuberculosis. Epidemiology and Infection, 137, 131–138.

de la Rua-Domenech, R., Goodchild, A.T., Vordermeier, H.M., Hewinson, R.G., Christiansen, K.H. and Clifton- Hadley, R.S. (2006). Ante mortem diagnosis of tuberculosis in cattle: a review of the tuberculin tests, gamma-interferon assay and other ancillary diagnostic techniques. Research in Veterinary Science, 81, 190–210.

Gilmour, N. and Nyange, J. (1989). Paratuberculosis (Johne's disease) in deer. In Practice, 11, 193–196.

Gunn-Moore, D.A., Jenkins, P.A. and Lucke, V.M. (1996). Feline tuberculosis : a literature review and discussion of 19 cases caused by an unusual mycobacterial variant. Veterinary Record, 138, 53–58.

Hewinson, R.G., Vordermeier, H.M., Smith, N.H. and Gordon, S.V. (2006). Recent advances in our knowledge of *Mycobacterium bovis*: a feeling for the organism. Veterinary Microbiology, 112, 127–139.

Hoop, R.K., Bottger, E.C., Ossent, P. and Salfinger, M. (1993). Mycobacteriosis due to *Mycobacterium genavense* in six pet birds. Journal of Clinical Microbiology, 31, 990–993.

Hope, J.C. and Villarreal-Ramos, B. (2008). Bovine TB and the development of new vaccines. Comparative Immunology, Microbiology and Infectious Diseases, b, 77–100.

Khalifeh, M.S. and Stabel, J.R. (2004). Effects of gamma interferon, interleukin-10, and transforming growth factor beta on the survival of *Mycobacterium avium* subsp. *paratuberculosis* in monocyte-derived macrophages from naturally infected cattle. Infection and Immunity, 72, 1974–1982.

Larsen, A.B., Stalheim, H.V., Hughes, D.E., Appell, L.H., Richards, W.D. and Himes, E.M. (1981). *Mycobacterium paratuberculosis* in semen and genital organs of a semendonor bull. Journal of the American Veterinary Medical Association, 179, 169–171.

Monaghan, M.L., Doherty, M.L., Collins, J.D., Kazda, J.F. and Quinn, P.J. (1994). The tuberculin test. Veterinary Microbiology, 40, 111–124.

Morris, R.S., Pfeiffer, D.U. and Jackson, R. (1994). The epidemiology of *Mycobacterium bovis* infections. Veterinary Microbiology, 40, 153–177.

Motiwala, A.S., Li, L., Kapur, V. and Sreevatsan, S. (2006). Current understanding of the genetic diversity of *Mycobacterium avium* subsp. *paratuberculosis*. Microbes and Infection, 8, 1406–1418.

Nielsen, S.S. and Toft, N. (2008). Ante mortem diagnosis of paratuberculosis: a review of accuracies of ELISA, interferon-gamma assay and faecal culture techniques. Veterinary Microbiology, 129, 217–235.

Nielsen, S.S., Bjerre, H. and Toft, N. (2008). Colostrum and milk as risk factors for infection with *Mycobacterium avium* subspecies *paratuberculosis* in dairy cattle. Journal of Dairy Science, 91, 4610–4615.

Pollock, J.M., Buddle, B.M. and Andersen, P. (2001). Towards more accurate diagnosis of bovine tuberculosis using defined antigens. Tuberculosis (Edinburgh), 81, 65–69.

Rosseels, V. and Huygen, K. (2008). Vaccination against paratuberculosis. Expert Review of Vaccines, 7, 817–832.

Runyon, E.H. (1959). Anonymous mycobacteria in pulmonary disease. Medical Clinics of North America, 43, 273–290.

Stabel, J.R. (2007). Host responses to *Mycobacterium avium* subsp. *paratuberculosis*: a complex arsenal Animal Health Research Reviews, 7, 61–70.

Stabel, J.R. (2008). Pasteurization of colostrum reduces the incidence of paratuberculosis in neonatal dairy calves. Journal of Dairy Science, 91, 3600–3606.

Streeter, R.N., Hoffsis, G.F., Bech-Nielsen, S., Shulaw, W.P. and Rings, D.M. (1995). Isolation of *Mycobacterium paratuberculosis* from colostrum and milk of subclinically infected cows. American Journal of Veterinary Research, 56, 1322–1324.

Sweeney, R.W., Jones, D.E., Habecker, P. and Scott, P. (1998). Interferon-gamma and interleukin 4 gene expression in cows infected with *Mycobacterium paratuberculosis*. American Journal of Veterinary Research, 59, 842–847.

Taylor, T.K., Wilks, C.R. and McQueen, D.S. (1981). Isolation of *Mycobacterium paratuberculosis* from the milk of a cow with Johne's disease. Veterinary Record, 109, 532–533.

Waddell, L.A., Rajić, A., Sargeant, J., et al. (2008). The zoonotic potential of *Mycobacterium avium* spp. *paratuberculosis*: a systematic review Canadian Journal of Public Health, 99, 145–155.

White, P.C., Böhm, M., Marion, G. and Hutchings, M.R. (2008). Control of bovine tuberculosis in British livestock: there is no 'silver bullet'. Trends in Microbiology, 16, 420–427.

Whittington, R.J. and Windsor, P.A. (2009). In utero infection of cattle with *Mycobacterium avium* subsp. *paratuberculosis*: a critical review and meta-analysis. Veterinary Journal, 179, 60–69.

Yearsley, D., O'Rourke, J., O'Brien, T. and Egan, J. (1998). Comparison of three methods for the isolation of mycobacteria from bovine tissue lesions. Veterinary Record, 143, 480–481.

◉ 进一步阅读材料

Alfredson, S. and Saxegaard, F. (1992). An outbreak of tuberculosis in pigs and cattle caused by *Mycobacterium africanum*. Veterinary Record, 131, 51–53.

Biet, F., Boschiroli, M.L., Thorel, M.F. and Guilloteau, L.A. (2005). Zoonotic aspects of *Mycobacterium bovis* and *Mycobacterium avium-intracellulare* complex (MAC). Veterinary Research, 36, 411–436.

de Juan, L., Alvarez, J., Romero, B., et al. (2006). Comparison of four different culture media for isolation and growth of type II and type I/III *Mycobacterium avium* subsp. *paratuberculosis* strains isolated from cattle and goats. Applied and Environmental Microbiology, 72, 5927–5932.

Fulton, R.M. and Thoen, C.O. (2003) Tuberculosis. In *Diseases of Poultry*. Eds Y.M. Saif, H.J. Barnes, J.R. Glisson, A. M. Fadly, McDougald, L.R. and D.E. Swayne. Eleventh Edition. Iowa State Press, Ames, Iowa. pp. 836–844.

Griffin, J.F.T. and Buchan, G.S. (1994). Aetiology, pathogenesis and diagnosis of *Mycobacterium bovis* in deer. Veterinary Microbiology, 40, 193–205.

Neill, S.D., Pollock, J.M., Bryson, D.B. and Hanna, J. (1994). Pathogenesis of *Mycobacterium bovis* in cattle. Veterinary Microbiology, 40, 41–52.

Pollock, J.M., Girvin, R.M., Lightboy, K.A., et al. (2000). Assessment of defined antigens for the diagnosis of bovine tuberculosis in skin test-reactor cattle. Veterinary Record, 146, 659–665.

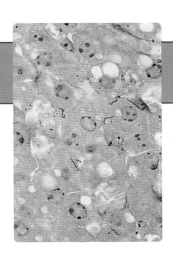

第24章

肠杆菌科

肠杆菌科（Enterobacteriaceae）的细菌长度约为3微米，属于革兰阴性菌（图24.1），能发酵葡萄糖等多种糖类物质。该科细菌氧化酶阴性、过氧化氢酶阳性、无芽胞、兼性厌氧。它们因为不能被培养基中的胆盐所抑制，所以在麦康凯琼脂上生长良好。肠杆菌科细菌能还原硝酸盐为亚硝酸盐。肠杆菌科某些种，尤其是大肠杆菌（Escherichia coli），能发酵乳糖。这些能游动的肠道菌具有周鞭毛（peritrichous flagella）。分类上，肠杆菌科的属超过40个，种超过180个，不到一半的属在兽医上有重要意义（图24.2）。术语"大肠菌（coliform）"以前只用于描述能够发酵乳糖的肠杆菌，现在有时也用来描述肠杆菌科其他成员。

肠杆菌科细菌可以简单地分成三类：致病菌、机会致病菌和非致病菌。其中，对动物不致病的菌，如哈夫尼菌（Hafnia）和欧文菌（Erwinia），存在于粪便、环境以及污染的临床标本中。机会致病菌偶尔引起消化道以外的组织感染。致病菌，如大肠杆菌、沙门菌（Salmonella）和耶尔森菌（Yersinia），能引起肠道和全身性疾病。

△ **要点**

- 革兰阴性杆菌
- 能在非富集的培养基中生长
- 氧化酶阴性
- 兼性厌氧，过氧化氢酶阳性
- 大多数能通过鞭毛游动
- 能发酵葡萄糖，能还原硝酸盐为亚硝酸盐
- 能耐受麦康凯琼脂中的胆盐
- 引起多种临床症状
- 对肠道和全身致病的肠杆菌主要成员：
  - 大肠杆菌
  - 沙门菌一些血清型
  - 耶尔森菌
- 机会致病菌：
  - 变形杆菌属的细菌
  - 肠杆菌属的细菌
  - 克雷伯菌属的细菌
  - 肠杆菌科其他成员

⊙ **常见的生存环境**

肠杆菌科细菌遍布全球，存在于动物和人的肠道，污染植被、土壤和水。其中一些细菌构成肠道正常菌群的一部分，而有些致病菌存在于临床和亚临床感染的动物排泄物或污染的环境中。

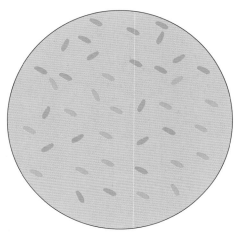

图 24.1　中等大小的棒状肠杆菌科细菌，在形态上与一些其他的革兰阴性菌很难区分

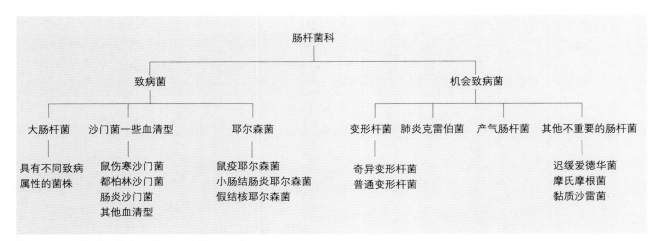

图 24.2 在兽医上具有重要意义的肠杆菌科成员

◉ 肠杆菌科的鉴别

氧化酶阴性、兼性厌氧，且能在麦康凯琼脂上生长的革兰阴性杆菌，可被推测为肠杆菌科的成员。区分该科致病性成员的主要标准见表24.1。除大肠杆菌外，肠杆菌很少能使血平板产生溶血。

· 在麦康凯琼脂上能否发酵乳糖：

— 能发酵乳糖的细菌发酵乳糖产生酸，使菌落和其周围的培养基变成粉红色。

— 不能发酵乳糖的细菌由于利用培养基中的蛋白胨，使菌落和其周围的培养基变为浅色，且呈碱性。

· 在选择性/指示性培养基上的反应：

— 许多常用的培养基，包括亮绿（brilliant green，BG）琼脂和木糖赖氨酸-脱氧胆酸盐（xylose-lysine-

表24.1 对兽医有重要意义的肠杆菌科成员的临床相关性、生长特性和生化反应

	大肠杆菌	沙门菌一些血清型	耶尔森菌	变形杆菌	产气肠杆菌	肺炎克雷伯菌
临床重要性	主要病原	主要病原	主要病原	机会病原	机会病原	机会病原
培养特性	某些菌株溶血	–	–	游散生长[a]	黏液样	黏液样
30℃时的运动性	运动	运动	运动[b]	运动	运动	不运动
乳糖发酵	+	–	–	–	+	+
IMViC检测						
吲哚产生	+	–	v	±[c]	–	–
甲基红检测	+	+	+	+	–	–
VP试验	–	–	–	v	+	+
枸橼酸盐利用试验	–	+	–	v	+	+
三糖铁琼脂上H₂S产生	–	+	–	+	–	–
赖氨酸脱羧酶	+	+	–	–	+	+
尿素酶活性	–	–	+[b]	+	+	+

a：在非抑制培养基上生长。

b：鼠疫耶尔森菌除外。

c：普通变形杆菌 +；奇异变形杆菌 –。

v：不同种的反应不同。

deoxycholate，XLD）琼脂，被用于区分沙门菌和其他的肠道致病菌。在BG琼脂上，沙门菌的菌落和其周围培养基显示红色（碱性反应）。在XLD琼脂上，大多数血清型的沙门菌的菌落是红色的（碱性反应），且由于产生硫化氢（H_2S），菌落中心为黑色。

- 很多显色琼脂被用于临床样品和食物样本的大肠杆菌的鉴定和计数。例如，伊红美蓝（eosin–methylene blue，EMB）琼脂上生长的某些大肠杆菌菌株的菌落具有独特的金属光泽。英国某实验室开发的Harlequin™ TBGA培养基可用于大肠杆菌鉴定和计数。这个培养基是基于大肠杆菌具有高特异性的β-葡糖醛酸酶的活性，在这种培养基上大肠杆菌菌落呈蓝绿色。

- 菌落形态：
  - 克雷伯菌（*Klebsiella*）和肠杆菌具有典型的黏液型菌落，而大肠杆菌少有黏液型的菌落。
  - 变形杆菌（*Proteus*）在血琼脂等非抑制性培养基上，形成特征性的扩散生长的菌落。
  - 黏质沙雷菌（*Serratia marcescens*）是机会致病菌中唯一能产生红色色素的细菌。

- 三糖铁（triple sugar iron，TSI）琼脂上的反应：
  - 这是一种非抑制性指示培养基，主要用于鉴别在BG、XLD或者其他选择性培养基上生长的细菌是否为沙门菌和其他肠杆菌科的细菌。TSI琼脂包含0.1%葡萄糖、1%乳糖和1%蔗糖，以及指示硫化氢产生的化学物质。酚红为pH变化的指示剂（pH为8.2时显示红色；pH为6.4时显示黄色）。硫化亚铁的黑色沉淀指示H_2S的产生。被检微生物的单个菌落穿刺到TSI琼脂培养基底部，然后回到在斜面上进行接种，将这种透气的试管在37℃培养18小时。表 24.2列出了肠杆菌科中比较重要的成员对这种培养基的反应特性。

- 其他生化试验：
  - 赖氨酸脱羧酶产生试验（lysine decarboxylase production test）可用来鉴别变形杆菌和沙门菌，这两种微生物在TSI琼脂上有相似的反应，但变形杆菌不产生赖氨酸脱羧酶，而有些沙门菌产生这种酶。赖氨酸脱羧酶产生试验阳性时，液体培养基中显示紫色，而阴性反应时液体培养基显示黄色。
  - 脲酶产生试验（urease production test）可鉴别变形杆

表24.2 对兽医有重要意义的肠杆菌科细菌在三糖铁琼脂上的反应[a]

种	pH变化[b]		H_2S产生
	需氧	厌氧	
沙门菌一些血清型[c]	红色	黄色	+[d]
奇异变形杆菌	红色	黄色	+
普通变形杆菌	黄色	黄色	+
大肠杆菌	黄色	黄色	−
小肠结肠炎耶尔森菌	黄色	黄色	−
假结核耶尔森菌和鼠疫耶尔森菌	红色	黄色	−
产气肠杆菌	黄色	黄色	−
肺炎克雷伯菌	黄色	黄色	−

a：大部分菌株的反应特征。
b：红色，碱性；黄色，酸性。
c：沙门菌一些血清型和变形杆菌一些种可通过赖氨酸脱羧酶的产生和尿素酶活性来区分。
d：猪霍乱沙门菌除外。

菌和沙门菌。变形杆菌产生脲酶，而沙门菌不产生脲酶。

- IMViC综合试验涉及吲哚产生试验、甲基红试验、Voges-Proskauer试验和柠檬酸利用试验，是一组用于区分大肠杆菌和其他发酵乳糖的微生物的生化反应（表24.1）。

- 游动性试验可用于鉴别克雷伯菌属（不能游动的）和肠杆菌属（可游动的）。这两个属均产生相似的黏液型菌落，视觉上难以区分（表24.1）。

- 商品化的生化试验：

- 许多商品化的生化检测系统可鉴别肠道菌。其中一些系统包含了多种生化试验，且检测结果可与计算机生成的数字档案匹配，可以在"种"的水平上鉴别菌株。

- 大肠杆菌、沙门菌和耶尔森菌的血清学分型：

- 玻片凝集试验常用于检测这三种细菌的O（菌体）和H（鞭毛）抗原，有时也用于K（荚膜）抗原检测（图24.3）。血清分型可用来鉴别引致疾病暴发的微生物，也可用于流行病学调查。

- 基于PCR的分子技术正越来越多地用于临床或食品样品中肠道菌的检测，以及可疑菌株的鉴定。

- 分子分型技术正被广泛用于肠杆菌科细菌的流行病学溯源，这些技术很可能最终将取代一些旧的方法，如血清学分型。通过限制内切酶消化，再进行脉冲场凝胶电泳（PFGE）被用于疫情溯源，广泛地用于人类感染沙门菌的调查。美国疾病控制中心的Pulse-Net计划是一个基于世界各地分离株PFGE特征的系统，可用计算机数据库进行比对。多位点序列分析不能提供与PFGE技术相同的鉴别水平，但它可用于比较世界不同地理区域分离菌株的遗传相似度。

◎ 大肠杆菌

大肠杆菌常借助周鞭毛而具有运动性，并且多数大肠杆菌有菌毛。在MacConkey琼脂上，大肠杆菌能发酵乳糖产生粉红色菌落，并且具有特征性的IMViC生化反应（表24.1）。在伊红美蓝琼脂上，一些菌株生长为有金属光泽的菌落。某些大肠杆菌菌株在血琼脂上具有溶血特征。

菌体（O）和鞭毛（H）抗原被用于大肠杆菌的血清学分型。有时，荚膜（K）抗原也被用于大肠杆菌的血清学分型。菌体抗原是位于细胞壁表面的脂多糖。这些抗原特异性由碳水化合物侧链决定。鞭毛抗原是蛋白质，荚膜抗原是由多糖构成。许多大肠杆菌的菌株有菌毛（F）抗原，它能作为黏附素，协助细菌黏附于宿主黏膜表面。

哺乳动物出生后不久，就从环境中感染大肠杆菌，并定殖在肠道内。这些微生物在宿主整个生命过程中，是宿主肠道正常菌群的重要成员。大多数大肠杆菌菌株为共生的微生物，毒力较低，但可引起肠道外的部位（如乳腺和泌尿道）机会性感染。引起肠道外疾病的大肠杆菌菌株经常作为正常菌群的细菌定殖于动物的肠道。引起小肠结肠炎的菌株通常不属于健康动物的正常菌群一部分，而是来自直接接触的临床或亚临床感染的动物，或摄入受此菌污染的食物或水。致病性大肠杆菌菌株携带的毒力因子使其能够定殖到黏膜表面并随后引起疾病。年龄、免疫状态、饮食习性，以及接触致病菌株等一些诱发因素，能促使细菌定殖，动物更容易发生临床疾病。

感染动物的致病性大肠杆菌的主要分类和其临床症状见图24.4和图24.5。一般来说，菌株可以分为导致肠道疾病和引起肠道外感染两大类。然而，并不是所有的菌株严格符合这种分类（某些菌株既可以引起肠道疾病，也能引起肠道外感染）。

近年来，大肠杆菌O157：H7和其他肠出血性血清型已成为主要食源性人畜共患病原，引起人类的出血性大肠炎（haemorrhagic colitis）和溶血性尿毒综合征（haemolytic uraemic syndrome）。

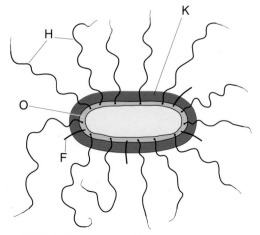

图24.3　肠杆菌科成员用于血清型分型的K抗原（荚膜）、O抗原（菌体）、F抗原（菌毛）和H抗原（鞭毛）的示意图

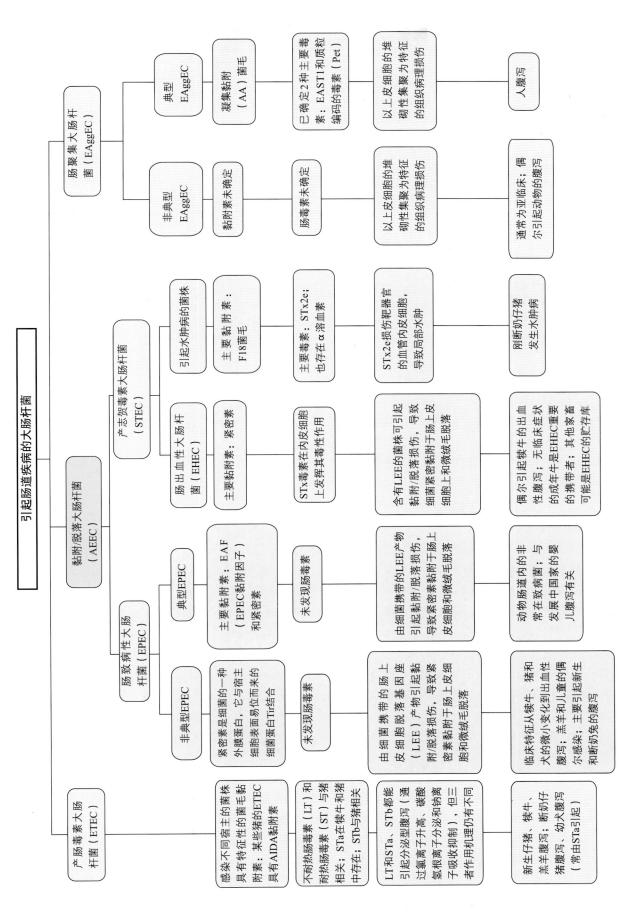

图24.4 引起人类和动物肠道疾病的致病型大肠杆菌

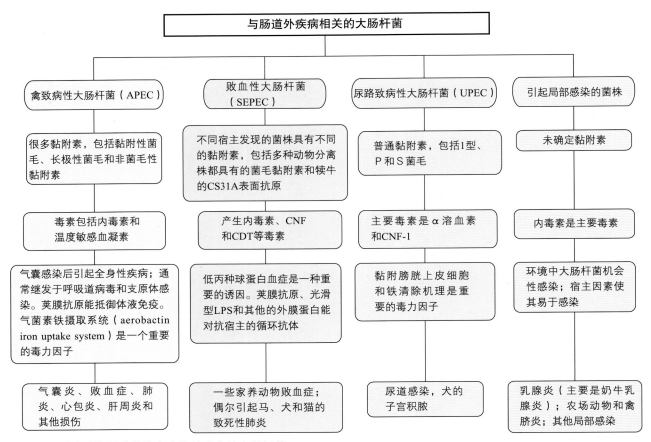

图24.5 引致动物肠道外临床症状的致病性大肠杆菌
此图列出它们的特征和毒力因子。CNF，细胞毒性坏死因子；CDT，细胞致死膨胀毒素；LPS，脂多糖。

■ **致病机理和致病性**

致病性大肠杆菌的毒力因子包括荚膜、内毒素、与黏附和定殖相关的结构、肠毒素和其他分泌物。

- 一些大肠杆菌菌株产生的荚膜多糖，干扰吞噬细胞对微生物的摄取。荚膜多糖抗原性较弱，也会干扰补体系统的抗菌作用。

- 内毒素（脂多糖）是革兰阴性细胞壁的组分，在细菌死亡后被释放出来。它由脂质A、核心多糖和特异性侧链组成。在疾病的产生过程中，脂多糖可引起宿主发热和内皮细胞损伤，继而引起弥漫性血管内凝血和内毒素性休克。在败血性疾病中这些作用意义重大。

- 许多大肠杆菌具有菌毛黏附素，可使细菌附着在小肠和下泌尿道的黏膜表面。牢固附着于黏膜，可减少肠蠕动的排除效应和尿液的冲洗效应，从而促进细菌的定殖。许多菌毛黏附素已确定。大肠杆菌引起动物疾病的过程中，最重要的黏附素是K88（F4）、K99（F5）、987P（F6）、F18和F41。新近的命名系统使用

"F"和一个数字来确定特定的菌毛。以前的命名系统中使用"K"的原因是一些原来的菌毛黏附素被误认为是荚膜（K）抗原。"P"的使用源于pilus这个术语，因为菌毛有时被称为pili。大肠杆菌感染猪过程中最常见的黏附素是K88。K88抗原的受体由显性基因编码，因此，如果母猪的这个基因是纯隐性的，它的初乳中就没有抗K88的抗体，导致仔猪对具有K88的大肠杆菌菌株高度易感。F41黏附素的出现在犊牛，而K99发生在犊牛和羔羊。虽然猪肠上皮细胞上K88黏附素受体的数量随着年龄的增长而减少，K88+大肠杆菌菌株还是可引起断奶仔猪的腹泻。F18的受体仅存在于较大的仔猪，因此F18+菌株在断奶仔猪腹泻和水肿病中起重要作用。虽然新生仔猪对具有F6黏附素的大肠杆菌敏感，但3周龄后就能抗细菌定殖。K88和K99两种黏附素都由质粒编码。

- 一种称为紧密素（intimin）的黏附素与黏附/脱落大肠杆菌（attaching and effacing E. coli，AEEC）相关。这种黏附素是LEE毒力岛基因的其中一个产物（LEE是

肠上皮细胞脱落基因座, locus of enterocyte effacement)。紧密素由AEEC菌株 *eae* 基因编码的一种外膜蛋白(*eae*基因是肠上皮细胞黏附/脱落基因, enterocyte attaching and effacing gene)紧密素与转位的紧密素受体(translocated intimin receptor, Tir)结合, 这种受体也由LEE编码, 并从细菌上转位到宿主细胞表面, 形成一个可与紧密素结合的受体。

- AEEC会产生特殊的黏附/脱落(attaching and effacing, A/E)损伤。在这种损伤中, 细菌紧密附着在宿主上皮细胞膜, 导致明显的细胞骨架重排。此外, 病变包括基座形成、微绒毛脱落、未成熟的肠上皮细胞脱落、绒毛变形。虽然AEEC菌株具有LEE毒力岛, 但是导致A/E损伤的确切机制尚不清楚。已知LEE毒力岛编码多种分泌蛋白、Ⅲ型分泌系统、紧密素和紧密素受体, 但在细胞水平导致病变生产的详细过程尚未完全阐明。

- 除了内毒素引起的病理反应, 感染致病性大肠杆菌的病理反应主要是由细菌产生的肠毒素(enterotoxins)、志贺毒素(shiga toxins)或vero毒素(verotoxins), 或细胞毒性坏死因子(cytotoxic necrotizing factor, CNF)引起的(图24.4和图24.5)。其中, 肠毒素只影响肠上皮细胞功能, 而志贺毒素和细胞毒性坏死因子可在其作用部位产生明显的细胞损伤。
  - 已确认有不耐热(LT)和耐热(ST)两种肠毒素。每种类型的肠毒素具有两个亚型。许多从猪分离的产肠毒素大肠杆菌(ETEC)能产生LT1, 通过刺激腺苷酸环化酶活性诱导过多的液体分泌到小肠。大多数产生LT1的ETEC菌株也具有K88黏附素。另一种不耐热毒素, LT2, 存在于某些牛的ETEC毒株中。热稳定肠毒素亚型中的一种, STa, 已被确定存在于猪、牛、羊和人的ETEC一些菌株。这种毒素诱导肠上皮细胞鸟苷酸环化酶活性增加, 导致细胞内鸟苷酸刺激分泌的液体和进入小肠的电解质增加, 抑制从肠道吸收液体。热稳定肠毒素STb也引起氯化物和碳酸氢根离子分泌, 以及通过与STa和LT1不同的机制抑制钠离子吸收。

- 在一些产肠毒素性大肠杆菌(ETEC)和肠致病性大肠杆菌(EPEC), 以及所有肠出血性大肠杆菌(EHEC)中发现了肠聚集型热稳定毒素1(EAST1)。它也是通过刺激环鸟苷酸发挥作用, 但仅生产EAST1的菌株不能导致腹泻(Nagy和Fekete, 2005)。
  - Vero细胞毒素(VT), 也被称为志贺毒素(ST), 与痢疾志贺菌(*Shigella dysenteriae*)的志贺毒素的结构、功能、抗原性类似。这些毒素不耐热并能致死培养的Vero细胞。定殖于肠道的产志贺毒素大肠杆菌(STEC)可损害肠上皮细胞, 当志贺毒素被吸收进入血液, 它会在相对确定的解剖位置, 如猪的中枢神经系统中, 对内皮细胞产生有害作用。志贺毒素在真核细胞中抑制蛋白质合成, 也会导致某些组织更大程度的损害, 这会涉及针对这些毒素的不同受体的差异。血管损伤可导致水肿、出血和血栓形成。志贺毒素ST2e与猪的水肿病相关。
  - 细胞毒性坏死因子CNF1和CNF2, 以及新近发现的CNF3(Orden 等, 2007), 已被证明在动物和人肠外感染大肠杆菌的病例中分离的大肠杆菌的提取物中存在。众所周知, CNF1由染色体编码, 而CNF2由可传递质粒Vir编码。虽然这些毒素已被证明在实验动物和细胞培养中引起病理变化, 但是CNF毒素对动物的致病作用仍不确定。

- α溶血素, 虽然经常是某些大肠杆菌毒力的有效标志, 似乎并不直接构成细菌的毒力, 但是与其他毒力因子的表达密切相关。产生溶血素往往是引起猪水肿病和腹泻的大肠杆菌的一个特征。有人提出, α溶血素的功能可能增加入侵微生物有效利用铁的能力。

- 铁载体(siderophores)是一种铁结合分子, 如气菌素(aerobactin)和肠菌素(enterobactin), 是由某些致病性大肠杆菌合成。当组织中可利用铁的水平低时, 这些铁结合分子可能有助于细菌存活。

■ 临床感染

致病性大肠杆菌引起的主要疾病的种类见图24.4和图24.5。年幼动物的临床感染可能局限于肠道(肠大肠杆菌病, 新生儿腹泻), 或表现为败血症(大肠杆菌性败血症, 全身性大肠杆菌病)或毒血症(大肠杆菌性毒血症)。对于年龄较大的猪, 断奶后肠炎和水肿病都是毒血症的临床表现。成年动物的肠道外局部感染是由于机会性入侵, 可涉及泌尿道、乳腺和子宫的感染。

肠道大肠杆菌病

肠道大肠杆菌病(enteric colibacillosis)主要影响新生犊牛、羊羔和仔猪。口腔感染大肠杆菌致病性菌株, 然后定殖肠道和产生毒素, 是疾病发展的先决条件。在集约化管理的养殖场, 疾病发生率和严重程度增加。这可能是年轻动物严重暴露在致病性大肠杆菌的环境中导致大量感染的结果。贴24.1列出了可能使年幼动物感染致病性大肠杆菌的因素。ETEC产肠毒素菌株具有K88和K99菌毛黏附素，对新生动物腹泻特别重要。这些菌株通过锚定在新生动物肠上皮细胞上的受体，定殖在小肠末端。在检测不到肠细胞形态上损害的情况下，这些菌株产生的肠毒素（LT和STa）刺激引致分泌性腹泻，干扰液体吸收。与此相反，由定殖在小肠末端和结肠引起A/E损伤的大肠杆菌引致肠上皮细胞的坏死，表现为肠上皮细胞生长迟缓、肠绒毛融合。这是该大肠杆菌病的主要特征。这些菌株通过小肠内营养物质的消化不良和吸收障碍，以及结肠黏膜的吸收能力下降引致腹泻。

△ **贴24.1** 促使幼龄动物感染致病性大肠杆菌的因素

- 初乳免疫不足或没有
- 致病性大肠杆菌积累
- 饲养密度高和卫生条件差，增加了微生物传播
- 新生动物正常菌群没有完全建立
- 新生动物的先天性免疫系统存在缺陷
- ETEC黏附素的受体仅在犊牛出生后的第1周存在
- 猪在断奶后仍保留某些黏附素的受体（断奶猪腹泻）
- 小猪的消化道仅适合消化易消化的食物。不消化和不吸收的营养物质的积累会促进大肠杆菌的繁殖
- 寒冷的环境温度和频繁的混合饲养等应激因素

在肠道大肠杆菌病中，犊牛在出生后的头几天就会发生腹泻，粪便的状态多变。在某些情况下，粪便多而稀；有时糊状、呈白色或淡黄色、有腐臭味。腐臭的粪便会黏附在尾部和后肢。动物精神沉郁，继而脱水和酸中毒。轻度影响的动物可能自行恢复。在没有治疗的情况下，受到严重感染的犊牛几天内就会死亡。

仔猪患肠道大肠杆菌病后，可能在出生后24小时内死亡。通常随着病情的发展，整窝仔猪都会受到感染，仔猪拒绝吃奶。水样腹泻迅速导致脱水、虚弱和死亡。虽然羔羊偶尔也会患肠道大肠杆菌病，大肠杆菌引起羔羊败血性疾病更为常见。

大肠杆菌性败血症

犊牛、羊羔和家禽的大肠杆菌全身性感染相对频繁。败血性大肠杆菌菌株具有一些特殊属性耐受宿主的防御机制。它们在感染肠道、肺或脐带组织（脐病）后，侵入血液。

犊牛全身性败血症通常发生在母源抗体水平比较低的个体中，疾病的严重性与低丙种球蛋白血症严重程度相关（Penhale 等，1970）。大肠杆菌败血症常呈现为急性致死性的疾病，表现出内毒素引起的多种临床症状。发热、沉郁、无力、心动过速、有或无腹泻，是该病的早期症状。死亡前的24小时内，可能会发生低温和虚脱现象。在发病的犊牛和羔羊中，脑膜炎和肺炎较常见。从败血症中存活的犊牛和羔羊的关节仍有病菌感染，造成关节肿胀、疼痛、跛行及步态僵硬。

3日龄以上的羔羊发生流涎，并且与大肠杆菌全身性感染相关（King 和 Hodgson，1991；Sargison等，1997）。疾病的特点是严重沉郁、食欲不振、大量流涎和腹胀。这种情况多发生在密闭的产羔区域的羔羊中，发病率可能超过20%，病死率高。许多羔羊在有临床特征的24小时内死亡。死亡是由于内毒素造成的休克。

从败血症中存活的家禽可能发生气囊炎和心包炎。大肠杆菌肉芽肿（Hjärre's disease）的特征是与结核性病变相似的慢性炎症性的变化，这种疾病在产蛋母鸡的剖检中可观察到。

猪水肿病

猪水肿病是一种毒血症，通常发生在断奶后1～2周生长迅速的猪。该病的病因复杂，营养和环境变化和其他应激因素均可促成该病发生。已在这种病例的肠道中分离到少数大肠杆菌溶血性菌株。这些非侵袭性菌株在肠道中繁殖，并产生志贺毒素（ST2e），其被吸收进入血液，损害内皮细胞，随后造成血管周围水肿。

水肿病发病突然，一些动物不显示临床症状就死亡。特征症状包括后肢麻痹、肌肉震颤、眼皮和前额浮肿。由于喉水肿，尖叫声嘶哑。通常，患病动物的粪便坚硬，并在发病36小时内出现死亡，死亡前出现弛缓性麻痹。存活的猪常有神经功能障碍。尸体解剖的特征病变是胃大弯和结肠肠系膜水肿。组织学能检测到中枢神经系统血管周围水肿，这是引起神经功能障碍的原因。脑脊髓血管病（cerebrospinal angiopathy）中有明显的血管壁纤维素

样坏死，可能在急性水肿病存活动物中发生。

仔猪断奶后腹泻

这种情况发生在仔猪断奶后1～2星期，经常由于饲料或管理模式发生改变所致，并可能与轮状病毒混合感染。该病大多数的暴发都与ETEC菌株相关，但EPEC可能也参与。临床症状各不相同，从伴随食欲不振的无热病到严重的水样腹泻。腹泻和局部皮肤发绀很常见。有些动物可能突然死亡（van Béers Schreurs 等，1992）。

大肠菌乳腺炎

牛和猪的乳腺感染包括大肠杆菌在内的肠杆菌科细菌，通常是机会性的。奶牛是通过粪便污染乳腺部位的皮肤而感染的，挤奶后乳头括约肌的放松会增加对细菌的易感性。宿主因素是疾病发生的主要因素（第93章）。体细胞计数值较低的奶牛特别容易受到感染。这种形式的乳腺炎并没有确定是由哪些特定血清型的大肠杆菌引起。疾病急性形式的特点是内毒素血症，并可危及生命。最急性者可能在24～48小时内死亡。发病动物会严重沉郁，伴随耳朵下垂和眼睛凹陷。乳腺分泌物稀薄，并含白色微小颗粒。

泌尿生殖道感染

某些尿道致病性大肠杆菌机会性上行感染泌尿道，会导致膀胱炎，尤其会导致母犬的膀胱炎。这些菌株具有促进定殖黏膜的菌毛等毒力因子。

机会致病性大肠杆菌入侵增生的子宫内膜，是发生犬子宫蓄脓的一个重要因素。犬的前列腺炎也与机会致病性大肠杆菌侵袭有关。

■ 诊断程序

根据感染动物的年龄和品种，以及临床症状和病程长短，可判定感染的类型和疾病的种类。标本选择、实验室诊断程序、适当的治疗和控制措施，都受疾病的历史和进程，以及感染的系统或器官的影响。

- 合适的标本包括肠道疾病动物的粪便样本，败血症动物的组织标本，乳腺炎动物的牛奶样品，中段尿液和子宫蓄脓或子宫炎疑似病例的宫颈拭子。

- 标本培养在血琼脂和麦康凯琼脂上37℃需氧培养24～48小时。

- 菌株鉴定标准：
  - 在血琼脂上，菌落为灰色、圆形、有光泽、有特殊气味。菌落可能有溶血或不溶血。
  - 麦康凯培养基上形成鲜红色的菌落。
  - IMViC试验可用于确认大肠杆菌（表24.1）。
  - 有些大肠杆菌菌落在EMB琼脂上有金属光泽。
  - 完整的生化反应特征对鉴定引起乳腺炎或膀胱炎的大肠菌是必需的。
  - 发现某些血清型与某些疾病症状相关，而检测O和H抗原的平板凝集试验常用于这些血清型鉴定。

- 在疑似大肠杆菌败血症病例中，从血液或实质性器官中，通过纯培养，分离到大肠杆菌，即可确诊。

- 当怀疑产肠毒素大肠杆菌是致病菌时，可通过免疫学方法和聚合酶链式反应 等分子生物学技术来检测肠毒素或菌毛抗原。
  - 采用单克隆抗体可以检测小肠中的肠毒素（Carroll等，1990），其中的一些试剂已商品化。
  - 为了让菌毛抗原表达，分离株应在Minca培养基上传代培养。菌毛抗原可使用酶联免疫吸附试验或乳胶凝集试验鉴定（Thorns 等，1989）。
  - 用针对编码热不稳定和热稳定肠毒素特定基因的引物，通过PCR技术，可鉴定产肠毒素大肠杆菌菌株。用于检测对兽医有重要意义的大肠杆菌肠毒素和其他毒力因子的基因探针和PCR引物，已有综述（DebRoy 和 Maddox，2001）。

- 虽然志贺毒素型（shigatoxigenic）和坏死性毒素型（necrotoxigenic）菌株产生的毒素可以通过Vero细胞分析法检测（Wray 等，1993），但现在更常使用PCR方法鉴定编码毒素的基因。用于鉴定黏附/脱落大肠杆菌的PCR引物已有报道（Fröhlicher 等，2008）。

■ 治疗

治疗措施的性质和持续时间取决于病程的严重程度和持续时间。

- 治疗新生犊牛腹泻，可在牛奶中补充含有电解质的液体。严重脱水犊牛需要进行静脉补液治疗。

- 患低丙种球蛋白血症的犊牛可静脉注射牛丙种球蛋白。

- 如果需要，大多数动物可通过口服在胃肠道发挥作用的抗菌化合物，治疗肠道疾病。全身和局部感染采用消化道外给药途径进行治疗。药物的使用应根据分离株的药敏试验结果进行。

- 大肠杆菌对抗菌药物的耐受性是一个重要问题，尤其是对密集饲养的猪和家禽等动物。大肠杆菌对三种或更多类抗菌药物的多重耐药性很常见，尤其是猪和家禽屠宰时的分离株，和养殖场动物及宠物的临床分离株（White 等，2002；Anon，2004a；Fairbrother 等，2005；Lloyd，2007）。耐药性不断增加必须引起重视，因为耐药性大肠杆菌可通过食物或直接接触从动物传播给人。此外，感染动物的大肠杆菌的多重耐药还限制了治疗方案，并在某些情况下可能导致治疗失败。动物源分离的大肠杆菌对新的抗菌制剂的耐药性尤其需要特别关注。已在许多国家和大多数动物分离到分泌更广谱的 β-内酰胺酶的菌株（Li 等，2007）。在动物中，尤其在临床病例中，耐氟喹诺酮类抗生素是一个新的问题（Anon，2004a,b）。
- 由于广泛的局部组织损伤，大肠菌乳腺炎的乳房内治疗往往价值有限。治疗目的是阻止休克的发生，以及通过对感染的乳区进行频繁地挤乳来清除这些乳区中的有毒物质。

■ 控制

- 新生动物应该出生后不久获得足量的初乳。母源抗体可以防止致病性大肠杆菌定殖肠道。出生后肠道丙种球蛋白的吸收逐渐减少，36小时后可以忽略不计。
- 应为新生动物提供一个干净温暖的环境。
- 饲料的供应可能与水肿病的发生和其他断奶后的状况有关。为避免可能有助于疾病发生的应激因素，应逐步引入新的饲料。
- 疫苗接种对少数由大肠杆菌引致的疾病有预防价值。用于预防仔猪和犊牛肠道疾病的大肠杆菌疫苗接种方法包括：
    - 用纯化的大肠杆菌K99菌毛或全菌体制剂，与轮状病毒抗原一起接种怀孕母牛，可用于提高母源抗体的保护水平（Snodgrass, 1986）。
    - 含有致病性大肠杆菌流行血清型的商品化灭活疫苗可用于怀孕母猪。目前正在进行针对断奶猪腹泻的口服疫苗研究，这种疫苗是含有特定菌毛黏附素的减毒大肠杆菌（Fairbrother 等，2005）。
    - 有一种商品化的疫苗可以预防奶牛大肠杆菌乳腺炎（第93章）。
- 抗病育种是一种有用的方法，并已商品化使用，以减少易感猪的数量。在瑞士，育种政策已经实施，这大大减少了对大肠杆菌F18腹泻菌株敏感的猪的数量

（Fairbrother 等，2005）。

- 控制动物大肠杆菌感染不仅对预防动物疾病有用，对公众健康也很重要。控制牛肠出血性大肠杆菌（enterohaemorrhagic E. coli）O157的方法有大量研究。迄今为止，只有喂养含有嗜酸乳杆菌（Lactobacillus acidophilus）的益生菌能减少大肠杆菌O157对环境的污染（LeJeune 和 Wetzel，2007），并且这种结果可以重复实现。此产品在美国已商品化。

◉ 沙门菌一些血清型

沙门菌（Salmonellae）通常可游动，不发酵乳糖（表24.1），发酵乳糖的菌株很少见。根据Kaufmann 和White鉴定菌体（O）和鞭毛（H）抗原的分类体系，沙门菌有超过2 500个血清型。偶尔也会检测荚膜（Vi）抗原。在这个分类体系的修改方案中，沙门菌分为肠道沙门菌（S. enterica）和邦戈尔沙门菌（S. bongori）两个种，这个体系已被国际原核生物分类委员会的司法委员会认可，即该委员会2005年第80条意见（Anon，2005）。肠道沙门菌被分为六个亚种（Le Minor 和 Popoff，1987；Reeves 等，1989）。大多数对兽医有重要意义的沙门菌属于肠道沙门菌肠道亚种。这个亚种进一步通过血清型分型以获得最终的命名，如肠道沙门菌肠道亚种鼠伤寒血清型。噬菌体分型系统用于少数血清型，如鼠伤寒沙门菌和肠炎沙门菌的菌株分离株的鉴定，也用于一些分离株的流行病学调查。

沙门菌一些血清型分布世界各地。它们感染许多哺乳动物、鸟类和爬行动物，并主要通过粪便排泄到外界。摄入是感染沙门菌的主要途径，虽然它也可以通过上呼吸道黏膜和眼结膜感染（Fox 和 Gallus，1977）。细菌定殖和持续存在于扁桃体中，对猪的感染很重要（Boyen 等，2008）。该菌可以在水、土壤、动物饲料、生肉、内脏和蔬菜中存在。环境污染源主要是粪便。在家禽，某些血清型，如肠炎沙门菌，可感染卵巢，且这种微生物可从鸡蛋中分离。沙门菌可以存活在潮湿阴凉的土壤中长达9个月（Carter 等，1979），在家禽空舍中至少存活1年，在家禽饲料中可存活2年以上（Davies 和 Wray，1996）。

■ 致病机理和致病性

肠道沙门菌的大多数血清型可以感染多种宿主

动物，宿主适应性菌株仅是某些血清型，这种现象在特定的噬菌体分型中也能观察到。宿主特异性的分子基础还没有充分阐明，但宿主适应性的血清型往往会引起比非适应性血清型更严重的疾病。沙门菌的一些血清型的毒力与它们在上皮细胞入侵和繁殖的能力有关。巨噬细胞内生存对发生全身性疾病是必需的。沙门菌的许多毒力因子是由沙门菌毒力岛（Salmonella pathogenicity island，SPI）和毒力质粒编码。沙门菌毒力岛是由位于细菌染色体或质粒的毒力基因簇构成，至今已描述了18个毒力岛（Hensel，2004；Fuentes 等，2008）。并非所有的血清型包含全部18个SPIs，每个毒力岛的确切功能尚未阐明。

沙门菌一旦被摄入，必须在胃酸环境中存活，这些微生物拥有许多策略来避免或修复由酸所造成的损伤。有两个主要类型的酸耐受反应，一个是在指数增长阶段起作用，另一个在稳定期起作用。这些系统能通过产生多种酸休克蛋白，对抗有机和无机酸的损伤。微生物在胃中也可以通过其周围包裹的食物获得保护。如果该菌被包含在脂肪含量高的食物中，则感染需要的细菌数量可能会下降（de Jong 和 Ekdahl，2006）。在肠道，细菌通过菌毛黏附在黏膜上。沙门菌能产生几种不同类型的菌毛，包括1型菌毛和长而有极性的菌毛。后者似乎在细菌结合到肠系膜淋巴集结和M细胞表面的过程中发挥更重要的作用（Bäumler 等，1996）。SPI-10编码的Sef菌毛，只在有限的几个血清型中被发现，它是决定宿主特异性的因素之一（Hensel，2004）。

细菌附着在肠黏膜细胞表面后，诱导细胞膜边缘皱褶（Salyers 和 Whitt，1994）。边缘皱褶（ruffling）是细菌进入非吞噬细胞的一种机制，是由SPI-1基因编码的蛋白质功能之一。该毒力岛存在于迄今已经发现的肠道沙门菌所有血清型中，它的一个主要效应物是Ⅲ型分泌系统（Type Ⅲ secretion system，TTSS）。TTSS是一种蛋白质复合体，形成针状结构以利于毒力因子由细菌向宿主细胞转移（Foley 和 Lynne，2008）。其中的一些毒力因子是蛋白质，它们与宿主细胞的肌动蛋白细胞骨架相互作用，引起骨架重排，形成皱褶。皱褶能促进细菌被吸收进入膜结合小泡，这种小泡称为含沙门菌的小泡（Salmonella-containing vesicle，SCV），往往相互融合。细菌在这些小泡中繁殖，并最终从细胞中释放出来，对细胞造成轻微或短暂的损伤。通过TTSS转移的其他物质能激活分泌途径，并

改变细胞内的离子平衡（Wallis 和 Galyov，2000）。此外，效应蛋白导致中性粒细胞聚集，并因此产生炎症，以及干扰液体和离子平衡，从而导致腹泻（Foley 和 Lynne，2008）。牛感染沙门菌后，SPI-1及SPI-5编码的基因都参与炎症反应和肠道离子和液体的分泌（Jones 等，1998）。

影响沙门菌一些血清型对宿主全身进行侵袭的许多基因都聚集在SPI-2。这个毒力岛也编码一个TTSS，但这个TTSS内的基因仅在宿主细胞内酸化的SCV中表达。这个分泌系统的效应蛋白参与沙门菌丝状物的形成（Abrahams 和 Hensel，2006）。这些丝状物的确切功能还未知晓，但它们在沙门菌的细胞内繁殖中发挥作用。效应蛋白似乎也保护细胞内细菌免受杀菌化合物的作用，如宿主细胞产生的活性氧中间物。除了这些保护细胞内细菌的机制，SPI-2还阻止吞噬溶酶体融合。抵抗吞噬细胞的消化作用和补体的致死作用有利于宿主体内细菌的传播。质粒编码的毒力基因，包括对细胞内细菌增殖非常重要的spv基因，和其他编码抵抗血清补体的基因，在细菌对宿主全身进行侵袭中发挥重要作用（Foley 和 Lynne，2008）。抵抗补体杀死作用在某些程度上是依赖于脂多糖（LPS）O抗原链的长度。脂多糖的长链可以阻止膜攻击复合体与细菌细胞膜相互作用，继而阻止其破坏细菌的细胞膜（Salyers 和 Whitt，1994）。LPS还与沙门菌感染的内毒素效应有关。这可能有助于引起局部炎症反应，从而破坏肠上皮细胞，并导致腹泻。细菌细胞壁中LPS也介导败血性沙门菌病的内毒素休克。虽然在伤寒血清型中发现一种RTX（毒素的重复区）样蛋白（Parkhill 等，2001），但沙门菌一些血清型外毒素的产生尚未清楚。

■ 临床感染

沙门菌病在动物中经常发生，包括从亚临床带菌状态到急性致死性败血病。某些沙门菌的一些血清型，如鸡白痢沙门菌（Salmonella Pullorum）、鸡沙门菌（Salmonella Gallinarum）、猪的猪霍乱沙门菌（Salmonella Choleraesuis）和牛的都柏林沙门菌（Salmonella Dublin）都有相对的宿主专一性。与此相反，鼠伤寒沙门菌（Salmonella Typhimurium）具有较广泛的宿主范围。成年健康食肉动物被认为对沙门菌病有天然的抵抗性。

沙门菌常定殖于动物的回肠、盲肠和结肠黏膜，

以及感染的肠系膜淋巴结。虽然大多数细菌能通过宿主的防御机制从组织中清除，但亚临床感染可能持续将少量的沙门菌排泄到粪便中。潜伏感染中，沙门菌存在于胆囊或肠系膜淋巴结，但不排出。如果感染动物受到应激，亚临床和潜伏感染可能发展成临床疾病。这些应激因素列于贴24.2。其中一些因素，如运输和拥挤，被证明在年幼的动物、成年羊和马的疾病暴发中发挥重要作用。沙门菌病在成年牛中的发生通常是零星的，往往也与应激有关。

决定感染的临床结果的其他因素包括沙门菌的摄入量、感染血清型或菌株的毒力、宿主的易感性。宿主易感性可能与免疫状态、基因组成或年龄有关。年轻和虚弱或老年的动物特别易感，并可能由此发展为败血症。

在大多数动物中，沙门菌病的肠道形式和败血症形式都有发生。一些沙门氏菌的血清型与动物流产有关，母畜往往没有明显的临床症状。对家养动物有重要意义的沙门菌一些血清型和其感染的结果见表24.3。都柏林沙门菌引起牛的多种临床症状（表24.4）。末端干性坏疽和骨病变是犊牛都柏林沙门菌慢性感染的常见表现（Gitter 等，1978）。

△ 贴24.2　可能激活隐性或亚临床沙门菌感染的应激因素

- 并发感染
- 运输
- 拥挤
- 怀孕
- 极端环境温度
- 脱水
- 口服抗菌治疗
- 突然饲料变换，改变肠道菌群
- 需要全身麻醉的手术

肠道沙门菌病（enteric salmonellosis）

由沙门菌引起的小肠结肠炎影响大多数种类的动物，且不分年龄。该病急性形式的特点是发热、沉郁、厌食，伴随含有血液、黏液和脱落上皮的恶

表24.3　有临床意义的沙门菌一些血清型和感染结果

血清型	宿主	感染结果
鼠伤寒沙门菌	多种动物	小肠结肠炎和败血症
	人	食物中毒
都柏林沙门菌	牛	多种疾病
	羊、马、犬	小肠结肠炎和败血症
猪霍乱沙门菌	猪	小肠结肠炎和败血症
雏沙门菌	鸡	鸡白痢（杆菌白色腹泻）
鸡沙门菌	成年鸟	禽伤寒
亚利桑那沙门菌	火鸡	亚利桑那或副大肠杆菌感染
肠炎沙门菌	禽	禽亚临床感染
	多种动物	哺乳动物的临床疾病
	人	食物中毒
勃兰登堡沙门菌	羊	流产

表24.4 牛的都柏林沙门菌感染

感染结果/年龄组	注释
亚临床粪便排泄/所有年龄	大部分感染的可能结果。少量沙门菌间歇地排入粪便
潜在携带者/所有年龄	沙门菌存在于胆囊。没有微生物排泄
急性或慢性肠道疾病/所有年龄	伴随含血、黏膜和上皮细胞碎片或脱落的腐臭粪便的小肠结肠炎
败血症/所有年龄	伴随发热和沉郁的潜在的致死性疾病。可能存在腹泻或痢疾。奶牛产奶量急剧下降。急性疾病存活的犊牛可能发展成关节炎（关节病）、脑膜炎或肺炎
流产	在一些欧洲国家是流产的常见原因
关节病/犊牛	可能伴随败血症或脐带感染
骨髓炎/幼年动物	通常涉及颈椎骨和四肢末端的骨。在颈部骨髓炎中，有与脊髓压迫症相关的神经症状
末端干性坏疽/犊牛	由于内毒素血症造成广泛的血管内凝集，导致后肢、耳和尾的末梢部分局部缺血或坏疽

臭性腹泻，脱水导致体重减轻，怀孕动物可能流产。严重感染的幼龄动物会卧地不起，并可能在感染后的几天内死亡。在有地方性沙门菌病的养殖场，此病常呈现温和的临床症状，这与获得性免疫有关。猪、牛和马的急性沙门菌病可演变为慢性小肠结肠炎。间歇性发热、粪便柔软和逐渐体重减轻导致消瘦，是慢性小肠结肠炎的共同特点。

败血性沙门菌病（septicaemic salmonellosis）

败血性形式可以发生在所有年龄的动物，但最常见于4月龄内的犊牛、新生马驹和猪。临床上表现为突然高热、沉郁和倒卧。如果延误治疗，许多患败血性沙门菌病的幼龄动物会在48小时内死亡。幸存动物会发生持续腹泻、关节炎、脑膜炎或肺炎。

感染败血性猪霍乱沙门菌的猪，耳朵和鼻子变蓝色是其一个特点。并发病毒感染往往会引致严重的临床症状。猪霍乱沙门菌以前称为"猪霍乱杆菌（hog-cholera bacillus）"。它和猪瘟病毒共同或单独感染，都可出现相似的临床特征和病理变化，表示这两种病原并发感染可加剧病情，且临床上难以区分这两种病原所致的疾病。

禽的沙门菌病

雏沙门菌、鸡沙门菌和肠炎沙门菌（Salmonella Enteritidis）可感染母鸡卵巢，并可通过蛋传播。未完全煮熟的蛋中的肠炎沙门菌可致人食物中毒（Cooper，1994）。

鸡白痢或雏沙门菌引起的沙门菌鸡白痢侵袭2~3周龄的雏鸡和幼火鸡，死亡率高，且感染的禽类蜷缩在热源附近，厌食、沉郁，整个周围环境有白色粪便。特征性病变包括整个肺部出现白色结节，肝和脾出现局灶性坏死。

鸡沙门菌引起的鸡伤寒（fowl typhoid）对雏鸡和小火鸡产生类似于鸡白痢的病变。然而，在鸡伤寒长期流行的国家，成年禽可出现败血性疾病，往往导致禽突然死亡。特征病变包括肝脏肿大、易碎、呈胆汁颜色及脾脏肿大。由于雏沙门菌和鸡沙门菌具有相似的菌体抗原（表24.5），这两个病原通过同一血清学试验和鸡白痢扑杀政策，已在许多国家得到根除。

副伤寒是指家禽感染如肠炎沙门菌和鼠伤寒沙门菌这些多种宿主共患的沙门菌。这些感染通常在禽类是亚临床症状。

■ 诊断程序
· 根据以前的疾病暴发史、感染的年龄组和临床表现可推测是沙门菌病。
· 尸检时，常观察到小肠结肠炎（炎症部位有带血的

表24.5　菌体和鞭毛抗原和所选择的沙门菌血清型的血清群

血清型	血清群	菌体抗原	鞭毛（H）抗原	
			第1相	第2相
鼠伤寒沙门菌	B	1，4[5]，12	i	1，2
猪霍乱沙门菌	C1	6，7	c	1，5
猪霍乱沙门菌昆岑多夫生物型	C1	6，7	[c]	1，5
肠炎沙门菌	D1	1，9，12	g，m	[1，7]
都柏林沙门菌*	D1	1，9，12	g，p	–
鸡沙门菌	D1	1，9，12	–	–
雏沙门菌	D1	9，12	–	–
鸭沙门菌	E1	3，10	e，h	1，6

1：其存在依赖于噬菌体转换；[ ]：抗原可能存在或不存在；*：都柏林沙门菌菌株可能有Vi荚膜抗原。

黏液）和肠系膜淋巴结的肿大。

- 实验室确认是必需的。提供的标本应包括活体动物的粪便和血液、死亡动物的肠内容物、病变组织样本和反刍动物流产胎儿真胃内容物。
- 从血液或实质性器官分离到沙门菌可确认败血性沙门菌病。
- 直接接种粪便、肠内容物或胎儿皱胃内容物至培养平板上，有大量沙门菌生长，可强有力地推测疾病的病因。从粪便中分离到少量沙门菌通常表明动物处于带菌状态。
- 由于诊断沙门菌一些血清型引起的肠炎的临床标本经常含有其他种类的细菌，这些样本应直接接种到BG和XLD琼脂平板上，并同时接种用于选择性富集和随后的传代培养的肉汤，这些肉汤中加入亚硒酸F、拉帕波特（Rappaport）或四硫磺酸盐肉汤（图24.6）。平板和选择性富集培养肉汤在37℃需氧培养48小时。用RV（Rappaport-Vassiliadis）肉汤需在41.5℃培养。用富集培养液培养24和48小时后进行传代培养。如果被检测动物是亚临床感染沙门菌，或检测的是有少量微生物存在的环境样品，需要在蛋白胨缓冲液等肉汤中过夜培养，进行非选择性富集，然后才能进行选择性富集。

- 分子技术现在通常用于临床和环境样品中沙门菌的检测，其主要优势是获得结果的速度快。PCR和实时PCR技术可直接应用于样品检测，对预测是极少量微生物污染的样品，可以先富集过夜，然后再进行PCR。
- 分离株的鉴定标准：
  - 在BG琼脂上，菌落和培养基为红色表明是碱性。在XLD琼脂上，菌落为红色表明是碱性，中心为黑色表明产生硫化氢。
  - 可疑菌落从选择性培养基转移至TSI琼脂和赖氨酸脱羧酶肉汤中，37℃传代培养18小时，确定其沙门菌的生化特性（表24.1和表24.2）。
  - 如果TSI琼脂和赖氨酸脱羧酶肉汤的反应还不确定沙门菌，需要用一系列的生化试验进行沙门菌的最终鉴定。
  - TSI琼脂斜面上的分离株可用商品化的玻片凝集试验进行进一步确认，这些凝集试验测定的是细菌的O和H抗原。具有共同O抗原血清型菌株被分为同一个血清群（表24.5）。
  - 同时具有第1相（特异性的）和第2相（非特异性的）鞭毛（H）抗原的血清型被称为双相血清型。H抗原这两个相必须确定。这些血清型中的

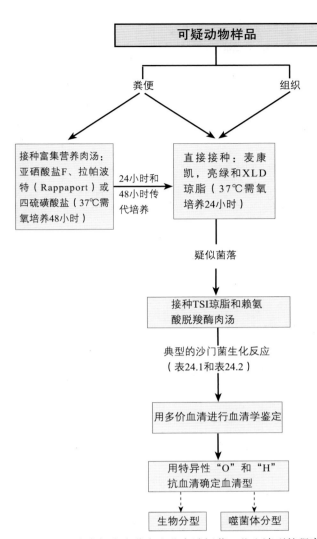

图24.6　从临床标本中分离和鉴定沙门菌一些血清型的程序

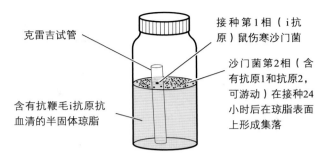

图24.7　测定沙门菌位相变化的克雷吉（Craigie）试管法
用双相鼠伤寒沙门菌说明该方法的原理。该菌第1相有鞭毛抗原。将该菌第1相接种到一个克雷吉试管中，该试管放置在含有抗鞭毛抗原血清的半固体琼脂中，并在37℃需氧培养24小时。沙门菌第1相在抗血清中凝集和固定；而沙门菌第2相（含有抗原1和抗原2，可游动）不被固定。从克雷吉试管底部游出的第2相沙门菌可在琼脂表面繁殖。

表24.6　雏沙门菌和鸡沙门菌生物型的鉴别

	雏沙门菌	鸡沙门菌
葡萄糖（气）	+	−
己六醇	−	+
麦芽糖	−	+
鸟氨酸	+	−
鼠李糖	+	−
运动性	−	−

大多数微生物通常具有单相的H抗原，并能与相应的抗血清发生凝集。然而，少数细菌存在相的交替变化，可以通过一个称为"相变（phase changing）"的程序进行选择（图24.7）。尽管术语"相变"已经被用于描述如图24.7所示的过程，"相选择（phase selection）"可能是一个更准确的词。这些细菌的两个相都被确定后，用于血清分型的标准抗原才是完整的。

— 对于不能采用抗原区分血清型的菌株，生物分型是必需的，如雏沙门菌和鸡沙门菌（表24.6）。

· 噬菌体分型广泛用于流行病学研究，可鉴定具有多重耐药性和毒力增强等特殊的菌株。重要的噬菌体分型的例子是具有多重耐药性的鼠伤寒沙门菌DT（确定型）104型，和存在于家禽产品、通常引致人类食物

中毒的肠炎沙门菌PT（噬菌体型）4型。

· 在检测大批量动物时，ELISA和血清凝集试验有很大价值。血清样本的抗体效价上升，表明了动物曾经处于感染活跃期。

· 分子生物学技术已用于一些血清型鉴定。例如，O'Regan等（2008）建立了一个多重PCR，用于鉴定和区别家禽样本中的沙门菌肠炎，鸡、鼠伤寒，肯塔基和都柏林等血清型。

■ 治疗

· 抗生素治疗应根据药敏试验结果，因为编码多种抗生素耐受性的R质粒在沙门菌中较常见。

· 用于治疗肠道沙门菌病的口服抗生素应谨慎，因为它可能扰乱正常的肠道菌群、延长沙门菌排泄期、增加耐药性产生的可能性。在败血性疾病中，必须使用静脉注射抗生素进行治疗。

· 液体和电解质替代疗法在治疗脱水和休克中是必要的。

· 和肠杆菌科的其他成员一样，沙门菌对抗生素的耐受

性，包括多重耐受性，是人类和动物健康维护的一个重大问题。许多国家每年都建立沙门菌分离株耐受性的档案，因而可以监测这种耐药性发展趋势。许多国家的报告都记录了严重的多重耐药性。在1999—2005年，从丹麦养殖的猪中分离的鼠伤寒沙门菌，对四环素、氨苄青霉素和磺胺类药物的耐药性显著增加，这与相应的抗菌药物在猪产业中使用增加是一致的（DANMAP，2005）。在美国，44%来自屠宰场和疫病诊断的沙门菌分离株至少耐一种抗生素（Anon，2006）。新近，在动物和人类的分离株中增加了广谱头孢菌素耐药株，需引起特别关注，因为头孢曲松是治疗16岁以下儿童全身性沙门菌病的一个重要药物（Foley 和 Lynne，2008）。耐药性可以在沙门菌和相关细菌之间转移。更值得关注的是，编码抗生素耐药性和毒力因子的质粒可自然形成，并且含有这种质粒的菌株因为不适当的抗生素使用可被筛选出来。这种耐药性和毒力变化的菌株出现，对兽医和医学领域提出了许多挑战（Fluit，2005）。

■ 控制

沙门菌病的控制基于减少暴露感染的风险。集约化饲养的肉用动物比自由放养的禽类或哺乳动物更有可能受感染，且这种受感染的动物是人类感染的一个主要来源（Cooper，1994）。

• 清除动物感染沙门菌病的措施：
—如果可行，应实施封闭式饲养。
—购买的动物应该来源可靠，并且进行隔离饲养，直到连续3周每周采样检测沙门菌均为阴性。
—应采取措施防止食物和水污染。在这方面，啮齿动物的控制是非常重要的。
—人员进入孵化场、育雏间和猪病较少的猪舍，应穿防护服和防护鞋。

• 减少环境污染的措施：
—对建筑物和设备进行有效的清洁和消毒是必不可少的。
—应该避免过度放牧和过度拥挤。
—若可能，畜禽粪便可播撒到耕地或牧场上，但播撒后应至少间隔2个月，才能在这些场地中放养动物。
—应避免连续在饲养场饲养易感动物。

• 提高抗病力和减少临床疾病的策略有：
—疫苗接种，应用于牛、羊、猪和家禽。能刺激体液免疫和细胞免疫的改良活疫苗比灭活菌苗更有效，

但公众的看法是灭活或亚单位疫苗才是安全的。接种针对引起全身性疾病的血清型的疫苗，比接种针对多种宿主共患的血清型、以预防肠道定殖为目的疫苗更有效。然而，只有几个国家采用接种疫苗措施，进行家禽沙门菌病的控制。现代分子技术有可能推动更有效、更安全的疫苗的开发（Barrow，2007）。
—定殖抑制或竞争排斥，也就是针对新孵出的小鸡，使用成年鸡肠道菌群制剂，被成功用于预防家禽沙门菌的感染。此外，目前正在研究可用于1日龄雏鸡口服的减毒沙门菌疫苗，这种疫苗也会达到阻止有毒力的沙门菌的定殖效果（Barrow，2007）。
—在动物管理、动物外科手术或动物治疗中，制订适当的决策，以减少应激因素的影响（贴24.2）。
—尽可能避免以预防或促进增长为目的饲喂抗菌药物。

• 控制沙门菌病暴发的措施：
—检测和消除传染源是必不可少的。
—应隔离临床感染动物。
—应限制动物、车辆和人员的流动。
—重要地点应有合适的消毒剂，如3%的碘伏，进行足浴，以限制沙门菌的传播。
—必须小心处理污染的尸体和垫料。
—污染的建筑物和用具要彻底清洁及消毒。消毒剂的选择是根据建筑物规模、清洁程度和用具的性质确定的。3%的次氯酸钠或碘伏适用于表面清洁。酚类消毒剂适用于残留有机物质的建筑物的消毒。甲醛熏蒸是禽舍最有效的消毒方法。
—当牛群暴发疾病时，接种疫苗可限制感染的传播（Wray，1991）。
—工作人员接触被感染的动物，应意识到被感染的风险。

◎ 耶尔森菌（*Yersinia*）

除鼠疫耶尔森菌（*Y. pestis*）外，耶尔森菌都是可游动的，而且不发酵乳糖（表24.1）。虽然有超过10种的耶尔森菌，但只有鼠疫耶尔森菌、小肠结肠炎耶尔森菌（*Y. enterocolitica*）和假结核耶尔森菌（*Y. pseudotuberculosis*）对人类和动物有致病性（表24.7）。鲁氏耶尔森菌（*Y. ruckeri*）引起某些鱼的口周围出血性炎症。耶尔森菌的生长往往比肠杆菌科的其他成员速度慢。感染动物组织涂片的姬姆萨染

表24.7　感染耶尔森菌的结果

耶尔森菌的种类	宿主	感染的结果
小肠结肠炎耶尔森菌	猪，其他养殖动物，野生动物	亚临床肠感染，机会性肠炎
	母羊	散发流产
	人	胃小肠结肠炎
假结核耶尔森菌	农场饲养的鹿、绵羊、山羊、牛、水牛、猪	幼龄动物的肠炎，老龄动物普遍存在的亚临床感染，肠系膜淋巴结炎
	牛、绵羊、山羊	散发流产
	豚鼠、其他实验动物	局灶性肝坏死，败血症
	笼养的鸟	败血症
	人	小肠结肠炎，肠系膜淋巴结炎
鼠疫耶尔森菌	人	腹股沟鼠疫和肺鼠疫
	啮齿动物	森林鼠疫
	猫	猫鼠疫

第三篇

色显示为两极着染的特征。

　　血清分型和生物分型方法被广泛用于鉴定致病性耶尔森菌。假结核耶尔森菌的21个血清群中，血清型Ⅰ、Ⅱ和Ⅲ包含着大部分致病菌株。小肠结肠炎耶尔森中有5个生物型和超过50种血清型。菌体抗原2、3、5、8和9存在于这种细菌造成的临床感染的分离菌株。血清O：9型尤其重要，这是因为它与布鲁菌具有相同的抗原，在布鲁菌凝集试验中可引起假阳性反应。

　　假结核耶尔森菌和小肠结肠炎耶尔森菌存在于多种野生哺乳动物、禽类和养殖动物的肠道中。所有这些动物都可能成为感染的疫源库。许多禽类可作为病菌增殖的宿主，也可以机械性地传播这些病原微生物（Cork 等，1995）。这两种细菌都可在一个很宽的温度范围（5～42℃）生长，在阴凉潮湿的条件下能长期存活。

　　在流行地区，野生啮齿动物是鼠疫耶尔森的重要疫源库。跳蚤，尤其是印度鼠蚤（Xenopsylla cheopis）、东方鼠蚤（Oriental rat flea），会向人类和其他动物传播感染。跳蚤从患菌血症的宿主摄食，细菌因此进入蚤的胃肠道并进行增殖，导致跳蚤的胃肠道堵塞。这有效地阻止了跳蚤获取营养，使它不断寻求其他动物以汲取营养。在跳蚤吸食时，将耶尔森菌反流到新宿主被叮咬的伤口。鼠疫耶尔森菌在野外野生啮齿动物和相关的跳蚤中保持着疫源性循环，虽然犬和猫的跳蚤可以感染鼠疫耶尔森菌，但它们不能有效地传播感染。

■ 致病机理和致病性

　　致病性耶尔森菌是兼性细胞内微生物，并且能在巨噬细胞内生存，这很重要，尤其是在感染的早期阶段。随后在疾病过程中，发现大量的胞外细菌，且细菌的生存似乎部分依赖于巨噬细胞功能的抑制。致病性耶尔森菌的三个种质粒或染色体编码的毒力因子，其中一些毒力因子是所有三个种共有的。然而，鼠疫耶尔森菌可产生另外的毒力因子，并且比假结核耶尔森菌和小肠结肠炎耶尔森菌致病性更强，后两者很少产生全身性感染。小肠结肠炎耶尔森和假结核耶尔森菌引起肠道疾病的致病机理还不完全清楚，这两种细菌都通过肠系膜淋巴集结的M细胞进入黏膜层，黏附并入侵这些细胞，这些作用由透明质酸酶及与细胞表面结合素具有亲和作用的粘连/入侵蛋白所促进。一旦进入黏膜层，细菌即被巨噬细胞吞噬，它们在巨噬细胞内生存并被转运到肠系膜淋巴结（Brubaker，1991）。巨噬细胞内细菌的生存是通过阻止含有耶尔森菌的吞噬小体的酸化实现的，这已在鼠疫耶尔森菌中被证实（Pujol 等，2009）。细菌在淋巴结中的繁殖伴随着坏死性损伤和中性粒细胞浸润的发生。这三种致病性耶尔森菌共有的一个重要毒力因子是Ⅲ型分泌系统，它由pYV质粒编码，类似于沙门菌中发现的TTSS，TTSS允许效应蛋白易位到宿主细胞表面。这些效应蛋白被称为耶尔森菌外膜蛋白质（Yersinia outer proteins，Yops）。其中一些蛋白转移到吞噬细胞中，干扰吞噬作用并产生活性氧（Cornelis，2002）。

鼠疫耶尔森菌比假结核耶尔森菌和小肠结肠炎耶尔森菌更具侵袭力，并且拥有这种病原所特有的由两个质粒所编码的一些毒力因子：抗吞噬荚膜蛋白（Fraction 1）和磷脂酶D的产生由同一个质粒编码；能帮助其全身性蔓延的纤溶酶原激活物由另一个质粒所编码。磷脂酶D是该菌在传播该菌的跳蚤的肠中存活所必不可少的。内毒素具有类似于肠杆菌科其他成员所产生的内毒素的性质，也有助于疾病的发生。

鼠疫耶尔森菌、假结核耶尔森菌和小肠结肠炎耶尔森菌的某些血清型包含一种染色体元件，即高致病毒力岛，其编码基因能促进铁的吸收。

■ 临床感染

假结核耶尔森菌引起的多种野生和养殖动物的肠道感染往往是亚临床的。此菌感染败血症，即假结核，可在实验室啮齿动物和禽类发生。由假结核耶尔森菌引起的散发性流产在牛（Jerrett 和 Slee，1989）、羊（Otter，1996）和山羊（Witte 和 Collins，1985）中有报道。

野生和养殖动物是人类主要肠道致病菌的小肠结肠炎耶尔森菌的病原库。猪是小肠结肠炎耶尔森菌血清O3型生物4型的天然储存库，这种病原是人类的一个重要病原。应激条件下，猪、养殖鹿、山羊和绵羊也会偶尔发生肠道疾病。小肠结肠炎耶尔森菌与散发性羊流产有关（Corbel 等，1990）。

鼠疫耶尔森菌是人类淋巴结鼠疫，即黑死病（black death）的病原，在流行地区可以感染犬和猫。猫特别敏感，感染的猫可能是猫主人和从业兽医的感染源（Kaufmann 等，1981；Orloski 和 Lathrop，2003）。

肠道耶尔森菌病

由假结核耶尔森菌引起的肠炎在新西兰和澳大利亚的幼年家养鹿中较常见（Henderson，1983；Jerrett 等，1990）。巴西的水牛有此病暴发的报道（Riet-Correa 等，1990）。肠道疾病在1岁以下的绵羊、山羊和牛中均有报道。许多动物的亚临床感染是常见的，并且临床疾病因为冬季几个月中营养不良、断奶、运输和湿冷等应激因素而加重。假结核耶尔森菌可能在寒冷潮湿的牧场上延长存活期，这促进了病原的粪口传播。

幼年鹿和羊的肠炎特征是大量的水样腹泻，有时带有血液，若不治疗可迅速致死。小肠和大肠的管腔内容物是水样的，并且解剖时可见明显的黏膜充血。严重感染的动物可能表现为黏膜溃疡。肠系膜淋巴结往往肿大和水肿，并且在肝上可能有散在的苍白色坏死灶。

在幼龄反刍动物中，小肠结肠炎耶尔森菌在临床上引起类似、但不太严重的肠炎。

诊断

• 根据受感染动物的种类和年龄组，尤其是在寒冷潮湿的环境中，可提示耶尔森菌病。
• 肠道病变的组织学检查可发现黏膜微脓肿内有微生物群落。
• 确诊需要分离和鉴定假结核耶尔森菌或者小肠结肠炎耶尔森菌：
　— 组织样品可直接接种在血琼脂平板、麦康凯琼脂，37℃需氧培养72小时。
　— 粪便样品应直接接种在含有抑制污染微生物生长的抗生素的特殊选择培养基。
　— 冷富集程序可以促进从粪便中分离耶尔森菌，尤其是当微生物的量非常少的时候。含5%粪便的磷酸缓冲盐水悬浮液，在4℃存放3周，随后可每周传代至麦康凯琼脂或选择性琼脂。
• 有必要进行血清分型，以鉴定这些分离株是否属于已知的致病血清型。传统的血清分型费力又昂贵，目前已建立了以PCR为基础的鉴定技术（Bogdanovich 等，2003；Jacobsen 等，2005）。
• 许多基于PCR用于检测肠致病性耶尔森菌的方法已发表，尤其是检测小肠结肠炎耶尔森菌，它在世界一些地区是一种重要的食源性致病菌（Fredriksson-Ahomaa 等，2000；Fukushima 等，2003）。

治疗和控制

• 幼龄发病动物必须迅速进行补液疗法结合广谱抗菌剂

治疗。

- 一种福尔马林灭活的假结核耶尔森菌疫苗，由血清型 I、II 和 III 组成，间隔3周免疫两次，已被证明能减少幼年鹿临床疾病的发生。新近研发的重组滴鼻疫苗已成功使用，这种疫苗可对小鼠产生针对假结核耶尔森菌的黏膜和全身性的保护（Daniel 等，2009）。

- 应尽可能地减少应激反应。

败血性耶尔森菌病

假结核耶尔森菌引起的败血症，发生在笼养或舍养的禽类。据推测，禽类是通过接触野生鸟类或啮齿类动物粪便，或摄食被污染的绿叶植物获得感染。禽舍过分拥挤可能诱发疾病发展。受感染的禽类有些了出现羽毛粗乱、无精打采，随后死亡。解剖时可见肝脏上有针点状白色坏死灶。确诊可基于从肝脏和其他内脏器官分离和鉴定到假结核耶尔森菌。

由于这种疾病为急性，治疗极少有作用。控制上，应防止野生鸟类和啮齿类动物的粪便污染禽的饲料和水。

实验动物的假结核病

豚鼠或啮齿类动物感染假结核耶尔森菌通常是因为摄入野生啮齿动物粪便污染的食物。腹泻和逐渐体重下降导致消瘦、死亡，是受感染动物中最常见的症状。有些动物可能由于败血症突然死亡。

剖检时，在肝脏可见大量白色坏死病变。受感染的肠系膜淋巴结增大，可能出现干酪样坏死。

治疗通常不是推荐的方法，因为接受治疗的动物可能成为该菌的携带者，并且这种细菌是人畜共患致病菌。清除感染的群体、消毒、重新放养是首选的控制措施。消除野生啮齿动物是预防假结核耶尔森菌感染的一个重要环节。

猫鼠疫

猫常通过摄食感染的啮齿动物而感染鼠疫。此病有三个临床表现形式：腹股沟淋巴结炎、败血症和肺炎。此病最常见的一种特征是淋巴结肿大（腹股沟淋巴结炎），并伴随从感染部位的淋巴管外流。临床症状包括发热、沉郁和食欲不振。受感染的浅表淋巴结可能破裂、排出血清样液或脓液。还可发生无淋巴结肿大的败血症，并可能致死。肺部病变可能由血源性传播引发。

因为肺部病变的猫是人类通过气溶胶感染的一个潜在来源，感染的猫应被处死。人类感染也可以通过猫抓伤和咬伤途径，并可能通过感染猫身上的跳蚤的叮咬被感染，处理被感染动物时应小心。

诊断

- 在流行地区，淋巴结肿大和严重精神沉郁可认定为疑似猫鼠疫。

- 疑似病例的样品均应送专门的参考实验室。适宜样品包括脓液、血液和淋巴结穿刺液。

- 脓肿组织或淋巴结穿刺液涂片的姬姆萨染色可见大量两极着染的杆菌。

- 在参考实验室可进行直接荧光抗体检测。

- 以PCR为基础的技术，包括实时PCR，可用于临床和其他样品（如跳蚤）的鼠疫耶尔森菌检测。

- 采用Fraction 1A抗原的被动血凝试验，可用于配对血清样本的检测，2份血清样本间隔2周时间，检测结果可排除可疑患病猫。抗体水平的大幅增加通常表明宿主曾经发生明显的感染。

治疗与控制

- 疑似鼠疫的猫应该隔离并立即消除跳蚤，防止那些处理动物的人被跳蚤叮咬。该疾病的腹股沟淋巴结炎形式可能注射四环素有效。虽然这种微生物的大多数分离菌株仍然对大多数抗菌制剂是敏感的（Galimand 等，2006），但已经发现某些鼠疫耶尔森菌菌株存在可转移的质粒介导的多重耐药性（Galimand 等，1997）。

- 在流行地区，犬和猫应进行常规的驱除跳蚤措施。

- 啮齿动物的控制措施应在采取跳蚤控制措施后实施。

⊙ 机会致病菌

肠杆菌的机会致病菌极少在家养动物中引起肠道疾病，但有时会在不同解剖部位引起局部机会性感染。环境中的粪便污染导致这些微生物的广泛分布，并促进机会性感染的发生。易感因素包括并发感染、组织失活和某些器官天然的易感特性。

这些机会性入侵者具有逃避宿主的防御机制的能力，从而能够定殖并在受感染的器官中存活。肺炎克雷伯菌（*Klebsiella pneumoniae*）和肠杆菌产生丰富的可抑制巨噬细胞和提高细胞内生存能力的荚膜物质。黏附对细菌定殖在泌尿道尤其重要。一些机会致病菌产生的铁载体，在宿主组织中铁的供应有限时，有助于细菌生存。这些机会致病菌的某些毒性作用是由于从死亡细菌释放出内毒素造成的。它可以引起炎症反应、发热、内皮细胞损伤和微血栓等局部和全身变化。

■ 临床感染

　　肠杆菌科的机会致病菌感染引起的临床症状见表24.8。肺炎克雷伯菌和产气肠杆菌是两种在奶牛大肠菌乳腺炎中常见的条件致病菌。这些微生物通常从污染的环境进入乳腺。例如，用于垫料的木屑可能是肺炎克雷伯菌引起的大肠菌乳腺炎的感染来源。这种细菌也是母马子宫炎的最常见病原之一。肺炎克雷伯菌荚膜1、2和5型可通过交配传播。变形杆菌和克雷伯菌可引起犬的下泌尿道感染。变形杆菌经常与犬外耳炎有关，有时也会引起猫的外耳炎。多种因素可能会诱发这种感染（第45章）。

　　本群中的其他机会致病菌，迟缓爱德华菌（*Edwardsiella tarda*）、摩氏摩根菌摩根亚种（*Morganella morganii* subsp. *morganii*）和黏质沙雷菌（*Serratia marcescens*），很少与畜禽的临床疾病相关。

诊断程序

　　当机会致病菌参与疾病过程时，临床症状是非特异性的。

表24.8　肠杆菌科中机会致病菌和它们相关的临床症状

细菌种类	临床表现
迟缓爱德华菌	腹泻；某些动物的伤口感染（罕见）
产气肠杆菌	奶牛和母猪的大肠杆菌乳腺炎
肺炎克雷伯菌	奶牛的大肠杆菌乳腺炎；母马的子宫内膜炎；犊牛和幼驹的肺炎；犬的尿道感染
摩氏摩根菌摩根亚种	犬和猫（不常见）的耳道和尿道感染
奇异变形杆菌和普通变形杆菌	犬和马的尿道感染；与犬的外中耳炎有关系
黏质沙雷菌	牛乳腺炎（不常见）；鸡的败血症（罕见）

- 用于检测的标本应该从被感染的器官收集。
- 标本接种血琼脂和麦康凯琼脂，37℃需氧培养24～48小时。
- 分离株的鉴定标准：
  - 革兰阴性，杆状。
  - 氧化酶阴性，过氧化氢酶阳性。
  - 在麦康凯琼脂上的生长和形态特征。
  - 在血琼脂上的菌落形态。
- 适宜用于推断或确认的生化试验。

治疗和控制
- 治疗类型是由感染的位置和严重程度而定。
- 抗生素治疗应基于药敏试验。
- 应确定诱因和传染源，并且如果可能的话，消除这些因素。

◉ **参考文献**

Abrahams, G.L. and Hensel, M. (2006). Manipulating cellular transport and immune responses: dynamic interactions between intracellular *Salmonella enterica* and its host cells. Cellular Microbiology, 8, 728–737.

Anon. (2004a). CDC: National Antimicrobial Resistance Monitoring System – Enteric Bacteria (NARMS): 2004 Executive Report. Atlanta, Georgia.

Anon. (2004b). Overview of Antimicrobial Usage and Bacterial Resistance in Selected Human and Animal Pathogens in the UK: 2004. Available at: http://www.dardni.gov.uk/vet-meds.pdf.

Anon. (2005). The type species of the genus *Salmonella* Lignieres 1900 is *Salmonella enterica* (ex Kauffmann and Edwards 1952) Le Minor and Popoff 1987, with the type strain LT2T, and conservation of the epithet enterica in *Salmonella enterica* over all earlier epithets that may be applied to this species. Opinion 80. International Journal of Systematic and Evolutionary Microbiology, 55, 519–520.

Anon. (2006). CDC: National Antimicrobial Resistance Monitoring System – Enteric Bacteria (NARMS): 2006 Executive Report. Atlanta, Georgia.

Barrow, PA. (2007). *Salmonella* infections: immune and non-immune protection with vaccines. Avian Pathology, 36, 1–13.

Bäumler, A.J., Tsolis, R.M. and Heffron, F. (1996). The

lpf fimbrial operon mediates adhesion of *Salmonella typhimurium* to murine Peyer's patches. Proceedings of the National Academy of Sciences USA, 93, 279–283.

Bogdanovich, T.M., Carniel, E., Fukushima, H. and Skurnik, M. (2003). Genetic (sero) typing of *Yersinia pseudotuberculosis*. Advances in Experimental Medicine and Biology, 529, 337–340.

Boyen, F., Haesebrouck, F., Maes, D., van Immerseel, F., Ducatelle, R. and Pasmans, F. (2008). Non-typhoidal Salmonella infections in pigs: a closer look at epidemiology, pathogenesis and control. Veterinary Microbiology, 130, 1–19.

Brubaker, R.R. (1991). Factors promoting acute and chronic diseases caused by yersiniae. Clinical Microbiological Reviews, 4, 309–324.

Carroll, P.J., Woodward, M.J. and Wray, C. (1990). Detection of LT and ST1a toxins by latex and EIA tests Veterinary Record, 127, 335–336.

Carter, M.E., Dewes, H.B. and Griffiths, O.V. (1979). Salmonellosis in foals. Journal of Equine Medicine and Surgery, 3, 78–83.

Cooper, G.L. (1994). Salmonellosis – infections in man and chicken: pathogenesis and the development of live vaccines – a review. Veterinary Bulletin, 64, 123–143.

Corbel, M.J., Brewer, R.A. and Hunter, D. (1990). Characterisation of *Yersinia enterocolitica* strains associated with ovine abortion. Veterinary Record, 127, 526–527.

Cork, S.C., Marshall, R.B., Madie, P. and Fenwick, S.G. (1995). The role of wild birds and the environment in the epidemiology of yersiniae in New Zealand. New Zealand Veterinary Journal, 43, 169–174.

Cornelis, G.R. (2002). The *Yersinia* Ysc-Yop virulence apparatus. International Journal of Medical Microbiology, 291, 455–462.

Daniel, C., Sebbane, F., Poiret, S., et al. (2009). Protection against *Yersinia pseudotuberculosis* infection conferred by a Lactococcus lactis mucosal delivery vector secreting LcrV. Vaccine, 27, 1141–1144.

DANMAP (2005). Use of antimicrobial agents and occurrence of antimicrobial resistance in bacteria from food animals, foods and humans in Denmark. ISSN 1600–2032.

Davies, R.H. and Wray, C. (1996). Persistence of *Salmonella enteritidis* in poultry units and poultry food. British Poultry Science. 37, 589–596.

de Jong, B. and Ekdahl, K. (2006). The comparative burden of salmonellosis in the European Union member states, associated and candidate countries. BMC Public Health, 6, 4.

DebRoy, C. and Maddox, C.W. (2001). Identification of virulence attributes of gastrointestinal *Escherichia coli* isolates of veterinary significance. Animal Health Research Reviews, 2, 129–140.

Fairbrother, J.M., Nadeau, E. and Gyles, C.L. (2005). *Escherichia coli* in postweaning diarrhea in pigs: an update on bacterial types, pathogenesis, and prevention strategies. Animal Health Research Reviews, 6, 17–39.

Fluit, A.C. (2005). Towards more virulent and antibioticresistant Salmonella? FEMS Immunology and Medical Microbiology, 43, 1–11.

Foley, S.L. and Lynne, A.M. (2008). Food animal-associated *Salmonella* challenges: pathogenicity and antimicrobial resistance. Journal of Animal Science, 86 (14 Suppl.), E173–187.

Fox, J.G. and Gallus, C.B. (1977). *Salmonella*-associated conjunctivitis in a cat. Journal of the American Veterinary Medical Association, 171, 845–847.

Fredriksson-Ahomaa, M., Korte, T. and Korkeala, H. (2000). Contamination of carcasses, offals, and the environment with yadA-positive *Yersinia enterocolitica* in a pig slaughterhouse. Journal of Food Protection, 63, 31–35.

Fröhlicher, E., Krause, G., Zweifel, C., Beutin, L. and Stephan, R. (2008). Characterization of attaching and effacing *Escherichia coli* (AEEC) isolated from pigs and sheep. BMC Microbiology, 8, 144.

Fuentes, J.A., Villagra, N., Castillo-Ruiz, M. and Mora, G.C. (2008). The *Salmonella Typhi hlyE* gene plays a role in invasion of cultured epithelial cells and its functional transfer to *S. Typhimurium* promotes deep organ infection in mice. Research in Microbiology, 159, 279–287.

Fukushima, H., Tsunomori, Y. and Seki, R. (2003). Duplex real-time SYBR green PCR assays for detection of 17 species of foodor waterborne pathogens in stools. Journal of Clinical Microbiology, 41, 5134–5146.

Galimand, M., Guiyoule, A., Gerbaud, G., et al. (1997). Multidrug resistance in *Yersinia pestis* mediated by a transferable plasmid. New England Journal of Medicine, 337, 677–680.

Galimand, M., Carniel, E. and Courvalin, P. (2006). Resistance of *Yersinia pestis* to antimicrobial agents. Antimicrobial Agents and Chemotherapy, 50, 3233–3236.

Gitter, M., Wray, C., Richardson, C. and Pepper, R.T. (1978). Chronic *Salmonella dublin* infection of calves. British Veterinary Journal, 134, 113–121.

Henderson, T.G. (1983). Yersiniosis in deer from the Otago-Southland region of New Zealand. New Zealand Veterinary Journal, 31, 221–224.

Hensel, M. (2004). Evolution of pathogenicity islands of

Salmonella enterica. International Journal of Medical Microbiology, 294, 95–102.

Jacobsen, N.R., Bogdanovich, T., Skurnik, M., Lübeck, P.S., Ahrens, P. and Hoorfar, J. (2005). A real-time PCR assay for the specific identification of serotype O:9 of *Yersinia enterocolitica*. Journal of Microbiological Methods, 63, 151–156.

Jones, M.A., Wood, M.W., Mullan, P.B.,Watson, P.R., Wallis, T.S. and Galyov, E.E. (1998). Secreted effector proteins of *Salmonella dublin* act in concert to induce enteritis. Infection and Immunity, 66, 5799–5804.

Jerrett, I.V. and Slee, K.J. (1989). Bovine abortion associated with *Yersinia pseudotuberculosis* infection. Veterinary Pathology, 26, 181–183.

Jerrett, I.V., Slee, K.J. and Robertson, B.I. (1990). Yersiniosis in farmed deer. Australian Veterinary Journal, 67, 212–214.

Kaufmann, A.F., Mann, J.M., Gardiner, T.M., et al. (1981). Public health implications of plague in domestic cats. Journal of the American Veterinary Medical Association, 179, 875–878.

King, T. and Hodgson, C. (1991). Watery mouth in lambs. In Practice, 13, 23–24.

LeJeune, J.T. and Wetzel, A.N. (2007). Preharvest control of *Escherichia coli* O157 in cattle. Journal of Animal Science, 85 (13 Suppl.), E73–80.

Le Minor, L. and Popoff, M.Y. (1987). Designation of *Salmonella enterica* sp. nov. as the type and only species of the genus *Salmonella*. International Journal of Systematic Bacteriology, 37, 465–468.

Li, X.Z., Mehrotra, M., Ghimire, S. and Adewoye, L. (2007). beta-Lactam resistance and beta-lactamases in bacteria of animal origin. Veterinary Microbiology, 121, 197–214.

Lloyd, D.H. (2007). Reservoirs of antimicrobial resistance in pet animals. Clinical Infectious Diseases, 45, Suppl. 2, S148–12.

Nagy, B. and Fekete, P.Z. (2005). Enterotoxigenic *Escherichia coli* in veterinary medicine. International Journal of Medical Microbiology, 295, 443–454.

Orden, J.A., Domïnguez-Bernal, G., Martïnez-Pulgarïn, S., et al. (2007). Necrotoxigenic *Escherichia coli* from sheep and goats produce a new type of cytotoxic necrotizing factor (CNF3) associated with the eae and ehxA genes. International Microbiology, 10, 47–55.

O'Regan, E., McCabe, E., Burgess, C., et al. (2008). Development of a real-time multiplex PCR assay for the detection of multiple *Salmonella* serotypes in chicken samples. BMC Microbiology, 8, 156.

Orloski, K.A. and Lathrop, S.L. (2003). Plague: a veterinary perspective. Journal of the American Veterinary Medical Association, 222, 444–448.

Otter, A. (1996). Ovine abortion caused by *Yersinia pseudotuberculosis*. Veterinary Record, 138, 143–144.

Parkhill, J., Dougan, G., James, K.D., et al. (2001). Complete genome sequence of a multiple drug resistant *Salmonella enterica* serovar Typhi CT18. Nature, 413, 848–852.

Penhale, W.J., McEwan, A.D., Fisher, E.W. and Selman, I. (1970). Quantitative studies on bovine immunoglobulins II. Plasma immunoglobulin levels in market calves and their relationship to neonatal infection. British Veterinary Journal, 126, 30–37.

Pujol, C., Klein, K.A., Romanov, G.A., et al. (2009). *Yersinia pestis* can reside in autophagosomes and avoid xenophagy in murine macrophages by preventing vacuole acidification. Infection and Immunity, 77, 2251–2261.

Reeves, M.W., Evins, G.M., Heiba, A.A., Plikaytis, B.D. and Farmer, J.J. (1989). Clonal nature of *Salmonella typhi* and its genetic relatedness to other salmonellae as shown by multilocus enzyme electrophoresis, and proposal of *Salmonella bongori comb. nov*. Journal of Clinical Microbiology, 27, 313–320.

Riet-Correa, F., Gil-Turnes, C., Reyes, J.C., Schild, A.L. and Méndez, M.C. (1990). *Yersinia pseudotuberculosis* infection of buffaloes (*Bubalus bubalis*). Journal ofVeterinary Diagnostic Investigation, 2, 78–79.

Salyers, A.A. and Whitt, D.D. (1994). Bacterial Pathogenesis. ASM Press, Washington, DC. pp. 229–243.

Sargison, N.D., West, D.M., Parton, K.H., Hunter, J.E. and Lumsden, J.S. (1997). A case of 'watery mouth' in a New Zealand Romney lamb. New Zealand Veterinary Journal, 45, 67–68.

Snodgrass, D.R. (1986). Evaluation of a combined rotavirus and enterotoxigenic *Escherichia coli* vaccine in cattle. Veterinary Record, 119, 39–43.

Thorns, C.J., Sojka, M.G. and Roeder, P.L. (1989). Detection of fimbrial adhesins of ETEC using monoclonal antibodybased latex reagents. Veterinary Record, 125, 91–92.

van Béers-Schreurs, H.M.G., Vellenga, L., Wensing, Th. and Breukink, H.J. (1992). The pathogenesis of the postweaning syndrome in weaned pigs; a review. Veterinary Quarterly, 14, 29–34.

Wallis, T.S. and Galyov, E.E. (2000). Molecular basis of *Salmonella*-induced enteritis. Molecular Microbiology, 36, 997–1005.

White, D.G., Zhao, S., Simjee, S., Wagner, D.D. and McDermott, P.F. (2002). Antimicrobial resistance of foodborne pathogens. Microbes and Infection, 4, 405–412.

Witte, S.T. and Collins, T.C. (1985). Abortion and early

neonatal death of kids attributed to intrauterine *Yersinia pseudotuberculosis* infection. Journal of the American Veterinary Medical Association, 187, 834.

Wray, C. (1991). Salmonellosis in cattle. In Practice, 13, 13–15.

Wray, C., McLaren, I.M. and Carroll, P.J. (1993). *Escherichia coli* isolated from farm animals in England and Wales between 1986 and 1991. Veterinary Record, 133, 439–442.

◉ 进一步阅读材料

Gyles, C.L. (1994). *Escherichia coli* in Domestic Animals and Humans. CAB International, Wallingford, England.

Gyles, C.L. and Fairbrother, J.M. (2010). Escherichia coli. In *Pathogenesis of Bacterial Infections in Animals*. Eds C.L. Gyles, J.F. Prescott, J.G. Songer and C.O. Thoen. WileyBlackwell, Ames, Iowa. pp. 267–308.

Sussman, M. (1997). *Escherichia coli*: Mechanisms of Virulence. Cambridge University Press, Cambridge.

Wray, C. and Wray, A. (2000). *Salmonella* in Domestic Animals. CABI Publishing, Wallingford, Oxford.

第三篇

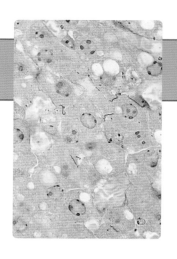

第25章

铜绿假单胞菌和伯氏菌

铜绿假单胞菌（*Pseudomonas aeruginosa*）、鼻疽伯氏菌（*Burkholderia mallei*）和伪鼻疽伯氏菌（*B. pseudomallei*）是革兰阴性杆菌，大小约为（0.5～1）微米×1微米，专性需氧，可以氧化碳水化合物。大多数菌株氧化酶阳性和过氧化氢酶阳性。它们通过一个或多个极性鞭毛游动，鼻疽伯氏菌不能游动。这些微生物大多数不需要特殊的生长条件，在麦康凯琼脂上生长良好。鼻疽伯氏菌在含有甘油的培养基中生长最佳。铜绿假单胞菌以产生可扩散的色素为特征，可导致多种动物诸多机会性感染。从临床标本可以分离其他一些假单胞菌。荧光假单胞菌（*P. fluorescens*）、恶臭假单胞菌（*P. putida*）偶尔会感染淡水鱼。

伯氏菌以前归属于假单胞菌属，包括引起马鼻疽（glanders，又称为单蹄动物鼻疽）的鼻疽伯氏菌和引起类鼻疽的伪鼻疽伯氏菌。这两种疾病都是人畜共患病。虽然鼻疽伯氏菌比伪鼻疽伯氏菌小，并含有较少的基因，但这两种细菌都有两个环形染色体，这可能反映了鼻疽伯氏菌的宿主适应性本质。

◉ 常见的生存环境

假单胞菌属是环境微生物，存在于世界各地的水里、土中和植物表面。铜绿假单胞菌也在皮肤、黏膜和粪便中被发现。在土壤中发现的伪鼻疽伯氏菌偶尔感染动物和人。野生的啮齿类动物为该菌的储存库。它广泛分布于东南亚和澳大利亚的热带和亚热带的一些地区。鼻疽伯氏菌可在环境中存活6周，其储存库是受感染的马。

△ 要点

- 中等大小，革兰阴性杆菌
- 专性需氧菌
- 大多数菌株氧化酶阳性、过氧化氢酶阳性
- 假单胞菌属和伪鼻疽伯氏菌通过极性鞭毛游动
- 鼻疽杆菌不能游动，培养基中需要有甘油才能达到最佳生长
- 铜绿假单胞菌可产生扩散的色素
- 鼻疽杆菌引起鼻疽
- 伪鼻疽杆菌引起类鼻疽
- 铜绿假单胞菌引起机会性感染

◉ 假单胞菌与伯氏菌的区分

- 这些微生物的菌落和生化特征比较见表25.1。
- 许多假单胞菌产生色素。铜绿假单胞菌可形成四种可扩散的色素（贴25.1）。这种微生物大多数菌株产生该菌特有的脓蓝素（pyocyanin），并且以此可特异性地鉴别铜绿假单胞菌。促进脓蓝素产生的培养基可用于那些产生脓蓝素能力较弱的菌株的分离。色素的产生在没有染料的培养基（如营养琼脂）上观察最清楚。脓红素（pyorubin）和脓黑素（pyomelanin）产生缓慢，培养1～2周后可以检测到。伪鼻疽伯氏菌和鼻疽伯氏菌的菌落随着培养时间增长变为褐色，但不产生色素。
- 大多数假单胞菌和伯氏菌是可游动的，而鼻疽伯氏菌不能游动，这可用于区分鼻疽伯氏菌和其他伯氏菌。
- 已建立几种用于检测和鉴定假单胞菌属和伯氏菌属的PCR方法。

表25.1　铜绿假单胞菌、鼻疽杆菌和类鼻疽杆菌的特征比较

性质	铜绿假单胞菌	鼻疽杆菌	类鼻疽杆菌
菌落形态	大的，锯齿状边缘的扁平	白色，光滑，长时间培养形成褐色粒状	从光滑黏液型到粗糙型，长时间培养呈黄褐色
血琼脂上的溶血性	v	–	v
可扩散色素的产生	+	–	–
菌落气味	葡萄样	无	发霉味
麦康凯培养基上生长	+	+[a]	+
42℃生长	+		+
游动性	+		+
氧化酶产生	+	–[b]	+
发酵葡萄糖	+	+	+
发酵乳糖	–		+
发酵果糖	–		+[a]

a：75%菌株为阳性。
b：25%菌株为阳性。
v：可变的。

┌─────────────────────────────────────┐
│ △ 贴25.1　铜绿假单胞菌产生的色素 │
│ • 脓蓝素（蓝绿色） │
│ • 脓绿素（黄绿色） │
│ • 脓红素（红色） │
│ • 脓黑素（棕黑色） │
└─────────────────────────────────────┘

◉ 临床感染

鼻疽伯氏菌是马的一种主要病原，能引起急性和慢性鼻疽。其主要表现为皮肤和呼吸道的损伤。伪鼻疽伯氏菌感染可引起多种动物的肺和其他器官的慢性化脓性病变。相反，铜绿假单胞菌是一种机会致病菌，偶尔会导致急性全身性疾病。

■ 铜绿假单胞菌感染

铜绿假单胞菌可引起许多机会性感染（表25.2），诱发因素与这些感染的发生相关。养殖的水貂等一些动物似乎对这种微生物尤其敏感（Long 等，1980）。大规模养殖的貂偶尔会暴发铜绿假单胞菌引起的出血性肺炎和败血症，死亡率高达50%。这种微生物引起的奶牛乳腺炎（Crossman 和 Hutchinson，

1995）往往与洗乳房的水污染此菌有关，或与乳房内注射抗生素时针管污染此菌有关。降水量大或长期的降雨，会引起绵羊的羊毛腐烂，羊毛被水渗透，羊皮肤被水浸软，使铜绿假单胞菌易于定殖，引起化脓性皮炎。这已在英国和澳大利亚报道。铜绿假单胞菌产生的蓝绿色脓蓝素会改变羊毛的颜色。有报道称，患铜绿假单胞菌皮炎的绵羊可以污染羊的"沐浴露"，使用这种被污染的"沐浴露"后，会引起绵羊化脓性鼻炎和耳炎（Watson 等，2003）。在蛇的口腔内也常发现铜绿假单胞菌，并且在饲养条件差时，该菌可引起蛇坏死性口炎。铜绿假单胞菌是一种常见的医院内感染的病原，并且是囊肿性纤维化（cystic fibrosis）患者极其重要的病原（Kerr 和 Snelling，2009）。

致病机理和致病性

铜绿假单胞菌是一种条件致病菌，所以它入侵宿主之前需要宿主的防御系统存在某种缺陷，如创伤造成的皮肤破损、羊毛腐烂导致绵羊的皮肤长期潮湿，或者使用尿路插管和静脉插管。感染的第一阶段涉及黏附和定殖。在黏附的初始阶段，细菌在

表25.2　铜绿假单胞菌感染引起的临床症状

宿主	疾病症状
牛	乳腺炎、子宫炎、肺炎、皮炎、小肠炎（犊牛）
羊	乳腺炎、毛腐烂、肺炎、中耳炎
猪	呼吸系统感染、耳炎
马	生殖道感染、肺炎、溃疡性角膜炎
犬、猫	外耳炎、膀胱炎、肺炎、溃疡性角膜炎
水貂	出血性肺炎、败血症
毛丝鼠	肺炎、败血症
爬行动物（圈养的）	坏死性口炎

菌毛（主要是Ⅳ型菌毛）介导下，附着到宿主细胞上。鞭毛和LPS也在黏附过程中发挥作用。该菌的定殖和繁殖受益于胞外酶S、细胞外的黏液和外膜脂多糖类的抗吞噬特性。细胞外黏液的产生和生物被膜的形成在体内插管引起的感染中尤为重要。耐受补体介导的攻击和从宿主组织获得铁的能力也是细菌的致病因素。一些假单胞菌菌株产生的色素就是铁载体。

细菌入侵后造成的组织损伤是由多种细胞外毒素和酶引起的。包括外毒素A等毒素、磷脂酶C和蛋白酶。外毒素A由两部分组成，包括结合部分和毒性部分。毒性部分一旦内化到细胞内，通过ADP核糖基化和延长因子2，阻止蛋白质的合成，并导致细胞死亡。磷脂酶C是一种溶血素。弹性蛋白酶等蛋白酶在肺和血管中介导细胞损伤。铜绿假单胞菌具有Ⅱ型和Ⅲ型分泌系统。Ⅲ型分泌系统非常重要，它是由注入宿主细胞内的效应蛋白引起的毒性作用。至今已确定有4种蛋白质可在组织中引起细胞毒性作用，并且也能干扰中性粒细胞和巨噬细胞的功能（Kerr 和 Snelling，2009）。脓蓝素可以直接从还原剂接受电子，并转移给氧而产生活性氧离子等，从而导致宿主细胞损伤（Liu 和 Nizet，2009）。

感染可能仅限于局部，也可能发生扩散。该菌在宿主内的扩散是由胞外酶S辅助的，而其全身性毒性作用归因于外毒素A和内毒素。宿主对抗铜绿假单胞菌的防御机制包括抗体调理作用及中性粒细胞和巨噬细胞的吞噬作用。

诊断程序

- 实验室检查样本包括脓液、呼吸道分泌物、中段尿液、乳腺炎牛奶和耳拭子。
- 可疑材料接种血琼脂平板、麦康凯琼脂平板，37℃需氧培养24~48小时。
- 分离株的鉴定标准：
  - 菌落形态和特征的水果（葡萄）气味。
  - 脓蓝素产生。
  - 麦康凯琼脂上的菌落苍白，不发酵乳糖。
  - 氧化酶阳性。
  - 三糖铁琼脂仅发酵葡萄糖。
- 生化反应谱（表25.1）。
- 菌株也可以通过rRNA基因的PCR扩增和测序进行鉴定（Watson 等，2003）。
- 几种分子生物学技术可用于假单胞菌株的分型，包括PFGE和PCR为基础的技术，如随机扩增多态性DNA（RAPD）（Pujana 等，2000；Las Heras 等，2002）。

治疗和控制

- 应确定诱因和传染源，并尽可能消除这些因素。
- 铜绿假单胞菌对多种抗生素和消毒剂都很耐受，分离菌株应该进行药敏试验。该菌内在的耐药性是由于其外膜的通透性低、合成多种药物的外排泵和产生由染色体编码的β-内酰胺酶。此外，生物被膜中的微生物对抗菌药物的作用也不敏感（Clutterbuck 等，2007）。虽然在人医中已经报道出现了泛耐药菌株（Souli 等，2008），但庆大霉素或妥布霉素与羧苄青霉素或羟基噻吩青霉素联合使用可能有效。

- 养殖的水貂和毛丝鼠（chinchilla）需要接种疫苗。由于菌株间存在抗原差异，可以使用多价疫苗或福尔马林灭活的自家菌苗。多价外毒素A-多糖疫苗诱导的体液免疫似乎有保护力（Cryz 等，1987）。

■ 马鼻疽（又称为"单蹄动物鼻疽"）

鼻疽伯氏菌引起马鼻疽是一种以呼吸道或皮肤的结节和溃疡为特征的马科动物的接触性传染病。人和肉食动物也容易受到感染。鼻疽曾广泛分布在世界各地，现已经在大多数发达国家根除，但中东地区、印度、巴基斯坦和中国呈散发和小范围的地方性流行。

摄入被感染马的鼻腔排出物污染的食物或水会传播此病。通过吸入或皮肤擦伤的感染是不常见的。吸入极少量的微生物就会引起感染，这是美国疾病控制中心将此微生物列为B类生物恐怖病原的一个原因。这种疾病引起的急性败血症的特点是发热、脓涕和呼吸道症状，通常在几周内死亡。慢性疾病较常见，表现为鼻、肺和皮肤的病变，这些病变可同时出现在同一个受感染的动物上。在鼻型病例中，鼻中隔黏膜和鼻甲下方形成溃疡性结节，常见脓性带血的鼻涕和局部淋巴结病。溃疡愈合后留下星状疤痕。呼吸道型以呼吸窘迫和整个肺的结核样病变为特征。皮肤型也称为皮疽病（farcy），是一种淋巴管炎，沿着四肢的淋巴血管形成结节。随后发展为溃疡和流出淡黄色脓液。慢性感染的动物可能会在几个月后死亡，也可能恢复，并继续从呼吸道或皮肤排出细菌。

食肉动物可通过食用受感染的动物尸体而感染此病（Galati 等，1974）。

致病机理

马鼻疽通常是一种慢性、传染性、消耗性疾病。根据病原菌基因组的测序和毒力相关基因的鉴定，鼻疽伯氏菌的很多致病机制已被了解。这种细菌有荚膜、Ⅲ型和Ⅳ型分泌系统及群体感应机制（quorum sensing mechanism）。此外，基因编码的黏附蛋白和菌毛也已经确定。鼻疽伯氏菌能在细胞内存活和传播，并利用肌动蛋白运动，与此类似的还有产单核细胞李氏杆菌（Larsen 和 Johnson，2009）。鼻疽伯氏菌在宿主体内的存在诱发超敏反应，该反应是马鼻疽菌素试验（mallein test）的基础。

诊断程序

- 在此疾病为地方病的地区，依据临床症状可以诊断。
- 实验室诊断样本应包括病变部位的渗出物和用于血清学检测的血液。样本必须在安全柜中操作。
- 鼻疽伯氏菌在含有甘油的培养基上生长最好，大多数菌株在麦康凯琼脂上生长（Anon，2008），平板37℃需氧培养2~3天。
- 分离株的鉴定标准：
  - 菌落特征。
  - 大多数菌株在麦康凯琼脂上生长，不利用乳糖。
  - 生化特性相对不活泼，不能游动（表25.1）。
  - 商品化的生化试剂盒都不能确诊此病原菌，PCR和实时荧光PCR技术可用于确诊（Anon，2008）。
- 合适的血清学试验包括补体结合试验（complement fixation test，CFT）和凝集试验。已开发出一种竞争ELISA，发现其有类似CFT的特异性和敏感性（Sprague 等，2009）。
- 马鼻疽菌素试验是一种有效的确诊和筛查非感染动物的现场试验。鼻疽菌素是从鼻疽伯氏菌提取的糖蛋白，下眼睑正下方皮内注射0.1毫升，24小时后出现局部肿胀和有黏液脓性眼分泌物，提示为阳性反应。

治疗和控制

- 在此病为外来病的国家必须强制执行检疫和屠宰政策。
- 在流行地区，抗生素治疗是不恰当的，因为治疗后的动物往往成为隐性携带者。
- 必须对所有的受污染地区进行有效的清洁和消毒。可以使用福尔马林（1.5%）或碘伏（2%）消毒6小时。
- 当前无有效的人用疫苗。由于生物恐怖的威胁，这一领域的研究正在推进（Larsen 和 Johnson，2009）。

■ 类鼻疽（melioidosis）

类鼻疽是由伪鼻疽伯氏菌引起的地方流行性疾病，该菌广泛分布在东南亚和澳大利亚的热带和亚热带地区的土壤和水中。该菌可通过消化道摄入、呼吸道吸入和皮肤接触到环境中的污染物而感染。这种细菌是条件致病菌，应激因素或免疫抑制可导致疾病的发生。许多动物及人类都易感，并可能发生亚临床感染。通常感染是弥漫性的，可在许多器官，包括肺、脾、肝、关节和中枢神经系统产生脓肿。类鼻疽是一种慢性、消耗性、渐进性疾病，通常潜伏期长。随病变的严重程度和分布情况的变化，临床症状也发生变化。马的类鼻疽，与马鼻疽症状相似，通常也被称为假鼻疽（pseudoglander）。

致病机理和致病性

与马鼻疽相同，类鼻疽致病机理的研究最近有相当大的进步。该病原具有许多与鼻疽伯氏菌相似的毒力因子，包括荚膜、Ⅲ型和Ⅳ型分泌系统（Larsen 和 Johnson，2009）。伪鼻疽伯氏菌的胞外产物，如外毒素、皮肤坏死蛋白酶、卵磷脂酶，都与疾病的发生有关（Dance，1990）。菌株的毒力和宿主的免疫抑制都可能影响感染的发生和结果。

诊断程序

- 在疾病发生的地区，大体的病理剖检结果可有助于诊断。
- 实验室诊断样本应包括脓肿、受影响的组织和用于血清学的血液。样本处理必须在生物安全柜操作。
- 在一些参考实验室可使用荧光抗体技术确认组织涂片中的细菌。
- 可疑样品接种血琼脂平板和麦康凯琼脂平板，37℃需氧培养24~48小时。
- 分离株的鉴定标准：
  - 菌落形态和特征发霉的气味。
  - 在麦康凯琼脂中利用乳糖。
  - 生化特性（表25.1）。
  - 使用特异性抗血清进行的玻片凝集试验。
  - PCR技术可以用来确诊分离株。
- 酶联免疫吸附试验、补体结合、间接血凝试验可用于检测血清抗体。

治疗和控制

- 在这种疾病为外来病的地区，确认感染的动物应进行强制性扑杀。
- 治疗费用昂贵，且效果不可靠。抗生素治疗中断后可能会复发。假单胞菌对很多抗菌剂有内在的耐药性，目前已发现大量的耐药基因，包括编码药物外排泵、β-内酰胺酶和氨基糖苷乙酰转移酶的基因（Whitlock 等，2008）。
- 目前没有有效的疫苗，这方面的研究正在进行中。

◉ 参考文献

Anon. (2008). Glanders. In *OIE Terrestrial Manual 2008*, pp. 919–928. Available at: http://www.oie.int/eng/normes/MMANUAL/2008/pdf/2.05.11_GLANDERS.pdf.

Clutterbuck, A.L., Woods, E.J., Knottenbelt, D.C., Clegg, P.D., Cochrane, C.A. and Percival, S.L. (2007). Biofilms and their relevance to veterinary medicine. Veterinary Microbiology, 121, 1–17.

Crossman, P.J. and Hutchinson, I. (1995). Gangrenous mastitis associated with *Pseudomonas aeruginosa*. Veterinary Record, 136, 548.

Cryz, S.J., Furer, E., Sadoff, J.C. and Germanier, R. (1987). A polyvalent *Pseudomonas aeruginosa* O-polysaccharide-oxin A conjugate vaccine. Antibiotics and Chemotherapy, 39, 249–255.

Dance, D.A.B. (1990). Melioidosis. Reviews in Medical Microbiology, 1, 143–150.

Galati, P., Puccini, V. and Contento, F. (1974). An outbreak of glanders in lions. Veterinary Pathology, 11, 445.

Kerr, K.G. and Snelling, A.M. (2009). *Pseudomonas aeruginosa*: a formidable and ever-present adversary. Journal of Hospital Infection, 73, 338–344.

Larsen, J.C. and Johnson, N.H. (2009). Pathogenesis of *Burkholderia pseudomallei* and *Burkholderia mallei*. Military Medicine, 174, 647–651.

Las Heras, A., Vela, A.I., Fernández, E., Casamayor, A., Domínguez, L. and Fernández-Garayzábal, J.F. (2002). DNA macrorestriction analysis by pulsed-field gel electro-phoresis of *Pseudomonas aeruginosa* isolates from mastitis in dairy sheep. Veterinary Record, 151, 670–672.

Liu, G.Y. and Nizet, V. (2009). Color me bad: microbial pigments as virulence factors. Trends in Microbiology, 17, 406–413.

Long, G.G., Gallina, A.M. and Gorham, J.R. (1980). *Pseudomonas pneumonia* of mink: pathogenesis, vaccination and serological studies. American Journal of Veterinary Research, 41, 1720–1725.

Pujana, I., Gallego, L., Canduela, M.J. and Cisterna, R. (2000). Specific and rapid identification of multiple-antibiotic resistant *Pseudomonas aeruginosa* clones isolated in an intensive care unit. Diagnostic Microbiology and Infectious Disease, 36, 65–68.

Souli, M., Galani, I. and Giamarellou, H. (2008). Emergence of extensively drug-resistant and pandrug-resistant Gramnegative bacilli in Europe. Euro Surveillance, 13, pii=19045.

Sprague, L.D., Zachariah, R., Neubauer, H., et al. (2009). Prevalence-dependent use of serological tests for diagnosing glanders in horses. BMC Veterinary Research, 1, 32.

Watson, P.J., Jiru, X., Watabe, M. and Moore, J.E. (2003). Purulent rhinitis and otitis caused by *Pseudomonas aeruginosa* in sheep showered with contaminated 'shower wash'. Veterinary Record, 153, 704–707.

Whitlock, G.C., Lukaszewski, R.A., Judy, B.M., Paessler, S., Torres, A.G. and Estes, D.M. (2008). Host immunity in the protective response to vaccination with heat-killed *Burkholderia mallei*. BMC Immunology, 9, 55.

◉ 进一步阅读材料

Currie, B., Smith-Vaughan, H., Golledge, C., Buller, N., Sriprakash, K.S. and Kemp, D.J. (1994). *Pseudomonas pseudomallei* isolates collected over 25 years from a non-tropical endemic focus show clonality on the basis of ribotyping. Epidemiology and Infection, 113, 307–312.

Dance, D.A.B., King, C., Aucken, H., Knott, C.D., West, P.G. and Pitt, T.L. (1992). An outbreak of melioidosis in imported primates in Britain. Veterinary Record, 130, 525–529.

Davies, I.H. and Done, S.H. (1993). Necrotic dermatitis and otitis media associated with *Pseudomonas aeruginosa* in sheep following dipping. Veterinary Record, 132, 460–461.

Pritchard, D.G. (1995). Glanders. Equine Veterinary Education, 7, 29–32.

Whitlock, G.C., Estes, D.M. and Torres, A.G (2007). Glanders: off to the races with *Burkholderia mallei*. FEMS Microbiology Letters, 277, 115–122.

第三篇

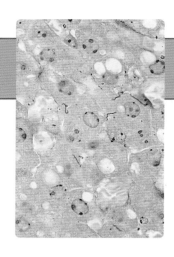

第26章

放线杆菌

放线杆菌属（*Actinobacillus*）是不能游动的革兰阴性杆菌（宽0.3～0.5微米，长0.6～1.4微米），有多种形状，但常表现为球杆菌。这类细菌兼性厌氧，发酵碳水化合物，产酸不产气。大多数放线杆菌是脲酶阳性和氧化酶阳性。放线杆菌具有一定的宿主特异性，其中大多数是动物的病原。目前，放线杆菌属有18个种，其兽医学重要性见图 26.1。

放线杆菌属是巴氏杆菌科（Pasteurellaceae）成员。该科共有15个属，该科根据表型特征很难进行分类。Christensen等人已描述了巴氏杆菌科成员最基本

△ 要点

- 中等大小、不能游动、革兰阴性杆菌
- 兼性厌氧菌
- 大部分氧化酶阳性，产生尿素酶
- 对兽医具有重要性的细菌，除胸膜肺炎放线杆菌外，能在麦康凯琼脂上生长
- 黏膜上的共生菌
- 对动物可产生很多不同的疾病症状

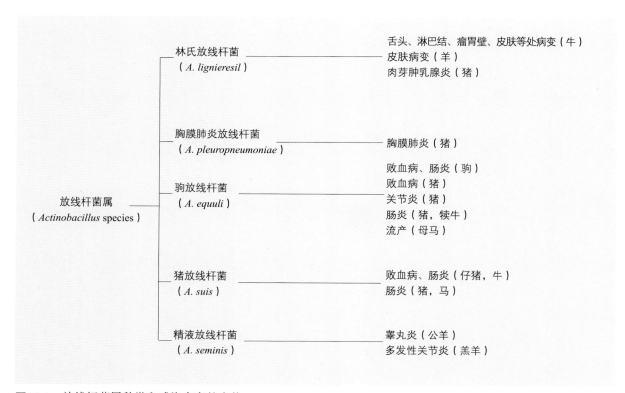

图26.1　放线杆菌属种类和感染家畜的症状

的分类标准（2007），这些标准包括16S rRNA基因序列的系统发育分析结果。精液放线杆菌（*A. seminis*）与放线杆菌属其他成员并不密切相关。对这个细菌的重新分类正在进一步研究（Euzby，2005）。

◉ 常见的生存环境

放线杆菌是动物黏膜的共生菌，尤其是上呼吸道和口腔。由于该菌在环境中无法长期生存，所以带菌动物在传播过程中发挥着重要作用。

◉ 放线杆菌的鉴别

- 放线杆菌可以根据菌落特征和生化反应进行鉴别（表26.1），但进一步确定依赖分子生物学方法。
- 在血琼脂平板初次分离，接种环接触林氏放线杆菌（*A. lignieresii*）、驹放线杆菌（*A. equuli*）和猪放线

杆菌（*A. suis*）菌落时具有黏性。胸膜肺炎放线杆菌（*A. pleuropneumoniae*）、猪放线杆菌和驹放线杆菌溶血亚种（*A. equuli* subspecies *haemolyticus*）的菌落，均具有溶血特性。

- 麦康凯培养基上的生长情况：
  - 林氏放线杆菌、驹放线杆菌和多数猪放线杆菌在麦康凯培养基上生长良好，林氏放线杆菌的菌落最初为白色，48小时后变为粉红色。驹放线杆菌和猪放线杆菌发酵乳糖，产生粉红色菌落。
  - 胸膜肺炎放线杆菌和精液放线杆菌在麦康凯琼脂上不生长。
- 可根据商品化的试剂盒或专门的检测方法鉴别放线杆菌的各个种。精液放线杆菌过氧化氢酶反应阳性，生化反应相对不活泼。
- 可根据其荚膜多糖抗原的差异性，使用玻片凝集试验或凝胶扩散试验，鉴别胸膜肺炎放线杆菌的血清型，也可根据分子生物学检测技术来区分这些血清型之间

表26.1　放线杆菌的鉴别特征

特性	林氏放线杆菌	胸膜肺炎放线杆菌	驹放线杆菌	猪放线杆菌
绵羊血平板菌落的溶血性	−	+	v[a]	+
血平板菌落类型	黏性	多变性	黏性	黏性
在麦康凯琼脂平板上的生长情况	+	−	+	+
金黄色葡萄球菌CAMP试验	−	+	−	−
氧化酶试验	+	v	+	+
触酶试验	+	v	v	+
脲酶试验	+	+	+	+
七叶苷（aesculin）水解试验	−	−	−	+
产酸试验				
水解L-阿拉伯糖	v	−	−	+
水解乳糖	+[b]	−	+	+
水解麦芽糖	+	+	+	+
水解甘露醇	+	v	+	+
水解蜜二糖（melibiose）	−	−	+	+
水解水杨苷（salicin）	−	−	−	+
水解葡萄糖	+	+	+	+
水解海藻糖	−	−	+	+

+：阳性反应超过90%；−：阳性反应少于10%；v：结果不确定；a：驹放线杆菌溶血亚种具有溶血性；b：反应迟钝。

的差异。例如，运用多重PCR的方法可以鉴别胸膜肺炎放线杆菌血清3型、6型及8型（Zhou等，2008）。

- 已经开发了多种成熟的PCR方法，用于鉴别和区分不同种的放线杆菌（Frey等，1995；Schaller等，2001；vanden Bergh等，2008）。

◉ 致病机理和致病性

除了能引起猪胸膜肺炎的胸膜肺炎放线杆菌，对于放线杆菌的毒力因子和致病机理，人们了解不多。

◉ 临床感染

放线杆菌能引起家畜的多种感染，包括牛的木舌病、猪的胸膜肺炎、驹和猪的全身性疾病（图26.1）。

■ 牛放线杆菌病

牛放线杆菌病（actinobacillosis）引起软组织慢性脓性肉芽肿，其最典型的临床特征是牛表现为舌头的硬结，简称为木舌（timber tongue）。病牛的食管沟及咽后淋巴结可能发生重要病变。林氏放线杆菌是该病的病原，是口腔和肠道的共生菌，可以在干草或稻草中存活长达5天。细菌通过黏膜和皮肤的糜烂或伤口进入宿主组织。宿主产生的局部化脓性肉芽肿中含有细菌的集落。此外，该菌通过淋巴管蔓延到周围淋巴结，诱发脓性肉芽肿性淋巴结炎。细菌的毒力机制尚不明确。虽然已确定了该菌基因组中存在一个编码结构性毒素重复单位（repeats-in-structural-toxin，RTX）的基因，但这个基因似乎并不表达。

牛放线杆菌病通常是一种散发性疾病，但也可能引起畜群少数个体同时发生该病（Campbell等，1975）。病牛的舌头僵硬如木，表现为摄食困难并流口水。食管沟组织的感染可导致间歇性臌气，咽后淋巴结肿大可引起吞咽和呼吸困难。皮肤型放线杆菌病的损伤可表现在头部、胸部、体侧、前肢等处。感染动物的病灶排出的脓液可污染环境。病牛屠宰后在其咽后淋巴结处发现有局部化脓性肉芽肿性病变。从马的损伤组织中分离的林氏放线杆菌在表型上与牛的分离株相似，但遗传特性不同，所以将这些马的分离株归为放线杆菌第1基因种（*Actinobacillus* genomospecies 1）。

诊断

- 舌头僵硬是本病的特征病变，并有在粗糙的牧场放牧的历史。
- 采集样本包括脓液、活检材料和尸体损伤处的病变组织，然后进行实验室检查。
- 分泌物涂片染色镜检，可见革兰阴性杆菌。
- 在脓性肉芽肿病灶组织切片中可见明显的细菌集落。
- 血琼脂和麦康凯琼脂在37℃有氧培养24~72小时。
- 菌株鉴定标准：
  - 菌落小、有黏性，血平板上不溶血。
  - 麦康凯琼脂上缓慢发酵乳糖。
  - 生化特征（表26.1）。
  - 最终确定基于16S rRNA基因序列分析。

治疗和预防

- 有开放性创口的病畜应隔离饲养。
- 碘化钠非胃肠道用药或口服碘化钾，对本病有效。
- 使用磺胺类药物或联合使用青链霉素双抗，对本病通常是有治疗效果的。牛发生顽固性损伤则口服异烟肼30天。
- 应避免使用粗糙的饲料或牧草饲养牛，以免损坏口腔黏膜。

■ 林氏放线杆菌引起的其他动物感染

绵羊皮肤型放线杆菌病的肉芽肿性病变主要在头部皮肤而不是舌头。感染放线杆菌后，母猪可发生肉芽肿性乳腺炎，犬可发生咬伤的伤口感染，马可产生舌炎（Baum等，1984）。从这些种类的动物中分离的菌株很可能被错误地归为林氏放线杆菌，而事实上它们可能是放线杆菌属或巴氏杆菌科的其他成员。

■ 猪胸膜肺炎

胸膜肺炎放线杆菌是放线杆菌属最重要的病原。猪胸膜肺炎可影响世界各地所有年龄段的易感猪。这种高度传染性疾病主要发生在6月龄以下的猪，并由于集约化饲养导致发病率上升。

致病机理及致病性

急性感染表现为坏死性出血性纤维素性胸膜肺炎和心包炎。脓肿并伴有粘连的纤维蛋白性胸膜炎是该病慢性阶段常见的特征（Rycroft和Garside，2000）。

细菌定殖是感染的第一阶段。胸膜肺炎放线杆菌最初定殖在扁桃体和下呼吸道。该菌拥有菌毛和纤连蛋白等，这有利于细菌黏附到上皮细胞上。脂多糖也被认为起到黏附的作用，黏附后，该菌的繁殖能力主要依赖于其能够获得足够的营养成分，尤其是铁。猪胸膜肺炎放线杆菌可以通过溶血释放的血红素产物获得铁，也可通过猪的转铁蛋白获得铁。有荚膜的强毒株具有抗吞噬能力和免疫原性，没有荚膜的菌株是无毒株（Bertram，1990）。因此，细菌荚膜在抵抗宿主防御机制中非常重要。中性粒细胞和巨噬细胞均吞噬胸膜肺炎放线杆菌，但只有中性粒细胞能够有效地杀死这些微生物。胸膜肺炎放线杆菌厚的荚膜及其他一些因素，如拥有LPS和超氧化物歧化酶，使其能在巨噬细胞内生存。细菌会产生四个相关的属于RTX溶细胞素家族的细胞毒素，分别命名为APX Ⅰ至APX Ⅳ。这些毒素是重要的毒力因子，可在细胞膜上产生小孔。这四个毒素的效力不同，其中Apx Ⅰ和Apx Ⅱ致病性更强。不同的血清型具有不同组合的毒素，但都有Apx Ⅳ（vanden Bergh，2008a）。因此，不同血清型的毒力各不相同。除了直接损害一些细胞类型，这些毒素还会刺激释放炎症介质（MacInnes，2010）。通过趋化作用吸引到受感染的肺组织周围的中性粒细胞被破坏，并释放水解酶。内皮细胞的损伤和由LPS激活的因子Ⅻ启动的凝血和纤维蛋白溶解系统，可导致微血栓的形成、局部缺血性坏死和急性胸膜肺炎的特征性病变。

临床症状和流行病学

在感染而未发病的猪群中存在亚临床带菌猪，这些猪的呼吸道和扁桃体组织中含有病菌。通风不良、环境温度突然下降等都会导致本病的暴发。暴发急性疾病时，部分猪会死亡或显示呼吸困难、发热、厌食和不愿移动。鼻子和嘴角周围可能会出现带血的泡沫，许多猪也会出现发绀，怀孕母猪可能会中止妊娠，发病率为30%~50%，病死率达到50%，如果并发多杀性巴氏杆菌及支原体感染可能会导致病情恶化。剖检可在肺部发现纤维素性胸膜炎，出现硬化和坏死区域。在气管和支气管可能会发现含血泡沫。

诊断

- 通风不良或环境温度急剧下降会导致疾病暴发。

- 实验室检查应包括气管冲洗物和肺病变组织。
- 出现严重的纤维素性胸膜炎和主支气管周围出血病变。
- 采集的样本在巧克力琼脂、专用的选择性培养基和血琼脂上培养，在5%~10% CO_2和37℃下，培养2~3天。
- 菌株鉴定标准：
  - 菌落小、周围有清晰的环状溶血。
  - 在麦康凯琼脂上不生长。
  - 金黄色葡萄球菌CAMP试验阳性。
  - 生化特征（表26.1）。
- 已确认有15个血清型和两个生物型（vanden Bergh等，2008a）。生物1型菌株需要V因子（NAD）来促进生长，而生物2型菌株不需要NAD。目前发现的血清13型和14型菌株都属于生物2型。血清1型和5型各含有两个亚型。每个血清型往往对应特定的地理区域（vanden Bergh等，2008b）。因此，在实施疫苗接种前，应该确定当地流行的主要血清型。
- 免疫荧光或PCR技术可以用于确认组织样本中的病原（Christensen和Bisgaard，2004）。
- 血清学技术，主要是ELISA法，可用于诊断和流行病学调查。
- 可采用分子生物学方法进行菌株分型，如已开发的PCR-限制性片段多态性技术（vanden Bergh 等，2008b）。

治疗

- 由于一些菌株具有抗生素耐药性，应根据药敏试验进行化学疗法。尽管如此，在何种情况下使用抗生素治疗猪呼吸道疾病还不明确，因此在确定细菌敏感性和抗性方面，通常采用人医的标准（Schwarz等，2008）。
- 用抗生素进行该病的预防可能会降低临床疾病的严重程度。

预防

- 早先使用的胸膜肺炎放线杆菌多价菌苗可诱导保护性免疫，但不能防止传播，也不能阻止隐性带毒。研究重点主要集中在鉴别所有血清型均有的保守性抗原，并以此为基础制备亚单位疫苗。大部分商品化的亚单位疫苗含有Apx毒素，并结合其他的毒力因子，如荚膜抗原或外膜蛋白（Ramjeet等，2008）。活疫苗和DIVA（differentiating infected from vaccinated animals）疫苗（可区别是自然感染的还是免疫接种的动物）也正在研制中（Ramjeet等，2008）。

- 应避免如畜舍通风不良、寒冷、过度拥挤等诱发因素。

■ 驹困睡病（sleepy foal disease）

驹困睡病是由驹放线杆菌引起新生马驹的一种急性、潜在的致死性败血症。该菌分为两个亚种，马亚种和溶血亚种。两个亚种均可引致马病，但马亚种也在猪的败血症和流产病例中分离到（Christensen 和 Bisgaard，2004）。虽然驹放线杆菌主要是驹的病原，但它也会引起成年马流产、败血症、腹膜炎等症状（Gay 和 Lording，1980）。在母马生殖道和肠道中也发现这种病原。马驹可以在母体子宫内感染或出生时通过脐带感染。被感染的驹发热、卧地不起，通常在1~2天后死亡。小马驹从急性败血性阶段恢复后，可发展为多关节炎、肾炎、肠炎或肺炎。

出生后24小时内死亡的驹在浆膜上有出血和瘀血，肠道有炎症，通过组织学检查还会发现脑膜脑炎的病变。能存活1~3天的驹在肾脏出现典型的针点状化脓性病灶。驹放线杆菌溶血亚种具有RTX细胞毒素活性，该毒素由*eqx*基因编码。但在马亚种基因组中并没有发现这个基因。

诊断

- 马场以前的发病史。
- 新生驹出现的临床症状可提示本病的存在。
- 样本应在血琼脂和麦康凯琼脂培养，并在37℃下需氧培养1~3天。
- 菌株鉴定标准：
  - 血琼脂上黏性、溶血的菌落。
  - 麦康凯琼脂上发酵乳糖。
  - 生化反应见表26.1。
- 临床样本使用PCR直接检测（Pusterla 等，2009）。

治疗和控制

- 在疾病的早期使用抗菌药物有一定的治疗意义。
- 病原细菌通常对链霉素、四环素和氨苄青霉素敏感。
- 支持疗法包括输血和用奶瓶饲喂初乳。
- 产过病驹的母马在以后产驹时，需要密切监测。

- 应保持良好的卫生条件。
- 新生马驹可考虑使用抗生素进行预防性治疗。
- 目前还没有商品化的疫苗。

■ 仔猪感染猪放线杆菌

猪放线杆菌可能存在于母猪的上呼吸道。仔猪可通过气溶胶或皮肤擦伤感染。感染主要发生在3个月内的仔猪（Sanford 等，1990），但如果病原被引入到一个本来健康的未被感染的猪群，所有日龄的猪可能都会发病。病原可能导致类似胸膜肺炎放线杆菌引致的胸膜肺炎症状，但入侵性更强，导致多种症状，包括败血症、脑膜炎、肠炎、子宫炎和流产。受感染的猪群死亡率可高达50%。其临床症状包括发热、呼吸困难、虚脱和前肢划动。许多器官出现出血性瘀点和瘀斑，典型的疾病包括间质性肺炎、胸膜炎、脑膜脑炎、心肌炎和关节炎等。成年猪发生感染后，皮肤损伤类似于猪丹毒（Miniats 等，1989）。其致病因子还不完全清楚，但外膜蛋白A在病原最初定殖中可能发挥重要的作用（Ojha 等，2010年），细菌产生RTX毒素中的Apx I和Apx II（van Ostaaijen 等，1997）。从其他动物中分离到猪放线杆菌被认为是鉴定错误导致的错误认识。

诊断

- 从病死动物采集的样本必须在血琼脂和麦康凯琼脂培养，于37℃培养1~3天。
- 菌株鉴定标准：
  - 黏性、溶血性菌落。
  - 麦康凯琼脂上形成粉红色菌落（发酵乳糖）。
  - 生化试验（表26.1）。
  - 使用16S rRNA基因序列的分析可进行最终确诊。

治疗和防治

- 治疗应根据菌株的药敏性试验。该菌通常对氨苄青霉素、羧苄青霉素、强效磺胺类和四环素类抗生素敏感。
- 及时消毒污染的畜圈。
- 尚无商品化的疫苗。

■ 公羊感染精液放线杆菌

精液放线杆菌（*A. seminis*）是一种常见的引起青年公羊附睾炎的病原。在新西兰、澳大利亚和南非呈地方性流行，在美国和英国也有报道（Sponenberg等，1982；Low等，1995）。病原细菌存在于包皮内，该菌沿着尿路和输精管的上行性感染可导致附睾炎。然而，该病原菌的详细来源及病原菌的传播方式的研究还很少。一些研究表明，母羊起了中间载体的作用，或通过母羊到羔羊的方式传播（Al-Katib和Dennis，2009）。附睾形成脓肿，其脓液有可能通过瘘管排到阴囊表面。4~8月龄的未配种公羊最易感染。

诊断

- 进行实验室检查的样本应包括脓液、活检材料和解剖获得的组织。

- 样本应在血琼脂上37℃需氧培养24~72小时。
- 菌株鉴定标准：
  - 针尖大小、不溶血的菌落。
  - 麦康凯琼脂上不生长。
  - 过氧化氢酶阳性。
  - 在许多生化试验中呈阴性。
- 基于PCR检测方法可以鉴别相关病原。
- 血清学试验包括CFT和ELISA。

治疗和预防

　　目前没有可用的疫苗，康复的公羊的生育能力大大下降。如果预计羊群要暴发此病，可在饲料或饮水中选用预防性抗生素。

◉ 参考文献

Al-Katib, W.A. and Dennis, S.M. (2009). Ovine genital actinobacillosis: a review. New Zealand Veterinary Journal, 57, 352–358.

Baum, K.H., Shin, S.J., Rebhun, W.C. and Pattern, V.H. (1984). Isolation of *Actinobacillus lignieresii* from enlarged tongue of a horse. Journal of the American Veterinary Medical Association, 185, 792–793.

Bertram, T.A. (1990). *Actinobacillus pleuropneumoniae*: molecular aspects of virulence and pulmonary injury. Canadian Veterinary Journal, 54, S53–S56.

Campbell, S.G., Whitlock, R.H., Timoney, J.F. and Underwood, A.M. (1975). An unusual epizootic of actinobacillosis in dairy heifers. Journal of the American Veterinary Medical Association, 166, 604–606.

Christensen, H. and Bisgaard, M. (2004). Revised definition of *Actinobacillus sensu stricto* isolated from animals: a review with special emphasis on diagnosis. Veterinary Microbiology, 99, 13–30.

Christensen, H., Kuhnert, P., Busse, H.J., Frederiksen, W.C. and Bisgaard, M. (2007). Proposed minimal standards for the description of genera, species and subspecies of the *Pasteurellaceae*. International Journal of Systematic and Evolutionary Microbiology, 57, 166–178.

Euzby, J. (2005). *Actinobacillus seminis*. http://www.bacterio.cict.fr/bacdico/aa/seminis.xhtml.

Frey, J., Beck, M., van den Bosch, J.F., Segers, R.P.A.M. and Nicolet, J. (1995). Development of an efficient PCR method for toxin typing of *Actinobacillus pleuropneumoniae* strains. Molecular and Cellular Probes, 9, 277–282.

Gay, C.C. and Lording, P.M. (1980). Peritonitis in horses associated with *Actinobacillus equuli*. Australian Veterinary Journal, 56, 296–300.

Low, J.C., Somerville, D., Mylne, M.J.A. and McKelvey, W.A.C. (1995). Prevalence of *Actinobacillus seminis* in the semen of rams in the United Kingdom. Veterinary Record, 136, 268–269.

MacInnes, J.I. (2010). Actinobacillus. In *Pathogenesis of Bacterial Infections in Animals*. Eds C.L. Gyles, J.F. Prescott, G. Songer and C.O. Thoen. Wiley-Blackwell Publishing, Oxford. pp. 363–386.

Miniats, O.P., Spinato, M.T. and Sanford, S.E. (1989). *Actinobacillus suis septicaemia* in mature swine: two outbreaks resembling erysipelas. Canadian Veterinary Journal, 30, 943–947.

Ojha, S., Lacouture, S., Gottschalk, M. and MacInnes, J.I. (2010). Characterization of colonization-deficient mutants of *Actinobacillus suis*. Veterinary Microbiology, 140,122–130.

Pusterla, N., Mapes, S., Byrne, B.A. and Magdesian, K.G. (2009). Detection of bloodstream infection in neonatal foals with suspected sepsis using real-time PCR. Veterinary Record, 165, 114–117.

Ramjeet, M., Deslandes, V., Gouré, J. and Jacques, M. (2008). *Actinobacillus pleuropneumoniae* vaccines: from bacterins to new insights into vaccination strategies. Animal Health Research Reviews, 9, 25–45.

Rycroft, A.N. and Garside, L.H. (2000). *Actinobacillus* species and their role in animal disease. Veterinary Journal, 159, 18–36.

Sanford, S.E., Josephson, G.K.A., Rehmtulla, A.J. and Tilker, A.M.E. (1990). *Actinobacillus suis* infection in pigs in south

第三篇

eastern Ontario. Canadian Veterinary Journal, 31, 443 – 447.

Schaller, A., Djordjevic, S.P., Eamens, G.J., et al. (2001). Identification and detection of *Actinobacillus pleuropneumoniae* by PCR based on the gene apxⅣA. Veterinary Microbiology, 79, 47 – 62.

Schwarz, S., Böttner, A., Goosens, L., et al. (2008). A proposal of clinical breakpoints for amoxicillin applicable to porcine respiratory tract pathogens. Veterinary Microbiology, 126, 178–188.

Sponenberg, D.P., Carter, M.E., Carter, G.R., Cordes, D.O., Stevens, S.E. and Veit, H.P. (1982). Suppurative epididymitis in a ram infected with *Actinobacillus seminis*. Journal of the American Veterinary Medical Association, 182, 990 – 991.

vanden Bergh, P., Fett, T., Zecchinon, L. and Desmecht, D. (2008a). *Actinobacillus pleuropneumoniae* virulence factors, the porcine pleuropneumonia etiologic agent. Annales de Médecine Vétérinaire, 152, 71–93.

vanden Bergh, P., Zecchinon, L., Fett, T. and Desmecht, D. (2008b). *Actinobacillus pleuropneumoniae*: pathogenesis, diagnostic, treatment and prophylaxy. Annales de Médecine Vétérinaire, 152, 152–179.

van Ostaaijen, J., Frey, J., Rosendal, S. and MacInnes, J. I. (1997). *Actinobacillus suis* strains isolated from healthy and diseased swine are clonal and carry apxICABDvar. suis and apxⅡCAvar. suis toxin genes. Journal of Clinical Microbiology, 35, 1131–1137.

Zhou, L., Jones, S.C.P., Angen, O., et al. (2008). Multiplex PCR that can distinguish between immunologically cross-reactive serovar 3, 6, and 8 *Actinobacillus pleuropneumoniae* strains. Journal of Clinical Microbiology, 46, 800 – 803.

◉ 进一步阅读材料

Burrows, L.L. and Lo, R.Y.C (1992). Molecular characterization of an RTX toxin determinant from *Actinobacillus suis*. Infection and Immunity, 60, 2166–2173.

Duff, J.P., Scott, W.A., Wilkes, M.K. and Hunt, B. (1996). Otitis in a weaned pig a new pathological role for *Actinobacillus (Haemophilus) pleuropneumoniae*. Veterinary Record, 139, 561 – 563.

Habrun, B., Frey, J., Bilic, V., Nicolet, J. and Humski, A. (1998). Prevalence of serotypes and toxin types of *Actinobacillus pleuropneumoniae* in pigs in Croatia. Veterinary Record, 143, 255 – 256.

Rycroft, A.N., Woldeselassie, A., Gordon, P.J. and Bjornson, A. (1998). Serum antibody in equine neonatal septicaemia due to *Actinobacillus equuli*. Veterinary Record, 143, 254 – 255.

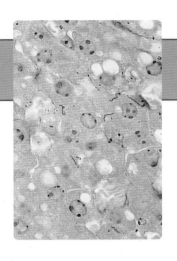

第27章

巴氏杆菌、溶血性曼氏杆菌和海藻糖比伯斯坦杆菌

巴氏杆菌属（*Pasteurella*）和曼氏杆菌属（*Mannheimia*）的细菌较小，约为0.2微米×（1～2）微米，不能游动，革兰阴性杆菌或球杆菌。它们是氧化酶阳性兼性厌氧菌，多数是过氧化物酶阳性。虽然这些细菌可以在普通培养基生长，但它们在加有血液或血清的培养基中生长更好。它们在培养皿上只能存活数日。这些细菌有些种，如溶血性曼氏杆菌（*M. haemolytica*）、海藻糖比伯斯坦杆菌（*Bibersteinia trehalosi*）和产气巴氏杆菌（*P. aerogenes*），在麦康凯培养基中能够耐受胆盐。病料涂片用姬姆萨染色，巴氏杆菌可见两极着色（图27.1）。

巴氏杆菌科（*Pasteurellaceae*）包含15个属。其中，兽医上重要的细菌有7个属，即放线杆菌属（*Actinobacillus*）、禽杆菌属（*Avibacterium*）、嗜血杆菌属（*Haemophilus*）、嗜组织杆菌属（*Histophilus*）、曼氏杆菌属、巴氏杆菌属、比伯斯坦杆菌属（*Bibersteinia*），这些属有一些共同特性。根据DNA杂交和16S rRNA基因序列分析，这些属中的一些细菌被重新分类。海藻糖巴氏杆菌（以前称为溶血性巴氏杆菌T生物型）被重新分类

为海藻糖比伯斯坦杆菌（Blackall 等，2007）。以前被称为溶血性巴氏杆菌A生物型的一些分离株现在被命名为溶血性曼氏杆菌（Sneath 和 Stevens，1990；Angen 等，1999）。多杀性巴氏杆菌（*P. multocida*）、海藻比伯斯坦杆菌和溶血性曼氏杆菌是动物的主要病原（表27.1）。放线杆菌属、嗜组织杆菌属和嗜血杆菌属中包含了动物的主要病原菌（第26和第29章）。表27.2汇总了一些从人与动物中分离的巴氏杆菌和曼氏杆菌。

△ 要点
• 较小的革兰阴性杆菌
• 在增菌培养基中生长良好
• 不能游动，氧化酶阳性，兼性厌氧菌
• 大多菌株过氧化氢酶阳性
• 病料涂片经姬姆萨染色呈两极着色显著
• 在上呼吸道为共生菌
• 呼吸道病原菌

◎ 常见的生存环境

大多数巴氏杆菌、比伯斯坦杆菌和曼氏杆菌是动物上呼吸道黏膜共生菌。它们在环境中存活时间较短。

◎ 巴氏杆菌、比伯斯坦杆菌和曼氏杆菌的鉴别

巴氏杆菌和曼氏杆菌可以通过菌落的生长特性和生化反应进行区别。多杀性巴氏杆菌可通过血清

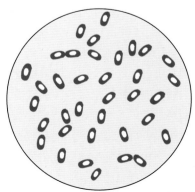

图27.1 病料血涂片中的巴氏杆菌经姬姆萨染色，呈两极着色

表27.1　主要致病性巴氏杆菌和曼氏杆菌及其主要宿主及相关疾病

细菌种类和型别	主要宿主	所致疾病
多杀性巴氏杆菌		
A型	牛	与牛巴氏杆菌病相关（航运热），犊牛地方性肺炎，乳腺炎（罕见）
	绵羊	肺炎，乳腺炎
	猪	肺炎，萎缩性鼻炎
	家禽	禽霍乱
	兔	鼻瘘
	其他动物	应激性肺炎
B型	牛，含水牛	出血性败血症（仅见于亚洲）
D型	猪	萎缩性鼻炎，肺炎
E型	牛，含水牛	出血性败血症（仅见于非洲）
F型	家禽，尤其是火鸡	禽霍乱
	犊牛	腹膜炎（很少发生）
溶血性曼氏杆菌	牛	牛巴氏杆菌病（航运热）
	羊	败血病（小于2月龄），肺炎，坏疽性乳腺炎
海藻糖比伯斯坦杆菌	羊	败血病（5～12月龄）

分型和生物分型进行鉴别，然而溶血性曼氏杆菌和海藻糖比伯斯坦杆菌通常只通过血清分型进行鉴别。此外，许多用于鉴别这些病原菌的分子分型方法也已经建立。

- 菌落特点：
  - 多杀性巴氏杆菌的菌落是圆形、灰白色、有光泽和不溶血。一些致病菌株菌落由于产生富含透明质酸的荚膜而呈黏液样。菌落的一个微弱但独特的特点是有香甜气味。
  - 溶血性曼氏杆菌、肉芽肿曼氏杆菌（*M. granulomatis*）和海藻糖比伯斯坦杆菌的菌落溶血、无气味。
- 除海藻糖比伯斯坦杆菌的菌落是溶血外，其他巴氏杆菌的菌落均是圆形、灰白色和不溶血。
- 在麦康凯琼脂培养基上，溶血性曼氏杆菌和海藻糖比伯斯坦杆菌生长呈针尖大小、红色菌落。许多致病性巴氏杆菌在麦康凯琼脂上不生长。
- 鉴别主要致病性巴氏杆菌和曼氏杆菌的生化试验见表27.3。
- 巴氏杆菌和曼氏杆菌生化反应的比较：

- 生化试验常规反应如表27.3所示。
- 商品化的生化检测试剂条也可以使用，如API 20NE（BioMérieux）。
- 在三糖铁琼脂斜面上，斜面和底部变黄，不产生硫化氢。
- 巴氏杆菌和曼氏杆菌血清分型：
  - 多杀性巴氏杆菌根据荚膜多糖的不同鉴别型（或血清群）（Carter，1955），分别命名为A、B、D、E和F（表27.1）。进一步以细菌细胞壁脂多糖的血清学不同再分为16个菌体血清型（Namioka 和 Murata，1961；Heddleston 等，1972）。荚膜抗原和菌体抗原用来命名一个特定的血清型。建立荚膜和菌体分型的血清学方法包括凝集反应和琼脂凝胶扩散。
  - 根据提取的表面抗原，已发现溶血性曼氏杆菌/海藻糖比伯斯坦杆菌的17个血清型。间接血细胞凝集试验或快速玻片凝集试验可用于鉴别每一个血清型。血清型3、4、10和15为海藻糖比伯斯坦杆菌；其余血清型中除血清型11已重新划为葡萄糖苷曼氏杆菌外，其他均为溶血性曼氏杆菌。

表27.2　兽医上重要性较小的巴氏杆菌和曼氏杆菌

巴氏杆菌属	宿主	注解
产气巴氏杆菌（*P. aerogenes*）	猪	肠内共生，流产（较少发生）
鸭巴氏杆菌（*P. anatis*）	鸭	肠内寄生
兰加巴氏杆菌(*P. langaaensis*, 曾写为*P. langaa*)	鸡	上呼吸道正常菌群
禽源巴氏杆菌（*P. volantium*）		
马巴氏杆菌（*P. caballi*）	马	上呼吸道正常菌群，有时引起呼吸道疾病和腹膜炎
犬巴氏杆菌(*P. canis*)	犬	口腔正常菌群，有时可引起创口感染
咬伤巴氏杆菌(*P. dagmatis*)	犬，猫	口腔和鼻咽部正常菌群，有时可引起创口感染
肉芽肿曼氏杆菌（*M. granulomatis*）	牛	纤维肉芽肿，脂膜炎
淋巴管炎巴氏杆菌（*P. lymphangitidis*）	牛	淋巴管炎（较少发生）
买氏巴氏杆菌（*P. mairii*）	猪	流产（较少发生）
嗜肺巴氏杆菌（*P. pneumotropica*）	啮齿动物	上呼吸道正常菌群，个别存在咬伤的脓疮中
咽巴氏杆菌（*P. stomatis*）	犬，猫	呼吸道可见
龟巴氏杆菌（*P. testadinls*）	龟，陆龟	脓肿形成（较少发生）

表27.3　主要致病性巴氏杆菌和曼氏杆菌的鉴别

特性	溶血性曼氏杆菌	巴氏杆菌属		
		多杀性巴氏杆菌	海藻糖比伯斯坦杆菌	嗜肺巴氏杆菌
绵羊血琼脂的溶血性	+	−	+	−
在麦康凯琼脂培养基上的生长情况	+	−	+	v
特殊的菌落气味	−	+	−	−
吲哚产生试验	−	+	−	+
过氧化氢酶试验	+	+	−	+
脲酶试验	−	−	−	+
鸟氨酸脱羧酶试验	−	+	−	+
产酸试验				
水解乳糖	+	−	−	v
水解蔗糖	+	+	+	+
水解海藻糖	−	v	+	+
水解L-阿拉伯糖	−	v	−	−
水解麦芽糖	+	−	+	v
水解D-木糖	+	v	−	v

+：大多菌株阳性；−：大多菌株阴性；v：结果不确定。

— 通常只在流行病学调查中对多杀性巴氏杆菌进行生物分型，而在诊断中不进行分型。而且，频繁出现不能确定的生物型限制了细菌生物分型的有效性（Dziva等，2008）。已知多杀性巴氏杆菌有三个亚种，即多杀亚种、败血亚种和杀禽亚种。另外还提到了一个亚种，即多杀性巴氏杆菌底格里斯亚种（*P. multocida* subsp. *tigris*）（Capitini等，2002）。

— 研究巴氏杆菌属和曼氏杆菌属菌的分子生物学技术已经建立，如16S rRNA基因序列分析、扩增片段长度多态性、脉冲场凝胶电泳、多位点序列分型及其他以PCR为基础的方法（Katsuda等，2003；Dziva等，2008）。可惜的是，血清型和基因型特征之间的相关性仍未确定，因此需要表型和基因型的信息才能完整地鉴定菌株。

◉ 致病机理和致病性

大多数多杀性巴氏杆菌感染是内源性感染。该菌是呼吸道正常菌群，通常可侵入免疫抑制的动物组织。外源性感染可通过直接接触或气溶胶传播。至今仍不能确定共生菌和致病菌是否原本就存在区别（Dabo等，2007）。疾病发展的重要因素包括巴氏杆菌对黏膜的黏附力和避免吞噬的能力。已知的黏附素包括菌毛、表面纤维和丝状凝集素（filamentous haemagglutinin）。尤其是血清A型菌株的荚膜，具有重要的抗吞噬作用，且在某些菌株中起黏附作用。不同血清型的荚膜成分有差别，血清A型和B型荚膜由透明质酸组成，血清D型荚膜含有肝素，血清F型荚膜含有软骨素（chondroitin）。这些化合物类似于天然存在于某些宿主，而这些宿主定殖了特定血清型的菌株。这种分子模拟抑制了宿主对细菌建立有效的免疫力。与其他细菌一样，铁的有效利用对细菌的定殖和繁殖有重要作用。多杀性巴氏杆菌有多个铁获得系统。D型多杀性巴氏杆菌可引起猪萎缩性鼻炎，该菌的主要致病因子是PMT毒素，即一种细胞毒性蛋白，该蛋白可刺激细胞骨架重排和成纤维细胞生长。败血性巴氏杆菌病可引起严重的内毒素血症和弥散性血管内凝血，导致严重的致死性疾病。

溶血性曼氏杆菌和海藻糖比伯斯坦杆菌已确定四个主要毒力因子（Confer等，1990）：黏附素可增强定殖；荚膜可抑制血清中补体介导的对细菌的破坏；内毒素能改变牛的白细胞功能，对牛血管内皮细胞直接发挥毒性作用；白细胞毒素是一种穿孔溶细胞素，在低浓度时，可对白细胞和血小板的功能造成影响，高浓度可导致细胞溶解。随后受损细胞释放溶酶体酶和α肿瘤坏死因子\类花生酸等炎症介质，导致严重的组织损伤。

虽然溶血性曼氏杆菌也有菌毛和酶，例如，唾液酸糖蛋白和神经氨酸酶，这些物质可以促进细菌在呼吸道的定殖（Rice等，2008），但是溶血性曼氏杆菌的主要黏附素是两个外膜蛋白OmpA和Lpp1（Czuprynski，2009）。一旦在肺中定殖，细菌可产生白细胞毒素，该毒素对反刍动物的中性粒细胞有很大影响，而其他动物的中性粒细胞有抵抗性。这种特异性是基于白细胞毒素结合到跨膜受体CD18的能力，这种受体是整合素β2的一个亚单位。当该受体结合CD11a时，表达一种异源二聚体糖蛋白，即淋巴细胞功能相关抗原1（LFA-1），该抗原对反刍动物白细胞的白细胞毒素具有很高亲和力，结合后启动一系列细胞内反应，包括损伤线粒体功能，导致细胞色素C释放，最终使细胞死亡（Czuprynski，2009）。病毒感染诱发溶血性曼氏杆菌感染的重要性已经明确，新近的研究可能揭示这些现象背后的机制。体外研究表明，牛感染牛疱疹病毒-1型（BHV-1）时，外周血单核细胞中LFA-1的表达增加，使它们对溶血性曼氏杆菌的白细胞毒素更易感。

◉ 诊断程序

- 运输或过度拥挤等应激因素的暴露史。
- 适合实验室检查、来源于活体动物的样本包括：气管支气管分泌物、鼻拭子或患乳腺炎奶牛的牛奶。
- 患败血病动物的组织或血液涂片，经姬姆萨或利什曼法（Leishman）染色，可见大量两极着色显著的细菌。
- 将样本接种血琼脂和麦康凯培养基，置于37℃培养24~48小时。加有新霉素、杆菌肽和放线菌酮的血琼脂培养基，可用于分离严重污染样本中的多杀性巴氏杆菌。
- 菌株鉴定标准：
  — 菌落特征。
  — 麦康凯培养基上生长。
  — 氧化酶阳性。

— 生化检测。

— 以PCR为基础的方法可鉴定菌落表型为巴氏杆菌或曼氏杆菌的菌株，比生化方法更可靠（Alexander等，2008；Dziva等，2008）。

— 血清学检测一般对巴氏杆菌病和曼氏杆菌病诊断作用不大。

◉ 临床感染

家养动物中，巴氏杆菌和曼氏杆菌引起的临床感染主要是由多杀性巴氏杆菌、溶血性曼氏杆菌和海藻糖比伯斯坦杆菌引起（表27.1）。多杀性巴氏杆菌宿主范围广泛，相反，曼氏杆菌大多限于反刍动物，海藻糖比伯斯坦杆菌限于羊。巴氏杆菌感染相关疾病包括反刍动物出血性败血症（偶尔会引起其他动物）、猪萎缩性鼻炎、禽霍乱和牛肺巴氏杆菌病。不过，牛巴氏杆菌病主要病原是溶血性曼氏杆菌，该菌还可引起羊肺炎、羔羊败血病。海藻糖比伯斯坦杆菌感染常导致成年羊败血病。

溶血性曼氏杆菌能引起母羊严重的坏死性乳腺炎。牛患乳腺炎时，有时可分离出多杀性巴氏杆菌和溶血性曼氏杆菌。这两种菌与犊牛复杂的流行性肺炎在病原学方面也有关联。

■ 出血性败血症

牛出血性败血症简称"牛出败（barbone）"，是一种急性的、可能致死的败血病，主要感染水牛和肉牛。发病诱因如劳累过度、身体虚弱和季节性降雨，在该病发展中非常重要。该病在亚洲、中东和南欧的一些国家主要是由血清B:2型多杀性巴氏杆菌引起的，而在非洲主要是由血清E:2型多杀性巴氏杆菌引起的。但是，近几年出血性败血症的流行病学发生了变化，在非洲分离出的血清E型菌株减少，而血清B型流行菌株增加（Dziva等，2008）。血清B型和血清E型菌株是含有透明质酸酶活性的多杀性巴氏杆菌。出血性败血病是严重影响经济的地方流行性疾病，该病在一些国家须向防疫部门报告。

水牛比肉牛更易感该病。各年龄均可感染，在疾病流行地区大多数动物多发于6～24月龄。较大的动物可能会因之前接触到病原而获得一定的免疫。许多成年动物都是潜在的携带者，巴氏杆菌多存在扁桃体隐窝内。这些动物周期性将巴氏杆菌分泌到

鼻分泌物和气溶胶。如果活动性带菌动物引入到应激的、易感的动物群，疾病就会大暴发。

临床症状

该病的潜伏期是2～4天，病程2～5天。感染24小时内可能出现无疾病迹象的死亡。该病特征是突发高热、呼吸困难和喉部特征性水肿。水肿可能会扩大到咽和腮腺区及前胸，随后卧地不起，最终因内毒血症死亡。死亡率一般超过50%，甚至可达到100%（De Alwis，1992）。

诊断

- 急性、高死亡率的出血性败血病的地方流行史可作为诊断的条件。
- 大体的病理变化可能包括广泛的点状出血、淋巴结出血性肿大，以及胸膜腔和心包血样积液。
- 刚死亡动物的血液进行涂片经姬姆萨染色，可见大量两极着色细菌。
- 多杀性巴氏杆菌分离、鉴定和血清分型可以确诊。血清B:2和E:2型是与疾病相关的血清型。在许多实验室，Townsend等（2001）描述的鉴定血清型的多重PCR方法已经取代了传统的间接血细胞凝集试验。
- 在间接血凝试验中，1:160或更高的抗体效价表示近期接触过病原体。

治疗与控制

- 疾病早期使用抗生素治疗通常很有效。虽然青霉素对病原体作用效果好，但四环素类更常用。
- 该病为外来病的国家常对感染或接触动物进行屠杀。
- 有效控制疾病的疫苗包括全菌灭活苗和活的异型疫苗（Myint和Carter，1989）。改良的、活的缺失突变疫苗也已开发（Dalgleish等，2007）。
- 对扁桃体组织样本进行免疫组化检测，可以检测出潜在的携带者。

■ 牛呼吸系统疾病

不管是犊牛航运热（shipping fever）还是地方性肺炎，都与溶血性曼氏杆菌和多杀性巴氏杆菌有关，它们既可单独感染，也可混合感染。牛航运热以严重支气管炎和胸膜炎为特征，幼龄牛多发，因严重应激（如运输、聚集在养殖场、封闭式分娩）在几周内感染。虽然在感染牛的肺中可分离出多杀性巴

氏杆菌，但这些症状通常与溶血性曼氏杆菌更有关。新近调查显示，在欧洲和其他地区血清A6型越来越重要，但与该病有关的溶血性曼氏杆菌的主要血清型是A1（Donachie，2000；Katsuda等，2008）。患呼吸系统疾病的牛分离出多杀性巴氏杆菌的主要血清型是A3。已知溶血性曼氏杆菌是导致牛严重呼吸系统疾病的唯一病原，多杀性巴氏杆菌是否是牛呼吸系统疾病的原发性病原或只是与其他病原一样的机会性入侵仍存在争议。一些呼吸系统的病毒包括副流感病毒3型、牛疱疹病毒1型和牛呼吸道合胞体病毒，可能诱发细菌侵入。动物死后肺颅叶呈红色、肿大和实变，通常还呈现纤维蛋白胸膜炎。

临床症状

　　航运热的临床特征有突然发热、精神沉郁、厌食、呼吸困难和严重的鼻液流出。在混合感染中，常有明显咳嗽和眼分泌物（Dalgleish，1990）。患病率可达50%，死亡率在1%~10%。犊牛地方性肺炎在牛2~6月龄多发，患病率可达30%，死亡率在5%~10%。

诊断

· 有应激因素暴露史，突发呼吸系统疾病。
· 所有病理检查结果均具有诊断价值。
· 支气管肺泡灌洗液的细胞离心涂片可见大量中性粒细胞。
· 从气管灌洗样品或感染的肺组织中分离溶血性曼氏杆菌是可以确诊的，这种细菌通常与其他病原体相关。

治疗与控制

· 隔离感染动物，患病期间尽早治疗。使用土霉素、增效磺胺类药和氨苄西林通常有效。但是，据报道，在一些国家溶血性曼氏杆菌的抗药性也在增加。
· 尽可能减少应激因素。例如，去势、去角、烙印和驱虫的治疗程序应在犊牛运输前几个月进行。
· 针对呼吸道病原体疫苗接种至少应在运输前3周完成。混合有修饰的白细胞毒素和表面抗原的溶血性曼氏杆菌疫苗可以起到保护作用。已有针对溶血性曼氏杆菌血清A1和A6型特异性抗原的疫苗（Schreuer等，2000），近期的研究集中在经黏膜递送疫苗的研发。

■ **羊巴氏杆菌病**

　　羊肺巴氏杆菌病的暴发流行通常由溶血性曼氏杆菌引起，然而多杀性巴氏杆菌主要引起散发病例。溶血性曼氏杆菌是健康羊上呼吸道的共生菌。诱发临床疾病的因素知之甚少，可能包括不利的气候条件或并发感染呼吸道病毒（如副流感病毒3型）。羊群中一些羊的突然死亡，另外一些羊出现急性呼吸困难，这通常是羊群疾病暴发的开始。死后剖检可见肺颅叶实变、纤维素性胸膜炎和心包积液。根据病变肺中分离出大量溶血性曼氏杆菌可进行实验室确诊。长效土霉素一般可以有效地治疗该病。有多价灭活疫苗可用，且它们对疫病控制可能有应用价值。

　　小于3月龄的羔羊败血性巴氏杆菌病是由溶血性曼氏杆菌引起。5~12月龄成年动物，患败血性巴氏杆菌病通常与海藻糖比伯斯坦杆菌感染有关。在带菌羊扁桃体中能发现海藻糖比伯斯坦杆菌。与大多其他巴氏杆菌感染一样，一系列诱发因素（如运输）可引发临床疾病。趋于好转的感染羊会突然死亡，死亡率可达5%。

■ **猪萎缩性鼻炎**

　　巴氏杆菌血清D型或血清A型的产毒菌株可引起严重的、慢性萎缩性鼻炎。这些产毒素多杀性巴氏杆菌被称为萎缩性鼻炎阳性（AR⁺）菌株。感染支气管败血波氏菌（*Bordetella bronchoseptica*）可能会引起温和的、非渐进性的鼻甲骨萎缩，且鼻部没有明显的畸形，该菌的存在易诱发感染多杀性巴氏杆菌萎缩性鼻炎阳性菌株。可能诱发感染的其他因素包括饲养密度大和通风不良。支气管败血波氏菌和多杀性巴氏杆菌的不产毒菌株在猪群中广泛分布。多杀性巴氏杆菌AR⁺携带者的传入可能会引发易感猪群慢性萎缩性鼻炎的暴发。青年猪尤其易感，但这些产毒菌株也可感染未免疫的任何年龄的猪。

临床症状

　　3~8周龄猪会有早期症状，包括过度流泪、打喷嚏、有时鼻出血。鼻吻逐渐变短、变皱。随着病情的发展，可见鼻的侧位偏斜（Rutter，1989）。萎缩性鼻炎很少致命，患病猪常会体重过轻，鼻甲骨受损，可能会诱发下呼吸道继发细菌感染。

诊断

· 患病严重的猪，特有的面部畸形具有诊断价值。
· 鼻甲骨萎缩程度的视觉评定可通过屠宰后第一和第二

前臼齿间鼻吻的横切面判断。

- 多杀性巴氏杆菌的分离和鉴定：应确定分离的是否为产毒菌株。适宜的试验有组织培养细胞毒性测定（Rutter 和 Luther，1984；Chanter等，1986）、ELISA毒素检测（Foged等，1988）和PCR检测毒素基因（Nagai等，1994）。
- 已经建立了用于检测多杀性巴氏杆菌和支气管败血波氏菌的产毒菌株和不产毒菌株的多重PCR（Register 和 DeJong, 2006）。

控制

- 可以考虑对断奶仔猪、育肥猪、成年母猪口服磺胺类、甲氧苄啶、泰乐菌素或四环素类药物预防。但是，对这些药物的抗药性在全球范围不断增加（San Millan等，2009；Sellyei等，2009；Tang等，2009），利用抗菌药物进行治疗或预防前，应对分离菌做药敏试验。
- 改善饲养和管理措施，将诱发因素的影响降到最低，并减少对抗菌药物的依赖。
- 接种灭活的支气管败血波氏菌和产毒素多杀性巴氏杆菌的类毒素的二联苗，能减轻疾病的严重程度，并提高生长率（Voets等，1992）。母猪应在产仔前4周和2周时接种疫苗，保育猪应在1和4周龄接种疫苗。

■ 禽霍乱

禽霍乱即禽巴氏杆菌病，由荚膜A型和荚膜F型多杀性巴氏杆菌引起，具有高度传染性，可感染家禽和野生鸟类。该病常表现为急性致死性败血病。火鸡比肉鸡更易感。死后剖检可见浆膜表面出血和体腔积液。散发的慢性病例，症状与病变往往与局部感染有关。纤维素性及脓性渗出物集聚，经常会造成肉垂、胸骨滑囊和关节肿大。

急性败血病病例中，血涂片上可检测到大量两极着色的细菌，血液、骨髓、肝脏或脾脏中可分离出多杀性巴氏杆菌。慢性病例中很难分离到细菌。

在急性病暴发早期，经饲料或饮水给药可以降低死亡率。多价佐剂灭活疫苗应用广泛，通常包含最常被分离的血清1型、3型和4型（Anon等，2008）。如果商品化疫苗无效，可以使用自家疫苗。在世界的一些地区，包括南美，可以购买到改良的活疫苗。

■ 兔鼻瘘

鼻瘘（snuffles）是兔的一种常见反复发作的化脓性鼻炎。该病由多杀性巴氏杆菌A型菌株引起。支气管败血性波氏菌感染有时可引起相似的临床症状。多杀性巴氏杆菌是健康带菌兔上呼吸道共生菌。应激因素，如种群密度过高、寒冷、运输、混合感染和通风不良导致空气中氨含量增加，可引发临床疾病。因为感染兔用爪抓鼻，在其前腿可见脓性鼻分泌物。打喷嚏和咳嗽是常见症状。后遗症包括结膜炎、中耳炎和皮下脓肿，青年兔可能形成支气管肺炎。使用抗生素治疗或预防治疗可能会有意义。消除应激因素是控制疾病的有效方法，商品化疫苗对该病无效。

◉ 参考文献

Alexander, T.W., Cook, S.R., Yanke, L.J., et al. (2008). A multiplex polymerase chain reaction assay for the identification of *Mannheimia haemolytica*, *Mannheimia glucosida* and *Mannheimia ruminalis*. Veterinary Microbiology, 130, 165–175.

Angen, O., Mutters, R., Caugant, D.A., Olsen, J.E. and Bisgaard, M. (1999). Taxonomic relationships of the [*Pasteurella*] haemolytica complex as evaluated by DNADNA hybridizations and 16S rRNA sequencing with proposal of *Mannheimia haemolytica* gen. nov., comb. nov., *Mannheimia granulomatis* comb. nov., Mannheimia glucosida sp. nov., *Mannheimia ruminalis* sp. nov. and *Mannheimia varigena sp. nov*. International Journal of Systematic Bacteriology, 49, 67–86.

Anon. (2008). 524 OIE Terrestrial Manual 2008, Chapter 2. 3.9. Fowl cholera: available at http://www.oie.int/fr/normes/ mmanual /2008/ pdf/2.03.09_F0WL_CH0LERA.pdf.

Blackall, P.J., Bojesen, A.M., Christensen, H. and Bisgaard, M (2007). Reclassification of [Pasteurella] trehalosi as *Bibersteinia trehalosi* gen. nov., comb. nov. International Journal of Systematic and Evolutionary Microbiology, 57, 666 – 674.

Capitini, C.M., Herrero, I.A., Patel, R., Ishitani, M.B. and Boyce T.G. (2002). Wound infection with *Neisseria weaveri* and a novel subspecies of *Pasteurella multocida* in a child who sustained a tiger bite. Clinical Infectious Diseases, 34, E74 – 76.

Carter, G.R. (1955). Studies on *Pasteurella multocida*. 1. Ahaemagglutination test for the identification of serological types. American Journal ofVeterinary Research, 16, 481–484.

Chanter, N., Rutter, J.M. and Luther, P.D. (1986). Rapid detection of toxigenic *Pasteurella multocida* by an agar overlay method. Veterinary Record, 119, 629 – 630.

Confer, A.W., Panciera, R.J., Clinkenbeard, K.D. and Mosier, D.M. (1990). Molecular aspects of virulence of *Pasteurella haemolytica*. Canadian Journal of Veterinary Research, 54, 548 – 552.

Czuprynski, C.J. (2009). Host response to bovine respiratory pathogens. Animal Health Research Reviews. 10, 141–143.

Dabo, S.M., Taylor, J.D. and Confer, A.W. (2007). *Pasteurella multocida* and bovine respiratory disease. Animal Health Research Reviews, 8, 129–150.

Dagleish, M.P., Hodgson, J.C., Ataei, S., et al. (2007). Safety and protective efficacy of intramuscular vaccination with a live aroA derivative of *Pasteurella multocida* B:2 against experimental hemorrhagic septicemia in calves. Infection and Immunity, 75, 5837 – 5844.

Dalgleish, R. (1990). Bovine pneumonic pasteurellosis. In Practice, 12, 223–226.

De Alwis, M.C.L. (1992). Haemorrhagic septicaemia – a general review. British Veterinary Journal, 148, 99 – 112.

Donachie, E. (2000). Bacteriology of bovine respiratory disease. Cattle Practice, 8, 5 – 7.

Dziva, F., Muhairwa, A.P., Bisgaard, M. and Christensen, H. (2008). Diagnostic and typing options for investigating diseases associated with *Pasteurella multocida*. Veterinary Microbiology, 128, 1 – 22.

Foged, N.T., Neilsen, J.P. and Pedersen, K.B. (1988). Differentiation of toxigenic from non-toxigenic isolates of *Pasteurella multocida* by enzyme-linked immunosorbent assay. Journal of Clinical Microbiology, 26, 1419–1420.

Heddleston, K.L., Gallagher, J.E. and Rebers, P.A. (1972). Fowl cholera: gel diffusion precipitin test for serotyping *Pasteurella multocida* from avian species. Avian Diseases, 16, 925–936.

Hendriksen, R.S., Mevius, D.J., Schroeter, A., et al. (2008). Prevalence of antimicrobial resistance among bacterial pathogens isolated from cattle in different European countries: 2002–2004. Acta Veterinaria Scandinavica, 50, 28.

Katsuda, K., Kohmoto, M., Kawashima, K., Tsunemitsu, H., Tsuboi, T. and Eguchi, M. (2003). Molecular typing of *Mannheimia* (*Pasteurella*) *haemolytica* serotype A1 isolates from cattle in Japan. Epidemiology and Infection, 131, 939 – 946.

Katsuda, K., Kamiyama, M., Kohmoto, M., Kawashima,

K., Tsunemitsu, H. and Eguchi, M. (2008). Serotyping of *Mannheimia haemolytica* isolates from bovine pneumonia: 1987–2006. Veterinary Journal, 178, 146–148.

Leite, F., Kuckleburg, C., Atapattu, D., Schultz, R. and Czuprynski, C.J. (2004). BHV-1 infection and inflammatory cytokines amplify the interaction of *Mannheimia haemolytica* leukotoxin with bovine peripheral blood mononuclear cells in vitro. Veterinary Immunology and Immunopathology, 99, 193–202.

Myint, A. and Carter, G.R. (1989). Prevention of haemorrhagic septicaemia in buffaloes and cattle with a live vaccine. Veterinary Record, 124, 508–509.

Nagai, S., Someno, S. and Yagihashi, T. (1994). Differentiation of toxigenic from non-toxigenic isolates of *Pasteurella multocida* by PCR. Journal of Clinical Microbiology, 32, 1004 – 1010.

Namioka, S. and Murata, M. (1961). Serological studies on *Pasteurella multocida*. Ⅱ Characteristics of somatic (O) antigens of the organism. Cornell Veterinarian, 51, 507 – 521.

Register, K.B. and DeJong, K.D. (2006). Analytical verification of a multiplex PCR for identification of *Bordetella bronchiseptica* and *Pasteurella multocida* from swine. Veterinary Microbiology, 117, 201–210.

Rice, J.A., Carrasco-Medina, L., Hodgins, D.C. and Shewen, P.E. (2008). *Mannheimia haemolytica* and bovine respiratory disease. Animal Health Research Reviews, 8, 117–128.

Rutter, M. (1989). Atrophic rhinitis. In Practice, 11, 74–80.

Rutter, J.M. and Luther, P.D. (1984). Cell culture assay for toxigenic *Pasteurella multocida* from atrophic rhinitis of pigs. Veterinary Record, 114, 393–396.

San Millan, A., Escudero, J.A., Gutierrez, B., et al. (2009). Multiresistance in *Pasteurella multocida* is mediated by coexistence of small plasmids. Antimicrobial Agents and Chemotherapy, 53, 3399 – 3404.

Schreuer, D., Schuhmacher, C., Touffet, S., et al. (2000). Evaluation of the efficacy of a new combined (*Pasteurella*) *Mannheimia haemolytica* serotype A1 and A6 vaccine in preruminant calves by virulent challenge. Cattle Practice, 8, 9 – 12.

Sellyei, B., Varga, Z., Szentesi-Samu, K., Kaszanyitzky, E. and Magyar, T. (2009). Antimicrobial susceptibility of *Pasteurella multocida* isolated from swine and poultry. Acta Veterinaria Hungarica, 57, 357–367.

Sneath, P.H.A. and Stevens, M. (1990). *Actinobacillus rossii* sp. nov., *Actinobacillus seminis* sp. nov., nom. rev., *Pasteurella bettii* sp. nov., *Pasteurella lymphangitidis* sp. nov., *Pasteurella mairi* sp. nov. and *Pasteurella trehalosi* sp. nov. International Journal of Systematic Bacteriology, 40,

148–153.

Tang, X., Zhao, Z., Hu, J., et al. (2009). Isolation, antimicrobial resistance, and virulence genes of *Pasteurella multocida* strains from swine in China. Journal of Clinical Microbiology, 47, 951–958.

Townsend, K.M., Boyce, J.D., Chung, J.Y., Frost, A.J. and Adler, B. (2001). Genetic organization of *Pasteurella multo-* *cida* cap loci and development of a multiplex capsular PCR typing system. Journal of Clinical Microbiology, 39, 924–929.

Voets, M.T., Klaassen, C.H.L., Charlier, P., Wiseman, A. and Descamps, J. (1992). Evaluation of atrophic rhinitis vaccine under controlled conditions. Veterinary Record, 130, 549–553.

◉ 进一步阅读材料

Anon. (2008). OIE Terrestrial Manual 2008. Chapter 2.04.12, *Haemorrhagic septicaemia*. Available at: http://www.oie.int/fileadmin/Home/eng/Health_standards/tahm/2.04.12_HS.pdf.

DiGiacomo, R.F., Xu, Y., Allen, V., Hinton, M.H. and Pearson, G.R. (1991). Naturally acquired *Pasteurella multocida* infection in rabbits: clinicopathological aspects. Canadian Journal of Veterinary Research, 55, 234–238.

Gonzales, C.T. and Maheswaran, S.K. (1993). The role of induced virulence factors produced by *Pasteurella haemolytica* in the pathogenesis of bovine pneumonic pasteurellosis: review and hypothesis. British Veterinary Journal, 149, 183–193.

Goodwin, R.F.W., Chanter, N. and Rutter, J.M. (1990). Screening pig herds for toxigenic *Pasteurella multocida* and turbinate damage in a health scheme for atrophic rhinitis. Veterinary Record, 127, 83–86.

Hoist, E., Rollof, J., Larsson, L. and Nielsen, J.P. (1992). Characterization and distribution of *Pasteurella* species recovered from infected humans. Journal of Clinical Microbiology, 30, 2984–2987.

Riet-Correa, F., Mendez, M.C., Schild, A.L., Ribeiro, G.A. and Almeida, S.M. (1992). Bovine focal proliferative fibrogranulomatous panniculitis (Lechiguana) associated with *Pasteurella granulomatis*. Veterinary Pathology, 29, 93–103.

Ward, C.L., Wood, J.L.N., Houghton, S.B., Mumford, J.A. and Chanter, N. (1998). *Actinobacillus* and *Pasteurella* species isolated from horses with lower airway disease. Veterinary Record, 143, 277–279.

第三篇

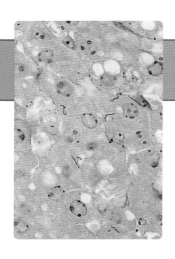

第28章

土拉弗朗西斯菌

土拉弗朗西斯菌（*Francisella tularensis*）曾经归类于巴氏杆菌属，菌体微小、不易染色、革兰阴性、杆状[0.2微米 × (0.2 ~ 0.7)微米]，也常常出现球杆状。该菌专性需氧、不能游动、氧化酶阴性、过氧化氢酶弱阳性。该菌营养要求高，在血平板中生长，需要添加半胱氨酸或胱氨酸，在麦康凯琼脂平板中不生长。

土拉弗朗西斯菌脂类含量高，荚膜为病原菌的毒力因子。据报道，土拉弗朗西斯菌土拉亚种（*F. tularensis* subsp. *tularensis*，曾称为*F. tularensis* subsp. *nearctica*）包括了高毒力A型菌株，原来被认为只发生在北美，后在欧洲也有发生（Gurycova，1998）。低毒力B型菌株，即土拉弗朗西斯菌旧北区亚种（*F. tularensis* subsp. *holarctica*，曾称为*F. tularensis* subsp. *palaearctica*），分为两个生物群（Pearson，1998），在欧亚大陆和北美均有发现（图28.1）。第三个亚种即为中亚亚种（*F. tularensis* subsp. *mediasiatica*），偶尔会引

起疾病。两种致病性亚种的鉴别特点见表28.1。

△ 要点

- 革兰阴性球杆菌
- 不能游动的专性需氧菌
- 营养要求高，生长必需半胱氨酸
- 在麦康凯琼脂培养基上不生长
- 氧化酶阴性、过氧化氢酶阳性
- 兼性胞内病原菌
- 在环境中存活可达4个月
- 野生动物疫源库和节肢动物在流行病学中起着重要作用
- 引致动物和人类的土拉菌病（tularaemia），该病又称为"土拉热"

弗朗西斯菌属其他三个种，即鲁屯弗朗西斯菌（*F. noatunensis*）、新杀弗朗西斯菌（*F. novicida*）、蜃楼弗朗西斯菌（*F. philomiragia*），都为鱼的病原菌，

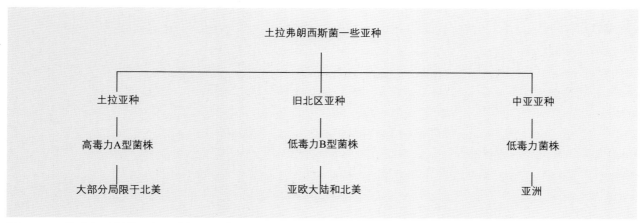

图28.1　土拉弗朗西斯菌一些亚种的地理分布和比较

表28.1　土拉弗朗西斯菌土拉亚种和旧北区亚种的鉴别特点

特点	土拉弗朗西斯菌土拉亚种	土拉弗朗西斯菌旧北区亚种
致病性	动物和人类的经典土拉菌病	在动物和人上很少引起严重的疾病
贮存宿主	兔类、啮齿类动物、鹌鹑目鸟类、蜱类	水、泥、水生动物、原生动物类
是否产生荚膜	+	+
生长是否需要半胱氨酸	+	+
瓜氨酸脲酶活性	+	−
分解葡萄糖是否产酸	+	−

偶尔也会引起人的感染（Hollis等，1989）。除此之外，环境中可能还有一些未被鉴定的弗朗西斯菌（Berrada和Telford，2010）。

◉ 常见的生存环境

据报道，哺乳动物、鸟类、爬行动物、鱼类和无脊椎动物等250多种动物均发生过土拉菌病。土拉弗朗西斯菌感染人类和动物时重要的储存宿主还没有完全清楚，但很可能包括兔形目、啮齿目、鸡形目的动物和鹿。较为准确的推测是，这些宿主是该菌的扩增宿主，而真正的储存宿主是蜱（Foley和Nieto，2010）。土拉弗朗西斯菌在水、泥、污染的尸体内能存活3~4个月（Rohrbach，1988）。土拉亚种与陆生动物有关，旧北区亚种经常与水传播的感染和海狸、麝鼠等水栖哺乳动物有关。与土拉亚种不同，旧北区亚种的真正储存宿主被认为是原生动物，而不是哺乳动物（Foley和Nieto，2010）。

◉ 流行病学

在北美，蜱和鹿虻（*Chrysops discalis*）是重要的传播细菌的载体。蜱可以跨发育阶段传播和经卵传播土拉弗朗西斯菌，这些蜱包括变异革蜱（*Dermacentor variabilis*）、安氏革蜱（*D. andersoni*）、美洲钝眼蜱（*Amblyomma americanum*）。这些蜱在生命循环的每个阶段，经常以脊椎动物宿主为食，蜱早期寄生的宿主动物比蜱晚期寄生的宿主动物要大，而且种类有所不同。宿主动物之间直接传播并不常见。

临床感染

土拉弗朗西斯菌可以感染野生动物、家养动物和人类。存在免疫抑制的动物个体会突然暴发疾病，可出现慢性、肉芽肿损伤或者亚临床感染的症状。土拉亚种主要引致家养动物临床感染，然而旧北区亚种往往造成一种不明显的、相对温和的疾病。

■ 家养动物的土拉菌病（tularaemia）

尽管在流行地区，土拉弗朗西斯菌主要感染家养动物，但土拉菌病的暴发相对较少。据报道，这种疾病的暴发曾发生在绵羊（Frank和Meinershagen，1961）、马（Claus等，1959）和仔猪。

成年猪和牛似乎对感染相对具有抵抗力。犬和猫可以被感染，发病后没有临床症状就会出现血清转化。在血清学调查中，6%的野生猫（McKeever等，1958）和48%的犬（Schmid等，1983）发现了针对病原菌的较高的抗体效价。有记录表明，家养的猫有临床症状，感染大概是通过捕食获得。人感染后出现的症状也可以发生在猫身上，包括伤寒样的、呼吸系统的、淋巴结溃疡的、咽部的土拉菌病。

致病机理和致病性

土拉弗朗西斯菌经常通过皮肤擦伤或者节肢动物咬伤而感染宿主。动物还可以通过吸入或摄食感染。该病原菌为兼性胞内致病菌，可以在巨噬细胞内生存，但不能在中性粒细胞中生存。病原菌通过特殊的伪足环系统进入巨噬细胞（Clemense等，2005）。病原菌一旦进入细胞，就能够抑制吞噬体/溶酶体的融合，在酸化抑制的条件下，该菌能够在吞噬体内存在达几个小时（Barker 和 Klose，2007）。然后，土拉弗朗西斯菌从吞噬体逃逸，在细胞质内进行繁殖，通过诱导细胞焦亡（pyroptosis）从细胞内释放，细胞焦亡为细胞凋亡的一种形式（Foley 和 Nieto，2010）。许多假定的毒力基因已经从土拉弗朗西斯菌的基因组中鉴定，但该病原菌的分子致病机制还不完全清楚（Meibom 和 Charbit，2010）。然而，已发现弗朗西斯菌毒力岛（Francisella pathogenicity island，FPI），该毒力岛可能编码Ⅳ型分泌系统和其他毒力基因。在土拉弗朗西斯菌的毒力菌株中发现毒力岛有两个拷贝，而在弱毒力菌株中只有一个拷贝。

局部或全身的淋巴结炎是固定的病变，败血症也经常出现。肿胀的表皮淋巴结会出现灰白色坏死灶，肝脏、脾脏会出现粟粒状损伤。肺脏会出现实变的区域。猫感染此菌后，可引起原发性肺损伤。

临床症状

据报道，绵羊暴发过土拉菌病疫情，猫和其他家养动物也出现过该疾病。土拉菌病的传播与大量蜱的滋生有关。

在大部分家养物种中，该疾病的症状主要出现发热、精神沉郁、食欲不振、身体僵硬和败血病的其他临床特征。

诊断

• 尽管临床症状不具有特异性，但在流行地区，严重患病动物大量滋生扁蚤可预示出现土拉菌病。
• 适合实验室检查的病料包括血清、从溃疡刮下的碎屑、淋巴结抽出物、用于活组织检查的原病料和来自感染组织的解剖样品。
• 1∶80或更高的凝集反应抗体效价可以作为土拉菌感染的诊断依据。抗体效价的增加表明为活动性感染。
• 荧光抗体技术可以用于组织、渗出物、纯培养的土拉弗朗西斯菌的鉴别。
• 土拉弗朗西斯菌的鉴别过程必须在生物安全柜内进行。当处理疑似病例或在尸体解剖过程中要注意一些特殊防护。
• 当病料样品被污染时，可以在葡萄糖半胱氨酸血液培养基中加入抗生素进行培养，平板在需氧条件37℃培养7天。

• 分离菌的鉴别标准：
  − 灰色、黏液状小菌落，培养3～4天后被不完全溶血的狭窄区域包围。
  − 菌落进行涂片后可以用免疫荧光技术对病原菌进行鉴别。
  − 运用特异性抗血清，可以对培养物进行凝集试验。在参考实验室可以运用生化试验进行亚型鉴别。
• PCR方法越来越多地用于菌株的确认和鉴别（Forsman等，1995；Anon，2008）。据报道，用于快速鉴别分离菌株的实时荧光PCR技术也已经成熟（Tomaso等，2007），也可应用PCR对血液和其他组织中的土拉弗朗西斯菌进行检测（Long等，1993；Johansson等，2000）。
• 如果病料中的病原菌较少，可以尝试在鸡胚和实验动物中增殖分离。

治疗

有效的抗生素包括阿米卡星、链霉素、亚胺培南-西司他丁和氟喹诺酮。如果患病动物使用抑制细菌繁殖的抗生素进行治疗，那么复发率很高。土拉弗朗西斯菌能够产生β-内酰胺酶，因此该菌对青霉素不敏感。肉汤稀释法是被推荐用于分离菌耐药性检测的方法，在北美，对7种药进行检测的研究中，未检出耐药性（Urich 和 Petersen，2008）。

控制

因为还没有商用疫苗用于动物，所以在流行地区要有明确的控制措施。
• 必须控制体外寄生虫，每天要对猫和犬除蜱。
• 应该采取措施预防野生动物的尸体或分泌物污染食物和水。
• 在流行地区，应该阻止犬和猫摄取野生动物。

■ 人的土拉菌病

人的土拉菌病（tularaemia）是一种严重的潜在的致死性传染病，经常呈现一种愈合慢的、伴有淋巴结肿大的溃疡。猎人、设陷阱捕猎的人、兽医、实验室工人等高风险人群在处理可疑动物或病料时，应采取妥善的预防措施。

有一种改良的活疫苗可以用于在特殊实验室进行土拉弗朗西斯菌研究的工作人员。

◉ 参考文献

Anon. (2008). OIE Terrestrial Manual 2008, Chapter 2.1.18: Tularaemia. Available at http://www.oie.int/fr/normes/mmanual/2008/pdf/2.01.18_TULAREMIA.pdf.

Barker, J.R. and Klose K.E. (2007). Molecular and genetic basis of pathogenesis in *Francisella tularensis*. Annals of the New York Academy of Science, 1105, 138–159.

Berrada, Z.L. and Telford, S.R. (2010). Diversity of *Francisella* species in environmental samples from Martha's Vineyard, Massachusetts. Microbial Ecology, 59, 277–283.

Claus, K.D., Newhall, J.H. and Mee, D. (1959). Isolation of *Pasteurella tularensis* from foals. Journal of Bacteriology, 78, 294–295.

Clemens, D.L., Lee, B.Y. and Horwitz, M.A. (2005). *Francisella tularensis* enters macrophages via a novel process involving pseudopod loops. Infection and Immunity, 73, 5892–5902.

Foley, J.E. and Nieto, N.C. (2010). Tularemia. Veterinary Microbiology, 140, 332–338.

Forsman, M., Sandstrom, G. and Sjostedt, A. (1995). Analysis of 16S ribosomal DNA sequences of *Francisella* strains and utilization for determination of the phylogeny of the genus and for identification of strains by PCR. International Journal of Systematic Bacteriology, 44, 38–46.

Frank, F.W. and Meinershagen, W.A. (1961). Tularemia epizootic in sheep. Veterinary Medicine, 56, 374–378.

Gurycová, D. (1998). First isolation of *Francisella tularensis* subsp. tularensis in Europe. European Journal of Epidemiology, 14, 797–802.

Hollis, D.G., Weaver, R.E., Steigerwalt, A.G., Wenger, J.D., Wayne Moss, C. and Brenner, D.J. (1989). *Francisella philomiragia* comb. nov. (formerly *Yersinia philomiragia*) and *Francisella tularensis* biogroup novicida (formerly *Francisella novicida*) associated with human disease. Journal of Clinical Microbiology, 27, 1601–1608.

Johansson, A., Berglund, L., Eriksson, U., et al. (2000). Comparative analysis of PCR versus culture for diagnosis of ulceroglandular tularemia. Journal of Clinical Microbiology, 38 (1), 22–26.

Long, G.W., Oprandy, J.J., Narayanan, R.B., Fortier, A.H., Porter, K.R. and Nacy, C.A. (1993). Detection of *Francisella tularensis* in blood by polymerase chain reaction. Journal of Clinical Microbiology, 31, 152–154.

McKeever, S., Schubert, J.H. and Moody, M.D. (1958). Natural occurrence of tularemia in marsupials, carnivores, lagomorphs and large rodents in southwestern Georgia and northwestern Florida. Journal of Infectious Diseases, 103, 120–126.

Meibom, K.L. and Charbit, A. (2010). The unraveling panoply of *Francisella tularensis* virulence attributes. Current Opinion in Microbiology, 13, 11–17.

Pearson, A. (1998). Tularaemia. In *Zoonoses – Biology, Clinical Practice and Public Health Control*. Eds S.R. Palmer, E.J.L. Soulsby and D.I.H. Simpson. Oxford University Press, Oxford. pp. 267–279.

Rohrbach, B.W. (1988). Zoonosis update: tularemia. Journal of the American Veterinary Medical Association, 193, 428–432.

Schmid, G.P., Kornblatt, A.N. and Connors, C.A. (1983). Clinically mild tularemia associated with tick-borne *Francisella tularensis*. Journal of Infectious Diseases, 148, 63–67.

Tomaso, H., Scholz, H.C., Neubauer, H., et al. (2007). Real-time PCR using hybridization probes for the rapid and specific identification of *Francisella tularensis* subspecies tularensis. Molecular and Cellular Probes, 21, 12–16.

Urich, S.K. and Petersen, J.M. (2008). In vitro susceptibility of isolates of *Francisella tularensis* types A and B from North America. Antimicrobial Agents and Chemotherapy, 52, 2276–2278.

第三篇

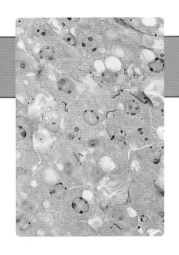

第29章

昏睡嗜组织杆菌、副猪嗜血杆菌和副鸡禽杆菌

　　近几年，嗜血杆菌属（*Haemophilus*）的成员已有很大变化。昏睡嗜组织杆菌（*Histophilus somni*）含有牛体内共生的或机会致病菌"昏睡嗜血杆菌（*Haemophilus somnus*）"及绵羊嗜组织杆菌（*Histophilus ovis*）和羔羊嗜血杆菌（*Haemophilus agni*）（Angen等，2003）。副鸡嗜血杆菌（*Haemophilus paragallinarum*）已被重新更名为副鸡禽杆菌（*Avibacterium paragallinarum*）（Blackall等，2005）。这些种类的细菌菌体很小，不到1微米×（1~3）微米，是革兰阴性杆菌，也常常出现球杆状，偶尔会形成短丝状。这些菌体能游动、兼性厌氧。其过氧化氢酶和氧化酶活性可变，不能在麦康凯琼脂上生长。它们的生长对营养要求非常苛刻；副猪嗜血杆菌（*Haemophilus parasuis*）、副鸡禽杆菌的生长需要V因子（烟酰胺腺嘌呤二核苷酸，NAD）。含有X和V因子的巧克力琼脂平板，以及在5%~10%的CO_2中是这些细菌生长理想的条件，尽管X因子和V因子对昏睡嗜组织杆菌的生长不是必需的。这些细菌的大部分分离株培养48小时后，可形成小的、透明的、露珠状的菌落。昏睡嗜组织杆菌的菌落呈微黄色，有些菌株在绵羊血琼脂上呈现溶血。

　　昏睡嗜组织杆菌、副猪嗜血杆菌和副鸡禽杆菌引起动物一些疾病。它们的总结见表29.1。其他嗜血杆菌和禽杆菌在动物的黏膜上为共生菌，极少引起动物发病（表29.2）。这些菌体的可溶性抗原差异很大。已经确定的副猪嗜血杆菌总共有15个血清型，血清分型也可用于鉴定昏睡嗜组织杆菌株和副鸡禽杆菌株。

△ 要点

- 小、能游动、革兰阴性杆菌
- 营养要求苛刻：一些菌体生长需要含有X因子和V因子的巧克力琼脂平板
- 理想生长环境需要5%~10% CO_2
- 兼性厌氧
- 在多种动物黏膜上共生
- 昏睡嗜组织杆菌是牛和羊的一种病原，副猪嗜血杆菌引起猪的格氏病，副鸡禽杆菌感染家禽

◉ 常见的生存环境

　　这三种细菌都能在上呼吸道黏膜上共生。它们对干燥很敏感，离开宿主不能长期存活。

◉ 昏睡嗜组织杆菌、副猪嗜血杆菌和副鸡禽杆菌的鉴定

　　这三种菌可根据其对X因子和V因子的需求、在CO_2环境中生长能力、过氧化氢酶和氧化酶反应和碳水化合物的利用等进行鉴别（表29.3）。

· 分离技术：

　— 对一些嗜血杆菌和禽杆菌的分离，培养基中需添加X因子和V因子。虽然这些因子不是昏睡嗜组织杆菌生长所必需，但当这些因子存在时，细菌生长能力增强。X因子具有热稳定性，存在于红细胞中。V因子对热不稳定，也存在于红细胞中，其对血浆中的NAD酶敏感。通常有两种方法可以确保培养基中的X因子和V因子具有活性。

　— 巧克力琼脂：80℃水浴10分钟，加热熔化血琼脂制

表29.1　由昏睡嗜组织杆菌、副猪嗜血杆菌和副鸡禽杆菌引起疾病的症状

微生物	宿主	疾病症状
昏睡嗜组织杆菌	牛	血栓性脑膜脑炎、败血症、支气管肺炎（与其他病原联合）、散发性生殖道感染
昏睡嗜组织杆菌（绵羊株）	绵羊	幼年公羊的附睾炎；外阴炎、乳腺炎、母羊繁殖性能降低；羔羊的败血症、关节炎、脑膜炎和肺炎
副猪嗜血杆菌	猪	格氏病、呼吸疾病的继发性感染
副鸡禽杆菌	鸡、珍珠鸡、火鸡、野鸡	呼吸道疾病传染性鼻炎

表29.2　与畜禽共生的嗜血杆菌和禽杆菌

种类	宿主	注释
禽源禽杆菌（*Avibacterium avium*）	鸡	共生
鸡禽杆菌（*A. gallinarum*）	鸟	可能引起轻微的上呼吸道感染
猫嗜血杆菌（*Haemophilus felis*）	猫	与鼻咽共生，偶尔参与呼吸道疾病
血红蛋白嗜血杆菌（*H. haemoglobinophilus*）	犬	下生殖道共生菌
副兔嗜血杆菌（*H. paracuniculus*）	兔	从肠中分离

表29.3　昏睡嗜组织杆菌、副猪嗜血杆菌和副鸡禽杆菌特征的比较

微生物	需要的生长因子	过氧化氢酶活性	氧化酶活性	碳水化合物的利用		
				蔗糖	乳糖	甘露醇
昏睡嗜组织杆菌	无	−	+	−	−	+
副猪嗜血杆菌	V因子	+	−	+	±	−
副鸡禽杆菌	V因子	−	−	+	−	+

备含X因子和V因子的巧克力琼脂。培养基的巧克力棕色是由于红细胞的裂解造成的。红细胞溶解细胞中释放的热稳定X因子不受这个过程的影响。同样来自红细胞裂解的V因子能短时间耐受80℃，在此条件下，能降解V因子的血浆NAD酶也被破坏。

—生长在血琼脂平板上的金黄色葡萄球菌能够在培养基上释放V因子。需要V因子的嗜血杆菌会在金黄色葡萄球菌菌落的附件上长出菌落，这一现象称为"卫星现象"。

· 检测是否需要X因子和V因子。

—图29.1阐释了是否需要X因子和V因子的圆盘检测法。这个试验特别适合于确定是否需要V因子的检测。卟啉试验是确定X因子生长需求的一个更精确

的方法。分离菌在含有卟啉前体的培养基中37℃培养4小时，当培养基在黑暗中暴露在UV光下时，红色荧光预示着具有卟啉产物，表明分离菌不需要X因子。

· 生化反应：

—某些生化试验可使用传统的培养基进行（表29.3）。

—商品化的生化试剂盒用于更大范围的检测分离菌（Palladino，1990）。

· 分子检测：

—尽管这三种细菌的鉴定可用血清学分型方法，但以分子为基础的方法使用频率不断增加。这些以分子为基础的方法大部分为指纹印迹法，但与血清分型相同，特定菌株与毒力之间的相关性尚不明确。

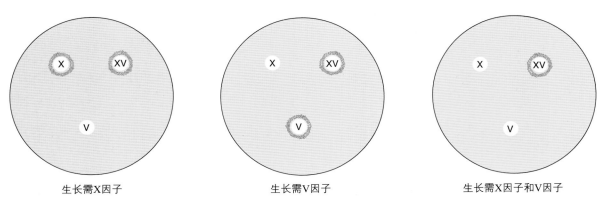

生长需X因子　　　　　　　　生长需V因子　　　　　　　　生长需X因子和V因子

图29.1　确定需要X因子和V生长因子的圆盘法

嗜血杆菌的分离株涂布于营养琼脂平板上，将含X因子、V因子，以及X和V因子混合物的纸片置于接种过细菌的培养基表面。在含10% CO_2、37℃环境中培养3天后，需要生长因子的一些种类的嗜血杆菌的菌落会在含有生长因子的圆纸片周围长出。含有1%糖的酚红肉汤可提供碳水化合物，并加入过滤灭菌的V因子、X因子和1%的血清。

◉ 致病机理和致病性

　　昏睡嗜组织杆菌、副猪嗜血杆菌和副鸡禽杆菌均为异源微生物，菌株间的毒力不同。在自然状态下，一些菌株是纯粹的共生体，并未从病变样本中分离。例如，一些属于血清3型副猪嗜血杆菌的分离株仅在上呼吸道分离出，没有在全身其他地方分离到（Oliveira等，2003）。无毒的从牛包皮分离的昏睡嗜组织杆菌，与从牛肺炎病例分离的致病性菌株相比较时，缺乏许多预期的致病因子（Sandal 和 Inzana，2010）。菌株之间的变异会给诊断造成困难，因为来自一些部位的分离株，并不足以证明其与致病具有相关性，而需通过进一步的特性分析来确认其致病性。昏睡嗜组织杆菌、副猪嗜血杆菌和副鸡禽杆菌的自然生境是宿主动物，由于相关因素导致条件性致病，幼年或没有感染过的动物尤其易感。无特定病原的猪不携带共生的副猪嗜血杆菌，当初次暴露于该病原菌时，常表现出疾病症状。当病原菌感染时，环境和其他应激因素，如运输、断奶和病毒感染可以促进感染的发展。

　　昏睡嗜组织杆菌能紧密黏附几种宿主细胞，其中包括内皮细胞及阴道上皮细胞，但黏附的确切机制尚不清楚。这些病原菌具有大量的毒力作用，包括内毒素的产生、脂寡糖的相变异、诱导内皮细胞的凋亡和转铁蛋白与免疫球蛋白结合蛋白的生产。昏睡嗜组织杆菌的脂寡糖（LOS）是主要的毒力因子，一方面是由于具毒性的脂质A组分，另一方面是由于细菌能修饰LOS结构，造成相变异和逃避宿主的

免疫反应。昏睡嗜组织杆菌感染造成损伤的主要特点是血管炎，LOS参与诱导血管内皮细胞和白细胞的凋亡（Czuprynski等，2004）。免疫球蛋白结合蛋白结合牛IgG2的Fc片段，负责抵抗血清中补体介导的杀伤作用。此外，昏睡嗜组织杆菌产生胞外多糖和丝状血凝素蛋白，它们可能参与生物被膜的形成（Sandal等，2009；Sandal 和 Inzana，2010）。

　　副猪嗜血杆菌的毒力还不是很清楚，毒力的确定需要动物试验。Olvera等（2006）建议将副猪嗜血杆菌菌株分为三组：从上呼吸道分离的无毒菌株；能够产生支气管肺炎的菌株；导致全身性疾病的菌株。然而，尽管部分多位点序列分型结果与菌株的分组一致，但到目前为止，能明确鉴别毒力菌株的分型系统还没有开发出来。众所周知，副猪嗜血杆菌产生荚膜多糖、脂寡糖和外膜蛋白，但其确切的致病作用的详细信息仍然未知。

　　副鸡禽杆菌的致病机制仍有许多尚待阐明。该菌体能够产生与毒力相关的荚膜和大量凝集素。血凝抑制是Kume血清分型体系的基础，该体系将菌株分成多个不同血清型。

◉ 诊断程序

- 根据临床情况和损伤类型确定实验室检测的样品。由于细菌非常脆弱，既不能冷藏也不能在运输用培养基内保持活性。理想条件下，临床样品应在干冰中冷冻，收集后24小时内送到实验室。

- 金黄色葡萄球菌接种于巧克力琼脂平板或血琼脂平板

上，在5%～10%的CO_2的潮湿环境，37℃培养2～3天，用于分离该菌。

- 菌株鉴定标准：
  - 1～2天后形成小的、露珠状菌落。
  - CO_2能促进细菌生长。
  - 生长需要X因子和V因子。
  - 符合其生化反应标准。

- 虽然血清学试验已用于流行病学研究，但这些试验诊断价值不大，因为该微生物群体的血清型和毒力之间的关系不一致。

- 以PCR为基础的试验已被成熟地用于病原菌的检测和鉴定。Tegtmeier等（2000）发现，与培养法、免疫组织化学法和原位杂交技术相比，以PCR为基础的方法用于检测昏睡嗜组织杆菌是最敏感的。副猪嗜血杆菌的分离特别困难，Oliveira等（2001）发明的这种特异性PCR方法，可提高临床标本的检出率，尤其是如果临床标本的质量不佳或诊断实验室缺少专业培养此病原的能力（Turni和BlaCckall，2007）。Chen等（1996）用PCR技术鉴定副鸡禽杆菌，也研发了检测临床样品中病原菌的测试方法（Chen等，1998）。Corney等人（2008）已成熟地应用实时PCR技术检测副鸡禽杆菌。

◉ 临床感染

对动物有致病性的嗜组织杆菌和嗜血杆菌往往具有宿主特异性（表29.1）。偶尔从家养动物分离出的具有不确定致病性的嗜血杆菌见表29.2。

■ 昏睡嗜组织杆菌引起牛的感染

昏睡嗜组织杆菌是公牛和母牛生殖道正常菌群的一部分。该菌也能在上呼吸道增殖。环境应激因素能促进临床疾病的发展。昏睡嗜组织杆菌比其他许多嗜血杆菌在环境中的抵抗力更强。在环境温度下，它可以在鼻腔分泌物和血中存在达70天，在阴道排出物达5天。可通过直接接触或气溶胶进行传播。血清学调查表明，至少25%的牛有昏睡嗜组织杆菌抗体（Harris和Janzen，1989）。

临床症状

由于败血症通常与昏睡嗜组织杆菌的感染有关，会涉及许多器官系统，并且临床表现不可预知。新引种到饲养场的犊牛常会零星发生血栓性脑膜脑炎（thrombotic meningoencephalitis，TME）。有些动物可能会出现死亡，其他的可能出现发热、抑郁，有时伴有失明、跛行和共济失调，因心肌炎导致的猝死也有报道。急性发病存活下来的动物常出现关节炎。

昏睡嗜组织杆菌是从地方性犊牛肺炎综合征分离出的最常见病原菌之一。由昏睡嗜组织杆菌造成的流产、子宫内膜炎、中耳炎、乳腺炎的散发病例已有记录。

诊断

- 犊牛出现严重的神经系统症状可能是TME。
- 尸检中大脑出现大量出血性坏死灶与TME一致。大脑、心脏和其他实质器官呈现明显的血管炎（vasculitis）、血栓症和出血等组织学变化。
- 通过从脑脊液、尸检病灶组织或流产的胎儿中分离鉴定昏睡嗜组织杆菌进行确诊。

治疗和控制

- 应该对具有败血病临床症状的动物进行隔离，密切监测处于危险中的动物，以发现疾病的早期症状。
- 虽然通常土霉素用于治疗，但青霉素、红霉素和增效磺胺类药物对治疗也有效。
- 商品化的灭活疫苗可降低发病率和死亡率，但其效果不稳定。由于这些疫苗的保护性抗原未知，所以未来需要寻找特征性保护抗原，以进一步改进疫苗（Siddaramppa和Inzana，2004；Sandal和Inzan，2010）。

■ 昏睡嗜组织杆菌引起的羊的感染

健康绵羊可能在阴茎包皮或阴道携带昏睡嗜组织杆菌绵羊菌株。目前已有昏睡嗜组织杆菌能够导致年轻公羊附睾炎（Lees等，1990）的报道。外阴炎、乳腺炎和母羊繁殖性能的降低均可能与昏睡嗜组织杆菌的感染有关。该病原菌也与羔羊的败血症、关节炎、脑膜炎和肺炎有关。

■ 格氏病

格氏病（Glasser's disease）是由副猪嗜血杆菌引起，表现为多发性浆膜炎和脑膜炎，通常影响从断奶到12周龄的仔猪。有些病例表现为多发性关节炎。

　　副猪嗜血杆菌是猪上呼吸道正常菌群的一部分。仔猪出生后不久，可以通过直接接触或气溶胶获得该微生物。母源抗体的存在能够阻止临床症状的发展。然而，在应激条件下，2~4周龄仔猪也可零星发生格氏病（Smart等，1989）。通常7~8周龄的仔猪可建立副猪嗜血杆菌的获得性免疫。

临床症状

　　潜伏期为1~5天。临床症状通常是仔猪暴露在如断奶或运输等应激因素2~7天后出现。厌食、发热、跛行、卧地和抽搐是该疾病的特征。同时也经常出现耳廓发绀和增厚。猪可在没有表现出疾病症状之前突然死亡。

诊断

- 因为猪链球菌、猪鼻支原体产生的病理变化与格氏病类似，所以诊断需要进行副猪嗜血杆菌的检测和鉴定。此外，上呼吸道或肺部等部位微生物的检测不能作为引起病变的证据，因为在正常猪群这些部位也可以分离出该微生物的非致病性菌株。
- 确诊需从关节液、心脏血液、脑脊液或新近死亡猪的尸体组织中分离、鉴定出副猪嗜血杆菌。
- 格氏病的尸检结果可能包括纤维素性浆膜炎、关节炎和脑膜炎。

治疗和控制

- 在病程的早期阶段，通常应用抗菌药物如四环素类、青霉素类或增效磺胺类药物治疗有效。副猪嗜血杆菌分离株对猪生产中常用的绝大部分药物仍然敏感（Aarestrup等，2004）。
- 应该明确诱发应激因素，在可能的情况下尽量消除。
- 商品化的菌苗或自家菌苗可能激发具有血清型特异性的保护性免疫。

■ 鸡传染性鼻炎

　　鸡传染性鼻炎由副鸡禽杆菌引起，主要影响鸡的上呼吸道和鼻旁窦（paranasal sinuses）。经济上的重要性涉及肉鸡的生长不良和蛋鸡产蛋减少。慢性病例、偶尔出现的临床正常的携带病菌的鸟类可以作为该菌的储存宿主。通过直接接触、气溶胶或受污染的饮用水传播。鸡在出壳后大约4周龄变得易感，并随年龄增加而增加。

临床症状

　　疾病表现的轻度症状为沉郁、排浆液性鼻涕和轻微的面部肿胀。严重的病例表现为一个或两个眶下窦明显肿胀，周围组织的水肿可能延伸至肉垂。在蛋鸡中，产蛋率可能会受到严重的影响。

　　尸检时，眶下窦出现大量黏着力强的渗出液，也可能存在气管炎、支气管炎和肺泡炎。

诊断

- 面部肿胀为特征性表现。
- 从出现严重症状鸡的眶下窦中分离、鉴定出副鸡禽杆菌便可以确诊。
- 免疫过氧化物酶染色法可用于证明鼻腔和鼻窦组织中的副鸡禽杆菌（Nakamura等，1993）。
- 血清学试验，如凝集试验、ELISA法或琼脂凝胶免疫扩散试验等可用于检测感染2~3周后产生的抗体，进而确认鸡群中存在副鸡禽杆菌。

治疗和控制

- 拌有磺胺类药物或土霉素的水和饲料应该在疾病暴发的早期开始使用。
- 全进全出的管理政策应该得到贯彻，新补充的禽类应该来自无鼻炎群体。家禽养殖企业良好的管理能把感染的风险降到最低。
- 对于此病复发的鸡群，灭活疫苗可能有效，疫苗应在预期鼻炎将要发生的3周前接种。

◉ 参考文献

Aarestrup, F.M., Seyfarth, A.M. and Angen, ø. (2004). Antimicrobial susceptibility of *Haemophilus parasuis* and *Histophilus somni* from pigs and cattle in Denmark. Veterinary Microbiology, 101, 143–146.

Angen, ø., Ahrens, P., Kuhnert, P., Christensen, H. and Mutters, R. (2003). Proposal of *Histophilus somni* gen. nov., sp. nov. for the three species incertae sedis 'Haemophilus somnus', 'Haemophilus agni' and 'Histophilus ovis'. International

Journal of Systematic and Evolutionary Microbiology, 53, 1449–1456.

Blackall, P.J., Christensen, H., Beckenham, T., Blackall, L.L. and Bisgaard, M. (2005). Reclassification of *Pasteurella gallinarum*, [*Haemophilus*] *paragallinarum*, *Pasteurella avium* and *Pasteurella volantium* as *Avibacterium gallinarum* gen. nov., comb. nov., *Avibacterium paragallinarum* comb. nov., *Avibacterium avium* comb. nov. and *Avibacterium volantium* comb. nov. International Journal of Systematic and Evolutionary Microbiology, 55, 353–362.

Chen, X., Miflin, J.K., Zhang, P. and Blackall, P.J. (1996). Development and application of DNA probes and PCR tests for *Haemophilus paragallinarum*. Avian Diseases, 40, 398–407.

Chen, X., Song, C., Gong, Y. and Blackall, P.J. (1998). Further studies on the use of a polymerase chain reaction test for the diagnosis of infectious coryza. Avian Pathology, 27, 618–624.

Corney, B.G., Diallo, I.S., Wright, L., et al. (2008). Rapid and sensitive detection of *Avibacterium paragallinarum* in the presence of other bacteria using a 5' Taq nuclease assay: a new tool for diagnosing infectious coryza. Avian Pathology, 37, 599–604.

Czuprynski, C.J., Leite, F., Sylte, M., et al. (2004). Complexities of the pathogenesis of *Mannheimia haemolytica* and *Haemophilus somnus* infections: challenges and potential opportunities for prevention? Animal Health Research Reviews, 5, 277–282.

Harris, F.W. and Janzen, E.D. (1989). The *Haemophilus somnus* disease complex (hemophilosis): a review. Canadian Veterinary Journal, 30, 816–822.

Lees, V. W., Meek, A.H. and Rosendal, S. (1990). Epidemiology of *Haemophilus somnus* in young rams. Canadian Journal of Veterinary Research, 54, 331–336.

Nakamura, K., Hosoe, T., Shirai, J., Sawata, A., Tanimura, N. and Maeda, M. (1993). Lesions and immunoperoxidase localisation of *Haemophilus paragallinarum* in chickens with infectious coryza. Veterinary Record, 132, 557–558.

Oliveira, S., Galina, L. and Pijoan, C. (2001). Development of a PCR test to diagnose *Haemophilus parasuis* infections. Journal of Veterinary Diagnostic Investigation, 13, 495–501.

Oliveira, S., Blackall, P.J. and Pijoan, C. (2003). Characterization of the diversity of *Haemophilus parasuis* field isolates by use of serotyping and genotyping. American Journal of Veterinary Research, 64, 435–442.

Olvera, A., Cerdà-Cuéllar, M. and Aragon, V. (2006). Study of the population structure of *Haemophilus parasuis* by multilocus sequence typing. Microbiology, 152, 3683–3690.

Palladino, S., Leahy, B.J. and Newall, T.L. (1990). Comparison of the RIM-H Rapid Identification Kit with conventional tests for identification of *Haemophilus* spp. Journal of Clinical Microbiology, 28, 1862–1863.

Sandal, I. and Inzana, T.J. (2010). A genomic window into the virulence of *Histophilus somni*. Trends in Microbiology, 18, 90–99.

Sandal, I., Shao, J.Q., Annadata, S., et al. (2009). *Histophilus somni* biofilm formation in cardiopulmonary tissue of the bovine host following respiratory challenge. Microbes and Infection, 11, 254–263.

Siddarampppa, S. and Inzana, T.J. (2004). *Haemophilus somnus* virulence factors and resistance to host immunity. Animal Health Research Reviews, 5, 79–93.

Smart, N.L., Miniats, O.P., Rosendal, S. and Friendship, R.M. (1989). Glasser's disease and prevalence of subclinical infection with *Haemophilus parasuis* in swine in southern Ontario. Canadian Veterinary Journal, 30, 339–343.

Tegtmeier, C., Angen, O. and Ahrens, P. (2000). Comparison of bacterial cultivation, PCR, in situ hybridization and immunohistochemistry as tools for diagnosis of *Haemophilus somnus* pneumonia in cattle. Veterinary Microbiology, 76, 385–394.

Turni, C. and Blackall, P.J. (2007). Comparison of sampling sites and detection methods for *Haemophilus parasuis*. Australian Veterinary Journal, 85, 177–184.

◉ 进一步阅读材料

Czuprynski, C.J. (2009). Host response to bovine respiratory pathogens. Animal Health Research Reviews, 10,141–143.

Inzana, T.J., Johnson, J.L., Shell, L., Moller, K. and Kilian, M. (1992). Isolation and characterization of a newly identified *Haemophilus* species from cats: '*Haemophilus felis*'. Journal of Clinical Microbiology, 30, 2108–2112.

Miller, R.B., Lein, D.H., McEntee, K.E., Hall, C.E. and Shin, S. (1983). *Haemophilus somnus* infection of the reproductive tract of cattle: a review. Journal of the American Veterinary Medical Association, 182, 1390–1392.

第
三
篇

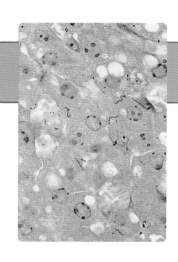

第30章

泰勒菌

目前，泰勒菌属（*Taylorella*）仅有两个成员，即马生殖道泰勒菌（*T. equigenitalis*）和新近描述的驴生殖道泰勒菌（*T. asinigenitalis*）（Jang等，2001）。泰勒菌是短小的、不能游动的革兰阴性球杆菌，氧化酶、过氧化氢酶、碱性磷酸酶均为阳性。泰勒菌为微需氧菌，生长较慢，营养要求苛刻，巧克力琼脂平板通入5%～10%的CO_2为该菌生长的最佳条件。尽管泰勒菌不依赖X和V生长因子，但添加X因子可以促进该菌的生长。泰勒菌在麦康凯琼脂平板中不生长。

> △ 要点
> - 短小、不游动、革兰阴性球杆菌
> - 营养要求苛刻，在巧克力琼脂平板上生长最佳
> - 微需氧、要求5%～10% CO_2
> - 氧化酶、过氧化氢酶、碱性磷酸酶阳性，但其他方面不反应
> - 马生殖道泰勒菌是马子宫炎的病原菌

◉ 常见的生存环境

在种公马、母马、马驹的生殖道中能够发现泰勒菌。马生殖道泰勒菌存在于种公马尿道窝内，母马的阴蒂窝内。在驴的生殖道内能够分离到驴生殖道泰勒菌。

◉ 临床感染

马生殖道泰勒菌是造成马子宫内膜炎的病原菌，该菌似乎只能感染马科动物（Platt 和 Taylor，1982）。

驴生殖道泰勒菌与驴的临床疾病没有关系。

■ 传染性马子宫炎（Contagious equine metritis，CEM）

1977年，英国和爱尔兰首次把Thoroughbreds（纯血系）品牌的马的传染性子宫炎作为一种临床疾病进行报道（Crowhurst，1977；O'Driscoll等，1977）。该病随后在其他欧洲国家、美国、澳大利亚和日本都有报道。这是一种高度接触传染性、局限性的性病，母马（驴）外阴分泌黏液性脓液，并导致暂时性的不育。这种疾病会严重影响良种繁殖场的育种程序。

感染的种公马和母马是主要的感染源，尽管感染可以由污染的器具造成，但细菌通常在马交配期间进行传播。据估计，母马自发的上行感染是不可能的，马生殖道泰勒菌必须被送到子宫内才能造成感染（Platt 和 Taylor，1982）。出生就感染的马驹可能是在母马子宫或分娩的过程中被感染。从2～4岁感染的母马的75%的后代中可以分离到马生殖道泰勒菌（Timoney 和 Powell，1982）。临床上已经恢复的母马和它们的后代可能是主要的感染源。

致病机理

射精前体液和精液可以被泌尿道憩室处的马生殖道泰勒菌污染。病原菌进入子宫后，进行繁殖，诱导产生急性子宫内膜炎。最初，单核细胞和浆细胞组织浸润，这个特征在其他急性细菌子宫炎内很少见（Ricketts等，1978）。随后，中性粒细胞进入子宫腔内产生大量脓性分泌物。尽管病原菌在子宫内可以长期存在，但急性子宫炎会在几天内消退。该菌具有侵

袭马细胞系的能力，但该菌致病机制的有效资料很少（Bleumink-Pluym等，1996）。临床和流行病学都强有力地提示不同的菌株的致病性不同（Parlevliet等，1997），但其原因还不清楚。

临床症状

感染的公马和少数感染的母马无临床症状。在与感染的公马交配后的几天内，大部分母马的阴部会排出大量脓性分泌物。这种状态会持续2周，并且母马好几个星期不孕。一些母马在没有治疗的情况下会自行康复，但其中高达25%的母马是病原菌携带者（Platt 和 Taylor，1982）。该菌感染不会引起保护性免疫，因而会发生再次感染。

诊断程序

OIE《陆生动物诊断和疫苗手册》详细说明了这个传染病的样本类型和诊断要求。

- 马交配后2~7天，外阴出现大量脓性分泌物预示着CEM的存在。
- 用于细菌学检查的样本应该在马繁殖季节收集。
- 在母马发情期，用棉拭子采取阴蒂窝凹处、鼻窦、子宫内的样品。当采集棉拭子时，每个动物之间都要更换一次性手套。
- 感染的母马产下的马驹应该在3月龄之前采集样本。用棉拭子采集小母马的阴蒂窝凹处、小公马阴茎鞘和阴茎尖端的样本。公马和试情公马的样本应该来自尿道、尿道憩室、阴茎鞘和射精前体液。
- 棉拭子在运输过程中应置于Amies运送培养基（含炭）中，并且在24小时内到达实验室。样本应该提交给监管部门指定的官方实验室。
- 添加两性霉素B、结晶紫和链霉素的巧克力琼脂平板适合于该菌的培养分离。添加链霉素和不加链霉素的培养基都应该接种，因为一些马生殖道泰勒菌对此抗生素比较敏感。添加甲氧苄啶和克林霉素的培养基已研发成功（Timoney等，1982）。接种的平板置于37℃、5%~10% CO_2培养4~7天。
- 分离菌的鉴定标准：
  - 培养48小时候可见较小、光滑、淡黄灰色、有完整边缘的菌落。
  - 氧化酶、过氧化氢酶、碱性磷酸酶均为阳性。
  - 基于高效价的马生殖道泰勒菌抗血清的玻片凝集试验，可用于培养物的检测。

  - 可用荧光标记的抗血清进行检测，该血清与溶血性曼氏杆菌吸附后可提高其结合的特异性。
  - 采用商品化的乳胶凝集试剂盒可进行病原菌的鉴定。
- 用于检测病料样本中马生殖道泰勒菌的PCR被大量报道（Bleumink-Pluym等，1993；Chanter等，1998；Anzai等，1999；Moore等，2001；Duquesne等，2007）。Wakeley等（2006）建立了实时定量PCR，该方法可以直接用于生殖道棉拭子的检测，同时还可以区分马生殖道泰勒菌和驴生殖道泰勒菌。
- 用于马生殖道泰勒菌分型的好几种分子方法都是有效的。它们大部分基于限制性内切酶的消化和随后的脉冲场凝胶电泳（Matsuda 和 Moore，2003）。
- 血清学试验包括凝集反应、补体结合反应、ELISA。这些方法可检测有症状的或新发生的感染，但不能检测无症状的病原携带者。

治疗

无症状携带者要和临床感染的动物一样进行治疗。经常用2%的洗必泰洗涤，结合局部使用抗生素进行治疗，例如，每天擦呋喃西林药膏，可以清除母马和公马的马生殖道泰勒菌（Watson，1997）。除此之外，还可以对母马冲洗子宫持续5~7天。对于治疗后马生殖道泰勒菌持续存在的母马，可以考虑切除母马的阴蒂窦。

控制

- 在纯血系马育种工作先进的国家，马子宫炎被列为法定报告的传染病。
- 控制政策要基于实验室检测，从种用的马匹中检出感染马生殖道泰勒菌的无临床症状和有临床症状的马匹。
- 在种马场，必须采取合适的、固定的卫生措施，阻止病原菌的水平传播。
- 如果在种马场诊断出CEM，所有的繁殖工作必须立即停止。
- 对治疗过CEM的动物，必须进行采样检测，以确保无病原菌。
- 一匹公马和两匹没有交配过的母马进行交配试验，该方法是检测感染的一个敏感方法。母马的样本随后进行细菌学检测。
- 目前还没有预防CEM的疫苗。

◉ 参考文献

Anon. (2008). Manual of Diagnostic Tests and Vaccines for Terrestrial Animals. Chapter 2.5.1. Contagious equine metritis. Available from: http://www.oie.int/Eng/Normes/Mmanual/2008/pdf/2.05.02_CEM.pdf.

Anzai, T., Eguchi, M., Sekizaki, T., Kamada, M., Yamamoto, K. and Okuda, T. (1999). Development of a PCR test for rapid diagnosis of contagious equine metritis. Journal of Veterinary Medical Science, 61, 1287–1292.

Bleumink-Pluym, N.M.C., Houwers, D.J., Parlevliet, J.M. and Colenbrander, B. (1993). PCR-based detection of CEM agent. Veterinary Record, 133, 375–376.

Bleumink-Pluym, N.M., ter Laak, E.A., Houwers, D.J. and van der Zeijst, B.A. (1996). Differences between *Taylorella equigenitalis* strains in their invasion of and replication in cultured cells. Clinical and Diagnostic Laboratory Immunology, 3, 47–50.

Chanter, N., Vigano, F., Collin, N.C. and Mumford, J.A. (1998). Use of a PCR assay for *Taylorella equigenitalis* applied to samples from the United Kingdom. Veterinary Record, 143, 225–227.

Crowhurst, R.C. (1977). Genital infection in mares. Veterinary Record, 100, 476.

Duquesne, F., Pronost, S., Laugier, C. and Petry, S. (2007). Identification of *Taylorella equigenitalis* responsible for contagious equine metritis in equine genital swabs by direct polymerase chain reaction. Research in Veterinary Science, 82, 47–49.

Jang, S.S., Donahue, J.M., Arata, A.B., et al. (2001). *Taylorella asinigenitalis* sp. nov., a bacterium isolated from the genital tract of male donkeys (*Equus asinus*). International Journal of Systematic and Evolutionary Microbiology, 51, 971–976.

Matsuda, M. and Moore, J.E. (2003). Recent advances in molecular epidemiology and detection *of Taylorella equigenitalis* associated with contagious equine metritis (CEM). Veterinary Microbiology, 97, 111–122.

Moore, J.E., Buckley, T.C., Millar, B.C., et al. (2001). Molecular surveillance of the incidence of *Taylorella equigenitalis* and *Pseudomonas aeruginosa* from horses in Ireland by sequence-specific PCR [SS-PCR]. Equine Veterinary Journal, 33, 319–322.

O'Driscoll, J.G., Troy, P.T. and Geoghegan, F.J. (1977). An epidemic of venereal disease in thoroughbreds. Veterinary Record, 101, 359 – 360.

Parlevliet, J.M., Bleumink-Pluym, N.M.C., Houwers, D.J., Remmen, J.L.A.M., Sluyter, F.J.H. and Colenbrander, B. (1997). Epidemiologic aspects of *Taylorella equigenitalis*. Theriogenology, 47, 1169–1177.

Platt, H. and Taylor, C.E.D. (1982). Contagious equine metritis. In *Medical Microbiology*. Vol. 1. Eds C.S.F. Easmon and J. Jeljaszewicz. Academic Press, New York. pp. 49–96.

Ricketts, S.W., Rossdale, P.D. and Samuel, C.A. (1978). Endometrial biopsy studies of mares with contagious equine metritis 1977. Equine Veterinary Journal, 10, 160–166.

Timoney, P.J. and Powell, D.G. (1982). Isolation of the contagious equine metritis organism from colts and fillies in the United Kingdom and Ireland. Veterinary Record, 111, 478–482.

Timoney, P.J., Shin, S.J. and Jacobson, R.H. (1982). Improved selective medium for isolation of the contagious equine metritis organism. Veterinary Record, 111, 107–108.

Wakeley, P.R., Errington, J., Hannon, S., et al. (2006). Development of a real time PCR for the detection of *Taylorella equigenitalis* directly from genital swabs and discrimination from Taylorella asinigenitalis. Veterinary Microbiology, 118, 247–254.

Watson, E.D. (1997). Swabbing protocols in screening for contagious equine metritis. Veterinary Record, 140, 268–271.

◉ 进一步阅读材料

Anon. (1997). Keeping CEM at bay. Veterinary Record, 140, 265.

Bleumink-Pluym, N.M.C., Ter Laak, E.A. and van der Zeijst, B.A.M. (1990). Epidemiologic study of *Taylorella equigenitalis* strains by field inversion gel electrophoresis of genome restriction endonuclease fragments. Journal of Clinical Microbiology, 28, 2012–2016.

Ricketts, S.W. (1996). Contagious equine metritis (CEM). Equine Veterinary Education, 8, 166–170.

Wood, J.L., Kelly, L., Cardwell, J.M. and Park, A.W. (2005). Quantitative assessment of the risks of reducing the routine swabbing requirements for the detection of *Taylorella equigenitalis*. Veterinary Record, 157, 41–46.

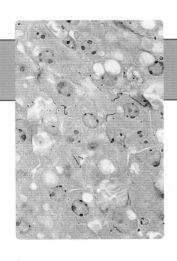

第31章

波氏菌

波氏菌属（*Bordetella*）包括8个种。其中3个种对动物有致病性，分别是支气管败血波氏菌（*B. bronchiseptica*）、禽波氏菌（*B. avium*）和副百日咳波氏菌（*B. parapertussis*）。百日咳波氏菌（*B. pertussis*）是波氏菌属的模式种，与幼儿百日咳（whooping cough）相关。支气管败血波氏菌是主要的动物病原，它能够感染人和多种动物种类，禽波氏菌是禽类的病原（表31.1）。副百日咳杆菌绵羊菌株与羊羔肺炎有关，而人源株可致轻微的百日咳。据称虽然欣氏波氏菌（*B. hinzii*）的一些菌株通常被视为非致病性（Register 和 Kunkle，2009），但仍可能会造成火鸡发病。波氏菌是不常见的病原，多吸附于纤毛状呼吸道上皮。支气管败血波氏菌和禽波氏菌较小，大小为（0.2~0.5）微米×（0.5~1.5）微米，革兰阴性呈球杆菌状，需氧，过氧化氢酶和氧化酶阳性，并且是可游动的含有周鞭毛的细菌，能在麦康凯琼脂上生长。由于不能利用糖类，所以它们主要从氧化的氨基酸获取能量，并且没有任何特殊生长需求。副百日咳杆菌不能游动，某些菌株可在麦康凯琼脂上生长。

△ 要点

- 小的革兰阴性菌
- 能在营养不丰富的培养基上生长，大多数动物病原菌生长在麦康凯琼脂培养基上
- 严格需氧菌
- 具运动性，过氧化氢酶阳性，氧化酶阳性
- 可利用氨基酸产能
- 毒力强的菌株能凝集哺乳动物的红细胞
- 为上呼吸道共生菌，一些菌株是机会致病菌
- 在哺乳动物和禽类可引发呼吸道疾病

◉ 常见的生存环境

波氏菌定殖在上呼吸道的黏膜上，波氏菌的一些种可能对动物有致病性。虽然禽波氏菌可在水中长时间生存，但在环境中生存时间通常很短（Raffel 等，2002）。

◉ 支气管败血波氏菌和禽波氏菌的鉴定

通常是根据生长特性、生化反应和它们独特的凝集红血细胞（表31.2）的能力来进行鉴定。禽波氏菌需与粪产碱杆菌（*Alcaligenes faecalis*）进行鉴别，后者是非致病性的。
- 在羊血琼脂上，毒力菌株在培养24小时后，可见小的、凸的和光滑的菌落。许多支气管败血波氏菌的分离菌是溶血的，区别于非溶血性的禽波氏菌。

表31.1　兽医学上重要的波氏菌属以及它们相关的疾病

波氏菌	宿主	疾病
支气管败血波氏菌	猪	萎缩性鼻炎
	犬	犬传染性支气管炎
	猫	肺炎
	马	呼吸道感染
	兔	上呼吸道感染
	实验室啮齿动物	支气管肺炎
禽波氏菌	火鸡	鼻炎
副百日咳波氏菌	羔羊	肺炎

表31.2　支气管败血波氏菌、禽波氏菌和粪产碱杆菌的鉴别特征[a]

特点	支气管败血波氏菌	禽波氏菌	粪产碱杆菌
绵羊血培养基菌落特征	溶血	不溶血	不溶血
麦康凯培养基菌落特征	白色、粉红色菌落	白色、粉红色菌落	白色菌落
选择性培养基[b]菌落特征	小的蓝色菌落	小的蓝色菌落	大的绿色菌落
氧化酶	+	+	+
过氧化氢酶	+	+	+
脲酶	+	−	−
以柠檬酸盐为唯一碳源	+	−	+
以丙二酸盐为唯一碳源	−	−	+
硝酸盐还原	+	+	+
游动性	+	+	+
毒力株的血凝性	凝集羊、牛红细胞[c]	凝集豚鼠红细胞[c]	

a：需与波氏菌鉴别的微生物，但无兽医学意义。
b：Smith 和 Baskerville（1979）。
c：用洗涤过的3%红细胞悬液作玻片凝集试验。

- 在麦康凯琼脂上，支气管败血波氏菌和禽波氏菌产生苍白的、无乳糖发酵的菌落。
- 含pH指示剂溴麝香草酚蓝的选择培养基用于分离和鉴定波氏菌（Smith 和 Baskerville，1979）。也可以使用其他选择性培养基，如炭/头孢氨苄琼脂（Egberink等，2009）。
- 微型生化鉴定系统可用于这些不代谢碳水化合物的"非发酵菌"。
- 血凝性是细菌罕见的一个属性，支气管败血波氏菌和禽波氏菌的毒力强的菌株均有出现。
- 常规和实时PCR可用于检测和鉴别波氏菌属（Hozbor等，1999；Koidl等，2007）。
- 分型方法已用于流行病学调查，其中包括多位点序列分型、脉冲场凝胶电泳（PFGE）和随机扩增多态性DNA分析。

◉ 致病机理和致病性

波氏菌具有位相变化，并与毒力相关，其可通过菌落外观辨别。毒力的表达受由BvgAS位点编码的双组分信号转导系统的调节。无毒阶段发生在25℃，而在37℃时BvgAS激活许多致病基因的表达。毒力由几个因素介导，大致可分为黏附素介导或毒素介导。黏附素包括丝状血凝素、百日咳杆菌黏附素和菌毛，可附着到上呼吸道的纤毛（表31.3）。气管的细胞毒素抑制纤毛运动和气管支气管的清洁。此外，支气管败血波氏菌产生的腺苷酸环化酶-溶血素，通过Ⅰ型分泌系统进入宿主细胞。这种毒素主要将吞噬细胞作为靶细胞（Gueirard 和 Guiso，1993；Harvill等，1999），其具有独特的毒素重复结构特征，并额外有一个腺苷酸环化酶的结构域（表31.3）。其他毒素包括皮肤坏死毒素，通过干扰猪的成骨细胞的分化导致鼻甲骨萎缩。Ⅲ型分泌系统转移各种效应蛋白进入宿主细胞，诱导细胞死亡，并增加该系统的表达，这似乎与毒力增强有关（Buboltz等，2009）。禽波氏菌缺乏腺苷酸环化酶毒素，但能产生血凝素，主要凝集豚鼠红细胞和引起火鸡相关的致病性（Gentry-Weeks等，1988；Sebaihia等，2006）。百日咳毒素由人的病原菌百日咳波氏菌产生。

细菌的清除由局部产生的抗体（IgA）介导，其在感染后第4天开始出现。尽管这些抗体可以阻止波氏菌附着到纤毛，但它们却无法去除已附着的细菌。清除来自呼吸道的波氏菌可能需要几周。带菌动物，包括一部分成年动物，不断地排菌，均是重要的传染源。

◉ 诊断过程

- 供实验室检测的样品，包括鼻拭子、气管吸出物和分泌物。

表31.3 支气管败血波氏菌和禽波氏菌的毒力因子

毒力因子	活性	波氏菌	
		支气管败血波氏菌	禽波氏菌
丝状血凝素	结合纤毛	+	−
百日咳杆菌黏附素	结合纤毛	+	+
菌毛	介导附着到细胞	+	+
腺苷酸环化酶溶血素	干扰吞噬细胞功能	+	−
气管细胞毒素	抑制纤毛的运动，杀死纤毛细胞	+	+
皮肤坏死毒素	引起皮肤坏死，损害成骨细胞	+	+
骨毒素	成骨细胞毒性	+	+
Ⅲ型分泌系统及相关效应蛋白	破坏细胞信号并诱导细胞死亡	+	−
脂多糖	刺激细胞因子的释放，定殖呼吸道	+	+

- 波氏菌在血琼脂和麦康凯琼脂或选择培养基上培养。在有氧条件下37℃培养24~48小时。
- 分离株的鉴定标准：
  - 在血琼脂培养基或选择性培养基上有菌落生长。
  - 在麦康凯琼脂上生长。
  - 生化指标。
  - 玻片凝集试验与菌株毒力相关。
- 已开发的血清学检测方法的诊断价值有限。
- 已经开发了用于检测临床标本中波氏菌的PCR程序，包括实时PCR和多重PCR。

◎ 临床感染

与波氏菌相关的临床症状通常与上呼吸道感染有关。小动物最易感，成年动物一般为轻度或亚临床感染。诱发因素如应激或并发感染可导致疾病的暴发。虽然发病率高，但死亡率通常较低。支气管败血波氏杆菌和禽波氏菌的相关疾病总结于表31.1中。副百日咳波氏菌是人的病原菌，已从慢性非渐进性肺炎（Cullinane等，1987）的羔羊中分离出来。支气管败血波氏菌涉及一种轻微形式的猪萎缩性鼻炎和犬传染性支气管炎。此外，支气管败血波氏菌可能会增加与其他病原相关的猪呼吸系统疾病的严重程度。健康的猫口咽部拭子，可能会有支气管败血波氏菌。已报道小猫的严重支气管肺炎与这个病原相关（Willoughby等，1991）。支气管败血波氏菌偶尔可能会导致兔和啮齿类实验动物呼吸系统疾病的暴发。禽波氏菌可引起火鸡的鼻炎和鹌鹑的呼吸系统疾病（Blackall和Doheny，1987）。

■ 犬传染性支气管炎

犬传染性支气管炎，也被称为犬窝咳（kennel cough），是犬最普遍的呼吸道疾病之一。虽然支气管败血波氏菌、犬副流感病毒2型（PI-2）、犬腺病毒2型（CAV2）被认为是最重要的病因，但也可能涉及其他病原微生物（贴31.1）。

本病通过呼吸道分泌物、直接接触或气溶胶发生传播。通过鞋、衣服、污染的食具、污染物在犬舍、宠物店及动物庇护所发生机械转移。虽然发病率可能达到50%，但死亡率通常较低。细菌可能会留在呼吸道，临床痊愈后数月还可排泄病原。

△ 贴31.1 犬传染性支气管炎（犬窝咳）相关病原微生物
- 支气管败血波氏菌
- 犬腺病毒2型
- 犬副流感病毒2型
- 犬瘟热病毒
- 犬腺病毒1型
- 犬疱疹病毒1型
- 呼肠孤病毒1、2和3型
- 支原体

临床症状

感染支气管败血波氏菌有3~4天的潜伏期，无并发症，最多持续14天，包括咳嗽、呕吐或干呕和轻微浆液性耳鼻流脓。受感染的犬通常保持活跃、警惕并且不发热。本病为自限性疾病，除非并发支气管肺炎，这种疾病通常发生在未接种疫苗的幼崽或年老的免疫抑制的动物。

诊断

- 根据新近与带菌犬的接触情况和特征性的临床症状。
- 供实验室检测的合适标本为气管内的液体。
- 支气管败血波氏菌毒性菌株可凝集绵羊和牛红细胞。
- 结合疫苗接种史，血清学检测可能对区别于呼吸道病毒感染具有一定的价值。

治疗

- 犬轻微的临床症状，不需要特殊治疗。
- 如果咳嗽持续2周以上或存在支气管肺炎，可能需要抗生素治疗。阿莫西林在田间试验中证明有效（Thursfield等，1991）。对青霉素、头孢菌素类和磺胺类药物的耐药近来已被报道（Schwarz等，2007）。四环素类和氟喹诺酮类药物可能有效（Bemis，1992）。

防控

- 感染的犬应立即隔离。
- 如果确定了诱发因素，则应予以纠正。
- 鼻内接种包含支气管败血波氏菌和PI-2抗原的疫苗，诱导局部产生保护性免疫，并不会受母源抗体的影响。有些疫苗也含有犬腺病毒2型。改良过的支气管败血波氏菌疫苗降低了临床症状的严重程度，但可能无法阻止感染。改良活疫苗可用于犬中许多与病毒有关的呼吸系统疾病的预防。

■ 支气管败血波氏菌和萎缩性鼻炎的发展

产毒素的支气管败血波氏菌的菌株在猪群中广泛分布。它们能引起4周龄以下仔猪口鼻部鼻甲发育不全，但不会变形。猪在无其他并发症感染后，达到屠宰年龄时鼻甲骨发生相对较小的变化（Rutter，1989）。然而，支气管败血波氏菌感染加速了产毒素的多杀性巴氏杆菌D型的定殖，随后发展成重度萎缩性鼻炎和鼻变形。饲养密度过大、通风不良等因素能够促进萎缩性鼻炎的发展。支气管败血波氏菌和多杀性巴氏杆菌的并发感染引起的症状最严重（Pedersen等，1988）。

■ 火鸡鼻炎

火鸡鼻炎（turkey coryza）是由支气管败血波氏菌引起的，是一种具有高度传染性的火鸡上呼吸道感染疾病，具有高发病率和低死亡率。感染是通过直接接触、飞沫及来自自然环境中的物质传播的。黏液积聚在鼻腔，使颌下腺鼻窦肿胀。经喙呼吸、过度流泪、打喷嚏可能是显而易见的。禽波氏菌的感染易引起大肠杆菌等细菌的继发性感染。继发大肠杆菌感染会引发高死亡率的更严重的疾病。

诊断

- 根据临床症状和明显的病理特征可做初步诊断。
- 从鼻窦和气管分泌物对禽波氏菌进行分离与鉴定。
- 毒力菌株使豚鼠红细胞凝集。
- 微量凝集和ELISA技术具有诊断价值。

治疗和控制

- 广谱抗生素在病程的早期可能有效。
- 商品化菌苗和改良活疫苗可用于易感群体。
- 疾病暴发后的彻底清洗和消毒火鸡场对消除禽波氏菌是必不可少的。

◉ 参考文献

Bemis, D.A. (1992). *Bordetella* and mycoplasma respiratory infections in dogs and cats. Veterinary Clinics of North America: Small Animal Practice, 22, 1173–1186.

Blackall, P.J. and Doheny, CM. (1987). Isolation and characterisation of *Bordetella avium* and related species and an evaluation of their role in respiratory disease in poultry. Australian Veterinary Journal, 64, 235–239.

Buboltz, A.M., Nicholson, T.L., Weyrich, L.S. and Harvill, E.T. (2009). Role of the type III secretion system in a hypervirulent lineage of *Bordetella bronchiseptica*. Infection and Immunity, 77, 3969–3977.

Cullinane, L.C., Alley, M.R., Marshall, R.B. and Manktelow, B.W. (1987). *Bordetella parapertussis* from lambs. New Zealand Veterinary Journal, 35, 175.

Egberink, H., Addie, D., Belák, S., et al. (2009). *Bordetella bronchiseptica* infection in cats. ABCD guidelines on prevention and management. Journal of Feline Medicine and Surgery, 11, 610–614.

Gentry-Weeks, C.R., Cookson, B.T., Goldman, W.E., Rimler, R.B., Porter, S.B. and Curtiss, R. (1988). Dermonecrotic toxin and tracheal cytotoxin, putative virulence factors of *Bordetella avium*. Infection and Immunity, 56, 1698–1707.

Gueirard, P. and Guiso, N. (1993). Virulence of *Bordetella bronchiseptica*: role of adenylate cyclase-haemolysin. Infection and Immunity, 61, 4072–4078.

Harvill, E.T., Cotter, P.A., Yuk, M.H. and Miller, J.F. (1999). Probing the function of *Bordetella bronchiseptica* adenylate cyclase toxin by manipulating host immunity. Infection and Immunity, 67, 1493–1500.

Hozbor, D., Fouque, F. and Guiso, N. (1999). Detection of *Bordetella bronchiseptica* by the polymerase chain reaction. Research in Microbiology, 150, 333–341.

Koidl, C., Bozic, M., Burmeister, A., Hess, M., Marth, E. and Kessler, H.H. (2007). Detection and differentiation of *Bordetella* spp. by real-time PCR. Journal of Clinical Microbiology, 45, 347–350.

Pedersen, K.B., Nielsen, J.P., Foged, N.T., Elling, F., Nielsen, N.C. and Willeberg, P. (1988). Atrophic rhinitis in pigs: proposal for a revised definition. Veterinary Record, 122, 190–191.

Raffel, T.R., Register, K.B., Marks, S.A. and Temple, L. (2002). Prevalence of *Bordetella avium* infection in selected wild and domesticated birds in the eastern USA. Journal of Wildlife Diseases, 38, 40–46.

Register, K.B. and Kunkle, R.A. (2009). Strain-specific virulence of *Bordetella hinzii* in poultry. Avian Diseases, 53, 50–54

Rutter, M. (1989). Atrophic rhinitis. In Practice, 11, 74–80.

Schwarz, S., Alesík, E., Grobbel, M., et al. (2007). Antimicrobial susceptibility of *Pasteurella multocida* and *Bordetella bronchiseptica* from dogs and cats as determined in the BfT-Germ Vet monitoring program 2004–2006. Berliner Muenchener Tierarztliche Wochenschrift, 120, 423–430

Sebaihia, M., Preston, A., Maskell, D.J., et al. (2006). Comparison of the genome sequence of the poultry pathogen *Bordetella avium* with those of *B. bronchiseptica*, *B. pertussis*, and *B. parapertussis* reveals extensive diversity in surface structures associated with host interaction. Journal of Bacteriology, 188, 6002–6015.

Smith, I.M. and Baskerville, A.J. (1979). A selective medium facilitating the isolation and recognition of *Bordetella bronchiseptica* in pigs. Research in Veterinary Science, 27, 187–192.

Thursfield, M.B., Aitken, C.G.G. and Muirhead, R.H. (1991). A field investigation of kennel cough: efficacy of different treatments. Journal of Small Animal Practice, 32, 455–459.

Willoughby, K., Dawson, S., Jones, R.C., et al. (1991). Isolation of *B. bronchiseptica* from kittens with pneumonia in a breeding cattery. Veterinary Record, 129, 407–408.

◉ 进一步阅读材料

Iversen, A.L., Lee, M.H. and Manniche, N.E. (1998). Seroprevalence of antibodies to *Bordetella bronchiseptica* in cats in the Copenhagen area of Denmark. Veterinary Record, 143, 592.

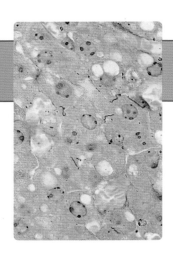

第32章

摩 拉 菌

摩拉菌属（*Moraxella*）分两个亚属：摩拉菌亚属（*Moraxella*）和布兰汉菌亚属（*Branhamella*）。摩拉菌菌体短而粗，大小为（1.0～1.5）微米×（1.5～2.5）微米，革兰阴性杆菌，但有时会以球菌的形式成对出现（图32.1）。摩拉菌不能游动，需氧，过氧化氢酶和氧化酶阳性。本属中的大多数菌都与蛋白水解疾病有关，但其本身不能利用糖类。摩拉菌在血平板上生长良好，在麦康凯培养基上不生长。牛摩拉菌是最主要的病原，但犊牛摩拉菌（*M. bovoculi*）、绵羊摩拉菌（*M. ovis*）及马摩拉菌（*M. equi*）也与动物疾病相关。卡他摩拉菌（*M. catarrhalis*）对人有致病性，而周期性从临床标本中分离的其他种的菌，一般认为无致病性。一些从动物中分离的摩拉菌的临床意义见表32.1。从牛传染性角膜结膜炎病例中分离的牛摩拉菌强毒株，有菌毛，有溶血性，在普通琼脂培养基上生长良好。

表32.1　几种从动物中分离的摩拉菌及其临床意义

种名	临床意义
波氏摩拉菌（*Moraxella boevrei*）	从健康山羊上呼吸道分离
牛摩拉菌（*M. bovis*）	引起牛传染性角膜结膜炎
犊牛摩拉菌（*M. bovoculi*）	从感染牛角膜结膜炎的动物中分离，有RTX毒素，但未证实其有致病性
犬摩拉菌（*M. canis*）	犬口腔菌群的成员，从被犬咬伤的人的伤口中分离
山羊摩拉菌（*M. caprae*）	从健康山羊上呼吸道分离
兔摩拉菌（*M. cuniculi*）	从与其他微生物相关的传染性牛角膜结膜炎中分离
马摩拉菌（*M. equi*）	引起马结膜炎
结膜摩拉菌（*M. lacunata*）	从病理状态下的山羊、犬、猪及马的流产胎儿中分离，致病性尚不清楚
绵羊摩拉菌（*M. ovis*）	从健康动物及患角膜炎的动物中分离
苯丙酮酸摩拉菌（*M. phenylpyruvica*）	从一些农场中的动物上分离，致病性尚不清楚

△ 要点

- 革兰阴性短杆菌，常成对出现
- 在营养丰富的培养基上生长良好
- 需氧，不能游动
- 过氧化氢酶和氧化酶阳性
- 可分解蛋白，不分解糖
- 毒力株有菌毛，有溶血性
- 对干燥环境敏感
- 发现于黏膜中
- 牛摩拉菌是本属中最主要的病原，能够引起牛传染性角膜结膜炎

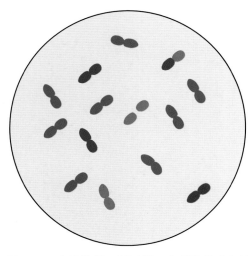

图 32.1　牛摩拉菌，短而粗，典型的成对出现

◉ 牛摩拉菌

牛摩拉菌（*Moraxella bovis*）是在带菌牛的黏膜中发现的。其对干燥的环境敏感，在外界环境中生存时间很短。摩拉菌可以在作为传播媒介的苍蝇体表和唾液腺中生存72小时。

■ 临床感染

牛摩拉菌能引起牛的传染性角膜结膜炎，本病是在全球范围内广泛发生的一种牛的重要的眼部疾病。

牛传染性角膜结膜炎

牛传染性角膜结膜炎（Infectious bovine keratoconjunctivitis，IBK），也称作"红眼病"或者新森林病（New Forest disease），能影响眼睛的表面结构，具有高度的传染性，常发于2岁以内的牛。本病会引起肉牛体重减轻，奶牛产奶量下降，同时由于育种的暂时中断及治疗的费用，从而造成经济损失。

动物疾病的发生似乎与一种与年龄相关的免疫有关，这可能是先前接触带菌动物的结果。有些无症状的带菌动物的鼻泪管、鼻咽和阴道中隐藏着大量的牛摩拉菌（Ruehl等，1993）。通过直接接触、气溶胶及苍蝇作为媒介，也可造成疾病的传播。诱发IBK的因素列于表32.2。

致病机理与致病性

菌毛是牛摩拉菌的毒力因子，它使该菌吸附在角膜上，避过泪腺分泌物和眨眼的保护作用。目前能确定的菌毛有两种，即起定殖作用的Q菌毛和引起局部持续性感染的 I 型菌毛（Ruehl等，1993）。菌毛抗原能引起型特异性的免疫保护反应。丝状血凝素样蛋白质（Filamentous-haemagglutinin-like proteins）可能对其黏附也有重要作用。

牛摩拉菌在繁殖过程中，会产生溶血素和一些溶解酶，如溶纤维蛋白酶、磷酸酶、透明质酸酶和氨肽酶等。与O抗原相关的脂多糖也对毒力有重要作用（DeBower 和 Thompson，1997）。溶血素是钙依赖性的穿孔细胞毒素，它会损害中性粒细胞的细胞膜（Clinkenbeard 和 Thiessen，1991）。此溶血素随后以具有溶血性和细胞毒性活性的RTX毒素（repeats in toxin）形式出现，被命名为Mbx A（Angelos等，2001）。角膜表面的中性粒细胞中释放的水解酶可以分解胶原蛋白基质。

缺乏毒素或者菌毛的菌株都是没有毒力的。从带菌动物上分离的菌株无溶血性、无菌毛，但其具有毒力。有人认为，牛泪腺分泌物中溶菌酶的缺乏可能会增加感染牛摩拉菌的机会（Punch和Slatter，1984）。

临床症状

牛传染性角膜结膜炎病牛起初表现为眼睑痉挛，结膜发炎及流泪，进而由于角膜发炎造成角膜溃疡、浑浊及脓肿，甚至导致整个眼球的炎症及永久性失明（Punch 和 Slatter，1984）。角膜的溃疡也会导致边缘和间质水肿呈血管化扩展。随着溃疡的发展，角膜也可能被削弱。在最温和的情况下，角膜会在几星期内愈合，但可能会留下永久性的疤痕结构。

但有些带菌动物会出现持续性的流泪。感染牛摩拉菌毒力株后，会产生中和抗体，中和其他菌株产生的溶血素。与此相反，阻止菌毛介导的黏附的抗体是型特异性的。暴露于拥有不同菌毛类型的牛摩拉菌，可能导致发病（Moore 和 Rutter，1989）。

诊断程序

- 本病会对畜群中的部分动物造成特定影响。
- 泪腺分泌物是实验室检测的最佳样品，但由于牛摩拉菌极易受到干燥的影响，所以必须及时进行处理。在运输的过程中，泪腺分泌物的棉拭子应浸泡在1～2毫

表32.2　诱发或加重牛传染性角膜结膜炎暴发的因素

影响因素	说明
年龄	2岁以内的牛最易感
品种	欧洲牛比印度肩峰牛更易感
苍蝇活动	苍蝇可作为摩拉菌的媒介
眼部刺激	粉尘、高草、牧草种子、风力、紫外线和寒冷天气可能诱发疾病
并发感染	感染牛 I 型疱疹病毒或者结膜吸吮线虫可加剧牛传染性角膜结膜炎
缺乏维生素	维生素A的缺乏可诱发本病的发生

升的无菌水中。在理想的情况下，样品应在采集后的2小时内进行培养。

- 可用荧光抗体技术检测泪腺分泌物中的牛摩拉菌。
- 样品在血琼脂平板和麦康凯琼脂培养基上，需氧，37℃培养48～72小时。
- 分离株的鉴别标准：
  - 培养48小时后出现圆形、光滑、有光泽的小菌落。毒力菌株周围会出现溶血环，并且溶血环嵌进琼脂内。
  - 麦康凯琼脂培养基上不生长。
  - 毒力株的培养物在生理盐水中发生自身凝集反应。
  - 菌落涂片后可见革兰阴性短杆菌，成对（图32.1）。
  - 过氧化氢酶和氧化酶试验反应呈阳性。吕氏血清斜面培养10天后出现液化坑。
- 可用PCR方法从牛的眼睛中分离出摩拉菌（Angelos 和 Ball, 2007）。
- 有菌毛的菌株分为7个血清型（Moore 和 Lepper, 1991），可用分子生物学的方法进行区分，如随机多态性DNA（RAPD)分析法（Conceicao等，2004)

及PCR-DNA指纹图谱（Prieto等，1999）。

治疗

　　在结膜或者疾病局部用抗生素进行早期治疗。

控制

- 在有些国家，菌毛疫苗已经商品化，但效果如何尚不能确定。现已经开发出结合了细胞毒素和菌毛的疫苗，可以提供更强的保护（Angelos等，2007a）。
- 在控制IBK上，管理方式很重要，如对感染动物进行隔离、避免动物受到外界机械刺激、使用杀虫耳标、控制并发症，如牛传染性鼻气管炎及吸吮线虫的感染。
- 肌内注射土霉素可预防本病。
- 失明的动物应在圈舍内饲养。
- 补充维生素A可能有益。

◉ 参考文献

Angelos, J.A. and Ball, L.M. (2007). Differentiation of *Moraxella bovoculi* sp. nov, from other coccoid moraxellae by the use of polymerase chain reaction and restriction endonuclease analysis of amplified DNA. Journal of Veterinary Diagnostic Investigation, 19, 532–534.

Angelos, J.A., Hess, J.F. and George, L.W. (2001). Cloning and characterization of a *Moraxella bovis* cytotoxin gene. American Journal of Veterinary Research, 62, 1222–1228.

Angelos, J.A., Bonifacio, R.G., Ball, L.M. and Hess, J.F. (2007a). Prevention of naturally occurring infectious bovine keratoconjunctivitis with a recombinant *Moraxella bovis* pilin–*Moraxella bovis* cytotoxin–ISCOM matrix adjuvanted vaccine. Veterinary Microbiology, 125, 274–283.

Angelos, J.A., Ball, L.M. and Hess, J.F. (2007b). Identification and characterization of complete RTX operons in *Moraxella bovoculi* and *Moraxella ovis*. Veterinary Microbiology, 125, 73–79.

Clinkenbeard, K.D. and Thiessen, A.E. (1991). Mechanism of action of *Moraxella bovis* haemolysin. Infection and Immunity, 59, 1148–1152.

Conceição, F.R., Dellagostin, O.A., Paolichi, F., Leturia, A.C. and Gil Turnes, C. (2004). Molecular diversity of *Moraxella bovis* isolated from Brazil, Argentina and Uruguay over a period of three decades. Veterinary Journal, 167, 53–58.

DeBower, D. and Thompson, J.R. (1997). Infectious bovine keratoconjunctivitis. Iowa State University Veterinarian, 59, 20–24.

George, L.W. (1990). Antibiotic treatment of infectious bovine keratoconjunctivitis. Cornell Veterinarian, 80, 229–235.

Kakuda, T., Sarataphan, N., Tanaka, T. and Takai, S. (2006). Filamentous-haemagglutinin-like protein genes encoded on a plasmid of *Moraxella bovis*. Veterinary Microbiology, 118, 141–147.

Moore, L.J. and Lepper, A.W.D. (1991). A unified serotyping scheme for *Moraxella bovis*. Veterinary Microbiology, 29, 75–83.

Moore, L.J. and Rutter, J.M. (1989). Attachment of *Moraxella bovis* to calf corneal cells and inhibition by antiserum. Australian Veterinary Journal, 66, 39–42.

Prieto, C.I., Aguilar, O.M. and Yantorno, O.M. (1999). Analyses of lipopolysaccharides, outer membrane proteins and DNA fingerprints reveal intraspecies diversity in *Moraxella bovis* isolated in Argentina. Veterinary Microbiology, 70, 213–223.

Punch, P.I. and Slatter, D.M. (1984). A review of infectious bovine keratoconjunctivitis. Veterinary Bulletin, 54, 193–207.

Ruehl, W.W., Marrs, C.F., George, L., Banks, S.J.M. and Schoolnik, G.K. (1993). Infection rates, disease frequency, pilin gene rearrangement, and pilin expression in calves inoculated with *Moraxella bovis* pilin - specific isogenic variants. American Journal of Veterinary Research, 54, 248–253.

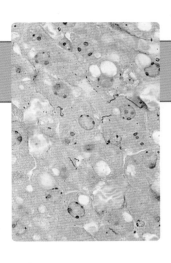

第33章

布 鲁 菌

布鲁菌（*Brucella*）的菌落较小[0.6微米 × （0.6~1.5）微米]，不能游动，呈球杆菌状，为革兰阴性菌。由于它们不能通过含0.5%乙酸的改良抗酸染色（MZN）技术进行脱色，因此它们抗酸染色阳性。体液或组织涂片中的布鲁菌经MZN染色呈现特征性的成簇分布的红色球杆菌（图33.1）。由于所有布鲁菌的遗传相似程度很高，所以有人建议将它们都归入马耳他布鲁菌（*B. melitensis*）（Anon，1988）。然而，这一决定在2005年发生变化，重新认定为6种布鲁菌（Osterman 和 Moriyón，2006）。此外，一些新的种，包括来自海洋哺乳动物和田鼠的布鲁菌，近年来已被确定（表33.1）。根据培养和血清学特性，马耳他布鲁菌、流产布鲁菌（*B. abortus*）和猪布鲁菌（*B. suis*）还划分出一些生物型。除了猪布鲁菌生物3型基因组为单条染色体，其他布鲁菌基因组都是由两条环状染色体组成的。这在动物致病菌中是不常见的。布鲁菌需氧、嗜二氧化碳、过氧化氢酶阳性。除了绵羊布鲁菌（*B. ovis*）和沙林鼠布鲁菌（*B. neotomae*），其他布鲁菌都是氧化酶阳性。除了绵羊布鲁菌，其他布鲁菌尿素酶阳性。绵羊布鲁菌和一些布鲁菌的生物型需要5%~10%的CO_2作初步分离。其他的布鲁菌在CO_2的环境中生长迅速。添加丰富的血液或血清的培养基是培养流产布鲁菌生物2型和绵羊布鲁菌所必需的。

△ 要点

- 小的革兰阴性球杆菌
- 用改良的抗酸性染色可染成红色
- 需氧并嗜二氧化碳
- 非运动性，过氧化氢酶阳性
- 大多数菌株氧化酶阳性
- 脲酶阳性
- 胞内病原菌
- 目标是某些动物的生殖器官
- 某些种的细菌在人类引起波浪热

◉ 常见的生存环境

布鲁菌通常存在于性成熟的雄性和雌性动物的生殖器官，每种布鲁菌会感染特定的动物种类。被感染的动物作为传染源通常会持续感染下去。感染动物排泄的细菌在潮湿的环境中可以存活几个月。通常是通过直接接触感染的动物或与流产相关的体液和组织来传播的。

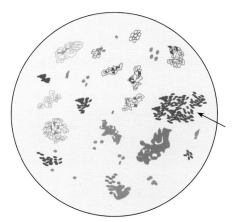

图33.1 成簇的布鲁菌
涂片来自奶牛布鲁菌病的胎盘绒毛小叶。采用改良抗酸（MZN）方法，可见小的球杆菌细胞，成簇出现，染色呈红色（箭头）。细胞碎片和其他细菌染色呈蓝色。

表33.1　布鲁菌属的宿主范围及感染的临床意义

布鲁菌	常见宿主/临床意义	偶尔感染的宿主/临床意义
流产布鲁菌（B. abortus）	牛/流产、睾丸炎	绵羊、山羊、猪/偶发性流产 马/滑囊炎 人类/间歇性发热、系统性疾病
马耳他布鲁菌（B. melitensis）	山羊、绵羊/流产、睾丸炎、关节炎	牛/偶发性流产、牛奶中含布鲁菌 人类/马耳他热、严重的系统性疾病
猪布鲁菌（B. suis）	猪/流产、睾丸炎、关节炎、脊椎炎、不孕症	人类/间歇性发热、系统性疾病
绵羊布鲁菌（B. ovis）	绵羊/公羊附睾炎、母羊偶发性流产	
犬布鲁菌（B. canis）	犬/流产、睾丸炎、椎间盘脊柱炎、公犬不育症	人类/轻微的系统性疾病
沙林鼠布鲁菌（B. neotomae）	沙林鼠/在家养动物中分离不出	
海豚布鲁菌（B. ceti）	鲸目动物	海豚/可能导致流产、神经疾病已被报道 人类/很少有疾病相关证据
海豹布鲁菌（B. pinnipedialis）	鳍脚类动物	人类/很少有疾病相关证据

◉ 布鲁菌的鉴定

　　布鲁菌可通过菌落的外观形态、生化试验、特定的培养需求和染料的生长抑制（表33.2）来鉴定。此外，与单特异性血清的凝集、对噬菌体的易感性及分子生物学方法也被用于细菌种类的鉴别。

- 分离初期，流产布鲁菌、马耳他布鲁菌和猪布鲁菌的菌落小而光滑，3～5天后变为有光泽的、带蓝色半透明的菌落。随着培养时间的增加，菌落变得不透明。相反，绵羊布鲁菌、犬布鲁菌（B.canis）的菌落呈粗糙型、无光泽、黄色、不透明、易碎。布鲁菌在血琼脂培养基上不溶血。
- 单特异性抗血清的玻片凝集试验被用来检测重要的表面抗原，如流产A抗原和马耳他M抗原。R抗原为菌落粗糙的绵羊布鲁菌、犬布鲁菌的抗原，可用抗R血清检测。
- 采用常规稀释法，流产布鲁菌的分离株可被特定的噬菌体（Tbilisi噬菌体）裂解。
- 如果其他方法的测试结果可疑，可在参考实验室采用选择性底物进行氧化代谢率试验。
- PCR、PCR限制性片段长度多态性分析、脉冲场凝胶电泳方法和其他分子的方法已经被开发用于区分和鉴定布鲁菌菌株。第一种PCR方法是AMOS-PCR（Bricker 和 Halling，1994），如此命名是因为它可以鉴定流产布鲁菌1、2、4生物型，马耳他布鲁菌，绵羊布鲁菌和猪布鲁菌。这种方法已经被多次改进，现在除了流产布鲁菌疫苗株，其他布鲁菌生物型和种都可以用这种方法鉴定。在OIE陆生动物手册（Anon，2009）中描述的一个新的多重PCR方法（Bruce-ladder），用一步法可以鉴别大多数布鲁菌

表33.2　兽医学上重要布鲁菌的特征

波氏菌属	生物型的数量	需CO_2	产生H_2S	脲酶活性	在培养基中生长	
					硫堇染色（20微克/毫升）	碱性品红（20微克/毫升）
流产布鲁菌	7	v	v	+	v	v
马耳他布鲁菌	3	−	−	v	+	+
猪布鲁菌	5	−	v	+	+	+
绵羊布鲁菌	1	+	−	−	+	−
犬布鲁菌	1	−	−	+	+	−

种类，包括新近发现的来自海洋哺乳动物的种、流产布鲁菌和马耳他布鲁菌疫苗株。

◉ 致病机理和致病性

是否感染布鲁菌取决于细菌的毒力及感染数量，而且还依赖于宿主的易感性，包括宿主年龄（Price等，1990）。缺少外膜脂多糖呈现粗糙型菌落的布鲁菌，其毒力比光滑型菌落的布鲁菌的低（Roop等，1991）。虽然光滑型与粗糙型都可以进入宿主细胞，但是粗糙型通常被清除，不像光滑型那样会残存和繁殖。布鲁菌存在于巨噬细胞而不是中性粒细胞中。没有被调理素处理的布鲁菌通过脂多糖的O侧链与吞噬细胞细胞膜上高胆固醇区即脂质筏的相互作用而定殖。一旦被吞噬细胞吞噬，布鲁菌将持续残存于酸化的吞噬体中，或者包含于布鲁菌的液泡中。吞噬体的酸化是很重要的，因为它引起布鲁菌的基因表达的改变，有利于细菌在细胞内的生存。环β-1,2-葡聚糖是细菌外膜的成分，有助于防止吞噬溶酶体融合。抑制吞噬溶酶体功能，对于胞内生存是一个重要的机制，并且是细菌毒力的一个重要的决定因素。当布鲁菌在吞噬小体残存，其繁殖只发生在"布氏小体"形成时，这种结构是由包含布鲁菌的液泡与宿主细胞粗面内质网融合所形成。由virB操纵子编码的IV型分泌系统，其分泌的效应物在液泡的成熟、运输及与粗面内质网融合的过程中非常重要（Celli等，2006；Carvalho Neta等，2010）。在感染的下一个阶段，有毒力的布鲁菌被运送到局部淋巴结。在性成熟动物的生殖器官和附属腺体中造成间歇性的菌血症。赤藓糖醇，一个多元醇，作为布鲁菌的一个生长因子，在牛、绵羊、山羊和猪的胎盘中浓度非常高。乳腺和附睾也可作为布鲁菌感染的靶标，赤藓糖醇也存在于这些器官中。滋养层细胞内细菌的繁殖受妊娠的影响非常强烈，特别在妊娠后期，当细胞主动分泌类固醇激素时影响更大。慢性布鲁菌病，微生物可能局限在关节或椎间盘。布鲁菌可能抑制或延缓宿主的免疫应答，并且这可能是持续感染的原因（Carvalho Neta 等，2010）。

◉ 诊断程序

布鲁菌的诊断主要依赖血清学检测和细菌的分离鉴定。运输与处理样品时应十分小心，应该在生物安全柜中操作。

- 实验室检测的样本必须与特定的临床症状相关。
- 用MZN染色涂片法对标本进行检测，尤其是胎盘绒毛小叶、胎儿真胃内容物和子宫分泌物，常常显示出特征性的MZN阳性球杆菌。在含有细胞的样品中，这些细菌可能会成簇出现（表33.1）。
- 可用PCR检测样品，对此方法已有不同的描述（Bricker, 2002）。其优点是灵敏度高，可用于检测少量的样品和微生物。
- 常用营养丰富的培养基（如增加5%血清和适当的抗菌剂的哥伦比亚琼脂）来分离。培养基在37℃、5%～10% CO_2 中可保存5天。虽然CO_2是个别细菌种类所需的特殊物质，但多数的布鲁菌是嗜CO_2的。
- 在国家根除方案中，血清学检测用于国际贸易及鉴别被感染的牛羊群和个别动物（表33.3）。布鲁菌的抗原和一些其他的革兰阴性细菌如小肠结肠炎耶尔森菌（Yersinia enterocolitica）O:9血清型（Hilbink等，1995），在凝集试验中产生交叉反应。

◉ 临床感染

虽然每种布鲁菌都有它们的自然宿主，但是流产布鲁菌、马耳他布鲁菌、猪布鲁菌的各生物型可以感染自然宿主外的其他动物（表33.1）。

■ 牛布鲁菌

牛布鲁菌是由流产布鲁菌引起的，其分布在世界各地，许多国家通过国家根除计划已将其根除或降低了其流行。在包括美国在内的一些国家中，野生动物已经出现了来自家牛的布鲁菌感染，并且野生动物已建立了感染。在北美地区，野生动物如野牛和麋鹿地方性感染使牛根除布鲁菌病变得极其困难。虽然大多数是由于摄入受污染的胎儿组织和体液而发生感染，但也可以通过交配，穿透皮肤擦伤，吸入或经胎盘传播感染（图33.2）。细菌在流产胎儿的液体中的数量约为10^9或10^{10}个菌落形成单位/克。由于感染剂量大约为10^4个菌体，一头流产母牛可能会感染大量动物，尤其是在室内密切接触的动物。当一个牛群中含有大量易感怀孕母牛时，更易造成流产的暴发。怀孕的第5个月和临产期易发生流产。

表33.3   用牛奶或者血清诊断牛布鲁菌的试验

试验	注释
布鲁菌乳环试验	用于监测感染奶牛的散装牛奶样品检测，敏感性好，但不适用于大型牛场
虎红平板试验	有效的筛选试验，抗原混悬液 调整到pH3.6，能够与lgG1凝集，唯一的定性试验，准确的结果需进行CFT或者ELISA来确定
补体结合试验（CFT）	广泛应用于个体动物
间接ELISA法	可靠的筛查和确诊试验
竞争ELISA(使用单克隆抗体)	新近开发的具有高特异性，能够检测所有免疫球蛋白亚类，并且可以用来鉴别感染的与接种S19疫苗的动物
血清凝集试验（serum agglutination test，SAT）	一种凝集试验，缺乏特异性和敏感性，可能检测不到lgG1抗体，导致假阴性结果
抗球蛋白试验	用来检测SAT检测不到的非凝集抗体的敏感试验

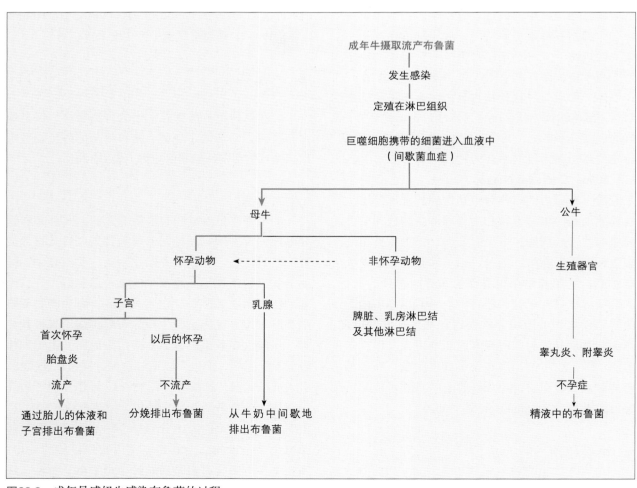

图33.2   成年易感奶牛感染布鲁菌的过程

大量的布鲁菌在流产或分娩后2~4周从子宫内排出，而且即使受感染的小牛表现正常，也会从子宫内排出大量布鲁菌。与母牛乳腺及相关淋巴结感染的持续性相比，小牛的感染时间比较有限。布鲁菌可在几年内断断续续地从牛奶中排出。在公牛中，布鲁菌易感染的结构包括精囊、壶腹、睾丸和附睾。在热带国家，当疾病流行时，可经常观察到四肢关节有水囊瘤（hygromas）的出现。

在感染的牛群中，布鲁菌可导致生殖能力下降，产奶量降低，易感母牛的流产和公牛的睾丸退化。流产是胎盘绒毛小叶和绒毛小叶间胎盘炎的结果。公牛的坏死性睾丸炎偶尔会造成局部纤维化病变。

诊断

- 尽管初产母牛和经产母牛的流产会预示此病，但其临床症状仍是没有特异性的。
- 胎盘绒毛小叶涂片的改良的抗酸染色，显示成簇的阳性球杆菌可确诊此病，此外通过检测胎儿皱胃内容物和子宫排放物也可发现MZN阳性球杆菌。
- 流产布鲁菌的分离与鉴定方法已被确定。
- 分离鉴定标准：
  - 菌落特征。
  - 改良的抗酸染色阳性。
  - 高效价抗血清的细菌凝集。
  - 快速尿素酶活性。
  - 根据表33.2中所示的试验和其他特征进行生物学分型。
- 拥有不同敏感性和特异性的一系列的血清学试验，可用于鉴别受感染的动物（表33.3）。
- 一种流产布鲁菌的提取物布鲁菌素（brucellin），已用于皮下测试（Worthington等，1993）。
- 已经开发出包括PCR技术在内的分子生物学方法，通过其组织和体液检测布鲁菌。

治疗与控制

- 感染布鲁菌的牛难以治愈。
- 国家的扑杀计划是以检测和屠杀受感染牛为基础的。通常通过血清学方法来检测（表33.3）。
- 幼龄母牛的预防接种，是根除计划早期的一项战略性措施，当布鲁菌达到较低流行水平时可以被终止。布鲁菌主要是细胞介导免疫。目前用于牛的主要有两种疫苗，减毒株19（S19）疫苗，以及更新的RB51疫苗：
  - S19疫苗可在雌性小牛5个月以上接种。而成熟动物

接种后可保持持续性的抗体效价。
- RB51株是稳定的、粗糙型突变体，它对流产有良好的保护作用，并且在传统的布鲁菌病监测中不会检测到血清学反应。在一些国家，它是预防布鲁菌病的官方指定疫苗。
- 45/20佐剂灭活疫苗，虽然不太有效，但是在过去已被用于一些国家根除计划。即使用于成年动物，这种疫苗也不会引起持续性的抗体效价。
- 关于抵抗布鲁菌的保护性免疫机制的更多专业信息，将进一步促进更多有效疫苗的研发。

■ 山羊和绵羊布鲁菌病

山羊和绵羊布鲁菌病，由马耳他布鲁菌引起，它大多分布在地中海沿岸和中东、中亚及南美部分地区。山羊比绵羊更容易感染此病，且病情是较严重和持久性的。临床症状在许多方面类似于牛布鲁菌病。其临床特征包括易感群体的高流产率，雄性动物的睾丸炎、关节炎和肿瘤。导致流产的感染可能不会产生保护性免疫。

可根据临床症状、体液或组织的MZN染色涂片镜检、细菌的分离鉴定和血清学检测等来进行诊断。皮下布鲁菌素试验用于监测未接种疫苗的羊群和牛群。在该病为外来病的国家，常采用检疫和屠宰措施。此措施也可减少疾病在疫区的流行。虎红凝集试验和补体结合试验是检测马耳他布鲁菌使用最广泛的方法，并被批准用于国际贸易检测。间接酶联免疫吸附试验已开发出来，并且也被批准用于国际贸易检测（Anon，2009b）。通过皮下或黏膜接种改良后的马耳他布鲁菌Rev.1活菌株，可用于6月龄内的小山羊和小羔羊的预防接种。

■ 绵羊布鲁菌引起的绵羊附睾炎

绵羊感染绵羊布鲁菌后以公羊的附睾炎和母羊的胎盘炎为特点。感染首先出现在新西兰和澳大利亚，目前已在许多其他的绵羊饲养地区，包括欧洲一些国家发现该病。感染结果包括公羊生殖能力下降、母羊零星流产和新生胎儿死亡增加。公羊与公羊及公羊与母羊间会发生性传播。很少因母羊与感染的公羊交配而发病。绵羊布鲁菌感染公羊后有一个相对较长的潜伏期。可在感染5周后的精液中发现绵羊布鲁菌，并且感染9周后可通过触诊发现附睾损伤。在疾病流行的国家，对公羊交配前的检

查包括血清学检测和阴囊触诊。长期感染的公羊一般有单侧或双侧睾丸萎缩，伴随有附睾肿胀和硬化。检测绵羊布鲁菌比较有效且经常使用的血清学方法有琼脂凝胶免疫扩散试验、补体结合试验和间接ELISA，免疫印迹技术也可作为确诊试验（Kittelberger等，1997）。布鲁菌可以从绵羊精液中直接分离，也可以在精液、包皮清洗液和尿液等一些临床样本中通过种特异性PCR试验检测（Xavier等，2010）。多重PCR可以确定引起公羊附睾炎的三大原因，包括胸膜肺炎放线杆菌、昏睡嗜组织杆菌、绵羊布鲁菌（Saunders等，2007）。幼龄公羊可以通过接种马耳他布鲁菌Rev. 1疫苗或绵羊布鲁菌灭活菌苗进行免疫。

■ 猪布鲁菌病

猪布鲁菌病是由猪布鲁菌引起的，普遍在拉丁美洲和亚洲流行，但在美国也偶尔发生。该病会引起长期的菌血症和明显的母猪、公猪生殖器官的慢性炎症。病变也可发生在骨骼和关节。可通过摄食、性交感染该病，有些动物这种感染是自限性的。母猪的临床症状包括流产、死胎、新生儿死亡和暂时不育。临床正常公猪或者睾丸异常的公猪精液中都可能检测到布鲁菌。不育可能是暂时或永久的。跛行、共济失调及后躯麻痹是关节或骨骼病变的临床表现。猪布鲁菌生物1~3型可感染猪；生物2型在宿主范围和损伤产生上不同于其他生物型。它发生于整个欧洲大陆的野猪，并且欧洲野兔也是其储存宿主。野猪被认为是户外饲养的猪感染生物2型布鲁菌的来源。这种生物型产生粟粒性病变，尤其是在生殖系统。

虎红平板凝集试验和间接ELISA是对猪布鲁菌病诊断最可靠的血清学方法。对于该病为外来病的国家，检测和屠宰是主要的控制措施。一种改良过的猪布鲁菌活疫苗可用于猪的预防接种，在中国的南方已经投入使用。猪布鲁菌4型（生物型）感染分布在加拿大北部、美国阿拉斯加州及西伯利亚的驯鹿，猪布鲁菌5型（生物型）感染野生啮齿类。

■ 犬布鲁菌病

犬布鲁菌病由犬布鲁菌引起，该病分布在美国、日本、中美洲和南美洲等地。然而，由于诊断困难，本病的分布可能比报道的更为广泛。由于犬布鲁菌长期处于潜伏状态，其毒力相对较低、引起较为温和或无症状的感染。在繁殖场所感染，其临床症状表现为流产、生育能力下降、产子数降低和新生儿死亡率升高。多数母犬流产后恢复正常妊娠。公犬的主要临床症状为不育并伴有睾丸炎和附睾炎。不育可能是永久性的，并且慢性感染的公犬会发生精液缺乏。在极少数情况下，犬椎间盘脊柱炎可能会导致跛行、轻度瘫痪或麻痹及葡萄膜炎。一般性的淋巴结炎也有报道。2-巯基乙醇的快速玻片凝集检测试剂盒可用来作为筛选试验，但缺乏特异性。验证测试包括试管凝集试验、ELISA和琼脂凝胶免疫扩散试验。已有检测血液和组织中犬布鲁菌的PCR方法，其与分离培养技术同样敏感。疾病早期针对动物本身而不是以繁殖为目的的治疗是有效的。四环素和氨基糖苷类的组合治疗可能对该病有效（Nicoletti和Chase，1987），但长期治疗很难实现（Pretzer，2008）。对感染动物进行绝育手术可以减少疾病的传播。商品化的疫苗还没有，应根据日常血清学测试和感染动物在育种过程中进行净化。

■ 人布鲁菌病

人类容易感染流产布鲁菌、猪布鲁菌、马耳他布鲁菌，很少感染犬布鲁菌和来源于海洋哺乳动物的布鲁菌。人类感染方式主要是通过接触感染动物的分泌物或排泄物。侵入途径包括皮肤擦伤、吸入和摄入。未经高温消毒的牛奶原料和乳制品是重要的传染源。实验室事故也能导致一些人的感染。人类布鲁菌病，被认为是波浪热（undulant fever），表现为波浪发热、全身不适、乏力、肌肉和关节疼痛。流产不是人布鲁菌病的特征。骨髓炎是最常见的并发症。严重感染发生在感染马耳他布鲁菌（马耳他热）和猪布鲁菌生物1型、2型。人类感染流产布鲁菌症状较为严重，而感染犬布鲁菌症状通常比较温和。应当在感染初期进行抗生素治疗。人类在感染或偶尔接种弱毒疫苗后会产生严重的超敏反应。

◉ 参考文献

Anon. (1988). ICSB, Subcommittee on the Taxonomy of *Brucella*: Report of the meeting, 5 September 1986, Manchester, England. International Journal of Systematic Bacteriology, 38, 450–452.

Anon. (2009a). Manual of Diagnostic Tests and Vaccine for Terrestrial Animals 2009, Bovine Brucellosis Available at: http://www.oie.int/fr/normes/mmanual/2008/pdf/2.04.03_BOVINE_BRUCELL.pdf.

Anon. (2009b). Manual of Diagnostic Tests and Vaccine for Terrestrial Animals 2009, Caprine and Ovine Brucellosis Available at: http://www.oie.int/fr/normes/mmanual/2008/pdf/2.07.02_CAPRINE_OVINE_BRUC.pdf.

Bricker, B.J. (2002). PCR as a diagnostic tool for brucellosis. Veterinary Microbiology, 90, 435–446.

Bricker, B.J. and Halling, S.M. (1994). Differentiation of *Brucella abortus* bv. 1, 2, and 4, *Brucella melitensis*, *Brucella ovis*, and *Brucella suis* bv. 1 by PCR. Journal of Clinical Microbiology, 32, 2660–2666.

Carvalho Neta, A.V., Mol, J.P., Xavier, M.N., Paixão, T.A., Lage, A.P. and Santos, R.L. (2010). Pathogenesis of bovine brucellosis. Veterinary Journal, 184,146–155.

Celli, J. (2006). Surviving inside a macrophage: the many ways of Brucella. Research in Microbiology, 157, 93–98.

Hilbink, F., Fenwick, S.G., Thompson, E.J., Kittelberger, R., Penrose, M. and Ross, G.P. (1995). Non-specific seroreactions against *Brucella abortus* in ruminants in New Zealand and the presence of *Yersinia enterocolitica* 0:9. New Zealand Veterinary Journal, 43, 175–178.

Kittelberger, R., Diack, D.S., Ross, G.P. and Reichel, M.P. (1997). An improved immunoblotting technique for the serodiagnosis of *Brucella ovis* infections. New Zealand Veterinary Journal, 45, 75–77.

Nicoletti, P. and Chase, A. (1987). The use of antibiotics to control canine brucellosis. Compendium on Continuing Education for the Practicing Veterinarian, 9, 1063–1066.

Osterman, B. and Moriyón, I. (2006). International Committee on Systematics of Prokaryotes Subcommittee on the Taxonomy of *Brucella*. Minutes of the Meeting, 17 September 2003, Pamplona, Spain. International Journal of Systematic and Evolutionary Microbiology, 56, 1173–1175.

Pretzer, S.D. (2008). Bacterial and protozoal causes of pregnancy loss in the bitch and queen. Theriogenology, 70, 320–326.

Price, R.E., Templeton, J.W., Smith, R. and Adams, L.G. (1990). Ability of mononuclear phagocytes from cattle naturally resistant or susceptible to brucellosis to control in vitro intracellular survival of *Brucella abortus*. Infection and Immunity, 58, 879–886.

Roop, R.M., Jeffers, G., Bagchi, T., Walker, J., Enright, F.M. and Schurig, G.G. (1991). Experimental infection of goat foetuses in utero with a stable rough mutant of *Brucella abortus*. Research in Veterinary Science, 51,123–127.

Saunders, V.F., Reddacliff, L.A., Berg, T. and Hornitzky, M. (2007). Multiplex PCR for the detection of *Brucella ovis*, *Actinobacillus seminis* and *Histophilus somni* in ram semen. Australian Veterinary Journal, 85, 72–77.

Worthington, R.W., Weddell, W. and Neilson, F.J.A. (1993). A practical method for the production of *Brucella* skin test antigen. New Zealand Veterinary Journal, 41, 7–11.

Xavier, M.N., Silva, T.M., Costa, E.A., et al. (2010). Development and evaluation of a species-specific PCR assay for the detection of *Brucella ovis* infection in rams. Veterinary Microbiology, 145, 158–164.

◉ 进一步阅读材料

Bracewell, C.D. and Corbel, M.J. (1980). An association between arthritis and persistent serological reactions to *Brucella abortus* in cattle from apparently brucellosis-free herds. Veterinary Record, 106, 99.

Olsen, S. and Tatum, F. (2010). Bovine brucellosis. Veterinary Clinics of North America, Food Animal Practice, 26, 15–27.

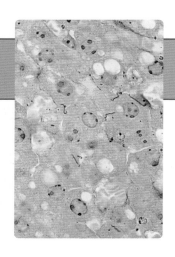

第34章

弯曲菌和螺杆菌

弯曲菌（*Campylobacter*）是细长的、弯曲的，具有运动性的革兰阴性菌（0.2～0.5微米宽），两端有鞭毛。在培养物中子代细菌呈海鸥形，有些细胞连接形成长螺旋形式（图34.1）。弯曲菌微需氧，适宜在高CO_2和低氧环境中生长。多数弯曲菌属的细菌都能在麦康凯琼脂培养基上生长，不发酵，氧化酶阳性，过氧化氢酶反应可变。

弯曲菌地理分布广泛，主要寄生在家养动物的肠道和生殖道内。疾病的发生主要与感染有关，如肠道感染，表现为腹泻，生殖道感染造成不孕或流产。过去把弯曲菌归类于弧菌属，由此引起的一些疾病称之为"弧菌病（vibriosis）"。胎儿弯曲菌性病亚种（*C. fetus* subsp. *venerealis*）、胎儿弯曲菌胎儿亚种（*C. fetus* subsp. *fetus*）和空肠弯曲菌空肠亚种（*C. jejuni* subsp. *jejuni*）[以下简称为空肠弯曲菌（*C. jejuni*）]为兽医学上最重要的三种病原（图34.2）。

其他一些种，有些已被归类于弓形杆菌属（*Arcobacter*），已从家养动物和人身上分离出来（表34.1），但其致病性尚不能确定。

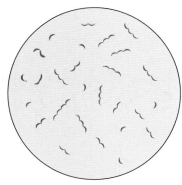

图 34.1　弯曲菌形态细长而弯曲，呈特征性的海鸥形和螺旋形

> △ 要点
> - 细长、弯曲、海鸥形和螺旋形的革兰阴性菌
> - 有运动性，微需氧
> - 多数种类的弯曲菌都能在麦康凯琼脂培养基上生长
> - 富集培养基上更易生长
> - 不发酵，氧化酶阳性，过氧化氢酶反应可变
> - 在肠道和生殖道中共生
> - 病原寄生在生殖道和肠道

螺杆菌（*Helicobacter*）属于弯曲菌目（*Campylobacterales*），幽门螺杆菌（*H. pylori*）是一种人类病原。迄今为止，本属已有30多个种，大部分是从动物中分离，部分种与疾病相关。此外，这些病原也有人兽共患的可能性。

◉ 弯曲菌

■ 常见的生存环境

许多弯曲菌是温血动物的肠道共生菌。空肠弯曲菌（*C. jejuni*）和红嘴鸥弯曲菌（*C. lari*）定殖于鸟类的肠道，其排泄物会污染水和食物。猪的粪便中也有许多种弯曲菌。胎儿弯曲菌性病亚种主要适应在牛的包皮黏膜上。

■ 弯曲菌的鉴别

弯曲菌严格地微需氧，需要在5%～10%的O_2和10% CO_2环境中生长。一般用Skirrow选择性琼脂培养基进行初步分离（Terzolo等，1991）。主要通过菌落的形态特征和培养特征、生化特性及对抗生素的敏感程度来鉴别各种分离株。除这些传统的表型分型

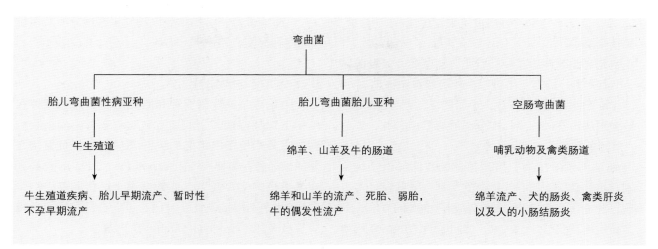

图 34.2　致病性弯曲菌的生存环境及感染后可能引起的疾病

表34.1　致病性不明的弯曲菌及弓形杆菌

菌名	宿主	注解
结肠弯曲菌（*Campylobacter coli*）	猪	存在于肠道内
	人	引起小肠结肠炎
瑞士弯曲菌（*C. helveticus*）	犬、猫	存在于排泄物中
猪弯曲菌（*C. hyoilei*）	猪	存在于排泄物中
豚肠弯曲菌（*C. hyointestinalis*）	猪	存在于排泄物中
红嘴鸥弯曲菌（*C. lari*）	犬、鸟及其他一些动物	存在于排泄物中
	人	可能引起肠炎
空肠弯曲菌德莱亚种 （*C. jejuni* subsp. *doylei*）	人	从临床样品中分离
黏膜弯曲菌（*C. mucosalis*）	猪	存在于排泄物中
唾液弯曲菌唾液生物变种 （*C. sputorum* biovar Sputorum）	牛、绵羊	在生殖道内
	人	从粪便和牙龈中分离
唾液弯曲菌粪生物变种 （*C. sputorum* biovar Faecalis）	绵羊、牛	存在于肠道和生殖道内
	牛	牛蹄炎的病例中分离
乌普萨拉弯曲菌（*C. upsaliensis*）	犬	能引起腹泻，存在于粪便中
	人	引起儿童腹泻
布氏弓形杆菌（*Arcobacter butzleri*）	人	可能引起腹泻
	牛、猪	引起流产
嗜低温弓形杆菌（*A. cryaerophilus*）	多种动物	粪便中可分离
	绵羊、马	从正常流产胎儿中分离
	牛	乳腺炎（罕见）
斯基罗弓形杆菌（*A. skirrowii*）	牛	存在于包皮中
	牛、绵羊、猪	从流产胎儿中分离

方法外，分子生物学的方法也越来越多地被应用。

- 菌落形态：
  - 胎儿弯曲菌性病亚种和胎儿弯曲菌胎儿亚种菌落小而光滑、圆形、半透明，外观似露珠状。
  - 空肠弯曲菌菌落呈灰色，小而平坦，表面较湿润。
  - 个别从污染的临床样本分离的弯曲菌菌株，其菌落颜色较浅。
- 弯曲菌不发酵糖类，可据其他的代谢活性进行鉴别。主要动物病原和共生菌的鉴别特征见表34.2。
- 现已建立了以PCR为基础的鉴别弯曲菌的方法，如多重PCR及实时定量PCR。Chaban等在2009年用实时定量PCR方法检测了犬体内的14种弯曲菌。胎儿弯曲菌亚种之间区分较为困难，而PCR方法可对表型结果进一步鉴定（Schulze 等，2006），但一个地理区域内建立的PCR方法可能无法检测到另一个区域内的胎儿弯曲菌（Willoughby 等，2005）。
- 分子分型方法虽已经广泛用于研究弯曲菌所引起的人类疾病（Foley 等，2009），但在动物中则较少使用（Sahin 等，2008）。脉冲场凝胶电泳（PFGE）的使用较多。弯曲菌凭借分离株的PFGE模式被纳入到PulseNet国际体系中，这些分离株来自暴发食源性疾病的病例，该菌株的PFGE模式被世界各地采用，其能够快速地进行分离菌的比较和感染溯源。还有一些方法可以鉴别弯曲菌，如限制性片段长度多态性分析、扩增片段长度多态性分析及多位点序列分型。

■ 致病机理与致病性

胎儿弯曲菌性病亚种和胎儿弯曲菌胎儿亚种在结构上比较特别，它们拥有微荚膜或者由晶格状排列的高分子量蛋白组成的S层。S层能够抵抗血清介导的破坏和吞噬作用（Blaser 和 Pei，1993），提高其在生殖道的生存能力。此外，由于该菌能够表达蛋白质的8个不同抗原性变异体，可能会导致宿主免疫应答被破坏（Grogono-Thomas等，2003）。

近几年关于弯曲菌致病株的研究主要集中在对其假定的致病基因的基因组的分析。其中一个重要的外膜蛋白是在空肠弯曲菌、胎儿弯曲菌胎儿亚种和性病亚种中发现的，其发挥黏附作用。其他一些编码黏附蛋白的基因，如cadF（弯曲菌黏附于纤连蛋白）已经确定。许多菌株的鞭毛基因也已确认。高毒力菌株有一系列毒力基因（Fouts等，2005；Moolhuijzen等，2009）。肠道病原空肠弯曲菌随着黏附被内化到上皮细胞，并在膜结合的空隙内繁殖，然后通过胞吐作用从基底面释放。编码细胞致死性肿胀毒素的基因已经在空肠弯曲菌和胎儿弯曲菌中被鉴定，这种毒素的致病性也已经在空肠弯曲菌中被证实。以牛为宿主的胎儿弯曲菌性病亚种有特定

表34.2 弯曲菌的鉴别特征

弯曲菌类型	过氧化氢酶	生长温度		1%甘氨酸	3.5%NaCl	H₂S[a]	易感性	
		25℃	42℃				萘啶酸[b]	头孢噻吩[b]
胎儿弯曲菌性病亚种	+	+	−	−[c]	−	−	R	S
胎儿弯曲菌胎儿亚种	+	+	−	+	−	+	V	S
空肠弯曲菌空肠亚种	+	−	+	+	−	+	S	R
红嘴鸥弯曲菌	+	−	+	+	−	+	R	R
结肠弯曲菌	+	−	+	+	−	+	S	S
豚肠弯曲菌	+	+	+	+	−	+	R	S
黏膜弯曲菌	−	−	+	+	−	+	R	S
唾液弯曲菌唾液亚种	−	+	+	+	+	+	R	S

a：醋酸铅检测法。

b：30微克/片。

c：有一些菌株对甘氨酸有耐性，归为胎儿弯曲菌性病亚种中间型生物变种。

+：大多数菌株阳性；−：大多数菌株阴性；R：有抗性；S：敏感；V：可变的。

的偏嗜性，最近它已被证明含有一个独特的基因岛，其中包含编码Ⅳ型分泌系统组件的基因（Gorkiewicz等，2010）。这个毒力岛获得了一个可移动遗传元件，这种获得对性病亚种的宿主偏嗜性具有重要作用。空肠弯曲菌的热稳定毒素在致病机制中的作用尚不清楚。

■ 诊断程序

对个别临床特征的诊断方法已在相关章节中有具体介绍。

- 无需考虑用于分离细菌的样本来源，弯曲菌的培养技术都遵循一般的原则。弯曲菌微需氧，一般可通过商品化的发生器为其提供6%的O_2、10%的CO_2和84%的N_2。通常致病菌株的最佳生长温度为37℃，而空肠弯曲菌需在42℃的条件下，第5天才能达到生长的最佳状态。
- 临床样品和细菌培养物涂片检查时，用稀释的石炭酸品红（DCF）染色4分钟，比革兰染色法更易着色。
- 分离菌株鉴别标准：
  - 只在微需氧的条件下生长。
  - 菌落形态。
  - DCF染色，或通过免疫荧光检验法观察细胞形态。
  - 代谢特征和药敏试验结果。
  - 可用PCR方法检测和鉴别弯曲菌。

■ 临床感染

弯曲菌在动物体引起的疾病，最主要是胎儿弯曲菌性病亚种引起的牛不孕不育，以及胎儿弯曲菌胎儿亚种和空肠弯曲菌引起的母羊流产。

牛生殖道弯曲菌病

胎儿弯曲菌性病亚种是引起牛生殖道弯曲菌病的重要病原，通常是由无明显症状、携带病原的公牛在性交时传染给易感母牛。本病病原常寄生在包皮的腺隐窝内，可能使公牛长期带毒。本病的特点是引起暂时性不孕或胚胎的早期死亡，大约1/3的感染动物出现发情周期异常（图34.3），偶尔引起流产。由于S层蛋白免疫优势抗原的抗原转移，导致胎儿弯曲菌性病亚种可持续寄生在感染母牛的阴道内。当感染扩大到子宫内，可伴随发生子宫内膜炎和输卵管炎，并且引起发情周期紊乱及中性粒细胞活性和

数量的下降。子宫受到感染后，会出现3~5个月的不育期，随后机体产生自然免疫。阴道中大量的IgA抗体控制了感染扩散。子宫中的IgG抗体，调理病原，促进中性粒细胞和单核细胞对病原的吞噬作用（图34.3）。这种自然免疫可能会持续长达4年之久。

胎儿弯曲菌胎儿亚种是通过摄食进入体内的一种肠道菌，引起奶牛的散发性流产。

诊断

- 诊断弯曲菌病，应调查受影响畜群的繁殖饲养记录和疫苗接种记录。
- 可用荧光抗体技术检测公牛包皮鞘洗液和母牛宫颈黏液中的弯曲菌。
- 从包皮和阴道黏液分离和鉴定胎儿弯曲菌性病亚种是可行的。黏液样本应保存在特殊的运输培养基中（Lander, 1990）。Harwood等人（2009）新近新开发出一种能提高检出率、更适合基于PCR检测的运输培养基。
- 阴道黏液凝集试验可检测出牛群中50%感染的不孕奶牛。
- 可用ELISA检测流产后的阴道黏液（Hum等，1991）。
- 基于PCR的分析方法可用于从临床样品中快速筛检胎儿弯曲菌性病亚种（Eaglesome等，1995；McMillen等，2006；Abril等，2007）。
- 由胎儿弯曲菌性病亚种引起的奶牛不孕应该与其他原因引起的不孕加以区别。
- 唾液弯曲菌唾液亚种，有时可从包皮洗液中分离，但临床意义不大。

治疗和控制

- 流产母羊应该被隔离，胎盘和流产的胎儿需及时清除。其余的羊群应被转移到干净的牧场。
- 确认一个羊群的疾病后，用胎儿弯曲菌胎儿亚种灭活菌苗给母羊接种以减少流产数量（Gumbrell等，1996）。
- 母羊的常规免疫接种通常是在交配之前或之后立即接种，怀孕的第二个月加强免疫，以后每年都免疫。胎儿弯曲菌胎儿亚种和空肠弯曲菌之间没有交叉保护。此外，属内的不同菌株之间的变异可能会导致疫苗和野毒株之间的交叉保护不足。
- 日常管理中，在饲料中添加金霉素已被用于控制流

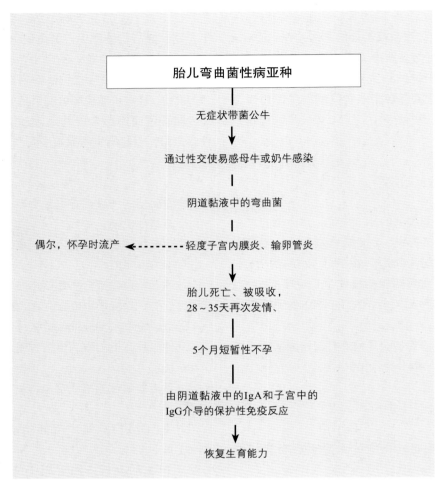

图34.3 胎儿弯曲菌性病亚种在牛不孕中的作用

产的发生。Sahin等（2008）报道的空肠弯曲菌对四环素耐药，应确定细菌的药物抗性特征，以帮助选择合适的抗菌药物。

犬肠弯曲菌病

犬和其他家养动物的腹泻与弯曲菌感染有关，但确诊感染比较困难，因为健康动物的粪便中也会排出弯曲菌。然而，如果在DCF染色的粪便涂片或从直肠刮出的腹泻样本中存在大量的弯曲菌样的细菌，则可能表明具有感染。直接检查的局限性是无法区分弯曲菌和其他相似外观的细菌，如螺杆菌或厌氧螺菌属（*Anaerospirillium*）。新近使用以PCR为基础的技术进行检测和定量，可从健康犬的粪便中检测到58%的犬感染了弯曲菌，从腹泻犬的粪便中检测到97%的犬感染了弯曲菌。腹泻犬比正常犬的粪便中检测到更多不同种类的细菌（Chaban等，2010）。弯曲

菌可能导致犬感染其他病原如肠道病毒、贾第虫和蠕虫的进入，从而引起肠道疾病，年幼、衰弱或免疫抑制的动物尤其危险。恩诺沙星通常能有效地消除粪便中的弯曲菌。由于弯曲菌对喹诺酮类药物有耐药性，所以应尽量避免这一类的药物应用于人类弯曲菌病的治疗。因此，红霉素是治疗犬弯曲菌感染的首选药物。由于感染犬通常具有自限性，治疗一般是在有人兽共患病传播风险时才需要。

禽弧菌肝炎

禽类肠道中通常定居着空肠弯曲菌，且在粪便中有细菌排泄。小鸡首次暴露于受污染的场所时，它们会从饲料、水和垃圾中获得感染。虽然在鸡和火鸡中的感染通常是无症状的，但更重要的是屠宰场宰杀的这些动物尸体可能会成为人类的感染源。疾病的暴发通常是比较罕见的，其特点是群体

产蛋量大幅下降。严重感染的禽类精神萎靡、消瘦。有些出现肝脏出血和多灶性坏死。使用相差显微镜，初步诊断可见胆汁中快速蠕动的弯杆菌。在疾病暴发初期应在饲料中添加双氢链霉素硫酸盐。鸵鸟中弧菌肝炎（Vibrionic hepatitis）与空肠弯曲菌（*C. jejuni*）和大肠弯曲菌（*C. coli*）的感染相关（Stephens等，1998）。

人的肠弯曲菌病

空肠弯曲菌是人肠道弯曲菌病的主要原因。在一些国家弯曲菌感染是食物中毒最常见的原因。有时也会涉及结肠弯曲菌和红嘴鸥弯曲菌。虽然感染是由于直接接触动物所致，但这些人畜共患病通常经食物传播，例如，犬在其中就发挥了重要作用。禽肉也是人的主要感染源。发热、腹痛、腹泻、有时会便血为肠道感染主要的临床表现。除此之外，弯曲菌的耐药性尤其是对喹诺酮类的耐药性是一个主要的公共卫生问题。

◉ 螺杆菌

螺杆菌菌体呈螺旋状、S形或弯曲状，革兰阴性杆菌[3.0微米×（0.5～0.9）微米]。它们与弯曲菌和弓形杆菌相近。螺杆菌（*Helicobacter species*）需用增富培养基培养，一些在Skirrow's琼脂培养基中生长。螺杆菌为微需氧菌、不分解糖、氧化酶阳性。除犬螺杆菌外，过氧化氢酶阳性。一些螺杆菌存在于胃黏膜内，还有一些存在于人或动物的肠道内，其中包括家养或野生的动物和鸟类。强烈的脲酶反应是定殖在胃黏膜的螺杆菌的特点。人胃溃疡、胃腺癌、与黏膜相关的淋巴组织瘤的重要病原为幽门螺杆菌（*H. pylori*），其形态为微弯曲状。非幽门螺杆菌的螺杆菌菌体较长、螺旋形。在动物体内分离的螺杆菌很难培养，检测和鉴别通常依靠分子生物学方法。它们在动物疾病生产中的作用还不确定，但在一些动物中似乎与胃炎有关，如猪、猫、犬（Haesebrouck等，2009）。此外，该菌被称为"Flexispira rappini"，与羊流产有关，由几种螺杆菌组成（Dewhirst等，2000）。这些微生物的形态与众不同，呈纺锤形革兰阴性细菌，具有螺旋形周质纤维和鞭毛鞘内成丛的双极性鞭毛。流产的羔羊出现多灶性肝细胞坏死，类似于弯曲菌引起的肝脏病变。

动物螺杆菌的重要性是其为人感染的来源。人与猫、犬、牛、猪的接触与感染非幽门螺杆菌的螺杆菌有关（Harbour 和 Sutton，2008）。

◉ 参考文献

Abril, C., Vilei, E.M., Brodard, I., Burnens, A., Frey, J. and Miserez, R. (2007). Discovery of insertion element ISCfe1: a new tool for Campylobacter fetus subspecies differentiation. Clinical Microbiology and Infection, 13, 993–1000.

Agerholm, J.S., Aalbœk, B., Fog-Larsen, A.M., et al. (2006). Veterinary and medical aspects of abortion in Danish sheep. Acta Pathologica, Microbiologica et Immunologica Scandinavica, 114, 146–152.

Blaser, M.J. and Pei, Z. (1993). Pathogenesis of Campylobacter fetus infections: critical role of high-molecular-weight S-layer proteins in virulence. Journal of Infectious Diseases, 167, 372–377.

Chaban, B., Musil, K.M., Himsworth, C.G. and Hill, J.E. (2009). Development of cpn60-based real-time quantitative PCR assays for the detection of 14 Campylobacter species and application to screening of canine fecal samples. Applied and Environmental Microbiology, 75, 3055–3061.

Chaban, B., Ngeleka, M. and Hill, J.E. (2010). Detection and quantification of 14 Campylobacter species in pet dogs reveals an increase in species richness in feces of diarrheic animals. BMC Microbiology, 10, 73.

Dewhirst, F.E., Fox, J.G., Mendes, E.N., et al. (2000). 'Flexispira rappini' strains represent at least 10 Helicobacter taxa. International Journal of Systematic and Evolutionary Microbiology, 50, 1781–1787.

Eaglesome, M.D., Sampath, M.J. and Garcia, M.M. (1995). A detection assay for Campylobacter fetus in bovine semen by restriction analysis of PCR amplified DNA. Veterinary Research Communications, 19, 253–263.

Foley, S.L., Lynne, A.M. and Nayak, R. (2009). Molecular typing methodologies for microbial source tracking and epidemiological investigations of Gram-negative bacterial foodborne pathogens. Infection, Genetics and Evolution, 9, 430–440.

Fouts, D.E., Mongodin, E.F., Mandrell, R.E., et al. (2005). Major structural differences and novel potential virulence

第三篇

mechanisms from the genomes of multiple Campylobacter species. PLoS Biology, 3, 15.

Gorkiewicz, G., Kienesberger, S., Schober, C., et al. (2010). A genomic island defines subspecies-specific virulence features of the host-adapted pathogen Campylobacter fetus subsp. venerealis. Journal of Bacteriology, 192, 502–517.

Grogono-Thomas, R., Blaser, M.J., Ahmadi, M. and Newell, D.G. (2003). Role of S-layer protein antigenic diversity in the immune responses of sheep experimentally challenged with Campylobacter fetus subsp. fetus. Infection and Immunity, 71, 147–154.

Gumbrell, R.C., Saville, D.J. and Graham, C.F. (1996). Tactical control of Campylobacter abortion outbreaks with a bacterin. New Zealand Veterinary Journal, 44, 61–63.

Haesebrouck, F., Pasmans, F., Flahou, B., et al. (2009). Gastric helicobacters in domestic animals and nonhuman primates and their significance for human health. Clinical Microbiology Reviews, 22, 202–223.

Harbour, S. and Sutton, P. (2008). Immunogenicity and pathogenicity of Helicobacter infections of veterinary animals. Veterinary Immunology and Immunopathology, 122, 191–203.

Harwood, L.J., Thomann, A., Brodard, I., Makaya, P.V. and Perreten, V. (2009). Campylobacterfetus subspecies venerealis transport medium for enrichment and PCR. Veterinary Record, 165, 507–508.

Hum, S., Stephens, L.R. and Quinn, C. (1991). Diagnosis by ELISA of bovine abortion due to Campylobacter fetus. Australian Veterinary Journal, 68, 272–275.

Lander, K.P. (1990). The development of a transport and enrichment medium for Campylobacter fetus. British Veterinary Journal, 146, 327–333.

Mannering, S.A., West, D.M., Fenwick, S.G., Marchant, R.M. and O'Connell, K. (2006). Pulsed-field gel electrophoresis of Campylobacter jejuni sheep abortion isolates. Veterinary Microbiology, 115, 237–242.

McMillen, L., Fordyce, G., Doogan, V.J. and Lew, A.E (2006). Comparison of culture and a novel 5' Taq nuclease assay for direct detection of Campylobacter fetus subsp. venerealis in clinical specimens from cattle. Journal of Clinical Microbiology, 44, 938–945.

Moolhuijzen, P.M., Lew-Tabor, A.E., Wlodek, B.M., et al. (2009). Genomic analysis of Campylobacter fetus subspecies: identification of candidate virulence determinants and diagnostic assay targets. BMC Microbiology, 9, 86.

Sahin, O., Plummer, P.J., Jordan, D.M., et al. (2008). Emergence of a tetracycline-resistant Campylobacter jejuni clone associated with outbreaks of ovine abortion in the United States. Journal of Clinical Microbiology, 46, 1663–1671.

Schulze, F., Bagon, A., Müller, W. and Hotzel, H. (2006). Identification of Campylobacter fetus subspecies by phenotypic differentiation and PCR. Journal of Clinical Microbiology, 44, 2019–2024.

Stephens, C.P., On, S.L.W. and Gibson, J.A. (1998). An outbreak of infectious hepatitis in commercially reared ostriches associated with Campylobacter coli and Campylobacter jejuni. Veterinary Microbiology, 61, 183–190.

Terzolo, H.R., Paolicchi, F.A., Moreira, A.R. and Homse, A. (1991). Skirrow agar for simultaneous isolation of Brucella and Campylobacter species. Veterinary Record, 129, 531–532.

Willoughby, K., Nettleton, P. F., Quirie, M., et al. (2005). A multiplex polymerase chain reaction to detect and differentiate Campylobacter fetus subspecies fetus and Campylobacter fetus subspecies venerealis: use on UK isolates of C. fetus and other Campylobacter spp. Journal of Applied Microbiology, 99, 758–766.

Zan Bar, T., Yehuda, R., Hacham, T., Krupnik, S. and Bartoov, B. (2008). Influence of Campylobacterfetus subsp. fetus on ram sperm cell quality. Journal of Medical Microbiology, 57, 1405–1410.

◉ 进一步阅读材料

Snelling, W.J., Matsuda, M., Moore, J.E. and Dooley, J.S. (2006). Under the microscope: Arcobacter. Letters in Applied Microbiology, 42, 7–14.

Vandamme, P., Vancanneyt, M., Pot, B., et al. (1992). Polyphasic taxonomic study of the emended genus Arcobacter with Arcobacter butzleri comb. nov. and Arcobacter skirrowii sp. nov., an aerotolerant bacterium isolated from veterinary specimens. International Journal of Systematic Bacteriology, 42, 344–356.

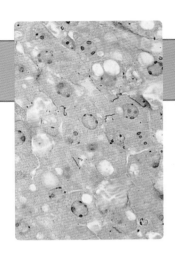

第35章

胞内劳森菌

胞内劳森菌（*Lawsonia intracellularis*）菌体呈细长、弯曲的杆状，革兰阴性，在细胞外不能生长。其形态类似弯曲菌，以前被称为"回肠细胞内共生菌（ileal symbiont intracellularis）"。该菌归类于变形菌门（Proteobacteria）的δ变形菌纲，微需氧，专性细胞内寄生，是猪和马驹增生性肠病（proliferative enteropathy）的病原（McOrist等，1995；Lavoie等，2000）。本菌可在肠上皮细胞系中培养（Lawson等，1993）。

> **△ 要点**
> - 弯曲，革兰阴性杆状
> - 专性细胞内病原菌
> - 微需氧
> - 不能在无生命的培养基上生长
> - 在肠细胞制备的组织培养中生长
> - 与猪和马驹的增生性肠病有关

◉ 常见的生存环境

胞内劳森菌寄生于猪肠细胞内，被感染的猪排泄的粪便中含少量该菌（Smith 和 McOrist，1997）。该菌还分离于其他一些患有增生性肠病的动物，包括马驹、仓鼠、鹿和鸵鸟（Cooper等，1997）。在此菌长期存在的地区，一些野生动物和猪、马驹能够感染和从粪便中排泄该菌，但这些动物没有临床症状（Friedman等，2008；Pusterla等，2008）。

◉ 致病机理和致病性

胞内劳森菌具有对肠细胞的亲和力，肠细胞是该菌的繁殖位置。该菌引起肠上皮细胞增殖，在回肠末端、盲肠和结肠出现肠黏膜增厚和炎症。SPF猪服用一定数量的该菌后，可以在实验室复制增生性肠病。没有肠道微生物群的悉生猪，服用胞内劳森菌时不会产生该疾病，除非它们之前服用猪肠道菌群。这似乎表明胞内劳森菌和常见的肠道微生物如大肠杆菌、梭菌属和拟杆菌属之间的一种协同作用。这些微生物可能提供了胞内劳森菌的定居和繁殖必需的适宜微环境（McOrist等，1994）。此外，发生在断奶后的隐窝细胞的增殖和分化，为病变的产生提供了先决条件（McOrist等，2006）。该菌感染的确切机制还没有确定，但很显然，该菌黏附并进入上皮细胞，随后从内吞小体释放到细胞质中自由繁殖。感染后，隐窝细胞增殖并移行到回肠末端、盲肠和结肠上皮层的表面，继续增殖。

◉ 临床症状

猪增生性肠病发生在6～12周龄的断奶仔猪，其特征是在末端小肠和大肠的增生和炎症。在野外条件下，断奶后大约6周的猪常发生感染，并且排菌持续2～6周（Stege，2004）。临床症状包括体重下降、慢性间歇性腹泻及急性出血性肠炎。虽然严重感染的猪可能出现突然死亡，但是大多数动物以温和形式的疾病恢复，无需治疗。在回肠、盲肠和结肠的病变包括肠壁的增厚和黏膜坏死，严重时肠道中出现血凝块。肠系膜淋巴结肿大是该病的一种特征。

正在断奶的马驹感染后的临床症状包括体重迅速减轻伴随着腹泻和腹痛、沉郁、发热和腹部皮下水肿。

◉ 诊断

- 根据临床症状和剖检的病理变化，可做初步诊断。
- 通过免疫荧光或PCR技术可以检测粪便或肠黏膜中的胞内劳森菌。已经建立多重PCR用于检测常见的多种猪肠道致病菌，即猪痢短螺旋体（*Brachyspira hyodysenteriae*）、沙门菌（*Salmonerlla*）一些血清型和胞内劳森菌（*L. intracellularis*）（Elder等，1997；Suh 和 Song，2005）。
- 通过对部分病变组织的银染或免疫染色可以证明该菌的存在。
- 胞内劳森菌只能在肠上皮细胞的细胞系中培养。
- 血清学检查包括IFA，ELISA和免疫过氧化物酶单层细胞测定法（Guedes等，2002）。

◉ 治疗和控制

- 抗菌药物，如泰乐菌素（tylosin）或泰妙菌素（tiamulin），可添加在饲料或饮水中用于预防或治疗。
- 该菌药物敏感性的评估是比较难的，因为它仅可在细胞系中培养。Wattanaphansak等（2008）在细胞内和细胞外评估抑菌作用，并提出进行细胞内活性评估时泰妙菌素和沃尼妙林（valnemulin）是最有效的，沃尼妙林是进行细胞外活性评估时最有效的。
- 已报道杆菌肽锌掺入饲料能有效地降低肠道病变的发生概率（Kyriakis等，1996）。
- 在每个生产周期结束后，应对受污染的场所进行彻底地清洗和消毒。
- 许多国家现已在猪群中使用弱毒疫苗，并有效地减少了疾病的临床症状。

◉ 参考文献

Cooper, D.M., Swanson, D.L. and Gebhart, C.J. (1997). Diagnosis of proliferative enteritis in frozen and formalin-fixed, paraffin–embedded tissues from a hamster, horse, deer and ostrich using a *Lawsonia intracellularis*-specific multiplex PCR assay. Veterinary Microbiology, 54, 47–62.

Elder, R.O., Duhamel, G.E., Mathiesen, M.R., Erickson, E.D., Gebhart, C.J. and Oberst, R.D. (1997). Multiplex polymerase chain reaction for simultaneous detection of *Lawsonia intracellularis*, *Serpulina hyodysenteriae*, and salmonellae in porcine intestinal specimens. Journal of Veterinary Diagnostic Investigation, 9, 281–286.

Friedman, M., Bednár, V., Klimes, J., Smola, J., Mrlík, V. and Literák, I. (2008). *Lawsonia intracellularis* in rodents from pig farms with the occurrence of porcine proliferative enteropathy. Letters in Applied Microbiology, 47, 117–121.

Guedes, R.M., Gebhart, C.J., Deen, J. and Winkelman, N.L. (2002). Validation of an immunoperoxidase monolayer assay as a serologic test for porcine proliferative enteropathy. Journal of Veterinary Diagnostic Investigation, 14, 528–530.

Kyriakis, S.C., Tsinas, A., Lekkas, S., Sarris, K. and Bourtzi-Hatzopoulou, E. (1996). Clinical evaluation of in-feed zinc bacitracin for the control of porcine intestinal adenomatosis in growing/fattening pigs. Veterinary Record, 138, 489–492.

Lavoie, J.P., Drolet, R., Parsons, D., et al. (2000). Equine proliferative enteropathy: a cause of weight loss, colic, diarrhoea and hypoproteinaemia in foals on three breeding farms in Canada. Equine Veterinary Journal, 32, 418–425.

Lawson, G.H.K., McOrist, S., Jasmi, S. and Mackie, R.A. (1993). Intracellular bacteria of proliferative enteropathy: cultivation and maintenance in vitro. Journal of Clinical Microbiology, 31, 1136–1142.

McOrist, S., Mackie, R.A., Neef, N., Aitken, I. and Lawson, G.H.K. (1994). Synergism of ileal symbiont intracellularis and gut bacteria in the reproduction of porcine proliferative enteropathy. Veterinary Record, 134, 331–332.

McOrist, S., Gebhart, C.J., Boid, R. and Barns, S.M. (1995). Characterization of *Lawsonia intracellularis* gen. nov., sp. nov., the obligately intracellular bacterium of porcine proliferative enteropathy. International Journal of Systematic Bacteriology, 45, 820–825.

McOrist, S., Gebhart, C.J. and Bosworth, B.T. (2006). Evaluation of porcine ileum models of enterocyte infection by *Lawsonia intracellularis*. Canadian Journal of Veterinary Research, 70, 155–159.

Pusterla, N., Mapes, S., Rejmanek, D. and Gebhart, C. (2008). Detection of *Lawsonia intracellularis* by real-time PCR in the feces of free-living animals from equine farms with documented occurrence of equine proliferative enteropathy. Journal of Wildlife Diseases, 44, 992–998.

Smith, S.H. and McOrist, S. (1997). Development of persistent intestinal infection and excretion of *Lawsonia intracellularis* by piglets. Research in Veterinary Science, 62, 6–10.

Stege, H., Jensen, T.K., Møller, K., Vestergaard, K., Baekbo, P. and Jorsal, S.E. (2004) Infection dynamics of *Lawsonia intracellularis* in pig herds. Veterinary Microbiology, 104, 197–206.

Suh, D.K. and Song, J.C. (2005). Simultaneous detection of *Lawsonia intracellularis*, *Brachyspira hyodysenteriae* and *Salmonella* spp. in swine intestinal specimens by multiplex polymerase chain reaction. Journal of Veterinary Science, 6, 231–237.

Wattanaphansak, S., Singer, R.S. and Gebhart, C.J. (2008). In vitro antimicrobial activity against 10 North American and European *Lawsonia intracellularis* isolates. Veterinary Microbiology, 134, 305–310.

◉ 进一步阅读材料

Frazer, M.L. (2008). *Lawsonia intracellularis* infection in horses: 2005–2007. Journal of Veterinary Internal Medicine, 22, 1243–1248.

Knittel, J.P., Schwartz, K.J. and McOrist, S. (1997). Diagnosis of porcine proliferative enteritis. Compendium on Continuing Education for the Practicing Veterinarian, 19, Suppl. S26–S29, S35.

McOrist, S. (2005). Defining the full costs of endemic porcine proliferative enteropathy. Veterinary Journal, 170, 8–9.

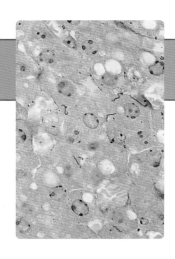

第36章

螺 旋 体

螺旋体目（*Spirochaetales*）包含五个科，其中三个科，即钩端螺旋体科（Leptospiraceae）、螺旋体科（Spiochaetaceae）和短螺旋体科（Brachyspiraceae），包含兽医重要的病原（图36.1）（Ludwig等，2008）。它们是螺线状或螺旋状的细菌，共有某些独特的形态学和功能的特征。该目中的成员通过位于胞质上的内鞭毛（endoflagella）来运动（图36.2）。钩端螺旋体科内的钩端螺旋体属（*Leptospira*）包含有兽医和人医重要的病原。疏螺旋体属（*Borrelia*）、短螺旋体属（*Brachyspira*）和密螺旋体属（*Treponema*）也包含有重要的动物和人类病原。在每一个科内都有某些不致病的属。

致病性螺旋体很难培养，许多需要专门的培养基，并且有些需要液体培养基。它们的分类是基于遗传上的亲缘关系。血清学方法用于流行病学调查和临床诊断。

⊙ 钩端螺旋体

钩端螺旋体这个种的成员是能运动的螺旋状细

△ 要点

- 具内鞭毛、螺旋形、能运动的细菌
- 对环境不稳定且对干燥敏感
- 尽管是革兰阴性菌，但传统方法大多不易着色
- 一些只在液体培养基中生长，大多需特殊培养基
- 许多能引起人兽共患病的感染
- 钩端螺旋体
  - 发现于水生环境中
  - 许多种类导致全身性感染
  - 感染的动物通过尿液排出
  - 在30℃液体培养基中有氧培养
  - 用暗视野显微术、银染色法、免疫荧光和分子技术来识别。
- 疏螺旋体
  通过节肢动物媒介传播。
  - 许多种类会引起全身性感染。
  - 在微需氧环境下，30~35℃在专门的培养基中生长缓慢。
  - 从感染的动物中培养的疏螺旋体已被确认。
- 短螺旋体
  - 肠道内螺旋体；一些是猪的重要肠道病原。
  - 通过粪便涂片染色或银染色组织病理切片来证实。
  - 厌氧条件下，42℃，在选择性血平板培养来确定诊断。

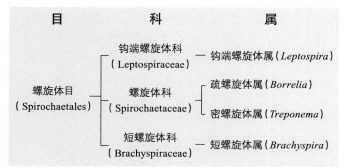

目	科	属
螺旋体目（Spirochaetales）	钩端螺旋体科（Leptospiraceae）	钩端螺旋体属（*Leptospira*）
	螺旋体科（Spirochaetaceae）	疏螺旋体属（*Borrelia*） 密螺旋体属（*Treponema*）
	短螺旋体科（Brachyspiraceae）	短螺旋体属（*Brachyspira*）

图36.1　兽医学上重要的螺旋体的分类

菌，大小为0.1微米×（6~12）微米，具钩状末端（图36.3）。有两组环状染色体，都包含着对生存关键的基因。尽管在细胞化学上是革兰阴性菌，但是传统的细菌学染料不能使它们很好地染色，而且常采

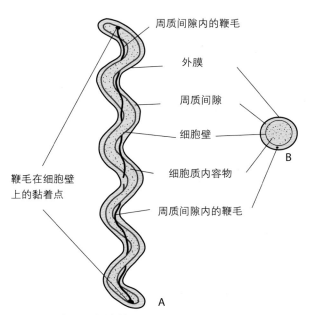

图36.2　典型的螺旋体

展示其重要结构特征（A）和它们在断面图中的位置关系（B）。鞭毛黏附在细菌两端的细胞壁上，并不常发生重叠。

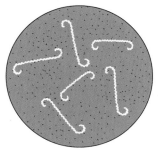

图36.3　暗视野显微镜下观察到钩端螺旋体的形态

螺旋状的结构，像一个索状外形，钩状末端有别于大多数细长能动的病原细菌。

用暗视野显微镜观察。银浸渗法和免疫学染色技术用来检测组织中的钩端螺旋体。钩端螺旋体可以感染所有家养动物和人类，引起泌尿或生殖系统的中度感染到严重的全身性疾病（表36.1）。

表36.1　引起家养动物钩端螺旋体病的钩端螺旋体属血清型

血清型	宿主	临床症状
博氏钩端螺旋体哈德佳血清型 （ *Leptospira borgpetersenii* serovar Hardjo ）	牛、绵羊	流产、死产、无乳
问号钩端螺旋体哈德佳血清型 （ *L. interrogans* serovar Hardjo ）	人	类流感病；偶见肝或肾病
博氏钩端螺旋体塔拉血清型 （ *L. borgpetersenii* serovar Tarassovi ）	猪	繁殖障碍、流产、死产
问号钩端螺旋体布拉迪斯拉发血清型 （ *L. interrogans* serovar Bratislava ）	猪、马、犬	繁殖障碍、流产、死产
问号钩端螺旋体犬血清型 （ *L. interrogans* serovar Canicola ）	犬	幼犬的急性肾炎；成年犬慢性肾病
	猪	流产和死产。仔猪肾病
问号钩端螺旋体流感伤寒血清型 （ *L. interrogans* serovar Grippotyphosa ）	牛、猪、犬	幼年动物败血症；流产
问号钩端螺旋体黄疸出血血清型 （ *L. interrogans* serovar Icterohaemorrhagiae ）	牛、绵羊、猪	犊牛、仔猪、羔羊急性败血症；流产
	犬、人	过急性出血性疾病；伴黄疸的急性肝炎
问号钩端螺旋体哥本哈根血清型 （ *L. interrogans* serovar Copenhageni ）	家养动物、人	过急性和急性疾病；流产
问号钩端螺旋体波摩那血清型 （ *L. interrogans* serovar Pomona ）	牛、绵羊	犊牛和羔羊的急性溶血性疾病；流产
	猪	繁殖障碍；仔猪败血症
	马	流产、周期性眼炎

■ 常见的生存环境

当环境温度适宜时，钩端螺旋体可以存活在池塘、河流、地表水、潮湿的土壤和淤泥中。致病性钩端螺旋体可以持续存在于带菌动物的肾小管或生殖道内。环境条件合适时，间接传播可以发生，但这些脆弱的微生物直接传播更为有效。

■ 不同种的钩端螺旋体的鉴别

以前，钩端螺旋体通过血清学反应来鉴别，两个种已经被鉴定，问号钩端螺旋体包含致病性血清型，而双曲钩端螺旋体包含腐生性血清型。现在，钩端螺旋体（同基因型种）通过DNA同源性来分类，而且在同一种内，不同血清型是基于血清学反应来判断的（Ellis，1995）。目前，有20种已鉴别的钩端螺旋体，被分为三组，致病性的、无致病性的和致病性不确定的（International Committee on Systematics of Prokaryotes，2008；Cerqueira 和 Picardeau，2009）。致病性钩端螺旋体在贴36.1中列出。在24个血清群中有超过250个致病性血清型已被定义（Yasuda等，1987；Perolat等，1998；Cerqueira 和 Picardeau，2009）。基于某一血清型兔抗血清的交叉吸附试验被用于确定分离株的血清型。具有共同抗原的血清型归入相同的血清群。钩端螺旋体属分类学的划分是基于基因组成，造成血清学相似的钩端螺旋体被分为不同的种。例如，钩端螺旋体哈德佳血清型（Serovar Hardjo），归属于两个种，即博氏钩端螺旋体和问号钩端螺旋体，因为这两种遗传上不同的生物体具有相同的抗原表位。血清学分类在临床上很重要，因为特殊血清型易与专门的宿主动物有联系，而且不同血清型的交叉免疫极轻。因此，鉴别和了解感染的血清型对于了解和控制钩端螺旋体感染是必要的。

┌─ △ 贴36.1　含致病性血清型的钩端螺旋体
- 亚氏钩端螺旋体（*L. alexanderi*）
- 阿氏钩端螺旋体（*L. alstonii*）
- 博氏钩端螺旋体（*L. borgpetersenii*）
- 问号钩端螺旋体（*L. interrogans*）
- 寇氏钩端螺旋体（*L. kirschneri*）
- 野口钩端螺旋体（*L. noguchii*）
- 圣他罗萨钩端螺旋体（*L. santarosai*）
- 韦氏钩端螺旋体（*L. weilii*）

■ 流行病学

尽管世界各地都发现钩端螺旋体，但某些血清型似乎有特定的地理分布。另外，大多数血清型与特有的宿主，即它们的储存宿主种类相关。这些储存宿主容易受到感染，发病通常是轻微或亚临床，随后往往是长期从尿液排出钩端螺旋体。储存宿主是环境污染的主要来源，而且自然传播到其他动物，被定义为偶见宿主。偶见宿主通常对感染表现出低易感性，发展成严重的疾病，但不造成钩端螺旋体传播感染其他动物。近来基因组研究表明，某些致病性钩端螺旋体在环境中有极其有限的生存空间。问号钩端螺旋体显示能长期生存在诸如地表水的合适栖息生境中，博氏钩端螺旋体的血清型不能生存在这样的环境中（Bulach等，2006；Xue等，2009）。问号钩端螺旋体某些血清型的储存宿主和常见感染偶见宿主见表36.2。许多因素，包括感染血清型的毒力和宿主的免疫状态，影响了不同宿主的感染结果。

表 36.2　问号钩端螺旋体重要血清型的储存宿主和偶见宿主

血清型	贮存宿主	偶见宿主
布拉迪斯拉发	猪、豪猪、马	犬
犬型	犬	猪、牛
流感伤寒	啮齿类动物	牛、猪、马、犬
哈德佳	牛（偶见绵羊）、鹿	人
黄疸出血性	鼠	家养动物、人
波摩那	猪、牛	绵羊、马、犬

■ 致病机理和致病性

钩端螺旋体的致病力与感染血清型的毒力和宿主的易感性相关。尽管疾病在未成熟的储存宿主表现得很严重，但重病大多数发生在偶见宿主。关于毒力因子和疾病产生机制仅有有限的信息。钩端螺旋体通过湿润、柔软的皮肤或黏膜侵入组织，其运动性有助于侵入。螺旋体通过血液传遍全身，但在感染后十天随着抗体的出现，它们在循环系统中会被清除。有些螺旋体会逃避免疫应答并残存于机体中，主要分布在肾小管中，也可以在子宫、眼睛或脑膜中。尽管宿主产生了获得性免疫应答，而这些螺旋体却能在这些部位存在，其确切的机制还不是很清楚。在储存宿主中，例如，哥本哈根血清型（Serovar Copenhageni）定居小鼠，最初钩端螺旋体对肾脏的损伤极小，尽管从第七天开始出现钩端螺旋体尿（Monahan等，2009），但不会引起显著的局部细胞免疫应答。尽管在感染后一个月出现轻度乃至严重的间质性肾炎，但小鼠的钩端螺旋体尿可能会持续出现一生。在慢性感染期，钩端螺旋体表面抗原蛋白表达下调或者蛋白的差异表达，可能是钩端螺旋体针对宿主的获得性免疫应答，保持持续性感染的机制（Monahan等，2009）。致病性钩端螺旋体结合补体调节蛋白如血浆因子H，也可能在免疫逃避中发挥作用。钩端螺旋体的毒力因子还不清楚，但是似乎不产生特殊的分泌毒素。毒力的构成与细胞结构密切相关，也包括外膜蛋白。钩端螺旋体的脂多糖比其他革兰阴性菌的内毒素活性要小，而且通过TLR-2而不是TLR-4途径来激活宿主免疫应答。最初对宿主细胞的黏附是通过钩端螺旋体表面蛋白与宿主细胞的细胞外基质蛋白的结合来介导的，如纤连蛋白结合蛋白（Merien等，2000）。有证据表明，钩端螺旋体对血红蛋白的趋化作用可能发生在感染开始阶段（Yuri等，1993）。钩端螺旋体在血液中可以躲避吞噬作用，可能是通过诱导巨噬细胞凋亡来实现（Merien等，1997）。已经证明，螺旋体黏附于宿主细胞后，通过受体介导的胞吞作用进入细胞内（Merien等，1997）。在易感动物中，红细胞膜和内皮细胞的损伤与肝细胞损伤会造成溶血性贫血、黄疸、血红蛋白尿和出血，与严重的钩端螺旋体病相关。在人类极急性感染时，会出现严重的肺出血（Dolhnikoff等，2007）。致病性钩端螺旋体包含许多溶血素，其中包含鞘磷脂酶，它可造成损伤。

■ 诊断过程
- 在储存宿主中，钩端螺旋体病（leptospirosis）的诊断通常需要筛查某一确定的种群。
- 临床特征，并有暴露于污染尿液的历史，可能为急性的钩端螺旋体病。
- 运用暗视野显微术可检测新鲜尿液中的微生物，但这种技术相对不灵敏。
- 钩端螺旋体可以通过液体培养基培养或通过动物接种，从感染初期的血液中或感染大约两周后的尿中分离。生长缓慢的哈德佳（Hardjo）血清型，需要在液体培养基中30℃孵育6个月。含有1%的牛血清蛋白和吐温80的EMJH（是Ellinghausen、McCullough、

Johnson和Harris人名缩写）培养基，常被用来分离螺旋体。吐温能提供长链脂肪酸作为营养物，而白蛋白吸收这些化合物，并缓慢地释放它们。因为当吐温呈现高浓度时，会对钩端螺旋体有毒。

- 分离株应通过DNA特征和血清型来鉴定。钩端螺旋体分离株可通过不同的方法进行分型，包括用稀有的内切核酸酶酶切，然后进行脉冲场凝胶电泳，该方法目前被认为是金标准（Cerqueira 和 Picardeau，2009）。脉冲场凝胶电泳的结果和血清分型之间的一致性通常良好，偶有差异性报道。
- 荧光抗体技术常用于组织中钩端螺旋体的检测。合适的组织包括肾脏和肝脏。银染技术也可用于组织中钩端螺旋体的检测。
- DNA杂交、PCR、磁性免疫捕捉PCR和免疫磁珠抗原捕获系统也被用于组织和尿液中钩端螺旋体感染的检测。另外，实时定量PCR技术也是有效的，并且可用于新研发疫苗的评估、发病和传播机理的研究，以及用于钩端螺旋体病的诊断（Fearnley等，2008；Lourdault等，2009）。
- 标准的血清学检测参考试验、显微凝集反应都有着潜在的危险性，因为其涉及液体培养的活菌体与等量的倍比稀释的血清的混合。当伴有钩端螺旋体病的临床症状，且血清效价超过1：400或双份样本的血清效价上升4倍，可诊断为钩端螺旋体病。宿主适应性钩端螺旋体病的血清学诊断比较困难，因为当观察到临床症状时，血清效价可能下降或不存在。某些宿主适应性血清型，尤其是牛的哈德佳型，可能诱导的免疫应答较弱，导致螺旋体可长期从尿液中排出，但没有显著的血清效价。
- 在某些特定国家建立的ELISA检测方法，是基于那些国家主要流行的血清型而建立。

■ 临床感染
家养动物钩端螺旋体感染导致的疾病情况见表36.1。

牛和羊的钩端螺旋体病

牛是博氏钩端螺旋体哈德佳血清型的储存宿主，且越来越多的证据显示这种血清型也是羊和鹿的宿主适应性血清型（Cousins等，1989；Ayanegui-Alcerreca等，2007）。问号钩端螺旋体哈德佳血清型对牛也有宿主适应性，尽管问号钩端螺旋体哈德佳血清型仅造成牛的散发性病例，但它却比博氏钩端螺旋体哈德佳血清型更具

毒力（Ellis等，1988）。单独饲养的易感后备母牛，当被引入到感染的奶牛场时，会出现急性疾病并伴随有发热和无乳等症状，感染也会引起流产和死产。如果管理条件允许暴露于感染，而且随后在繁殖适龄之前产生免疫力，繁殖问题就不会产生。由钩端螺旋体感染引起的无乳，可以通过检测配对血清样本的抗体效价上升得到验证。羊群感染哈德佳血清型，尤其是在集约化管理的低地羊群中，会导致流产和无乳。抗菌剂治疗，如二双氢链霉素或阿莫西林可用来减少或消除尿路排泄的微生物。有商品化的单价和多价灭活疫苗，但并不总是有效。添加何种血清型钩端螺旋体制备疫苗应该与特定地区的流行的血清型关联。感染了钩端螺旋体波摩那血清型、流感伤寒血清型和黄疸出血血清型会引起严重的疾病，尤其是犊牛和羔羊。感染常伴随发热、血红蛋白尿、黄疸和厌食症。死亡前常出现以尿毒症为结果的广泛性肾损伤。常用疫苗来控制波摩那血清型，在许多国家，它是牛流产的重要因素。

马的钩端螺旋体病

尽管马的钩端螺旋体感染的血清学证据很普遍，但临床上该病却不常见。感染了与马的流产和死产有关的布拉迪斯拉发血清型，将会在马科动物中持续存在。引起临床疾病大多是偶然感染波摩那血清，尽管其他血清型也有所作用。症状包括母马的流产和青年马的肾脏疾病。马科动物重复发生的葡萄膜炎（周期性眼炎、"月盲症"）可能是马慢性钩端螺旋体病的一个表现。这种状况可能与眼部持续感染钩端螺旋体有关（Wollanke等，2001）。另外，钩端螺旋体抗原和角膜、晶状体蛋白的交叉反应表明了可能涉及自身免疫机制（Parma等，1992）。钩端螺旋体疫苗还未授权用于马。

猪的钩端螺旋体病

猪的急性钩端螺旋体病通常是由啮齿动物适应血清型，如黄疸出血血清型和哥本哈根血清型引起的。这些血清型引起小猪严重的、有时是致命的疾病，其症状与其他种类的急性钩端螺旋体病相似。在世界许多地方，主要的宿主适应性血清型是波摩那血清型。亚临床感染波摩那血清型的猪，会在很长时间内从尿液中排出钩端螺旋体。感染能导致繁殖障碍，包括流产和死产。猪也可作为塔拉索夫（Tarassovi）和布拉迪斯拉发血清型的储存宿主，它

们也会引起繁殖障碍。

犬和猫的钩端螺旋体病

与犬的钩端螺旋体病相关的血清型是犬型和黄疸出血型。广泛使用这些血清型混合疫苗已经导致感冒伤寒血清型、布拉迪斯拉发血清型和波摩那血清型的出现，它们是犬的重要病原（Rentko等，1992）。在4～7岁的公犬中，感染非常普遍，而猎犬感染的风险更高（Stokes和Forrester，2004）。另外，感染水平与季节有关（晚夏和早秋），且随降水量增加而提高。犬型血清型，对犬类有宿主适应性，引起犬崽严重的肾脏疾病。从急性期存活过来的动物，随后会发展成为慢性尿毒症。由黄疸出血型、哥本哈根型或波摩那型偶然感染犬类，其特征是急性出血性疾病或亚急性肝病或肾衰竭。除黄疸出血型或哥本哈根型之外，钩端螺旋体其他血清型偶尔引起的犬类感染中，肾脏症状通常占主导地位。一般认为与流产和死产有关的布拉迪斯拉发血清型正在适应犬，因此犬可能成为储存宿主。仅含有黄疸出血性血清型和犬型血清型的菌苗，对于其他血清型不能诱导特异性免疫力。尽管猫的临床钩端螺旋体病不常见，但已报道了猫感染多种血清型的钩端螺旋体（Agunloye和Nash，1996）。

控制

对家养动物钩端螺旋体病的预防最初是使用疫苗。因为免疫是针对特殊的血清型，疫苗应包含当前发病地理区域的常见钩端螺旋体病血清型。目前的疫苗通常是菌苗，而且必须加强免疫，至少每年一次。自然感染后的免疫，大多数是基于抗体的免疫，但有一些疫苗诱导了T_H1型细胞介导的免疫应答（Naiman等，2001）。近期对疫苗的研发主要集中于亚单位疫苗。理想情况下，这样的疫苗应该由重组蛋白组成，它们针对大多数致病性血清型有交叉保护。

公共卫生方面

钩端螺旋体病是屠宰场工人、奶牛场和猪场工人、兽医外科医生，以及从事与污水和排水相关的体力劳动者的一种职业病。这是一种参与水上运动的人员越来越重要的人兽共患病，尤其是会导致皮肤擦伤或抓破的运动，如水上漂流，皮肤的损伤会促进钩端螺旋体的入侵。

◉ 疏螺旋体

疏螺旋体属，比其他螺旋体更长、更宽，但螺旋状形态相似（图36.4）。除了拥有一个线状染色体（这在细菌中很少见），疏螺旋体还拥有线状和环形的质粒，其中一些对疏螺旋体的生长和存活非常必要。尽管这些螺旋体能导致动物和人发病，但亚临床感染也很常见。疏螺旋体属通过节肢动物为媒介来传播。在动物中重要的疏螺旋体、节肢动物媒介及其所致疾病总结见表36.3。

■ 常见的生存环境

疏螺旋体在各种脊椎动物宿主中是专性寄生菌。尽管这些生物在环境中短暂存在，但它们依赖脊椎动物贮存宿主和节肢动物媒介来长期生存。特定疏螺旋体与特定节肢动物媒介和贮存宿主之间的关系，决定了疏螺旋体感染的流行病学的重要性。

■ 疏螺旋体种属的鉴别

疏螺旋体属区别于其他螺旋体，可通过形态学、基因组DNA中低含量的鸟嘌呤和胞嘧啶、生态学、培养和生化特征来鉴别。鉴定疏螺旋体的种主要依据遗传学分析。广义伯氏疏螺旋体至少13个基因种或基因组群已采用DNA杂交、16S rRNA序列分析和其他分子技术进行了鉴定。这些种中只有有限数量是病原菌（Rudenko等，2009）。

■ 临床感染

广义伯氏疏螺旋体（*B. burgdorferi sensu lato*）在兽医学上很重要，可引起动物和人的莱姆病（Lyme disease）。而鹅疏螺旋体会导致禽的疏螺旋体病。另外两种，色勒疏螺旋体（*B. theileri*）和钝缘蜱疏螺旋体（*B. coriaceae*）是否作为动物病原菌还不确定。

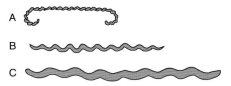

图36.4 具有兽医学意义的螺旋体在大小和形态上的差异
A. 钩端螺旋体；B. 短螺旋体；C. 疏螺旋体。

莱姆病

莱姆病，也被称为莱姆疏螺旋体病，于1975年在康涅狄格州的老莱姆镇附近对一群孩子关节炎的调查之后首次发现。病原为一种螺旋体，命名为伯氏疏螺旋体。伯氏疏螺旋体的几种基因种随后在美国和欧洲被陆续鉴定。尽管狭义伯氏疏螺旋体是从美国分离出的主要基因型，但分离株具有遗传多样性（Oliver，1996；Rudenko等，2009）。广义的伯氏疏螺旋体列于贴36.2中。

△ 贴36.2 目前发现的广义伯氏疏螺旋体的种类
- 阿弗西尼疏螺旋体（*B. afzelii*）
- 安德森疏螺旋体（*B. andersonii*）
- 比塞蒂疏螺旋体（*B. bissettii*）
- 加州疏螺旋体（'*Borrelia californiensis*'）
- 狭义伯氏疏螺旋体（*B. burgdorferi sensu stricto*）
- 伽氏疏螺旋体（*B. garinii*）
- 日本疏螺旋体（*B. japonica*）
- 蜥蜴疏螺旋体（*B. lusitaniae*）
- 中华疏螺旋体（*B. sinica*）
- 斯皮尔曼疏螺旋体（*B. spielmanii*）
- 貉蜱疏螺旋体（*B. tanukii*）
- 乌鸫疏螺旋体（*B. turdi*）
- 法雷斯疏螺旋体（*B. valaisiana*）

表36.3 疏螺旋体的蜱媒介和自然宿主及相关的临床症状

种	媒介	贮存宿主	临床症状
广义伯氏疏螺旋体	硬蜱	啮齿类、鸟类、蜥蜴（某些莱姆病菌株）	犬、人，偶见于马、牛、绵羊的关节炎，神经和心脏疾病
鹅疏螺旋体	锐缘蜱	鸟类	家禽的发热、体重下降和贫血
色勒疏螺旋体	蜱的许多种	牛、绵羊、马	温和的发热病伴随贫血
钝缘蜱疏螺旋体	钝缘蜱	牛、鹿	与美国流行性牛流产有关

第三篇

流行病学

在人、犬、马和牛中，已有莱姆病的报道，在羊群，有感染的记录。蜱是广义伯氏疏螺旋体唯一有能力的媒介。感染通常在蜱吸食小型啮齿动物血液的幼虫期发生。许多小型野生动物，包括鼠、田鼠、刺猬、蜥蜴和鸟都可作为储存宿主。通过蜱的幼虫期和成虫期采食来传播感染，使螺旋体持续存在。成虫蜱优先采食大型哺乳动物，如鹿和羊，它们是蜱群落的贮存宿主，但不是广义伯氏疏螺旋体适合的宿主。在一个地区，这些病原菌的持续存在依赖于是否存在疏螺旋体合适贮存宿主和蜱的保存宿主。在欧洲，广义伯氏疏螺旋体最常见蜱媒介是篦子硬蜱；在美国中部和东部是肩突硬蜱；在美国西海岸是太平洋硬蜱，在欧亚大陆是全沟硬蜱。广义伯氏疏螺旋体及宿主和蜱媒介之间的关系见图36.5。螺旋体在蜱内经卵传播是经常发生的，不具有流行病学意义。疏螺旋体的传播偶然也从感染的偶见宿主到未感染的蜱。

尽管在犬和马的尿液中证实有广义伯氏疏螺旋体，但受感染的尿液不可能是感染源。

致病机理

一只受感染的蜱叮食一头易感动物时，广义伯氏疏螺旋体的传播便发生了。在叮食前，螺旋体限于蜱的中肠，随着血液的摄取，在唾液腺发现它们。随着蜱摄取动物血液，疏螺旋体的外表面蛋白（outer surface protein,Osp）的表达发生变化。OspA是在蜱的中肠表达，将疏螺旋体黏附在蜱的肠上。然而，在叮食阶段，OspA的表达会迅速下调，因为它是哺乳动物宿主免疫应答的潜在刺激物。相反地，OspC的表述是上调的，且通过结合蜱唾液中补体钝化成分来保护疏螺旋体。疏螺旋体自身也会产生补体结合蛋白，而且辅助抵抗宿主的补体介导杀伤。

在进入易感动物血液后，疏螺旋体繁殖并传播全身。在关节、脑、神经、眼睛和心脏都有其存在。但该病是由主动感染引起的还是由宿主免疫应答引起的尚不清楚。持续性感染诱导的细胞因子会

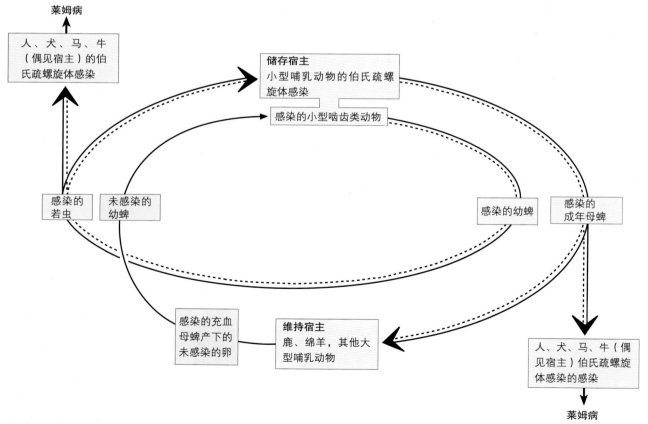

图36.5 广义伯氏疏螺旋体（虚线）在硬蜱属（实线）的不同阶段传播给人和动物
莱姆病的发生常具有季节性，与蜱的活动周期相关。

促进病变的发展（Sprenger等，1997；Straubinger等，1997；Roberts等，1998）。伯氏疏螺旋体的不同基因型和人类特殊的临床症状之间有着关联；狭义伯氏疏螺旋体（*B. burgdorferi sensu stricto*）常与关节炎有关，伽氏疏螺旋体（*B. garinii*）与神经性疾病相关，而埃氏疏螺旋体（*B. afzelii*）与皮肤病相关（van Dam等，1993）。

临床特征

大多数感染表现亚临床症状，血清学调查显示在疫区的人类和动物普遍暴露于疏螺旋体（Santino等，1997）。

莱姆病的临床表现主要与螺旋体定居的部位相关。关于犬的临床疾病报道最常见。症状包括发热、昏睡、关节炎，以及心脏、肾脏或神经紊乱的症状。在美国，关节炎是常见的，而在欧洲和日本神经紊乱是最常见的临床症状。马的临床体征与犬的相似，包括跛足、葡萄膜炎、肾炎、肝炎和脑炎。然而，马的莱姆病临床症状还不确定（Butle等，2005）。牛和羊的跛足与广义伯氏疏螺旋体相关的感染已经有报道。

诊断

实验室确诊莱姆病显得很困难，因为螺旋体在临床感染动物的样本中存在的数量很少。另外，螺旋体的培养需要复杂的营养。

- 在发病地区与蜱虫感染有接触史，并结合特征性的临床症状可考虑为莱姆病。
- 广义伯氏疏螺旋体的抗体效价升高，并伴随典型的临床症状，提示发生莱姆病。因为在疫区亚临床感染很普遍，单独的效价上升是不能确认的。ELISA被广泛应用于抗体检测；有时免疫印迹法被用于证实ELISA的结果。基于C6肽抗体检测的定量ELISA可用于人类，而且也会对犬类检测有用（Littman等，2006）。已经显示基于这一抗原的ELISA技术能够鉴别自然感染和已经接种疫苗的动物（O'Connor等，2004）。
- 免疫荧光测定法分析也可以使用，但是这些方法的结果会很难解释。
- 从临床感染的动物培养出疏螺旋体则可进行确诊。在微需氧环境下，在Barbour-Stoenner-Kelly培养基中的培养需要6周，而且需在专门的实验室中进行。
- 通过PCR技术可以检测样品中少量的疏螺旋体。这

些技术大部分用于人类莱姆病的早期病例检测，其中50%～70%的游走性红斑损伤的皮肤活组织检查可能呈阳性（Wilske等，2007）。从滑液样品中已经取得相似的结果。由于家养动物不常出现游走性红斑损伤，PCR方法不是很有效。PCR技术也可用于鉴别基因种和进行流行病学调查（Kurtenbach等，1998）。

治疗和控制

- 阿莫西林和土霉素可用于急性莱姆病的治疗。在慢性疾病中，需要延长和重复疗程。
- 杀螨的喷雾剂、洗浴或滴液应用于控制蜱感染。可能的话，蜱虫栖息地，如杂乱的树枝和灌木丛应该被清理。
- 迅速去除伴侣动物的蜱虫可预防感染。然而，由于某些蜱种在接触后短时间内就可传播螺旋体，不能设想每日对蜱的清除就能预防感染（Korenberg和Moskvitina，1996）。
- 许多疫苗，包括全细胞疫苗和重组亚单位疫苗，在某些国家相关犬的疫苗已经商品化。一种Osp A重组疫苗可刺激抗体的产生，它能杀死蜱虫肠内的疏螺旋体，并预防宿主感染。然而，在用现有疫苗接种犬上尚存争议（Littman，2003；Littman等，2006）。

公共卫生方面

莱姆病是重要的经蜱传播的人类传染病。临床症状包括位于蜱叮咬的部位出现的皮疹。若不治疗，后期会出现关节炎、肌肉痛及心脏和神经的异常情况。在蜱活动期间，在发病地区行走时常发生感染。犬、猫和农场动物会作为感染蜱的传播宿主，从而使人类暴露于感染的风险之中。

禽螺旋体病

本病是由鹅疏螺旋体（*Borrelia anserina*）引起的禽急性疾病，会导致热带和亚热带疾病发生地区重要的经济损失。鸡、火鸡、雉鸡、鸭和鹅易感。锐缘蜱属（*Argas*）的软蜱经常传播该病。然而，与易感禽类和易感材料如血液、组织或排泄物接触，也可能发生传播。因为鹅疏螺旋体在环境中很难存活，且在易感禽类中存活时间短，锐缘蜱属的蜱虫是鹅疏螺旋体重要的储存宿主。疏螺旋体在蜱的蜕

皮过程中能够存活于蜱内，而且可以经卵传播给蜱的下一代。禽螺旋体病的暴发流行与蜱在温暖、潮湿的季节活性处于顶峰期相一致。在禽群不断接触、感染的过程中，发病率和死亡率均较低。疾病以发热、显著的贫血和体重减轻为特征。在疾病发展过程中会发展成麻痹。康复过后的免疫力具有血清型特异性。一些血清型会在特殊的地区存在。

诊断采用暗视野显微术观察血沉棕黄层涂片中的螺旋体。用免疫荧光检测法也可检测血液或组织涂片。姬姆萨染色涂片或银浸技术可用来证明组织中疏螺旋体的存在。用感染血液或经匀浆处理的组织，接种鸡胚或雏鸡，常常用来分离病原菌。PCR技术已应用于鹅疏螺旋体菌株的鉴定（Ataliba等，2007）。抗生素治疗本病有效，灭活疫苗和消灭蜱是主要的控制措施。

◉ 短螺菌和密螺旋体

从猪体内分离到5种短螺旋体，即猪痢短螺旋体（*Brachyspira hyodysenteriae*）、大肠毛状短螺旋体（*B. pilosicoli*）、中间短螺旋体（*B. intermedia*）、无害短螺旋体（*B. innocens*）和墨多齐短螺旋体（*B. murdochii*），后两者被认为是非致病性的。中间短螺旋体与鸡和猪的肠螺旋体病有关。兔梅毒密螺旋体与兔的螺旋体病相关，而且许多密螺旋体会引起牛的趾间皮炎和传染性绵羊趾间皮炎。短螺菌属（*Brachyspira*）和密螺旋体属（*Treponema*）有6~14个螺旋，且宽度为0.1~0.5微米（图36.4）。

表36.4　实验室鉴别从猪分离到的短螺旋体

种	实验室试验		
	溶血	吲哚斑点试验	马尿酸盐的水解作用
猪痢短螺菌旋体	强	+	−
大肠毛状短螺旋体	弱	−	+
无害短螺旋体	弱	−	−

■ 常见的生存环境

致病性短螺旋体发现于临床感染的和正常猪的肠道内。带菌猪能散布猪痢短螺旋体长达3个月，而且是健康猪感染的主要来源。大肠毛状短螺旋体定

殖于鸡、犬、野禽、啮齿类和非人灵长类动物的肠道内，且被认为是猪和禽类结肠炎和盲肠炎的重要病原。

■ 短螺菌属的鉴别

区别猪痢短螺旋体与其他肠道螺旋体是基于血平板上的溶血形态。检测吲哚产生的试验或马尿酸盐的水解作用也是有效的诊断方法（表36.4）。限制性内切核酸酶分析、限制性片段长度多态性、16S rRNA分析核糖体基因型、PCR分析和多位点酶电泳技术已经用于鉴别种和区分种内的菌株。基于多序列分型的方案用来检查猪痢短螺旋体分离株的多样性和遗传相关性。猪痢短螺旋体菌株也可分为几种血清群和血清型。

■ 致病机理

短螺旋体致病机理的大多数信息基于对猪痢短螺旋体的研究。在黏液中的运动能力是该微生物重要的致病因子。改变了运动力的突变株很少能在猪肠道内定殖（Kennedy等，1997）。定殖会因为黏液中微生物的趋化活性等因子而加强。在体外，已经证实了具有这种趋化活性的因子（Kennedy和Yancey，1996）。在体外证实溶血活性与致病力相关，并且编码溶血活性和细胞毒活性的6个基因已经确定（Muir等，1992；ter Huurne等，1994；Hampson和Ahmed，2009）。此外，由猪痢短螺旋体产生的蛋白酶可能参与破坏结肠黏膜（Hampson和Ahmed，2009）。在疾病的发展中动物的饮食和免疫因子都很重要（Jacobson等，2004；Jonasson等，2004；Thomsen等，2007）。

大肠毛状短螺旋体感染的致病机理和猪痢短螺旋体的不同，前者在肠黏膜的附着显得很重要。大肠毛状短螺旋体对结肠黏膜上皮细胞的附着导致功能破坏，伴随着细胞脱落和水肿。

■ 临床感染

猪感染短螺旋体具有重要的临床意义。猪痢短螺旋体是猪痢疾的病原，而大肠毛状短螺旋体是猪肠道螺旋体病的病原。有证据显示中间短螺旋体与猪螺旋体结肠炎有关，但这一点没有被试验证明。猪通过暴露于污染的粪便而感染。疾病在猪群中通常传播很慢，一次只感染一个或两个畜舍。犬、大

鼠、小鼠和苍蝇可能是螺旋体的传播宿主。小鼠能够维持猪痢短螺旋体。尽管大肠毛状短螺旋体菌株已在很多动物中发现，包括人类、犬、鸡和雉鸡，但物种之间是否存在交叉感染尚未证实。禽类结肠的螺旋体病，导致鸡群排稀粪和产量下降，可能诊断不出来（Smith，2005）。假如免受干燥，短螺旋体能在环境中存活一定的时间。猪痢短螺旋体能在潮湿的粪便中存活几周，而在泥浆中存活至少3天。

■ 临床症状

致病性短螺旋体和与感染有关的临床症状见表36.5。猪痢短螺旋体的感染大多会在6～12周龄的断奶仔猪中引起痢疾。感染的猪体况下降且变得衰弱。食欲下降，而渴感明显。恢复期间，粪便中会有大量的黏液。尽管死亡率很低，但由于低的食物转化引起体重下降，导致巨大经济损失。

大肠毛状短螺旋体在1996年被鉴定为猪肠道螺旋体病的病原（Trott等，1996）。此前，通过一株弱的溶血性螺旋体感染猪，肠病已经在实验室复制成功（Taylor等，1980）。猪肠道螺旋体病的临床症状与猪痢疾相似，但没有那么严重。腹泻物含有黏液而无血液。饲料转化率下降，增重减少，从而对生产具有重大影响。

表36.5 与短螺菌引起的感染有关的临床疾病

种	临床疾病
猪痢疾短螺旋体	猪痢疾
大肠毛状短螺旋体	猪、犬、鸟和人类的肠道螺旋体病
中间短螺旋体	猪螺旋体结肠炎

■ 诊断

· 病程、临床症状和损伤程度可能表明是猪痢疾。
· 添加抗生素的血平板用作短螺旋体的培养。42℃厌氧培养至少3天。猪痢短螺旋体的菌落附近呈现出完全溶血；其他肠螺旋体溶血性较差（表36.4）。
· 采用免疫荧光、DNA探针或生化试验来进行最终鉴定（表36.4）。
· 如ELISA等血清学试验可用来调查群体的感染。
· 基于PCR的技术已经建立，并且能用来对猪痢疾短螺旋体的临床样本进行直接检测，对分离株进行实验室确诊。实时PCR技术也已建立（Akase等，2009）。

■ 治疗和控制

在饮水中添加药物是治疗的一个有效措施。常用的药物包括泰妙菌素（tiamulin）、林可霉素（lincomycin）和硝基咪唑类（nitroimidazoles）。卫生条件的改善、含药物的食物及日粮的改变会有助于控制感染。减少种群数量、彻底清洁和消毒，以及严格控制啮齿类动物对根除该病非常必要。全菌疫苗可用于控制某些国家的猪痢疾，但其效果尚不明确。

■ 密螺旋体

许多密螺旋体属已经从牛趾间皮炎病例中分离出来，并从近期描述的传染性羊趾间皮炎中分离到。几种密螺旋体可能在同一畜群中，甚至在同一动物个体中出现（Evans等，2009）。导致损伤发展的致病机制还不太明白，但已证实密螺旋体存在感染组织的深层。涉及密螺旋体感染牛羊的趾间跛病在第91章作详细描述。

◉ 参考文献

Akase, S., Uchitani, Y., Sohmura, Y., Tatsuta, K., Sadamasu, K. and Adachi, Y. (2009). Application of real time PCR for diagnosis of swine dysentery. Journal of Veterinary Medical Science, 71, 359–362.

Agunloye, C.A. and Nash, A.S. (1996). Investigation of possible leptospiral infection in cats in Scotland: Journal of Small Animal Practice, 37, 126–129.

Ataliba, A.C., Resende, J.S., Yoshinari, N. and Labruna, M.B. (2007). Isolation and molecular characterization of a Brazilian strain of *Borrelia anserina*, the agent of fowl spirochaetosis. Research in Veterinary Science, 83, 145–149.

Ayanegui-Alcerreca, M.A., Wilson, P.R., Mackintosh, C.G., et al. (2007). Leptospirosis in farmed deer in New Zealand: a review. New Zealand Veterinary Journal, 55, 102–108.

Bulach, D.M., Zuerner, R.L., Wilson, P., et al. (2006). Genome reduction in *Leptospira borgpetersenii* reflects limited transmission potential. Proceedings of the National Academy of Sciences of the United States of America, 103, 14560–

第三篇

14565.

Butler, C.M., Houwers, D.J., Jongejan, F. and van der Kolk, J.H. (2005). *Borrelia burgdorferi* infections with special reference to horses. A review. Veterinary Quarterly, 27, 146–156.

Cerqueira, G.M. and Picardeau, M. (2009). A century of *Leptospira* strain typing. Infection, Genetics and Evolution, 9, 760–768.

Cousins, D.V., Ellis, T.M., Parkinson, J. and McGlashen, C.H. (1989). Evidence for sheep as a maintenance host for *Leptospira interrogans* serovar hardjo. Veterinary Record, 124, 123–124.

Dolhnikoff, M., Mauad, T., Bethlem, E.P., Carvalho, C.R.R. and Raoof, S. (2007). Leptospiral pneumonias. Current Opinion in Pulmonary Medicine, 13, 230–235.

Ellis, W.A. (1995). International Committee on Systematic Bacteriology. Subcommittee on the Taxonomy of *Leptospira*. Minutes of the Meetings, 1 and 2 July 1994, Prague, Czech Republic. International Journal of Systematic Bacteriology, 45, 872–874.

Ellis, W.A., Thiermann, A.B., Montgomery, J., Handsaker, A., Winter, P.J. and Marshall, R.B. (1988). Restriction endonuclease analysis of *Leptospira interrogans* serovar Hardjo isolates from cattle. Research in Veterinary Science, 44, 375–379.

Evans, N.J., Brown, J.M., Demirkan, I., et al. (2009). Association of unique, isolated treponemes with bovine digital dermatitis lesions. Journal of Clinical Microbiology, 47, 689–696.

Fearnley, C., Wakeley, P.R., Gallego-Beltran, J., et al. (2008). The development of a real-time PCR to detect pathogenic *Leptospira* species in kidney tissue. Research in Veterinary Science, 85, 8–16.

Hampson, D.J. and Ahmed, N. (2009). *Spirochaetes* as intestinal pathogens: lessons from a Brachyspira genome. Gut Pathogens, 1, 10.

International Committee on Systematics of Prokaryotes (2008). Subcommittee on the Taxonomy of *Leptospiraceae*. International Journal of Systematic and Evolutionary Microbiology, 58, 1049–1050.

Jacobson, M., Fellström, C., Lindberg, R., Wallgren, P. and Jensen-Waern, M. (2004). Experimental swine dysentery: comparison between infection models. Journal of Medical Microbiology, 53, 273–280.

Jonasson, R., Johannisson, A., Jacobson, M., Fellström, C. and Jensen-Waern, M. (2004). Differences in lymphocyte subpopulations and cell counts before and after experimentally induced swine dysentery. Journal of Medical Microbiology, 53, 267–272.

Kennedy, M.J. and Yancey, R.J. (1996). Motility and chemotaxis in Serpulina hyodysenteriae. Veterinary Microbiology, 49, 21–30.

Kennedy, M.J., Rosey, E.L. and Yancey, R.J. (1997). Characterization of flaA- and flaB- mutants of *Serpulina hyodysenteriae*: both flagellin subunits, FlaA and FlaB, are necessary for full motility and intestinal colonization. FEMS Microbiology Letters, 153, 119–128.

Korenberg, E.I. and Moskvitina, G.G. (1996). Interrelationships between different *Borrelia* genospecies and their principal vectors. Journal of Vector Ecology, 21, 178–185.

Kurtenbach, K., Peacey, M., Rijpkema, S.G.T., Hoodless, A.N. and Nuttall, P.A. (1998). Differential transmission of the genospecies of *Borrelia burgdorferi* sensu lato by game birds and small rodents in England. Applied and Environmental Microbiology, 64, 1169–1174.

Littman, M.P. (2003). Canine borreliosis. Veterinary Clinics of North America, Small Animal Practice, 33, 827–862.

Littman, M.P., Goldstein, R.E., Labato, M.A., Lappin, M.R. and Moore, G.E. (2006). ACVIM small animal consensus statement on Lyme disease in dogs: diagnosis, treatment, and prevention. Journal of Veterinary Internal Medicine, 20, 422–434.

Lourdault, K., Aviat, F. and Picardeau M. (2009). Use of quantitative real-time PCR for studying the dissemination of *Leptospira interrogans* in the guinea pig infection model of leptospirosis. Journal of Medical Microbiology, 58, 648–655.

Ludwig, W., Euzéby, J. and Whitman, W.B. (2008). Draft taxonomic outline of the *Bacteroidetes, Planctomycetes, Chlamydiae, Spirochaetes, Fibrobacteres, Fusobacteria, Acidobacteria, Verrucomicrobia, Dictyoglomi,* and *Gemmatimonadetes*. Available at: http://www.bergeys.org/outlines/Bergeys_Vol_4_Outline.pdf.

Merien, F., Baranton, G. and Perolat, P. (1997). Invasion of Vero cells and induction of apoptosis in macrophages by pathogenic *Leptospira interrogans* are correlated with virulence. Infection and Immunity, 65, 729–738.

Merien, F., Truccolo, J., Baranton, G. and Perolat, P. (2000). Identification of a 36-kDa fibronectin-binding protein expressed by a virulent variant of *Leptospira interrogans* serovar icterohaemorrhagiae. FEMS Microbiology Letters, 185, 17–22.

Monahan, A.M., Callanan, J.J. and Nally, J.E. (2009). Hostpathogen interactions in the kidney during chronic leptospirosis. Veterinary Pathology, 46, 792–799.

Muir, S., Koopman, M.B.H., Libby, S.J., Joens, L.A., Heffron,

F. and Kusters, J.G. (1992). Cloning and expression of a *Serpulina* (*Treponema*) *hyodysenteriae* haemolysin gene. Infection and Immunity, 60, 4095–4099.

Naiman, B.M., Alt, D., Bolin, C.A., Zuerner, R. and Baldwin, C.L. (2001). Protective killed *Leptospira borgpetersenii* vaccine induces potent Th1 immunity comprising responses by CD4 and γθ T lymphocytes: Jnfection and Immunity, 69, 7550–7558.

O'Connor, T.P., Esty, K.J., Hanscom, J.L., Shields, P. and Philipp, M.T. (2004). Dogs vaccinated with common Lyme disease vaccines do not respond to IR6, the conserved immunodominant region of the VlsE surface protein of *Borrelia burgdorferi*. Clinical and Diagnostic Laboratory Immunology, 11, 458–462.

Oliver, J.H. Jr (1996). Lyme borreliosis in the southern United States: a review (1996). Journal of Parasitology, 82, 926–935.

Parma, A.E., Cerone, S.I. and Sansinanea, S.A. (1992). Biochemical analysis by SDS-PAGE and western blotting of the antigenic relationship between *Leptospira* and equine ocular tissues. Veterinary Immunology and Immunopathology, 33, 179–185.

Perolat, P., Chappel, R.J., Adler, B., et al. (1998). *Leptospira fainei* sp. nov., isolated from pigs in Australia. International Journal of Systematic Bacteriology, 48, 851–858.

Rentko, V.T., Clark, N., Ross, L.A. and Schelling, S. (1992). Canine leptopirosis: a retrospective study of 17 cases. Journal of Veterinary Internal Medicine, 6, 235–244.

Roberts, E.D., Bohn, R.P., Lowrie, R.C. Jr., et al. (1998). Pathogenesis of Lyme neuroborreliosis in the Rhesus monkey: the early disseminated and chronic phases of disease in the peripheral nervous system. Journal of Infectious Diseases, 178, 722–732.

Rudenko, N., Golovchenko, M., Lin Tao, Gao LiHui, Grubhoffer, L. and Oliver, J.H. (2009) Delineation of a new species of the *Borrelia burgdorferi* sensu lato complex, Borrelia americana sp. nov. Journal of Clinical Microbiology, 47, 3875–3880.

Santino, I., Dastoli, R., Sessa, R. and del Piano, M. (1997). Geographical incidence of infection with *Borrelia burgdorferi* in Europe. Panminerva Medica, 39, 208–214.

Smith, J.L. (2005). Colonic spirochetosis in animals and humans. Journal of Food Protection, 68, 1525–1534.

Sprenger, H., Krause, A., Kaufman, A., et al. (1997). *Borrelia burgdorferi* induces chemokines in human monocytes. Infection and Immunity, 65, 4384–4388.

Stokes, J.E. and Forrester, S.D. (2004). New and unusual causes of acute renal failure in dogs and cats. Veterinary Clinics of North America, Small Animal Practice, 34, 909–922.

Straubinger, R.K., Straubinger, A.F., Harter, L., et al. (1997). *Borrelia burgdorferi* migrates into joint capsules and causes an up-regulation of interleukin-8 in synovial membranes of dogs experimentally infected with ticks. Infection and Immunity, 65, 1273–1285.

Taylor, D.J., Simmons, J.R. and Laird, H.M. (1980). Production of diarrhoea and dysentery in pigs by feeding pure cultures of a spirochaete differing from Treponema hyodysenteriae. Veterinary Record, 106, 326–332.

ter Huurne, A.A.H.M., Muir, S., van Houten, M., et al. (1994). Characterization of three putative *Serpulina hyodysenteriae* haemolysins. Microbiological Pathogenesis, 16, 269–282.

Thomsen, L.E., Knudsen, K.E., Jensen, T.K., Christensen, A.S., Møller, K. and Roepstorff, A. (2007). The effect of fermentable carbohydrates on experimental swine dysentery and whip worm infections in pigs. Veterinary Microbiology, 119, 152–163.

Trott, D.J., Stanton, T.B., Jensen, N.S., et al. (1996). *Serpulina pilosicoli* sp. nov., the agent of porcine intestinal spirochaetosis. International Journal of Systematic Bacteriology, 46, 206–215.

van Dam, A.P., Kuiper, H., Vos, K., et al. (1993). Different genospecies of *Borrelia burgdorferi* are associated with distinct clinical manifestations of Lyme borreliosis. Clinical Infectious Diseases, 17, 708–717.

Wilske, B., Fingerle, V. and Schulte-Spechtel, U. (2007). Microbiological and serological diagnosis of Lyme borreliosis. FEMS Immunology and Medical Microbiology, 49, 13–21.

Wollanke, B., Rohrbach, B.W. and Gerhards, H. (2001). Serum and vitreous humor antibody titers in and isolation of *Leptospira interrogans* from horses with recurrent uveitis. Journal of the American Veterinary Medical Association, 219, 795–800.

Xue, F., Yan, J. and Picardeau, M. (2009). Evolution and pathogenesis of *Leptospira* spp: lessons learned from the genomes. Microbes and Infection, 11, 328–333.

Yasuda, P.H., Steigerwalt, A.G., Sulzer, K.R., Kaufmann, A.F., Rogers, F. and Brenner, D.J. (1987). Deoxyribonucleic acid relatedness between serogroups and serovars in the family *Leptospiraceae* with proposals for seven new Leptospira species. International Journal of Systematic Bacteriology, 37, 407–415.

Yuri, K., Takamoto, Y., Okada, M., et al. (1993). Chemotaxis of leptospires to hemoglobin in relation to virulence. Infection and Immunity, 61, 2270–2272.

◉ 进一步阅读材料

Hampson, D.J., Ateyo, R.F. and Combs, B.G. (1997). Swine dysentery. In *Intestinal Spirochaetes in Domestic Animals and Humans*. Eds D.J. Taylor, D.J. Trott, D.J. Hampson and T.B. Stanton. CAB International, Wallingford. pp. 175–209.

Hubbard, M.J., Cann, K.J. and Baker, A.S. (1998). Lyme borreliosis: a tick-borne spirochaetal disease. Reviews in Medical Microbiology, 9, 99–107.

Steere, A.C. (2001). Medical progress: Lyme disease. New England Journal of Medicine, 345, 115–125.

Taylor, D.J. and Trott, D.J. (1997). Porcine intestinal spirochaetosis and spirochaetal colitis. *In Intestinal Spirochaetes in Domestic Animals and Humans*. Eds D.J. Taylor, D.J. Trott, D.J. Hampson, and T.B. Stanton. CAB International, Wallingford, pp. 211–241.

ter Huurne, A.A.H.M. and Gaastra, W. (1995). Swine dysentery: more unknown than known. Veterinary Microbiology, 46, 347–360.

Tilly, K., Rosa, P.A., Stewart, P.E. and Edlow, J.A. (2008). Biology of infection with *Borrelia burgdorferi*. Infectious Disease Clinics of North America, 22, 217–234.

van de Maele, I., Claus, A., Haesebrouck, F. and Daminet, S. (2008). Leptospirosis in dogs: a review with emphasis on clinical aspects. Veterinary Record, 163, 409–413.

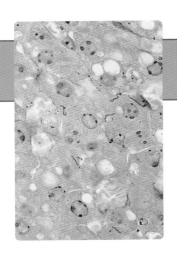

第37章

致病性革兰阴性无芽胞厌氧菌

许多无芽胞、厌氧、革兰阴性菌会引起机会性混合感染，它们常与兼性厌氧菌联合发挥作用。在一些混合感染中，细菌之间的协同作用是很常见的。从这些感染中分离到的厌氧微生物中，梭杆菌属（*Fusobacterium*）、普氏菌属（*Prevotella*）、偶蹄杆菌属（*Dichelobacter*）和卟啉单胞菌属（*Porphyromonas*）的细菌所占的比例要大于50%。

△ 要点

- 革兰阴性厌氧菌
- 不产芽胞
- 在营养培养基中生长
- 大多数共生于黏膜表面，主要是消化道黏膜
- 机会病原菌
- 在混合感染中与其他细菌协同作用
- 节瘤偶蹄杆菌与其他病原菌协同引起绵羊腐蹄病

◉ 常见的生存环境

无芽胞、革兰阴性厌氧菌常在动物和人的黏膜上发现，特别在消化道和泌尿生殖道。它们随粪便排出，并能在环境中短时间存活。节瘤偶蹄杆菌（*Dichelobacter nodosus*）是反刍动物蹄部表皮组织的主要病原菌，在环境中存活不足7天。

◉ 诊断程序

- 为了确保分离出的厌氧菌有病原学意义，用于分离的样品要从排泄物或病变组织采集，以及泌尿系统感染时用膀胱穿刺所采集的样品。

- 样本采集后要立即进行处理。疑似厌氧菌感染采集的病料可用商品化的试剂盒和运输培养基。组织样品体积超过2立方厘米可有效维持厌氧微环境。用注射器采集液体样品时，在注射器里的空气已抽出、针头盖紧的情况下有利于厌氧培养。
- 在含有H_2和10% CO_2的厌氧罐中37℃培养至少7天。厌氧包或厌氧袋可适用于培养少量样本。
- 添加酵母提取物、维生素K和氯化高铁血红素的血平板（加入5%～10%反刍动物红细胞）可以用于厌氧菌的分离。选择培养基可以加入适当的抗菌剂。培养基在接种前必须在厌氧环境储存至少6小时预先还原。分离厌氧菌的专用培养基可以在市场买到。
- 液体培养基，如煮肉肉汤、添加维生素K和氯化高铁血红素巯基乙酸培养基，用于传代培养，也可以用于储存不适用于初步分离的培养材料。
- 从反刍动物腐蹄病中分离节瘤偶蹄杆菌需要专用选择培养基（Skerman，1989）。在一些培养基的配方中，加入绵羊蹄粉可促进培养物的生长。
- 基于PCR扩增或核酸探针的分子方法用于临床样本中检测厌氧微生物，尤其是对于节瘤偶蹄杆菌，因为腐蹄病是绵羊重要的疾病（La Fontaine等，1993；Zhou等，2001）。

◉ 革兰阴性无芽胞厌氧菌的鉴别

革兰阴性无芽胞厌氧菌的鉴别基于细菌形态学、菌落形态、药敏试验和脂肪酸的产生。

- 节瘤偶蹄杆菌的菌体粗大、平直或略弯曲状，长达6微米，菌体一端或两端膨大。坏死梭杆菌着色不规

则、较长、无分支的细丝状（图37.1）。

- 革兰阴性厌氧菌的菌落，由于挥发性脂肪酸的产生，而具有恶臭或腐烂的气味。节瘤偶蹄杆菌的菌落形态是多变的（Stewart等，1986）。来自绵羊腐蹄病病变组织强毒株的菌落常有一个暗的中心区、一个灰白色颗粒状的中间区和一个具有磨砂玻璃样的不规则扩散的边缘。

  - 坏死梭杆菌（*Fusobacterium necrophorum*）的菌落呈灰色、圆形且有光泽。有些分离株具有溶血性。

  - 培养5天后，许多普氏菌属和卟啉单胞菌属的菌落有黑色色素沉着，紫外线下可能呈红色。

- 药敏试验、生化试验和气液色谱法可用于更加精确的种的鉴定。

- Wani 和 Samanta（2006）综述了节瘤偶蹄杆菌强毒株的检测方法，包括：

  - 弹性蛋白和明胶凝胶试验检测蛋白酶活性。

  - ELISA，基于针对节瘤偶蹄杆菌蛋白酶和其他抗原的单克隆抗体的免疫反应。

  - PCR技术检测毒力特异性的基因。

  - 分子技术也可用于节瘤偶蹄杆菌菌株的分型。用血清型特异性引物的PCR技术很大程度上取代了传统的血清学分型方法（Wani 和 Samanta, 2006）。

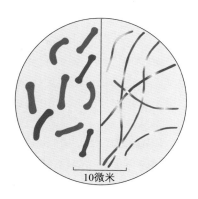

图37.1　节瘤偶蹄杆菌与坏死梭杆菌形态比较
节瘤偶蹄杆菌（左）呈平直或弯曲的杆状，在一端或两端显示特征性的膨胀，并且中间细长；而着色不规则的坏死梭杆菌（右）呈无分支的细丝状。

◉ 致病机理与致病性

当解剖屏障被打破，病原菌侵入深部组织后，无芽胞厌氧菌通常发生致病效应。它们低速增殖或降低还原电位（reduction potential，Eh）。这些细菌大多数分泌过氧化物歧化酶，这种酶可以在还原电位达到有利于厌氧菌生长前，使这些细菌在富氧组织中生存。组织外伤和坏死以及随后发生的兼性厌氧菌增殖能降低还原电位，从而适合于无芽胞厌氧菌增殖。这些病原菌引起的大多数感染是混合感染。两种或更多种的细菌协同作用会引起组织病变，而单个病原菌通常不会产生这种病变。与这种协同作用相关的一个例子是化脓隐秘杆菌（*Arcanobacterium pyogenes*）分泌的热不稳定因子可以促进坏死梭杆菌的增殖（Smith等，1989）。反过来，坏死梭杆菌分泌的白细胞毒素与化脓隐秘杆菌的菌株毒力有关，并有助于化脓隐秘杆菌的存活（Emery等，1984）。坏死梭杆菌和节瘤偶蹄杆菌之间的协同作用在反刍动物蹄部病变的致病机理上具有重要意义（图 37.2）。坏死梭杆菌促进节瘤偶蹄杆菌对组织的侵入，同时节瘤偶蹄杆菌分泌的生长因子促进了坏死梭杆菌的增殖。

坏死梭杆菌分为两个亚种，坏死亚种和基形亚种。坏死亚种比基形亚种具有更强的溶血性和毒力。引起马口部、口外部及坏死性肺炎感染的坏死梭杆菌已被列为一个新种：马梭杆菌（*F. equinum*）（Dorsch等，2001；Tadepalli等，2008）。然而，目前还不能清楚是否所有马的梭杆菌感染都由该菌引起，或坏死梭杆菌的菌株是否也可能涉及。

坏死梭杆菌除白细胞毒素外，还能分泌多种毒力因子，包括血凝素、溶血素、皮肤坏死毒素、其他胞外酶和脂多糖（LPS），这些毒力因子都能引起反刍动物的病变。这些毒力因子中，最重要的毒力决定因子是白细胞毒素、血凝素和脂多糖（Tadepalli等，2009）。血凝素发挥黏附素作用，促使附着、入侵瘤胃上皮细胞。白细胞毒素主要作用于反刍动物中性粒细胞，但也可作用于巨噬细胞和肝细胞。相比之下，白细胞毒素只对马的中性粒细胞有中度毒力，而对猪和兔的中性粒细胞只有少许或没有毒力。来自脂多糖的内毒素在肝脓肿的发生中具有重要意义，并引起急剧的中性粒细胞增多症。

与损伤组织的能力有关的节瘤偶蹄杆菌的特征，包括产生耐热蛋白酶和弹性蛋白酶，在添加马蹄粉的琼脂培养基上产生琼脂降解活性。由fimA基因编码的Ⅳ型菌毛是重要的毒力因子，且这些具有高度免疫原性的结构是节瘤偶蹄杆菌分为10种血清群的分类依据。一些血清群的病原菌可以引起任何一个农场的动物发病。

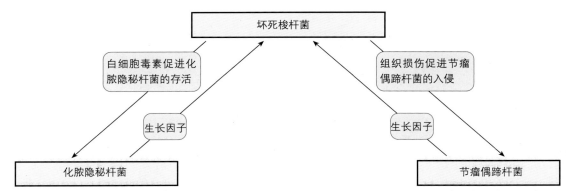

图37.2　在反刍动物蹄部病变的发生和发展过程中，坏死梭杆菌与化脓隐秘杆菌、节瘤偶蹄杆菌的协同作用

⊙ 临床感染

能引起家养动物传染病的革兰阴性无芽胞厌氧菌在贴37.1中列出。猪痢短螺旋体（*Brachyspira hyodysenteriae*）在第36章讨论。

坏死梭杆菌被认为是家畜多种机会疾病的主要病原菌（表37.1）。反刍动物和猪的蹄部损伤常是由细菌混合感染引起（表37.2）。家畜的足部感染，如腐蹄病和蹄部脓肿在第91章详细讨论。无芽胞厌氧菌引起的混合感染也发生在吸入性肺炎、牛创伤性网胃腹膜炎和心包炎中。此外，许多家养肉食动物的炎症是由非特定的混合厌氧病原菌引起。

△ 贴37.1　引起家养动物传染病的革兰阴性无芽胞厌氧菌
- 脆弱拟杆菌
- 拟杆菌属的其他种类
- 猪痢短螺旋体
- 节瘤偶蹄杆菌
- 马梭杆菌
- 坏死梭杆菌
- 核梭杆菌
- 鲁斯梭杆菌
- 梭杆菌属的其他种类
- 不解糖卟啉单胞菌
- 利氏卟啉单胞菌
- 解肝素普氏菌
- 产黑普氏菌
- 螺旋体（未分类）

■ 犊牛白喉

该病通常感染3月龄以下的犊牛，表现为坏死性咽炎或喉炎。坏死梭杆菌是病原中的代表，通过咽或喉黏膜的破损侵入机体，黏膜的破损经常因摄入粗饲料引起。临床症状包括发热、沉郁、厌食、流涎、呼吸困难和口臭。不治疗的犊牛可能发展为致死性坏死性肺炎。发病早期的治疗可采用强效磺胺类药物或四环素。

■ 牛肝脓肿

继发于瘤胃炎的肝脓肿是牛的常见病。高比例的碳水化合物饲养及由此产生的快速的瘤胃内发酵

表37.1　坏死梭杆菌起主要作用的动物疾病

动物	疾病	相关原因
牛	犊牛白喉	粗饲料导致黏膜损伤
	产后子宫炎	难产
	肝脓肿	突然改变饲料导致酸中毒和瘤胃炎
	乳头黑斑病	乳头括约肌附近区域的创伤
马	蹄叉腐疽（蹄）	不良的卫生和潮湿的居住环境
	下肢的坏死菌病	不良的卫生条件
猪	"公牛鼻"	鼻黏膜创伤

表37.2　与无芽胞厌氧菌混合感染相关的动物蹄病

动物	疾病	有关细菌
绵羊	趾间皮炎	坏死梭杆菌、节瘤偶蹄杆菌（温和菌株）
	跟脓肿和片状化脓	混合厌氧菌群，包括化脓隐秘杆菌[a]、坏死梭杆菌和其他细菌
	腐蹄病	节瘤偶蹄杆菌、坏死梭杆菌、化脓隐秘杆菌[b]、未鉴定的螺旋体
牛	趾间坏死病（足部腐烂）	坏死梭杆菌、利氏卟啉单胞菌
	趾间皮炎	节瘤偶蹄杆菌、坏死梭杆菌、普氏菌属种、螺旋体
	蹄炎	密螺旋体属
猪	仔猪蹄脓肿和老龄动物腐蹄（片状化脓）	许多厌氧菌

a：细菌和病毒感染引起牛、绵羊、猪的蹄病见第91章。
b：兼性厌氧菌。

会导致瘤胃炎、瘤胃壁的溃疡和脓肿。瘤胃酸中毒期间产生的高水平乳酸盐可以促进坏死梭杆菌的生长，因为乳酸是微生物生长的主要基质。坏死梭杆菌对pH敏感，当pH降到5以下时，瘤胃内容物里的微生物数量就会显著减小。然而，即使是在瘤胃酸中毒期间，瘤胃壁微环境也可保证pH为7左右，所以适合微生物的存活和增殖。坏死梭杆菌和其他厌氧菌、化脓隐秘杆菌一同侵入瘤胃壁组织，有时形成栓塞，通过肝门静脉到达肝脏，引发肝脓肿。感染的牛几乎不表现临床症状，在屠宰时才会发现病变。但是，增重的减少和饲料转化率下降，造成的生产损失可能是相当大的。养殖场的管理应该以降低瘤胃炎的发生为目的。虽然在肥育期，在饲料中添加金霉素、泰乐霉素或其他抗生素可以降低肝脓肿的发生率，但由于考虑到细菌耐药性的不断增强，不再提倡这种方法。在一些国家可以用接种疫苗预防肝脓肿，但其功效似乎还存在疑问（Fox等，2009）。

■ 猪坏死性鼻炎

这种疾病零散发生，主要感染仔猪，以鼻口部化脓和坏死为特征，由坏死梭杆菌感染引起，常与其他厌氧菌有关。这些病原菌通过鼻黏膜的破损处侵入机体。症状包括脸部肿胀、打喷嚏和流出恶臭分泌物。在慢性感染中，被感染的鼻和面部骨骼会导致永久性的面部畸形（"慢性鼻炎"）。在感染早期，可用强效磺胺类药物治疗。

■ 蹄叉腐疽

马蹄部的坏死性疾病与不良的卫生条件、潮湿的环境和缺少蹄部的常规清理有关。感染坏死梭杆菌，加上蹄部的损伤，导致局部的炎症反应。蹄叉腐疽一般感染后蹄，以在蹄叉附近的裂隙产生恶臭的分泌物为特点。通过提供干燥、整洁的马厩，定期观察蹄部和定期让动物运动，以期达到促进蹄叉再生的治疗目的。

■ 牛乳头黑斑病

奶牛的乳头和括约肌感染坏死梭杆菌后，会形成黑斑或黑痘，表现为带有黑色结痂的局部坏死。该病会导致括约肌狭窄，可能会引发乳腺炎。

■ 其他疾病

已经报道了许多与无芽胞厌氧菌感染有关的疾病，这包括发生在以色列奶牛的一种特殊的牛坏死性外阴阴道炎综合征。据报道，该病与利氏卟啉单胞菌（Porphyromonas levii）有关（Elad等，2004；Friedgut 和 Stram，2006）。

◉ 参考文献

Dorsch, M., Love, D.N. and Bailey, G.D. (2001). *Fusobacterium equinum* sp. nov., from the oral cavity of horses. International Journal of Systematic and Evolutionary Microbiology, 51, 1959–1963.

Elad, D., Friedgut, O., Alpert, N., Stram, Y., et al. (2004). Bovine necrotic vulvovaginitis associated with *Porphyromonas levii*. Emerging Infectious Diseases, 10, 505–507.

Emery, D.L., Dufty, J.H. and Clark, B.L. (1984). Biochemical and functional properties of a leucocidin produced by several strains of *Fusobacterium necrophorum*. Australian Veterinary Journal, 61, 382–387.

Fox, J.T., Thomson, D.U., Lindberg, N.N. and Barling, K.(2009). A comparison of two vaccines to reduce liver abscesses in natural-fed beef cattle. Bovine Practitioner, 43,168–174.

Friedgut, O. and Stram, Y. (2006). Bovine herpesvirus 4 in Israeli dairy cattle: isolation, PCR and serology. Israel Journal of Veterinary Medicine, 61, 56–59.

La Fontaine, S., Egerton, J.R. and Rood, J.I. (1993). Detection of *Dichelobacter nodosus* using species-specific oligonucleotides as PCR primers. Veterinary Microbiology, 35, 101–117.

Skerman, T.M. (1989). Isolation and identification of *Bacteroides nodosus*. In *Footrot and Foot Abscess of Ruminants*. Eds J.R. Egerton, W.K. Young and G.G. Riffkin. CRC Press, Boca Raton, Florida. pp. 85–104.

Smith, G.R., Till, D., Wallace, L.J. and Noakes, D.E. (1989). Enhancement of the infectivity of *Fusobacterium necrophorum* by other bacteria. Epidemiology and Infection, 102, 447–458.

Stewart, D.J., Peterson, J.E., Vaughan, J.A., et al. (1986). The pathogenicity and cultural characteristics of virulent, intermediate and benign strains of *Bacteroides nodosus* causing ovine foot-rot. Australian Veterinary Journal, 63, 317–326.

Tadepalli, S., Stewart, G.C., Nagaraja, T.G., Jang, S.S. and Narayanan, S.K. (2008). *Fusobacterium equinum* possesses a leukotoxin gene and exhibits leukotoxin activity. Veterinary Microbiology, 127, 89–96.

Tadepalli, S., Narayanan, S.K., Stewart, G.C., Chengappa, M.M., Nagaraja, T.G. and Ricke, S.C. (2009). *Fusobacterium necrophorum*: a ruminal bacterium that invades liver to cause abscesses in cattle. Anaerobe, 15, 36–43.

Wani, S.A. and Samanta, I. (2006). Current understanding of the aetiology and laboratory diagnosis of footrot. Veterinary Journal, 171, 421–428.

Zhou, H., Hickford, J.G.H. and Armstrong, K.F. (2001). Rapid and accurate typing of *Dichelobacter nodosus* using PCR amplification and reverse dot-blot hybridisation. Veterinary Microbiology, 80, 149–162.

◉ 进一步阅读材料

Abbott, K.A. and Lewis, C.J (2005). Current approaches to the management of ovine footrot. Veterinary Journal, 169, 28–41.

Nagaraja, T.G. and Chengappa, M.M. (1998). Liver abscess in feedlot cattle: a review. Journal of Animal Science, 76, 287–298.

Otter, A. (1996). *Fusobacterium necrophorum* abortion in a cow. Veterinary Record, 139, 318–319.

Smith, G.R. and Thornton, E.A. (1993). Pathogenicity of *Fusobacterium necrophorum* strains from man and animals. Epidemiology and Infection, 110, 499–506.

Walker, R.D., Richardson, D.C., Bryant, M.J. and Draper, C.S. (1983). Anaerobic bacteria associated with osteomyelitis in. domestic animals. Journal of the American Veterinary Medical Association, 182, 814–816.

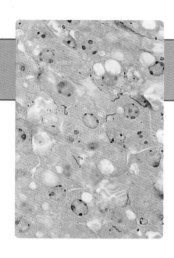

第38章

支 原 体

支原体（mycoplasmas）是柔膜体纲（Mollicutes）的微生物。在柔膜体纲9个属中，与兽医学相关的有5个（图38.1）。支原体属（*Mycoplasma*）有100余种，其中很多是动物病原。1890年，人类确立了第一种支原体，即引起牛传染性胸膜肺炎的丝状支原体丝状亚种（*M. mycoides* subsp. *mycoides*）。随后，相似类型的支原体被统称为类胸膜肺炎微生物（pleuropneumonia-like organisms，PPLO）。

支原体是最小的能自我复制的原核细胞，具有多形性，从球形（直径0.3~0.9微米）到丝状（长达1.0微米）。因为支原体不能合成肽聚糖或者肽聚糖前体，因而不具有刚性的细胞壁，但有三层结构的弹性外膜。它们的可塑性允许支原体能够通过孔径0.22~0.45微米的细菌过滤器。支原体对干燥、热、清洁剂、消毒剂敏感，但对干扰细菌细胞壁合成的青霉素等抗生素有抵抗作用。基于5S rRNA的序列分析，在系统发育上，支原体与DNA序列中含有较低的胞嘧啶和鸟嘌呤的梭菌等革兰阳性菌有关。支原

体生长需要富营养培养基，在倾斜光照下观察，形成典型的凸形微小菌落，在透射光照射下，微小菌落呈"荷包蛋"状（图38.2）。密集中心区是由于微小菌落深入琼脂形成的（图38.3）。支原体基因组相对

> △ 要点
>
> - 最小的能自由生活的原核微生物
> - 具有三层界膜，但缺少细胞壁
> - 不能被革兰染色
> - 形态高度多样、可滤过、可塑性强
> - 对干燥和消毒剂敏感
> - 微小菌落呈"荷包蛋"状
> - 大多数是兼性厌氧
> - 在环境中不能自我复制
> - 大多数有专一性宿主
> - 支原体属和脲原体属中包含在兽医学中重要的种
> - 支原体能引起动物多种疾病，包括牛传染性胸膜肺炎

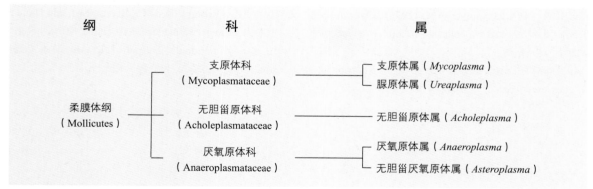

图38.1　柔膜菌纲中在兽医学上有意义的科和属

其成员可能从临床样本中分离出。支原体属和脲原体属是对动物和人有致病性意义的属。

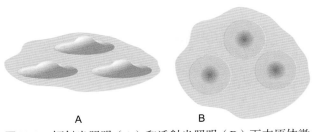

图38.2 倾斜光照明（A）和透射光照明（B）下支原体微小菌落的外观

当在倾斜光照明下，微小菌落呈现凸状外观。在透射光照明下，呈"荷包蛋"状。

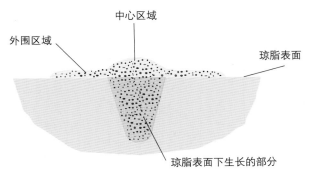

图38.3 支原体微小菌落在琼脂表面和表面下生长的剖面图

较小（约800个基因），已经缺失很多代谢过程所需要的基因。支原体依靠宿主细胞提供必需的营养，这些营养物质支原体自己不能产生。体外培养支原体时，需要满足复杂的培养条件。

大多数支原体兼性厌氧，有些最适生长在5%～10%的CO_2中。在羊和牛的瘤胃中，发现非致病性厌氧支原体。支原体属和脲原体属（Ureaplasma）包含动物的病原菌，后者主要与繁殖障碍有关。支原体的分类近期有了变化，原来被归为立克次体群的一些成员，现被纳入支原体属。此外，曾经属于乏质体科（Anaplasmataceae）中的嗜血巴通体属（Haemobartonella）和附红细胞体属

（Eperythrozoon）的一些微生物，现在归入支原体属，并且被称为亲血性支原体（haemotropic mycoplasmas 或haemoplasmas），因为它们寄生于红细胞。与支原体属感染有关的主要疾病见表38.1。其他经济意义较小的临床疾病见表38.2。

◉ 常见生存环境

支原体在动物和人的结膜、口腔、咽喉、肠道和生殖道的黏膜表面发现。有些支原体趋向于特定的解剖部位，而其他支原体可在很多部位发现。亲血性支原体在红细胞表面发现。虽然有些种类有广

表38.1 兽医学中重要的支原体及其所致疾病和地理分布

支原体种类	宿主	所致疾病	地理分布
丝状支原体丝状亚种（小菌落型） [M. mycoides subsp. mycoides (small colony type)]	牛	牛传染性胸膜肺炎	在非洲、中东、亚洲地区流行；散发于欧洲一些国家
牛支原体（M. bovis）	牛	乳腺炎、肺炎、关节炎	世界各地
无乳支原体（M. agalactiae）	绵羊、山羊	传染性无乳症	欧洲、北非、西亚地区
山羊支原体山羊肺炎亚种 （M. capricolum subsp. capripneumoniae）	山羊	山羊传染性胸膜肺炎	非洲东部和北部，土耳其
山羊支原体山羊亚种 （M. capricolum subsp. capricolum）	绵羊、山羊	败血症、乳腺炎、多发性关节炎、肺炎	非洲、欧洲、澳大利亚、美国
丝状支原体山羊亚种 （M. mycoides subsp. capri）	山羊、绵羊	胸膜肺炎、败血症、关节炎、乳腺炎	亚洲、欧洲、非洲、澳大利亚、中东、北美、印度地区
猪肺炎支原体（M. hyopneumoniae）	猪	流行性肺炎	世界各地
猪鼻支原体（M. hyorhinis）	猪（3～10周龄）	多浆膜炎	世界各地
猪滑液支原体（M. hyosynoviae）	猪（10～30周龄）	多浆膜炎	世界各地
鸡毒支原体（M. gallisepticum）	鸡、火鸡	慢性呼吸道疾病 传染性鼻窦炎	世界各地
滑液支原体（M. synoviae）	鸡、火鸡	传染性滑膜炎	世界各地
火鸡支原体（M. meleagridis）	火鸡	肺泡炎、骨畸形、孵化率和增长率降低	世界各地
猫血支原体（M. meleagridis）	猫	猫传染性贫血	世界各地

表38.2 对动物经济影响较小的相关支原体和脲原体的临床疾病

宿主	病原	临床症状
牛	产碱支原体	乳腺炎
	牛生殖道支原体	精囊炎、阴道炎、乳腺炎
	牛鼻支原体	乳腺炎
	牛眼支原体	角结膜炎
	加州支原体	乳腺炎
	加拿大支原体	乳腺炎
	殊异支原体	犊牛肺炎
	里奇支原体	乳腺炎、多发性关节炎、肺炎
	差异脲原体	外阴炎、不孕症、流产
	温氏支原体	轻度贫血
绵羊、山羊	结膜支原体	结膜炎
	绵羊肺炎支原体	肺炎
	绵羊支原体	不同严重的溶血性贫血
山羊	腐臭支原体	乳腺炎、关节炎
火鸡	爱荷华支原体	胚胎死亡率
马	猫支原体	胸膜炎
	马生殖道支原体	与流产有关
猫	猫支原体	结膜炎
	猫咪支原体	关节炎、腱鞘炎
犬	犬支原体	复杂的犬咳嗽
	犬血支原体	轻度或亚贫血、切除脾脏的动物迹象更严重
猪	猪支原体	轻度贫血、生长缓慢

泛的宿主范围，但一般来说，它们是有宿主特异性的。目前认为，这些微生物比原来想象的更加频繁地穿过物种屏障，这对有免疫缺陷或应激的动物或人类可能有重要意义（Pitcher 和 Nicholas，2005）。很多支原体是非致病性的，且是宿主正常菌群的组成部分。在外界环境中，支原体只能存活很短的一段时间。

◉ 支原体的鉴别

通过宿主特异性、菌落形态、对胆固醇的需求和生化反应可区分支原体（表38.3），通过血清学方法也可鉴别支原体。由于生化和血清学的确认比较困难，这些试验常在专业的实验室进行，PCR技术作为快速、特异和相对容易的鉴定试验，正在被广泛应用。

- 支原体和脲原体（Ureaplasma）需要富营养培养基来培养。这些培养基含有动物蛋白、甾醇成分和DNA源或腺嘌呤二核苷酸。商品化支原体琼脂或肉汤培养基（常为心浸液）辅以20%的马血清和酵母浸液可提供氨基酸和维生素。此外，可用青霉素抑制革兰阳性菌，用醋酸铊抑制革兰阴性菌和真菌。培养基缓冲液pH为7.3～7.8时培养支原体，而pH为6.0～6.5时培养脲原体。培养脲原体时，培养基中需添加尿素，而对脲原体有毒的醋酸铊无需添加。在支原体培养基上，无胆甾原体（Acholeplasma）偶尔会作为污染物生长。

表38.3 从家养动物中分离的柔膜细菌的鉴定特征

分离	洋地黄皂苷作用	对胆固醇的需要	尿素酶产生	菌落大小
支原体	生长抑制	+	−	0.1~0.6毫米
脲原体	生长抑制	+	+	0.02~0.06毫米
无胆甾原体	生长不抑制	−	−	达1.5毫米

- 菌落形态
  - 在低倍显微镜下观察，支原体未染色的微小菌落直径为0.1~0.6毫米，并呈"荷包蛋"状（图38.2）。有些种类产生直径达1.5毫米的菌落，无需放大即可见。
  - 脲原体的菌落直径常为0.02~0.06毫米，并常缺少典型外围区域。由于其菌落非常微小，这些微生物以前被称为T-支原体。
  - 迪能（Dienes）染色有助于识别微小菌落，其中心区域被染成深蓝色，外围区域呈淡蓝色。
  - 支原体的微小菌落需要与细菌L型菌落区分。因为细菌L型缺少刚性细胞壁，其呈现的形态类似于支原体。然而，L型细菌在非抑制培养基中继代培养后，能回复正常的细菌形态，产生细胞壁，并形成典型的细菌菌落。
- 支原体和脲原体生长需要甾醇类，这反映在其对洋地黄皂苷抑制的敏感性上。由于无胆甾原体是不依赖固醇的，对洋地黄皂苷的抑制有抗性。在洋地黄皂苷的敏感性试验中，将一张圆形浸有洋地黄皂苷的滤纸放置在接种了支原体的培养基上，圆盘周围抑制生长的区域超过5毫米，表明对洋地黄皂苷敏感。
- 生化试验在添加合适添加剂的液体或固体培养基上进行。表38.4显示绵羊和山羊主要致病支原体的生化反应结果。与产生尿酶的脲原体不同，支原体不能代谢尿素。
- 免疫学试验，使用针对一种致病支原体产生的特异性

表38.4 辅助鉴别绵羊和山羊致病性支原体的生化试验

试验	无乳支原体	山羊支原体山羊亚种	丝状支原体山羊亚种
葡萄糖发酵	−	+	+
精氨酸水解	−	+	−
磷酸酶活性	+	+	−
酪蛋白消化	−	+	+

抗血清，用于特异性鉴别。生长抑制试验指在已接种被检支原体的琼脂表面，放置含有抗血清的圆纸片。圆纸片周围抑制生长的区域达到8毫米，则其含有抗血清同源的支原体。单个微菌落的荧光抗体染色也能用于鉴别。
- PCR技术能鉴别动物绝大多数的致病性支原体，在某些情况下，已被用于鉴别野生株和疫苗株，如鉴别牛传染性胸膜肺炎T1疫苗株（Lorenzon等，2000）。

◉ 致病机理和致病性

不像许多细菌病原，支原体似乎并不产生特殊的毒素和侵袭素。然而，支原体的一些内在代谢功能似乎对致病力很重要，除了能吸附宿主细胞而且能逃避免疫应答，过氧化氢的产生还能诱导被支原体吸附的宿主细胞的毒性损伤。因此，黏附宿主细胞是致病的一个基本要求，但支原体不侵入细胞。可溶性因子的产生可能是这些菌株致病性的核心，这已得到证明。丝状支原体丝状亚种的欧洲株产生的过氧化氢比致病力更强的非洲株显著要少（Pilo等，2007）。有些致病性菌株具有独特的黏附蛋白结构，它能促进支原体黏附哺乳动物细胞（Krause和Stevens，1995）。支原体能黏附中性粒细胞和巨噬细胞，且能削弱吞噬细胞的吞噬功能。

表面蛋白的变化是支原体重要的毒力属性，因为它允许支原体快速适应宿主环境并逃避不断发展的免疫反应。表面蛋白的改变已在丝状支原体丝状亚种（Persson等，2002）、牛支原体（M. bovis）（Sachse等，2000）、鸡毒支原体（M. gallisepticum）和滑液支原体（M. synoviae）（Noormohammadi，2007）等多种重要的动物病原性支原体中得到证明。现还不清楚表面蛋白的变化是规律性的活动，还是在针对表面抗原宿主免疫反应的选择压力下表面抗原的一种随机反应。有助于支原体在宿主细胞持续存在的另一个机制可能是一些支原体的抗原和宿主

组织抗原之间是相类似的，在入侵组织时，这可能干扰了宿主对支原体抗原的识别。此外，如果宿主对支原体抗原的免疫反应，可损伤与入侵的支原体具有共同抗原表位的组织，则将诱发自身免疫相关疾病。

宿主免疫应答的调节或激活在支原体病致病机制中至关重要。一些致病性支原体，包括涉及肺部疾病的病原，可促进B和T淋巴细胞有丝分裂（Muhlradt和Schade，1991）。巨噬细胞和单核细胞的激活导致包括肿瘤坏死因子和白介素在内的炎症促进细胞因子的释放，导致肺炎的支原体黏附于呼吸道纤毛上皮细胞，诱导纤毛停滞、纤毛的损失及细胞病变。

◎ 诊断程序

从临床样本中分离的支原体不一定是病原学上的参与者，因为某些可疑的临床意义上的支原体是广泛分布的。在支原体病流行的地区，临床症状可能会指向某一个特定的支原体病原。

- 实验室检测的样品应该在发病的早期采集，保持冷冻，并且在48小时内被送到实验室。合适的样品包括黏膜拭子、气管分泌物、吸入物、肺组织、乳腺炎的牛奶、关节或体腔中的液体。从病变或疑似材料中采集的拭子，应被放置在支原体运输介质中送至实验室。
- 可通过免疫学或核酸检测方法，鉴定样品中支原体或支原体抗体的存在：
  - 荧光抗体技术。
  - 采用过氧化氢酶–抗过氧化氢酶法对石蜡包埋组织进行检测。
  - PCR技术，特别适用于保存差的样品或使用抗生素处理过的动物样品，其中的支原体可能没有活力。
- 接种支原体的培养基需氧或在5%~10%的二氧化碳潮湿环境中，37℃培养14天。
- 液体样本可以直接接种到琼脂或肉汤培养基。组织样本应新鲜取样，切面在固体培养基表面移动一下，如肺脏组织。另外，组织要在肉汤中匀浆，悬浮的样本可用于接种液体或固体培养基。
- 分离株的鉴定标准：
  - "荷包蛋状"微小菌落。
  - 微小菌落的大小。

- 生长需要胆固醇（洋地黄皂苷敏感性试验）。
- 生化试验包括产生脲酶。
- 微小菌落上的荧光抗体技术。
- 特异性抗血清的生长抑制试验。
- 药敏试验：纸片扩散法不适于支原体的检测，因为其生长缓慢，因此，微量肉汤稀释法是最常用的。然而，生长在固体培养基上的支原体，E-试验方法是容易操作且令人满意的方法。
- 血清学试验：
  - 当动物进行国际贸易时，补体结合试验可用于确认反刍动物的主要支原体病。
  - 基于ELISA的试验正在发展用于诊断有重要经济意义的支原体病。在国际贸易中，丝状支原体丝状亚种的竞争ELISA已经获得批准使用（Anon，2008a）。
  - 快速平板凝集试验可用于家禽的筛选和牛传染性胸膜肺炎的田间诊断。
  - 血凝抑制试验可用于确定禽支原体病的抗体水平。

◎ 临床感染

在疾病过程中，支原体感染常涉及黏膜表面，这种疾病往往演变为慢性。像年龄的极限、应激、介入性感染等因素可能诱发支原体入侵组织。此外，支原体可能会加剧其他病原的感染，特别在呼吸道。

支原体感染会造成主要经济动物的呼吸道疾病，尤其是反刍动物、猪和家禽（图38.1）。牛的乳腺炎或结膜炎、有临床症状的宠物的疾病常常是次要的（图38.2）。一些支原体已经从犬和猫中分离到，但其在疾病中的确切作用还没有确定。支原体与犬的呼吸道和尿道疾病有关（Jang等，1984）。犬支原体（*M. cynos*）通常与犬的呼吸系统疾病有关，实验室感染能引起犬肺炎（Chalker，2005）。猫支原体（*M. felis*）可引起猫结膜炎，而猫支原体（*M. gateae*）与关节炎有关。

■ 牛传染性胸膜肺炎

牛传染性胸膜肺炎（CBPP）是牛的一种严重传染病，已被认识超过200年，分布于世界各地。它由丝状支原体丝状亚种（小菌落型）引起，该菌是丝状支原体群（mycoides cluster）的一个成员。该群由5个密切相关的成员组成，包括丝状支原体（*M. mycoides*）、山羊支原体（*M. capricolum*）的绵羊和山羊亚种（表38.1）和里奇支原体（*M. leachi*）（表38.2）等。该群成员具有相同的生化、免疫学和遗传特性，这使种和亚种的鉴别很困难（Egwu等，1996）。

牛传染性胸膜肺炎在非洲中部、中东和亚洲呈地方流行性。近来，在葡萄牙、法国、意大利和西班牙出现散发的严重程度较轻的疫情。应用多位点序列分析，对来自欧洲和非洲的菌株进行基因型分型，已证实来自这两个大陆的菌株是不同的，并且欧洲株不是来源于非洲（Yaya等，2008）。该病传播主要通过气溶胶传播。该病的传播需要与临床感染发病的动物或无症状的携带者密切接触。牛感染3周后，出现临床症状。该病的严重程度与菌株毒力、宿主的免疫状态有关。该病的传播相对缓慢，当传染源被引入一个动物群，达到发病高峰（发病率约50%）需7~8个月。严重暴发时，死亡率可能比较高。

临床症状和病理

CBPP急性的临床症状包括突发高热、厌食、沉郁、产奶量下降、呼吸加速和咳嗽。动物出现特有的姿态，即头颈前伸、肘部外展。可能出现呼气呻吟和黏液性鼻分泌物。一系列临床症状出现后1~3周出现死亡。感染的犊牛可能出现关节炎、滑膜炎和心内膜炎。

剖检时，有炎症的肺脏呈大理石样外观，灰色与红色的实变小叶与粉色的气肿小叶不规则交替出现，小叶间隔肿胀水肿。胸膜腔中可能有大量浆液纤维性渗出液。慢性病例中，常见纤维包裹的坏死灶。这些坏死灶内有活的支原体，在慢性感染动物中，包囊的破裂是流行地区CBPP持续存在和传播的重要因素。

诊断

- 在流行地区，临床症状和特征性的剖检结果可有助于诊断。
- 荧光抗体试验检测胸腔积液可确定病原的存在。
- 从支气管-肺泡灌洗液、胸腔积液、肺组织或支气管-肺淋巴结分离和鉴定病原是可行的。
- 聚合酶链式反应可有助于确诊。实时PCR可鉴定丝状支原体群的不同成员（Fitzmaurice等，2008）。
- 血清学试验：

    — 现场快速血清凝集试验。

    — 被动血凝筛选试验。

    — 补体结合试验或者竞争ELISA，可确定跨国界动物的疾病状态。

    — 斑点杂交技术可用于确诊（Nicholas等，1996）。

治疗和控制

- 在将该病作为外来病的国家，禁止用抗菌药物来治疗；但在将该病作为地方病的国家，治疗常常是允许的。通常治疗结果不令人满意，尤其是慢性感染的动物。但有报道称，在所有感染的牛都被治疗的地方，能有效减少对健康接触动物感染的传播（Hubschle等，2004）。
- 在将该病作为外来病的国家，强制性屠宰被感染的和接触过感染的牛。
- 在将该病作为地方病地区，控制策略基于禁止疑似动物的移动、强制检疫、通过血清学试验和屠宰来对带菌动物进行清除。
- 在流行地区，每年用减毒疫苗免疫牛以刺激有效的免疫。弱毒疫苗的毒力随着使用的支原体菌株不同而变化。随着疾病的根除，每年免疫可以终止。

■ 牛支原体感染

牛支原体感染分布于世界各地，在没有其他呼吸道病原感染时能导致犊牛的严重肺炎（Doherty等，1994），也可以加重由曼氏杆菌或巴氏杆菌引起的呼吸系统疾病（Gourlay等，1989）。牛支原体常与慢性呼吸道疾病相联系。有明显的证据表明，在自然暴发牛支原体感染和疾病时，常发现支原体与干酪样坏死性支气管肺炎病理有因果关系（Caswell和Archambault，2007）。有人认为动物试验感染时的损伤是轻微的，这可能是因为这类动物通常在感染2周内被屠宰。牛支原体也与乳腺炎和多发性关节炎有关。关节炎的发生通常与呼吸道疾病和乳腺炎有关。诊断技术与其他支原体诊断方法相似。呼吸道疾病的治疗和控制基于管理措施和抗生素治疗，但慢性病例的治疗效果常不理想。尽管有两种灭活疫苗在美国已被应用，但作为预防呼吸系统疾病的一种辅助方法，其效果值得怀疑。由牛支原体引起的乳腺炎可能从亚临床症状到严重的全身性症状，并有关节炎的发生。许多其他的支原体可造成牛散发性乳腺炎（表38.2）。该病常造成牛产奶量显著减少，浆液或化脓性的乳腺炎渗出液中白细胞数量很多。当其他的常规细菌病原已经排除时，应该考虑支原体性乳腺炎。由牛支原体引起的乳腺炎在第93章有更详细的论述。

■ 绵羊和山羊传染性无乳

由无乳支原体（*M. agalactiae*）引起的绵羊和山羊的严重发热病，流行于欧洲部分地区、北非和亚洲部分地区。分娩后，其症状马上变得非常明显，以乳腺炎、关节炎和结膜炎为特征。妊娠动物可能流产，疾病可导致青年动物因肺炎并发症而死亡。病原可随乳排出，在哺乳期间，病原可能局限于乳房的淋巴结。由无乳支原体引起的疾病必须与由山羊支原体山羊亚种（*M. capricolum* subsp. *capricolum*）或丝状支原体山羊亚种（*M. mycoides* subsp. *capri*）引起的乳腺炎和关节炎相区别（Gil等，1999）。无乳支原体的灭活和弱毒疫苗已经商品化。

■ 山羊传染性胸膜肺炎

山羊传染性胸膜肺炎（contagious caprine pleuropneumonia，CCPP）由山羊支原体肺炎亚种引起（原支原体菌株F38），现出现于非洲北部和东部及土耳其。该病的特征为肺炎、纤维素性胸膜炎、大量胸腔渗出液和病羊的肺切面呈大理石样外观。尽管在许多方面类似于牛传染性胸膜肺炎（contagious bovine pleuropneumonia，CBPP），在慢性CCPP中，大量的肺部坏死灶很罕见。该病有很高的传染性，通过气溶胶传播。游牧的畜群常将该病携带到没有该病的地区。山羊的胸膜肺炎有时也可由丝状支原体山羊亚种引起。然而，在生长抑制试验中，山羊支原体肺炎亚种的单克隆抗体对该支原体是特异性的（Belton等，1994）。基于PCR的技术发展迅速且特异，现被广泛用于鉴别分离株及对临床样本的直接检测（Anon，2008）。灭活苗可产生令人满意的保护。

■ 猪地方流行性肺炎

这种具有重要经济意义的疾病，由猪肺炎支原体（*M. hyopneumoniae*）引起，发生在世界各地集约化养殖的猪。通风不良、过度拥挤和温度波动可能导致疾病暴发。各种年龄的猪均易感，典型特征是咳嗽、生长缓慢，在某些情况下呼吸窘迫。剖检

时，肺组织实变局限于颅叶和中间叶，与正常的肺组织分界清晰。综合临床、流行病学和病理学的结果，可确定疾病的存在。疾病确诊的黄金标准是分离和鉴定病原。然而，分离病原非常困难。尽管肺组织中的猪肺炎支原体能被免疫荧光抗体检测法检测出来，但PCR法被认为是最敏感的试验。羊群的感染可通过血清学检测，常用ELISA法。在饲料中加入适当的抗菌药物，如酒石酸泰乐菌素、林可霉素或泰妙菌素，可用于控制畜群感染。然而，该菌有许多抗菌耐药性的报告，包括抗泰乐菌素和氟喹诺酮（Vicca等，2004，2007）。接种灭活或亚单位疫苗，有助于缓解临床疾病的发展和降低生产上的损失，但不能防止感染。预防和控制主要依靠建立无特定病原畜群。

■ 猪的其他支原体病

猪鼻支原体（*M. hyorhinis*）可造成慢性进行性多发性浆膜炎（polyserositis），发生于10周龄以上的猪。特点是发热、呼吸困难、跛行和关节肿胀。剖检时呈现浆液纤维素性胸膜炎、心包炎和腹膜炎。该病能通过分离和鉴定病原或血清学来确诊。在病程早期管理中，泰乐菌素或林可霉素可能有治疗价值。

由猪滑液支原体（*M. hyosynoviae*）引起的多发性关节炎，感染10~30周龄的猪。这种自限性关节炎和滑膜炎可引发短暂跛行，可依靠病原的分离与鉴定进行确诊。

■ 家禽支原体病

鸡毒支原体可引起鸡的慢性呼吸道疾病和火鸡的传染性鼻窦炎。鸡毒支原体通过感染受精蛋的胚胎或气溶胶传播。临床上表现为鸡的上呼吸道症状。在火鸡表现为副鼻窦肿胀。可能出现产蛋量减少。确诊依靠病原的分离和鉴定。对禽群的检测采用血清平板凝集试验。PCR方法可用于检测临床样本中的微生物和菌株的鉴别（Anon，2008）。血凝抑制试验和ELISA试验也被用来确认禽群的感染。尽管在暴发期间可在饲料中添加抗菌药物，但建立无特定病原禽群仍是控制疾病的首选方法。用于孵化的蛋应浸泡在泰乐菌素溶液中以消除病原。改良的活疫苗和灭活菌苗均可使用。

火鸡支原体（*M. meleagridis*）可能通过垂直传播，

可能存在于火鸡精液中。相比鸡毒支原体，该病原通过气溶胶传播不太重要。感染的临床症状包括孵化率降低、幼禽的肺泡炎，生长鸡的关节和骨的变形。确诊需要病原的分离与鉴定。血清平板凝集试验可用于火鸡群的监测。将泰乐菌素添加到刚出生10天的幼禽饮水中有治疗价值。孵化的鸡蛋应先浸泡在泰乐菌素溶液中。精液应来自不含火鸡支原体的公火鸡。

滑液支原体（*M. synoviae*）可引起鸡和火鸡的传染性滑膜炎。该病主要通过气溶胶传播。蛋传播与鸡毒支原体和火鸡支原体感染相比，更不重要。滑膜炎、关节炎和呼吸道症状为主要临床特征。该病需要病原分离鉴定或血清学试验进行确诊。与其他支原体一样，滑液支原体可用PCR检测。饲料中添加四环素类药物可用于治疗和控制，也可通过无特定病原鸡群的培育来消灭该病。

■ 亲血性支原体

这些微生物原先被划分在立克次氏体目，是不能在体外培养的比较小的细菌。基于生物学和表型特征，包括形态较小、缺少细胞壁和抗青霉素，将它们重新归类为支原体目。通过16S rRNA基因的序列分析确认，附红细胞体（*Eperythrozoon*）和嗜血巴通体（*Haemobelartonla*）与支原体有相关性。

■ 猫传染性贫血

猫传染性贫血由猫血支原体（*M. haemofelis*）引起，发生于世界各地。这种病原在红细胞表面被发现（图38.4）。其他两个亲血性支原体暂定种，即鼠血支原体（*M. haemominutum*）和*M. turicensis*，在猫上也已检测到，但极少与临床疾病有关（Willi等，2007a）。该病的传播方式还不确定。然而，这种疾病在1～3岁的散养公猫上相对比较常见，并且通过咬伤或节肢动物的叮咬传播。围产期传播给小猫已有报道。康复的猫可能是无症状携带者。猫群中，携带猫血支原体的猫可达15%，携带鼠血支原体可能高达38%。

致病机理和临床症状

本病的临床表现可变，产生贫血和溶血的机制还不完全清楚。该支原体附着于红细胞可导致直接损伤。此外，在感染猫血支原体的猫已经发现了冷凝集素，表明参与破坏红细胞的免疫机制。在最急

性病例中，严重的贫血与免疫抑制有关，严重的寄生性血症迅速导致死亡。更常见的急性疾病存在发热、贫血、沉郁、虚弱、偶尔黄疸。紧接着是疾病的慢性形式，感染动物表现为贫血、嗜睡和明显的体重减轻。有免疫活性的猫，寄生性血症的连续波动逐渐被清除，并建立令人满意的再生骨髓的免疫反应。在严重的猫传染病贫血发展期间，源自于感染猫逆转录病毒的免疫抑制常是一个重要因素。

诊断

- 在姬姆萨染色血涂片上，可观察到猫血支原体在红细胞的表面（图38.4）。由于寄生性血症的周期性特点，每日采集血液是必需的，但该技术的敏感性较低，小于20%。
- PCR分析是当前用于亲血性支原体感染诊断的最好方法。已发表多种方法，包括实时PCR技术，它能区分已知的感染猫的三种亲血性支原体（Tasker等，2003；Willi等，2007b）。
- 免疫荧光技术可检测血涂片上的病原。
- 血液学研究结果可能包括血细胞压积降低和再生性贫血迹象。
- 应考虑鉴别诊断猫巴贝斯虫和猫焦虫亚纲。

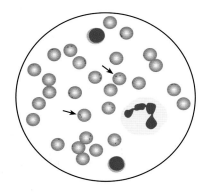

图38.4 感染猫血支原体的猫的血涂片
用Romanowsky染色，支原体（箭头所示）在红细胞表面显示为暗的球菌或棒状。

治疗和控制

- 对于急性病例，早期用强力毒素持续治疗21天，可治愈临床症状，但可能无法消除感染。
- 严重感染的猫可能需要输血。
- 控制措施包括灭蚤，需谨慎选择输血用的供血猫。

■ 犬血支原体感染

感染犬血支原体（*M. haemocanis*）的犬通常无症状。使用免疫抑制药物治疗、脾切除术、脾功能障碍或严重的免疫抑制性的感染可能激活该病原的潜伏感染，导致急性溶血性贫血。

■ 猪支原体感染

猪感染猪支原体（*M. suis*）在家养动物中最为常见。多数感染呈亚临床性，在一些猪群中流行率接近20%。该菌的传播涉及叮咬的节肢动物，如虱子，也可能来自使用了受感染血液污染的器具。此病感染是散发的，可能与应激因素有关。猪感染后的症状包括发热、溶血性贫血、虚弱和黄疸。仔猪可能出现很严重的症状（Henderson等，1997）。该菌感染用四环素治疗是有效的。

◉ 参考文献

Anon. (2008a). Contagious bovine pleuropneumonia. In *Manual of Diagnostic Tests and Vaccines for Terrestrial Animals*. OIE. pp. 712–724. Available from http://www.oie.int/Eng/Normes/Mmanual/2008/pdf/2.04.09_CBPP.pdf.

Anon. (2008b). Contagious caprine pleuropneumonia. In *Manual of Diagnostic Tests and Vaccines for Terrestrial Animals*. OIE. pp. 712–724. Available from http://www. oie.int/Eng/Normes/Mmanual/2008/pdf/2.07.06_CCPP.pdf.

Anon. (2008c). Avian mycoplasmosis. In *Manual of Diagnostic Tests and Vaccines for Terrestrial Animals*. OIE. pp. 482–496.Available from http://www.oie.int/Eng/Normes/Mmanual/2008/pdf/2.03.05_%20AVIAN_MYCO.pdf.

Belton, D., Leach, R.H., Mitchelmore, D.L. and Rurangirwa, F.R. (1994). Serological specificity of a monoclonal antibody to *Mycoplasma capricolum* strain F38, the agent of infectious caprine pleuropneumonia. Veterinary Record, 134, 643–646.

Caswell, J.L. and Archambault, M. (2007). *Mycoplasma bovis* pneumonia in cattle. Animal Health Research Reviews, 8, 161–186.

Chalker, V.J. (2005). Canine mycoplasmas. Research in Veterinary Science, 79, 1–8.

Doherty, M.L., McElroy, M.C., Markey, B.K., Carter, M.E. and Ball, H.J. (1994). Isolation of *Mycoplasma bovis* from a calf imported into the Republic of Ireland. Veterinary Record, 135, 259–260.

Egwu, G.O., Nicholas, R.A.J., Ameh, J.A. and Bashiruddin, J.B. (1996). Contagious bovine pleuropneumonia: an update. Veterinary Bulletin, 66, 875–888.

Fitzmaurice, J., Sewell, M., Manso-Silván, L., Thiaucourt, F., McDonald, W.L. and O'Keefe, J.S. (2008). Real-time polymerase chain reaction assays for the detection of members of the *Mycoplasma mycoides* cluster. New Zealand Veterinary Journal, 56, 40–47.

Gil, M.C., Hermoso de Merdoza, M., Rey, J., Alonso, J.M.,

Poveda, J.B. and Hermoso de Mendoza, J. (1999). Aetiology of caprine agalactia syndrome in Extremadura, Spain. Veterinary Record, 144, 24–25.

Gourlay, R.N., Thomas, L.H. and Wyld,S.G. (1989). Increased severity of calf pneumonia associated with the appearance of *Mycoplasma bovis* in a rearing shed. Veterinary Record, 124, 420–422.

Henderson, J.P., O'Hagan, J., Hawe, S.M. and Pratt, M.C.H. (1997). Anaemia and low viability in piglets infected with *Eperythrozoon suis*. Veterinary Record, 140, 144–146.

Hübschle, O., Aschenborn, O., Godinho, K. and Nicholas R. (2006). Control of CBPP—a role for antibiotics? Veterinary Record, 159, 464.

Jang, S.S., Ling, G.V., Yamamoto, R. and Wolf, A.M. (1984). Mycoplasmas as a cause of canine urinary tract infection. Journal of the American Veterinary Medical Association, 185, 45–47.

Krause, D.C. and Stevens, M.K. (1995). Localization of antigens on mycoplasma cell surface and tip structures. In *Molecular and Diagnostic Procedures in Mycoplasmology*, Volume 1. Eds S. Razin and J.G. Tully. Academic Press, San Diego. pp. 89–98.

Lorenzon, S., David, A., Nadew, M., Wesonga, H. and Thiaucourt, F. (2000). Specific PCR identification of the T1 vaccine strains for contagious bovine pleuropneumonia. Molecular and Cellular Probes, 14, 205–210.

Messick, J.B. (2004). Hemotrophic mycoplasmas (hemoplasmas): a review and new insights into pathogenic potential. Veterinary Clinical Pathology, 33, 2–13.

Muhlradt, P.F. and Schade, U. (1991). MDHM, a macrophage-stimulatory product of *Mycoplasma fermentans*, leads to in vitro interleukin-1 (IL-1), IL-6, tumor necrosis factor and prostaglandin production and is pyrogenic in rabbits. Infection and Immunity, 59, 3969–3974.

Nicholas, R.A.J., Santini, F.G., Clark, K.M., Palmer, N.M.A.,

DeSantis, P. and Bashiruddin, J.B. (1996). A comparison of serological tests and gross lung pathology for detecting contagious bovine pleuropneumonia in two groups of Italian cattle. Veterinary Record, 139, 89–93.

Noormohammadi, A.H. (2007). Role of phenotypic diversity in pathogenesis of avian mycoplasmosis. Avian Pathology, 36, 439–444.

Persson, A., Jacobsson, K., Frykberg, L., Johansson, K.E. and Poumarat, F. (2002). Variable surface protein Vmm of *Mycoplasma mycoides* subsp. *mycoides* small colony type. Journal of Bacteriology, 184, 3712–3722.

Pilo, P., Frey, J. and Vilei, E.M. (2007). Molecular mechanisms of pathogenicity of *Mycoplasma mycoides* subsp. *mycoides* SC. Veterinary Journal,174, 513–521.

Pitcher, D.G. and Nicholas, R.A. (2005). Mycoplasma host specificity: fact or fiction? Veterinary Journal, 170, 300–306.

Sachse, K., Helbig, J.H., Lysnyansky, I., et al. (2000). Epitope mapping of immunogenic and adhesive structures in repetitive domains of *Mycoplasma bovis* variable surface lipoproteins. Infection and Immunity, 68, 680–687.

Tasker, S., Helps, C.R., Day, M.J., Gruffydd-Jones, T.J. and Harbour, D.A. (2003). Use of real-time PCR to detect and quantify *Mycoplasma haemofelis* and 'Candidatus *Mycoplasma haemominutum*' DNA. Journal ofClinical Microbiology, 41, 439–441.

Vicca, J., Maes, D., Stakenborg, T., et al. (2007). Resistance mechanism against fluoroquinolones in *Mycoplasma hyopneumoniae* field isolates. Microbial Drug Resistance, 13, 166–170.

Vicca, J., Stakenborg, T., Maes, D., et al. (2004). In vitro susceptibilities of *Mycoplasma hyopneumoniae* field isolates. Antimicrobial Agents and Chemotherapy, 48, 4470–4472.

Willi, B., Filoni, C., Catão-Dias, J.L., et al. (2007a). Worldwide occurrence of feline hemoplasma infections in wild felid species. Journal of Clinical Microbiology, 45, 1159–1166.

Willi, B., Boretti, F.S., Meli, M.L., et al. (2007b). Real-time PCR investigation of potential vectors, reservoirs, and shedding patterns of feline hemotropic mycoplasmas. Applied and Environmental Microbiology, 73, 3798–3802.

Yaya, A., Manso-Silván, L., Blanchard, A. and Thiaucourt, F. (2008). Genotyping of *Mycoplasma mycoides* subsp. *mycoides* SC by multilocus sequence analysis allows molecular epidemiology of contagious bovine pleuropneumonia. Veterinary Research, 39, 14.

◉ 进一步阅读材料

Mohan, K., Foggin, C.M., Muvavarirwa, P. and Honeywill, J. (1997). Vaccination of farmed crocodiles (*Crocodylus niloticus*) against *Mycoplasma crocodyli* infection. Veterinary Record, 141, 476.

Thiaucourt, F., Breard, A., Lefevre, P.C. and Mebratu, G.Y. (1992). Contagious caprine pleuropneumonia in Ethiopia. Veterinary Record, 131, 585.

Wood, J.L.N., Chanter, N., Newton, J.R., et al. (1997). An outbreak of respiratory disease in horses associated with *Mycoplasma felis* infection. Veterinary Record, 140, 388–391.

第三篇

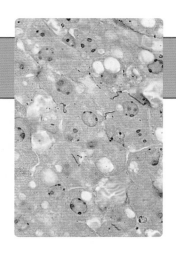

第39章

衣原体属和亲衣原体

衣原体目（Chlamydiales）的成员是严格的胞内寄生菌，具有独特的发育周期和独特的感染形式。衣原体在真核宿主细胞非酸化的细胞质空泡内繁殖。衣原体目包含 4 个科，即衣原体科（Chlamydiaceae）、副衣原体科（Parachlamydiaceae）、西氏衣原体科（Simkaniaceae）和沃氏衣原体科（Waddliaceae）。亲软骨沃氏衣原体（Waddlia chondrophila）和副衣原体属（Parachlamydia）与牛的流产有关（Ruhl 等，2009）。哈特曼新衣原体（Neochlamydia hartmannellae）是一种阿米巴原虫的内共生体，与猫的眼病有关（von Bomhard等，2003）。目前为止，兽医学和人医学上最重要衣原体种类都属于衣原体科。由于衣原体产生ATP十分困难，要依赖宿主细胞的新陈代谢来生存，所以衣原体被称为"能量寄生虫（energy parasites）"。目前，衣原体科的衣原体属（Chlamydia）和亲衣原体属（Chlamydophila）及9个衣原体种已被描述（图39.1），而以前该科仅有1个属和4个种，即沙眼衣原体（Chlamydia trachomatis）、鹦鹉热衣原体（C. psittaci）、肺炎衣原体（C. pneumoniae）和牛羊衣原体（C. pecorum）。这种分类基于衣原体的表型特征，如宿主偏嗜性、包涵体形态、存在碘染色确定的糖原，以及对磺胺类的敏感性。然而，对16S和23S rRNA基因的核酸序列研究表明有两种不同的遗传系谱（Everett等，1999）。新近，人们建议将衣原体9个种归为1个属，即衣原体属（Greub，2010a、b）。

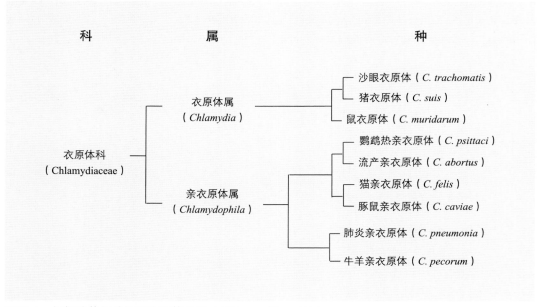

图39.1　根据遗传相关性的衣原体分类（据Everett等，1999）

在衣原体的发育周期中，衣原体感染和繁殖的形式在形态上就有独特性（图39.2）。细胞外衣原体感染的形式称为元体（elementary body，EB），个体微小（200～300纳米），新陈代谢缓慢，渗透压稳定。每个元体有常规细菌细胞质膜、周质间隙和含有脂多糖的外膜。周质间隙不含肽聚糖层，元体依赖二硫化物交联外膜蛋白来达到渗透稳定性（Hatch，1996）。元体通过受体介导的胞吞进入宿主细胞。一些机制阻碍了内含体的酸化作用及与溶酶体的融合，

这些机制还有待于研究。持续几个小时的结构重组后，衣原体由元体转变为网状体（reticulate body，RB）。网状体直径约1微米，代谢活跃，渗透脆弱，在细胞空泡内进行二等分裂繁殖。着色的空泡及其内含物称为包涵体。当许多含有沙眼衣原体的网状体的包涵体在一个感染细胞中形成，这些结构会发生融合。感染20小时后，一些网状体继续分裂并保持和包涵体膜的密切相连，而其他一些网状体从包涵体膜上脱离下来，浓缩并成熟形成元体。通常，感

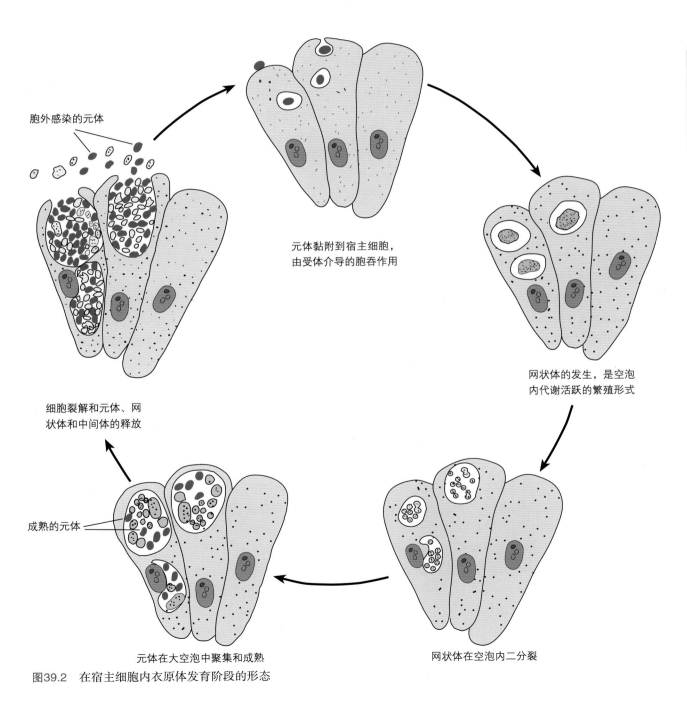

胞外感染的元体

元体黏附到宿主细胞，由受体介导的胞吞作用

网状体的发生，是空泡内代谢活跃的繁殖形式

细胞裂解和元体、网状体和中间体的释放

成熟的元体

元体在大空泡中聚集和成熟

网状体在空泡内二分裂

图39.2 在宿主细胞内衣原体发育阶段的形态

第三篇

染后的繁殖能持续72小时以上，宿主细胞溶解可释放出几百个衣原体，包括元体、网状体和中间体。在有γ干扰素或青霉素存在、缺乏色氨酸或半胱氨酸时，衣原体的繁殖被延迟，结果导致形态异常并持续感染。这种类型的繁殖延迟似乎与人类沙眼和盆腔炎的免疫病理学变化的发展有很重要的关系。

> △ 要点
> • 具有独特发育周期的球形胞内菌
> • 适当的染色程序，包括改进的Ziehl-Neelsen染色和姬姆萨染色
> • 不能合成ATP，仅在活细胞中复制
> • 细胞壁缺少肽聚糖，但含有该科特有的脂多糖
> • 对特定的宿主其毒力是变化的，一些菌株与动物的特殊疾病有关
> • 引起动物和人的呼吸道、肠道和生殖道疾病

◎ 常见的生存环境

动物体胃肠道似乎是衣原体感染的常在部位。肠感染经常是亚临床的并且是持续的。衣原体在很长一段时间里断断续续地通过粪便排出体外。元体可以在环境中存活几天。

◎ 致病机理和致病性

衣原体感染超过450种鸟类、多种哺乳动物（包括人类）。近些年，也从无脊椎动物中分离出衣原体。衣原体通常在特定的宿主中与特殊疾病有关。流产亲衣原体（*Chlamydophila abortus*）是引起绵羊流产的重要病原，而感染牛羊亲衣原体（*C. pecorum*）经常不出现明显的症状。种间传播并不常见。一旦发生种间传播，第二宿主感染的结果要么与第一宿主症状相似，比如从绵羊传播至牛；要么结果更加严重，比如从绵羊传播至孕妇。

感染牛羊亲衣原体会引发结膜炎、关节炎和不显著的肠道感染。临床表现的类型与感染途径和暴露程度有关。环境因素和管理措施可能影响一些衣原体感染的流行，比如母羊地方性流产，这种病在集约化管理的低地饲养羊群中更易流行。

许多衣原体感染，尤其当它们位于表面的上皮细胞时，由于它们不能诱导保护性免疫，所以可长时间存在。慢性感染可能反复刺激宿主的免疫系统。衣原体具有许多热休克蛋白，这些热休克蛋白与其他细菌的热休克蛋白和大量的人线粒体蛋白具有部分同源性。这些蛋白对免疫系统的重复刺激，很大程度上促进了与人的沙眼和盆腔炎有关的迟发型超敏反应。这些疾病导致的组织损伤比单独的直接感染导致的损伤更严重。γ干扰素已被证实可以控制衣原体的早期感染。然而，也有证据表明，γ干扰素可以导致隐性或持续衣原体的感染，反之，感染可能导致热休克蛋白表达的增加（Ward，1995）。

◎ 诊断程序

根据病史、临床症状和病理变化来考虑某种衣原体感染，比如猫衣原体病和母羊的地方性流产。基于病史和临床症状，怀疑由衣原体引起的一种疾病暴发，实验室确诊是可信的。衣原体感染的实验室诊断技术新发展已有综述（Sachse等，2009）。

• 用于微生物分离样本应保存在适宜的运输培养基中，如添加犊牛血清、氨苄类抗生素和一种抗真菌剂的蔗糖-磷酸盐-谷氨酸盐（sucrose–phosphate–glutamate，SPG）培养基中（Spencer和Johnson，1983）。由于衣原体不耐热，样本应在4℃下保存。若要长期保存，样本要在-70℃下冻存。然而，每一轮的冷融都会降低贮藏微生物的效价。

• 显微镜直接观察适用于检测含有中等数量微生物的涂片或组织切片。来自于流产胎儿器官，患禽衣原体病的肝、脾的涂片或组织切片适于直接检查。衣原体流产病例的胎盘涂片典型地含有大量微生物。合适的化学染色过程包括改良的抗酸染色法、姬姆萨染色法、改良的Machiavello和Castaneda法。亚甲基蓝染色的涂片可以在暗视野显微镜下观察。免疫荧光染色改善了涂片中检测衣原体元体的灵敏度，但通常不能确定涉及的种类，因为通常用的单克隆抗体是针对衣原体科特异性抗原，比如衣原体的脂多糖。

• ELISA商品化试剂盒已用于沙眼衣原体的诊断。许多试剂盒检测衣原体脂多糖，这是所有衣原体属和亲衣原体属常见的。因此，这些试剂盒能被用于检测两个属内所有种的脂多糖。

• 衣原体既可接种到鸡胚卵黄囊分离，也可在多种传

代细胞系中分离，如McCoy、L929、幼仓鼠肾脏和绿猴肾细胞。不同的衣原体感染，细胞系的易感性不同。为了易于固定和随后的染色，组织培养细胞常在平底有盖的瓶中生长。样品离心后接种到单层细胞极大地促进了衣原体与细胞的吸附。利用非自我复制的细胞也将提高分离的灵敏性。这种效果是通过往细胞培养基中添加细胞毒性化学物质，如环己酰亚胺、5-碘苷2-脱氧尿苷、细胞松弛素B和吐根素而实现的。37℃孵育2～3天后，固定单层细胞，上述方法染色后检测衣原体包涵体。对衣原体敏感的抗生素，如土霉素、红霉素和青霉素，不能用于细胞培养基。

- PCR技术可用于检测样品中衣原体DNA。引物设计是针对核糖体RNA操纵子或外膜蛋白A基因。通过这些方法，可利用特异性引物来区分不同的衣原体（Sheehy等，1996；Everett和Andersen，1999；Sachse和Hotzel，2003）。荧光定量PCR和DNA芯片检测也适用于衣原体的检测和鉴定（DeGraves等，2003；Ehricht等，2006）。

- 几种血清学技术可用于衣原体抗体的检测，包括补体结合试验、ELISA、间接免疫荧光和显微免疫荧光。虽然补体结合试验是被最广泛接受的血清学试验，但是这种方法费时，且只有中度的敏感性。现有基于ELISA更加敏感的检测方法。因为衣原体感染很普遍，所以必需证明血清抗体与临床症状感染的相关性，要么抗体效价特别高，要么抗体效价上升。检测结果的解释很复杂，因为许多可用的血清学检测衣原体脂多糖的抗体，不适用于鉴别参与感染的衣原体的种。此外，衣原体脂多糖和其他革兰阴性菌之间有交叉反应。

◉ 临床感染

多种动物易感染衣原体（Vanrompay等，1995）。感染衣原体的严重程度和导致的疾病类型都有高度的可变性，从临床隐性感染和上皮表面的局部感染到严重的全身感染（表39.1）。衣原体感染引起的疾病包括结膜炎、关节炎、流产、尿道炎、肠炎、肺炎和脑脊髓炎。临床症状和疾病的严重程度受宿主和病原二者的影响，在疾病暴发中，一种类型的临床表现常占优势。

感染人类的亲衣原体属的种在传播途径方面有所不同。虽然人类可通过与流产母羊或患有结膜炎的猫的接触感染，但是感染的禽类被认为是更可能的感染源。人类从鹦鹉类动物中感染的疾病称为鹦鹉热（psittacosis），而从其他禽类感染的疾病称为鸟疫（ornithosis）。无论感染哪种禽源，其典型症状都是呼吸道疾病。

■ 绵羊地方性流产

由流产亲衣原体引起的绵羊地方性流产（enzootic abortion of ewes，EAE）是集约化饲养羊群的主要疾病。该病在大多数绵羊生产国具有重要经济意义。虽然由流产亲衣原体引起的流产大多是绵羊，但在其他养殖动物上也有报道，包括牛、猪和山羊。牛和山羊的衣原体感染经常源于绵羊。猪的感染源还不明确（Schiller等，1997）。

流行病学

当被感染的后备母羊流产时，经常能够使这种细菌感染其他未被感染的羊群。大量的衣原体从感染母羊胎盘和子宫排出物流出。衣原体可以在低温环境中存活几天。通常通过摄食发生感染。感染公羊在性传播中的作用还未确定（Appleyard等，1985）。母羊在妊娠后期感染通常不会流产，但流产也可能发生在下一次妊娠。在妊娠早期感染会导致本次妊娠发生流产。母羔羊可能在新生儿期感染，在第一次妊娠时发生流产。因此，绵羊地方性流产大量突然暴发常发生在引进感染羊群的第2年。

致病机理

衣原体在非妊娠母羊存留的部位还不清楚。衣原体感染胎盘的首个症状大约在妊娠的第90天可被检测到。衣原体侵染滋养层，可导致胎盘炎症、血栓性脉管炎和组织坏死，并传播到胎儿组织，但发生的病理变化是轻微的。许多综合因素导致流产，包括降低胎儿母体的物质交换效率、胎盘内分泌功能紊乱，以及胎儿与母体间的免疫平衡的破坏（免疫逃逸）（Sammin等，2009）。

临床症状

绵羊地方性流产以妊娠后期发生流产或早产弱羔羊为特点。流产的羔羊发育良好并且非常新鲜。感染的胎盘母面绒毛小叶坏死，邻近绒毛小叶间组

表39.1　在兽医学和人医学上具有重要性的衣原体病原

病原	宿主	临床疾病
鹦鹉热亲衣原体（*Chlamydopila psittaci*）	禽类	肺炎和气囊炎
		肠道感染和腹泻
		结膜炎
		心包炎
		脑炎
	人（第二宿主）	鹦鹉热/鸟疫
流产亲衣原体（*C. abortus*）	绵羊	绵羊地方性流产（EAE）
	山羊	衣原体流产病
	牛	衣原体流产病
	猪、人	衣原体流产病、流产
猫亲衣原体（*C. felis*）	猫、人	结膜炎（猫肺炎）、结膜炎
豚鼠亲衣原体（*C. caviae*）	豚鼠	豚鼠包涵体性结膜炎
牛羊亲衣原体（*C. pecorum*）	绵羊	肠道感染、结膜炎、多关节炎
	牛	散发性牛脑脊髓炎、多关节炎、子宫炎
	树袋熊	结膜炎、尿道感染
肺炎亲衣原体（*C. pneumoniae*）	人	呼吸道感染
	马	呼吸道感染
	考拉	结膜炎
沙眼衣原体（*Chlamydia trachomatis*）	人	沙眼、幼儿包涵体性结膜炎
		非特异性尿道炎
		幼儿呼吸道疾病
		直肠炎
		性病性淋巴肉芽肿
		关节炎
猪衣原体（*C. suis*）	猪	肠道感染
鼠衣原体（*C. muridarum*）	鼠	呼吸道感染

织水肿，经常伴随着一种比较脏的粉色子宫分泌物。流产母羊很少表现临床症状，并且以后的繁育力通常未受损害。虽然在十分易感的羊群中，30%以上的动物可能会流产，但通常羊群中发病率为5%～10%。

诊断

- 保存完好的流产羔羊和有坏死性胎盘炎迹象，可怀疑是绵羊地方性流产。

- 用适当的染色方法来染色胎盘涂片，可检测出大量元体。如果用改良的抗酸染色，必须避免混淆衣原体的元体和贝氏柯克斯体（*Coxiella burnetii*），该病原也能引起反刍动物流产并有相似的染色特征。

- 商品化的诊断试剂盒可用于检测样本中的衣原体

抗原。

- 可用合适的细胞系和鸡胚卵黄囊来分离衣原体。
- 运用PCR技术，利用种特异性引物可区分流产亲衣原体（*C. abortus*）和牛羊亲衣原体（*C. pecorum*）（Sachse 和 Hotzel, 2003）。实时PCR可用来检测流产亲衣原体。
- 许多不同的血清学试验可以用来检测衣原体抗体，包括补体结合试验、ELISA和间接免疫荧光。流产亲衣原体与豚鼠亲衣原体和其他许多革兰阴性菌具有一些共同抗原。利用针对流产亲衣原体的重组抗原可以提高血清学试验的特异性（Rodolakis等，1998; Wilson等，2009）。现有的血清学试验不能区分免疫动物和自然感染动物。

治疗和控制

绵羊地方性流产的控制措施已经被Aitken等全面评述（Aitken等，1990）。

- 衣原体对多种抗生素敏感，可以在暴发期使用。给接触疾病的怀孕母羊服用长效土霉素，可提高产羔的成活数量。然而，抗生素治疗不能根除感染，并且治疗的母羊可以在分娩过程中散播衣原体。
- 减少受感染羊群的传播机会：隔离所有流产母羊2～3周，移除和销毁所有胎盘，彻底清洁流产发生的地方并给尚未产羔的母羊服用长效土霉素。
- 必须做出决定是接种疫苗还是企图通过筛选淘汰根除疾病。一种活的减毒疫苗，即化学诱导温度敏感突变株疫苗是有效的，必须在母羊交配前接种。灭活疫苗也有效，可以用于妊娠动物。接种疫苗动物的流产率和病原菌排出水平大大降低。
- 孕妇应避免与产羔季节的母羊接触，孕妇感染流产亲衣原体症状很严重，有潜在的生命危险。

■ 猫衣原体病

猫亲衣原体（*Chlamydophila felis*）（以前被称为鹦鹉热亲衣原体猫源株）可引发结膜炎，偶见鼻炎。猫肺炎以前被称为猫衣原体病，现在认为是误称，因为猫亲衣原体引起的猫下呼吸道感染非常罕见。

流行病学

血清学研究显示约有10%未免疫的猫具有猫亲衣原体的抗体。猫亲衣原体主要侵袭结膜，从患结膜炎的猫，尤其是患慢性结膜炎的猫中30%能分离到病原（Wills等，1988）。感染通过直接或间接接触结膜或鼻腔分泌物而传播。衣原体也可以通过生殖道传播（TerWee等，1998）。感染可能会随着衣原体长期的散布和临床复发而持续存在。感染最常发生在养许多猫的家庭，尤其在猫的繁殖场所。分娩和哺乳的应激可能导致感染母猫排泄衣原体，并促进将衣原体传染给它们的后代。大多数病例发生在不足1岁的幼猫。

临床症状

5天的潜伏期过后，出现明显有一侧或双侧结膜充血、有清澈的眼分泌物、球结膜水肿和眼睑痉挛等症状。如果发生继发感染猫支原体和葡萄球菌，眼分泌物会变为黏液脓性。结膜炎可能会伴随打喷嚏和流鼻涕。该病在不治疗的情况下通常几周可以痊愈。然而，反复临床发作的持续感染也会发生。

诊断

- 检测猫亲衣原体要选择的样品是含有大量细胞的结膜拭子。
- 结膜涂片染色可以发现胞浆内的包涵体。
- 猫亲衣原体可以采用适宜的细胞系或鸡胚分离。
- 可以用商品化ELISA诊断试剂盒来检测衣原体科特异性的脂多糖抗原。
- 传统的PCR和实时PCR技术可用来检测样品，是可以选择使用的方法（von Bomhard等, 2003; Dean等, 2005）。
- 补体结合试验、ELISA或间接免疫荧光试验可以用来检测衣原体的抗体效价。如果对一群猫来说感染是长期的，那么建立血清学技术是有用的。

治疗和控制

- 衣原体对几种抗生素敏感，全身治疗比局部治疗有效。通常可以选择四环素来治疗。为了避免复发，临床症状消退后需要继续治疗2个星期。所有接触的猫都要同时治疗。
- 灭活和弱毒活疫苗都可用于非肠道的接种。疫苗可减轻自然感染的临床症状，但不能避免感染或散布衣原体。不小心将活疫苗注入眼内会导致结膜炎（Sturgess等，1995）。
- 已有报道，少数人的结膜炎病例涉及猫亲衣原体感染。

■ 散发性牛脑脊髓炎

由牛羊亲衣原体引起的这种神经系统的疾病已在世界多个地区有报道，包括美国、日本、以色列和欧洲。虽然牛通过肠道感染牛羊亲衣原体是常见的，但是散发性牛脑脊髓炎只是偶然发生并且诱发因素还不明确。通常3岁以下的感染动物会出现高热，表现出共济失调、沉郁、大量流涎和腹泻。最终，动物会出现横卧和角弓反张。病程大约持续2周，且死亡率可达50%以上。在脑和其他器官会发现血管破损导致的损伤。诊断基于临床症状、浆液纤维蛋白性腹膜炎的出现、脑的病理变化，以及在脑组织中病原的分离和检测。大剂量的抗生素诸如四环素和泰乐霉素有效。目前还没有有效疫苗，并且有效的控制策略尚未制订。

■ 禽衣原体病

在鹦鹉类鸟中感染鹦鹉热亲衣原体最初被定义为鹦鹉热，而其他禽类的衣原体感染则被定义为鸟疫。禽衣原体病是目前该病首选的名称。该病在世界各地都有记录，据报道最高的感染率发生在鹦鹉类（鹦鹉科）和鸽（鸽形目）。

基于一组针对外膜蛋白表位的单克隆抗体的荧光免疫检测反应，鹦鹉热亲衣原体（*C. psittaci*）6个禽的血清型A～F已被确定（Andersen，1991，1997）。这些血清型的宿主范围有所不同：血清型A感染鹦鹉鸟类；血清型B感染鸽；血清型C感染鸭和鹅；血清型D感染火鸡；血清型E感染鸽和平胸类鸟；血清型F感染长尾小鹦鹉。根据PCR-限制性片段长度多态性（PCR-RFLP）数据，每个血清型已归属于一个特定的基因型（Vanrompay等，1997）。有3个基因型已被广泛接受，即从鸭、火鸡和鸽分离到的基因型E/B型（Geens等，2005），以及2个哺乳动物分离株，即牛的WC型和麝香鼠的M56型。通过对编码MOMP的ompA基因序列分析，结果显示鹦鹉热亲衣原体可进一步划分为6个基因型（Sachse等，2008）。

流行病学

多种野禽和家禽对禽衣原体病易感。病原存在于感染禽类的呼吸道分泌物和粪便中。通常通过吸入或食入病原而感染。亚临床感染非常普遍。临床感染和带菌禽类可长期间断地排出病原。由笼养、运输、产蛋、过度拥挤和并发感染引起的应激，是诱使病原排出增加和疾病暴发的重要因素。

临床症状

禽衣原体病是一种广泛流行的传染病，主要影响消化道和呼吸道。潜伏期10天以上。根据鹦鹉热亲衣原体的菌株和感染禽的种类和年龄，临床症状多变。症状包括身体虚弱、鼻部和眼部有分泌物、腹泻和呼吸窘迫。最常见的病理解剖发现肝脾肿大、气囊炎和腹膜炎。

诊断

- Andersen（2008）已经对禽衣原体病的诊断技术进行了综述。
- 在感染组织的染色涂片中可以检测出病原。
- 衣原体抗原可通过免疫组化法或ELISA试剂盒进行检测。
- 衣原体的DNA可通过PCR诊断（Van Loock等，2005；Laroucau等，2007）。实时PCR和基因分型芯片可用于检测鹦鹉热亲衣原体。
- 可用细胞培养或鸡胚接种实现鹦鹉热亲衣原体的分离。
- 用适宜的血清学试验可检测鹦鹉热亲衣原体抗体，包括补体结合试验和ELISA。然而，很难解释抗体效价，尤其在检测单一样本时。来自成对血清样本或一个群体多个样本的检测结果比单一血清样本的检测结果更有诊断的可信度。

治疗和控制

- 四环素是抗生素治疗的首选。一个治疗疗程需要几个星期。
- 没有商品化疫苗。
- 引进的禽类，尤其是鹦鹉类，需要隔离并用添加四环素的饲料喂养。
- 良好的管理和适当的运输会减少临床疾病的发生。
- 禽衣原体分离株有潜在的人兽共患性。一般由气溶胶引起感染，可能是亚临床或导致全身性疾病。普遍有肺部感染，严重的感染者会发展为脑膜炎或脑膜脑炎。人鹦鹉热在美国、日本、澳大利亚和许多欧洲国家是必须通报的疫病。

◉ 参考文献

Aitken, I.D., Clarkson, M.J. and Linklater, K. (1990). Enzootic abortion of ewes. Veterinary Record, 126, 136–138.

Andersen, A.A. (1991). Serotyping of *Chlamydia psittaci* isolates using serovar-specific monoclonal antibodies with the micro-immunofluorescence test. Journal of Clinical Microbiology, 29, 707–711.

Andersen, A.A. (1997). Two new serovars of *Chlamydia psittaci* from North American birds. Journal of Veterinary Diagnostic Investigation, 9, 159–164.

Andersen, A.A. (2008). Avian chlamydiosis. In *OIE Manual of Diagnostic Tests and Vaccines for Terrestrial Animals*. Sixth Edition. OIE, Paris, France. pp. 431–442.

Appleyard, W.T., Aitken, I.D. and Anderson, I.E. (1985). Attempted venereal transmission of *Chlamydia psittaci* in sheep. Veterinary Record, 116, 535–538.

Buxton, D. (1986). Potential danger to pregnant women of *Chlamydia psittaci* from sheep. Veterinary Record, 118, 510–511.

Dean, R., Harley, R., Helps, C., Caney, S. and Gruffydd-Jones, T. (2005). Use of quantitative real-time PCR to monitor the response of *Chlamydophila felis* infection to doxycycline treatment. Journal of Clinical Microbiology, 43, 1858–1864.

DeGraves, F.J., Gao, D. and Kaltenboeck, B. (2003). High sensitivity quantitative PCR platform. Biotechniques, 34, 106–115.

Ehricht, R., Slickers, P., Goellner, S., Hotzel, H. and Sachse, K. (2006). Optimized DNA microarray assay allows detection and genotyping of single PCR-amplifiable target copies. Molecular and Cellular Probes, 20, 60–63.

Everett, K.D.E. and Andersen, A.A. (1999). Identification of nine species of the *Chlamydiaceae* using PCR - RFLP. International Journal of Systematic Bacteriology, 49, 803–813.

Everett, K.D., Bush, R.M. and Andersen, A.A. (1999). Emended description of the order Chlamydiales, proposal of Parachlamydiaceae fam. nov. and Simkaniaceae fam. nov., each containing one monotypic genus, revised taxonomy of the family Chlamydiaceae, including a new genus and five new species, and standards for the identification of organisms. International Journal of Systematic Bacteriology, 49, 415–440.

Geens, T., Dewitte, A., Boon, N. and Vanrompay, D. (2005). Development of a *Chlamydophila psittaci* species-specific and genotype specific real-time PCR. Veterinary Research, 36, 787–797.

Greub, G. (2010a). Minutes of the Subcommittee on the Taxonomy of the *Chlamydiae*. International Journal of Systematic and Evolutionary Microbiology, 60, 2691–2693.

Greub, G. (2010b). Minutes of the Subcommittee on the Taxonomy of the *Chlamydiae*. International Journal of Systematic and Evolutionary Microbiology, 60, 2694.

Hatch, T.P. (1996). Disulfide cross-linked envelope proteins: the functional equivalent of peptidoglycan in chlamydiae? Journal of Bacteriology, 178, 1–5.

Johnson, F.W.A., Matheson, B.A., Williams, H., et al. (1985). Abortion due to infection with *Chlamydia psittaci* in a sheep farmer–s wife. British Medical Journal, 290, 592–594.

Laroucau, K., Trichereau, A., Vorimore, F. and Mahe, A.M. (2007). A pmp genes-based PCR as a valuable tool for the diagnosis of avian chlamydiosis. Veterinary Microbiology, 121, 150–157.

Pantchev, A., Sting, R., Bauerfeind, R., Tyczka, J. and Sachse, K. (2009). New real-time PCR tests for species-specific detection of *Chlamydophila psittaci* and *Chlamydophila abortus* from tissue samples. Veterinary Journal, 181, 145–150.

Rodolakis, A., Salinas, J. and Papp, J. (1998). Recent advances on ovine chlamydial abortion. Veterinary Research, 29, 275–288.

Ruhl, S., Casson, N., Kaiser, C., et al. (2009). Evidence for *Parachlamydia* in bovine abortion. Veterinary Microbiology, 135, 169–174.

Sachse, K. and Hotzel, H. (2003). Detection and differentiation of chlamydiae by nested PCR. Methods in Molecular Biology, 216, 123–136.

Sachse, K., Laroucau, K., Hotzel, H., Schubert, E., Ehricht, R. and Slickers, P. (2008). Genotyping of *Chlamydophila psittaci* using a new DNA microarray assay based on sequence analysis of ompA genes. BMC Microbiology, 8, 63.

Sachse, K., Vretou, E., Livingstone, M., Borel, N., Pospischil, A. and Longbottom, D. (2009). Recent developments in the laboratory diagnosis of chlamydial infections. Veterinary Microbiology, 135, 2–21.

Sammin, D., Markey, B., Bassett, H. and Buxton, D. (2009). The ovine placenta and placentitis - a review. Veterinary Microbiology, 135, 90–97.

Schiller, I., Koesters, R., Weilenmann, R., et al. (1997). Mixed infections with porcine *Chlamydia trachomatis/pecorum* and infections with ruminant *Chlamydia psittaci* serovar 1 associated with abortions in swine. Veterinary Microbiology, 58, 251–260.

Sheehy, N., Markey, B., Gleeson, M. and Quinn, P.J. (1996). Differentiation of *Chlamydia psittaci* and C. pecorum strains by species-specific PCR. Journal of Clinical Microbiology, 34, 3175–3179.

Spencer, W.N. and Johnson, F.W.A. (1983). Simple transport medium for the isolation of *Chlamydia psittaci* from clinical material. Veterinary Record, 113, 535–536.

Sturgess, C.P., Gruffydd-Jones, T.J., Harbour, D.A. and Feilden, H.R. (1995). Studies on the safety of *Chlamydia psittaci* vaccination in cats. Veterinary Record, 137, 668–669.

TerWee, J., Sabara, M., Kokjohn, K., et al. (1998). Characterization of the systemic disease and ocular signs induced by experimental infection with *Chlamydia psittaci* in cats. Veterinary Microbiology, 59, 259–281.

Van Loock, M., Verminen, K., Messmer, T.O., Volckaert, G., Godderris, B.M. and Vanrompay, D. (2005). Use of a nested PCR-enzyme immunoassay with an internal control to detect *Chlamydophila psittaci* in turkeys. BMC Infection Diseases, 5, 76.

Vanrompay, D., Ducatelle, R. and Haesebrouck, F. (1995). *Chlamydia psittaci* infections: a review with emphasis on avian chlamydiosis. Veterinary Microbiology, 45, 93–119.

Vanrompay, D., Butaye, P., Sayada, C., Ducatelle, R. and Haesebrouck, F. (1997). Characterization of avian *Chlamydia psittaci* strains using omp1 restriction mapping and serovar-specific monoclonal antibodies. Research in Microbiology, 148, 327–333.

von Bomhard, W., Polkinghorne, A., Lu, Z.H., et al. (2003). Detection of novel chlamydiae in cats with ocular disease. American Journal of Veterinary Research, 64, 1421–1428.

Ward, M.E. (1995). The immunobiology and immunopathology of chlamydial infections. Acta Pathologica, Microbiologica et Immunologica Scandinavica, 103, 769–796.

Wills, J.M., Howard, P., Gruffydd-Jones, T.J. and Wathes, C.M. (1988). Prevalence of *Chlamydia psittaci* in different cat populations in Britain. Journal of Small Animal Practice, 29, 327–339.

Wilson, K., Livingstone, M. and Longbottom, D. (2009). Comparative evaluation of eight serological assays for diagnosing *Chlamydophila abortus* infection in sheep. Veterinary Microbiology, 135, 38–45.

◉ 进一步阅读材料

Everett, K.D.E. (2000). *Chlamydia* and *Chlamydiales*: more than meets the eye. Veterinary Microbiology, 75, 109–126.

Gruffydd-Jones, T., Addie, D., Belak, S., et al. (2009). *Chlamydophila felis* infection: ABCD guidelines on prevention and management. Journal of Feline Medicine and Surgery, 11, 605 – 609.

Harkinezhad, T., Geens, T. and Vanrompay, D. (2009). *Chlamydophila psittaci* infection in birds: a review with emphasis on zoonotic consequences. Veterinary Microbiology, 135, 68 – 77.

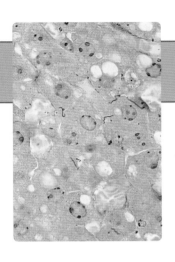

第40章

立克次体和贝氏柯克斯体

立克次体目（Rickettsiales）的微生物是一个多样化的群体。它们个体小（宽0.3～0.5微米，长0.8～2.0微米）、不能游动、形态多样、革兰阴性，需在宿主细胞内繁殖。它们可在鸡胚卵黄囊或特定的组织细胞系中培养。立克次体用苯胺染料染色效果不佳，应该用某种罗曼诺斯基法（Romanowsky）染色，如姬姆萨或利什曼（Leishman）染色。除了依赖宿主细胞和对碱性染料的亲和性差，与一般的细菌和衣原体不同的是立克次体的传播需要无脊椎动物作媒介。

用核糖体RNA测序技术和其他精密分析方法，对立克次体目中成员进行了全面的重新分类。巴尔通体科（Bartonellaceae）已从该目中移出（Brenner等，1993），贝氏柯克斯体（Coxiella burnetii）的基因型和表型有别于立克次体目的其他成员，现在被划分在变形菌门（Proteobacteria）、γ变形菌纲（γ- Proteobacteria）、军团菌目（Legionellales）中。贝氏柯克斯体将在本章单独介绍。原先归于乏质体科（Anaplasmataceae）的嗜血巴尔通体属（Haemobartonella）及附红细胞体属（Eperythrozoon）现划出，移入支原体属（Neimark等，2001，2002）。

目前，立克次体目包含立克次体科（Rickettsiaceae）和乏质体科（图40.1）。正在等待明确分类的立克次目中的种类在图40.1和表40.1中用引号标记。立克次体科的成员有类似于其他革兰阴性菌的细胞壁。超微结构研究表明，乏质体科有与革兰阴性菌相似的外膜，但缺乏明显的肽聚糖层。立克次体科中的成员，如立克次体，一般靶细胞是内皮细胞。虽然应用分子技术已经鉴定了家养动物立克次体属的几个新种，但是其致病性还不确定，目前，立克次科中唯一在兽医中较重要的是里氏立克次体（Rickettsia rickettsii），可引致落基山斑点热（Rocky Mountain spotted fever）。乏质体科的成员包含4个兽医上重要的属，即乏质体属（Anaplasma）、艾立希体属（Ehrlichia）、新立克次体属（Neorickettsia）和埃及小体属（Aegyptianella）。乏质体科中的微生物寄生于造血起源细胞，兽医学上的重要种类列于表40.1。以前被称为人粒细胞艾立希体病（human granulocytic ehrlichiosis，HGE）病原、马艾立希体（E. equi）和嗜吞噬细胞艾立希体（E. phagocytophila），已经统一归于嗜吞噬细胞乏质体（A. phagocytophilum）。

△ 要点

- 个体微小、不能游动、革兰阴性
- 专性细胞内寄生病原，只在活细胞中繁殖
- 血涂片罗曼诺斯基染色可见病原
- 具有宿主特异性，感染特定的细胞类型
- 除了贝氏柯克斯体，大多数成员细胞外生存短暂
- 引起人和动物的全身性疾病，主要通过节肢动物传播
- 立克次体科
  - 细胞壁中含有肽聚糖
  - 可在特定的细胞系或鸡胚中培养
  - 对血管内皮细胞有偏嗜性
- 乏质体科
  - 没有细胞壁，有细胞膜
  - 体外不能培养
  - 对造血起源细胞有偏嗜性

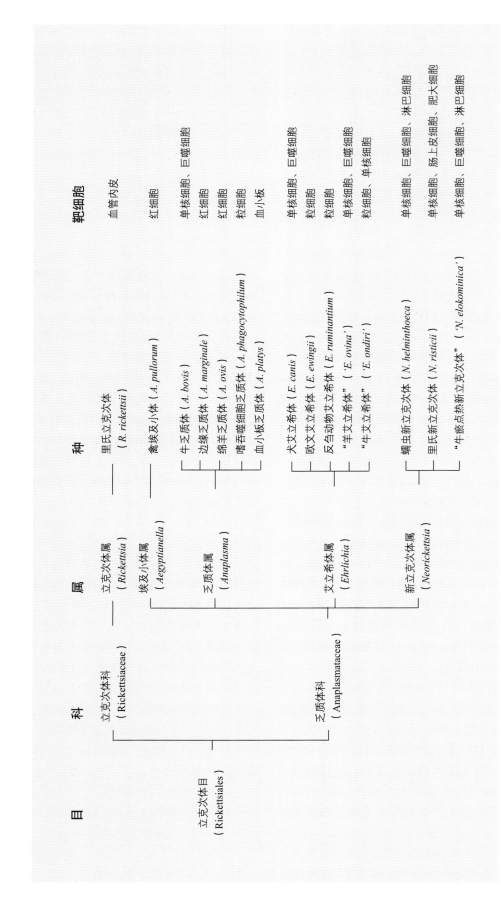

图40.1 在兽医上重要的立克次体目成员及其靶细胞类型（正在等待明确分类的种类用引号标记）

表40.1 乏质体科兽医上重要的种[a]

病原	宿主/传播媒介	致病	地理分布
禽埃及小体	家禽/蜱	埃及小体病	非洲、亚洲、地中海地区
牛乏质体	牛/蜱	牛乏质体病	非洲、中东、亚洲、南美
边缘乏质体	反刍动物/蜱	牛乏质体病	热带和亚热带地区
绵羊乏质体	绵羊、山羊/蜱	牛乏质体病	亚洲、非洲、欧洲、美国
嗜吞噬细胞乏质体	反刍动物、马、人/蜱	蜱媒热，马和人粒细胞艾立希体病	世界各地
血小板乏质体	犬/疑似蜱	犬循环血小板减少症	美洲、中东、地中海地区
犬艾立希体	犬/蜱	犬单细胞艾立希体病	热带和亚热带地区
欧文艾立希体	犬/蜱	犬粒细胞艾立希体病	美国
反刍动物艾立希体	反刍动物/蜱	心水病	撒哈拉以南非洲、加勒比群岛
"牛艾立希体"	牛/疑似蜱	牛点状出血热	东非高原
"羊艾立希体"	绵羊/蜱	绵羊艾立希体病	非洲、亚洲、中东
"牛瘀点热新立克次体"	犬、熊、浣熊/蛭	埃罗柯吸虫热	北美西海岸
蠕虫新立克次体	犬、熊/蛭	鲑鱼中毒症	北美西海岸
里氏新立克次体	马/蛭	波托马克马热	北美、欧洲

a：正在等待明确分类的种类用引号标记。

◉ 流行病学

　　动物宿主和节肢动物是立克次体目大多数成员的储存库。有些微生物，包括犬艾立希体（*Ehrlichia canis*）、边缘乏质体（*Anaplasma marginale*）和嗜吞噬细胞乏质体产生潜伏性感染。在节肢动物中，立克次体在肠上皮细胞中繁殖，再扩散到其他器官进一步繁殖，包括唾液腺和卵巢。当节肢动物叮咬动物宿主时传递病原。一些成员，如里氏立克次体贮藏于蜱体中经卵传播。携带犬艾立希体和嗜吞噬细胞乏质体的蜱可从一个发育阶段传播到下一个发育阶段，但不经卵传播。立克次体目的大部分成员是通过节肢动物传播的，但一些艾立希体属的中间宿主尚未被明确定义（表40.1）。已证实新立克次体（*Neorickettsia*）是由吸虫传播的。里氏新立克次体（*N. risticii*）有一个复杂的生命周期，包括一个中间宿主蜗牛和一个吸虫载体。立克次体目的成员在宿主细胞外是不稳定的，有些立克次体循环周期涉及蜱和小型野生哺乳动物之间隐性的循环传播，它们是家养动物一个可能的传染源。

◉ 致病机理和致病性

　　许多立克次体属的成员，包括引起斑疹伤寒（typhus）的普氏立克次体（*R. prowazekii*）、引起鼠型斑疹伤寒（murine typhus）的斑疹伤寒立克次体（*R. typhi*）和恙虫热斑疹伤寒（scrub typhus）的恙虫病立克次体（*R. tsutsugamushi*）的病原主要是人类病原。落基山斑点热由里氏立克次体引起，是一种常见的人类立克次体病，同时也感染犬。这些高致病性病原微生物倾向于侵袭小血管内皮细胞，引起许多器官的血管炎和血栓。立克次体产生损害吞噬小体膜的磷脂酶，致使立克次体可以进入细胞质。里氏立克次体在宿主细胞的细胞质和细胞核中繁殖，诱导细胞毒性效应。

　　不同于立克次体，乏质体科的所有成员通过抑制吞噬体/溶酶体融合，在宿主细胞吞噬体内进行繁殖。乏质体的网状体形式（reticulate form）和致密核心形式（dense-core form）都以二分裂方式进行分裂。致密核心形式在感染后期占主导地位，而且可能是感染形式，因为它们具有很多黏附素。这些微生物通过细胞裂解和胞吐作用从细胞中释放。除人类病原查菲艾立希体（*Ehrlichia chaffeensis*）和腺热新立克次体（*N. sennetsu*）外，艾立希体属（*Ehrlichia*）都是家养动物和野生动物的病原。这些病原主要侵袭白细胞，而反刍动物艾立希体（*E. ruminantium*）偏向于侵袭血管内皮细胞。反刍动物立克次体是反刍动物心水病（heartwater）的病原，感染初期病原可能寄生在淋巴组织中的巨噬细胞和其他类型的细胞。病原最后定殖于整个身体的血管内皮细胞的膜结合空泡中。

新立克次体属（*Neorickettsia*）的两个种可引起犬急性发热性疾病。这两种微生物主要定殖于淋巴结，导致全身淋巴结病。

许多乏质体（*Anaplasma*）和禽埃及小体（*Aegyptianella pullorum*）寄生于红细胞，有时也存在于这些红细胞的空泡中。该属的其他成员，包括嗜吞噬细胞乏质体和牛乏质体（*A. bovis*），靶细胞是粒细胞，而血小板乏质体（*A. platys*）的靶细胞是血小板。本科的一些成员在粒细胞内生存和繁殖的能力在细菌中是独一无二的。

◎ 立克次体目成员的识别和鉴别

立克次体目成员的权威性分类是基于16S rRNA序列、脂多糖含量和代谢需求（Woldehiwet 和 Ristic，1993）。在实验室诊断中，这些病原的鉴定基于被感染的物种、细胞偏嗜性、显微特征和分子生物学技术。立克次体目的一些成员可在鸡胚或组织细胞中培养。这些复杂的步骤通常仅在涉及科研或疫苗生产的实验室才可进行。

- 用姬姆萨染色血液或组织涂片可用来确定乏质体科成员的形态。呈蓝紫色、形小、单个存在，有时集聚如桑葚样结构（morulae），直径可达4.0微米。在动物疾病早期的血涂片中，粒细胞或血小板中可发现艾立希体属和乏质体属微生物。靶细胞为单核细胞的病原，很少出现在血涂片中。
- 荧光抗体技术可用于鉴别涂片中里氏立克次体和乏质体科的特殊成员。
- 有些病原可以在鸡胚的卵黄囊或在一定的组织培养细胞系中分离培养。许多艾立希体属和乏质体属的种，在卵黄囊单核细胞中生长相对容易。感染粒细胞的艾立希体属、乏质体属和寄生于红细胞的乏质体属的种还不能在体外生长。
- 分子生物学方法，如核酸探针和PCR技术，包括实时PCR技术，可用于宿主组织中立克次体目成员的检测。
- 在重大疾病如牛无浆体病（bovine anaplasmosis）暴发时，可给易感的家养动物接种已感染的血液或组织，从而确定病原或疾病诊断。

◎ 临床感染

立克次体属的微生物具有相对的宿主专一性。由于立克次体目成员的传播涉及限定的节肢动物或吸虫媒介，因此，与这些病原有关的疾病往往发生在特定的地理区域（表40.1）。在许多情况下，临床症状反映了病原特定靶细胞的类型。由变种的嗜吞噬细胞乏质体引起的人粒细胞乏质体病（human granulocytic anaplasmosis）和落基山斑点热是重要的人兽共患疾病，类似于Q热。

■ 犬的落基山斑点热

由里氏立克次体引起的落基山斑点热，主要感染人和犬。在北美，主要传播媒介是变异革蜱（*Dermacentor variabilis*）和安氏革蜱（*D.andersoni*）。在美国中部和南部的血红扇头蜱（*Rhipicephalus sanguineus*）和卡延钝眼蜱（*Amblyomma cajennense*）是主要媒介。蜱通过叮食小型野生哺乳动物获得病原。里氏立克次体存在于蜱中，经卵和跨越生命周期的传播，因此蜱既充当了贮存宿主又充当了传播媒介。在通过唾液传播到宿主之前，感染的蜱必须保持附着在宿主长达20小时。在感染犬的内皮细胞进行繁殖的病原，可引发血管炎，增加了血管通透性和出血。

临床症状

本病的潜伏期为2～10天，通常不超过2周。临床症状包括发热、沉郁、结膜炎、视网膜出血、肌肉和关节疼痛、咳嗽、呼吸困难和四肢水肿。约80%被感染的犬表现为神经系统紊乱，出现麻木、共济失调、颈部僵硬、抽搐和昏迷。轻微感染和及早治疗的犬，通常可以康复。严重感染的动物，可能会因为心血管疾病、神经或肾功能损伤而导致死亡。在尸体解剖时，可发现广泛的出血、脾肿大、全身淋巴结肿大。

诊断

- 接触过流行地区蜱的犬具有全身性疾病，可认为患落基山斑点热。
- 间接荧光抗体试验或ELISA显示里氏立克次体抗体效价呈上升趋势可以诊断。感染后至少10天抗体才能被检测出来。
- 在疾病的急性期可能出现明显的血小板减少和白细

胞减少。

- 本病必须与犬急性单核细胞艾立希体病（acute canine monocytic ehrlichiosis）相区别。
- 已有人采用PCR检测犬和蜱的组织。

治疗和控制

- 四环素治疗，通常在24小时内得到改善，必须连续治疗2周。
- 对于严重虚弱的犬支持疗法是必要的。
- 建议经常除蜱。由于本病是人兽共患病，在处理过程中应戴手套或使用镊子。

■ 犬单核细胞艾立希体病（canine monocytic ehrlichiosis）

犬单核细胞艾立希体病由犬艾立希体（*E. canis*）引起的犬科动物全身性疾病，限于热带和亚热带地区。棕色的血红扇头蜱是主要传播媒介中的一种，并出现跨越生命周期的传播。从被感染的宿主分离后，蜱可以传播病原至易感犬长达5个月。从急性疾病康复后，犬常持续2年以上携带病原。人艾立希体病是由与犬艾立希体密切相关的查菲艾立希体（*E. chaffeensis*）引起的。

临床症状

持续长达3周的潜伏期，疾病的进展有急性期、亚临床期和慢性期（图40.2）。急性期，症状从轻微到严重，具有发热、血小板减少、白细胞减少症和贫血的特征。许多感染的犬会康复，但是也有一些犬发展为持续几个月或几年的亚临床状态，在此期间一直存在血细胞值低下现象，但临床症状并不严重。这些犬中的少数，后来发展为严重的热带犬全血细胞减少症（tropical canine pancytopenia）。这一阶段疾病的特点是持续的骨髓细胞减少，伴随着出血、神经紊乱、血管神经性水肿和消瘦。最终可能会发展为低血压休克，导致死亡（Rikihisa，1991）。疾病发展到慢性期可能受到以下因素的影响，如品种敏感性、免疫抑制和犬艾立希体感染菌株的毒力。

诊断

- 在疾病流行地区，接触到蜱的犬具有典型的临床症状和血液学特征，表明患犬单核细胞艾立希体病。
- 在末梢血制备的血沉棕黄层涂片姬姆萨染色中，可能检测到犬艾立希体的桑葚样结构，存在于单核细胞中。
- 感染3周后，用间接免疫荧光检测到血清抗体转换，

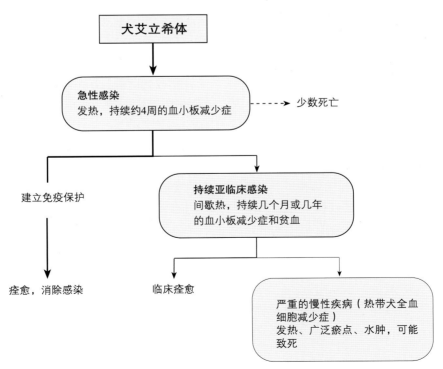

图40.2　感染犬艾立希体可能的后果

抗体效价为1∶10或更高预示感染。

- 虽然耗时，但是在犬的巨噬细胞细胞系中培养犬艾立希体是可行的。
- 采用PCR为基础的方法检测是现在比较常用的方法，可用于确诊感染。

治疗和控制

- 建议用多西环素治疗10天。四环素和氯霉素也是有效的。
- 补液或输血治疗可能是必要的。
- 四环素类药物可作为易感犬进入流行区的一个短期预防措施。

■ 犬粒细胞艾立希体病（canine granulocytic ehrlichiosis）

犬粒细胞艾立希体病是由欧文艾立希体（*Ehrlichia ewingii*）引起的，该病在美国犬和人都有描述（Anderson等，1992）。中性粒细胞是病原的主要靶细胞。表现出轻微临床症状的感染犬，恢复情况良好。

■ 犬周期性血小板减少症（canine cyclic thrombocytopenia）

血小板乏质体引起犬周期性血小板减少症，寄生于血小板。感染犬每隔10天左右的循环复发血小板减少症，通常没有明显的临床症状。感染后约2周通过间接免疫荧光可以检测到血清抗体转换。

■ 波多马克马热（Potomac horse fever）

波多马克马热也被称为马的单核细胞艾立希体病和马艾立希体结肠炎（equine ehrlichial colitis），是由里氏新立克次体（*Neorickettsia risticii*）引起的。最初于1970年在弗吉尼亚州和马里兰州波多马克河附近的马中发现该病，现在疾病已在整个北美和欧洲一些国家都有报道。波多马克马热发生于夏季，而且生命周期涉及经卵传播的吸虫媒介和中间宿主蜗牛。马可能由于摄食了被感染囊蚴污染的水生昆虫而感染。里氏新立克次体感染结肠的隐窝上皮细胞，靶细胞也有单核细胞、组织的巨噬细胞和肥大细胞。

临床症状

可能表现出发热、厌食、沉郁、腹痛、白细胞

减少症和蹄叶炎。病死率可以达到30%。里氏新立克次体可能发生胎盘传播，并可能引起流产（Holland和Ristic，1993）。尸体剖检可能发现大肠的斑块状充血（Rikihisa，1991）。

诊断

- 虽然临床症状没有特异性，但在流行地区临床症状的出现应提示发生本病。
- 间接免疫荧光法或ELISA试验检测到上升的抗体效价与活动性感染是一致的。
- PCR可用于血或粪便中病原DNA的扩增。

治疗和控制

- 静脉注射土霉素7天有效。
- 北美商品化的灭活疫苗不是完全有效。

■ 牛点状出血热（bovine petechial fever）

牛点状出血热也被称为翁氏病（Ondiri disease），发生于野生和家养的反刍动物，是由牛艾立希体（*Ehrlichia ondiri*）引起的。输入到流行地区的牛，临床症状常见。本病局限于肯尼亚和其他东非国家的高原地区，传播媒介是分布在当地的蜱。牛艾立希体的繁殖被认为最初在脾，随后蔓延至其他器官。临床症状包括高波动发热、产奶量下降和广泛可见黏膜瘀斑。重病患者的典型症状为结膜水肿和有瘀斑，并出现"水煮蛋"眼，往往由肺水肿引起死亡。康复的动物成为携带者，至少2年内能够抵抗再次感染。在姬姆萨染色的外周血涂片的粒细胞中发现病原。四环素类药物只对该病的潜伏期有效。

■ 蜱媒热

蜱媒热（tick-borne fever, TBF）是家养和野生反刍动物立克次体病，由嗜吞噬细胞乏质体的变种引起。本病主要流行于一些欧洲国家存在蜱感染的丘陵地农场。主要媒介是篦子硬蜱（*Ixodes ricinus*），该蜱发生跨越生命周期的传播。通过受感染蜱的叮咬将病原转移到反刍宿主，很少通过被污染的器械传播。康复的动物对嗜吞噬细胞乏质体同源株的攻击具有免疫力，但仍保持感染长达2年，并作为蜱的传染疫源库。由于免疫力的维持与反复接触嗜吞噬细胞乏质体有关，从感染蜱的牧场移走动物，导致动物的保护性免疫力下降。新近的研究结

果表明，小型啮齿类如鼩鼱和田鼠是嗜吞噬细胞乏质体的有效宿主，因此可能是感染的重要储存库（Woldehiwet，2006）。

致病机理

嗜吞噬细胞乏质体具有在中性粒细胞、嗜酸性粒细胞和单核细胞中存活和增殖的能力。在这些细胞中存活的能力与抑制溶酶体和其增殖所在的细胞质空泡的融合能力有关。此外，还延迟被感染细胞的凋亡，尽管这些细胞的寿命很短，但能使病原完成其增殖。嗜吞噬细胞乏质体感染引起的趋化因子IL-8的上调，有助于病原增殖，因为其募集了未受感染的中性粒细胞到达感染位点。这些中性粒细胞继而被感染，并进一步传播病原。

从感染中康复的带菌动物表现出反复发作的菌血症。持续性感染可能与外膜蛋白的抗原变异和免疫逃避有关。嗜吞噬细胞乏质体的感染特点是免疫抑制，也是严重的白细胞减少症，以及中性粒细胞和淋巴细胞功能受损的结果。

临床症状

长达13天的潜伏期后，临床症状包括发热、食欲不振和幼龄动物生长缓慢。在动物转移到疾病流行区的农场之后，首次怀孕的动物可能发生产奶量下降和流产或死胎（Jones 和 Davies，1995）。多数被感染的动物在2周内康复。然而，嗜吞噬细胞乏质体降低了体液免疫和细胞免疫应答，增加了羔羊对蜱媒脓血症（tick pyaemia）和羊跳跃病（louping ill）的易感性，这两个疾病也是通过蜱传播的。蜱传热的血液变化，包括白细胞减少症和暂时性血小板减少症。

诊断

· 在流行地区蜱感染牧场的患病反刍动物应考虑发生本病。
· 在姬姆萨染色的血涂片中，处于疾病发热期的动物70%以上的中性粒细胞胞浆内含有蓝色桑葚样结构（图40.3）。
· 间接免疫荧光可用于检测抗体的上升效价。
· 以PCR为基础的技术，包括实时RT-PCR技术（Sirigireddy等，2006）。
· 引起TBF的嗜吞噬细胞乏质体的变种和其他感染

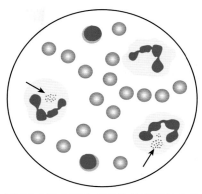

图40.3 感染了嗜吞噬细胞乏质体的绵羊的血涂片
用罗曼诺斯基法染色，可见中性粒细胞细胞质中成团的嗜碱染色小体（箭头所指）。

人、犬和马的变种的鉴别，可以通过16S rRNA序列扩增片段的基因测序来实现（Woldehiwet，2006）。

治疗和控制

· 感染的泌乳牛可用土霉素治疗。
· 控制蜱是预防疾病的重要组成部分。
· 2～3周龄的羔羊饲喂长效四环素类药物，可以预防感染嗜吞噬细胞乏质体。

■ 马粒细胞艾立希体病

该病通常被称为马艾立希体病（equine ehrlichiosis），是马感染嗜吞噬细胞乏质体变种引起的。该病原以前被认为是一个不同于蜱媒热病原的种，被称为马艾立希体。该病已在美国、一些欧洲国家及以色列有报道。临床症状包括发热、沉郁、共济失调、肢体浮肿、黄疸及黏膜点状出血。本病比较温和，死亡率低，病例往往发生在深秋和冬季。通过硬蜱属的蜱传播。诊断基于疾病急性期的中性粒细胞中出现桑葚样结构。用间接免疫荧光法检测抗体效价的升高、明显的白细胞减少是感染的辅助指标。四环素治疗有效。

■ 心水病

心水病由反刍动物艾立希体引起，是反刍动物一种严重的疾病，仅限于撒哈拉以南的非洲地区和一些加勒比岛屿。钝眼蜱属（Amblyomma）的蜱是主要媒介。野生反刍动物，如角马呈亚临床感染，在本地家养牛也比较温和，病原携带状态可以维持长达8个月。临床疾病在犊牛、羔羊和新引进的种牛中发生。

　　反刍动物艾立希体在网状内皮细胞（尤其是巨噬细胞）和毛细血管内皮细胞（尤其是中枢神经系统）中繁殖。损伤血管内皮导致通透性增高和广泛的点状出血。

临床症状

　　经过1～4周潜伏期后突然发热。神经系统症状是常见的，包括咀嚼运动、眼睑抽搐、高步态、转圈和躺卧。严重情况下往往在惊厥中死亡。在亚急性疾病，病变包括心包积液、胸膜积水、肺水肿和充血。脾肿大，以及广泛的黏膜和浆膜出血可能比较明显。

诊断

- 在流行地区，根据神经症状和解剖结果可初步诊断。
- 脑组织压片的姬姆萨法染色，可能会显示靠近血管内皮细胞细胞核中的病原。
- 核酸探针，包括PCR技术，可用于临床感染牛组织的检测。
- 间接免疫荧光法、ELISA和western blot可用于检测反刍动物艾立希体抗体。
- PCR检测，包括实时定量PCR技术，已有报道（Steyn等，2008）。

治疗和控制

- 在疾病早期，四环素治疗可能有效。
- 用感染羊的血液免疫接种配合四环素治疗也是可行的。
- 控制蜱既昂贵又不切实际。而且，控制蜱的后果可能会降低本地家畜的免疫力，原因是缺少反复接触蜱虫而获得传染源的攻击。

■ 鲑鱼中毒病

　　鲑鱼中毒病由蠕虫新立克次体（*Neorickettsia helminthoeca*）引起，是犬科动物一种严重的致命性疾病。病原通过鲑隐孔吸虫在蜗牛–鱼–犬循环中传播。犬食入带有鲑隐孔吸虫囊蚴的生鲑被感染。蠕虫新立克次体进入血流，随后囊蚴附着到宿主犬的肠黏膜上。淋巴组织中细菌的繁殖导致全身淋巴结肿大。疾病仅限于北美洲西北太平洋沿岸，以及在附近有鲑洄游的河流。

临床症状

　　食入生鱼后7天左右，疾病的症状迅速发展。发热、厌食、乏力和沉郁之后出现持续性的呕吐和出血性腹泻。在7～10天90%未经治疗的犬随后死亡。存活的犬往往能抵御再感染。

诊断

- 在流行地区，有食用生鱼和接触到病重犬鲑隐孔吸虫卵污染的粪便经历的犬怀疑感染此病。
- 姬姆萨染色淋巴结抽取物，可以确诊巨噬细胞中的病原。
- 需要与感染犬细小病毒2型和犬瘟热病毒鉴别诊断。

治疗和控制

- 在病程早期，使用四环素类、磺胺类药物和氯霉素可能会有效。
- 在脱水或贫血的动物，支持疗法可能是必要的。
- 在流行地区，不应对犬饲喂生鱼片。
- 还没有可用的疫苗。

■ 埃罗柯吸虫热

　　牛瘀点热新立克次体（*Neorickettsia elokominica*）是埃罗柯吸虫热（Elokomin fluke fever）的病原，形态上难以与蠕虫新立克次体（*N. helminthoeca*）区分，而且具有相同的吸虫媒介。本病比鲑鱼中毒病（salmon poisoning disease）温和，并有一个更广泛的宿主范围，包括犬科动物、熊、浣熊和雪貂。牛瘀点热新立克次体感染可能并发蠕虫新立克次体感染，两个病原之间没有交叉保护。

■ 牛乏质体病

　　牛乏质体病（bovine anaplasmosis）也称为牛胆病，由边缘乏质体（*Anaplasma marginale*）引起，感染热带和亚热带地区的牛。该疾病的特点是发热、贫血和黄疸，但在流行地区往往是隐性的。在犊牛，感染是温和的，并成为病原携带者。病原携带动物在应激情况下会有轻微的临床症状。虽然幼龄动物严重的临床疾病可能导致地方流行，但是大部分可康复。相反，首次感染的成年牛的死亡率可能达到50%。边缘乏质体的桑葚样结构位于红细胞内靠近细胞膜处。主要媒介是牛蜱属蜱，但双翅目的叮咬也可能发生传播。被感染血液污染的器械也可能成为传染源。边缘乏质体有6个主要的外表面蛋白，其中3个抗原性多变。虽然已经确定了边缘乏质体的几个基因型，但由于感染排斥现象，在每个动物体内只建立一个基因型的感染。研发能诱导对多种基因型具有交叉保护的疫苗非常重要，因为当感染不同基因型病原的动物在第一次被引入一个区域时，新的基因型的病原可能被引入这个区域（Kocan等，2004）。

临床症状

潜伏期为2~12周。临床症状包括食欲不振、精神沉郁和产奶量减少。在血红蛋白损失的情况下出现明显的贫血和黄疸，体重减轻明显。如果对感染的牛操作粗暴，可能引致牛突然死于缺氧。康复动物对再感染的抵抗力依赖于边缘乏质体在组织中存留的时间。

诊断

- 有应激的本地牛或被引入流行地区的成年牛，发现有临床症状和血液病特征可怀疑发生感染。
- 血涂片姬姆萨染色，可发现位于红细胞边缘的密集的着色小体（直径0.3~1.0微米）。开始发热后10天左右病原达到最多，此时超过50%的红细胞被感染。
- 通过免疫荧光技术，在血涂片中可检测出病原。
- 放射性的RNA探针和PCR为基础的方法是检测病原的敏感技术。
- 血清学试验在检测潜伏感染方面具有重要价值。这些试验包括补体结合试验、卡片凝集试验、ELISA和斑点酶联免疫吸附试验。

治疗和控制

- 使用长效土霉素或咪多卡二丙酸盐，在疾病的早期是有效的。
- 在严重的情况下，支持疗法是必要的。
- 在流行地区，控制措施是尽量减少对本地饲养牛的应激。
- 动物引入流行地区之前，必须接种疫苗。中心乏质体（*A. centrale*）活疫苗可提供部分对边缘乏质体的保护，且只能用于犊牛。弱毒和灭活边缘乏质体疫苗也可用。

■ 禽埃及小体病

该疾病由禽埃及小体引起，感染家禽和野鸟。传播媒介是阿格斯属（*Argus*）的一种蜱。感染的禽竖毛、厌食、腹泻、贫血和高热。病变包括肝脾肿大及浆膜点状出血。蜱的控制非常重要，四环素类的治疗是有效的。

■ Q热

急性Q热（Q是query的缩写）由贝氏柯克斯体引起，是一种类似于流感的职业病，农场工人、屠宰场工人、兽医，以及接触农场动物和动物产品的人易感染。亚临床疾病比临床感染更常见，心内膜炎是慢性疾病的主要形式。已有在没有明显接触农场动物的人暴发该疾病的报道，可能该病原经风传播（Arricau-Bouvery和Rodolakis，2005）。虽然贝氏柯克斯体是专性细胞内寄生病原，它在繁殖过程中形成体积较小的有抵抗力的结构，这些类似芽胞样的结构在环境中保持活力长达150天。贝氏柯克斯体优先生长于巨噬细胞和单核细胞的吞噬溶酶体的酸性环境中，其代谢活动仅在pH为5或更低的环境中能够检测到（Redd 和 Thompson，1995）。大多数感染是由于吸入临产绵羊、山羊或牛的气溶胶而获得。贝氏柯克斯体在雌性生殖道和反刍动物乳腺中定居和增殖，伴有间歇性或持续性地将病原排到子宫分泌物、胎儿液体、尿液和牛奶中。罕见的Q热疫情暴发与接触临产的猫有关（Langley等，1988）。实验室感染是常见的。虽然有几个蜱属是贝氏柯克斯体的媒介，但是被蜱叮咬后感染比较少见。通常人因食入被贝氏柯克斯体污染的牛奶或奶制品而引发无症状的感染。在动物中垂直传播和性传播是可能的。家畜感染多为亚临床型。有报道个别绵羊、山羊、牛和猫发生流产。在反刍动物中，感染也可能导致不孕不育或弱胎，有明显的胎盘炎和子宫内膜炎。胎儿病变包括肝炎、心肌炎、间质性肺炎（Campbell，1994）。

诊断

为了防止人类感染，样品必须小心收集和处理，并且在生物安全柜中进行诊断程序的操作。

- 胎盘组织与子宫分泌物涂片用MZN法染色显示有红色似球杆状菌体小团块。MZN法染色结合血清学检测受感染动物群的病原，为感染的诊断提供了充分的依据（Anon.，2008）。

- 免疫荧光技术可用于检测胎盘涂片中的病原。
- PCR技术可用来检测不同样品中少量的微生物，包括流产病料、奶和粪便（Anon.，2008）。
- 贝氏柯克斯体可在5～7日龄的鸡胚卵黄囊中培养。
- 贝氏柯克斯体的血清学试验包括补体结合试验、间接免疫荧光法、ELISA和竞争免疫测定法（Soliman等，1992）。

控制

- 在疾病确诊之后，隔离临产反刍动物、小心处理胎盘和流产胎儿是必不可少的。
- 对没有妊娠的动物每年接种灭活鸡胚疫苗是有用的。
- 对于实验室和屠宰场工人等高危人群，可接种商品化的疫苗。

◉ 参考文献

Anderson, B.E., Greene, C.E., Jones, D.C. and Dawson, J.E. (1992). *Ehrlichia ewingii* sp. nov., the etiologic agent of canine granulocytic ehrlichiosis. International Journal of Systematic Bacteriology, 42, 299–302.

Anon. (2008). Q fever, In *Manual of Diagnostic Tests and Vaccines for Terrestrial Animals*. OIE. pp. 292–303. Available at: http://www.oie.int/fr/normes/mmanual/2008/pdf/2.01.12_Q-FEVER.pdf.

Arricau-Bouvery, N. and Rodolakis, A. (2005). Is Q fever an emerging or re-emerging zoonosis? Veterinary Research, 36, 327–349.

Brenner, D.J., O'Connor, S.P., Winkler, H.H. and Steigerwalt, A.G. (1993). Proposal to unify the genera *Bartonella* and *Rochalimaea*, with descriptions of *Bartonella quintana* comb. nov., *Bartonella vinsonii* comb. nov., *Bartonella henselae* comb. nov., and *Bartonella elizabethae* comb. nov., and to remove the family *Bartonellaceae* from the order *Rickettsiales*. International Journal of Systematic Bacteriology, 43, 777–786.

Campbell, R.S.F. (1994). Pathogenesis and pathology of the complex rickettsial infections. Veterinary Bulletin, 64, 1–24.

Holland, C.J. and Ristic, M. (1993). Equine monocytic ehrlichiosis (syn. Potomac horse fever). In *Rickettsial and Chlamydial Diseases of Domestic Animals*. Eds Z. Woldehiwet and M. Ristic. Pergamon Press, Oxford. pp. 215–232.

Jones, G.L. and Davies, I.H. (1995). An ovine abortion storm caused by infection with *Cytoecetes phagocytophila*. Veterinary Record, 136, 127.

Kocan, K.M., de la Fuente, J., Blouin, E.F. and Garcia-Garcia, J.C. (2004). *Anaplasma marginale* (Rickettsiales: Anaplasmataceae): recent advances in defining host–pathogen adaptations of a tick-borne rickettsia. Parasitology, 129, Suppl., S285–300.

Langley, J.M., Marrie, J.J. and Covert, A. (1988). Poker players' pneumonia. An urban outbreak of Q-fever following exposure to a parturient cat. New England Journal of Medicine, 319, 354–356.

Neimark, H., Johansson, K.E., Rikihisa, Y. and Tully, J.G. (2001). Proposal to transfer some members of the genera *Haemobartonella* and *Eperythrozoon* to the genus *Mycoplasma* with descriptions of 'Candidatus Mycoplasma haemofelis', 'Candidatus Mycoplasma haemomuris', 'Candidatus Mycoplasma haemosuis' and 'Candidatus Mycoplasma wenyonii'. International Journal of Systematic and Evolutionary Microbiology, 51, 891–899.

Neimark, H., Johansson, K.E., Rikihisa, Y. and Tully, J.G. (2002). Revision of haemotrophic *Mycoplasma* species names. International Journal of Systematic and Evolutionary Microbiology, 52, 683.

Redd, T. and Thompson, H.A. (1995). Secretion of proteins by *Coxiella burnetii*. Microbiology, 141, 363–369.

Rikihisa, Y. (1991). The tribe *Ehrlichieae* and ehrlichial diseases. Clinical Microbiology Reviews, 4, 286–308.

Sirigireddy, K.R., Mock, D.C. and Ganta, R.R. (2006). Multiplex detection of *Ehrlichia* and *Anaplasma* pathogens in vertebrate and tick hosts by real-time RT-PCR. Annals of the New York Academy of Sciences, 1078, 552–556.

Soliman, A.N., Botros, B.A. and Watts, D.M. (1992). Evaluation of a competitive immunoassay for detection of *Coxiella burnetii* antibody in animal sera. Journal of Clinical Microbiology, 30, 1595–1597.

Steyn, H.C., Pretorius, A., McCrindle, C.M., Steinmann, C.M. and Van Kleef, M. (2008). A quantitative real-time PCR assay for *Ehrlichia ruminantium* using pCS20. Veterinary Microbiology, 131, 258–265.

Woldehiwet, Z. (2006). *Anaplasma phagocytophilum* in ruminants in Europe. Annals of the New York Academy of Sciences, 1078, 446–460.

Woldehiwet, Z. and Ristic, M. (1993). The Rickettsiae. In *Rickettsial and Chlamydial Diseases of Domestic Animals*. Eds Z. Woldehiwet and M. Ristic. Pergamon Press, Oxford. pp. 1–26.

◉ 进一步阅读材料

Bjoersdorff, A., Svendenius, L., Owens, J.H. and Massung, R.F. (1999). Feline granulocytic ehrlichiosis – a report of a new clinical entity and characterisation of the infectious agent. Journal of Small Animal Practice, 40, 20–24.

Karagiannis, I., Schimmer, B., van Lier, A., et al, (2009). Investigation of a Q fever outbreak in a rural area of The Netherlands. Epidemiology and Infection, 137, 1283–1294.

Woldehiwet, Z. (2008). Immune evasion and immunosuppression by *Anaplasma phagocytophilum*, the causative agent of tick-borne fever of ruminants and human granulocytic anaplasmosis. Veterinary Journal, 175, 37–44.

第
三
篇

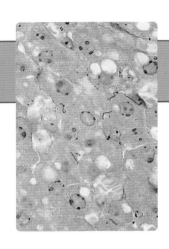

第41章

致病力有限的细菌

本章讲述的是一些革兰阴性细菌，它们在分类上差异很大。它们中有些偶尔导致动物疾病（表41.1），有些可以从临床样本中分离到，但是致病性不能确定（表41.2）。它们中除了奈瑟菌（*Neisseria*）是革兰阴性球菌，其他均为革兰阴性杆菌。

⊙ 不动杆菌

不动杆菌（*Acinetobacter*）是革兰阴性球杆菌，在标准培养基上很容易分离。它们是环境微生物，对人和动物可造成机会性感染，尤其在医院。鲍氏不动杆菌（*A. baumannii*）、乙酸钙不动杆菌（*A. calcoaceticus*）和沃氏不动杆菌（*A. Iwoffii*）是最常见的分离菌。许多菌株耐多种抗菌药物，已从人类患者中分离到能抵抗所有商品化药物的菌株（Munoz-Price 和 Weinstein，2008）。所有鲍氏不动杆菌分离株都包含染色体编码的头孢霉素酶（cephalosporinase）。*AmpC*基因编码的这些酶通常是在低水平表达，但当一个启动子插入序列接近*AmpC*基因，使其过度表达，在临床上便出现耐药性。不动杆菌属中外排泵是重要的耐药机制，能排除 β-内酰胺类抗生素、喹诺酮类、四环素和氯霉素。细菌通过金属β-内酰胺酶（metallo-β-lactamase）的作用获得对碳青霉烯类（carbapenem group）的抗性，这在人类医学上是一个新的问题，且获得这些酶的菌株，在世界很多地区都有报道。不动杆菌属已从不同临床症状的动物中分离，包括术后伤口感染和败血症（Abbott等，2005；Brachelente等，2007；Weese，2008）。当分离菌株多重耐药性时，细菌感染的抗菌治疗面临挑战。当感染源能被确定时，控制不动杆菌感染大多是成功的，一般控制措施包括彻底清洁物理设施、改进感染控制措施、监测和隔离（Munoz-Price 和 Weinstein，2008）。

⊙ 巴尔通体

巴尔通体属（*Bartonella*）以前被归为立克次氏体目（Rickettsiales），目前包含19个已识别的种（表41.3）。该微生物很小、革兰阴性、稍弯曲杆状，仅能在富含血液的培养基中生长。生长缓慢，菌落形成需要长达4周。

■ 流行病学

多种野生动物和养殖动物都携带巴尔通体（表41.3），并借助于节肢动物媒介传播。汉赛巴尔通体（*Bartonella henselae*）由健康猫携带，通过猫蚤，即猫栉头蚤（*Ctenocephalides felis*），在猫与猫间传播，不出现临床症状。在气候较热的国家比温和的国家感染更加普遍，并且主要影响幼畜。人和其他动物的血清学调查表明，感染的流行从温带到热带在增加。小猫可能得菌血症几个星期到几个月。人类感染主要是通过猫的抓挠发生，而猫的咬伤比较少见，推测病原微生物可能从被污染的粪便黏附于猫爪而进入抓挠部位。

■ 致病机理

这些细菌存在于红细胞和血管内皮细胞。据Mzndel等（2005）报道，细菌可侵入骨髓中的红细胞祖细胞，致使循环血细胞中存在这些细菌。人类感染汉赛巴尔通体、克氏巴尔通体（*B. clarridgeiae*）或科氏巴尔通体（*B. koehlerae*）引起猫抓病，在被

表41.1　兽医学中意义有限的细菌

细菌种类	宿主种类	致病性
无色杆菌属（*Achromobacter* species）	人	医院内病原
	犬、实验兔	偶尔报道机会性感染
不动杆菌属（*Acinetobacter* species）	主要是住院的家养动物和人	动物和人机会性医院内感染。频繁对多种抗菌有耐药性
杀鲑气单胞菌（*Aeromonas salmonicida*）	鲑鱼、金鱼	疖疮病、"溃疡病"
嗜水气单胞菌（*A. hydrophila*）	两栖动物	"红腿"综合征
	蛇（捕获的）	溃疡性口腔炎、肺炎、败血症
	淡水鱼	出血性败血病
	牛	流产
	幼犬	败血病
	人	食物中毒
汉赛巴尔通体（*Bartonella henselae*）	猫、人	猫没有临床症状出现。引起人的猫抓病
紫色色杆菌（*Chromobacterium violaceum*）	猪、犬、羊	在热带地区的土壤和水中腐生植物；可能导致机会性感染
鳗利斯顿菌（*Listonella anguillarum*）	海鱼、鳗鲡	皮肤损伤、败血症
鼻气管炎鸟杆菌（*Ornithobacterium rhinotracheale*）	鸡、火鸡	呼吸系统疾病
类志贺邻单胞菌（*Plesiomonas shigelloides*）	鱼、爬行动物	败血病
	港湾海豹	腹泻
	人	腹泻、新生儿脑膜炎
鸭疫里氏杆菌（*Riemerella anatipestifer*）	幼鸭	败血病
念珠链杆菌（*Streptobacillus moniliformis*）	火鸡	大鼠咬后引起的败血病
		啮齿类上呼吸道正常栖居
霍乱弧菌（*Vibrio cholera*）	人	霍乱
副溶血弧菌（*V. parahaemolyticus*）	人	与海产品有关的食物中毒
麦氏弧菌（*V. metschnikovii*）	鸡	严重的肠道疾病

表41.2　从临床样品中分离的致病性不确定的细菌

细菌种属	评述
无色杆菌属（*Achromobacter* species）	在环境中普遍存在，木糖氧化无色杆菌是人类新发医院内病原
	在动物中有机会性感染的偶尔报告
产碱杆菌属（*Alcaligenes* species）	腐生菌，偶尔从脊椎动物的肠道分离获得
黄杆菌属（*Flavobacterium* species）	存在于土壤和水中，人的医院内感染，一些种类是鱼类致病菌
奈瑟菌属（*Neisseria* species）	存在于多种动物的鼻咽内和结膜上。偶然报道机会性感染；在人类，偶尔有犬咬伤感染该菌

第三篇

表41.3　一些巴尔通体的宿主和重要性

巴尔通体	宿主	重要性
弹性巴尔通体（B. alsatica）	兔	已报道的人类疾病
杆菌状巴尔通体（B. bacilliformis）	人	人巴尔通体病
牛巴尔通体（B. bovis）	牛、猫	牛心内膜炎
克氏巴尔通体（B. clarridgeiae）	猫	人的猫抓病
		犬和猫的心内膜炎、肝炎
伊丽莎白巴尔通体（B. elizabethae）	鼠	人心内膜炎
格雷汉姆巴尔通体（B. grahamii）	小鼠、野鼠	已报道的人类疾病
汉赛巴尔通体（B. henselae）	猫	人的猫抓病
		犬心内膜炎、肝炎和其他疾病综合征；很少有猫发病报道
科氏巴尔通体（B. koehlerae）	猫	人的猫抓病
五日热巴尔通体（B. quintana）	人	人的战壕热
文氏巴尔通体阿茹朋亚种 （B. vinsonii subsp. arupensis）	小鼠	人的报告有菌血症和血管炎
文氏巴尔通体伯格霍夫亚种 （B. vinsonii subsp. berkoffii）	犬	犬心内膜炎其他疾病综合征

猫抓或咬后1～3周，症状开始显现。在某些情况下，小面积皮肤病变，发展成溃疡，然后感染部位愈合。其他症状包括淋巴结炎和全身症状，如发热、乏力和头痛，通常不用治疗就可恢复，但可能会出现并发症。汉赛巴尔通体可引起免疫力低下人的杆菌性血管瘤病（bacillary angiomatosis）。巴尔通体引起的动物疾病主要是犬，症状包括心内膜炎、多发性关节炎、葡萄膜炎，淋巴结和肝脏等器官出现炎症（表41.3）。

■ 诊断程序
• 组织中的巴尔通体用银染很容易被识别，如Warthin-Starry染色。
• 该菌很难分离，适于在富含血液培养基上生长，37℃培养需要几周。从菌血症猫分离病原，在培养前冷冻血液样本，然后通过溶解血液样本裂解猫红细胞，可增加分离成功率。

• 使用常规生化试验不能鉴别，但细胞壁脂肪酸的特征能用于鉴别。分子方法如PCR或片段测序技术可用于鉴别（Boulouis等，2005）。
• 从临床样本中分离细菌，比从菌血症猫的血液里分离更加困难。样本中细菌鉴定常从组织中提纯DNA，随后用PCR为基础的技术进行检测。
• 血清学用于临床疾病的诊断，但不能用于菌血症猫的检测，因为这类动物可能是血清反应阴性。最常用血清学试验是IFA和ELISA。

■ 治疗和控制
对免疫功能正常的人，猫抓病不需抗菌治疗。对受杆菌性血管瘤病影响而免疫力低下的人，必需抗生素长期治疗。用琼脂稀释法或E试验方法进行的体外药敏试验（Dörbecker等，2006），不能真实反应体内病原的结果，可能是由于细菌在细胞内的特征所致。虽然强力霉素或恩诺沙星使用2～4周可治疗该病，但根除猫菌血症的有效方法还没有建立（Breitschwerdt，2008）。控制猫感染主要是消灭猫蚤媒介。

◉ 气单胞菌、类志贺邻单胞菌和弧菌

气单胞菌（*Aeromonas*）、类志贺邻单胞菌（*Plesiomonas shigelloides*）和弧菌（*Vibrio*）是革兰阴性菌，具有一些共同属性。这些菌在水生环境中具有相似的生化特性和形态学特征，是鱼类、爬行类和少量的哺乳类机会致病菌。霍乱弧菌（*Vibrio cholerae*），是一种重要的人的病原，可引致严重的、危及生命的、肠道感染的霍乱。

形态学上，气单胞菌属和邻单胞菌属为直的、中等大小的杆菌，而弧菌属是弯曲的。这些属的大多数成员是过氧化氢酶阳性、氧化酶阳性、兼性厌氧菌，通过极端鞭毛游动。氧化酶阳性反应区别于这组微生物与肠杆菌科成员。虽然气单胞菌和类志贺邻单胞菌可在营养不丰富的培养基上生长，但很多弧菌属成员是嗜盐的。这组微生物的一些种类最适生长温度低于37℃。微需氧微生物原划为弧菌属，现被归入弯曲菌属（*Campylobacter*）。

气单胞菌一些种类和类志贺邻单胞菌发现于淡水中，并且在鱼和爬行动物的口腔和皮肤上存在。大多数弧菌在半咸水和海水中。

■ 临床感染

这些属成员主要是鱼类和爬行类的病原菌，但有些也能感染哺乳类和禽类。通常是机会性感染，发病需要应激因素的刺激。与疾病过程有关的微生物种类见表41.1。嗜水气单胞菌（*Aeromonas hydrophila*）、类志贺邻单胞菌和麦氏弧菌（*V. metschnikovii*）是机会致病菌，常在养殖动物和人体上分离到。

涉及疾病产生的致病机制还了解甚少。嗜水气单胞菌产生许多毒力因子，包括黏附素、胞外酶、溶血素和肠毒素。该菌偶与家养动物的疾病相关。由嗜水气单胞菌引起的流产在牛中已有记录（Wohlgemuth等，1972）。从患败血症的幼犬中已分离到该菌（Pierce等，1973）。试验条件下，嗜水气单胞菌引起兔出血性结肠炎（Hibbs等，1971）。

引起人类腹泻的类志贺邻单胞菌的致病株，产生肠毒素。该菌的地理分布限于热带和亚热带地区。

除了重要的人类病原霍乱弧菌，至少还有5种引起人肠道感染的病原菌。由副溶血弧菌（*Vibrio parahaemolyticus*）引起的食物中毒与食用生的或未煮熟的海产品有关。麦氏弧菌（*Vibrio metschnikovii*）引起鸡的肠道疾病。鳗利斯顿菌（*Listonella anguillarum*）（曾称为鳗弧菌，*Vibrio anguillarum*）和弧菌属其他成员是鱼类的病原菌。

■ 诊断程序

确诊需从病变部位分离和鉴定病原。由于这些细菌在环境中广泛分布，因此试验结果应谨慎解释。

■ 治疗

抗生素治疗应基于气单胞菌和类志贺邻单胞菌的药敏试验。头孢菌素类可能具有治疗价值。庆大霉素和萘啶酸常用于治疗由弧菌引起的感染。

◉ 紫色色杆菌

紫色色杆菌（*Chromobacterium violaceum*）是一种能游动、革兰阴性、杆状菌，可在麦康凯琼脂和营养琼脂上生长，并能产生不扩散的紫色色素。该菌过氧化氢酶阳性、氧化酶阳性、兼性厌氧菌，存在于亚热带和热带地区的土壤和水中。由紫色色杆菌引起的败血性感染已在人、猪和犬上有报道（Gogolewski，1993）。该菌与蛮羊（Barbary sheep）（Carrasco等，1996）和猪（Liu等，1989）的急性胸膜肺炎有关。

◉ 鼻气管炎鸟杆菌

鼻气管炎鸟杆菌（*Ornithobacterium rhinotracheale*）与鸡和火鸡的呼吸系统疾病有关（Hinz等，1994），已从多种野鸟和家禽中分离到。细菌呈多形性、革兰阴性、杆状，能在血琼脂中生长，形成小的、灰色的、非溶血性菌落。尽管鼻气管炎鸟杆菌在需氧环境中生长，但在5%～10%CO_2条件中生长良好。该菌氧化酶阳性、过氧化氢酶阴性（Charlton等，1993）。能发生垂直和水平传播。老龄鸡和火鸡临床感染最严重，并且感染的严重性还取决于并发感染的出现和管理因素。菌株间药敏变化很大，但饮水中加入阿莫西林200毫克/升，饮用3～7天是有效的。

◉ 鸭疫里氏杆菌

鸭疫里氏杆菌（*Riemerella anatipestifer*）原命名为鸭疫巴氏杆菌（*Pasteurella anatipestifer*），不能游动、不酵解糖、革兰阴性、杆状，最佳生长环境是含5%~10%的CO_2。在血琼脂上不溶血，在麦康凯培养基上不生长。虽然老龄水禽、雏火鸡、鸡和雉鸡也可感染，但主要感染雏鸭至6周龄小鸭，可引起败血症。雏鸭的发病常是由应激所致。临床症状包括眼和鼻有分泌物、头颈部震颤和共济失调，死亡率可达70%。常见的解剖结果为纤维素性心包炎和腹膜炎，也可能出现脑膜炎和纤维素性气囊炎。目前，公认该菌有21种血清型，多种血清型可能同时发生在一个农场。因此，血清分型不能提供有用的流行病学数据，较新的分型方法，如PCR技术或*Sma*I大片段酶切分析可提供更多有用的信息（Kiss等，2007）。

用氨苄西林、阿莫西林或四环素进行早期治疗也许有效。预防该病已有商品化的灭活菌苗和弱毒活疫苗。

◉ 念珠链杆菌

念珠链杆菌（*Streptobacillus moniliformis*）形态多样，是革兰阴性杆菌，正常栖居于啮齿动物的上呼吸道。该菌偶尔会引起实验室大鼠和小鼠支气管肺炎、豚鼠群颈部淋巴结炎的暴发。火鸡因大鼠咬伤而引起滑膜炎和死亡的病例偶有报道。人类的哈弗希尔热（Haverhill fever）和鼠咬热（rat-bite fever）与该菌有关。应用PCR可确定与鼠接触过的犬的口腔里存在该菌，但犬的作用是否作为人类的感染源尚未确定（Wouters等，2008）。

◉ 参考文献

Abbott, Y., O'Mahony, R., Leonard, N., et al. (2005). Characterization of a 2.6 kbp variable region within a class 1 integron found in an *Acinetobacter baumannii* strain isolated from a horse. Journal of Antimicrobial Chemotherapy, 55, 367–370.

Boulouis, H.-J., Chang, C.-C., Henn, J.B., Kasten, R.W. and Chomel, B.B. (2005). Factors associated with the rapid emergence of zoonotic *Bartonella* infections. Veterinary Research, 36, 383–410.

Brachelente, C., Wiener, D., Malik, Y. and Huessy, D. (2007). A case of necrotizing fasciitis with septic shock in a cat caused by *Acinetobacter baumannii*. Veterinary Dermatology, 18, 432–438.

Breitschwerdt, E.B. (2008). Feline bartonellosis and cat scratch disease. Veterinary Immunology and Immunopathology, 123, 167–171.

Carrasco, L., Astorga, R., Méndez, A., et al. (1996). Acute pleuropneumonia in Barbary sheep (Amnotragus lervia) associated with *Chromobacterium violaceum*. Veterinary Record, 138, 499–500.

Charlton, B.R., Channing-Santiago, S.E., Bickford, A.A., et al. (1993). Preliminary characterization of a pleomorphic Gram-negative rod associated with avian respiratory disease. Journal of Veterinary Diagnostic Investigation, 5, 47–51.

Chomel, B.B., Boulouis, H.-J., Maruyama, S. and Breitschwerdt, E.B. (2006). *Bartonella* spp. in pets and effect on human health. Emerging Infectious Diseases, 12, 389–394.

Dörbecker, C., Sander, A., Oberle, K. and Schülin-Casonato, T. (2006). In vitro susceptibility of *Bartonella* species to 17 antimicrobial compounds: comparison of Etest and agar dilution. Journal of Antimicrobial Chemotherapy, 58, 784–788.

Gogolewski, R.P. (1983). Chromobacterium violaceum septicaemia in a dog. Australian Veterinary Journal, 60, 226.

Hibbs, C.M., Merker, J.W. and Kruckenberg, S.M. (1971). Experimental Aeromonas hydrophila infection in rabbits. Cornell Veterinarian, 61, 380–386.

Hinz, K.-H., Blome, C. and Ryll, M. (1994). Acute exudative pneumonia and airsacculitis associated with Ornitho-bacterium rhinotracheale in turkeys. Veterinary Record, 135, 233–234.

Kiss, I., Kardos, G., Nagy, J., Tenk, M. and Ivanics, E. (2007). DNA fingerprinting of *Riemerella anatipestifer* isolates from ducks. Veterinary Record, 160, 26–28.

Liu, C.H., Chu, R.M., Weng, C.N., Lin, Y.L. and Chi, C.S. (1989). An acute pleuropneumonia in a pig caused by *Chromobacterium violaceum*. Journal of Comparative Pathology, 100, 459–463.

Mändle, T., Einsele, H., Schaller, M., et al. (2005). Infection of human CD34+ progenitor cells with *Bartonella henselae* results in intraerythrocytic presence of *B. henselae*. Blood,

106, 1215–1222.

Munoz-Price, L.S. and Weinstein, R.A. (2008). *Acinetobacter* infection. New England Journal of Medicine, 358, 1271–1281.

Pierce, R.L., Daley, C.A., Gates, C.E. and Wohlgemuth, K. (1973). *Aeromonas hydrophila* septicaemia in a dog. Journal of the American Veterinary Medical Association, 162, 469.

Weese, J.S. (2008) A review of multidrug resistant surgical site infections. Veterinary and Comparative Orthopaedics and Traumatology, 21, 1–7.

Wohlgemuth, K., Pierce, R.L. and Kirkbride, C.A. (1972). Bovine abortion associated with *Aeromonas hydrophila*. Journal of the American Veterinary Medical Association, 160, 1001–1002.

Wouters, E.G., Ho, H.T., Lipman, L.J. and Gaastra, W. (2008). Dogs as vectors of *Streptobacillus moniliformis* infection? Veterinary Microbiology, 128, 419–422.

第
三
篇

Section 4

第四篇

真菌学

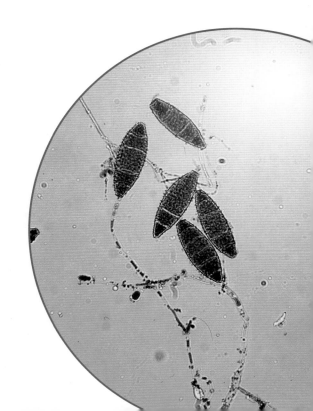

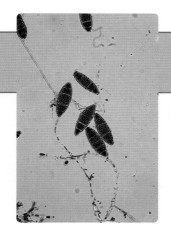

第42章

致病性真菌概况

△ 要点

- 真菌是真核非光合微生物
- 广泛分布于环境中
- 细胞壁含有几丁质和其他多糖类物质
- 异养生物；能分泌细胞外酶并通过吸收获取营养
- 分枝菌丝和单细胞酵母是其两种主要形式
- 通过产生孢子进行有性繁殖和无性繁殖
- 在25℃、有氧条件下生长；一些霉菌为严格需氧菌
- 耐高渗透压和低pH；在pH为5.5的沙堡（Sabouraud）葡萄糖琼脂上生长
- 对抗细菌的药物具有耐受性
- 多数为腐生菌，有些真菌能引起机会性感染
- 皮肤癣菌是引起人和动物癣菌病的病原体

真菌是真核非光合异养生物，可分泌细胞外酶（exoenzymes），并通过吸收获取营养。据估计，地球上大概有150万种真菌，其中8万多种已被确认。大约有400种真菌对人类和动物有致病性。近来基于各种真菌DNA比对研究，真菌分类总是处于不断的变化之中。传统上，真菌是依据形态差异、生理学、结构大分子的存在和性交配模式进行分类。但在某些情况下，分子研究表明，在同一生存环境中形态学上无差别的真菌属于不同的种。

2007年，人们提出了真菌界的一种综合的系统分类方法（（Hibbett等，2007）。这种新的分类方法体现在《真菌辞典》（*Dictionary of the Fungi*）（Kirk等，2008），以及Index Fungorum（www.indexfungorum.org）网页上。

目前，真菌界分为五个门：微孢子门（Microspora或Microsporidia）、子囊菌门（Ascomycota）、担子菌门（Basidiomycota）、芽枝霉门（Blastocladiomycota）和球囊菌门（Glomeromycota）。子囊菌门和担子菌门目前被归类到新设立的双核菌亚界。另外，人们还提出有两个新门：壶菌门（Chytridiomycota）和新丽鞭毛菌门（Neocallimastigomycota）。接合菌门（Zygomycota）目前未被这种分类法所认可，有待于传统上属于这个门的各进化支之间的关系清晰之后再定。具有兽医重要地位的接合菌被归类到毛霉亚门（Mucormycotina）。毛霉亚门目前被列入未定地位种类；而接合菌门这一术语仍在使用，将来有可能会被重新正式确立，并将囊括毛霉亚门。

真菌的传统分类在很大程度上依赖于形态学和有性繁殖。真菌类的有性繁殖生活史形式被称为有性型，其无性形式被称为无性型。缺少有性或减数分裂阶段的真菌通常称为有丝分裂孢子真菌（mitosporic fungi），大约所有真菌的1/5，包括许多曲霉属（*Aspergillus*）、马拉色菌属（*Malassezia*）、青霉属（*Penicillium*）和球孢子菌属（*Coccidioides*）的真菌，没有已知的有性阶段。以前这些真菌被列为异类群称作半知菌纲（Deuteromycota）或不完全真菌（fungi imperfecti）。分子方法越来越多地被用于构建系统树来表明进化关系，并可以对真菌进行适当分类，即使有些真菌没有发现存在有性繁殖方式。这些方法通常包括高度保守的核糖体RNA的核苷酸序列的比较，尤其是18S和26S核糖体DNA序列。许多真菌以前被归类到半知菌纲，现转归到子囊菌纲。具有独立的有性型和无性型名称的双重命名系统已使用多年，该系统的出现是由于许多真菌的分类是在它们的有性繁殖方式确认之前确定的。在许多情况下，无性型名称更容易知晓，因为它的无性生殖方式与疾病的发生有关。皮肤癣菌犬小孢子菌（*Microsporum canis*）就很好地说明了这一点，该菌的有性型名称（teleomorph name）为太田节皮菌（*Arthroderma otae*）。预计，随着分子诊断方法的发展，这种双重命名系统最终变得没有必要。

　　兽医上有致病特性的真菌绝大多数属于子囊菌门、担子菌门或接合菌门。壶菌门中的成员能引起青蛙的皮肤感染，其感染直接干扰了青蛙通过皮肤呼吸的能力（Rosenblum等，2010）。该壶菌病首次在澳大利亚报道，随后在许多洲相继报道，并在加利福尼亚州、中美洲和南美洲地区引起两栖动物的高死亡率。球囊菌门是真菌中的最小类群，它作为植物共生体形成丛枝菌根并与植物根系结合，具有重要的生态意义。芽枝霉门包括游动孢子真菌。

　　形态上，真菌可以分为霉菌和酵母（图42.1）。霉菌形成分枝细丝称为菌丝（hyphae），直径2～10微米，而单细胞酵母的形态为椭圆形或球形（直径3～5微米）。双相型真菌均能以霉菌和酵母的形式存在。环境因素通常决定双相型真菌的形态。有些真菌如白色念珠菌等，除这两种主要形态外，还可以产生多种形态，被称为多相型真菌。

　　真菌为需氧菌，且多数为严格需氧菌。致病性真菌不同类群的最适生长温度，以及不同菌落生长发育所需的培育时间见表42.1。通过产生孢子的方式繁殖既可以是有性的，也可以是无性的。某些种这两种孢子形成类型均可发生。真菌可耐受高渗透压和低至pH5.0的酸性环境。

　　真菌以腐生、寄生或共生方式生存。共生性真菌与其他微生物是专性共生关系，为非致病性真菌。腐生性真菌广泛存在于环境中，并参与有机物的分解，偶尔引起动物机会性感染。寄生于皮肤的癣菌具有致病性，引起动物的癣菌病。酵母生长在皮肤和黏膜上，通常是共生的，其过度生长可能会引起局部病变。

表42.1　真菌需氧培养的条件

真菌类型	培养条件	
	温度(℃)	时间
皮肤癣菌	25	2～4周
曲霉	37	1～4天
酵母（致病的）	37	1～4天
双相型真菌		
霉菌 第2相	5	1～4周
酵母相	37	1～4周
接合菌	37	1～4天

◉ 结构

　　真菌细胞壁具有严密性和渗透稳定性，主要成分是碳水化合物，包括相互交联的几丁质大分子和纤维素。酵母的细胞壁含有蛋白质和多糖，某些种含有一系列脂类化合物。双分子层细胞膜排列在真菌细胞壁上，主要固醇是麦角固醇，与胆固醇不同，胆固醇是动物细胞膜的重要组成成分。霉菌和酵母都具有核膜清晰可辨的细胞核、线粒体和微管网状结构。隔膜（横隔）通常存在于菌丝中。

◉ 生长、繁殖和菌落形成

　　在环境条件有利的情况下气生真菌孢子萌发。真菌孢子先是膨大，新陈代谢活动增加，然后形成管状突起，管状突起继续发育形成分枝菌丝（图42.2）。菌丝壁薄，其顶端是可塑的，当菌丝进行顶端生长时，细胞壁组分间的交联促成结构的成熟。细胞壁向内生长形成隔，隔中央有小孔，使养料和细胞器互相沟通。菌丝和菌丝侧枝的延伸，互相交错成团，形成菌丝体。

　　霉菌往往随着菌丝在其周围的生长和延伸而形成大的菌落。对于某些种，位于菌落中央的成熟菌丝可产生特化的气生菌丝。气生菌丝末端形成产孢球

图42.1　在显微镜下观察到的两种主要的真菌形式
A. 有横隔的霉菌分枝菌丝，许多菌丝交织在一起形成菌丝体（mycelium）；
B. 酵母的芽殖细胞。

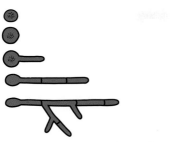

图42.2　真菌孢子发芽到最后形成分枝菌丝的各发育阶段

（sporing head），产生孢子，并促进成熟孢子的扩散。在这种无性生殖方式中，产孢球通常产生两类孢子，即分生孢子（conidia）和孢子囊孢子（sporangium）。分生孢子在分生孢子梗（conidiospore）上形成，孢子囊孢子在孢子囊梗（sporangiospore）上形成（生长在气生菌丝上的囊样结构称为孢子囊）（图42.3）。只有接合菌门真菌才能形成孢子囊孢子。皮肤癣菌中，多细胞结构分生孢子称为大分生孢子（macroconidia），单细胞的小分生孢子（microconidia）在培养物中由侧菌丝分枝产生，而节分生孢子（anthroconidia）是由角质化结构中的菌丝分解而形成的。由真菌产生的无性孢子见图42.4。

大多数酵母由芽殖进行无性分裂。在芽殖点上的横壁形成之后，子细胞从母细胞上分离出来。酵母样真菌菌落为圆形，柔软、光滑。

真菌有性阶段的特征通常在专门的实验室进行检验。它们对于真菌的门类划分非常重要。子囊菌门、担子菌门和接合菌门的有性孢子的简要特征见表42.2。

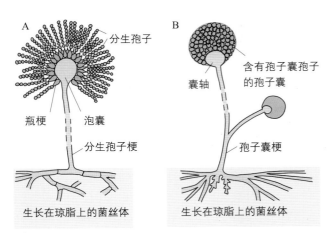

图42.3　生长在琼脂上的真菌活跃的菌丝体和带有产孢球的气生菌丝

A. 曲霉；B. 根霉。

节分生孢子（anthroconidia），又称节孢子（anthrospore）
孢子在菌丝断裂过程中形成并随后释放。A. 皮肤癣菌中的孢子相继形成；B. 粗球孢子菌中的孢子中间有空细胞间隔

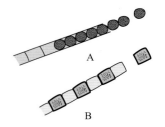

芽分生孢子（blastoconidia），又称芽孢子（blastospore）
分生孢子（箭头）由芽殖产生。A. 白色念珠菌的母细胞上产生的分生孢子；B. 菌丝上产生的分生孢子；C. 假菌丝上产生的分生孢子

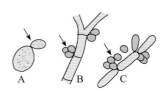

厚垣孢子（chlamydoconidia），又称厚壁孢子（chlamydospore）
孢子壁厚、具有抵抗力，含有贮存产物。这些结构是某些真菌在不利环境条件下形成的

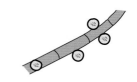

大分生孢子（macroconidia）
由皮肤癣菌培养产生的大型多细胞分生孢子

小分生孢子（microconidia）
某些皮肤癣菌产生的小分生孢子

瓶分生孢子（phialoconidia）
管形瓶产生的分生孢子，由泡囊产生的曲霉菌管形瓶

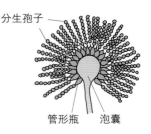

孢子囊孢子（Sporangiospore）
由接合菌（如根霉属）形成的孢子，当成熟的孢子囊破裂时开始释放孢子

图42.4　兽医上重要的真菌所产生的无性孢子

⊙ 真菌病的一般特征

　　真菌的致病机理见贴42.1。由组织侵袭而引起的真菌病（霉菌病），根据病变的部位可以很方便地分类（表42.3）。表层皮肤真菌病可归类到皮肤真菌病，或归类到皮肤癣菌病。皮肤真菌病是由于念珠菌或厚皮马拉色菌等真菌的过度生长，而引起皮肤或黏膜皮肤交界处的机会性感染。小孢子菌和毛癣菌等皮肤癣菌可侵袭和破坏皮肤角质结构，引起皮肤癣菌病。由于皮肤癣菌病的传染性和人兽共患的可能性，皮肤癣菌病在临床上更为重要。皮下组织真菌病是由真皮和皮下组织的局部真菌侵入而引起的，通常发生于异物侵入之后。由产色素的真菌（暗色真菌，dematiaceous fungi）引起的感染，称为暗色丝孢霉病（phaeophomycosis）。由腐生真菌引起的肿瘤样肉芽肿病变称为真足菌肿（eumycetoma），又称足分枝菌病（mycetoma）。而由皮肤癣菌侵入引起的感染称为假足分枝菌病。全身性真菌病通常始发于呼吸道和消化道，由腐生菌所致，往往引起机会性感染。诱发感染的因素包括由于长期使用抗生素而导致正常菌群的改变、皮质类固醇治疗或病毒感染而引起的免疫抑制，以及在密闭空间内暴露高感染剂量的孢子（贴42.2）。

表42.2　子囊菌门、担子菌门和接合菌门真菌的有性孢子

孢子	注解
子囊孢子	由子囊菌门中的成员产生；在一个称作子囊的囊样结构里发育。子囊被包裹在结构清晰的子囊果里
担子孢子	由担子菌门中的成员产生，在一个称作担子的棒形结构上发育
接合孢子	由接合菌门中的成员产生，在厚壁的接合孢子囊中发育，而后在两个邻近菌丝的侧突起融合处形成

表42.3　根据病变部位对真菌疾病加以分类

类别	病变部位
表层皮肤真菌病	表皮、其他角质化结构和黏膜
皮下组织真菌病	皮下组织
全身性真菌病	呼吸道和消化道及其他器官系统

△ 贴42.1　真菌引起疾病的机理

- 组织侵入（真菌病）
- 产生毒素（真菌毒素中毒症）
- 过敏症的诱发

　　真菌中毒症是由于动物摄取了真菌毒素而引起的一系列重要疾病，真菌毒素存在于储存的食物或未收割的农作物中。虽然家畜对真菌感染的过敏性反应很少发生，但可引起牛和马的慢性肺病。

△ 贴42.2　可能诱发真菌侵入组织的因素

- 免疫抑制
- 长期的抗生素治疗
- 免疫缺陷
- 年幼、衰老和营养不良
- 接触到大量的真菌孢子
- 组织损伤
- 皮肤表面持续潮湿
- 一些肿瘤疾病

⊙ 真菌疾病的诊断

　　由于孢子气溶胶具有感染人类的风险，因此真菌的培养操作应在生物安全柜内进行。粗球孢子菌（Coccidioides immitis）的培养应仅在参考实验室进行，因为在25℃和37℃培养条件下均能产生具有高度感染性的节孢子。

- 根据临床症状和病史可作出初步诊断，尤其是对于皮肤癣菌病。
- 样品包括浅部真菌病患畜的毛发和皮肤碎屑，从皮下真菌病和全身性真菌病患畜采集的活组织检查或死后样品。开始治疗之前，应以无菌方式从活动性病变的周围采集样品。
- 湿标本片的直接显微镜检查可以确证：
  - 样本上加几滴10%的氢氧化钠，加盖玻片作用数小时，待样本透明后，可以看清被感染毛发周围的癣菌节孢子或被感染组织内的菌丝。
  - 将脑脊髓液与印度墨汁或苯胺黑混合，可观察到新生隐球菌（Cryptococcus neoformans），如具有宽大荚膜的芽殖细胞。
  - 菌落样品置于载玻片上，加一滴乳酚棉蓝，加盖玻片，在显微镜下可以观察到产孢球。直接显微

镜检查的其他方法包括玻片培养法和透明胶带技术，酵母细胞可用亚甲蓝或革兰染色法。

- 真菌通常在沙堡葡萄糖琼脂(pH5.5)上分离培养，该培养基可抑制大多数细菌的生长。在培养基内加入氯霉素和放线菌酮可抑制一些快速生长的污染真菌如接合菌，增加选择性。为了刺激双相型真菌酵母期的生长，可用滋养培养基如含5%血液的脑心浸液琼脂，在37℃下培养。各种不同类型真菌的培养时间和温度在表42.1中列出。

- 真菌菌丝或酵母型的组织病理学观察对于深部真菌感染分离株的确认是必要的。过碘酸—希夫染色（periodic acid-Schiff，PAS）反应或六亚甲基四胺银浸渍法（methenamine silver impregnation）可对组织切片中真菌成分进行染色。

◉ 真菌种类的区分

用于区分相关真菌疾病的主要形态特征见表42.4。此外，根据真菌病原的分子生物学和免疫学特征进行种类区分，目前正在发展阶段。
- 有性阶段（有性型）的形式用于确定真菌归属于哪个门（表42.2）。

表42.4　与真菌疾病有关的真菌的不同特点

特点	门		
	子囊菌门	担子菌门	接合菌门
有性孢子	子囊孢子	担子孢子	接合孢子
无性孢子	分生孢子	分生孢子	孢子囊孢子
有隔菌丝	+	+	−

- 通过检查产孢球中分生孢子的排列形式，以及根据孢子的类型和形态学可做出初始区分，如果发现成熟的孢子囊可确定该真菌为接合菌。

- 可用于区分活跃的菌丝的性状包括：
  - 有无隔膜；
  - 区分透明（无色）或是暗色（有色）；
  - 具体的菌丝结构如球拍形菌丝和螺旋状菌丝。

- 菌落特点：
  - 经过特定时间的培养之后，观察菌落的大小和形态；
  - 菌落正反两面的颜色；
  - 菌落表面的突起或凹陷。

- 酵母可通过菌落的形态，以及个体细胞的大小和形状加以区分。另外，生化反应也可用于区分真菌类型。

- 双相型真菌在沙堡葡萄糖琼脂于25℃培养时生长为霉菌，在滋养培养基于37℃培养时生长为酵母。

- 由双相型真菌产生的可溶性抗原可用于免疫学试验的确证。

- 对双相型真菌做出快速可靠鉴定的特异核酸探针技术已建立起来。

- 分子诊断方法包括PCR和特异性探针正越来越多地运用于特定真菌种类的鉴定。但由于环境中大量的真菌能引起疾病，常规方法将仍然很重要。

◉ 抗真菌治疗

真菌和动物的真核细胞通常是相似的，都有细胞结构和代谢途径。由于大多数真菌的质膜与动物细胞的质膜不同，真菌的质膜具有麦角固醇作为主要的固醇成分，它们是许多抗真菌治疗药物的主要作用靶点。抗真菌药的分类及其作用方式在第53章论述。

◉ 参考文献

Hibbett, D.S., Binder, M., Bischoff, J.F., et al. (2007). A higher level phylogenetic classification of the fungi. Mycological Research, 111, 509–547.

Kirk, P.M., Cannon, P.F., Minter, D.W. and Stalpers, J.A. (2008). Dictionary of the Fungi. 10th Edition. CABI, Wallingford.

Rosenblum, E.B., Voyles, J., Poorten, T.J. and Stajich, J.E. (2010). The deadly chytrid fungus: a story of an emerging pathogen. Public Library of Science: Pathogens 6(1): e1000550. doi:10.1371/journal.ppat.1000550.

第四篇

◉ **进一步阅读材料**

Merz, W.G. and Hay, R.J. (2005). Medical mycology. In *Topley and Wilson's Microbiology and Microbial Infections*. Tenth Edition. Hodder Arnold, London.

Evans, E.G.V. and Richardson, M.D. (1989). Medical Mycology. IRL Press, Oxford.

Quinn, P.J., Carter, M.E., Markey, B.K. and Carter, G.R. (1994). Clinical Veterinary Microbiology. Mosby Year Book Europe, London. pp. 367–380.

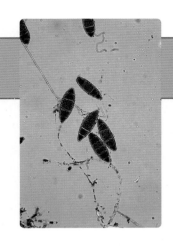

第43章

皮肤癣菌

皮肤癣菌（dermatophytes）是一组具有隔膜的真菌，呈世界性分布，侵入浅表的角质化结构如皮肤毛发和爪等。30余种皮肤癣菌现被归为三个无性型属，即小孢子菌属（*Microsporum*）、毛癣菌属（*Trichophyton*）和表皮癣菌属（*Epidermophyton*）。最初，皮肤癣菌被归类于不完全真菌（fungi imperfecti）。然而，尽管存在生态变异和表型变异，分子生物学研究表明，所有的皮肤癣菌之间遗传学上关系密切，都是子囊菌门（Ascomycota）裸囊菌科（Arthrodermataceae）的成员，已被证明能够进行有性繁殖的几个种被归类于有性型节皮菌属（*Arthroderma*），具有无性型和有性型双重名。无性型这个名称现在仍然被最为广泛地认可，本章将继续使用该名称。絮状表皮癣菌（*Epidermophyton floccosum*）主要是人类的病原体。

节孢子（arthrospores）又可称为节分生孢子（arthroconidia），是该组真菌侵入组织的最常见的感染形式。它们是由皮肤角质结构内的菌丝断裂释放出来的。这些有抵抗力的孢子可以在建筑物内适宜的环境中存活12个月以上。皮肤癣菌是严格需氧菌，它们中的大多数在标准沙堡葡萄糖琼脂上生长缓慢，需要在沙堡葡萄糖琼脂里添加酵母提取液来补充其所需的特殊生长因子。大分生孢子和小分生孢子在培养过程中产生。许多皮肤癣菌的菌落是有颜色的。菌落形态和产生的大分生孢子的类型可用于种类鉴定。

皮肤癣菌病（癣菌病）侵袭许多动物种类（表43.1）。该病是一种人兽共患病，大多数人类感染是通过感染猫感染了犬小孢子菌（*Microsporum canis*）而引起的（Pepin 和 Oxenham，1986）。

△ 要点

- 子囊菌门成员
- 偏嗜角化结构；定殖并侵袭皮肤、毛发和指甲
- 在实验室专用培养基如沙堡葡萄糖琼脂上生长缓慢，有些真菌需要添加生长因子
- 需氧培养，耐受培养基中的环己酰胺
- 菌落通常有颜色
- 大分生孢子在培养中形成
- 从感染的动物体上脱落的节孢子，数月仍具有感染性
- 嗜动物和嗜人的皮肤癣菌是专性病原体；嗜土皮肤癣菌为土壤腐生菌
- 引起特征性的环状皮肤病损称为癣菌病

◉ 常见的生存环境

皮肤癣菌可根据它们的生长环境和宿主偏好如嗜土、嗜动物或嗜人的特性进行分类（表43.2）。嗜土性皮肤癣菌在土壤里寄居和繁殖，这与土壤中含有分解的角质物如毛发或羽毛有关（Weitzman 和 Summerbell，1995）。动物可通过接触土壤而感染嗜土性皮肤癣菌，或通过接触感染动物而引起感染。嗜动物性或嗜人性皮肤癣菌是专性病原体，不能在土壤中繁殖。它们以角质化结构病原体的形式存在，不能进行有性繁殖。皮肤癣菌在角质化结构上生长很少产生大分生孢子，因此其依靠节孢子的产生进行传播。每种嗜动物性癣菌往往在特定的动物宿主上寄生。

◉ 实验室鉴定与识别

种的鉴定主要根据菌落形态和大分生孢子的

表43.1 动物皮肤癣菌、它们的主要宿主以及据报导的地理分布情况

皮肤癣菌	宿主	地理分布
犬小孢子菌（犬变种）M. canis (var. canis)	猫、犬	全球
犬小孢子菌畸形变种(M. canis var. distortum)	犬	新西兰、澳大利亚、北美洲
犬小孢子菌（马小孢子菌）M. canis (M. equinum)	马	非洲、大洋洲、欧洲、南美洲和北美洲
鸡小孢子菌（M. gallinae）	鸡、火鸡	全球
石膏样小孢子菌（M. gypseum）	马、犬、啮齿动物	全球
猪小孢子菌（M. nanum）	猪	南美洲和北美洲、欧洲、大洋洲
桃色小孢子菌（M. persicolor）	田鼠	欧洲、北美洲
马毛癣菌（T. equinum）	马	全球
马毛癣菌自养变种（T. equinum var. autotrophicum）	马	澳大利亚和新西兰
须毛癣菌刺猬变种（T. mentagrophytes var. erinacei）	欧洲刺猬、犬	欧洲、新西兰
须毛癣菌须疮菌变种（T. mentagrophytes var. mentagrophytes）	啮齿动物、犬、马和多种其他动物	全球
须毛癣菌坤氏变种（T. mentagrophytes var. quickeanum）	老鼠	澳大利亚、加拿大、东欧、意大利
猴毛癣菌（T. simii）	猴、家禽、犬	印度、巴西、几内亚
疣状毛癣菌（T. verrucosum）	牛	全球

表43.2 根据宿主偏好或生存环境对皮肤癣菌的归类

嗜动物类	嗜土类	嗜人类[a]
犬小孢子菌	库克小孢子菌	絮状表皮癣菌
鸡小孢子菌	石膏样小孢子菌	奥杜盎小孢子菌
马毛癣菌	猪小孢子菌	铁锈色小孢子菌
须毛癣菌	桃色小孢子菌	红色发癣菌
疣状毛癣菌	猴毛癣菌	黄癣菌

a：嗜人类皮肤癣菌极少感染动物。

显微形态、厚垣孢子或其他结构来确定（表43.3，图43.1，图43.2）。

- 从动物体内分离出的常见皮肤癣菌的菌落形态特点见表43.3。每个菌落的正面和反面都应进行仔细观察。
- 将培养物置于染液中或用透明胶带法制作菌落样品，乳酚棉蓝染色后（图43.1，图43.2），用低倍镜或高倍镜观察大分生孢子的形态。其他结构如螺旋菌丝、小分生孢子或厚垣孢子也可用于鉴别。
- 可用商品化的发癣菌琼脂满足其特殊的生长需求。对照培养基特制发癣菌琼脂1号（T1）是一种酪蛋白基础琼脂。将生长因子添加于基础琼脂中而制备的其他培养基称为T3，T3含有硫胺素（维生素B$_1$）和肌醇。T4只含有硫胺素，T5含烟酸。
  - 疣状毛癣菌（Trichophyton verrucosum）的生长需要硫胺素，有时还需肌醇，通常在T3或T4培养基上生长。

石膏样小孢子菌
船形大分生孢子
[（25～60）微米 ×（7～15）微米]，壁薄、粗糙，有多达6个横隔

猪小孢子菌
梨形或卵形大分生孢子[(10～30)微米 ×（6～13)微米]壁薄、粗糙，通常具有1个横隔

犬小孢子菌
纺锤形大型分生孢子
[(40～120)微米 ×（8～20)微米]，壁厚、粗糙，有多达15个横隔

图43.1 三种小孢子菌大分生孢子的形态特征

须毛癣菌
雪茄形大分生孢子
[(20～50)微米 ×（4～8)微米]，壁薄、光滑，多达7个横隔

疣状毛癣菌
厚垣孢子呈链状排列；大分生孢子罕见

图43.2 须毛癣菌大分生孢子和疣状毛癣菌的厚垣孢子的形态特征

- 马毛癣菌的生长需要烟酸，而马毛癣菌自养变种（T. equinum var. autotrophicum）则不需要。在T1和T5培养基上生长可用来区分这些变种。
- 须毛癣菌（Trichophyton mentagrophytes）在克里斯坦森（Christensen）尿素琼脂上生长时水解尿素。
- 温度耐量试验有助于将疣状毛癣菌和须毛癣菌这两种

表43.3 从动物上分离的皮肤癣菌的菌落形态和生长特点

皮肤癣菌	生长在沙堡葡萄糖琼脂上的菌落形态	说明
犬小孢子菌	正面为白色至浅黄色，菌落边缘呈鲜亮的橙色；背面为黄橙色或黄褐色	在米饭培养基上可产生大量孢子。培养10天后菌落增大至50毫米
石膏样小孢子菌	正面为浅黄色至肉桂色，菌落边缘呈白色且为粉状；背面为浅黄色至红褐色	培养10天后菌落增大至50毫米。类似老鼠气味
猪小孢子菌	正面为奶油色至棕褐色，粉状的。背面为红褐色	培养10天后菌落增大至35毫米
马发癣菌	正面最初为白色绒毛状，稍后呈浅黄色折叠状；背面为黄色至暗赤褐色	生长需要烟酸。培养10天后菌落增大至35毫米
须毛癣菌	正面为奶油棕褐色至浅黄色，粉状；背面为浅棕褐色至深棕色	培养10天后菌落增大至35毫米。尿素酶阳性；37℃条件下生长良好
疣状毛癣菌	正面为白色堆状、似天鹅绒；背面为白色或淡米黄色	生长缓慢，培养10天后菌落增至10毫米。生长需要硫胺素，有时还需要肌醇。37℃条件下生长

菌与其他皮肤癣菌区分开来，这两种菌在37℃条件下生长良好，而其他皮肤癣菌则不能耐受这样的温度。

- 体外毛发穿孔试验有时可用来将须毛癣菌的非典型菌株与红色毛癣菌相区分；将非典型犬小孢子菌与马毛癣菌相区分。取一个孩子的金发，灭菌，放入正在培养中的皮肤癣菌中，于25℃下培养。从第7天起，将金发用乳酚棉蓝染色，显微镜下观察，可见犬小孢子菌和须毛癣菌穿入毛干形成楔形的深蓝色结构（图43.3）。

- 皮肤癣菌试验培养基（DTM）可将皮肤癣菌与污染真菌区分开。该培养基用酚红作为pH指示剂。皮肤癣菌在该培养基上生长可产生碱性代谢产物，使培养基的颜色变红。其他真菌培养基应与DTM结合使用，因为有些污染真菌也可以引起颜色变化。此外，DTM颜色的变化可掩盖区分皮肤癣菌种类所需的特有的着色现象。

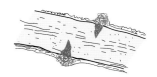

图43.3 体外毛发穿孔试验
沿着毛干的楔形区域是用乳酚棉蓝染色而成的。有些皮肤癣菌如犬小孢子菌和须毛癣菌可产生这样的毛发穿孔图案。

◉ 致病机理和致病性

皮肤癣菌侵入表皮的角质层、毛囊、毛干和羽毛等角质化结构。病变的进展受皮肤癣菌的毒力和宿主免疫能力的影响。年幼、年老、虚弱和免疫抑制的动物特别易感。可通过接触受感染的宿主而直接感染，或通过环境中被感染的上皮碎屑而间接感染。具有感染性的节孢子附着在角质化结构上并在6小时内开始发育。轻微外伤如皮肤的轻微擦伤或是节肢动物的叮咬可促成感染的发生。潮湿的皮肤表面和温暖的环境有利于孢子的萌芽。菌丝生长的代谢产物可引起局部的炎症应答。菌丝从最初的病变部位向外周正常皮肤离心生长，形成典型的金钱癣病变。随着病变的发展，在病变的中心部位可发现脱毛、组织修复和无活性的菌丝。菌丝的生长可导致表皮增生和角化过度。霉菌性毛囊炎之后往往引起继发性细菌感染。

强的细胞介导免疫应答的产生与迟发型超敏反应的开始有关，迟发型超敏反应通常可促使皮肤癣菌的清除、病变的消退并对再感染产生局部抵抗力。皮肤癣菌病的免疫是短暂的，如果攻击剂量较大可能会出现再感染（Moriello 和 De Boer，1995）。其他机制可能与感染的消除有关系，包括角质层的脱屑率增加、表皮渗透性提高使炎性流体渗透（Wagner 和 Sohnle，1995）。

癣菌病患病动物可产生抗皮肤癣菌糖蛋白抗原的抗体。抗体介导应答似乎起不到保护作用。持续感染的猫产生强体液免疫应答和弱细胞免疫应答已得到证实（Moriello 和 De Boer，1995）。

◉ 诊断程序

由于依靠临床背景对皮肤癣菌病作出诊断往往比较困难，因此实验室检查通常是必要的。

- 皮肤癣菌往往寄生于特定的宿主，被感染动物的种类可表明该皮肤癣菌是最有可能的病原（表43.1）。
- 适用于实验室检查的标本包括从病变边缘部位拔出的

毛发、深层的皮肤碎屑，感染脚爪碎屑和伪足菌肿（pseudomycetomas）的活检材料。将一张大纸张铺开，用干净的牙刷梳理猫的皮毛，也可以收集到合适的材料。

- 用氢氧化钠处理过的毛发和皮肤碎屑应当在显微镜下观察节孢子。节孢子排列在毛干上是典型的毛外癣菌（图43.4）。螨如蠕形螨也可能在这些样品中检测到。
- 皮肤或伪足菌肿的组织切片可以用高碘酸-希夫(氏)染色剂（PAS）染色或和六胺银技术来显示真菌结构。
- 样品需用埃蒙斯（Emmons）沙堡葡萄糖琼脂（pH 6.9）培养，需另外加入2% ~ 4%的酵母浸液，0.05克/升氯霉素和0.04克/升放线菌酮。接种好的平皿在25 ~ 27℃条件下需氧培养长达5周，每周检查2次。
- 分离株的鉴定标准：
  - 菌落形态
  - 大型分生孢子的显微形态
  - 补充试验包括分离株在皮肤癣菌试验培养基（DTM）上的生长情况
- 鉴定真菌分离株和检测皮肤病样品中真菌DNA的数种DNA方法已经建立起来（Nardon等，2007；Kanbe，2008）。
- 有可疑病变的猫和犬，总是应当用伍德灯（Wood's lamp）进行检查，因为犬小孢子菌在这些动物种类中比较常见。50%以上的感染猫和犬的毛发可清晰地看到特异的苹果绿荧光（Sparkes等，1993）。荧光检测取决于多种因素如感染的阶段和感染菌株的特性。对于隐性感染的猫，毛发应当进行培养。
- 实验室检查应当排除引起皮肤病的其他病原体。

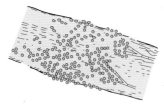

图43.4 用10%氢氧化钾溶液处理后，在显微镜下观察到的毛干表面（毛外癣菌）节孢子

◎ 临床感染

皮肤癣菌病是伴侣动物和农场动物的一种较为常见的临床疾病。由于皮肤癣菌病是人兽共患病，患病动物应当谨慎处理。

■ 猫和犬的皮肤癣菌病

大多数猫的感染都是由犬小孢子菌引起的。本病的临床特征包括经典的钱癣样病变、粟粒性皮炎、癣菌性伪足菌肿（Medleau 和 Rakich，1994）、甲癣和少见的免疫抑制动物的全身性病变。通常会发生隐性感染，猫也可通过它们的皮毛携带节孢子（Moriello等，1994）。波斯猫似乎有遗传倾向，可出现足菌肿样病变。通常引起犬发病的皮肤癣菌见贴43.1。本病一般表现为炎症部位周围脱毛、脱屑和断毛。不常见的病变包括毛囊炎和甲癣。病变分布于动物的鼻口部，这可能与其某些行为活动有关，如嗜好掘土、捉鼠和攻击刺猬。这些活动往往决定了所感染皮肤癣菌的种类，例如须毛癣菌刺猬变种（*T. mentagrophytes* var. *erinacei*）通常来自于刺猬，而石膏样小孢子菌（*M. gypseum*）来自于土壤。犬的全身性感染不常见，通常与某些疾病如肾上腺皮质功能亢进和免疫抑制有关。

△ **贴43.1 犬皮肤癣菌**
- 犬小孢子菌
- 石膏样小孢子菌
- 须毛癣菌刺猬变种

治疗和控制

由于皮肤癣菌病是人兽共患病，因此对家养食肉动物的治疗和控制特别重要。

- 如果病变程度轻微，用石硫合剂或咪康唑洗发剂治疗可能有效（Moriello 和 De Boer，1995）。用0.2%的恩康唑溶液治疗犬、猫、马和牛在大多数国家中许可使用。
- 剪掉毛发是可取的，尤其是在病变面积较大时尤为可行。剪下物含有大量的感染性节孢子，必须小心处理。
- 口服伊曲康唑、氟康唑或特比萘芬是系统治疗的首选药物。唑类药物由于有致畸的可能性，不应给怀孕的动物喂服。尽管灰黄霉素用于治疗皮肤癣菌病已经使用了多年，但因其有致畸的风险，现很少使用。此外，灰黄霉素可诱发中性粒细胞减少症，因此不应给猫免疫缺陷病毒感染的猫服用。
- 有可疑病变的动物应当隔离。
- 早期的实验室确认是必要的。
- 接触了病患的动物应当用伍德灯检查，并密切监视皮损。

- 污染区域应当用真空吸尘器清理干净，以去除感染的皮屑和毛发。
- 污染的卧具应当烧毁，梳理器械应当用0.5%的次氯酸钠消毒。
- 用于犬和猫的多种疫苗已生产多年，但至今仍然缺乏证据证明其有效性（Lund和DeBoer，2008）。

■ 牛皮肤癣菌病

疣状毛癣菌是牛癣菌病通常的致病因素。小牛感染最为常见，通常在脸上和眼睛周围形成特征性病变。小母牛和奶牛的病变可能会出现在颈部和四肢。感染皮肤周围的卵圆形区域脱毛并有灰白色痂皮。冬季发生感染最为常见，许多动物在这个季节受到感染。牛皮肤癣菌病通常是可以自愈的。但个别珍贵动物可能需要治疗。局部用制剂如5%石硫合剂、克菌丹（1:300）或那他霉素可能是有效的。个别病变可用氟康唑、伊曲康唑或特比萘芬进行治疗。疣状毛癣菌减毒商品化疫苗（LTF-130或CCM 8165）在欧洲和俄罗斯已被成功地用于控制牛的皮肤癣菌病（Gordon和Bond，1996；Lund和DeBoer，2008）。

■ 马皮肤癣菌病

马毛癣菌（*Trichophyton equinum*）是引起马癣菌病的主要原因。马毛癣菌自养变种（*Trichophyton equinum* var. *autotrophicum*）是一个变种，它不需要烟酸，相对而言仅限于马感染，不常见且地理分布有限。马小孢子菌（*Microsporum equinum*）现在被认为与犬小孢子菌相同（Graser等，2000），常发生于幼马。通过直接接触或被污染的马具和理毛用具而传播。皮肤病变的分布可能预示着某种可能的感染源。病变通常仅限于马肚带或马鞍区域；如果理毛工具被污染，病变可能大面积地分布。由石膏样小孢子菌引起的感染可能是由于马匹在土壤里打滚而发生的。病变通常仅限于背部。须毛癣菌偶尔可从马匹中分离出，而疣状毛癣菌感染可能是与感染牛接触而引起的。4岁以下马匹对皮肤癣菌病特别易感。用局部用制剂如5%石硫合剂、那他霉素或唑类化合物治疗通常是有效的。患病动物必须隔离，被污染的马具和理毛用具应当用0.5%的次氯酸钠消毒。在一些欧洲国家，给动物群接种疫苗以防止感染的传播（Lund和DeBoer，2008）。

■ 猪皮肤癣菌病

皮肤癣菌病在猪群中不常见，它通常是由猪小孢子菌（*M. nanum*）引起的。该病在猪群中可造成地方性流行，一般不易识别，尤其是对于那些皮肤有颜色的猪（Ginther，1965）。各种年龄的猪都易感，病变可发生在体表的任何部位，呈厚厚的褐色痂皮状。猪的癣菌病不具有经济重要性。

■ 家禽黄癣

鹑鸡类偶尔感染鸡小孢子菌（*M. gallinae*），引起禽癣或黄癣。通常在鸡冠和肉垂上形成白色鳞片状癣痂。如果病情严重，羽囊可能被侵袭，被感染的禽类可能会出现全身性疾病。

■ 参考文献

Ginther, O.J. (1965). Clinical aspects of *Microsporum nanum* infection in swine. Journal of the American Veterinary Medical Association, 146, 945–953.

Gordon, P.J. and Bond, R. (1996). Efficacy of a live attenuated *Trichophyton verrucosum* vaccine for control of bovine dermatophytosis. Veterinary Record, 139, 395–396.

Graser, Y., Kuijpers, F.A., El Fari, M., Presber, W. and De Hoog G.S. (2000). Molecular and conventional taxonomy of the *Microsporum canis* complex. Medical Mycology, 38, 143–153.

Kanbe, T. (2008). Molecular approaches in the diagnosis of dermatophytosis. Mycopathologica, 166, 307–317.

Lund, A. and DeBoer, D.J. (2008). Immunoprophylaxis of dermatophytosis in animals. Mycopathologia, 166, 407–424.

Medleau, L. and Rakich, P.M. (1994). Microsporum canis pseudomycetomas in a cat. Journal of the American Animal Hospital Association, 30, 573–576.

Moriello, K.A. and DeBoer, D.J. (1995). Feline dermatophytosis: recent advances and recommendations for therapy. Veterinary Clinics of North America: Small Animal Practice, 25, 901–921.

Moriello, K.A., Kunkle, G. and DeBoer, D.J. (1994). Isolation

第四篇

of dermatophytes from the haircoats of stray cats from selected animal shelters in two different geographic regions of the United States. Veterinary Dermatology, 5, 57–62.

Nardoni, S., Franceschi, A. and Mancianti, F. (2007). Identification of *Microsporum canis* from dermatophytic pseudomycetoma in paraffin-embedded veterinary specimens using a common PCR protocol. Mycoses, 50, 215–217.

Pepin, G.A. and Oxenham, M. (1986). Zoonotic dermatophytosis (ringworm). Veterinary Record, 118, 110–111.

Sparkes, A.H., Gruffydd-Jones, T.J., Shaw, S.E., Wright, A.I. and Stokes, C.R. (1993). Epidemiology and diagnostic features of canine and feline dermatophytosis in the United Kingdom from 1956 to 1991. Veterinary Record, 133, 57–61.

Wagner, D.K. and Sohnle, P.G. (1995). Cutaneous defenses against dermatophytes and yeasts. Clinical Microbiological Reviews, 8, 317–335.

Weitzman, I. and Summerbell, R.C. (1995). The dermatophytes. Clinical Microbiological Reviews, 8, 240–259.

■ 进一步阅读材料

Chermette, R., Ferreiro, L. and Guillot, J. (2008). Dermatophytoses in animals. Mycopathologia, 166, 385–405.

DeBoer, D.J., Moriello, K. and Cairns, R. (1995). Clinical update on feline dermatophytosis – part II, Compendium on Continuing Education for the Practicing Veterinarian, 17, 1471–1480.

Rosser, E.J. (1995). Infectious crusting dermatoses. Veterinary Clinics of North America: Equine Practice, 11, 53–59.

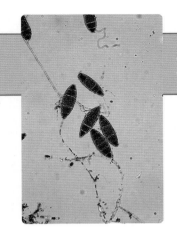

第44章

曲　霉

在腐生霉菌中，曲霉（aspergillus）分布广泛。虽然该属包括190多个种，但只有少数种会对人和动物造成机会性感染。烟曲霉（*Aspergillus fumigatus*）是侵袭组织的最常见的菌种。曲霉病（*Aspergillosis*）也可能是由其他可能的侵袭性菌种造成的，这些菌种包括黑曲霉（*A. niger*）、黄曲霉（*A. flavus*）、土曲霉（*A. terreus*）、弯头曲霉（*A. deflectus*）、构巢曲霉（*A. nidulans*）和黄柄曲霉（*A. flavipes*）。曲霉是子囊菌门的成员。很多曲霉菌的有性型或有性阶段目前尚不清楚。最近，烟曲霉的有性生殖周期已被证实，其有性型烟色新萨托菌（*Neosartorya fumigata*）也被描述（O'Gorman等，2008）。菌丝具有横隔，透明，直径可达8.0微米。不分枝分生孢子梗在特化了的菌丝足细胞上垂直生出。分生孢子梗顶端膨大，形成顶囊，顶囊部分或全部被瓶形小梗覆盖。这些小梗可形成有颜色的圆形分生孢子链，即瓶分生孢子（phialoconidia）；分生孢子链光滑或粗糙，直径可达5.0微米（图44.1）。曲霉为需氧菌，生长迅速。培养2～3天后可形成清晰的菌落。菌落正面的颜色因种和

培养条件的不同而有所差异，可能为蓝绿色、黑色、棕色、黄色或淡红色。烟曲霉是耐热菌，生长的温度范围为20～50℃。

吸入孢子之后可引起呼吸道感染。由于摄食孢子或在组织损伤后而引起的感染很少见。全身性感染常常与免疫抑制有关。霉菌如黄曲霉，在谷类和其他食物中生长可产生极强的毒素，引起真菌中毒症（见第51章）。

◉ 常见的生存环境

曲霉是常见的土壤习居菌，大量地存在于分解的有机物质中。烟曲霉通常存在于过热的、质量差的干草和堆肥中。曲霉孢子存在于尘埃和空气中。

◉ 烟曲霉的鉴定

曲霉可在标准实验室培养基如沙堡葡萄糖琼脂上生长。由于本属包括很多种，因此很难区分。动物的大多数感染是由少数曲霉引起的，可根据菌落的形态和产孢球上分生孢子的排列方式作出推断性鉴定。

- 培养5天后菌落直径可达5厘米。菌落背面的颜色为浅黄色至浅棕色。正面的颜色取决于分生孢子的色素沉着：
  - 烟曲霉生长迅速，形成天鹅绒状或颗粒状菌落，呈蓝绿色，外围有一圈窄的白色的环。老一点的菌落呈瓦灰色。
  - 黑曲霉菌落为黑色，颗粒状，这些特征是由其着色的大的产孢球赋予的。

△ 要点

- 子囊菌门成员
- 无处不在的腐生霉菌，菌丝透明，具有横隔
- 菌落有色，生长迅速
- 顶囊着生小梗，小梗上形成有色的分生孢子
- 呼吸道病原体，通过吸入孢子获得感染
- 烟曲霉是造成大多数动物感染的致病菌
- 储存食物中由黄曲霉产生的毒素能引起黄曲霉毒素中毒

— 黄曲霉菌落呈黄绿色，绒毛状。

— 土曲霉菌落呈肉棕色，颗粒状。

- 将产孢球用乳酚棉蓝染色，用低倍和高倍镜检查，具有典型特征。这些特征包括顶囊的大小和形状，小梗的位置，分生孢子的大小、形状和颜色。烟霉和黑霉的产孢球的不同特征见图44.1。
- 由于它们的菌落形态大体相似，用显微镜将烟霉和青霉相区分是有必要的。青霉的分生孢子通常具有次生分枝（梗基），每个梗基再产生数个小梗（图44.2）。
- 要作出最终鉴定，还需对曲霉分离株的有性型进行诱导和检查，需在参考实验室进行操作。

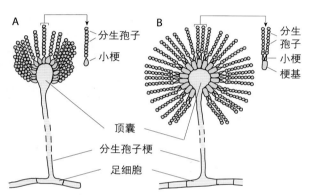

图44.1　两种曲霉的产孢球

顶囊的形状和分生孢子的排列有明显差异。烟曲霉（A）的小梗（单列）直接生长在顶囊上，而黑曲霉（B）的初生小梗生长在梗基上（双列）。

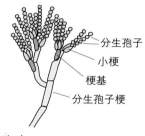

图44.2　青霉产孢球

其菌落与烟霉形成的菌落相似。

◉ 致病机理和致病性

已有记载，曲霉主要是烟曲霉，可引起多种动物感染。曲霉病主要是吸入孢子后引起的呼吸道感染。由于烟霉孢子小，它们可经过上呼吸道而被带入支气管树末端（Amitani等，1995）。吸入孢子的萌发和菌丝侵入组织取决于许多因素。真正的致病因素尚未得到证实，但许多因素结合在一起会促进疾病的发生（Tomee 和 Kauffman，2000）。曲霉孢子附着于胶原蛋白、纤维蛋白原、纤维连接蛋白和层粘连蛋白。曲霉在37℃下生长良好，并能产生各种各样的胞外酶。弹性蛋白酶、具有溶纤活性和抗凝血性质的蛋白酶被认为是重要的蛋白酶。此外，烟曲霉的代谢产物胶霉毒素，抑制纤毛的活性和巨噬细胞的吞噬作用。

宿主的免疫力在很大程度上决定感染结局。可降低免疫力的因素包括皮质类固醇治疗和抗微生物药的长期治疗。中性粒细胞和单核细胞功能的干扰可能易于侵入组织。菌丝侵入血管可导致血管炎和形成血栓。真菌性肉芽肿可能发生在肺部，偶尔也可发生在其他内脏器官。

◉ 诊断程序

- 某些具体的临床疾病，如喉囊真菌病可能提示着与曲霉有关。
- 内窥镜检查可用来发现鼻腔和喉囊的病变。
- 涉及病原学的确认，由真菌引起的组织侵袭必须用活检标本或死后采集的组织来证明，而且曲霉必须从样品中分离出来。
- 将组织切片用六胺银或用PSA方法染色，可显示菌丝侵入。
- 对样品进行分离，可将小的组织标本接种于划有浅痕的沙堡葡萄糖琼脂表面上，置于37℃下需氧培养2～5天，可见菌丝从样品上生长出来并形成菌落。
- 鉴定标准：

— 菌落形态

— 产孢球的形状及分生孢的排列方式（图44.1）

— 在45～50℃下生长（耐热真菌）

- 分子程序如聚合酶链式反应技术目前正在研发中，用来检测临床样品中的烟曲霉（Spreadbury等，1993；O'Sullivan等，2003；Peeters等，2008）。
- 血清学试验是以烟曲霉的生长期或菌丝的特异性抗原为基础的。由于经常接触，大多数动物可对分生孢子抗原产生抗体，因此血清学结果须慎重解释。对犬的检测，最敏感的血清学试验被认为是ELISA。一种商品化人用ELISA可检测血液和支气管肺泡灌洗液样本中的细胞壁成分β-1，3-D-葡聚糖，现已被成功地应用于禽血清样品的检测上（Cray等，2009）。

◉ 临床感染

曲霉病的临床病例比较少见，通常是散发性的。禽类似乎比哺乳动物对曲霉病更易感，这种易感性归因于禽类和哺乳动物对真菌的先天性免疫和获得性免疫的差异。感染在多数情况下为呼吸道感染，但由烟曲霉引起其他器官的局部感染也有记载。真菌性乳腺炎有时是由烟曲霉孢子意外进入乳管内乳腺引起的。烟曲霉有时引起混合感染包括外耳炎。由曲霉引起家畜的临床疾病见表44.1。在极少数情况下，其他真菌如青霉、拟青霉和尖端赛多孢子菌（*Scedosporium apiospermum*）可能会导致机会性感染，与曲霉引起的机会性感染相似（Watt等，1995）。据报道，烟曲霉孢子是过敏原，能诱发马的过敏性疾病，即慢性阻塞性肺病（COPD），也被称为复发性气道阻塞和"马肺气肿"（McGorum等，1993）。

■ 雏鸡肺炎

刚出壳的小鸡接触大量的烟曲霉孢子时，会感染该病。引起感染鸡只嗜睡、食欲不振，导致大批死亡。在肺部、气囊出现淡黄色结节，有时候也发生在其他器官。需要由真菌引起组织侵袭的病理组织学证据和从病变中获得的烟曲霉培养物来进行确诊。严格的卫生管理和对孵化器进行常规熏蒸消毒是有效的控制措施。

■ 成年禽曲霉病

污染的铺褥草和饲料可产生充满孢子的粉尘，成年禽吸入这些粉尘后常引起感染。家禽和圈养企鹅、猛禽和鹦鹉目禽类可能受到侵袭。企鹅如果饲养在不适当的高环境温度下，则对本病易感。而猛禽的感染是由禽舍地板上碎树皮所携带的烟曲霉孢子引起的。临床症状变化多样，包括呼吸困难和消瘦。淡黄色结节与禽肺结核所产生的病变相似，可在肺部和气囊处观察到。散播也可发生在其他内脏器官。需经组织病理学检查和培养作出确诊。

■ 喉囊真菌病

本病通常与曲霉感染有关，尤其是烟曲霉，通常为单侧感染（Ludwig等，2005）。在喉壁黏膜上常产生斑块状病变。当真菌菌丝穿入到深层组织时，可造成组织坏死、血栓症、血管壁侵蚀和神经损伤。临床症状包括鼻出血，吞咽困难，喉偏瘫。耳后肿胀、单侧流涕可引起炎性渗出物在喉囊中积聚。可根据临床症状、喉囊中积液的X线照片影像和通过内窥镜检查发现的典型病变作出诊断。依据活检标本中真菌菌丝的存在和从组织病变中分离出烟曲霉作出确诊。治疗包括抗真菌剂的注入，如将伊曲康唑注入喉囊，以及实施外科手术处理严重出血。由于可能存在的毒性和过高的成本，口服或全身性抗真菌治疗很少使用。

表44.1　由曲霉属真菌引起的家畜临床疾病

宿主	疾病	说明
禽	雏鸡肺炎	孵化器中刚孵出的小鸡感染本病
	肺炎和肺泡炎	6周龄雏鸡和幼禽最易感，年长禽类有时感染
	全身性曲霉病	通常由呼吸道感染的散播引起
马	喉囊真菌病	仅限于喉囊，常为单侧
	鼻肉芽肿	产生鼻腔分泌物和阻碍呼吸。除曲霉以外的真菌也可引发本病
	角膜炎	眼外伤后引起的局部感染
牛	真菌性流产	呈散发性发生，引起胎盘变厚，流产胎儿的皮肤上产生斑块
	真菌性肺炎	圈养犊牛不常发生本病
	真菌性乳腺炎	由使用被污染的乳房内抗生素灌注导管而引起
犬	鼻曲霉病	侵入鼻黏膜和鼻甲骨，周期性发生
	外耳炎	曲霉可引起部分混合感染
	散播性曲霉病	不常发生，可导致骨髓炎或椎间盘炎
猫	全身曲霉病	很少发生，免疫抑制动物有患病风险

■犬鼻曲霉病

犬鼻曲霉病感染幼年到中年的长头型犬。临床症状通常为单侧，包括持续性大量的带脓血的鼻液，同时伴有打喷嚏和出鼻血。放射线照相术可显示鼻甲骨的射线可透性增加。血清学阳性则可能提示为曲霉病（Billen等，2009），但培养和活检材料的组织病理学检查对于确诊是必不可少的。

伊曲康唑通过外科手术在额窦和鼻腔内插管给药，同时用氟康唑或伏立康唑进行全身治疗，应当持续治疗6~8周。

■奶牛真菌性流产

奶牛真菌性流产呈零星发生，其患病率可能受到雨季收获的劣质污染饲料的影响。烟曲霉可在潮湿的干草、质量低劣的青贮饲料和啤酒糟粕中增殖。当子宫出现血源性感染时，可引起胎盘炎，导致妊娠后期流产。患牛通常不表现全身性疾病症状。胎盘绒毛小叶间区域增厚似皮革状，绒毛小叶坏死。流产胎儿可出现皮肤斑块类似癣病变。依据胎儿皱胃内容物的烟曲霉培养物和真菌性胎盘炎的组织病理学证据作出诊断。

◉ 参考文献

Amitani, R., Taylor, G., Elezis, E.N., et al. (1995). Purification and characterization of factors produced by *Aspergillus fumigatus* which affect human ciliated epithelium. Infection and Immunity, 63, 3266–3271.

Billen, F., Peeters, D., Peters I.R., et al. (2009). Comparison of the value of measurement of serum galactomannan and *Aspergillus*-specific antibodies in the diagnosis of canine sino-nasal aspergillosis. Veterinary Microbiology, 133, 358–365.

Cray, C., Watson, T., Rodriguez, M. and Arheart, K.L. (2009). Application of galactomannan analysis and protein electrophoresis in the diagnosis of aspergillosis in avian species. Journal of Zoo and Wildlife Medicine, 40, 64–70.

Ludwig, A., Gatineau, S., Reynaud, M.C., Cadoré, J.L. and Bourdoiseau, G. (2005). Fungal isolation and identification in 21 cases of guttural pouch mycosis in horses (1998–2002). Veterinary Journal, 169, 457–461.

McGorum, B.C., Dixon, P.M. and Halliwell, R.E. (1993). Responses of horses affected with chronic obstructive pulmonary disease to inhalation challenges with mould antigens. Equine Veterinary Journal, 25, 261–267.

O'Gorman, C.M., Fuller, H.T. and Dyer, P.S. (2008). Discovery of a sexual cycle in the opportunistic fungal pathogen *Aspergillus fumigatus*. Nature, 457, 471–474.

O'Sullivan, C.E., Kasai, M., Francesconi, A., et al. (2003). Development and validation of a quantitative real-time PCR assay using fluorescence resonance energy transfer technology for detection of *Aspergillus fumigatus* in experimental invasive pulmonary aspergillosis. Journal of Clinical Microbiology, 41, 5676–5682.

Peeters, D., Peters, I.R., Helps C.R., Dehard S., Day M.J. and Clercx C. (2008) Whole blood and tissue fungal DNA quantification in the diagnosis of canine sino-nasal aspergillosis. Veterinary Microbiology, 128, 194–203.

Spreadbury, C., Holden, D., Aufauvre-Brown, A., et al. (1993). Detection of *Aspergillus fumigatus* by polymerase chain reaction. Journal of Clinical Microbiology, 31, 615–621.

Tomee, J.F. and Kauffman, H.F. (2000). Putative virulence factors of *Aspergillus fumigatus*. Clinical and Experimental Allergy. 30, 476–484.

Watt, P.R., Robins, G.M., Galloway, A.M. and O'Boyle, D.A. (1995). Disseminated opportunistic fungal disease in dogs: 10 cases (1982–1990). Journal of the American Veterinary Medical Association, 207, 67–70.

◉ 进一步阅读材料

Askew, D.S. (2008). *Aspergillus fumigatus*: virulence genes in a street-smart mold. Current Opinion in Microbiology, 11, 331–337.

Forbes, N.A. (1991). Aspergillosis in raptors. Veterinary Record, 128, 263.

Greet, T.R.C. (1987). Outcome of treatment of 35 cases of guttural pouch mycosis. Equine Veterinary Journal, 19, 483–487.

Kabay, M.J., Robinson, W.F., Huxtable, C.R.R. and McAleer, R. (1985). The pathology of disseminated *Aspergillus terreus* infection in dogs. Veterinary Pathology, 22, 540–547.

Peiffer, R.L., Belkin, P.V. and Janke, B.H. (1980). Orbital cellulitis, sinusitis and pneumonitis caused by *Penicillium* species in a cat. Journal of the American Veterinary Medical

Association, 176, 449–451.

Sharp, N., Sullivan, M. and Harvey, C. (1992). Treatment of canine nasal aspergillosis. In Practice, 14, 27–31.

Thompson, K.G., diMenna, M.E., Carter, M.E. and Carman, M.G. (1978). Mycotic mastitis in two cows. New Zealand Veterinary Journal, 26, 176–177.

Wolf, A.M. (1992). Fungal diseases of the nasal cavity of the dog and cat. Veterinary Clinics of North America: Small Animal Practice, 22, 1119–1132.

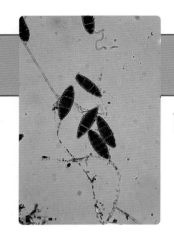

第45章

酵母及所致疾病

酵母（yeast）是单细胞真核微生物，通常为球形或卵圆形。无性繁殖阶段产生芽分生孢子（blastoconidia），又称为芽或子细胞。芽分生孢子不与母体分离呈线性生长，可伸长形成假菌丝。酵母如念珠菌属（*Candida*）在动物组织或琼脂培养基深处生长可产生真正的有隔菌丝。酵母在沙堡葡萄糖琼脂上需氧生长，能够引起组织侵入的酵母在37℃下生长良好。菌落通常湿润呈奶油状，类似于大的细菌菌落。酵母以前被分类到不完全真菌。现根据其有性型阶段或利用测序数据，将兽医上重要的酵母分类到子囊菌门（Ascomycota）的念珠菌属、大杆状菌属（*Macrorhabdus*）和地霉属（*Geotrichum*），或者分类到担子菌门（Basidiomycota）的隐球菌属（*Cryptococcus*）、马拉色菌属（*Malassezia*）和毛孢子菌属（*Trichosporon*）。

酵母分布于环境中，通常存在于植物或植物材料上。酵母也可作为共生体存在于动物的皮肤和黏膜上。它们通常会引起机会性感染，来自环境的病原菌所引起的感染称为外源性感染，由共生体过度生长引起的感染称为内源性感染。免疫抑制或长期的抗生素治疗等因素可能有利于酵母的过度生长，导致组织浸润。在动物疾病中具有重要意义的酵母是念珠菌（尤其是白色念珠菌）、新生隐球菌和厚皮马拉色菌。

鸟胃大杆状菌（*Macrorhabdus ornithogaster*）（以前称为巨型细菌）是发现在几种禽类前胃的一种酵母。该菌与澳洲长尾小鹦鹉的"失重病"有关，是一种以逐渐消瘦为特征的致死性疾病。其他酵母如白色毛孢子菌（*Trichosporon beigelii*）及酵母样霉菌的白地霉（*Geotrichum candidum*）很少引起感染。

△ 要点

- 真核细胞，单细胞芽殖细胞
- 由芽生孢子进行无性生殖
- 可形成假菌丝或真菌丝
- 有性型属于子囊菌门或担子菌门
- 白色念珠菌：
  - 适宜于多种培养基37℃下生长
  - 厚垣孢子在玉米粉琼脂上产生
  - 芽管在37℃下2小时内在血清中形成
  - 对放线菌酮有抵抗力
  - 作为共生体存在于黏膜皮肤表面，环境中不常见
  - 引起动物和人类的机会性感染，通常与免疫抑制有关
- 新生隐球菌：
  - 形成大的黏多糖荚膜
  - 37℃下能在多种培养基上生长，形成黏液样菌落
  - 有性型是一种担子菌类真菌
  - 利用鸟粪中的肌酸酐
  - 由环境中的病原体引起机会性感染
  - 引起猫、犬、马和牛的局部肉芽肿或偶尔的散播性疾病
- 厚皮马拉色菌：
  - 瓶状细胞
  - 单极芽殖
  - 哺乳动物和鸟类皮肤上的共生性微生物
  - 与犬的脂溢性皮炎和外耳炎有关

◉ **念珠菌**

念珠菌属有200余种。白色念珠菌是引起动物疾病最常见的致病菌。适宜在沙堡葡萄糖琼脂等多种

培养基上37℃下需氧生长。菌落由椭圆形芽殖细胞组成，大小约8.0微米×5.0微米。白念珠菌在动物组织中可呈现出菌丝或假菌丝等多种形态（图45.1）。在某些培养基上，可产生典型的厚壁休眠细胞被称为厚壁孢子（厚垣孢子）。

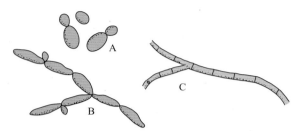

图45.1　多形态酵母白色念珠菌的三种形式
A. 芽殖酵母细胞；B. 假菌丝；C. 真正的有隔菌丝。

■ **常见的生存环境**

　　念珠菌存在于植物材料上，呈世界性分布，也可作为共生菌存在于动物和人类的消化道和泌尿生殖道。从环境中分离白念珠菌的概率要比其他念珠菌少，这表明白念珠菌生存适应性的改变倾向于寄生而不是腐生。

■ **念珠菌的鉴定**

· 大多数念珠菌的菌落形态相似。菌落呈白色，表面突起有光泽，培养3天后，菌落直径可达4～5毫米。
· 依据菌落形态，在指示培养基上进行传代培养可得出对白色念珠菌、克鲁斯念珠菌和热带念珠菌的初步鉴定（Odds和Bernaerts，1994）。
· 碳水化合物的同化和发酵试验通常在参考实验室进行，该试验可得出最终的菌种鉴定结果。
· 商品化生化试验试剂盒，通常用于诊断实验室的菌种鉴定，在24～48小时之内可出结果。
· 可用于对白色念珠菌作出初步性鉴定的一些特征包括：
　　－37℃下生长
　　－在玉米粉琼脂上深层培养，可产生厚壁孢子（图45.2）
　　－在血清中37℃下培养，2小时内可产生芽管（图45.3）
　　－在含放线菌酮的沙堡葡萄糖琼脂上生长

■ **致病机理和致病性**

　　白色念珠菌具有多种毒力因子（Cutler，1991），是引起动物疾病最主要的酵母。该生物体表面具有类整合素分子，能够黏附基质蛋白。此外，表面结构可结合纤维蛋白原和补体成分。蛋白酶和磷脂酶

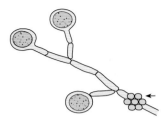

图45.2　白念珠菌的厚壁休眠细胞，被称为厚壁孢子（厚垣孢子）
这些休眠细胞是由生长在玉米粉琼脂上深层菌落上的假菌丝形成的。较小的细胞是芽生孢子（箭头所示）。

图45.3　白色念珠菌细胞在血清中37℃下培养2小时内形成芽管

的产生可能有助于入侵组织。菌相转换和生物被膜形成在白色念珠菌中已得到证实，这可能有助于其逃避宿主的防御机制。

　　在感染的早期阶段，吞噬清除机制消除大部分的酵母细胞。没有被迅速清除的细胞转化为菌丝形态。由于菌丝较大，这种从芽殖到菌丝形态的转变很可能增强了组织穿透力并增加了抗吞噬作用。磷脂酶集中在菌丝尖端，似乎可提高侵袭力。局部黏膜皮肤型念珠菌病与存在于口腔或胃肠道，以及泌尿生殖道白色念珠菌的过度生长有关。易感因素包括细胞免疫缺陷、并发症、因长期使用抗微生物药物造成的正常菌群失调，以及留置导管黏膜的损害。受侵袭的黏膜往往增厚并充血。

　　由菌丝或假菌丝侵入血管之后可能会出现血液性传播，引起全身性损害。

■ **诊断程序**

· 适合培养和组织病理学检查的样本包括活检或死后组织样品以及乳样品。
· 组织切片通常用PSA或六胺银染色，可观察到芽殖酵母细胞或菌丝。
· 在含或不含放线菌酮的沙堡葡萄糖琼脂上37℃下需氧培养2～5天。
· 分离菌株的鉴定标准：
　　－典型菌落产生芽殖酵母细胞。
　　－在含放线菌酮的培养基上生长(具体指白色念珠菌)。
　　－在科玛嘉念珠菌显色培养基（CHROMagar Candida）

上的菌落形态。

—生化指标。

—厚壁孢子和芽管的产生(具体指白色念珠菌)。

· 分子技术已被用于临床兽医样品中念珠菌的鉴定,但未被常规应用(Kano等,2002)。

■ 临床感染

念珠菌的机会性感染偶尔发生,通常与免疫抑制剂或抗微生物药物的长期使用有关。由念珠菌引起的临床疾病见表45.1。共生性白色念珠菌的过度生长,可能会导致部分消化道或泌尿生殖道的局部黏膜损伤。

雏鸡食管和嗉囊的鹅口疮可能与长期服用抗生素、消耗性疾病如肠球虫病或不卫生的、过度拥挤的鸡舍条件有关。幼犬、小猫和马驹的真菌性口炎已有报道(McClure等,1985)。白色念珠菌与猪和马驹的胃-食管溃疡密切相关。在极少数情况下,猪、犊牛、犬和猫可能发生播散性念珠菌病。

念珠菌可引起牛流产(Foley 和 Schlafer,1987)。此外,从牛乳腺炎病例中已分离出多株念珠菌(Richard等,1980)。真菌性乳腺炎偶尔发生,可能是使用了污染的乳房内制剂或是严重的环境污染造成的(Elad等,1995)。通常需3个月时间感染会自然消除。在极少数情况下,酵母细胞可抵抗长达12个月。

表45.1　白色念珠菌感染引起的相关临床疾病

宿主	临床疾病
幼犬、小猫、马驹	霉菌性口炎
猪、马驹、犊牛	胃-食管溃疡
犊牛	瘤胃炎
犬	肠炎、皮肤病变
雏鸡	食管或嗉囊鹅口疮
鹅、火鸡	泄殖腔和肛门感染
奶牛	生育能力下降、流产、乳腺炎
母马	子宫积脓
猫	膀胱炎、脓胸
猫、马	眼睛病变
犬、猫、猪、犊牛	散播性疾病

⊙ 隐球菌(*Cryptococcus*)

隐球菌属包括公认的30多个种,仅有新生隐球菌(*C. neoformans*)可引起机会性感染。以多糖荚膜抗原为基础,新生隐球菌被分为五个血清型(A、B、C、D、AD)。最初新生隐球菌的两个变种称为新生隐球菌新生变种(*C. neoformans* var. *neoformans*)(血清型A、D、AD型)和新生隐球菌格特变种(*C. neoformans* var. *gattii*)(血清型B和C型)。然而,现已证明由这两个变种产生的是两个形态上截然不同的有性型新生线黑粉菌(*Filobasidiella neoformans*)和杆孢线黑粉菌(*F. bacillispora*),而新生隐球菌格特变种被认为是一个独立的种。此外,由于血清型A和D之间存在着显著的遗传变异,因此血清型A被认为是一个独立的变种,即新生隐球菌格鲁比变种(*C. neoformans* var. *grubii*)。目前,新生隐球菌被认为是一个包含两个变种的复合种,新生隐球菌格鲁比变种(A型)、新生隐球菌新生变种(D型)和格特隐球菌亚种(B、C型)。基于遗传分析和分子分型,该复合种目前被分为9个型,还有待于进一步分类细化。人的大多数感染与新生隐球菌格鲁比变种有关,主要发生在免疫功能低下的人群。

该酵母细胞呈圆形或椭圆形,直径为3.5~8.0微米。子细胞从母细胞体以出芽方式形成,之间由极细的芽颈连接。当感染动物直接康复时,在印度墨汁染色液中可显示出该酵母外围包有一层厚的黏多糖荚膜(图45.4)。将组织切片用黏蛋白胭脂红染色后也可以观察到该荚膜。隐球菌是需氧菌,非发酵微生物,可在包括沙堡葡萄糖琼脂在内的多种培养基上形成黏液状菌落。新生隐球菌能够在37℃下生长,据此可将它与其他隐球菌菌种区分开来。丝状体(菌丝和假菌丝)已有所述,但均不常见。由于担子孢子很小,因此被认为可能是重要的传染形式。

由新生隐球菌引起的家畜临床疾病见表45.2。

■ 常见的生存环境

新生隐球菌格鲁比和新生隐球菌新生变种可从鸽子和其他禽类的粪,以及富含这些粪的土壤中分离出来。粪中的肌酸肝可被这些酵母所利用。肠道内携带新生隐球菌的鸽子可排泄这些微生物长达数月而不发病。

格特隐球菌可从多种树(尤其是澳大利亚的桉树)中分离出,该菌在木材产品中传播。

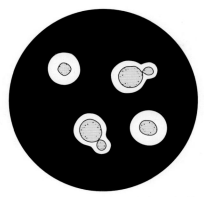

图45.4 新生隐球菌在印度墨汁染色液中所呈现的细胞形态

母细胞与子细胞间由极细的芽颈连接。突起的黏多糖荚膜是该酵母的一个典型特征。

新生隐球菌的实验室鉴定

- 由于荚膜物质的存在，隐球菌初次分离时呈黏液状，时间久了逐渐变干。菌落可呈奶油色、棕褐色或淡黄色。
- 印度墨汁染色可显示出具有宽大荚膜的芽殖酵母（图45.4）。
- 大部分隐球菌产尿素酶，迅速将尿素水解为氨。
- 碳水化合物同化试验或商品化试剂盒可用于菌株鉴定。
- 新生隐球菌的鉴定标准：
  - 能够在37℃下生长
  - 由于酚氧化酶的产生，在鸟粮琼脂（birdseed agar）上可产生棕色菌落
  - 使用Masson-Fontana 氏黑色素染色法将组织切片染色，可清楚地观察到细胞壁上的黑色素
- 格特隐球菌可利用甘氨酸作为唯一的氮源并且对刀豆氨酸有抵抗力。与此相反，新生隐球菌格鲁比变种和新生隐球菌新生变种不能利用甘氨酸作为唯一的氮源，且对刀豆氨酸易感。

致病机理和致病性

感染是通过吸入被新生隐球菌污染的尘土而引起的。有些酵母细胞可能被阻塞在鼻腔或鼻窦，有些则可能沉积在肺部。新生隐球菌的致病因素包括荚膜，荚膜具有抗吞噬作用，能够在哺乳动物体温下生长并产生酚氧化酶。失去这些属性其中之一的突变体是无致病力的。由酚氧化酶活性所产生的致病力可能与儿茶酚胺的降解有关，可引起黑色素在酵母细胞壁上的积聚以对抗自由基的毒性作用（Jacobson 和 Emery，

1991）。磷脂酶的产生与组织浸润期间的膜破裂有关，被认为是一个重要的致病因素。新生隐球菌的表型转换已有论述（Jain 和 Fries，2008）。

免疫功能正常的动物可对新生隐球菌产生有效的细胞免疫应答。该菌的传播通常与细胞免疫缺陷有关，传播方式经呼吸道到脑、脑膜、皮肤和骨骼。由新生隐球菌感染引起的病变范围从离散性肉芽肿到结缔组织基质中由酵母细胞构成的肿瘤样黏液瘤肿块。临床上，正常动物的肺部可能会出现小的肉芽肿。

诊断程序

由于存在感染的风险，所以在处理疑似新生隐球菌病例材料时必须小心谨慎。

- 适用于实验室检查的标本包括分泌物、脑脊液和活检组织或死后组织。
- 用印度墨汁将流体样本染色，可观察到典型的具有厚荚膜芽殖酵母（图45.4）。
- 用迈尔黏蛋白胭脂红染色法（Mayer's mucicarmine method）将组织切片染色，可观察到酵母荚膜。使用Masson-Fontana 氏黑色素染色法可检测到新生隐球菌细胞壁上的黑色素。
- 将样本接种于含氯霉素但不含环己酰胺的沙堡葡萄糖琼脂上，37℃下需氧培养长达2周。
- 分离株鉴定标准：
  - 黏液状菌落
  - 具有荚膜
  - 脲酶活性
  - 37℃下生长，在鸟粮琼脂上可形成棕色菌落（针对新生隐球菌）
- 乳胶凝集试验或ELISA，可检测到感染3周内的新生隐球菌的可溶性荚膜物质，可用于脑脊液、血清和尿液样本的检测。
- PCR方法用于检测猫的新生隐球菌已有描述（Kano等，2001）。

临床感染

除了猫和犬的散发病例，家畜隐球菌病比较少见（表45.2）。伴侣动物的隐球菌病的临床症状通常涉及鼻腔或皮肤感染。犬发生该病常表现为神经症状和眼部症状，犬比猫较少发生本病（Jergens等，1986）。据记载，马很少发生隐球菌病。临床症状包括鼻肉芽肿和鼻窦炎（Scott等，1974）、肺炎（Hilbert

等，1980）、脑膜脑炎和流产（Blanchard 和 Filkins，1992）。新生隐球菌很少引起奶牛的乳腺炎。禽的隐球菌病偶有报道（Malik等，2003）。

表45.2 由新生隐球菌引起的家畜临床疾病

宿主	临床疾病
猫	呼吸、皮肤、神经和眼部感染
犬	神经、眼部症状的传播性疾病
猫	乳腺炎、鼻肉芽肿
马	鼻肉芽肿、鼻窦炎、皮肤损伤、肺炎、脑膜脑炎、流产

猫隐球菌病

猫的隐球菌病分为鼻型、皮肤型、神经型和眼型。鼻型约占病例的70%，以鼻腔内肉色的珊瑚虫样肉芽肿为主要特征。据报道，皮肤型约占病例的30%，皮肤病变往往影响到面部、头部和颈部。外周淋巴结病常见。有明显的神经症状约占25%，某些病例可能有明显的脉络膜视网膜炎症状。

手术切除并结合非口服真菌药物是治疗皮肤隐球菌病的常用方法。两性霉素B与氟胞嘧啶合用或单用酮康唑、伊曲康唑或氟康唑，疗效良好（Medleau等，1990；Malik等，1992）。治疗应持续至少2个月。胶乳凝集试验可用于检测抗真菌治疗的效果，荚膜抗原水平下降则表明疗效良好（Medleau等，1990）。

◉ 厚皮马拉色菌（*Malassezia pachydermatis*）

马拉色菌是动物和人皮肤上的共生体，是非发酵、尿素酶阳性需氧酵母，35～37℃下生长。目前该属有11个种被确认[马拉色菌（*M. equi*）发现在正常马的皮肤上，目前还未被正式确认]。除厚皮马拉色菌以外的所有种都是脂质依赖性菌，因为它们无法直接合成C14或C16脂肪酸（Ashbee，2007）。厚皮马拉色菌（以前称犬糠秕孢子菌*Pityrosporum canis*）是兽医上重要的一个种。厚皮马拉色菌的细胞呈瓶状，壁厚，长度达5微米。在发达的根基上以单极出芽方式繁殖。在母细胞的同一出芽点可能出现多极出芽。经过反复的出芽，在该出芽点上（图45.5）形成一个独特的囊领。假菌丝偶尔可能在组织内形成（Guillot等，1998）。

图45.5 厚皮马拉色菌瓶形酵母细胞
在发达的根基上单极出芽，并形成一个突起的囊领是该酵母的一个特点。

■ 常见的生存环境

厚皮马拉色菌可存在于哺乳动物和鸟类的皮肤上，尤其是在皮脂腺丰富的部位。该酵母往往定殖在犬的肛门区、外耳道、嘴唇和趾间的皮肤等部位（Bond等，1995）。已从健康猫身上分离到三种脂质依赖性马拉色菌，分别为糠秕马拉色菌（*M. furfur*）、球形马拉色菌（*M. globosa*）和合轴马拉色菌（*M.sympodialis*）。在许多情况下，混合培养可含有2个或3个马拉色菌种，厚皮马拉色菌、糠秕马拉色菌和合轴马拉色菌是从犬和猫的样本中获得的（Raabe等，1998）。

■ 厚皮马拉色菌的鉴定

用甲基蓝染色，在显微镜下可观察到独特的芽殖形态。

厚皮马拉色菌是该属中唯一的可在不添加脂质的沙堡葡萄糖琼脂上生长的菌种。菌落为奶油色，无光泽，不透明，表面光滑。

■ 致病机理和致病性

厚皮马拉色菌是条件致病菌，可引起犬的外耳炎和皮炎两种临床疾病。该菌在这些部位上定殖和生长可能与免疫抑制和改变皮肤或耳道微气候的其他易感因素有关。该酵母细胞产生皮脂改变性脂肪酶，当其含量较高时，明显导致皮脂腺分泌过多，这是脂溢性皮炎（Akerstedt 和 Vollset，1996）的一个特点。酵母细胞壁的酶原可以激活补体级联反应，导致对角化细胞的损害，引起炎症和瘙痒。外耳炎是由厚皮马拉色菌产生的蛋白水解酶而导致对外耳道黏膜的损害。耳垢的过度产生和滞留是耵聍腺分泌过多的结果，加上厚皮马拉色菌和其他微生物的活动，因而导致炎症性变化。炎性渗出物和坏死碎屑积聚在耳道里。

厚皮马拉色菌分离株的基因特征表明，该菌至少有4个基因型。但仅有1个基因型占主导地位，其他

3个基因型仅从犬的耳道里分离出（Aizawa等，2001；Castellá等，2005）。

■ 诊断程序

- 涉及厚皮马拉色菌应考虑到外耳炎和犬脂溢性皮炎，细胞学检查是评价厚皮马拉色菌增殖的最实用的方法。少量酵母细胞可能并无多大意义，那么作为一般准则，每个油镜视野发现一个或多个菌，并与临床症状结合起来，则被认为具有诊断意义（Chen和Hill，2005）。
- 感染的耳道渗出物应提交实验室检查。
- 将透明胶带在皮肤病损处按压数次，粘在载玻上片，用拭子用力刮取皮肤表面或浅表皮肤碎屑等合适材料，用于酵母细胞的染色和检查。严重的皮炎病例，可考虑皮肤的活组织检查。
- 用亚甲蓝染色，可观察到渗出物中典型的酵母细胞。
- 厚皮马拉色菌可在含有氯霉素的沙堡葡萄糖琼脂上37℃下需氧培养3~4天。Dixon's 琼脂是一种添加脂质营养成分的琼脂，能够维持厚皮马拉色菌和脂质依赖性马拉色菌两者的生长。
- 分离株的鉴定标准：
  - 菌落形态
  - 在不添加脂质的培养基上生长（与厚皮马拉色菌一致）
  - 显微镜下的形态典型
  - 分子方法可用于马拉色菌的鉴定（Mirhendi等，2005）
- 对于外耳炎病例，应当将渗出物接种于血琼脂和麦康基琼脂平板上，以分离与厚皮马拉色菌相关的细菌性病原体。

■ 临床感染

厚皮马拉色菌可引起犬的脂溢性皮炎，也可引起西部高地小猎犬表皮发育异常患犬的继发性皮肤感染，表皮发育异常是西部高地小猎犬的一种遗传性疾病（Akerstedt 和 Vollset，1996）。该酵母是导致犬外耳炎的众多微生物之一。猫很少发生该病。

合轴马拉色菌也可引起猫的耳炎，而厚皮马拉色菌则可引起猫的下巴痤疮。从耳炎患牛分离出的马拉色菌包括球形马拉色菌、合轴马拉色菌、糠秕马拉色菌和斯洛马拉色菌（M. slooffiae）。

犬脂溢性皮炎

犬脂溢性皮炎的易感因素包括过敏性疾病、角化缺陷、免疫抑制和持续性潮湿的皮肤褶皱。皮肤皱褶处的病变往往发生更频繁和更严重。皮肤瘙痒和红斑，并伴有恶臭、有脂样渗出物、皮毛无光泽。并可能同时发生双侧外耳炎（Bond等，1995b）。使用咪康唑-洗必泰洗发水（Bond等，1995a）或结合外用和口服酮康唑治疗可能有效。

犬外耳炎

外耳炎的主要症状为耳道内分泌物呈深色，有刺鼻气味，剧烈瘙痒，因为瘙痒，患犬常表现摇头、抓耳、摩擦耳部等行为。对耳廓的损害常表现为血肿。耳道黏膜疼痛且肿大。该病的病因复杂。较差的耳朵构造、耳垢滞留和免疫抑制是造成犬患病的易感因素。厚皮马拉色菌临床上在正常犬的耳道内存在数量较少，在外耳炎患犬耳道内可能迅速增殖。诱发原因应当进行调查和消除或治疗（Little，1996）。真菌性和细菌病原体引起的炎症应答应当通过显微镜检查和耳道渗出物的培养来进行鉴定。开始治疗之前，应对细菌菌株进行抗生素敏感性试验。用对细菌和真菌及对耳痒螨均有药效的专用滴耳液，可能有助于治疗。慢性病例可能需要手术干预。

◉ "巨型细菌"（鸟胃巨型杆状菌）

"巨型细菌"是一种大型革兰阳性杆菌[（20~50)微米×3.0微米]，在患有巨型细菌病的虎皮鹦鹉前胃下端的浅表黏液腺中被发现。本病是一种慢性消耗性疾病。这种细菌也存在于临床上健康的虎皮鹦鹉的前胃里（Baker，1997）。最初被认为是一种细菌，通过18S rDNA和26S rDNA的序列系统进化分析表明，该微生物是一种变形子囊菌酵母。该微生物现被命名为鸟胃巨型杆状菌（Tomaszewski等，2003），也被称为胃部酵母。据记载，该病原体感染多种鸟类，包括虎皮鹦鹉、金丝雀、雀、鹦鹉、鹌鹑、鸡尾鹦鹉和鸵鸟等鸟类。临床上在感染的鸟类体内发现大量的菌体，而在无症状的鸟类却发现相对很少。易患疾病的因素包括卫生条件差、过度拥挤和遗传倾向（Phalen，2005）。临床症状包括体重下降、腹泻和呕吐。前胃内的pH从2变化至7或8（Simpson，1992）。将粪或前胃刮取物用革兰染色法和罗曼诺

第四篇

夫斯基染色法染色，如发现大量的酵母且有临床症状，则表明有该酵母的增殖。根据尸体剖检和组织病理学结果作出确诊。该微生物在血琼脂培养基上10%CO_2气体中生长，培养2天后，可见小的溶血菌落形成。这些酵母为过氧化氢酶阴性、氧化酶阴性的兼性厌氧菌。通过管饲法喂服两性霉素B进行治疗，疗效良好（Christensen等，1997）。

◉ **白色毛孢子菌（*Trichosporon beigelii*）**

　　白色毛孢子菌（皮肤毛孢子菌）是一种土壤腐生菌，可形成酵母细胞（芽生孢子）、假菌丝、真菌丝和节孢子（图45.6）。接种于沙堡葡萄糖琼脂，大约1周内可形成菌落。该菌是一种非发酵和脲酶阳性酵母，可引起白色毛结节菌病，一种人类毛干的真菌感染。动物感染包括马和猴子的皮肤病变，牛的乳腺炎很少发生。已有记载，感染猫白血病病毒的猫发生鼻肉芽肿、霉菌性膀胱炎和播散性毛孢子菌病（Doster等，1987）。

◉ **白地霉（*Geotrichum candidum*）**

　　白地霉呈酵母样菌落形态。菌丝段形成矩形节

孢子呈链状排列（图45.7）。白地霉是一种土壤和腐烂有机物中的腐生菌，可从临床上正常的动物粪中分离出。该真菌有时可引起犬和猿的腹泻，以及猪的淋巴结炎和犬的播散性地霉病（Rhyan等，1990）。

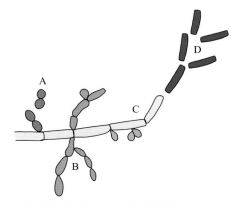

图45.6　白色毛孢子菌真菌的形状和结构
A. 酵母细胞；B. 假菌丝；C. 真菌丝；D. 节孢子。

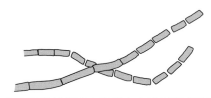

图45.7　由酵母样霉菌的白地霉产生的矩形节孢子

◉ **参考文献**

Aizawa, T., Kano, R., Nakamura, Y., Watanabe, S. and Hasegawa, A. (2001). The genetic diversity of clinical isolates of *Malassezia pachydermatis* from dogs and cats. *Medical Mycology*, 39, 329–334.

Akerstedt, J. and Vollset, I. (1996). *Malassezia pachydermatis* with special reference to canine skin disease. *British Veterinary Journal*, 152, 269–281.

Ashbee, H.R. (2007). Update on the genus *Malassezia*. *Medical Mycology*, 45, 287–303.

Baker, J.R. (1997). Megabacteria in diseased and healthy budgerigars. *Veterinary Record*, 140, 627.

Blanchard, P.C. and Filkins, M. (1992). Cryptococcal pneumonia and abortion in an equine fetus. *Journal of the American Veterinary Medical Association*, 201, 1591–1592.

Bond, R., Rose, J.F., Ellis, J.W. and Lloyd, D.H. (1995a). Comparison of two shampoos for treatment of *Malassezia pachydermatis*-associated seborrhoeic dermatitis in basset hounds. *Journal of Small Animal Practice*, 36, 99–104.

Bond, R., Saijonmaa-Koulumies, L.E.M. and Lloyd, D.H. (1995b). Population sizes and frequency of *Malassezia*

pachydermatis at skin and mucosal sites on healthy dogs. *Journal of Small Animal Practice*, 36, 147–150.

Castellá, G., Hernández, J.J. and Cabañes, F.J. (2005). Genetic typing of *Malassezia pachydermatis* from different domestic animals. *Veterinary Microbiology*, 108, 291–296.

Chen, T.-A. and Hill, P.B. (2005). The biology of *Malassezia* organisms and their ability to induce immune responses and skin disease. *Veterinary Dermatology*, 16, 4–26.

Christensen, N.H., Hunter, J.E.B. and Alley, M.R. (1997). Megabacteriosis in a flock of budgerigars. *New Zealand Veterinary Journal*, 45, 196–198.

Cutler, J.E. (1991). Putative virulence factors of *Candida albicans*. *Annual Review of Microbiology*, 45, 187–218.

Doster, A.R., Erickson, E.D. and Chandler, F.W. (1987). Trichosporonosis in two cats. *Journal of the American Veterinary Medical Association*, 190, 1184–1186.

Elad, D., Shipgel, N.Y., Winkler, M., *et al.* (1995). Feed contaminated with *Candida krusei* as a probable source of mycotic mastitis in dairy cows. *Journal of the American Veterinary Medical Association*, 207, 620–622.

Foley, G.L. and Schlafer, D.H. (1987). *Candida* abortion in cattle. *Veterinary Pathology*, 24, 532–536.

Gross, T.L. and Mayhew, I.G. (1985). Gastroesophageal ulceration and candidiasis in foals. *Journal of the American Veterinary Medical Association*, 186, 1195–1197.

Guillot, J., Petit, T., Degorce-Rubiales, F., Gueho, E. and Chermette, R. (1998). Dermatitis caused by *Malassezia pachydermatis* in a Californian sea lion (*Zalophus californianus*). *Veterinary Record*, 142, 311–312.

Hilbert, B.J., Huxtable, C.R. and Pawley, S.E. (1980). Cryptococcal pneumonia in a horse. *Australian Veterinary Journal*, 56, 391–392.

Jacobson, E.S. and Emery, H.S. (1991). Catecholamine uptake, melaninization and oxygen toxicity in *Cryptococcus neoformans*. *Journal of Bacteriology*, 173, 401–403.

Jain, N. and Fries, B.C. (2008). Phenotypic switching of *Cryptococcus neoformans* and *Cryptococcus gattii*. *Mycopathologia*, 166, 181–188.

Jergens, A.E., Wheeler, C.A. and Collier, L.L. (1986). Cryptococcosis involving the eye and nervous system of a dog. *Journal of the American Veterinary Medical Association*, 189, 302–304.

Kadel, W.L., Kelley, D.C. and Coles, E.H. (1969). Survey of yeast-like fungi and tissue changes in esophagogastric region of stomach of swine. *American Journal of Veterinary Research*, 30, 401–408.

Kano, R., Fujino, Y., Takamoto, N., Tsujimoto, H. and Hasegawa, A. (2001). PCR detection of the *Cryptococcus neoformans* CAP59 gene from a biopsy specimen from a case of feline cryptococcosis. *Journal of Veterinary Diagnostic Investigation*, 13, 439–442.

Kano, R., Hattori, Y., Okuzumi, K., *et al.* (2002). Detection and identification of the *Candida* species by 25S ribosomal DNA analysis in the urine of candidal cystitis. *Journal of Veterinary Medical Science*, 64,115–117.

Little, C. (1996). A clinician's approach to the investigation of otitis externa. *In Practice*, 18, 9–16.

Malik, R., Wigney, D.I. and Muir, D.B., *et al.* (1992). Cryptococcosis in cats: clinical and mycological assessment of 29 cases and evaluation of treatment using orally administered fluconazole. *Journal of Medical and Veterinary Mycology*, 30, 133–144.

Malik, R., Krockenberger, M.B., Cross, G., *et al.* (2003). Avian cryptococcosis. *Medical Mycology*, 41, 115–124.

McClure, J.J., Addison, J.D. and Miller, R.I. (1985). Immunodeficiency manifested by oral candidiasis and bacterial septicemia in foals. *Journal of the American Veterinary Medical Association*, 186, 1195–1197.

Medleau, L., Greene, C.E. and Rakich, P.M. (1990). Evaluation of ketoconazole and itraconazole for treatment of disseminated cryptococcosis in cats. *American Journal of Veterinary Research*, 51, 1454–1458.

Mirhendi, H., Makimura, K., Zomorodian, K., Yamada, T., Sugita, T. and Yamaguchi, H. (2005). A simple PCR-RFLP method for identification and differentiation of 11 *Malassezia* species. *Journal of Microbiological Methods*, 61, 281–284.

Odds, F.C. and Bernaerts, R.I.A. (1994). CHROMagar Candida, a new differential isolation medium for presumptive identification of clinically important *Candida* species. *Journal of Clinical Microbiology*, 32, 1923–1929.

Phalen, D. (2005). Diagnosis and management of *Macrorhabdus ornithogaster* (formerly megabacteria). *Veterinary Clinics of North America, Exotic Animal Practice*, 8, 299–306.

Raabe, P., Mayser, P. and Weiss, R. (1998). Demonstration of *Malassezia furfur* and *M. sympodialis* together with *M. pachydermatis* in veterinary specimens. *Mycoses*, 41, 493–500.

Rhyan, J.C., Stackhouse, L.L. and Davis, E.G. (1990). Disseminated geotrichosis in two dogs. *Journal of the American Veterinary Medical Association*, 197, 358–360.

Richard, J.L., McDonald, J.S., Fichtner, R.E. and Anderson, A.J. (1980). Identification of yeasts from infected bovine mammary glands and their experimental infectivity in cattle. *American Journal of Veterinary Research*, 41, 1991–1994.

Scott, E.A., Duncan, J.R. and McCormack, J.E. (1974). Cryptococcosis involving the postorbital area and frontal sinus in a horse. *Journal of the American Veterinary Association*, 165, 626–627.

Simpson, V.R. (1992). Megabacteriosis in exhibition budgerigars. *Veterinary Record*, 131, 203.

Tomaszewski, E.K., Logan, K.S., Snowden, K.F., Kurtzman, C.P. and Phalen, D.N. (2003). Phylogenetic analysis identifies the 'megabacterium' of birds as a novel anamorphic ascomycetous yeast, *Macrorhabdus ornithogaster* gen. nov., sp. nov. *International Journal of Systematic and Evolutionary Microbiology*, 53, 1201–1205.

◉ 进一步阅读材料

Lin, X. and Heitman, J. (2006). The biology of the *Cryptococcus neoformans* species complex. *Annual Reviews of Microbiology*, 60, 69–105.

Rodriguez, F., Ferandez, A., Espinosa de los Monteros, A.,

Wohlsein, P. and Jensen, H.E. (1998). Acute disseminated candidiasis in a puppy associated with parvoviral infection. *Veterinary Record*, 142, 434–436.

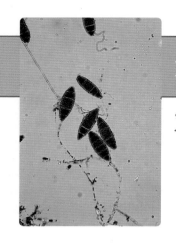

第46章

双相型真菌

有些真菌被称为双相型真菌（dimorphic fungi）。它们在不同的温度条件下可产生不同的形态，即霉菌相（mould form）和酵母相（yeast form）。这些真菌在沙堡葡萄糖琼脂培养基上25～30℃培养和环境中存在时，呈霉菌形态。在动物组织内和在加入5%血液的脑心浸液琼脂上37℃下培养时，这些真菌由更稳定的霉菌形态转换发育成酵母形态。与家畜疾病有关的最常见的双相型真菌为皮炎芽生菌（*Blastomyces dermatitidis*）、荚膜组织胞浆菌（*Histoplasma capsulatum*）、粗球孢子菌（*Coccidioides immitis*），见表46.1。这些双相型真菌的孢子通常通过呼吸途径进入宿主体内，然后感染可能会传播至全身。荚膜组织胞浆菌的变种，即荚膜组织胞浆菌假皮疽变种（*H. capsulatum* var. *farciminosum*），以下简称为假皮疽组织胞浆菌（*H. farciminosum*），一般通过皮肤擦伤进入体内而引起马和骡的淋巴皮肤病变、流行性淋巴管炎。申克孢子丝菌（*Sporothrix schenckii*）也可以在外伤后感染真皮组织，引起偶尔的机会性感染。

由巴西副球孢子菌（*Paracoccidioides brasiliensis*）和金孢子菌（*Emmonsia*）引起的家畜无症状感染很少，但已有报道（Costa等，1995）。犬的副球孢子菌病（paracoccidioidomycosis）的临床病例已有报道（Ricci等，2004）；金孢子菌引起的大孢子菌病（adiaspiromycosis）可能是野生动物的重要疾病（Borman等，2009）。

◉ 皮炎芽生菌

皮炎芽生菌是一种双相型真菌，可引起芽生菌病，

△ 要点

- 在环境中为霉菌相，在动物组织内为酵母相
- 土壤和腐烂植物的腐生菌
- 引起动物和人类的机会性感染
- 皮炎芽生菌：
  - 富含有机物土壤中的腐生菌
  - 组织内细胞发芽，基部较宽
  - 引起犬和人类的芽生菌病
- 粗球孢子菌：
  - 干燥土壤中的腐生菌
  - 在感染组织中可见充满内生孢子的大球体
  - 可引起犬、马、猫和人类的球孢子菌病；众多的其他动物种类呈散发感染
- 荚膜组织胞浆菌：
  - 富含鸟粪土壤中的腐生菌
  - 在巨噬细胞中可观察到小的酵母细胞
  - 引起犬、猫和人类的组织胞浆菌病；其他动物种类罕见发病
- 假皮疽组织胞浆菌：
  - 土壤中的腐生菌
  - 巨噬细胞内可见小的酵母细胞
  - 引起马科动物的流行性淋巴管炎
- 申克孢子丝菌：
  - 植物腐生菌
  - 在感染组织和渗出液中可见雪茄烟状的酵母细胞
  - 引起马、猫、犬、人类和其他动物的孢子丝菌病（sporotrichosis）

主要引起犬和人类发病。

该真菌的霉菌相和酵母相见图46.1。皮炎芽生菌

表46.1 与动物和人类疾病有关的双相型真菌

主要病原体	皮炎芽生菌 (B. dermatitidis)	荚膜组织胞浆菌 (H. capsulatum)	假皮疽组织胞浆菌 (H. farciminosum)	粗球孢子菌 (C. immitis)	申克孢子丝菌 (S. schenckii)
疾病	芽生菌病	组织胞浆菌病	流行性淋巴管炎	球孢子菌病	孢子丝菌病
地理分布	北美洲东部地区，印度和中东呈散发病例	在密西西比河和俄亥俄河流域流行，在一些国家呈散发病例	非洲、中东、亚洲	美国西南部半干旱地区、墨西哥、中美洲和南美洲	呈全球分布，热带和亚热带地区最为常见
常见的生存环境	富含有机物的干燥土壤	富含蝙蝠或鸟粪的土壤	土壤	低海拔沙漠土壤	枯死植物、玫瑰棘刺、木柱、泥炭藓
主要宿主	犬、人类	犬、猫、人类	马、其他马科动物	犬、马、猫、人类	马、猫、犬、人类
病变部位	肺部，转移至皮肤和其他组织	肺部，转移至其他器官	皮肤、淋巴管、淋巴结	肺部，转移至骨、皮肤和其他组织	皮肤、淋巴管

霉菌形态
在25℃下培养时，在分生孢子梗或直接在有隔菌丝上形成椭圆或梨形的分生孢子（2～10微米）

酵母形态
在37℃下培养时，形成厚壁酵母细胞（直径8～10微米）

图46.1 皮炎芽生菌的霉菌形态和酵母形态

的有性型为子囊菌门中的成员，命名为皮炎组织胞浆菌。

■ 通常生长环境

虽然皮炎芽生菌确切的自然生长环境不详，但它是从潮湿的富含有机质的酸性土壤中分离的（Archer等，1987）。

■ 实验室诊断和鉴定

在沙堡葡萄糖琼脂上25～30℃下培养时，霉菌菌落呈白色棉毛状，通常随着时间的延长而变成褐色。在分生孢子梗或直接在菌丝上形成椭圆形或梨形的分生孢子（直径2～10微米）。

在加入半胱氨酸和5%血液的脑心浸液琼脂上37℃培养时，酵母落为奶油色至棕褐色，呈蜡质状并有皱纹。酵母细胞（直径8～10微米，）壁厚，通常在宽大的基部出芽。

皮炎芽生菌的可溶性外抗原可使用特异性抗血清通过琼脂凝胶免疫扩散试验作出鉴定（Di Salvo，1998）。

商品化核酸探针可用于检测双相型真菌的培养

物，具有敏感性和特异性（Stockman等，1993）。

将感染组织的细胞培养物和组织切片用过碘酸希夫染色剂（PAS stain）染色或用六胺银染色，可观察到酵母细胞。用于细胞学检查的渗出物或抽吸物应当用亚甲蓝或姬姆萨方法染色。另外，免疫荧光染色可用于特异性地鉴定组织中的酵母相。

聚合酶链式反应方法可用于临床样品中真菌的检测和鉴定（Bialek等，2003）。

适合于证明感染犬抗体效价上升的血清学方法有ELISA和对流免疫电泳。用酶免疫测定法检测血清和尿液中的真菌抗原也有人描述过（Spector等，2008）。

■ 临床感染

犬和人类发生芽生菌病最常见（Legendre等，1981）。其他动物种类的感染少见，但有记载猫发生过感染（Breider等，1988）。该病在在北美、非洲、中东和印度偶尔发生。

犬芽生菌病

猎犬雄性幼犬由于频繁接触环境中的真菌，特别容易发生感染。感染往往通过吸入雾化孢子或菌丝体碎片而发生。通常在组织内转化为酵母相。酵母相对中性粒细胞和单核吞噬细胞的抵抗力比霉菌相更强。最具有研究价值的致病因子BAD1（芽生菌黏附素，以前称WI-1），一种主要表面蛋白，既可促进呼吸道中的细胞黏附，又能调节宿主的免疫应答。肺芽生菌病是本病的常见形式，为一种慢性衰弱性疾病。临床症状包括咳嗽、体力不支和呼吸困难。感染的范围可能仅限于肺部和相关的淋巴结，这在很大程度上取决

第四篇

于宿主的免疫力。虽然可产生抗体，但保护性免疫依赖于细胞免疫应答。许多感染是亚临床的，只能通过血清转换才可检测到。一些细胞介导免疫力不足的动物，疾病有可能会传播到皮肤、眼睛和骨骼。中枢神经系统、雄犬的泌尿生殖道偶尔也会受到侵袭。原发性皮肤芽生菌病罕见（Wolf，1979）。播散性疾病的临床表现与肉芽肿或脓肉芽肿病变的分布和严重程度有关，这些病变中有大量的酵母细胞。

伊曲康唑是治疗犬和猫的首选。如果严重感染，可将两性霉素B与伊曲康唑结合使用。应当对动物进行密切监视，以防止因治疗可能引起的肾中毒反应。

◉ 荚膜组织胞浆菌（*Histoplasma capsulatum*）

荚膜组织胞浆菌的三个变种已被确认：荚膜组织胞浆菌荚膜变种（*Histoplasma capsulatum* var. *capsulatum*），即荚膜组织胞浆菌主要引起猫和犬的全身性组织胞浆菌病；荚膜组织胞浆菌假皮疽变种（*H. capsulatum* var. *farciminosum*），即假皮疽组织胞浆菌（*H. farciminosum*）引起马科动物流行性淋巴管炎；荚膜组织胞浆菌杜氏变种（*H. capsulatum* var. *duboisii*）是一种人的病原体，仅局限于赤道非洲的部分地区。这些变种的有性型是子囊菌门中的成员，被命名为荚膜阿耶罗菌（*Ajellomyces capsulatus*），荚膜组织胞浆菌的霉菌相和酵母相见图46.2。

■ 常见的生存环境

荚膜组织胞浆菌存在于土壤，特别是富含鸟粪或蝙蝠粪的土壤。当动物栖息地下方的土壤被翻动

霉菌形态
有隔菌丝产生小分生孢子。稍后，在25℃下培养时，形成葵花样大分生孢子（直径9～15微米）

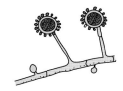

酵母形态
在37℃下培养时，形成小的椭圆形芽殖酵母细胞（直径2～5微米）。在组织中也可发现

巨噬细胞中的酵母细胞

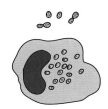

图46.2 荚膜组织胞浆菌的霉菌和酵母形态

之后会产生气溶胶。气溶胶含有大量的感染繁殖体。假皮疽组织胞浆菌是一种土壤腐生菌。

■ 实验室诊断和鉴定

- 在沙堡葡萄糖琼脂上25～30℃培养时，生长为霉菌形态，菌落呈棉絮状，为气生菌丝，白色至浅黄色。有隔菌丝产生小分生孢子。在成熟的菌落中，细长的分生孢子梗可产生带有小瘤的葵花状大分生孢子（直径9～15微米）。

- 在添加了半胱氨酸和5%血液的脑心浸液琼脂上37℃下培养时，酵母相菌落呈圆形黏液样，颜色为奶油色。芽殖酵母细胞呈椭圆形到球形（直径2～5微米）。

- 商品化的核酸探针可用于分离株的鉴定（Stockman等，1993）。

- 渗出物或抽吸物的姬姆萨染色涂片可用于观察巨噬细胞中的酵母形态。

- 感染组织的组织病理学检查可显示脓肉芽肿病灶中的酵母相。分子技术可用于检测组织切片中真菌的DNA（Ueda等，2003）。

- 用组织胞浆菌素做皮肤试验，如结果呈阳性，仅表明接触了真菌。

- 在琼脂凝胶免疫扩散试验中使用组织胞浆菌素作为抗原，如出现H和M两条沉淀带，可确定为感染动物血清阳性。该试验对动物疾病诊断的可靠性是值得商榷的。

■ 临床感染

组织胞浆菌病发生于许多国家，在密西西比河、俄亥俄河谷和美国的其他地区流行。犬和猫是最常见的感染家畜。马科动物的流行性淋巴管炎发生在非洲、中东和亚洲。

犬和猫的组织胞浆菌病

这些动物的大多数感染是无症状的。吸入后的小分生孢子，被肺泡巨噬细胞所摄取，在其内停留形成并复制酵母型细胞。肉芽肿病变可能会发现于猫和犬的肺部。这两种动物的散播性疾病均有记载。这很可能与细胞介导的免疫力受损有关。犬的溃疡性肠道病变经常遇到，而猫的肠道病变却很少见。感染犬的临床症状包括慢性咳嗽、持续性腹泻和消瘦。外周淋巴结炎、溃疡性皮肤结节、眼部病变、跛行和神经功能障碍可能会遇到，但不常发生。

猫的临床症状主要涉及肺部，包括呼吸困难、消沉、发热和体重减轻。播散性组织胞浆菌病往往是致命的。伊曲康唑因其低毒性是首选药物。酮康唑和两性霉素B可用于治疗，但应监视动物的中毒症状。

流行性淋巴管炎

流行性淋巴管炎是由假皮疽组织胞浆菌引起的，是马科动物的一种传染性疾病，当动物密切接触时可能会引起高患病率。感染通常来源于环境，通过四肢皮肤的轻微擦伤而引起。不过，主要的眼部疾病和肺部疾病也有记载。典型的淋巴皮肤病变与马鼻疽引起的病变相似（见第25章），包括溃疡性溢液结节，它们通常位于增厚、坚硬的淋巴管上。局部淋巴结肿大经常发生。在病变处可发现大量的假皮疽组织胞浆菌酵母细胞，大部分在巨噬细胞内（Chandler 等，1980）。假皮疽组织胞浆菌存在于分泌物中，可通过蚊虫叮咬和被污染的理毛用具和马具传播。

在大多数国家，这种疾病是外来病，须向防疫部门报告并实行检测和屠宰政策。如果治疗被认为是可取的，可实施皮肤病变的手术切除与碘化钠治疗相结合。两性霉素B治疗已推荐使用（al Ani，1999）。

◉ 球孢子菌

亲土性真菌粗球孢子菌能感染许多种动物包括人类。美国每年大约发生100 000例人的感染病例，因此美国将这种真菌增加到可能成为生物恐怖病原的管制病原目录中。虽然被分类到双相型真菌中，但粗球孢子菌是二期而不是二态，因为其没有产生典型的酵母形态。充满内生孢子的大球体在组织内发育。该真菌的小球体和霉菌形态见图46.3。吸入由土壤真菌的霉菌型产生的分节孢子（节孢子）之后可引起呼吸道感染。节孢子被吸入后，被当前的巨噬细胞、二氧化碳的增加和37℃所激发，分化为多核小球体，然后该多核小球体通过内生孢子的形成进行繁殖。小球体成熟后破裂，可释放数百个内生孢子，这些内生孢子可在外围组织中发育为新的小球体。大个的小球体可避免自身被巨噬细胞的吞噬。组织损伤被认为是酶活性和宿主的免疫应答相结合的结果。从肺部病变散播到全身感染的病例已有描

霉菌形态
在土壤和培养中的有隔菌丝，具有桶形的节孢子[（2～4）微米×（5～6）微米]，被空细胞分隔开

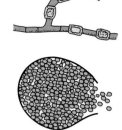

小球体
在组织中观察到的充满内生孢子的成熟小球体（30～100微米）

图46.3 粗球孢子菌的霉菌形态和小球体

述。球孢子菌是子囊菌门成员，但有性型阶段尚未得到证实。

■ 常见的生存环境

粗球孢子菌生长在美国西南部的干旱或半干旱低洼地区、墨西哥北部和中美洲及南美洲部分地区的土壤中。这些地区中的浮尘可能被节分生孢子严重污染。来自加利福尼亚州圣华金河谷以外流行地区的分离株，与以前被称为"非加州"粗球孢子菌明显不同，具有独立种地位。波萨达斯球孢子菌（*C. posadasii*）这个名称已被提出（Fisher 等，2002）。

■ 实验室诊断与鉴定

由于球孢子菌的培养是有危害的，因此只有采取严格的预防措施，才可尝试培养，其中包括使用生物安全柜。通常，可根据临床表现和病理组织学作出诊断。

在沙堡葡萄糖琼脂上25～30℃下培养时，菌落有光泽、湿润，呈灰色，逐渐变为白色棉絮状。厚壁、桶状的节分生孢子被退化的空细胞所分隔，在菌丝断裂后释放（图46.3）。

对可疑培养物可用免疫扩散试验进行确认，试验中使用水提取物和特异性粗球孢子菌抗血清。

商品化的核酸探针可用于培养物的鉴定（Stockman 等，1993）上培养。通过对核糖体DNA内转录间隔区（ITS）序列进行扩增和测序可区分粗球孢子菌和 *C. posadasii*（Tintelnot 等，2007）。

病史可以表明动物来自疫区。胸部或患肢的X光片可检测出与球孢子菌病一致的病变。

将渗出物和抽吸物用10%KOH处理，可发现球孢子菌为小球体，在染色的组织切片中也可以被确定。

补体结合试验、琼脂凝胶免疫扩散试验、ELISA

和乳胶凝集试验可用于证明抗体效价的上升。琼脂凝胶免疫扩散试验高度特异，但不敏感。

使用菌丝体培养滤液（球孢菌素）进行皮肤试验，如结果呈阳性，则表明接触了真菌。

需用培养物给小鼠进行腹腔内接种，以证明体内小球体的生成。

■ 临床感染

自球孢子菌出现以来，仅局限于美国西南部的干旱地区、墨西哥、中美洲和南美洲，来自这些地区的大多数病例是动物感染病例。虽然这些地区的许多动物受到感染，但相对来说仅有少数动物发展成临床疾病。最常见的感染家畜是犬。犬发生该病所表现的症状多种多样，有些是无症状的，有些是散播性和致死性的。马、猫、美洲驼和海洋哺乳动物的临床球孢子菌病也有记载。

■ 犬球孢子菌病

在一项前瞻性研究中，70%的血清阳性的犬没有临床疾病的迹象（Shubitz等，2005）。发生轻度肺球孢子菌病的犬，往往出现非特异性的体征包括咳嗽、发热、食欲不振，可自然康复。发生大面积肺部病变的动物表现为持续咳嗽、虚弱、抑郁、发热起伏不定和体重下降。肺部病变的散播通常与免疫抑制有关，随着病情的进展，往往会导致骨髓炎，引起跛行和骨组织破坏。其他组织包括皮肤，也可能会受到感染。使用唑类药物治疗持续至少6个月，治疗是有效的，但可复发。

■ 马球孢子菌病

马球孢子菌病的临床症状是非特异性的，包括间歇性热、腹痛、体重减轻，肺部和肌肉骨骼也会受到影响。肺部疾病，其中咳嗽可能是所表现的唯一症状，大约60%的病例发生咳嗽。大约有1/3的被感染动物出现明显的肌肉骨骼疼痛症状，通常与骨髓炎有关。复发性浅表性脓肿也是一种病症。据记载，由粗球孢子菌引起的流产病例，出现胎盘增厚、胎儿肺部结节和脐带上的斑状病变（Langham等，1977）。散播性球孢子菌病的治疗通常是无效的。

◉ 申克孢子丝菌

孢子丝菌属于子囊菌门。申克孢子丝菌是致病性菌种，广泛分布于环境中，在环境中形成霉菌，产生细长的菌丝（直径1~2微米）和分生孢子梗。该真菌的霉菌相和酵母相见图46.4。马、猫、犬和人类呈散发性感染。申克孢子丝菌分布于世界各地，在热带和亚热带地区尤为重要。分子研究表明，申克孢子丝菌不是一个单一种，而是一个具有多达6个被公认的种系发生种的复合体（Marimon等，2006）。

霉菌形态
具有尖端细的分生孢子梗的有隔菌丝产生分生孢子（2微米×4微米），形成玫瑰花样菌簇。分生孢子沿着菌丝逐一产生。两者均可在25℃下培养的培养物中观察到

酵母形态
在37℃培养时，形成雪茄烟状的多形态的芽殖酵母细胞（3~5微米）。在渗出液中也可观察到

图46.4　申克孢子丝菌的霉菌和酵母的形态

■ 常见的生存环境

该真菌是死亡或衰老植物如玫瑰刺、木材、干草、稻草和泥炭藓上的腐生菌。

■ 实验室诊断和鉴定

在沙堡葡萄糖琼脂培养基上25℃下培养时，霉菌菌落生长快，呈白色，逐渐变为黑色或棕色，有皱纹并且质地坚韧。在细长的分生孢子梗上产生梨形的分生孢子，形成玫瑰花结图案。在较老培养物上，分生孢子在菌丝上单个形成。

在含有5%血液的脑心浸液琼脂上35~37℃下培养时，在3周内形成奶油色至棕褐色的酵母型菌落。酵母细胞大小为（2~3）微米×（3~5）微米，呈雪茄烟形状。

从猫的病变处采集渗出液，用亚甲蓝染色，直接镜检，通常可发现大量的酵母细胞。在其他动物的渗出液中，酵母细胞稀少。

组织切片的病理组织学检查，将组织切片用PAS和六胺银染色法染色，可观察到酵母细胞。

荧光抗体或免疫过氧化物酶技术适用于组织切片，能够对酵母细胞作出具体鉴定。

■ 临床感染

孢子丝菌病是一种慢性的皮肤或淋巴皮肤疾病，很少发展成全身性疾病。传播通常发生于免疫力低下的个体。马、猫、犬、牛、山羊、猪和人类的散发病例已有记载。感染通常来自于环境，是由于皮下接种了孢子或孢子进入伤口而引起的，孢子在进入处发育为酵母形态。感染的猫在鼻腔和口腔，以及指甲上携带该微生物，通过抓咬加速了传播。猫的疫情在巴西已被报道过（Schubach等，2008）。

马孢子丝菌病

淋巴皮肤孢子丝菌病是马孢子丝菌病最常见的形式（Blackford，1984）。真菌孢子常通过下肢的皮肤擦伤进入。结节往往发生溃疡并分泌出黄色的渗出物，沿浅淋巴管走行。由于淋巴管阻塞可能会引起患肢皮下水肿。在饲料中加入无机碘化物进行治疗，临床痊愈后应当持续给药约30天。对接受治疗的动物碘中毒症状应当进行监视。伊曲康唑、氟康唑和伏立康唑对淋巴皮肤孢子丝菌病的治疗是有效的。

早期病变的手术切除是可行的。

猫孢子丝菌病

结节性皮肤病变的发生部位最常见于四肢、头部和尾部。次级淋巴小结可沿淋巴管的走行形成。感染可能通过理毛行为扩散到皮肤的其他部位。结节形成溃疡并排除脓性的渗出物。溃疡后，大面积的相关肌肉和骨头也可能被感染（Dunstan等，1986）。猫病变的排出物中含有大量的酵母细胞，当人类处理感染动物时，可能对人类健康造成危害（Zamri-Saad等，1990）。伊曲康唑、氟康唑和伏立康唑对孢子丝菌病的治疗是有效的。

犬孢子丝菌病

犬孢子丝菌病往往在其头部和躯干出现多个溃疡并结痂、脱毛的皮肤病变。偶尔会发生淋巴皮肤受累，但散播性疾病罕见（Scott等，1974）。治疗方案与猫孢子丝菌病类似。

◉ 参考文献

al Ani, F.K. (1999). Epizootic lymphangitis in horses: a review of the literature. Revue Scientifique et Technique, 18, 691–699.

Archer, J.R., Trainer, D.O. and Schell, R.F. (1987). Epidemiologic study of canine blastomycosis in Wisconsin. Journal of the American Veterinary Medical Association, 190, 1292–1295.

Bialek, R., Cirera, A.C., Herrmann, T., Aepinus, C., Shearn-Bochsler, V.I. and Legendre, A.M. (2003). Nested PCR assays for the detection of *Blastomyces dermatitidis* DNA in paraffin-embedded canine tissue. Journal of Clinical Microbiology, 41, 205–208.

Blackford, J. (1984). Superficial and deep mycoses in horses. Veterinary Clinics of North America: Large Animal Practice, 6, 47–58.

Borman, A.M., Simpson, V.R., Palmer, M.D., Linton, C.J. and Johnson, E.M. (2009). Adiaspiromycosis due to *Emmonsia crescens* is widespread in native British mammals. Mycopathologia, 168, 153–163.

Breider, M.A., Walker, T.L., Legendre, A.M. and VanEe, R.T. (1988). Blastomycosis in cats: five cases (1979–1986). Journal of the American Veterinary Medical Association, 193, 570–572.

Chandler, F. W., Kaplan, W. and Ajello, L. (1980). *Histoplasmosis farciminosi*. In *Histopathology of Mycotic Diseases*. Wolfe Medical Publications, London. pp. 70–72; 216–217.

Costa, E.O., Diniz, L.S.M. and Netto, C.F. (1995). The prevalence of positive intradermal reactions to paracoccidioidin in domestic and wild animals in Sao Paulo, Brazil. Veterinary Research Communications, 19, 127–130.

Di Salvo, A.F. (1998). Blastomyces dermatitidis. In *Topley and Wilson's Microbiology and Microbial Infections*. Ninth Edition. Volume 4. Eds L. Ajello and R.J. Hay. Arnold, London. pp. 337–355.

Dunstan, R.W., Reimann, K.A. and Langham, R.F. (1986). Feline sporotrichosis. Journal of the American Veterinary Medical Association, 189, 880–883.

Fisher, M.C., Koenig, G., White, T.J. and Taylor, J.W. (2002). Molecular and phenotypic description of *Coccidioides posadasii* sp. nov. previously recognized as the non-California population of C. immitis. Mycologia, 94, 73–84.

Langham, R.F., Beneke, E.S. and Whitenack, D.L. (1977). Abortion in a mare due to coccidioidomycosis. Journal of the American Veterinary Medical Association, 170, 178–180.

Legendre, A.M., Walker, M., Buyukmihci, N. and Stevens, R. (1981). Canine blastomycosis: a review of 47 clinical cases. Journal of the American Veterinary Medical Association, 178, 1163–1168.

Marimon, R., Gené, J., Cano, J., Trilles, L., Dos Santos Lazéra, M. and Guarro, J. (2006). Molecular phylogeny of Sporothrix schenckii. Journal of Clinical Microbiology, 44, 3251–3256.

Ricci, G., Mota, F.T., Wakamatsu, A., Serafim, R.C., Borra, R.C. and Franco, M. (2004). Canine paracoccidioidomycosis. Medical Mycology, 42, 379–383.

Schubach, A., Barros, M.B. and Wanke, B. (2008). Epidemic sporotrichosis. Current Opinion in Infectious Diseases, 21, 129–133.

Scott, D.W., Bentinck-Smith, J. and Haggerty, G.F. (1974). Sporotrichosis in three dogs. Cornell Veterinarian, 64, 416–426.

Shubitz, L.F., Butkiewicz, C.D., Dial, S.M. and Lindan, C.P. (2005). Incidence of Coccidioides infection among dogs residing in a region in which the organism is endemic. Journal of the American Veterinary medical Association, 226, 1846–1850.

Spector, D., Legendre, A.M., Wheat, J., et al. (2008). Antigen and antibody testing for the diagnosis of blastomycosis in dogs. Journal of Veterinary Internal Medicine, 22, 839–843.

Stockman, L., Clark, K.A., Hunt, J.M. and Roberts, G.D. (1993). Evaluation of commercially available acridinium ester-labelled chemiluminescent DNA probes for culture identification of Blastomyces dermatitidis, Coccidioides immitis, Cryptococcus neoformans and Histoplasma capsulatum. Journal of Clinical Microbiology, 31, 845–850.

Tintelnot, K., De Hoog, G.S., Antweiler, E., et al. (2007). Taxonomic and diagnostic markers for identification of Coccidioides immitis and Coccidioides posadasii. Medical Mycology, 45, 385–393.

Ueda, Y., Sano, A., Tamura, M., et al. (2003). Diagnosis of histoplasmosis by detection of the internal transcribed spacer region of fungal rRNA gene from a paraffin- embedded skin sample from a dog in Japan. Veterinary Microbiology, 94, 219–224.

Wolf, A.M. (1979). Primary cutaneous coccidioidomycosis in a dog and cat. Journal of the American Veterinary Medical Association, 174, 504–506.

Zamri-Saad, M., Salmiyah, T.S., Jasni, S., Cheng, B.Y. and Basri, K. (1990). Feline sporotrichosis: an increasingly important zoonotic disease in Malaysia. Veterinary Record, 127, 480.

◉ 进一步阅读材料

Brömel, C. and Sykes, J.E. (2005). Histoplasmosis in dogs and cats. Clinical Techniques in Small Animal Practice, 20, 227–232.

Brömel. C. and Sykes, J.E. (2005). Epidemiology, diagnosis and treatment of blastomycosis in dogs and cats. Clinical Techniques in Small Animal Practice, 20, 233–239.

Fawi, M.T. (1969). Fluorescent antibody test for the serodiagnosis of Histoplasma farciminosum infections in Equidae. British Veterinary Journal, 125, 231–234.

Gabal, M.A. and Mohammed, K.A. (1985). Use of enzyme-linked immunosorbent assay for the diagnosis of equine Histoplasma farciminosi (epizootic lymphangitis). Mycopathologia, 91, 35–37.

Graupmann-Kuzma, A., Valentine, B.A., Shubitz, L.F., Dial, S.M., Watrous, B. and Tornquist, S.J. (2008). Coccidioidomycosis in dogs and cats: a review. Journal of the American Animal Hospital Association, 44, 226–235.

Kowalewich, N., Hawkins, E.C., Skowronek, A.J. and Clemo, F.A.S. (1993). Identification of Histoplasma capsulatum organisms in the pleural and peritoneal effusions of a dog. Journal of the American Veterinary Medical Association, 202, 423–426.

Wolf, A.M. and Beldin, M.N. (1984). Feline histoplasmosis: a literature review and retrospective study of 20 new cases. Journal of the American Animal Hospital Association, 20, 995–998.

Ziermer, E.L., Pappagianis, D., Madigan, J.E., Mansmann, R.A. and Hoffman, K.D. (1992). Coccidioidomycosis in horses: 15 cases (1975–1984). Journal of the American Veterinary Medical Association, 201, 910–916.

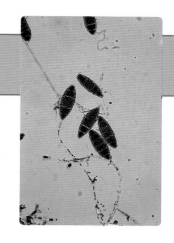

第47章

兽医上重要的接合菌

接合菌门（Zygomycota）中的真菌特点为具有无隔多核（注：相对地无隔）、肥大的菌丝（6～15微米），在孢子囊内通过产生孢子囊孢子进行无性生殖。在两个不同菌体上配子囊的结合后而形成厚壁接合孢子，是一种有性生殖方式。除蛙粪霉菌（Basidiobolus）外，接合孢子很少在培养中形成。由于没有隔膜使营养物质通过菌丝传递，导致其快速生长。在菌丝损伤和靠近孢子囊的位置偶尔可观察到隔膜。多核菌丝很容易损伤，因此在采样过程中可能导致菌丝不能存活。

该门分为两个纲，接合菌纲（Zygomycetes）和毛菌纲（Trichomycetes）。接合菌纲分为三个目，即毛霉目（Mucorales）、被孢霉目（Mortierellales）和虫霉目（Entomophthorales），兽医上都有重要性。沃尔夫被孢霉（Mortierella wolfii）是一种致病菌，以前被分类到毛霉目，但最近被分类到新设立的被孢霉目（Mortierellales），该目只有被孢霉科一个科。这三个目中各属所包含的可能致病的种见图47.1。伞状犁头霉（Absidia corymbifera）已更名为伞状毛霉（Lichtheimia corymbifera）。接合菌为分布广泛的腐生菌，可引起零星的机会性感染。接合菌病这个术语适用于由接合菌门中的成员感染所引起的疾病。据记载，许多动物发生过临床疾病，包括哺乳动物、禽类、鱼类、爬行动物和两栖动物。

藻菌病（zygomycosis）这个术语以前涵盖由接合菌或隐丝敌腐霉（Pythium insidiosum）引起的感染。隐丝敌腐霉是一种类真菌，可引起机会性感染，与接合菌引起的感染相似。一般而言，由毛霉目和被孢霉目的成员引起的感染往往比虫霉目中的成员引起的感染导致更严重的临床疾病。这些疾病通常与鼻黏膜和皮下组织的慢性疾病有关。

> △ 要点
> - 宽大无隔菌丝（直径长达15微米）
> - 无性繁殖产生孢子囊孢子
> - 接合孢子是有性孢子
> - 腐生菌，广泛分布于环境中
> - 快速生长
> - 引起接合菌病
> - 毛霉目和被孢霉目
>   - 横梗霉（腐化米霉）、毛霉、根毛霉和根霉是典型的接合菌
>   - 被孢霉和瓶霉只在营养缺乏的培养基上形成孢子
>   - 免疫抑制可诱发感染
>   - 毛霉病往往是全身性疾病
>   - 沃尔夫被孢霉与牛的流产和肺炎有关
> - 虫霉目
>   - 孢子囊起单分生孢子的作用
>   - 在动物组织中有时产生有隔菌丝（直径长达20微米）
>   - 菌丝周围有典型的聚集物
>   - 由蛙粪霉和耳霉可引起肉芽肿；马最常见

◉ 毛霉目和被孢霉目

这些真菌通常被称为"大头针霉"或"面包霉"，因为它们深色的孢子囊与大头针针头类似，且常常出现在不新鲜的面包上。毛霉目中一些属的形态学特点见图47.2。其中几个属产生的根状假根，使其能够固定到表面上。菌落可在培养皿上迅速生长。

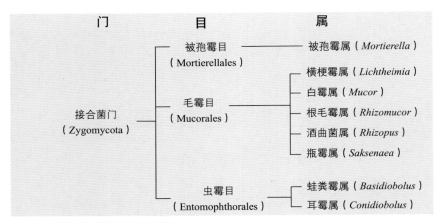

图47.1　兽医上重要的接合菌属

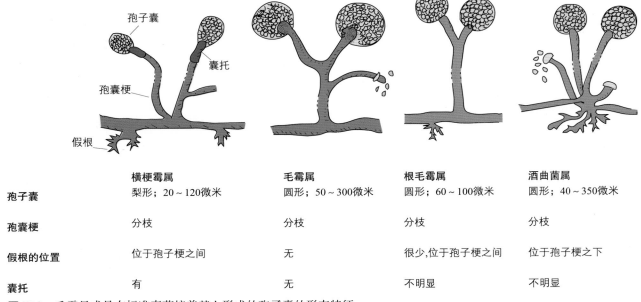

	横梗霉属	毛霉属	根毛霉属	酒曲菌属
孢子囊	梨形；20～120微米	圆形；50～300微米	圆形；60～100微米	圆形；40～350微米
孢囊梗	分枝	分枝	分枝	分枝
假根的位置	位于孢子梗之间	无	很少,位于孢子梗之间	位于孢子梗之下
囊托	有	无	不明显	不明显

图47.2　毛霉目成员在标准真菌培养基上形成的孢子囊的形态特征

与动物疾病相关的菌株，在沙堡葡萄糖琼脂上37℃下生长良好，对放线菌酮敏感。沃尔夫被孢霉和瓶霉这两个种的孢子形成，只发生在缺乏某些营养素的培养基上。

毛霉病是由属于毛霉目和被毛霉目的真菌引起的疾病，在世界范围内呈零星发生。往往涉及胃肠道、呼吸道和相关的淋巴结发病。由于这些病原体的淋巴向性运动，当病原体散播到其他器官时，可能引起严重的临床症状。感染可能与免疫抑制有关。

■ 常见的生存环境

毛霉目和被毛霉目中的成员是腐生菌，存在于土壤和植被中。它们的孢子通常通过空气传播。虽然沃尔夫被毛霉在青贮饲料和腐烂干草附近的土壤中曾被分离出，但除此之外，很难从环境源中发现。

■ 毛霉目和被毛霉目中成员的鉴定

- 菌落形态：
  - 横梗霉、毛霉、根毛霉和根霉生长迅速，几天之内，培养皿内即长满灰色或棕灰色的绒毛状菌落。
  - 沃尔夫被毛霉为典型的白色天鹅绒状菌落，具有分叶状轮廓。培养4天后，菌落直径约5厘米。
  - 瓶霉生长快速，菌落形态为白色绒毛状。
- 显微形态：

一根据形态学特征可作出属的区分（图47.2）。

一沃尔夫被毛霉和瓶霉在营养缺乏的培养基上如枯草浸液琼脂，通过继代培养可被诱导形成孢子。这两种真菌具有独特的结构特征（图47.3）。

· 横梗霉属、毛霉属、根毛霉属和根霉属的菌株鉴定在参考实验室进行。

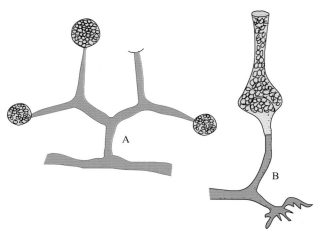

图47.3 沃尔夫被毛霉（A）和瓶霉（B）的孢囊梗和和孢子囊的形态特征
孢子形成是由营养缺乏的培养基诱导的。

■ **致病机理和病理**

具有免疫力的健康动物个体，感染这些真菌很少见。诱发感染的因素可能包括免疫缺陷、皮质类固醇治疗、长期服用广谱抗生素，以及某些病毒病如猫泛白细胞减少症和传染性腹膜炎（Ossent，1987）。致病种耐热，因此它们可在核心体温下生长。从污染的环境源中吸入和摄取孢子之后可引起感染。菌丝侵入黏膜、黏膜下层及局部血管壁，引起急性坏死性血栓性血管炎。慢性病变通常是局部的和肉芽肿病变。

■ **诊断程序**

· 除沃尔夫被孢霉可引起流产，随后发生急性肺炎外，毛霉目中的成员很少引起动物的可辨别的疾病综合征。

· 实验室检查的标本应包括可用于组织病理学检查和培养的组织。应当从流产病例中采集胎儿的绒毛叶、皱胃内容物和子宫分泌物。从自溶组织中分离沃尔夫被孢霉或许比较困难。

· 用PAS和六胺银染色法将组织切片染色，有助于检测无隔菌丝。

· 荧光抗体方法已被用来鉴别伞状毛霉（腐化米霉）等病原体（Jensen等，1990）。

· 在不含放线菌酮的沙堡葡萄糖琼脂上进行分离培养。培养物在37℃下需氧培养长达5天。

· 分离株的鉴定：
  一菌落形态
  一显微形态特征（图47.2）

· 血清学检查如琼脂凝胶扩散法已经建立起来，但其诊断价值不确定。

· 用于分离株鉴定的分子技术正在研发中（Schwarz等，2006；Hata等，2008；Piancastelli等，2009）。

■ **临床感染**

家畜的接合菌病见表47.1。实验室程序包括感染组织中真菌的分离和菌丝的实证，是诊断接合菌病必不可少的步骤。诱发真菌侵入的相关疾病的临床症状，可能会掩盖由真菌感染所引起的症状。不考虑其病变部位，由毛霉目和被毛霉目中的成员引起的真菌性病变比由曲霉引起的病变少见。由于这些疾病的散发性质，预防较困难。在可能的情况下，应当尽量减少接触孢子，如确保足够的通风，并从饮食中排除发霉的饲料。诱发感染的因素应当避免。

真菌性流产

牛真菌性流产的患病率受气候和其他环境因素的影响。部分地区的报告表明，牛流产病例的7%是由真菌引起的（Knudtson 和 Kirkbride，1992）。虽然在许多国家曲霉菌占感染病例的大多数，但沃尔夫被孢霉、横梗霉、毛霉、根毛霉和根霉也占一定的比例，且在一些地区可能占主导地位。流产通常发生在妊娠后期。往往与喂食了发霉的干草或青贮饲料有关。绒毛叶上的病变部位表明子宫的血源性感染可能来自于肺部和肠道。绒毛叶肿大并坏死，绒毛叶间胎盘组织增厚并变硬。与菌丝侵入有关的血管炎可在感染绒毛叶的组织切片上观察到。有时，病变可在流产胎儿的皮肤上肉眼观察到。

由沃尔夫被孢霉引起的流产，是新西兰真菌性流产的一个重要原因，流产后几天内可能发生急性纤维素坏死性真菌性肺炎（Carter等，1973）。由于从自溶组织中分离沃尔夫被孢霉有难度，因此由该病原体引起的流产可能诊断不出来（MacDonald 和 Corbel，1981）。由伞状毛霉引起的母马真菌性流产已有报道。

表 47.1 家畜的接合菌病

真菌病	宿主	临床疾病
毛霉病	牛	肠系膜及纵隔淋巴结炎
		流产
		由沃尔夫被孢霉引起流产后发生的肺炎
		小牛的食管炎和肠炎
		瘤胃炎、皱胃溃疡
		脑毛霉病
	猪	仔猪肠炎
		肠系膜及下颌淋巴结炎
		胃十二指肠溃疡
	猫	局灶性坏死性肺炎
		坏死性肠炎
	犬	肠炎
虫霉病	马	由蛙粪霉引起的皮肤肉芽肿
		由耳霉引起的鼻肉芽肿
	犬	由蛙粪霉引起的皮下、胃肠和肺肉芽肿
		由耳霉引起的皮下肉芽肿
	绵羊	由耳霉引起的鼻肉芽肿

消化道感染

牛的真菌性瘤胃炎的发生可能与瘤胃乳酸性酸中毒引起的黏膜损伤有关。瘤胃病变中的致病真菌的显微形态表明，大多数病例都涉及横梗霉属、犁头霉属、毛霉属中的接合菌（Brown等，2007）。由于血栓、坏死和出血引起的梗塞是真菌性病变的主要特点。炎症性病变通过瘤胃壁的扩散引起纤维蛋白性腹膜炎。小牛的接合菌性皱胃炎和溃疡，可发生在新生畜感染之后，也可引起穿孔和腹膜炎。小猪的急性胃肠道接合菌病已有记载（Reed等，1987）。

真菌性肺炎

本病是奶牛的一种急性致死性肺炎，是由沃尔夫被孢霉引起的。本病偶尔在奶牛流产后发生。本病在新西兰广为人知（Carter等，1973）。由其他接合菌引起的牛和其他家畜的慢性肺病变呈零星发生。

◉ 虫霉目

虫霉目中的蛙粪霉属和耳霉属有时引起动物的机会性感染。这些真菌的独特之处是产生单分生孢子，当其成熟时会强有力地释放。分子数据往往表明，蛙粪霉更接近于壶菌而不是虫霉。蛙粪霉是本属中唯一的致病种，其分布仅限于全球内较温暖的地区。与疾病有关的耳霉种包括冠状耳霉、异孢耳霉和闪光耳霉。这些菌种同样分布于世界各地的温暖地区。

■ 常见的生存环境

蛙粪霉是土壤、腐烂水果和植物材料的腐生菌，也可存在于两栖类、爬行类、食虫蝙蝠和有袋类动物的粪中（Speare 和 Thomas，1985）。

耳霉是土壤和腐烂植物的腐生菌，尤其是在雨林地区。

■ 虫霉目真菌的鉴定
- 菌落形态：
  - 蛙粪霉中等快速生长，菌落平整、光滑、黄灰色，逐渐形成放射状折叠，表层为白色粉状。该菌有一种土腥味，与链霉菌的气味类似。耳霉生长迅速，菌落平整、光滑、奶油色，逐渐形成放射状折叠，颜色变为褐色，菌落表层呈白色粉状。释放的分生孢子附着在培养皿的盖子上。
- 显微形态：
  - 蛙粪霉具有发达的菌丝（直径20微米），主要是无隔菌丝，在菌丝上形成圆的厚壁接合孢子（直径

20～50微米）。

- 耳霉产生单分生孢子梗，上面形成单个球形的分生孢子（直径10～25微米）。分生孢子萌芽，产生单个或多个菌丝管，在菌丝管上形成次生分生孢子。
- 种属的鉴定应在真菌参考实验室进行。

■ 致病机理和病理

虽然没有明确的界定，但这些真菌很可能是通过皮肤或鼻腔黏膜的轻微擦伤而侵入的。菌丝侵入血管不常见。有时会通过淋巴系统发生传播（Hillier等，1994）。虽然散播性疾病罕见，但犬感染蛙生蛙粪霉（*B. ranarum*，又名*B. haptosporus*固孢蛙粪霉）的散发病例已有报道（Miller 和 Turnwald，1984）。

由这些机会致病菌引起的感染可产生肉芽肿病变。在个体菌丝外围有嗜酸性沉着物（即Splendore-Hoeppli现象），可表明免疫复合物的形成（Miller 和 Campbell，1984）。

■ 诊断程序

- 用于组织病理学和培养的实验室检查标本应当包括活检组织和死后组织。采样时应当小心以避免过多

的组织破坏，因为多核体菌丝很容易被损坏，导致标本无法成活。

- 真菌菌丝必须在组织切片中得到证实。蛙粪霉的薄壁菌丝直径通常宽达20微米，而耳霉菌丝直径宽至12微米。个别菌丝周围可能出现嗜酸性套囊或鞘（即Splendore Hoeppli现象）。
- 这些真菌耐热，在不添加环己酰胺的沙堡葡萄糖琼脂上37℃下有氧培养多达5天，可获得分离株。
- 分离株的鉴定标准：
  - 菌落形态
  - 显微形态
- 对真菌种的鉴定，应当将标本送到参考实验室。

■ 临床感染

家畜的虫霉真菌病见表47.1。蛙粪霉引起的马和犬的皮肤病变与隐丝敌腐霉引起的病变相似（见第48章）。马（Humber等，1989；Zamos等，1996）、绵羊（Carrigan等，1992；Silva等，2007）和羊驼（French 和 Ashworth，1994）感染耳霉可引起肉芽肿。在极少数情况下，耳霉可引起犬的脓性肉芽肿和皮肤病变（Hillier等，1994）。

◉ 参考文献

Brown, C.C., Baker, D.C. and Barker, I.K. (2007). In *Jubb, Kennedy and Palmer's Pathology of Domestic Animals*. Volume 2. Fifth Edition. Ed. M. Grant Maxie. Elsevier Saunders, Edinburgh. pp. 46–48.

Carrigan, M.J., Small, A.C. and Perry, G.H. (1992). Ovine nasal zygomycosis caused by *Conidiobolus incongruus*. Australian Veterinary Journal, 69, 237–240.

Carter, M.E., Cordes, D.O., Di Menna, M.E. and Hunter, R. (1973). Fungi isolated from bovine mycotic abortion and pneumonia with special reference to Mortierella wolfii. Research in Veterinary Science, 14, 201–206.

French, R.A. and Ashworth, C.D. (1994). Zygomycosis caused by *Conidiobolus coronatus* in a llama (*Lama glama*). Veterinary Pathology, 31, 120–122.

Hata, D.J., Buckwalter, S.P., Pritt, B.S., Roberts, G.D. and Wengenack, N.L. (2008). Real-time PCR method for detection of zygomycetes. Journal of Clinical Microbiology, 46, 2353–2358.

Hillier, A., Kunkle, G.A., Ginn, P.E. and Padhye, A.A. (1994). Canine subcutaneous zygomycosis caused by *Conidiobolus*

sp.: a case report and review of conidiobolus infections in other species. Veterinary Dermatology, 5, 205–213.

Humber, R.A., Brown, C.C. and Kornegay, R.W. (1989). Equine zygomycosis caused by *Conidiobolus lamprauges*. Journal of Clinical Microbiology, 27, 573–576.

Jensen, H.E., Schonheyder, H. and Jorgensen, J.B. (1990). Intestinal and pulmonary mycotic lymphadenitis in cattle. Journal of Comparative Pathology, 102, 345–354.

Knudtson, W.U. and Kirkbride, C.A. (1992). Fungi associated with bovine abortion in the northern plain states (USA). Journal of Veterinary Diagnostic Investigation, 4, 181–185.

MacDonald, S.M. and Corbel, M.J. (1981). Mortierella wolfii infection in cattle in Britain. Veterinary Record, 109, 419–421.

Miller, R.I. and Campbell, R.S.F. (1984). The comparative pathology of equine cutaneous phycomycosis. Veterinary Pathology, 21, 325–332.

Miller, R.I. and Turnwald, G.H. (1984). Disseminated basidiobolomycosis in a dog. Veterinary Pathology, 21,117–119.

Ossent, P. (1987). Systemic aspergillosis and mucormycosis in 23 cats. Veterinary Record, 120, 330–333.

Piancastelli, C., Ghidini, F., Donofrio, G., et al. (2009). I solation and characterization of a strain of *Lichtheimia corymbifera* (ex *Absidia corymbifera*) from a case of bovine abortion. Reproductive Biology and Endocrinology, 30, 138.

Reed, W.M., Hanika, C., Mehdi, N.A.Q. and Shackelford, C. (1987). Gastrointestinal zygomycosis in suckling pigs. Journal of the American Veterinary Medical Association, 191, 549–550.

Schwarz, P., Bretagne, S., Gantier J.C., et al. (2006). Molecular identification of zygomycetes from culture and experimentally infected tissues. Journal of Clinical Microbiology, 44, 340–349.

Silva, S.M., Castro, R.S., Costa, F.A., et al. (2007). Conidiobolomycosis in sheep in Brazil. Veterinary Pathology, 44, 314–319.

Speare, R. and Thomas, A.D. (1985). Kangaroos and wallabies as carriers of *Basidiobolus haptosporus*. Australian Veterinary Journal, 62, 209–210.

Zamos, D.T., Schumacher, J. and Loy, J.K. (1996). Nasopharyngeal conidiobolomycosis in a horse. Journal of the American Veterinary Medical Association, 208, 100–101.

◉ 进一步阅读材料

Davies, J.L., Ngeleka, M. and Wobeser, G.A. (2010). Systemic infection with *Mortierella wolfii* following abortion in a cow. Canadian Veterinary Journal, 51, 1391–1393.

Greene, C.E., Brockus, C.W., Currin, M.P. and Jones, C.J. (2002). Infection with *Basidiobolus ranarum* in two dogs. Journal of the American Veterinary Medical Association, 221, 528–532.

Hill, B.D., Black, P.F., Kelly, M., Muir, D. and McDonald, W.A.J. (1992). Bovine cranial zygomycosis caused by *Saksenaea vasiformis*. Australian Veterinary Journal, 69, 173–174.

Jensen, H.E., Krogh, H.V. and Schonheyder, H. (1991). Bovine mycotic abortion – a comparative study of diagnostic methods. Zentralblatt für Veterinärmedizin B, 38, 33–40.

Miller, R. and Pott, B. (1980). Phycomycosis of the horse caused by *Basidiobolus haptosporus*. Australian Veterinary Journal, 56, 224–227.

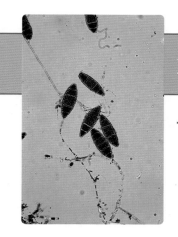

第48章

兽医上重要的类真菌微生物

有三种类似真菌的真核细胞生物，即隐丝敌腐霉（*Pythium insidiosum*）、西伯鼻孢子菌（*Rhinosporidium seeberi*）和洛博拉卡斯菌（*Lacazia loboi*）。当动物接触了染这些微生物污染的水，偶尔会导致散发感染。这些微生物在组织中以菌丝体或单细胞形式存在，引起宿主的反应与真菌感染引起的反应相似。家畜和人类的腐皮病（pythiosis）和鼻孢子菌病（rhinosporidiosis）已有记载。洛博拉卡斯菌又名洛博芽生菌（*Loboa loboi*），主要是人类的病原体，但海豚的散发病例也有记载。

△ **要点**

- 隐丝敌腐霉
  - 原藻界中的成员
  - 主要存在于不流动的水体中
  - 包含重要的植物病原体的一个属
  - 在多种培养基上生长
  - 能游动孢子可侵入有轻微擦伤的动物组织
  - 引起马的皮肤腐霉病和犬的胃肠道腐霉病
- 西伯鼻孢子菌
  - 低致病力的类真菌生物体
  - 存在于不流动的水中
  - 在无生命培养基中不生长
  - 马、犬和牛可发生鼻孢子菌病，以形成鼻息肉为特征
- 洛博拉卡斯菌
  - 水生类酵母微生物
  - 未在体外培养过
  - 引起人类和海豚的皮肤病变

◉ 隐丝敌腐霉

该类真菌生物，也被称为毁坏性丝霉（*Hyphomyces destruens*），被归类到原藻界（原生生物界）卵菌纲。它存在于水环境中，是一种机会性动物病原体，而许多其他腐霉是重要的植物病原体。动物感染隐丝敌腐霉少见。植物感染是该生物体繁殖和能动游动孢子（图48.1）产生必不可少的环节。

隐丝敌腐霉在多种实验室培养基上25℃和37℃下都可生长。而游动孢子只有在溶液培养中才能产生。在固体培养基上和动植物组织内，该病原体产生无隔

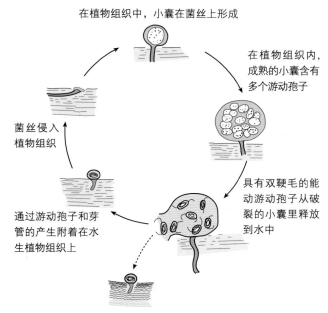

在植物组织中，小囊在菌丝上形成

在植物组织内，成熟的小囊含有多个游动孢子

菌丝侵入植物组织

具有双鞭毛的能动游动孢子从破裂的小囊里释放到水中

通过游动孢子和芽管的产生附着在水生植物组织上

当动物涉水时，由游动孢子引起受损组织的机会性感染

图48.1　隐丝敌腐霉在植物组织中的生活史
动物涉水时，有轻微外伤的部位可能会出现散发性感染。

菌丝（直径4～10微米），形态与接合菌菌丝相似。

腐霉病以皮下或肠组织的肉芽肿性病变为特征，在马、犬、小牛、羊和猫，曾有该病的报道。

■ 常见的生存环境

隐丝敌腐霉通常存在于不流动的内陆水域，偶尔存在于土壤中。

■ 致病性

能动游动孢子显然是通过趋化作用被吸引到皮肤或肠黏膜的伤口和擦伤处，在暴露的组织上形成包囊。具有包囊的游动孢子分泌一种黏性物质，可能是糖蛋白，它能够使游动孢子在侵入之前就黏附到组织上。游动孢子在体温下产生芽管，在芽管上发育为无隔菌丝，延伸到组织中，接着可能侵入血管，加速了传播并引起血栓症。感染引起主要由嗜酸性粒细胞组成的细胞免疫反应。由感染引起的大量组织损伤被认为是嗜酸性粒细胞和肥大细胞的脱颗粒造成的。

■ 诊断程序

- 病变的特点和分布，以及在腐霉病发生地区有过接触不流动水的涉水史，可能预示着本病。
- 样本包括马的皮肤病变样品和活检材料，应立即送交实验室。运输样品应用无菌蒸馏水洗涤，在环境温度下运输。
- 将组织切片用PAS和六胺银染色，用来观察菌丝的形态。
- 免疫荧光或免疫过氧化物酶技术可用于组织切片中隐丝敌腐霉的鉴定。
- 套式PCR法已成功地应用于隐丝敌腐霉的检测和鉴定（Grooters和Gee，2002）。
- 将病变材料接种于沙堡葡萄糖琼脂培养基上，37℃下需氧培养24～48小时。菌落为白色，平整、呈辐射状，24小时后直径可达到20毫米。
- 分离株的鉴定标准：
    - 菌落形态
    - 无隔菌丝
- 种的鉴定应在参考实验室进行。DNA探针技术已研发出（Schurko等，2004）。
- 血清学试验如琼脂凝胶扩散和ELISA已应用于感染动物的腐霉病的诊断（Grooters等，2002）。

■ 临床感染

腐霉病是一种罕见、散发、非接触传染性疾病，主要发生在热带和亚热带地区。据记载，澳大利亚、新西兰、新几内亚、加勒比群岛，北美、中美和南美洲发生过该病。马和犬是最常见的感染动物，但小牛的少数病例也有报道（Miller等，1985）。

马腐皮病

马的皮肤腐霉病是常见的类型（Chaffin等，1992），但肠腐霉病也有报道（Morton等，1991）。病变通常会出现在身体的皮肤和肠道部位，尤其是四肢，是因为接触了含有游动孢子的水体。病变为大的圆形肉芽肿结节，往往形成溃疡。窦道缓慢渗出血样分泌物。瘙痒症状明显。黄色坏死性珊瑚样（或水蛭样）病变块可以完整地从肉芽肿处剥落下来。除了坏死组织，这些病变块也含有嗜酸性粒细胞和隐丝敌腐霉的菌丝（Mendoza等，1993）。慢性疾病可能会出现骨受累。手术切除后进行免疫治疗已证明是成功的（Miller，1981；Mendoza等，2003）。肠腐霉病以狭窄的纤维性胃肠病变为特征。

犬腐皮病

犬感染最常见的发病部位涉及胃和小肠（Miller，1985）。皮下腐霉病不常见（Foil等，1984）。患病动物首次检查时，往往出现大面积的肠病变。临床症状包括呕吐、体重减轻、间歇性腹泻和可触及的腹部肿块。感染可扩散到胰脏、肠系膜淋巴结及胆管。皮肤病变发生在四肢、面部或尾部，为肉芽肿结节，窦道往往有分泌物流出。手术切除病变和伊曲康唑的长期治疗可能是有益的。

◉ 西伯鼻孢子菌

西伯鼻孢子菌是一种类真菌微生物，尚未在无生命培养基上培养成功，但可以在人的直肠肿瘤单层细胞上培养（Levy等，1986）。该菌寄生于水中原生动物界中生黏菌虫纲（Mesomycetozoea）原虫。鼻孢子菌病是皮肤或黏膜的一种非传染性脓肉芽肿感染，呈散发性，曾在马、犬、牛、山羊、水禽和人类发病有记载。病例主要发生在热带和亚热带地区，尤其是在斯里兰卡、印度南部和阿根廷。

■ 常见的生存环境

人们普遍认为，不流动的水体或是土壤是该生物体的自然生存环境。

■ 致病性和病理

西伯鼻孢子菌的致病力低，散播性感染罕见。该微生物的生活史尚不明确。鼻孢子菌病最常见的表现是慢性息肉性鼻炎，其特征是感染组织里存在大孢子囊（直径100～400微米）。孢子囊具有波形双细胞壁，分内外两层，外层为几丁质层，内层为纤维素层，含有多至16 000个内生孢子（直径约7微米）。成熟的孢子可用PAS和六胺银方法染色。在内生孢子内可观察到数个含有DNA的电子致密小体（直径1.5～2.0微米）。

息肉有柄或无柄，直径可达3厘米，由软纤维黏液基质组织组成，被上皮组织所覆盖。成熟的孢子囊可用肉眼检查到，因为在间质中有微小的白点。对孢子囊的细胞应答较弱，除非孢子囊破裂。内生孢子的释放往往引发显著的脓性肉芽肿性反应（Easley等，1986）。

■ 诊断程序

- 鼻息肉病可预示着该病的存在。
- 实验室检查标本应当包括活检材料和病变碎屑。
- 细胞学检查证明中性粒细胞反应和许多内生孢子的存在。中性粒细胞在内生孢子周围形成聚集物。
- 孢子囊可在组织切片中观察到。

■ 临床感染

鼻孢子菌病在热带和亚热带地区呈地方性流行，在欧洲和北美洲也有发生（Caniatti等，1998；Leeming等，2007；Miller 和 Baylis，2009）。通过皮肤或黏膜的轻微外伤发生感染。鼻孢子菌病在鼻孔出现突起的赤褐色息肉，可堵塞鼻道。运动可能会加剧呼吸噪声。通常有鼻液出现，也可能发生鼻出血。不常见的皮肤病变可能是单个的或是多个，有柄或无柄。建议通过冷冻手术或电灼术治疗以避免过多流血。二氨基二苯砜（氨苯砜）尽管有毒副作用，但已证明是有益的。犬可能发生溶血性贫血和血小板减少症。鼻孢子菌病治疗后可能会复发。

◉ 洛博拉卡斯菌

洛博拉卡斯菌（*Lacazia loboi*），也称为洛博芽生菌（*Loboa loboi*），是一种未分类的酵母样微生物，尚未在体外培养（Taborda等，1999）。系统发育研究表明，它与巴西副球孢子菌（*Paracoccidioides brasiliensis*）密切相关，巴西副球孢子菌是人类的双相性真菌病原体，属于子囊菌门甲爪团囊目（Onygenales）中的成员。该菌很可能是一种水生腐生菌，能引起人类和海豚的肉芽肿性皮肤疾病（罗伯芽生菌或瘢痕疙瘩性芽生菌病）。用PAS或六胺银方法将皮肤切片染色，在多核巨细胞中可观察到大量的酵母样细胞（直径5～12微米）。该菌通过芽殖方式繁殖，有些菌通过狭窄的桥状结构保持相互连接，形成短链（图48.2）。

家畜的洛博芽生菌病尚未见报道。人的病例在南美洲和中美洲的热带地区被报道过，在佛罗里达海岸发现过感染的海豚（Reif等，2006）。海豚皮肤的变化从白色痂皮到结节状或疣状病变，这些病变极易发生溃烂和出血（Bossart，1984）。小病灶可手术切除。海豚的洛博芽生菌病用咪康唑得到成功治疗。

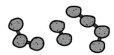

图48.2　病变涂片中的洛博拉卡斯菌细胞
这些酵母样细胞通常以短链形式出现，短链是由短的桥状结构相互连接而成的。

◉ 参考文献

Bossart, G.D. (1984). Suspected acquired immunodeficiency in an Atlantic bottlenosed dolphin with chronic hepatitis and lobomycosis. Journal of the American Veterinary Medical Association, 185, 1413–1414.

Caniatti, M., Roccabianca, P., Scanziani, E., et al. (1998). Nasal rhinosporidiosis in dogs: four cases from Europe and a review of the literature. Veterinary Record, 142, 334–338.

Chaffin, M.K., Schumacher, J. and Hooper, N. (1992). Multicentric cutaneous pythiosis in a foal. Journal of the American Veterinary Medical Association, 201, 310–312.

Easley, J.R., Meuten, D.J., Levy, M.G., et al. (1986). Nasal rhinosporidiosis in the dog. Veterinary Pathology, 23, 50–56.

Foil, C.S., Short, B.G., Fadok, V.A. and Kunkle, G.A. (1984). A report of subcutaneous pythiosis in five dogs and a review of the etiologic agent *Pythium* spp. Journal of the American Animal Hospital Association, 20, 959–966.

Grooters, A.M. and Gee, M.K. (2002). Development of a nested polymerase chain reaction assay for the detection and identification of *Pythium insidiosum*. Journal of Veterinary Internal Medicine, 16, 147–152.

Grooters, A.M., Leise, B.S., Lopez, M.K., Gee, M.K. and O'Reilly, K.L. (2002). Development and evaluation of an enzyme-linked immunosorbent assay for the serodiagno-sis of pythiosis in dogs. Journal of Veterinary Internal Medicine, 16, 142–146.

Herr, R.A., Tarcha, E.J., Taborda, P.R., Taylor, J.W., Ajello, L. and Mendoza, L. (2001). Phylogenetic analysis of *Lacazia loboi* places this previously uncharacterized pathogen within the dimorphic Onygenales. Journal of Clinical Microbiology, 39, 309–314.

Leeming, G., Smith, K.C., Bestbier, M.E., Barrelet, A. and Kipar, A. (2007). Equine rhinosporidiosis in United Kingdom. Emerging Infectious Diseases, 13, 1377–1379.

Levy, M.G., Meuten, D.J. and Breitschwerdt, E.B. (1986). Cultivation of *Rhinosporidium seeberi* in vitro: interaction with epithelial cells. Science, 234, 474–476.

Mendoza, L., Hernandez, F. and Ajello, L. (1993). Life cycle of the human and animal oomycete pathogen *Pythium insidiosum*. Journal of Clinical Microbiology, 31, 2967–2973.

Mendoza, L., Mandy, W. and Glass, R. (2003). An improved *Pythium insidiosum*-vaccine formulation with enhanced immunotherapeutic properties in horses and dogs with pythiosis. Vaccine, 21, 2797–2804.

Miller, R.I. (1981). Treatment of equine phycomycosis by immunotherapy and surgery. Australian Veterinary Journal, 57, 377–382.

Miller, R.I. (1985). Gastrointestinal phycomycosis in 63 dogs. Journal of the American Veterinary Medical Association, 186, 473–478.

Miller, R.I. and Baylis, R. (2009). Rhinosporidiosis in a dog native to the UK. Veterinary Record, 164, 210.

Miller, R.I., Olcott, B.M. and Archer, M. (1985). Cutaneous pythiosis in beef calves. Journal of the American Veterinary Medical Association, 186, 984–986.

Morton, L.D., Morton, D.G., Baker, G.J. and Gelberg, H.B. (1991). Chronic eosinophilic enteritis attributed to Pythium sp. in a horse. Veterinary Pathology, 28, 542–544.

Reif, J.S., Mazzoil, M.S., McCulloch, S.D., et al. (2006). Lobomycosis in Atlantic bottlenose dolphins from the Indian River Lagoon, Florida. Journal of the American Veterinary Medical Association, 228, 104–108.

Schurko, A.M., Mendoza, L., de Cock, A.W., Bedard, J.E. and Klassen, G.R. (2004). Development of a species-specific probe for *Pythium insidiosum* and the diagnosis of pythiosis. Journal of Clinical Microbiology, 42, 2411–2418.

Taborda, P.R., Taborda, V.A. and McGinnis, R. (1999). *Lacazia loboi* gen nov., comb. nov., the etiologic agent of lobomycosis. Journal of Clinical Microbiology, 37, 2031–2033.

◉ 进一步阅读材料

Davidson, W.R. and Nettles, V.F. (1977). Rhinosporidiosis in a wood duck. Journal of the American Veterinary Medical Association, 171, 989–990.

Meyers, D.D., Simon, J. and Case, M.T. (1964). Rhinosporidiosis in a horse. Journal of the American Veterinary Medical Association, 145, 345–347.

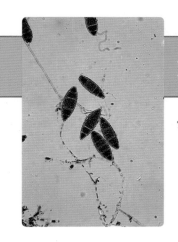

第49章

卡氏肺孢菌

卡氏肺孢菌（*Pneumocystis carinii*）是一种单细胞微生物，其生活史与原生动物寄生虫的生活史相似。根据遗传上的重要证据，卡氏肺孢菌归属于真菌界、子囊菌门、肺孢菌科（Pneumocystidaceae）（Pixley等，1991）。虽然卡氏肺孢菌的生命周期尚未被完全确定，肺内感染可能涉及有性阶段和无性阶段。生活史包括细胞壁薄的单倍体的繁殖体。繁殖体可进行二分裂或通过接合生殖进入有性生殖阶段。交配引起二倍体合子的产生和产孢的开始。接下来是转型性变化包括连续的三个孢母细胞阶段进入厚壁包囊阶段，包囊含8个孢子。孢子释放之后，这些子囊孢子进入繁殖体阶段，完成生命周期。细胞壁仅存在于该生物体的包囊期。因为这种细胞壁薄的主要固醇是胆固醇而不是麦角固醇，该微生物的这种包囊型体对常规的抗真菌药有抵抗力。近来的研究表明，卡氏肺孢菌在免疫功能正常的哺乳动物肺部良性寄生是比较常见的，通过运输和空气传播，引起同类易感接触动物感染（Chabé等，2004）。

对于免疫功能低下的个体，感染可能会导致肺炎。人的肺孢菌病常与HIV感染后的免疫抑制有关。该微生物存在于许多种不同的家养、野生和圈养哺乳动物中。以前，该属被描述为具有单一种。近来的分子研究表明，卡氏肺孢菌是由一组基因异质性分离菌株所构成，它们经过了数百万年对各自宿主的机能适应和遗传适应。来自不同动物种类的卡氏肺孢菌虫株呈现出有限的宿主范围，并有不同的遗传档案和抗原全貌（Peters等，1994）。于是，人们提出一种新的命名方法，该方法包括以下三项内容，即特定菌株或"特殊形式"菌株的名称应基于它

的源发宿主命名。以马卡氏肺孢菌（*P. carinii* f.sp. *equi*）的名称为例，它适用于马的菌株。近几年，其他虫种已被正式描述并提出：从大鼠体内分离出的卡氏肺孢菌和魏氏肺孢菌（*P. wakefieldiae*），从人体内分离出的耶氏肺孢菌（*P. jirovecii*），从实验室小鼠分离出的管鼻蝠肺孢菌（*P. murina*），从穴兔分离出的穴兔肺孢菌（*P. oryctolagi*）。该微生物很难在体外培养。

△ **要点**

- 真菌界成员
- 不同的菌株往往与特定的动物品种相关
- 难以在体外培养
- 在感染动物的肺部可观察到滋养体、包囊和孢子形态
- 肺炎仅发生于免疫抑制的动物，有时感染马和犬

◉ **常见的生存环境**

卡氏肺孢菌的自然宿主不详，但血清学和分子学研究表明，临床上幼小的正常哺乳动物患病率较高，很可能是经胎盘传播或空气散播的结果。

◉ **致病机理和致病性**

传播的确切方式不确定，但空气传播被认为是最重要的传播途径。在动物体内，滋养体型成串地附着在1型肺泡细胞上。所有动物品种的特征性病理检查结果大体相似，包括弥漫性肺实变、肺泡隔显著增厚和肺泡中蛋白质渗出。

◉ 诊断程序

- 实验室检查的样本包括肺组织和支气管肺泡灌洗液。
- 细胞学和组织病理学标本用于诊断。姬姆萨染色液可用于显示该生物体不同阶段的各种形态，而六胺银染色法只能显示包囊型。荧光标记的单克隆抗体技术敏感而特异。
- 免疫细胞化学法可用于组织切片中的具体鉴定。
- 用电子显微镜检查支气管肺泡灌洗液，可检测到该微生物。
- 聚合酶链式反应适用于参考实验室对DNA进行扩增（Peters等，1994；Ramos Vara等，1998）。
- 血清学检查适用于流行病学调查，不具有诊断价值。

◉ 临床感染

大多数由肺孢菌引起的肺炎病例，在家畜如犬、马、兔、猫和猪曾有记载。该病在幼兔中进行了广泛的研究，并提供了一个卡氏肺孢菌肺炎非免疫抑制模型（Soulez等，1989）。遗传性免疫缺陷被认为是小型腊肠犬患病频率的解释（Farrow等，1972）。患联合免疫缺陷症的阿拉伯马驹特别易感（Perryman等，1978）。感染动物表现为呼吸窘迫，但不发热。该病如不进行治疗，可致死。甲氧苄啶–磺胺甲基异噁唑磺胺口服2周，通常是有效的。

◉ 参考文献

Chabé, M., Dei-Cas, E., Creusy, C., et al. (2004). Immunocompetent hosts as a reservoir of *Pneumocystis* organisms: histological and RT-PCR data demonstrate active replication. European Journal of Clinical Microbiology and Infectious Disease, 23, 89–97.

Farrow, B.R.H., Watson, A.D.J., Hartley, W.J. and Huxtable, C.R.R. (1972). Pneumocystis pneumonia in the dog. Journal of Comparative Pathology, 82, 447–453.

Perryman, L.E., McGuire, T.C. and Crawford, T.B. (1978). Maintenance of foals with combined immunodeficiency: causes and control of secondary infections. American Journal of Veterinary Research, 39, 1043–1047.

Peters, S.E., Wakefield, A.E., Whitwell, K.E. and Hopkin, J.M. (1994). *Pneumocystis carinii* pneumonia in thoroughbred foals: identification of a genetically distinct organism by DNA amplification. Journal of Clinical Microbiology, 32, 213–216.

Pixley, F.J., Wakefield, A.E., Banenji, S. and Hopkin, J.M. (1991). Mitochondrial gene sequences show fungal homology for *Pneumocystis carinii*. Molecular Microbiology, 5, 1347–1351.

Ramos Vara, J.A., Lu, J.J., da Silva, A.J., et al. (1998). Characterization of naturally occurring *Pneumocystis carinii* pneumonia in pigs by histopathology, electron microscopy, in situ hybridization and PCR amplification. Histology and Histopathology, 13, 129–136.

Soulez, B., Dei-Cas, E., Charet, P., Mougeot, G., Caillaux, M. and Camus, D. (1989). The young rabbit: a non-immunosuppressed model for *Pneumocystis carinii* pneumonia. Journal of Infectious Diseases, 160, 355–356.

◉ 进一步阅读材料

Aliouat-Denis, C.-M., Chabé, M., Demanche, C., et al. (2008). *Pneumocystis* species, co-evolution and pathogenic power. Infection, Genetics and Evolution, 8, 708–726.

Sukura, A., Saari, S., Jarvinen, A.-K., Olsson, M., Karkkainen, M. and Ilvesniemi, T. (1996). *Pneumocystis carinii* pneumonia in dogs–a diagnostic challenge. Journal of Veterinary Diagnostic Investigation, 8, 124–130.

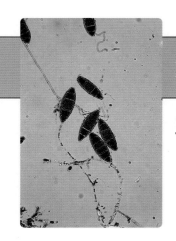

第50章

主要由暗色真菌引起的机会性感染

许多腐生真菌能够感染损伤组织，引起缓慢渐进的炎性病变。临床病例少见，并且通常是其他疾病（尤其是组织坏死和免疫抑制）诱发的。虽然病变主要涉及真皮或皮下组织，但在其他部位也可出现病变。本章讨论仅限于腐生真菌；这些真菌在病原学上与暗色丝孢霉病和足分枝菌病有关。足分枝菌病是由申克孢子丝菌、隐丝敌腐霉、曲霉和接合菌引起的，该病在其他章节中论述。

暗色丝孢霉病（phaeohyphomycosis）是由暗色真菌（phaeoid fungi）引起的。这些暗色真菌又称为着色真菌（pigmented fungi），在体内产生暗壁菌丝、假菌丝和酵母样细胞。足菌肿是由真菌（足分枝菌病）或放线菌（放线菌性足分枝菌病）引起的皮下感染，以出现谷粒或颗粒状病变为特征。暗色或非暗色真菌可引起足分枝菌病。足分枝菌病的肉芽肿病变与暗色丝孢霉病的病变不同，其颗粒状渗出液中含有大量的菌丝体。在某些暗色丝孢霉病例中，尤其是当感染是由长穗双极霉（*Bipolaris specifera*）或喙状明脐菌（*Exserohilum rostratum*）引起时，常被错误地定名为足分枝菌病（Chandler等，1980）。真正的足分枝菌病在家畜中少见（Brodey等，1967；Lambrechts等，1991）。

暗色真菌的色素沉着是由于它们的菌丝壁存在黑色素，足分枝菌病颗粒样渗出物的暗色也来自黑色素。一些暗色菌株如长穗双极菌和丝孢菌产生很少的黑色素。由这些菌株引起的病变，组织切片中的菌丝无色素。Masson-Fontana银染法可用来证明黑色素的存在。黑色素被认为在真菌侵入组织中发挥作用，它充当一个由吞噬细胞产生的呼吸爆发的抗氧化辅助生存者，并通过结合宿主水解酶来保护真菌细胞壁。

△ 要点

- 暗色（着色）真菌可感染创伤组织引起暗色丝孢霉病
- 由暗色和非暗色真菌两者感染的一个不常见表现是足分枝菌病的发生
- 暗色丝孢霉病和足分枝菌病的肉芽肿病变发生在皮下组织最常见
- 窦道内出现血样分泌物是浅表病变的一个特征
- 足分枝菌病分泌物中含有肉眼可见的颗粒，这些颗粒是由真菌成分构成的。由有色真菌构成的颗粒为黑色；由其他真菌构成的颗粒无色

◉ 常见的生存环境

与暗色丝孢霉病和足分枝菌病有关的真菌存在于土壤和植物材料中。有些真菌呈世界性分布，有些则仅局限于热带和亚热带地区。

◉ 临床感染

从暗色丝孢霉病患畜的皮下组织分离出的较重要的真菌种类见表50.1。其中一些菌株还是从足分枝菌病确诊患畜中分离出的，家畜发生足分枝菌病罕见。发生暗色丝孢霉病最常见的家畜是猫、马和牛。马和犬发生足分枝菌病已有记载（Brodey等，1967）。弯孢霉（*Curvularia*）和双极霉（*Bipolaris*）在牛鼻腔内肉芽肿病变中被发现。尖端赛多孢子菌（*Scedosporium apiospermum*）[波氏假霉样真菌（*Pseudallescheria boydii*）的无性型]从白线病患马病

变中分离出。

皮下肉芽肿病变多发于脚、四肢和头部，病变缓慢增大，是暗色丝孢霉病和足分枝菌病两者最常见的临床表现。足分枝菌病为结节性病变。这两种疾病都可发生溃疡和窦道形成且有血样分泌物流出。有两匹暗色丝孢霉病患马的病变表现为黑色裸露的皮肤斑块（Kaplan等，1975）。在英国，链格孢菌（Alternaria）被认为是猫的结节性肉芽肿真菌性皮肤病的最常见的致病因素（Miller，2010）。该菌也与马

的结节性皮肤病有关（Genovese等，2001）。分泌物中颗粒的不同（暗色或浅色），可将足分枝菌病和暗色丝孢霉病两者的病变区分开。

由暗色真菌引起的全身性病变极为少见。溶骨性暗色丝孢霉病（osteolytic phaeohyphomycosis）是由倒卵单胞瓶霉（*Phialemonium obovatum*）（Lomax等，1986）和膨胀赛多孢子菌（*Scedosporium inflatum*）（Salkin等，1992）引起的，膨胀赛多孢子菌现被称为多育赛多孢子菌（*S. prolificans*），曾有

表50.1 很少引起家畜皮下组织真菌病的暗色真菌

真菌	菌落形态	显微结构		感染动物
链格孢菌 (*Alternaria*)	菌落在5天内成熟，表面呈羊毛状，浅灰色；背面为黑色	分生孢子梗具有隔膜，长度不等，形成单个或成串的分生孢子		马（互隔交链孢霉 *A. alternata*）、猫（感染链格孢 *A. infectoria*）
双极霉 (*Bipolaris*)	菌落大约在5天内成熟，表面为灰棕色；背面为黑色	分生孢子细长，弯曲在每个分生孢子的附着点，分生孢子圆筒形，有三到五个隔膜		猫、犬、马、奶牛
弯孢霉 (*Curvularia*)	菌落在5天内成熟，表面呈深橄榄绿色至棕色或黑色；背面为黑色	分生孢子梗单枝或分枝，弯曲在分生孢子着生点上，由于中央细胞膨大，分生孢子常出现弯曲		奶牛(*C.anomatum*)、犬、马（膝状弯孢霉 *C.geniculata*）、猫（新月弯孢霉 *C.lunata*）
甄氏外瓶霉 (*Exophiala jeanselmei*)	菌落成熟需要长达15天，表面为棕色和肤色，呈天鹅绒状；背面为黑色	初期可能会出现酵母样芽殖细胞；随后分生孢子梗产生成串的分生孢子		猫（甄氏外瓶霉、棘状外瓶霉 *E.spinifera*）
喙状明脐菌 (*Exserohilum rostratum*)	菌落在5天内成熟，表面呈棉毛状，颜色为深灰色至黑色；背面为黑色	分生孢子梗外观不均匀；分生孢子呈纺锤状，有3～11个隔膜		奶牛
疣状瓶霉 (*Phialophora verrucosa*)	菌落大约在15天内成熟，表面为深茶绿色至黑色；背面为黑色	分生孢子呈椭圆形至圆形，聚集在瓶梗顶端，瓶梗有杯状的囊领		猫
球状茎点霉 (*Phoma glomerata*)	菌落在5天内成熟，呈粉状或天鹅绒状，颜色为灰棕色；背面为棕色	分生孢子器，一种无性子实体，为深色，有孔口。器壁内产生分生孢子梗，孢子梗上产生分生孢子		山羊
尖端赛多孢子菌（*Scedosporium apiospermum*）、波氏假霉样真菌（*Pseudallescheria boydii*）	菌落在7天内成熟，最初为白色，逐渐变为灰色或棕色；背面开始为白色，逐渐变为灰黑色	分生孢子梗或长或短，产生椭圆形、基部扁平的分生孢子		犬、马

犬发病的记载。由斑替枝孢霉（*Cladophialophora bantiana*）引起的猫和犬的脑暗色丝孢霉病已有报道（Dillehay等，1987）。犬腹腔内的一种慢性肉芽肿病变被称为黑色谷粒状真足菌肿（black grain eumycetoma）（Lambrechts等，1991）。

定（表50.1）。不过，商品化DNA测序试剂盒在暗色真菌的鉴定方面显示出一定的优势（Hall等，2004）。

- PAS和六胺银方法都可用于观察组织切片中的菌丝。
- Masson-Fontana银染法可用来观察暗色真菌菌丝中的黑色素。
- 在组织切片中可以观察到足分枝菌病菌丝体聚集物周围，有嗜酸性沉积物，这被称为 Splendore-Hoeppli现象。

◉ 诊断

- 适合实验室检查的标本包括细针抽吸活组织、钻孔活组织以及死后组织样本。
- 将样本接种于含和不含抗生素的沙堡葡萄糖琼脂上，25～30℃下需氧培养长达6周。分离株应当由参考实验室进行传代培养，以便于鉴定。
- 可通过子实体的菌落形态和显微形态对分离株进行鉴

■ 治疗

- 中止任何形式的免疫抑制治疗（Swift等，2006）。
- 通过外科切除病变是有效的（Beale和Pinson，1990）。
- 虽然抗真菌治疗通常是无效的，但两性霉素B和5-氟胞嘧啶的结合使用有疗效。

◉ 参考文献

Beale, K.M. and Pinson, D. (1990). Phaeohyphomycosis caused by two different species of *Curvularia* in two animals in the same household. Journal of the American Animal Hospital Association, 26, 67–70.

Brodey, R.S., Schryver, H.S., Deubler, M.J., et al. (1967). Mycetoma in a dog. Journal of the American Veterinary Medical Association, 151, 442–451.

Chandler, F.W., Kaplan, W. and Ajello, L. (1980). Mycetomas. In *Histopathology of Mycotic Diseases*. Wolfe Medical Publications, London. pp. 76–82 and 222–239.

Dillehay, D.L., Ribas, J.L., Newton, J.C. and Kwapien, R.P. (1987). Cerebral phaeohyphomycosis in two dogs and a cat. Veterinary Pathology, 24, 192–194.

Genovese, L.M., Whitbread, T.J. and Campbell, C.K. (2001). Cutaneous nodular phaeohyphomycosis in five horses associated with Alternaria alternata infection. Veterinary Record, 148, 55–56.

Hall, L., Wohlfiel, S. and Roberts, G.D. (2004). Experience with the MicroSeq D2 large-subunit ribosomal DNA sequencing kit for identification of filamentous fungi encountered in the clinical laboratory. Journal of Clinical Microbiology, 42, 622–666.

Kaplan, W., Chandler, F.W., Ajello, L., Gauthier, R., Higgins, R. and Cayouette, P. (1975). Equine phaeohyphomycosis caused by *Drechslera spicifera*. Canadian Veterinary Journal, 16, 205–208.

Lambrechts, N., Collett, M.G. and Henton, M. (1991). Black grain eumycetoma in the abdominal cavity of a dog. Journal of Medical and Veterinary Mycology, 29, 211–214.

Lomax, L.G., Cole, J.R., Padhye, A.A., et al. (1986). Osteolytic phaeohyphomycosis in a German shepherd dog caused by Phialemonium obovatum. Journal of Clinical Microbiology, 23, 987–991.

Miller, R.I. (2010). Nodular granulomatous fungal skin disease in the United Kingdom: a retrospective review. Veterinary Dermatology, 21, 130–135.

Salkin, I.F., Cooper, C.R., Bartges, J.W., Kemna, M.E. and Rinaldi, M.G. (1992). *Scedosporium inflatum* osteomyelitis in a dog. Journal of Clinical Microbiology, 30, 2797–2800.

Swift, I.M., Griffin, A. and Shopstone, M.A. (2006). Successful treatment of disseminated cutaneous phaeohyphomycosis in a dog. Australian Veterinary Journal, 84, 431–435.

◉ 进一步阅读材料

Kwochka, K.W., Mays, M.B.C., Ajello, L. and Padhye, A.A. (1984). Canine phaeohyphomycosis caused by *Drechslera spicifera*: a case report and literature review. Journal of the American Animal Hospital Association, 20, 625–633.

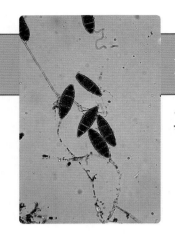

第51章

真菌毒素和真菌中毒症

真菌毒素（mycotoxin）是某些真菌产毒菌株在农作物、牧草或储存饲料中，在特定条件下生长所产生的次级代谢产物。摄食被污染的植物材料后引起的急性或慢性中毒，称为真菌中毒症。已知有100多种真菌菌株产生真菌毒素，由这些真菌大约产生400种具有产毒活性的次级代谢产物。这些真菌大多数属于青霉属（*Penicillium*）、曲霉属（*Aspergillus*）、镰刀菌属（*Fusarium*）和麦角菌属（*Claviceps*）。

影响真菌毒素产生和真菌中毒症发生的因素见图51.1。真菌的生长和毒素的产生必须具备合适的基质，适宜的温度、湿度和含氧量。有些特定地区的农业习惯做法有利于一些真菌中毒症的发生，因此这些地区的患病率就高。真菌中毒症在发展中国家往往比较常见，是因为在这些国家中收获和储存农作物的方法不当，旨在预防供人类消费的可疑农作物或动物饲料的销售和分配法规也未得到严格执行。真菌产毒菌株可能偏爱生长在植物的某一特定部分，有些偏爱含碳水化合物的种子或果核，另外一些则利用纤维茎或叶中的纤维素基质。

真菌毒素是非抗原性低分子量化合物。许多真菌毒素耐热，在经过粒化和其他程序的加工温度后仍保持毒性（贴51.1）。某一特定的真菌毒素可以由多种真菌产生。此外，一些真菌可产生数种真菌毒素，这些毒素的生物活性各不相同，产生复杂的临床效应。通过食物源中多种产毒菌株的存在对真菌中毒症作出临床诊断可能是一个复杂的过程。临床症状的严重程度受暴露于污染饲料的时期和真菌毒素的摄入量的影响。真菌毒素可能在同一批次的饲料中呈不均匀地分布，也可能部分批次被污染。针对特定器官如肝脏或中枢神经系统所产生的临床症状是某些真菌中毒症的一个特点。毒素暴露还可引起免疫抑制、诱变、致瘤或致畸。真菌中毒症的流行病学和临床特征概括在贴51.2中。

兽医上重要的真菌中毒症见表51.1。与家畜的各种临床疾病有关的多种真菌毒素的作用尚不十分

△ 要点

- 某些真菌在特定的环境条件下在生长的农作物上或储存的饲料中产生代谢产物（真菌毒素）
- 真菌毒素是一类多样性耐热的低分子量化合物，不具有抗原性
- 食入被污染的植物材料或被污染的农作物可引起典型的疾病过程
- 易感性随动物品种、年龄和性别的不同而有所差异
- 真菌毒素的毒性作用包括免疫抑制、致畸或致癌
- 由真菌毒素引起的疾病（真菌中毒症）是非传染性的，往往具有散发性、季节性，并与某些批次的饲料有关
- 依据临床表现和饲料或动物组织中特定真菌毒素的含量作出诊断

△ 贴51.1 真菌毒素的特性

- 低分子量热稳定物质
- 与许多细菌毒素不同，不具有抗原性；暴露不能诱导保护性免疫应答
- 许多毒素在低营养水平下具有活性
- 影响特定的靶器官或组织
- 毒性作用包括免疫抑制、致突变、致畸和致癌
- 在肉用动物的组织或乳汁分泌液中蓄积，可能会导致人类中毒

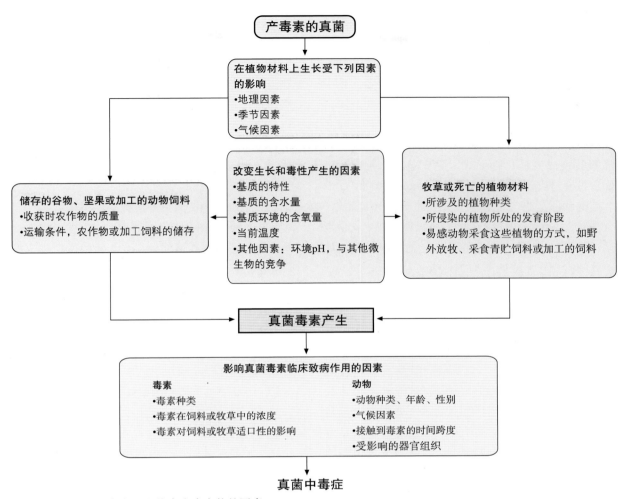

图51.1 影响真菌毒素产生和临床疾病症状的因素

△ 贴51.2 真菌中毒症的流行病学和临床特征

- 通常为季节性暴发和散发
- 没有证据表明对接触动物发生横向传播
- 可能与某些类型的牧草或储存饲料有关
- 临床表现通常不明确
- 对传染性疾病的易感性显著提高
- 临床症状的严重度受摄入真菌毒素含量的影响；康复与暴露持续的时间有关
- 可能会增加免疫失败的发生
- 抗菌药物无效
- 确诊需要证实饲料或患病动物组织中真菌毒素的含量

清楚（Lomax等，1984；Griffiths 和 Done，1991）。由于新的真菌代谢物的毒性正在研究中，许多与真菌毒素有疑似联系的疾病正在被重新评估（Fink-Gremmels，2008）。

⊙ 黄曲霉中毒

黄曲霉毒素引起黄曲霉中毒（aflatoxicosis），与产生黄曲霉毒素有关的真菌包括黄曲霉（*Aspergillus flavus*）、寄生曲霉（*A. parasiticus*）和模式曲霉（*A. nominus*）。黄曲霉毒素是由曲霉产毒菌株产生的呋喃并香豆素，摄食黄曲霉毒素可引起许多哺乳动物、禽类和水生动物发病。由产毒曲霉产生的黄曲霉毒素，适于在多种基质上生长。农作物中玉米、小麦、燕麦、大麦、大米、花生和其他坚果可被这些真菌毒素天然污染。当收获的作物或存储饲料的含水量接近16%，温度为14～30℃时，真菌就开始生长并产生真菌毒素。在对宠物食品是否存在黄曲霉毒素的调查中发现，野生鸟类的饲料污染最严重（Leung等，2006）。所有动物种类对黄曲霉毒素都易感，而年幼动物和单胃动物比成年反刍动物更易感。

虽然主要的四种黄曲霉毒素，即B1、B2、G1和

G2对疾病的发生至关重要，但更多的黄曲霉毒素已被识别。黄曲霉毒素B1是疾病暴发最常见的真菌毒素。据报道，对人类和动物产生的显著毒性是肝毒性和致癌性。黄曲霉毒素通过胃肠道吸收后，是由肝脏代谢产生有毒和无毒的代谢产物。肝脏是受黄曲霉毒素损害的首要器官，可导致肝细胞坏死和肝功能受损。在牛体内的黄曲霉毒素B1，可避开瘤胃的降解转换成羟基化物形式，称作黄曲霉毒素M1，一部分可通过乳汁排出（Fink-Gremmels，2008）。

这些代谢产物与大分子（尤其是核酸和核蛋白）结合后产生毒性。由此导致以下毒性作用：减少蛋白质的合成，致癌、致畸和胸腺皮质发育不良，从而导致细胞介导免疫低下（Osweiler，1990）。

■ 临床表现

黄曲霉中毒可发生于多种家畜和家禽，发生范围分布于世界各地。易感性在不同动物种类和年龄之间有很大差异。幼鸭、雏火鸡、犊牛、猪和犬对毒性作用敏感，绵羊和成年牛则有较强抵抗力。马和山羊不常发生黄曲霉中毒。亚急性黄曲霉中毒与长期暴露于低浓度的毒素有关，常表现为生长发育迟缓，体重增长缓慢。患病动物群可表现为免疫抑制、地方性传染病患病率提高和对常规疫苗接种的抗体应答减弱。隐伏型黄曲霉中毒往往比急性型黄曲霉中毒具有更重要的经济意义，急性黄曲霉中毒与饮食中的高浓度毒素有关。据记载，急性黄曲霉中毒发生于禽类和牛。幼鸭急性中毒的主要特征为共济失调、角弓反张和突然死亡。肝病是一种常见的中毒症状，对于3周龄以上的禽类，可发生明显的皮下出血。出血性素质可能与肝病有关，是鸡和火鸡急性中毒所独有的特征。火鸡"X病"是首次明确定义的急性黄曲霉中毒疾病，广泛出血可能是由于黄曲霉同时产生的黄曲霉毒素和环匹阿尼酸（cyclopiazonic acid）的联合作用（Robb，1993）。牛的急性黄曲霉中毒可导致病牛迅速死亡（Cockcroft，1995）。据记载，还可引起患病犊牛失明、转圈、里急后重、腹泻和惊厥等症状。喂食幼猪低剂量的黄曲霉毒素，可减弱细胞免疫和体液免疫应答，同时增加对传染性病原体的易感性。犬的黄曲霉中毒的临床症状包括精神抑郁、厌食、呕吐、腹泻、黄疸和鼻出血。喂食虹鳟多月的饲料中存在黄曲霉毒素，后来被确定为虹鳟流行性肝癌的致病因素（Coppock

和Jacobsen，2009）。据报道，在印度发生人食用被黄曲霉毒素污染的玉米后死亡的病例（Moss，2002）。

■ 诊断

- 除急性中毒外，黄曲霉中毒的临床症状不明显。流行病学特征和尸检结果可能具有诊断价值。在死后的组织中可检测到黄曲霉毒素。
- 采集的可疑饲料样本应当保存在-20℃，待用于分析。
- 饲料和组织中的黄曲霉毒素检测程序包括：
  - 免疫亲和柱有时用于样品纯化，以提高敏感性。
  - 薄层色谱法。根据四种主要毒素的位置和荧光在紫外光下观察色谱图。黄曲霉毒素B1和B2的荧光为蓝色荧光，G1和G2为绿色荧光。
  - 高效液相色谱法。
  - 超高效液相色谱法与质谱法联合应用。
  - 免疫测定技术，如ELISA法和放射免疫测定程序。
  - 生物鉴定，如幼鸭胆管增生测定、鸡胚生物测定、海虾幼虫试验和鳟鱼胚胎生物测定。

■ 控制和预防

- 作物在收获后和储存中应当采取适当的措施，限制真菌污染物在存储饲料中的生长。
- 对人类和动物消费的食物批次进行黄曲霉毒素污染监测。
- 用氨气在高温高压下对污染批次的饲料进行处理以脱去毒素。
- 黄曲霉毒素B1和G1在2%的臭氧中可被迅速降解，而黄曲霉毒素B2和G2的抵抗力则更强，需用20%的臭氧进行处理才能迅速降解。
- 不再建议用未受污染的辅助材料来稀释被污染的饲料以减少黄曲霉毒素的浓度并最大限度地减少毒性，这种做法在欧盟是非法的。
- 据报道，在饲料中添加水合硅铝酸钠钙可降低黄曲霉毒素的毒性（Harvey等，1989）。
- 从酵母细胞壁中提取的含葡甘露聚糖的聚合物具有较高的吸附能力，可结合包括黄曲霉毒素B1等各种真菌毒素（Leung等，2006）。

◉ 桔霉素中毒（citrinin toxicosis）

许多青霉包括桔青霉（*P. citrinum*）、鲜绿青霉

表51.1　家养动物的黄曲霉中毒症

疾病/真菌毒素	真菌/作物或基质	患病动物/地理分布	功能性或结构性影响/临床特征
黄曲霉中毒/黄曲霉毒素B1、B2、G1、G2	黄曲霉、寄生曲霉/玉米、储存谷物、落花生、大豆	猪、家禽、牛、犬、鳟鱼/呈世界性分布	肝病、免疫抑制、致突变、致畸、致癌/体重减轻、产奶量下降，很少发生因急性中毒导致的死亡
桔霉素中毒/桔霉素	桔青霉、扩展青霉、土曲霉/小麦、燕麦、玉米、大麦、大米	猪、牛、家禽/呈世界性分布	猪的肾脏病变、牛的出血性综合征/猪增加饮水量、冲淡尿液；牛的黏膜表面多处出血
环匹阿尼酸中毒/环匹阿尼酸	曲霉、一些卡门柏青霉/储存谷类、食料	猪、家禽/呈世界性分布	干扰细胞膜的离子转运/猪食欲减退、拒食、虚弱，家禽体重减轻
色二孢霉病/不明神经毒素	马伊德壳色单隔孢或玉米色二孢/玉米棒	绵羊、牛、山羊、马/南非、阿根廷	神经毒素/成年可发生共济失调、轻瘫和瘫痪，羔羊和犊牛围产期死亡
麦角中毒/麦角胺、麦角新碱、麦角克碱	紫色麦角菌/黑麦草和其他禾本科植物的子穗、谷类植物	牛、绵羊、鹿、马、猪、家禽/呈世界性分布	神经毒素和血管收缩/惊厥、四肢坏疽、炎热气候下体温过高
面部湿疹/孢疹毒素	纸皮思霉/牧场内黑麦草和白三叶草的枯枝落叶	牛、绵羊、山羊/新西兰、澳大利亚、南非、南美洲，偶尔发生在美国和部分欧洲地区	肝中毒、胆道闭塞/光致敏、黄胆
高羊茅中毒/麦角瓦灵	高羊茅内生真菌/高羊茅草	牛、绵羊、马/新西兰、澳大利亚、美国、意大利	血管收缩/寒冷的天气里，牛和绵羊发生干性坏疽（羊茅足）；体温过高和产奶量低（夏季高羊茅中毒）
伏马毒素中毒/伏马毒素，尤其是B1和B2	轮枝样镰刀菌、其他镰刀菌/未收割的或储藏玉米	马、其他马科动物、猪/埃及、南非、美国、希腊	马真菌中毒性脑脊髓白质病；猪肺水肿/马的神经症状包括虚弱、蹒跚、转圈、抑郁；猪发生肺水肿和胸腔积水
霉变红薯中毒/4-甘薯苦醇衍生物	茄病镰刀菌、半裸镰刀菌/红薯	牛/美国、澳大利亚、新西兰	细胞毒性引起间质性肺炎和肺水肿/呼吸性窘迫，可能发生猝死
真菌毒素性羽扇豆中毒/拟茎点霉毒素A、B、C、D、E	半壳孢样拟茎点霉/生长在发生茎疫病的羽扇豆上	绵羊，偶尔牛、马、猪/呈世界性分布	肝中毒/食欲不振、昏呆、黄疸、瘤胃停滞，往往致死
赭曲霉素中毒/赭曲毒素A、B、C和D	淡褐曲霉（*Aspergillus alutaceus*）、其他曲霉、疣孢青霉、其他青霉/储藏的大麦、玉米和小麦	猪、家禽/呈世界性分布	退化性肾病变/猪多饮多尿、禽类产蛋量下降
雌激素中毒/玉米赤霉烯酮	禾谷镰刀菌、其他镰刀菌/储藏的玉米和大麦、颗粒谷物饲料、玉米青贮饲料	猪、牛，偶尔绵羊/呈世界性分布	雌情活力/小母猪外阴充血和水肿、乳房发育过早；成年母猪不发情和产仔数减少；牛和绵羊生殖力下降
展青霉素中毒/展青霉素	扩展青霉、曲霉、腐烂水果尤其是苹果、苹果汁、发霉面包	牛、绵羊、猪/呈世界性分布	对瘤胃菌群有类抗生素作用，酸中毒；猪表现为呕吐和厌食/反刍动物饲料利用率低；猪体重减轻
流涎胺中毒/流涎胺	豆状丝核菌/豆荚科植物尤其是红色三叶草、牧草或干草	绵羊、牛、马/美国、加拿大、日本、法国、新西兰	胆碱能活性/流涎、流泪、胃气胀，少见死亡
柄曲霉素中毒/柄曲霉素	杂色曲霉、黄曲霉、其他曲霉/储存的小麦面粉、谷物、花生/干豆	牛、家禽/多数国家	肝毒素、肠病变/产奶量下降、痢疾
震颤毒素中毒			
多年生黑麦草蹒跚病/黑麦草神经毒素B	多年生黑麦草内生真菌/多年生黑麦草	牛、猪、家禽、绵羊、马、鹿/美国、澳大利亚、新西兰、欧洲	神经毒性/肌肉震颤、共济失调、抽搐发作、身体衰弱

（续）

疾病/真菌毒素	真菌/作物或基质	患病动物/地理分布	功能性或结构性影响/临床特征
雀稗蹒跚病/雀稗麦角毒素、雀裨麦角生物碱A、B和C	雀稗麦角/雀稗草的子穗	牛、绵羊、马/新西兰、澳大利亚、美国、南美洲	神经毒性/肌肉震颤、共济失调、抽搐发作、身体衰弱
震颤毒素蹒跚病/震颤毒素A、疣孢青霉原、其他真菌毒素	皮落青霉和其他青霉、一些曲霉/储藏的饲料和牧草	反刍动物、其他家畜/很可能呈世界性分布	神经毒性/肌肉震颤、共济失调、抽搐发作、身体衰弱
棒曲霉引发震颤/不明神经毒素	棒曲霉/发芽小麦、米勒麦芽（Millers' malt culms）	牛/中国、南非、欧洲	神经毒素/神经元变性/口吐泡沫，当强迫移动时，四肢肘关节贴地
单端孢霉烯中毒			
脱氧瓜蒌镰菌醇中毒/脱氧瓜蒌镰菌醇	禾谷镰刀菌、黄色镰刀菌、其他镰刀菌/谷类作物	猪、家禽/温带气候且有雨季的国家	神经毒素/拒食、呕吐、生长缓慢；对啮齿动物有致畸作用
T-2中毒/T-2毒素	拟枝孢镰刀菌、梨孢镰刀菌、其他镰刀菌/发霉的小麦和其他谷物	猪、牛、家禽/美国和其他一些国家	细胞毒性、免疫抑制、出血/猪拒食；牛瘤胃炎；家禽出现喙病变和羽毛形成异常
双醋酸基藨草镰刀菌醇中毒/双醋酸基藨草镰刀菌醇	三线镰刀菌、其他镰刀菌/谷物	牛、猪、家禽/北美洲、其他一些地区	坏死性病变、黏膜出血、呕吐/消化道坏死性病变、皮肤出血、抑郁
葡萄穗霉中毒/黑葡萄穗霉毒素、杆孢菌素、疣孢菌素	葡萄穗霉/储藏的谷物、稻草、干草	马、牛、绵羊、猪/前苏联、欧洲、南非	细胞毒性、凝血病、免疫抑制/口腔炎、消化道坏死性病变、出血
漆斑菌毒素中毒/杆孢菌素	疣孢漆斑菌、露湿漆斑菌/黑麦草、黑麦茬	绵羊、牛、马/苏联、新西兰、东南欧	多组织发炎、肺充血/不健康、猝死

（*P. viridicatumand*）、扩展青霉（*P. expansum*）可产生真菌毒素桔青霉素。土曲霉和许多其他曲霉也产生真菌毒素，这种真菌毒素是一种烈性肾毒素。在储存的谷物中往往同时存在桔青霉素和赭曲霉毒素A两种毒素，这两种毒素有协同作用。桔青霉素的毒性作用包括严重的肾功能损害、肝脏损害和由于对免疫系统的损害而引起的免疫抑制。小麦、燕麦、玉米、大麦和大米等谷物可能含有桔青霉素。

在斯堪的纳维亚半岛，一种被称为猪肾病综合征的猪病，是由于食用了被桔青霉素污染的大麦引起的。这种疾病的临床症状包括耗水量增加、产生含有蛋白质的稀尿液增加。牛出血性综合征与桔青霉素中毒有关。家禽桔青霉素中毒的症状包括嗜睡、饲料消耗降低、耗水量增加和增重减少。对犬进行桔青霉素给食试验后，可引起试验犬呕吐、肠套叠和肾功能衰竭。天然桔青霉素中毒的犬似乎不太可能引起这种剧烈的催吐效应。

◉ 环匹阿尼酸中毒（cyclopiazonic acid toxicosis）

包括黄曲霉有内的许多青霉和曲霉菌株可产生环匹阿尼酸。用于美味奶酪生产的一些卡门柏青霉（*Penicillium camembertii*）菌株，也产生环匹阿尼酸。这种真菌毒素是一种吲哚四聚体酸，是钙离子依赖性ATP酶的特异性抑制剂，影响通过细胞膜的离子转运。该真菌毒素是由特定的真菌在储藏谷物或食物中生长而产生的。猪食用被环匹阿尼酸污染的食物后被描述为乏力、厌食和体重减轻。鸡食后饲料转化率降低，阻碍增重，并可能导致死亡。食用含环匹阿尼酸的发霉小米与人的科杜阿中毒（kodua poisoning）有关，以嗜睡、恶心、震颤为主要症状。

◉ 色二孢霉病（Diplodiosis）

摄入由马伊德壳色单隔孢（*Diplodia maydis*）即生长在玉米棒上的玉米棒腐烂真菌所产生的毒素，引起家畜发病称为色二孢霉病。被污染的玉米棒喂食动物，或者在收获玉米的田地里放牧动物被动物摄食可引起牛、绵羊、山羊和马发病。据记载，该病发生于南部非洲和阿根廷。马伊德壳色单隔孢需在玉米棒上生长数周才可产生毒素。从摄食被污染的玉米棒到临床症状的出现间隔长达2周的时间。主要的临床症状包括四肢僵硬、动作失调、共济失调和麻痹。在牛色二孢霉病的一些暴发疫情中，死亡率接近40%（Odriozola等，2005）。从饲料中去除被污染的玉米，疾病症状即可消失。怀孕母羊和母牛在后半孕期暴露毒素可导致死产和新生畜死亡。在大多数患病羔羊和牛犊的脑部，可观察到海绵状病变；据记载，还可引起成牛的髓鞘空泡化和星形胶质细胞的肿胀。

◉ 麦角中毒（Ergotism）

摄入存在于黑麦麦角菌（*Claviceps purpurea*）菌核中的某些有毒麦角肽生物碱后，达到中毒剂量可导致多种家养动物和人类发生麦角中毒。该病呈世界性分布。麦角菌定殖在黑麦草及黑麦与大麦等谷物上。毒性可能会被保留在青贮饲料中（Hogg，1991）。

种子的子房组织被真菌菌丝体所破坏和取代，菌丝体增大、变硬、变黑直至形成菌核，也被称为麦角（图51.2）。追溯到公元前600年，有块用亚述文题字的牌匾上提到"谷穗里的有毒脓胞"，被认为指的就是麦角（Sanders-Bush 和 Mayer，2006）。成熟的菌核在秋天从谷穗上脱落下来，在土壤里越冬，在翌年春天发芽。菌核首先形成子座，在子座内着生许多子囊壳，子囊壳内产生许多子囊，子囊内含有子囊孢子。子囊孢子经风传播，在风力的作用下从子囊壳中释放出来，在适宜的禾本科植物和谷物植物上开始发芽，直至形成新一代菌核。菌核中最重要的麦角肽生物碱是麦角胺（ergotamine）、麦角新碱（ergometrine）和其他麦角酸衍生物（Coppock和 Jacobsen，2009）。这些生物碱有许多药理作用，包括直接刺激分布于微动脉平滑肌上的肾上腺素能

图51.2　生长在毒麦子穗上的紫麦角菌菌核（麦角）

神经和抑制催乳激素的分泌。

■ 临床症状

痉挛性麦角中毒，是一种不常见的急性病，牛、绵羊和马暴露于大剂量的麦角胺时偶尔发生本病。临床症状包括行走蹒跚、惊厥发作和嗜睡。少量真菌毒素经过较长时期的吸收，可导致持续性微动脉收缩和血管内皮损伤。这些变化对四肢的影响最为明显，通常表现为血栓形成和局部缺血。四肢红肿并伴有跛行和僵硬，随之而来的是晚期坏疽。在可存活的正常组织和不能存活的组织之间有一条明确的分界线。寒冷的环境温度和足下泥泞的条件可能导致严重的病变。鸡中毒后，鸡冠、肉垂和鸡爪可发生干性坏疽。

在温暖的气候条件下，牛摄食麦角肽生物碱可发生高热（Ross等，1989）。怀孕的母猪麦角中毒可表现为乳房发育不良、产仔数少与早产、出生体重低和因饥饿引起的新生仔猪的高死亡率。虽然麦角肽对妊娠子宫可产生一种类似催产素的作用，但流产不是麦角中毒的特征。

■ 诊断

· 麦角中毒通常临床上可作出诊断。在牧草、用作青贮饲料的禾本科植物或谷物中发现麦角，可为临床诊断提供依据。

· 当处理可疑谷粉时，有必要用色谱法提取生物碱并对其含量进行检测。

■ 预防

· 如果牧场上确定有麦角存在，应当立即对牧场进行整

改，使之变成无麦角的牧场。

- 定期放牧或截梢，以防止子穗在牧草上形成，降低菌核形成的可能性。
- 含有麦角的谷物不应喂食动物。清除小批量谷物中的麦角，可用机械净化法或用浮选法漂出麦角。

◉ 面部湿疹

纸皮思霉（*Pithomyces chartarum*）为腐生真菌，生长在牧草基部死亡的植物材料上，引起放牧的反刍动物面部湿疹。绵羊、牛和养殖鹿是受这种真菌性疾病侵袭最严重的动物。这一重要的具有经济意义的疾病，是一种季节性疾病，在新西兰常见，在澳大利亚、南非、南美及欧洲部分地区也有发生。该病是动物在接触腐生真菌纸皮思霉孢子中的肝毒素葚孢菌素（sporidesmin）后，由于光敏作用而产生的皮肤病损。在夏末或秋初温暖潮湿的环境下，这种真菌在草地的枯枝落叶上形成大量的孢子。尽管从新西兰分离的大多数纸皮思霉菌株产生葚孢菌素，但从其他国家获得的分离株大部分是非产毒菌株（Collin 和 Towers，1995）。

由于胆汁中葚孢霉素的聚积和集中而产生肝胆管病变。胆管上皮细胞的坏死，导致肝内胆管被细胞碎片阻塞，并引起毒素向肝实质扩散，对血管和肝细胞造成损害。随之而来的是肝萎缩、坏死和纤维化，肝排泄叶赤素（phylloerythrin）的能力降低，通过肠道微生物由叶绿素形成强效的光动力化合物。光动力化合物分布于皮肤等多种组织中。当叶赤素的活性物质接触太阳辐射时便产生该病所具有的典型皮肤病变。

■ 临床症状

从摄入中毒量的葚孢霉素到产生光敏化作用之间的潜伏期为10～14天。绵羊的病变发生在不被羊毛所覆盖的无色素部位。眼睑、鼻口部、耳朵发炎和肿胀。浆液性渗出和形成结痂，随后皮肤坏死并脱落。通常出现黄疸。牛的病变仅限于无色素部位的皮肤。牛奶产量可能会严重减少。尽管由严重的肝脏损害引起的死亡率很低，但因虚弱可造成巨大的经济损失。

■ 诊断

- 如反刍动物发生光敏症并伴有黄疸，则应考虑到该病。

- 环境温度高于12℃，且在48小时内有大量降雨，可为牧草上的纸皮思霉提供适宜的生长条件，可能促使疾病暴发。
- 对牧草样本中典型的纸皮思霉孢子（图51.3）进行计数可用来预测疾病的暴发。孢子数较高的牧场可引起放牧动物中毒。
- 患病动物的血清肝酶如 γ-谷氨酰基转移酶升高。
- 用于野外使用的竞争ELISA技术已建立起来。在胆汁、尿液、血浆或全血中可检测到葚孢霉素（Briggs等，1993）。

图51.3　具有横隔和纵隔的纸皮思霉厚壁孢子[（10～20）微米×（20～30）微米]

■ 控制和预防

- 牧草孢子计数等常规监测可用于评估其放牧的安全性。
- 用苯并咪唑类杀菌剂喷洒在牧草上，可控制纸皮思霉的孢子形成。
- 通过牧场管理技术控制牧场内枯枝落叶的堆积。
- 一些国家采用育种计划，选择对葚孢霉素的毒性作用有抵抗力的绵羊品种。
- 在食入孢子之前，给牛和绵羊喂服高剂量含锌饮用水，已经证明可降低葚孢霉素引起的肝损害。方法是在饮用水中添加大量的氧化锌或硫酸锌。锌与还原葚孢霉素结合形成稳定的硫醇盐，将它从产生氧自由基的自动氧化循环中清除，活性氧自由基对细胞产生伤害并引起细胞死亡（Smith 和 Towers，2002）。对于大的畜群，每天给牲畜灌药是不切实际的，可使用缓慢释放的含锌瘤胃丸，保护作用长达4周，该药市场上可买到。

◉ 高羊茅中毒（fescue toxicosis）

高羊茅草，别名苇状羊茅（*Festuca arundinacea*），是一种多年生草本植物，在各种不同的土壤类型和气候条件下都能生长。在美国大片牧场很常见，澳大利亚和新西兰也有分布。与高羊茅草有关的两种疾病为夏季羊茅中毒和羊茅跛行（羊茅足）。

■ 夏季羊茅中毒（summer fescue toxicosis）

当环境温度较高，通常高于30℃时，牛发生该病。较高的环境温度可导致采食被苇状羊茅内生真菌（Neotyphodium coenophialum）污染的高羊茅草的动物体温过高。与体温过高有关的临床症状包括呼吸困难、食欲不振和唾液分泌过多。患牛进入潮湿的地方寻找阴凉处。催乳素水平降低和产奶量下降是本病的特点。除无乳外，过期妊娠、新生畜虚弱和胎盘增厚也与此中毒有关。真菌毒素麦角瓦灵（ergovaline）是夏季羊茅草中毒的病因（Fink-Gremmels，2008）。该病所表现的体温过高是由该真菌毒素引起的外周血管收缩导致的，这种真菌毒素与麦角生物碱有一些共同特点。该疾病的其他方面是由于麦角瓦灵能够起到多巴胺受体激动剂的作用。

■ 羊茅跛行（fescue lameness又称羊茅足）

与夏季羊茅中毒不同，羊茅跛行发生在秋末或初冬。草食动物发生羊茅跛行的临床症状类似麦角中毒。严重跛行可引起四肢坏疽和烂掉，尤其是足趾。病变的形成是由于麦角瓦灵的血管收缩作用导致的，麦角瓦灵是由苇状羊茅内生真菌产生的。低环境温度下麦角瓦灵的血管收缩作用加剧。有人认为羊茅跛行的发生可能与多种真菌毒素有关。

◉ 伏马毒素中毒（fumonisin toxicoses）

伏马毒素是由众多镰刀菌产生的，尤其是轮枝样镰刀菌（Fusarium verticillioides）、再育镰刀菌（F. proliferatum）及其他至少十个菌株。这些真菌毒素通过干扰鞘脂的合成和代谢，以不同的方式侵袭人类和动物。马和猪比牛、绵羊和家禽对伏马毒素的毒性作用更易感。由于毒素干扰了叶酸的代谢，因此伏马毒素与人类的神经管缺陷有关（Coppock 和 Jacobsen，2009）。伏马毒素B1与人的食道癌有关，发病人群分布在南非、中国、意大利和美国的一些地区（Bennett 和 Klich，2003）。该真菌毒素可引起马的脑白质软化症、猪的肺水肿和胸膜积水，对鼠产生肝毒性和致癌作用。

■ 真菌中毒性脑白质软化症（mycotoxic leukoencephalomalacia）

镰刀菌通常生长在因下雨或储存时含水量高而发霉的玉米上。由于该真菌的大多数菌株不产生毒素，因此真菌的存在并不代表伏马毒素的产生。至少有六种伏马毒素，即B1、B2、B3、B4、A1和A2是已知的，但伏马毒素B1是动物尤其是马中毒最常见的起因（Čonková等，2003）。摄食含有伏马毒素B1的发霉玉米棒可引起主要是马、驴和骡的散发性神经系统疾病，伏马毒素B1是由轮枝样镰刀菌产生的。据报道，该病发生于埃及、南非、美国和希腊。与大脑白质液化性坏死有关的神经系统症状包括无法吞咽、虚弱、蹒跚、转圈和显著抑郁。在一些病例中有狂躁症的描述，可能是由于肝衰竭引起的。用伏马毒素B1含量大于10微克/克的饲料喂食马时，可致死（Ross等，1991）。

■ 猪肺水肿

伏马毒素B1和B2与猪的致死性肺水肿有关。该病是由于食用伏马毒素B1含量超过100毫克/千克的饲料引起的。似乎是因肺动脉高压而导致的肺水肿和胸腔积液。慢性暴露伏马毒素可引起肝中毒。

◉ 发霉红薯毒性

牛急性间质性肺炎是由于牛食用霉变的红薯（甘薯）而引起的，该病发生在美国、新西兰和澳大利亚。植物防御素（phytoalexins）是红薯对结构性损害作出反应而形成的代谢物，是由茄病镰刀菌（Fusarium solani）和半裸镰刀菌（F. semitectum）代谢产生的肺水肿因子4-甘薯苦醇。该因子被肺细胞中的微粒体酶转换成损害细胞的有毒产物（Hill 和 Wright，1992）。呼吸困难是主要的临床症状。发病10小时内可发生死亡。

◉ 真菌性羽扇豆中毒（mycotoxic lupinosis）

羽扇豆种子中含有有毒的生物碱，可引起草食动物的神经系统紊乱。这种植物中毒与摄入肽真菌毒素也称为拟茎点霉毒素（phomopsins）引起的真菌中毒症不同，拟茎点霉毒素是由半壳孢样拟茎点霉（*Diaporthe toxica*）产生的，半壳孢样拟茎点霉是羽扇豆茎疫病真菌性病原。半壳孢样拟茎点霉是一种腐生真菌，可引起茎损害，也可生长在死亡的羽扇豆材料上并侵袭豆荚和种子。夏季雨水有利于真菌生长。采食羽扇豆作物残茬的牛和羊对该真菌产生的霉菌毒素易感。

五种真菌毒素A、B、C、D、E，是由半壳孢样拟茎点霉产生的，摄入拟茎点霉毒素引起的病理变化包括肝病、肌肉损伤和肾功能损害。该病在澳大利亚、新西兰、南非和欧洲部分地区具有重要地位。

急性羽扇豆中毒表现为肝性脑病，呈昏迷、踉跄、死亡前斜卧。幸存的动物可出现黄疸和光致敏。据报道，在澳大利亚西部发生过与拟茎点霉毒素有关的骨骼肌病（Allen等，1992）。据悉，在绵羊，口服锌可减轻由拟茎点霉毒素引起的肝损伤的严重程度。

◉ 赭曲霉毒素中毒（ochratoxicosis）

一组相关的异香豆素（isocoumarin），又称为赭曲霉毒素（ochratoxins），是由多种曲霉和青霉产毒菌株产生的毒素。在温带气候条件下，疣孢青霉（*P. verrucosum*）与这些真菌毒素的产生有关；在热带气候条件下，淡褐色曲霉（*A. alutaceus*）和相关的菌株产生赭曲霉毒素。很多曲霉能够在含水量高的储藏谷物中产生这些真菌毒素。虽然赭曲霉毒素主要存在于谷物如大麦、燕麦、黑麦、小麦和玉米中，但也可在动物副产品，以及新鲜水果、葡萄汁和葡萄酒中被检测到（Moss，2008）。

已知有四种赭曲霉毒素A、B、C、D，其中赭曲霉毒素A毒性最强，且最常见。猪、家禽和犬是受这些毒素侵袭的最常见的动物品种。反刍动物对这些化合物具有很高的耐受性。赭曲霉毒素A对热稳定，具有很强的肾毒性，该毒素还具有免疫抑制作用和致癌作用。赭曲霉毒素A的许多生物学效应与干扰蛋白质合成有关。

猪真菌毒素性肾病，以食欲不振、抑郁症、体重减轻、烦渴和多尿为临床特征。据报道，犬对赭曲霉毒素A极其敏感（Puschner，2002）。家禽的赭曲霉毒素中毒症以肾病、肝脏损害和免疫抑制为主要特征。患病家禽生长率降低，产蛋量减少，蛋品质

量差。

巴尔干地方性肾病是一种慢性进行性肾炎。据记载，该病发生在罗马尼亚、保加利亚和多数巴尔干半岛国家一些地区的人群中，与赭曲霉毒素A引起的猪肾脏病变有许多共同特征。不过，这种人类肾病的病因尚未确定。

◉ 真菌中毒性雌激素症（mycotoxic oestrogenism）

许多镰刀菌包括禾谷镰刀菌（*F. graminearum*）、黄色镰刀菌（*F. culmorum*）、木贼镰刀菌（*F. equiseti*）、克地镰刀菌（*F. crookwellense*）生长在发霉的玉米、玉米茬、燕麦、大麦、小麦、黑麦和大米中会产生雌激素性物质，主要是玉米赤霉烯酮。有些国家牧草中玉米赤霉烯酮的含量较高，可引起牛和羊生殖疾病（Smith和Towers，2002）。玉米赤霉烯酮是一种效力很强的非类固醇类雌激素，它及其代谢物都可结合雌激素受体而引起动物的一种综合征，称为雌激素过多症（hyperoestrogenism）（Fink-Gremmels，2008）。玉米赤霉烯酮的次生代谢物 α-玉米赤霉烯醇，作为生长促进剂在市场上销售。虽然在一些国家中至今仍然在销售，但欧洲联盟已于1989年禁售该产品。

大多数真菌毒素直接或间接对细胞、组织或器官产生毒性作用。虽然将玉米赤霉烯酮称为一种真菌毒素，但其分子结构或生物活性都不符合真菌毒素的惯常描述。它对一些动物品种的生育力产生不良影响，能够诱导某些生殖器官产生病理变化，因此将其单独划分为一类。虽然猪被认为是对玉米赤霉烯酮最敏感的动物，但幼小母牛也易感。高雌激素临床症状很少在反刍牛上观察到。

猪尤其是青春期前的母猪，发生雌激素症常见。这种疾病有时被错误地称为外阴阴道炎，通常在摄入被污染的饲料后大约1周发病。小母猪的临床症状包括外阴水肿和充血、乳腺和子宫肥大，有时阴道和直肠脱垂。母猪则表现为不发情、假孕、不孕、产仔数减少和所产仔猪弱小（Long和Diekman，1986）。

据记载，患雌激素症的牛和羊受孕率低。病牛可出现阴道溢液、慕雄，青春期前小母牛可出现乳腺发育异常，但这些症状不是经常发生。玉米赤霉烯酮可通过乳汁排泄，因此对公众健康构成危害。因为该真菌毒素可通过色谱法检测到，因此无需对特定真菌进

行分离和鉴定。饲料中的雌激素活性可通过给性未成熟的小鼠注射提取物的方法进行测定，当提取物为阳性时，可出现子宫肥大。ELISA方法已建立起来用于检测牧草样本和羊尿液中的玉米赤霉烯酮。

◉ 展青霉素（patulin）中毒

展青霉素虽然在60年前首次作为抗菌剂使用，但后来将其重新分类为真菌毒素。目前，展青霉素被认为在人医学比兽医学上更为重要。该真菌毒素可由若干真菌产生，包括青霉、曲霉和丝衣霉（*Byssochlamys*）。展青霉素在腐烂的水果、苹果汁和发霉的面包可被检测到。扩展青霉（*Penicillium expansum*）这种蓝霉可引起苹果、梨和其他水果的软腐病（soft rot），被认为是该真菌毒素的最常见的产生者之一。展青霉素通常出现在苹果汁中，调查表明21%～100%的样本分析含有这种真菌毒素（Moss，2008）。尽管如此，展青霉素和大多数真菌毒素不同，它是一种聚酮化合物、一种相对不稳定分子。虽然它在弱酸性条件下的苹果汁中是稳定的，但它不能在发酵苹果汁产品中生存。

由于展青霉素对革兰阳性和阴性菌，以及原虫具有广谱抗菌活性，因此对瘤胃微生物区系有负面影响（Fink-Gremmels，2008）。牛摄入展青霉素引起的中毒症状包括震颤、共济失调和斜卧。展青霉素的抗菌效果改变了瘤胃微生物区系的机能，这些变化所引起的后果与一般真菌毒素所产生的影响截然不同，可能会导致酸中毒、饲料利用率下降、体重减轻和腹泻、粪中有未消化的纤维。

对犬的试验性研究表明，展青霉素影响肺和胃肠道。所观察的主要临床症状为腹泻、嗜睡、肺出血和肺水肿。当喂食幼猪时，临床症状包括呕吐、流涎、厌食及体重减轻。

◉ 流涎胺（豆类丝核菌素）中毒（slaframine toxicosis）

当植物病原体豆类丝核菌（*Rhizoctonia leguminicola*）生长在红色三叶草、紫花苜蓿、大豆和其他豆荚科植物上可引起黑斑病。该真菌的传播似乎是经种子传播的，它能在植物组织和植物残体中存活数个季节性生长周期。该真菌在红色三叶草的种子上可存活长达2年。高温高湿有利于真菌的生长。

豆类丝核菌产生两种吲哚里西啶生物碱：流涎胺和苦马豆素（Swainsonine）。马对流涎胺的作用特别敏感，在摄食被污染的植物材料后数小时内便开始大量流涎（Wijnberg等，2009）。牛、绵羊和山羊对流涎胺毒素也易感。其他的临床症状包括流泪过多、腹胀、腹泻和多尿。干草、青贮饲料或草料含有污染的三叶草，毒素数月仍具有活性。流涎胺中毒发生在美国的许多地区，以及加拿大、日本、法国和新西兰。从动物的饲料中去除污染物质通常可康复，死亡不常见。

◉ 杂色曲霉素（sterigmatocystin）中毒

作为黄曲霉毒素合成途径中的前体，杂色曲霉素被认为是一种能够引起肝损害并且致癌的物质。虽然它在很多方面与黄曲霉毒素类似，但它的毒性却要小得多。产生杂色曲霉素的真菌包括杂色曲霉、黄曲霉、构巢曲霉、土曲霉和小麦根腐双极霉（*Bipolaris sorokiniana*）。该真菌毒素存在于存储的小麦面粉、谷物、花生、干豆类、奶酪和生咖啡豆中。

奶牛摄入了产毒素的杂色曲霉污染的食物后，可引起痢疾、产奶量下降和死亡（Coppock 和 Jacobsen，2009）。

◉ 震颤毒素（tremorgen）中毒

震颤毒素是一组异质性真菌毒素，动物摄入毒素后可引起一系列神经症状，包括肌肉震颤、共济失调、动作失调和惊厥性发作。这些症状通常是在剧烈运动或兴奋之后发生的。通常在去除污染的牧草或饲料后几小时内便可恢复正常。大多数震颤毒素产生的神经体征和症状没有明显的形态组织变化。尚未确认的棒曲霉（*Aspergillus clavatus*）神经毒素可导致神经元变性和局部神经胶质增生（Gilmour等，1989）。

■ 多年生黑麦草蹒跚病（perennial ryegrass staggers）

放牧家畜的这种神经中毒疾病发生在春末和夏季，可引起绵羊、牛、马和养殖鹿肌肉震颤、共济失调等神经学体征。多年生黑麦草蹒跚病偶尔发生在南美和北美、澳大利亚、新西兰和欧洲部分地

第四篇

区。本病只发生在有多年生黑麦草的牧场或以杂交黑麦草为主的牧场。黑麦草内生真菌（*Neotyphodium lolii*）是一种生长在多年生黑麦草（*Lolium perenne*）上的内生真菌，产生多种真菌毒素称为黑麦草神经毒素。这些震颤神经毒素，尤其是黑麦草神经毒素B，是引起黑麦草蹒跚病临床症状的主要原因。震颤神经毒素是一种吲哚二萜生物碱，包括蕈青霉素、黑麦草神经毒素B和许多其他化合物（Smith 和 Towers，2002；Fink-Gremmels，2008）。在春末气温上升时，真菌入侵，黑麦草神经毒素B在感染的植物材料中的含量上升至中毒水平，反之，在冬天气温下降时，毒素含量降低。多年生黑麦草内生真菌主要集中在老叶鞘、花柄和种子上生长。因此，临床症状通常发生在夏末或秋初牧草生长衰落的季节。感染植物不表现真菌侵染的迹象。动物进食污染的干草或青贮饲料可引起临床症状。

多年生黑麦草蹒跚病可侵袭多种兽群，但死亡病例少见，当动物远离污染的牧场时会逐渐康复。神经毒震颤毒素通过干扰大脑皮层的神经传输而引起共济失调；与这些神经毒素活性有关的组织学病变尚未见报道。

■ 雀稗蹒跚病（paspalum staggers）

震颤毒素存在于雀稗麦角菌（*Claviceps paspali*）的菌核中，在雀稗草的种子穗上生长。雀稗麦角菌的生命周期与紫麦角菌（*C. purpurea*）的类似。雀稗蹒跚病是由吲哚萜类雀稗麦角毒素和雀稗麦角生物碱A、B和C引起的。这些真菌毒素与引起多年生黑麦草蹒跚病的黑麦草神经毒素和蕈青霉素有一些共同特征。雀稗蹒跚病所表现的临床症状与多年生黑麦草蹒跚病的症状类似。死亡病例少见，但在持续发作期间可能会出现呼吸衰竭。当动物远离污染的牧场后可逐渐康复。通过对牧草进行截梢以阻止雀稗种子穗的生长来控制本病。

■ 青颤毒素蹒跚病（penitrem staggers）及相关疾病

一些神经系统疾病，常统称为青颤毒素蹒跚病，是由生长在牧草上或存储饲料中的青霉和曲霉产生的毒素而引起的。与犬疾病相关的震颤真菌毒素通常是在食物腐败变质期间产生的（Leung 等，2006）。由青霉产生的震颤毒素包括青颤毒素A、B和C，疣孢青霉原（verruculogen）和娄地青霉素（roquefortine）。其中青颤毒素A是与青霉有关的毒性最强的震颤毒素，是由皮落青霉（*P. crustosum*）产生的。娄地青霉素是由娄地青霉（*P. roqueforti*）产生的，还可由许多其他青霉包括皮落青霉产生。与曲霉相关的震颤真菌毒素包括烟曲致震颤毒素（fumitremorgen）A和B，是由烟曲霉产生的；黄曲霉震颤毒素（flavus tremorgen）是由黄曲霉产生的。

由这些真菌毒素引起的家畜的临床症状与黑麦草蹒跚病所表现的症状类似。青颤毒素 A和娄地青霉素这两种震颤真菌毒素对犬具有重要临床意义（Puschner，2002）。发霉的奶酪、面包和腐烂的有机物质，是这些毒素最有可能的来源。有毒食物被犬食入后不久就出现临床症状，包括虚弱、肌肉震颤、强直、突然发作和斜卧。其中一些患犬的体温超过40℃。当出现明显的中毒症状时，建议催吐和洗胃。

◉ 单端孢霉烯中毒（trichothecene toxicoses）

单端孢霉烯真菌毒素是由镰刀菌属、漆斑菌属（*Myrothecium*）、头孢霉属（*Cephalosporium*）、葡萄穗霉属（*Stachybotrys*）、木霉属（*Trichoderma*）和单端孢属（*Trichothecium*）真菌产生的一组庞大而多样的倍半萜烯类化合物。单端孢霉烯这个术语源于单端孢菌素，是该族化合物中被确认的首批成员之一（Bennett 和 Klich，2003）。根据其分子结构，单端孢霉烯族化合物被分为大环化合物和非大环化合物。镰刀菌属是产生非大环化合物的主要属。大环单端孢菌素是由漆斑菌属、葡萄穗霉属和单端孢霉属真菌产生的。单端孢霉烯族化合物抑制真核细胞的蛋白质合成。该化合物还抑制线粒体功能并导致细胞凋亡。这些毒素在组织中有类放射性作用，以及因单端孢霉烯的亚致死剂量而引起的免疫抑制。

由于该真菌毒素的复杂性质，以及禽类和哺乳动物对个体单端孢霉烯族真菌毒素所产生的临床表现有显著差异，因此由非大环单端孢菌素引起的相关疾病通常没有赋予具体的疾病名称，有时使用广义术语如拒食和呕吐综合征来指称这些疾病。与此相反，与由漆斑菌属、葡萄穗霉属和单端孢属真菌产生的大环单端孢菌素相关的一些疾病却界定得较清楚，且赋予了具体的名称。

许多产生非大环单端孢菌素的产毒真菌可产生一种以上真菌毒素。相应地，许多真菌毒素引起的多种综合征可能是由一种特定产毒真菌产生的单一真菌毒素而导致的。这类疾病的另一个难题是，引起与单端孢霉烯中毒有关的一些综合征的真菌毒素尚未细化。由产毒镰刀菌引起的猪和其他动物的综合征包括拒食、呕吐、食欲减退、黏膜出血和坏死性皮肤病损。镰刀菌在温带气候条件下的世界各地常见，通常存在于大麦、玉米、黑麦、小麦和混合谷物中。

■ 脱氧雪腐镰刀菌烯醇中毒（deoxynivalenol toxicosis）

脱氧雪腐镰刀菌烯醇是由生长在玉米、大麦、小麦和其他谷物中的禾谷镰刀菌（*F. graminearum*）、黄色镰刀菌（*F. culmorum*）及其他镰刀属真菌产生的毒素。脱氧雪腐镰刀菌烯醇是谷物中发现的最常见的真菌毒素之一。雨季和温暖的气候有利于镰刀菌在饲料成分中生长。

污染脱氧雪腐镰刀菌烯醇的饲料对许多农场动物是不适口的，尤其是猪。即使饲料中的该真菌毒素含量较低，也会导致猪拒食、呕吐、消化紊乱和体重减轻。该毒素对猪、犬和猫有极强的催吐作用，而反刍动物则有一定耐受性。据报道，给家禽饲喂污染脱氧雪腐镰刀菌烯醇的谷物可出现饲料转化率降低（Čonková等，2003），除对多种动物的胃肠道产生毒性作用外，据报道，脱氧雪腐镰刀菌烯醇对鼠还有致畸作用（Coppock 和 Jacobsen，2009）。由于在污染的饲料中可能存在一种以上的单端孢霉真菌毒素，因此与脱氧雪腐镰刀菌烯醇毒性有关的临床综合征尚未明确界定。

■ T-2中毒（T-2 toxicosis）

与产生T-2毒素有关的镰刀菌包括拟枝孢镰刀菌（*F. sporotrichioides*）和梨孢镰刀菌（*F. poae*）。第二次世界大战期间，在俄罗斯人群中出现了一种称为食物中毒性白细胞减少症的严重疾病，与食用被产毒镰刀菌污染的发霉小麦有关。临床症状包括黏膜病损、对骨髓的毒性作用、血小板减少和出血。虽然没有明确界定动物摄入T-2毒素后所表现的临床症状，但猫和猪表现为细胞毒性作用、免疫抑制和对骨髓的毒性作用。猪拒食T-2毒素污染的饲料，牛则不然。当用啮齿动物进行给食试验时，T-2毒素可引起细胞毒性、免疫抑制和中枢神经系统症状。家禽对T-2毒素的直接毒性作用敏感。对小鸡引起喙病变和羽毛形成异常，据记载，对不同年龄段的家禽都可引起产蛋量下降、组织出血和对传染病的易感性增加（Coppock 和 Jacobsen，2009）。给猫喂食污染口粮可观察到的临床症状包括呕吐、痢疾、共济失调和脱水（Puschner，2002）。虽然动物T-2中毒的临床表现是不一致的，但所引起细胞毒性、骨髓作用的干扰、血小板减少和出血则是共同的症状。

■ 双醋酸基藨草镰刀菌醇中毒（diacetoxyscirpenol toxicosis）

双醋酸基藨草镰刀菌醇的产生与生长在谷物上的三线镰刀菌（*F.tricinctum*）和多种其他镰刀属真菌有关。该真菌毒素是单端孢霉烯毒素类中最强的毒素之一，它是一种上皮细胞坏死因子。由于这种毒素的作用，导致细胞衰竭和淋巴器官坏死，皮肤、口腔、肠道和主要器官出血。由双醋酸基藨草镰刀菌醇引起牛的临床综合征包括黏膜出血、流涎和抑郁。双醋酸基藨草镰刀菌醇的作用可引起猪的出血性肠道病变和呕吐，还可引起犬的骨髓抑制及相关的血液学变化。家禽摄入污染双醋酸基藨草镰刀菌醇的食物可出现喙和舌等口腔病变。毒性作用还包括抑制蛋白质的合成。

■ 葡萄穗霉中毒（stachybotryotoxicosis）

该真菌毒素是由纸葡萄穗霉（*Stachybotrys chartarum*）产生的大环单端孢菌素，包括黑葡萄穗霉毒素（satratoxin）、漆斑菌素（roridin）和疣孢菌素（verrucarin）。有些分离株可产生一系列不明生物活性的其他物质。纸葡萄穗霉生长在稻草、干草和谷物上，产生这些真菌毒素具有细胞毒性并且对组织产生类放射性作用。这些毒素抑制DNA和蛋白质的合成。据报道，葡萄穗霉中毒发生在前苏联、欧洲部分地区和南非。马、牛、绵羊和猪易感，人接触、食入或吸入由纸葡萄穗霉产生的真菌孢子后可引起中毒（Coppock 和 Jacobsen，2009）。动物中毒的临床症状包括腹泻、痢疾、口腔黏膜和鼻黏膜出血，以及鼻出血。粒细胞缺乏是该中毒的一个特点。另外，免疫抑制可诱发动物发生机会性感染。马对该真菌毒素似乎特别易感，除出血之外，还有患病动物发生肌炎的报道。该真菌的慢性暴露可引起败血症和出血合并发生，往往导致致死性后果。

疣孢漆斑菌（*M. verrucaria*）产生的，可引起牛和绵羊突然死亡。与该毒素相关的尸检结果包括皱胃炎、肝炎和肺充血。长期暴露亚致死量的漆斑菌素可引起体重减轻和生长发育不良。

■ 漆斑菌毒素中毒（myrotheciotoxicosis）

漆斑菌毒素是由生长在黑麦草、白三叶草或贮存饲料中的露湿漆斑菌（*Myrothecium roridum*）和

◉ 参考文献

Allen, J.G., Steele, P., Masters, H.G. and Lambe, W.J. (1992). A lupinosis-associated myopathy in sheep and the effectiveness of treatments to prevent it. Australian Veterinary Journal, 69, 75–81.

Bennett, J.W. and Klich, M. (2003). Mycotoxins. Clinical Microbiology Reviews, 16, 497–516.

Briggs, L.R., Towers, N.R. and Molan, P.C. (1993). Sporidesmin and ELISA technology. New Zealand Veterinary Journal, 41, 220.

Cockcroft, P.D. (1995). Sudden death in dairy cattle with putative acute aflatoxin B poisoning. Veterinary Record, 136, 248.

Collin, R.G. and Towers, N.R. (1995). Competition of a sporidesmin-producing *Pithomyces* strain with a nontoxigenic *Pithomyces* strain. New Zealand Veterinary Journal, 43, 149–152.

Čonková, E., Laciaková, A., Kováč, G. and Seidel, H. (2003). Fusarial toxins and their role in animal diseases. Veterinary Journal, 165, 214–220.

Coppock, R.W. and Jacobsen, B.J. (2009). Mycotoxins in animal and human patients. Toxicology and Industrial Health, 25, 637–655.

Fink-Gremmels, J. (2008). The role of mycotoxins in the health and performance of dairy cows. Veterinary Journal, 176, 84–92.

Gilmour, J.S., Inglis, D.M., Robb, J. and Maclean, M. (1989). A fodder mycotoxicosis of ruminants caused by contamination of a distillery by-product with *Aspergillus clavatus*. Veterinary Record, 124, 133–135.

Griffiths, I.B. and Done, S.H. (1991). Citrinin as a possible cause of the pruritis, pyrexia, haemorrhagic syndrome in cattle. Veterinary Record, 129, 113–117.

Harvey, R.B., Kubena, L.F., Phillips, T.D., et al. (1989). Prevention of aflatoxicosis by addition of hydrated sodium calcium aluminosilicate to the diets of growing barrows. American Journal of Veterinary Research, 50, 416–420.

Hill, B.D. and Wright, H.F. (1992). Acute interstitial pneumonia in cattle associated with consumption of mould-damaged sweet potatoes (*Ipomoea batatas*). Australian Veterinary Journal, 69, 36–37.

Hogg, R.A. (1991). Poisoning of cattle fed ergotised silage. Veterinary Record, 129, 313–314.

Leung, M.C.K., DíazLlano, G. and Smith, T.K. (2006). Mycotoxins in pet food: a review on worldwide prevalence and preventative strategies. Journal of Agricultural and Food Chemistry, 54, 9623–9635.

Lomax, L.G., Cole, R.J. and Dorner, J.W. (1984). The toxicity of cyclopiazonic acid in weaned pigs. Veterinary Pathology, 21, 418–424.

Long, G.G. and Diekman, M.A. (1986). Characterization of effects of zearalenone in swine during early pregnancy. American Journal of Veterinary Research, 47, 184–187.

Moss, M.O. (2002). Mycotoxin review–2, Fusarium. Mycologist, 16, 158–161.

Moss, M.O. (2008). Fungi, quality and safety issues in fresh fruits and vegetables. Journal of Applied Microbiology, 104, 1239–1243.

Odriozola, E., OdeÓn, A., Canton, G., Clemente, G. and Escande, A. (2005). *Diplodia maydis*: a cause of death of cattle in Argentina. New Zealand Veterinary Journal, 53, 160–161.

Osweiler, G.D. (1990). Mycotoxins and livestock: what role do fungal toxins play in illness and production losses? Veterinary Medicine, 85, 89–94.

Puschner, B. (2002). Mycotoxins. Veterinary Clinics, Small Animal Practice, 32, 409–419.

Robb, J. (1993). Mycotoxins. In Practice, 15, 278–280.

Ross, A.D., Bryden, W.L., Bakau, W. and Burgess, L.W. (1989). Induction of heat stress in beef cattle by feeding the ergots of *Claviceps purpurea*. Australian Veterinary Journal, 66, 247–249.

Ross, P.F., Rice, L.G., Reagor, J.C., et al. (1991). Fumonisin B1 concentrations in feeds from 45 confirmed equine leukoencephalomalacia cases. Journal of Veterinary Diagnostic Investigation, 3, 328–341.

SandersBush, E. and Mayer, S.E. (2006). 5- Hydroxytryptamine (serotonin): receptor agonists and antagonists. In: *Goodman and Gilman's The Pharmacological Basis of Therapeutics*.

Eleventh Edition. Eds L.L. Brunton, J.S. Lazo and K.L. Parker. McGraw-Hill, New York. pp. 297–315.

Smith, B.L. and Towers, N.R. (2002). Mycotoxicoses of grazing animals in New Zealand. New Zealand Veterinary Journal, 50, 28–34.

Wijnberg, I.D., van der Ven, P.J. and Gehrmann, J.F. (2009). Outbreak of salivary syndrome on several horse farms in the Netherlands. Veterinary Record, 164, 595–597.

◉ 进一步阅读材料

Hollinger, K. and Ekperigin, H.E. (1999). Mycotoxicosis in food producing animals. Veterinary Clinics of North America: Food Animal Practice, 15, 133–165.

Hussein, H.S. and Brasel, J.M. (2001). Toxicity, metabolism and impact of mycotoxins on humans and animals. Toxicology, 167, 101–134.

Kabak, B., Dobson, A.D.W. and Var, I. (2006). Strategies to prevent mycotoxin contamination of food and animal feed: a review. Critical Reviews in Food Science and Nutrition, 46, 593–619.

Korosteleva, S.N., Smith, T.K. and Boermans, H.J. (2007).

Effects of feedborne Fusarium mycotoxins on the performance, metabolism and immunity of dairy cows. Journal of Dairy Science, 90, 3867–3873.

Marasas, W.F.O. and Nelson, P.E. (1987). Mycotoxicology. The Pennsylvania State University Press, University Park, Pensylvania.

Quinn, P.J., Carter, M.E., Markey, B.K. and Carter, G.R. (1994). Mycotoxins and mycotoxicoses. In Clinical Veterinary Microbiology. Mosby-Year Book Europe, London. pp. 421–438.

第
四
篇

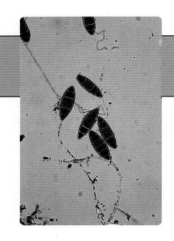

第52章

致病性藻类和蓝藻

藻类（algae）为腐生真核生物，在环境中分布广泛，尤其是在水环境中。许多藻类含有叶绿素。一些藻类偶尔引起家养动物的疾病（表52.1）。无色真核藻类属于无绿藻属（*Prototheca*），可侵入组织引起多种动物的皮肤病和播散性疾病，以及牛的乳腺炎。绿藻（green algae）属于小球藻属（*Chlorella*），绿藻偶尔会引起反刍动物的组织浸润。属于原核生物的蓝藻（cyanobacteria）以前称为蓝绿藻（blue-green algae），能产生毒性较强的毒素，可影响肝脏和神经功能。

表52.1 藻类和蓝藻很少引起家畜的机会性感染或中毒

病原体	疾病产生的途径	临床疾病
无绿藻	组织侵入	皮肤病损、乳腺炎
小球藻	组织侵入	淋巴结病
绿藻	产生毒素	肝肿大、光敏、神经功能紊乱

◉ 无绿藻

无绿藻（*Prototheca*）是一种腐生无色藻类，属于小球藻属，分布广泛。有人认为无绿藻可能是小球藻属真菌的无叶绿素后裔。中型无绿藻（*Prototheca zopfii*）可引起犬播散性原藻病（protothecosis）和奶牛乳腺炎。有人描述中型无绿藻有三个生物型（Roesler等，2003）。基于18S rRNA基因序列分析，有人提议中型无绿藻应当被重新分类为基因1型（对应生物1型）、基因2型（对应生物2型）和一个新的种，即布拉施克无绿藻（*P. blaschkeae*）（对应生物3型）（Roesler等，2006）。大多数奶牛无绿藻性乳腺炎病例是由中型无绿藻基因2型引起的（Möller等，

△ 要点

- 无绿藻真菌
  - 真核无色藻
  - 广泛分布于污水和有机物质中
  - 小型无绿藻引起猫和犬的皮肤感染
  - 中型无绿藻引起犬的播散性疾病和奶牛的乳腺炎
- 小球藻真菌
  - 真核绿藻
  - 形态与无绿藻相似，但含有叶绿体
  - 很少引起反刍动物的淋巴结炎
- 蓝藻
  - 原核光合生物
  - 在淡水水面上形成藻华
  - 产生很强的肝毒素和神经毒素，引起鱼、禽和哺乳动物患病

2007）。猫和犬的皮肤无绿藻病（原藻病）是由小型无绿藻（*P. wickerhamii*）所致。无绿藻真菌在沙堡葡萄糖琼脂和血液琼脂上需氧生长，形成酵母状菌落。无性生殖阶段，在孢子囊内形成2～16个孢子囊孢子（图52.1）。当孢子囊壁破裂时，其内的孢子囊孢子被释放出来。培养时，中型无绿藻比小型无绿藻的孢囊孢子大（Pore，2005）。

由无绿藻引起的感染是机会性感染。该生物体可通过皮肤轻微外伤和黏膜，或通过乳头管进入组织。有些牛病的暴发与使用污染的乳腺内输注制品有关。

■ 诊断程序

- 适用于实验室检查的标本包括乳汁样品和活检组织

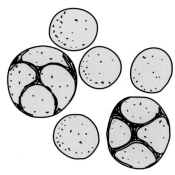

图52.1　小型无绿藻的孢子细胞和含有孢子囊孢子的两个孢子囊

或死后组织。间接ELISA可用于血清和乳清中的抗体检测（Roesler等，2001）。

- 六胺银或PAS方法可以用来观察肉芽肿病变组织切片中的藻细胞和孢子囊。
- 免疫荧光技术用于鉴定组织中的小型无绿藻和中型无绿藻。
- 该生物体可在不含环己酰胺的沙氏葡萄糖琼脂和血琼脂上生长。用添加邻苯二甲酸盐和5-氟胞嘧啶的无绿藻分离培养基可将无绿藻菌株从污染样品中分离出（Pore，2005）。将培养皿放入35～37℃下，需氧培养2～5天。
- 区分无绿藻菌株的碳水化合物同化试验试剂盒市场上可买到。小型无绿藻利用海藻糖，却不利用1-丙醇，而中型无绿藻不利用海藻糖而利用1-丙醇。
- 分离株的鉴定标准：
  - 菌落形态
  - 孢囊孢子显微镜下的形态
  - 碳水化合物同化试验
- 分子方法可用于中型无绿藻的鉴定（Onozaki等，2009）。

■ 临床感染

　　尽管无绿藻通常存在于环境中，但动物感染并不常见。细胞介导免疫的抑制可能是诱发播散性疾病的一个因素（Migaki等，1981）。

猫皮肤无绿藻病

　　猫皮肤型无绿藻病是由小型无绿藻引起的，是该病的唯一表现形式（Dillberger等，1988）。在四肢和足部可出现坚硬、大的离散性结节。同样的病变也出现在鼻、耳和尾根部。显微镜下的肉芽肿病变位于真皮层，含有多核巨细胞，多核细胞内有被吞噬的微生物。皮肤病变的手术切除是最有效的治疗方法。酮康唑治疗通常是无效的。

犬播散性无绿藻病

　　中型无绿藻感染很可能是通过肠黏膜引起的，因为在感染散播之前，通常先患有出血性结肠炎（Migaki等，1981；Stenner等，2007）。患犬可能出现长期的出血性腹泻，并伴有神经症状和眼部疾病。还有可能出现逐渐消瘦和虚弱症状。播散性无绿藻病的治疗通常是无效的。死后剖检，可在骨骼肌、大脑、肝脏、肾脏、眼和耳蜗内发现肉芽肿病变，在肉芽肿病变中可观察到无绿藻细胞。除播散性无绿藻病之外，由小型无绿藻引起的皮肤型无绿藻病也有记载。

奶牛无绿藻性乳腺炎

　　中型无绿藻可引起牛乳腺及相关淋巴结的慢性进行性脓肉芽肿病变。硬结性乳腺炎可能会影响多个区域。由于其细胞内定位，因此难以从腺体中消除无绿藻细胞。虽然该微生物可间歇性地分泌到乳汁中，但在乳汁样品中可能检不出这些微生物，因此一些病例可能会被忽略（Spalton，1985）。中型无绿藻可在组织中持续存在整个干奶期，到下一个泌乳期时可能会被排出体外。治疗通常是无效的。由于患病奶牛是可能的感染源，而且它们的产奶量是永久性地减少，因此应当被淘汰。据记载，在极少数情况下，牛发生播散性无绿藻病（Taniyama等，1994）。

◎ 小球藻

　　在极少数情况下，小球藻引起反刍动物发病。小球藻在形态上与绿藻相似。它们都能进行光合作用，都具有含绿色色素的叶绿体，并且绿色色素可传递给感染组织。从绵羊肝脏及相关的淋巴结中曾获得该生物体（Zakia等，1989），并且在澳大利亚，该生物体在患有淋巴结炎的牛中获得（Rogers等，1980）。犬播散性小球藻病已有描述（Quigley等，2009）。

◎ 蓝藻

　　蓝藻是原核光合生物，生长在淡水、海水和土壤中，遍布世界各地。当条件有利于蓝藻生长时，蓝藻即可大量繁殖。当水温为15～30℃，其pH是中性或碱性且风扰动最小时，蓝藻可出现在富含磷酸盐或氮的这种水体中（Carmichael，1994）。在这种情况下，当家养或野生动物饮用这种污染水时，很有可能接触到该生物体所释放出的毒素（Lopez-Rodas等，2008）。现已知有40多种蓝藻可产生极强的神经毒素或肝毒素。其中选出几种蓝藻，推定为产毒蓝藻（贴52.1）。铜绿微囊藻（*Microcystis aeruginosa*）是最常见的引起中毒的淡水藻类。有些藻类品种如水华鱼腥藻（*Anabaena flosaquae*）可产生肝毒素和神经毒素两种毒素。

△ 贴52.1 产毒蓝藻

- 铜绿微囊藻（*Microcystis aeruginosa*）
- 水华鱼腥藻（*Anabaena flosaquae*）
- 红浮丝藻（*Planktothrix rubescens*）
- 颤藻（*Oscillatoria*）
- 丝囊藻（*Aphanizomenon*）
- 节球藻（*Nodularia*）
- 筒孢藻（*Cylindrospermum*）
- 柱胞藻（*Cylindrospermopsis*）
- 念珠藻（*Nostoc*）
- 鞘丝藻（*Lyngbya*）

■ 蓝藻中毒

蓝藻毒素的临床表现和作用方式见表52.2。虽然摄入致死量毒素后在短时间内可发生死亡，但剂量反应曲线较为陡峭，而且动物可摄入近90%的致死剂量而没有明显的临床表现。中毒的严重程度取决于暴露的程度和污染水的毒素浓度。禽类和反刍动物比单胃动物对该毒素更易感。

临床症状

临床症状与摄入毒素的种类有关，可引起多种中毒症状。肝毒性作用可在暴露后数小时内产生，包括肌肉震颤、呼吸困难、带血性腹泻和昏迷（Kerr等，1987）。可观察到肝肿大。据记载，马和反刍动物可发生光敏性皮炎（photosensitive dermatitis）。神经中毒症状在摄入毒素后几分钟内即可产生，包括多涎、阵挛性惊厥、僵直和发绀（Gunn等，1992）。临床症状出现后可迅速死亡。

诊断

- 与藻华污染的水可能有过接触史（James等，1997；Puschner等，2008）。
- 患病动物的口或腿可能被染为绿色。
- 藻华样品应当在显微镜下观察是否有蓝藻的存在。
- 在参考实验室，应当通过化学、生物或免疫技术证明藻华或胃内容物中含有毒素。
- 可用组织病理学证实肝中毒。
- 血清胆汁酸浓度和肝酶可能会升高（Carbis等，1995）。
- 鉴别诊断时，应考虑到其他可能的中毒来源。

治疗

- 应当将患病的马和反刍动物饲养在避开阳光直射的畜舍内，远离毒素源。
- 给最近暴露毒素的犬喂服催吐药，可帮助康复。
- 活性碳吸附剂或离子交换树脂可用于吸附胃肠道内的毒素。
- 虽然阿托品可降低鱼腥藻毒素a的抗乙酰胆碱酯酶活性，但没有对鱼腥藻毒素a或石房蛤毒素的有效治疗药物。

表52.2 蓝藻毒素及其作用方式和临床表现

毒素	作用方式	临床表现
微囊藻毒素（microcystin）和节球藻素（nodularins）	肝毒素；蛋白磷酸酶抑制	肝肿大和肝性脑病；光敏作用；血清肝酶升高；严重中毒导致肝内出血并死于低血量休克
鱼腥藻毒素a（anatoxin-a）	神经毒；触突后胆碱能激动剂；模拟乙酰胆碱的活性	无意识地肌收缩、惊厥；严重中毒导致死亡
鱼腥藻毒素a(s)	神经毒；抗乙酰胆碱酯酶活性	与鱼腥藻类毒素a的临床表现相似；多涎
石房蛤毒素（saxitoxin）和新石房蛤毒素（neosaxitoxin）	阻断运动神经元的信号传输	松弛性瘫痪；死于呼吸衰竭

控制

· 必须限制动物进入污染水体。

· 不应给伴侣动物喂食来自污染水体的鱼类。

· 在小型水体中，可通过添加硫酸铜来控制蓝藻生长，但用除藻剂来处理蓝藻可导致毒素从死细胞解离到水体中。

◉ 参考文献

Carbis, C.R., Waldron, D.L., Mitchell, G.F., Anderson, J.W. and McCauley, I. (1995). Recovery of hepatic function and latent mortalities in sheep exposed to the blue-green alga Microcystis aeruginosa. Veterinary Record, 137, 12–15.

Carmichael, W.W. (1994). The toxins of cyanobacteria. Scientific American, 270, 64–72.

Dillberger, J.E., Homer, B., Daubert, D. and Altman, N.H. (1988). Prototecosis in two cats. Journal of the American Veterinary Medical Association, 192, 1557–1559.

Ginel, P.J., Pérez, J., Molledo, J.M., Lucena, R. and Mozos, E. (1997). Cutaneous prototecosis in a dog. Veterinary Record, 140, 651–653.

Gunn, G.J., Rafferty, A.G., Rafferty, G.C., et al. (1992). Fatal canine neurotoxicosis attributed to blue-green algae (cyanobacteria). Veterinary Record, 130, 301–302.

James, K.J., Sherlock, I.R. and Stack, M.A. (1997). Anatoxin-a in Irish freshwater and cyanobacteria, determined using a new fluorimetric liquid chromatographic method. Toxicon, 35, 963–971.

Kerr, L.A., McCoy, C.P. and Eaves, D. (1987). Blue-green algae toxicosis in five dairy cows. Journal of the American Veterinary Medical Association, 191, 829–830.

Lopez-Rodas, V., Maneiro, E., Lanzarot, M.P., Perdigones, N. and Costas, E. (2008). Mass wildlife mortality due to cyanobacteria in the Donana National Park, Spain. Veterinary Record, 162, 317–318.

Migaki, G., Font, R.L., Sauer, R.M., Kaplan, W. and Miller, R.L. (1981). Canine prototecosis: review of the literature and report of an additional case. Journal of the American Veterinary Medical Association, 181, 794–797.

Möllerr, A., Truyen, U. and Roesler, U. (2007). Prototeca zopfiigenotype 2: the causative agent of bovine prototecal mastitis? Veterinary Microbiology, 120, 370–374.

Onozaki, M., Makimura, K. and Hasegawa, A. (2009). Rapid identification of Prototeca zopfii by nested polymerase chain reaction based on the nuclear small subunit ribosomal DNA. Journal of Dermatological Science, 54, 56–59.

Pore, R.S. (2005). Prototecosis. In Topley and Wilson's Microbiology and Microbial Infections, Medical Mycology. Eds W.G. Merz and R.J. Hay, Tenth Edition. Hodder Arnold, London. pp. 396–411.

Puschner, B., Hoff, B. and Tor, E.R. (2008). Diagnosis of anatoxin a poisoning in dogs from North America. Journal of Veterinary Diagnostic Investigation, 20, 89–92.

Quigley, R.R., Knowles, K.E. and Johnson, G.C. (2009). Disseminated chlorellosis in a dog. Veterinary Pathology, 46, 439–443.

Roesler, U., Scholz, H. and Hensel, A. (2001). Immunodiagnostic identification of dairy cows infected with Prototeca zopfii at various clinical stages and discrimination between infected and uninfected cows. Journal of Clinical Microbiology, 39, 539–543.

Roesler, U., Scholz, H. and Hensel, A. (2003). Emended phenotypic characterization of Prototeca zopfii: a proposal for three biotypes and standards for their identification. International Journal of Systematic and Evolutionary Microbiology, 53, 1195–1199.

Roesler, U., Möller, A., Hensel, A., Baumann, D. and Truyen, U. (2006). Diversity within the current algal species Prototeca zopfii : a proposal for two Prototeca zopfii genotypes and description of a novel species, Prototeca blaschkeae sp. nov. International Journal of Systematic and Evolutionary Microbiology, 56, 1419–1425.

Rogers, R.J., Connole, M.D., Thomas, J.N.A., Ladds, P.W. and Dickson, J. (1980). Lymphadenitis of cattle due to infection with green algae. Journal of Comparative Pathology, 90, 1–9.

Spalton, D.E. (1985). Bovine mastitis caused by Prototeca zopfii: a case study. Veterinary Record, 116, 347–349.

Stenner, V.J., Mackay, B., King, T., et al. (2007). Prototecosis in 17 Australian dogs and a review of the canine literature. Medical Mycology, 45, 249–266.

Taniyama, H., Okamoto, F., Kurosawa, T., et al. (1994). Disseminated prototecosis caused by Prototeca zopfiiin a cow. Veterinary Pathology, 31, 123–125.

Zakia, A.M., Osheika, A.A. and Halima, M.O. (1989). Ovine chlorellosis in the Sudan. Veterinary Record, 125, 625–626.

第四篇

◉ 进一步阅读材料

Anderson, K.L. and Walker, R.L. (1988). Sources of *Prototheca* spp. in a dairy cow environment. Journal of the American Veterinary Medical Association, 193, 553–556.

Beasley, V.R., Cook, W.O., Dahlem, A.M., Hooser, S.B., Lovell, R.A. and Valentine, W.M. (1989). Algae intoxication in livestock and waterfowl. Veterinary Clinics of North America, Food Animal Practice, 5, 345–361.

Hollingsworth, S.R. (2000). Canine protothecosis. Veterinary Clinics of North America, Small Animal Practice, 30, 1091–1101.

Madigan, M.T., Martinko, J.M. and Parker, J. (1997). Brock Biology of Microorganisms. Eighth Edition. Prentice Hall International, Upper Saddle River, New Jersey. pp. 654–658.

Stewart, I., Seawright, A.A. and Shaw, G.R. (2008). Cyanobacterial poisoning in livestock, wild mammals and birds–an overview. Advances in Experimental Medicine and Biology, 619, 613–637.`

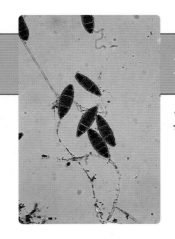

第53章

真菌感染的药物治疗

有不到200种真菌能够引起健康人群和其他动物发生感染。大部分感染是由机会性真菌病原体如白色念珠菌、新生隐球菌和烟曲霉侵入组织引起的。体弱或免疫抑制的宿主往往发生机会性感染。长期服用抗菌药物和免疫抑制剂可导致人类和其他动物易发生机会性真菌感染。

根据初始感染部位，可将真菌感染分为浅部真菌病、皮下组织真菌病（subcutaneous mycoses）和全身性真菌病。浅部真菌病的感染限于皮肤和其他角化组织包括头发、指甲和黏膜。皮下组织真菌病涉及真皮、皮下组织和偶尔相邻结构的感染。全身性真菌病的感染通常发生于肺部并扩散到其他多种器官。全身性真菌病的感染，通常起源于肺和蔓延到许多其他器官。真菌毒素是在未收割的作物或储存的粮食中形成的，真菌中毒症（mycotoxicoses）是由摄入真菌毒素而引起的一类重要疾病。

诱发机会性真菌感染的因素包括由于长期的抗菌治疗而导致的菌群失调、原发性或继发性免疫缺陷、皮质类固醇治疗后的免疫抑制、服用抗肿瘤药物、急性病毒感染、一些肿瘤疾病和在密闭空间内暴露高感染剂量的真菌孢子。晚期艾滋病是人群中真菌感染的一个重要易感因素。因此，期望单独的抗菌治疗从免疫抑制动物或从患有原发性或继发性免疫缺陷病的动物的全身或组织中清除感染是不现实的。因此，在设计抗真菌治疗方案时，应当细致考虑宿主的免疫状态。

目前，尽管抗真菌药物比抗细菌药物少，但近年来，抗真菌的化学治疗已有了重大进展。抗真菌药物有烯丙胺、唑类、棘白菌素和多烯类四大类。其他抗真菌化合物包括灰黄霉素、氟胞嘧啶、碘化物和吗啉。其中的一些化合物如烯丙胺，局部和全身都可使用，而其他抗真菌药如阿莫罗芬和环吡酮胺，仅用于局部使用。

在过去几十年中，许多抗真菌药物由于其自身的毒性，限制了它们对人类和动物的治疗作用。较新的、毒性较小的抗真菌化合物的可用性在于可选择性地抑制真菌生长，因此，现已开发出一系列副作用小、抗菌活性更可预测的抗真菌药物。

抗真菌药物的作用部位和作用方式多样，从干扰真菌细胞合成的化合物到抑制真菌细胞有丝分裂的药物。使用抗真菌药物往往需要长期治疗，以确保临床痊愈。致病性真菌对抗真菌化合物的敏感性并不总是可预测的。有些真菌病原对化学治疗药物有天然的抵抗力，而其他真菌则逐渐产生对抗真菌药物的耐药性。与细菌在短时间内产生高水平多药耐药性相比，抗真菌药物耐药性的产生通常缓慢。

引起动物发病的真菌病原体和相关的微生物、防止感染的措施及治疗方法见表53.1。抗真菌药物的分类及其作用部位和作用方式见表53.2。

⊙ 抗真菌药物

■ 丙烯胺（allylamines）

这些抗真菌药物都具有抑制真菌和杀真菌的活性，用于治疗各种真菌病原体尤其是皮肤癣菌引起的感染。该类合成药物有两种化合物：萘替芬和特比萘芬，前者作为外用乳剂用来治疗皮肤癣菌感染，后者则为片剂和外用制剂。丙烯胺可抑制角鲨烯环氧酶——合成麦角固醇所必需的一种酶，而麦角固醇是真菌细胞膜中的主要固醇。丙烯胺还可减少麦角固醇的合成并导致角鲨烯积聚，从而对真菌病原体产生毒性作用。

特比萘芬是一种亲脂性药物，可富集于真皮、表皮、脂肪组织和指甲。它具有广谱活性，包括皮肤癣菌、曲霉、一些双相型真菌和酵母。在人群中很少有副作用的报告。临床上使用特比萘芬治疗猫和犬的资料很少，但其对皮肤癣菌的疗效在治疗癣菌病方面具有特殊意义。特比萘芬已被成功地用于治疗禽类的全身性曲霉病。虽然对特比萘芬的原发抗药性已被观察到，但皮肤癣菌对该药物的抗药性报道罕见。

■ 灰黄霉素（griseofulvin）

虽然灰黄霉素以前被广泛用于治疗皮肤癣菌感染，但现已被更安全、更有效的抗真菌药物所取代。这种口服药物的抗菌谱仅限于皮肤癣菌。灰黄霉素是一种抑制真菌的药物，通过结合微管蛋白和干扰微管形成而发挥其抑菌作用。其抗菌活性能抑制真菌细胞的有丝分裂，还可抑制核酸合成。灰黄霉素沉积在角蛋白的前体细胞内，能促使角蛋白抵抗真菌的侵入。灰黄霉素用于治疗大动物和小动物的皮肤癣菌感染。治疗可能需要数周，临床痊愈后应当继续用药长达2周。由于灰黄霉素有致畸作用，所以怀孕动物禁用，尤其是蜂后和母马。

皮肤癣菌的某些菌株可产生对灰黄霉素的抗药性。灰黄霉素抗药性的相关资料较少，其抗药性的分子基础不详。

■ 唑类（azoles）

治疗上具有抑菌活性的唑类化合物有两种不同的化学类型：咪唑类和三唑类（表53.2）。所有唑类化合物的抗真菌活性都源于它们抑制真菌细胞色素14-α-脱甲基酶的能力。该酶可抑制羊毛甾醇（lanosterol）转化为麦角固醇（ergosterol），导致真菌细胞膜上麦角固醇的缺失和14-α-甲基固醇的蓄积。这些变化干扰了真菌细胞膜的活动性和膜结合酶系统的功能。由于细胞膜的损伤，养分运输和几丁质合成受到阻碍，因此真菌停止生长。唑类化合物往往经过数代真菌才可产生抑菌作用，临床见效缓慢，因此，需要长期治疗才可确保临床痊愈。

与早期的唑类药物如酮康唑（ketoconazole）相比，氟康唑（fluconazole）和伊曲康唑（itraconazole）

对真菌细胞膜的亲和力远远高于哺乳动物细胞膜，而且这些三唑类的副作用较小。最近几年，在治疗人类和动物的真菌感染时，优先选用氟康唑和伊曲康唑，其次才是酮康唑。氟康唑和伊曲康唑两者的抗菌谱比酮康唑广泛。氟康唑对皮肤癣菌、念珠菌、新生隐球菌、荚膜组织胞浆菌、粗球孢子菌、申克孢子丝菌有效。它对皮炎芽生菌适度有效，但对曲霉和接合菌无效。伊曲康唑比氟康唑具有更广泛的抗菌谱，除那些用氟康唑有效的真菌病原体外，伊曲康唑还对着色真菌和曲霉有效。与氟康唑一样，伊曲康唑对接合菌无效。伏立康唑（voriconazole）是一种新型广谱三唑类抗真菌药物，它克服了真菌病原体对伊曲康唑和氟康唑的耐药性问题，对酵母、双相型真菌和曲霉都有效，是治疗侵袭性曲霉病的首选药物（Segal，2009）。伏立康唑的抗菌谱扩大到暗色丝孢霉病的病原，但对接合菌无效。由于致畸风险，唑类药物禁用于怀孕动物。

当治疗幼小动物和怀孕动物时，由于某些动物品种可能发生不良反应，因此应该慎重考虑新近开发的抗真菌药物的安全性。抗真菌药物的联用应当谨慎使用，以避免其副作用。

唑类抗真菌药的耐药性产生是一个渐进过程，其中涉及真菌菌株受制于抗真菌药物选择压力而产生的一些改变。对多种分离株的研究，已经阐明多种耐药机制。

■ 棘球白素（echinocandins）

棘球白素类抗真菌药物是一种半合成脂肽类化合物，可抑制许多真菌细胞壁的组成成分1,3-β-葡聚糖的合成。该类药物作为1,3-β-葡聚糖合成酶的非竞争性抑制剂，干扰真菌的细胞分裂和细胞生长。由于哺乳动物细胞中不含有1,3-β-葡聚糖，棘球菌素对那些葡聚糖构成真菌细胞壁主要成分的真菌具有选择性毒性。一种非棘球白菌素脂肽能抑制葡聚糖合成酶，在体内和体外对酵母和曲霉属真菌表现出良好的活性。真菌如新生隐球菌，其细胞壁中的主要成分为1,6-β-葡聚糖，对棘球白素具有耐药性。现有卡泊芬净、米卡芬净和阿尼芬净三种棘球白素药物，其抗真菌谱类似。

卡泊芬净（caspofungin）的抗菌谱较窄，对念珠菌属、大多数曲霉属真菌、卡氏肺孢菌和一些引起

表53.1　动物致病性真菌病原体及相关微生物通常感染部位、预防措施和治疗选择*

真菌性病原质/相关疾病	患病动物种类及临床疾病	临床症状	控制措施、治疗方法	备注
曲霉属 曲霉属，主要是烟曲霉/曲霉病	雏鸡肺炎引起刚出壳小鸡的高死亡率	嗜睡和食欲不振	提高卫生标准，孵化器薰蒸消毒	肺部和气囊内出现淡黄色结节
	成鸟：圈养企鹅、猛禽和鹦鹉目鸟类；病变出现在肺部和气囊	呼吸困难和消瘦	两性霉素B、伊曲康唑、伏立康唑、特比萘芬	肺部和气囊内出现淡黄色结节，与禽肺结核相似；上呼吸道曲霉肉芽肿的手术切除是一种可供选择的治疗方法
	牛发生真菌性流产；散发	可引起母牛流产而没有全身性感染的症状；流产胎儿可出现类似癣样的皮肤斑块	避免雨季收获质量差的草料，这种草料中易生真菌与流产的发生有关	感染可导致子宫出血，引起胎盘炎并导致妊娠期流产
	犬鼻曲霉病，多发生于长头型品种	持续性流出大量脓血性分泌物，通常是单侧的；打喷嚏、鼻出血；鼻甲骨X线可透性增加	通过手术插管将曲霉唑输入额窦和鼻腔，或伊曲康唑与伏立康唑联用进行全身性治疗；其他适用于全身性治疗的抗真菌药物包括氟康唑和卡泊芬净	治疗可能至少需要6周
	马喉囊真菌病	鼻出血，吞咽困难和喉偏瘫；耳蜗后肿胀和单侧流涕	在某些情况下，可能需要手术干预以控制严重出血；用抗真菌药物如依曲康唑进行局部治疗；某些情况下口服碘化钾是有效的	可能需要长期使用抗真菌药物治疗；长期治疗的可能毒性和费用决定口服和全身治疗的持续时间
皮肤癣菌 小孢子菌、发癣菌皮肤癣菌病(癣菌病)	猫和犬的犬小孢子菌、石膏样小孢子菌和须发癣菌；牛的疣状毛癣菌；马的马发癣菌；皮肤损伤和脱毛	猫和犬：脱毛，头皮屑和断发的部位；牛：面部和眼睛周围有椭圆形脱毛区，并有浅灰色结痂；马：病变通常限于肚带带和马鞍区	患猫和犬应当被隔离，器具应当被消毒；局部病变可用克霉唑、咪康唑、依曲康唑或特比萘芬治疗；大范围病变需要口服依曲康唑、氟康唑、特比萘芬或灰黄霉素治疗，牛的个别病变可用咪康唑；大范围病变需要口服灰黄霉素治疗。用克霉唑、咪康唑或其他唑类化合物治疗马病变是有效的；患马应当被隔离，理毛器具应当消毒	唑类化合物通常比灰黄霉素更有效。唑类化合物和灰黄霉素两者都属于怀孕动物的禁用药物。猫接种犬小孢子菌灭活疫苗或许还是一种有效的控制措施。马病牛可接种真菌培养弱毒疫苗。
双相型真菌 皮炎芽生菌芽生菌病	主要宿主为犬和人类；病变从肺部转移到皮肤和其他组织	咳嗽，耐力下降	依曲康唑是猫和犬的首选治疗药物；酮康唑也有效；如果是严重感染，应联合应用两性霉素B和伊曲康唑治疗	应当持续治疗至少2个月，并且维持治疗直到活动性疾病消退

第四篇

（续）

真菌性病原/相关疾病	患病动物种类及临床疾病	临床症状	控制措施、治疗方法	备注
夹膜组织胞浆菌组织胞浆菌病	猫、犬和人类对该病原体易感；肺部病变可转移到其他器官	慢性咳嗽、持久性腹泻、消瘦	感染早期阶段伊曲康唑有效；酮康唑也有效；如果严重感染，可将两性霉素B和伊曲康唑结合使用	对使用两性霉素治疗的动物应当监视其中毒症状
假皮疽组织胞浆菌流行性淋巴管炎	马、其他马科动物；病变通常涉及皮肤、淋巴管和淋巴结	四肢的踝关节处通常出现脓肉芽肿病变，感染通常变成慢性的	据报道，每隔1周静脉注射碘化钠1次，连续注射4周，在某些情况下是有效的；一些兽医工作者建议，对病变实施手术切除，并结合两性霉素B治疗，但这种治疗的效果不确定	该病为外来病的国家，须上报并实行检测和屠宰政策
粗球孢子菌球孢子菌病	犬、马和人类是主要宿主；肺部病变转移至骨骼和其他组织	患有播散性疾病的犬可能会出现持续性咳嗽、虚弱、体重减轻，有时跛行	伊曲康唑和酮康唑用于治疗犬感染；氟康唑、严重感染可用两性霉素B治疗	由粗球孢子菌引起的骨髓炎可能需要长期治疗
申氏孢子丝菌孢子丝菌病	马、犬、猫和人类有散发病例报告；沿淋巴管出现结节性皮肤病变，并发生溃疡	淋巴皮肤孢子丝菌是马发生该病最常见的形式；结节性皮肤病变可发生在猫和犬的四肢、头部和尾部	伊曲康唑、氟康唑和伏立康唑对治疗淋巴皮肤孢子丝菌病有效。口服碘化钾饱和溶液已成功治疗人和动物的孢子菌病，临床应用多年。对于动物，应当在治愈临床痊愈后继续治疗至少30天	动物接受碘化钾治疗时应当监视其中毒症状
产毒素真菌				
黄曲霉、寄生曲霉、生长在玉米、落花生生和储藏谷物中/黄曲霉中毒	猪、雏鹑、火鸡幼禽、野鸡、牛犊、绵羊、犬、鳟鱼；黄曲霉毒素的毒性作用包括肝中毒、免疫抑制、致畸和致癌作用	健康状况不良，肝细胞坏死可能导致出血性素质，尤其是禽类；牛犊是急性疾病可导致神经症状和死亡	雨季收获的作物不应当喂养动物；发霉的饲料不应当喂食幼小动物；据报道，在饲料中添加水合铝硅酸钠钙可减轻黄曲霉毒素的毒性。没有具体的治疗方法；对某些动物品种的对症治疗效果甚微	由于存在牛奶排泄毒素的风险，因此不应当给奶牛喂食含有黄曲霉素的饲料
淡褐色曲霉（*Aspergillus altaceus*）、其他曲霉、疣孢青霉、其他青霉，生长在储藏的饲料中/赭曲霉毒素中毒	猪、家禽；肾脏细胞变性	猪表现为多饮、多尿和免疫抑制；禽类产蛋量下降，肝肾受损并伴随体重减轻	霉变的大麦、小麦和玉米不应作为饲料喂猪和禽类的饲料；家禽对赭曲霉毒素的毒性作用尤为敏感	如果赭曲霉毒素A存在于食品动物的组织中，就会引发令人关注的公共卫生问题
黑麦麦角菌、生长在黑麦草、其他禾本科植物和谷类植物子穗上麦角中毒	牛、绵羊、猪、鹿、马和家禽；神经毒性和血管收缩	惊厥、四肢环疽、泌乳缺乏、炎热气候下高热	定期放牧或载精以防止牧草的子穗形成；含麦角的谷类不应当喂食动物	人类疾病与摄食含有麦角生物碱的黑麦、小麦和子有关，已在许多国家有报道

（续）

真菌性病原相关疾病	患病动物种类及临床疾病	临床症状	控制措施、治疗方法	备注
禾谷镰刀菌、黄色镰刀菌和其他镰刀菌，生长在储藏玉米、大麦和粉粒谷物饲料中雌激素中毒	猪、牛、绵羊；雌激素活性	幼母猪外阴充血和水肿、乳房发育过早；成年母猪、母牛和母羊不育	污染的饲料应立即淘汰	由禾谷镰刀菌产生的玉米赤霉烯酮可通过乳汁排出，对公众健康可能构成风险
产毒素真菌				
轮枝样镰刀菌，生长在未收割的玉米或储藏的玉米中/马脑白质软化症；猪肺部变化	马、骡和驴敏感；神经毒性是由大脑白质的液化性坏死引起的；还可能发生肝环死亡	无力吞咽、虚弱、蹒跚、斜卧；临床症状出现后72小时内可发生死亡	发霉的玉米不应喂食马匹。尚无特效治疗方法	伏马毒素B1是由轮枝样镰刀菌产生的真菌毒素，引起肺水肿
拟茎点霉，生长在羽扇豆上引起疫病；可涉及种子、豆荚和残株/真菌毒素性羽扇豆中毒	绵羊，偶尔牛、马和猪；肝中毒	木僵、黄疸、厌食、瘤胃停滞；通常致死	应在初夏采食羽扇豆，而不应在秋天采食；用抗真菌剂喷洒羽扇豆后，真菌不大可能生长；应对羽扇豆作物进行检查，以便在放牧开始之前发现真菌生长；已培育出抗真菌生长的羽扇豆品种	已观察到采食感染羽扇豆残株的绵羊发生骨骼肌病
纸皮思霉，生长在牧草根部的死亡植物材料上，尤其是黑麦草和白三叶草面部湿疹	绵羊、牛、山羊和鹿；肝中毒和胆道阻塞	真菌毒素包括孢疹毒素，引起胆道上皮细胞严重损害，导致急性胆道阻塞并引起严重肝功能衰退、梗塞性黄疸和光敏化作用；光动力剂为叶红素，一种正常的叶绿素代谢产物，由于肝脏和胆管的损坏，叶绿素被阻留在组织中	面部湿疹的暴发可通过监测牧草样本的真菌孢子数量来预测；用杀真菌剂喷洒牧草可抑制孢子的萌芽，但费用高限制了这种方法的应用；口服锌化合物可降低孢疹毒素的毒性作用；用氧化锌浸湿面部，在自来水中加入硫酸锌或使用含硫酸锌丸推注，可减轻孢疹毒素引起的肝损伤	控制措施通常是由受影响的动物数量和控制或治疗过程的可行性决定的。费用通常是治疗和控制中的一个限制性因素
与震颤毒素中毒有关的真菌				
黑麦草真菌，生长在黑麦牧草上/多年生黑麦草震颤病	牛、绵羊、马、养殖鹿；神经毒性	肌肉震颤、共济失调、抽搐发作	鼓励种植其他种类的禾本科植物；牧管理可降低暴露的风险	如果动物远离污染的牧场，就会迅速康复
棒曲霉，生长在发芽的小麦和麦秆上引起震颤	牛；神经毒性	口吐泡沫、四肢震颤	发芽的小麦和麦秆应当细心储藏以避免真菌生长	含水量大于20%的谷物易发生霉变
雀稗麦角，生长在雀稗草子穗上/雀稗震颤症	牛、绵羊、马；神经毒性	肌肉震颤、共济失调、抽搐发作	对牧草进行载割以防止雀稗子穗的生长，可预防该真菌毒素的暴露	应避免患病动物进入水体，尤其是河水或陡坡，直到动物康复为止
多种青霉和一些曲霉，生长在牧草和饲料中/震颤麦角震颤病	反刍动物、其他家畜；神经毒性	肌肉震颤、共济失调、痉挛性抽搐	霉变的储藏饲料不应喂食反刍动物；发现临床症状后，应立即将放牧性畜从牧场迁移走	严重患病动物身体衰弱并出现角弓反张

第四篇

（续）

真菌性病原/相关疾病	患病动物种类及临床疾病	临床症状	控制措施、治疗方法	备注
与单端孢霉烯中毒有关的真菌				
拟枝孢镰刀菌、禾谷镰刀菌和其他镰刀菌，生长在谷类和稻草上/出血性综合征	猪、牛、家禽；凝血功能紊乱、免疫抑制	坏死性皮肤病损、出血	霉变饲料不应喂食动物	包括对血小板产生毒性作用的真菌毒素
拟孢漆斑菌和露湿漆斑菌，生长在黑麦浅株、稻草和白三叶草上/漆斑菌毒素中毒	羊、牛、家禽；多组织发炎、呼吸性窘迫	出血性肠胃炎、免疫抑制、体重减轻	发霉的饲料应当从动物食料中去除；对症治疗对一些动物品种是有效的	急性病例可能发生猝死
纸葡萄穗霉，生长在贮藏的谷物、稻草和干草上/葡萄穗霉中毒	马、牛、绵羊、猪；该毒素为细胞毒素，对组织有拟放射性作用	坏死性口腔炎、大面积点状皮下出血和血痂，猫传染性粒细胞缺乏症、免疫抑制；死亡通常是由出血和败血症合并发生引起的	污染的饲料不应喂食动物	马似乎对纸状葡萄穗霉产生的真菌毒素尤为敏感
将植物无毒成分转化成有毒成的真菌				
多种真菌，包括生长在含甜苜蓿的干草和青贮饲料中的真菌、青霉和毛霉/甜苜蓿中毒	牛、绵羊、马；生长在含甜苜蓿的干草和青贮饲料中的真菌，能将香豆素和双香豆素、双香豆苷转化成双香豆素，双香豆素可干扰摄食此种发霉干草和青贮饲料动物血液的凝固	双香豆素能引起低凝血酶原血症，导致凝血时间延长，出血和严重贫血	发霉的含有甜苜蓿的干草和青贮饲料，不应喂食动物。作为治疗方案的一部分，霉变的干草和青贮饲料应当从动物的食粮中去除，输血和注射维生素K可恢复血液凝固，需24小时以上才能见效	临床上可观察到肌肉出血或内出血，之后可能会外出血；创伤或外科手术之后可能会严重出血。双香豆素不是细胞毒素，是真菌利用香豆素和黄樨苷形成的一种毒性因子。香豆素和黄樨苷是甜苜蓿和多种禾本科植物的正常成分
类真菌生物				
罗伯芽生菌/罗伯芽生菌病	人类和海豚的罕见疾病；结节性肉芽肿皮肤病变	人类变往往发生在皮肤的受伤部位，包括面部、腿和足部；海豚病变与人类的皮肤病变相似	手术切除用于治疗人的局部病变；用氯法齐明与伊曲康唑联用，对病人进行长期治疗已取得成功	罗伯芽生菌病需要长期治疗
原壁菌/原藻病	牛、犬、猫；牛发生乳腺炎；犬发生小肠结肠炎；猫发生皮肤病变	小型原藻可引起渐进性牛乳腺脓性肉芽肿病变；犬的播散性疾病已有记载，猫的局部真皮病变也有报道	手术切除可成功地用于治疗局部皮肤原藻病；在某些情况下，两性霉素B是有效的；氟康唑、伊曲康唑和酮康唑对个别动物一致有效，但需要长期治疗	免疫缺陷易患原藻病

（续）

真菌性病原/相关疾病	患病动物种类及临床疾病	临床症状	控制措施、治疗方法	备注
隐丝孢菌霉/腐皮病	马、犬、猫和牛。马：肉芽肿性病变，尤其是出现在四肢上，这些病变可发生溃疡。犬：皮肤和胃肠病变；面部肿胀。猫：面部溃疡和瘘道	伤口不愈合，结节溃疡并有液体流出；大肠胃腐皮病以呕吐、体重减轻和散发性腹泻为特征	有三种治疗方法可以考虑，手术、化学药物治疗和免疫疗法。彻底的手术在某些情况下是成功的，尤其是马，用碘化钠，两性霉素B、伊曲康唑和特比萘芬治疗可能有效；据报道，从隐丝致腐霉中提取的胞内蛋白和胞外蛋白，对马的康复已起到了帮助作用	病变广泛时，预后普遍较差
西伯鼻孢子菌/鼻孢子菌病	马、牛、犬、猫和水禽；也感染人类；慢性疾病包括鼻黏膜感染，有时皮肤感染；通常表现为息肉性鼻炎	红棕色息肉可从鼻腔内凸出，封闭鼻道；运动时呼吸音加重；皮肤病变可能是单个或多个	冷冻外科手术用于去除个别息肉，但复发常见；已证明二氨基二苯砜（氨苯砜）是有效的，并且能显著降低皮肤病变的复发，据报道，该药可抑制西伯鼻孢子菌孢子囊的成熟	圈养的天鹅暴发眼部和鼻部鼻孢子菌病已有报道
致病性酵母				
白色念珠菌/念珠菌病	幼犬、马驹、仔猪、幼猫、雏鸡和火鸡、幼禽；机会性感染；通常与免疫抑制和长期使用广谱抗菌药物有关；浅表感染仅限于口腔和肠道黏膜	幼鸟嗉囊和食管的鹅口疮导致其倦怠和食欲不振；哺乳动物的肠道病变可引起腹泻、食欲减退和脱水；临床症状与病变的范围和严重程度有关；真菌性乳腺炎可能是由乳腺制剂污染引起的	应避免长期的抗菌治疗，尤其是对于幼畜；如果发生严重的念珠菌病，用氟康唑和伊曲康唑治疗通常是有效的	幼小哺乳动物发生念珠菌病通常与长期抗菌治疗有关；提高幼禽的卫生标准可降低疾病的发生率；给雏鸡和雏火鸡的饮用水应当格外留心
新生隐球菌/隐球菌病	猫、犬、牛、马、人类；猫发生本病分为鼻型、黏膜型和神经型；犬发生散播性疾病；奶牛发生乳房炎	病变出现在猫的上呼吸道，可引起打喷嚏和流涕、鼻腔内出现肉状肿块；犬可出现神经症状；患隐球菌性乳腺炎的奶牛可出现全身症状和腺部肿胀。	初治使用两性霉素B和胞嘧啶是有效的；如果隐球菌的临床症状持久，用氟康唑可用于维持治疗	多数患有隐球菌的动物都有基础性免疫抑制疾病或使用皮质类固醇长期治疗
厚皮马拉色菌/与外耳炎和皮肤炎有关	犬；外耳炎和脂溢性皮炎	从耳道流出深色刺鼻分泌物，瘙痒、摇头和揉耳；脂溢性皮炎以瘙痒、有恶臭气味、脂肪样渗出物的红斑和毛发无光泽为特征	外耳炎的根本原因应当查明并矫正。寄生虫和细菌病原体应当予以鉴别并适当治疗。如果患病因素查明并矫正，含咪康唑和氯己定的洗发剂对脂溢性皮炎可能有效；据报道，使用酮康唑洗发也是一种有效的治疗方法	免疫抑制和超敏感性疾病是诱发犬感染厚皮马拉色菌的因素之一

第四篇

（续）

真菌性病原相关疾病	患病动物种类及临床疾病	临床症状	控制措施、治疗方法	备注
暗色真菌 链格孢菌、长穗离蠕孢、弯孢霉、甄氏外瓶霉、喙状明脐菌、寄生瓶霉、球状茎点霉、尖端赛多孢子菌和其他真菌(暗色丝孢霉病)	牛、马、山羊、猫和犬;肉芽肿性病变,通常发生在皮下组织	皮下肉芽肿病变发生在足部、四肢和头部;溃疡并形成窦道,出现血性渗液是这些病变的特点	病变的手术切除在某些情况下可能有效;伊曲康唑与氟胞嘧啶联用可能有效;当病变部位可以触及时,可考虑两性霉素B与手术切除结合治疗	可能需要几个月的抗真菌药物治疗
接合菌 致病属包括:横梗霉属、毛霉属、根毛霉属、被孢霉属、瓶霉属、蛙粪霉属和耳霉属(接合菌病)	牛、猪、猫、犬、马;流产和霉菌胃炎;仔猪肠炎;猫肠炎、大肠炎;马皮肤肉芽肿;由耳霉属真菌引起马和绵羊的鼻肉芽肿	由接合菌引起的动物疾病罕见;临床症状与组织或系统感染有关;由沃尔夫被孢霉引起流产后,该真菌可导致奶牛的急性致死性肺炎;这种并发症在新西兰曾有记载	由于接合菌病的散发性,很少有机会使用抗真菌药物治疗接合菌病;两性霉素B仍然是治疗接合菌病的首选药物	接合菌病的易感因素包括免疫缺陷,皮质类固醇药长期使用;广谱抗真菌治疗和使用

*当治疗幼小动物和怀孕动物时,由于某些动物品种可能发生不良反应,因此应该慎重考虑新近开发的抗真菌药物的安全性。抗真菌药物的联用应当谨慎使用,以避免其副作用。

表53.2　抗真菌药物的分类及其作用方式

抗真菌药物的化学等级或生物活性实例	作用方式	备注
烯丙胺 特比萘芬	这些抗真菌药物抑制角鲨烯环氧酶的活性,该酶是麦角固醇合成所必需的一种酶,麦角固醇是真菌细胞膜的主要固醇。麦角固醇合成的减少和鲨烯的聚集对真菌病原体产生毒性作用	烯丙胺具有广谱抗真菌活性。特比萘芬分是一种亲脂性药物,富集于真皮、表皮和脂肪组织
抗有丝分裂抗生素 灰黄霉素	首次广泛用于口服的抗真菌药物,灰黄霉素的抗真菌活性较小,仅限于皮肤癣菌。该抑制真菌抗生素与微管蛋白质并干扰微管纺锤体的形成,从而抑制真菌细胞的有丝分裂。另外,它还起着核酸酶合成抑制剂的作用	尽管以前是一种广受欢迎的治疗大型动物皮肤癣菌的药物,但灰黄霉素作为抗真菌药物的位置现已被更有效的一系列局部和合成真菌药物所替代
唑类 咪唑类 克霉唑 酮康唑 咪康唑 益康唑 三唑类 氟康唑 伊曲康唑 伏立康唑	咪唑类和三唑类的主要作用机制是抑制14-α-脱甲基酶,一种微粒体细胞色素P450酶。该酶抑制羊毛固醇转化为麦角固醇,从而导致真菌细胞膜的减少和14-α-甲基固醇的堆积。这些变化干扰了细胞膜的作用和膜结合酶系统的功能	使用唑类药物需要长期治疗。酮康唑已用于治疗动物多年,现已被伊曲康唑对许多真菌病原体是有效的,但氟康唑尽管对多真菌感染有效,依由曲霉对接合菌无效,并且对双相型真菌具有高效的抗菌活性

（续）

抗真菌药物的化学等级或生物活性实例	作用方式	备注
棘球白素 卡泊芬净 米卡芬净 阿尼芬净	棘球白素是半合成脂肽化合物，能抑制真菌1,3-β-葡聚糖合成酶。该酶是1,3-β-葡聚糖合成所必需的，1,3-β-葡聚糖是真菌细胞壁的主要成分。由于哺乳动物细胞不含1,3-β-葡聚糖，因此这些抗真菌药物对真菌具有选择性毒性作用	卡泊芬净的抗真菌谱较窄，对曲霉和大多数念珠菌有效，对卡氏肺孢菌也有效。卡泊芬净、米卡芬净、阿尼芬净的抗真菌谱很相似
氟化嘧啶 氟胞嘧啶	该氟化嘧啶通过胞嘧啶透酶的作用进入真菌细胞内，经脱氨基转化为5-氟尿嘧啶，5-氟尿嘧啶被掺入到胸苷酸核苷酸合成，从而干扰蛋白质合成。另外，这种抗真菌剂进一步代谢能产生对胸苷酸合成酶的有效抑制作用，从而抑制真菌DNA合成	氟胞嘧啶抗菌谱窄，主要对新生隐球菌、念珠菌和一些着色真菌具有抗菌活性。当单独使用时，抗药性是治疗失败的一个主要原因。为了克服这一难题，氟胞嘧啶通常与两性霉素联用
碘化物 碘化钾 碘化钠	尽管碘化钾和碘化钠已用于治疗动物真菌感染多年，但其作用方式还不甚清楚。建议增强对真菌病原体的免疫应答。碘化物的直接抗真菌作用是通过干扰真菌细胞代谢所必需的酶而实现的	使用碘化物往往需要长期治疗以消除真菌感染。碘化物用于治疗孢子丝菌病大的鼻疽菌病。长期给药后，一些动物会有发生碘中毒的风险
吗啉类 阿莫罗芬	这种抗真菌化合物用于皮肤癣菌病和甲真菌病的局部治疗，是固醇生物合成的抑制剂。阿莫罗芬抑制真菌活性与麦角固醇的减少有关，麦角固醇是真菌细胞膜形成所必需的成分	这种抗真菌药物对动物皮肤癣菌感染的治疗作用不像人用药物那样清楚。阿莫罗芬被认为是治疗人类甲真菌病患者的高效药物
核苷肽 尼可霉素Z	该抗真菌化合物抑制几丁质合成酶，干扰真菌细胞壁多糖的合成。这种化合物对棘球白素具有增效作用	虽然尼可霉素Z被证明对鼠球孢子菌病、组织胞浆菌病和芽生菌病非常有效，但还需要进一步的临床试验，以确认其治疗真菌感染的疗效
多烯类 两性霉素B	多烯类为大环内酯类抗生素，很易结合固醇，尤其是麦角固醇。虽然有数百种多烯类抗生素，但两性霉素B是唯一种——既适合于人类和动物的全身性抗真菌治疗。两性霉素B的抗真菌活性在于它能结合真菌细胞膜的主要固醇麦角固醇。这种结合破坏了真菌细胞膜的渗透完整性，导致细胞内的钾离子和各种小分子的外漏	由于两性霉素B传统胶束悬浮液肠胃外给药导致的不良毒性作用，目前该药有三种脂质体剂型，即两性霉素B脂质体、两性霉素B脂质复合体及硫酸胆固醇混合而成的胶体悬浮液。这些制剂的毒性似乎低于胶束悬浮液
普拉米星抗生素 普拉米星BMS-181184	此水溶性普拉米星衍生物能结合到酵母细胞的细胞表面上。这种真菌化合物与靶细胞的细胞壁中的碳水化合物组分发生生化反应，由此引起的变化包括钾离子从酵母细胞中泄漏	普拉米星衍生物可选择性地作用于真菌，对培养来的动物细胞无亲和力
粪壳菌素和氨杂粪壳菌素	粪壳菌素通过阻断延长因子2及干扰蛋白质合成而选择性地抑制真菌生长	据报道，粪壳菌素具有广谱抗真菌活性，对皮肤癣菌、曲霉、双相型真菌和卡氏肺孢菌都有效
取代吡啶 环吡酮胺	这种取代吡啶改变膜转运，损伤真菌细胞膜，并通过影响细胞靶标产生的线粒体电子传递过程而干扰靶细胞的新陈代谢	局部应用环吡酮胺，具有广谱抗真菌活性，可杀死皮肤癣菌、珠菌、马拉色菌及引起灰指甲的真菌病原

暗色丝孢霉病的真菌具有抗菌活性。该药对双相型真菌的疗效难以预测，对新生隐球菌或接合菌无效。

念珠菌和曲霉的临床分离株对棘球白素的原发性耐药罕见。由于这类药物对真菌细胞壁具有选择性毒性，因而棘球白素的副作用在人群中的报道很少。有关棘球白素在动物上的临床试验数据较少，但这些新的抗真菌药物在治疗禽类和哺乳动物的念珠菌病和曲霉病中很可能有特殊的治疗价值。

■ 氟胞嘧啶（flucytosine）

该氟化嘧啶在胞嘧啶透酶的作用下被输送到敏感的真菌细胞，在真菌细胞内通过真菌胞嘧啶脱氨酶的作用转化成为5-氟尿嘧啶（5-fluorouracil）。然后，5-氟尿嘧啶被转化成为5-氟尿苷酸（fluorouridylic acid），5-氟尿苷酸在RNA的合成中与尿嘧啶竞争，因此导致RNA编码错误并抑制DNA和蛋白质的合成。

氟胞嘧啶抗菌谱窄，主要对念珠菌、新生隐球菌和少数暗色霉菌具有抗菌活性。由于在治疗过程中很快可产生对氟胞嘧啶的抗药性，该药通常与两性霉素B或氟康唑联用。联合治疗通常用于隐球菌病的治疗，尤其是猫的隐球菌病。

对氟胞嘧啶的原发性和获得性耐药可能是由于一种或多种酶的缺失、功能障碍或不存在而引起的，这些酶对真菌的生存不是必需的。

■ 碘化物（iodides）

虽然碘化钾和碘化钠治疗真菌感染已应用多年，但它们的作用方式还不甚清楚。有人认为其中的一种抗真菌机制是对真菌病原体免疫应答的增强，另一种作用方式可能与直接干扰真菌细胞的新陈代谢有关。

绝大多数孢子丝菌病患者在口服碘化钾之后康复，且少见复发（arenas，2005）。碘化钠已成功地应用于治疗动物的皮肤孢子丝菌病和淋巴皮肤孢子丝菌病。碘化合物的长期治疗往往是必需的，因此可能会导致碘中毒。为了避免肉和牛奶中的药物残留，食品动物应当谨慎使用碘化合物。

■ 吗啉（morpholines）

阿莫罗芬（amorolfine）是一种具有抗真菌活性的吗啉衍生物，用于皮肤癣菌病和甲真菌病（俗称灰指甲）的局部治疗。这种抗真菌化合物可抑制麦角固醇的合成，麦角固醇是维持真菌细胞膜正常生理功能的必需成分。其他影响包括角鲨烯（squalene）的积累和对几丁质合成的干扰。阿莫罗芬是广谱抗真菌药，它的抗菌谱为皮肤癣菌、双相型真菌和其他一些引起灰指甲的真菌病原体。该药对曲霉属真菌无效。吗啉虽然在治疗人类甲真菌病方面被认为是一种高效抗真菌剂，但该化合物对动物的治疗效果尚不十分清楚。

■ 核苷肽（nucleoside-peptides）

包括尼可霉素Z在内的多种核苷肽可抑制几丁质的合成。该抗真菌化合物能抑制几丁质合成酶，从而干扰真菌细胞壁的合成。据报道，它可增强氟胞嘧啶、一些唑类化合物和棘球白素的药效。尼可霉素Z已在临床试验中高效治疗鼠的肺芽生菌病（pulmonary blastomycosis）、组织胞浆菌病（histoplasmosis）和球孢子菌病（coccidioidomycosis）。目前需要对自然感染双相型真菌的动物做进一步的临床试验，以确认其疗效。

■ 多烯类化合物（polyenes）

多烯类化合物是大环内酯类抗生素，对真菌病原体具有广谱抗菌活性。许多该类化合物用于治疗用途的毒性太大，但两性霉素B适用于人类和动物的抗真菌治疗。与其他多烯类药物相同，两性霉素B易与固醇结合，尤其是与真菌细胞膜上的麦角固醇结合。尽管两性霉素B也可结合哺乳动物细胞表面的胆固醇，但比结合麦角固醇则要差许多。这类抗真菌药物通过与真菌细胞膜上的麦角固醇结合，改变细胞的通透性，从而引起钠、钾和氢离子外漏，最后导致细胞死亡。两性霉素B还能破坏靶细胞中的氧化酶功能。这种抗真菌药物的抗菌谱包括致病性酵母、双相型真菌、曲霉和接合菌。

静脉注射两性霉素B可导致肾毒性。这种毒性作用与该药结合肾小管中富含固醇的细胞膜有关。由于传统应用两性霉素B存在的问题，现已开发了毒性低药效高的新配方药物。现有三种新配方药物制剂，即两性霉素B脂质复合物、两性霉素B脂质体和两性霉素B胶体悬液。这些新剂型的疗效明显优于常规的两性霉素B且毒性降低。不过其成本高，限制了该药应用于动物全身性疾病的治疗。

两性霉素B的继发性耐药的产生目前并没有成为

一个主要问题。有些念珠菌分离株对两性霉素B可产生相对抗药性，偶尔也可能会遇到曲霉属真菌对其产生抗药性。

■ 普拉米星抗生素（pradimicin antibiotics）

该类抗生素中，普拉米星BMS-181184具有抗真菌活性。这类普拉米星水溶性衍生物能结合酵母细胞的细胞表面碳水化合物成分。由这种抗真菌化合物引起的变化包括导致酵母细胞内的钾离子外漏。由于它对动物细胞没有亲和性，这种普拉米星衍生物似乎具有选择性的抗真菌活性。普拉米星A是一种具有抗真菌活性的低分子量碳水化合物结合剂，对人类免疫缺陷病毒还具有选择性的抑制活性（balzarini等，2007）。

■ 粪壳菌素（sordarin）和氮杂粪壳菌素（azasordarin）

这类新的抗真菌药物，通过阻断延长因子2和干扰蛋白质合成，从而选择性地抑制真菌的生长。粪壳菌素具有广谱抗真菌活性，其抗菌谱为皮肤癣菌、曲霉、双相型真菌和卡氏肺孢菌。粪壳菌素与两性霉素联用时，对念珠菌和曲霉有增效作用。在使用动物模型的临床试验中，粪壳菌素对组织胞浆菌病、球孢子菌病、肺孢菌病有效。毒理学数据表明，粪壳菌素是相对安全的药物，但需要更广泛的临床试验以确认其安全性，才可以被认可用于常规用途的治疗。

■ 环吡酮胺(ciclopirox olamine)

这种抗真菌药物是吡啶酮替代品，具有广泛的抗真菌谱。环吡酮胺能改变膜运输、细胞膜的完整性和线粒体电子传递过程。环吡酮胺除了对皮肤癣菌和包括马拉色菌在内的酵母具有抗真菌活性外，对一些革兰阳性菌和革兰阴性菌也具有抗菌活性，且还具有抗炎活性，这对治疗一些浅部真菌感染是有益的。该药是一种局部抗真菌药，能渗透表皮进入真皮。环吡酮胺对治疗人的甲真菌病特别有效，但需长期治疗以消除真菌感染。局部给药时尚未有毒性反应报告。

抗真菌类药物的分类及共作用机理见表53.2,；抗真菌类药物的作用方式和作用位点见图53.1。

◉ 抗真菌药物的耐药性

许多传染性病原体的一个公认特征是，它们或具有固有耐药性，或是由药物干扰其复制或以其他方式改变其新陈代谢而产生的耐药性。真菌病原体符合这一生物模式，有些真菌对抗真菌药物具有天然抗药性，有些是由于长期的抗真菌治疗而产生的获得性抗药性。原发耐药性是指某一特定的真菌属或种对药物的天然抵抗力。接合菌对氟康唑的耐药性就是这种固有耐药性的一个实例。继发抗药性是指经过长期抗真菌治疗后产生的耐药性，又称获得耐药性。可能导致继发耐药性产生的途径有很多。真菌突变和药物选择是引起继发抗药性的主要原因。通常所见的继发耐药性是某一真菌病原体被更耐药的菌株所取代，或者在某些情况下被更耐药的菌种所取代。另外，单一耐药菌株可能包括一个耐药亚群，该耐药亚群是通过长期的抗真菌治疗被筛选出来的。真菌细胞的其他变化，包括由抗真菌治疗引起的瞬时基因的表达，某些菌株拥有的特定毒力因子的表达，可以降低其对抗真菌药物的敏感性。人对抗真菌药物的获得耐药性主要是由预防性治疗或长期使用低剂量治疗而引起的。

与细菌高水平多药耐药性的迅速出现和蔓延相比，抗真菌药物的耐药性产生和发展较慢，包括耐药菌种的出现缓慢，引起对抗真菌药物产生耐药性的细胞结构或功能变化缓慢。与一些抗细菌药物的耐药机制不同，目前没有证据表明真菌病原体能够以破坏或结构性地改变抗真菌药物的方式产生耐药性。对氟胞嘧啶的原发耐药性和获得耐药性是由于一种或多种酶不存在、功能障碍或缺失引起的，这些酶对真菌的生存不是必需的。对氟康唑的耐药机制包括对P450细胞色素的结合活性降低，目标细胞色素的产生增多，以及由于药物的内流降低或泵出增加而引起药物在真菌细胞内的蓄积减少。

对两性霉素B的抗药性报道很少。真菌细胞固醇含量的定量或定性变化可能导致对该抗真菌药物的抗药性。麦角固醇（ergosterol）的定量变化可以源自合成的抑制，或麦角固醇被表甾醇（episterol）和其他固醇取代，以及固醇与磷脂比例的改变（Arikan和Rex，2005）。与定性变化有关的耐药性包括真菌细胞膜中麦角固醇的重新定位或被封闭。据报道，先前接触唑类化合物会导致麦角固醇的缺失，有助

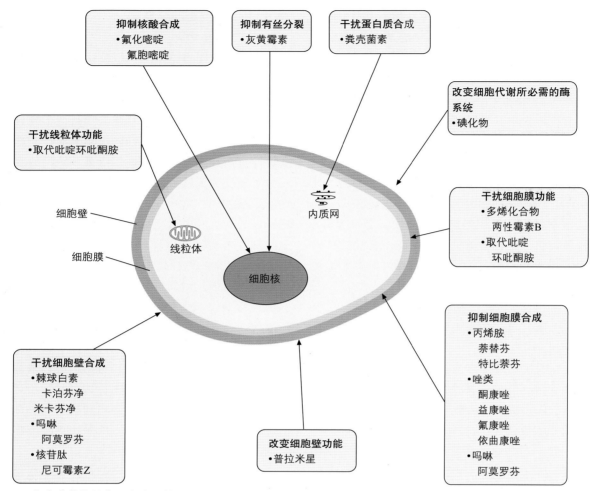

图53.1 抗真菌药物的作用方式和作用部位

于真菌细胞对两性霉素B产生耐药性。

对耐唑类药物的抗药性可能是由于靶酶14-α-脱甲基酶的定性或定量改变，药物到达靶酶的量减少，或这两种机制的结合引起的。定量的改变可能是由于靶酶拷贝数增加，导致麦角固醇的过量合成。由于真菌细胞膜中固醇或磷脂组合物的改变导致对抗真菌药物通透性降低，从而引起对唑类药物的抗药性。除抗真菌药物在靶细胞内积累减少外，药物的泵出增加也有助于耐药性的产生。念珠菌对氟康唑和伊曲康唑的耐药性和烟曲霉对伊曲康唑的耐药性都与外排泵系统有关。

对氟胞嘧啶的耐药性是由于胞嘧啶透性酶活性缺失、胞嘧啶脱氨酶的活性缺陷或尿嘧啶磷酸核糖基转移酶的活性降低而引起的。当单独用于治疗隐球菌病和念珠菌病时，耐药性是治疗失败的一个重要原因。为了克服这个问题，氟胞嘧啶通常与两性

霉素B联用。

虽然临床上有用特比萘芬和萘替芬治疗真菌感染失败的报道，但治疗失败不是由于耐药性的产生，而是与宿主相关的因素。最近的报道表明，对烯丙胺的耐药性确有发生，但罕见。

对灰黄霉素的耐药性已有报道，但没有可靠的数据。其耐药的分子基础目前仍不清楚。

卡泊芬净、米卡芬净（micafungin）和阿尼芬净（anidulafungin）对曲霉和念珠菌具有强效的杀菌活性。葡聚糖合成酶复合物的改变对卡泊芬净抑制的敏感性降低，已在来源于实验室的白色念珠菌突变株中得以证实。这些菌株在FKS1基因上有点突变，该基因编码一种内在的细胞膜蛋白。另一细胞壁合成基因GNS1的突变，导致低水平耐药。

即使选择的药物对真菌病原体是有效的，临床上的抗真菌治疗也可能不成功。宿主、抗真菌药物

和真菌病原体影响治疗方案的多个方面及最终的治疗效果。其中，特别重要的是宿主的免疫状态，真菌感染的部位和严重程度，感染部位的药物活性、剂量，以及治疗的持续时间。长期治疗需要多种抗真菌药物如唑类药物等。宿主的年龄和营养状况也影响治疗效果。抗真菌药物耐药性的产生和发展通常是一个逐步过程，因素是多个方面的。为避免继发抗药性的产生，抗真菌药物需谨慎选择，给药剂量应适当。对真菌病原体的致病因子有一个更好的了解，才能够制订出对组织或系统入侵的合理治疗方案。宿主因素的考虑应当作为治疗策略的一部分，针对提高宿主对入侵病原体的免疫应答的一些措施可能有助于提高抗真菌药物的疗效。

◉ 参考文献

Arenas, R. (2005). Sporotrichosis. In *Topley and Wilson's Microbiology and Microbial Infections*. Tenth Edition. Medical Mycology. Eds W.G. Merz and R.J. Hay. Hodder Arnold, London. pp. 367–384.

Arikan, S. and Rex, J.H. (2005). Resistance to antifungal drugs. In *Topley and Wilson's Microbiology and Microbial Infections*. Tenth Edition. Medical Mycology. Eds W.G. Merz and R.J. Hay. Hodder Arnold, London. pp. 168–181.

Balzarini, J., van Laethem, K., Daelemans, D., et al. (2007). Pradimicin A, a carbohydrate-binding nonpeptidic lead compound for treatment of infections with viruses with highly glycosylated envelopes, such as human immunodeficiency virus. Journal of Virology, 81, 362–373

Segal, B.H. (2009). Aspergillosis. New England Journal of Medicine, 360, 1870–1884.

◉ 进一步阅读材料

Bennett, J.E. (2006). Antimicrobial agents, antifungal agents. In *Goodman and Gilman's The Pharmacological Basis of Therapeutics*. Eleventh Edition. Eds L.L. Brunton, J.S. Lazo and K.L. Parker. McGraw-Hill, New York. pp. 1225–1241.

de Berker, D. (2009). Fungal nail disease. New England Journal of Medicine, 360, 2108–2116.

Davis, J.L., Papich, M.G. and Heit, M.C. (2009). Antifungal and antiviral drugs. In *Veterinary Pharmacology and Therapeutics*. Ninth Edition. Eds J.E. Riviere and M.G. Papich. Wiley-Blackwell, Ames, Iowa. pp. 1013–1049.

Espinel-Ingroff, A. (2009). Antifungal agents. In *Desk Encyclopedia of Microbiology*. Ed. M. Schaechter. Second Edition. Elsevier, Amsterdam. pp. 65–82.

Kauffman, C.A. (2007). Antifungal agents. In *Schaechter's Mechanisms of Microbial Disease*. Fourth Edition. Eds N.C. Engleberg, V. DiRita and T.S. Dermody. Lippincott Williams and Wilkins, Philadelphia. pp. 477–479.

Murray, P.R., Rosenthal, K.S. and Pfaller, M.A. (2005). Medical Microbiology. Fifth Edition. Elsevier Mosby, Philadelphia. pp. 719–731.

Orosz, S.E. (2003). Antifungal therapy in avian species. In *Veterinary Clinics of North America*. Volume 6. Ed. M.P. Jones. W.B. Saunders Company, Philadelphia. pp. 337–350.

Polak, A. (2003). Antifungal therapy–state of the art at the beginning of the 21st century. In *Antifungal Agents*. Ed. E. Jucker. Birkhäuser, Basel. pp. 59–190.

Richardson, M.D. and Warnock, D.W. (2003). Fungal Infection. Blackwell Publishing, Oxford. pp. 29–79.

Ueki, T., Numata, K., Sawada, Y., et al. (1993). Studies on the mode of antifungal action of pradimicin antibiotics. Journal of Antibiotics, 46, 149–161.

第四篇

Section **5**

第五篇

病毒学概论

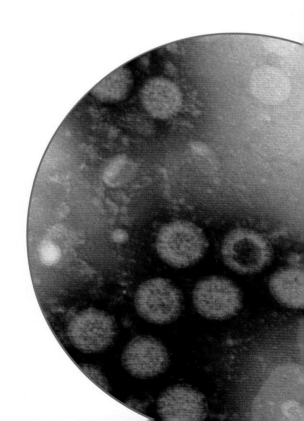

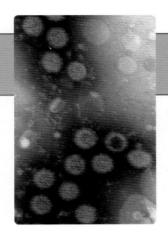

第54章

病毒的特性、结构及分类

病毒（virus，源自拉丁文，意为"毒"）是一类极其微小的传染性因子。每种病毒的基因组仅含一种类型的核酸。病毒具有活细胞的一些特性，如含有一个基因组，也具备适应能力。但病毒与活细胞不同，无法自己获取和存储能量，且必须依赖宿主活细胞才能复制（贴54.1）。由于这些限制，病毒通常被认为是亚细胞的、非生命的传染性病原体；它们只有感染宿主细胞后，借助于细胞成分才能增殖，才能成为活的生物系统一部分（van Regenmortel，2000）。动物病毒基因组大小为0.2万～80万个碱基对，比原核细胞基因组小。大多数科的病毒基因组只有一个核酸分子，但有些RNA病毒，如呼肠孤病毒科和正黏病毒科的病毒，其基因组分成多个节段。尽管病毒基因组通常是线状的，但有些病毒（如细小病毒）的基因组为环状。DNA病毒和RNA病毒的基因组可以是单股或是双股。DNA病毒和RNA病毒的特性见表54.1、图54.1和图54.2。

新近发现了一个命名为Spuntnik（人类第一颗卫星之名）病毒的二十面体DNA病毒。它与大的拟菌病毒（mimivirus），即多噬棘变形虫拟菌病毒（Acanthamoeba polyphaga mimivirus，APMV）相关。Sputnik病毒在APMV感染的噬棘变形虫中复制增殖。Sputnik病毒的活性对APMV有害，因此将这个小的寄生病毒称为"噬病毒（virophage）"（La Scola等，2008）。类病毒（viroid）和朊病毒（prion）是两种特殊的传染因子，它们的结构比病毒要更为简单。类病毒是由裸露的RNA组成的，而朊病毒是一种传染性蛋白颗粒，没有发现朊病毒存在核酸分子。

近年来，病毒性传染病的流行病学、致病机理和控制都取得显著进展。但是，人群和动物群体中出现一些新的病毒病对病毒学研究提出了新的挑战。

△ 贴54.1　能感染动物的病毒之特性

- 小的传染性因子，大小为20～400纳米
- 核酸由蛋白外套包围，此外某些病毒含囊膜
- 仅有一种核酸，DNA或RNA
- 与细菌和真菌不同，病毒不能在无细胞的培养基中生长，其复制必需活的宿主细胞
- 某些病毒对特异的细胞类型具有亲和力

◉ 病毒起源

病毒是一类最有效和最经济的微生物。基于其核酸构成，可将病毒分为三类：DNA病毒、RNA病毒、RNA逆转录病毒或DNA逆转录病毒。这三类病毒区别显著，提示它们的起源可能不同。尽管病毒的起源还没有定论，又无化石可考，仍有四种假说解释病毒的起源。第一种假说认为，病毒可能来源于原始的、细胞出现之前就有的RNA复制子，然后在细胞出现后进化为依赖于细胞而复制的结构。另一假说认为病毒来源于细胞内核酸分子节段，它们在宿主细胞的帮助下获得复制能力。第三种假说认为病毒来源于某些自主生活的有机体，这些有机体逐渐丧失遗传信息，以至于完全依赖宿主细胞才能复制。病毒基因组和宿主的研究支持第四种假说，即病毒可能和细胞一样古老，并与细胞共同演化。全基因组测序研究显示，所有的生命形式和亚细胞复制子（含病毒，译者注）均有一些相似的基础结构和功能域。事实上，病毒可横向介导细胞间的基因转移，并以这种方式促使宿主细胞发生变异。

表54.1   兽医学重要的DNA病毒科的特性

科	病毒大小（纳米）	衣壳对称性	囊膜	基因组类型
腺病毒科	70~90	二十面体	无	线状，双股DNA
非洲猪瘟病毒科	175~215	二十面体	有	线状，双股DNA
圆环病毒科	17~22	二十面体	无	环状，正向或双向单链DNA
疱疹病毒科	200~250	二十面体	有	线状，单分子双股DNA
乳头瘤病毒科	55	二十面体	无	环状，单分子双股DNA
细小病毒科	18~26	二十面体	无	线状，单分子，正向或反向，单股DNA
痘病毒科	300×200	复合体	有	线状，单分子双股DNA

译者注：本表中正向是指与mRNA方向一致，双向是指既有与mRNA方向一致的序列，也有与mRNA方向相反的序列。

表54.2   兽医学重要的RNA病毒科的特性

科	病毒大小（纳米）	衣壳对称性	囊膜	基因组类型
动脉炎病毒科	40~60	二十面体	有	线状，单分子，正向，单股RNA
星状病毒科	28~30	二十面体	无	线状，单分子，正向，单股RNA
双RNA病毒科	60	二十面体	无	线状，2个片段，双股RNA
波纳病毒科	90	二十面体	有	线状，单分子，反向，单股RNA
布尼亚病毒科	80~120	螺旋状	有	线状，3个片段，反向或双义，单股RNA
嵌杯病毒科	27~40	二十面体	无	线状，单分子，正向，单股RNA
冠状病毒科	120~160	螺旋状	有	线状，单分子，正向，单股RNA
黄病毒科	40~60	二十面体	有	线状，单分子，正向，单股RNA
正黏病毒科	80~120	螺旋状	有	线状，6~8个片段，反向，单链RNA
副黏病毒科	150~300	螺旋状	有	线状，单分子，反向，单股RNA
微RNA病毒科	30	二十面体	无	线状，单分子，正向，单股RNA
呼肠孤病毒科	60~80	二十面体	无	线状，10~12片段，双股RNA
逆转录病毒科	80~100	二十面体	有	线状，二倍体，正向，单股RNA
弹状病毒科	180×75	螺旋状	有	线状，单分子，反向，单股RNA
披膜病毒科	70	二十面体	有	线状，单分子，正向，单股RNA

◉ 病毒结构

完全组装的具有传染性的病毒称为病毒颗粒（virion），这一术语并不是病毒的同义词。"病毒颗粒"可以仅指其物理或化学成分，而"病毒"不仅拥有这些物理和化学的性质，也拥有其他特性，尤其是其对易感宿主细胞存在的感染性。因此，病毒的定义须包括其各种不同的功能活性以及与其他生物的相互作用，这些功能活性和相互作用使病毒成为一类特殊的生物体（van Regenmortel，2000）。

病毒颗粒的基本成分是核蛋白芯髓（core），具有感染宿主细胞并在宿主细胞复制的能力，从而可确保病毒存活。脊椎动物病毒的基因组由被称为衣壳的蛋白质壳所包裹（图54.3）。除逆转录病毒是双倍体外，其他病毒均是单倍体。核衣壳（nucleocapsid）这个术语是指基因组包裹在衣壳中

的一种形式，每个衣壳亚单位是由重叠的多肽链组成，这些亚单位成为结构单元或原体（protomer），进而作为组装单元。壳粒（capsomer）或形态单元这个术语通常用于描述电镜观察的病毒颗粒表面的突起，通常对应蛋白亚单位对称轴的排列。衣壳由一种或多种不同的蛋白亚单位的多聚体组成，这些蛋白有序排列导致对称结构的形成。二十面体对称（icosahedral symmetry）和螺旋状对称（helical symmetry）是病毒的两种衣壳对称类型（图54.4）。

二十面体对称的衣壳所包裹的病毒颗粒，形成的结构表面具有最大的容量和最大的强度。具有五邻体的二十面体病毒颗粒的表面有20个等边三角形、30个棱和12个顶点。最为简单的二十面体对称的病毒颗粒含有60个相同的结构单位（亚基），每个三角面有3个。复杂的二十面体对称的病毒含有更多的亚基。它们的数量是60的T倍（T是二十面体每个面所组成的三角形

DNA病毒

双股DNA 和有囊膜

疱疹病毒科

星状病毒科

嗜肝DNA病毒科

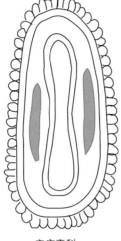

痘病毒科

双股DNA和无囊膜

腺病毒科

乳头瘤病毒科

单股DNA和无囊膜

细小病毒科

圆环病毒科

100纳米

图54.1 脊椎动物DNA病毒科的代表示意图
它们的基因组是双股DNA或单股DNA。

RNA病毒

单股RNA和有囊膜

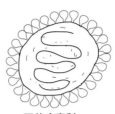

冠状病毒科

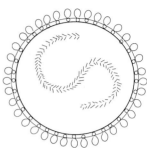

副黏病毒科

正黏病毒科

布尼亚病毒科

反录病毒科

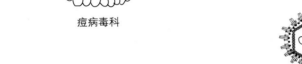

弹状病毒科

披膜病毒科

黄病毒科

动脉炎病毒科

波纳病毒科

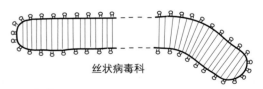

丝状病毒科

单股RNA和无囊膜

微RNA病毒科

嵌杯病毒科

双股RNA和无囊膜

呼肠孤病毒科

双RNA病毒科

100纳米

图54.2 脊椎动物RNA病毒科的代表的示意图
它们的基因组是双股RNA或单股RNA。

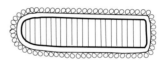

第五篇

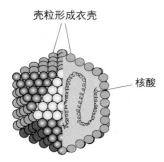

图54.3　核酸分子由二十面体衣壳包裹的示意图

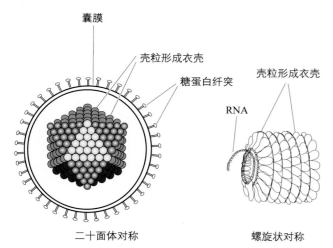

二十面体对称　　　　　　螺旋状对称

图54.4　二十面体和螺旋状对称的示意图

的数）。例如，嵌杯病毒T=3，疱疹病毒T=16。每个顶角可形成5个称为五邻体的结构单元，或形成6个六邻体。通过棱、面和顶形成2倍、3倍和5倍的旋转对称的轴。二十面体对称的病毒在电镜下通常看到的不是二十面体，而是球形或六角形。在核酸分子进入二十面体衣壳前，二十面体衣壳就开始在宿主细胞内组装，因此有些病毒组装物可能只含有空的衣壳而缺失核酸分子。在细胞的组蛋白及病毒编码的碱性分子作用下，病毒双股DNA浓缩，以便组装到核衣壳中。许多RNA病毒的保护性衣壳由RNA分子每个螺旋转角处插入的蛋白质组成，最终在RNA分子外围形成管样包装。因此，衣壳蛋白螺旋与其核酸分子一致，螺旋的长度由RNA分子的长度决定。RNA病毒每个壳粒由单个多肽分子构成。

对于很多类型的病毒，核衣壳外面还有一层囊膜（envelope）包裹。囊膜是由磷脂双层和相关的糖蛋白组成。当病毒核衣壳在细胞的膜结构（通常是细胞质膜）上出芽时，便可形成病毒的囊膜。有些病毒的囊膜是来自细胞的内质网、高尔基体、细胞核的膜。病毒核酸编码的一些糖蛋白，在病毒包装和成熟的过程

中，整入到病毒囊膜上，成为囊膜的一部分。这些囊膜糖蛋白有些与宿主细胞的受体结合，介导病毒与宿主细胞的膜融合，介导病毒脱壳（uncoating），或破坏宿主细胞的受体。同一种囊膜糖蛋白可具有多重功能。多数具有囊膜的病毒，其囊膜必须完整才能保持病毒的感染活性。因此，使用脂溶剂（如乙醚或氯仿）处理，会破坏病毒的囊膜，使之失去感染性。囊膜糖蛋白表位对于诱导感染动物的产生保护性免疫力是重要的。冠状病毒、逆转录病毒、正黏病毒、弹状病毒、副黏病毒等病毒的囊膜具有膜粒（peplomer）或纤突（spike），类似球状突起，这些结构由表面糖蛋白寡聚体形成，可结合细胞的受体，此外还可具有酶的活性。被称为基质蛋白的一层蛋白存在于一些有囊膜病毒的核衣壳和囊膜之间，此结构支撑了病毒颗粒。动物的螺旋状RNA病毒都具有囊膜。

◉ 病毒分类

19世纪末人们发现病毒可通过阻挡细菌的过滤器，那时病毒的信息多来自对病毒所致疾病的研究。早期病毒分类体系基于病毒的致病性和传播特征。20世纪30年代，开始报道详细的病毒结构和组成，随后基于病毒颗粒的结构特性，人们开始对病毒进行分群。50年代和60年代，人们采用不同的病毒分类模式。国际病毒命名委员会（International Committee on Nomenclature of Viruses，ICNV）于1966年成立，制定了全球一致的病毒分类规则。其后国际病毒分类委员会（International Committee on Taxonomy of Viruses，ICTV）于1973年成立，发展并扩大全球统一的病毒分类规则。

如今ICTV按照病毒颗粒的特征，将病毒分成五个分类等级，分别是目（order）、科（family）、亚科（sub-family）、属（genus）以及种（species），见表54.3至表54.8。病毒目采用-virales后缀。相关的科组成一个目，动物病毒至今已确定4个目。单负链病毒目（Mononegavirales）包括副黏病毒科、弹状病毒科、丝状病毒科、波纳病毒科。微RNA病毒目（Picornavirales）包括传染性软化症病毒科（Iflaviridae）、微RNA病毒科、双顺反子病毒科（Dicistroviridae）、海洋RNA病毒科（Marnaviridae）、伴生及豇豆病毒科（Secoviridae）。疱疹病毒目（Herpesvirales）包括疱疹病毒科、异样疱疹病毒科（Alloherpesviridae）和贝类疱

表54.3 脊椎动物的双股DNA病毒科

科	亚科	属	种
腺病毒科（*Adenoviridae*）		哺乳动物腺病毒属（*Mastadenovirus*）	人腺病毒C型（*Human adenovirus C*）
		禽腺病毒属（*Aviadenovirus*）	禽腺病毒A型（*Fowl adenovirus A*）
		富腺胸腺病毒属（*Atadenovirus*）	绵羊腺病毒D型（*Ovine adenovirus D*）
		唾液酸腺病毒属（*Siadenovirus*）	蛙腺病毒（*Frog adenovirus*）
非洲猪瘟病毒科（*Asfarviridae*）		非洲猪瘟病毒属（*Asfivirus*）	非洲猪瘟病毒（*African swine fever virus*）
疱疹病毒科（*Herpesviridae*）	甲疱疹病毒亚科（*Alphaherpesvirinae*）	单疱病毒属（*Simplexvirus*）	人疱疹病毒1型（*Human herpesvirus 1*）
		水痘病毒属（*Varicellovirus*）	人疱疹病毒3型（*Human herpesvirus 3*）
		马立克病毒属（*Mardivirus*）	禽疱疹病毒2型（*Gallid herpesvirus 2*）
		传喉病毒属（*Iltovirus*）	禽疱疹病毒1型（*Gallid herpesvirus 1*）
	乙疱疹病毒亚科（*Betaherpesvirinae*）	巨细胞病毒属（*Cytomegalovirus*）	人疱疹病毒5型（*Human herpesvirus 5*）
		鼠巨细胞病毒属（*Muromegalovirus*）	鼠疱疹病毒1型（*Murid herpesvirus 1*）
		玫瑰疹病毒属（*Roseolovirus*）	人疱疹病毒6型（*Human herpesvirus 6*）
		象疱疹病毒属（*Proboscivirus*）	象疱疹病毒1型（*Elephantid herpesvirus 1*）
	丙疱疹病毒亚科（*Gammaherpesvirinae*）	淋巴隐病毒属（*Lymphocryptovirus*）	人疱疹病毒4型（*Human herpesvirus 4*）
		蛛猴病毒属（*Rhadinovirus*）	松鼠猴疱疹病毒2型（*Saimiriine herpesvirus 2*）
		恶性卡他热病毒属（*Macavirus*）	角马疱疹病毒（*Alcelaphine herpesvirus 1*）
		奇蹄兽肉食兽病毒属（*Percavirus*）	马疱疹病毒2型（*Equid herpesvirus 2*）
异样疱疹病毒科（*Alloherpesviridae*）		鮰疱疹病毒属（*Ictalurivirus*）	鮰疱疹病毒1型（*Ictalurid herpesvirus 1*）
		鲑疱疹病毒属（*Salmonivirus*）	鲑疱疹病毒1型（*Salmonid herpesvirus 1*）
		蛙疱疹病毒属（*Batrachovirus*）	蛙疱疹病毒1型（*Ranid herpesvirus 1*）
		鲤疱疹病毒属（*Cyprinivirus*）	鲤疱疹病毒3型（*Cyprinid herpesvirus 3*）
乳头瘤病毒科（*Papillomaviridae*）		甲乳头瘤病毒属（*Alphapapillomavirus*）	人乳头瘤病毒32型（*Human papillomavirus-32*）
		乙乳头瘤病毒属（*Betapapillomavirus*）	人乳头瘤病毒5型（*Human papillomavirus-5*）
		丙乳头瘤病毒属（*Gammapapillomavirus*）	人乳头瘤病毒4型（*Human papillomavirus-4*）
		丁乳头瘤病毒属（*Deltapapillomavirus*）	欧洲驼鹿乳头瘤病毒（*European elk papillomavirus*）
		戊乳头瘤病毒属（*Epsilonpapillomavirus*）	牛乳头瘤病毒5型（*Bovine papillomavirus-5*）
		己乳头瘤病毒属（*Zetapapillomavirus*）	马乳头瘤病毒1型（*Equine papillomavirus-1*）
		庚乳头瘤病毒属（*Etapapillomavirus*）	燕雀乳头瘤病毒（*Fringilla coelebs papillomavirus*）
		辛乳头瘤病毒属（*Thetapapillomavirus*）	灰鹦鹉乳头瘤病毒（*Psittacus erithacus timneh papillomavirus*）
		壬乳头瘤病毒属（*Lotapapillomavirus*）	多乳鼠乳头瘤病毒（*Mastomys natalensis papillomavirus*）
		癸乳头瘤病毒属（*Kappapapillomavirus*）	棉尾兔乳头瘤病毒（*Cottontail rabbit papillomavirus*）
		子乳头瘤病毒属（*Lambdapapillomavirus*）	犬口腔乳头瘤病毒（*Canine oral papillomavirus*）
		丑乳头瘤病毒属（*Mupapapillomavirus*）	人乳头瘤病毒1型（*Human papillomavirus-1*）

第五篇

（续）

科	亚科	属	种
		寅乳头瘤病毒属（*Nupapapillomavirus*）	人乳头瘤病毒41型 （*Human papillomavirus-41*）
		卯乳头瘤病毒属（*Xipapapillomavirus*）	牛乳头瘤病毒3型 （*Bovine papillomavirus-3*）
		辰乳头瘤病毒属（*Omikronpapillomavirus*）	鼠海豚乳头瘤病毒 （*Phocoena spinipinnis papillomavirus*）
		巳乳头瘤病毒属（*Pipapapillomavirus*）	仓鼠口腔乳头瘤病毒 （*Hamster oral papillomavirus*）
痘病毒科 （*Poxviridae*）	脊椎动物痘病毒亚科 （*Chordopoxvirinae*）	正痘病毒属（*Orthopoxvirus*）	痘苗病毒（*Vaccinia virus*）
		副痘病毒属（*Parapoxvirus*）	羊口疮病毒（*Orf virus*）
		禽痘病毒属（*Avipoxvirus*）	禽痘病毒（*Fowlpox virus*）
		山羊痘病毒属（*Capripoxvirus*）	绵羊痘病毒（*Sheeppox virus*）
		兔痘病毒属（*Leporipoxvirus*）	黏液瘤病毒（*Myxoma virus*）
		猪痘病毒属（*Suipoxvirus*）	猪痘病毒（*Swinepox virus*）
		软疣病毒属（*Molluscipoxvirus*）	传染型软疣病毒 （*Molluscum contagiosum virus*）
		雅塔痘病毒属（*Yatapoxvirus*）	雅巴猴肿瘤病毒 （*Yaba monkey tumour virus*）
		鹿痘病毒属（*Cervidpoxvirus*）	鹿痘病毒W848-83 （*Deerpox virus W-848-83*）

表54.4　脊椎动物的单股DNA病毒科

科	亚科	属	种
圆环病毒科 （*Circoviridae*）		圆环病毒属（*Circovirus*）	猪圆环病毒1型（*Porcine circovirus-1*）
		圆圈病毒属（*Gyrovirus*）	鸡贫血病毒（*Chicken anaemia virus*）
细小病毒科 （*Paravoviridae*）	细小病毒亚科 （*Paravovirinae*）	细小病毒属（*Parvovirus*）	小鼠微小病毒（*Minute virus of mice*）
		红病毒属（*Erythrovirus*）	人类B19病毒（*Human parvovirus B19*）
		依赖病毒属（*Dependovirus*）	腺联病毒2型（*Adeno-associated virus-2*）
		阿留申病毒属（*Amdovirus*）	貂阿留申病病毒（*Aleutianmink disease virus*）
		牛犬病毒属（*Bocavirus*）	牛细小病毒（*Bovine parvovirus*）

表54.5　脊椎动物DNA和RNA逆转录的病毒

科	亚科	属	种
逆转录病毒科 （*Retroviridae*）	正逆转录病毒亚科 （*Orthoretrovirinae*）	甲逆转录病毒属（*Alpharetrovirus*）	禽白血病病毒（*Avain leukosis virus*）
		乙逆转录病毒属（*Betaretrovirus*）	小鼠乳腺瘤病毒（*Mouse mammary tumour virus*）
		丙逆转录病毒属（*Gammaretrovirus*）	小鼠白血病病毒（*Murine leukaemia virus*）
		丁逆转录病毒属（*Deltaretrovirus*）	牛白血病病毒（*Bovine leukaemia virus*）
		戊逆转录病毒属（*Epsilonretrovirus*）	大眼鲈皮肤肉瘤病毒 （*Walleye dermal sarcoma virus*）
		慢病毒属（*Lentivirus*）	人免疫缺陷病毒1型 （*Human immunodeficiency virus 1*）
	泡沫逆转录病毒亚科 （*Spumaretrovirinae*）	泡沫病毒属（*Spumavirus*）	猴泡沫病毒（*Simian foamy virus*）
嗜肝DNA病毒科 （*Hepadnaviridae*）		正嗜肝DNA病毒属（*Orthohepadnavirus*）	乙型肝炎病毒（*Hepatitis B virus*）
		禽嗜肝DNA病毒属（*Avihepadnavirus*）	鸭乙型肝炎病毒（*Duck hepatitis B virus*）

表54.6　脊椎动物双股RNA病毒

科	亚科	属	种
双RNA病毒科 （Birnaviridae）		禽双RNA病毒属（Avibirnavirus）	传染性囊病病毒（Infectious bursal disease virus）
		水生双RNA病毒属（Aquabinavirus）	传染性胰坏死病毒（Infectious pancreatic necrosis virus）
呼肠孤病毒科 （Reoviridae）	光滑呼肠孤病毒亚科 （Sedoreovirinae）	环状病毒属（Orbivirus）	蓝舌病毒（Bluetongue virus）
		轮状病毒属（Rotavirus）	轮状病毒A型（Rotavirus A）
	刺突呼肠孤病毒亚科 （Spinareovirinae）	正呼肠孤病毒属（Orthoreovirus）	哺乳动物正呼肠孤病毒（Mammalian orthoreovirus）
		科州蜱传热病毒属（Coltivirus）	科州蜱传热病毒（Colorado tick fever virus）
		水生呼肠孤病毒属 （Aquareovirus）	水生呼肠孤病毒A型（Aquareovirus A）

表54.7　包含脊椎动物单股负链RNA病毒的科

科	亚科	属	种
波纳病毒科（Bornaviridae）		波纳病毒属（Bornavirus）	波纳病毒（Borna disease virus）
布尼亚病毒科 （Bunyaviridae）		正布尼亚病毒属（Orthobunyavirus）	布尼安获病毒（Bunyamwera virus）
		汉坦病毒属（Hantavirus）	汉坦病毒（Hantaan virus）
		内罗病毒属（Naitavirus）	杜拜病毒（Dugbe virus）
		白蛉病毒属（Phlebovirus）	裂谷热病毒（Rift valley fever virus）
正黏病毒科 （Orthomyxoviridae）		甲型流感病毒（Influenzavirus A）	甲型流感病毒（Influenza A virus）
		乙型流感病毒属（Influenzavirus B）	乙型流感病毒（Influenza B virus）
		丙型流感病毒属（Influenzavirus C）	丙型流感病毒（Influenza C virus）
		索戈托病毒属（Thogotovirus）	索戈托病毒（Thogoto virus）
		鲑传贫病毒属（Isavirus）	鲑传染性贫血病毒 （Infectious salmon anaemia virus）
副黏液病毒科 （Paramyxoviridae）	副黏液病毒亚科 （Paramyxovirinae）	呼吸道病毒属（Respirovirus）	仙台病毒（Sendai virus）
		麻疹病毒属（Morbillivirus）	麻疹病毒（Measles virus）
		腮腺炎病毒属（Rubulavirus）	腮腺炎病毒（Mumps virus）
		禽腮腺炎病毒属（Avulavirus）	新城疫病毒（Newcastle disease virus）
		亨尼病毒属（Henipavirus）	亨德拉病毒（Hendra virus）
	肺病毒亚科 （Pneumovirinae）	肺病毒属（Pneumovirus）	人呼吸道合胞病毒 （Human respiratory syncytial virus）
		偏肺病毒属（Metapneumovirus）	禽偏肺病毒（Avian metapneumovirus）
弹状病毒科 （Rhabdoviridae）		狂犬病毒属（Lyssavirus）	狂犬病毒（Rabies virus）
		水疱病毒属（Vesiculovirus）	水疱性印第安那口炎病毒 （Vesicular stomatitis fever virus）
		暂时热病毒属（Ephemerovirus）	牛暂时热病毒（Bovine ephemeral fever virus）
		粒外弹状病毒属（Novirhabdovirus）	传染性造血器官坏死病毒 （Infectious haematopoietic necrosis virus）

第五篇

表54.8　脊椎动物正链RNA病毒科

科	亚科	属	种
动脉炎病毒科 （*Arteriviridae*）		动脉炎病毒属（*Arterivirus*）	马动脉炎病毒（*Equine arteritis virus*）
星状病毒科 （*Astroviridae*）		哺乳动物星状病毒属（*Mamastrovirus*）	人星状病毒（*Human astrovirus*）
		禽星状病毒属（*Avastrovirus*）	火鸡星状病毒（*Turkey astrovirus*）
嵌杯病毒科 （*Caliciviridae*）		水疱疹病毒属（*Vesivirus*）	猪水疱疹病毒（*Vesicular exanthema of swine virus*）
		兔病毒属（*Lagovirus*）	兔出血症病毒（*Rabbit haemorraghic disease virus*）
		诺如病毒属（*Norovirus*）	诺瓦克病毒（*Norwalk virus*）
		札幌病毒（*Sapovirus*）	札幌病毒（*Sapporo virus*）
		纽布病毒属（*Nebovirus*）	纽伯里病毒（*Newbury-1 virus*）
冠状病毒科 （*Coronaviridae*）	冠状病毒亚科 （*Coronavirinae*）	甲冠状病毒属（*Alphacoronavirus*）	甲冠状病毒1型（*Alphacoronavirus 1*）
		乙冠状病毒属（*Betacoronavirus*）	小鼠冠状病毒（*Murine coronavirus*）
		丙冠状病毒属（*Gammacoronavirus*）	禽冠状病毒（*Avian coronavirus*）
	环曲病毒亚科 （*Torovirinae*）	环曲病毒属（*Torovirus*）	马环曲病毒（*Equine torovirus*）
		鱼杆菌样套式病毒属（*Bafinivirus*）	白鳊病毒（*White bream virus*）
黄病毒科 （*Flaviridae*）		黄病毒属（*Flavivirus*）	黄热病毒（*Yellow fever virus*）
		丙肝病毒属（*Hepacivirus*）	丙型肝炎病毒（*Hepatitis C virus*）
		瘟病毒属（*Pestivirus*）	牛病毒性腹泻病毒1型（*Bovine viral diarrhea virus 1*）
微RNA病毒科 （*Picornaviridae*）		肠病毒属（*Enterovirus*）	人肠病毒C型（*Human enterovirus C*）
		肝病毒属（*Hepatovirus*）	甲型肝炎病毒（*Hepatitis A virus*）
		心病毒属（*Cardiovirus*）	脑心肌炎病毒（*Encephalomyocarditis virus*）
		口蹄疫病毒属（*Aphthovirus*）	口蹄疫病毒（*Foot-and-mouth disease virus*）
		副肠孤病毒属（*Parechovirus*）	人副肠孤病毒（*human parechovirus*）
		马鼻病毒属（*Erbovirus*）	马鼻炎病毒B型（*Equine rhinitis B virus*）
		嵴病毒属（*Kobuvirus*）	爱知病毒（*Aichi virus*）
		捷申病毒属（*Teschovirus*）	猪捷申病毒（*Porcine teschovirus*）
		禽肝炎病毒属（*Avihepatovirus*）	鸭甲型肝炎病毒（*Duck hepatitis A virus*）
		萨佩罗病毒属（*Sapelovirus*）	猪萨佩罗病毒（*Porcine sapelovirus*）
		震颤病毒属（*Tremovirus*）	鸡脑脊髓炎病毒（*Avian encephalomyelitis virus*）
		赛内卡病毒属（*Senecavirus*）	塞内加谷病毒（*Seneca Valley virus*）
披膜病毒科 （*Togaviridae*）		甲病毒属（*Alphavirus*）	辛德比斯病毒（*Sindbis virus*）
		风疹病毒属（*Rubivirus*）	风疹病毒（*Rubella virus*）

疹病毒科（*Malacoherpesviridae*）。套式病毒目（*Nidovirales*）包括冠状病毒科、动脉炎病毒科和杆套病毒科（*Roniviridae*）。现在有人提议建立一个新的病毒目，即逆转录病毒目（*Retrovirales*），包括逆转录病毒科、嗜肝DNA病毒科、花椰菜花叶病毒科（*Caulimoviridae*）、伪病毒科（*Pseudoviridae*）和转座病毒科（*Metaviridae*）。病毒科的后缀是"-viridae"。目前有超过70个病毒科，其中22个科具有兽医学的重要性。病毒亚科的后缀为"-virinae"。病毒属的后缀为"-virus"，已确认超过280属。每一个病毒科的属的确定标准是不一样的。

病毒"种"的划分在病毒分类中尤为重要，但其定义和应用一直存在困难和争议。1991年，ICTV接受

van Regenmortel有关病毒"种"的认定标准，即病毒的一个"种"是基于多种性状而归类的一些病毒，它们有共同的祖先，占据一个特定类型的生境。这个标准说明病毒"种"的确立是多种性状综合考虑的结果，因此对于同一种病毒不同个体而言，它们不一定都具有某一个性状。这种分类方法属于阿德逊（Adansonian）分类法。在现有的病毒分类体系中，主要的分类标准是基因组类型和性质、病毒复制模式和位点、病毒颗粒的结构。目前超过1900种病毒通过了ICTV的认定，包括定期认定的一些新的病毒"种"。病毒分类标准已运用于疫苗研发和疾病的诊断。此外，一些国际专家组也在监控大量的病毒株和亚型，而病毒株和亚型的正式命名尚未获得国际统一认定。

随着病毒核酸测序技术的简化，病毒分类与进化方面的研究也获得突破。所有类型的病毒在GenBank（http://www.ncbi.nlm.nih.gov/GenBank）中都有参考基因组序列。这为确定病毒毒株的分类地位提供了便利。此外，病毒核酸序列相似性的统计分析方法有助于病毒演化的研究。ICTV保留病毒的分类等级或次序性，也有认定病毒演化关系之意。新近研究的焦点之一是病毒种以下的实时（real time）演化。

许多RNA病毒的频繁突变也受到特别关注。这些RNA病毒通常每个子代病毒都互不相同，因此，这类病毒群体是由略有不同的病毒个体构成的。这一现象导致病毒准种（quasispecies）概念的产生（Eigen，1993）。这一概念设想每个病毒准种都是由遗传上有差异的、迅速变异的病毒个体组成；这些病毒个体虽然不一致，但遗传上非常相似；它们代表着一个复杂的核苷酸突变体或基因重组突变体的集合。该集合存在一个最一致的核苷酸序列（consensus nucleotide sequence，译者注：它是病毒准种内所有病毒核酸序列比对后，各位点出现频率最高的核苷酸构成的序列）。最一致序列并不一定存在于病毒准种内某个病毒上。一个病毒准种的核酸序列可能以一个或多个序列为主。这些主要的序列通常具有选择优势，它们与最一致序列可能相同，也可能不同。病毒准种是自然选择的单位，并发挥病毒基因库的作用，进行着无休止的变异、竞争、选择的过程。病毒准种处于动态平衡中，选择的约束限制了突变的扩张。病毒准种的生存取决于最一致序列的稳定性、基因组信息的复杂性和基因组复制的保真性。如果出现一个有利的突变体，起始的病毒准种会发生遗传变化，其特征就是新的最一致

序列取代了起始的最一致序列。这对于RNA病毒，极为是具有较大基因组的RNA病毒而言，极为重要。由于RNA聚合酶缺少复制校对功能，RNA病毒在基因组复制出错率上远高于DNA病毒，因此非致死性突变在RNA病毒基因组中得以快速累积，导致RNA病毒在变异速率上比DNA病毒高出百万倍。RNA病毒基因组越大，复制错误就越多，导致病毒基因组完好性越差。RNA病毒基因组超过一定规模后，RNA病毒复制就难以保证足够的复制效率。因此，RNA聚合酶具有较高出错率限制了RNA病毒基因组的大小，使RNA病毒基因组通常小于3万个碱基对，多数为5 000～15 000个碱基对，而DNA病毒基因组可超过80万个碱基对。

规范的病毒命名中，科、亚科、属、种的名称用斜体表示。每一个名字的第一个字母要大写。在1998年圣地亚哥的ICTV会议之前，种名既没有用大写字母（来自地名的种名除外），也没有用斜体。小写正体字母常用于病毒非正式名称。通常，病毒的种名用其非正式名称，而描述分类关系时则用其正式名称。相同的非正式名称如果同时用于一个科和一个属时，可能会产生混淆。例如，冠状病毒既可以指冠状病毒科，也可指冠状病毒属。为了便于病毒分类，基于病毒的组织偏嗜性或传播模式的术语也在应用，包括肠道病毒、呼吸道病毒、虫媒病毒、肿瘤病毒。虫媒病毒（arbovirus）这个术语是指这类病毒来源于节肢动物，这类病毒包括披膜病毒科、黄病毒科、弹状病毒科、呼肠孤病毒科以及非洲猪瘟病毒科和布尼亚病毒科的一些病毒。肿瘤病毒（oncogenic virus）具有诱导宿主细胞转化的能力，分布于逆转录病毒科、乳头瘤病毒科、腺病毒科和疱疹病毒科中。

◉ 参考文献

Eigen, M. (1993). Viral quasispecies. Scientific American, (1), 269, 42–49.

La Scola, B., Desnues, C., Pagnier, I.,et al. (2008). The virophage as a unique parasite of the giant mimivirus Nature, 455, 100–105.

van Regenmortel, M.H.V. (1990). Virus species, a much overlooked but essential concept in virus classification. Intervirology, 31, 241–254.

van Regenmortel, M.H.V. (2000). Introduction to the species concept in virus taxonomy. In Seventh Report of the ICTV. Eds M.H.V. van Regenmortel, C.M. Fauquet, D.H.L. Bishop, et al. Academic Press, San Diego, pp. 3–16.

◉ 进一步阅读材料

Knipe, D.M. and Howley, P.M. (2007). Field's Virology. Fifth Edition. Lippincott, Williams and Wilkins, Philadelphia.

第五篇

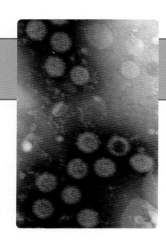

第55章

病毒的复制

与细菌能在无生命的介质中生存不同，病毒是一种专性胞内寄生物，且只能在宿主细胞内增殖。由于病毒基因组的基因有限，它必须得到宿主细胞的各种配合，如转录和翻译器、细胞器、酶类及其他的大分子物质进行复制。病毒的增殖致使宿主细胞产生或大或小的变化，包括细胞新陈代谢、转化、持续感染及细胞溶解。研究病毒的增殖通常要用同步感染的细胞培养物。这些培养物中，细胞感染过量的病毒颗粒，确保单一同步周期的复制。病毒一个复制周期的时间为6~40小时。病毒感染的数小时内，存在一个隐蔽期（eclipse phase），在这期间采用病毒检测试验或电子显微镜等方法都不能检出病毒。隐蔽期后，在细胞内外都可检测到病毒颗粒。病毒颗粒的数量以指数形式增长。完全组装好的病毒颗粒以出芽或溶解宿主细胞的方式从感染细胞中释放出来。释放的病毒颗粒数量主要受病毒和宿主细胞种类的影响，可达成千上万个。

病毒的复制周期可分为以下几个阶段：吸附和穿入细胞、病毒核酸的脱壳、病毒特异性蛋白的合成、新的病毒核酸的产生；新病毒的组装和从宿主细胞中释放（贴55.1）。病毒颗粒感染细胞的首要条件是吸附细胞表面的受体。最初，病毒与细胞间的相互作用是随机的，这取决于病毒和特异性受体分子的数量。病毒与细胞相互作用决定了宿主范围和病毒的组织偏嗜性。不同的病毒通过演化能够利用广泛的宿主细胞的表面蛋白做受体。有些表面分子看来较适合做受体，如蛋白聚糖类、带有唾液酸残基末端的糖复合物、整合素类和跨膜蛋白中的IgG超家族。许多表面分子高度保守，是维持细胞基本功能所必需的。许多病毒有不止一种配体分子，在吸附过程中它们可相继结合数个细胞表面受体。一些

病毒在结合特异性受体之前，要先进行非特异性结合，以促使病毒颗粒聚集到细胞表面。腺病毒通过衣壳顶角上突出的纤丝末端的球状蛋白结构与第一个受体结合，随后纤丝发生扭转，使病毒更接近细胞膜，从而与第二个受体结合，此受体是五邻体基质氨酰基部位的整合素。某些种类的个别病毒颗粒若无法成功感染某个特定细胞，则会脱离这个细胞转而吸附另一个细胞。正黏病毒和副黏病毒脱离宿主细胞由神经氨酸酶介导，这是一种受体破坏酶。

△ 贴55.1 病毒复制的阶段

• 吸附于易感宿主细胞的表面受体
• 进入细胞
• 病毒核酸脱壳
• 病毒核酸复制和编码蛋白合成
• 新的病毒颗粒组装并从宿主细胞中释放

病毒的吸附和穿入是一个能量依赖的过程，可通过多种方式进行。受体介导的细胞内吞作用是无囊膜病毒进入细胞常用的方式。最普遍的内吞途径由网格蛋白（clathrin）介导，这也是细胞纳入受体配体结合物、液体、脂类和膜蛋白类常用的一种途径。此途径由现存的或诱导的网格蛋白凹窝参与，网格蛋白凹窝向细胞内凹陷，然后与细胞膜脱离，形成内吞小囊泡，小囊泡将病毒受体复合物包裹在内。细胞内吞后不久，网格蛋白分子分解从而使小囊泡周围形成一层网格样结构，随后小囊泡与先前的内吞小体融合，转变为次级内吞小体（late endosome），次级内吞小体中不断增强的酸化作用导致病毒构象发生改变，使病毒更容易侵入细胞溶质

内。有些病毒如正黏病毒、弹状病毒和黄病毒的囊膜与内吞小体的膜融合，直接将核衣壳释放到细胞质。最后，次级内吞小体和溶酶体融合，病毒结构在次级内吞小体中发生降解。极少数情况下，溶酶体可能参与穿入的过程。病毒内吞途径还包括凹窝介导（cave olae-mediated）和脂筏介导（raft-mediated）的途径。一种特定的病毒可采用不同的内吞方式，这取决于细胞的类型、病毒的多样性和生长条件。另一种方式是病毒囊膜与细胞膜直接融合，副黏病毒、逆转录病毒和疱疹病毒可通过这种方式吸附和穿入。此方式可直接将病毒的核衣壳释放到宿主细胞的细胞质中。无囊膜病毒通过细胞膜或细胞器界膜，如内吞小体（endosome）或小窝体（caveosome）穿入细胞溶质的机制虽不完全清楚，但已知包含以下几个方式：①穿刺，通过病毒（微RNA病毒）在细胞膜上产生的通道或细孔，直接将病毒基因组导入或转移到细胞质中；②穿孔，在不溶解膜（细小病毒）的前提下将完整的病毒转入；③膜裂解，如腺病毒通过酸裂解内吞小体的膜，进而从内吞小体中释放出来。

脱壳是病毒基因组从衣壳中释放、进行转录并可能包括部分或全部解开的过程。有囊膜病毒直接将核衣壳释放到胞浆中，通常在脱壳还未完成时就开始转录。无囊膜病毒的脱壳过程了解甚少，但普遍认为此过程包含构象变化、水解蛋白酶活性的变化、结构蛋白的进行性丢失和分子间作用的减弱。呼肠孤病毒的基因组可能在没有完全从衣壳中释放之前，就表达了所有的功能。大部分无囊膜病毒则需要完成脱壳过程。痘病毒的脱壳包含两个阶段。第一阶段由宿主的相关酶类介导，病毒DNA从芯髓中完全释放，这一过程需要病毒特定的蛋白参与。一些在细胞核中复制的病毒，脱壳的过程可能在核孔复合体（nuclear pore complex，NPC）内完成。在细胞核内复制的病毒可能通过NPC进入核质或者等细胞分裂时核膜分解后进入。从NPC转运的主要限制是病毒的大小，因为NPC有一个直径为39纳米的功能性孔径。所以，只有最小的病毒如细小病毒可以完整地转运过去，稍大的病毒只有将亚病毒复合体或核酸转运到细胞核。

蛋白合成是病毒复制过程中最主要的阶段，这一阶段需要合成病毒的mRNA。大部分DNA病毒在细胞核内复制，利用宿主细胞的转录酶合成病毒的mRNA。其他病毒则利用自身的酶合成mRNA。由

于宿主细胞中没有RNA依赖的RNA聚合酶（RNA-dependent RNA polymerases，RdRp），所以RNA病毒的大部分RNA都用来编码RdRp。这些聚合酶既可作为转录酶转录病毒的mRNA，又可作为复制酶复制子代病毒的RNA。许多病毒都参与干扰细胞mRNA活性的过程。病毒直接合成含有单个基因的mRNA，或合成一个包含有多个基因的多顺反子mRNA。而真核细胞仅合成单顺反子的mRNA。一个大的前体蛋白分子产生后，需要将它剪切成多个单体蛋白，不同种类的病毒实现这一过程的步骤有所不同。

病毒基因组结构和复制机制在分子水平上可谓千差万别。病毒必须在感染早期表达mRNA，细胞中的翻译器才能翻译病毒的蛋白质。根据基因组的特性和mRNA合成的途径，将兽医学领域重要的病毒分为六类（Baltimore，1971）。后来发现的嗜肝DNA病毒列为第七类，它是一类双股DNA的逆转录病毒。这种分类方式的关键是将单股RNA病毒的基因组命名为正向（正链，positive-sense）或负向（负链，negative-sense）核酸（图55.1）。正向单股RNA病毒的核酸可直接作为mRNA翻译病毒的蛋白质。

本章举一些病毒为例说明DNA和RNA病毒的复制机制，但这两种类型的病毒往往各自表现出独特的复制方式。虽然它们之间存在很多相似之处，但DNA和RNA病毒的复制机制是复杂的胞内过程，需要分别介绍。

◉ DNA病毒的复制

细胞核内复制的双股DNA病毒如疱疹病毒、乳头瘤病毒和腺病毒，由于它们的"原材料"（dsDNA）可以被宿主细胞"机器"识别，因此复制过程相对直接。细胞DNA依赖的聚合酶（转录酶）可将病毒DNA转录成mRNA。同样在细胞核内复制的单股DNA病毒，如细小病毒和圆环病毒，必须首先利用细胞DNA聚合酶合成双股DNA，再由细胞内的转录酶转录成mRNA。细小病毒和小的单股DNA病毒基因组的组分有限，只能编码少量基因，在很大程度上受制于这种转录方式，只能在快速分裂的细胞中进行。图55.2描述了有囊膜的双股DNA病毒疱疹病毒的复制过程。痘病毒和非洲猪瘟病毒的DNA基因组复制在宿主细胞质中进行，因为这些病毒基因组编码的酶使之能在胞浆复制，而不依赖于宿主

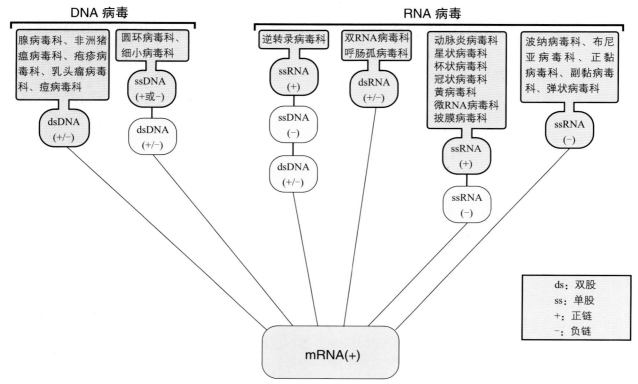

图55.1　兽医学重要的DNA和RNA病毒，依据基因组类型和信使RNA合成途径分类（据Baltimore, 1971修改）

细胞核编码的酶。

　　DNA病毒的复制和转录过程中，有一定的时序性（temporal sequence）。首先翻译的是某些特定基因的编码早期蛋白，包括酶类等病毒复制必需的蛋白，有时还包括抑制宿主细胞蛋白合成的蛋白。随后，编码后期蛋白的病毒核酸开始复制和转录。这些后期蛋白是在病毒DNA复制后翻译，一般由新合成的病毒核酸转录，在感染周期的后期合成，编码病毒的结构蛋白。RNA病毒的大部分基因都同时表达，因此这种时序序列象在复制周期中不是很明显。认为DNA病毒基因的早/晚开关是演化的结果，以适应基因表达过程中与宿主细胞的竞争。早期基因的表达量不大，但后期基因的表达发生在基因组复制之后，基因拷贝数的增加导致病毒蛋白合成在宿主细胞中占优势地位。痘病毒和疱疹病毒中还发现中期基因。

◉ RNA病毒的复制

　　大部分RNA病毒在胞浆中复制，但逆转录病毒、正黏病毒和波纳病毒在宿主的细胞核中复制。呼肠孤病毒、正黏病毒和双RNA病毒的基因组是分节段

的，在病毒转录酶的参与下在胞浆中转录。每个节段的负链RNA都转录成单个的mRNA分子。而在正链单股RNA病毒中，基因组的正链在感染中可直接作为mRNA（图55.3）。基因组复制所必需的酶由病毒RNA直接转录而成。以微RNA病毒为例，病毒RNA可直接与核糖体结合，转录出一个多聚蛋白，这个多聚蛋白随后剪切成功能性蛋白和结构性蛋白。由于病毒可进行直接转录，因此从正链单股RNA病毒中提取的裸露的RNA有感染性。正链单股RNA在复制过程中可利用多种途径进行生物合成。披膜病毒只有2/3的病毒RNA参与第一轮蛋白合成的直接转录，随后合成全长负链RNA，再以此合成全长正链RNA及1/3的正链RNA，包入衣壳内。嵌杯病毒、冠状病毒和动脉炎病毒的基因组也能编码全长或较短的mRNA（也称为亚基因组，subgenome）。

　　负链单股RNA病毒有一个RNA依赖的RNA聚合酶。与正链单股RNA病毒不同，负链单股RNA病毒裸露的RNA不具有感染性，需要在其自身的RdRp作用下才具有感染性。病毒感染后，基因组RNA作为正链mRNA转录和病毒复制的模板，同样需要RdRp的参与。转录出的正链RNA随后作为合成负链RNA基因组

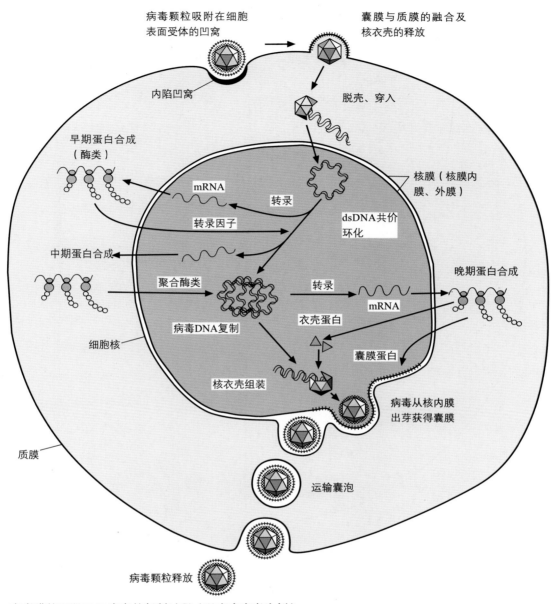

图55.2　有囊膜的双股DNA病毒的复制过程（以疱疹病毒为例）

的模板。大部分单股负链RNA病毒在胞浆中复制，但正黏病毒和波纳病毒例外，它们是在细胞核中复制。布尼亚病毒科一些成员的基因组的某些节段是双向的，因此复制过程是混合的，兼具单股正链RNA和单股负链RNA病毒的复制特点。图55.4描述了有囊膜的单股负链RNA病毒弹状病毒的复制过程。

逆转录病毒的基因组为单股正链RNA，但不能作为功能性的信使RNA。但在RNA依赖的DNA聚合酶（逆转录酶）的参与下，病毒RNA可作为模板转录出单链DNA。随后，DNA的第二条链合成，同时亲本RNA从RNA-DNA的杂交分子上移除。逆转录酶

分子具有两种活性：DNA聚合酶活性，可与脱氧核苷酸DNA或RNA模板作用；RNA酶H活性，当RNA与DNA形成DNA/RNA螺旋体时可降解RNA。双链DNA进入细胞核有两种机制：在有丝分裂核膜破碎后进入，或将病毒DNA通过主动转运穿过完整的核膜。这在一定程度上可解释一些逆转录病毒只能感染正在分裂的细胞，而慢病毒则可成功地感染不在分裂的细胞。在DNA整合酶作用下，病毒DNA可整合入宿主细胞的基因组，成为前病毒（图55.5）。逆转录酶和整合酶都在病毒的芯髓中被导入宿主细胞。前病毒DNA可整合入宿主细胞基因组的不同位点，

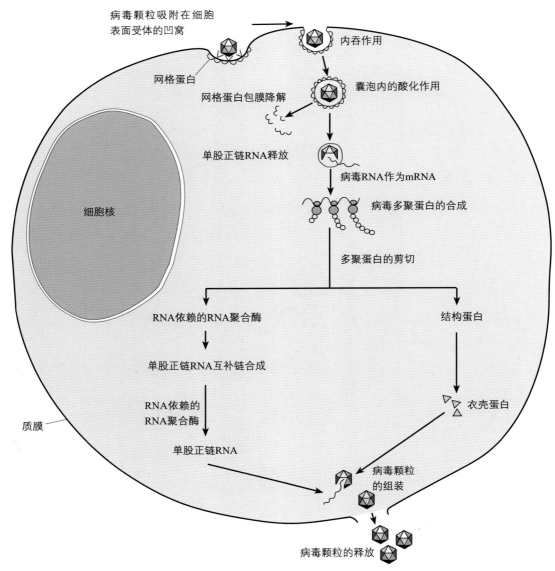

病毒颗粒吸附在细胞
表面受体的凹窝

内吞作用

网格蛋白

网格蛋白包膜降解

囊泡内的酸化作用

单股正链RNA释放

病毒RNA作为mRNA

细胞核

病毒多聚蛋白的合成

多聚蛋白的剪切

RNA依赖的RNA聚合酶

结构蛋白

单股正链RNA互补链合成

质膜

衣壳蛋白

RNA依赖的
RNA聚合酶

单股正链RNA

病毒颗粒
的组装

病毒颗粒的释放

图55.3　无囊膜的单股正链RNA病毒的复制过程（以微RAN病毒为例）

并可转录出新的病毒RNA。

◉ 蛋白质的合成

　　细胞内特定蛋白的合成位点与该蛋白的种类和功能相关。膜蛋白和糖蛋白在膜旁核糖体上合成，而可溶性蛋白包括一些酶类在细胞质中的游离核糖体上合成。短的特异性氨基酸序列，也称为"分选序列（sorting sequences）"，使蛋白与细胞内不同的位点结合，而这些位点为病毒代谢活动所需要。大部分病毒的蛋白质都需要翻译后修饰，包括溶蛋白性裂解、磷酸化和糖基化。糖基化修饰过程中，糖的侧链程序化加到病毒蛋白上，蛋白从粗面内质网

转运到高尔基体，从而组装出完整的病毒颗粒，并从细胞释放。

◉ 病毒颗粒的组装与释放

　　有囊膜的病毒与无囊膜的病毒的组装、释放机制不同。无囊膜的病毒具有二十面体结构，其结构蛋白可逐步自然形成前衣壳（procapsid）。随后，病毒的核酸进入前衣壳，前衣壳多肽可能要经过溶蛋白性裂解修饰，才最终形成感染性病毒颗粒。无囊膜的病毒通常在细胞裂解后释放。微RNA病毒和呼肠孤病毒的组装在宿主细胞胞浆中进行；而细小病毒、腺病毒和乳头瘤病毒的组装在细胞核中进行。

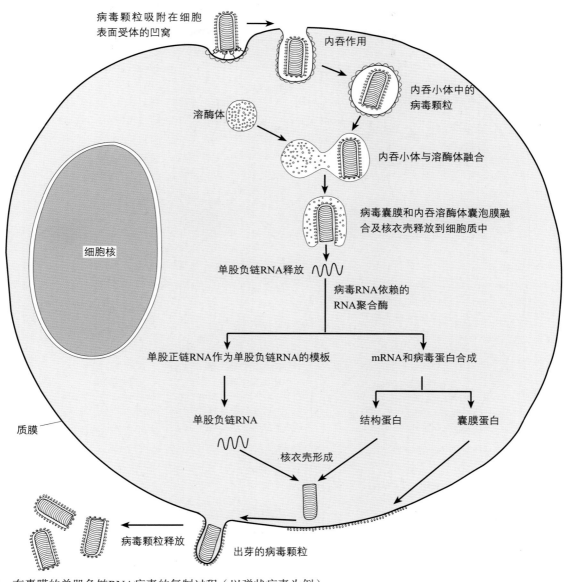

图55.4 有囊膜的单股负链RNA病毒的复制过程（以弹状病毒为例）

有囊膜的病毒在组装的最后一步以出芽的方式从细胞膜上获得囊膜。出芽前，病毒特定的糖蛋白聚集在细胞膜某处，然后插入细胞膜对其进行修饰，导致感染病毒的细胞的抗原组分发生改变，成为细胞毒性T细胞的靶位。披膜病毒的核衣壳与病毒的膜蛋白的亲水区结合，此亲水区微微凸入细胞质，随后被结构发生改变的细胞膜包围。螺旋形病毒的核衣壳与病毒的基质蛋白结合后，排列在宿主细胞膜上。

病毒从细胞质膜出芽一般不破坏膜的完整性，因此许多有囊膜的病毒不引起细胞病变，而造成持续感染。逆转录病毒颗粒的组装主要有两种途径：丙型逆转录病毒衣壳的组合和包装是在质膜中

同时进行的；乙型和丁型逆转录病毒的衣壳组装发生在胞浆中心粒周围的装配位点，然后转运到细胞膜处出芽。不产生细胞病变的病毒需要避免与宿主细胞的受体结合，以便有效地传播到周围的靶细胞中。正黏病毒和副黏病毒囊膜上的唾液酸酶可破坏宿主细胞表面受体结合位点上唾液酸残基的末端。流感病毒的神经氨酸酶是病毒扩散的关键因素，它能阻止新生的病毒颗粒与宿主细胞受体结合，也能阻止病毒颗粒之间的相互聚集。逆转录病毒能产生过量的病毒糖蛋白，并转运到细胞表面与受体结合，结果导致受体的减少或去除。与其他有囊膜病毒不同，披膜病毒、副黏病毒和弹状病毒能溶解

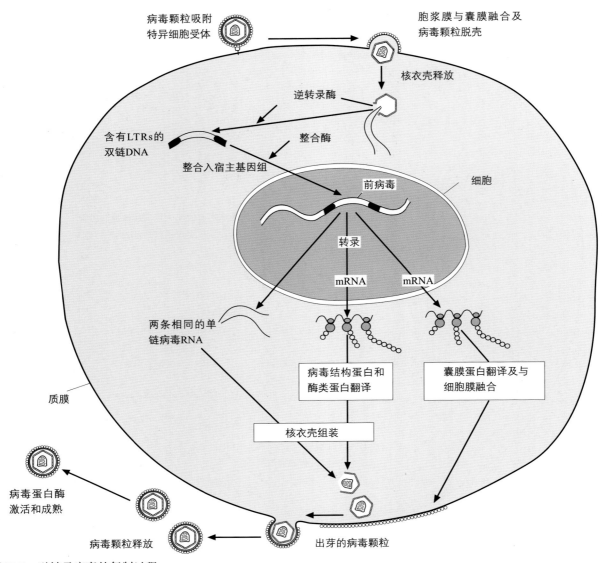

图55.5 逆转录病毒的复制过程
LTRs：长末端重复序列

细胞。黄病毒、冠状病毒、动脉炎病毒和布尼亚病毒以穿越粗面内质网或高尔基体膜出芽的方式，在细胞内部获得囊膜。随后这些病毒在小囊泡中被转运到细胞膜，与之融合，以胞吐方式释放。疱疹病毒在细胞核中复制，它的出芽方式比较特殊，它穿越细胞核膜的内薄层出芽，在核膜内薄层和外薄层之间、内质网的潴泡和细胞质的小囊泡中聚集（图55.2）。病毒释放的精确机制尚未研究透彻，提出了三种途径：单核包裹（single nuclear envelopment）、双重包裹（dual envelopment）和单胞质包裹（single cytoplasmic envelopment）。病毒可能在感染周期的不同阶段采用不同的组装方式。

病毒以胞吐或细胞溶解的方式释放。痘病毒的组装和释放过程比较复杂，耗时数小时。整个复制过程发生在宿主细胞质的不同部位，称之为病毒浆（viroplasms）或"病毒工厂（viral factories）"，细胞核因子可能也参与转录和组装过程。在体外，通过裂解宿主细胞，可以检测到细胞内具有感染性的成熟病毒。组装完成后，病毒颗粒离开组装部位，被宿主高尔基体网络的双层膜包裹，随后与细胞膜融合，从而导致病毒颗粒外面的双层膜的外层丢失而排出细胞外。

◉ **参考文献**

Baltimore, D. (1971). Expression of animal virus genomes.
　　Bacteriological Reviews, 35, 235–241.

◉ **进一步阅读材料**

Knipe, D.M. and Howley, P.M. (2007). Field's Virology Fifth
　　Edition. Lippincott, Williams and Wilkins, Philadelphia

第
五
篇

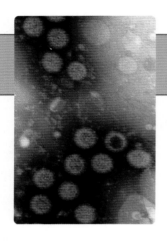

第56章

病毒的遗传与演化

病毒具有丰富的遗传多样性。这些微小的病原不仅能够感染脊椎动物，还能感染无脊椎动物、植物、真菌、原生动物、藻类和细菌。病毒利用多种分子机制弥补其有限的遗传能力。病毒基因由不同的阅读框编码，这些阅读框可重叠、反向编码或移码。有些病毒利用亚基因组RNA片段，使其有限的基因组容量最大化，一部分亚基因组RNA可翻译成病毒的蛋白质。近年来，包括分子克隆、核酸测序和聚合酶链式反应等分子和细胞生物学技术的发展，极大地拓展了人们对病毒基因组的认识。病毒遗传学不仅涉及病毒基因组的详细结构，也涉及病毒生物学特性和致病力，还涉及病毒基因的变异和演化机制。病毒基因组的变化改变了病毒的抗原性和致病性。反之，病毒抗原性和致病性的改变又影响人和动物的病程和转归。突变（mutation）是病毒发生遗传变异最常见的原因。次常见的原因是基因间的相互作用，又叫重组（recombination），可发生在不同病毒之间或病毒与宿主之间，导致病毒特性的改变。病毒的变异本身是非特异性、无目的性的，但是受到自然选择的作用，只有一小部分变异能够得到遗传。病毒的演化遵循达尔文的进化论法则。

◎ 突变

病毒复制过程中偶然发生的核酸复制错误称为突变。DNA病毒每个核苷酸每次复制发生突变的概率为$10^{-7} \sim 10^{-11}$，而RNA病毒的突变概率要高得多，达到$10^{-3} \sim 10^{-5}$。DNA病毒在宿主细胞核中复制时，细胞的核酸外切酶会修正病毒基因组的复制错误，有些病毒的聚合酶也具有矫正修复功能。由于RNA复制酶的矫正功能较弱，因此RNA病毒复制的保真度较低。水疱性口炎病毒基因组有1.1万个碱基对；它在感染细胞中产生的某个子代病毒的基因组，可能与亲本病毒及其他子代病毒的基因组都有所不同，即相互间至少有一个核苷酸的突变。由于DNA病毒突变率较小，所以其基因组可以达到80万个碱基对，而RNA基因组一般小于2万个核苷酸，这是因为高的错误率可能会超过阈值而导致"错误灾变（error catastrophe）"。基因组为2.7万～3.2万个碱基的冠状病毒是个例外。RNA病毒准种每次复制每个核苷酸的错配率约为$1/\upsilon$（υ是指基因组中核苷酸个数），使RNA病毒接近或达到这个错误阈值。

X射线、紫外照射或化学诱变剂会增加核酸突变的概率。点突变（point mutations），即单个核苷酸的置换，是最常见的突变类型。次常见的是单个或多个核苷酸的缺失或插入。在选择压力的作用下，几个世代点突变的累积可能是导致表型变异的原因。因为点突变通常不导致编码蛋白的氨基酸序列的改变，所以大部分点突变都是沉默的。有些突变对病毒是致命的，但携带有这种突变的毒株很快被清除。偶尔突变提供了一个选择优势，这种突变毒株会被保留。非致死性的突变在RNA病毒中迅速累积，形成准种，即由基因组序列略有不同的病毒个体组成的病毒居群（population）。RNA病毒已经存在许多变异体，还可以快速产生新的变异体，因而RNA病毒具有强大的适应潜力。病毒准种或居群中基因组序列略有不同的个体并不是独立的，而是相互作用的。它们之间可以产生正作用（互补效果）或反作用（抑制或阻碍效果）。抗病毒研究的一个新领域称为致命诱变，它借助于RNA病毒固有的高突变率，利用诱变剂使突变超过阈值造成"错误灾变"，从而达到清除病毒的目的。

低病毒载量和低适应性会使病毒受到抑制。目前最有前景的方法是将诱变剂和抗病毒化合物联合使用。若在原突变的核苷酸位点发生回复突变，则突变株的表型也可能发生逆转。突变抑制剂也可能抑制突变基因的表达。一些特殊的突变表型能清楚识别突变株，如条件致死、抗体逃逸和缺损型干扰。

条件致死性突变株只能在经选择的特定条件下复制，如温度突变株，其最适复制温度范围与亲本野生株不同。宿主范围突变株能感染的宿主种类与亲本不同。有些温度突变株可在稍低于哺乳动物核心体温下复制，这样的突变株可用于开发活疫苗，鼻内免疫后可激发局部免疫，无需全身扩散。初次分离的病毒在细胞培养物和实验动物上可能生长不良，经数次传代，病毒逐渐适应，并产生生长迅速的突变株。这种选择过程依靠自然突变，尤其是编码病毒表面蛋白的基因的突变，因为这些表面蛋白决定病毒与宿主的受体细胞能否有效结合。宿主范围突变株往往在体外更容易复制，对天然宿主的毒力有所减弱，这也是生产各种弱毒疫苗所采用的减毒方法。

病毒在有抗体的条件中复制时会选择出抗体逃逸变异株，由于抗原表面的决定簇发生改变，由野生株激发的中和抗体就不会影响突变株。这种选择过程可能有利于持续感染或复发感染。

1954年，von Magnus发现流感病毒在不稀释连续传代过程中，病毒颗粒的数量保持恒定，感染效价却显著下降。这种现象是由于缺损型干扰（defective interfering）病毒颗粒在病毒库中积累导致的。缺损型干扰病毒的复制需要互补的、辅助病毒（helper virus）的存在，辅助病毒通常是野生型病毒。大部分缺损型干扰病毒颗粒都是缺失突变体，具有野生型病毒没有的复制优势。这种突变株可更有效地竞争宿主细胞的资源，因此在连续传代过程中逐渐形成数量优势，从而干扰野生型辅助病毒的复制。缺损干扰病毒可能与持续感染有关。

◉ 病毒重组

两种亲缘关系较近的病毒感染同一个细胞时，发生遗传物质的交换或转移，叫做遗传重组。这种遗传交换也可发生在病毒和宿主细胞之间。重组给基因组引入新的遗传信息。这些新的遗传信息可以来自分子内重组、模板选择重组（copy-choice recombination）、重配和基因复活。

分子内重组通常发生在DNA病毒，可引起核酸内部共价键的解离和重建，这与细菌和更高等的生物类似。单股正链RNA病毒间的模板选择（模板转换）重组是通过模板转换机制发生的。在合成互补的负链时，RNA聚合酶在两条模板链之间转换。微RNA病毒、披膜病毒和冠状病毒都存在这种现象。冠状病毒在混合感染时发生遗传重组率较高。有一种说法认为西部马脑炎病毒是通过模板选择重组的方式产生的，是由东部马脑炎病毒和辛德比斯样病毒这两种披膜病毒异源重组而来的。逆转录病毒的重组概率较高，在复制过程中，平均每次复制一个基因组都要发生不止一次的重组。虽然逆转录病毒是二倍体，但每个病毒颗粒只产生一个前病毒。该病毒RNA基因组的两个拷贝都参与逆转录过程。通常，一个病毒粒子中的两个RNA分子是完全一致的，但它们如果来自两个病毒粒子或两个毒株，则有所不同，并导致前病毒DNA具有较高的重组率。重组在有囊膜的逆转录病毒的变异中扮演重要的角色，但其聚合酶基因似乎受到某种保护而高度保守。

重配发生在基因组分节段的RNA病毒，包括正黏病毒、呼肠孤病毒和布尼亚病毒。在这种重组方式中，两个或多个遗传相近的病毒感染同一个细胞后，它们的基因组节段可以发生交换。此过程是这些病毒遗传多样性的重要原因，使病毒可以快速适应新的宿主，产生新的抗原特性及发生毒力变化。重配一般发生在分类学相近的病毒之间，如同一种病毒的不同毒株，像正黏病毒；或者同一种病毒同一血清型的不同毒株，像呼肠孤病毒和布尼亚病毒。基因重配在人甲型流感病毒的流行病学中发挥主要作用。带有新抗原物质的病毒周期性出现，导致病毒在人群和动物群体中更快传播。有可靠证据表明，禽流感病毒和人流感病毒双重感染猪群是产生有致病性的新亚型流感病毒的原因，这种亚型可以由猪传播给与之密切接触的人。基因复活是指其中一个不具有感染性或两个都不具有感染性的亲本病毒，同时感染一个细胞时，重新获得感染性子代病毒。有些病毒由于基因组不同位点产生致死性突变而灭活，当它们重新获得感染性子代时，这种现象就叫做增殖性复活（multiplicity reactivation）。当一个灭活的病毒从感染性病毒中获得遗传物质重新复制时，叫做交叉复活（cross-reactivation）或基因组拯救（genome rescue）。

■ 病毒与宿主细胞之间的重组

病毒和细胞的遗传物质之间也会发生重组，这种方式的重组可能对病毒的进化和毒力都有重要作用。一些逆转录病毒的基因组整合了细胞癌基因后，可能具有致癌性。病毒基因组在整合细胞DNA时经常会伴发自身遗传物质的丢失，产生复制缺陷型子代病毒，需要辅助病毒才能复制。牛病毒性腹泻病毒是一种不产生细胞病变，引起牛持续性感染的病毒，但其RNA重组后可能产生细胞病变并引发黏膜病。发生这种变化的原因是病毒基因组的关键部位插入了一个或多个细胞的泛素基因，导致非结构性的融合蛋白NS2-3被解离，从而能单独表达NS3。

■ 病毒的其他相互作用

病毒在基因产物水平上可通过多种方式相互作用，这些相互作用可导致病毒的表型变化，包括补偿作用（complementation）和表型混合（phenotypic mixing）。

在二重感染的细胞内，如果一个病毒有缺陷的基因产物被其他病毒的基因产物取代，就会发生互补作用，从而导致受纳病毒的存活及其数量的增加。这种类型的相互作用不具有持续性，因为基因组并没有发生改变。互补作用在有无亲缘关系的病毒之间都可以发生。有缺陷的病毒也称为卫星病毒。如细小病毒科的腺联病毒，只有与腺病毒同时感染时才能在细胞核中复制。丁型肝炎病毒是一种感染人的卫星病毒，只有与乙型肝炎病毒混合感染时才能复制，尤其是在囊膜蛋白的产生阶段。

病毒感染细胞后，尤其是两种具有亲缘关系的病毒同时感染的情况下，病毒的结构蛋白可能会发生交换，这种现象称之为表型混合。表型混合的一种形式就是衣壳转移，即在无囊膜病毒之间发生全部或部分衣壳的交换。通过出芽方式获得囊膜的病毒之间也可发生表型混合。某个病毒的子代病毒从细胞中释放时，其核衣壳可能包裹着含有其他病毒糖蛋白的囊膜。致癌的缺陷型逆转录病毒需要辅助病毒才能复制，它从宿主细胞膜上获得的囊膜可能含有辅助病毒的糖蛋白。由于基因没有发生改变，所以表型混合的现象只是昙花一现。

◉ 病毒基因组序列分析

现在，已不需要通过细胞培养技术来获得足量的病毒用于下一步研究。这通常基于分子克隆或聚合酶链式反应等技术，从而获得毒株的大量核酸。牛乳头瘤病毒和兔出血症病毒就没有经过体外培养，完成了基因组测序和分析，得出非常有价值的信息，并可根据此信息选择诊断方法和免疫程序。近年来，病毒基因组的自动化测序方法更简单、便宜（参见第6章和第9章），在国际数据库如GenBank（http://www.ncbi.nlm.nih.gov/GenBank）可检索许多微生物的部分和全部序列。

多年来，病毒基因组一直用于分析病毒之间的系统发生关系，在分子流行病学领域也发挥了重要作用。临床分离株的基因分型为兽医领域重要的病毒病，如口蹄疫和委内瑞拉马脑炎，提供了传染源及流行病学的信息。功能基因组学则研究特殊的基因与表型之间的联系。病毒开放阅读框（ORFs）的鉴定非常简单，因为编码序列的起点是甲硫氨酸密码子（AUG），所以编码病毒结构蛋白和非结构蛋白的基因较容易鉴别，这对研发诊断试剂和抗病毒药物及新疫苗都很有价值（参见第5章）。

◉ 病毒的演化

不同病毒科由突变和重组造成的遗传改变的概率是不同的。某些基因控制的性状可能具有一定的选择优势，这种选择优势与流行情况和选择压力有关。基因组的周期性改变可能是造成新的疾病大暴发的原因。20世纪70年代末，首次报道猫泛白细胞减少症病毒或与之近缘的一个病毒，基因组发生了点突变，可在犬细胞内复制，这可能是犬细小病毒出现的原因。亨德拉病毒感染马和尼帕病毒感染猪，也是病毒基因组的改变所致。这两种副黏病毒的野生动物宿主很可能是果蝠，它们能从感染的家养动物继续传播给与之密切接触的人，引起人发病死亡，这表明病毒基因组的改变有时能够导致难以预料的严重后果。

甲型流感病毒和黏液瘤病毒提供了病毒演化的重要信息。流感病毒可感染多种动物，从鸟类和人类分离的流感病毒可感染猪，并可在猪体内重排产生新的亚型（图56.1）。这种类型的基因变异，每隔10年以上发生一次，最有可能起源于东南亚，因为东南亚人口密度较高，人与家养的猪和鸭相互间密切接触。通过这种类型的变异所得的病毒可逃避抗体的中和作用，成为优势毒株，从而造成人间流感

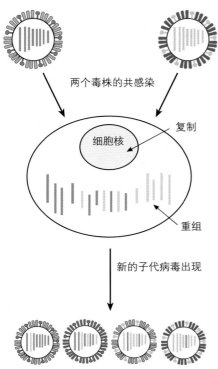

两个毒株的共感染

复制

细胞核

重组

新的子代病毒出现

图56.1 甲型流感病毒的两个不同毒株（每个毒株含有8个基因节段）共感染同一宿主细胞而发生重配

重配后形成多达28～256个不同的亚型。

大流行。1900年、1918年、1957年、1968年和2009年都发生了人流感的大流行。1957年（禽流感）和1968年（香港流感）的大流行都由病毒重配引起，这些病毒含有禽源的基因节段，但这些节段同时又具有人流感的遗传背景。2009年，甲型流感病毒的一个新毒株席卷世界各地，遗传学研究发现，这个病毒与猪流感病毒相似，可感染猪，但主要在人群中流行（Vijaykrishna等，2010）。

黏液瘤病毒属于痘病毒科，引起美国本土的棉尾兔（Sylvilagus）的温和感染，通过昆虫叮咬机械传播，尤其是蚤类和蚊。该病毒可导致欧洲穴兔（Oryctolagus cuniculus）发生严重的甚至致死性的感染。19世纪中期欧洲穴兔被引入澳大利亚，成为农业主要的危害。1950年利用黏液瘤病毒控制澳大利亚兔群的数量。最初，夏季兔群的死亡率高达99%；冬季由于兔群数量剧减和蚊虫活动减少，该病趋于消失。这种情况下，出现了毒力减弱的突变株，病程延长，从而大大增加了传播的机会。随后弱毒株占据了优势，于是感染兔群的康复率超过10%，同时遗传抗性更高的兔群被筛选出来。通过一系列观察研究，发现在该病反复暴发的区域，某些毒株兔感染后病死率从90%下降到50%。但这种毒力减弱的趋势没有持续下去，至今黏液瘤病对欧洲兔仍然不是一个温和的疾病。人们发现，这个病毒必须有足够高的毒力，才能在兔皮肤中大量复制，随后才能进行有效传播。强毒株在疫区有遗传抗性的兔群中卷土重来，使该病毒的传播得以持续。1968年，在蚊虫不能作为有效媒介的地区释放欧洲兔蚤，以加强病毒的传播。在跳蚤活跃的区域，兔群黏液瘤的发病率呈季节性变化：夏季急剧暴发，冬季和春季病程延长，最终病毒和具有遗传抗性的兔群之间形成动态平衡（Fenner，2010）。与引入黏液瘤病毒之前相比，兔的数量已大大减少。

总之，尽管病毒基因组的组分有限，但它们依然可通过多种机制来征服宿主，并进行分化、快速演变、适应和生存。

◎ 参考文献

Fenner, F. (2010). Deliberate introduction of the European rabbit, Oryctolagus cuniculus, into Australia. Revue Scientifique et Technique (OIE), 29, 103–111.

Vijaykrishna, D., Poon, L.L., Zhu, H.C., et al. (2010).

Reassortment of pandemic H1N1/2009 influenza A virus in swine. Science, 328, 1529.

von Magnus, P. (1954). Incomplete forms of influenza virus. Advances in Virus Research, 2, 59–78.

◎ 进一步阅读材料

Fenner, F. and Fantini, B. (1999). Biological Control of Vertebrate Pests. The History of Myxomatosis, an

Experiment in Evolution. CABI Publishing, Wallingford.

第五篇

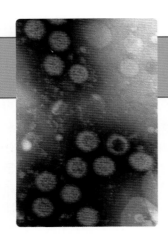

第57章

病毒的增殖及病毒与细胞的相互作用

病毒在其体外生存能力和培养条件这两方面也表现丰富的多样性。有些病毒，如引起动物肠道疾病的病毒能耐受较宽的pH范围，在环境中较稳定。其他病毒则不稳定，只能在体外生存较短的时间。有囊膜的病毒比较容易被脂溶剂灭活，包括氯仿、乙醚和各种洗涤剂，如脱氧胆酸钠。病毒对紫外线和γ射线比较敏感。由于逆转录病毒的基因组是二倍体，因此它对这类射线的耐受力比其他病毒高。有囊膜病毒的耐热性比无囊膜病毒差。病毒失活率一般60℃以秒计，37℃以分计，20℃以小时计，4℃以天计。病毒尤其是有囊膜的病毒，在冷冻过程中会形成冰晶。在-70℃可以保存很长时间，但在普通冰箱中-20℃保存效果不佳。若需长期保存，可将高效价的病毒悬液分成小份，每份加入高浓度的保护蛋白或冷冻保护剂如二甲基亚砜，先进行快速冷冻，然后将其保存在-196℃的液氮中。冷冻干燥是将病毒悬液置于玻璃安瓿瓶中冰冻，真空脱水，最后密封保持真空状态。冻干法应用于有价值的种毒毒株的保存和致弱的活疫苗的储存。

◉ 病毒的增殖

致病性病毒分离和鉴定，病毒性疫苗的生产和滴定，科学研究所用的病毒种毒的制备，都必须进行病毒增殖。由于病毒只能在活细胞中复制，所以病毒增殖必需活细胞体系。组织培养用于许多种类病毒的增殖。鸡胚和实验动物用于分离和生产某些病毒。

■ 组织培养

组织培养是在体外进行活组织的培养，可分为两大类：组织移植块培养（explant culture）和细胞培养。最初，利用小的组织块或组织移植块进行培养。这种技术仍然用于山羊关节炎脑炎病毒等引起动物持续性感染的病毒的分离。组织移植块培养的一种特殊形式称之为器官培养（organ culture），包括气管环培养。器官培养所用的组织块较大，足以保持器官的构架。有些冠状病毒的分离需要用气管环培养。

细胞培养首先要将组织消化成单个细胞。消化细胞可机械切割，也可先将组织切成小块，再用胰蛋白酶或其他蛋白水解酶消化。用于细胞培养的液体或半固体培养基必须提供细胞生长所需的环境条件和营养：必须等渗，与生理pH一致；必须含有无机盐离子、碳水化合物（通常是葡萄糖）、氨基酸、维生素、生长因子、肽和蛋白质。可以用一些化合物配制成细胞培养液用于细胞培养。用细胞培养液培养细胞时，通常还要加入胎牛血清、酵母提取液或胚胎提取物等生物制品。细胞培养物一般用酚红作为pH指示剂，用磷酸盐缓冲液用来维持正确的pH，但暴露于空气中会使pH升高。细胞可在密闭的容器内生长，或者为其提供5%～10%的外源CO_2。

细胞培养可分为原代（primary）、半传代（semi-continuous）和传代（continuous）细胞培养。原代细胞来源于动物组织，含有多种细胞类型。胎儿或新生动物的组织比发育成熟的动物组织更适合用于原代细胞制备。用敏感动物靶器官制备的原代细胞系对特定的病毒更为易感。这类细胞保持了靶器官中细胞的很多特性。然而，某类细胞对某些病毒的敏感性不完全依赖所来源的器官组织，因为从某一器官组织中分离的细胞常常也能用于分离感染其他器官组织的病毒。原代细胞的分裂次数非常少，因此需要反复制备。通常用含有乙二胺四乙酸的胰酶将原代细胞分成单个的细胞，使之贴壁生长，从而培养出第二代细胞。原代细胞的传代次数是有限的，最后会达到一个终点，叫做海弗利克极限（Hayflick limit）。海弗利克极限与原代细胞来源动物种类的寿命有关。营养条件丰富的细胞可能会超越海弗利克极限，继续生长形成一个细胞系。半传代细胞或二倍体细胞系保持了它们染色体二倍体组成的特性，可供多种病毒生长。这种细胞系主要是成纤维细胞，可传代30~50次。

传代细胞系来源于正常组织或肿瘤组织，可无限传代，又叫做异倍体细胞系（heteroploid cell lines），染色体数目异常。它们对病毒的敏感性没有原代细胞或半传代细胞高。但是很多病毒适应后，通常会在传代细胞上生长。育成的细胞系可大规模培养病毒，用于疫苗生产或研究。有专门的商业机构负责细胞系的保存和销售，如美国菌种保藏中心（American Type Culture Collection）和欧洲细胞株保藏中心（European Collection of Cell Cultures）。传代细胞系均有通用的名称，如牛肾细胞系MDBK（Madin Darby bovine kidney）和猫肾细胞系CRFK（Crandell feline kidney）。传代细胞系经长期传代，可能会被支原体或病毒污染，从而改变性状，如增强或减弱对病毒的敏感性。大部分病毒学实验室都冻存早期的种子细胞并定期复苏，以维持细胞的性状。细胞可在-130℃以下尤其是-196℃的液氮中长期存活。冻存时细胞悬液中通常会加入二甲基亚砜或甘油等低温保护剂。

检测细胞培养物中病毒的生长

病毒在细胞上生长会导致细胞损伤，可通过光学显微镜观察这些细胞损伤。显微镜下观察到的细胞损伤，称为细胞病变（cytopathic effect，CPE），包括形状改变、细胞脱落、合胞体形成、包涵体出现和细胞死亡。有些初次分离的病毒不产生CPE，在单层细胞上经过传代后才会出现。病毒感染细胞产生的一些效应，尤其是包涵体（inclusion body）的形成，可在染色后观察到。包涵体是细胞内具有独特染色特征的一个结构。在感染病毒的细胞内，包涵体可能由病毒核酸、病毒蛋白或变性的细胞组分组成；每个细胞可存在单个或多个包涵体。能被伊红染色的为嗜酸性包涵体，能被苏木精染色的为嗜碱性包涵体。包涵体可在细胞质内，也可在细胞核内。痘病毒、呼肠孤病毒、狂犬病毒和副黏病毒产生胞浆内包涵体，但犬瘟热病毒可产生胞浆内和核内两种包涵体。

不产生细胞病变的病毒需用其他方法检测。有囊膜的病毒将糖蛋白插入宿主细胞膜，诱导细胞融合，产生合胞体，或促进血球吸附，即红细胞结合到感染细胞的表面。慢病毒、副黏病毒和一些疱疹病毒会导致感染细胞形成合胞体。被正黏病毒、副黏病毒和披膜病毒感染的细胞容易在病毒出芽部位诱导血细胞吸附，在复制周期的早期即可检出。血凝素是导致病毒吸附血细胞的原因，它是一种糖蛋白，可导致游离病毒与红细胞混合后凝集红细胞。许多有囊膜的病毒和无囊膜的病毒都可凝集特定动物的红细胞。猫泛白细胞减少症病毒可凝集猪的红细胞，猪细小病毒可凝集鸡、豚鼠、鼠、猴、人和猫的红细胞。在感染细胞冻融裂解液的上清中，用电镜可观察到病毒颗粒，但此方法不敏感，病毒颗粒的浓度需超过10^6/毫升才能在电镜下观察到。

血清学方法可用于病毒特异性鉴定。其中一个有效检测和鉴定病毒的血清学方法是，易感细胞在莱顿瓶中的盖玻片上或平底瓶内长成单层，然后用病毒感染这些易感细胞并在其内复制。感染的细胞固定后，可以通过荧光标记抗体识别病毒特有的蛋白质。根据有效性和特异性需求，可选择单克隆抗体或多克隆抗体。血清学方法不依赖于任何细胞病变或病毒的其他特性，是一种快速、敏感的病毒检测方法。每种病毒需用特异的抗体检测。特异性抗体也可用于病毒中和试验阻止细胞病变，还可用于血凝抑制试验阻止病毒凝集红细胞。病毒中和作用是区别各种病毒及病毒亚型的权威方法。虽然免疫电镜检查比直接的电镜检查更敏感、特异，但它不能作为临床样品常规的检测方法。

■ 鸡胚

鸡胚曾广泛用于病毒分离，组织培养技术的改进导致鸡胚使用量下降。但甲型流感病毒和许多禽类病毒的分离仍然多用鸡胚接种。为排除母源抗体的干扰，鸡胚的来源需要仔细挑选，最好是SPF鸡胚。鸡胚连续传代是致弱某种病毒来生产弱毒疫苗的有效方法。

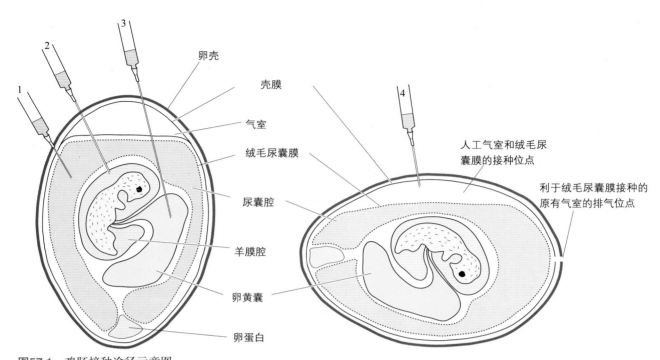

图57.1　鸡胚接种途径示意图
1.尿囊液接种；2.羊膜腔接种；3.卵黄囊接种；4.绒毛尿囊膜接种。

鸡胚接种有若干特定途径（图 57.1），病毒可接种鸡胚的尿囊腔、羊膜腔或卵黄囊，也可接种绒毛尿囊膜（chorioallantoic membrane，CAM）。发育良好的鸡胚还可进行血管内接种。接种的方法主要取决于每种病毒的组织亲和性。病毒感染的症状包括鸡胚死亡、矮化和在CAM上形成斑点。另外，还可通过血凝和免疫荧光的方法检测病毒。

■ **实验动物**

出于伦理考虑，实验动物的用量现在较过去为少，它们被一些不需要活体动物培养和研究病毒的方法所替代。但是，有些病毒的细胞培养效果较差，仍然需要实验动物进行病毒分离和培养。乳鼠常用于虫媒病毒和狂犬病病毒的检测。某些病毒的分离必须接种自然宿主，这也是评价疫苗所必需的。抗血清的生产也需要接种实验动物。病毒的致病机理研究及宿主的免疫应答研究，同样需要接种实验动物或自然宿主。

◉ **病毒浓度测定**

进行病毒中和作用和血凝抑制试验，生产全病毒疫苗和评价疫苗效果，以及确定产生临床症状的最小病毒剂量，都必须精确地测定病毒浓度。可用物理方法（使用电子显微镜），计算病毒颗粒的总量来测定病毒浓度。也可以用生物学方法，通过接种易感动物和组织培养物，来测定病毒浓度。也可以通过测定病毒的特性，如血凝性或抗原性，来间接测定病毒浓度。有些测定方法是量化的，能够较为准确地测出病毒浓度。这些量化的测定方法可用于许多试验和诊断。通常，将病毒连续10倍梯度稀释，然后将每个稀释度的病毒分别接种宿主（如小鼠、鸡胚）或细胞，最终以宿主的死亡情况计算半数致死量（50% lethal dose，LD_{50}），或细胞的感染情况计算半数细胞感染量（50% tissue culture infective dose，$TCID_{50}$）。以每毫升原始的未稀释样品$TCID_{50}$的log_{10}值表示结果。通常，按照Reed-Muench和Kärber的统计学方法计算这类数值。

具有血凝特性的病毒的浓度通常用血凝价来测定。血凝价指能使红细胞发生完全凝集的病毒最高稀释度。这种简单的测定方法不敏感，因为需要数以千计的病毒颗粒才能凝集足够数量的红细胞，使肉眼得以观察到血凝现象。

空斑测定是一种常用的、精确的测定病毒感染性的方法。连续10倍梯度稀释的病毒接种于单层细胞，吸附大约1小时，然后在单层细胞上覆盖一层含琼脂的营养液，目的是防止病毒随着营养液而自由扩散，限制病毒在细胞之间传递。该试验使有病毒复制的细胞出现坏死灶，这块坏死的区域就叫做空斑（plaque）。根据空斑的数量、病毒的稀释度和接种物的面积，可以计算出病毒浓度，用每毫升空斑形成单位（plaque forming units，pfu）的数量表示。一个空斑可能由一个病毒颗粒产生，然而事实上就大多数病毒而言，平均至少需要10个病毒颗粒才能形成1个空斑。甚至在单个病毒的制备物中，也会出现明显的微观不均一性，这是因为并非所有病毒颗粒都产生空斑。感染复数（multiplicity of infection，moi）是指感染性病毒颗粒与培养病毒的细胞在数量上的比率。理论上，moi为1表示是每个细胞都被感染，但实际只有2/3的细胞被感染。这是由于病毒颗粒在细胞中的分布是随机的，这种分布规律符合数学上的泊松分布，因此当moi不小于5才能保证99%的细胞被感染。

◉ 病毒与宿主细胞的相互作用

病毒感染产生的后果可从细胞内潜伏到细胞死亡（表57.1）。感染可以是生产性的或非生产性的，取决于病毒在既定细胞的复制能力。有些细胞是允许性的，可让病毒完成复制过程。在一段静止或非生产性的互作期之后，潜伏感染被激活，因此这种状态并不稳固。感染动物受到环境条件的应激后，潜伏感染往往会被激活。

表57.1　病毒与宿主的相互作用

病　毒	子代病毒增殖	结果
细胞病变性	生产性	坏死
	非生产性	凋亡
非细胞病变性	生产性	持续性转化
	非生产性	潜伏性转化

■ 细胞损伤机制

产生细胞病变的病毒能杀死感染细胞。病毒复制导致细胞产生一些生化变化，这些变化累积导致细胞坏死和超微结构的损伤。由坏死而导致的细胞死亡一般在病毒复制周期后期子代病毒完全形成之后发生。事实上，细胞溶解有利于子代病毒的释放。呼肠孤病毒、痘病毒、微RNA病毒、副黏病毒和弹状病毒可抑制宿主细胞RNA的转录，从而合成病毒自身的mRNA。病毒编码的某些因子导致宿主细胞的蛋白合成受阻，进而引发新陈代谢的改变。疱疹病毒、流感病毒和水疱性口炎病毒通过干扰细胞早期mRNA转录物的剪切，抑制宿主细胞mRNA的合成。微RNA病毒、痘病毒和疱疹病毒快速而显著地抑制细胞的蛋白合成，而其他病毒如腺病毒，则在复制周期的晚期逐步抑制细胞活动。病毒阻断细胞蛋白合成的机制多种多样，包括利用大量的病毒mRNA竞争核糖体，用病毒酶降解细胞的mRNA，干扰细胞mRNA的转录，改变细胞内的离子环境使之利于病毒mRNA的转录。慢病毒和腺病毒通过内质网抑制细胞蛋白的合成和转录。感染末期病毒结构蛋白的堆积可直接对宿主细胞产生毒性。有些病毒蛋白与细胞膜融合，针对这些病毒蛋白所产生的体液和细胞免疫，也可能对宿主细胞产生毒性。

病毒感染可诱导细胞程序性死亡（programmed cell death），又称凋亡（apoptosis）。凋亡过程中，细胞核酸内切酶活化，导致细胞DNA断裂。这种断裂的DNA在琼脂糖凝胶电泳时出现独特的图谱，即相邻条带之间距离相等。细胞凋亡可在某个病毒感染初期被触发，导致个别细胞在病毒复制之前就已死亡，这可能是宿主自身防御的一种重要机制。有些病毒会产生抑制凋亡的物质，从而延长细胞的存活时间。

■ 非细胞病变的病毒感染

有些病毒如逆转录病毒，一般不致细胞病变，不干扰宿主细胞的蛋白合成。这类病毒通常使持续感染的细胞发生慢性渐进性的变化，最终导致细胞死亡。甲疱疹病毒亚科的一些成员会产生典型生产性的裂解性感染，一般发生在上皮细胞。在生产性感染的部位，子代病毒进入感觉神经纤维，并通过轴浆运输到感觉神经节。在神经元核周体内产生潜伏感染。由于不分裂的神经元不产生复制的刺激，所以病毒的复制受限。细胞内的病毒DNA以环状附加体的形式存在，与核小体（nucleosome）相关，只转录少许潜伏相关转录物（latency-associated transcripts，LATs）。LATs的功能还不清楚，它们不翻译蛋白质，也不是维持潜伏感染所必需的。感染的神经元不表达病毒蛋白，因此免疫系统监测不到。潜伏感染的宿主细胞内可能会产生多拷贝的病毒

DNA。感染性子代病毒的激活是周期性发生的，新产生的病毒颗粒从感觉神经纤维运输到原发感染的浅表部位，可在该部位再次引发裂解性病损。子代病毒的激活机制尚不完全清楚，某些刺激或引起动物应激反应的因素，如创伤、免疫抑制、激素变化及间歇发作的疾病，都能触发子代病毒的激活。这些因素也使病毒容易传播给易感动物。

某些逆转录病毒能够将其RNA基因组所对应的一个DNA拷贝，整合到宿主染色体中，整合到宿主染色体中的DNA拷贝称之为前病毒（provirus）。前病毒可随宿主染色体一同复制传代。前病毒整合入宿主细胞，并不毁坏细胞，但可能会改变宿主的基因型和基因的表达。DNA病毒（如乳头瘤病毒）的基因组在细胞内以环状附加体分子存在，它们在宿主细胞分裂的同时进行复制。

■ 病毒的致癌作用

有些DNA和RNA病毒能引起细胞的致瘤性转化（表57.2），这种转化是由于细胞内的生长信号受到干扰造成的。这类感染导致细胞生长饱和密度、对生长因子的需要量和锚定依赖性都发生改变。通常，细胞一旦在固体基质表面上长满后，即达到饱和生长密度，就会停止分裂，而转化的细胞不产生这种接触抑制，将持续生长，累积成多层；正常的细胞需要一定浓度的生长因子才能生长，而转化的细胞对生长因子的依赖程度下降或消失；上皮细胞和成纤维细胞在体外一般只能在固体玻璃或塑料表面生长，而转化的细胞没有这种锚定依赖性。

认识病毒致瘤机制的关键是发现癌基因。癌基因最早发现于逆转录病毒，有60多种，称为病毒癌基因（v-onc gene）。与病毒癌基因相对应的细胞癌基因（c-onc gene）或原癌基因（proto-oncogene），存在于正常细胞内，调控着细胞的分裂和分化。c-onc基因编码的蛋白可作为生长因子、生长因子受体、转录因子和细胞内信号转换器。现在，普遍认为在病毒和宿主细胞相互作用的演化过程中，逆转录病毒获得了癌基因。在这个过程中，逆转录酶（将病毒RNA转化为DNA）和整合酶（将转化后的DNA整合到宿主的染色体中），发挥着核心作用。逆转录病毒的前病毒整合到宿主基因组后产生两个重要的结果：一是向细胞基因组中导入新的遗传物质；二是通过插入病毒的基因而激活细胞原有的基因（偶尔也会使细胞原有的基因失活）。逆转录病毒正是通过这两种方式产生致癌作用，即直接向细胞内导入v-onc基因，或者使c-onc基因过量表达或不当表达。使细胞快速转化的逆转录病毒携带v-onc基因，这些v-onc与细胞原有的c-onc基因在某些方面有所不同。它们受到病毒的强启动子，即长末端重复序列（long terminal repeats，LTRs）的控制，并且由于逆转录酶基因复制的高错误率而携带一些突变。它们也会转移到病毒的其他基因中，从而修饰这些基因的功能。因此，它们整合到细胞基因组中后，不接受细胞基因正常的调控，可能会过量表达或功能发生异常，导致细胞分裂失控。使细胞缓慢转化的逆转录病毒缺乏v-onc基因，只是随机诱导一些肿瘤。插入前病毒时，如果强启动子LTR恰好插入到c-onc基因附近，则可显著增加正常c-onc基因的表达量。

有致瘤作用的DNA病毒的致癌基因一般不是来自于细胞基因。这些DNA病毒的基因在细胞内通常以环状附加体分子存在，它们的致癌基因编码早期的病毒蛋白，使肿瘤抑制蛋白（如p53）失活。肿瘤抑制蛋白将细胞保持在G1期来控制细胞周期，从而调节哺乳细胞的生长。而DNA病毒的致瘤策略是使正常的处于静止状态的细胞进入S期，从而诱导细胞DNA复制必须的细胞编码的基因。这类细胞周期的反常一般不会导致疾病，因为感染细胞最终会死亡。但是，如果这类病毒的复制失常（非生产性感染），有些基因产物就会过量表达，引发致癌性转化和宿主细胞的复制失控。与其他具有致瘤作用的DNA病毒不同，属于疱疹病毒的马立克病毒的基因组似乎含有许多与逆转录病毒v-onc基因相似基因。

表57.2 兽医领域重要的致瘤病毒

基因组	科	病毒
DNA	疱疹病毒科	马立克病毒
	乳头瘤病毒科	牛乳头瘤病毒 马乳头瘤病毒 犬口腔乳头瘤病毒
RNA	逆转录病毒科	禽白血病病毒 猫白血病病毒 绵羊肺腺瘤病毒

◉ **进一步阅读材料**

Ball, L.A. (2005). Virus–host cell interactions. In *Topley and Wilson's Microbiology and Microbial Infections*. Volume 1. Virology. Tenth Edition. Eds B. Mahy and V. ter Meulen. Hodder Arnold, London. pp. 202–235.

Nevins, J.R. (2007). Cell transformation by viruses. In *Fields' Virology*. Volume 1. Fifth Edition. Eds D.M. Knipe and P. Howley. Lippincott, Williams and Wilkins, Philadelphia. pp. 209–248.

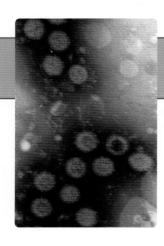

第58章

病毒致病机理

病毒致病机理，即病毒感染宿主后引起宿主发病的机理，涉及病毒在感染细胞的过程中，对宿主细胞、组织和器官造成的病理损伤。病毒致病机理与病毒病的临床症状也有关联。尽管病毒是专性细胞寄生物，但并非所有病毒感染都会引起明显的临床症状。病毒致病机理不仅与病毒能够直接干扰宿主细胞功能有关，还与宿主针对病毒感染产生的免疫应答和炎性反应有关。病毒毒力是指病毒对宿主的相对致病能力。毒力强弱与病毒及宿主本身特性均相关。此外，毒力还与病毒的感染剂量、侵入途径以及宿主的种属、年龄、免疫状态有关。通常，人们会比较相关病毒的毒力强弱，并找出毒力明显强于或弱于同类病毒的分离株。由于病毒与宿主间复杂的相互作用，因此，即使接触强毒，也不一定会引起临床疾病。病毒感染可能引起急性、亚急性、慢性或持续性疾病。有些病毒尽管在组织中存在，却表现为潜伏感染，并且仅在特定的环境条件下引起疾病。在慢性病毒感染中，组织损伤发展缓慢，通常经过较长的潜伏期才会出现临床症状。图58.1展示了几种典型的病毒感染进程。尽管图中所示的感染各阶段看似连续并相互关联，但实际感染中，许多相对独立的阶段是同时发生的。

◉ 感染途径

病毒可通过多种途径感染脊椎动物宿主。通常，病毒必须首先黏附和感染皮肤与其他体表细胞。病毒能够通过体表的抓伤、擦伤或创伤进入机体。病毒也可通过咬伤、污染的针头或外科设备等非肠道接种进入机体。未受损伤的表皮复层扁平上皮通常

作为抗感染的有效屏障。由于乳头瘤病毒对表皮细胞具有亲和力，该病毒能在表皮中复制，并造成局部的增生性病变。而兔的黏液瘤病毒与绵羊痘病毒等能够在真皮中复制，可以通过血管和淋巴管向其他组织传播病毒。

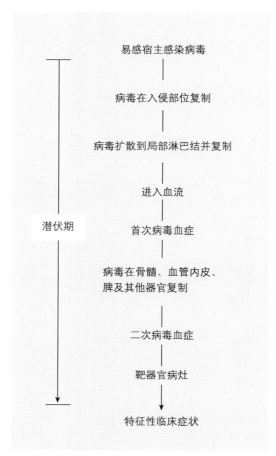

图58.1　一个典型的全身性病毒感染各阶段示意图
潜伏期是指从病毒侵入宿主开始到临床症状出现之间的时间间隔。

黏膜表面覆盖着一层黏液，是对抗感染的最基本的物理屏障。这层黏液除了能够提供一定的物理保护外，通常还含有保护性的免疫球蛋白。在呼吸道中，传染因子在纤毛上皮的作用下被排送至口腔。肠道通过蠕动作用，泌尿道通过尿液的冲洗作用，清除这些部位一些传染因子。有些性传播病毒往往通过性活动造成的磨损，侵入尿道、阴道或肛门黏膜层。

为了在胃肠道建立感染，肠道病毒必须逃避局部黏膜的免疫防御，吸附上皮细胞的特异性受体或者被微褶细胞（M细胞）吞入。M细胞是覆盖在回肠集合淋巴结（Peyer's patches）上的特化上皮细胞。胃肠道正常的环境条件通常不适于病毒存活。破坏肠细胞并成功在胃肠道存活的病毒病原体，通常耐受胃酸、胆盐、蛋白水解酶类的灭活作用。值得注意的是，蛋白水解酶类还能提高冠状病毒与轮状病毒等的感染性。除了冠状病毒这个特例，肠道病毒都没有囊膜，因此耐受性强。胆盐通常可以破坏病毒囊膜，而冠状病毒囊膜能够抵抗胆盐破坏作用的机制还不清楚。

■ 虫媒病毒

虫媒病毒是指自然界中存在的一类通过吸血性节肢动物叮咬，在脊椎动物宿主之间传播的病毒。虫媒病毒能够在节肢动物媒介的组织中增殖。虫媒病毒重要的节肢动物媒介包括蚊、蜱、白蛉和螨。这些媒介可终生感染。虫媒病毒不是一个分类学概念，它包括披膜病毒科、黄病毒科、呼肠孤病毒科、弹状病毒科、沙粒病毒科和布尼亚病毒科在内的多个病毒科成员。大多数虫媒病毒维持着复杂的野外循环，这个循环涉及一个主要的脊椎动物宿主与一个主要的节肢动物宿主。直到家养动物或人类的介入，这种循环通常才被发现。此外，由于生态的改变，虫媒病毒还可通过新的媒介昆虫或者新的脊椎动物宿主溢出其原有的循环，并被引入人居环境中。家养动物和人类通常是虫媒病毒的终末宿主，因为他们不能产生足够的病毒血症来传播虫媒病毒。大多数虫媒病毒的感染都是人畜共患病，多半出现在热带的发展中国家，并且具有独特的地理分布。影响虫媒病毒分布的生态因素包括温度、雨量、脊椎动物贮存宿主和节肢动物媒介的分布。

◉ 宿主体内的分布

在局部发生细胞间的传播。当病毒从细胞出芽时，病毒的扩散方式会受到出芽方式及位置的影响。从黏膜细胞顶面释放的子代病毒通常在气道、肠道等管状结构中发生局限性感染。而从黏膜细胞基底面释放至上皮下组织的子代病毒，易于发生全身性感染。限制病毒全身性传播能力的因素包括缺少合适的细胞受体以及缺少允许性细胞。此外，病毒复制最理想的位点是正在分裂的细胞，具有特定时相/分化状态或者温度低于核心体温的细胞。这些病毒和宿主的因素对于决定病毒偏嗜性发挥着重要的作用，这也解释了为何病毒选择性感染特定器官的特定细胞。在上皮下组织中，病毒通常进入淋巴管网络，并以游离的病毒颗粒或进入感染的巨噬细胞内的形式运送至局部淋巴结。然后经输出淋巴管和胸导管，最终进入血流，血流是最重要的传播途径。有些病毒通过外周神经传播。通常，优先选择的传播途径不一定影响病毒经其他途径传播。

■ 血源性传播

病毒在侵入部位初次复制后，通常会伴随着短暂的效价较低的原发性病毒血症。病毒血症会引起多种器官感染，包括网状内皮系统与血管内皮。病毒在这些部位进一步增殖会引起持续的高效价的继发性病毒血症。血液中的病毒以游离形式存在或附着于其他细胞成分。

机体通过多种机制来清除血液循环中的病毒。这些机制涉及补体、抗体以及肝脏、脾脏、肺脏和淋巴结网状内皮系统中的吞噬细胞。病毒血症的强度与持续时间决定于进入血流的病毒数量以及机体清除机制的有效程度。体积大的病毒相对于体积小的病毒会更迅速地被机体循环系统所清除。抗体或补体调理的病毒可被快速清除。有些病毒，比如细小病毒、黄病毒、披膜病毒以及微RNA病毒，不出现在血浆中，引起的病毒血症持续时间通常较短，血清中和抗体的出现一般标志着病毒被清除。犬瘟热病毒、猫白血病毒以及马立克病毒等病毒会引起持续的病毒血症，这通常与血液循环中的细胞被感染有关。这些病毒通常不受抗体和补体的影响。有些病毒如慢病毒，能够在单核细胞或淋巴细胞中复制，通常可产生持续性的病毒血症。

第五篇

病毒从血液入侵组织和器官有多种方式，这可能与病毒和巨噬细胞或血管内皮细胞的相互作用有关。微RNA病毒、逆转录病毒、披膜病毒及细小病毒等病毒能够感染内皮细胞，复制后释放到组织与靶器官中。还有些病毒被内皮细胞内吞后，转移到细胞基底面，通过胞吐作用释放到组织中。在脉络丛这样的解剖部位，病毒颗粒可以通过有孔的内皮从血流进入外围组织。病毒能够进入淋巴细胞或巨噬细胞内，并随这些细胞在血液循环中迁移并运送至组织间隙。网状内皮系统中的吞噬细胞能够吞噬并破坏病毒，这是机体一种重要的防御机制，能够限制病毒血症。有时，这些细胞吞噬病毒则可导致病毒被运送至体内不同位置。

■ 经神经传播

狂犬病病毒、猪伪狂犬病病毒、波纳病病毒等嗜神经病毒能够通过外周神经侵入中枢神经系统。有囊膜的病毒通常以裸露的核衣壳形式由轴浆流运输。在中枢神经系统中，病毒通常经突触连接处传播。此外，病毒还可能从中枢神经系统经外周神经传播至其他部位。甲疱疹病毒能从感染部位经外周神经传播至神经节，造成潜伏感染。感染激活时，神经节内的病毒可经神经纤维扩散，引起表面病灶的复发。

◉ 临床症状

病毒感染的临床症状反映了病毒在组织中的复制部位与宿主产生的应答。一些病毒会杀死其复制所需的细胞，随之出现的临床症状涉及感染细胞的解剖位置与功能。由于肝脏具有强大的贮存与再生能力，大量肝细胞的死亡可能不产生显著的临床症状。然而，即使相对少量的神经元的死亡也会引起严重的临床后果。某些病毒的感染会引起感染细胞特定功能的丧失，或者机能效率下降，从而导致临床症状。呼吸道与肠道的病毒感染通常会引起细菌的继发感染，有可能导致临床与相关病理症状的发展。正常菌群中存在的某些菌种可能参与了这些机会性感染。裸露的上皮表面、清除能力受损或者细菌所需营养成分增多均可提高细菌的增殖能力，引起继发感染。

禽传染性法氏囊病病毒、猫免疫缺陷病毒等许多病毒的靶细胞都是免疫细胞。淋巴细胞的进行性

缺失会导致免疫缺陷。此时由细菌引起的继发感染，会使感染动物出现多种临床症状。对于大多数病毒感染，免疫系统发挥着重要的保护作用。然而，有些病毒感染引起的主要损伤来自超敏反应以及随后的免疫病理变化。猫传染性腹膜炎病毒与马传染性贫血病毒等引起的持续性病毒感染所形成的免疫复合体，会引起脉管炎与肾小球肾炎。

病毒感染引起的流产通常预示胎盘或胎儿组织受到严重损伤。通常，病毒对胎儿的影响与妊娠阶段和病毒毒力有关。妊娠早期感染强毒，通常会引起胎儿死亡并伴有死胎被吸收或流产。孕牛在妊娠期前100天感染牛病毒性腹泻病毒，可能引起流产、先天性缺陷或者免疫耐受。如果感染发生在妊娠后期，新生牛可能出现先天性缺陷，而妊娠末期的感染会诱导保护性免疫应答。

在易感群体发生病毒流行病时，动物感染后个体的结局各不相同，从无症状感染到持续感染，甚至致死性感染。影响结局的宿主因素包括年龄、免疫状态、遗传因素以及营养情况。幼崽通常比年长动物对病毒易感，年长动物具有较强的抵抗力通常是因为其免疫系统成熟、细胞高度分化以及具有免疫记忆。尽管随着年龄增长对病毒抵抗力下降的情况比较少见，但是兔出血热病毒恰是如此。该病毒对低于5周龄的兔不致病，因其靶器官肝脏在幼年不易感。重度营养不良通常会抑制细胞免疫，从而加剧某些病毒性疾病。增强禽白血病病毒与马立克病毒抗性的种禽培育成功，表明遗传因素能够影响疾病易感性。

◉ 病毒的排出与感染模式

传染性的病毒颗粒随着从体表或口排出的气溶胶、飞沫、结痂、体液、排泄物和分泌物（唾液、血液、精液、乳汁、尿液、粪）传播到其他易感宿主。尽管病毒排出时通常伴有临床症状，但是有些病毒在感染早期即可排出。呼吸系统病毒通常通过咳嗽和打喷嚏产生的气溶胶进行传播。大量的肠道病毒通常随着粪便排出，并且通常能抵抗恶劣的环境。唾液、精液、尿液以及乳汁等体液中可能含有特定病毒。虫媒病毒通常可引起持续时间短、高效价的病毒血症，并且依赖合适的吸血媒介进行传播。手术或采血可能有助于血源性病毒的传播。有些病毒可通过胎盘途径或产道垂直传播。内源性逆转录

病毒可经生殖细胞的DNA传播。

如要在种群中维持病毒感染，则需对易感动物持续感染。病毒维持感染所采取的两种主要策略为急性感染与长期持续性感染（图58.2）。

急性感染的特征是临床过程短，组织中的病毒被迅速清除。急性感染时，在短期内可以排放大量

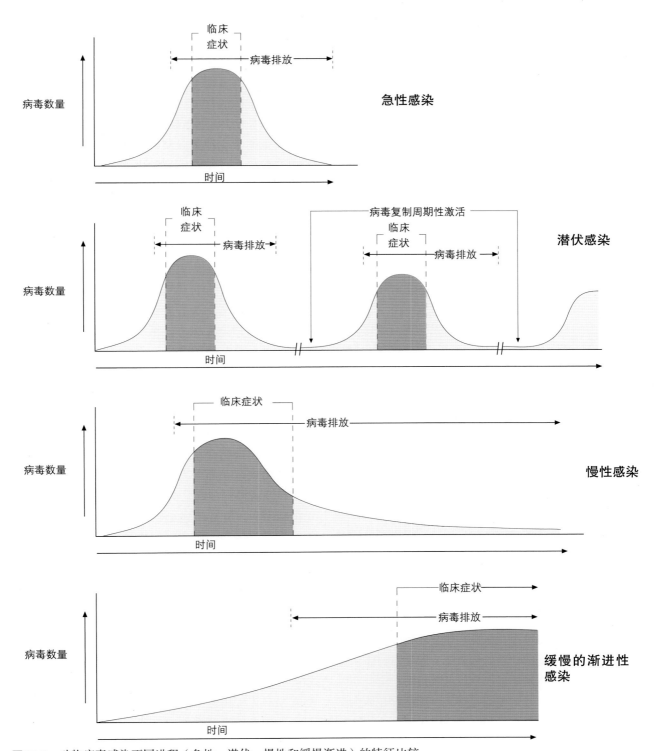

图58.2 动物病毒感染不同进程（急性、潜伏、慢性和缓慢渐进）的特征比较

该图显示了感染组织内病毒数量变化情况，也提示各类感染进程的潜伏期和病毒排放模式不一样。尽管病毒排放和临床症状通常同时发生，但不同科的病毒，其临床症状及病毒排放维持的时间大相径庭。就缓慢渐进的病毒感染而言，临床症状和病毒排放通常持续到动物死于该病毒的感染。

病毒。为了维持对易感种群的感染，引起急性感染的病毒需要具有高度感染力，比如流感病毒，或者能够在环境中长时间存活，比如细小病毒、痘病毒以及许多肠道病毒。

病毒持续性感染的特征是临床过程长，并且伴有持续或间歇性排毒。这种感染在发病初期可能为急性感染，随后会形成潜伏感染或者慢性感染。潜伏感染的特征是病毒以非生产性形式持续存在，通过整合到宿主基因组内，比如逆转录病毒，或者以游离基因的形式存在，比如疱疹病毒。一旦病毒被激活，会出现伴有排毒的生产性感染，发生这种情况具有一定的周期性。能够引起持续性感染的最典型的例子是甲疱疹病毒，例如猫疱疹病毒1型能够在上皮细胞引起生产性感染，并且在感觉神经元中引起潜伏感染。持续性感染与慢性感染的概念有时相同，但是，慢性感染通常暗示着病毒的持续存在（持续复制），并伴有间歇性或持续性低水平的排毒。一旦宿主的免疫应答在预期时间内不能清除组织中的病毒，就会形成慢性感染。

长程感染指潜伏期长达数月甚至数年的感染，由慢病毒、绵羊肺腺瘤逆转录病毒以及朊病毒引起，具有渐进性临床过程，通常引起死亡。

■ 持续性感染的机制

病毒通常利用多种策略在机体内持续存在引起长期感染。病毒需要在宿主组织中持续存在，因此需确保一些被感染细胞的存活。在病毒的演化过程中，产生了多种策略以减少对宿主细胞的致病性影响。引起非裂解性感染的病毒更易于引起慢性感染。通常许多裂解性的病毒也能够建立持续性感染。只有部分感觉神经元是允许性的，甲疱疹病毒正是利用这一特点在这些细胞中建立起潜伏感染。在这些不分裂的细胞中，病毒以环状游离型DNA的形式持续存在，直到不利的环境因素引起免疫抑制时，病毒开始复制。口蹄疫病毒能够长期持续存在于患病康复动物的咽部。这些动物随之成为易感动物的传染源。腺病毒在体内持续存在的机制可能是通过产生较低效价的病毒，在体内周期性地引起少数宿主细胞感染。腺病毒在体内演化为缺损型干扰颗粒或溶细胞能力较弱的突变毒株，可能使该类感染能够发生。

病毒在演化过程中产生了多种逃避免疫应答的策略，从而可以避免被有免疫力的宿主清除。机

体内特定的组织即免疫学的特许部位，可免受免疫监视。血脑屏障能够限制淋巴细胞与中枢神经系统的接触。此外，神经元不表达T细胞识别病毒感染细胞所需的主要组织相容性复合体（major histocompatibility complex，MHC）Ⅰ类或Ⅱ类分子，而机体内表达低水平MHC Ⅰ类分子的其他细胞则是病毒感染的靶细胞。某些病毒会引起相邻细胞的融合，使病毒基因组能够在细胞间连续传播，从而逃避中和抗体的作用。这种现象在许多迟发的、渐进的、致死的神经疾病中具有重要作用，在这些疾病中病毒通常在神经元间渐进性传播。这种传播形式通常发生在以下两种疾病中：亚急性硬化性全脑炎——由麻疹病毒感染引起的一种罕见并发症；犬老化性脑炎——犬瘟热的并发症。在宿主细胞被疱疹病毒潜伏感染时，病毒基因表达下降并且病毒蛋白不在细胞表面表达，此时被感染的细胞不易被免疫系统识别。病毒会频繁变异，RNA病毒尤其如此。当突变发生在中和抗体或T细胞识别的位点时，表位随之发生改变。这些突变体会逃避免疫监视并成为占优势的感染毒株。流感病毒表面糖蛋白，即血凝素和神经氨酸酶的变异，就能使某些变异株逃避免疫监视而成为优势流行毒株。尽管这些病毒不在动物个体中持续感染，但是能够在种群中持续存在。马传染性贫血病毒等慢病毒在感染动物的复制过程中表现显著的抗原变异。感染马传染性贫血病毒的病马其临床疾病会反复发作，这与逃避抗体识别的毒株的出现以及随后发生的病毒血症有关。感染另外一种慢病毒——猫免疫缺陷病毒时会引起CD4⁺T淋巴细胞损伤，但是骨髓会通过增加幼稚的CD4⁺T淋巴细胞来产生应答。宿主针对猫免疫缺陷病毒的免疫应答限制病毒的复制，骨髓可持续数月或数年来产生这种幼稚的淋巴细胞。抗原变异能够使病毒逃避免疫系统，以确保高效率产生病毒。病毒的产生与机体的清除会形成一种动态平衡。最终骨髓不能代偿，导致CD4⁺T淋巴细胞水平下降以及免疫缺陷。目前已发现有些病毒能够下调或抑制MHC Ⅰ类或Ⅱ类分子等宿主细胞表面标志的表达。一些病毒蛋白可能通过干扰抗病毒细胞因子的功能来进行抵抗。先天性牛病毒性腹泻病毒感染引起的免疫耐受，使犊牛出现持续性感染，感染犊牛终生出现病毒血症，因此也成为其他牛的感染源。

分析群体中传染性疾病传播情况的数学模型

中，增殖数（reproduction number/reproduction rate，R）是一个重要的流行病学参数。基准增殖数（basic reproduction number，R_0）是指在对疾病没有进行控制干预情况下，每个感染病例在没有特异性免疫力的宿主群体中传播，所引起的次代感染病例数的平均值。它的计算还假设了各个宿主动物具有相同的易感性与暴露程度，以及感染动物个体与易感动物个体是均匀混居的。R_0 与病毒对易感宿主的感染能力、感染宿主的持续时间以及易感宿主的种群密度等因素有关。$R_0=1$ 被定义为一个重要的阈值，当 R_0 值大于1时表明，平均每个原发病例会引起一个以上的二代感染病例，即病例数会逐渐扩大。当 R_0 值很大时，表明该病可能发生大流行。当 R_0 值小于1时，表明即使出现新的感染病例，疾病也会最终消失。对宿主种群进行免疫，可以提高群体特异性免疫力，以阻止感染的持续扩散，而对种群内多少动物进行免疫由 $1-1/R_0$ 的值来决定。病毒病疫情发展的速率由 R_0 与平均传代时间（T_g）共同决定。T_g 是感染病例排毒到引起二代病例所需的时间间隔。

◉ 进一步阅读材料

Mims, C.A., Nash, A. and Stephen, J. (2000). Mims' Pathogenesis of Infectious Disease. Fifth Edition. Academic Press, Amsterdam.

Virgin, S. (2007). Pathogenesis of viral infection. In Fields' Virology. Volume 1. Fifth Edition. Eds D.M. Knipe and P. Howley. Lippincott, Williams and Wilkins, Philadelphia. pp. 327–388.

第五篇

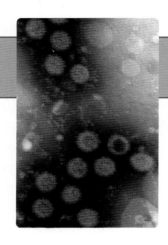

第59章

病毒感染的实验室诊断

动物的很多病毒性传染病可以根据临床症状结合尸检和组织病理学变化，作出诊断。然而有些病毒性传染病的确诊常常需要实验室检测。种公牛和种公马等一些有重要价值的动物，通过其精液的人工授精，可以向其他动物传播一些疫病，因此对这些动物进行某些病毒性病原监测是动物管理的重要内容。作为国际贸易法规的一部分，如果进口国没有某种动物疫病，那么出口国必须向进口国提供出口动物无这种动物疫病的证明。因此，实验室快速准确诊断外来的病毒疾病，包括一些人畜共患传染病，是成功实施动物疫病根除计划和保护人类健康所必需的。监测动物群体中新发的、正在发生的或再次发生的病毒性疾病，是国家兽医工作的一项重要职责。

重要的动物病毒性疾病超过200种。因为全面的病毒学诊断需要可观的资源，所以各国兽医诊断工作通常侧重于国内流行的动物病毒性疫病。此外，实验室一般也只对特定种类的动物提供诊断服务。对于一些病毒，如口蹄疫病毒等传染性很强的病毒，其操作需要强制使用特殊的、密闭的实验室设施。位于巴黎的世界动物卫生组织（OIE），负责监控和公布世界各地重大动物疫病的疫情。汇总和公布这些信息需要在重要的病毒性传染病方面，开展国际合作，并建立相应的实验室网络。

◉ 样品采集、保存和运输

能否获得合适的样品是决定实验室诊断结果是否可信最重要的因素。影响样品采集和运输的主要因素包括：发病动物样品采集的时间、样品种类、质量和数量、样品到达实验室需要的运输时间、样

品在运输中保存介质的适宜性及运输条件。理想的实验室检测样品应在动物感染后尽早采集，此时病毒效价最高，而且尚未发生继发性细菌或真菌感染。应当从有传染病接触史且外观正常的动物采集样品，因为这些动物有可能向外排毒。用于实验室检测的样品要有临床症状或死后病变。口咽液或鼻咽液拭子样品适用于呼吸道疾病检测。肠道病毒性疾病中，粪中含有大量病毒颗粒。引起病毒血症的疾病，病毒主要在白细胞中。

某些检测需要保持病毒的感染性和抗原性。许多病毒不稳定，分离这些病毒的样本应保存在运输介质中，冷藏并及时送至实验室。暂不运输的样品要−70℃保存。−20℃冷冻保存会降低大多数病毒的感染性。用于运输保存的介质应使用缓冲等渗盐水，内含高浓度蛋白，如牛白蛋白或胎牛血清，可延长病毒存活的时间。保存样品时可以加入抗生素和抗真菌药物以抑制污染。用于电镜检查的样品对储存和运输过程的保存条件要求相对较低，只要能观察病毒颗粒形态即可。采集用于分子检测的血液样品时，应当注意，抗凝剂肝素能抑制一些聚合酶链式反应。用于荧光抗体染色的风干涂片要在丙酮或甲醇中固定至少10分钟，以保存病毒抗原。固定使荧光抗体偶联物渗透进入细胞。冰冻切片在进行荧光抗体染色之前也需要类似的固定。石蜡包埋的福尔马林固定组织可以保存很多年，利用免疫组化技术可以检测其中的病毒抗原。

对实验室检测而言，临床医生对待测疫病的病原的确定提出的指导性意见至关重要。这要求对动物的病史、临床症状以及初步临床诊断，进行准确的评估。某些情况下，死后剖检以及组织病理学检

查足以达到诊断目的，尤其是当感染组织中发现特异性的包涵体时。

◉ 病毒、病毒抗原或核酸的检测

确定组织中是否存在病毒可以通过分离活病毒、检测病毒颗粒或抗原及病毒核酸。基于分子生物学和抗原检测方法的实验室诊断检测已经成为快速诊断病毒病的首选方法。

■ 病毒分离

利用细胞、鸡胚或实验动物进行病毒分离是其他诊断方法通常参照的标准。不要期望某个特定的细胞单层培养物能满足来自宿主不同细胞类型的多种病毒的培养。实验室常用的细胞系种类仅适用于有限种类病毒的分离以及有限类型的样品。鸡胚广泛用于甲型流感病毒和禽类病毒的分离。出于伦理考虑和成本因素，已很少使用活体动物进行病毒分离。

病毒分离是一种敏感的方法，培养条件要最适于某一特定的病毒，该方法可以培养出大量的病毒用于后续研究。这种方法可以用于多种不同病毒的检测，包括根据临床表现未考虑的病毒和以往在动物临床未识别的病毒。然而病毒分离工作量大，周期长，成本高。在病毒适应特定的细胞系前，需要盲传多代，因此往往需要几个星期才能拿到检测结果。由于某些病毒不能产生细胞病变，通常需要血细胞吸附试验和荧光抗体染色等其他试验，才能检测细胞中是否存在病毒。即使病毒引起显著的细胞病变，也常需要其他试验进行最终确定。病毒贝壳样培养（shell vial culture，译者注：已经商品化）是一种改良的细胞培养技术，细胞在培养瓶底部的盖玻片上生长，加入接种物后将培养瓶离心，经过一定时间培养，取出盖玻片进行免疫荧光染色。与传统病毒培养方法相比，这种方法的灵敏性更高。混合细胞培养系统已经被用于病毒分离，该方法是将多种不同类型细胞混合同时培养生长成一个单层细胞。与常规的单层细胞培养相比，这种方法可以分离更宽范围的病毒，培养后可用单抗对这些病毒进行检测。

■ 电子显微镜

在电镜下可以观察到诊断样本中的病毒。这种方法不仅可以识别混合病毒感染，也可以检测体外

不能培养的病毒，如诺瓦克病毒。尽管这项技术对鉴定肠道病毒非常有用，但也有很大的局限性，包括灵敏度有限，成本高和对操作人员的技术要求高。临床样本中需要存在大量的病毒颗粒（通常每毫升大于 10^7 个）才能确保被检出。粪、拭子、水疱液和疣组织样品中通常含有检测需要的足够浓度的病毒。另外，电镜难以分辨形态相似的病毒。同一病毒科的成员常常具有相同的形态，单凭电镜难以分辨，必须利用其他技术如抗体标记，才可鉴定病毒种属。少数病毒科如痘病毒科和呼肠孤病毒科，在属的水平上确实存在形态差异。

有许多制备检测样本的方法。处理液体样品时，首先通过低速离心去除大颗粒碎片，随后进行超速离心以沉淀病毒颗粒。用磷酸钨酸或醋酸双氧铀等重金属化合物进行负染，可以提高对比度，在黑暗的背景下突显出明亮的病毒粒子。在进行免疫电镜的样品中加入抗血清，使病毒颗粒聚集，提高离心后的回收率，从而增加免疫电镜方法的敏感性。或者将抗血清滴加检测样品所用的铜载网，同样可以聚集样品中的病毒。

■ 免疫荧光与免疫组织化学

荧光素标记的抗病毒抗体可以用于检测临床样品中的病毒抗原，尤其是呼吸道样品。酶标记的抗病毒抗体也可以达到此目的。当使用免疫荧光检测时，需要带有强光源（氙弧灯或汞气灯）的显微镜对荧光物质显像（图59.1）。标记荧光染料的特异性抗体可用于检测样本中病毒感染的细胞，常用的荧光染料包括异硫氰酸荧光素（fluorescein isothiocyanate，FITC）或异硫氰酸罗丹明（rhodamine isothiocyanate，RITC）。荧光染料被特定波长光激发可以发射更长波长的光，从而示踪结合到病毒颗粒上的抗体。该技术可用于检测固定涂片、冰冻切片或单层细胞中病毒感染的细胞。

直接和间接免疫荧光技术可用于检测样品中的病毒和病毒抗原（图59.2）。直接免疫荧光方法偶联有针对特定病毒的抗体，可用于固定样品的检测。孵育后洗涤样本，以除去未结合的抗体，然后进行镜检。间接免疫荧光方法是用未标记的抗病毒血清以及标记的抗球蛋白，即针对抗病毒血清来源动物的抗体。免疫荧光方法快速、敏感，但某些样品能产生非特异荧光，因此这些样品的检测结果需谨慎判断。

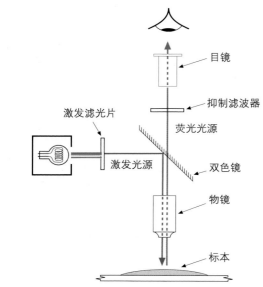

图59.1　荧光显微镜示意图

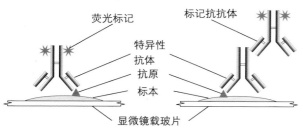

图59.2　直接或间接免疫荧光技术可以检测冰冻切片、细胞抹片和单层细胞中的病毒抗原

直接免疫荧光方法中，特异性抗体标有荧光基团，而间接免疫荧光方法中，病毒抗原与特异性抗体结合后，需要用荧光标记的抗抗体进行检测（如果特异性抗体来自A种动物，那么抗抗体是针对A种动物抗体的抗体）。

酶标抗体也可用于检测临床样品中的病毒或病毒抗原。辣根过氧化物酶是最常用于与特异性抗血清结合的酶。抗体与病毒抗原结合后，再加入过氧化氢和联苯胺衍生物可以识别抗体。随后的反应中，无色可溶的联苯胺衍生物变成有色的不溶性沉淀。该技术也可检测石蜡和树脂包埋组织，而且染色后很长时间不会褪色。此外，用普通光学显微镜就可以进行观察。然而，内源性组织过氧化物酶易产生背景反应，需在试验中设立合适的对照。

生物素-亲和素系统能够增强免疫组化反应。生物素可以与抗体共价结合，并且不干扰抗体与抗原的结合能力。亲和素可以与荧光基团或酶结合，对结合在抗体上的生物素有很强的亲和力。

■ 固相免疫测定法

在这些方法中，可以是抗原，也可以是抗体被固定在固相载体表面。用于酶免疫试验和放射免疫试验的合适固相表面包括聚苯乙烯或合成膜，凝集试验则用乳胶颗粒。这些试验敏感性好，而且操作相对简单。某些病毒商品化诊断试剂盒正是利用了这些方法。

放射免疫试验使用放射性同位素标记的抗体，并利用伽玛计数器测量结合的抗体。此类检测方法已被更为安全的免疫测定方法所取代。酶免疫技术通常称为酶联免疫吸附试验（enzyme-linked immunosorbent assays，ELISA），是目前广泛应用于病毒感染检测的免疫诊断方法。在这些试验中，抗体被酶标记，当酶与合适的底物反应时，可产生颜色的改变。颜色的变化可通过眼观或分光光度计测定。检测病毒时，在聚乙烯孔板的孔内包被特异的病毒抗体，然后加入待检样本（图59.3）。如果待检样本中含有病毒抗原，在孵育时会与抗体结合，且不被洗涤液洗掉。随后加入针对病毒抗原的特异性酶标抗体，孵育与洗涤后，加入底物，如果出现颜色变化表明反应为阳性。

ELISA方法可以快速检测大量样品，适用于兽医临床的快速一步法检测方法已经商品化。许多试剂盒利用膜作为固相载体增加表面积，以利发生抗原抗体反应，从而缩短孵育时间、降低洗涤次数。

包被抗病毒抗体的乳胶微粒与病毒抗原发生凝集，此类方法不需要特殊的设备、操作简单、价格低廉。然而，某些因素会降低这些方法的可信度，包括由于高浓度的抗原产生的非特异反应以及前带效应。

■ 免疫扩散

免疫扩散试验在琼脂中进行。方法的步骤是在琼脂的加样孔中放入待检的病毒样品液，在相对的孔中加入抗血清。液体会从孔中向外扩散，如果待检样品中含有病毒抗原，就会与抗体形成一条沉淀线。尽管此法操作简单、成本低，但敏感性相对较低。

■ 用于抗原检测的补体结合试验

当抗体与抗原结合形成免疫复合物时，补体被激活并与免疫复合物相结合。在补体结合试验中，在待检样品中加入已热灭活补体的已知抗血清，孵育后加入精确定量的豚鼠补体。如果样品中含有病

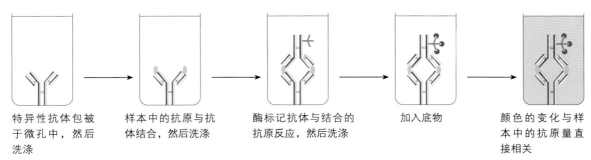

特异性抗体包被　样本中的抗原与抗　酶标记抗体与结合的　加入底物　颜色的变化与样
于微孔中，然后　体结合，然后洗涤　抗原反应，然后洗涤　　　　　　　　本中的抗原量直
洗涤　　　　　　　　　　　　　　　　　　　　　　　　　　　　　　接相关

图59.3　ELISA检测抗原的步骤（抗原捕获方法）

毒抗原，在孵育时形成的免疫复合物就会结合豚鼠补体。加入用特异性兔抗体处理过的绵羊红细胞，作为检测剩余补体活性的指示剂。如果豚鼠补体未被结合，则出现红细胞溶解，表示待检样品中没有病毒抗原存在。如果样品中存在病毒抗原，红细胞不溶解。补体结合试验需要精确、标准化的试剂，以及对结果的仔细分析。

■ 血细胞凝集与血细胞吸附

　　正黏病毒科、副黏病毒科、腺病毒科、细小病毒科、披膜病毒科等许多科的病毒可以与多种动物的红细胞反应，引起血细胞凝集。这种独特的能力源于病毒糖蛋白（血凝素）能够与红细胞受体结合，形成聚集物并从悬液中沉降。正黏病毒和副黏病毒可以通过其血凝素结合红细胞上的神经氨酸受体。这些病毒还具有神经氨酸酶，能够破坏红细胞受体，发生凝集。流感病毒的表面结构（纤突）具有血凝素和神经氨酸酶活性，利用特异性抗体可对甲型流感病毒分型。该试验需要大量病毒颗粒才能产生肉眼可见的血凝，因此方法的灵敏度相对较低。

　　血细胞吸附用以显示红细胞与病毒感染的细胞结合，此类病毒可致血凝作用。病毒复制时，病毒的促血凝糖蛋白嵌入到细胞膜内。

■ 核酸检测

　　近年来，病毒核酸检测方法的敏感性和通用性大为提高，已成为病毒鉴定的重要方法。核酸检测方法对体外培养困难或不能体外培养的病毒诊断尤为重要。对不存在感染性病毒的潜伏感染和含灭活病毒样品的检测同样有效。利用核酸杂交方法，病毒DNA克隆可用于样品与组织的检测。对完整的细胞或组织切片进行杂交检测的优势是，由于保留了细胞的完整性，可对病毒进行准确定位。近年来

核酸杂交技术已经被更灵敏的PCR方法所取代，后者可以扩增目的基因序列。PCR方法的一个重大改进是逆转录–聚合酶链式反应（reverse transcriptase polymerase chain reaction，RT-PCR），它将PCR技术扩展到RNA病毒。由于PCR反应的高度敏感性，所以更要严格标准化，以排除交叉污染、保证试验的可重复性和可靠性。在临床取样时，必须要避免环境污染和其他来源的污染。随着检测方法的敏感性提高，可能出现的外源病毒污染和降解的病毒基因组成为影响这个试验的重要因素。由于实时定量PCR中不需要扩增产物，与常规PCR相比，这个方法不易发生污染。

◉ 血清学检测

　　血清学方法通常用于病毒性疾病的回顾性诊断以及流行病学调查。血清学检测过程可以自动化，很多病原的诊断试剂也有商品化供应。检测易感动物群体中的单次血液样本，就可以对患病率进行监测。应用血清学方法诊断地方流行的畜禽群体疾病时，采集配对血清样品需要至少间隔3周，以监测抗体效价的上升。初次样品采样应该在急性期，此时临床症状开始明显，第二次样品采集应在康复期。使用检测IgM抗体的试剂时，一份血液样品可能就足以作出诊断，因为IgM可以作为初次免疫应答的标志。对血清学结果判定的困难在于，出现与抗原相关病毒的交叉反应，或者在急性期采集血清不及时，不能检测到初次免疫应答。幼畜体内的母源抗体，可能持续存在数月时间，也会影响结果的判定。

■ 酶联免疫吸附试验

　　ELISA方法检测抗体的程序，不同于先前描述的检测标本中病毒的方法。主要的差别是该法将病

第
五
篇

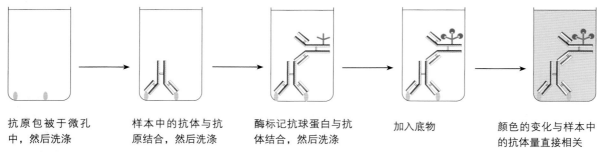

抗原包被于微孔　　样本中的抗体与抗　　酶标记抗球蛋白与抗　　加入底物　　颜色的变化与样本中
中，然后洗涤　　　　原结合，然后洗涤　　体结合，然后洗涤　　　　　　　　　　的抗体量直接相关

图 59.4　间接ELISA检测样品中抗体的步骤（间接方法）

毒抗原包被在固相载体上（聚苯乙烯孔或膜）。加入
稀释的待检血清与抗原反应。洗涤后，加入酶联抗
球蛋白，再次孵育、洗涤，加入合适的底物。颜色
变化的程度与待检血清中的抗体量成正比（图59.4）。
标记偶联物的单抗或多抗均可使用；对单抗或多抗
的选择取决于是否需要通过免疫球蛋白亚型来判断
感染持续的时间。

■ 用于抗体检测的免疫荧光试验

　　间接免疫荧光技术是将已知病毒抗原固定在显
微镜载玻片上，加入待检血清（图59.5）。孵育后，
洗涤载玻片，再加入异硫氰酸荧光素标记的抗球蛋
白，并进一步孵育。再次洗涤载玻片后，利用荧光
显微镜检测。该检测方法灵敏、迅速，但结果判定
需要仔细分析。

■ 血清中和试验

　　血清中和试验对检测能产生细胞病变的病毒具
有很高的特异性和灵敏性。与其他血清学试验相比，
它被认为是最可靠的诊断标准。中和抗体通常与免
疫保护密切相关。血清中和试验通常在微量滴定板
中进行，将一定量的病毒加到倍比稀释的待检血清
中。病毒易感细胞随后加入孔中。血清中的中和抗
体能防止细胞感染及出现细胞病变。血清中和抗体
效价以能够中和病毒的最高稀释度表示。待检血清
的中和效果也可以在易感实验动物或鸡胚上进行评
估。中和抗体在康复动物体内可持续存在很长时间，
通常长达数年。

■ 血凝抑制试验

　　某些科的病毒能够凝集红细胞，所以抗体对凝
集的抑制效应可以用于诊断这些病毒的感染。血凝

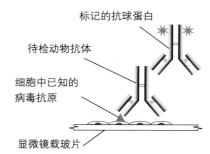

标记的抗球蛋白

待检动物抗体

细胞中已知的
病毒抗原

显微镜载玻片

图 59.5　间接免疫荧光技术检测血清中的抗体

抑制试验特异、可靠、易于操作。试验常在微量滴
定板上进行，对血清进行系列倍比稀释，然后加入
已知浓度（4个血凝单位）的病毒。待检血清的血凝
抑制效价为血清可以抑制红细胞凝集的最高稀释度。
血清中存在的非特异血凝抑制剂，可以通过加热灭
活或用高岭土、胰蛋白酶、高碘酸或细菌神经氨酸
酶处理。

■ 补体结合试验

　　由于难以标准化，补体结合试验已经被ELISA等
更便捷的诊断方法所取代。补体结合抗体先于中和
抗体出现，但不会持久存在。由于一些物种的血清
具有抗补体活性，所以难以用此方法滴定。

■ 蛋白质印迹（免疫印迹）技术

　　最初是为了鉴定抗原性蛋白研发了蛋白质印迹
技术，现在也可用于病毒疾病的诊断。将纯化的病
毒，溶于阴离子去污剂如十二烷基硫酸钠，随后在
聚丙烯酰胺凝胶中电泳。分离开的蛋白电转移至醋
酸纤维素膜，洗涤、干燥后剪成长条。置于待检血
清中孵育，然后洗涤并与酶标抗球蛋白孵育。加入
底物，在待检抗体与分离开的病毒蛋白结合处，产
生不溶的着色产物。

◉ 检测结果的分析判定

由于许多检测中会出现假阳性或假阴性结果，因此需要设立阴、阳性对照，以及确定诊断方法的特异性和灵敏度。对病毒感染情况进行诊断的方法，其灵敏度是确实感染的动物被检测为阳性的百分率，其特异性是确实未被感染的动物被检测为阴性的百分率。为了检出感染某种重要病毒的所有动物，需要灵敏度高的检测方法；为了确认动物个体是否感染了某种病毒，需要特异性高的检测方法。

检出病毒或检出病毒特异性抗体，不足以确定该病毒就是引起某种疾病的病原。越来越多灵敏度高、无需培养的扩增方法，能够检出潜伏感染或低水平的持续感染，但是对这些检测方法阳性结果的判定，需要格外谨慎。对检测结果进行病原性判定时，要注意病毒出现的部位与病灶的性质和程度是否相关。有相应的接触史和相应的临床症状是病原性判定的有力佐证。此外，针对某种病毒的抗体在成对血清样品中的效价如果显著升高，具有重要的诊断价值。已发表的类似疾病与其病因学的研究报告有助于确定具体的实验室检测方法。

◉ 进一步阅读材料

Mullis, K.B. (1990). The unusual origin of the polymerase chain reaction. Scientific American, 262, 56–65.

Saiki, R.K., Scharf, S., Faloona, F., et al. (1985). Enzymatic amplification of β-globulin genomic sequences and restriction site analysis for the diagnosis of sickle-cell anaemia. Science, 230, 1350–1354.

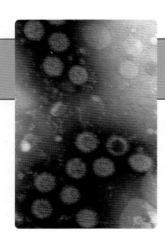

第60章

病毒感染的药物治疗

与细菌感染相似，有些病毒感染局限于特定的组织或器官，而有些则会发展成全身性感染，影响多种组织与系统。理想情况下，疫苗免疫是控制人类与动物病毒感染最行之有效的方法，然而许多重要的病毒疾病并没有特异性的疫苗。此外，动物中新出现的病毒还可能引起人畜共患病。因此，研制有效的抗病毒化学疗法至关重要，它不仅可以用于患者的治疗，还能对暴露在传染源的人群进行预防给药。尽管在人类治疗方案中抗病毒疗法已经相当完善，但是在兽医学却相对滞后。之所以这种治疗形式在动物病毒病中受到限制，是因成本高、治疗前需快速准确诊断病因并确定应用何种抗病毒药物。尽管抗病毒药物目前在动物中应用较少，但是在未来几年，随着成本以及其他因素的改变，治疗方法很有可能像抗菌药及抗蠕虫药一样得到推广。

病毒不同于细菌或真菌，它不能够独立复制，因此病毒是专性的胞内寄生物。宿主细胞提供了病毒复制所需的全部，包括能量、蛋白合成、RNA或DNA复制。由于病毒利用宿主细胞的生物合成系统进行复制，抗病毒药物的有效性及其对宿主的毒性都给治疗方法的研发及付诸应用带来了挑战。大部分抗病毒药物的治疗范围较窄，并且由于有些病毒如疱疹病毒具有潜伏期，抗病毒化学疗法的有效性也会受到干扰。

病毒复制过程是连续发生的。病毒吸附蛋白与细胞表面受体结合后随即发生吸附和侵入。病毒一旦进入细胞，就会脱衣壳并释放病毒基因组。病毒基因组表达、基因组复制、病毒蛋白翻译并发生翻译后修饰，随后病毒成分装配并通过出芽或裂解细胞进行释放。

有效的抗病毒药物应该能够抑制与复制相关的病毒特异性进程，而不抑制宿主细胞的合成，比如核酸或蛋白的合成。大部分抗病毒药物能够干扰病毒编码的酶类或者复制相关的病毒结构。许多抗病毒药物都是核酸类似物，能够干扰DNA与RNA的合成。其他的作用机制包括干扰病毒与细胞的结合、阻断病毒脱衣壳以及抑制子代病毒从被感染的宿主细胞释放。除了具有抗病毒活性，一些抗病毒物质还具有免疫调节活性，比如干扰素。抗病毒药物研发的主要瓶颈是抑制性复合物对宿主细胞固有的毒性。抗病毒化学疗法的其他限制因素还包括耐药性的产生。

◉ 抗病毒药的进展

20世纪40年代至60年代，抗生素的研究取得了长足进步，而抗病毒化学疗法的发展却相对滞后。从20世纪70年代至今，为了应对流感大流行的威胁、人免疫缺陷病毒在全球范围内迅速的蔓延以及传统化学疗法不足以治疗免疫缺陷病人的病毒感染等问题，抗病毒化学疗法也在不断发展。图60.1阐释了抗病毒药物合成与应用方面的主要进展。

◉ 病毒感染与阻断病毒复制的策略

由于引起人类与动物疾病的病毒都能在宿主细胞中复制，因此它们的复制周期具有相似的时序。尽管病毒在复制过程中具有相似的特征，诊断病毒感染对于临床医生与实验室人员来说仍然具有一定的挑战。急性病毒感染潜伏期相对较短，而慢性渐进性病毒感

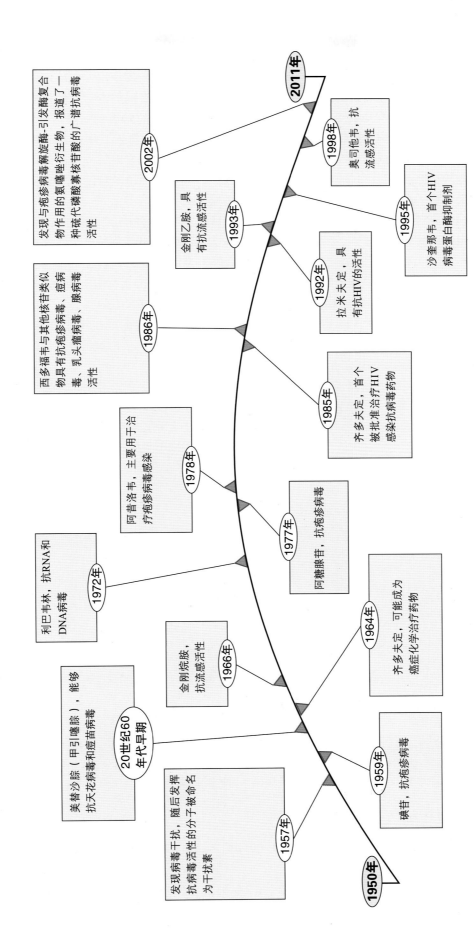

图60.1　20世纪50年代之后与抗病毒药物的发现、合成和治疗用途有关的主要进展

某些情况下，抗病毒药物在发现很多年后才证明其具有抗病毒活性。

第五篇

染则有很长的潜伏期。慢性病毒感染会造成感染动物持续释放病毒。病毒的潜伏感染表现为周期性的病毒复制再激活，这通常与应激性环境条件的出现、间发性感染引起的免疫缺陷、服用免疫抑制性药物或其他因素有关。潜伏期是某些病毒科成员的特征之一，比如疱疹病毒，抗病毒药物对这类病毒无疗效。由于目前使用的抗病毒药物均是抑制病毒生长的，因此抗病毒化学疗法是否有效依赖于宿主免疫系统的功能健全与否。对于逆转录病毒等病毒引起的感染，宿主的免疫应答不足以清除组织内的病毒病原体，因此需要终生进行抗病毒治疗。

抗病毒疗法目的在于阻止病毒进入宿主细胞，干扰病毒脱衣壳、基因组复制或装配以及宿主细胞释放病毒。表60.1列举了病毒复制阶段以及抗病毒药物或免疫系统干扰病毒复制活动的可能节点。表60.2根据抗病毒药物的作用方式简要综述了抗病毒药物的主要种类。

◉ 免疫调节剂

目前已发现许多能够促进针对病毒病原体的保护性免疫应答的免疫调节剂，其中有些化合物尽管不能直接起到抗病毒作用，但能增强先天性免疫应答，诱导产生具有抗病毒活性的细胞因子与趋化因子。在这些重要的具有抗病毒活性的细胞因子中，干扰素具有显著的特征，并有重要的免疫调节活性。干扰素能够与细胞表面特异性受体结合，启动细胞内通路，其中包括诱导特定酶类、抑制细胞增殖以及增强免疫应答。

目前发现有两种功能重叠的干扰素类型，1型与2型。干扰素1型能够介导早期的针对病毒感染的免疫应答，包括具有多种变体的干扰素α（interferon-α，IFN-α）以及单独的干扰素β（interferon-β，IFN-β）。单核吞噬细胞是IFN-α的主要来源，而IFN-β由成纤维细胞及其他细胞产生。干扰素2型或干扰素γ（interferon-γ，IFN-γ）由被抗原刺激的T细胞与NK细胞产生。

干扰素1型的主要作用是抗病毒。干扰素1型能够诱导大部分有核细胞进入抗病毒状态，并能活化NK细胞。干扰素γ具有间接抗病毒活性，但是同样能够作为免疫调节性细胞因子活化巨噬细胞，并参与启动抗体与T淋巴细胞介导的特异性抗病毒反应。

表60.1　抗病毒药物与免疫组件影响病毒复制时间点的分类

具有抗病毒活性的药物或免疫组件的类别	抗病毒药物或免疫组件发挥功能的复制阶段
吸附蛋白的肽类似物，融合蛋白抑制剂；中和抗体	吸附宿主细胞
离子通道阻滞剂	脱壳
病毒DNA聚合酶，RNA聚合酶，逆转录酶抑制剂	病毒基因组转录
核苷类似物	病毒基因组复制
干扰素，反向寡核苷酸	病毒蛋白翻译
蛋白酶抑制剂	蛋白翻译后修饰
干扰素	病毒组件的组装
神经氨酸酶抑制剂，特异性抗体与补体，能破坏被感染细胞的细胞毒性T细胞或NK细胞	通过出芽或细胞裂解释放病毒颗粒

表60.2　所选抗病毒药物的化学性质、作用方式与抗病毒谱

抗病毒药物	化学性质/作用方式	抗病毒谱	备注
阿昔洛韦	核苷类似物/抑制病毒DNA聚合酶	疱疹病毒，尤其是单纯疱疹病毒	对潜伏性病毒感染无效
金刚烷胺	三环氨/离子通过阻滞剂干扰病毒脱壳	甲型流感病毒；编码离子通道蛋白的其他病毒可能易感	金刚烷胺对动物抗病毒活性的报道有限
氨普那韦	氨基磺胺类非肽蛋白酶抑制剂/HIV蛋白酶活性位点抑制剂	人免疫缺陷病毒	蛋白酶抑制剂对动物病毒性疾病的治疗效果不明确
西多福韦	胞苷核苷类似物/抑制病毒DNA合成	疱疹病毒、痘病毒、乳头瘤病毒、腺病毒	组织半衰期较长，可以减少使用剂量
地拉韦啶	二杂芳烃基哌嗪 化合物/破坏HIV-1逆转录酶催化活性	人免疫缺陷病毒1型	对该类型中常用药物具有交叉耐药性

（续）

抗病毒药物	化学性质/作用方式	抗病毒谱	备注
恩夫韦肽	合成肽/阻止HIV-1与宿主细胞膜融合	人免疫缺陷病毒1型	在其他类型抗逆转录病毒药物出现耐药性时仍然有效
泛昔洛韦和喷昔洛韦	核苷类似物/抑制病毒DNA聚合酶	疱疹病毒	据报道，临床使用过程中不易产生耐药
膦甲酸	无机焦磷酸类似物/抑制病毒DNA聚合酶	疱疹病毒/对逆转录病毒部分活性	临床应用仅限于疱疹病毒
更昔洛韦	物环鸟苷核苷类似物/抑制病毒DNA合成、干扰病毒DNA聚合酶而不干扰细胞DNA聚合酶	疱疹病毒	对巨细胞病毒抗病毒活性尤其突出
碘苷	碘化胸苷类似物/整合入DNA并干扰核酸合成及病毒基因表达	疱疹病毒和痘病毒	由于全身用药具有毒性，仅用于局部用药
免疫调制剂包括干扰素	蛋白，其他新型化合物/抑制病毒复制或促进保护性抗病毒免疫应答	尽管干扰素能够抑制大部分RNA病毒，但大部分DNA病毒对其抗病毒作用相对不敏感	由于干扰素与免疫系统其他组件之间存在复杂的相互作用，因此这些分子既有直接又有间接的抗病毒活性
拉米夫定	核苷类似物/抑制逆转录病毒的逆转录酶活性以及抑制乙型肝炎病毒的DNA聚合酶	逆转录病毒和乙型肝炎病毒	与齐多夫定联合使用，具有显著的协同抗病毒作用
奈韦拉平	双吡啶并二氮杂卓酮化合物/破坏HIV-1逆转录酶催化活性	人免疫缺陷病毒1型	易与该类中其他药物发生交叉耐药性
奥司他韦	唾液酸类似物/与神经氨酸酶作用并抑制其活性	甲型流感病毒和乙型流感病毒	能够用于预防和治疗性用药
利巴韦林	嘌呤核苷类似物/抑制流感病毒RNA聚合酶；可能具有针对多种RNA和DNA病毒的多个作用位点	尽管对多种RNA和DNA病毒有抗病毒活性，但仅对少数病毒感染有治疗效果	引起骨髓抑制；抑制淋巴细胞应答，在体外能够改变细胞因子的组成
金刚乙胺	三环胺/干扰病毒脱衣壳的离子通道阻断剂	甲型流感病毒；对于某些利用离子通道的病毒可能有效	关于金刚乙胺在动物上的抗病毒活性的已发表报道较少
利托那韦	素拟肽，HIV蛋白酶抑制剂/与HIV蛋白酶活性位点结合	人免疫缺陷病毒	蛋白酶抑制剂对动物病毒性疾病的治疗作用不明确
沙奎那韦	素拟肽羟乙胺HIV蛋白酶抑制剂/与HIV蛋白酶活性位点结合	人免疫缺陷病毒	可与核苷逆转录酶抑制剂联合使用
司他夫定	核酸类似物/逆转录酶抑制剂	人免疫缺陷病毒	据报道与多种核苷类似物有交叉耐药性
曲氟尿苷	胸苷的氟化类似物/胸苷掺入DNA的竞争性抑制剂	在体外，有广泛的抗病毒活性；对人类疱疹毒性角结膜炎和动物眼部疱疹病毒感染可局部用药	由于具有毒性不适用于全身用药
伐昔洛韦	阿昔洛韦的左旋缬氨酰酯，核苷类似物/抑制病毒DNA合成	疱疹病毒	较阿昔洛韦口服生物利用度增强，提供了更多利于使用的优点
扎那米韦	唾液酸类似物/与神经氨酸酶相互作用，抑制其活性	甲性流感病毒和乙型流感病毒	可用于预防和治疗流感病毒
齐多夫定	胸苷类似物/终止前病毒DNA链的延伸	多种哺乳动物逆转录病毒	与其他胸苷类似物有交叉耐药性

干扰素1型通过识别病毒复制感染的细胞产生，也可通过先天性免疫应答相关细胞的toll样受体识别病毒来产生。无论是感染细胞还是"哨兵"——免疫细胞产生的干扰素1型，都能通过作用于邻近的细胞抑制病毒复制。干扰素1型能够通过多种机制作用于病毒复制周期的不同阶段从而进行抑制。与IFN-α和IFN-β相关的抗病毒机制是产生双链RNA依赖性蛋白激酶（protein kinase R，PKR）、活力强的核酸内切酶（核糖核酸酶L，RNaseL）以及Mx蛋白。PKR的释放能够干扰病毒mRNA的翻译。核糖核酸酶L能够通过降解病毒mRNA与核糖体RNA来抑制蛋白合成。Mx蛋白能够阻断一系列RNA病毒的转录并且干扰病毒颗粒的装配。

第五篇

然而这些蛋白对DNA病毒的效果有限。尽管干扰素γ只诱导PKR，但是它在巨噬细胞的活化中却发挥着重要作用。巨噬细胞一旦活化，能够吞噬病毒及被病毒感染的细胞、破坏被感染细胞、产生肿瘤坏死因子α（tumour necrosis factor-α，TNF-α）与干扰素α。

通过重组技术以及化学合成制备的干扰素能够用于治疗人类与动物的多种病毒感染。重组干扰素α（rIFN-α）的两种亚型rIFN-α-2a与rIFN-α-2b已用于治疗病毒性肝炎及其他病毒性疾病。目前已获得侧链上共价偶联聚乙二醇的rIFN-α-2a修饰重组体，此种经过修饰的干扰素称为聚乙二醇干扰素，具有注射后吸收缓慢、半衰期长于传统干扰素的特点。

咪喹莫特和肌酐普拉诺贝均是免疫刺激类药物，已用于增强针对病毒感染的免疫应答。有报道指出，肌酐普拉诺贝具有免疫增强活性，并已用于治疗疱疹病毒引起的痈疮。咪喹莫特是一种新型的免疫调节剂，能结合toll样受体TLR-7与TLR-8，并激活先天性免疫应答，产生干扰素。

◉ 阻断离子通道的化合物

抗流感药物金刚烷与金刚乙胺能在甲型流感病毒复制周期的较早阶段抑制病毒的复制。这些抗病毒药物的作用机制与病毒被宿主细胞内吞后的脱衣壳有关。

金刚烷胺

抗病毒药物金刚烷胺是一种三环胺，长期以来一直认为是甲型流感病毒的特异性抑制剂。金刚烷胺能够抑制甲型流感病毒复制的早期阶段，其抗病毒活性仅限于甲型流感病毒。

病毒黏附宿主细胞后，细胞通过表面糖蛋白的唾液酸成分结合流感病毒囊膜上的糖蛋白纤突或血凝素，将病毒内吞。在复制循环的早期，病毒被膜结合细胞器"内吞小体"所包裹。酸化是内吞小体通常的功能之一，较低的pH引起病毒血凝素蛋白的构象变化，随后病毒囊膜与内吞小体膜结合，并将核衣壳释放至宿主细胞胞浆。但是当金刚烷胺存在时，基质蛋白M1不能从核糖核蛋白解离，仍在胞浆中不进入细胞核。核衣壳的M2蛋白可能形成多聚的管状结构，氢离子通过该结构从酸化的内吞小体进入病毒颗粒，并从核糖核蛋白上解离M1（图60.2）。金刚烷胺通过干扰M2蛋白离子通道的功能，抑制复制早期酸介导的核糖核蛋白复合体解离，该过程对单链RNA基因组的脱衣壳具有重要作用。

对金刚烷胺的原发性耐药在甲型流感病毒人类分离株中并不常见，但是在禽与猪的分离株中已有报道。由单个核苷酸变化引起的M2蛋白跨膜区氨基酸置换，与金刚烷胺的耐药性有关。

金刚乙胺

与金刚烷胺相似，金刚乙胺同样是甲型流感病毒的特异性抑制剂。两种药物均可用于感染的治疗和预防。金刚乙胺是金刚烷胺的α甲基衍生物，是一种比金刚烷胺抗病毒活性更强的三环胺。除了它的抗病毒活性，金刚乙胺还具有体外抑制布鲁斯锥虫的活性。

与金刚烷胺相似，金刚乙胺的作用机制同样与在内吞后干扰病毒脱衣壳有关。病毒核衣壳中M2蛋白的功能与脱衣壳有关，金刚乙胺能破坏其功能，一旦M2蛋白功能被破坏，酸介导的核糖核蛋白复合体解离这个单链RNA基因组，脱衣壳所必需的过程则不会发生。

对金刚乙胺的原发性耐药在甲型流感病毒人类分离株中并不常见，但在禽与猪的分离株中已有报道。M2蛋白或血凝素蛋白的改变可能会引起耐药性的产生。金刚乙胺与金刚烷胺具有交叉敏感性以及相似的耐药模式。免疫缺陷病人较免疫系统正常的个体更容易对这两种药产生耐药性。

◉ 神经氨酸酶抑制剂

流感病毒神经氨酸酶活性抑制剂能够干扰甲型流感病毒和乙型流感病毒从宿主细胞的释放。当流感病毒完成其复制周期后，会从细胞膜出芽。从感染细胞释放新组装病毒颗粒需要神经氨酸酶的参与，后者可以剪切出芽病毒颗粒细胞膜囊膜上的唾液酸残基。如果该过程被抑制，病毒表面突出的血凝素会与新释放的邻近病毒颗粒持续存在的唾液酸残基结合，致使病毒颗粒在细胞表面聚集。

神经氨酸酶抑制剂奥司他韦和扎那米韦均为唾液酸类似物，能够特异性抑制甲型与乙型流感病毒神经氨酸酶的活性（图60.2）。

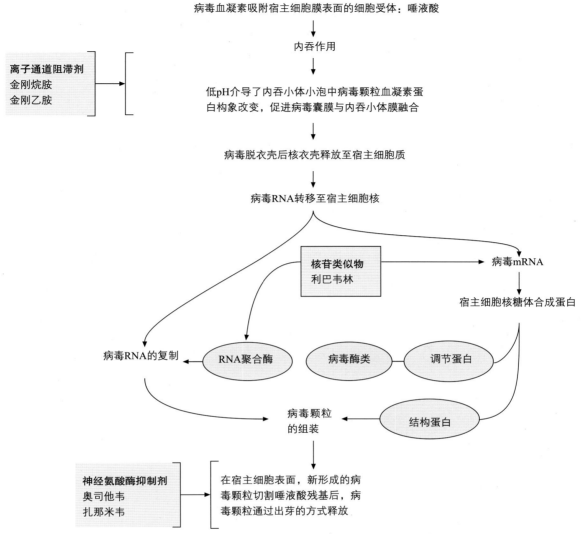

图60.2　抗病毒药物干扰RNA病毒复制或干扰新合成的RNA病毒从宿主细胞表面释放的作用点（以流感病毒为例）

奥司他韦

实验动物的研究已表明，病毒颗粒释放时神经氨酸酶的活性对于致病至关重要。这些研究还表明，神经氨酸酶抑制剂奥司他韦与扎那米韦均为有效的抗流感药物，既能用于预防又能用于治疗。

奥司他韦是唾液酸的过渡态类似物，是一种高效的甲型流感与乙型流感神经氨酸酶活性选择性抑制剂。奥司他韦与神经氨酸苷酶作用会导致酶活性中心的构象变化，从而抑制其活性。神经氨酸酶一旦被抑制，感染细胞表面会出现病毒颗粒的聚集成团，从而阻碍了呼吸道内病毒的传播。

尽管有报道指出，多种流感病毒分离株的血凝素与神经氨酸酶发生突变后，奥司他韦对其抑制能力较野生株下降，但是一旦发生突变，这些毒株对动物模型的感染性及毒力也随之下降。

扎那米韦

与奥司他韦类似，神经氨酸酶抑制剂扎那米韦也是唾液酸类似物，能够特异性抑制甲型与乙型流感病毒神经氨酸酶的活性。与奥司他韦不同，口服扎那米韦不能被利用，需要通过鼻内或口内吸入干粉的方式给药。神经氨酸酶一旦被抑制，感染细胞表面会出现病毒颗粒的聚集成团，从而阻碍了呼吸道内病毒的传播。

对扎那米韦的耐药性与病毒血凝素或神经氨酸苷酶的突变有关。通常对扎那米韦具有耐药性的毒株，其对实验动物的感染性降低。

第五篇

⊙ 抑制病毒基因组复制的抗病毒药物

　　许多抗病毒药物能够抑制病毒基因组复制，此类药物绝大部分为核苷类似物，能够抑制病毒聚合酶，尤其是DNA聚合酶。这类化合物在发挥抗病毒功能前，必须经过胞内磷酸化形成三磷酸形式。磷酸化的核苷类似物通过与天然底物竞争来抑制聚合酶，通常它们会掺入正在合成的DNA链中并终止其延伸。

　　本类中的阿昔洛韦及其相关药物，包括泛昔洛韦、喷昔洛韦、更昔洛韦、伐昔洛韦，都是无环核苷类似物。这些抗病毒药物对疱疹病毒特别有效，它们能够抑制病毒DNA聚合酶或通过减慢并逐渐终止链延伸，从而抑制病毒DNA合成（图60.3）。

阿昔洛韦

　　核苷类似物阿昔洛韦在结构上与天然核苷脱氧鸟苷类似（图60.4）。无环鸟苷核苷是首批被批准的一种人用临床抗病毒药物，其抗病毒活性仅限于疱疹病毒。阿昔洛韦对许多疱疹病毒具有选择性活性，包括单纯疱疹病毒、水痘带状疱疹病毒。有关阿昔洛韦在动物疱疹病毒感染治疗方面的临床效果如何，相关报道有限。

　　阿昔洛韦能够抑制多种疱疹病毒的DNA聚合酶。然而阿昔洛韦必须首先磷酸化才能发挥作用。单纯疱疹病毒能够编码胸苷激酶，该激酶通过磷酸化来激活药物，使其变为一磷酸阿昔洛韦，随后在宿主细胞酶类的作用下完成二磷酸形式的转变，并最终变成三磷酸形式。由于初始磷酸化不发生在未感染

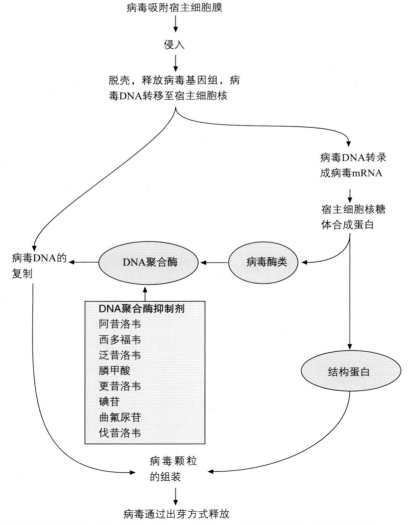

图60.3　抗病毒药物干扰病毒复制的作用点（以一种DNA病毒——疱疹病毒的复制周期为例）

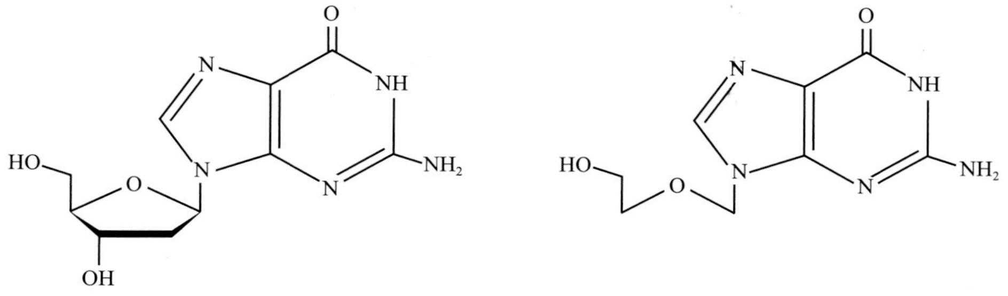

图60.4　核苷类似物阿昔洛韦与天然核苷脱氧鸟苷的结构相似性

细胞内，因此三磷酸阿昔洛韦的产生仅局限于疱疹病毒感染的细胞。三磷酸阿昔洛韦能够竞争性抑制病毒DNA聚合酶，其对细胞DNA聚合酶的抑制相对较弱。三磷酸阿昔洛韦盐同样可以掺入到病毒DNA中，终止DNA链的延伸。潜伏期是人和动物疱疹病毒感染的一个特征，与出现或不出现症状的周期性复发有关。抗病毒药物并不能消除潜伏感染的病毒。

据报道，应用阿昔洛韦治疗感染疱疹病毒的长尾小鹦鹉与其他鹦鹉类，能够降低死亡率。这种抗病毒药物也可用于治疗猫病毒性鼻气管炎。

胸苷激酶缺乏或生成不足、胸苷底物特异性改变以及病毒DNA聚合酶发生突变，从而阻止了阿昔洛韦的结合，导致阿昔洛韦耐药性的产生。

西多福韦

西多福韦是胞苷的核苷类似物，对疱疹病毒、痘病毒、乳头瘤病毒以及腺病毒有抑制活性。西多福韦具有较长的组织内半衰期，并且在许多动物模型中，较长的服药间隔减少其抗病毒活性。对于痘病毒感染，单次服药即可有效。

西多福韦通过减慢并逐渐终止链延伸来抑制病毒DNA合成。对西多福韦耐药性的产生与病毒DNA聚合酶的突变有关。

泛昔洛韦与喷昔洛韦

泛昔洛韦是喷昔洛韦的前体药物衍生物，在体内，泛昔洛韦代谢成原药喷昔洛韦。在体内经新陈代谢产生活性化合物喷昔洛韦。泛昔洛韦是一种6脱氧喷昔洛韦二乙酰基酯。喷昔洛韦是无环鸟苷核苷类似物，其作用方式和活性范围与阿昔洛韦相似。这种抗病毒药物是病毒DNA合成的抑制剂，三磷酸喷昔洛韦是病毒DNA聚合酶的竞争性抑制剂。喷昔洛韦抑制疱疹病毒的方式与阿昔洛韦相似，与后者相比，喷昔洛韦在感染细胞中作用更强烈、持续时间更长。

疱疹病毒对泛昔洛韦与喷昔洛韦耐药性地产生与阿昔洛韦的形式相同。然而据报道，临床用药期间很少产生耐药性。

膦甲酸

抗病毒药物膦甲酸是一种无机焦磷酸类似物，它能够通过直接与焦磷酸盐结合位点结合来抑制病毒DNA聚合酶。膦甲酸即磷酸三钠甲酸盐能够抑制疱疹病毒DNA聚合酶和HIV逆转录酶的复制，然而在临床使用中该药仅适用于疱疹病毒感染。

膦甲酸以非竞争方式可逆性地阻断病毒聚合酶的焦磷酸盐结合位点，同时还能够抑制焦磷酸盐从脱氧核苷三磷酸上的解离。尽管膦甲酸能够通过一种不同于核苷类似物的机制来抑制DNA聚合酶，但是许多对核苷类似物耐药的病毒突变株同样对膦甲酸产生耐药性。编码病毒DNA聚合酶基因上的点突变能够使其对膦甲酸产生耐药性。

更昔洛韦

更昔洛韦是一种无环鸟苷核苷类似物，结构与阿昔洛韦相似。更昔洛韦对许多疱疹病毒有抑制活性，但是对巨细胞病毒的抑制能力尤为突出。更昔洛韦能够在疱疹病毒感染的细胞内磷酸化，这个过程是由病毒激酶启动的。二磷酸更昔洛韦与三磷酸更昔洛韦均由细胞内酶类形成。这种三磷酸形式是三磷酸脱氧鸟苷掺入DNA的竞争性抑制剂，它会优先干扰病毒而不是宿主细胞的DNA聚合酶。病毒DNA中掺入三磷酸更昔洛韦并不引起链终止，这与三磷酸阿昔洛韦的掺入不同。当三磷酸更昔洛韦整合到宿主细胞，尤其是骨髓细胞时，会发挥类似放射性的作用。

对更昔洛韦产生耐药性的原因主要是细胞内磷酸化的降低以及病毒DNA聚合酶的突变。

碘苷

碘苷是碘化胸苷的核苷类似物，是最早在治疗上使用的特异性抗病毒化合物的一员，其抗病毒活性不能与现代高选择性抗病毒药物相比。碘苷能够抑制包括疱疹病毒和痘病毒在内的多种DNA病毒的复制。碘苷的作用方式与阿昔洛韦类似，首先被病毒胸苷激酶转变成单磷酸核苷，随后被细胞的激酶转变为二磷酸和三磷酸核苷。三磷酸碘苷能够抑制病毒和细胞DNA的合成。其抗病毒活性主要来源于插入病毒核酸后对病毒基因表达的干扰。由于全身用药具有毒性，所以只能局部用药。含有碘苷的眼药水可用于治疗动物的疱疹病毒角膜炎。

对碘苷极易产生耐药性，其产生机制与阿昔洛韦相似，包括胸苷激酶底物特异性的改变以及病毒DNA聚合酶改变导致其与碘苷结合受干扰。

利巴韦林

该抗病毒药物能够抑制多种DNA与RNA病毒的复制。利巴韦林是一种嘌呤核苷类似物，可被细胞激酶依次磷酸化变成单磷酸利巴韦林、二磷酸利巴韦林与三磷酸利巴韦林核苷。三磷酸形式能够抑制流感病毒的RNA聚合酶，其他抗病毒活性机制可能参与抑制多种RNA和DNA病毒。利巴韦林的作用方式可能具有相对非特异性（图60.2）。

利巴韦林通常以气溶胶形式给药，可用于治疗严重的儿童呼吸道合胞病毒支气管肺炎。口服利巴韦林联合聚乙二醇化干扰素α-2a对丙型肝炎病毒感染有效。由沙粒病毒引起的拉沙热患者及时服用利巴韦林能够显著降低死亡率。在体外，利巴韦林对猫传染性腹膜炎病毒有效，但试验性感染嵌杯病毒的猫的治疗数据显示，利巴韦林会引起骨髓抑制以及其他副反应。

利巴韦林的抗病毒谱相对较广，同时难以达到无毒性水平。一种抗病毒药物缺乏特异性，通常限制了临床活性，利巴韦林正是如此。利巴韦林治疗的不良反应包括骨髓抑制以及细胞膜的氧化性损伤。

鲜有产生利巴韦林耐药性的报道。由于其不确定的作用方式，因此对其耐药性产生的机制也不得而知。

曲氟尿苷

胸苷的氟化类似物能够在体外抑制多种病毒，包括疱疹病毒、痘苗病毒以及某些腺病毒。曲氟尿苷毒性很强，不适于全身用药。曲氟尿苷的三磷酸形式是掺入到DNA的三磷酸胸苷的竞争性抑制剂。40多年前合成的这种抗病毒化合物，至今仍是治疗人类疱疹病毒性角结膜炎的首选药物，通常以1%的眼用溶液形式使用。据报道如果给动物全身用药，曲氟尿苷会致突变和致畸。在治疗动物疱疹性角膜炎时通常局部用药。

目前已有疱疹病毒临床分离株对曲氟尿苷耐药性的报道，耐药性产生的原因为胸苷激酶底物特异性的改变。

伐昔洛韦

伐昔洛韦是阿昔洛韦的左旋缬氨酰酯，口服给药能够被有效吸收，并迅速地转变为阿昔洛韦。由于伐昔洛韦使阿昔洛韦的口服生物利用率提高，因此可以寻求较阿昔洛韦更好的治疗方法。

伐昔洛韦以与阿昔洛韦相同的机制抑制病毒DNA的合成。与阿昔洛韦相同，伐昔洛韦对疱疹病毒具有抑制活性，据报道伐昔洛韦对人的带状疱疹病毒感染尤其有效。

◉ 抗逆转录病毒药物

■ 抗逆转录病毒融合抑制剂

干扰病毒吸附和侵入宿主细胞的抗病毒药物能够阻止病毒感染的后续阶段，这类药物还为免疫系统成员从体液和宿主组织清除病毒提供了机会。

恩夫韦肽

恩夫韦肽（enfuvirtide）是一种合成肽，能阻止人免疫缺陷病毒1型（human immunodeficiency virus type 1, HIV-1）与宿主细胞外膜的融合，从而阻止CD4⁺T细胞被感染。合成肽的序列来源于HIV-1跨膜糖蛋白gp41的能够介导病毒膜脂双分子层与宿主细胞膜脂双分子层融合的区域。恩夫韦肽既能抑制游离的病毒颗粒感染CD4⁺ T细胞，又能在体外阻止HIV-1在细胞间的传播（图60.5）。由于其独特的作用机制，对于那些能够耐受其他抗逆转录病毒药物的病毒，恩夫韦肽仍然具有抗病毒活性。HIV-1毒株通过在gp41的恩夫韦肽结合域产生特异性突变，对恩夫韦肽产生耐药性。

■ 非核苷逆转录酶抑制剂

这些抗病毒药物能够通过与逆转录酶结合选择性抑制HIV-1，其结合位点不同于天然核苷类似物。这些化合物能够诱导逆转录酶的构象变化，从而破坏其催化活性。地拉韦啶与奈韦拉平是这类抗病毒药物的两个代表，均为HIV-1逆转录酶的非竞争性抑制剂，它们不需要细胞内磷酸化就具有抗病毒活性。

地拉韦啶

非核苷类逆转录酶抑制剂地拉韦啶是一种二杂芳烃基哌嗪化合物，能够选择性抑制HIV-1。地拉韦啶能够诱导逆转录酶的构象变化，从而破坏其催化活性。由于这种抗病毒药物的靶位是HIV-1特异性的同时是酶功能非必需的，因此病毒会迅速产生耐药性。一旦对地拉韦啶产生耐药性，对这类药物中其他成员产生的交叉耐药性会随之而来。

奈韦拉平

与其他非核苷类逆转录酶抑制剂相同，奈韦拉平和酶结合的位点不同于底物。奈韦拉平是一种双吡啶并二氮杂卓酮化合物，该化合物能够选择性抑制HIV-1，而不抑制HIV-2。该药物是一种非竞争性抑制剂，能够结合在远离HIV-1逆转录酶活性位点的位置，并诱导酶的构象发生变化，从而破坏其催化活性。由于这种抗病毒药物的靶位是HIV-1特异性的同时是酶功能非必需的，因此病毒会迅速产生耐药性。一旦对奈韦拉平产生耐药性，对这类药物中其他成员产生的交叉耐药性也随之而来。

■ 核苷逆转录酶抑制剂

包括拉米夫定、司他夫定、齐多夫定在内的许多核苷类似物，都是HIV逆转录酶的抑制剂。司他夫定是一种合成的核苷类似物，而拉米夫定是一种胞苷类似物。

这类核苷逆转录酶抑制剂在细胞内通过细胞激酶的磷酸化被激活，其三磷酸形式能够竞争性抑制逆转录酶。这些抗病毒药的三磷酸形式能够终止前病毒DNA链的延伸（图60.5）。

拉米夫定

胞苷类似物拉米夫定是HIV-1与HIV-2的逆转录酶抑制剂，同时也是乙型肝炎病毒DNA聚合酶的抑制剂。细胞酶类将拉米夫定转变成能竞争性抑制乙型肝炎DNA聚合酶的三磷酸盐形式。

单独使用拉米夫定治疗HIV感染患者，由于单氨基酸置换的发生，耐药性会迅速产生。这种耐药性还会导致针对相关抗病毒药物的交叉耐药性。拉米夫定与齐多夫定联合使用时会产生显著的协同抗病毒效应。

司他夫定

当HIV逆转录酶的核苷抑制剂在细胞内转变成三磷酸盐形式后，会终止DNA链的延伸。司他夫定是一种合成的核苷类似物，能够抑制HIV-1与HIV-2逆转录酶的活性。司他夫定的三磷酸盐形式能够终止前病毒DNA的延伸，从而阻止HIV的复制。

对司他夫定的耐药性产生特点与另一种胸苷核苷类似物齐多夫定相似。有些突变会导致针对这两种抗病毒药耐药性的产生，这些突变被称为胸苷相关突变。产生耐药性的机制与逆转录酶的突变有关。

齐多夫定

齐多夫定是核苷逆转录酶抑制剂的一种，它是胸苷的类似物。齐多夫定是第一个被批准用于治疗HIV感染的抗病毒药物。它对许多病毒具有抑制活性，包括HIV-1、HIV-2、人嗜T淋巴细胞病毒及其他哺乳动物病毒。由于齐多夫定能通过逆转录酶的酶活性整合到新生DNA中，因此三磷酸齐多夫定能终止前病毒DNA链的延伸（图60.5）。由于在活化过程中不具有选择性，因此磷酸化的齐多夫定能够积累在大部分裂细胞中，这将导致产生毒性，表现为骨髓抑制、噬中性粒细胞减少以及贫血。

据报道，使用齐多夫定治疗猫免疫缺陷病毒感染的猫，能够缓解疾病的临床症状。尽管抗病毒药物治疗后感染仍然持续，但是感染猫的存活时间得到延长。

对齐多夫定的耐药性与病毒逆转录酶的突变有

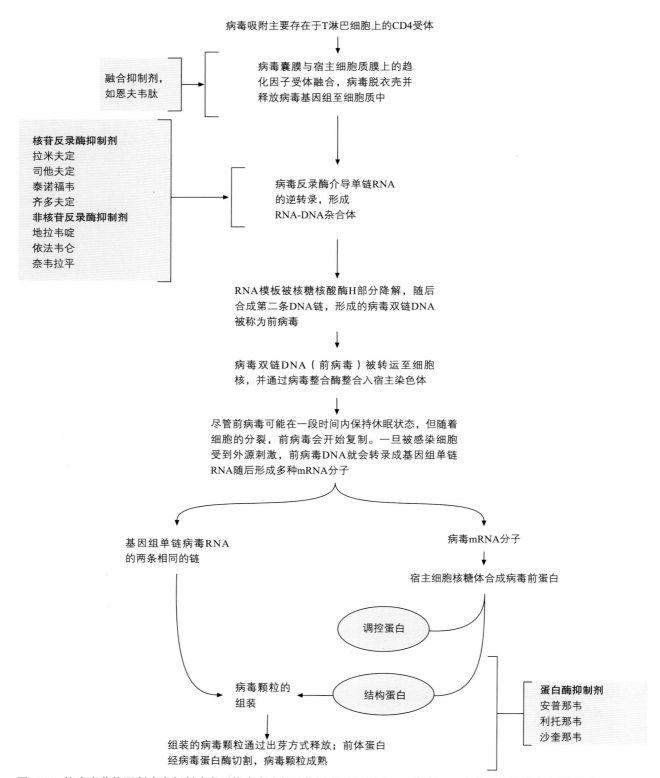

图60.5　抗病毒药物阻断病毒复制或者干扰病毒成熟的作用点（以反录RNA病毒——人免疫缺陷病毒1型为例）

关，突变会导致抗病毒药物与酶的亲和力下降。对其他胸苷类似物的交叉耐药性也同样会发生。

■ 蛋白酶抑制剂类抗病毒药

病毒基因组复制与病毒蛋白合成是所有病毒复制周期的重要阶段。对于包括HIV-1在内的许多病毒来说，仅将蛋白与核酸装配进病毒颗粒不能产生感染性病毒颗粒，还需要一个病毒成熟的过程。新合成的病毒蛋白需要经过病毒特异性蛋白酶剪切后才能行使全部功能。gag与pol多聚蛋白经HIV-1蛋白酶切割后生成较短的成熟HIV蛋白。Gag蛋白参与组成病毒必需的结构蛋白，其中包括核衣壳蛋白。Pol蛋白具有酶活性，能够发挥逆转录酶、蛋白酶以及整合酶的功能。因此HIV蛋白酶在HIV病毒颗粒转变为成熟的感染性病毒的过程中发挥着重要作用。当新合成的病毒颗粒开始从感染细胞出芽时，蛋白剪切过程被启动。蛋白酶受到抑制可以导致非感染性病毒的产生。HIV蛋白酶抑制剂是一种能够竞争性抑制病毒蛋白酶活性的肽样化合物。当与抗逆转录病毒药物联合使用时，HIV蛋白酶抑制剂能够持续抑制病毒血症、增加CD4$^+$T淋巴细胞数量并减缓疾病恶化。针对HIV蛋白酶的抗病毒药物包括氨普那韦、利托那韦及沙奎那韦。蛋白酶抑制剂如果在病毒出芽发生之前进入被感染细胞，就能阻止多聚蛋白的剪切，从而产生非感染性的病毒。

氨普那韦

氨普那韦是一种氨基磺酰胺类、非肽HIV蛋白酶抑制剂。这种抗病毒药物通过与HIV蛋白酶活性位点结合，阻止gag与pol多聚蛋白前体的加工来发挥作用，这种干扰的结果最终会导致未成熟、非感染性病毒颗粒的产生（图60.5）。

由于氨普那韦是HIV蛋白酶活性位点的抑制剂，所以当病毒蛋白酶切割位点发生突变或者发生氨基酸置换时，会产生耐药性。据报道，切割位点的突变能够提高蛋白酶突变毒株的适应性。

利托那韦

蛋白酶抑制剂具有很多共同特点：能够竞争性结合HIV-1与HIV-2蛋白酶；能够阻止病毒多聚蛋白经翻译后修饰降解成较短的、成熟的、病毒颗粒组装与出芽所必需的蛋白；不需要胞内蛋白酶的活化。

利托那韦是一种素拟肽（peptidomimetic）的HIV蛋白酶抑制剂，可与HIV蛋白酶活性位点可逆结合，从而阻止多肽加工。当利托那韦存在时，感染细胞能够继续合成病毒蛋白，但是病毒颗粒不能利用这些蛋白进行组装与成熟。尽管在利托那韦存在时病毒颗粒能够合成，但是它们不具有感染性。

对利托那韦耐药性的产生，是由于某些特定基因发生突变的不断累积，这些基因突变可导致酶活性位点或者已知的能与抑制剂相互作用的其他位点的氨基酸发生置换。然而较野生型病毒而言，蛋白酶突变毒株适应能力差。

沙奎那韦

沙奎那韦是第一个被批准使用的病毒蛋白抑制剂，在体外沙奎那韦是HIV病毒复制的速效抑制剂。然而在临床试验中，其口服生物利用度差。沙奎那韦是一种素拟肽羟乙胺HIV蛋白酶抑制剂，能够抑制HIV-1与HIV-2的复制。沙奎那韦能够与HIV蛋白酶活性位点可逆结合，阻止多肽加工以及病毒颗粒成熟。

活性位点氨基酸置换突变的不断累积会引起对沙奎那韦耐药性的产生。

◉ 抗病毒药物的耐药性

所有形式的微生物包括病毒，可以对抑制药物迅速产生耐药性。由于大多数抗病毒化合物具有高度选择性，通常是针对某个特定的病毒蛋白，比如参与病毒核酸合成或蛋白加工的酶类，因此，病毒基因组发生的点突变能导致耐药毒株的出现。据报道，对于目前使用的大多数抗病毒药物，都已出现了相应的耐药毒株，耐药性的产生通常会限制这些抗病毒药物的有效性。虽然目前的抗病毒药物能够抑制病毒有效的复制，但是当治疗结束时，病毒复制可能会重新开始，因此宿主有效的抗病毒免疫应答对其从临床感染中康复至关重要。宿主免疫缺陷或耐药突变毒株的产生，通常导致抗病毒治疗失败。耐药性的产生是一个多因素的过程，可能涉及抗病毒化合物的选择与使用、感染部位的药物浓度、最初的病毒对于治疗的敏感性、入侵病毒的遗传因素以及宿主的免疫状态。

■ 影响耐药性产生的因素

病毒种群中耐药毒株的出现频率以及突变产生的速率与多种因素有关。其中一个重要因素是病毒的突变率：突变速率越高，耐药性产生越快。病毒突变率主要由病毒基因组复制相关的聚合酶的保真性决定，由于DNA病毒的DNA聚合酶带有外切核酸酶校正读码功能，能够消除错误碱基，因此DNA病毒错误率相对较低。与之相比，RNA病毒缺乏校正读码或修复机制，因此其本身突变率相当高。大量的病毒种群又有如此高的突变率，就会在单个宿主中迅速产生相当多的差异。仅靠如此之高的突变率，病毒就能抵抗任意一种抗病毒药物，除非这种药物能够将病毒复制降低到可以忽略不计的水平。实践中可通过联合使用多种药物将病毒复制降到较低水平。

尽管某些抗病毒药物可能是化学诱变剂，但大多数突变毒株都是自然产生的。当这些抑制剂存在时，这些突变的病毒颗粒具有选择优势。因此引起突变的并不是药物治疗本身，而是药物治疗提供了必要的选择压力，从而使自然出现的耐药毒株增加了选择优势。

对抗病毒药物产生耐药性的另一因素是目标突变位点的多少，导致耐药性的突变位点数量越多，耐药性出现的速度越快。引起抑制性化合物作用位点或邻近位点氨基酸置换的突变，会导致耐药性的产生，这种突变称为初级突变，通常在使用抗病毒化合物之后的早期出现。在治疗过程中出现的、能够引起总体水平耐药性产生的其他突变，称为次级突变。即使不使用抗病毒化学疗法，某些特定种群少量的病毒颗粒也会对抑制性药物产生耐药性。在使用抗病毒药物后，这种预先已经存在的耐药突变毒株会在选择压力下继续复制。

某些耐药突变毒株的致病性已经发生改变，其适应能力也随之改变。对于耐药毒株来说，如果仍能引起疾病，病毒的突变不仅要能逃避药物的抑制，还要保留其致病所必需的某些特性。

除了那些能够促进非特异或特异保护性抗病毒免疫应答的免疫调节化合物，抗病毒药物的使用不可避免地导致耐药性毒株的出现。在控制人类与动物病毒性疾病的众多对策中，疫苗接种是首选策略。在缺乏有效疫苗时，抗病毒化学疗法为预防与治疗可观的病毒病原提供了可能。

◉ 展望

在过去的二十年中，抗病毒化学治疗能够采用的方法有限，仅有少数几种化合物可供选择，这些化合物主要对疱疹病毒、某些流感病毒以及逆转录病毒具有抗病毒活性，抗病毒化学疗法化合物的选择范围极为有限。近年来分子生物学的发展开辟了崭新时代，这预示着在抗病毒化合物的选择、安全性和成本等方面将发生根本性的变革。制药公司已经具备了合成特异性高于目前临床使用的抗病毒药物的能力，为开发比目前使用药物毒性更低、更加有效、针对病毒病原范围更广的化合物提供了可能。

由于急性感染的症状通常发生在病毒复制数日之后，因此用化学疗法治疗病毒感染的效果通常没有治疗细菌感染明显。成功的抗病毒治疗与宿主免疫能力密切相关。由于目前使用的抗病毒药物均是抑制病毒生长的，先天性免疫应答一些组分（尤其是干扰素与NK细胞）、细胞介导的特异性免疫应答、中和抗体或者参与抗体依赖性细胞介导的细胞毒性作用的抗体的产生，才是病毒感染结局的最终决定因素。

将来抗病毒治疗的发展依赖于鉴定病毒复制过程中的新分子靶标以及适合的抗病毒药物的合成。目前已有抑制单纯疱疹病毒解旋酶-引物酶复合物新靶标的报道，解旋酶-引物酶复合物包括三种蛋白，这群蛋白与双链DNA的解旋以及DNA复制过程中启动子代链有关。

据报道，一种含有氨基噻唑基苯的化合物 BILS 179 BS能够抑制单纯疱疹病毒解旋酶-引物酶的活性（Crute等，2002）。这类抑制剂的作用机制是通过稳定酶-核酸相互作用来阻止解旋酶-引物酶的催化性循环，体内与体外试验均已证明这种抗病毒复合物对单纯疱疹病毒具有抗病毒活性。还有一种解旋酶-引物酶抑制剂BAY57-1293属于噻唑酰胺类，它具有显著的抗单纯疱疹病毒活性，据报道它能同时与解旋酶-引物酶的所有亚基结合（Kleymann等，2002）。这种抗病毒化合物对试验性感染单纯疱疹病毒1型的小鼠具有很强的抗病毒活性（Biswas等，2007），该化合物对缺失细胞介导免疫应答的无胸腺裸鼠同样有效。

解旋酶抑制剂氨噻唑衍生物在组织培养与动物模型上表现出较高活性。

目前临床尚无广谱的抗病毒药。据报道一种称作REP-9的硫代磷酸寡核苷酸，对一些有囊膜的病毒具有抗病毒活性（Field和Vere Hodge，2008），该寡核苷酸同时具有疏水面和亲水面，对疱疹病毒、正黏病毒、副黏病毒以及逆转录病毒具有抗病毒活性。体外试验已证明小干扰RNA（small interfering RNAs，siRNAs）对一些人类和动物的病毒具有抗病毒活性，但是应用体内系统验证该方法时，由于向细胞内运送足量的siRNAs存在技术困难，还无法获得良好效果。

◉ 参考文献

Biswas, S., Jennens, L. and Field, H.J. (2007). The helicase-primase inhibitor, BAY 57-1293 shows potent therapeutic antiviral activity superior to famciclovir in BALB/c mice infected with herpes simplex virus type 1. Antiviral Research, 75, 30–35.

Crute, J.J., Grygon, C.A., Hargrave, K.D., et al. (2002). Herpes simplex virus helicase-primase inhibitors are active in animal models of human disease. Nature Medicine, 8, 386–391.

Field, H.J. and Vere Hodge, R.A. (2008). Antiviral agents. In *Encyclopedia of Virology*. Eds B.W.J. Mahy and M.H.V. Van Regenmortel. Third Edition. Elsevier, Amsterdam. pp. 142–154.

Kleymann, G., Fischer, R., Betz, U.K.A., et al. (2002). New helicase-primase inhibitors as drug candidates for the treatment of herpes simplex disease. Nature Medicine, 8, 392–398.

◉ 进一步阅读材料

Coen, D.M. and Richman, D.D. (2007). Antiviral agents. In *Fields' Virology*. Fifth Edition. Eds D.M. Knipe and P.M. Howley. Lippincott Williams and Wilkins, Philadelphia. pp. 447–485.

D'Aquila, R.T. (2007). Antiviral treatment strategies. In *Schaechter's Mechanisms of Microbial Disease*. Eds N.C. Engleberg, V. DiRita and T.S. Dermody. Fourth Edition. Lippincott Williams and Wilkins, Philadelphia. pp. 434–444.

Davis, J.L., Papich, M.G. and Heit, M.C. (2009). Antifungal and antiviral drugs. In *Veterinary Pharmacology and Therapeutics*. Ninth Edition. Eds J.E. Riniere and M.G. Papich. Wiley-Blackwell, Ames, Iowa. pp. 1013–1049.

Field, H.J. and Whitley, R.J. (2005). Antiviral chemotherapy. In *Topley and Wilson's Microbiology and Microbial Infections*. Volume 2. Virology. Eds B.W.J. Mahy and V. ter Meulen. Tenth Edition. Hodder Arnold, London. pp. 1605–1645.

Flexner, C. (2006). Antiretroviral agents and treatment of HIV infection. In *Goodman and Gilman's The Pharmacological Basis of Therapeutics*. Eds L.L. Brunton, J.S. Lazo and K.L. Parker. Eleventh Edition. McGraw-Hill, New York. pp. 1273–1314.

Hayden, F.G. (2006). Antiviral agents (nonretroviral). In *Goodman and Gilman's The Pharmacological Basis of Therapeutics*. Eds L.L. Brunton, J.S. Lazo and K.L. Parker. Eleventh Edition. McGraw-Hill, New York. pp. 1243–1271.

Murray, P.R., Rosenthal, K.S. and Pfaller, M.A. (2005). Antiviral agents. Medical Microbiology. Fifth Edition. Elsevier Mosby, Philadelphia. pp. 503–511.

Page, C.P., Curtis, M.J., Walker, M.J. and Hoffman, B.B. (2006). Drugs acting on infectious agents. Integrated Pharmacology. Third Edition. Elsevier Mosby, Philadelphia. pp. 87–105.

Paintsil, E. and Cheng, Y.-C. (2009). Antiviral agents. In *Desk Encyclopedia of Microbiology*. Ed. M. Schaechter. Second Edition. Elsevier, Amsterdam. pp. 83–117.

Rang, H.P., Dale, M.M., Ritter, J.M. and Flower, R.J. (2007). Antiviral drugs. In *Rang and Dale's Pharmacology*. Sixth Edition. Churchill Livingstone, Philadelphia. pp. 679–690.

第五篇

Section 6

第六篇

病毒和朊病毒

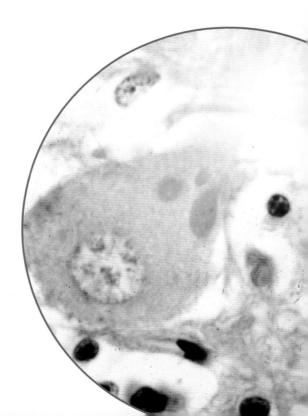

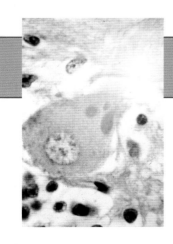

第61章

疱疹病毒科

疱疹病毒科（*Herpesviridae*）包含100多种病毒。鱼类、两栖类、爬行类、鸟类和哺乳动物（包括人类），对疱疹病毒都是易感的。这些病毒广泛存在，遗传多样性大，又能引起人类和家畜许多重要的疾病，因此特别重要。疱疹病毒的名称与该病毒能使人类局部皮肤出现一些疱疹样病灶有关。疱疹病毒有囊膜，其病毒粒子直径为200～250纳米。病毒基因组为双链DNA，被一个直径为125纳米的二十面体衣壳包裹（图61.1）。囊膜和核衣壳之间还覆盖着一层不规则的膜状物质。疱疹病毒通过与细胞膜融合进入细胞。病毒在细胞核中复制。成熟的衣壳离开细胞核并获得囊膜的方式仍存在争议。核衣壳通过宿主细胞的内层核膜出芽。然而，目前还不清楚，后来这层膜是被保留了，还是丢失了。病毒核衣壳在高尔基体（Golgi compartment）或后高尔基体（post-Golgi compartment）重新获得囊膜，并可能与外层核膜融合而导致最先获得的内层核膜丢失。囊膜中包含至少10种病毒编码的糖蛋白。该病毒通过胞吐方式从细胞中释放出来。该病毒感染宿主细胞，在其内复制，能导致细胞死亡。然而，疱疹病毒最为人熟知的是它们产生潜伏感染（latent infection）的能力。目前，还没有弄清楚病毒控制延迟发病的机制，但推测的机制是立即早期基因（immediate early gene）表达失败，导致病毒基因组成为环形的附加体。一个可能触发甲疱疹病毒延迟发病的原因可能是它感染了神经元，而神经元对于该病毒的复制是"半允许的"。病毒复制的重新启动需要被感染的细胞发生某些变化。这些变化可能源自一些外界刺激或细胞分化。核内包涵体是疱疹病毒感染的特征性病变。在没有被血液或组织液中的中和抗体阻断的情况下，该病毒通过细胞接触，能够导致病毒感染范围扩大。保护性抗体应答通常是针对包膜糖蛋白。疱疹病毒的病毒粒子很脆弱，对去污剂和脂溶剂敏感，在环境中不稳定。

△ 要点

• 有囊膜的DNA病毒、二十面体对称

• 在细胞核内复制

• 在环境中不稳定

• 兽医上重要的三个亚科：甲疱疹病毒亚科、乙疱疹病毒亚科、丙疱疹病毒亚科

• 引起呼吸、生殖和神经系统的疾病；某些物种可能会引起细胞转化

• 潜伏性是这些病毒感染的共同结果

该病毒科包含三个亚科：甲疱疹病毒亚科（*Alphaherpesvirinae*）、乙疱疹病毒亚科（*Betaherpesvirinae*）和丙疱疹病毒亚科（*Gammaherpesvirinae*），见图61.2。这些亚科包含12个属。新创建的属包括象病毒属（*Proboscivirus*，包含一种大象的病毒），以及恶性卡他热病毒属（*Macavirus*）和奇蹄兽肉食兽病毒属（*Percavirus*），包含以前属于蛛猴病毒属的病毒。以前的鲷病毒属，包含鱼的疱疹病毒，现在已经分类到疱疹病毒目异样疱疹病毒科（*Alloherpesviridae*）。

甲疱疹病毒复制和传播迅速，破坏宿主细胞，并经常在感觉神经节神经元中建立潜伏感染。乙疱疹病毒复制和传播缓慢，导致感染细胞的增大，因此它们共同的名字是细胞巨化病毒（cytomegaloviruses）。它们可能潜伏在单核细胞中。丙疱疹病毒感染淋巴细胞，

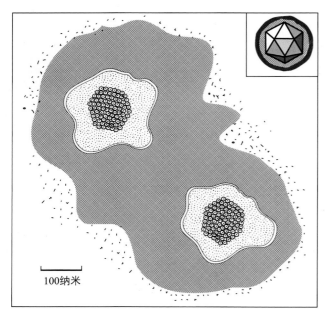

图61.1　疱疹病毒颗粒电镜下形态示意图（右上插图为结构示意图）

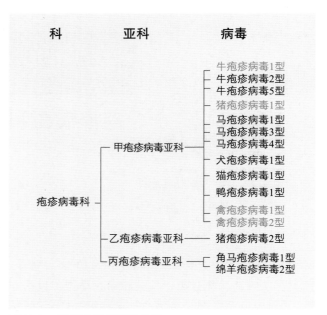

图61.2　家畜疱疹病毒的分类
红字显示的病毒可引起OIE规定通报的疫病。

可以在这些细胞中潜伏性感染（潜伏感染时，病毒抗原表达量极小）。许多丙疱疹病毒在上皮细胞和成纤维细胞中复制，导致细胞溶解。有些丙疱疹病毒可能引起淋巴细胞恶性转化。

⊙ 临床感染

疱疹病毒引起终身感染，其周期性反应导致临床疾病反复发作。排毒可能是周期性的或连续的。细胞结合的病毒血症常引起全身性感染。然而，单疱病毒属（*Simplexvirus*）成员往往会产生一个更有限的感染，只局限于接种部位的上皮细胞和感觉神经分布位点。疱疹病毒在潜伏期，其附加体基因组仍然是环形，基因表达也是有限的。各种应激因素，包括交通运输、恶劣的天气条件、过度拥挤、并发感染与重新感染，都可激活潜伏的病毒。有些疱疹病毒在自然情况下，仅感染特定种类的动物。由于已经很适应它们的自然宿主，这些病毒可能只引起轻微的症状。然而，在感染很年轻的或免疫抑制的动物，或其他种类的宿主时，这些疱疹病毒可危及生命。一些疱疹病毒，如马立克病病毒和人疱疹病毒4型（Epstein-Barr病毒），可能引起肿瘤细胞的转化。

疱疹病毒可引起牛的呼吸系统、生殖器官、乳房和中枢神经系统疾病（表61.1和表61.2）。感染猪和其他动物猪伪狂犬病是猪疱疹病毒感染导致的一种重要的传染病（表61.3）。马疱疹病毒可引起呼吸系统、神经系统和生殖系统疾病，导致流产以及新生儿感染（表61.4）。家养食肉动物和鸟的疱疹病毒感染分别列于表61.5和表61.6。

■ 牛传染性鼻气管炎和脓疱性外阴阴道炎

牛疱疹病毒1型（bovine herpersvirus 1，BHV-1）感染圈养和放牧的牛，引起严重的临床表现，包括牛传染性鼻气管炎、传染性脓疱性外阴阴道炎、龟头包皮炎、结膜炎和犊牛的呼吸道疾病。BHV-1感染是造成世界各地畜牧业经济损失的一个重要原因。限制性内切酶分析显示，BHV-1为单一的抗原型，包含1.1、1.2a和1.2b亚型（表61.2）。

流行病学

牛疱疹病毒通过呼吸道或生殖道分泌物发生传播。气溶胶传播在短距离内是最有效的，动物群体密切接触促进该病毒的气溶胶传播。运输或分娩等应激，可重新激活潜伏的病毒。激活后，病毒从轴突内被转运到最初入侵的部位，通常不引起动物表现出临床症状，但病毒会被排泄到环境中，这是延续牛群感染的重要手段。感染公牛的精液中可能含有病毒，自然的或人工授精可能会导致感染。此外，流产的胎儿是一个重要的传染源。

表61.1 感染反刍动物的疱疹病毒

病毒	属名	注释
牛疱疹病毒1型	水痘病毒属	感染呼吸道（牛传染性鼻气管炎）和生殖道（传染性脓疱性外阴阴道炎、龟头包皮炎）；世界各地均有发生
牛疱疹病毒2型	单疱病毒属	温带地区的牛溃疡性乳头炎和热带、亚热带的牛疙瘩皮肤病
牛疱疹病毒5型	水痘病毒属	小牛的脑炎；在许多国家发生
绵羊疱疹病毒2型	恶性卡他热病毒属	世界各地绵羊和山羊的亚临床感染；牛和一些野生反刍动物的恶性卡他热
角马疱疹病毒1型	恶性卡他热病毒属	非洲及圈养的角马的亚临床感染；牛、鹿和其他易感反刍动物的恶性卡他热

表61.2 牛疱疹病毒1型的亚型及其临床意义

亚型	临床意义
1.1	引起呼吸道疾病、流产；常使用此亚型病毒制备疫苗
1.2a	引起传染性龟头包皮炎、脓疱性外阴阴道炎、温和的呼吸道疾病、流产
1.2b	引起传染性龟头包皮炎、脓疱性外阴阴道炎，但不引起流产

表61.3 猪的疱疹病毒及其临床意义

病毒	属名	临床意义
猪疱疹病毒1型（伪狂犬病毒）	水痘病毒属	引起伪狂犬病，特征是脑炎、肺炎和流产；除了猪，很多种类的动物表现为瘙痒的神经疾病，世界各地均有发生
猪疱疹病毒2型	未定名	引起仔猪的上呼吸道感染（包涵体鼻炎）

表61.4 马疱疹病毒及其临床意义

病毒	属名	临床意义
马疱疹病毒1型	水痘病毒属	引起马流产、呼吸道疾病、马驹感染和神经系统疾病，世界各地均有发生
马疱疹病毒3型	水痘病毒属	引起母马和公马的温和性传染病（水疱性媾疹）
马疱疹病毒4型	水痘病毒属	引起幼马的鼻肺炎和零星流产，世界各地均有发生

表61.5 家养肉食动物的疱疹病毒及其临床意义

病毒	属名	临床意义
犬疱疹病毒1型	水痘病毒属	引起新生犬致死性全身感染
猫疱疹病毒1型	水痘病毒属	引起幼猫病毒性鼻气管炎

表61.6 禽类疱疹病毒及其临床意义

病毒	属名	临床意义
禽疱疹病毒1型	传染性喉气管炎病毒属	引起传染性喉气管炎，许多国家发生
禽疱疹病毒2型（马立克病病毒）	马立克病毒属	引起马立克病，使12~24周龄的鸡淋巴细胞增生，世界各地均有发生
鸭疱疹病毒1型	马立克病毒属	引起鸭（鸭瘟）、鹅和天鹅急性疾病，特征是眼鼻分泌物增多、腹泻和高死亡率，世界各地均有发生

致病机理和病理变化

　　牛传染性鼻气管炎病毒通常只能通过气溶胶感染。复制发生在上呼吸道黏膜，病毒通过鼻腔分泌物大量排出。病毒也进入局部的神经细胞末端，从轴突转运至三叉神经节，在这儿建立潜伏感染。这也被认为是在咽扁桃体生发中心发生隐性感染的原因。在大多数情况下，感染后2周内，引起强烈的免疫应答。然而，组织坏死可能有利于继发细菌感染，严重的引起全身性影响，并有可能死亡。在极少数情况下，怀孕母牛的病毒血症可导致胎儿感染和流产。坏死灶可能存在于流产胎儿的各个器官，尤其是在肝脏。

　　该病毒1.2a和1.2b亚型感染生殖道后，病毒在阴道或包皮的黏膜复制，骶神经节可能发生潜伏感染。生殖器官黏膜上的局灶性坏死性病变，最终可能合并形成大面积溃疡。相应的，生殖道可发生强烈的炎症反应，继发细菌感染可导致子宫内膜炎。病毒血症不是BHV-1亚型生殖系统感染的特征，怀孕奶牛感染很少发生流产。

临床症状

　　疾病暴发时，呼吸道或生殖器官的形式通常占主导地位。潜伏期长达6天。呼吸疾病临床症状的严重程度，在很大程度上取决于继发细菌感染的程度。感染动物表现高温和鼻腔分泌物，伴有厌食。鼻孔发炎（"红鼻子"），并经常出现结膜炎、流泪、角膜混浊。在无并发症感染时，动物大约1周后康复。如果继发细菌感染，常表现呼吸困难、咳嗽、张口呼吸。死亡可能随之而来。育肥牛发生严重感染时，发病率可能接近100%，死亡率可高达10%。

　　奶牛传染性脓疱性外阴阴道炎，表现出白带及尿频。动物通常在2周内康复。然而，继发细菌感染可能会导致子宫炎、暂时性不孕、持续几个星期的脓性白带。感染公牛的阴茎和包皮的黏膜有病变。

　　该病引起犊牛全身性感染，病牛出现体温升高、眼鼻分泌物增多、呼吸困难、腹泻、共济失调、惊厥等症状，病死率高。

诊断

- 在急性感染的早期，从感染动物的眼睛、鼻孔和外生殖器官采集的棉拭子适合病毒的分离（Nettleton等，1983）。由于该病毒很脆弱，样本应置于病毒运输保存液中运送到实验室，并保存在冰箱中。该病毒在牛细胞系中快速产生细胞病变效应。
- 流产胎儿的眼触片、鼻或生殖器官拭子和组织冰冻切片可以用于快速鉴定病毒抗原。也可以用ELISA方法检测病毒抗原。
- 流产胎儿存在肉眼和显微镜特征性病变提示BHV-1的感染。
- 聚合酶链式反应已被用于检测合适样品中BHV-1的DNA（Moore等，2000）。
- 实时PCR方法现在取代病毒分离，广泛应用于检测病毒（Kramps，2008）。
- 病毒中和或ELISA方法证明双份血清样品抗体效价上升是活动性感染的指标。商品化的ELISA试剂盒包括gE-ELISA方法，可以与标记疫苗结合使用。
- 作为监控程序的一部分，散装牛奶样品可以进行ELISA抗体检测。

控制

　　灭活疫苗、亚单位疫苗和改良的活疫苗可用于控制BHV-1（van Oirschot等，1996）。疫苗接种可以降低临床症状的严重程度，但可能无法防止感染，也无法阻止潜伏感染与未来可能的重新排毒。间隔6个月定期重复接种疫苗可以降低重新排毒的风险。改良的活疫苗可能会导致流产，不应给予怀孕动物。温度敏感的疫苗株，有一个与体温在相同范围的温度阈值，应通过鼻内途径使用。由于鼻腔黏膜的温度低于体温，所以不会损坏这些突变病毒在鼻腔黏膜的复制。现在可以使用标记或DIVA（区别感染动物与免疫动物）疫苗，它们是依靠基因工程技术缺失病毒的一个或多个基因编码的表面糖蛋白，如gE，或包含一个或多个糖蛋白的亚单位疫苗。血清学试验，通常是阻断ELISA，用于检测针对标记疫苗中没有的糖蛋白的抗体。标记疫苗的应用，对无论是消除还是降低全国牛群的感染具有重大经济意义。丹麦和瑞士成功实施了依赖于检测和扑杀政策的根除计划。

■ 牛的疱疹性乳头炎和伪结节皮肤疾病

　　牛疱疹性乳头炎引起奶牛乳头严重溃疡，该病与牛疱疹病毒2型（BHV-2）感染相关，在世界各地的许多国家都有报道。在热带和亚热带地区，BHV-2感染造成皮肤广泛的轻微感染，称为伪疙瘩皮肤病（pseudo-lumpy-skin disease），以区别于由痘病毒引起的更严重的疙瘩皮肤病（lumpy skin disease）。BHV-2

各分离株的血清学特征和基因序列相似，不管它们是来自乳头炎的样品还是来自伪疙瘩皮肤病的样品。

流行病学

在温带地区，牛疱疹性乳头炎是零星发生的，通常发生在秋季或初冬。潜伏感染和随后的激活可能是病毒在牛群中传播和持续的重要因素。病变在奶牛第一次产犊的分娩后几天出现。病变部位的浆液性渗出液中含有大量病毒，并在挤奶过程中通过直接和间接的接触，传播到牛群中的其他母牛。感染可通过皮肤上的小擦伤发生。病毒也可通过昆虫机械传播。犊牛吸吮感染的奶牛可以感染和传播病毒。在非洲，种类繁多的野生动物物种，可能作为亚临床感染宿主。在温暖的地区，昆虫传播被认为是重要的，可能是导致这些地区发生这种全身皮肤疾病的原因。

致病机理

病毒在低于正常体温的温度下进行最佳复制。通过皮内或皮下接种，BHV-2不会传播到其他位点。与此相反，静脉接种BHV-2的实验动物，可发生全身性感染，引起全身性皮肤结节。

临床症状

牛疱疹性乳头炎暴发期间，动物发病率不是固定的，隐性感染较为常见。第一次产犊后泌乳的奶牛，尤其是那些乳房水肿的，病变最严重。该病潜伏期长达8天。病变常在一个或多个奶头呈现增厚的斑块，然后皮肤溃疡，最终形成瘢痕。病牛痛感明显，由于难以挤奶，产奶量减少。严重时，乳房皮肤也会出现病变。犊牛吸吮病牛奶头后，可以感染此病毒，引起口腔、嘴唇、鼻腔出现环形溃疡。

患伪疙瘩皮肤病的牛，颈、肩、背及会阴部的皮肤上出现数量不一的结节。这些结节是圆形的、硬的、中间凹下的。它们在几周内愈合，一般不会形成瘢痕。

诊断

诊断依赖于病毒分离。接种的细胞最佳培养温度为32℃。已建立了PCR试验，以检测损伤皮肤中的BHV-2（Offay等，2003）。已尝试用血清学方法，检测双份血清抗体，观察血清抗体效价是否显著上升，但经常第一份血清样品的抗体效价已经很高。

控制

目前还没有商品化的疫苗。感染动物应当被隔离，单独挤奶。用挤奶机挤奶时，建议对奶头和挤奶机进行消毒。首次泌乳母牛是最易感的动物，应先挤它们的奶。控制昆虫的措施可能有助于阻断该病在牛群中的传播。

■ 恶性卡他热

恶性卡他热（malignant catarrhal fever，MCF）是一种严重的、零星发生在牛、鹿等反刍动物的疾病，通常是致命的。本病在一些欧洲国家的猪上也有描述。它是由两个相关但不相同的病毒，即角马疱疹病毒1型（alcelaphine herpesvirus 1，AlHV-1）和绵羊疱疹病毒2型（ovine herpesvirus 2，OvHV-2）引起的。非洲的角马（又称为牛羚）是AlHV-1的自然宿主。世界各地的绵羊和山羊是OvHV-2的自然宿主。这些物种中，亚临床感染是常见的。

流行病学

AlHV-1通过垂直和水平方式在角马群中传播。有证据表明，病毒潜伏在淋巴细胞中。一些角马的幼崽通过胎盘感染，但大多数是在出生后不久从它们的母亲或其他角马的鼻腔分泌物感染病毒的。病毒血症在年轻角马生命的最初几个月中持续存在。这使大量病毒通过鼻和眼分泌物排出。与感染的角马密切接触的牛可能被感染。这种传播模式被认为与绵羊感染和传播OvHV-2相似，尤其是在产羔期间，这时最有可能将OvHV-2传给牛和驯养的鹿。一般认为牛和鹿的感染是通过与小羔羊接触发生的。然而，最近的研究表明，6～9月龄的羊最容易传播病毒（Li等，2004）。牛和鹿被认为是终端宿主，因为它们似乎不能传播病毒。

致病机理

还不清楚MCF的致病机理。据推测，病毒通过上呼吸道进入机体后，引起细胞相关的病毒血症。然而，在病变的部位很难检测到病毒。MCF的组织变化可能存在一个免疫病理基础。在病变发展过程中发生细胞介导的反应。淋巴细胞，主要是CD8$^+$T淋巴细胞，在许多器官中聚集，经常与组织坏死有关。现在认为，病毒感染的细胞毒性T淋巴细胞或NK细胞不受调控，造成了组织损伤（Russell等，2009）。

第六篇

临床症状

潜伏期虽然不是固定的，但一般持续3~4周。最常见的临床表现是突然发热、口鼻排出分泌物、淋巴结肿大、结膜炎、角膜混浊、上呼吸道的黏膜糜烂。鼻腔分泌的大量黏性脓性鼻液，导致口鼻部结垢。有些动物表现神经症状，包括肌肉震颤、共济失调和头部压迫。肠道疾病的形式表现为腹泻或痢疾。

通常，发病到死亡最多间隔7天。有些动物可能会长达数周或数月，并可能康复（O'Toole 等，1997）。特急性的病例，尤其是鹿，可能没有预兆就已经死亡。有证据表明，牛有发生轻度或隐性感染的风险（Powers 等，2005）。

诊断

诊断依赖于临床表现和广泛的血管炎的尸检结果，组织学特征为纤维蛋白样变性和显著的淋巴浸润。MCF的一个突出特点是上皮组织的表面溃疡。应用PCR方法可以检测循环中的白细胞、新鲜组织和石蜡包埋组织中的病毒DNA（Muller-Doblies 等，1998；Crawford 等，1999）。虽然开发了竞争性抑制ELISA，用于检测血清中A1HV-1型和OvHV-2型的抗体（Li 等，1994），但与PCR或病理组织学检查相比，它是不可靠的。这种竞争性ELISA可用于检测绵羊群体的抗体阳性率。虽然从角马传播而致的MCF病牛的血液白细胞层中T细胞，分离到A1HV-1型，但OVHV-2尚未组织培养成功。

控制

由于没有商品化的疫苗，控制依赖于将储存宿主与易感物种隔离。在特定情况下，应用PCR方法，识别和消除携带OvHV-2的绵羊，以建立一个无病毒的羊群，这可能是值得的。

■ 伪狂犬病

这种疾病是由猪疱疹病毒1型（swine herpesvirus 1），也称为奥捷斯基病病毒（Aujeszky disease virus，ADV）引起的。公认这个病毒只有单一血清型。猪是该病毒的天然宿主，可发生亚临床感染和潜伏感染。其他家畜也是易感的，这些偶然宿主的感染，通常被称为伪狂犬病，往往是致命的。

流行病学

该病毒在大多数国家的猪群中感染流行。近年来，许多国家已经根除了这种疾病。该病可以迅速蔓延到所有年龄段的猪，对新生猪群可能是毁灭性的。病毒可通过口鼻分泌物、乳汁和精液排出。病毒可通过鼻与鼻的接触或气溶胶传播。胎盘和流产的胎儿是病毒传播的一个源头。虽然该病毒在环境中并不稳定，但在适当的条件下，它仍能保持感染性很多天。据报道，病毒可以通过风传播几千米的距离。绵羊对该病毒高度易感，可通过与病猪直接接触或共享同一空间时被感染。食肉动物食用猪肉可能被感染，猫和猎犬喂食感染猪的尸体，特别容易受到感染。这些动物传播病毒的机会有限，因为这些偶然的宿主感染后潜伏期很短，而且是致命的。

致病机理

病毒感染后在鼻咽及扁桃体上皮细胞中复制。病毒从这些起始位点传播到局部淋巴结，并随后到达中枢神经系统和颅神经轴突。ADV强毒株产生短暂的病毒血症，并广泛分布于全身，尤其是呼吸道。病毒在肺泡巨噬细胞中复制并干扰其吞噬功能。病毒通过胎盘传播造成胎儿的全身性感染。感染动物排毒可长达3周。很大比例的感染动物表现为潜伏感染，病毒存在于三叉神经节和扁桃体。

临床症状

感染猪的日龄和易感性以及感染毒株的毒力影响临床症状的严重程度。年轻猪感染最严重，哺乳仔猪死亡率可能接近100%。新生仔猪的潜伏期可短至36小时，成年猪的潜伏期为5天。神经症状，包括共济失调、震颤、划水和抽搐，主要发生于幼猪。感染动物通常在2天内死亡。断奶仔猪的死亡率要低得多，虽然神经系统和呼吸系统的症状也是经常出现的。发热、消瘦和呼吸系统疾病，包括打喷嚏、咳嗽、流鼻涕、呼吸困难，在肥育猪可能是显而易见的。神经症状在这些成年猪是不常见的，它们通常会在1周内康复。感染母猪在怀孕早期通常会导致胎儿被消化吸收和再次发情。在怀孕后期，感染经常导致流产；足月仔猪可形成死胎或弱胎。在ADV流行感染的猪群，新生动物可通过母源抗体获得保护。

其他家养动物也会零星地发生这种疾病，特点类似于狂犬病的神经症状。强烈的瘙痒（"狂痒"）导致自残，是此病的特征，尤其是在反刍动物。临床过程短暂，大多数感染动物在几天内死亡。

诊断

结合病史、临床症状和病变，可以诊断ADV感染。实验室确认依赖于病毒分离、病毒抗原检测、血清学检查和组织病理学检查结果。

- 急性发病动物的脑、脾、肺标本适宜病毒分离。如果样品收集后不能及时进行组织培养接种，应冷藏保存。
- 扁桃体或大脑的低温切片适合通过免疫荧光方法检测病毒抗原。
- 已开发PCR和实时PCR方法用于检测分泌物和组织中的病毒基因组（McKillen等，2007）。
- 血清学试验，包括病毒中和试验和ELISA试验，可用于检测ADV抗体。仔猪的母源抗体可存在4个月时间。鉴别ELISA方法已被应用于检测表面糖蛋白gC、gE和gG的抗体。这些试验可以区分野毒感染的动物和接种疫苗动物，这些疫苗病毒通常缺失一个特定的细胞表面糖蛋白基因，gE是常用的缺失基因。

控制

战略上来讲，接种疫苗可预防临床疾病的发生。现有商品化的改良活疫苗、灭活疫苗、基因缺失疫苗。现在已经生产了缺失胸苷激酶（TK）基因和一个非必需表面糖蛋白编码基因的疫苗。由于神经元中TK内源性水平是很低的，基因缺失病毒不能在神经元中复制，导致毒力明显降低。然而，这样的疫苗毒株在预防三叉神经节中野毒的潜伏感染可能会失败。此外，野毒和基因缺失毒可能会重组产生ADV强毒（Maes等，1997）。可以通过扑杀、检测和淘汰，或通过幼崽隔离根除伪狂犬病。开发和应用DIVA或标记疫苗，结合合适的血清学检测，已率先应用于伪狂犬病，使消灭该病具有可行性和重大的经济价值。在一些欧洲国家、加拿大和新西兰，家猪的这种疾病已被根除。在其他一些国家，包括爱尔兰正在执行根除计划。在美国，家养猪已不存在这种疾病，但野猪仍然存在感染。

■ 马鼻肺炎与马疱疹病毒流产

马疱疹病毒（equine herpersvirus，EHV）1型（EHV-1）和4型（EHV-4）在世界各地的马中流行，主要引起年轻马的流产和呼吸系统疾病。1981年以前，一直认为它的病原体是EHV-1的两个亚型。然而，限制性核酸内切酶分析表明，这两个亚型是两个不同型的病毒。EHV-1感染引起呼吸系统疾病、流产、新生马驹致死性全身性疾病和脑脊髓炎。EHV-4主要引起呼吸系统疾病，也会引起零星的流产。

流行病学

密切接触有利于这些脆弱病毒的传播。接触感染的鼻腔分泌物、流产的胎儿、胎盘或子宫液后病毒通常是通过呼吸道途径传播。EHV-1型和EHV-4型可以发生潜伏感染。使用型特异性ELISA进行血清学调查表明，EHV-4型有很高的抗体阳性率，一些群体接近100%（Gilkerson等，1999b）。一般认为，EHV-4潜伏感染的成年马没有表现临床疾病，病毒活化后传染马驹。EHV-1型在成年马有大约30%的抗体阳性率，在马驹水平更低（Gilkerson等，1999b）。马驹从它们的母亲或马群中的其他哺乳期的母马那里感染EHV-1型病毒。在断奶前后，马驹之间可以相互传播（Gilkerson等，1999a）。即使没有流产，EHV-1感染的母马也是可能的传染源。当一个种马场中携带病毒的潜伏母马激活感染后，非免疫的怀孕母马暴露接触，可能会导致流产风暴的发生。

致病机理

这些病毒首先在上呼吸道及区域淋巴结复制，在某些情况下，会延伸到下呼吸道和肺。EHV-1和EHV-4在三叉神经节可能会发生潜伏感染。EHV-4感染一般局限于呼吸道，也很少产生病毒血症。相反，EHV-1的局部复制导致淋巴细胞相关的病毒血症，致使病毒分布于全身，可能导致流产或神经系统疾病。已被证实淋巴细胞可潜伏感染EHV-1，随后可以被重新激活。该病毒可以直接从感染的白细胞传染给邻近的细胞，从而避免被循环抗体中和。马疱疹病毒1型偏嗜血管内皮细胞。伴随胎盘感染，形成胎盘血管炎和血栓，导致胎儿流产。由于EHV-1感染形成血管炎和血栓，也可发生于中枢神经系统，尤其是脊髓，造成缺血和脊髓软化。神经系统的变化似乎与感染特定的对神经致病的EHV-1毒株有关，这是病毒高度保守的DNA聚合酶中单个氨基酸突变的结果（Nugent等，2006）。据报道，马定期接种灭活疫苗促进马疱疹病毒诱发相关的神经系统疾病，这是因为免疫记忆应答可能在特定条件下引起免疫介导的神经系统的血管损伤（Borchers等，2006）。

临床症状

EHV-4引起的呼吸系统疾病发生于2月龄以上的马驹、断乳和满岁的马驹。潜伏期为2~10天，出现发热、咽炎和浆液性鼻分泌物。常继发细菌感染，产生黏液脓性鼻涕、咳嗽，在某些情况下，发生支气管肺炎。如果不发生严重的继发感染，通常2周内就可康复。EHV-1引起的呼吸系统疾病在临床上与EHV-4引起的疾病难以区分，但EHV-1引起的疾病暴发不太常见。伴随主要呼吸道感染，免疫只持续几个月时间，并仅限于抗原相似的病毒。多重感染导致对异源疱疹病毒有显著的交叉保护。母马感染EHV-1流产很少出现预兆。流产发生于感染后数周或数月，通常在妊娠的最后4个月。这种感染的母马在随后的妊娠中很少发生流产，它们的生育能力也不会受到影响。接近足月的感染可能会导致受感染的马驹在出生后，由于间质性肺炎和其他组织中病毒损伤，有时继发细菌感染而死亡。虽然EHV-1感染相关的神经症状比较少见，但在农场暴发流产和呼吸系统疾病时，一些马也可能会出现这些症状。这些症状从轻微的共济失调到麻痹、躺卧和死亡。

诊断

- 病毒分离和鉴定是实验室确认马感染疱疹病毒常规方法。在呼吸道感染的早期阶段采集咽拭子，并保存在合适的培养基中运送到实验室。
- 利用免疫荧光方法，可以从流产胎儿的肺、肝、脾的冰冻切片中鉴定病毒抗原。
- 特征性的肉眼和显微镜观察到的病变，尤其是肝坏死区域的核内包涵体足以确认疱疹病毒引起的流产。血管炎在疱疹病毒引起的脑脊髓病中是常见的。
- PCR广泛用于临床标本中病毒DNA的检测。它能够区分EHV-1型和EHV-4型（Varrasso等，2001）。
- 配对血清样本中的抗体效价增加4倍，可以确认新近发生了该病。由于存在抗原交叉反应，大多数血清学试验不能够区分EHV-1与EHV-4的感染。用单克隆抗体或重组糖蛋白G抗原的ELISA特异性试验

可以区分这两个病毒（Crabb等，1995）。在短短几个月内，补体结合的抗体下降到检测不到的水平，因此，可用于确定近期感染。

控制

有效的管理措施和疫苗接种对于控制该病是必需的。从销售、赛马或其他活动事件返回的动物应隔离4周时间。在大型种马场，马应隔离成小群饲养。重要的是，怀孕母马应隔离在一个无应激的环境。疾病暴发后，应隔离感染动物。饲养场要进行消毒，并应限制运动，直到饲养场的动物消除该病至少1个月。

现有商品化的改良活疫苗和灭活疫苗。在一些国家，接种活疫苗是不允许的。许多疫苗制剂含有EHV-1和EHV-4。认为接种该疫苗不能提供完全的保护，因此推荐经常加强免疫。疫苗接种可以降低出现临床症状的严重程度，以减少流产的可能性。除了良好的管理措施，这是控制该病的一个有价值的辅助方法。

■ 马水痘性媾疹

由马疱疹病毒3型（EHV-3）引起马的性病，世界各地均有发生。

流行病学

血清学调查表明，饲养动物患病率约为50%。该病报道的发病率要低得多，这可能是因为许多感染是亚临床的。主要传播方式是性交，但污染的工具也可以传播EHV-3。抗再感染的免疫是短暂的，在连续的繁殖季节，同一动物还会出现临床症状。

致病机理

虽然还没有确证EHV-3的潜伏感染，但人们认为这种潜伏感染很可能发生在骶神经节，并且这种潜伏感染的再次活化导致疾病暴发。该病毒趋向于角化上皮，对温度敏感，仅限于核心体温复制。EHV-3感染不会引起病毒血症和流产。

临床症状

潜伏期长达10天。外生殖器官皮损最初为红色丘疹，进而发展成小泡和脓疱。脓疱破裂造成溃疡，可能合并。偶尔乳头、嘴唇和鼻孔会出现病变。常

继发细菌感染。在无并发症的情况下，病变在2周内愈合。色素沉着的病变皮肤愈合后，出现白点。感染可影响种马的生育能力，因为当阴茎病变严重时，它们可能会拒绝为母马服务。

诊断

临床诊断依赖于病变的分布和外观。利用电子显微镜观察病变部位刮取物或34℃条件下进行病毒分离，可以确认感染。利用PCR可检测皮损处的病毒DNA（Kleiboeker&Chapman，2004）。病毒中和试验和ELISA方法适用于检测配对血清中抗体上升的效价。然而，在某些情况下的抗体应答可能是极微的，没有表现出显著的上升，不一定不存在感染。

控制

应隔离感染的马，在病灶完全愈合前，不要用于繁殖。生殖器官检查时，应使用一次性手套。设备应彻底消毒后使用。目前还没有一种有效的疫苗。

■ 犬疱疹病毒感染

犬疱疹病毒1型（canine herpesvirus，CHV-1）引起的家养和野生犬科动物感染在世界各地普遍存在。由病毒引起的临床疾病是罕见的，但新生犬崽发生感染时，常伴随全身性疾病且死亡率很高。

流行病学

血清学调查发现，在英国，犬的流行率为88%，荷兰为42%（Reading，1998；Rijsewijk等，1999）。通常，被感染的动物和易感动物之间通过口鼻直接接触，导致此病传播。应激状态下，潜伏感染可以重新激活并排毒。病毒潜伏的位点包括感觉神经节（Burr等，1996；Miyoshi等，1999）。口鼻和阴道分泌物可以排毒。新生犬崽可以在子宫内或在分娩时感染，因此，它们可能是同窝感染的传染源。

致病机理

CHV-1感染后，在鼻腔黏膜、咽部、扁桃体复制。在这些低于正常成年犬体温的部位，病毒复制效率最高，因此，成年犬的感染通常局限于上呼吸道或外生殖器官。由于4周龄以下的幼犬的下丘脑的温度调节中枢不能完全控制它们的体温，它们特别依赖于环境温度和母体接触以维持正常体温。在幼

犬体温下降时，该病毒可在体内血细胞和多种内脏器官中，引起广泛的感染。

临床症状

成年犬和4周龄以上的幼崽，感染通常是无症状的。偶尔可以观察到外生殖器官水痘样病变和温和的阴道炎或龟头包皮炎。妊娠母犬的首次感染可能会导致流产、死胎、不孕不育。分娩或出生后不久的幼犬在感染后几天内出现临床症状。感染的幼崽停止吸吮，出现腹痛，鸣声不断，并在几天内死亡。感染的整窝幼崽发病率和死亡率往往很高。产感染幼崽的母犬，以后往往会产健康的幼崽。从初乳中获得抗体的幼崽，感染后也不会表现临床症状。

诊断

有诊断意义的尸检结果包括坏死和出血的病灶区，尤其肾脏。通常存在核内包涵体。利用犬的细胞株，可以从肝、肾、肺、脾等新鲜样品中进行病毒分离。也可以应用原位杂交和PCR方法。

控制

已有商品化的亚单位疫苗，已经证实妊娠母犬使用该疫苗后可降低幼崽死亡率（Poulet等，2001）。需隔离感染的母犬和它们的幼崽，以防止感染其他母犬。在接触病毒之前或在开始接触病毒时，如果使用加热灯管及垫料，提高幼崽的体温到39℃，可能有助于减轻感染的严重程度。

■ 猫病毒性鼻气管炎

这种幼猫的急性上呼吸道感染由猫疱疹病毒1型（Feline herpesvirus 1，FHV-1）引起。该病分布在世界各地，约40%的猫呼吸道感染是由它引起的。野生和家养的猫科动物都易感。

流行病学

需要密切接触才能传播。成群饲养的猫比个别饲养的猫发病率高。病毒通过口和眼鼻的分泌物排出。由于其相对不稳定，在环境中的生存时间较短。大部分康复的猫存在潜伏感染。在应激状态下，如分娩、哺乳期或更换猫舍，病毒被激活，开始复制和排出。受到应激和排毒之间只需要几天的时间。携带病毒的母猫所产幼崽获得母源抗体保护，可成

为亚临床感染。这些幼崽可成为病毒携带者，成年后持续感染。与许多其他物种的疱疹病毒感染一样，三叉神经节是病毒重要的潜伏部位。

致病机理

在感染上呼吸道上皮细胞之前，FHV-1在口鼻或眼结膜组织进行复制。除了极幼龄和免疫功能低下的猫，一般不会发生病毒血症和全身感染。通常会继发细菌感染，加重临床症状。

临床症状

潜伏期通常很短，大约2天左右，但可能会长达6天。幼猫表现急性上呼吸道感染，包括发热、打喷嚏、食欲不振、唾液分泌过多、结膜炎和眼鼻分泌物。眼睛周围形成痂皮，有时会造成眼睑粘在一起。一些严重的病例，可见肺炎或溃疡性角膜炎。除了幼猫或免疫抑制的猫，死亡率很低。在极少数情况下，猫可能会出现面部和鼻部皮炎，这可能与潜伏感染的激活有关（Hargis和Ginn，1999）。

诊断

临床上难以鉴别猫病毒性鼻气管炎和猫嵌杯病毒感染。

- 利用猫细胞系从口咽部或结膜拭子进行病毒分离。
- 利用免疫荧光，可以检测丙酮固定的鼻和眼结膜涂片中的特定病毒抗原。
- 多种PCR方法已经公开，并进行了灵敏度比较（Maggs和Clarke，2005）。关于临床相关性，尤其是在没有表现特征性的临床症状时，阳性结果可能仅仅是一个偶然的发现，因为所有潜伏感染的猫都会间歇性排毒。采用实时定量PCR可能会提供更多的信息（Vogtlin等，2002）。
- 病毒中和试验或ELISA方法可检测配对血清样本中抗体效价的上升，以确诊本病。

治疗与控制

治疗一般是非特异的和支持性的。核苷类似物如氟尿苷、碘苷、阿糖腺苷、阿昔洛韦在治疗FHV-1引起的局部眼部疾病取得了一定的成功，但大规模的临床试验尚未进行。其他治疗方法包括猫干扰素和L赖氨酸，也进行了研究。经常使用抗生素来控制继发的细菌感染。因为接种疫苗的猫还可以感染，

所以通过接种疫苗不能提供完全的保护，但临床症状和排毒往往会大大减少。灭活疫苗适用于怀孕母猫，有助于提高猫崽的母源抗体水平。鼻内接种疫苗可能会引起轻微的上呼吸道症状。当猫处于感染的低风险状态时，间隔3年加强接种可能就足够了（Elston等，1998；Scott和Geissinger，1999）。针对猫嵌杯病毒，也有商品化的疫苗。疫苗产品的进展包括使用无毒力的缺失突变的毒株，还有将猫嵌杯病毒衣壳基因插入到修饰的FHV-1基因组（Gaskell和Willoughby，1999）。良好的饲养条件和疾病控制措施的实施，结合常规的疫苗接种，可以将临床疾病的影响降到最低。在疾病流行时，应采取额外的措施，包括隔离母猫和它们的猫崽，隔离早期断奶的猫崽和早期进行疫苗接种。

■ 传染性喉气管炎

传染性喉气管炎（infectious laryngotracheitis，ILT）是一种高度传染性呼吸道疾病，是由禽疱疹病毒1型（Gallid herpesvirus 1，GaHV-1）引起的，主要感染鸡，偶尔感染雉，在许多国家都有发生。虽然不同GaHV-1毒株的毒力变化不一，但它们却具有共同的抗原特性。在家禽生产的密集地区，结合疫苗接种和生物安全措施，这种疾病通常得到了很好的控制。然而，在一些小型养殖场和特定的鸡群，此病常常持续多年。

流行病学

通常情况下，尤其是在密集饲养的鸡群中，GaHV-1通过气溶胶传播。病毒潜伏在三叉神经节，在开始产蛋或混群等应激状态下，携带病毒的鸡群可能会间歇性排毒。通过病毒的污染物，病毒从一个鸡舍间接地传播到其他鸡舍中。

致病机理

病毒吸入后，在上呼吸道局部复制。沿感觉神经传播最终定位在三叉神经节。

临床症状

潜伏期长达12天。由GaHV-1强毒株引起的疾病流行形式，以咳嗽、气喘、湿性啰音、眼鼻分泌物、咳出染满血污的黏液和摇头为特点。死亡率可达70%。死亡往往是由于严重的阻塞性出血性喉气管

炎。低毒性毒株感染的特点是轻度呼吸道症状、结膜炎和产蛋量下降。

诊断

传染性喉气管炎严重暴发时，临床症状和尸检结果可能足以进行特征性诊断。该病的温和形式必须进行实验室检测才能确诊。可通过鸡胚绒毛尿囊膜或禽细胞培养进行病毒分离。快速诊断方法包括通过电子显微镜在气管样品中发现疱疹病毒粒子、用免疫荧光法在涂片或冰冻切片中检测病毒抗原。可通过ELISA或琼脂凝胶免疫扩散（AGID）试验检测气管样品中的病毒抗原。用PCR方法检测GaHV-1比病毒分离更敏感，使用限制性片段长度多态性（restriction fragment length polymorphism，RFLP）分析可以区分野毒和疫苗毒。现在还有实时荧光PCR检测方法。可以用病毒中和试验、ELISA或AGID等方法，检测GaHV-1抗体。

控制

鸡群良好的管理和疫苗接种是控制该病的基础。短的生产周期以及全进全出管理模式能确保肉鸡保持无病。对蛋鸡而言，通常采用气溶胶或饮水方式接种活疫苗。接种疫苗能减少发病，但不能消除野毒感染，野毒在免疫鸡群中可以造成潜伏感染。目前正在评估基因工程疫苗。

■ 马立克病

鸡马立克病是鸡的一种传染性淋巴细胞增生性疾病。它的病原是禽疱疹病毒2型（GaHV-2），又称为马立克病病毒（Marek's disease virus，MDV）。MDV是一种与细胞相结合的、有致瘤作用的病毒。该病在世界各地均有发生，给养禽业造成巨大的经济损失。马立克病毒属鸡和火鸡疱疹病毒可分为三个血清型或物种。血清1型（禽疱疹病毒2型）包括所有的致病毒株和它们的致弱变异株；血清2型（禽疱疹病毒3型）包括无毒力的和非致癌毒株；第三个血清型，即火鸡疱疹病毒1型，是一种无毒力的火鸡疱疹病毒。血清1型毒株可分为轻微毒力的、中等毒力的和高毒力的毒株。

流行病学

病毒的复制与释放只发生在羽毛囊的上皮细胞。伴随羽毛囊细胞脱落，这种无细胞病毒从毛囊中释放出来。这种皮屑中的病毒在禽舍的灰尘和垃圾中可以保持感染性长达数月。感染禽可终身带毒，它们的幼鸟，最初可获得母源抗体保护，但几周后就可感染病毒，通常是经呼吸道途径。除了所感染疱疹病毒毒株的毒力，宿主因素也影响疾病的严重程度，包括宿主基因型、性别和感染的日龄。抗马立克病最相关的特征性基因位于鸡主要组织相容性复合体（MHC）。雌鸟比雄鸟更易患该病，这种差别的原因还不清楚。年龄越大，越能抵抗该病。交通运输、疫苗接种、搬运和断喙等应激因素，都会增加对该病的易感性。

致病机理与病理变化

吸入病毒后，病毒在局部复制，可能在巨噬细胞内复制，然后转移到主要的淋巴器官，导致细胞（主要是B细胞）的溶解。T细胞中的隐性感染可被B细胞的溶细胞过程激活。持久的细胞相关的病毒血症，导致病毒在全身分布。病毒感染后大约2周，羽毛囊的上皮细胞可被感染。这些上皮细胞溶解后，导致病毒颗粒释放到环境中。遗传上易感的鸡易于发生肿瘤和免疫抑制，伴随着CD8分子的表达下调，导致T细胞和胸腺细胞凋亡。在感染后2周至数月之间，这些鸡的淋巴瘤病变会变得很明显。T细胞的转化可能与某些血清1型毒株的致癌基因有关。在转化的细胞中，发现了多个病毒基因组的拷贝，既有附加体DNA，也有整合到宿主细胞的DNA。已经鉴定了几个具有转化作用的基因组区域（Venugopal，2001），包括一个碱性亮氨酸拉链基因meq（类似于致癌转录因子Jun/Fos家族）（Calnek，1998）。宿主免疫监视上的缺陷可以使转化的细胞形成淋巴肿瘤。外周神经经常受到感染，表现出增生（A型）、炎症（B型）或轻微浸润型（C型）。脱髓鞘是A型和B型的病变，引起瘫痪。急性型马立克病的特点是，许多内部器官出现肿瘤性淋巴样细胞弥漫性浸润。转化淋巴细胞表面表达的抗原以前称为鸡马立克病肿瘤相关抗原（Marek's disease tumour-associated antigen，MATSA），现在被认为仅仅是一个活化的T细胞的标记。

临床症状

12～24周龄的禽最易感。临床上，马立克病表现为腿和翅膀部分或完全的瘫痪。死亡率很少超过15%，出现死亡的情况持续数周或数月时间。急性发

第六篇

病时，禽在死亡前严重抑郁，或还未表现出临床症状就已死亡。报道称，急性发病时，死亡率通常为10%～30%，暴发时的死亡率可高达70%。

诊断

- 鸡马立克病的诊断依据临床症状和病理结果。
- 腿和翅膀麻痹，结合外周神经增厚是鸡马立克病的典型症状。
- 成年禽神经病变并不总是显而易见的。因此，与淋巴白血病区分尤为重要。
- 区分淋巴白血病依赖于感染鸡的年龄、临床发病率及病理组织学结果。
- 可以从感染鸡的血液白细胞层、脾脏悬液或淋巴瘤细胞中分离病毒。鸡肾细胞或鸭胚成纤维细胞可用于病毒的分离。
- 利用放射性免疫沉淀试验，可以检测皮肤或羽髓样品中的病毒抗原。
- 利用琼脂扩散试验、酶联免疫吸附试验、免疫荧光试验，或病毒中和试验可以检测针对GaHV-2的血清抗体。

- 已经开发了用于区分弱毒和野毒的PCR检测引物。适用于检测血液和羽髓中的病毒DNA。
- 如果禽群没有特征性的临床症状，即使存在禽疱疹病毒2型感染，也不能说明发生了马立克病。

控制

　　合适的管理策略、抗病育种和接种疫苗，可以减少马立克病的损失。消毒、全进全出的策略、雏鸡从第2或第3个月起远离老龄鸡饲养，减少接触感染，可降低高死亡率的可能性。有一系列含有三种禽疱疹病毒血清型的改良活疫苗已经商品化（疫苗中同时使用两个或三个毒株可以起到协同保护效果，因此火鸡疱疹病毒1型常被包含到二价或三价疫苗中）。虽然1日龄雏鸡注射单一剂量的活疫苗可以提供良好的终身保护，但它不能防止野毒强毒株的超感染。由于出现强毒突变体（Witter，1998），常规疫苗的效力降低，所以正在利用重组DNA技术，开发新型的疫苗。大型养鸡企业在已经孵化了18天的鸡胚内实行的自动化免疫接种，已经取代了传统的疫苗接种方法（Ricks等，1999）。

◉ 参考文献

Borchers, K., Thein, P. and Sterner-Kock, A. (2006). Pathogenesis of equine herpesvirus-associated neurological disease: a revised explanation. Equine Veterinary Journal, 38, 283–287.

Burr, P.D., Campbell, M.E.M., Nicolson, L. and Onions, D.E. (1996). Detection of canine herpesvirus 1 in a wide range of tissues using the polymerase chain reaction. Veterinary Microbiology, 53, 227–237.

Calnek, B.W. (1998). Lymphomagenesis in Marek's disease. Avian Pathology, 27, S54–S64.

Crabb, B.S., MacPherson, C.M., Reubel, G.H., Browning, G.F., Studdert, M.J. and Drummer, H.E. (1995). A type-specific serological test to distinguish antibodies to equine herpesviruses 4 and 1. Archives of Virology, 140, 245–258.

Crawford, T.B., Li, H. and O'Toole, D. (1999). Diagnosis of malignant catarrhal fever by PCR using formalin-fixed, paraffin-embedded tissues. Journal of Veterinary Diagnostic Investigation, 11, 111–116.

d'Offay, J.M., Floyd, J.G., Eberle, R., et al. (2003). Use of a polymerase chain reaction assay to detect bovine herpesvirus type 2 DNA in skin lesions from cattle suspected to have pseudo-lumpy skin disease. Journal of the American Veterinary Medical Association, 222, 1404–1407.

Elston, T., Rodan, I., Flemming, D., et al. (1998). Feline vaccine guidelines: from the Advisory Panel on Feline Vaccines. Feline Practice, 26, 14–16.

Gaskell, R. and Willoughby, K. (1999). Herpesviruses of carnivores. Veterinary Microbiology, 69, 73–88.

Gilkerson, J.R., Whalley, J.M., Drummer, H.E., et al. (1999a). Epidemiological studies of equine herpesvirus 1 (EHV-1) in thoroughbred foals: a review of studies conducted in the Hunter Valley of New South Wales between 1995 and 1997. Veterinary Microbiology, 68, 15–25.

Gilkerson, J.R., Whalley, J.M., Drummer, H.E., et al. (1999b). Epidemiology of EHV-1 and EHV-4 in the mare and foal populations on a Hunter Valley study farm: are mares the source of EHV-1 for unweaned foals? Veterinary Microbiology, 68, 27–34.

Hargis, A.M. and Ginn, P.E. (1999). Feline herpesvirus 1-associated facial and nasal dermatitis and stomatitis in domestic cats. Veterinary Clinics of North America: Small Animal Practice, 29, 1281–1290.

Kleiboeker, S.B. and Chapman, R.K. (2004). Detection of equine herpesvirus 3 in equine skin lesions by polymerase chain reaction. Journal of Veterinary Diagnostic Investigation, 16, 74–79.

Kramps, J.A. (2008). Infectious bovine rhinotracheitis/infectious pustular vulvovaginitis. In *OIE Manual of Diagnostic Tests and Vaccines for Terrestrial Animals*. Chapter 2.4.13. OIE, Paris. pp. 752–767.

Li, H., Shen, D.T., Knowles, D.P., et al. (1994). Competitive inhibition enzyme-linked immunosorbent assay for antibody in sheep and other ruminants to a conserved epitope of malignant catarrhal fever virus. Journal of Clinical Microbiology, 32, 1674–1679.

Li, H., Taus, N.S., Lewis, G.S., et al. (2004). Shedding of ovine herpesvirus 2 in sheep nasal secretions: the predominant mode for transmission. Journal of Clinical Microbiology, 42, 5558–5564.

Maes, R.K., Sussman, M.B., Vilnis, A. and Thacker, B.J. (1997). Recent developments in latency and recombination of Aujeszky's disease (pseudorabies) virus. Veterinary Microbiology, 55, 13–27.

Maggs, D.J and Clarke, H.E. (2005). Relative sensitivity of polymerase chain reaction assays used for detection of feline herpesvirus type 1 DNA in clinical samples and commercial vaccines. American Journal of Veterinary Research, 66, 1550–1555.

McKillen, J., Hjertner, B., Millar, A., et al. (2007). Molecular beacon real-time PCR detection of swine viruses. Journal of Virological Methods, 140, 155–165.

Miyoshi, M., Ishii, Y., Takiguchi, M., et al. (1999). Detection of canine herpesvirus DNA in the ganglionic neurons and the lymph node lymphocytes of latently–infected dogs. Journal of Veterinary Medical Science, 61, 375–379.

Moore, S., Gunn, M. and Walls, D. (2000). A rapid and sensitive PCR-based diagnostic assay to detect bovine herpes-virus 1 in routine diagnostic submissions. Veterinary Micrbiology, 75,145–153.

Muller–Doblies, U.U., Li, H., Hauser, B., et al. (1998). Field validation of laboratory tests for clinical diagnosis of sheep-associated malignant catarrhal fever. Journal of Clinical Microbiology, 36, 2970–2972.

Nettleton, P.F., Herring, J.A. and Herring, A.J. (1983). Evaluation of an immunofluorescent test for the rapid diagnosis of field infections of infectious bovine rhinotracheitis. Veterinary Record, 112, 298–300.

Nugent, J., Birch-Machin, I., Smith, K.C., et al. (2006). Analysis of equid herpesvirus 1 strain variation reveals a point mutation of the DNA polymerase strongly associated with neuropathogenic versus nonneuropathogenic disease outbreaks. Journal of Virology, 80, 4047–4060.

O'Toole, D., Li, H., Miller, D., et al. (1997). Chronic and recovered cases of sheep-associated malignant catarrhal fever in cattle. Veterinary Record, 140, 519–524.

Poulet, H., Guigal, P.M., Soulier, M., et al. (2001). Protection of puppies against canine herpesvirus by vaccination of the dams. Veterinary Record, 148, 691–695.

Powers, J.G., VanMetre, D.C., Collins, J.K., et al. (2005). Evaluation of ovine herpesvirus type 2 infections, as detected by competitive inhibition ELISA and polymerase reaction assay in dairy cattle without clinical signs of malignant catarrhal fever. Journal of the American Veterinary Medical Association, 227, 606–611.

Reading, M.J. and Field, H.J. (1998). A serological survey of canine herpesvirus 1 infection in the English dog population. Archives of Virology, 143, 1377–1488.

Ricks, C.A., Avakian, A., Bryan, T., et al. (1999). In ovo vaccination technology. Advances in Veterinary Medicine, 41, 495–515.

Rijsewijk, F.A.M., Luiten, E.J., Daus, F.J., et al. (1999). Prevalence of antibodies against canine herpesvirus 1 in dogs in The Netherlands in 1997–1998. Veterinary Microbiology, 65, 1–7.

Russell, G.C., Stewart, J.P. and Haig, D.M. (2009). Malignant catarrhal fever: a review. Veterinary Journal, 179, 324–335.

Scott, F.W. and Geissinger, C.M. (1999). Long-term immunity in cats vaccinated with an inactivated trivalent vaccine. American Journal of Veterinary Research, 60, 652–658.

van Oirschot, J.T., Kaashoek, M.J. and Rijsewijk, F.A.M. (1996). Advances in the development and evaluation of bovine herpesvirus 1 vaccines. Veterinary Microbiology, 53, 43–54.

Varrasso, A., Dynon, K., Ficorilli, N., Hartley, C.A., Studdert, M.J. and Drummer, H.E. (2001). Identification of equine herpesviruses 1 and 4 by polymerase chain reaction. Australian Veterinary Journal, 79, 563–569.

Venugopal, K. (2001). Marek's disease: an update on onco–genic mechanism and control. Research in Veterinary Science, 69, 17–23.

Vogtlin, A., Fraefel, C., Albini, S., et al. (2002). Quantification of feline herpesvirus 1 DNA in ocular fluid samples of clinically diseased cats by real–time TaqMan PCR. Journal of Clinical Microbiology, 40, 519–523.

Witter, R.L. (1998). Control strategies for Marek's disease: a perspective for the future. Poultry Science, 77, 1197–1203.

◉ 进一步阅读材料

ABCD guidelines on Feline Herpesvirus-1 [Online]. Available: www.abcd-vets.org.

Davison, F. and Nair, V. (2004). Marek's Disease, An Evolving Problem. Elsevier Academic Press, Oxford.

Gaskell, R., Dawson, S., Radford, A. and Thiry, E. (2007). Feline herpesvirus. Veterinary Research, 38, 337–354.

Muylkens, B., Thiry, J., Kirten, P., Schynts, F. and Thiry, E. (2007). Bovine herpesvirus 1 infection and infectious bovine rhinotracheitis. Veterinary Research, 38,181–209.

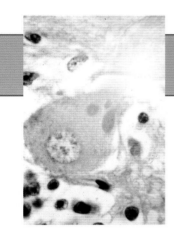

第62章

乳头瘤病毒科

乳头瘤病毒科英文名*Papillomaviridae*中的"papilla"和"oma"分别源自拉丁文和希腊文，分别表示"乳头"和"肿瘤"。该科病毒无囊膜，核衣壳呈二十面体对称，直径为55纳米（图62.1），基因组由单分子环状双股DNA组成。乳头瘤病毒科包含16个属。病毒在细胞核内复制，通过感染细胞裂解释放病毒粒子。乳头瘤病毒对环境有抵抗力，经脂溶剂、酸和60℃加热30分钟处理仍有传染性。病毒感染，尤其是早期发生的感染往往是持续性的。可用乳头瘤病毒将外源DNA导入培养的细胞。

以前，乳头瘤病毒与多瘤病毒（polyomavirus）同属于乳多空病毒科（*Papovaviridae*）。多瘤病毒感染在兽医学上重要性较小。虽然它们在自然宿主上不产生临床效果，但大多数多瘤病毒接种到新生啮齿类动物是致癌的。虎皮鹦鹉喙羽病是由禽多瘤病毒引起的，其特点是急性全身性感染，幼年鹦鹉死亡率很高。

△ 要点

· 无囊膜的双链DNA病毒

· 二十面体对称

· 含16个属：培养需要高度分化的角质形成细胞（keratinocyte）或免疫功能低下的啮齿动物的上皮组织块

— 在家畜引起乳头状瘤和纤维瘤

— 牛摄入蕨类植物可在消化道和泌尿道诱发乳头状瘤恶变

— 牛乳头瘤病毒（bovine papillomavirus，BPV）基因1型与马肉瘤相关

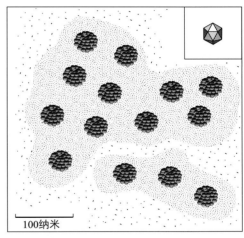

图62.1　乳头瘤病毒颗粒电镜下形态示意图（右上插图为结构示意图）

◉ 临床感染

这些嗜上皮的、宿主特异性的乳头瘤病毒在许多哺乳动物和鸟类引起增生性病变（疣）。虽然许多乳头瘤病毒不能进行细胞培养，但它们的DNA序列已被阐明，从而可以对病灶进行特异性检测。在感染的细胞中，病毒的DNA通常以附加体形式存在。

与家畜乳头瘤病毒感染相关的临床表现，列于表62.1中。乳头瘤病毒往往是宿主特异性的，在特定的解剖部位发生的增生性病变。乳头瘤病毒感染发生于许多动物，但只有那些影响人类、牛、马及犬的乳头瘤病毒感染才具有临床意义。

病变最常见于年轻的动物，通常数周或数月后自然消退。病变的消退是细胞介导的免疫应答的结果。典型的乳头状瘤（papillomas）由增生的上皮细胞形成的指状突起组成，具有细的成熟的纤维组织

表62.1　家畜乳头瘤病毒及相关的临床疾病

病毒属	病毒	基因型	临床疾病
丁乳头瘤病毒	牛乳头瘤病毒1型	1、2	幼牛纤维性乳头瘤；主要发生于头颈部，偶尔可见于阴茎。基因2型引起膀胱肿瘤和地方流行性血尿症。牛乳头瘤病毒1型可引起马肉瘤和纤维性乳头瘤（极少）
	绵羊乳头瘤病毒1型	1、2	
卯乳头瘤病毒	牛乳头瘤病毒3型	3	长久性的皮肤乳头瘤
		4	上消化道的乳头瘤，可能是摄入蕨菜后导致的恶性转移
		6	奶牛乳头的乳头瘤，棕叶型
		9、10	奶牛乳头的乳头瘤
戊乳头瘤病毒	牛乳头瘤病毒5型	5	牛乳房和乳头的乳头瘤（"米粒样乳头"）
		8	乳头及皮肤的乳头瘤
建议的新属	牛乳头瘤病毒	7	皮肤和乳头的乳头瘤
己乳头瘤病毒	马乳头瘤病毒1型		幼马乳头瘤；常见于嘴唇和鼻
子乳头瘤病毒	犬口腔乳头瘤病毒		幼犬口腔可见不规则的乳头瘤
	猫乳头瘤病毒		不常见，一些猫可见皮肤和口腔乳头瘤

的芯髓。在纤维性乳头状瘤中，纤维组织成分占主导地位。在某些宿主中，乳头瘤病毒可引起肿瘤。人类乳头瘤病毒已鉴定出多个型和80多个基因型，而牛乳头瘤病毒（BPV）只确定了3个型和10个基因型（其中4个基因型是新近发现的）。新近，在分类上，乳头瘤病毒的"型"被归类为一些"种"。其中，BPV按照基因组大小和引起的病变部位与类型，分为3个种或型，即BPV-1（对应BPV基因1型和基因2型）、BPV-3（对应BPV基因3型、基因4型和基因6型）、BPV-5（对应BPV基因5型）。BPV基因1型、基因2型和基因5型属于A组，而基因3型、基因4型和基因6型属于B组。A组BPV感染上皮细胞和成纤维细胞，而B组BPV只感染上皮细胞。BPV基因5型的基因组与卯乳头瘤病毒（xipapillomaviruses）和丁乳头瘤病毒（deltapapillomaviruses）相似。此外，BPV基因5型能够引起纤维性乳头状瘤和上皮性乳头状瘤（Bloch等，1994）。这样，BPV基因5型已被划分成一个单独的属，即戊乳头瘤病毒属（Epsilonpapillomavirus）。已发现人类、牛和兔的乳头状瘤发展为恶性肿瘤。

■ 致病机理

　　乳头瘤病毒感染鳞状上皮的基底细胞，通常是微小擦伤引起的。病毒也可能进入免疫脆弱地区，如不同类型的上皮细胞之间的连接处。受感染的细胞可以增殖，但分化延迟。病毒基因的表达局限于细胞的增殖阶段。只有当细胞在更浅表层的上皮开始分化时，病毒所有的基因才表达，继而产生病毒

衣壳。病毒的增殖导致细胞正常的分化过程遭到破坏，但细胞核被保留，且病毒复制和组装所必需的病毒蛋白继续表达。电子显微镜可见新的病毒颗粒在分化的角化细胞的细胞核中。感染的细胞从病变的表面脱落，完成病毒的释放。

■ 诊断

- 因为乳头状瘤（疣）的临床表现是独一无二的，通常不需要实验室对乳突状病灶确诊。
- 可能需要病理组织学检查，以确定一些病变的性质，尤其是马肉样瘤。
- 电子显微镜观察可从表皮标本中发现特征性的病毒颗粒。
- 杂交测定法和PCR方法可用于乳头瘤病毒DNA的检测，但不是常规方法。通过对抽提的DNA进行限制性内切酶酶切分析或Southern印迹可以对分离株定型。

■ 牛皮肤乳头状瘤

　　牛皮肤乳头状瘤是由多种类型的牛乳头瘤病毒引起。皮肤的纤维性乳头瘤一般与BPV基因1型、基因2型和基因5型有关，而BPV基因3型、基因4型和基因6型通常只引起乳头状瘤，它们的纤维组分最少。奶牛不同类型乳头瘤病毒引起的病变表现为两种类型的增殖外观。乳头纤维性乳头状瘤与BPV基因5型感染有关，具有光滑的表面，被称为"米粒型"。与此相反，"棕叶型"乳头状瘤的产生与BPV基因6型感

染有关。在不同的解剖部位这两种牛乳头瘤病毒产生的乳头病变都是典型的。

因感染BPV基因1型或基因2型导致的纤维性乳瘤经常发现于2岁以下牛的头部和颈部。病变的自然消退一般发生在1年内。BPV基因3型引起的皮肤乳头状瘤持续存在。由于BPV感染通常具有自限性，很少需要治疗。手术切除病变的奶头可能是必要的，因为病变会干扰挤奶。虽然自体灭活疫苗可用于治疗，但其疗效尚未得到证实。不过，灭活疫苗可用于预防该病。

■ 牛营养性乳头瘤-癌症候群

食道、瘤胃和网胃的乳头状瘤与BPV基因4型感染有关。剖检偶然发现的病变，往往是单独的和相对较小的。流行病学和实验研究已经表明，当动物摄取蕨类时，病毒诱导消化道乳头状瘤转变成鳞状细胞癌的概率会增加。这种恶性病变与乳头状瘤出现的解剖部位相同，可引起吞咽困难、瘤胃臌气和掉膘。BPV基因2型引起的纤维性乳头瘤结节，偶尔发现于上消化道，不会成为恶性的。

■ 地方流行性血尿症

地方流行性血尿症发生于世界各地贫瘠牧场上啃食丰富蕨类植物的牛。出血发生于膀胱壁上的肿瘤。单个癌变起源于上皮细胞或间叶组织。试验研究表明，BPV基因2型以及从蕨类提取的有毒化合物能促发癌变。可能是食用蕨类后导致免疫抑制，使膀胱组织中潜伏的BPV基因2型激活，这些效应与存在于蕨类的致癌物一起，导致肿瘤性病变的产生和发展。

■ 马乳头状瘤

乳头状瘤通常出现在1～3岁的马。通过DNA的研究，已确定两种类型的马乳头瘤病毒。马乳头瘤病毒1型与口鼻和腿的乳头状瘤有关，而马乳头瘤病毒2型与生殖道的乳头状瘤有关。病毒通过直接或间接接触传播。病变通常在数月后自然消退，康复动物获得免疫，不会再次感染。

■ 马肉样瘤

马肉样瘤是一种局部浸润成纤维细胞皮肤肿瘤

（Marti等，1993），是马、驴、骡最常见的肿瘤。牛乳头瘤病毒基因1型及其变异株与肉样瘤发生有关。将这些病毒接种易感动物，可引起类似肉样瘤的纤维瘤病灶，但可以自然消退。利用原位杂交和PCR方法，可以从肉样瘤中检测到与BPV具有高度同源性的病毒DNA片段。

病变常发生于3～6岁的马。据报道，马肉样瘤病例常发生于密切相处的马，也经常发生于同一农场的马群。然而，相对其他病毒病，马肉样瘤的发病率（估计在0.5%～2%）是比较低的。这表明马可能是非许可宿主。

肉样瘤可以发生在身体的任何部分，无论是单个或成簇。最常见的感染部位是头、腹部和四肢。在外观上是高度可变的，但可以明显归类为疣状或成纤维细胞状。临床诊断可以通过组织学确诊。手术切除是治疗的常用形式。常规手术后复发很常见，冷冻手术治疗更易成功。放射治疗、CO_2激光手术和化疗也获得了不同程度的成功。在某些情况下，旨在刺激细胞介导的免疫的疗法可能有效。这涉及向对结核菌蛋白敏感的马病灶内注射BCG或牛分枝杆菌细胞壁提取物。一种新的治疗方法，针对病毒E2蛋白基因表达的小干扰RNA（siRNA），在体外已被证明有效（Gobeil等，2009）。

■ 犬口腔乳头状瘤

在犬口咽部经常会发现多个可以传播的乳头状瘤。这种情况由犬口腔乳头瘤病毒引起，常见于年轻的犬，很容易传播。虽然犬口腔乳头状瘤的病原得到公认，但其他位置的乳头状瘤发生的原因还不能确定（Narama等，1992）。

犬口腔乳头瘤病毒通过直接和间接接触传播。潜伏期为8周。病变通常多发，虽然一般只局限于口腔黏膜上，有时会也发生于结膜、眼睑和口鼻。乳头状瘤最初表现为光滑、白色、突起的病变，但后来变得粗糙，呈花椰菜样。病变可能会在口腔内发生蔓延，在数月内自然消退。手术切除是不必要的，除非乳头状瘤持续存在或引起身体不适。灭活疫苗已被使用，但没有效果。非弱化的活疫苗有效，但在注射部位有可能产生肿瘤性病变（Bregman等，1987）。

第六篇

◉ 参考文献

Bloch, N., Sutton, R.H. and Spradbrow, P.B. (1994). Bovine cutaneous papillomas associated with bovine papillomavirus type 5. Archives of Virology, 138, 373–377.

Bregman, C.L., Hirth, R.S., Sundberg, J.P. and Christensen, E.F. (1987). Cutaneous neoplasms in dogs associated with canine oral papillomavirus vaccine. Veterinary Pathology, 24, 477–487.

Campo, M.S., Jarrett, W.F.H., Farron, R., O'Neill, B.W. and Smith, K.T. (1992). Association of bovine papillomavirus type 2 and bracken fern with bladder cancer in cattle. Cancer Research, 52, 6898–6904.

Campo, M.S., O'Neill, B.W., Barron, R.J. and Jarrett, W.F.H. (1994). Experimental reproduction of the papilloma-carcinoma complex of the alimentary canal in cattle. Carcinogenesis, 15, 1597–1601.

de Villiers, E.M., Fauquet, C., Broker, T.R., Bernard, H.U. and zur Hausen, H. (2004). Classification of papillomaviruses. Virology, 20, 17–27.

Gobeil, P.A., Yuan, Z.Q., Gault, E.A., Morgan, I.M., Campo, M.S. and Nasir, L. (2009). Small interfering RNA targeting bovine papillomavirus type 1 E2 induces apoptosis in equine sarcoid transformed fibroblasts. Virus Research, 145, 162–165.

Jarrett, W.F.H., McNeill, P.E., Grimshaw, W.T.R., et al. (1978). High incidence area of cattle cancer with a possible interaction between an environmental carcinogen and a papilloma virus. Nature, 274, 215–217.

Knottenbelt, D., Edwards, S. and Daniel, E. (1995). Diagnosis and treatment of the equine sarcoid. In Practice, 17, 123–129.

Lory, S., von Tscharner, C., Marti, E., et al. (1993). In situ hybridization of equine sarcoids with bovine papilloma virus. Veterinary Record, 132, 132–133.

Marti, E., Lazary, S., Antczak, D.F. and Gerber, H. (1993). Report of the first international workshop on equine sarcoid. Equine Veterinary Journal, 25, 397–407.

Narama, I., Ozaki, K., Maeda, H. and Ohta, A. (1992). Cutaneous papilloma with viral replication in an old dog. Journal of Veterinary Medical Science, 54, 387–389.

Otten, N., von Tscharner, C., Lazary, S., et al. (1993). DNA of bovine papillomavirus Type 1 and 2 in equine sarcoids: PCR detection and direct sequencing. Archives of Virology, 132, 121–131.

◉ 进一步阅读材料

Borzacchiello, G. and Roperto, F. (2008). Bovine papillomaviruses, papillomas and cancer in cattle. Veterinary Research, 39, 45–64.

Campo, M.S. (1997). Bovine papillomavirus and cancer. Veterinary Journal, 154, 175–188.

Campo, M.S. (Ed.) (2006). Bovine papillomavirus: old system, new lessons? In Papillomavirus Research: From Natural History to Vaccine and Beyond. Caister Academic Press, Hethersett, Norfolk.

Goodrich, L., Gerber, H., Marti, E. and Antczak, D.F. (1998). Equine sarcoids. Veterinary Clinics of North America: Equine Practice, 14, 607–623.

Nasir, L. and Campo, M.S. (2008). Bovine papillomaviruses: their role in the aetiology of cutaneous tumours of bovids and equids. Veterinary Dermatology, 19, 243–254.

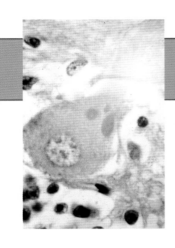

第63章

腺病毒科

腺病毒（adenovirus，adenos是希腊文，表示"腺体"）首次是从人形状像腺体的肿大的扁桃体（adenoids）中分离到的。该病毒的衣壳呈正二十面体对称，直径为70~90纳米，包含一个单一的线状双链DNA分子。腺病毒衣壳的12个顶点上有特征性的纤突（图63.1）。许多腺病毒能凝集大鼠或猴的红细胞，这个特性依赖于含有决定型的抗原决定簇的纤突蛋白。腺病毒科（*Adenoviridae*）包括五个属：哺乳动物腺病毒属（*Mastadenovirus*）、禽腺病毒属（*Aviadenovirus*）、富腺胸病毒属（*Atadenovirus*）、唾液酸酶腺病毒属（*Siadenovirus*），以及新设立的鲴腺病毒属（*Ichtadenovirus*）。哺乳动物的腺病毒归为哺乳动物腺病毒属，只感染哺乳动物，它们都有一个共同的抗原，抗原上与禽腺病毒有明显不同。血清组和血清型是在中和试验的基础上确定的。血凝抑制用于确定血清特异性。腺病毒在环境中比较稳定，它们能够存活几个星期。它们可以耐受冷冻、轻度酸和脂溶剂。56℃加热10分钟以上可以去除病毒感染性，但各个属对热敏感性不同。

腺病毒在细胞核内复制。新组装的病毒粒子形成结晶的聚集，在染色组织切片内呈明显的核内嗜碱性包涵体。腺病毒的自然宿主范围一般只局限于单一的物种或密切相关的物种。腺病毒感染常见于人类和动物。已经确认了51个人腺病毒的血清型，它们可以分为6个种（人腺病毒A~F）。大部分人类感染呈现亚临床或轻度症状，但免疫缺陷的个体可能会出现严重的临床疾病。与人类感染相反，某些动物感染导致严重的疾病。图63.2列出了属于腺病毒的属和种。表63.1列出了兽医学重要的腺病毒。

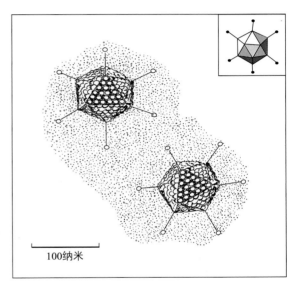

图63.1　腺病毒颗粒电镜下形态示意图（右上插图为结构示意图）

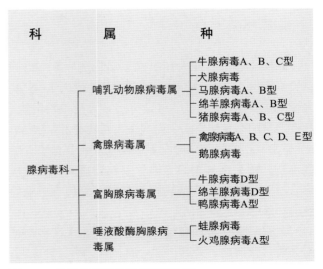

图63.2　兽医学重要的腺病毒属和种

同一种宿主不同型的腺病毒以大写字母为后缀命名。

表 63.1　兽医学重要的腺病毒

病毒	注释
犬腺病毒	存在犬腺病毒1型和犬腺病毒2型两种病毒。犬腺病毒1型引起犬肝炎，病毒增殖直接引起病变，形成免疫复合物又导致损伤出现。犬腺病毒2型引起犬气管和支气管炎，也是一种高度传染性疾病
马腺病毒A型	常引起马亚临床或温和的呼吸道感染。导致阿拉伯马致命性肺炎，如果存在免疫缺陷疾病，将更加严重
牛腺病毒	偶尔引起呼吸道和肠道疾病暴发
绵羊腺病毒	偶尔引起呼吸道和肠道疾病暴发
猪腺病毒	常呈亚临床感染；偶见腹泻
禽腺病毒	常存在于健康禽或呼吸道疾病的禽。引起鹌鹑支气管炎、包涵体肝炎、肝腹水综合征
鸭腺病毒A型	引起蛋鸡产蛋下降综合征
火鸡腺病毒A型	导致火鸡出血性肠炎（4～12周龄幼雏出现痢疾，死亡率高达60%）和雉大理石脾病（以猝死为特征，2～8月龄雉肺水肿和脾坏死）

△ 要点

- 无囊膜的双股DNA病毒
- 二十面体对称
- 细胞核中复制，形成核内包涵体
- 环境中相对稳定
- 四个属：
  - 禽腺病毒属，包含禽腺病毒
  - 哺乳动物腺病毒属，包含哺乳动物腺病毒
  - 富腺胸病毒属，包含脊椎动物腺病毒
  - 唾液酸腺病毒属，包含两栖类腺病毒和禽病毒
- 引起犬全身性和呼吸系统疾病
- 引起禽类全身性疾病

◎ 临床感染

腺病毒感染可使犬和家禽患病特别严重。已确认犬腺病毒（canine adenovirus，CAV）有2个血清型。犬腺病毒1型（CAV-1）感染可引发犬传染性肝炎，导致严重的全身性疾病，而感染犬腺病毒2型（CAV-2）通常只引发局部的呼吸系统疾病。在其他家养哺乳动物，腺病毒感染只是偶尔引起肠道或呼吸道疾病。有免疫缺陷疾病的阿拉伯马驹，腺病毒感染导致的肺部感染是致命的。

禽腺病毒在世界各地广泛存在，并从许多物种中分离，包括鸡、火鸡、雉、鸽、鸭、鹅、珍珠鸡、鹌鹑和虎皮鹦鹉。鸡感染是最常见的。这些感染大多呈现亚临床或相对轻微的症状。然而，感染特定的禽腺病毒、减蛋综合征病毒和火鸡A型腺病毒，可引起严重的疾病。禽腺病毒A型，也称为鸡胚致死孤儿病毒（CELOV，禽腺病毒1型），是宿主特异的禽腺病毒，引起鹌鹑支气管炎。禽腺病毒C型（血清4型）引发3～6周龄肉鸡的肝炎心包积液综合征。

■ 犬传染性肝炎

由犬腺病毒1型（CAV-1）引起的犬传染性肝炎，全球广泛存在，是全身性病毒性疾病，主要侵害肝脏和血管内皮细胞。目前已确定CAV-1的完整DNA序列（Morrison等，1997）。

流行病学

由于有效疫苗的广泛使用，犬传染性肝炎已经很少见。虽然犬是最容易受感染的物种，但是狐狸、狼、郊狼、臭鼬和熊也易感（Thompson等，2010）。病毒可通过感染动物的尿液、粪或唾液传播。病毒感染后14天，免疫反应清除宿主组织中的病毒。但病毒可能持续存在于肾脏，并在某些情况下，可能会从尿液中排出长达6个月以上。

致病机理

CAV-1感染后，定殖于扁桃体和肠系膜淋巴集结（图63.3）。由于病毒在血管内皮细胞中复制，导致病毒迅速在全身分布，发展为病毒血症。病毒复制也可发生在肝脏和肾脏实质细胞。大多数犬在感染后10天临床康复，并同时产生中和抗体。一些感染的动

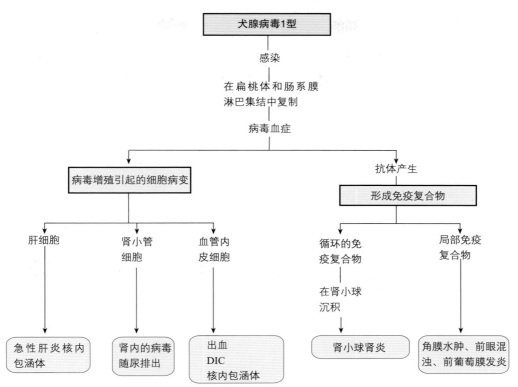

图63.3 犬腺病毒1型感染后导致局部和全身损伤的机理
DIC：弥散性血管内凝血。

物，由于免疫复合物沉积，导致肾小球肾炎、角膜水肿和前葡萄膜炎。

临床症状

潜伏期为7天。所有年龄的犬都易感，亚临床感染非常常见。年轻犬最经常出现临床疾病。成年犬的死亡率为10%～30%，幼崽的死亡率可达到100%。在特急性病例，死亡发生得如此之快，会让人怀疑是中毒所致。在急性病例，患病犬出现发热、抑郁、厌食、口渴、呕吐和腹泻。腹部触诊可引起疼痛，虽然可以检测到肝肿大，黄疸却是罕见的。约20%的感染动物在临床痊愈后的数周之内，会出现单侧或双侧角膜混浊，之后通常会自行消退。康复动物有终身免疫力。

诊断

- 非免疫年轻犬持续发热、突然倒地、腹痛，可怀疑犬传染性肝炎在发热期，血液检查可发现中性粒细胞和淋巴细胞显著减少。凝血时间可能会延长。
- 肝细胞、巨噬细胞和内皮细胞的嗜碱性核内包涵体可确诊。
- 肝脏冰冻切片的免疫荧光可确定病毒抗原。

- PCR方法可用于检测临床标本中的病毒DNA。
- 适用于犬肾细胞进行病毒分离的标本，包括口咽部拭子、血液、尿液及感染动物发热阶段的粪便。剖检后的脾脏、淋巴结和肾也适合进行病毒分离。由于肝组织中高水平的精氨酸酶活性，可抑制组织培养中的病毒复制，所以肝样品不适合用于病毒的分离。
- 病毒中和试验或血凝抑制试验检测到抗体效价上升，是CAV-1感染的指标。

治疗和控制

支持疗法，为肝细胞再生赢得时间。静脉给药，可以防止脱水和休克。在病情严重的动物，可能需要输血，以防止或控制出血。

灭活和弱毒活疫苗可用于此病预防。接种弱毒CAV-1活疫苗，偶尔引起轻度肾病，并从尿液中排毒，并在某些情况下出现角膜混浊。接种弱毒CAV-2活疫苗不会发生这些副作用，CAV-2活疫苗可刺激产生针对CAV-1持久有效的免疫。母源抗体水平不清楚的幼崽，应该分别于8～10周和12～14周免疫2次。建议每年或每隔2年加强免疫。接种灭活CAV-1疫苗不引起明显的副作用，但需要多次注射，以维持足够的抗体水平。

■ 犬腺病毒2型感染

犬腺病毒2型容易通过气溶胶传播，在上呼吸道和下呼吸道中复制。临床症状通常是温和的。感染犬可出现类似犬传染性气管支气管炎（犬窝咳）的临床症状。大多数犬能康复，并产生免疫力。感染后，排毒可持续约9天。可能由于继发细菌感染，偶有支气管肺炎发生。通过病毒分离、原位杂交和PCR可进行确诊（Benetka等，2006）。

■ 包涵体肝炎

包涵体肝炎（inclusion body hepatitis，IBH）主要影响肉鸡，有时也会发生在小母鸡。包涵体肝炎的原因尚不明确，病原学已确定与一些禽腺病毒血清型有关。在感染的鸡群，死亡率突然增加，可能会达到30%，是本病的一个特点。感染的鸡如果已经或同时感染传染性法氏囊病毒或鸡传染性贫血病毒，可导致免疫抑制，诱发严重的感染和很高的死亡率。病变包括肝脏肿大、有散在的出血和坏死，肌肉出血和贫血。肝细胞的核内包涵体是很明显的。基于特征的肝脏病变可以诊断该病。因为表观健康的禽也排泄腺病毒，并且血清学呈现阳性，所以血清学呈现阳性的意义是值得商榷的。由于无商品化的疫苗，IBH的病因也不明确，因此无法制定具体的控制措施。

■ 减蛋综合征

1976年首次报道了减蛋综合征是由在鸭群流行的腺病毒引起的，可以通过污染的疫苗传染鸡。在感染的禽群中，本病的特点是引起产蛋下降或不能达到产蛋高峰。感染的母鸡有可能产畸形蛋。36周龄的产蛋母鸡最易受到感染。输卵管，尤其是袋状壳腺常发生炎症病变。这个腺体中的上皮细胞常发现有核内包涵体。输卵管样品包括袋状壳腺，适合用禽细胞系，尤其是鸭肾成纤维细胞系进行病毒分离。病毒检测也可以采用ELISA、免疫荧光或PCR方法。由于病毒可以凝集红细胞，血凝抑制试验是鸡群血清学筛查的首选方法。在开始产蛋前使用产蛋下降综合征灭活疫苗可以控制该病。适当的卫生学措施以及消毒，可以控制感染的扩散。由于存在高风险的交叉感染，鸡、鸭应分开饲养。

◉ 参考文献

Benetka, V., Weissenbock, H., Kudielka, I., Pallan, C., Rothmuller, G. and Mostl, K. (2006). Canine adenovirus type 2 infection in four puppies with neurological signs. Veterinary Record, 158, 91–94.

Chouinard, L., Martineau, D., Forget, C. and Girard, C. (1998). Use of polymerase chain reaction and immunohistochemistry for detection of canine adenovirus type 1 in formalin-fixed, paraffin-embedded liver of dogs with chronic hepatitis or cirrhosis. Journal of Veterinary Diagnostic Investigation, 10, 320–325.

Hu, R.L., Huang, G., Qiu, W., Zhong, Z.H., Xia, X.Z. and Yin, Z. (2001). Detection and differentiation of CAV-1 and CAV-2 by polymerase chain reaction. Veterinary Research Communications, 25, 77–84.

Kiss, I., Matiz, K., Bajmoci, E., Rusvai, M. and Harrach, B. (1996). Infectious canine hepatitis: detection of canine adenovirus type 1 by polymerase chain reaction. Acta Veterinaria Hungarica, 44, 253–258.

Morrison, M.D., Onions, D.E. and Nicolson, L. (1997). Complete DNA sequence of canine adenovirus type 1. Journal of General Virology, 78, 873–878.

Thompson, H., O'Keefe, A.M., Lewis, J.C.M., Stocker, L.R., Laurenson, M.K. and Philbey, A.W. (2010). Infectious canine hepatitis in red foxes (Vulpes vulpes) in the United Kingdom. Veterinary Record, 166, 111–114.

◉ 进一步阅读材料

McCracken, R.M. and Adair, B.M. (1993). Avian adenoviruses. In Virus Infections of Birds. Eds J.B. McFerran and M.S. McNulty. Elsevier Science Publishers, Amsterdam. pp. 121–144.

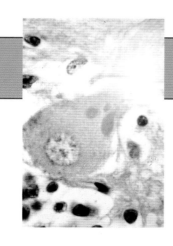

第64章

痘病毒科

痘病毒科（*Poxviridae*）含有引起家畜疾病最大的病毒。痘病毒的对称性复杂。这个科中的病毒颗粒呈砖型，大小为（220~450）纳米×（160~190）纳米），其表面囊膜，大小为（250~300）纳米×（160~190）纳米），含有球状或者卵形蛋白，它们在囊膜上形成规则的螺旋形丝带（图64.1、图64.2）。痘病毒编码100多种蛋白质，其中一些是酶。痘病毒含有一个或两个侧体（lateral body），以及一个双凹面的核或拟核（nucleoid），其内有线状双链DNA（图64.3）。来源于细胞膜的囊膜可以同时包裹数个成熟的病毒颗粒。

该科分为两个亚科，哺乳动物痘病毒亚科（*Chordopoxvirinae*）以及昆虫痘病毒亚科（*Entomopoxvirinae*），分别涉及脊椎动物的痘病毒和昆虫的痘病毒（图64.4）。哺乳动物痘病毒亚科由8个属构成，即正痘病毒属（*Orthopoxvirus*）、副痘病毒属（*Parapoxvirus*）、禽痘病毒属（*Avipoxvirus*）、山羊痘病毒属（*Capripoxvirus*）、兔痘病毒属（*Leporipoxvirus*）、猪痘病毒属（*Suipoxvirus*）、软疣病毒属（*Molluscipoxvirus*）和雅塔痘病毒属（*Yatapoxvirus*）。属内遗传重组导致了广泛的血清学交叉反应和交叉保护。痘病毒在宿主细胞的细胞质中发生复制，复制地点位于细胞质中特定区域（该区域被称为"病毒工厂"），由此处产生胞内成熟病毒颗粒（intracellular mature virions，IMV）。一些IMV可以截获宿主细胞的细胞膜，从而获得双层膜，其中含有宿主细胞的脂质和病毒编码蛋白，如

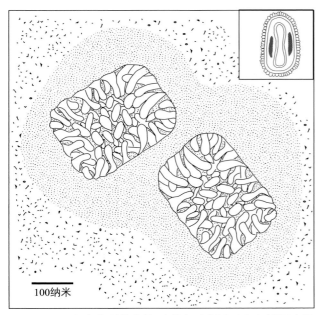

图64.1 正痘病毒颗粒电镜下形态示意图（右上插图为结构示意图）

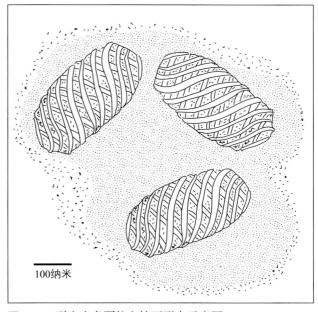

图64.2 副痘病毒颗粒电镜下形态示意图

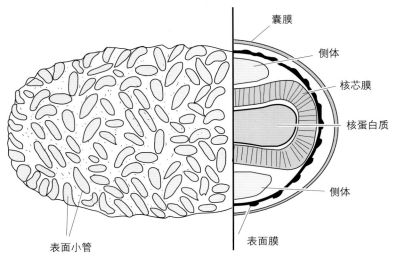

图64.3　一个正痘病毒的无包膜病毒颗粒的表面结构（左）和包膜病毒颗粒的横截面（右）示意图

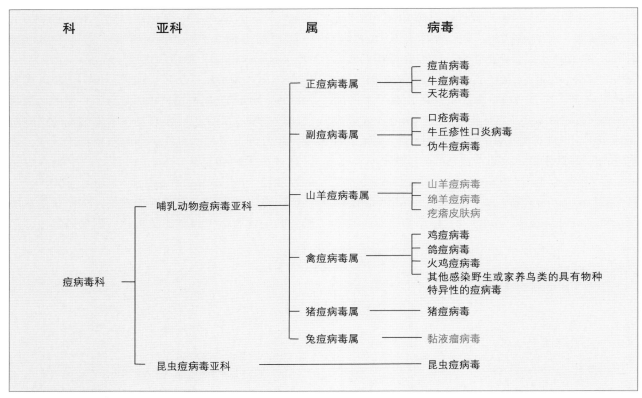

图64.4　痘病毒的分类，主要是感染家畜的种类
红字显示的病毒可引起OIE规定通报的疫病。

正痘病毒的血凝素蛋白。这种形式被称为胞内包膜病毒（intracellular enveloped virus，IEV）。IEV被运送到细胞表面，与细胞膜的融合导致了外层包膜的丢失和病毒的释放。被释放的病毒可能仍然附着在细胞膜上，即细胞结合的囊膜病毒（cell-associated enveloped virus，CEV），或者被完全释放成为胞外囊膜病毒（extracellular enveloped virus，EEV）。有

囊膜的痘病毒和没有囊膜的痘病毒都是有感染性的。CEV和EEV两种形式在细胞对细胞传播过程中很重要，与此同时伴随着细胞死亡和被感染细胞的溶解，IMV感染变得重要起来。病毒颗粒在室温和干燥条件下保持稳定，但对热、清洁剂、甲醛和氧化剂敏感。各痘病毒属对乙醚的敏感性，存在差异。

△ 要点

- 有囊膜的DNA病毒
- 复杂对称
- 细胞质内复制
- 环境稳定性
- 皮肤损害性是一个突出特点
- 个别痘病毒倾向于感染特定宿主种类，某些痘病毒的感染性并无物种特异性

痘病毒感染可以影响很多脊椎动物和无脊椎动物宿主，常常导致水疱性皮肤病变（表64.1）。天花由天花病毒引起，曾是具有重大国际意义的人类疾病。痘苗病毒在天花预防中的使用，最初由Jenner在18世纪末期引入，最终导致了这种具有高度传染性的疾病在20世纪即将结束时被彻底根除。痘病毒编码大量颠覆宿主免疫和炎症途径的蛋白质。这些蛋白质包括细胞抗病毒途径的抑制因子、抗凋亡因子

和调节宿主抗病毒机制的免疫调节分子（Stanford等，2007）。

◉ 临床感染

痘病毒可通过气溶胶、直接接触、节肢动物的机械传播和非生物媒介传播。皮肤病变是这些感染的主要特征。一些病毒编码蛋白从受感染细胞中释放出来，其中包含表皮生长因子的同系物，可刺激细胞增殖。通常情况下，痘病变起初为斑疹，发展为丘疹、水疱和脓疱，结痂脱落后留疤。在全身性感染中，存在细胞相关性病毒血症，痊愈动物存在牢固的免疫力。一些局部痘感染可能产生短暂的免疫力，但会发生再感染。

伪牛痘病毒、牛丘疹性口炎病毒和口疮病毒这三种密切相关的副痘病毒能感染反刍动物。这些病毒可传染给人类引起病变，在临床上十分类似。此外，这三种病毒在形态上难以区别，需经过核酸分

表64.1 痘病毒属成员的兽医学意义

病毒	属	宿主	感染的意义
痘苗病毒	正痘病毒属	广泛的宿主范围	感染绵羊、水牛、兔、牛、马和人。作为狂犬病疫苗重组病毒载体
牛痘病毒	正痘病毒属	啮齿类动物,猫,奶牛	小啮齿动物是其可能的储存宿主。猫是主要的偶然宿主；感染导致出现皮肤病变。牛乳头病变罕见病因，可感染人
瓦辛吉舒病毒	正痘病毒属	未知的野生储存宿主，马	肯尼亚及非洲邻国报告的罕见疾病。导致马乳头瘤样皮损
骆驼痘病毒	正痘病毒属	骆驼	广泛分布于亚洲和非洲。典型的痘病灶，造成全身性感染；可致幼年骆驼严重感染
伪牛痘病毒	副痘病毒属	牛	通常导致产奶牛乳头病变；引起挤奶人的结节
牛丘疹性口炎病毒	副痘病毒属	牛	犊牛口腔内和口鼻处产生温和的丘疹性病变，可感染人
口疮病毒	副痘病毒属	绵羊、山羊	主要影响羔羊，导致嘴唇合缝处及口鼻处增生性病变。可感染人
绵羊痘病毒	山羊痘病毒属	绵羊、山羊	在非洲、中东和印度流行。导致全身性感染的皮损特征，死亡率不等
疙瘩皮肤病病毒	山羊痘病毒属	牛	流行于非洲。导致具有严重病灶的全身性感染，死亡率不等
猪痘病毒	猪痘病毒属	猪	引起轻度皮肤疾病。遍及世界各地。通过猪虱和猪血虱（haematopinus suis）传播
鸡痘病毒	禽痘病毒属	鸡、火鸡	造成头部和口腔黏膜病变。遍及世界各地。由节肢动物的叮咬传播
黏液瘤病毒	兔痘病毒属	兔	引起自然宿主棉尾兔轻微的疾病；导致欧洲的家兔严重的疾病。作为生物控制措施，被引入欧洲、澳大利亚和智利
松鼠痘病毒	未定属	红松鼠和灰松鼠	英国本土红松鼠（Sciurus vulgaris）下降的重要因素；由北美引进的灰松鼠（Sciurus carolinensis）携带

第六篇

析确定其病原体差异。

山羊痘病毒在反刍家畜中能够导致死亡率高的全身性感染，因而具有重要的经济意义。绵羊痘病毒、山羊痘病毒和疙瘩皮肤病病毒密切相关，它们共有一组特定的结构蛋白（p32），因此可用同一种疫苗对抗这三种病毒。

许多禽类对禽痘病毒属成员易感。虽然禽痘病毒属中存在抗原关系，但这种关联是可变的。此属内的病毒种类按照其对特定宿主物种的亲和力命名，包括禽痘病毒、金丝雀痘病毒、鸽痘病毒和火鸡痘病毒。此属的代表种是禽痘病毒。

■ 痘苗病毒引起的感染

尽管痘苗病毒的天然宿主仍然未知，但已经发现许多种动物可发生轻度感染，包括羊、牛、马和人。以前，该病毒被用于疫苗，以预防天花。水牛痘病毒和兔痘病毒被认为是痘苗病毒的亚种。在挤奶过程中，痘苗病毒在牛之间传播并传染给人类，奶牛乳头上的病变与牛痘病毒引起的病变类似。痘苗病毒在试验条件下可以产生类似于马痘或马丘疹性皮炎的临床症状（Studdert，1989）。近年来，痘苗病毒已被用来作为对抗包括狂犬病、犬瘟热和麻疹在内的几种疾病的疫苗的重组病毒载体。

■ 牛痘病毒引起的感染

牛痘在欧洲部分地区流行。虽然牛痘病毒可以引起牛、猫、人类和动物园范围内的哺乳动物感染，但这些物种被认为是偶然宿主。储存宿主可能是野生啮齿动物。有证据表明，在西欧的田鼠和姬鼠是主要储存宿主（Chantrey等，1999）。在泌乳奶牛，病变通常仅出现在乳头。在家养动物中猫最易感染发病，感染的猫通常来自农村，而且这些猫通常捕鼠能力强。此外，猫类的感染往往在秋季达到高峰，此时小型啮齿类动物的数量很多，提示是鼠源性感染。尽管猫之间也存在传递，但这种传播方式很罕见。头部或前肢的小丘疹是第一个可识别的感染迹象，最终发生溃烂。形成的痂通常大约在6周内完全消退。在一些猫和少数动物中，继发性皮肤病变可能导致鼻炎或结膜炎。在极少数情况下，存在肺炎和胸膜渗出。诊断可以通过病理组织学、PCR、电子显微镜或病毒分离确定。没有特定控制措施。人类感染较罕见，通常被感染的猫传染。

■ 由伪牛痘病毒引起的感染

伪牛痘也被称为挤奶人结节，由全球范围内分布的副痘病毒属伪牛痘病毒引起。它是一种常见的影响泌乳奶牛乳头的温和症状。这种感染通过泌乳牛群缓慢传播，染疫动物数量随时间的不同而变化。有证据表明亚临床型的持续性感染发生在牛的淋巴组织中（Iketani等，2002）。该病是通过直接或间接传播的。感染可以通过挤奶杯和挤奶人的手传播。苍蝇或哺乳的犊牛也可以进行机械传播。乳头或乳房上的红色小丘疹发展成溃疡，上有结痂形成。愈合的病变中心产生特征性的环形或马蹄形结痂。可以用电子显微镜在痂皮病料中显示典型的副痘病毒颗粒。基于挤奶时适当的卫生措施，包括有效的乳头消毒剂的使用，可以进行控制。在人类感染中，病变通常仅限于手、前臂或脸部。

■ 牛丘疹性口腔炎

这种温和的幼牛病毒病在全球范围内均有发生。它是由一种副痘病毒，即牛丘疹性口炎病毒导致的，它通过直接或间接接触传播。感染很常见并且通常是亚临床型的。成熟的牛被认为是感染的传染源。

受感染的犊牛通常在口腔内和口鼻处产生病变。这些病变的特点是能够发展成具有同心炎症区的丘疹的充血灶。受感染的动物通常在3周内恢复。已描述过这种疾病的另一个更加严重的慢性病形式可能与并发感染或免疫抑制相关（Yeruham等，1994）。通过电子显微镜可观察到皮肤碎屑中的病毒颗粒。该病毒可传染人类。

■ 羊口疮

这是感染羊的重要疾病，又称羊传染性脓疱皮炎或传染性臁疮，在全球范围内发生，由一种副痘病毒引起。山羊、骆驼和人类也易感。

流行病学

该病毒是通过直接或间接接触传播的。在干燥的环境条件下，该病毒稳定并且在痂皮中可以存活数月。在不利的气候条件下暴露会导致传染性大大降低。在大多数羊群中，携有慢性病灶的羊保持了感染（McKeever 和 Reid，1986）。

病理机制

该病毒是趋上皮的，导致增生性疣样病变形成，例如通过蒺藜导致的皮肤擦伤进入。病毒在表皮角质复制，受感染的细胞释放血管内生长因子，刺激皮肤血管（Haig，2006）。该病毒编码一些因子干扰炎症和局部免疫反应包括白介素10的同系物，一个趋化因子结合蛋白和粒细胞—巨噬细胞集落刺激因子/白介素2结合蛋白（Fleming 和 Mercer，2007）。丘疹性病变发展为水疱、脓疱，并最终结痂。与结痂相关的细胞增殖产生疣状肿块。没有继发细菌感染的情况下，病变通常在4周内痊愈。

临床症状

本病主要影响羔羊。潜伏期长达7天。虽然病变最常发生在嘴唇合缝处及口鼻处，但也可能在口和脚、生殖器官和乳头上发展。轻度病变可能会被忽视。伴有口腔病变的严重感染羔羊往往进食困难，掉膘，可能死亡。疾病暴发持续数月，严重程度在农场之间和每年之间各不相同。在羊群中心的易感羔羊诞生之前本病通常不会复发。尽管个别羊群的分离株可能有不同的基因型，也没有证据表明疾病严重程度与病毒所属毒株有关（Gilray 等，1998）。环境管理因素可能影响感染的结果（Gumbrell 和 McGregor，1997）。先前已描述过，并发细菌感染会导致头部水肿和舌头肿胀，这可能易与蓝舌病相混淆。

自然感染后的免疫力可能不会给予完整的保护，部分原因是由于病毒免疫调节蛋白干扰宿主免疫反应（Haig 和 McInnes，2002）。然而，曾受过感染的动物发生的病灶通常不太严重，愈合也比第一次感染更加迅速。在慢性感染的羊中，病变可能较轻微或发生增生。对病毒的免疫需要细胞介导的免疫应答，即使喝了曾受过感染的母羊的初乳，新生羔羊还是容易受感染。

诊断

羊口疮的病变极易通过它们的外观特征和分布得以确认。存在于病料中的病毒可被电子显微镜识别。引物可用于临床样本中副痘病毒DNA的检测（Kottaridi 等，2006）。

治疗和控制

对于羊口疮病毒的感染仍没有特定疗法。抗生素治疗羔羊可减少继发细菌感染的影响。

在地方性感染的羊群中，控制需基于由痂皮组织或细胞培养中分离的全毒活疫苗。母羊应该在产羔前8周及以上由腋下皮下接种。接近产羔时，它们必须转移到一个新的放牧区，以减少羔羊接触传染性接种痂皮。只有当羊群中发生疾病暴发时羔羊才应该接种。如果想要有效进行，需彻底清洗和消毒羊舍表面和设备，这可能减少建筑物中残留的病毒量。

人类很容易受到羊口疮病毒感染。通常情况下是在手、前臂或脸部发生单一病变。在处理受感染的绵羊和使用活疫苗时应当谨慎行事。

■ 绵羊痘和山羊痘

这两种疾病都在东南欧、中东、非洲和亚洲流行。绵羊痘病毒和山羊痘病毒是山羊痘病毒属的成员。一系列山羊痘病毒属的毒株已经从绵羊和山羊中分离出来，有证据证明毒株之间的重组（Gershon 等，1989）。虽然有些毒株在绵羊和山羊中都极具致病性，其他毒株却只在其中一种中导致严重疾病。最近的基因研究表明，绵羊痘病毒和山羊痘病毒在系统发育上属于不同的病毒（Tulman 等，2002）。

流行病学

在疾病的急性阶段病毒颗粒从眼部的皮肤损伤和鼻腔排出。感染是通过皮肤擦伤或气溶胶发生的。昆虫叮咬也可能机械传播病毒。圈养或栅栏饲养动物有利于病毒的传播。羊痘病毒株感染能诱发机体免疫力。在流行区，本地动物经常拥有高水平的自然获得性免疫力，因而全身疾病和死亡少见。孤立的羊群可能会暴发严重疾病。

致病机理和病理

病毒在皮肤或肺中局部复制。扩散到局部淋巴结，接着导致各种内部器官的病毒血症和复制。皮肤病变，在痘病毒感染中很典型，在感染后约7天出现。肺部病变呈现多发性结节合并区域。

临床症状

经过1周左右的潜伏期，感染的动物出现发热、眼睑水肿、结膜炎和鼻腔分泌物。在几天之内斑疹迅速发展成皮肤和黏膜外部丘疹。丘疹坏死后结痂。

临床症状的严重程度取决于宿主动物的品种、年龄、免疫状态和营养状况，也与毒株和羊痘病毒的毒力有关。轻度无发热疾病中病变微乎其微，仅限于尾巴下方的皮肤。

即使本地品种，一些羊痘病毒株感染的死亡率也可能高达50%。本病在幼龄动物和进口品种中最严重。一些欧洲品种极易感，死亡率接近100%。继发细菌感染或病毒传播至其他位置可能会导致疾病加重。

诊断

诊断往往可以单靠临床症状得出。实验室确诊可用皮肤活检或剖检样品。

- 表皮细胞的胞浆内包涵体可能呈明显病理状态。
- 电子显微镜可用于病料中痘病毒颗粒的快速鉴定。山羊痘病毒属可以很容易区别于副痘病毒属。
- 可能从羔羊睾丸或者肾脏单层细胞中分离病毒。
- 已开发出抗原捕获ELISA进行山羊痘病毒属抗原检测（Carn，1995）。
- 活检或组织培养材料中病毒DNA的检测是可行的（Heine 等，1999）。通过对编码主要抗原p32的基因的PCR扩增产物进行限制性内切酶分析，可区别山羊痘病毒与绵羊痘病毒。
- 几种血清学方法包括病毒中和试验、免疫印迹分析、间接ELISA和间接荧光抗体试验是可行的。

控制

在流行区，控制基于每年接种。所有山羊痘病毒属都有一个主要中和位点，诱导所有的病毒野毒株产生良好的交叉保护。以下几种经改良的病毒株活疫苗可用，包括用于绵羊和山羊的一个肯尼亚绵羊痘株、用于绵羊的一个罗马尼亚株和用于山羊上的迈索尔（Mysore）株。一种亚单位疫苗也已经开发（Carn 等，1994）。不推荐使用灭活疫苗，因为它们的效果较改良的活疫苗差，这是由于细胞介导的免疫是主要的保护性反应。

山羊痘病毒属在重要的反刍动物病毒疫苗中起到载体的作用（Romero 等，1993）。这些载体疫苗可以对由山羊痘病毒属引起的疾病、牛瘟和小反刍兽疫提供保护。

■ 疙瘩皮肤病

牛的这种急性疾病是一种流行于撒哈拉以南非洲和马达加斯加的地方性疾病，由山羊痘病毒属疙瘩皮肤病病毒（Neethling病毒）引起。埃及和以色列也出现此病的疫情。

流行病学

尽管病毒在被感染动物的唾液中存在，且病毒可能通过环境污染传播，疙瘩皮肤病并不是特别有传染性（Carn 和 Kitching，1995）。传播的主要方式是通过叮咬昆虫的机械传播（Chihota 等，2001）。因此，疾病的暴发通常发生在雨季，此时昆虫活动性高，疫情往往与强降雨有关。新发疫情可能出现在与最初暴发地点相去甚远的区域。目前还不清楚该病毒是如何在疫情之间持续存在的，但亚临床感染的牛可能起到重要作用。一种野生储存宿主（可能是非洲水牛）也许与此病毒的持续存在有关。

致病机理和病理

随蚊虫叮咬机械传播的病毒通过白细胞相关的病毒血症而在体内迅速传播。许多细胞类型，包括角质形成细胞、肌细胞、成纤维细胞和内皮细胞都感染。内皮细胞受损导致血管炎、血栓形成、心肌梗死、水肿和炎症细胞浸润，这解释了皮肤结节性病变。

临床症状

潜伏期长达14天。症状有持续发热、伴有流泪、流鼻涕和产奶量下降。浅表淋巴结肿大情况加重，四肢和依赖性组织有水肿。出现边界清晰的皮肤结节尤其是在头部、颈部、乳房和阴部。结节也在口腔和鼻腔出现。有些皮肤病变可能发展成"鞍坏疽（sit-fasts）"。这些结构由一个坏死组织的中央栓组成，其脱落后留下深的溃疡。继发细菌感染或感染蝇蛆病可导致症状恶化。可能需要几个月时间痊愈。受影响的动物往往是虚弱的母牛或者妊娠母牛。疾病的严重程度与病毒株和牛的品种有关。黄牛（*Bos taurus*）比瘤牛（*Bos indicus*）更易感。有些动物很少有皮肤病变和全身反应，其他的动物显示出遍及全身的临床症状。虽然死亡率通常小于5%，但疾病导致的经济影响是相当大的。

诊断

- 疾病流行地区的牛发生广泛性皮肤结节，充分提示疙瘩皮肤病的可能。

- 在组织学上新发病变组织中胞浆内包涵体十分明显。
- 用电子显微镜可识别活检材料或干燥痂皮中的山羊痘病毒属病毒颗粒。
- 可从羔羊睾丸细胞单层中分离病毒。
- 抗原捕获ELISA可用于检测山羊痘病毒抗原（Carn，1995）。
- 使用山羊痘病毒的特异性引物可以在活检样本中扩增病毒DNA（Tuppurainen等，2005）。
- 血清学检测方法包括病毒中和试验、免疫印迹分析、间接荧光抗体试验和间接ELISA。

控制

在流行区，疫苗接种是控制的手段。有两种减毒活疫苗已被专门用于控制疙瘩皮肤病。其中一种是基于疙瘩皮肤病病毒的一个南非分离株研发的，另一种则是基于绵羊痘病毒的一个肯尼亚分离株研发的。已研制出一种重组疫苗可以对疙瘩皮肤病和牛瘟提供保护（Romero等，1993）。进口牛在引入高发区前应当接种。对于与流行地区接壤的国家来说，监测和根除策略都是恰当的控制措施（Yeruham等，1995）。

■ 猪痘

此种疾病温和，往往不被查出，在全球范围内发生。猪痘病毒是猪痘病毒属的唯一成员。病毒通过猪虱（Haematopinus suis）机械传播。经过大约1周的潜伏期，感染的动物显示轻微发热和皮疹。伴有结痂的丘疹和脓疱在3~4周内恢复。这些病变与受痘苗病毒感染的猪发生的病变类似。通过电子显微镜由病变材料可观察病毒颗粒。尽管有兴趣采用猪痘病毒作为疫苗载体，但无疫苗可用。通过改善卫生和消灭猪虱可控制猪群的流行。

■ 鸡痘

这种疾病影响家禽，包括鸡和火鸡，由鸡痘病毒感染引起。感染是缓慢传播的，以上消化道和呼吸道增生性皮肤病变和白喉病变为特征。鸡痘呈世界性分布。

流行病学

鸡痘、鸽痘和火鸡痘病毒密切相关，没有严格的宿主特异性。一些禽类对鸡痘病毒易感。传播是通过接触以及叮咬节肢动物的口器机械传播，尤其是蚊。病毒通过裸露皮肤、口腔黏膜或上呼吸道黏膜的擦伤进入机体。吸入痂皮病料产生的气溶胶可能导致传播。有证据显示病毒可能在一些禽类中持续存在，因应激或免疫抑制重新活化。

致病机理

病毒增殖发生在侵入点，尤其当感染的病毒株毒力低时病毒增殖可能局限于该点。毒株引起的感染导致病毒血症并在内部器官中进行复制。侵入途径影响病灶的分布和严重程度。营养不良、衰弱和应激等因素可能导致疾病加重。

临床症状

潜伏期高达14天。已描述两种形式的鸡痘：皮肤型（干痘）和白喉型（湿痘）。在干痘型中，结节性病变在鸡冠、肉垂和其他未被羽毛覆盖的皮肤上发生。其后发生溃疡和结痂。2周内开始恢复。在感染严重的禽类中痘变可能出现在有羽毛覆盖和无羽毛覆盖的皮肤上，眼睑处的病变可能会导致其完全封闭。白喉型中，黄色坏死病变（溃疡）在口腔黏膜、食道和气管发生。口腔病变可能会影响进食。气管受牵连时可能导致呼吸困难和啰音。

白喉型鸡痘比皮肤型鸡痘死亡率高，严重暴发时可能会接近50%，尤其是当伴有继发细菌或真菌感染。经济损失主要是由于蛋鸡产蛋量的短暂下降和雏鸡生长迟缓。

诊断

- 大的胞浆内包涵体（包氏体）含有小的原生小体（博雷尔体），在上皮细胞中可被检出。免疫荧光和免疫过氧化物酶技术可用于识别胞浆包涵体中的病毒抗原。
- 典型的病毒颗粒可以通过电子显微镜从病变材料中检出。
- 可从9~12日龄鸡胚的绒毛尿囊膜中分离病毒。
- 核酸探针可用于诊断。另外，使用特异性引物可通过PCR扩增病毒DNA（Lee和Lee，1997）。
- ELISA、病毒中和试验、琼脂凝胶沉淀试验和被动血凝试验都是适合的血清学检查方法。

治疗和控制

并没有特定的治疗方法。应控制继发细菌感染。

在流行区，通过改进的管理和卫生以及定期注射疫苗，可以减轻家禽生产中疾病的影响。通过组织培养或鸡胚生产的弱毒鸡痘或鸽痘疫苗均有市售。鸡通常在1月龄左右接种。鸡痘和金丝雀痘病毒的重组疫苗正被开发用于禽类，甚至哺乳动物物种中。虽然鸡痘病毒可以进入哺乳动物细胞并表达蛋白质，但它不能复制。

■ 黏液瘤病

这种欧洲家兔的严重的全身性疾病是由黏液瘤病毒引起的，是兔痘病毒属的代表种。

流行病学

黏液瘤病毒的自然宿主是南美的巴西棉尾兔（*Sylvilagus brasiliensis*）以及加州的粗尾棉尾兔（*S. bachmani*）。感染早已存在于南美和北美洲西部。对于自然宿主，黏液瘤病毒感染引起一种良性皮肤纤维瘤。相比之下，对于欧洲的穴兔（*Oryctolagus cuniculus*）的感染是致命的。20世纪50年代，黏液瘤病毒南美株作为一种控制兔群数量的手段引入欧洲、智利和澳大利亚的家兔，99%以上的兔感染死亡，疾病至今还在这些地区流行。毒力减弱的病毒以及抗性兔群均已出现。病毒通过蚊和跳蚤的口器机械传播。流行病可能每年发生，涉及节肢动物媒介和大量的青年易感兔。

致病机理和病理学

病毒在接种部位和局部淋巴结复制，随后发生的病毒血症主要是因为血液中的一些淋巴细胞含有大量病毒颗粒。感染后1周左右，皮肤出现明显的胶冻状、黏液瘤样的肿胀。

临床症状

头部和肛门生殖器官部位的皮下胶质肿胀尤为突出。眼睑结膜炎在发展过程中伴随着乳白色的眼睑分泌物。感染动物发热、萎靡，其中一些可在48小时内死亡。多杀性巴氏杆菌感染可导致鼻腔分泌物出现。死亡率因兔群的遗传抗性和病毒株毒力而异，从25%到90%不等。环境温度稍低可增加疾病的严重程度。

诊断

临床症状有特征性。分离的病毒或渗出物或病料中的痘病毒颗粒可以通过电子显微镜检测确认。

控制

可通过接种弱毒黏液瘤病毒或兔纤维瘤（Shope纤维瘤）病毒，后者是一种兔痘病毒属相关病毒。在流行区，有必要控制兔群跳蚤并采取措施防范昆虫及其他节肢动物，以降低感染率。

◉ 参考文献

Carn, V.M. (1995). An antigen trapping ELISA for the detection of capripoxvirus in tissue culture supernatant and biopsy samples. Journal of Virological Methods, 51, 95–102.

Carn, V.M. and Kitching, R.P. (1995). An investigation of possible routes of transmission of lumpy skin disease virus (Neethling). Epidemiology and Infection, 114, 219–226.

Carn, V.M., Timms, C.P., Chand, P., et al. (1994). Protection of goats against capripox using a subunit vaccine. Veterinary Record, 135, 434–436.

Chantrey, J., Meyer, H., Baxby, D., et al. (1999). Cowpox: reservoir hosts and geographic range. Epidemiology and Infection, 122, 455–460.

Chihota, C.M., Rennie, L.F., Kitching, R.P. and Mellor, P.S. (2001). Mechanical transmission of lumpy skin disease virus by *Aedes aegypti* (Diptera: Culicidae). Epidemiology and Infection, 126, 317–321.

Fleming, S.B. and Mercer, A.A. (2007). Genus Parapoxvirus. In *Poxviruses*. Eds A.A. Mercer, A. Schmidt and O. Weber. Birkhäuser Verlag, Basel. pp. 127–165.

Gershon, P.D., Kitching, R.P., Hammond, J.M. and Black, D.N. (1989). Poxvirus genetic recombination during natural virus transmission. Journal of General Virology, 70, 485–489.

Gilray, J.A., Nettleton, P.F., Pow, I., et al. (1998). Restriction endonuclease profiles of orf virus isolates from the British Isles. Veterinary Record, 143, 237–240.

Gumbrell, R.C. and McGregor, D.A. (1997). Outbreak of severe fatal orf in lambs. Veterinary Record, 141,150–151.

Haig, D.M. (2006). Orf virus infection and host immunity. Current Opinion in Infectious Diseases, 19,127–131.

Haig, D.M. and McInnes, C.J. (2002). Immunity and counter-immunity during infection with the parapoxvirus orf virus. Virus Research, 88, 3–16.

Heine, H.G., Stevens, M.P., Foord, A.J. and Boyle, D.B. (1999). A capripoxvirus detection PCR and antibody ELISA based on the major antigen P32, the homolog of the vaccinia virus H3L gene. Journal of Immunological Methods, 227, 187–196.

Hosamani, M., Mondal, B., Tembhurne, P.A., Bandyopadhyay, S.K., Singh, R.K. and Rasool, T.T. (2004). Differentiation of sheep pox and goat poxviruses by sequence analysis and PCR-RFLP of P32 gene. Virus Genes, 29, 73–80.

Iketani, Y., Inoshima, Y., Asano, A., Murakami, K., Shimizu, S. and Sentsui, H. (2002). Persistent parapoxvirus infection in cattle. Microbiology and Immunology, 46, 285–291.

Kottaridi, C., Nomikou, K., Lelli, R., Markoulatos, P. and Mangana, O. (2006). Laboratory diagnosis of contagious ecthyma: comparison of different PCR protocols with virus isolation in cell culture. Journal of Virological Methods, 134, 119–124.

Lee, L.H. and Lee, K.H. (1997). Application of the polymerase chain reaction for the diagnosis of fowlpoxvirus infection. Journal of Virological Methods, 63, 113–119.

McKeever, D.J. and Reid, H.W. (1986). Survival of orf virus under British winter conditions. Veterinary Record, 118, 613–614.

Romero, C.H., Barrett, T., Evans, S.A., et al. (1993). Single capripoxvirus recombinant vaccine for the protection of cattle against rinderpest and lumpy skin disease. Vaccine, 11, 737–742.

Stanford, M.M., Werden, S.J. and McFadden, G. (2007). Myxoma virus in the European rabbit: interactions between the virus and its susceptible host. Veterinary Research, 38, 299–318.

Studdert, M.J. (1989). Experimental vaccinia virus infection of horses. Australian Veterinary Journal, 66, 157–159.

Tulman, E.R., Afonso, C.L., Lu, Z., et al. (2002). The genomes of sheeppox and goatpox viruses. Journal of Virology, 76, 6054–6061.

Tuppurainen, E.S., Venter, E.H. and Coetzer, J.A. (2005). The detection of lumpy skin disease virus in samples of experimentally infected cattle using different diagnostic techniques. Onderspoort Journal of Veterinary Research, 72, 153–164.

Yeruham, I., Abraham, A. and Nyska, A. (1994). Clinical and pathological description of a chronic form of bovine papular stomatitis. Journal of Comparative Pathology, 111, 279–286.

Yeruham, I., Nir, O., Braverman, Y., et al. (1995). Spread of lumpy skin disease in Israeli dairy herds. Veterinary Record, 137, 91–93.

◉ 进一步阅读材料

Bhanuprakash, V., Indrani, B.K., Hosamani, M. and Singh, R.K. (2006). The current status of sheep pox disease. Comparative Immunology, Microbiology and Infectious Diseases, 29, 27–60.

Hayden, F.G. (2006). Antiviral agents (non-retroviral). In Goodman and Gilman's The Pharmacological Basis of Therapeutics. Eleventh Edition. Eds L.L. Brunton, J.S. Lazo and K.L. Parker. McGraw Hill, New York. pp. 1243–1271.

Snoeck, R.S., Andrei, G. and De Clercq, E. (2007). In Poxviruses. Eds A.A. Mercer, A. Schmidt and O. Weber. Birkhäuser Verlag, Basel. pp. 375–395

第六篇

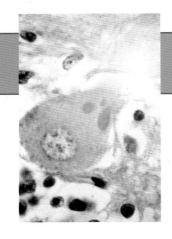

第65章

非洲猪瘟病毒科

非洲猪瘟病毒（African swine fever virus，ASFV），以前属于虹彩病毒科（*Irido viridae*），现在单独列为一个科，即非洲猪瘟病毒科（*Asfarviridae*），该病毒科包含一个属，非洲猪瘟病毒属（*Asfivirus*）。ASFV为该病毒属的代表种，是目前已知的唯一可通过节肢动物传播的DNA病毒。ASFV的基因组结构和病毒复制方式与痘病毒相似，其他方面则不同。病毒粒子直径175～215纳米，最外层是脂质体形成的囊膜，往里是二十面体对称的衣壳，最里面是由膜包裹的核蛋白和基因组（图65.1）。该病毒结构复杂，编码蛋白超过50种，包括数量较多的结构蛋白和几种用于mRNA转录和翻译后修饰的酶。病毒基因组为不分节段的线性双股DNA。病毒在宿主细胞胞质内复制，以穿过细胞膜的出芽方式或细胞破裂方式释放。病毒环境耐受力强，在较宽的温度范围（4～20℃）和pH范围内稳定存活。在肉中可存活数月。加热、脂溶性溶剂以及邻苯基苯酚（石炭酸）、福尔马林和含卤化合物等消毒剂可以使其失去感染性。

△ 要点

- 有囊膜的DNA病毒
- 呈二十面体对称
- 在宿主细胞胞质内和钝缘蜱属的软蜱体内进行病毒复制
- 引起非洲猪瘟

◎ 非洲猪瘟

非洲猪瘟（African Swine fever，ASF）是猪的具有重要经济意义的病毒性疾病，以发热、多组织脏器出血和高死亡率为特征。该病在撒哈拉沙漠以

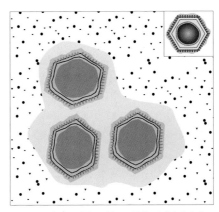

图65.1 非洲猪瘟病毒颗粒电镜下形态示意图（右上插图为结构示意图）

南的非洲地区、马达加斯加和撒丁岛呈地方性流行。截至目前，已在比利时、意大利、荷兰、俄罗斯、马耳他、巴西、古巴、海地和多米尼加共和国暴发过该病。在距离首次暴发三十年的1995年伊比利亚半岛宣布无疫，但1999年葡萄牙又重新发生该病。现在南美和加勒比地区已经消灭了该病。

■ 流行病学

只有家猪和野猪易感。在非洲，ASFV可在钝缘蜱属的软蜱、隐性感染的疣猪（warthog）和丛林猪（bushpig）之间形成完整的野外循环（图 65.2）。成年疣猪可长期隐性感染，很少形成病毒血症。相反，幼龄疣猪可出现病毒血症，是软蜱ASFV的主要传染源。病毒可在软蜱体内复制，可垂直传播，也可在软蜱不同发育期之间传播。软蜱附在宿主体表摄食的时间很短，之后从宿主体表脱落，隐藏在墙壁或地面的缝隙中。由于ASFV能在软蜱体内存在并保持对猪的感染性长达数年，因此存在软蜱的地区，

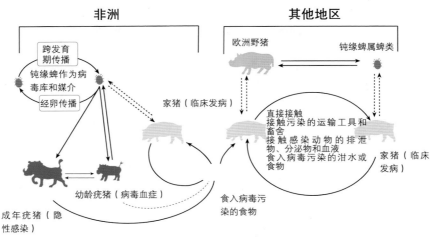

图 65.2　ASFV在野猪、家猪和蜱媒介中的存活和传播

一旦感染ASFV很难彻底净化。能够传播ASFV的蜱类主要是非洲的钝缘蜱，如 *O. porcinus porcinus*、*O. moubata* 等（Kleiboeker 等，1998），以及西班牙和葡萄牙的钝缘蜱，如 *O. erraticus*。实验室研究表明，ASFV还可在其他几种钝缘蜱属的蜱体内复制。能导致感染动物高死亡率的ASFV强毒株在非洲广泛分布。来自其他大洲的许多分离株毒力较低，死亡率通常低于50%。

家猪感染强毒株时，感染动物体液和组织中含有大量病毒，这种情况一直持续到感染动物死亡或康复。食入未煮熟的感染ASFV的疣猪和家猪肉是该病主要的传播方式。直接接触感染动物的口腔和鼻腔分泌物也可以传播该病。动物之间打架时，接触感染动物流出的血液偶尔传播该病。ASFV污染的车辆、器械和鞋也可造成该病的间接传播。用未煮熟的泔水饲喂易感动物是造成ASFV跨国传播的主要方式，疫情的发生经常是从空港和海港周边的猪群开始。

临床康复的患病猪在之后很长一段时间内仍有传染性。这些带毒猪是疫情扩散的主要病毒源。尽管同一基因型的ASFV感染临床康复猪不会造成再次发病，但病毒仍然可以在体内复制和传播给其他猪。

致病机理和病理变化

家猪通常经口/鼻途径感染。病毒首先在咽部黏膜、扁桃体和局部淋巴结内复制。然后通过血流感染其他淋巴结、骨髓、脾脏、肺脏、肝脏和肾脏。随后病毒在这些脏器复制，导致长期的病毒血症。

尽管病毒主要在淋巴系统内复制，但它也可以感染巨核细胞、内皮细胞、肾小管上皮细胞和肝实质细胞。造成的脏器损伤包括脾脏变大，胃、肝脏和肾脏淋巴结肿大，肾脏包膜下出现淤血点，浆膜表面有出血性瘀点和瘀斑，肺水肿和胸腔积液。局部血管内凝血、血管内皮损伤和巨核细胞破裂，可导致广泛性出血（Rodriguez 等，1996）。白细胞减少是本病特征性变化。病毒不在T、B淋巴细胞内复制，炎症促进因子导致淋巴细胞凋亡，从而造成淋巴细胞减少和淋巴组织坏死（Carrasco 等，1996；Salguero 等，2005）。慢性病例的组织损伤包括肺炎、纤维素性胸膜炎和心包炎、胸腔粘连以及淋巴组织肥大。

临床症状

因感染病毒剂量、病毒毒力、感染途径的不同，ASF临床表现可从隐性感染到最急性型。急性病例潜伏期4~19天，多数为5~7天。最急性型不表现临床症状突然死亡。急性病例表现体温升高、食欲下降、精神萎靡和喜卧。皮肤表面充血，部分病例皮肤表面出血。其他症状包括呼吸困难、结膜炎、拉稀、鼻腔和直肠出血和流产，死亡率高。亚急性病例病程3~4周，临床症状表现为肺炎、关节肿大、消瘦、精神萎靡、食欲下降，死亡率因日龄、感染猪群健康状况而异。在ASFV流行地区，病畜可表现为临床康复，转为慢性。临床康复并产生保护性免疫反应的免疫机制尚不清楚。在康复动物血清中未能检测到中和抗体。细胞免疫应答在免疫保护中起重要作用。

■ 诊断

猪瘟、猪丹毒、沙门菌病与ASF的临床症状及病变相似，因此ASF确诊需要进行实验室诊断。

适用于实验室检测的样品包括全血、血清、扁桃体、脾脏和淋巴结。

最方便和常用的检测方法是PCR。对于组织触片或冰冻切片，直接免疫荧光是快速和经济的检测方法。对于亚急性和慢性病例而言，由于抗原抗体复合物中所结合的抗体的阻断作用，直接免疫荧光的敏感性只有40%。大多数野毒株可吸附红细胞。红细胞吸附于感染ASFV的单核细胞和巨噬细胞表面，形成特征性的玫瑰花样形状。来自猪血液样品中的白细胞、疑似病例的血液或组织匀浆液接种原代白细胞的培养物，都可以进行红细胞吸附试验。

PCR方法用于检测组织中病毒DNA（Aguero等，2003；King等，2003）。

抗体可以在康复猪体内存在很长时间，对于感染低毒力毒株的猪而言，血清学检测可能是唯一的检测方法，ASF抗体检测方法包括ELISA和免疫印迹。

■ 防控

目前没有有效的疫苗。灭活疫苗不能产生保护作用。虽然弱毒疫苗免疫的部分猪可对遗传上相似的野毒株的攻击具有保护作用，但这些动物会因为接种弱毒疫苗而成为病毒携带者，而且还可能发展为慢性病例。

各国可以通过阻止生猪及其产品进口保持无疫状态。空港和海港的泔水必须煮熟后才能作为猪饲料。一旦暴发ASF疫情，必须执行根除策略。一旦出现低毒力毒株，非常难以清除。

限制生猪移动、对带毒猪群进行血清学监测、阻止家猪与疣猪或蜱接触，都是ASF地方性流行地区重要的控制措施。限制家猪与野猪、软蜱接触是重要的控制措施。消灭可以携带ASFV的蜱类是控制措施的重要组成部分。

◉ 参考文献

Aguero, M., Fernandez, J., Romero, L., Sanchez Mascaraque, C., Arias, M. and Sanchez-Vizcaino, J.M. (2003). Highly sensitive PCR assay for routine diagnosis of African swine fever virus in clinical samples. Journal of Clinical Microbiology, 41, 4431–4434.

Carrasco, L., Chacon, M-L., Martin de las Mulas, J., et al. (1996). Apoptosis in lymph nodes in acute African swine fever. Journal of Comparative Pathology, 115, 415–428.

King, D.P., Reid, S.M., Hutchings, G.H., et al. (2003). Development of a TaqMan® PCR assay with internal amplification control for the detection of African swine fever virus. Journal of Virological Methods, 107, 53–61.

Kleiboeker, S.B., Burrage, T.G., Scoles, G.A., Fish, D. and Rock, D.L. (1998). African swine fever virus infection in the Argasid host, Ornithodoros porcinus porcinus. Journal of Virology, 72, 1711–1724.

Rodriguez, F., Fernandez, A., Perez, J., et al. (1996). African swine fever: morphopathology of a viral haemorrhagic disease. Veterinary Record, 139, 249–254.

Salguero, F.J., Sanchez-Cordon, P.J., Nunez, A., Fernandez de Marco, M. and Gomez-Villamandos, J.C. (2005). Proinflammatory cytokines induce lymphocyte apoptosis in acute African swine fever infection. Journal of Comparative Pathology, 132, 289–302.

◉ 进一步阅读材料

Penrith, M.L. (2009). African swine fever. Onderstepoort Journal of Veterinary Research, 76, 91–95.

Sanchez-Vizcaino, J.M. (1999). African swine fever. In Diseases of Swine. Eighth Edition. Eds B.E. Straw, S. D'Allaire, W.L. Mengeling, and D.J. Taylor. Blackwell Science, Oxford. pp. 93–102.

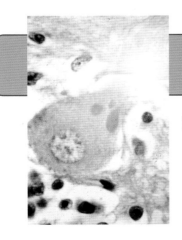

第66章

细小病毒科

细小病毒科（*Parvoviridae*）的病毒，即细小病毒（parvovirus），其英文名称源于表示"小"的拉丁文"parvus"。细小病毒的病毒颗粒直径为18～26纳米（图66.1）。这些无囊膜、二十面体对称的病毒具有一个线状单股DNA基因组。该科包括两个亚科：脊椎动物病毒的细小病毒亚科（*Parvovirinae*）以及节肢动物病毒的浓核病毒亚科（*Densovirinae*）。在细小病毒亚科的五个属中（图66.2），细小病毒属（*Parvovirus*）含有兽医学一些重要的病毒。

细小病毒仅在分裂中的宿主细胞细胞核中进行复制，这个特点决定了其组织针对性。细小病毒进入宿主细胞后，病毒颗粒脱壳，在细胞核中其单股DNA基因组被细胞DNA聚合酶转换为双股DNA。随着病毒复制，细胞裂解释放病毒颗粒。

细小病毒在环境中能稳定存在。它们能抵抗脂溶剂、广泛的pH范围（pH 3～9）、56℃下加热超过60分钟等许多因素的作用。福尔马林、β-丙内酯、次

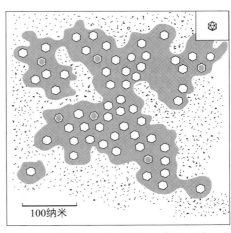

图66.1　细小病毒颗粒电镜下形态示意图（右上插图为结构示意图）

氯酸钠和氧化剂可使其失活。除了貂阿留申病病毒和鹅细小病毒，脊椎动物细小病毒均可凝集红细胞。用特异性抗血清进行血细胞凝集抑制试验被广泛用于这些病毒的鉴定。貂肠炎病毒、犬细小病毒和浣

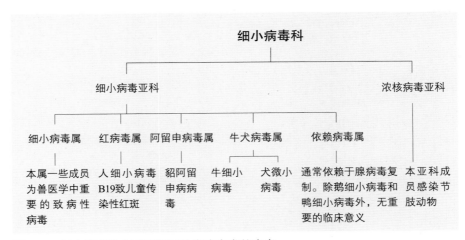

图66.2　细小病毒科中可感染哺乳类或禽类的病毒

熊细小病毒被认为是猫泛白细胞减少症病毒在不同宿主中的突变株。

> ⚠ **要点**
>
> - 小、无囊膜、单股DNA病毒
> - 二十面体对称性
> - 细胞核内复制，形成核内包涵体
> - 需要快速分裂的细胞来进行复制
> - 在环境中稳定
> - 耐热、脂溶剂、消毒剂和pH变化
> - 细小病毒属：
>   - 许多有血凝性
>   - 由粪大量排出
>   - 引起犬和猫肠道及全身性疾病
>   - 致猪繁殖障碍SMEDI综合征

◉ 临床感染

细小病毒可以感染多种家畜和野生动物（表66.1）。虽然大多数成员导致急性全身性疾病，但犬微小病毒（即犬细小病毒1型）和牛细小病毒的致病性还不明确。已经确认了两种不同的貂细小病毒病：即貂阿留申病和貂肠炎。貂肠炎在20世纪40年代首先被描述，感染貂崽的临床症状与猫泛白细胞减少症很相似。貂阿留申病是一种持续性感染性疾病，主要影响银灰色毛的纯合子的貂。本病特点是B淋巴细胞刺激导致肾脏和其他器官中浆细胞增多、高丙种球蛋白血症和免疫复合物相关病变。貂阿留申病也

可能发生在家养雪貂（Welchman 等，1993）。鹅细小病毒感染致雏鹅肝炎和肌炎，具有高度传染性，往往是致命的。与鹅细小病毒遗传上相近的鸭细小病毒，能够导致番鸭出现类似鹅细小病毒病的疾病。这两种病毒与腺联病毒（adeno-associated virus）相关，但它们复制时不需要辅助病毒。家养哺乳动物最重要的细小病毒病是猫泛白细胞减少症、犬细小病毒感染和猪细小病毒感染。

■ 猫泛白细胞减少症

猫泛白细胞减少症也被称为猫传染性肠炎或猫瘟，是一种发生在家猫和野猫的具有高度传染性的全身疾病，由猫泛白细胞减少症病毒引起。已确定这种病毒只有一个血清型。此病在世界各地均有分布，是一种最常见的猫科动物病毒感染。

流行病学

多数猫科动物高度易感，通常在未接种疫苗的猫群中流行。鼬科、浣熊科和灵猫科的有些种类也可感染，但它们极少发展为临床疾病。虽然所有年龄的猫都容易发生感染，但疾病主要发生在年轻的、刚断奶的小猫，是由于其母源抗体水平有所降低。许多感染是亚临床的，尤其是在老年猫和受母源抗体部分保护的猫崽。这种疾病可能存在周期性或季节性，与猫崽的降生有关。完全易感的母猫呈现胎盘传播。

在疾病的急性期会排出大量病毒，主要在粪中，但也存在于唾液、尿液、呕吐物和血液中。经粪排毒通常会在临床痊愈后持续几个星期。尽管一些亚

表66.1　细小病毒的兽医学重要性

病毒	属	宿主	感染后果
猫泛白细胞减少症病毒	细小病毒属	家猫及野猫	常见断奶猫崽出现高度传染性全身性疾病和肠炎，呈现抑郁、呕吐、腹泻。宫内感染：流产或新生猫小脑性共济失调
犬细小病毒（犬细小病毒2型）	细小病毒属	犬	具有高度传染性肠炎，伴有抑郁、呕吐、痢疾和免疫抑制。宫内或产期感染：幼崽心肌炎（罕见）
猪细小病毒	细小病毒属	猪	死产、木乃伊胎、死胎和不孕的主要病因（SMEDI综合征）
貂肠炎病毒	细小病毒属	貂	引起幼貂全身性疾病，类似于猫泛白细胞减少症
貂阿留申病病毒	阿留申病毒属	貂、雪貂	银灰毛色纯合基因貂的慢性病。持续病毒血症、浆细胞增多、高丙球蛋白血症和免疫复合物相关的病变
鹅细小病毒（小鹅瘟病毒）	依赖病毒属	鹅	具有高度传染性，8～30日龄的雏鹅致命性疾病（即小鹅瘟，又称Derzsy病）：肝炎、肌炎、心肌炎
鸭细小病毒	依赖病毒属	鸭	死亡率高，临床症状和病变类似于鹅细小病毒
犬微小病毒（犬细小病毒1型）	牛犬病毒属	犬	病毒在疾病中的作用不确定；血清学调查表明，病毒分布广泛
牛细小病毒	牛犬病毒属	牛	偶尔引起犊牛暴发腹泻

临床携带者可能会长期排出少量的病毒，但该病毒在环境中很强的存活能力在其维持和播散中发挥更为重要的作用。在阴凉、潮湿、黑暗的环境中，病毒传染性可以持续1年以上。跳蚤和人类可成为机械传播媒介。

致病机制和病理

病毒随着摄食或吸气而进入宿主体内。随后，在口咽处细胞分裂活跃的淋巴组织以及相关淋巴结中发生病毒复制。24小时内，发展成为病毒血症，从而在其他细胞分裂活跃的器官组织中产生感染，这些器官组织包括肠道、骨髓、胸腺、淋巴结和脾脏。这些靶组织的破坏导致了泛白细胞减少症和肠绒毛萎缩。肠隐窝扩张并含有坏死的上皮细胞。有时隐窝细胞中会明显出现包涵体。小肠绒毛变迟钝，可能发生溶解。病毒经胎盘感染后，对胎儿的影响常与感染时所处的妊娠阶段有关。妊娠早期的感染通常会导致流产或胚胎吸收；之后的妊娠期内感染，可能会导致胎儿小脑发育不全、视网膜发育不良或早期新生儿死亡。

临床症状

猫泛白细胞减少症的潜伏期为2～10天，但通常是4～5天。隐性感染很常见，并且会导致轻微发热和白细胞减少，通常伴随终身免疫。亚急性疾病会出现抑郁症、发热、腹泻，持续1～3天，随后迅速恢复。年幼的、未接种疫苗的6～24周龄的小猫疾病最严重，特点是突然发生明显的抑郁、厌食和发热。呕吐、有时伴有腹泻或痢疾，持续2天，可导致严重的脱水和电解质紊乱。腹痛可能非常明显。死亡率为25%～90%，大多数死亡发生在发病后的3～5天内。存活的动物需几周才能完全康复。康复动物产生强大而持久的免疫力。低于正常温度时会在24小时内死亡。虽然经常导致子宫内的胎儿感染，感染的怀孕母猫常无疾病迹象。妊娠早期胎儿感染可致胚胎吸收或流产。由于发育胎儿产生的免疫力，妊娠中期之后的感染一般较轻微。然而，死产、早期新生儿死亡和致畸变化，比如小脑发育不全和视网膜发育不良，可能出现在妊娠后期感染的母猫所产的猫崽。小脑发育不全的幼猫表现出小脑性共济失调，表现为步距太大、共济失调及频繁的无意识震颤，伴随终身。

诊断

- 未接种疫苗的猫出现腹泻时应考虑泛白细胞减少症。
- 在急性感染的动物中，白细胞计数经常小于7×10^9/升。嗜中性白细胞减少症比淋巴细胞减少症常见。存活的猫几天后细胞计数恢复正常。
- 适合用猫科动物的原代细胞株进行病毒分离的标本包括咽拭子、粪、脾、肠系膜淋巴结和回肠。
- 通过电子显微镜可以在患急性疾病的猫粪样中检出大量病毒颗粒。
- 在回肠、空肠部分可能出现典型的病理变化。隐窝细胞可检测到核内包涵体。
- 可利用乳胶凝集法、ELISA，或用猪或恒河猴红细胞进行血凝试验检测粪中的病毒抗原（Addie等，1998）。
- 可利用PCR方法检测粪便（Schunck等，1995）和组织中（Meurs等，2000）的病毒DNA。
- 多种测试方法，包括血凝抑制（HAI）、ELISA、间接免疫荧光法或病毒中和试验（virus neutralization，VN），可检测到血清样本中的抗体效价上升情况。

治疗

没有特定的抗病毒治疗方法。

- 强化支持疗法通常是必要的：
  - 脱水病猫应进行适当的液体疗法。
  - 有特异性免疫力的猫的全血或血浆可能对患贫血或低蛋白血症的猫有益。
  - 肠外进行广谱抗生素给药可防治继发细菌感染。
- 感染动物应该被安置在干净、温馨的环境，并保持补充复合维生素B的最佳饮食。

控制

自然感染产生的免疫力是强大和持久的。主要的控制措施是免疫接种。

- 弱毒活疫苗和灭活疫苗均有市售：
  - 灭活疫苗效果没有弱毒活疫苗有效，并且需要加强接种。灭活疫苗对怀孕母猫是安全的，而且也适合于暹罗猫和缅甸猫的幼崽（弱毒活疫苗可能会对这两种猫的幼崽产生不良反应）（Carwardine，1990）。
  - 8～10周龄的猫崽可用弱毒活疫苗进行免疫，12～14周龄再次免疫。推荐在首次免疫后12个月进行加强免疫，随后每隔3年进行加强免疫。这些疫苗不应该用于孕期母猫，因为病毒复制可能会导致发育中的胎儿小脑发育不全。

第六篇

－猫在进入近期发生过猫泛白细胞减少症的场所至少2周之前，应该进行一次加强免疫。
- 临床感染会对环境造成严重的污染。场所应用1%次氯酸钠或2%福尔马林（Scott，1980）进行彻底消毒，其内的猫应立刻进行接种。

■ 犬细小病毒感染

犬细小病毒（CPV）感染首次发现于20世纪70年代后期，是犬的一种具有高发病率和死亡率的世界性疾病。幼崽子宫内感染或围产期内感染时发生的急性或亚急性心脏衰竭，是疾病的一种常见的表现。作为自然接触和疫苗接种的后果，成年犬群的免疫力逐步发展，疾病的临床表现也有所不同。最常见的临床表现是断奶期与6月龄之间的青年犬的急性肠道疾病。自从1978年发现CPV后，已经识别影响病毒基因组和抗原性的一些基因突变。目前，该病毒存在3个亚型，即CPV-2a、CPV-2b和CUV-2c（Truyen，2006）。如果感染或接种某个亚型，通常会导致对其他亚型的免疫力，但已经有人呼吁将近期的野毒株加入疫苗中（Decaro 等，2009）。犬细小病毒可能是从FPV进化来的，这种变化是由于衣壳蛋白中五六个氨基酸变化造成的，致使FPV能结合犬细胞的转铁蛋白受体。猫极少发生犬细小病毒感染。犬细小病毒现在被归类为FPV的一株。

流行病学

许多犬科动物都易感，并且主要是通过粪口途径而发生感染和传播。感染的犬的粪会携带大量的病毒。感染后的五六天，粪中的病毒数量可达到10^9/克。持续排毒不常见，本病在犬群中的持续存在主要取决于病毒在环境中的稳定性。感染的建立只需要较少病毒，机械传播因此便于发生，这是感染传播的额外重要因素。

致病机理和病理

病毒最初在咽部淋巴组织和肠系膜淋巴集结复制。一旦发生病毒血症，主要的靶组织是那些迅速倍增的细胞群。在生命的前两周中，心肌细胞的活跃分裂使病毒复制过程中产生坏死和心肌炎。在稍大的幼崽，病毒侵入活跃分裂的小肠隐窝上皮细胞。肠隐窝细胞的丧失导致绒毛平端化，进一步导致吸收和消化能力降低，出现腹泻。严重感染的幼崽的肠腔内可能发生大量出血。肠黏膜和肠系膜淋巴结的淋巴组织与免疫抑制有关，这种免疫抑制使革兰阴性菌增殖，伴随损坏的肠组织的二次侵袭。内毒素血症在某些情况下导致内毒素休克。

临床症状

动物的年龄和免疫状态在很大程度上决定了疾病的临床形式和严重程度。经过4~7天的短暂潜伏期后，肠道患病的动物会突然出现呕吐和厌食，可能也会出现抑郁和发热。48小时内发生腹泻，通常带血，并且严重时明显出血。粪有恶臭味。并发肠道寄生虫、病毒或细菌感染可能会导致病情恶化。感染犬由于脱水和体重减轻，从而导致病情迅速恶化。长期患病比较罕见，严重感染的动物在3天内死亡。存活的动物会产生长久的免疫力。

目前，本病比较罕见的心肌炎型中，8周龄前感染的幼犬通常显示出急性心力衰竭的迹象。一些幼崽可能在首次感染的几月后出现充血性心脏衰竭，这是心肌坏死后广泛纤维化的结果。

诊断

- 粪便、血液和其他组织，尤其是感染部位的肠和心肌应该进行实验室检查。
- 肉眼和显微镜下肠道病变的症状和分布可初步判断细小病毒感染。可通过免疫组化染色来确认组织切片中病毒抗原的存在。
- 心肌细胞中嗜碱性核内包涵体的存在是确定性的证据。
- 可以检测到白细胞减少，尤其是在严重感染的动物中。
- 病程的早期对临床感染动物进行确诊依赖于粪中的病毒物证或病毒抗原：
  －通过电子显微镜可看到大量病毒颗粒。
  －应用ELISA或HA方法可检测病毒抗原的存在。该病毒能够与猪或恒河猴的红细胞发生凝集。目前已经有商品化检测试剂。
可以用合适的犬及猫细胞系进行病毒分离。
- PCR方法可用于粪便（Mochizuki 等，1993；Uwatoko 等，1995）以及石蜡包埋组织中的病毒DNA的检测。
- 血清学检查，包括HAI、VN、ELISA和间接免疫荧光抗体方法可用于诊断疾病。

治疗

没有特定的抗病毒治疗方法。

- 治疗细小病毒肠炎需加强支持疗法，包括使用止吐剂和输液。
- 肠外给药广谱抗生素能减少继发细菌感染的风险。
- 亚急性或慢性心脏衰竭的犬应该加强休息及利尿治疗。

控制

单独接种疫苗通常无法控制犬舍中地方性细小病毒感染的循环，因此在20周龄之前，尽量减少幼崽接触病毒的机会。这非常重要（Pollock 和 Coyne，1993）。无保护力的低水平母源抗体会干扰一些弱毒活疫苗的效果。许多幼崽的母源抗体持续8~12周，甚至会持续到18周龄（O'Brien，1994）。

- 灭活和弱毒活疫苗均有市售：
  - 灭活疫苗通常能提供长达1年的保护，并且可以安全用于怀孕的母犬。
  - 虽然弱毒活疫苗一般能提供良好的、持久的保护，但仍需要每年再次免疫。这些疫苗不能用于妊娠母犬。弱毒活疫苗病毒毒力弱化程度不同。尽管有母源抗体的作用，有些毒力较强的减毒疫苗病毒株仍可以在幼犬体内复制（Churchill，1987；Burtonboy 等，1991）。疫苗生产商通常声称接种12周龄幼犬，可产生免疫保护。
- 疾病暴发后，必须对场所进行彻底消毒：
  - 1%的次氯酸钠和2%的福尔马林都是有效的消毒剂。
  - 在可行的情况下，甲醛气体熏蒸是最有效的消毒程序。

■ 猪细小病毒感染

猪细小病毒是猪繁殖失败的一个重要原因。作为单一血清型的病毒，在世界各地都有发现，并在许多猪群中流行。

流行病学

在疾病流行的猪场，许多母猪是免疫的。它们可以在长达4年的时间里保持血清学阳性，并通过初乳向仔猪提供被动保护。母源性的免疫通常持续约4个月，甚至持续到6~9月龄。在此期间，母源性抗体可能会干扰主动免疫的产生，导致一些抗体阴性小母猪在交配过程中受到感染。感染猪可在几个星期内通过粪和其他分泌物，包括精液，进行排毒。然

而，猪圈可能仍然在数月内都有传染性，因为该病毒在环境中具有超常的稳定性。

致病机理

在通过口鼻途径，偶尔通过精液感染后，病毒现在局部复制，然后形成病毒血症。病毒偏嗜分裂活跃的胎儿组织细胞。怀孕母猪在接触病毒后的10~14天发生胎盘感染。怀孕前几周内胚胎感染导致胚胎死亡和吸收；在妊娠第70天之前发生感染，胎儿会死亡，成为干尸。在妊娠第70天后发生感染，通常会产出血清学呈阳性的健康仔猪。这与母猪妊娠第60~70天时，胎儿的免疫功能才开始健全有关（Huysman 等，1992）。

临床症状

猪细小病毒感染是死木胎综合征（SMEDI syndrome）的一个主要原因。SMEDI是死胎、木乃伊胎、早期胚胎死亡和不孕症而导致的猪繁殖失败的英文词语首个字母的缩写。偶尔会有流产和新生儿死亡的报告。一般来说，一窝猪仔中含有不同大小的木乃伊猪崽，是由于胎盘感染和随后胚胎连续暴露于宫内传播所致。如果存活胚胎数降到4或4以下，整窝小猪通常都将死亡。猪细小病毒感染不损害雄性的生殖道。

诊断

- 一旦检测到年轻的或刚配种的母猪产生了繁殖失败，尤其是伴有木乃伊胎，必须考虑猪细小病毒感染。
- 应将几个胚胎提交给实验室检查。
- 用免疫荧光法检测胚胎组织（尤其是肺组织）的冰冻切片中的病毒抗原，可靠且灵敏。
- 胎儿组织的匀浆凝集豚鼠红细胞表明存在有血凝活性的病毒。
- 猪肾细胞系可用于病毒分离。然而，随着胚胎的死亡和吸收，病毒逐渐丧失感染性，从木乃伊化的坏死胚胎组织中可能难以分离到病毒。
- 已经用PCR技术来检测胎儿组织的病毒DNA（Gradil 等，1994）。
- HAI和VN等血清学技术可以检测血清、较大胎儿或流产胎儿体液中的抗体。然而，对于感染猪群血清学检测母猪血清测通常诊断价值不大。

控制

使小母猪和易感母猪在交配前接触猪细小病毒，

从而诱导它们产生特异性免疫力，可以控制此病的地方性流行。接种疫苗可以用于增强地方性流行的猪群的免疫力。疫苗也可以用于新近引入的公猪和种母猪。

增加易感的小母猪和抗体阳性的老母猪之间的接触机会，可实现该病毒自然接触感染。其他人为感染的方法还有让小母猪接触受病毒污染的猪粪或受感染母猪的胎盘或胎儿组织。

针对猪细小病毒的单一血清型的弱毒活疫苗和灭活疫苗已经在实验室研制出来，但目前只有灭活疫苗有售。小母猪和易感阴性母猪以及公猪应在配种前的2～4周进行接种。接种疫苗可以在有限的时期内防止宫内感染。大多数疫苗接种策略依赖于随后对病毒的自然接触，以加强动物免疫力（Huysman等，1992）。

◉ 参考文献

Addie, D.D., Toth, S., Thompson, H., et al. (1998). Detection of feline parvovirus in dying pedigree kittens. Veterinary Record, 142, 353–356.

Burtonboy, S., Charlier, P., Hertoghs, J., et al. (1991). Performance of high titre attenuated canine parvovirus vaccine in pups with maternally derived antibody. Veterinary Record, 128, 377–381.

Carwardine, P. (1990). Adverse reactions to vaccine. Veterinary Record, 127, 243.

Churchill, A.E. (1987). Preliminary development of a live attenuated canine parvovirus vaccine from an isolate of British origin. Veterinary Record, 120, 334–339.

Decaro, N., Cirone, F., Desario, C., et al. (2009). Severe parvovirus in a 12-year-old dog that had been repeatedly vaccinated. Veterinary Record, 164, 593–595.

Gradil, C.M., Harding, M.J. and Lewis, K. (1994). Use of polymerase chain reaction to detect porcine parvovirus associated with swine embryos. American Journal of Veterinary Research, 55, 344–347.

Huysman, C.N., van Leengoed, L.A.M.G., de Jong, M.C.M. and van Osta, A.L.M. (1992). Reproductive failure associated with porcine parvovirus in an enzootically infected pig herd. Veterinary Record, 131, 503–506.

Meurs, K.M., Fox, P.R., Magnon, A.L., Liu, S. and Towbin, J.A. (2000). Molecular screening by polymerase chain reaction detects panleukopenia virus DNA in formalin-fixed hearts from cats with idiopathic cardiomyopathy and myocarditis. Cardiovascular Pathology, 9, 119–126.

Mochizuki, M., San Gabriel, M.C., Nakatani, H., Yoshida, M. and Harasawa, R. (1993). Comparison of polymerase chain reaction with virus isolation and haemagglutination assays for the detection of canine parvovirus in faecal specimens. Research in Veterinary Science, 55, 60–63.

O'Brien, S.E. (1994). Serologic response of pups to the low-passage modified live canine parvovirus-2 component in a combination vaccine. Journal of the American Veterinary Medical Association, 204, 1207–1209.

Pollock, R.V.H. and Coyne, M.J. (1993). Canine parvovirus. Veterinary Clinics of North America: Small Animal Practice, 23, 555–568.

Schunck, B., Kraft, W. and Truyen, U. (1995). A simple touchdown polymerase chain-reaction for the detection of canine parvovirus and feline panleukopenia virus in faeces. Journal of Virological Methods, 55, 427–433.

Scott, F.W. (1980). Virucidal disinfectants and feline viruses. American Journal of Veterinary Research, 41, 410–414.

Truyen, U. (2006). Evolution of canine parvovirus–a need for new vaccines? Veterinary Microbiology, 117, 9–13.

Truyen, U., Platzer, G., Parrish, C.R., Hanichen, T., Hermanns, W. and Kaaden, O-R. (1994). Detection of canine parvovirus DNA in paraffin-embedded tissues by polymerase chain reaction. Journal of Veterinary Medicine Series B, 41, 148–152.

Uwatoko, K., Sunairi, M., Nakajima, M. and Yamaura, K. (1995). Rapid method utilizing the polymerase chain-reaction for detection of canine parvovirus in faeces of diarrhoeic dogs. Veterinary Microbiology, 43, 315–323.

Welchman, D. de B., Oxenham, M. and Done, S.H. (1993). Aleutian disease in domestic ferrets: diagnostic findings and survey results. Veterinary Record, 132, 479–484.

◉ 进一步阅读材料

Kerr, J.R., Cotmore, S.F., Bloom, M.E., Linden, R.M. and Parrish, C.R. (2006). Parvoviruses. Oxford University Press, New York.

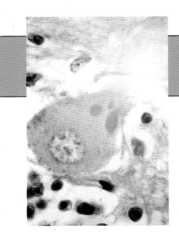

第67章

圆环病毒科

圆环病毒科（Circoviridae）的成员引起脊椎动物和植物的疾病。圆环病毒（circovirus）直径为17～22纳米，无囊膜，呈二十面体对称（图67.1）。圆环病毒在环境中极其稳定，能耐受pH3～9的环境以及60℃30分钟的作用。

圆环病毒基因组为单个环状单股DNA分子。病毒的复制发生在细胞分裂时的细胞核。基因测序研究表明，圆环病毒曾被分为3个群（Niagro 等，1998）。鸡贫血病毒（chicken anaemia virus，CAV）是圆环病毒科的代表种，直径为22纳米，归属于圆圈病毒属（Gyrovirus）。猪圆环病毒（porcine circovirus）和喙羽病病毒（beak and feather disease virus）直径为17纳米，归属于圆环病毒属（Circovirus）。第三个群是植物圆环病毒，现已归属到矮缩病毒科（Nanoviridae）。

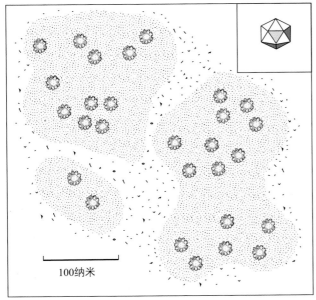

图67.1　圆环病毒颗粒电镜下形态示意图（右上插图为结构示意图）

> **△ 要点**
> - 小，无囊膜，呈二十面体对称，单股DNA病毒
> - 在分裂细胞的细胞核复制
> - 在环境中稳定
> - 圆环病毒引起鸡、鹦鹉和猪的疾病

◉ 临床感染

圆环病毒呈世界性分布，具有宿主特异性的，感染造血系统细胞。鸡贫血病毒和猪圆环病毒具有重要的兽医学意义。喙羽病病毒能够引起雏鹦鹉，尤其是凤头鹦鹉衰竭性、免疫抑制性疾病。

■ 鸡贫血病毒感染

雏鸡感染鸡贫血病毒，出现再生障碍性贫血和全身淋巴组织萎缩。鸡贫血病毒只感染雏鸡，呈世界性分布。各地分离到的毒株似乎具有相同的致病性，属于一个血清型。

流行病毒

鸡贫血病毒既可水平传播，又可垂直传播。粪-口途径可导致感染。产蛋鸡感染后，经卵垂直传播，子代雏鸡1～3周龄时出现病毒血症。一旦病毒感染产蛋鸡群，大多数鸡在产蛋前能够产生抗体。母源抗体不能保护雏鸡免于感染和排毒，但可阻止临床疾病的发展。2周龄及以上的鸡，虽然仍可感染，但不再发病。种鸡群存在许多抗体阳性的成年鸡，鸡通常亚临床感染。如果鸡群中同时感染其他导致免疫抑制的病毒，如传染性囊病病毒或禽疱疹病毒2型，2周龄以上的鸡以及有母源抗体的雏鸡都可能出现贫血。

致病机理和病理学

接种1日龄易感雏鸡，出现病毒血症，直到3或4周后才可在大多数器官和粪便中检出病毒。鸡贫血病毒的主要靶细胞是胸腺T细胞的前体细胞和骨髓造血母细胞。这些细胞的凋亡导致出现免疫抑制和贫血。剖检病理变化包括胸腺和法氏囊组织萎缩、骨髓苍白、骨骼肌和皮下出血。

临床症状

2周龄左右的鸡开始出现临床症状。病鸡精神沉郁、食欲不振、皮肤苍白。死亡率通常为10%，也可高达50%。急性发病期之后存活的病鸡康复缓慢。商品代肉鸡亚临床感染该病毒，有碍体重增长。

诊断

根据临床症状和剖检病理变化，可作出初步诊断，但确诊需进行实验室检测。可采用免疫细胞化学技术检测病毒抗原。可采用原位杂交、斑点杂交法及PCR方法，鉴定骨髓和胸腺中是否有病毒DNA。病毒分离尽管可行，但费力费钱。血清抗体检测可采用病毒中和试验、间接免疫荧光试验及ELISA方法。已有商品化的ELISA试剂盒，可鉴定产蛋前血清阴性的母鸡。

控制

由于鸡贫血病毒的感染非常普遍，难以保证蛋鸡场一直不受感染。产蛋鸡在产蛋前应暴露于感染。血清阴性的鸡群应故意暴露于病毒，如使用鸡贫血病毒阳性场的旧垫料或饮用含病鸡组织匀浆液的水，但这种接触感染方式并不可靠，而且本身不安全。

已有商品化活苗，旨在防止病毒从产蛋母鸡垂直传播到后代。由于存在亚临床感染，接种疫苗也无法阻止肉鸡的经济损失。控制鸡贫血病毒阳性鸡群其他免疫抑制病毒的感染，对于防止它们合并感染产生的叠加效应，至关重要。

■ 猪圆环病毒感染

猪圆环病毒于1974年首次报导，最初被认为是猪肾传代细胞系PK15上的一种小核糖核酸样污染物。人工感染表明它是一种非致病性病毒，命名为猪圆环病毒1型（porcine circovirus 1，PCV1）。1997年，在法国首次从仔猪分离到猪圆环病毒2型（porcine circovirus 2，PCV2），与PCV1抗原性和基因表型有差异，所致疾病称为断奶仔猪多系统衰竭综合征（post-weaning multisystemic wasting syndrome，PMWS）。血清流行病学研究表明，PCV2在世界范围内流行。PCV2的感染还可引起猪皮炎与肾病综合征（porcine dermatitis and nephropathy syndrome，PDNS）及繁殖障碍。PCV2存在三种基因型，即PCV-2a、PCV-2b和PCV-2c。

■ 断奶仔猪多系统衰竭综合征

断奶仔猪多系统衰竭综合征（post-weaning multisystemic wasting syndrome，PMWS）是仔猪一种伴随多器官病变的渐进性消瘦的传染病。1991年，在加拿大的无特定病原体的猪群中首先发现此病（Allan 和 Ellis，2000）。

流行病学

PCV2分子生物学研究表明，不同毒株之间存在差异，但目前还不清楚这种差异与毒株的致病性存在何种关系。PCV2能够有效地在相互接触的动物中水平传播，粪-口途径是其传播主要途径。感染的猪可经鼻液、唾液、眼分泌物、尿液和粪排毒。

致病机理

感染PCV2病毒的猪不总是出现PMWS，其他病原体协同作用是整个临床疾病发展的必要因素。免疫刺激被认为可能是一个重要的诱因，可能是因为免疫刺激增加了进入细胞周期S期的容许性细胞的数目。淋巴细胞普遍耗竭是该病的固有特征，胸腺淋巴细胞的破坏被认为在其致病机理中发挥了核心作用（Darwich 等，2004）。该病毒也能诱发肝炎。

临床症状

通常在2～4月龄发病，出现消瘦、呼吸困难、淋巴结肿大、腹泻，偶见黄疸等症状。病猪发病率4%～30%，死亡率可高达80%。

诊断

根据临床症状和病理变化进行PMWS的诊断。淋巴组织的组织病理变化是其典型的症状，包括肉芽肿性炎症、淋巴细胞减少和巨噬细胞胞浆内出现包涵体。PCV2抗体的检测可用间接免疫荧光法、免疫过氧化物酶单层细胞试验法或ELISA方法。用猪传代细胞进行病毒分离，有助于确认病毒感染。确诊需结合宿主病变，用免疫组化及原位杂交等技术检出PCV2抗原或病毒核酸（Kim 和 Chae，2004）。

防控

由于该病毒广泛存在，各个猪场控制该病的主要措施是清除可能存在的诱导因素和协同因素。这需要良好的饲养管理、迅速去除病猪以及消除其他病原。已有商品化灭活苗和亚单位疫苗，用于仔猪免疫接种，也可用于母猪和小母猪的免疫接种。这样可以通过初乳为仔猪提供被动免疫。

◉ 参考文献

Allan, G.M. and Ellis, J.A. (2000). Porcine circoviruses: a review. Journal of Veterinary Diagnostic Investigation, 12, 3–14.

Darwich, L., Segales, J. and Mateu, E. (2004). Pathogenesis of postweaning multisystemic wasting syndrome caused by porcine circovirus 2: an immune riddle. Archives of Virology, 149, 857–874.

Kim, J. and Chae, C. (2004). A comparison of virus isolation, polymerase chain reaction, immunohistochemistry, and in situ hybridization for the detection of porcine circovirus 2 and porcine parvovirus in experimentally and naturally coinfected pigs. Journal of Veterinary Diagnostic Investigation, 16, 45–50

Niagro, F.D., Forsthoefel, A.N., Lawther, R.P., et al. (1998). Beak and feather disease virus and porcine circovirus genomes: intermediates between the geminiviruses and plant circoviruses. Archives of Virology, 143, 1723–1744.

◉ 进一步阅读材料

Chae, C. (2004). Post weaning multisystemic wasting syndrome: a review of aetiology, diagnosis and pathology. Veterinary Journal, 168, 41–49.

Segales, J., Allan, G.M. and Domingo, M. (2005). Porcine circovirus diseases. Animal Health Research Reviews, 6, 119–142.

第六篇

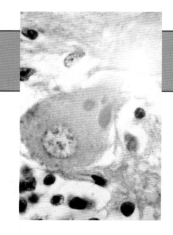

第68章

逆转录病毒科

逆转录病毒科英文名Retroviridae中"retro"是拉丁语，表示"返回"。逆转录病毒是不稳定的、有囊膜的RNA病毒，直径为80～100纳米。该科病毒分为两个亚科，即正逆转录病毒亚科（Orthoretrovirinae）和泡沫逆转录病毒亚科（Spumaretrovirinae）。该科目前有7个属：甲逆转录病毒属（Alpharetrovirus）、乙逆转录病毒属（Betaretrovirus）、丙逆转录病毒属（Gammaretrovirus）、丁逆转录病毒属（Deltaretrovirus）、戊逆转录病毒属（Epsilonretrovirus）、慢病毒属（Lentivirus）和泡沫病毒属（Spumavirus）（图68.1）。该科病毒的名字表明这种病毒粒子中存在由病毒基因组编码的逆转录酶。

逆转录病毒的囊膜来自宿主细胞的细胞膜，囊膜内有正二十面体病毒衣壳，衣壳内包裹着两个线状正链单股RNA和核芯蛋白（包括逆转录酶和整合

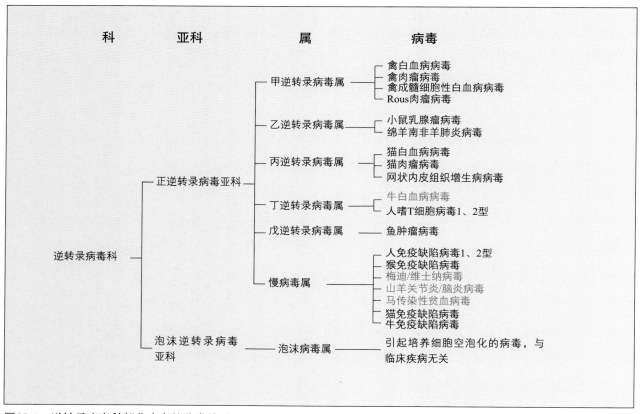

图68.1 逆转录病毒科部分病毒的分类关系
重点关注引起的动物疾病或体外诱导细胞变化的逆转录病毒；红字显示的病毒可引起OIE规定通报的疫病。

酶）（图68.2）。乙逆转录病毒的核衣壳偏离病毒颗粒中心，而甲逆转录病毒属、丙逆转录病毒属、丁逆转录病毒属和泡沫病毒属的核衣壳位于病毒颗粒中心。慢病毒的核衣壳呈棒状或圆锥状（图68.3和68.4）。由于这些形态差异，历史上，曾基于电镜观察，将逆转录病毒分为A型、B型、C型和D型颗粒。

逆转录酶作为一种RNA依赖的DNA聚合酶，可将RNA逆转录为DNA。复制能力出色的逆转录病毒粒子的基因组至少含有3个主要基因，即gag、pol和env。gag基因编码一种结构蛋白，它是群特异性抗原；pol基因编码逆转录酶和整合酶；env基因编码囊膜糖蛋白

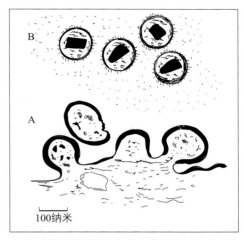

图68.4　慢病毒颗粒从细胞膜出芽过程（A）和细胞外成熟的慢病毒颗粒（B）

白，该蛋白能被运输到高尔基体，并被切割成膜表面亚基（surface unit，SU）和嵌膜亚基（transmembrane unit，TU）。该科病毒编码的第4个重要基因是pro基因；pro基因可单独表达，也可与gap或pol基因融合表达。pro基因编码蛋白酶，该酶裂解聚合酶前体。逆转录病毒蛋白酶是人艾滋病（即获得性免疫缺陷综合征，AIDS）的高效抗逆转录病毒疗法（highly active antiretroviral therapy，HAART）的靶作用对象之一，其对应的药物是病毒蛋白酶抑制剂。

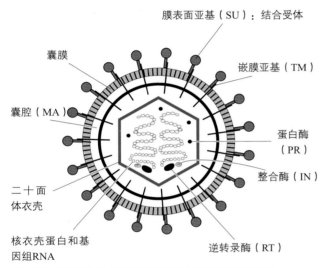

图68.2　逆转录病毒的病毒粒子结构及组成示意图

（图中标注）
膜表面亚基（SU）：结合受体
囊膜
嵌膜亚基（TM）
囊腔（MA）
蛋白酶（PR）
整合酶（IN）
二十面体衣壳
逆转录酶（RT）
核衣壳蛋白和基因组RNA

△ 要点
- 有囊膜，球状，不稳定的病毒
- 二倍体，含有两个线状正链单股RNA
- 二十面体衣壳包裹着螺旋核衣壳
- 编码将病毒RNA逆转录为双链DNA的逆转录酶
- 病毒逆转录而产生的双链DNA，可插入到宿主基因组，形成前病毒（provirus）
- 突变和重组发生频率高
- 该科由两个亚科、七个属组成：
  - 慢病毒属的病毒通常会导致免疫缺陷病
  - 泡沫病毒属病毒在体外会引起细胞空泡化，但无致病性
  - 其他五个属的病毒可诱导特定类型细胞发生瘤变

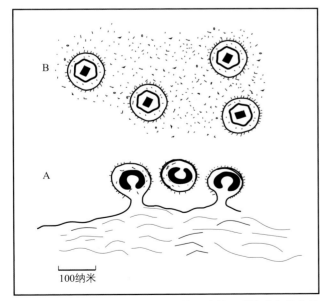

图68.3　一个典型的具有月牙形核衣壳的C逆转录病毒出芽过程（A）和细胞外成熟的C逆转录病毒颗粒（B）

逆转录病毒侵入宿主细胞涉及病毒囊膜糖蛋白和特异性的细胞受体之间复杂的相互作用。这个过程是囊膜糖蛋白SU亚基引发的。其后，囊膜糖蛋白的构象发生显著变化。TM亚基能诱导病毒和细胞膜的融合，并导致病毒芯髓进入到宿主细胞内部。在病毒

逆转录酶作用下，在宿主细胞的细胞质中，合成双链DNA病毒基因组。在这个过程中，称为长末端重复序列（long terminal repeat，LTR）被添加到双链DNA转录子的末端。逆转录形成的双链DNA，通过病毒整合酶的作用，被随机整合到宿主染色体DNA中，成为前病毒。前病毒的整合位点决定宿主细胞整合后发生变化的程度和性质。LTR含有数百个碱基对的重复碱基序列和一些重要的启动子和增强子序列；它们参与前病毒DNA转录为病毒mRNA转录和病毒基因组RNA的过程。成熟病毒粒子常通过从细胞膜出芽的方式释放到细胞外。某些逆转录病毒的前病毒如果插入到宿主基因组中调节细胞分裂的基因中，可能会增加宿主细胞有丝分裂的速率（插入性突变），诱导肿瘤的发生。

逆转录过程易于发生错误，因此高突变率是逆转录病毒复制的一个特征。此外，由于逆转录酶在逆转录时，可以从一个病毒的RNA模板转移到另一个病毒的RNA模板，在同时感染两个逆转录病毒的宿主细胞中，逆转录病毒基因组之间会发生基因重组。因此，经常出现一些抗原性变异的逆转录病毒新毒株，并且因为这个原因，逆转录病毒种和亚型的划分变得很困难。

逆转录病毒可分为内源性或外源性。内源性逆转录病毒在脊椎动物中广泛存在，是生殖细胞在遥远的过去某个时间感染的结果。它们以前病毒的形式，借助生殖细胞DNA，代代相传（垂直传播）。它们受到宿主基因的调节，并通常保持沉默。在宿主长期进化过程中，宿主细胞基因组中逆转录病毒序列逐步增多，表明它们可能对宿主有一定益处。已证明，内源性逆转录病毒作为限制因素，会阻止具有相似致病性的外源性逆转录病毒的复制。然而，外源性和内源性逆转录病毒之间的关系是复杂的。内源性逆转录病毒可以为重组的猫白血病病毒和禽白血病病毒，提供*env*基因。偶尔，内源性逆转录病毒能被放射线、诱变剂或致癌物质激活，产生新的病毒颗粒。猪的内源性逆转录病毒可能对人类接受猪器官移植，构成潜在的危险。

逆转录病毒对热、脂溶剂和洗涤剂敏感。它们因为有二倍体基因组，所以比较耐紫外线。

◉ 临床感染

甲逆转录病毒属、乙逆转录病毒属、丙逆转录病毒属、丁逆转录病毒属和戊逆转录病毒属的逆转录病毒通常被称为致瘤逆转录病毒，因为它们可以诱导感染的细胞瘤性转化。

依据病毒感染和肿瘤发生之间的间隔时长，外源性致瘤逆转录病毒可划分为慢转化（顺式激活）病毒或快转化（传导）病毒。慢转化逆转录病毒感染宿主后，经历一个长的潜伏期，才诱导B细胞、T细胞或髓样细胞肿瘤。前病毒必须被整合到宿主细胞中接近细胞癌基因（c-*onc*，原癌基因）序列附近，才会发生恶性转化，导致细胞分裂异常（插入性突变）。大多数前病毒的插入是无害的，并且即使前病毒的插入破坏了宿主某些基因，也没有致病性。极少前病毒的插入会导致原癌基因激活，或肿瘤抑制基因失活，而产生显性突变。

相比之下，快转化逆转录病毒感染宿主后，经过较短潜伏期，即可诱发肿瘤形成。这是因为快转化逆转录病毒具有病毒肿瘤基因（v-*onc*）。病毒肿瘤基因是病毒在进化过程中重组而获得的细胞肿瘤基因。这些肿瘤基因在序列和功能上多种多样，包括编码胞内酪氨酸激酶（v-*src*、v-*fps*、v-*fes*、v-*abl*）、生长因子（v-*sis*）、生长因子受体（v-*erbB*）、转录因子（v-*myc*、v-*erbA*）和G蛋白家族成员（v-*ras*）的基因。这些基因对细胞信号转导通路、细胞周期的控制和抗凋亡途径，影响很大。有些逆转录病毒，其基因组整合了肿瘤基因，且这些肿瘤基因并不随着病毒的复制而丢失；这些逆转录病毒，如劳斯肉瘤病毒（Rous sarcoma virus），属于复制能力出色（replication-competent）的逆转录病毒。细胞肿瘤基因整合到逆转录病毒基因组后，经常还会导致病毒复制所必需的反式作用（trans-acting）核酸序列被删除掉了，导致逆转录病毒复制能力缺陷（replication-defective）。这些复制能力缺陷的逆转录病毒依赖辅助病毒，才能增殖，并且极少会在自然界中传播。有时，它们可能会导致肿瘤性疾病的迅速发展。第三种肿瘤诱导的方法是以牛白血病病毒为代表的；它依赖于*tax*基因，该基因编码一种蛋白质，该蛋白质能够提高病毒LTR中的启动子和细胞启动子的活性。当前病毒被整合到不同的染色体中，该蛋白质也能发挥这样的反式激活作用。在不同类别的致瘤逆转录病毒的重要基因见图68.5。

新成立的戊逆转录病毒属包含与鱼类肿瘤相关的病毒。家禽的致瘤逆转录病毒列于表68.1，而家养哺乳动物的致瘤逆转录病毒列于表68.2。

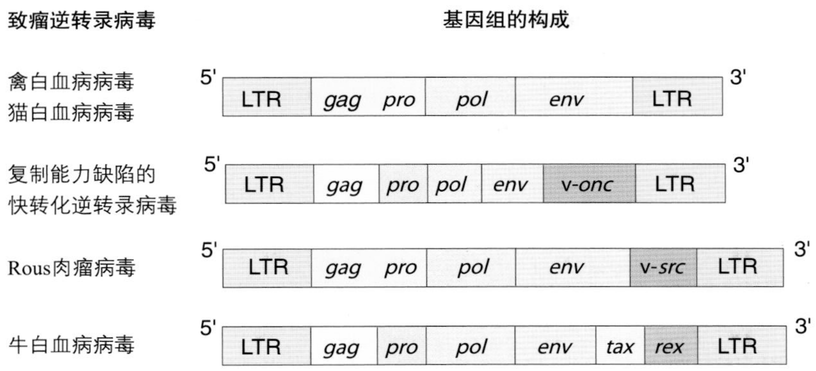

致瘤逆转录病毒　　　　　　　　　　　　　　基因组的构成

禽白血病病毒
猫白血病病毒

5'　| LTR | gag | pro | pol | env | LTR |　3'

复制能力缺陷的
快转化逆转录病毒

5'　| LTR | gag | pro | pol | env | v-onc | LTR |　3'

Rous肉瘤病毒

5'　| LTR | gag | pro | pol | env | v-src | LTR |　3'

牛白血病病毒

5'　| LTR | gag | pro | pol | env | tax | rex | LTR |　3'

基因	编码蛋白
gag	核衣壳
pro	蛋白酶
pol	酶：逆转录酶，整合酶
env	囊膜糖蛋白
v-onc	致肿瘤蛋白
v-src	致肿瘤蛋白（酪氨酸磷酸激酶）
tax	转录激活子
rex	正转录激活子

图68.5　致瘤逆转录病毒中重要的基因及其编码的蛋白
LTR：长末端重复序列。

表68.1　家禽的致瘤逆转录病毒

属	病毒	宿主	注释
甲逆转录病毒属	禽白血病病毒	鸡、野鸡、山鹑、鹌鹑	在商品代禽群中呈地方性流行。可以发生外源性和内源性病毒的传播。导致5~9月龄的鸟类患淋巴性白血病
丙逆转录病毒属	网状内皮组织增生症病毒	火鸡、鸭、鸡、鹌鹑、野鸡	通常是亚临床感染。散发性疾病可能出现贫血、羽毛缺陷、生长不良或肿瘤。有些禽群接种了禽网状内皮组织增生症病毒污染的疫苗，会导致大量发病，已有相关报道

表68.2　家畜的致瘤逆转录病毒

属	病毒	宿主	注释
乙逆转录病毒	绵羊肺腺瘤病毒	绵羊	引起南非羊肺炎，这是一种致命的成年绵羊肿瘤性肺疾病，病程缓慢。除澳大利亚外，世界各地都有此病的发生
	地方性鼻内肿瘤病毒（ENTV）	绵羊、山羊	有两种不同的病毒，即绵羊的ENTV-1和山羊的ENTV-2；它们与绵羊肺腺瘤病毒很相似。感染会导致鼻腔鼻甲的分泌上皮细胞发生转化，产生影响鼻孔的轻度癌变
丙逆转录病毒	猫白血病病毒	猫	是引起年轻的成年猫的慢性疾病和死亡的重要原因，引起免疫抑制、肠炎、繁殖失败、贫血和肿瘤。世界范围内均有分布
丁逆转录病毒	牛白血病病毒	牛	引起成年牛地方性牛白血病。一小部分感染的牛会发展成淋巴肉瘤

慢病毒（lentiviruses，lentus是拉丁语，表示"慢"）引起的疾病潜伏期长、病程慢。慢病毒可引起人类和动物一些重要疾病，包括艾滋病、猫免疫缺陷、马传染性贫血和绵羊进行性肺炎。家畜慢病毒

被列于表68.3。虽然泡沫病毒（spumaviruses，spuma是拉丁语，表示"泡沫"）会引起体外培养的细胞空泡化，但它们不会引起临床疾病。已在灵长类动物、猫、马和牛中，发现泡沫病毒。

表68.3　家畜的慢病毒

属	病毒	宿主	注释
慢病毒	猫免疫缺陷病毒	猫	导致终身感染，伴有持续性病毒血症，引起5岁以上的猫免疫抑制，世界范围内均有分布
	马传染性贫血病毒	马、骡、驴	导致终身感染，反复发热，贫血是主要的临床症状
	梅迪/维士纳病毒	绵羊	导致终身感染，老龄绵羊伴有进行性呼吸系统疾病和顽固性乳腺炎。在一小部分感染的动物中，临床症状会进一步发展。一些受感染的羊出现进行性神经系统疾病
	山羊关节炎/脑炎病毒	山羊	导致终身感染，引起成年羊多发性关节炎和顽固性乳腺炎，引起犊牛进行性神经疾病。在奶山羊中很常见，世界范围内均有分布
	牛免疫缺陷病毒	牛	分布广泛，其致病性至今尚不明确
	Jembrana病病毒	牛	与牛免疫缺陷病毒很相似，但该病仅在印度尼西亚的贝尔牛中发生。感染后数日内发生急性疾病，其特征是发热、厌食、淋巴结肿大，在某些情况下会死亡；康复动物仍有病毒血症

■ 禽白血病

禽白血病病毒（avian leukosis virus，ALV）包括一些复制能力出色和一些复制能力缺陷的逆转录病毒。此病毒可引起鸡发生肿瘤疾病，包括淋巴系、红细胞系和髓细胞系淋巴瘤，以及纤维肉瘤、恶性血管内皮增生瘤和肾母细胞瘤。其中，该病毒导致的B细胞淋巴瘤，引起的经济损失最大。

依据病毒囊膜糖蛋白的差异，ALV分为十个亚型（A-J）。从鸡体内分离的ALV属于A、B、C、D、E和J亚型；其他亚型的病毒感染其他种类的禽鸟。鸡ALV疫情大多数由A亚型ALV引起的；近年来有些国家J亚型ALV引起的鸡疫情也十分严重。内源性ALV在鸡中很常见，并能通过生殖细胞垂直传递。这些内源性ALV通常属于E亚型。新近发现的J亚型病毒，能导致骨髓白细胞增生症，并且是由一种内源性ALV（ev/J）和外源性ALV重组产生的（Benson等，1998）。

由于导致细胞的恶性转化的基因变化是需要时间的，从ALV自然感染至肿瘤形成通常有一个数月至数年的潜伏期。由ALV引起的肿瘤疾病包括淋巴白血病、髓系白血病、肉瘤和肾肿瘤。禽白血病病毒也会引起骨细胞增生。肿瘤形成的最后步骤中，可能涉及重组的快转化逆转录病毒（该类病毒整合了细胞癌基因）的产生。从这些肿瘤分离到的一些

逆转录病毒，包括禽成红细胞性白血病病毒（avian erythroblastosis virus）、禽成髓细胞性白血病病毒（avian myeloblastosis virus）和劳斯肉瘤病毒，实验室接种敏感鸡，都能迅速引起肿瘤。这些病毒通常是在复制能力上有缺陷，需要辅助性ALV，才能复制。劳斯肉瘤病毒是一个例外，除完整的ALV基因组外，它还具有一个肿瘤基因（src），因此它本身就具有出色的复制能力，能够在体内和体外快速引起宿主细胞转化。自然条件下，这种快转化类型的逆转录病毒很少。在大多数鸡群中，由鸡携带的内源性ALV不会直接导致肿瘤。

流行病学

外源性ALV可通过种蛋垂直传播，也可通过密切接触水平传播。ALV感染的种蛋孵化的小鸡通常免疫耐受并表现出持续的病毒血症。它们是鸡群中外源性ALV病毒的主要来源。病毒还可以通过唾液和粪便，传播给没有密切接触的鸡。病毒在输卵管增殖分泌，导致种蛋携带病毒。感染的雏鸡孵化后，在其产生中和抗体之前，会发生短暂的病毒血症。其中的一些鸡可能成为携带者，不定期地散播病毒；雏鸡如果缺乏母源抗体，在出生早期如果暴露在ALV污染的环境中，也会感染ALV。成年鸡自然暴露于

ALV污染的环境，通常不会被感染。持续发生病毒血症的鸡，尤其是先天性感染的鸡，会发展为肿瘤。病毒中和抗体能够从抗体阳性的母鸡通过卵黄囊传给它们的后代，并在出生后几周内提供抗ALV感染的被动免疫。

致病机理

感染后，病毒扩散到宿主全身，并在大多数组织中复制。ALV前病毒整合至*c-myc*基因附近时，*c-myc*基因能在病毒LTR启动子的影响下诱导细胞复制，从而可以转化B细胞。在一种并不常见的情况下，当ALV前病毒整合到红细胞中，激活红细胞*c-erbB*基因，能引起骨髓成红血细胞增多症。J亚型分离株与肉鸡迟发性髓细胞白血病相关（Benson等，1998）。ALV前病毒在个别禽鸟中，能把宿主的*c-onc*（原癌基因）整合到病毒基因组中，产生快转化病毒。前病毒在很多位点插入到宿主细胞基因组中，会导致一些基因过度表达，使相关蛋白产生过多，有时也会引起细胞癌变。在禽致瘤逆转录病毒中，已发现十多个不同的肿瘤基因；这些基因表达的蛋白质通常是激素或生长因子的受体、转录调控因子，或信号转导途径的激酶。虽然某一毒株可能导致多个细胞类型的肿瘤，但通常在同一个感染动物中，某一种细胞类型的肿瘤占主导地位。

临床症状

鸡淋巴细胞白血病的潜伏期通常为4个月以上。感染鸡群通常出现一些散发病鸡，但也有大量鸡只发病的报道。病鸡表现为食欲不振、虚弱和憔悴。它们有苍白条纹，且肝脏和法氏囊会增大。有些病鸡出现骨质增生，鸡股骨明显增厚，有时伴有淋巴白血病。ALV亚临床感染可导致产蛋下降，孵化率降低，生长性能减弱，死亡率增加。鸡淋巴细胞白血病的经济损失主要由5～9月龄蛋鸡和种母鸡死亡而引起的。

诊断

- 剖检结果结合病理组织学检查，确定肿瘤类型，是常用的诊断方法。
- 与马立克病鉴别诊断很重要，两者的鉴别可基于发病鸡的日龄、法氏囊肿瘤的存在与否、外周神经是否增厚，以及组织学观察到的肿瘤细胞类型。
- 病毒分离是很困难的，通常不用。

- 可以使用商品化ELISA试剂盒，检测ALV特异性抗原。
- 通过检测血清或卵黄中的抗体，判定禽群是否感染ALV，相关的检测方法包括病毒中和试验、ELISA和间接免疫荧光法。
- PCR技术可用于ALV核酸检测（Cavanagh，2001）、ALV亚型的确定，以及区分内源性与外源病毒（Silva等，2007）。

控制

多数商品代鸡群中已根除了外源性A亚型ALV感染。隔离孵化未感染的种蛋，以及隔离饲养未感染的鸡，可以切断垂直传播。控制此病，需要开展持续的监测。鸡常染色体基因编码某些亚型ALV特异性细胞受体。通过这些受体，ALV才能进入到细胞。遗传上抗ALV的鸡特异性细胞受体较少，这为鸡针对ALV的抗病育种，奠定理论基础。相关的大量研究集中在抗A亚型ALV的抗病育种上。这是一项长期的工作，因为ALV可以通过频繁发生的突变，克服宿主通过抗病育种获得的抵抗力。商品化禽群的ALV感染控制，重点是提高卫生条件和科学管理水平，降低ALV感染率。应该从ALV感染或遗传性抗病的种鸡场，引进雏鸡。由于此病毒在环境中不稳定，全进全出的饲养方式，结合空栏、彻底清洗和消毒，能有效清除或降低感染。不确定是否有ALV感染的雏鸡不应该与无ALV感染的鸡混合饲养。饲养的雏鸡应远离成年禽。ALV灭活疫苗或减毒活疫苗尚未成功研制。表达A亚型ALV囊膜糖蛋白的重组禽痘病毒，将来有可能成为一种有效的疫苗。

■ 猫白血病及相关临床疾病

猫白血病病毒（feline leukaemia virus，FeLV）感染不仅导致猫白血病，还与其他多种临床疾病相关。根据FeLV的gp70糖蛋白的差异，这种丙逆转录病毒被分为四类毒株，分别命名为FeLV-A、FeLV-B、FeLV-C和FeLV-T。FeLV-A能够从所有的FeLV感染的猫中分离到。FeLV-A的env基因与内源性FeLV前病毒重组产生的FeLV-B。FeLV-B约占FeLV分离毒株的50%。FeLV-B仅在FeLV-A的辅助作用下，才能传播。有一些同时感染FeLV-A和FeLV-B的猫中，FeLV-B会自然丢失。因此，FeLV-B的继续存在，需要FeLV-A与内源性FeLV前病毒多

第
六
篇

次重组，产生FeLV-B。同时感染FeLV-A和FeLV-B的猫，比只感染FeLV-A的猫，更容易发生肿瘤。在某些FeLV-A感染的猫中，FeLV-A的env基因的受体结合区域发生突变，形成FeLV-C。FeLV-C产生后，能迅速导致猫严重贫血死亡，而中断FeLV-C的传播，因此FeLV-C不会传染给其他的猫。FeLV-A囊膜糖蛋白发生一个插入突变和一个氨基酸位点的替换后，转变为FeLV-T；FeLV-T主要感染T细胞，使猫发生免疫缺陷。FeLV-T入侵和感染宿主细胞，需要一种可溶性辅助因子；这种可溶性辅助因子由内源性逆转录病毒序列编码（Cheng等，2007）。

　　与ALVs相同，FeLV可以通过几个途径导致肿瘤，包括插入性突变，或与多种细胞原癌基因发生重组而产生快转化和复制能力缺陷的病毒。后者包括从猫胸腺淋巴瘤分离的FeLVs毒株，以及从幼猫罕见的多发性纤维肉瘤分离的猫肉瘤病毒（feline sarcoma virus，FeSV）。这些病毒在自然条件下不会传播。

流行病学

　　全球家猫中都会发生FeLV感染，这是猫死亡的一个重要原因。这种不稳定的病毒水平传播需要密切接触，且感染率与饲养密度相关。单独饲养的猫，感染率通常小于1%，而合群饲养的猫，感染率可能超过20%。感染的猫唾液中可能有大量的病毒，而眼泪、尿、粪和乳汁中病毒数量较小。FeLV通常是通过舔、梳洗和伤口，进行传播和感染。幼猫比成年猫更易感染。虽然母源抗体对小猫的保护长达6周龄，幼猫在14周龄之前感染这个病毒后，有相当一部分的猫发展为FeLV持续感染。这些猫是FeLV主要的储存库，并且它们易患FeLV相关的疾病。大多数在4月龄后感染的猫，会产生免疫力，能够清除病毒。持续感染的母猫所生的幼猫，通过胎盘或奶汁，感染FeLV，并发展成为FeLV持续感染。

致病机理

　　猫通过口鼻感染FeLV后，病毒在口咽区淋巴组织复制。该病毒感染血液中单核细胞，并继而传播到其他淋巴组织和骨髓。在这一阶段，大多数的猫产生细胞介导的免疫和针对囊膜糖蛋白gp70的中和抗体，导致血液中病毒被清除。然而，约50%的猫中在几个月后才能清除骨髓中潜伏的病毒。感染的猫

如果不能清除病毒，能够导致骨髓中病毒大量增殖，发生持续的病毒血症。血液中白细胞和血浆都存在这种病毒时，病毒可扩散到腺体和黏膜上皮细胞中，因此大量的病毒从唾液腺和上呼吸道脱落下来。由于病毒的增殖需要细胞DNA的合成，因此一些有丝分裂活性强的组织，如骨髓和上皮组织，是病毒增殖主要场所。病毒长期在髓系细胞和淋巴细胞中复制，可以导致髓系细胞和淋巴细胞的枯竭，产生免疫抑制和贫血。FeLV-T毒株可引起严重的免疫抑制。FeLV-C毒株与严重的再生障碍性贫血有关。

　　FeLV前病毒插入到细胞基因组中肿瘤基因附近后，造成肿瘤基因激活或失活，引起淋巴或骨髓细胞的瘤变。FeLV也能通过重组获得myc等细胞肿瘤基因，变成快转化逆转录病毒。

临床症状

　　该病潜伏期从几个月到几年。多数持续性感染的猫在3年内死亡。这些猫中约80%死于非肿瘤疾病，20%死于肿瘤，尤其是肉瘤。在感染早期，猫会出现发热、不适和淋巴结病。之后，携带病毒的猫进入长短不一的无症状时期。临床症状往往是非特异性的、慢性的，通常在2～4岁的成年猫中发生。由病毒的免疫抑制作用而引起的贫血、繁殖性能下降、幼猫衰弱、肠炎和各种继发感染，是本病的重要特征。由循环抗原与抗体形成的免疫复合物，可能会导致肾小球肾炎。

　　淋巴肉瘤是最常见的猫科动物的肿瘤，通常与感染FeLV有关。已发现的猫淋巴肉瘤有胸腺型、消化系统型、多中心型和白血病型。其临床症状常与淋巴肉瘤发生部位有关。FeLV感染也会导致纤维肉瘤和骨髓肿瘤，但发生率较低。

诊断

　　检测血液或唾液中的病毒抗原，是常用的猫白血病实验室诊断方法。昂贵和费时的病毒分离，被用于此病的确诊。

· 商品化ELISA试剂盒和快速免疫扩散试验可以检测病毒主要衣壳蛋白（p27）。这些检测呈阳性的猫，应在几个月后重新检测。因为16周后，它们的免疫反应可能会清除病毒血症。

· 免疫荧光抗体试验，一般作为确诊方法，检测血涂片中白细胞中的病毒抗原。

- 常规PCR（Jackson 等，1996; Miyazawa 和 Jarrett，1997）和实时定量PCR（Hofmann-Lehmann等，2001）可以检测外周血标本中的FeLV前病毒DNA。然而，耐过FeLV病毒血症的猫，持续表现为阳性。通过RT-PCR检测唾液、血浆或粪便中高效价的病毒，可作为病毒血症一个可靠的指标（Gomes-Keller 等，2006）。
- 由于病毒血症和康复的猫中都会有抗FeLV抗体，因此血清学检测抗体不用于此病诊断。然而，检测到高效价的病毒中和抗体，通常表明猫已经产生免疫力，能够抵御感染。
- 在FeLV和FeSV转化的所有细胞中，都会表达猫肿瘤病毒相关的细胞膜抗原（feline oncovirus-associated cell membrane antigen，FOCMA）。猫产生的针对FOCMA的抗体，能抑制FeLV相关肿瘤的发生。

治疗和控制

支持治疗对FeLV病毒血症的猫很重要。可能还需要采取积极的抗生素疗法，控制继发感染。用猫干扰素治疗猫的病毒血症，可以改善临床症状，延长生存时间。抗病毒药物AZT的治疗也是有用的，但存在一些副作用，所以使用AZT后需要仔细观察。监测并清除病猫对根除猫舍感染是有效的。这样的监测需要每12周进行一次。被感染的猫必须从易感猫中隔离出来，并且应进行绝育。建议每隔6个月进行一次检测抗原的血清学监测。新引入的猫在获得检测结果之前，应进行隔离饲养。许多商品化的疫苗，包括灭活的全病毒、重组的金丝雀痘病毒、亚单位和重组亚单位疫苗，都可用于此病预防。疫苗并不能清除感染的猫体内的病毒。因此，接种疫苗前，应对猫进行检测。接种疫苗的确能提供对抗持续性病毒血症的有效免疫保护，也能减少前病毒和病毒载量。然而，疫苗不能提供完全的保护，也不能完全防止感染，因此其他适当的控制措施也是必要的。

■ 牛地方流行性白血病（enzootic bovine leukosis，EBL）

EBL发生在成年牛，病原是逆转录病毒科牛白血病病毒（bovine leukaemia virus，BLV）。该病特点是持续性淋巴细胞增生，以及血液中存在病原特异的抗体。有些病牛发展为B细胞淋巴瘤。EBL在世界各地都有分布。一些国家，包括爱尔兰和大多数欧盟成员国，已经根除此病；其他一些国家正在开展此病根除计划。

流行病学

此病可通过直接接触或胎盘传播，也能够通过含有被感染的淋巴细胞的初乳、牛奶等分泌物，传给犊牛。BLV感染是终身的。这个不稳定的病毒能够以前病毒形式，存在于宿主细胞的基因组中，因而与宿主细胞紧密相关。母牛被BLV感染后，其生下的犊牛不到10%会在出生时就已经被BLV感染。新生犊牛在母源抗体保护下，在数月内，能够避免BLV的感染。小牛通常是在6月龄至3岁间被BLV感染（Hopkins 和 DiGiacomo，1997）。该病的医源性传播也非常重要，与注射器或针头的重复使用、污染的手术器械和操作不当的直肠检查等有关。吸血苍蝇在传播BLV方面的作用还不确定。奶牛感染率比肉牛高。牛对此病的易感性与基因型和牛主要组织相容性抗原（MHC）类型有关。

致病机理

BLV主要靶细胞是B淋巴细胞。牛BLV基因组中没有癌基因。其env基因核酸序列3'端被称为X区，编码调节蛋白Tax和Rex。这两个蛋白在肿瘤病变中发挥核心作用。Tax蛋白与细胞转录因子相互作用，可以反式激活BLV前病毒LTR区域的启动子，也能促进宿主细胞IL-2、IL-2受体等基因的表达。

临床症状

虽然牛感染BLV是终身的，但大多数感染的牛没有临床症状。约30%被感染的牛形成持续性淋巴细胞增生，即血液中的淋巴细胞数量在无临床症状地持续增加。一小部分的BLV阳性牛最终患淋巴肉瘤。被感染的牛通常4~8岁间发病。病牛的临床表现与肿瘤形成的部位密切相关，包括浅表淋巴结肿大、消化不良、食欲不振、体重减轻、全身虚弱。

诊断

牛EBL必须与零星的牛白血病区别开来。零星的牛白血病通常发生于犊牛，也会发生于青年牛。以前，用血淋巴细胞计数方法，对牛进行检测，用于EBL消灭。然而，不是所有被BLV感染的牛都发生血淋巴细胞增多。现在，人们用血清学检测方法，检测牛是否携带病毒特异性抗体，进行此病诊断，来控制和消灭此病。

- 琼扩和ELISA等血清学试验适合于检测BLV特异性抗体。小于6月龄的犊牛抗体阳性可能是因为所吃的初乳中含有BLV特异性抗体。
- 通过外周血淋巴细胞培养，进行病毒分离，但通常不采用这项技术进行常规检测。
- PCR是检测外周血淋巴细胞中BLV的敏感方法，可用于研究。

控制

该病还没有商业化的疫苗进行预防。通过检测来清除被感染的牛，已经成功地在一些国家和一些牛群中，根除了此病。计划根除此病的牛群，建议每隔6个月进行一次血清学检测（Brunner等，1997）。如果一个国家BLV感染率太高，难以清除所有的血清学阳性牛，那么需要采取适当的管理措施，减少该病的传播。这些措施包括隔离感染的牛和易感的牛，用没有感染的母牛分泌的奶，饲喂犊牛（这需要对这些供奶奶牛，进行血清学检测）。

■ 绵羊肺腺瘤病

绵羊肺腺瘤病（ovine pulmonary adenomatosis），又叫jaagsiekte病，是成年绵羊一种进展缓慢的肿瘤疾病。它是由绵羊肺腺瘤病病毒（jaagsiekte sheep retrovirus，JSRV）引起。"jaagsiekte"是南非人用的一个词，表示"喘气病"。除了澳大利亚、新西兰和冰岛，绵羊肺腺瘤在世界各地分布广泛。与绵羊相比，山羊对此病毒不易感，也很少发病。在绵羊和山羊基因组中，存在多拷贝的与JSRV相似的内源性逆转录病毒，而JSRV不是一种内源性逆转录病毒，而是一种外源性逆转录病毒。

流行病学

被感染的羊的呼吸道分泌物带毒，且此病是呼吸道传播的疾病。因此，圈养的羊之间密切接触，有利于此病传播，感染率最高。在感染的羊群中，个体发病率可高达20%。个体发病率受到品种和饲养管理方式的影响。绵羊肺腺瘤易感性似乎是与年龄相关。岁数较大的羊感染后，潜伏期更长一些。

致病机理

病毒主要在两种肺部细胞（肺泡Ⅱ型细胞和非纤毛支气管细胞）中复制增殖。宿主细胞上透明质酸酶2（hyaluronidase 2，HYAL2）是病毒在进入细胞之前，结合病毒的细胞受体。这两种肺部细胞感染后，变成肿瘤细胞，逐渐取代正常肺部细胞，导致病羊窒息死亡。由肿瘤细胞产生大量的表面活性蛋白，导致肺液很多。约10%的肿瘤转移到周围淋巴结。很少见到肿瘤转移到心脏和骨骼肌上。病毒的基因组还没有发现存在癌基因，而病毒的囊膜已被证明能够诱导细胞转化（Caporale等，2006）。在绵羊和山羊基因组中，存在多拷贝的内源性乙逆转录病毒（enJSRV）。它们可以阻断JSRV增殖复制的一些步骤，从而为宿主提供一种抗JSRV的保护作用（Varela等，2009）。它们在胎盘中表达，也是胎盘的发育所需要的；这可以用来解释为何成年羊能够对外源性致病JSRV，产生明显的免疫耐受（Palmarini等，2004）。

临床症状

此病潜伏期可能从几个月到2年。给绵羊羔人工接种病毒，最早可在10天内发现肿瘤结节。发病的绵羊通常是3～4岁，身体状况差。它们呼吸窘迫和张口呼吸，运动后这些症状更为显著。用所谓的"手推车测试"，即将绵羊后腿抬起，病羊的鼻孔会流出清亮的液体。可听到湿啰音。一个羊群在某些时期，往往只有一只绵羊发病。此病的病程可能会延续数周或数月。病羊常继发巴氏杆菌病。

诊断

该病特征性的临床症状可能被继发感染引起的病症所掩盖。该病的诊断需要进行组织病理学检查。用培养的单层细胞分离病毒没有成功。用ELISA可检测到肺排泄物或灌洗液中的病毒，而病毒的核酸可以用PCR方法进行检测。在淋巴组织和外周血白细胞也可检测到病毒。由于被感染的动物似乎并没有引起特异性体液免疫反应（Ortin等，1998），所以该病目前还不可能用血清学方法进行诊断。

控制

1952年，冰岛通过大规模宰杀被感染的绵羊，成功地消灭了绵羊肺腺瘤病。通过严格的隔离措施，尤其是在羔羊饲养时期采取隔离措施，以及对实验室确诊的疑似感染的山羊进行清除，可以降低此病在羊群中的发病率（Voigt 等，2007）。

猫免疫缺陷病毒感染

1987年，猫免疫缺陷病毒（feline immunodeficiency virus，FIV）感染被首次报道，该病在全球范围内存在，是猫的一种重要的传染病。由于FIV与引起人艾滋病的人免疫缺陷病毒（HIV）相似，此病也被称为猫艾滋病（feline AIDS）。依据FIV的ENV囊膜蛋白的氨基酸序列，FIV被分为五个亚型或分支，从A亚型到E亚型。FIV大多数毒株属于A、B两个亚型。FIV不同亚型引起的病理过程和临床表现存在差异。

流行病学

家猫能感染FIV；在野生猫科动物（包括豹、狮、斑点鬣狗）体内检测到与FIV相似的慢病毒。不同地区猫的FIV血清阳性率存在差异。外观健康的猫血清阳性率为1%～14%，而临床上有慢性感染的猫血清阳性率约为44%。FIV的感染是终身的。病毒主要通过唾液排毒，通常是通过蚊虫叮咬而传播。因此，在自由游走的雄性猫中，该病毒的感染率是最高的。自然条件下，不具有攻击性的亲密接触也可能是重要的传输途径。怀孕的母猫，尤其是急性期感染的怀孕母猫，可将病毒通过子宫、分娩过程或乳汁，传染猫崽。

致病机理

FIV病毒主要在CD4⁺辅助性T细胞中复制增殖，也可以在巨噬细胞、树突细胞、星形胶质细胞和小胶质细胞中复制增殖。被感染的猫长期保持病毒血症。感染后，血液中病毒含量迅速增加，在感染后8～12周达到高峰，然后逐渐下降。在疾病后期，血液中病毒含量再次升高。体液免疫反应是正常的，偶尔还会增强，感染后2周出现抗体。然而，随着CD4⁺辅助性T细胞的耗竭，细胞介导的免疫能力逐渐下降。淋巴细胞减少是由于病毒对淋巴细胞的毒性作用、细胞凋亡以及淋巴病毒生成减少。此病还可导致其他方面免疫异常，包括IL-2的生成减少、IL-2的反应变弱、淋巴细胞有丝分裂受损，以及针对T细胞依赖性抗原的抗体反应受损。CD4⁺ T淋巴细胞数量的减少，病毒数量的增加，毒力增强的变

异株的出现，以及机会性病原的感染，决定着本病临床症状的发展。

临床症状

6岁以上的猫的临床患病率最高。此病临床上可分为急性期、无症状期、临床症状模糊和免疫缺陷明显的终末期（Hartmann，1998）。急性期可能会持续数周或数月，表现为发热、全身淋巴结肿大、中性粒细胞减少等症状；此后，病猫进入无症状期，很长一段时间不表现临床症状。在终末期，病猫出现反复发热、白细胞明显减少、贫血、体重减轻、淋巴结发炎、慢性牙龈炎等症状，病猫的行为也发生变化。此期，病猫常发生机会性感染，也常发生慢性胃炎，还可以表现出慢性呼吸道、肠道和皮肤感染。少数病猫由于病毒直接侵害了其神经系统，出现一些神经症状。病猫如果并发FeLV感染，会加剧免疫缺陷和加重临床症状。据调查，FIV感染导致猫肿瘤（尤其是B细胞淋巴瘤）发生率增加。此外，有些被FIV感染的猫一生都不表现FIV相关的临床症状。

诊断

- 血清学方法检测FIV抗体是确定FIV感染的主要方法。商品化ELISA和免疫浓缩试剂盒可以用于此类检测。免疫印迹和间接免疫荧光法也可以用于此类检测。有些猫在感染后数月内没有产生抗体；终末期的病猫抗体水平也可能很低，检测不到。被FIV感染的母猫所生的小猫，因为摄入了母乳中的抗体，使它们在5个月龄以内，FIV抗体的检测可能是阳性的。
- 虽然从血液或唾液中能够分离到病毒，但此法在常规诊断中应用起来，并不现实。
- 可以用PCR检测前病毒DNA。然而，这类试验是不可靠的，其效果可能不如血清学试验（Crawford 等，2005）。在一般情况下，用这类试验检测A亚型的病毒是可靠的，而对其他亚型的检测还需要完善。

治疗和控制

治疗本病主要是控制继发感染。一些抗病毒药物，如齐多夫定（AZT），是针对病毒逆转录酶的，对临床病猫的治疗有效，但它不能清除FIV感染。不幸的是，用此药物治疗数月后，可能会出现耐受AZT的FIV变异株。猫ω干扰素和人α干扰素已被用于此

病治疗，其效果不是固定的。一种商品化的全病毒灭活疫苗（A和D亚型），并已被证明能够预防其他亚型的毒株感染（Hosie和Beatty，2007）。虽然针对双亚型的疫苗，已经开发出一种方法，从血清学上鉴别疫苗接种的猫和自然感染的猫，但这类鉴别仍然比较困难（Kusuhara等，2007）。在有很多猫的场所，控制此病的策略是将感染的猫和没有感染的猫隔离开来，防止猫自由活动，用没有感染的猫进行幼崽哺乳。在没有感染的猫群中，引入新的猫，需要进行此病的检测，防止引入感染的猫。

■ 马传染性贫血

马传染性贫血（equine infectious anaemia，EIA）也被称为沼泽热（swamp fever），是一种危害全球很多国家的马、骡和驴的疾病。它是由马传染性贫血病毒（equine infectious anaemia virus，EIAV）引起的。虽然病毒血症在感染的马科动物中是终身的，但是这些感染的动物通常能将EIAV的增殖，控制在较低水平，并且不表现临床症状。

流行病学

EIAV是由吸血昆虫（尤其是虻和螫蝇）机械传播的。病毒在螫蝇口部存活时间很短。这些吸血昆虫通常从某匹马中吸饱血；如果其吸血过程被打断，则它们可能再吸取另一匹马的血，就能导致EIAV的传播。EIAV在蚊虫较多的夏季和低洼的湿地（虻的主要栖息地）环境下，传播较为容易。病毒的传播还与被感染的动物血液中病毒含量有关（被感染的马出现发热症状，其血液中病毒含量往往比较高）。此病还可以通过注射器或手术器械，发生医源性传播。虽然EIAV也可以通过胎盘发生垂直传播，但这种传播比较少见。

致病机理

病毒可在巨噬细胞、单核细胞和枯否细胞中复制。病毒在这些与血液相关的细胞中复制，导致该病毒分布到宿主体内各处（Oaks等，1998）。尽管EIAV感染单核细胞，但该病毒似乎仅在单核细胞分化为巨噬细胞时，才复制，表达相关的抗原，即该病毒采取所谓的"特洛伊木马"模式，进行缓慢的增殖和扩散。尽管此病毒感染可引起强烈的免疫反应，被感染的马却无法彻底清除病毒，导致出现持续性感染，并且病毒的基因组可以插入到宿主的基因组中，以前病毒形式长期存在。由于病毒颗粒的不断产生，许多宿主靶细胞被感染。被感染的细胞中，通过逆转录作用，产生前病毒；而前病毒的基因经常发生一些突变。这将会导致病毒的囊膜糖蛋白出现一些抗原变异（抗原漂移），形成一些变异株，使体内病毒出现多样化。病马反复发热和免疫应答增强，是病毒变异株出现的信号。感染早期产生的非中和抗体，导致免疫复合物形成。这些免疫复合物能够激活补体，引起发热、贫血和血小板减少，在疾病后期引起肾小球肾炎、溶血，加快红细胞被吞噬，抑制红细胞生成。这些病理过程导致马慢性贫血。在大多数被感染的马属动物中，临床疾病最终将会自然消失；这可能是复杂的免疫反应结果。这些免疫反应涉及细胞毒性T淋巴细胞，以及针对病毒很多抗原表位的中和性抗体。

临床症状

大多数被EIAV感染的马症状轻微，甚至可能未被察觉。此病临床症状多数是宿主免疫反应导致的，而不是病毒直接损伤导致的。在可长达3周的潜伏期后，感染的动物可能出现发热、抑郁、黏膜和结膜出现瘀斑。然而，此后数周内，大多数马临床表现正常，直到临床症状复发。在少数情况下，病马可能发生严重出血和腹侧水肿，甚至死亡。病马临床症状的复发频率和严重程度，在不同个体之间，变化很大。大部分发生在感染后第一年内，以后复发频率逐渐减小。许多病马临床恢复正常后，继续用于劳役。有些病马表现出慢性病程，诸如体重减轻、贫血、腹侧水肿和虚弱，最终导致死亡。

诊断

实验室确诊EIAV感染，通常是基于病毒核心蛋白p26特异性抗体的检测。

- 这类血清学试验中，国际贸易认可方法是琼脂免疫扩散试验（即科金斯试验，Coggins test）。虽然ELISA检测很敏感，但ELISA检测为阳性的血清样品，应该由更为特异的琼脂免疫扩散试验，或免疫印迹试验，进行验证。
- 在感染初期，可能检测不到抗体。
- 对于6月龄的马驹，由于摄食的初乳中可能含有上述特异性抗体，所以这可能导致假阳性结果。

- 可以通过接种易感马，检验被检测的马是否存在病毒血症。
- 用易感马血中的白细胞，可以分离病毒。由于费时费钱，此法应用很少。
- 可以PCR方法检测前病毒DNA，也可以用RT-PCR进行病毒RNA的检测。

控制

目前，西方国家还没有商品化疫苗，用于此病的控制。EIAV囊膜抗原的变异是难以开发有效疫苗的一个重要原因。此病的控制措施旨在降低感染的风险。在许多国家，法律上要求在进口马匹时，需要提供无EIA的检疫证明。减少马属动物的移动，可以降低此病的传播风险。开展血清学监测，清除血清阳性的动物，控制传播媒介昆虫，在马属动物移动前进行EIA检疫等，都是值得考虑的控制措施。用于马属动物的手术器械常规消毒的化学物质，必须能够灭活EIAV，防止此病的医源性传播。

■ 小反刍动物慢病毒组

小反刍动物有两种不同的慢病毒感染。梅迪-维斯纳病毒（maedi/visna virus，MVV）主要影响绵羊，而山羊关节炎-脑炎病毒（caprine arthritis-encephalitis virus，CAEV）主要影响山羊。这两种病毒遗传上密切相关，来源于同一祖先。这两种病毒宿主特异性和所引起的病变，有所不同（Pasick，1998；Shah等，2004），但它们中有些毒株既可以感染绵羊，也可以感染山羊，引起持续性感染。

梅迪-维斯纳病

这种慢病毒病也被称为绵羊进行性肺炎（ovine progressive pneumonia）。该病发生在许多国家。MVV引起羊终身感染，与成年绵羊慢性进行性疾病相关。梅迪和维斯纳是冰岛的词，分别表示"呼吸困难"和"消瘦"，是指该病引起呼吸困难和一种少见的神经症状。在冰岛于1965年根除此病之前，此病给冰岛带来重大损失。除冰岛、澳大利亚和新西兰，此病目前在大多数国家都有发生。

流行病学

绵羊感染后，经常不表现临床症状。该疾病的临床严重程度受病毒毒株的毒力、宿主接触到该病毒

的年龄等宿主因素影响。虽然该病毒能够感染宿主体内多种器官组织，但它主要通过肺分泌物、初乳和羊奶传播。吸入含有病毒的气溶胶可引起水平传播；这在冬季密集圈养时易于发生。在长期流行的动物群体中，羔羊可能会因为摄入乳汁而感染此病，羔羊也可通过气溶胶感染。该病还可以通过胎盘传播，或者医源性传播，但后两条途径似乎并不重要。

致病机理

梅迪-维斯纳病潜伏期为几个月甚至几年。此慢性、渐进性炎症过程，伴随着单核细胞浸润和淋巴组织增生，尤其是在肺和乳腺部位。病变也可发生在滑膜和大脑。持续性感染，以及病毒抗原与免疫细胞和免疫分子之间的相互作用，是病变形成的基础。前病毒整合到单核细胞的基因组中。这些前病毒仅在单核细胞分化为巨噬细胞时，被激活。病毒在单核细胞里有限的增殖，使病毒在宿主体内以一种缓慢的、难以察觉的方式进行扩散，引起的免疫刺激也比较小（故此方式被称为"特洛伊木马"的方式）。由于此病毒的易变性，在持续感染的过程中，此病毒可发生抗原变异。感染后的数周内，大多数羊有一个病毒血症时期。宿主可产生强烈的免疫反应，足以将体内的病毒数量限制在很低的水平，但不能根除感染。感染的羊既可产生体液免疫反应，也可以产生细胞介导的免疫反应，但这两种免疫反应都不能根除感染。事实上，这些免疫反应还有可能推动了本病的发展。从感染到血清抗体转阳，通常需要8周时间，也可能需要几个月或几年的时间。这种延迟的抗体反应反映了体内病毒抗原的数量，维持在很低水平（Brodie等，1998）。

临床症状

梅迪-维斯纳病临床症状发展缓慢。在小于2岁的羊中，很少观察到临床症状。该病的临床症状受到宿主品系和病毒感染率的影响。与绵羊肺腺瘤逆转录病毒合并感染，可产生严重的症状。只有约30%被感染的动物出现临床症状，表现为呼吸窘迫。随着疾病的进展，呼吸窘迫变得更为严重。病羊通常体温正常，但在此病后期阶段，由于继发细菌感染经常发生，导致体温升高。死亡是由缺氧或继发感染引起的。此病还常导致硬结性乳腺炎，使羊奶产量减少，进而导致羔羊生长不良。发病羊群中某些羊可出现一个或多个关节（尤其是腕关节和

跗关节）肿胀而跛行。该病引起的神经症状相对较少，并且伴随着该病其他临床症状。

诊断

梅迪-维斯纳病临床上可以给出初步诊断，而血清学检测可以进行确诊，但血清学确诊必须依赖于群体而不是个体的检测结果。感染后血清抗体转阳所需的时间可能长，且不可预知，但抗体一旦开始产生，将持续存在。常用的血清学检测方法有琼脂扩散试验、ELISA和Western印迹法。也可以进行病毒分离，但此方法费时费钱。外周血和组织中的病毒核酸可以用PCR检测，但由于病毒含量可能很低，且病毒高度变异，因此PCR方法还没有被广泛使用（de Andres 等，2005）。

控制

MVV感染的根除需要定期进行血清学监测，并对血清阳性的动物进行清除。如果母羊发生感染，那么羔羊出生后，应与被感染的母羊分开饲养。用已经确认没有发生MVV的母羊分泌的初乳和羊奶，饲喂羔羊。目前，还没有商品化疫苗，用于此病的控制。

■ 山羊关节炎/脑炎

此慢病毒病是山羊持续性感染山羊关节炎-脑炎病毒（caprine arthritis-encephalitis virus，CAEV）引起的，分布于世界各地。它在成年山羊中引起多发性关节炎，在羔山羊中引起脑白质脊髓炎（leukoencephalomyelitis）。

流行病学

虽然大多数国家的奶山羊感染CAEV是常见的，但感染的山羊很少发病。羔山羊通常是因为摄入感染母山羊分泌的初乳或羊奶而感染的。已被感染的山羊和易感山羊之间长时间密切接触，才会导致此病水平传播。

致病机理

在致病机理上，该病与梅迪-维斯纳病相似。持续性感染和非保护性免疫反应导致了宿主组织发生病变。在单核细胞发展成巨噬细胞后，病毒发生增殖。病毒抗原引起激烈的细胞介导的反应，引起靶组织发生特征性病理变化。

临床症状

在成年羊中，最常见的临床表现是关节炎。该病刚引起关节炎时，难以察觉，且病程进展缓慢。受损的关节（尤其是腕关节）肿胀，有不同程度的跛行。病羊逐渐消瘦，羊奶产量减少（与慢性乳腺炎有关）。4月龄的羔羊可发生一种进展快速的神经系统疾病，表现为后肢麻痹并发展到四肢瘫痪。

诊断

实验室确诊依赖于病毒特异性抗体的检测。最常用的是琼扩和ELISA检测。将从血液或牛奶提取的白细胞与滑膜细胞进行共同培养，可以用来分离病毒。用PCR方法可以检测病毒的核酸。

控制

控制此病需要进行检测，并且对检测阳性的动物进行隔离和淘汰。羔羊与感染的母羊分开饲喂，并且饲喂热处理后的初乳或巴氏消毒的奶。还没有商品化疫苗用于此病预防。

◉ 参考文献

Benson, S.J., Ruis, B.L., Fadly, A.M. and Conklin, K.F. (1998). The unique envelope gene of the subgroup J avian leukosis virus derives from ev/J proviruses, a novel family of avian endogenous viruses. Journal of Virology, 72, 10157–10164.

Brodie, S.J., de la Concha-Bermejillo, A., Snowder, G.D. and DeMartini, J.C. (1998). Current concepts in the epizootiology, diagnosis and economic importance of ovine progressive pneumonia in North America: a review. Small Ruminant Research, 27, 1–17.

Brunner, M.A., Lein, D.H. and Dubovi, E.J. (1997). Experiences with the New York State bovine leukosis eradication and certification programme. Veterinary Clinics of North America: Food Animal Practice, 13, 143–150.

Caporale, M., Cousens, C., Centorame, P., Pinoni, C., De

las Heras, M. and Palmarini, M. (2006). Expression of the jaagsiekte sheep retrovirus envelope glycoprotein is sufficient to induce lung tumours in sheep. Journal of Virology, 338, 144–153.

Cavanagh, D. (2001). Innovation and discovery: the application of nucleic acid-based technology to avian virus detection and characterization. Avian Pathology, 30, 581–598.

Cheng, H.H., Anderson, M.M. and Overbaugh, J. (2007). Feline leukaemia virus T entry is dependent on both expression levels and specific interactions between cofactor and receptor. Virology, 359, 170–178.

Crawford, P.C., Slater, M.R. and Levy, J.K. (2005). Accuracy of polymerase chain reaction assays for diagnosis of feline immunodeficiency virus infection in cats. journal of the American Veterinary Medical Association, 226, 1503–1507.

de Andres, D., Klein, D., Watt, N.J., et al. (2005). Diagnostic tests for small ruminant lentiviruses. Veterinary Microbiology, 107, 49–62.

Gomes-Keller, M.A., Gonczi, E., Tandon, R., et al. (2006). Detection of feline leukaemia virus RNA in saliva from naturally infected cats and correlation of PCR results with those of current diagnostic methods. Journal of Clinical Microbiology, 44, 916–922.

Hartmann, K. (1998). Feline immunodeficiency virus infection: an overview. Veterinary Journal, 155, 123–137.

Hofmann-Lehmann, R., Huder J.B., Gruber, S., Boretti, F., Sigrist, B. and Lutz, H. (2001). Feline leukaemia pro virus load during the course of experimental infection and in naturally infected cats. Journal of General Virology, 82, 1589–1596.

Hopkins, S.G. and DiGiacomo, R.F. (1997). Natural transmission of bovine leukaemia virus in dairy and beef cattle. Veterinary Clinics of North America: Food Animal Practice, 13, 107–128.

Hosie, M.J. and Beatty, J.A. (2007). Vaccine protection against feline immunodeficiency virus: setting the challenge. Australian Veterinary Journal, 85, 5–12.

Jackson, M.L., Haines, D.M., Taylor, S.M. and Misra, V. (1996). Feline leukemia virus detection by ELISA and PCR in peripheral blood from 68 cats with high, moderate, or low suspicion of having FeLV-related disease journal of Veterinary Diagnostic Investigation, 8, 25–30.

Kusuhara, H., Hohdatsu, T., Seta, T., et al. (2007). Serological differentiation of FIV-infected cats from dual-subtype feline immunodeficiency virus vaccine (Fel-O-Vax FIV) inoculated cats. Veterinary Microbiology, 120, 217–225.

Miyazawa, T. and Jarrett, O. (1997). Feline leukaemia virus proviral DNA detected by polymerase chain reaction in antigenaemic but non-viraemic ('discordant') cats. Archives of Virology, 142, 323–332.

Oaks, J.L., McGuire, T.C., Ulibarri, C. and Crawford, T.B. (1998). Equine infectious anaemia virus is found in tissue macrophages during subclinical infection. Journal of Virology, 72, 7263–7269.

Ortin, A., Minguijor, E., Dewar, P., et al. (1998). Lack of a specific immune response against a recombinant capsid protein of jaagsiekte sheep retrovirus in sheep and goats naturally affected by enzootic nasal tumour or sheep pulmonary adenomatosis. Veterinary Immunology and Immunopathology, 61, 229–237.

Palmarini, M., Mura, M. and Spencer, T.E. (2004). Endogenous betaretroviruses of sheep: teaching new lessons in retroviral interference and adaptation. Journal of General Virology, 85, 1–13.

Pasick, J. (1998). Maedi-visna virus and caprine arthritis-encephalitis virus: distinct species or quasispecies and its implications for laboratory diagnosis. Canadian Journal of Veterinary Research, 62, 241–244.

Shah, C., Boni, J., Huder, J.B., et al. (2004). Phylogenetic analysis and reclassification of caprine and ovine lentiviruses based on 104 new isolates: evidence for regular sheep-to-goat transmission and worldwide propagation through livestock trade. Virology, 319, 12–26.

Silva, R.F., Fadly, A.M. and Taylor, S.P. (2007). Development of a polymerase chain reaction to differentiate avian leucosis virus (ALV) subgroups: detection of an ALV contaminant in commercial Marek's disease vaccines. Avian Diseases, 51, 663–667.

Varela, M., Spencer, T.E., Palmarini, M. and Arnaud, F. (2009). Friendly viruses: the special relationship between endogenous retroviruses and their host. Annals of the New York Academy of Sciences, 1178, 157–172.

Voigt, K., Kramer, U., Brugmann, M., Dewar, P., Sharp, J.M. and Ganter, M. (2007). Eradication of ovine pulmonary adenocarcinoma by motherless rearing of lambs. Veterinary Record, 161, 129–132.

第六篇

◉ 进一步阅读材料

Caney, S. (2000). Feline immunodeficiency virus: an update. In Practice, 22, 397–401.

European Advisory Board on Cat Diseases (2007). ABCD guidelines on feline leukaemia virus and feline immunodeficiency virus. http://www.abcd-vets.org/guidelines/index.asp.

Leroux, C., Cadore, J.L. and Montelaro, R.C. (2004). Equine infectious anaemia virus (EIAV): what has HIV's country cousin got to tell us? Veterinary Research, 35, 485–512.

Leroux, C., Girard, N., Cottin, V., Greenland, T., Mornex, J.F. and Archer, F. (2007). Jaagsiekte sheep retrovirus (JSRV): from virus to lung cancer in sheep. Veterinary Research, 38, 211–228.

Murphy, F.A., Gibbs, E.P.J., Horzinek, M.C. and Studdert, M.J. (1999). Veterinary Virology. Third Edition. Academic Press, San Diego.

Peterhans, E., Greenland, T., Badiola, J., et al. (2004). Routes of transmission and consequences of small ruminant lentiviruses (SRLVs) infection and eradication schemes. Veterinary Research, 35, 257–274.

Sparkes, A.H. (2003). Feline leukaemia virus and vaccination. Journal of Feline Medicine and Surgery, 5, 97–100.

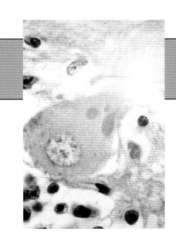

第69章

呼肠孤病毒科

呼肠孤病毒科（*Reoviridae*）的病毒最初是从呼吸道和肠道发现的，与疾病并无联系（这是"呼肠孤病毒"中"孤"的来源）。这些二十面体对称的病毒，直径为60～80纳米，无囊膜，有一层衣壳，衣壳由一到三层同心蛋白外壳组成（图69.1）。目前，该病毒科包含15个属，根据外形它们可以分为两组：一组是"突起的病毒"，因为它们在二十面体12个顶点上有塔形突出；另一组是"光滑的病毒"，呈球形。因此，该病毒科设立了两个亚科，即刺突呼肠孤病毒亚科（*Spinareovirinae*）和光滑呼肠孤病毒亚科（*Sedoreovirinae*），分别对应上述两类形态的呼肠孤病毒。呼肠孤病毒基因组为双链RNA，分为10～12个节段。同种呼肠孤病毒易发生基因重配。呼肠孤病毒在宿主细胞胞浆中复制，常伴有胞浆内包涵体的形成。如图69.2所示，正呼肠孤病毒属（*Orthoreovirus*）和轮状病毒属（*Rotavirus*）感染人和动物，环状病毒属（*Orbivirus*）、科州蜱传热病毒属（*Coltivirus*）和东南亚十二节段RNA病毒

属（*Seadornavirus*）感染媒介节肢动物和脊椎动物宿主。该科的斐济病毒属（*Fijivirus*）、植物呼肠病毒属（*Phytoreovirus*）和水稻病毒属（*Oryzavirus*）包含由媒介节肢动物叶蝉（leafhopper）传播的植物病毒。该科的昆虫非包裹呼肠孤病毒属（*Idnoreovirus*）、质型多角体病毒属（*Cypovirus*）、昆虫双链九节段双RNA病毒属（*Dinovernavirus*）和蟹十二节段病毒属（*Cardoreovirus*）等四个属是节肢动物的病毒。该科水生呼肠孤病毒属（*Aquareovirus*）感染鱼。该科真菌呼肠孤病毒属（*Mycoreovirus*）感染真菌，而细小微胞藻呼肠孤病毒属（*Mimoreovirus*）包含一种感染藻类的病毒。

本科病毒对热、有机溶剂和非离子型去污剂有较强的耐受性。正呼肠孤病毒和轮状病毒可在大范围pH中稳定存在，而环状病毒在低pH中会失去感染性。在某些病毒属中，胰蛋白酶等蛋白酶作用于病毒外面的衣壳蛋白是病毒获得感染性的基础。这种经过处理的病毒颗粒叫做传染型或中间型亚病毒

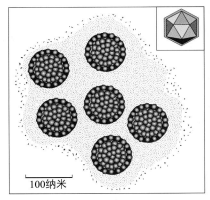

图69.1 轮状病毒颗粒电镜下形态示意图（右上插图为结构示意图）

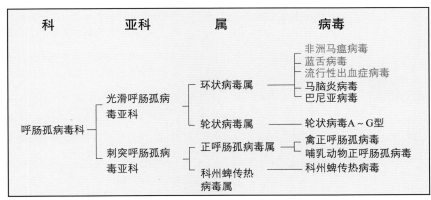

图69.2 动物和人重要的呼肠孤病毒
红字显示的病毒可引起OIE规定通报的疫病。

颗粒（infectious or intermediate subviral particles, ISVPs）。

> △ 要点
> - 无囊膜的病毒，具有两层或三层衣壳，二十面体对称
> - 基因组为分节段的双链RNA
> - 在细胞质复制
> - 兽医上有三个重要的病毒属，即：
> — 正呼肠病毒属，引起家禽肠炎和腱鞘炎
> — 轮状病毒属，引起新生耕种动物肠炎
> — 环状病毒属，由节肢动物传播感染，可引起非洲马瘟（African horse sickness），以及羊和其他家畜或野生动物的蓝舌病

◉ 临床感染

正呼肠孤病毒在自然界广泛存在，从许多动物中均可分离到（表69.1）。哺乳动物和禽正呼肠孤病毒具有群特异抗原。禽正呼肠病毒与关节炎、腱鞘炎、慢性呼吸系统疾病和肠炎有关。正呼肠孤病毒

通过肠道和呼吸道传播。轮状病毒可引起密集饲养家畜的急性腹泻。轮状病毒通过接触污染粪便传播。

目前，在21个已发现的环状病毒血清群（种类）中，有一些血清型和抗原相近的血清群已经确立。决定血清群的主要抗原是免疫原性强的核心抗原VP7。利用针对外层衣壳蛋白的抗体，采用血清中和试验，进行这些血清型的鉴定。非洲马瘟和蓝舌病是环状病毒引起的重要疾病。鹿的流行性出血症（epizootic haemorrhagic disease）和牛茨城病（cattle Ibaraki disease）是由两种遗传相近的环状病毒毒株/血清型引起的，这两种病的临床症状与羊蓝舌病相似。仅在南非和以色列发现环状病毒引起的马脑炎病毒（equine encephalosis virus）感染。血清学证明表示，虽然这种感染很普遍，但很少引起急性疾病。非洲马瘟、蓝舌病、鹿流行性出血症和马的马脑炎病毒感染都可由节肢动物（尤其是库蠓）传播。

■ 禽正呼肠孤病毒引起疾病

禽正呼肠孤病毒感染通常为隐性。然而，在某些情况下，该病毒既可引起原发性疾病，也可通过混合感染加重病情。利用血清中和试验，已经鉴定

表 69.1　人和动物重要的呼肠孤病毒

属	病毒	注解
环状病毒属	非洲马瘟病毒	节肢动物传播的马科动物感染，主要媒介昆虫是库蠓属。在非洲流行。高死亡率
	蓝舌病毒	节肢动物传播的羊、牛和野生动物的传染病。主要媒介昆虫是库蠓。在一些鹿中可引起严重疾病。有致畸变作用。临床上，牛很少感染，但血清8型可引起牛急性疾病
	流行性出血症病毒	节肢动物传播，引起鹿、牛和水牛感染。主要媒介是库蠓。临床症状与蓝舌病相似，是南美鹿重要疾病。常引起牛隐性感染。这个病毒已发现10个血清型（包括茨城病毒，该病毒在东南亚引起牛急性疾病）
	马脑炎病毒感染	在南非和以色列有报道。经库蠓传播。已发现7个血清型。多数感染临床症状不明显。急性致死性疾病零星散发。典型特点是脑水肿、脂肪肝和肠炎
	巴尼亚姆病毒	节肢动物媒介传播的牛传染病，引起流产和致畸变作用。南非、东南亚和澳大利亚有感染的报道。病毒存在多个血清型
轮状病毒属	轮状病毒A～G群	密集饲养新生动物和小鸡出现轻度到重度腹泻；病毒毒力、动物日龄、初乳利用率和管理因素影响感染的严重程度
正呼肠孤病毒属	禽正呼肠孤病毒	鸡病毒性关节炎/腱鞘炎的重要原因，有多个血清型。火鸡和其他禽类易感
	哺乳动物正呼肠孤病毒	与某些动物轻微的肠道和呼吸道疾病有关，严重程度取决于是否有继发感染。已发现4个血清型
科蜱病毒属	科州蜱传热病病毒	啮齿类动物是储存宿主。主要由蜱、蚊等节肢动物传播。对人类有重要意义，可引起儿童脑炎

至少9种血清型的禽正呼肠孤病毒。该类病毒主要由粪-口途径传播，但也可经胚传播。在世界各地，禽正呼肠孤病毒引起4~16周龄鸡的关节炎/腱鞘炎。跛行是该病的主要特点，可能发生腓肠肌断裂。患病鸟类因为难以移动，而可能会饿死。发病率一般小于10%。该病引起的关节滑膜病变与关节液支原体或金黄色葡萄球菌感染引起的病变相似。该病的确诊可用病毒分离方法。适合进行病毒分离的样本是感染的关节软骨和腱鞘，而不是关节腔中的滑液。感染的关节软骨和腱鞘粉碎后的组织悬液接种鸡胚卵黄囊或鸡胚肝细胞单层细胞，进行病毒分离。禽呼肠孤病毒诱导合胞体形成。在组织冷冻切片中，通过免疫荧光法可检测出病毒抗原。RT-PCR可用于禽正呼肠孤病毒的检测和鉴别（Caterina 等，2004；Liu 等，2004）。由于亚临床感染发病率较高，血清学检测不是特别有用，但能提示禽群的免疫状态。父母代的家禽注射灭活苗和减毒活苗，可使雏鸡获得高水平的母源抗体。可是，疫苗可能仅对同一血清型的病毒产生特异性保护作用（Meanger 等，1997）。该病的控制措施需要再一个生产循环结束后，对鸡舍进行彻底清洁和消毒。

■ 轮状病毒引起的仔畜肠道疾病

轮状病毒可引起世界各地幼龄家畜的肠炎。根据该病毒主要衣壳蛋白VP6的抗原特性，将轮状病毒分为7个抗原不同的血清群（血清群A~G），这7个血清群分别对应着一个病毒种。迄今为止，轮状病毒E群仅从猪中分离到，而轮状病毒D、F和G群与禽类有关。大多数分离株属于A群。根据外衣壳糖蛋白VP7特异抗原表位，将轮状病毒A群分成15个血清型（G1至G15）。VP7免疫原性强，可诱导中和抗体的产生。轮状病毒感染通常具有宿主特异性，但有些动物的轮状病毒可以经人工试验，传给其他种类的动物。动物轮状病毒很少感染人（Cook 等，2004）。

流行病学

临床感染动物排泄大量的病毒（每克粪约有10^9个病毒颗粒）。摄入受病毒污染饲料可引起水平传播。因为这类病毒在环境中可稳定存在，动物饲养场所可能受到严重污染，而且大规模饲养的动物最容易受到影响。如果不进行彻底清洁和消毒，动物饲养场所可长期保持病毒污染状态。

致病机理

轮状病毒引起严重的感染主要由毒株的毒力、摄入病毒的数量和母源性免疫水平这三个方面决定。接触病毒时动物的年龄、动物饲养密度和其他肠道病原体的感染也是影响轮状病毒感染结局的因素。轮状病毒腹泻是肠道吸收障碍和分泌过度导致的（Ramig，2004）。该病毒可在胃酸中存活，经胃感染小肠绒毛尖端的肠细胞。作为仔畜轮状病毒感染性腹泻的解释，隐窝细胞侵入假说已被认可多年。轮状病毒感染导致小肠绒毛上2/3的成熟的肠细胞遭到破坏。因为幼畜肠上皮细胞更换速度相对较慢，所以感染的小肠绒毛发育受阻，并被立方上皮细胞覆盖。这些不成熟的替代细胞二糖酶类含量较少，并且葡萄糖耦合的钠的转运发生缺陷。未消化的乳糖是肠腔内细菌繁殖所需的理想的养分。此外，未消化的乳糖产生的渗透作用，可使管腔内液体滞留，这与肠道吸收液体的能力受损一起，造成吸收不良性腹泻。但组织学病变和疾病症状之间的相互关系并不总是吻合的。有时，没有可见的组织损伤也可发生腹泻。已经证明轮状病毒非结构蛋白NSP4具有肠毒素作用，它能够抑制钠/葡萄糖协同转运蛋白（the sodium-glucose linked transporter protein，SGLT1）的钠离子与D-葡萄糖协调转运活动（Lorrot 和 Vasseur，2007）。

临床症状

轮状病毒感染潜伏期短，一般在24小时以内发病。患病动物食欲减退，精神沉郁，排浅色、半液体或糊状粪。在无并发症情况下，动物通常在4天内康复，无需治疗。与大肠杆菌、沙门菌或隐孢子虫等其他肠道微生物合并感染时，会使腹泻加重，甚至可能会出现死亡。

诊断

- 适合实验室检查的样本包括粪和肠内容物。
- 电镜负染检测是快速的，但要求样品中存在大量的病毒颗粒（每克粪至少含10^6个病毒颗粒），才能进行可靠地确认。电镜免疫检测可提高操作灵敏度。电镜负染检测可观察到混合的病毒感染。
- ELISA和胶乳凝集反应可检测粪中的病毒抗原（这

些检测有商品化的试剂）。在这些试验中采用的抗血清通常是针对轮状病毒A血清群的。免疫荧光法可检测涂片或感染小肠冷冻切片中的病毒抗原。

- 十二烷基硫酸钠-聚丙烯酰胺凝胶电泳（SDS-PAGE）已成功地用于临床样本的轮状病毒RNA片段的监测。此过程与电镜检测灵敏度相同。电泳图谱可以区别轮状病毒血清群。
- 临床样本经组织培养很难分离出轮状病毒。向培养基中加入低浓度的胰蛋白酶，有利于病毒脱壳，同时也可提高病毒的复制能力。

治疗

在一些病例中，口服电解质溶液疗法可能是有益的。并发细菌感染的严重病例必须进行静脉补液疗法和抗生素治疗。

控制

采取措施降低仔畜接触到病毒的概率至关重要。这必须采取适当的管理方法，确保仔畜可以获得充足的初乳。局部免疫比循环抗体更重要；摄入的初乳在肠腔内可提供保护性抗体。怀孕母畜注射疫苗可提高乳腺分泌抗体的水平。新生动物口服改良活疫苗，免疫效果并不确定。牛轮状病毒分离株（WC3）与人轮状病毒A群5个血清型进行重配而建立的5价减毒活疫苗，有望用于人类婴儿的免疫。应激环境条件应降到最低。

■非洲马瘟

非洲马瘟由环状病毒属非洲马瘟病毒（African horse sickness virus，AHSV）引起马、骡和驴的非接触性传染病。用中和试验将非洲马瘟病毒分成9个血清型。该病是非洲亚热带和热带地区的地方流行性疾病，这些地区的斑马是天然的脊椎动物宿主和病毒储存宿主。非洲马瘟病毒9型曾在中东、印度和巴基斯坦引起严重疫情，但该病在这些地区并未持续。近几年，非洲马瘟病毒4型在西班牙、葡萄牙和摩洛哥曾有暴发。非洲马瘟是世界动物卫生组织列出的重要动物传染病之一。

流行病学

非洲马瘟病毒由吸血昆虫传播。主要媒介是拟蚊库蠓（*Culicoides imicola*），这是分布于亚洲和

非洲的一种蠓。非洲马瘟病毒可导致这种库蠓终身感染。这种库蠓喜欢温暖气候；在温度低于10℃时夏眠，当温度低于15℃时库蠓中的病毒进行复制（Mellor 等，1998）。近年来，随着全球气候变化引起的气温升高，拟蚊库蠓的分布已向北扩大至欧洲南部（约北纬46°）。在某些气候条件下，一些感染的拟蚊库蠓可以随风扩散到拟蚊库蠓的历史分布区域以外的地区（远至700千米），并引起一些疫情。该病暴发有季节性，通常发生在夏末。从斑马和非洲驴等临床正常的宿主中可以分离出病毒。虽然犬食入发病的马肉后，也能感染这个病毒，但犬在该病的流行病学中没有任何作用。

致病机理和病理学

非洲马瘟病毒主要在淋巴结、脾脏和肺中复制。病毒血症通常持续4~8天，这个期间病马发热。在斑马和驴中，病毒血症持续4周。二次病毒感染主要在血管内皮细胞中复制，导致血管通透性增加、水肿、出血和血管内凝血。尸检可见弥漫性肺水肿、胸腔积液、腹水和心包积液。

临床症状

该病潜伏期通常不到9天。该病已知有四个形式，在特定暴发中均可出现：急性肺炎型以抑郁症和流鼻涕开始，迅速发展至严重呼吸困难，死亡率可达100%。亚急性心脏型表现为结膜炎、腹痛和进行性呼吸困难，眼窝、眼结膜和下颌间隙皮下水肿，以头部和颈部皮下水肿最为明显。绞痛是该型的特征，死亡率可达70%。非洲马瘟的第三种类型是混合型，表现为心、肺两个部位的临床症状。轻度或亚临床型的非洲马瘟，被称为"马瘟热"，是只在斑马和非洲驴中可见的一种病型。

诊断

- 该病眶上窝水肿等特征性临床症状可作为临床诊断依据。尸检可见心包和胸腔积液。
- 实验室检查合适的样本有血液、淋巴结和脾脏。用细胞培养分离病毒用于证明病毒的存在。新生小鼠脑内接种也可达到此目的。通过免疫荧光法鉴定病毒，用单价抗血清病毒中和作用或竞争ELISA，进行病毒血清型的鉴定。
- 夹心ELISA可检测样本中的病毒抗原。

- RT-PCR可以检测病毒RNA（Zientara等，1998）。该检测在24小时内出结果，可以鉴别9个血清型（Sailleau等，2000）。
- 合适的血清学检测方法包括ELISA和血清中和反应。该病急性发作时，患病动物可在抗体产生前死亡。驴可以用作流行地区之外的哨兵动物，它的血清转化现象可以确定这个疾病的存在。

控制

　　媒介昆虫控制、感染动物隔离和疫苗注射是防止该病暴发的主要方法。昆虫媒介控制包括使用驱虫药和杀虫药、清除昆虫繁殖场所、在黎明和黄昏昆虫最为活跃时期对畜舍进行防虫等。有商业化的单价和包含四种血清型的多价减毒活疫苗。但是，疫苗病毒可能恢复毒力，引起怀孕母羊产生畸胎，也可经媒介昆虫传播。另外，接种疫苗的动物在血清学上不能与野毒感染的动物区别开来。针对血清4型的灭活疫苗可以有效预防临床疾病。如果存在接触多个血清型的风险，应该使用多价疫苗。重组表达的结构蛋白亚单位疫苗可能会产生保护性免疫应答（Roy和Sutton，1998）。

■ 蓝舌病

　　蓝舌病是羊等家养和野生反刍动物的非接触传染性病毒病，由昆虫叮咬传播。媒介昆虫主要是库蠓。该病的病原是蓝舌病毒（bluetongue virus，BTV），属于环状病毒属的一个血清群。现已发现蓝舌病毒有25个血清型。新近血清型是从瑞士山羊中分离出的根堡轮状病毒（Toggenburg orbivirus）。蓝舌病对山羊和鹿有重大意义。病毒血清型、羊的品种和环境条件影响该病的严重程度。蓝舌病是世界动物卫生组织列出的重要动物疫病之一。

流行病学

　　蓝舌病在北纬53°和南纬40°之间广泛分布，这反映了库蠓属的分布地带。在非洲、地中海盆地和中东地区，拟蚊库蠓是主要媒介昆虫。在澳大利亚，*C. fulvus*、*C. wadai*和*C. brevitarsis*等库蠓也可传播该病。北美库蠓*C. varipennis*的*sonorensis*变种和南美库蠓*C. insignes*在该病传播中也发挥重要作用。自2006年以来，蓝舌病毒血清8型在北欧已经引起了严重的疫情。欧洲本土的库蠓*C. dewulfi*和*C. obsoletus*等有可能将病毒储量维持到下一个昆虫活跃季节（Saegerman等，2008）。牛感染后出现的临床症状与羊相似，但通常比羊轻。雌性库蠓吸取病毒血症的动物血液后，就会感染这种病毒，同时病毒会在库蠓体复制。库蠓在吸血7～10天内，可经唾液传播病毒，并终身持续感染这种病毒。温度在18～29℃下的高湿度环境有利于这种昆虫的活动，而媒介昆虫中病毒的复制需要温度高于12℃。这些因素解释了在世界许多地区该病的季节性特征。在黎明和黄昏时，库蠓活动最为活跃。在地方性流行地区的某些小范围内，蓝舌病发生频率显著增加。这是由于这些沼泽地含有较多的动物粪便，适合库蠓属交配繁殖。通过感染的动物和昆虫媒介的移动，疾病可能传播到疫区外面。虽然库蠓的飞行范围有限，但它们可以经风吹传送很长距离，这也会导致疫区以外易感反刍动物发生蓝舌病疫情。除非全年气候适合媒介活动，否则这些因素引起的蓝舌病突发疫情会自然消除的。据估计，有四个途径可以使病毒在反刍动物种群中越冬而于春天复活，即在反刍动物中垂直传播（由母畜传给下一代）、某一易感动物个体持续存在亚临床的病毒血症、媒介昆虫垂直传播（它们在越冬过程中有被感染的后代）和越冬存活的被感染的成年蠓。

　　在地方性流行地区，牛普遍被感染且通常为隐性。牛病毒血症一般持续几周，有利于昆虫媒介获取病毒。因此，牛是蓝舌病毒重要的储存宿主（Barratt-Boyes和MacLachlan，1995）。在病毒感染期间，可以从某些公羊和牛精液中检出病毒。蓝舌病经性和胎盘传播一般比较少见，但北欧蓝舌病毒8型能够在反刍动物中垂直传播（Menzies等，2008；Wilson等，2008）。从患病的怀孕母羊采集的胎儿样品可将此病传给母羊，但胎儿经彻底清洗后可以避免这种传播（Singh等，1997）。

致病机理和病理学

　　试验性感染后，病毒最初在淋巴结复制。然后经血液和肺运送至其他淋巴组织、肺和脾中，病毒在这些器官进一步复制。病毒感染小血管的内皮细胞并在其内增殖，从而造成血管损伤伴有瘀血、渗出和组织缺氧。体表缺氧组织病变的产生和发展与轻微创伤有关，同时可能继发细菌感染。口腔、嘴周围和蹄冠病变明显。血液中病毒与细胞（尤其是红细胞）紧密结合。有人认为，这样可以保护病毒免受抗体的攻击，从而使病毒持续存在。传染性病毒可在感染后35～60天检测。感染的牛出现散发的病例可归因于IgE参与的I型超敏反应（这些病牛曾经感染过蓝舌病毒或相关的环状病毒）。

临床症状

蓝舌病临床表现具有高度可变性，范围从亚临床感染到高死亡率的急性疾病。急性疾病仅限于美利奴羊和欧洲羊。营养状况、日照时间和宿主日龄影响疾病的严重程度。羊的潜伏期长达10天。患病动物发热、精神沉郁，伴有唇和鼻充血。唇、脸、眼睑和耳朵发生水肿。口腔黏膜可见糜烂和溃疡。有过度流涎和水样分泌物，随后变成黏液化脓性分泌物并在鼻孔周围形成干燥痂皮。舌头肿胀发绀。出现冠状垫炎和蹄叶炎，从而导致跛行。一些动物会发展成斜颈。可能出现流产，或产出虚弱或畸形的胎儿。死亡率可达30%。有些疫情中，死亡率可能会更高。感染动物恢复后几周会出现脱毛。对这个病毒敏感的牛感染后，出现发热、僵硬、口腔黏膜溃疡、鼻镜发炎（burnt muzzle）和皮肤炎。牛怀孕时感染会流产或产出畸形幼仔。

诊断

- 根据临床症状和尸检情况，可以进行蓝舌病的初步诊断。诊断方法包括病毒鉴定或未接种疫苗动物体内蓝舌病毒特异性抗体的检测。
- 适合进行病毒分离的样本有发热动物非凝固的血或病死动物新鲜脾脏和淋巴结。静脉接种鸡胚或细胞培养，可以分离出病毒。
- 已建立高度灵敏的巢式RT-PCR，用于检测临床样品中的蓝舌病毒核酸（Aradaib 等，2003）。这项分子技术可以在病毒可以分离的时期过去30天后，检测到蓝舌病毒的核酸。此方法可对病毒进行定量（Shaw 等，2007；Toussaint 等，2007）和区分毒株（Mertens 等，2007）。
- 抗原检测ELISA体系也有过介绍（Stanislawek 等，1996；Hamblin 等，1998）。
- 用于蓝舌病毒血清群抗体检测的血清学方法包括补体结合试验、间接免疫荧光和竞争ELISA。中和试验用于检测特异性抗体。对来自地方性流行地区的动物，用双份血清样本进行检测，才能证明抗体效价是否显著上升。

控制

由于蓝舌病是世界动物卫生组织列出的疫病之一，所以在国际贸易中受到国际条约限制。澳大利亚北部地区发现大量蓝舌病一些血清型，使澳大利亚动物、动物精液和胎盘出口中断，虽然感染的动物没有出现临床症状（Muller，1995）。在媒介昆虫繁殖场所可以使用杀幼虫剂，减少媒介昆虫的数量。易感动物使用杀虫剂可以暂时地防止媒介昆虫的叮咬。减毒活疫苗已经成功地使用多年，它能提供保护对抗同血清型的强毒感染。在多个血清型流行的地区需要使用多价疫苗。减毒活疫苗可产生病毒血症，在母羊在妊娠中期之前注射减毒活疫苗会导致畸胎。媒介昆虫活动时期不能使用减毒活疫苗，因为媒介昆虫可将接种的疫苗病毒传给怀孕母羊，并且疫苗病毒和该地区流行的病毒发生基因重配，存在毒力返强的可能性。灭活的加有佐剂的疫苗可以起到保护作用，但价格昂贵且需要进行两次接种。昆虫细胞中能够大量产生的蓝舌病毒的重组病毒样颗粒（recombinant virus-like particle）可以诱导保护性免疫。但这种方法生产的疫苗还没有商品化。

◉ 参考文献

Aradaib, I.E., Smith, W.L., Osburn, B.I. and Cullor, J.S. (2003). A multiplex PCR for simultaneous detection and differentiation of North American serotypes of bluetongue and epizootic hemorrhagic disease viruses. Comparative Immunology, Microbiology and Infectious Diseases, 26, 77–87.

Barratt-Boyes, S.M. and MacLachlan, N.J. (1995). Pathogenesis of bluetongue virus infection of cattle. Journal of the American Veterinary Medicine Association, 206, 1322–1329.

Caterina, K.M., Frasca, S., Girshick, T. and Khan, M.I. (2004). Development of a multiplex PCR for detection of avian adenovirus, avian reovirus, infectious bursal disease virus, and chicken anemia virus. Molecular and Cellular Probes, 18, 293–298.

Cook, N., Bridger, J., Kendall, K., Gomara, M.I., El-Attar, L. and Gray J. (2004). The zoonotic potential of rotavirus. Journal of Infection, 48, 289–302.

Hamblin, C., Salt, J.S., Graham, S.D., et al. (1998). Bluetongue virus serotypes 1 and 3 infection in Poll Dorset sheep Australian Veterinary Journal, 76, 622–629.

Liu, H.J., Lee, L.H., Shih, W.L., Li, Y.J. and Su, H.Y. (2004). Rapid characterization of avian reoviruses using phylogenetic analysis, reverse transcription-polymerase chain reaction and restriction enzyme fragment length polymorphism. Avian Pathology, 33, 171–180.

Lorrot, M. and Vasseur, M. (2007). How do the rotavirus NSP4 and bacterial enterotoxins lead differently to diarrhoea? Virology Journal, 4, 31.

Meanger, J., Wickramasinghe, R., Enriquez, C.E. and Wilcox, G.E. (1997). Immune response to avian reovirus in chickens and protection against experimental infection Australian Veterinary Journal, 75, 428–432.

Mellor, P.S., Rawlings, P., Baylis, M. and Wellby, M.P. (1998). Effect of temperature on African horse sickness virus infection in *Culicoides*. Archives of Virology Supplement 14, 155–163.

Menzies, F.D., McCullough, S.J., McKeown, I.M., et al. (2008). Evidence for transplacental and contact transmission of bluetongue virus in cattle. Veterinary Record, 163, 203–209.

Mertens, P.P.C., Maan, N.S., Prasad, G., et al. (2007). Design of primers and use of RT-PCR assays for typing European bluetongue virus isolates: differentiation of field and vaccine strains. Journal of General Virology, 88, 2811–2823.

Muller, M.J. (1995). Veterinary arbovirus vectors in Australia – retrospective. Veterinary Microbiology, 46, 101–116.

Osburn, B.I., De Mattos, C.A., De Mattos, C.C. and MacLachlan, N.J. (1996). Bluetongue disease and the molecular epidemiology of viruses from the western United States. Comparative Immunology and Microbiology of Infectious Disease, 19, 181–190.

Ramig, R.F. (2004). Pathogenesis of intestinal and systemic rotavirus infection. Journal of Virology, 78, 10213–10220.

Roy, P. and Sutton, G. (1998). New generation of African horse sickness virus vaccines based on structural and molecular studies of the virus particles. Archives of Virology Supplement 14177–202.

Saegerman, C., Berkvens, D. and Mellor, P.S. (2008). Bluetongue epidemiology in the European Union Emerging Infectious Diseases, 14, 539–544.

Sailleau, C., Hamblin, C., Paweska, J. and Zientara, S. (2000). Identification and differentiation of nine African horse sickness virus serotypes by RT-PCR amplification of the serotype-specific genome segment 2. Journal of General Virology, 81, 831–837.

Shaw, A.E., Monaghan, P., Alpar, H.O., et al. (2007). Development and validation of a real-time RT-PCR assay to detect genome bluetongue virus segment 1. Journal of Virological Methods, 145, 115–126.

Singh, E.L., Dulac, G.C. and Henderson, J.M. (1997). Embryo transfer as a means of controlling the transmission of viral infections. XV. Failure to transmit bluetongue virus through the transfer of embryos from viraemic sheep donors. Theriogenology, 47, 1205–1214.

Stanislawek, W.L., Lunt, R.A. and Blacksell, S.D. (1996). Detection by ELISA of bluetongue antigen directly in the blood of experimentally infected sheep. Veterinary Microbiology, 52, 1–12.

Toussaint, J.F., Sailleau, C., Breard, E., Zientara, S. and De Clercq, K. (2007). Bluetongue virus detection by two real time RT-qPCRs targeting two different genomic segments. Journal of Virological Methods, 140, 115–123.

Wilson, A., Darpel, K. and Mellor, P. (2008). Where does bluetongue virus sleep in winter? Public Library of Science Biology, 6, 1612–1617.

Zientara, S., Sailleau, C., Moulay, S., et al. (1998). Use of reverse transcriptase–polymerase chain reaction (RT-PCR) and dot-blot hybridization for the detection and identification of African horse sickness virus nucleic acids. Archives of Virology Supplement 14, 317–327.

◉ 进一步阅读资料

Mellor, P.S. and Hamblin, C. (2004). African horse sickness. Veterinary Research, 35, 445–466.

Schwartz-Cornil, I., Mertens, P.P.C., Contreras, V., et al. (2008). Bluetongue virus: virology, pathogenesis and immunity. Veterinary Research, 39, 46–50.

第六篇

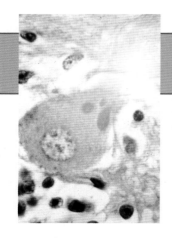

第70章

双RNA病毒科

双RNA病毒（birnaviruses）的命名源自它们基因组都含有两个线状双股RNA。这类病毒基因组可以发生重配。该科病毒呈二十面体对称，直径约60纳米（图70.1）。病毒粒子有5个多肽，即VP1、VP2、VP3、VP4和VP5。其中VP2是重要的核衣壳蛋白，能诱导产生中和抗体。病毒在宿主细胞胞浆内复制，病毒粒子中的RNA依赖性RNA聚合酶参与了病毒的复制。目前，双RNA病毒科（Birnaviridae）包含4个属：感染鸡的禽双RNA病毒属（Avibirnavirus）、感染昆虫的昆虫双RNA病毒属（Entomobirnavirus）、感染鱼的水生双RNA病毒属（Aquabirnavirus）和斑鳢病毒属（Blosnavirus）。这类病毒颗粒无囊膜，对酸、碱（pH3～9）及热（60℃作用1小时）稳定。经乙醚和氯仿处理均不丧失其传染性。

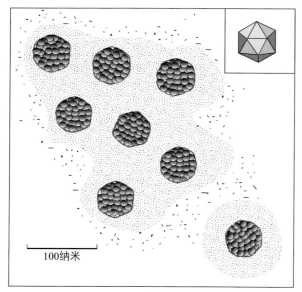

图70.1 双RNA病毒颗粒电镜下形态示意图（右上插图为结构示意图）

△ 要点

- 无囊膜，呈二十面体对称，基因组为双股RNA
- 在细胞质内复制
- 在环境中稳定
- 该科含有两个兽医学上重要的属：
- 禽双RNA病毒属（Avibirnavirus），包括能够引起鸡的传染性囊病的病毒
- 水生双RNA病毒属（Aquabirnavirus），包括能够引起鲑鱼传染性胰坏死的病毒

⊙ **临床感染**

双RNA病毒引起两个重要的动物传染病，即鸡传染性囊病（infectious bursal disease，IBD）和鲑鱼的传染性胰坏死病（infectious pancreatic necrosis）。这两种疫病在世界各地均有分布，给养禽业和鲑鱼养殖业造成重大的经济损失。

■ **传染性囊病**

传染性囊病又称为传染性法氏囊病，是由传染性囊病病毒（infectious bursal disease virus，IBDV）引起的雏鸡一种高度传染性疾病。病原体最先在美国特拉华州甘保罗镇的肉鸡群中分离得到，因此最初被称为甘保罗病（Gumboro disease）。虽然火鸡和鸭子都易感，但只有鸡出现临床症状。根据中和试验，传染性囊病病毒可分为两个血清型。血清1型病毒的毒力和抗原性已经发生了相当大的变异。免疫的鸡群中出现了传染性囊病病毒超强毒株（very virulent strain，vvIBDV）和抗原变异株。20世纪80年代末，欧洲和亚洲最早报道出现了超强毒株。上述毒株虽然与经典的血清1型病毒具有相似的抗原性，但能够突破高水平的母源抗体，破坏常规疫苗的保护作用。血清2型病毒不致病。这两个血清型都已经发现很多抗原变异株。近年来，美国用经典疫苗株免疫的鸡群中已经检测到了血清1型病毒的变异株。这些病毒抗原的变异株引起雏鸡高度免疫抑制，从而导致法氏囊快速萎缩。

流行病学

病毒通常经口传入。2～3周龄雏鸡在其母源抗体下降至较低水平时感染发病。感染后可通过粪便排毒长达2周，数月后鸡舍环境中的病毒仍具有感染性。可通过污染物蔓延到其他养殖单元。既不存在媒介传播，也不存在垂直传播（译者注：有些研究显示昆虫亦可作为机械传播的媒介，且该病毒可经鸡胚垂直传播）。

致病机理

鸡摄入病毒数小时内，病毒开始在盲肠、十二指肠和空肠的巨噬细胞和淋巴细胞内复制，然后通过门脉循环到达肝脏，感染枯否细胞（Kupffer cell）。病毒入侵法氏囊后，快速增殖，产生明显的二次病毒血症，并释放到其他组织。病毒侵袭的主要靶细胞是B淋巴细胞及其在法氏囊中的前体细胞。该病毒主要抗原蛋白VP2已被证明在感染的细胞中诱导细胞凋亡。雏鸡B淋巴细胞耗竭引起体液免疫缺陷，降低宿主对其他传染病的抵抗力，影响疫苗免疫效果。3周龄以上的鸡，在法氏囊受损之前，许多B淋巴细胞已经分布于全部组织中，从而病毒感染仅轻微地影响免疫能力。

临床症状

该病临床症状的严重程度受病毒毒力、发生感染时雏鸡的日龄、品种和母源抗体水平等因素的影响。通常，3～6周龄雏鸡最易感，在短暂的潜伏期后出现急性发病。病鸡表现为精神沉郁、食欲不振、腹泻、啄肛。发病率为10%～100%，死亡率高达20%，有时更高。病程短，耐过的鸡在4天左右康复。许多暴发是温和的，仅能发觉生长减慢。3周龄以下雏鸡的感染通常为亚临床型，但抗体反应剧烈下降。一般情况下，越小的雏鸡出现感染，产生的免疫抑制越明显。其临床症状通常也不明确。感染的鸡会出现生长状况不佳，易继发细菌感染及疫苗免疫应答差等问题。

诊断

- 急性发病时，根据临床症状和剖检时发现法氏囊的肿大、水肿，足够作出诊断。亚临床感染需要进行实验室检测才能确诊。
- 取病鸡的组织作涂片或冷冻切片，用免疫荧光法检测病毒抗原。取病鸡的法氏囊组织制作悬液，用ELISA或琼脂扩散试验检测病毒抗原。使用单克隆抗体来捕捉抗原，能够区别传染性囊病病毒强毒株和超强毒毒株。
- 进行病毒分离的样品可取自法氏囊、脾或粪便。接种鸡胚绒毛尿囊膜，大部分毒株都能够分离到。可采用病毒中和试验方法区分血清1型经典株和突变株。
- RT-PCR方法可用于传染性囊病的诊断，常用VP2或VP1基因特异的引物。通常，传染性囊病病毒毒株的鉴定，特别超强毒的鉴定，可采用PCR产物的限制性内切酶分析和核酸测序等方法。实时定量RT-PCR也可用于传染性囊病的诊断。
- 急性发病后康复的鸡由于成熟的外周B淋巴细胞很大程度不受影响，会出现效价很高的抗体。可用ELISA和病毒中和试验进行血清抗体的检测。

防控

养鸡场暴发该病后，应采取扑杀、彻底清洗和有效地消毒等措施。大多数商品代养鸡场，依赖于疫苗免疫防控该病。血清1型弱毒苗和灭活苗可供应用。可通过喷雾或饮水接种活疫苗。种鸡通常在4～10周龄时免疫活苗，产蛋前期，再次免疫油乳剂灭活疫苗，以确保子代雏鸡具有高水平的母源抗体。父母代种鸡中使用的疫苗应该既包含传染性囊病病毒的经典毒株，又包含其突变株。雏鸡4周龄后，母源抗体水平下降，需要主动免疫。高风险的鸡群，即母源抗体很少的雏鸡，1日龄时就要接种疫苗，在2～3周龄时进行加强免疫。通常，肉鸡和商品化雏鸡接种被称为"中等毒力"或"中强毒力"的部分减毒活疫苗，来突破低水平的母源抗体的中和作用。新近，传染性法氏囊基因工程疫苗的开发展示了广泛的前景，已建立了以火鸡疱疹病毒、禽腺病毒和鸡痘病毒等为载体体外表达VP2基因的重组疫苗。

第六篇

◉ 进一步阅读材料

Muller, H., Islam, M.R. and Raue, R. (2003). Research on infectious bursal disease–the past, the present and the future. Veterinary Microbiology, 97, 153–165.

Nagarajan, M.M. and Kibenge, F.S.B. (1997). Infectious bursal disease virus: a review of molecular basis for variations in antigenicity and virulence Canadian Journal of Veterinary Research, 61, 81–88.

Wu, C.C., Rubinelli, P. and Lin, T.L. (2007). Molecular detection and differentiation of infectious bursal disease virus. Avian Diseases, 51, 515–526.

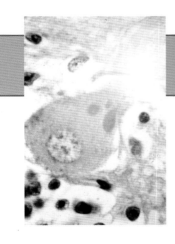

第71章

正黏病毒科

正黏病毒科（*Orthomyxoviridae*，希腊语"orthos"表示"正"，"myxa"表示"黏液、黏膜"）包含人和动物的流感病毒。正黏病毒呈球形或多形性，有时呈长丝状，有囊膜，直径为80~120纳米（图71.1）。该病毒的囊膜来自宿主细胞膜，含有糖基化和非糖基化的病毒蛋白。甲型流感病毒和乙型流感病毒表面的糖蛋白突起形成的"纤突"或膜粒，有两种：一种是血凝素（haemagglutinin，H），负责病毒吸附和囊膜融合；另一种是神经氨酸酶（neuraminidase，N），负责剪切病毒与细胞表面受体结合的神经氨酸（又叫唾液酸），从而不仅有利于病毒进入宿主细胞，也有利于病毒从感染的宿主细胞中释放出来。

流感病毒能够凝集许多物种的红细胞。H和N糖蛋白抗体主要负责中和病毒的感染力。正黏病毒的核衣壳为螺旋样对称，基因组为线状单股负链RNA，由6~8个节段组成。病毒颗粒在细胞核内复制，以出芽方式从细胞膜释放。流感病毒在环境中不稳定，对热、pH的改变、脂溶剂、清洁剂、辐射剂和氧化剂等敏感。

本科有5个属：甲型流感病毒属（*Influenzavirus A*）、乙型流感病毒属（*Influenzavirus B*）、丙型流感病毒属（*Influenzavirus C*）、索戈托病毒属（*Thogotovirus*）及鲑传贫病毒属（*Isavirus*）。虽然偶尔有乙型和丙型流感病毒分别感染海豹和猪的报道，但是乙型和丙型流感病毒主要是人的病原。

△ 要点

- 有囊膜，核衣壳螺旋对称，呈球形或多形性
- 线状、负链、单股RNA
- 在细胞核内复制
- 囊膜中存在两个重要的糖蛋白：一个是结合到细胞受体的血凝素，另一个具有神经氨酸酶活性
- 基因组分节段，有利于基因重组
- 甲型流感病毒各亚型是人、禽、猪和马重要的病原

100纳米

图71.1 甲型流感病毒颗粒电镜下形态示意图（右上插图为结构示意图）

索戈托病毒（thogotovirus）和多理病毒（dhori virus）是以蜱为媒介的虫媒病毒，从非洲、欧洲和亚洲部分地区的骆驼、牛和人体内分离得到。传染性鲑贫血病毒（infectious salmon anaemia virus）是引起大西洋鲑鱼传染病的一种重要病原。甲型流感病毒是正黏病毒科最重要的成员，是引起鸟类和哺乳动物疾病的重要病原。

H和N抗原亚型是甲型流感病毒分类的基础。目前，甲型流感病毒分为16个H和9个N（Fouchier等，2005）。新近在蝙蝠中又发现两个新的H亚型和两个新的N亚型的甲型流感病毒（译者注）。甲型流感病毒新亚型周期性出现是基因点突变和基因重配的结果。点突变引起抗原漂移，即亚型内变异。基因重配产生一个更为复杂的过程，即抗原转变，可能会形成新的亚型。为评估新出现的变异株，世界卫生组织对流感病毒毒株采用严格的国际分类标准。该命名法是基于流感病毒的型别、宿主、地理来源、菌株编号、分离年和亚型。举个例子，如A/equine/Prague/1/56（H7N7），表明该H7N7亚型毒株是在1956年从布拉格的马分离到的。表71.1中列出了甲型流感病毒引起人和动物疾病的抗原亚型。

表71.1　人类和动物甲型流感病毒抗原亚型

宿主	抗原亚型	备注
人	H2N8(1890)[a]	每10~40年发生一次人类流感大流行，全球20%~40%人感染，导致死亡率显著上升。通常，每次新流行的毒株取代早前流行的毒株。然而，1977年曾经的H1N1病毒再次出现（可能是实验室疏漏的结果），与H3N2病毒共同流行至今
	H3N8（1990）	
	H1N1（1918）	
	H2N2（1957）	
	H3N2（1967）	
	H1N1（2009）	
禽	H和N的不同组合，形成许多抗原亚型	通常由H5和H7亚型引起疾病。野生禽，尤其是迁徙鸭为病毒携带者
猪	主要是H1N1、H1N2和H3N2	抗原亚型决定了疾病的严重程度
马	H7N7、H3N8（H3N8亚型替代了H7N7亚型而成为主要流行亚型）	全球除澳大利亚、新西兰和冰岛外，均经常发生马流感疫情（2007年澳大利亚首次暴发马流感）

a，毒株分离的年份

◉ 临床感染

甲型流感病毒能够引起人、猪、马和禽类重要的传染病。已经从患呼吸道疾病的牛体内检测到甲型流感病毒抗体，但其意义尚不清楚（Brown等，1998）。新近，从美国和中国等地的牛群中分离到一个新型的流感病毒（译者注）。水禽，尤其是鸭，是甲型流感病毒的储存宿主，为产生能够感染人的新亚型提供了一个基因库。迁徙水禽跨国界散播禽流感病毒。甲型流感病毒通常具有宿主特异性，但也可以发生跨宿主传播。病毒在禽类肠道内复制，粪口途径被认为是主要的传播途径。人类流感大流行已经归因于与家禽和猪密切接触的一些人群规模很大。这些动物流感病毒的基因重配可导致出现能够感染人的具有致病性的新亚型，从而引起人流感大流行（图71.2）。流感病毒结合到细胞表面的唾液酸半乳糖二糖上。唾液酸可以与3或6位半乳糖苷键链接。对于人类，α-2,6-糖苷键占主导地位，而α-2,3-糖苷键是禽类最常见的受体分子模式。猪表达以上两种类型的受体，人流感病毒和禽流感病毒亚型可以在猪细胞内有效复制，因此猪被认为是最可能发生流感病毒"重配"的物种（"混合器"假说）（Shortridge，1997）。由于甲型流感病毒基因组分节段，混合感染可以导致基因重配，从而出现新的亚型。这种新亚型被认为与迄今为止出现的多次流感大流行有关联。由于人类对这种新亚型的免疫力有限，这些新亚型常常从一个国家迅速传播到另外一个国家。据估计，1918年的"西班牙流感"大流行，全球死亡人数超过4 000万，死亡率为2%~20%。有证据表明，"西班牙流感"的元凶是适应了人类和猪的禽源性H1N1亚型流感病毒（Taubenberger等，2005）。相比之下，1957年H2N2"亚洲流感"和1968

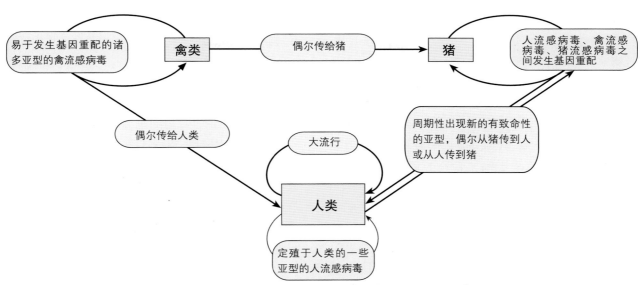

图71.2　甲型流感病毒在禽类和猪群中传播，导致可能引起人流感大流行的一些有致病性的新亚型出现

年H3N2"香港流感"的人类流感大流行病毒株均为禽流感病毒和人流感病毒基因重组的产物。2009年，一种新的甲型H1N1流感病毒开始在人类中大流行（Zimmer和Burke，2009）。它最初出现在墨西哥，并迅速蔓延到世界其他地区。序列研究表明该病毒内部基因（6个基因片段）与北美三重重配的猪流感病毒（H1N2和H3N2）非常相似，由于其包含人流感、禽流感和猪流感病毒的基因，所以被称为新甲型H1N1病毒。此外，该病毒的两个基因片段（神经氨酸酶和基质蛋白）与1992年欧洲谱系猪流感病毒类似（Babakir-Mina等，2009）。猪被认为可能是该病毒的源头，并且证实猪是易感的，但此病毒主要在人群中传播。

相对频繁发生的、严重程度较轻的人流感疫情，可归结为病毒核酸复制过程中出现的错误所致的抗原微小改变。若这些亚型的血凝素抗原性发生显著变化，其受现有中和抗体的影响较弱，从而导致部分易感人群感染。这种暴发突然发生，通常发生在冬季温带地区，死亡率约为0.1%。

禽、猪等动物的甲型流感病毒也可以引起人类感染。1976年美国新泽西州迪克斯堡一名士兵发生呼吸道疾病，确定为H1N1猪流感病毒。为担心猪流感的暴发，美国国家流感免疫计划开始执行，该计划叫停之前，约4 000万美国人接受疫苗注射。而该病毒并未从军事训练基地传播开。1997年，继发生鸡禽流感疫情之后，香港一名儿童因感染H5N1而死亡。此亚型以前并未感染过禽类以

外的物种。出于对人类健康的担忧，此次疫情销毁120万只禽。尽管出现了接触染病家禽而感染禽流感的人间病例，但幸运的是，并没有发生任何程度的人传人。截至1997年底，共发生18例人感染病例，其中死亡6例。2002年，能够引起家禽严重疾病的H5N1亚型高致病性禽流感重现香港。此亚型被认为起源于中国南部，其传播导致了该亚型禽流感病毒开始在东南亚多个国家出现前所未有的长达数年的广泛流行。传播主要与家禽和禽肉产品的运输有关，而非洲和欧洲部分地区家禽的感染是由于迁徙野鸟的带毒传播。到目前为止，人感染H5N1禽流感病例已很少见，但病死率高达60%（Abdel-Ghafar等，2008）。该病毒还感染虎、豹、家猫以及吃了未煮熟禽肉的犬。有些专家担忧，H9N2亚型低致病性禽流感病毒有可能传播到人类（Lupiani和Reddy，2009）。

■ 禽流感（真性鸡瘟）

H和N抗原组合的多种甲型流感病毒可从禽类，尤其是水禽中分离到（Raleigh等，2009）。甲型流感病毒亚型分布于世界各地，经常可以从临床健康禽中分离到。H5和H7亚型毒株会周期性地造成鸡和火鸡严重的临床疾病。在这些宿主中，急性感染被称为真性鸡瘟（fowl plague）或高致病性禽流感（highly pathogenic avian influenza，HPAI），是OIE规定的通报疫病。所有H5和H7亚型分离株均需通报。系统发育研究表明，有些野禽和家禽病毒分离株极

其相似，毒株谱系分布与地域和时间等因素有关。

流行病学

野禽是禽流感病毒的储存宿主，水禽将病毒传播给家禽。鸭尤其是雏鸭，经常感染甲型流感病毒，但很少表现出明显的症状。病毒在肠道内复制，随粪便排放到环境中。病毒可通过家禽养殖场人员和被污染的生产设备的移动而发生再次传播。有些国家的活禽市场是禽流感病毒传播的重要因素。

致病机理

流感病毒在组织中传播，依赖存在于特定组织中蛋白酶的类型和病毒血凝素分子结构。血凝素前体（HA0）翻译后裂解成以二硫键相连的HA1-HA2两个亚单位，产生具有感染性的病毒颗粒，获得生物学活性。大多数甲型流感病毒亚型，其血凝素被宿主细胞特定蛋白酶裂解，如仅在呼吸道和消化道上皮细胞发现的类胰酶蛋白酶。强毒亚型其HA裂解位点存在多个碱性氨基酸，如精氨酸或赖氨酸，易于被宿主大多数组织细胞内的蛋白酶识别并裂解，从而导致全身感染。研究表明，低致病性的病毒从自然野禽宿主传播到家禽宿主后，发生突变，转变成高致病性的禽流感病毒。这种改变是不可预知的，可能会发生在低致病性禽流感（low pathogenic avian influenza，LPAI）病毒于家禽中传播后不久，也可能是传播几个月后。

临床症状

潜伏期长短不等，个体自然感染为3天，全群感染为14天。潜伏期的长短与病毒、感染途径等有关。临床表现不同，有些不明显，有些比较温和。在某些情况下，病情严重，病死率很高。一些因素，如过度拥挤、通风不良和并发感染等可能加速疾病进程。高致病性亚型禽流感可引起禽群突然发生大量死亡。存活几天的病禽临床症状比较明显，表现呼吸窘迫、腹泻、头部尤其是鸡冠水肿、紫绀、鼻窦炎和流泪等特征。蛋禽感染会出现产蛋量陡降。

诊断

对于严重的禽流感疫情，可能很难与嗜内脏型强毒新城疫或禽霍乱区分。温和型，与禽类其他的呼吸道疾病类似。

- 病毒分离和鉴定是最基本的实验室确诊方法。咽部和泄殖腔拭子、粪便及内脏器官的混合样品均可用于实验室检测。

- 组织悬浮液接种到9～11日龄鸡胚。培养3～7天后，收集尿囊液，检测血凝活性。

- 甲型流感病毒的存在可通过免疫扩散试验来确定，方法是急性发病期病料接种鸡胚绒毛尿囊膜，收集上清液，与所有甲型流感病毒抗原性相同的核蛋白或基质蛋白阳性血清反应。

- 广泛的特异性抗血清可被用于血凝抑制试验（HI）或免疫扩散试验，来确定甲型流感病毒的毒株。确定亚型需用一系列单特异性抗血清（H1至H16，N1至N9）进行血凝抑制（HI）和神经氨酸酶抑制（neuraminidase inhibition，NI）试验，单特异性抗血清应由参考实验室制备。

- 所有高致病性甲型流感病毒亚型均为H5或H7亚型抗原。然而，也发现了许多低致病性的H5和H7亚型病毒。为测定毒力，静脉接种10羽4～8周龄SPF鸡，8日内死亡率大于75%或静脉接种致病指数（intravenous pathogenicity index，IVPI）大于1.2的毒株，则判定为高致病性病毒。

- 基因测序可以用来确定血凝素分子裂解位点处氨基酸的组成。对于H5和H7亚型毒株，IVPI小于1.2也应测序，以确定与致病性有关的HA前体裂解位点处是否具有多个碱性氨基酸（Alexander，2008）。

- RT-PCR（Senne 等，1996；Starick 等，2000；Munch 等，2001）和实时RT-PCR（Spackman 等，2002），通常用于快速检测及临床样品的病毒亚型的鉴定，尤其是在最初感染的场所已经检测并确定病毒的类型特点，对随后疫情暴发的快速识别尤为重要。M基因保守序列引物可用于样品中所有亚型流感病毒的筛选（Fouchier 等，2000）。如果检测结果阳性，再用H5或H7亚型特异性引物进行快速鉴定（Slomka 等，2007）。

- 商品化抗原免疫测定法可用于检测家禽中甲型流感病毒（Slemons 和 Brugh，1998；Cattoli 等，2004）。该方法快速，通常以核蛋白单特异性抗体为基础，一般可检测任何亚型的甲型流感病毒。不足之处是敏感性低，只限于群体检测。

- 流感病毒血清学抗体的检测，可以运用琼脂免疫扩散试验、血凝抑制试验或竞争性ELISA的方法（Shafer 等，1998）。神经氨酸酶抑制试验已成为一个区分感染动物与疫苗免疫动物（DIVA）的策略（Capua 等，2003）。

防控

家禽暴发禽流感应立即通报。无此病国家，要通过扑杀感染群体、限制活禽移动及实施严格的消毒程序来控制疫情的蔓延。对进口禽采取隔离检疫措施。在水禽迁徙路线上的高风险区域，家禽应饲养在防鸟建筑物中。

由于国际贸易限制及可能很难建立非疫区，一些采用扑杀政策的国家通常禁止使用疫苗接种。由于实施控制措施的成本高，一些国家接受温和型致病亚型的存在。在这些国家中，为防控低致病性禽流感，商品化灭活油苗可以使用，尤其是对火鸡。目前研究人员已经构建了流感血凝素蛋白重组疫苗及含HA基因的禽痘病毒重组疫苗（Swayne 等，1997；Crawford 等，1999）。

针对某一特定甲型流感病毒亚型有效的疫苗，对于新出现的亚型可能无效。由于存在毒力返强的危险，不允许使用活疫苗。然而，一种减毒、冷适应的重组流感病毒疫苗在人类临床试验中取得了良好的效果（Couch，2000），并可能促进类似的家禽疫苗的研制。

■ 猪流感

猪流感（swine influenza）是猪的一种急性、高度传染性疾病，全球范围均有发生。1918年首次报道，其发生与人类流感大流行时间吻合。目前猪群中感染最常见的亚型有H1N1、H1N2和H3N2。猪群中经常混合感染2个及以上亚型。1979年在欧洲的猪群中出现了抗原性和遗传性方面与古典猪H1N1病毒完全不同的H1N1病毒，分析证实其在血凝素结构上与禽源的非常相似。这些H1N1亚型，比古典H1N1病毒株致病力更强，目前主要在欧洲等地流行。H3N2病毒是一个三重的重配病毒，其HA和NA来自于人流感病毒，内部蛋白基因来自于猪、禽和人流感病毒。H1N2也是一个三重的重配病毒，其HA来自于人源流感病毒，NA来自于猪H3N2病毒，内部其他基因来自于类禽的猪H1N1病毒。新近，一种新型H3N1亚型病毒在韩国、意大利和美国的猪群中流行。有研究表明，猪可能作为一个"混合器"，将重组病毒从猪传播给人类，从而导致人类流感的大流行（图71.2）。

流行病学

猪流感的暴发通常与近期猪群中猪的感染有关。病猪的鼻分泌物含有高浓度的病毒，迅速蔓延到整个猪群。直接接触是主要的传播途径。在合适的天气条件下，高密度猪群地区，病毒可能通过空气在农场之间传播。猪流感的流行大多发生在环境温度低的季节。流行期间，病毒很可能在没有临床症状的猪群中传播，病毒在猪场持续感染几个月与易感动物的持续存在有关。猪舍中不同年龄的猪混合饲养，较均为同龄猪感染猪流感病毒的风险更大（Poljak 等，2008）。

致病机理和病理学

猪流感的病理变化主要在呼吸道，肺部是主要靶器官。感染后，病毒在鼻腔、气管和支气管的上皮细胞繁殖。病毒蔓延至整个呼吸道，导致细胞坏死，肺部出现大范围病变和硬结。在试验条件下，给猪接种猪流感病毒，表现出很低的毒力，尸检无明显病变，只有轻微的组织学变化（Ferrari 等，2010）。病变往往局限于肺脏的尖叶和心叶。急性感染72小时候后病毒复制能力下降。

临床症状

特征为突然发病，迅速蔓延全群，许多猪同时出现临床症状。潜伏期为4天。受感染病毒毒株的影响，病情严重程度从亚临床型到急性发病。继发细菌感染通常会使病势加重，并耽误恢复。急性发病的特征为病猪常蜷缩在一起，阵发性咳嗽，呼吸困难和体温升高，一些猪眼鼻流出黏液。大多数病猪6天之内康复。虽然发病率高，但死亡率通常很低，不过非常年幼的猪，或有并发症发生，则死亡率升高。疾病对经济的影响主要包括病猪体重减轻，及怀孕母猪易发生流产等（Karasin 等，2002）。

诊断

- 急性发病早期，收集鼻黏液和肺组织，用于病毒分离。由于病毒不稳定，应将样品快速送至实验室。分离病毒采用鸡胚分离或细胞培养的方法。鸡胚孵育72小时后，测定尿囊液的血凝活性。
- 采集双份血清应用血凝抑制试验或ELISA方法检测抗体上升水平，可确定感染。

- 病毒抗原检测可通过免疫荧光试验或ELISA方法。
- 病毒核酸检测可以采用RT-PCR（Fouchier 等，2000）和实时RT-PCR方法（Richt 等，2004）。

防控

良好的饲养管理，包括消除应激因素，可能有助于减少猪流感所带来的损失。降低猪群密度是消除感染的唯一手段，全进全出的管理制度是防止疾病引入的最好措施。目前已经有商品化的灭活疫苗。疾病暴发时，若疫苗中包含引发疾病流行的病毒亚型，则疫苗接种有利于疾病的控制（Thacker 和 Janke，2008）。

■ 马流感

马流感是由马流感病毒（equine influenza virus，EIV）引起的马属动物一种急性呼吸道疾病，能够给养马业造成重大经济损失。2007年澳大利亚首次暴发马流感，全球除新西兰和冰岛外，均发生过马流感疫情。目前引起马科动物发病的流感病毒有免疫学上明显不同的两个亚型。第一株马流感病毒是1956年从马体内分离得到的，定名为A/equine/prague/1/56（H7N7），曾称为马流感病毒1型。1963年，在美国分离到第二个亚型的马流感病毒，名为甲型流感病毒/马/迈阿密/2/639（H3N8），曾称为马流感病毒2型。感染或接种一个亚型的马流感病毒，不会诱导产生对另外一个亚型的马流感病毒交叉免疫保护。虽然最后一次暴发马流感病毒1型是在1979年，血清学证据表明，该亚型可能仍在马群中流行了一段时间。

抗原漂移导致马流感病毒2型一些毒株存在抗原性和遗传进化差异显著的两个谱系，即欧洲谱系和美洲谱系（Oxburgh 等，1998）。然而，有记录表明，这两个谱系在这两大洲都有存在。中国已经发现以上两个谱系的H3N8病毒。相比之下，1989年从中国马匹分离到的H3N8病毒与禽源流感病毒关系更为密切，而不是其他国家马匹流行的H3N8亚型病毒。有研究表明，灵缇（greyhound）暴发的流感，分离到的病毒与马流感H3N8病毒密切相关（Crawford 等，2005）。

流行病学

疫情的发生与马匹的移动和聚集、销售、竞技或训练有关。最初的传染源通常是无临床症状隐性带毒的部分免疫马匹。马流感具有高度传染性，在易感马之间传播迅速。染疫动物频繁咳嗽，通过气溶胶排出大量病毒。有报道表明，马流感可以随风传播1~2千米（Davis 等，2009）。病毒污染的衣服、设备和车辆也能间接传播马流感。

致病机理

病毒在呼吸道上皮细胞复制，4~6天内，纤毛上皮毁坏，黏膜下腺体分泌过多。纤毛上皮细胞的这种破坏是马流感病毒感染细胞，引发细胞凋亡的结果。

临床症状

潜伏期通常为1~3天，最短18小时左右，最长可达5天，潜伏期的长短与感染剂量成反比关系（Newton 和 Mumford，2004）。本病的特征为发热、流鼻涕、干咳、食欲下降及精神沉郁。常伴有继发细菌感染（Newton 等，2006）。病马也可能出现眼分泌物、肢体水肿、僵硬。年龄、先前的感染或疫苗接种状况等，可能影响临床症状的严重程度，随着呼吸道并发症的发展，可能继发细菌感染。运动可加重病情（Gross 等，1998）。轻度感染的动物，通常在3周内恢复。重症病例，可能需要几个月的恢复期。目前已有报道，完全易感的马排毒持续7~10天。

诊断

根据临床症状可初步诊断马流感，但仍需实验室进一步确诊。

- 采集急性感染期鼻拭子样品，接种鸡胚或进行细胞培养，分离病毒。新分离到的毒株应密切关注是否发生抗原漂移。
- 检测人类甲型流感病毒核蛋白的商品化诊断试剂盒，可用于马流感的诊断（Chambers 等，1994）。
- 病毒核酸检测可采用RT-PCR（Donofrio 等，1994；Oxburgh 和 Hagstrom，1999；Fouchier 等，2000）和实时RT-PCR方法（Quinlivan 等，2005；Lu 等，2009）。
- 马流感也做血清学诊断。采用血凝抑制试验或单向辐射溶血试验测定双份血清样品，即可诊断。HI试验中，血清必须进行预处理，去除非特异性抑制剂。

治疗与防控

病马需要治疗和休息。金刚烷胺和金刚烷乙胺等抗病毒药物能够有效抑制甲型流感病毒在体外的复制。一些商品化流感灭活疫苗对降低临床症状的严重程度和病毒传播是有效的（Paillot 等，2010）。然而，免疫保护作用通常维持时间很短，需要根据制造商的程序说明进行加强免疫注射。为提高疫苗的免疫力，延长疫苗保护持续时间，疫苗研制时可加入聚合物佐剂或Quil-A 免疫刺激复合物佐剂（ISCOMs）。表达马流感2型HA基因的商品化重组禽痘疫苗已经通过测试，并成功地控制和根除了2007年在澳大利亚流行的马流感（Garner 等，2010）。接种这种疫苗后，血清学检测可区分感染动物与疫苗免疫动物（differentiating infected from vaccinated animals，DIVA）。自然感染马流感病毒，诱导宿主产生保护性免疫与黏膜IgA的免疫应答，与体液IgGa、IgGb免疫应答有关，而通过常

规的疫苗接种，不产生保护性免疫模式（Nelson 等，1998）。与未接种疫苗的马匹相比，接种疫苗的马匹通常表现出温和的临床症状并短期内排毒。疫苗生产商必须定期更新疫苗毒株，从而使疫苗包含在马群中流行的甲型流感病毒抗原物质。目前已经有商品化H3N8及H7N7双价疫苗，并且其免疫抗体水平高，交叉保护作用广（Park 等，2004）。

疫苗接种可能会增加病毒的突变率（Newton 和 Mumford，2004）。因此，有必要每3～5年更新马流感疫苗生产使用的毒株（Anon.-EU-EI，1998）。除了接种疫苗，控制马流感需要隔离病马，对被感染的厩舍进行清洁、消毒和隔离。在被污染的厩舍完成清洗和消毒前，应停止动物流动。

◉ 参考文献

Abdel-Ghafar, A.N., Chotpitayasunondh, T., Gao, Z., et al. (2008). Writing Committee of the Second World Health Organization Consultation on Clinical Aspects of Human Infection with Avian Influenza A (H5N1) Virus. Update on avian influenza A (H5N1) virus infection in humans. New England Journal of Medicine, 358, 261–273.

Alexander, D.J. (2008). Avian influenza – diagnosis. Zoonoses and Public Health, 55, 16–23.

Anon.-EU-EI. (1998). Harmonisation of requirements forequine influenza vaccines. EU Commission.

Babakir-Mina, M., Dimonte, S., Perno, C.F. and Ciotti, M. (2009). Origin of the 2009 Mexico influenza virus: a comparative phylogenetic analysis of the principal external antigens and matrix protein. Archives of Virology, 154, 1349–1352.

Brown, I.H., Crawshaw, T.R., Harris, P.A. and Alexander, D.J. (1998). Detection of antibodies to influenza A virus in cattle in association with respiratory disease and reduced milk yield. Veterinary Record, 143, 637–638.

Capua, I., Terregino, C., Cattoli, G., Mutinelli, F. and Rodriguez, J.F. (2003). Development of a DIVA (differentiating infected from vaccinated animals) strategy using a vaccine containing a heterologous neuraminidase for the control of avian influenza. Avian Pathology, 32, 47–55.

Cattoli, G., Drago, A., Maniero, S., et al. (2004). Comparison of three rapid detection systems for type A influenza virus on tracheal swabs of experimentally and naturally infected birds. Avian Pathology, 33, 432–437.

Chambers, T.M., Shortridge, K.F., Li, P.H., et al. (1994). Rapid diagnosis of equine influenza by the Directigen FLU-A enzyme immunoassay. Veterinary Record, 135, 275–279.

Couch, R.B. (2000). Prevention and treatment of influenza. New England Journal of Medicine, 343, 1778–1787.

Crawford, J., Wilkinson, B., Vosnesensky, A., et al. (1999). Baculovirus-derived haemagglutinin vaccines protect against lethal influenza infections by avian H5 and H7 subtypes. Vaccine, 17, 2265–2274.

Crawford, P.C., Dubovi, E.J., Castleman, W.L., et al. (2005). Transmission of equine influenza virus to dogs. Science, 310, 482–485.

Davis, J., Garner, M.G. and East, I.J. (2009). Analysis of local spread of equine influenza in the Park Ridge region of Queensland. Transboundary and Emerging Diseases, 56, 31–38.

Donofrio, J.C., Coonrod, J.D. and Chambers, T.M. (1994). Diagnosis of equine influenza by the polymerase chain reaction. Journal of Veterinary Diagnostic Investigation, 6, 39–43.

Ferrari, M., Borghetti, P., Foni, E., et al. (2010). Pathogenesis and subsequent cross-protection of influenza virus infection in pigs sustained by an H1N2 strain. Zoonoses Public Health, 57, 273–280.

Fouchier, R.A., Bestebroer, T.M., Herfst, S., van der Kemp, L., Rimmelzwaan, G.F. and Osterhaus, A.D. (2000). Detection of influenza A viruses from different species by PCR amplification of conserved sequences in the matrix gene. Journal of Clinical Microbiology, 38, 4096–4101.

Fouchier, R.A.M., Munster, V., Wallensten, A., et al. (2005).

Characterization of a novel influenza A virus hemagglutinin subtype (H16) obtained from black-headed gulls. Journal of Virology, 79, 2814–2822.

Garner, M.G., Cowled, B., East, I.J., Moloney, B.J. and Kung, N.Y. (2010). Evaluating the effectiveness of early vaccination in the control and eradication of equine influenza – a modelling approach. Preventive Veterinary Medicine doi:10.1016/j.prevetmed.2010.02.007.

Gross, D.K., Hinchcliff, K.W., French, P.S., et al. (1998). Effect of moderate exercise on the severity of clinical signs associated with influenza virus infection in horses. Equine Veterinary Journal, 30, 489–497.

Karasin, A.I., Landgraf, J., Swenson, S., et al. (2002). Genetic characterization of H1N2 influenza A viruses isolated from pigs throughout the United States. Journal of Clinical Microbiology, 40, 1073–1079.

Lu, Z., Chambers, T.M., Boliar, S., et al. (2009). Development and evaluation of one-step taqman real-time reverse transcription-PCR assays targeting nucleoprotein, matrix, and hemagglutinin genes of equine influenza virus. Journal of Clinical Microbiology, 47, 3907–3913.

Lupiani, B. and Reddy, S.M. (2009). The history of avian influenza. Comparative Immunology, Microbiology and Infectious Diseases, 32, 311–323.

Munch, M., Nielsen, L., Handberg, K. and Jorgensen, P. (2001). Detection and subtyping (H5 and H7) of avian type A influenza virus by reverse transcription-PCR and PCR-ELISA. Archives of Virology, 146, 87–97.

Nelson, K.M., Schram, B.R., McGregor, M.W., et al. (1998). Local and systemic antibody responses to equine influenza virus infection versus conventional vaccination. Vaccine, 16, 1306–1313.

Newton, J.R. and Mumford, J.A. (2004) Equine influenza. In *Infectious Diseases of Livestock*, Volume 2. Eds J.A.W. Coetzer and R.C. Tustin. Oxford University Press, Oxford. pp. 766–774.

Newton, J.R., Daly, J.M., Spencer, L. and Mumford, J.A. (2006). Description of the outbreak of equine influenza (H3N8) in the United Kingdom in 2003, during which recently vaccinated horses in Newmarket developed respiratory disease. Veterinary Record, 158, 185–192.

Oxburgh, L. and Hagstrom, A.A. (1999). A PCR based method for the identification of equine influenza virus from clinical samples. Veterinary Microbiology, 67, 161–174.

Oxburgh, L., Akerblom, L., Fridberger, T., et al. (1998). Identification of two antigenically and genetically distinct lineages of H3N8 equine influenza virus in Sweden. Epidemiology and Infection, 120, 61–70.

Paillot, R., Prowse, L., Donald, C., et al. (2010). Efficacy of a whole inactivated EI vaccine against a recent EIV outbreak isolate and comparative detection of virus shedding. Veterinary Immunology and Immunopathology. doi:10.1016/j.vetimm.2010.03.019.

Park, A.W., Wood, J.L., Daly, J.M., et al. (2004). The effects of strain heterology on the epidemiology of equine influenza in a vaccinated population. Proceedings of the Royal Society: Biological Sciences, 271, 1547–1555.

Poljak, Z., Dewey, C.E., Martin, S.W., Christensen, J., Carman, S. and Friendship, R.M. (2008). Prevalence of and risk factors for influenza in southern Ontario swine herds in 2001 and 2003. Canadian Journal of Veterinary Research, 72, 7–17.

Quinlivan, M., Dempsey, E., Ryan, F., Arkins, S. and Cullinane, A. (2005). Real-time reverse transcription PCR for detection and quantitative analysis of equine influenza virus. Journal of Clinical Microbiology, 43, 5055–5057.

Raleigh, P.J., Flynn, O., O'Connor, M., et al. (2009). Avian influenza viruses detected by surveillance of waterfowl in Ireland during 2003'2007. Epidemiology and Infection, 137, 464'472.

Richt, J.A., Lager, K.M., Clouser, D.F., Spackman, E., Suarez, D.L. and Yoon, K.J. (2004). Real-time reverse transcription–polymerase chain reaction assays for the detection and differentiation of North American swine influenza viruses. Journal of Veterinary Diagnostic Investigation, 16, 367–373.

Senne, D.A., Panigrahy, B., Kawaoka, Y., et al. (1996). Survey of the haemagglutinin (HA) cleavage site sequence of H5 and H7 avian influenza viruses: amino acid sequence at the cleavage site as a marker of pathogenicity potential. Avian Diseases, 40, 425–437.

Shafer, A.L., Katz, J.B. and Eernisse, K.A. (1998). Development and validation of a competitive enzyme-linked immunosorbent assay for detection of type A influenza antibodies in avian sera. Avian Diseases, 42, 28–34.

Shortridge, K.F. (1997). The influenza conundrum. Journal of Medical Microbiology, 46, 813–815.

Slemons, R.D. and Brugh M. (1998). Rapid antigen detection as an aid in early diagnosis and control of avian influenza. In *Proceedings of the Fourth International Symposium on Avian Influenza*, Athens, Georgia. Eds D.E. Swayne and R.D. Slemons. US Animal Health Association, St Joseph, Missouri. pp. 313–317.

Slomka, M.J., Coward, V.J., Banks, J., et al. (2007). Identification of sensitive and specific avian influenza polymerase chain reaction methods through blind ring trials organized in the European Union. Avian Diseases, 51, 227–

234.

Spackman, E., Senne, D.A., Myers, T.J., et al. (2002). Development of a real-time reverse transcriptase PCR assay for type A influenza virus and the avian H5 and H7 hemagglutinin subtypes. Journal of Clinical Microbiology, 40, 3256–3260.

Starick, E., Romer-Oberdorfer, A. and Werner, O. (2000). Type- and subtype-specific RT-PCR assays for avian influenza viruses. Journal of Veterinary Medicine, Series B, 47, 295–301.

Swayne, D.E., Beck, J.R. and Mickle, T.R. (1997). Efficacy of recombinant fowlpox virus vaccine in protecting chickens against a highly pathogenic Mexican-origin H5N2 avian influenza virus. Avian Diseases, 41, 910–922.

Taubenberger, J.K., Reid, A.H., Lourens, R.M., Wang, R., Jin, G. and Fanning, T.G. (2005). Characterization of the 1918 influenza virus polymerase genes. Nature, 437, 889–893.

Thacker, E. and Janke, B. (2008). Swine influenza virus: zoonotic potential and vaccination strategies for the control of avian and swine influenzas. Journal of Infectious Diseases, 197, S19–24.

Zimmer, S.M. and Burke, D.S. (2009). Historical perspective – emergence of influenza A (H1N1) viruses. New England Journal of Medicine, 361, 279–285.

◉ 进一步阅读材料

Alexander, D.J. and Brown, I.H. (2009). History of highly pathogenic avian influenza. Revue Scientifique et Technique (International Office of Epizootics), 28, 19–38.

Brown, I. (1998). Swine influenza – a disease of increasing importance? State Veterinary Journal, 8, 2–4.

Dubovi, E.J. and Njaa, B.L. (2008). Canine influenza. Veterinary Clinics of North America, Small Animal Practice, 38, 827–835.

Timoney, P.J. (1996). Equine influenza. Comparative Immunology and Microbiology of Infectious Diseases, 19, 205–211.

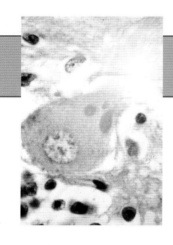

第72章

副黏病毒科

副黏病毒（*Paramyxoviruses*）以前与正黏病毒（*Orthomyxoviruse*）合在一起，被称为"黏病毒（myxoviruses）"（myxa是希腊语，表示"黏液"），用以描述它们对黏膜的亲和力。副黏病毒粒子呈多形性，直径150纳米以上，有囊膜（图72.1）。其基因组为单分子单股负链RNA。囊膜上存在两种类型的糖蛋白纤突或膜粒，即黏附蛋白与融合蛋白（F）。黏附蛋白可以是血凝素–神经氨酸酶蛋白（HN）或没有神经氨酸酶活性的蛋白（G）。黏附蛋白使病毒结合到细胞表面受体，而融合蛋白导致病毒囊膜与宿主细胞膜的融合。这两种类型的膜粒都可诱导病毒中和抗体的产生。此外，还有一个与囊膜相关的非糖基化的膜蛋白（M）。副黏病毒可能会有血凝活性、溶血活性和神经氨酸酶活性。其核衣壳螺旋对称，螺旋直径为13～18纳米，呈现特征性的"人"字形。病毒主要在细胞质内复制。病毒粒子是从细胞膜上含有病毒囊膜蛋白的位点出芽释放。病毒粒子不稳定，对热、干燥、脂溶剂、非离子型洗涤剂和消毒剂敏感。

单负链病毒目（*Mononegavirales*）包括副黏病毒科、弹状病毒科（*Rhabdoviridae*）、丝状病毒科（*Filoviridae*）以及波纳病毒科（*Bornaviridae*）。这些病毒均有囊膜，基因组均由单分子负链单股RNA组成。副黏病毒科分为副黏病毒亚科（*Paramyxovirinae*）和肺病毒亚科（*Pneumovirinae*）。新近，副黏病毒科新增列三个新的属：偏肺病毒属（*Metapneumovirus*）、亨尼病毒属（*Henipavirus*）及禽腮腺炎病毒属（*Avulavirus*）。此外，副黏病毒属（*Paramyxovirus*）更名为呼吸道病毒属（*Respirovirus*）（图72.2）。尽管副黏病毒遗传上较

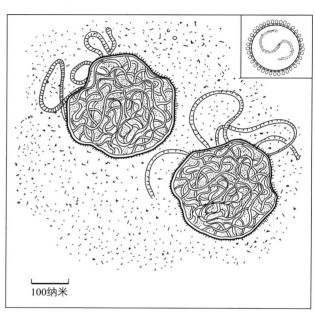

图72.1　副黏病毒颗粒电镜下形态示意图（右上插图为结构示意图）

稳定，没有出现重组，但也可能通过突变发生抗原变异。

△ 要点

- 大且呈多形性的有囊膜病毒
- 负链单股RNA
- 核衣壳螺旋对称
- 在细胞质内复制
- 副黏病毒亚科和肺病毒亚科共分为7个属，都包含兽医学上重要的病毒
- 导致牛瘟、小反刍兽疫、犬瘟热、新城疫和一系列家畜呼吸道疾病

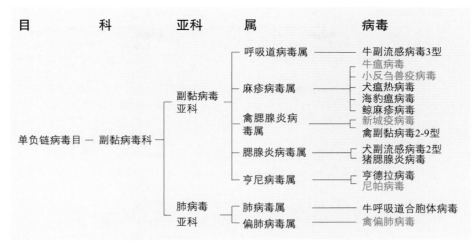

图72.2　副黏病毒的分类以及兽医学上重要的副黏病毒
红字显示的病毒可引起OIE规定通报的疫病。

◉ 临床感染

副黏病毒宿主范围较窄，主要感染哺乳动物及禽类（表72.1）。通过密切接触或气雾传播，病毒主要在呼吸道复制。感染通常是溶细胞性的，但在体外表现持续感染。病毒感染的典型特征是形成合胞体和胞浆内嗜酸性包涵体。由副黏病毒引起的重大动物疫病包括牛瘟、小反刍兽疫、犬瘟热、新城疫等，人类的疫病包括麻疹和流行性腮腺炎等。

■ 牛瘟

牛瘟（Rinderpest）是一种急性传染病，主要感染反刍动物，也被称为牛瘟疫，是几个世纪以来记录造成牛和家养水牛死亡的一个重要病原。牛瘟起源于亚洲，1761年在欧洲的灾难性暴发，导致在里昂建立了第一家兽医学校。传入非洲后，19世纪末在整个撒哈拉以南非洲地区暴发了一场毁灭性的牛瘟。该病在埃塞俄比亚东南部、肯尼亚东北部和索马里南部的"索马里牧区生态系统"呈地方性流行。不过，2001年以来，在这一地区没有再发现。目前，牛瘟在其发源地中亚以及非洲已宣告消灭。牛瘟属于世界动物卫生组织（OIE）规定通报的疫病。

流行病学

尽管这种麻疹病毒属的病毒只有一个公认的血清型，但不同的毒株在宿主和毒力方面有所不同。不同种类的宿主对相同的病毒株表现出不同的敏感性。家养牛（domestic cattle）、水牛（buffalo）以及一些野生动物，其中包括长颈鹿、疣猪、非洲大水牛（Cape buffalo）和羚羊等均高度易感，而瞪羚和小反刍家畜易感性较差。亚洲的家猪感染后有临床症状，而欧洲的猪则呈亚临床感染。由于该病毒不稳定，在环境中存活时间很短，即使通过气溶胶传播，但通常也需要密切接触。在临床症状出现的前几天，病牛的所有分泌物和排泄物均开始排毒。在流行地区，该病表现通常比较温和，仅限于母源抗体下降的幼牛。由于无带毒状态，持续感染需要不断传播给易感动物。该病毒的传播能力和毒性有直接关系。在流行期间，感染动物排出大量病毒，就会选择出烈性、高度传染性的病毒。流行地区若缺少高度易感宿主，则选择出病毒温和株。当易感动物进入流行区域，或染疫动物与易感群体接触，通常会出现疫病流行。所有年龄动物都易感。发病率可高达90%，病死率接近100%。

致病机理

病毒吸入后，在咽部和下颌淋巴结复制。3天内出现病毒血症，蔓延到其他淋巴组织、呼吸道黏膜和消化道。随着淋巴组织坏死，出现白细胞减少症和免疫抑制。整个急性发病期持续排毒，在体温恢复正常后几天，排毒减弱。

临床症状

经过3～9天的潜伏期，染疫动物出现发热、厌食和精神抑郁。5天内，口腔和鼻腔黏膜明显糜烂。流泪、流涕、流涎。出现黏膜溃疡的3天后，体温逐渐下降，腹泻加重。黑色稀粪，内含黏膜、坏死组织

第六篇

表72.1　副黏病毒主要成员及所致疾病

属	病毒名称	所致疾病
麻疹病毒属（Morbillivirus）	牛瘟病毒（Rinderpest virus）	引起家养或野生反刍动物高度传染性疾病，高发病率和高死亡率
	小反刍兽疫（Peste des petits ruminants virus）	引起小反刍动物（尤其是绵羊和山羊）烈性疾病，与牛瘟相似，具有高发病率和高死亡率
	犬瘟热（Canine distemper virus）	引起犬及野生食肉动物急性疾病，以全身多系统感染和不同的死亡率为特点
禽腮腺炎病毒属（Avulavirus）	新城疫病毒（Newcastle disease virus）（禽副黏病毒1型avian paramyxovirus 1）	引起家禽和野禽新城疫，分离株根据毒力分为速发型、中发型及缓发型毒株。一般性的感染以呼吸道、肠道和神经症状为特点
腮腺炎病毒属（Rubulavirus）	猪腮腺炎病毒（Porcine rubulavirus）	引起蓝眼病，仅出现在墨西哥
	犬副流感病毒2型（Canine parainfluenza virus 2）	引起犬无症状或温和的呼吸道疾病；有时伴随犬窝咳；与猴病毒5型有关，或是其中一个亚型
呼吸道病毒属(Respirovirus)	牛副流感病毒3型（Bovine parainfluenza virus 3）	引起牛和羊的亚临床或温和型疫病，有时伴随牛的船运热；易受二次细菌感染，尤其是溶血性曼氏杆菌
肺病毒属（Pneumovirus）	牛呼吸道合胞体病毒（Bovine respiratory syncytial virus）	通常引起成年牛亚临床感染，幼牛伴随不同程度的呼吸道疾病
偏肺病毒属（Metapneumovirus）	禽偏肺病毒（Avian metapneumovirus）	引起火鸡严重的上呼吸道感染，表现出眶下和鼻窦水肿；引起鸡肿头综合征

碎片和血液。迅速脱水、消瘦。继发感染及激活潜伏原虫感染是常见的并发症。恢复期，怀孕动物可能流产。

诊断

在疫病流行区域，通过临床诊断和病理检查可以确诊。在实验室检测证实的疫情中，个体动物发病用上述方法也足以确诊。病变表现在整个消化道，尤其是大肠纵向褶皱有特征性充血和出血，被称作"斑马纹"。牛瘟少见或无病区域，需要通过实验室检查，以便与牛病毒性腹泻、牛传染性鼻气管炎、恶性卡他热和口蹄疫相区别。疫病暴发调查时，应该采集几个没有出现腹泻的发热动物的样品进行实验室检测。

- 用于病毒分离的样品包括肝素化全血分离到的白细胞、淋巴结和脾脏。
- 细胞培养产生的细胞病变，可通过免疫荧光方法检测牛瘟病毒。
- 琼脂凝胶免疫扩散试验或对流免疫电泳试验可进行抗原的快速检测。样品最好用眼鼻分泌物和肠系膜淋巴结。基于快速色谱试纸检测法的测试笔，可用于疑似牛瘟的现场调查（Bruning 等，1999）。

- RT-PCR方法，用于检测牛瘟病毒核酸的存在，从而区别于小反刍兽疫病毒（Forsyth 和 Barrett, 1995）。
- 竞争ELISA用于牛瘟病毒血清抗体的检测，为OIE规定的国际贸易指定使用试验。
- 尸检可见肠道病变是其特征，但不是特有病变。结肠黏膜褶皱充血，常形成特征性斑马条纹。
- 上消化道复层鳞状上皮和小肠隐窝形成合胞体。

防控

1994年联合国粮农组织（FAO）的"全球消灭牛瘟计划"开始实施。2010年宣告成功，是继天花病毒之后消灭的第二个病毒。成功的因素在于由Walter Plowright开发出的疫苗免疫力持久，诊断方法可靠，不存在带毒动物及野生动物储存宿主。

对于无疫国家，防控以限制动物移动为基础，严格检疫进口动物，扑杀病畜。在区域性流行地区，应对牛和水牛接种组织培养弱毒疫苗，诱导产生的免疫力至少持续5年。此种稳定的冻干苗，稀释后不耐热。携带牛瘟病毒HA或F蛋白的重组牛痘和羊痘病毒疫苗具有很高的热稳定性，可用于保护牛（Inui 等，1995；Ngichabe 等，1997）。控制动物移动是预防疾病传播的最重要的措施。

■ 小反刍兽疫

小反刍兽疫又称羊瘟，是由小反刍兽疫病毒（peste des petits ruminants virus，PPRV）引起的一种急性传染病，主要感染小反刍动物，尤其是山羊易感。该病毒是麻疹病毒属成员，与其他该属成员密切相关。该病发生在撒哈拉以南和赤道以北的多数非洲国家、中东、印度和巴基斯坦，是OIE的通报疫病。

流行病学

该病毒不稳定，在密切接触的动物之间通过气溶胶形式传播。羊群感染该病总是与动物的移动有关。病畜不知何时出现带毒状态，在出现明显的临床症状前，亚临床感染及隐性排毒促进了病毒的传播。在非洲西部，往往在雨季，羊群聚集准备销售的时候开始流行该病。绵羊和山羊感染率相似，但山羊发病较严重。

致病机理

PPR致病机理与牛瘟类似。以黏膜糜烂和腹泻为特征。发病急性期，病毒通过病畜的分泌物和排泄物排出体外，成为传染源。

临床症状

潜伏期为4天左右。幼年动物发病严重。山羊表现出发热，口鼻干燥，口鼻腔分泌物逐渐变成脓性黏液。流涎，口腔黏膜糜烂。消化道、呼吸道和尿道黏膜溃疡。眼分泌物遮住眼睑，出现结膜炎，是该病的特征症状。感染几天后发展成严重腹泻，造成脱水。常见气管炎和肺炎症状。白细胞急剧减少，有利于继发细菌感染。疾病的后期，常有巴氏杆菌引起的肺部感染。怀孕羊可能流产。在严重暴发时，死亡率往往超过70%，急性感染山羊10天之内死亡。

绵羊感染后，症状没有山羊严重，一般较轻微。特征是发热、鼻腔黏膜炎、黏膜糜烂、间歇性腹泻。通常10～14天痊愈。

诊断

应在动物急性发病期采集样品进行实验室检测。样品可采集眼鼻拭子、未凝血、颊部及直肠黏膜刮出物。也可采集发病早期屠宰动物的肺脏、脾脏和淋巴结等组织样品。实验室诊断主要是基于组织样品的病毒分离和抗原检测。ELISA、对流免疫电泳和琼脂凝胶免疫试验可用于病毒抗原的快速检测。使用特定引物的RT-PCR可用于病毒核酸的检测。病毒中和抗体或竞争ELISA可用于抗体检测。

防控

屠宰政策适用于无小反刍兽疫的国家。检疫和疫苗接种适用于疾病流行的地区。牛瘟弱毒苗可诱导产生对小反刍兽疫病毒足够的保护，在绵羊和山羊上已经使用了很多年。目前已经研制出了小反刍兽疫弱毒苗。

■ 犬瘟热

犬瘟热（canine distemper，CDV）是一种犬和其他食肉动物高度传染性、分布广泛的疾病。犬瘟热病毒是麻疹病毒属成员，造成全身各系统感染。

流行病学

犬瘟热病毒宿主广泛，包括犬科、小熊猫科、鬣狗科、鼬科、浣熊科、熊科、灵猫科和猫科动物。在野生动物中如狐狸、臭鼬、浣熊、雪貂和狮子也有发生犬瘟热的记录（Appel 和 Summers，1995；Roelke-Parker 等，1996）。此病毒相对不稳定，传播方式主要依靠气溶胶或直接接触。在城市的家养犬中，病毒通过易感动物感染得以维持。犬瘟热病毒在幼犬中传播迅速，尤其是3～6月龄幼犬，此时母源抗体下降。乡村地区养犬密度小，病毒无法持续存在，导致各年龄段未免疫犬均易感，可暴发犬瘟热。

致病机理

病毒首先在上呼吸道复制，继而蔓延到扁桃体和支气管淋巴结。细胞介导的病毒血症使病毒扩散至淋巴网状组织。病毒复制产生淋巴细胞裂解和白细胞减少导致免疫抑制，促进了病毒血症的二次发展。病毒在组织器官扩散的速度取决于免疫反应的速度和效果。病毒在缺乏充足有效的免疫反应情况下，主要在呼吸道、消化道、泌尿和中枢神经系统中扩散和增殖。也会扩散到皮肤组织。

病毒会感染中枢神经系统的神经元和神经胶质细胞，并有可能会持续较长时间。犬瘟热引发的老龄犬脑炎明显与病毒在大脑持续存在有关，这种情况可能是由于非溶细胞的细胞间传播而不是从细胞膜出芽，从而逃避免疫检测（Stettler等，1997）。这种机制似乎与缺陷型麻疹病毒持续感染儿童、引起亚急性硬化性全脑炎类似。病毒抗原持续刺激下，产生长时间低程度的炎性反应，最终导致神经症状。

临床症状

潜伏期一般1周左右，但也可能会延长至4周或更长，甚至出现神经症状，而不表现前期感染症状。病程和病情受病毒毒力、感染动物年龄与免疫状态及免疫反应快慢的影响。双相热最初的温度升高不易被注意到。第二次体温升高时，眼鼻分泌物、炎症及扁桃体肿大这些症状明显。咳嗽、呕吐和腹泻通常是继发感染导致。腹部会出现红疹和脓疱。一些感染犬出现鼻镜和足垫角质化，称为"硬足垫"。急性型病例，可能会持续几周，而后康复并获得终生免疫，也可能会出现神经症状最终死亡。常见的神经症状包括麻痹、阵挛和癫痫。抽搐可能从较轻微的"嚼口香糖"动作开始，抽搐前动物表现为流涎，并且咀嚼运动逐渐变得频繁和严重，终成大癫痫样发作。严重的预后不良表现为动物神经系统紊乱。存活下来的犬表现为神经功能缺陷。老龄犬脑炎，表现为运动和行为退化，通常是致命的。

诊断

- 发热、卡他性炎症伴随神经系统后遗症的幼犬，高度怀疑为犬瘟热。
- 通过结膜或阴道涂片或白细胞层涂片进行免疫荧光检测病毒抗原。
- 淋巴结、膀胱和小脑的冰冻切片也适用于病毒抗原的检测。
- 嗜酸性包涵体检测适用于神经和上皮组织。
- 灵敏地检测出临床样品中犬瘟热病毒RNA的分子生物学方法包括：一步法、套式和荧光定量RT-PCR (Frisk等，1999；Kim等，2001；Shin等，2004；Elia等，2006)。在回顾性诊断中，可使用半套式RT-PCR对福尔马林或石蜡包埋组织进行检测(Stanton等，2002)。基于H基因测序，已鉴定出六个主要基因谱系，包括美洲-1、美洲-2、亚洲-1、亚洲-2、欧洲和北极谱系(Martella等，2007)。商品化的疫苗株来自美洲-1谱系。
- 使用病毒中和试验、ELISA和间接免疫荧光检测

IgM抗体，或检测急性期和康复期犬的血清，抗体效价出现4倍增加，可证实犬瘟热病毒感染。脑脊液中也可以检测到抗体。
- 已证明病毒分离是困难的。剖检后膀胱和大脑组织适合病毒分离。肝素抗凝血的白细胞层细胞也可用于病毒分离。

防控

通常在12周以后，幼犬母源抗体下降到极低的水平，商品化弱毒疫苗可以提供足够的保护。大多数犬瘟热疫苗株为鸡胚适应株或禽细胞适应株（ondersteepoort株），或者是犬细胞培养适应株（rockborn株）。由于犬细胞适应株在免疫后有脑炎发生的报告，所以禽细胞适应株更为安全。异型麻疹病毒免疫幼犬产生保护与母源抗体互不干扰。表达犬瘟热衣壳糖蛋白重组痘病毒已经证明是有效的疫苗（Larson 和 Schultz，2006）。接种疫苗成功后，保护期达数年，建议每三年加强免疫（Gore等，2005）。由于犬瘟热病毒比较敏感，所以暴发后对犬舍进行严格的隔离和消毒可以达到控制效果。

■ 其他麻疹病毒引起的感染

20世纪80年代后期，在波罗的海和北海的海豹，尤其是斑海豹群中发生了一种严重的传染病，临床和病理特征类似于犬瘟热。海洋哺乳动物病毒性疾病的暴发使麻疹病毒属增加了两个新成员，即海豹瘟病毒（phocine distemper virus）和鲸瘟病毒（cetacean distemper virus）。血清学结果也证实，几种鲸类发生过麻疹病毒感染。

■ 亨德拉病毒和尼帕病毒

亨德拉病毒（Hendra virus）原先被称为马麻疹病毒。1994年在澳大利亚暴发了严重的马匹呼吸道疾病，此后分离到病毒。此次疫情造成2个接触发病马匹的人感染，并有14匹马及马匹教练死亡。该病特点为零星病例急性起病，发热并伴有呼吸道或神经系统症状，高死亡率。与之相关的一个病毒，尼帕病毒（Nipah virus），1999年马来西亚养猪场暴发一种急性致死性传染病，从感染的猪和与之接触的人体内分离到该病毒。该病毒引起发热性脑炎，造成100多人死亡。一般认为，果蝠（狐蝠）是亨德拉病毒和尼帕病毒的自然宿主。以上两种病毒同列为副黏

病毒亚科新建立的亨尼病毒属。

■ 新城疫

全球范围内家养及野生禽类疫情，记录了大量禽副黏病毒（avian paramyxovirus，APMV）分离株的存在。目前公认禽腮腺炎病毒属（*Avulavirus*）具有9种抗原性不同的禽副黏病毒。基于血凝抑制试验检测的抗原相关性，将新分离病毒归属于某一种。大多数禽副黏病毒亚科的感染比较轻微或临床症状不明显，而禽副黏病毒2型（APMV-2）和禽副黏病毒3型（APMV-3）感染能够引起火鸡呼吸系统疾病。

最重要的禽副黏病毒是新城疫病毒（Newcastle disease virus，NDV），同时也称为禽副黏病毒1型（APMV-1），可引起新城疫。新城疫最早发生于1926年英国新城（Newcastle）和印尼爪哇。其他几次主要流行发生在20世纪60年代后期和20世纪70年代的中东地区，鸽子是主要被感染的禽类。

流行病学

各种禽类物种，包括鸡、火鸡、鸽子、雉鸡、鸭和鹅均易感。新城疫感染在野生鸟类可能呈地方性流行，尤其是水禽（Takakuwa 等，1998）。NDV毒株在毒力方面不同。根据对家禽的毒力和组织偏嗜性，新城疫毒株分为五种致病型：

- 嗜内脏速发型（也称Doyle型）：能够造成严重的致命性疾病，以消化道出血性病变为主要特征。
- 嗜神经速发型（也称Beach型）：以神经和呼吸道症状为主要特征，死亡率高。
- 中发型（也称Beaudette型）：症状轻微，仅限于幼禽死亡。
- 缓发型（也称Hitchner型）：以轻度或无明显呼吸道感染为主要特征。
- 无症状肠道型：以弱毒型毒株引起的亚临床肠道感染为主要特征。

这些临床型可能同时发生，而且除NDV毒株的致病性外，宿主、感染剂量、禽的日龄和环境条件等因素也影响疾病临床症状的严重程度。强毒株也可能来源于通过鸡传代的弱毒株（Shengqing 等，2002）。病毒通过排泄物及分泌物排出体外，通常通过气溶胶或污染的食物及饮水进行传播，也可通过受污染材料在人员与设备间的移动而机械性传播。病毒相对稳定，存在于急性感染禽类的所有器官和鸡蛋中，在死亡的尸体中能够存活几周。

驯养和野生禽类能够促进感染的传播。鸽子对所有新城疫病毒株敏感，在新城疫的传播中发挥作用。中发型毒株，在20世纪80年代初从欧洲赛鸽分离到，可通过单克隆抗体与其他新城疫病毒分离株区分。这些毒株，通常简称为鸽副黏病毒1型，引起鸽子的临床疾病类似于嗜神经型新城疫。1984年，英国家禽暴发的新城疫就是由于饲喂被野鸽污染的饲料所致。

致病机理

病毒首先在呼吸道和肠道黏膜上皮细胞复制，借助血流扩散到脾及骨髓，产生二次病毒血症，从而感染肺、肠及中枢神经系统等其他器官。病毒在宿主体内的扩散程度与毒株毒力有关，而毒力由毒株F糖蛋白氨基酸序列决定。新城疫病毒融合糖蛋白（F）在感染的细胞内合成时，前体分子（F0）由宿主细胞蛋白酶裂解成F1和F2两个亚单位。如果裂解未发生，就不会产生感染性病毒粒子。新城疫强毒株F0分子的裂解位点处具有碱性氨基酸，能够被多种宿主组织中的蛋白酶裂解。与此相反，缓发型毒株的复制，仅限于产生胰酶样蛋白酶的呼吸道和肠道的上皮细胞。

临床症状

潜伏期通常为5天左右。鸡出现呼吸道、消化道和神经症状。特有的临床表现与病毒株毒力、组织偏嗜性及宿主日龄和免疫状态有关。强毒株引起的禽群感染，可能临床上无明显症状，突然死亡。完全易感的禽群，死亡率可高达100%。若存在临床症状，这些禽群表现为精神萎靡、虚弱、鸡产蛋下降。嗜内脏速发型毒株往往引起呼吸道症状，如气喘、伴有啰音、头部和颈部水肿、排出绿色稀粪。急性期存活下来的禽类出现神经症状。嗜神经性速发型毒株感染，引起呼吸系统疾病，并伴有神经症状，如翅膀下垂、腿麻痹、歪头、肌肉痉挛。中发型毒株感染，常引起呼吸道疾病。缓发型毒株一般不引起成年禽发病，而易受感染的幼禽可能出现呼吸道疾病。新城疫病毒分离株的致病性不但与毒株的毒力有关，而且与宿主的敏感性也有关。火鸡感染新城疫与鸡一样，通常有呼吸道和神经系统症状，但临床症状稍轻。鸽子感染鸽副黏病毒1型，表现出神经症状和下痢，死亡率接近10%。也有鸵鹑和鹅临床感染的报道。

人类接触高浓度的新城疫病毒，可能引起急性结膜炎。

诊断

可根据特征性临床症状和病变，进行初步诊断。确诊必须通过实验室病毒分离和鉴定。

- 从活禽采集气管和泄殖腔拭子用于病毒分离。病死或濒死禽剖检取粪便、肠内容物和部分气管、肠、脾、脑和肺等样品进行实验室检测。上述样品可在4℃保存4天。
- 接种9~10日龄SPF鸡胚尿囊腔进行病毒分离。孵育后，收集尿囊液测定血凝活性。
- 用特异性血清做血凝抑制试验，鉴定新城疫病毒的存在。
- 新城疫病毒分离株毒力评估采用1日龄SPF雏鸡脑内接种致病指数（ICPI）和6周龄SPF鸡静脉接种致病指数（IVPI）等体内试验。以上致病指数是每只鸡8天或10天观察期内每次观察数值的平均值。鸡胚平均死亡时间（MDT）被用于区分速发型［鸡胚死亡时间（ED）小于60小时］、中发型（ED为60~90小时）和缓发型（ED大于90小时）。目前OIE定义新城疫暴发通报的标准是：由禽副黏病毒血清型1型感染禽，其对1日龄雏鸡ICPI≥0.7或该病毒F2蛋白C-末端有多个碱性氨基酸（至少3个）及第117位氨基酸残基为丙氨酸（F1蛋白的N-末端）。
- 分子生物学技术越来越多地用于临床样品NDV的检测（Gohm等，2000；Creelan等，2002）。选择的引物，通常能够扩增包括F0蛋白基因裂解位点在内的基因，从而能够判断待检毒株的毒力（Cavanagh，2001）。实时RT-PCR也被成功地用于新城疫暴发的检测（Wise等，2004）。
- 抗体检测只适用于对未进行免疫接种鸡群的诊断。血凝抑制试验是应用最广泛的方法。目前已有商业ELISA试剂盒。
- 气管切片或抹片的免疫荧光染色检测法检测病毒抗原，诊断快速，但不如病毒分离敏感。

防控

常用的防控措施包括：家禽养殖场之间应相距几千米，屋顶设置防鸟网，合理储存饲料，控制进入禽场的通道，彻底清洗和消毒车辆及设备，并限制其在禽场间的移动。不同国家采取的新城疫防控策略各不相同，范围从强制免疫到扑杀染疫群体。大多采取疫苗接种和扑杀政策相结合的防控措施。疫苗接种对于产蛋家禽尤为重要。活疫苗是通过鸡胚或组织培养缓发型或中发型毒株而制成。以喷雾、饮水、滴鼻或点眼等方式进行免疫。而母源抗体的存在影响活疫苗的免疫效果。为避免这种不良影响，应推迟疫苗接种的时间，在2~4周龄、大多数禽比较易感时再接种；或者对于1日龄雏鸡，采用活疫苗结膜滴注或粗雾滴喷雾免疫，从而将疫苗毒株"播种"禽群。这种方法，可能会导致十分易感的禽出现呼吸道疾病，在一些禽体内建立主动感染，持续到其余禽体内母源抗体大量消失并感染NDV。通常，3~4周后再次免疫。采用活苗和灭活苗免疫程序都能有很好的免疫效果。接种疫苗的禽，虽然受到保护不会发病，但可被野毒感染，成为排毒者。目前已经开发出应用不同病毒载体的重组疫苗。

■ 猪蓝眼病

猪蓝眼病（blue eye disease in pigs）是由猪腮腺炎病毒引起的猪病，1980年在墨西哥中部首次发现。临床特性为中枢神经紊乱、繁殖障碍及角膜混浊。仔猪发病率和死亡率最高。可根据临床症状、病变及对应的血清样品血清学检测结果作出诊断。血清学检测方法包括血凝抑制、ELISA和病毒中和试验。从健康猪群引种，进行血清学检测，并群前严格隔离。目前已经研制生产出灭活疫苗。除墨西哥之外，其他地区尚无相关报道。1997年，在澳大利亚一集约化猪场的母猪发生了严重的繁殖障碍病，从死胎中分离到了另外一个腮腺炎病毒——梅那哥病毒（Menangle virus）。

■ 牛副流感病毒3型感染

牛副流感病毒3型（bovine parainfluenza virus 3，BPIV-3）遍及世界各地，通常是亚临床性感染。在通风不良、拥挤条件下，通过气溶胶和直接接触传播。无并发症的感染常常是亚临床型，但也可能会出现轻度呼吸道疾病。动物在暴发其他呼吸道病毒和细菌所致的严重呼吸道疾病，如犊牛地方流行性肺炎、船运热（shipping fever）时，可分离到该病毒。运输及处于不利环境等各种应激因素可致病情加剧。

病毒侵犯呼吸道纤毛上皮、肺泡上皮细胞和巨噬细胞，引起纤毛上皮细胞损伤，抑制黏液纤毛清除机制。此外，肺泡巨噬细胞吞噬和胞内破坏细菌功能丧失，诱发肺部继发细菌感染。单纯牛副流感病毒3型感染通常比较温和，只引起发热、流鼻涕、咳嗽，大多几天后即可痊愈。可通过鼻拭子或肺组织接种牛细胞系分离病毒。最好在动物感染初期，采集样品并置于运输液中，尽快送到实验室。可用免疫荧光法从鼻腔分泌物或肺脏冷冻切片中直接检出病毒。常用血凝抑制试验、病毒中和试验、ELISA和间接免疫荧光法检测抗体，若急性期和恢复期双份血清抗体效价增高4倍以上，即能确定为近期感染。

已研制出牛副流感病毒3型灭活疫苗和减毒疫苗，常与其他呼吸道病毒疫苗联用。减毒疫苗可通过鼻腔接种或肌注。免疫力短暂，几个月后可能发生再次感染。

■ 牛呼吸道合胞体病毒

牛呼吸道合胞体病毒（bovine respiratory syncytial virus，BRSV）能够引起肉牛和奶牛肺部疾病，呈世界范围分布。感染绵羊和山羊的病毒分别被称为绵羊呼吸道合胞体病毒和山羊呼吸道合胞体病毒，然而这些分离株可能仅代表反刍动物呼吸道合胞体病毒株，而不是独立的种。病毒由于在体内外诱导感染细胞产生合胞体而得名。

流行病学

常常感染牛。受感染的犊牛往往表现出中度至严重的呼吸道症状。成年动物的感染通常是温和或亚临床型，偶见重症（Ellis 等，1996；Elvander，1996）。持续感染动物个体是病毒在畜群中持续存在的主要因素。病毒通过气雾或直接接触感染动物传播。感染多发生在秋冬季节。交通运输、过度拥挤或恶劣天气条件可促使本病的暴发。与牛病毒性腹泻病毒并发感染比单纯感染表现出更严重的临床症状（Pollreiz 等，1997）。

致病机理

该病毒主要在呼吸道纤毛上皮细胞复制。细支气管上皮细胞损伤，从而导致坏死性细支气管炎。有时感染的Ⅱ型肺泡细胞融合而形成多核细胞。病毒感染会诱导产生促炎性趋化因子和细胞因子，因此

有学者认为大部分病理变化是由宿主免疫应答引起（Valarcher 和 Taylor，2007）。一般认为，牛呼吸道合胞体病毒可引起免疫抑制。此种作用，连同肺泡细胞坏死物和渗出物的累积增多，有利于细菌的增殖。

临床症状

3～9月龄动物易感。潜伏期为2～5天。临床症状由轻微到严重不等，包括发热、鼻及眼分泌物、咳嗽、呼吸急促等。随着病情的发展，可能发展成严重的呼吸性窘迫，表现为张口呼吸或腹式呼吸。病程通常长达2周。一些肉犊牛暴发该病毒感染，常表现出双相性临床症状，即轻度呼吸道症状，明显改善后的数天，又出现严重的呼吸困难，发展成肺气肿。死亡率可达20%。

诊断

可通过临床症状和病理检查初步诊断，有必要通过实验室检测进一步确诊。

- 适合实验室检测的样本包括鼻拭子、支气管肺泡灌洗液、肺组织和双份血清样品。样本应从感染畜群中采集几只动物。
- 由于病毒不耐热，样品必须冷藏运输，并及时送到实验室进行检测。
- 由于病毒分离培养困难，要求在细胞中盲传几代，因此通常不做病毒分离。
- 商品化ELISA试剂盒可用于检测病毒抗原。免疫荧光检测技术是一种快速、有效检测该病毒的方法。相比鼻拭子样品，病毒抗原更易在下呼吸道样本中检测到。
- RT-PCR方法可用于检测病毒核酸（Larsen 等，1999；Valarcher 等，1999；Willoughby 等，2008）。
- 可用病毒中和试验和ELISA检测血清抗体效价上升过程。并且，患病初期血清应该尽快采集，因为抗体水平上升迅速。

防控

合适的控制措施包括：减少应激，改善牛舍条件和环境卫生，犊牛和成年牛分群饲养，发现病牛要立即隔离。有研究表明，事先接种福尔马林灭活病毒疫苗会加重该病（Antonis 等，2003）。弱毒苗可通过非肠道施用或滴鼻免疫。暴露于病毒的动物，接种疫苗有降低临床疾病发生的可能性，但保护力持续时间很

短，需要不断加强免疫。目前研制的用于控制BRSV感染的疫苗有：用牛疱疹病毒作为载体表达G蛋白的重组疫苗（Taylor 等，1998），牛痘病毒重组疫苗（Antonis 等，2003），融合蛋白DNA疫苗及在重组杆状病毒昆虫细胞表达系统中表达的重组亚单位融合糖蛋白疫苗（Sharma 等，1996）。

◉ 参考文献

Antonis, A.F., Schrijver, R.S., Daus, F., et al. (2003). Vaccine-induced immunopathology during bovine respiratory syncytial virus infection: exploring the parameters of pathogenesis. Journal of Virology, 77, 12067–12073.

Appel, M.J.G. and Summers, B.A. (1995). Pathogenicity of morbilliviruses for terrestrial carnivores. Veterinary Microbiology, 44, 187–191.

Bruning, A., Bellamy, K., Talbot, D. and Anderson, J. (1999). A rapid chromatographic test for the pen-side diagnosis of rinderpest virus. Journal of Virological Methods, 81, 143–154.

Cavanagh, D. (2001). Innovation and discovery: the application of nucleic acid-based technology to avian virus detection and characterization. Avian Pathology, 30, 581–598.

Creelan, J.L., Graham, D.A. and McCullough, S.J. (2002). Detection and differentiation of pathogenicity of avian paramyxovirus serotype 1 from field cases using one-step reverse transcriptase-polymerase chain reaction. Avian Pathology, 31, 493–499.

Elia, G., Decaro, N., Martella, V., et al. (2006). Detection of canine distemper virus in dogs by real-time RT-PCR. Journal of Virological Methods, 136, 171–176.

Ellis, J.A., Philibert, H., West, K., et al. (1996). Fatal pneumonia in adult dairy cattle associated with active infection with bovine respiratory syncytial virus. Canadian Veterinary Journal, 37, 103–105.

Elvander, M. (1996). Severe respiratory disease in dairy cows caused by infection with bovine respiratory syncytial virus. Veterinary Record, 138, 101–105.

Forsyth, M.A. and Barrett, T. (1995). Evaluation of polymerase chain reaction for the detection and characterization of rinderpest and peste des petits ruminants viruses for epidemiological studies. Virus Research, 39, 151–163.

Frisk, A.L., Konig, M., Moritz, A. and Baumgartner, W. (1999). Detection of canine distemper virus nucleoprotein RNA by reverse transcription-PCR using serum, whole blood and cerebrospinal fluid from dogs with distemper. Journal of Clinical Microbiology, 37, 3634–3643.

Gohm, D.S., Thur, B. and Hofmann, M.A. (2000). Detection of Newcastle disease virus in organs and faeces of experimentally infected chickens using RT-PCR. Avian Pathology, 29, 143–152.

Gore, T.C., Lakshmanan, N., Duncan, K.L., Coyne, M.J., Lum, M.A., and Sterner, F.J. (2005). Three-year duration of immunity in dogs following vaccination against canine adenovirus type-1, canine parvovirus, and canine distemper virus. Veterinary Therapy, 6, 5–14.

Inui, K., Barrett, T., Kitching, R.P. and Yamanouchi, K. (1995). Long term immunity in cattle vaccinated with a recombinant rinderpest vaccine. Veterinary Record, 137, 669–670.

Kim, Y.H., Cho, K.W., Youn, H.Y., Yoo, H.S. and Han, H.R. (2001). Detection of canine distemper virus (CDV) through one step RT-PCR combined with nested PCR. Journal of Veterinary Science, 2, 59–63.

Larsen, L.E., Tjornehoj, K., Viuff, B., Jensen, N.E. and Uttenthal, A. (1999). Diagnosis of enzootic pneumonia in Danish cattle: reverse transcription-polymerase chain reaction assay for detection of bovine respiratory syncytial virus in naturally and experimentally infected cattle. Journal of Veterinary Diagnostic Investigation, 11, 416–422.

Larson, L.J. and Schultz, R.D. (2006). Effect of vaccination with recombinant canine distemper virus vaccine immediately before exposure under shelter-like conditions. Veterinary Therapy 7,113–118.

Martella, V., Elia, G., Lucente, M.S., et al. (2007). Genotyping canine distemper virus (CDV) by a hemi-nested multiplex PCR provides a rapid approach for investigation of CDV outbreaks. Veterinary Microbiology, 122, 32–42.

Ngichabe, C.K., Wamwayi, H.M., Barrett, T., et al. (1997). Trial of a capripoxvirus-rinderpest recombinant vaccine in African cattle. Epidemiology and Infection, 118, 63–70.

Pollreiz, J.H., Kelling, C.L., Brodersen, B.W., et al. (1997). Potentiation of bovine respiratory syncytial virus infection in calves by bovine viral diarrhoea virus. Bovine Practitioner, 31, 32–38.

Roelke-Parker, M.E., Munson, L., Packer, C., et al. (1996). A canine distemper virus epidemic in Serengeti lions (Panthera leo). Nature, 379, 441–445.

Sharma, A.K., Woldehiwet, Z., Walrevens, K. and Letteson, J. (1996). Immune responses of lambs to the fusion (F) glycoprotein of bovine respiratory syncytial virus expressed on insect cells infected with a recombinant baculovirus.

Vaccine, 14, 773–779.

Shengqing, Y., Kishida, N., Ito, H., et al. (2002). Generation of velogenic Newcastle disease viruses from a nonpathogenic waterfowl isolate by passaging in chickens. Virology, 301, 206–211.

Shin, Y.J., Cho, K.O., Cho, H.S., et al. (2004). Comparison of one-step RT-PCR and a nested PCR for the detection of canine distemper virus in clinical samples. Australian Veterinary Journal, 82, 83–86.

Stanton, J.B., Poet, S., Frasca, S., Bienzle, D. and Brown, C.C. (2002). Development of a semi-nested reverse transcription polymerase chain reaction assay for the retrospective diagnosis of canine distemper virus infection. Journal of Veterinary Diagnostic Investigation, 14, 47–52.

Stettler, M., Beck, K., Wagner, A., Vandevelde, M. and Zurbriggen, A. (1997). Determinants of persistence in canine distemper viruses. Veterinary Microbiology, 57, 83–93.

Takakuwa, H., Toshihiro, I., Takada, A., et al. (1998). Potentially virulent Newcastle disease viruses are maintained in migratory waterfowl populations. Japanese Journal of Veterinary Research, 45, 207–215.

Taylor, G., Rijsewijk, F.A.M., Thomas, L.H., et al. (1998). Resistance to bovine respiratory syncytial virus (BRSV) induced in calves by a recombinant bovine herpesvirus-1 expressing the attachment glycoprotein of BRSV. Journal of General Virology, 79, 1759–1767.

Taylor, G., Bruce, C., Barbet, A.F., Wyld, S.G. and Thomas, L.H. (2005). DNA vaccination against respiratory syncytial virus in young calves. Vaccine, 23, 1242–1250.

Valarcher, J.F. and Taylor, G. (2007). Bovine respiratory syncytial virus infection. Veterinary Research, 38, 153–180.

Valarcher, J.F., Bourhy, H., Gelfi, J. and Schelcher, F. (1999). Evaluation of a nested reverse transcription–PCR assay based on the nucleoprotein gene for diagnosis of spontaneous and experimental bovine respiratory syncytial virus infections. Journal of Clinical Microbiology, 37, 1858–1862.

Willoughby, K., Thomson, K., Maley, M., et al. (2008). Development of a real time reverse transcriptase polymerase chain reaction for the detection of bovine respiratory syncytial virus in clinical samples and its comparison with immunohistochemistry and immunofluorescence antibody testing. Veterinary Microbiology, 126, 264–270.

Wise, M.G., Suarez, D.L., Seal, B.S., et al. (2004). Development of a real-time reverse-transcription PCR for detection of Newcastle disease virus RNA in clinical samples. Journal of Clinical Microbiology, 42, 329–338.

◉ 进一步阅读材料

Alansari, H., Duncan, R.B., Baker, J.C. and Potgeiter, L.N.D. (1999). Analysis of ruminant respiratory syncytial virus isolates by RNAase protection of the G glycoprotein transcripts. Journal of Veterinary Diagnostic Investigation, 11, 215–220.

Ellis, J.A. (2010). Bovine parainfluenza-3 virus. Veterinary Clinics of North America, Food Animal Practice. 26, 575–593.

Martella, V., Elia, G. and Buonavoglia, C. (2008). Canine distemper. Veterinary Clinics of North America, Small Animal Practice, 38, 787–798.

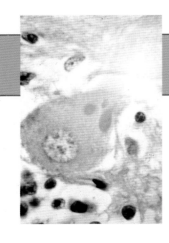

第73章

弹状病毒科

弹状病毒科（*Rhabdoviridae*，希腊文 "rhabdos" 意为 "棒"）的成员特征是病毒外形呈棒状（图73.1）。弹状病毒科、副黏病毒科、博尔纳病毒科和丝状病毒科都属于单负链病毒目（*Mononegavirales*）（图73.2）。该目病毒基因为线性、无节段、单负股RNA，由核蛋白复合物包裹。感染脊椎动物的弹状病毒呈子弹形或锥形，而感染植物的弹状病毒一般为杆状。该病毒科有很多成员，能感染脊椎动物、无脊椎动物和植物。弹状病毒科包括6个属：水疱病毒属（*Vesiculovirus*）、狂犬病毒属（*Lyssavirus*）、暂时热病毒属（*Ephemerovirus*）、质型弹状病毒属（*Cytorhabdovirus*）、粒外弹状病毒属（*Novirhabdovirus*）和核型弹状病毒属（*Nucleorhabdovirus*）。此外，还有很多弹状病毒没

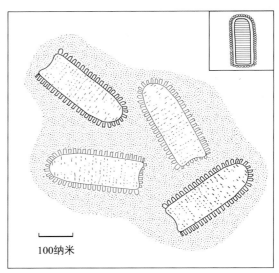

图73.1　弹状病毒颗粒电镜下形态示意图（右上插图为结构示意图）

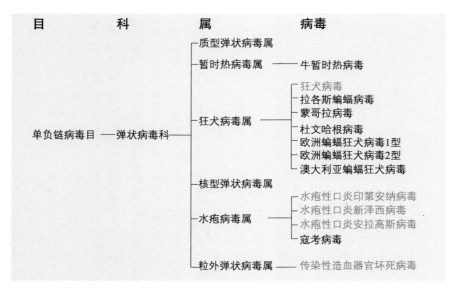

图73.2　弹状病毒在兽医学上的重要性分类
红字显示的病毒可引起OIE规定通报的疫病。

有明确的归属。水疱病毒属、狂犬病毒属和暂时热病毒属部分成员可感染脊椎动物。鱼类传染性造血器官坏死病毒（infectious haematopoietic necrosis virus）及其相近的弹状病毒属于粒外弹状病毒属。

弹状病毒通常包含五个主要的蛋白：L（RNA依赖的RNA聚合酶，分子量大）、G（表面糖蛋白）、N（核衣壳蛋白）、P（病毒聚合酶组成部分）、M（基质蛋白）。G蛋白形成病毒表面膜粒，膜粒可与宿主细胞受体相互作用并促进病毒粒子内吞。此外，G蛋白诱导病毒产生中和抗体和细胞免疫应答。病毒在细胞质中复制（除核型弹状病毒属外）。新生成的核衣壳在质膜上装配形成病毒粒子，以出芽方式从细胞内释放。病毒粒子[（100～430）纳米×（45～100）纳米]在pH5～10范围内稳定。56℃加热、脂溶剂处理或紫外线照射条件下，病毒迅速失活。

◉ 临床感染

弹状病毒科成员在兽医学上的重要性见表73.1和表73.2。可通过哺乳类动物间撕咬、节肢动物叮咬或

△ 要点

- 呈螺旋状对称、杆状、有囊膜的RNA病毒
- 狂犬病毒（rabies virus）和狂犬病毒属相关成员
- 存在于唾液中；通过食肉动物和蝙蝠叮咬传播
- 引起哺乳动物致死性脑炎
- 水疱性口炎病毒（vesicular stomatitis virus）
- 通过直接接触、污染的环境或节肢动物媒介传播
- 引起伴随有水疱性病变的发热性疾病，主要在牛、马、猪上发病
- 牛暂时热病毒（bovine ephemeral fever virus）
- 由节肢动物叮咬传播
- 导致短暂的发热性疾病，临床症状不完全清楚

直接接触传播。污染的环境也可导致感染。

弹状病毒科最知名和最重要的成员是狂犬病毒（rabies virus），是狂犬病毒属成员（希腊语"lyssa"，意为"愤怒或狂怒"）。许多不同基因型的狂犬病毒属成员感染易感动物后表现的临床症状与狂犬病毒相同（表73.1）。已在蝙蝠上分离到

表73.1 引起古典狂犬病和狂犬病样疫病的狂犬病毒属成员

病毒	遗传谱系	基因型	血清型	地理分布	说明
狂犬病毒（Rabies virus）	1	1	1	除澳洲和南极洲外的所有大陆，但许多岛屿不存在该病毒	引起多种哺乳动物致死性脑炎。由狐狸、浣熊、蝙蝠等野生动物传播；家养肉食动物也可传播。狂犬病是一种主要人畜共患病，世界各地每年超过5万人因该病死亡
拉各斯蝙蝠病毒（Lagos virus）	2	2	2	非洲	在水果蝙蝠上首次分离到病毒；在患脑炎的家畜上也分离到病毒
蒙哥拉病毒（Mokola virus）	2	3	3	非洲	在地鼠上首次分离到病毒；在家畜中也分离到病毒。有人类感染该病毒的报道
杜文哈根病毒（Duvemhage virus）	1	4	4	非洲	最初在被食虫蝙蝠咬过的人体内分离到；后续又有人类病例的报道。没有在家畜体内分离到该病毒的报道
欧洲蝙蝠狂犬病毒1型（European bat lyssavirus 1）	1	5	–	欧洲	因食虫蝙蝠体内存在频率增加而被发现。没有人感染该病毒的报道
欧洲蝙蝠狂犬病毒2型（European bat lyssavirus 2）	1	6	–	欧洲	在表现狂犬病临床症状的人体内首次分离到病毒；在食虫蝙蝠体内存在该病毒。后续又有人类病例的报道，但没有家畜病例的报道
澳大利亚蝙蝠狂犬病毒（Australian bat lyssavirus）	1	7	–	澳洲	在水果蝙蝠和食虫蝙蝠体内发现；没有人感染该病毒的报道

第六篇

4个新的狂犬病毒属成员：Aravan virus、Khujand virus、Irkut virus和West Caucasian bat virus。超过25种从动物上分离的病毒被归为水疱病毒属。感染家畜最重要的水疱性口炎病毒包括印第安纳水疱性口炎病毒（vesicular stomatitis Indiana virus）和新泽西水疱性口炎病毒（vesicular stomatitis New Jersey virus）（表73.2）。在一些国家具有重要意义的牛暂时热病毒是暂时热病毒属的一个种。某些鱼类疾病，如传染性造血器官坏死病（infectious haematopoietic necrosis）、病毒性出血性败血症（viral haemorrhagic septicaemia）和鲤春病（spring viraemia），也是由弹状病毒引起的。

表73.2　水疱病毒属和暂时热病毒属成员在兽医上的意义

病毒属/病毒	宿主	说明
水疱病毒属		
印第安纳水疱性口炎病毒	牛、马、猪、人	引起伴有水疱性损伤的发热性疫病；临床症状与口蹄疫相似。发生于南美洲、北美洲
新泽西水疱性口炎病毒	牛、马、猪、人	引起伴有水疱性损伤的发热性疫病；比印第安纳病毒感染更为严重。发生于南美洲、北美洲
安拉高斯水疱性口炎病毒，又叫巴西病毒（Brazil virus）	马、驴、牛、人	在巴西的驴体内首次分离到病毒
寇考病毒，又叫阿根廷病毒	马	病毒最初在特立尼达的螨虫体内分离到；发生于南美洲
暂时热病毒属		
牛暂时热病毒	牛	引发热性病，持续时间短。发生于非洲、亚洲和澳洲

■ 狂犬病

　　该病毒侵袭包括人类在内大多数哺乳动物的中枢神经系统，致死率100%。然而，不同哺乳动物对狂犬病毒的易感性差异很大。大多数临床病例是感染狂犬病毒基因1型引起的。与狂犬病毒密切相关的其他一些嗜神经性狂犬病毒属成员感染易感动物后引起的临床症状与狂犬病相同（表73.1）。通过基因测序和抗原研究将狂犬病毒属分成7个基因型和4个血清型（Smith，1996；Gould 等，1998）。每个基因型被确立为一个独立的种。基因1型狂犬病毒引起的古典型狂犬病在除澳大利亚和南极洲外的世界各大洲呈地方性流行。许多岛屿国家也无此病。

流行病学

　　已经描述了几个狂犬病毒物种适应株。感染某一特定物种的毒株在物种内部传播比跨物种传播更容易。在某一特定地理区域，狂犬病毒通常在某一特定哺乳动物储存宿主中存在和传播。从流行病学上看，有两个主要感染循环路径：城市中病毒在犬间形成传播循环，野外环境中病毒在野生动物中形成传播循环。95%以上人类感染病例由疯犬咬伤引起。在北美，浣熊、臭鼬、狐狸和蝙蝠是狂犬病毒的重要储存宿主（Krebs 等，1998）。在欧洲大陆，主要储存宿主是赤狐。在中美洲、南美洲和加勒比岛屿，吸血蝙蝠是重要储存宿主。在发达国家，通过控制流浪犬和实施疫苗接种计划使城市狂犬病的发生不再是关注重点，而将注意力集中在野生动物储存宿主上。

　　狂犬病毒的物种易感性具有流行病学重要性。家畜和人中度易感，而狐狸、狼、美国豺狼和豺被认为高度易感。虽然狂犬病毒可以通过搔抓和舔舐传播，但该病发生通常因叮咬所致。出现临床症状之前，病毒可由感染动物唾液排出。

致病机理

　　进入宿主体内后，病毒进入外周神经末梢。病毒可能在感染部位的肌细胞或其他组织细胞内进行少量复制。通过逆向轴浆流被输送到中枢神经系统，并通过神经轴突扩散使病毒在神经组织中广泛散播。病毒复制造成神经元损伤，之后感染动物出现临床症状。病毒在神经细胞内向四周扩散，在轴突末梢释放并感染许多非神经组织，包括唾液腺。存在于唾液中的病毒，尤其是在肉食动物唾液中的病毒，是狂犬病传播的一个重要因素。

虽然狂犬病毒抗原有很高的免疫原性，但免疫学检测时阳性结果是延迟出现的。这是由于感染早期病毒在胞内运输阻止了病毒与免疫细胞的接触所致。

临床症状

潜伏期差异很大，可达数月，受各种因素影响，包括宿主物种、毒株、病毒感染数量和感染部位。通常大量病毒通过深部咬伤头部感染时，潜伏期短。家养肉食动物临床病程通常持续几天，可能包括前驱期、狂怒期（兴奋期）和哑巴期（麻痹期）。某些狂犬病动物可能无法观察到以上所有阶段。在前驱期，发病动物往往表现为恍惚、无方向感，野生动物往往失去对人类天生的恐惧感。狂怒期的特点是侵略性增加和过度兴奋，喜欢撕咬无生命物体和其他动物，感染动物可能长距离游荡。狂怒这一表现形式在猫中比犬中多见，狐狸则很少表现此形式。哑巴期常表现为肌肉无力，吞咽困难，大量流涎和下颌下垂。这些临床症状可能被误诊为口腔或咽喉有异物所致。人的狂犬病又叫恐水症，表现为咽部麻痹导致的无法饮水。

诊断

活体检测通常不用于狂犬病诊断，但通过PCR检测唾液中的病原可用于人类狂犬病的检测。在地方性流行地区，咬伤人类的家养食肉动物应隔离观察7天。表现临床症状的动物应该检测脑组织中是否存在狂犬病毒，海马、大脑、小脑和延髓处病毒量特别大。快速的实验室确诊对于给病人实施适当的治疗方案是必要的。
- 诊断的首选方法是用直接荧光抗体检测（FAT）法检测丙酮固定的脑组织涂片。FAT诊断方法快速、特异，但检测发生自溶的脑组织样品时可能出现假阴性结果。用于诊断血清1型狂犬病毒的标记抗血清通常非常敏感，但如果该抗血清的抗原结合位点是核衣壳蛋白上的保守位点，会检测到其他血清型狂犬病毒。

- 非化脓性脑炎，组织学特点为血管周围形成淋巴细胞袖套和胞浆内包涵体（Negri小体）。
- 狂犬病毒可在神经母细胞瘤细胞或幼仓鼠肾细胞上培养。FAT法结果不确定时，可采用病毒培养方法。对于不产生细胞病变的狂犬病毒，可用标记抗血清检测组织培养物中的病毒。
- 用疑似病例的脑组织脑内接种乳鼠，几天后乳鼠可发病。FAT方法可用于检测感染小鼠体内的狂犬病毒。
- RT-PCR已被用于检测脑组织样品中的病毒RNA。该方法可以区分狂犬病毒基因1型和与狂犬病有关的狂犬病毒属其他成员。RT-PCR与用于检测扩增后产物的ELISA相结合，可以提高其敏感性（Whitby等，1997）。
- 由于该病具有血清阳转延迟的特点，所以血清学方法很少用于该病确诊，但在进行动物移动和贸易时，常用该方法检测。国际认可的病毒中和试验包括快速荧光抑制试验（rapid fluorescent focus inhibition test, RFFIT）和荧光抗体病毒中和试验（FAVN）。以狂犬病毒糖蛋白作为抗原的商品化间接ELISA试剂盒，可用于犬猫接种疫苗后的血清阳转筛查。

控制

大多数狂犬病无疫的国家通过严格检疫防止该病的传入。有些国家允许免疫的家养肉食动物进入，但需要提供严格的证明文件和检验程序。在狂犬病呈地方性流行的国家，控制措施主要针对储存宿主。通过注射狂犬病疫苗、限制猫犬活动和清除流浪动物，城市狂犬病可以得到有效控制。控制野外环境中的狂犬病则需要采取特别的措施。减少待处理地区储存宿主数量的办法很难成功控制野外环境中的狂犬病，在生态学上也是不允许的。采用将疫苗放入食物中投递给赤狐口服接种活疫苗的方法，曾成功消灭了欧洲西部几个地区的野外环境中的狂犬病。SAD B19、SAG-1和SAG-2等一些致弱活狂犬病疫苗已被使用。然而，由于对活疫苗安全性的担忧，又开发了一种牛痘-狂犬病毒糖蛋白重组疫苗（vaccinia-rabies virus glycoprotein, VRG），并已证明可以为狐狸（astoret 和 Brochier，1999）、北美小野狼（Fearneyhough 等，1998）和浣熊（Hanlon 等，1998）提供有效保护。在美国，浣熊狂犬病例的迅速增加表明通过接种疫苗控制该病是很困难的（Smith，

1996），但北美有些狂犬病根除方法却一直是有效的，包括开发了一些实用的、给蝙蝠接种疫苗的方法（Rupprecht 等，2004）。

家养肉食动物经注射免疫基因1型灭活疫苗，安全且能产生强有力保护。这些灭活疫苗对基因1型有效，但诱导宿主产生对其他基因型保护性免疫应答的能力却差异很大，不能产生对诸如蒙哥拉病毒等狂犬病毒属成员的交叉保护。已有用于猫的商品化重组金丝雀痘病毒疫苗。可喜的是，表达狂犬病毒糖蛋白的犬2型腺病毒载体重组疫苗（Tordo 等，2008）和表达双糖蛋白狂犬病毒变异株的弱毒活疫苗能用于口服免疫（Faber 等，2009）。

■ 水疱性口炎

水疱性口炎是发热性疫病，主要感染马、牛和猪。其他易感物种包括骆驼、一些野生动物和人类。水疱性口炎在临床上与口蹄疫相似，是世界动物卫生组织（OIE）列出的疫病。水疱性口炎病毒属包括一些可引起发病的、密切相关但抗原性不同的成员，其中包括印第安纳水疱性口炎病毒。大多数的疫情由印第安纳水疱性口炎病毒或新泽西水疱性口炎病毒引起，新泽西水疱性口炎病毒毒力更强。寇考病毒（cocal virus）和安拉高斯水疱性口炎病毒（vesicular stomatitis Alagoas virus）也被称为印第安纳水疱性口炎病毒2亚型和3亚型，在南美患该病的马和牛体内分离到（表73.2）。

流行病学

在中美洲、南美和美国的部分地区呈地方性流行。在热带和亚热带地区，每2~3年暴发一次流行，临床病例多出现于雨季末期和旱季初期。夏季，该病可从流行地区迅速蔓延到其他地区。在温带地区，每5~10年暴发一次，疫情通常随着冬季的来临戛然而止。

虽然传播模式尚不完全清楚，但直接接触和媒介昆虫可以传播。病毒存在于唾液中，可以污染水和饲料槽。该病发生有季节性特点以及沿河谷和灌区成群发病的传播模式，可以得出昆虫媒介参与了疫病传播的结论。已在墨蚊（黑蝇、蚋）、蚊、白蛉和家蝇等许多昆虫体内分离到病毒。已经通过试验证实了病毒可在墨蚊体内复制。目前还不清楚蚊虫怎样通过叮咬家畜获得病毒，因为还没有发现家畜

感染病毒后存在病毒血症期。

致病机理

病毒很可能通过皮肤和黏膜破损处或随昆虫叮咬进入宿主体内。感染部位可出现水疱，并发生多个水疱合并成一个大的水疱。原发性病灶可在局部向周围扩散。虽然在距离原发病灶较远的部位可出现继发性病灶，但尚不确定病毒是通过病毒血症还是污染的外部环境传播的（Clarke 等，1996）。

临床症状

潜伏期可达5天。亚临床感染常见：感染猪群中只有10%~15%表现临床症状。发病动物通常超过1岁，表现为发热。水疱发生于舌和口腔黏膜，常伴有大量流涎。继发性病变可能发生于冠状带和乳头部。发病猪跛行往往是本病的一个突出特点。奶牛常发生伴随乳头严重病变的乳腺炎。如果不发生继发感染，病变一般在2周内愈合。

该病造成的经济损失主要因病畜生产水平下降，以及实施的扑杀和其他疾病控制措施而造成（Hayek 等，1998）。动物感染病毒后可产生高水平的中和抗体，但保护期差异大。印第安纳水疱性口炎病毒和新泽西水疱性口炎病毒之间的交叉保护能力有限。

诊断

因为水疱性口炎与口蹄疫、猪水疱病（swine vesicular disease）临床症状相似，因此必须进行快速实验室确诊。如果马出现水疱病变，应当考虑是否感染水疱性口炎病毒。

- 进行病毒分离或抗原检测的合适样品包括病变上皮和水疱液。
- CFT或ELISA可用于抗原检测。
- 可用合适的细胞系、鸡胚，或采用乳鼠脑内接种的方法分离病毒，该病毒可引起细胞病变。荧光抗体试验、ELISA、CFT和病毒中和试验可用于毒株鉴定。
- 电镜可以用于观察样品或组织培养物中的病毒。
- 已经发表了RT-PCR诊断水疱性口炎的方法（Rasmussen 等，2005）。
- 康复动物抗体水平可通过液相阻断ELISA、CFT、病毒中和试验、竞争ELISA和IgM特异捕获ELISA检测。由于补体和IgM抗体的持续时间很短，基于

此类抗体的检测方法可以用来确认流行地区近期的感染情况。

治疗与控制

- 没有特效治疗方法。旨在减少继发感染的措施可能有益。
- 发现疑似病例，应通知有关部门。疫情暴发后，应限制动物移动，疫区最后一例临床感染病例出现后30天后，要进行检疫。一般情况下，疫情暴发后国际贸易将被禁止。
- 防虫畜舍和避免在动物栖息地出现昆虫媒介，将减少感染的可能性。
- 虽然灭活和减毒疫苗已被使用，但尚未商品化。
- 水疱性口炎是一种临床症状类似流感的人畜共患病。

■牛暂时热

牛暂时热（bovine ephemeral fever）是发生在牛和水牛上的节肢动物传播的病毒性疫病，发生于非洲、亚洲和澳大利亚的热带和亚热带地区。这种病毒可引起其他反刍动物的亚临床感染，包括南非水牛、牛羚（角马）、水羚和鹿。

流行病学

流行病学证据表明，昆虫参与了病毒的传播，尤其是蚊和某些种类的蠓。在热带地区，该病呈地方性流行，亚临床感染常见，疫情往往发生在降雨之后。在更大片的温带地区，疫情发生在夏季的几个月里，随着冬季来临趋于下降。直接接触或接触病毒污染物不能传播本病。没有关于急性发病的康复病例带毒的记录，病毒可能在节肢动物媒介中持续存在。

致病机理

吸血昆虫通过吸食处于短暂病毒血症期的动物血液获得病毒。病毒在昆虫媒介体内繁殖并分泌于唾液中，昆虫吸食其他动物血液时将病毒传播给新的宿主。该病毒主要影响小血管内皮细胞，导致严重的系统性炎症反应。在感染动物中看到的许多病理变化并非是病毒损伤直接产生的，而是病毒感染后引起的宿主体内反应造成的。

临床症状

潜伏期通常3~5天。临床症状的严重程度取决于受感染动物的免疫状况和毒株毒力。在体况好和高产奶牛中往往更为严重。常见双相热，发病动物表现精神沉郁、厌食、跛行、便秘、产奶量急剧下降、肌肉僵硬和瘤胃不蠕动。怀孕动物可能终止妊娠。斜卧可伴有流涎、眼和鼻出现分泌物。频繁发生肌肉颤动和局部麻痹，说明伴随有低血钙症状。该病病程短，发病动物通常几天后康复。大多数康复动物产生强大的免疫保护力。

诊断

牛暂时热的诊断通常根据临床症状。病毒中和试验或酶联免疫吸附试验应检测配对的血清样品，以确定病毒特异性抗体是否升高。由于金伯利病毒（Kimberley virus）等非致病变性暂时热病毒感染产生的交叉反应抗体的存在，免疫荧光等其他血清学检测方法不太适用该病的检测。中性粒细胞增加、血浆纤维蛋白原增加和血钙水平降低的现象常见。病毒分离较困难，已有人用实时RT-PCR的方法检测病毒RNA（Stram等，2005）。

治疗

发病动物应当休息。保泰松、氟尼辛葡甲胺和酮洛芬等抗炎性反应的药物已经被证明有助于治疗该病（Fenwick和Daniel，1996）。建议静脉或皮下注射硼葡萄糖酸钙。在急性期应避免口服液体制剂，因为患病动物吞咽功能可能会下降。

控制

在该病流行地区控制媒介昆虫通常是不切实际的。控制应基于灭活和弱毒疫苗的使用。已经开展了基于膜糖蛋白的亚单位疫苗试验（Uren等，1994）。重组病毒载体糖蛋白疫苗也已经研制成功。

◉ 参考文献

Clarke, G.R., Stallknecht, D.E. and Howerth, E.W. (1996). Experimental infection of swine with a sandfly (Lutzomyia shannoni) isolate of vesicular stomatitis virus, New Jersey serotype. Journal of Veterinary Diagnostic Investigation, 8, 105–108.

Faber, M., Dietzschold, B. and Li, J. (2009). Immunogenicity and safety of recombinant rabies viruses used for oral vaccination of stray dogs and wildlife. Zoonoses and Public Health, 56, 262–269.

Fearneyhough, M.G., Wilson, P.J., Clark, K.A., et al. (1998). Results of an oral rabies vaccination program for coyotes. Journal of the American Veterinary Medical Association, 212, 498–502

Fenwick, D.C. and Daniel, R.C.W. (1996). Evaluation of the effect of ketoprofen on experimentally induced ephemeral fever in dairy heifers. Australian Veterinary Journal, 74, 37–41.

Gould, A.R., Hyatt, A.D., Lunt, R., et al. (1998). Characterization of a novel lyssavirus isolated from Pteropid bats in Australia. Virus Research, 54, 165–187.

Hanlon, C.A., Niezgoda, M., Hamir, A.N., et al. (1998). First North American field release of a vaccinia-rabies glycoprotein recombinant virus.Journal of Wildlife Diseases, 34, 228–239.

Hayek, A.M., McCluskey, B.J., Chavez, G.T. and Salman, M.D. (1998). Financial impact of the 1995 outbreak of vesicular stomatitis on 16 beef ranches in Colorado. Journal of the American Veterinary Medical Association, 212, 820–823.

Krebs, J.W., Smith, J.S., Rupprecht, C.E. and Childs, J.E. (1998). Rabies surveillance in the United States during 1997. Journal of the American Veterinary Medical Association, 213, 1713–1728.

Pastoret, P.P. and Brochier, B. (1999). Epidemiology and control of fox rabies in Europe. Vaccine, 17, 1750–1754.

Rasmussen, T.B., Uttenthal, A., Fernandez, J. and Storgaard, T. (2005). Quantitative multiplex assay for simultaneous detection and identification of Indiana and New Jersey serotypes of vesicular stomatitis virus. Journal of Clinical Microbiology 43, 356–362.

Rupprecht, C.E., Hanlon, C.A. and Slate, D. (2004). Oral vaccination of wildlife against rabies: opportunities and challenges in prevention and control. Developments in Biologicals (Basel), 119, 173–184.

Smith, J.S. (1996). New aspects of rabies with emphasis on epidemiology, diagnosis, and prevention of the disease in the United States. Clinical Microbiology eviews, 9, 166–176.

Stram, Y., Kuznetzova, L., Levin, A., Yadin, H. and Rubinstein-Giuni, M. (2005). A real-time RT-quantitative (q)PCR for the detection of bovine ephemeral fever virus. Journal of Virological Methods, 130, 1–6.

Tordo, N., Foumier, A., Jallet, C., Szelechowski, M., Klonjkowski, B. and Eloit, M. (2008). Canine adenovirus based rabies accines.Develomental Biology (Basel) 131, 467–476.

Uren, M.F., Walker, P.J., Zakrzewski, H., St. George, T.D. and Byrne, K.A. (1994). Effective vaccination of cattle using the virion G protein of bovine ephemeral fever as antigen. Vaccine, 12, 845–850.

Whitby, J.E., Heaton, P.R., Whitby, H.E., et al. (1997). Rapid detection of rabies and rabies-related viruses by RT-PCR and enzyme-linked immunosorbent assay.Journal of Virological Methods, 69, 63–72.

◉ 进一步阅读材料

Bridges, V.E., McCluskey, B.J., Salman, M.D., et al. Review of the 1995 vesicular stomatitis outbreak in the western United States. Journal of the American Veterinary Medical Association, 211, 556–560.

Lackay, S.N., Kuang, Y. and Fu, Z.F. (2008). Rabies in small animals. Veterinary Clinics of North America, Small Animal Practice, 38, 851–861.

Ministry of Agriculture, Fisheries and Food, UK (1998). Quarantine and Rabies, a Reappraisal. MAFF Publications, London.

Vanselow, B.A., Walthall, J.C. and Abetz, I. (1995). Field trials of ephemeral fever vaccines. Veterinary Microbiology, 46, 117–130.

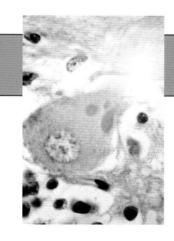

第74章

波纳病毒科

波纳病毒科（*Bornaviridae*）属于单负链病毒目（*Mononegavirales*）。本科只有波纳病毒属（*Bornavirus*）。波纳病病毒（Borna disease virus，BDV）是唯一成员，新近才通过电镜观察到其形态。该病毒有囊膜，呈球形，直径约90纳米（图74.1）。囊膜围绕着一个直径为50～60纳米的芯髓。基因组为单分子负链单股RNA。与其他不分节段负链RNA动物病毒不同，其复制发生在宿主细胞的细胞核内，在细胞表面出芽。波纳病毒具有严格的嗜神经性，在感染细胞内增殖很慢，不引起感染细胞溶解。这种不稳定的病毒对热、酸、脂溶剂敏感。

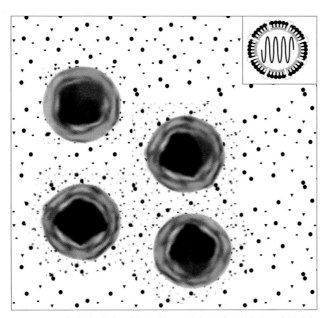

图74.1　波纳病病毒颗粒电镜下形态示意图（右上插图为结构示意图）

△ 要点

- 不稳定，有囊膜，呈球形，对神经组织具有特殊的亲和力
- 基因组为单分子负链单股RNA
- 在神经细胞的细胞核中复制
- 仅有波纳病毒属唯一属
- 导致波纳病，这是一种中枢神经系统传染病，对家畜尤其是马是致命的

◉ 临床感染

波纳病病毒与欧洲中部马和绵羊等发生的严重的T细胞介导的脑膜脑炎密切相关。多年的研究已经证实，猫的一种运动残疾疾病与该病毒存在关联。新近一些报告表明，鹦鹉的致命性腺胃扩张症，是由禽波纳病毒引起的（Honkavuori等，2008；Kistler等，2008）。

■ 波纳病

这种致命性的神经系统疾病的命名源自德国小镇波纳，1885年德国萨克森州波纳镇暴发的病毒性传染病导致大量马死亡，随后将这种病命名为波纳病。该病偶尔出现在德国、瑞士及欧洲其他地区。日本也有报道。然而，血清流行病学研究表明其地理分布广泛。已发现某些精神疾病患者的血清可以与BDV发生抗体反应，从而推测该病毒可能与人类的某种神经性精神紊乱有关（Boucher等，1999）。

流行病学

波纳病是由波纳病病毒引起的马、绵羊、猫等一种神经系统性疾病，血清学试验证实感染宿主可能包括牛、兔子、鹦鹉和鸵鸟等其他一些物种。一般认为，波纳病病毒存在于鼻液、唾液或结膜分泌物中，可经消化道和呼吸道传播。大多数病例发生于春季和初夏，发病率每年不同。有研究表明，啮齿动物和野生鸟类是该病毒的储存宿主（Berg 等，2001；Hilbe 等，2006）。可以利用小鼠进行持续性感染试验。

致病机理和病理

口鼻感染后，病毒通过嗅觉神经或口咽部和肠道的神经，进入中枢神经系统中的轴索内传播。可在中枢神经系统和外周神经系统中增殖。病毒感染的神经元表面上表达病毒抗原，诱导产生细胞免疫介导反应，产生细胞毒素CD8$^+$，导致受感染细胞的坏死。非化脓性脑炎主要出现于大脑灰质，病变部位血管周围出现淋巴细胞袖套状聚集。该病的一个特征性病变是在神经细胞（尤其是海马体）可见细胞核内嗜酸性包涵体，即Joest-Degen小体（Joest-Degen bodies）。病毒感染后，抗体水平相对较低，不产生保护性免疫应答，与致病作用无关。尽管持续感染，免疫缺陷的动物临床症状也不明显。

临床症状

波纳病主要引起幼马发病。潜伏期为数周至数个月。感染动物年龄、免疫状态和病毒株状态等因素可能影响临床症状的严重程度。存在马匹感染的农场，通常仅个别个体发病。临床症状包括发热、嗜睡和神志扰乱。可能会出现共济失调、咽麻痹、神经过敏。病程可长达3周，死亡率接近100%。耐过的马通常永久性中枢神经系统损伤，可能会出现周期性神经紊乱（耐过的马通常永久性的感觉障碍或运动残疾）。有研究表明，猫的"蹒跚病（staggering disease）"可能与波纳病病毒感染有关（Lundgren 等，1995）。个别地区曾报道绵羊群体中存在大量抗体阳性的羊。

诊断

波纳病可以引起疑似马神经系统疾病。然而，与其他马脑脊髓炎出现的中枢神经系统病变分布不同，有些病例可见细胞核内嗜酸性包涵体（Joest-Degen小体）。免疫组织化学方法可用于病毒抗原检测。间接免疫荧光法、免疫印迹或ELISA可用来检测血清或脑脊液中的抗体。RT-PCR和实时RT-PCR可直接检测波纳病毒RNA（Legay 等，2000；Wensman 等，2007）。

防控

尽管感染马匹没有表现对外排泄和传播病毒的特性，但仍需对血清阳性的动物进行隔离，并采取标准的卫生防疫措施处理疑似动物。该病在德国是必须呈报的动物疫病。

◉ 参考文献

Berg, M., Johansson, M., Montell, H. and Berg, A.L. (2001). Wild birds as a possible natural reservoir of Borna disease virus. Epidemiology and Infection, 127, 173–178.

Boucher, J.M., Barbillon, E. and Cliquet, F. (1999). Borna disease: a possible emerging zoonosis. Veterinary Research, 30, 549–557.

Hilbe, M., Herrsche, R., Kolodziejek, J., Nowotny, N., Zlinszky, K. and Ehrensperger, F. (2006). Shrews as reservoir hosts of borna disease virus. Emerging Infectious Diseases, 12, 675–677.

Honkavuori, K.S., Shivaprasad, H.L., Williams, B.L., et al. (2008). Novel borna virus in psittacine birds with proventricular dilatation disease. Emerging Infectious Diseases, 14, 1883–1886.

Kistler, A.L., Gancz, A., Clubb, S., et al. (2008). Recovery of divergent avian bornaviruses from cases of proventricular dilatation disease: identification of a candidate etiologic agent. Virology Journal, 5, 88.

Legay, V., Sailleau, C., Dauphin, G. and Zientra, S. (2000). Construction of an internal standard used in RT-nested-PCR for Borna disease virus RNA detection in biological samples. Veterinary Research, 31, 565–572.

Lundgren, A.L., Zimmermann, W., Bode, L., et al. (1995). Staggering disease in cats: isolation and characterization of the feline Borna disease virus. Journal of General Virology, 75, 2215–2222.

Wensman, J.J., Thorén, P., Hakhverdyan, M., Belák, S. and Berg, M. (2007). Development of a real-time RT-PCR assay for improved detection of Borna disease virus. Journal of Virological Methods, 143, 1–10.

◉ 进一步阅读材料

Huebner, J., Bode, L. and Ludwig, H. (2001). Borna disease virus infection in FIV-positive cats in Germany. Veterinary Record, 149, 152.

Katz, J.B., Alstad, D., Jenny, A.L., Carbone, K.M., Rubin, S.A. and Waltrip, R.W. (1998). Clinical, serologic, and histopathologic characterization of experimental Borna disease in ponies. Journal of Veterinary Diagnostic Investigation, 10, 338–343.

Richt, J.A., Pfeuffer, I., Christ, M., et al. (1997). Borna disease virus infection in animals and humans. Emerging Infectious Diseases, 3, 343–352.

Weissenböck, H., Suchy, A., Caplazi, P., et al. (1998). Borna disease in Austrian horses. Veterinary Record, 143, 21–22.

第
六
篇

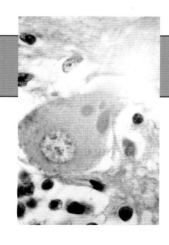

第75章

布尼亚病毒科

布尼亚病毒科（*Bunyaviridae*），名称来源于乌干达一个叫"Bunyamwera"的地方。布尼亚病毒在此处首次被分离到。布尼亚病毒科包含了300多种病毒。病毒粒子（直径80～120纳米），呈球形，有囊膜包裹。糖蛋白膜粒突出于囊膜表面，囊膜内包裹三个环形、螺旋状的核衣壳节段（图75.1）。该病毒对热、酸性环境、脂溶剂、清洁剂和消毒剂敏感。布尼亚病毒科包含正布尼亚病毒属（*Orthobunyavirus*）、白蛉病毒属（*Phlebovirus*）、内罗病毒属（*Nairovirus*）、汉坦病毒属（*Hantavirus*）和番茄斑萎病毒属（*Tospovirus*）。根据抗原的相似程度，各属的病毒又划分为不同的血清群。基因组包含三个单股、负链或双向 RNA 片段，分别称为小（S）、中（M）和大（L）。亲缘关系密切的病毒之间会发生基因重组。有四种结构蛋白：1个核衣壳蛋白（N），1个大的转录酶蛋白（L）和2个糖蛋白（Gn和Gc）。具有血凝性和产生中和抗体的抗原决定域存在于膜上2个糖蛋白中的一个或两个。非结构蛋白（NS）可由S片段（称为NSs）和M片段（NSm）表达。病毒在宿主细胞的胞浆中复制。在组装的最后阶段，病毒粒子通过出芽方式进入高尔基体网获得囊膜。然后，它们通过细胞质中分泌小泡运输和以胞吐方式释放于细胞表面。

正布尼亚病毒属、白蛉病毒属、内罗病毒属和汉坦病毒属感染脊椎动物。番茄斑萎病毒属感染植物。

100纳米

图75.1 布尼亚病毒颗粒电镜下形态示意图（右上插图为结构示意图）

△ 要点

- 中等大小，有囊膜，单股RNA病毒
- 在细胞质中复制
- 在环境中不稳定
- 病毒成员超过300种，大多数为虫媒传播
- 本科包含五个属：
  - 正布尼亚病毒属引起牛和羊的先天性缺陷
  - 白蛉病毒属引起裂谷热
  - 内罗病毒属引起内罗毕羊病
  - 汉坦病毒属包含许多病毒，引起人的出血热，啮齿类动物为储存宿主
  - 番茄斑萎病毒属为植物病毒

◉ 临床感染

除汉坦病毒属病毒外，其他布尼亚病毒为虫媒

传播。在自然界中，这些虫媒病毒存在于一个复杂的传播循环中，该循环过程包括病毒在昆虫媒介和脊椎动物宿主中复制。哺乳动物细胞感染后往往导致细胞溶解、死亡，无脊椎动物细胞感染后则不发生溶解、死亡，而呈持续性感染。蚊是最重要的传播媒介。蜱、白蛉和蠓也是一些布尼亚病毒的传播媒介。昆虫媒介从病毒血症期间的脊椎动物宿主上获得病毒。每种布尼亚病毒在数量有限的脊椎动物和无脊椎动物宿主体内复制。

汉坦病毒主要是人类的病原体，在自然界中以非致细胞病变和持续性感染的方式存在于啮齿类动物中，通过啮齿动物的尿液、粪和唾液排毒。啮齿动物宿主间可通过气溶胶和撕咬传播。人类汉坦病毒散发病例与啮齿类动物关系紧密。许多布尼亚病毒可以感染人类，并且经常导致严重的疾病，包括加州脑炎（California encephalitis）、肾综合征出血热（haemorrhagic fever with renal syndrome）、汉坦病毒肺综合征（hantavirus pulmonary syndrome）和克里米亚/刚果出血热（Crimean-Congo haemorrhagic fever）。人类感染通常被认为是偶发的，一般不会引起传播。

布尼亚病毒可引起三个重要的反刍动物疫病，裂谷热（rift valley fever）、内罗毕羊病（Nairobi sheep disease）和赤羽病（Akabane disease）（表75.1）。

■ 裂谷热

在非洲的家养反刍动物中呈最急性和急性发病，以流产和新生动物的高死亡率为特征。虽然裂谷热病毒感染多种反刍动物，但主要引起绵羊、山羊和牛发病。骆驼呈隐性感染，但流产率可能和牛一样高。与其他地区的宿主相比，非洲本土反刍动物对该病毒的易感性低。裂谷热也是一种重要的人兽共患病。

流行病学

该病在东部和南部非洲的暴发往往不可预知，每隔5年或以上暴发一次，并在雨量异常大和虫媒数量急剧上升时暴发。在特殊年份，西非、尼罗河谷和三角洲也发生大规模的流行。近年来，沙特阿拉伯和也门暴发过疫情。裂谷热病毒（RVFV）在伊蚊体内经卵传播。在流行间歇期，病毒存在于洪水类伊蚊的卵中，此类蚊卵贮存于临时形成的水塘边缘的没有出入口的浅水滩处。这些物种的卵在孵化前必须保持一段时间的干燥，孵化后再浸泡在水中。流行期间，RVFV在野生及家养反刍动物体内复制，可由多种蚊传播，人也经常感染。反刍动物感染后发展成明显的病毒血症，持续时间可达5天。发病动物的血液和组织有传染性。通过气溶胶、接触感染的胎盘或流产胎儿、污染物，以及病毒通过苍蝇口器机械转移等直接和间接方式引起传播。屠宰场工人和兽医尤其存在受感染的风险。

表75.1 布尼亚病毒的兽医学重要性

属名	病毒名	宿主	说明
白蛉病毒属	裂谷热病毒	绵羊、牛、山羊	引起新出生动物高死亡率和怀孕动物流产。在南部和东部非洲呈地方性流行，通过蚊传播，是一种重要的人兽共患病
内罗病毒属	内罗毕羊病病毒	绵羊、山羊	引起易感动物严重的、多为致死性的疫病；存在于中部和东部非洲，由蜱传播
汉坦病毒属	汉坦病毒、普马拉病毒、多布拉伐病毒、辛诺柏病毒、安德斯病毒	啮齿动物	啮齿类动物是主要储存宿主。引起人的肾综合征出血热和汉坦病毒肺综合征。多以气溶胶传播。在猫、犬、牛、猪和鹿体内发现特异性抗体，但这些动物在疫病传播中的作用尚不清楚
正布尼亚病毒属	赤羽病毒、缇纳卢病毒、艾罗病毒、皮顿病毒、道格拉斯病毒	牛、绵羊	该属病毒可被划分为数个血清群，与先天性缺陷和流产有关。通过蚊和蠓传播。广泛分布于旧大陆的热带和亚热带地区
	卡奇谷病毒	绵羊	属于布尼安获病毒血清群，由蚊传播。在北美羊群中，偶尔引起羊的先天性缺陷

致病机理和病理特征

病毒感染并在局部复制后，病毒血症导致肝脏和其他主要器官受到侵袭。发生广泛性细胞坏死，尤其是在肝脏中。在怀孕动物体内，病毒穿过胎盘，引起胎儿大范围细胞溶解而死亡。

临床症状

成年绵羊和山羊的临床症状包括发热、虚弱、呕吐、腹泻并且排泄物恶臭，鼻腔分泌血红色的脓性黏液，偶有黄疸。怀孕母羊可发生妊娠终止。流产率接近100%的情况并不少见。成年绵羊的死亡率可能高达60%。羔羊的潜伏期最长可达36小时。发病动物发热、精神萎靡、不愿移动，可能会出现腹痛。发病羔羊出现临床症状后，很少存活超过36小时。小于1周龄羔羊的死亡率接近90%。牛的死亡率通常低于10%，流产率为15%~40%。

人类对RVFV往往呈隐性感染，或者表现为中度至严重的流感样疾病。只有少数患者发生出血和脑炎症状，可能致死。

诊断

- 依据组织病理变化可以进行初步诊断，尤其是羔羊的肝脏发生病变时。通过免疫组化方法检测组织中的病毒抗原可以确诊。
- 可以通过接种合适的细胞、易感实验动物和鸡胚分离病毒。适用于实验室检测的样品包括病毒血症期动物的血液、胎儿器官和屠宰后的肝、脾和脑组织样品。由于该病毒可以感染实验室工作人员，因此疑似样品的处理只能在具有符合设施要求的实验室进行。
- 快速确诊包括ELISA或免疫荧光检测血清或血清涂片中的病毒抗原。RT-PCR方法可以容易地检测到血清和组织中的病毒RNA，该法也可用于检测蚊中的病毒RNA（Sall 等，2001；Bird 等，2007）。
- ELISA检测血清中IgM抗体，或者病毒中和试验、ELISA或血凝抑制试验检测配对血清的血清阳转，可以用于该病的确诊。

控制

虽然控制媒介和净化环境可以有助于限制裂谷热的传播，但这些措施往往缺乏可行性。在流行地区和疫病暴发期间，Smithburn弱毒株制备的减毒活疫苗被广泛应用。这种疫苗对怀孕动物是不安全的，可能导致先天性缺陷或流产。用于人类免疫接种的诱变剂致弱疫苗是有效的，但可能会对处于某一特定阶段的孕妇产生致畸作用（Morrill 等，1997；Hunter 等，2002）。另一个候选疫苗株是克隆13弱毒株，该变异株缺失S片段编码非结构蛋白的一大段基因（Muller 等，1995）。用免疫原性强的强毒株制备的灭活疫苗适用于怀孕动物，可用于与裂谷热流行地区接壤的无裂谷热国家。

■ 内罗毕羊病

内罗毕羊病是一种经蜱传播的、引起中非和东非绵羊和山羊的烈性、病毒性疫病。病原为内罗毕羊病病毒（Nairobi sheep disease virus，NSDV），与来源于印度绵羊和山羊的甘贾姆病毒关系密切。该病毒目前被归于杜拜病毒的一株。人类虽然对NSDV易感，但很少感染。

流行病学

具尾扇头蜱（rhipicephalus appendiculatus）是病毒的主要传播媒介。经卵和非经卵感染，蜱生命周期的所有阶段均可感染和传播该病。在流行地区，暴露于传染源的羔羊和小羊受母源抗体保护，同时可以产生主动免疫。易感动物进入内罗毕羊病流行地区或者感染病毒的蜱进入无内罗毕羊病的地区，可以造成疫情暴发。

致病机理

被带毒蜱叮咬后，该区域局部淋巴结变大和水肿。该病毒有血管内皮细胞偏嗜性，并在肝、脾、肺和其他器官大量复制。

临床症状

潜伏期可达6天。表现为明显的发热和精神沉郁，在随后的48小时内出现恶臭性痢疾。可观察到脓性黏液、鼻腔分泌物和结膜炎。怀孕动物常妊娠终止。死亡率为30%~90%。死亡可能发生在表现临床症状后的11天内。本土绵羊品种比美利奴羊发病严重。山羊比绵羊临床症状温和。

诊断

历史上，内罗毕羊病流行地区，其新引进的羊群发生高死亡率时，病因极可能就是内罗毕羊病。适合在细胞上进行病毒分离的样品包括发热或死亡动物的血液、肠系膜淋巴结和脾脏。直接免疫荧光法可用于识别组织培养细胞中的病毒。AGID可直接检测组织标本中的病毒抗原。间接免疫荧光试验被推荐用于检测NSDV抗体。

控制

对易感动物实施药浴可用于控制传播媒介蜱，存在感染风险的动物应接种疫苗。减毒活疫苗和灭活疫苗已应用于一些试验，但因需求有限，还未商品化。

■ 布尼亚病毒和家养反刍动物先天性缺陷

正布尼亚病毒属的病毒可导致先天性缺陷，如牛、绵羊和山羊的关节变形和积水性无脑以及流产，包括赤羽病毒（属于赤羽血清群，Akabane serogroup）、艾罗病毒（Aino virus，属于舒尼病毒血清群，Shuni virus serogroup）、皮顿病毒（Peaton virus，属于沙门达病毒血清群，Shamonda virus serogroup）、道格拉斯病毒（Douglas virus，属于Sathuperi病毒血清群）和缇纳卢病毒（Tinaroo virus，属于赤羽病毒血清群）。在美国的部分地区，卡奇谷病毒（Cache Valley virus，属于布尼安获血清群，

Bunyamwera serogroup）一直被认为与新生羊死亡和羔羊畸形有关。这些病毒中，最重要和毒力最强的是赤羽病毒。

赤羽病

血清学研究表明，该病毒广泛分布于中东、亚洲、澳大利亚和非洲的热带和亚热带地区。日本、澳大利亚、以色列和非洲部分地区已发生散发疫情。病毒可由蠓和蚊传播。该病的暴发与传播媒介活动或易感动物引入表现出一致性。赤羽病毒感染的胎儿发生脑炎和多发性肌炎。病毒感染后病理变化的范围和程度与感染发生在妊娠的哪个阶段有关。母牛在妊娠12～16周感染该病会导致出生的犊牛发生最严重的损伤，导致神经系统的先天性缺陷，但母畜很少表现临床症状（Lee等，2002）。依据胎儿中枢神经系统眼观病理变化和检测流产胎儿或新生动物饲喂初乳前的血清特异性中和抗体的结果作出诊断。赤羽病检测与其他正布尼亚病毒鉴别诊断的分子技术已有报道（Akashi等，1999；Stram等，2004）。媒介控制和疫苗接种可用于防止本病暴发。在日本和澳大利亚已有灭活疫苗可用。在日本，已有商品化活疫苗。为减少牛、羊的先天性缺陷，流行地区应在繁殖季节前引入种畜。

◎ 参考文献

Akashi, H., Onuma, S., Nagano, H., Ohta, M. and Fukutomi, T. (1999). Detection and differentiation of Aino and Akabane Simbu serogroup bunyaviruses by nested polymerase chain reaction. Archives of Virology, 144, 2101–2109.

Bird, B.H., Bawiec, D.A., Ksiazek, T.G., Shoemaker, T.R. and Nichol, S.T. (2007). Highly sensitive and broadly reactive quantitative reverse transcription-PCR assay for high-throughput detection of Rift Valley fever virus. Journal of Clinical Microbiology, 45, 3506–3513.

Hunter, P., Erasmus, B.J. and Vorster, J.H. (2002). Teratogenicity of a mutagenised Rift Valley fever virus (MVP 12) in sheep. Onderstepoort Journal of Veterinary Research, 69, 95–98.

Lee, J.K., Park, J.S., Choi, J.H., et al. (2002). Encephalomyelitis associated with akabane virus infection in adult cows. Veterinary Pathology, 39, 269–273.

Morrill, J.C., Mebus, A. and Peters, C.J. (1997). Safety and efficacy of a mutagen-attenuated Rift Valley fever virus vaccine in cattle. American Journal of Veterinary Research, 58, 1104–1109.

Muller, R., Saluzzo, J.F., Lopez, N., et al. (1995). Characterization of clone 13—a naturally attenuated avirulent isolate of Rift Valley fever virus which is altered in the small segment. American Journal of Tropical Medicine and Hygiene, 53, 405–411.

Sall, A.A., Thonnon, J., Sene, O.K., et al. (2001). Single-tube and nested reverse transcriptase-polymerase chain reaction for the detection of Rift Valley fever virus in human and animal sera. Journal of Virological Methods, 91, 85–92.

Stram, Y., Kuznetzova, L., Guini, M., et al. (2004). Detection and quantitation of akabane and aino viruses by multiplex real-time reverse-transcriptase PCR. Journal of Virological Methods, 116, 147–154.

◉ **进一步阅读材料**

de la Concha-Bermejillo, A. (2003). Cache Valley virus is a cause of fetal malformation and pregnancy loss in sheep. Small Ruminant Research, 49, 1–9.

Gerdes, G.H. (2004). Rift Valley fever. Revue Scientifique et Technique de l'Office International des Epizooties, 23, 613–623.

Zeier, M., Handermann, M., Bahr, U., et al. (2005). New ecological aspects of hantavirus infection: a change of paradigm and a challenge of prevention – a review. Virus Genes, 30, 157–180.

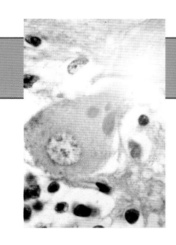

第76章

微RNA病毒科

微RNA病毒（Picornavirus）（西班牙语"pico"表示"非常小"），呈二十面体结构，无囊膜，内含单股RNA。病毒颗粒直径30纳米（图76.1）。衣壳由60个相同的亚单位组成，每个亚单位包含四种主要蛋白，分别是VP1、VP2、VP3和VP4。VP4位于衣壳的内表面。病毒在胞浆内膜相关复合物上复制，感染通常导致细胞溶解。微RNA病毒能耐受乙醚、氯仿和非离子去污剂。个别病毒属在热和pH稳定性方面有所差异。近年来，本科进行了大幅度的重新划分。最初包括8个属：肠病毒属（Enterovirus）、心病毒属（Cardiovirus）、口蹄疫病毒属（Aphthovirus）、肝病毒属（Hepatovirus）、副肠孤病毒属（Parechovirus）、马鼻病毒属（Erbovirus）、嵴病毒属（Kobuvirus）和捷申病毒属（Teschovirus），新近又有4个新属加入：震颤病毒属（Tremovirus）、萨佩罗病毒属（Sapelovirus）、塞内卡病毒属（Senecavirus）和禽肝炎病毒属（Avihepatovirus）。以前的鼻病毒属被取消，甲型和乙型人鼻病毒重新归于肠病毒属。许多来源于猪的分离株，过去称为猪肠病毒（porcine enterovirus）1～13型，现已归于捷申病毒属。早期分离的禽肠病毒的毒株，一部分被重新命名并划为萨佩罗病毒属或禽肝炎病毒属，另一部分则未划分至任何属。禽肾炎病毒（avian nephritis virus）1型和2型重新命名为鸡星状病毒（chicken astrovirus），并归于星状病毒科（Astroviridae）。

兽医学上重要的微RNA病毒科成员见图76.2。口蹄疫病毒属在pH低于6.5时不稳定，鼻病毒属在pH低于5.0时不稳定。其他微RNA病毒在酸性条件下一般可稳定存在。肝病毒属和副肠孤病毒属一些病毒是重要的人类病原，如甲型肝炎病毒。引起人严重神

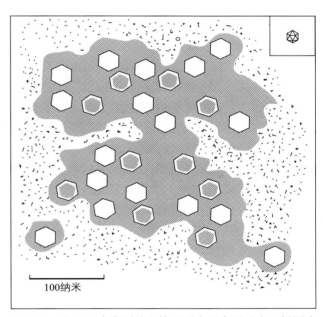

图76.1 微RNA病毒颗粒电镜下形态示意图（右上插图为结构示意图）

100纳米

△ 要点

- 无囊膜，正链，单股RNA病毒，二十面体对称
- 细胞质中复制
- 耐受多种有机溶剂，个别成员对pH敏感性有差异
- 部分属的病毒具有兽医学意义：口蹄疫病毒属、肠病毒属、捷申病毒属、马鼻病毒属、心病毒属和震颤病毒属
- 口蹄疫病毒属于口蹄疫病毒属
- 肠病毒引起猪水疱病
- 捷申病毒引起猪的捷申/泰法病（Teschen/Talfan disease），引发生殖问题和肠炎
- 心病毒属引起幼猪的心肌炎
- 禽脑脊髓炎病毒引起鸡脑脊髓炎

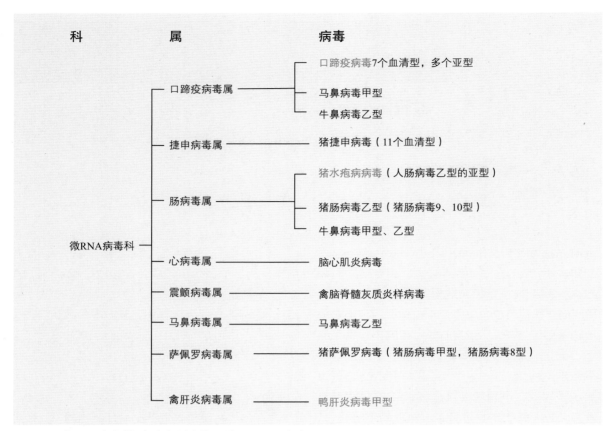

| 科 | 属 | 病毒 |

<table>
科　　　　属　　　　病毒

口蹄疫病毒属 ── 口蹄疫病毒7个血清型，多个亚型
　　　　　　　── 马鼻病毒甲型
　　　　　　　── 牛鼻病毒乙型

捷申病毒属 ── 猪捷申病毒（11个血清型）

肠病毒属 ── 猪水疱病病毒（人肠病毒乙型的亚型）
　　　　　── 猪肠病毒乙型（猪肠病毒9、10型）
　　　　　── 牛鼻病毒甲型、乙型

心病毒属 ── 脑心肌炎病毒

震颤病毒属 ── 禽脑脊髓灰质炎样病毒

马鼻病毒属 ── 马鼻病毒乙型

萨佩罗病毒属 ── 猪萨佩罗病毒（猪肠病毒甲型，猪肠病毒8型）

禽肝炎病毒属 ── 鸭肝炎病毒甲型
</table>

图76.2　微RNA病毒科8个病毒属中兽医学上重要的病毒
红字显示的病毒可引起OIE规定通报的疫病。

经系统疾病的脊髓灰质炎病毒（又称为"丙型人肠病毒"）和引起人感冒的人鼻病毒，属于肠病毒属。

◉ **临床感染**

除口蹄疫病毒和脑心肌炎病毒外，其他微RNA病毒通常感染单一或少数物种。

该科病毒通常经粪－口传播，但也可通过污染的物品和气溶胶传播。一些微RNA病毒可引起持续性感染，尤其是口蹄疫病毒（Bergmann等，1996；Mezencio等，1999）和猪水疱病病毒（Lin等，1998）。抗原变异可能有助于持续性感染的发生（Woodbury，1995），发生抗原变异的原因是包括基因重组在内的一些分子作用机制。口蹄疫病毒可能在个别动物上发生不同血清型混合感染的情况，尤其是非洲水牛。在猪群中广泛传播的猪捷申病毒（PTV）感染，通常呈亚临床型。但有些也表现临床症状，包括：脑脊髓灰质炎（PTV-1、PTV-2、PTV-

3、PTV-5）、生殖系统紊乱（PTV-1、PTV-3、PTV-6）、腹泻（PTV-1、PTV-2、PTV-3、PTV-5）、肺炎（PTV-1、PTV-2、PTV-3）和心包炎/心肌炎（PTV-2、PTV-3），是否表现临床症状与病毒的特定血清型有关。牛肠病毒是从正常牛和发生肠道以及呼吸和生殖系统疾病的牛上分离到的。鸭甲型肝炎病毒（原鸭肝炎病毒1型）是引起雏鸭肝炎的重要病因，该病毒已发现三个基因型。

■ **猪水疱病**

猪水疱病（swine vesicular disease，SVD）是发生于猪的温和性水疱性疫病，在欧洲和亚洲的部分地区零星发生，在意大利南部呈地方性流行。因为在临床上无法与口蹄疫区分，所以必须对猪水疱病进行实验室确诊，这也是它仍然是OIE所列疫病之一的原因。猪水疱病病毒（wine vesicular disease virus，SVDV）是一种肠病毒，与人柯萨奇病毒B5亲缘关系密切，人柯萨奇病毒B5是人肠病毒乙型的一个亚型。

猪是该病毒的自然宿主。处理病毒污染物的实验室工作人员能被感染。

流行病学

SVDV可在有机物中长期稳定存在，可直接或间接传播。通过感染猪以及污染车辆或物品的移动，可造成该病在不同农场间的传播。感染猪的组织中含有大量病毒，病毒在尸僵后的低pH环境中仍然有感染性，在冷冻猪肉中可长期存活。

致病机理

病毒通过损伤的皮肤或摄取食物时进入动物体，先在入侵部位复制，随后通过淋巴系统扩散至血液。病毒血症期持续时间短，但许多器官和组织可受到感染。感染动物在出现明显的临床症状之前就开始散毒，感染后第一周散毒量最大。病毒可在感染猪的粪和组织中存活数月（Lin等，1998）。

临床症状

潜伏期可达7天。感染动物常以低热为特征。不同毒株毒力存在差异。亚临床感染多见。短暂发热后，蹄部尤其是蹄冠部出现水疱性损伤。有时水疱出现在嘴唇、舌和鼻部。可能出现跛行、精神沉郁和食欲减退。水泥地面的圈舍会导致跛行加剧。发病动物体况良好，病变在几周内痊愈。

诊断

必须进行SVD和其他重要猪水疱性疾病的实验室鉴别诊断。

- ELISA可用于水疱液或上皮组织中病毒抗原的快速检测。
- 样品应接种于单层易感细胞，该病毒可产生细胞病变。
- 针对主要结构蛋白基因高度保守区域设计引物的RT-PCR检测方法已被报道（Lin等，1997；Nunez等，1998）。此外，实时RT-PCR检测方法也已成功应用（Reid等，2004）。
- 几种血清学操作规程适用于猪群中SVDV抗体筛查。最常使用的方法是病毒中和试验和ELISA。病毒中和试验虽然是标准方法，但需要组织培养，而且比ELISA耗时。血清检测的局限性是某些所谓"反应异常个体"的动物可能出现假阳性结果。

控制

已有针对SVD的有效疫苗。由于免疫接种措施被认为不适用于无重要水疱性疫病国家的SVD控制，所以疫苗没有被商品化。在大多数国家，SVD是法定传染病，强制执行限制生猪和猪肉进口的净化政策。SVD暴发后的控制措施，包括对畜舍彻底清洗和消毒，限制生猪移动，以及将食物废弃物煮熟后饲喂猪。

■ 捷申/泰法病（Teschen/Talfan disease）

捷申/泰法病，以前称为猪肠病毒性脑脊髓炎，1929年在捷克斯洛伐克的捷申首次发现，之后给几个欧洲国家造成了重大损失。感染毒株毒力不同，临床表现不同。目前，很少出现严重临床症状，发病地区主要限于东欧和马达加斯加。

流行病学

猪肠病毒（porcine enterovirus，PEV）已发现13个血清型。通过比较分析PEV的基因组序列，将PEV 1～7和11～13归为新创建的捷申病毒属（*Teschovirus*）。捷申病毒属包括1个种、11个血清型，即猪捷申病毒（porcine teschovirus，PTV）1～11血清型。与脑脊髓灰质炎有关的是血清型PTV-1、PTV-2、PTV-3和PTV5。最重要的嗜神经毒株属于PTV-1型，PTV-1型包括引起捷申病有关的强毒株，也包括毒力较弱但分布广泛并导致地方流行性后肢麻痹（即泰法病）的毒株。与SVD相同，可通过粪–口途径直接或间接传播。猪群中，从未与病毒接触的幼猪临床表现最为严重。在呈地方性流行的感染猪群中，断奶仔猪混群时母源免疫保护力已经下降，可出现散发临床病例。

致病机理

病毒进入宿主体内后，在扁桃体、肠道和相关淋巴结内复制。随后可能出现病毒血症和病毒侵袭中枢神经系统，尤其是强毒株感染时更易发生。猪粪排毒可能持续数周。

临床症状

表现为发热、精神沉郁和萎靡，大约在感染后1周，出现神经症状。虚弱、共济失调，进一步表现为后肢瘫痪和麻痹。猪因后躯麻痹而呈犬坐姿势。

第
六
篇

发病严重的动物表现出眼球震颤，角弓反张，抽搐和昏迷。上述发病动物死亡率高。轻度发病的猪通常会康复。

诊断

- 从组织学角度，可见轻度至重度的非化脓性脑脊髓炎。可通过免疫组织化学染色检测病毒抗原。
- 采用猪肾细胞系可从大脑和脊髓样品中分离病毒。病毒可产生细胞病变。
- RT-PCR方法可用于病毒RNA的快速检测（Palmquist等，2002），已设计出用于PTV和猪其他微RNA病毒鉴别诊断的引物（Zell等，2000）。实时RT-PCR检测方法也已有报道（Krumbholz等，2003）。
- 病毒中和试验和ELISA是检测血清中PTV抗体的最常用方法。由于猪群中普遍存在PTV抗体，因此康复猪血清中的抗体效价高于急性期4倍或以上时，才能确诊该病。

控制

在许多国家捷申/泰法病是必须报告的疫病，灭活疫苗和减毒活疫苗都能产生良好的免疫保护并且已经用于捷申/泰法病的控制。疫情暴发后，可以通过扑杀、严格的环境消毒和建立免疫隔离带控制该病。

■ 猪微RNA病毒引起的生殖系统紊乱

猪捷申病毒血清型PTV-1、PTV-3和PTV-6以及猪萨佩罗病毒（甲型猪肠病毒，PEV-8），与猪的SMEDI综合征有关（SMEDI是"死产""木乃伊胎""胚胎死亡"和"不孕"英文单词或词组的首写字母）。虽然这些病毒广泛分布于商品猪群中，但只对胚胎和胎儿致病。幼畜和怀孕动物感染后表现临床症状。血清型之间没有交叉保护。通过粪–口途径传播。病毒感染消化道后，出现病毒血症并通过胎盘传播给发育中的胎儿。感染后的临床症状因怀孕动物所处的妊娠阶段而异。在妊娠初期至中期感染，可导致胚胎死亡和木乃伊胎，而在怀孕后期感染可能导致产下死胎，也可能产下活胎。因此，易感母猪生出木乃伊胎、死胎或活胎，反映了感染时胎儿的不同发育阶段。临床表现上无法与猪细小病毒感染区分，但比猪细小病毒感染更常见SMEDI综合征。实验室确诊需要对死产仔猪肺脏进行病毒分离，或

者检测死产胎儿或吃初乳前新生仔猪血清中的抗体。木乃伊胎在母猪体内的形成过程中通常不含有活病毒，但通过免疫荧光可以检测病毒抗原。无商品化疫苗可用。后备母猪在繁育之前，可因接触经产母猪、污染的粪或木乃伊胎儿而暴露于病毒。

■ 禽脑脊髓炎

有记录显示，在家禽、野鸡、鹌鹑和火鸡中发生过这种幼禽病毒性疫病。在雏鸡，禽脑脊髓炎（avian encephalomyelitis，AE）具有相当大的经济学重要性。虽然禽脑脊髓炎病毒（AEV）以前被认为是一种肠病毒，但后来证明它与甲型肝炎病毒亲缘关系最为密切，暂列入肝病毒属（Todd等，1999）。现列入新成立的病毒属，即震颤病毒属。可发生水平和垂直传播。该病毒可感染肠道并通过粪便散毒。部分感染母鸡的蛋被感染。通常雏鸡在孵化时感染，但孵化后在孵化器内散毒和感染其他雏鸡的时间很短。肠道感染之后发生病毒血症，防止病毒感染中枢神经系统需要宿主体内产生足够的免疫反应。临床症状包括共济失调、轻微的头部和颈部震颤，通常在2周内变得明显。进行性瘫痪时，由于体况虚弱或被踩踏而死亡。非化脓性脑脊髓炎和内脏（尤其是胰腺）淋巴细胞聚集是特征性症状。通过免疫荧光检测组织中的病毒抗原或在鸡胚中分离脑或胰腺组织中的病毒是该病的确诊方法。可用RT-PCR法检测组织中的病毒RNA（Xie等，2005）。双份血清检测可能有诊断价值。通过对禽群接种致弱活疫苗确保雏鸡母源抗体存在，可控制该病。

■ 口蹄疫

为偶蹄类动物的高度传染性疫病，特征是发热和上皮组织表面形成水疱。考虑到它在易感动物间传播速度快和造成巨大的经济损失，在国际上口蹄疫（FMD）被列为非常重要的疫病之一。口蹄疫病毒（FMDV）毒株分为7个主要血清型，其地理分布不同（表76.1）。某一血清型感染后不产生针对其他血清型的免疫能力。每一血清型内部有大量亚型。*VP1*（1D）基因编码衣壳蛋白，为确定可能的感染源，可将疫情分离株与同一血清型其他病毒VP1核苷酸序列进行比较。基于VP1的谱系研究显示，O和SAT型内不同基因型分布于不同的地理区域，这些变异被称为拓扑型（topotype）。近年来，O型的泛亚系

表76.1　FMDV血清型的地理分布

FMDV 血清型	地理分布
O、A和C	南美洲
O、A和C	东欧国家
O、A、C、SAT1、SAT2和SAT3	非洲
O、A、C和Asia1	亚洲

注：澳大利亚、新西兰、北美和中美洲、加勒比国家以及西欧国家目前没有该病。英国在2001年发生过大暴发。

（拓扑型）急剧扩散，导致了2001年在英国发生大范围暴发并造成了巨大损失，引起了欧洲国家的特别关注。

流行病学

牛、绵羊、山羊、猪和家养水牛对口蹄疫易感。几种野生易感动物包括非洲水牛、大象、刺猬、鹿和羚羊。感染动物通过分泌物和排泄物排出大量病毒颗粒。大约在临床症状出现之前24小时的潜伏期时，开始散毒。病毒可通过直接接触、气溶胶、人员或车辆的机械运输、污染的物品，以及肉类、内脏、牛奶、精液或胚胎等动物产品传播。牛每次呼吸气体量大，低剂量病毒即可引起感染，因此牛非常易感，牛通常是第一个出现明显临床症状的动物。感染动物群尤其是感染猪群，可通过气溶胶释放大量病毒（Donaldson 等，2001）。在温度低、湿度高、风势和缓等有利条件下，病毒在气溶胶中可陆地散播达10千米。与陆地上的空气湍流相比，水面上的空气湍流一般不太明显。1981年病毒从法国传播到英格兰南部海岸，距离超过200千米。

该病毒对环境因素的耐受程度中等，对pH6.0以下的酸性环境和pH9.0以上的碱性条件敏感。病毒在土壤中夏季可保持感染性3天，冬季最多可达28天。宿主死亡后，肌肉中产生的乳酸将病毒灭活，但内脏和骨髓中的病毒仍可以存活。口蹄疫病毒可以在康复的带毒动物咽部持续存在。免疫动物体内也可以持续存在与疫苗毒亚型不同的其他亚型病毒。牛可持续感染长达3年，绵羊可持续感染数月，非洲水牛持续感染可达5年。已明确证实，持续感染的非洲水牛可传染给家养牛，但只有间接证据表明，持续感染的家养牛偶尔传播该病。目前还不清楚病毒能否在猪体内持续存在（Bergmann 等，1996；

Mezencio等，1999；Zhang 和 Bashiruddin，2009）。

致病机理

虽然感染通常是通过吸入造成，这是最有效的感染方法，但病毒也可以通过摄食、受精、疫苗接种，以及接触破损皮肤进入体内。猪对该病毒的抵抗力比反刍动物强，往往通过食入被病毒污染、未经处理的泔水造成感染。病毒被吸入后，在咽部黏膜和淋巴组织中发生初始复制。病毒初始增殖之后，随着病毒在淋巴结、乳腺等器官以及口腔、口鼻部、乳头、趾间皮肤和蹄冠部的上皮细胞内进一步复制，出现病毒血症。在这些复层鳞状上皮部位，棘细胞层的角质细胞发生肿胀和破裂形成水疱。

临床症状

潜伏期2～14天，但一般少于7天。感染牛出现发热，食欲不振，产奶量下降。特征性流涎和舔舐嘴唇，大量流涎并伴随形成口腔水疱，水疱破裂形成疼痛的溃疡创面。蹄叉和蹄冠部水疱破裂导致跛行。泌乳奶牛的乳头和乳房部皮肤也可能出现水疱。虽然溃疡往往迅速愈合，但可出现继发细菌感染，加剧和延长炎症过程。感染动物体况下降。成年动物很少死亡。犊牛可能死于急性心肌炎。虽然病毒不会穿过胎盘，但发热可能引起流产。

猪蹄部病变严重，蹄壳可脱落。标志性跛行是猪最突出的症状。绵羊、山羊和野生反刍动物一般症状较轻，表现为伴有跛行的发热，并迅速蔓延至整群动物。

人类感染该病通常表现温和，已有操作该病毒的实验室工作人员和处理感染动物的人员在少数情况下感染该病的描述。

诊断

口蹄疫与其他家畜水疱性疫病临床症状相似，包括牛和猪的水疱性口炎、猪水疱病和猪水疱疹（表76.2），所以口蹄疫必须进行实验室确诊。FMDV的实验室操作必须在能控制四类病原的专门实验室进行。

- 确诊是以能从组织或水疱液中分离到FMDV为基础。未破裂或刚破裂的水疱上皮是用于实验室处理的理想样品。
- 病毒抗原可进行ELISA或CFT检测。

第六篇

表76.2　农场动物对致水疱性疫病病毒的易感性

病毒	牛	绵羊、山羊	猪	马
口蹄疫病毒 （foot-and-mouth disease virus）	易感	易感	易感	有抵抗力
猪水疱病病毒 （swine vesicular disease virus）	有抵抗力	有抵抗力	易感	有抵抗力
猪水疱疹病毒 （vesicular exanthema of swine virus）	有抵抗力	有抵抗力	易感	有抵抗力
水疱性口炎病毒 （vesicular stomatitis virus）	易感	有抵抗力	易感	易感

- 对于持续或亚临床感染，可用咽喉探杯收集食管/咽液（O/P液）样品，并进行病毒分离或RT-PCR检测。
- 病毒分离可在特殊细胞系上进行，如原代牛甲状腺或肾细胞。
- 病毒检测首选方法是RT-PCR，此方法敏感而特异，已用于FMDV基因组片段扩增（Reid 等，2000）。实时RT-PCR方法也可用，其敏感性被认为与病毒分离相当（Alexandersen 等，2002），而且具有田间应用潜力（King 等，2008）。已有能区分7个血清型的特异性引物可用。
- 病毒中和试验或ELISA检测抗体可用于未免疫动物的确诊。在流行地区，可能难以通过分析抗体效价进行确诊。检测NSPs抗体的ELISA或免疫印迹（De Diego 等，1997；Bergmann 等，2000）等方法能够对正在或曾经感染的动物与免疫纯化病毒或重组蛋白（不含NSPs）的动物进行鉴别诊断（Mackay 等，1997；Sorensen 等，1998；Paton 等，2006）。这些检测方法可能更适用于对整个畜群的检测而不适用于动物个体，因为有些动物在免疫后感染该病会产生针对NSPs的很少量抗体（Mackay，1998）。

控制

在无FMD国家，该病是必须报告的疫病，对感染和接触动物实施宰杀。疫情暴发后，限制移动，对感染场所必须彻底清洗和消毒。柠檬酸、乙酸等弱酸，碳酸钠等弱碱，是有效的消毒剂。少数国家一直储备灭活病毒，一旦暴发重大疫情，可在短时间内提供足够的疫苗供应。虽然围绕疫点的免疫带可能有助于限制该病蔓延，但免疫动物暴露于病毒也可能导致带毒动物的出现。

在FMD流行的国家，努力的方向通常是疫苗接种与控制动物移动相结合，保护高产奶牛不受感染。FMD佐剂疫苗是由化学方法灭活的组织培养病毒制备的。通常为多价疫苗，含有3个及以上毒株。对抗原性相似的病毒株具有令人满意的保护力，保护期持续达6个月。更深入的研究是开发改进型疫苗，该疫苗主要基于多肽合成或DNA重组技术（Doel，1996；Grubman，2005）。

■ 马鼻病毒感染

对马鼻病毒1型的基因组和其他方面研究表明，该病毒与口蹄疫病毒亲缘关系密切。现已改名为马鼻病毒甲型，归于口蹄疫病毒属。马鼻病毒乙型（马鼻病毒2型和3型）包括三种血清型，已归于马鼻病毒属。马感染马鼻病毒似乎很普遍，大部分马在生命早期暴露于该病毒。虽然马鼻病毒甲型和马鼻病毒乙型与急性呼吸系统疾病有关（Carman 等，1997；Klaey 等，1998；Dynon 等，2007），但一般认为它们并不是主要的呼吸道病原。手术后、剧烈运动后，或存在细菌或其他病毒混合感染时，这些病毒可能导致疾病发生。马鼻炎病毒甲型感染后，可发生病毒血症和通过尿液持续排毒。

■ 脑心肌炎病毒感染

啮齿动物被认为是脑心肌炎病毒（EMCV）的自然宿主。然而，心病毒属具有广泛的宿主范围，包括人、猴和猪。猪通常发生亚临床感染，但已有零星死亡病例和该病轻微暴发的记述。大鼠和小鼠主要作为储存宿主，通过粪和尿液散毒。该病毒在环境中稳定存在。猪因摄入污染的饲料而感染。猪与猪之间也可能发生传播（Koenen 等，1999）。摄入后，几天内出现病毒血症。之后，可在心肌、脾和肠系膜淋巴结出现高效价的病毒。可经胎盘传播。心肌疾病的病毒分离株与造成生殖疾病的分离株明显不同（Koenen 等，1999）。

疫病通常仅在某一特定年龄群体中暴发。疫病的严重程度与毒株和感染猪的年龄有关，严重病例通常仅发生于1周龄的仔猪。仔猪可能突然死于心脏衰竭。尸检时可发现胸腔积液、心包积液和腹水。

组织学上，心肌坏死区域可出现与之相关的淋巴细胞浸润。中枢神经系统病变极少。母猪繁殖障碍的特点是木乃伊胎和死胎。实验室确诊需进行病毒分离和鉴定。已有快速检测临床样品中脑心肌炎病毒RNA RT-PCR方法的报道（Vanderhallen 和 Koenen，1997）。病毒中和试验、ELISA和血凝抑制试验可用于检测特异性抗体。控制啮齿动物对于降低感染的可能性非常重要。在美国，已有市售灭活疫苗。

◉ 参考文献

Alexandersen, S., Zhang, Z., Reid, S.M., Hutchings, G.H. and Donaldson, A.I. (2002). Quantities of infectious virus and viral RNA recovered from sheep and cattle experimentally infected with foot-and-mouth disease virus O UK 2001. Journal of General Virology, 83, 1915–1923.

Bergmann, I.E., Malirat, V., de Mello, P.A. and Gomes, I. (1996). Detection of foot-and-mouth viral sequences in various fluids and tissues during persistence of the virus in cattle. American Journal of Veterinary Research, 57, 134–137.

Bergmann, I.E., Malirat, V., Neitzert, E., Panizutti, N., Sanchez, C. and Falczuk, A. (2000). Improvement of serodiagnostic strategy for foot and mouth disease virus surveillance in cattle under systematic vaccination: a combined system of an indirect ELISA-3ABC with an enzyme-linked immunoelectrotransfer blot. Archives of Virology, 145, 473–489.

Carman, S., Rosendal, S., Huber, L., et al. (1997). Infectious agents in acute respiratory disease in horses in Ontario. Journal of Veterinary Diagnostic Investigation, 9, 17–23.

De Diego, M., Brocchi, E., Mackay, D. and De Simone, F. (1997). The use of the non-structural polyprotein 3ABC of FMD virus as a diagnostic antigen in ELISA to differentiate infected from vaccinated cattle. Archives of Virology, 142, 2021–2033.

Doel, T.R. (1996). Natural and vaccine-induced immunity to foot-and-mouth disease: the prospects for improved vaccines. Revue Scientifique et Technique, Office International des Epizooties, 1, 883–911.

Donaldson, A.I., Alexandersen, S., Sorensen, J.H. and Mikkelsen, T. (2001). Relative risks of the uncontrollable (airborne) spread of FMD by different species. Veterinary Record, 148, 602–604.

Dynon, K., Black, W.D., Ficorilli, N., Hartley, C.A. and Studdert, M.J. (2007) Detection of viruses in nasal swab samples from horses with acute, febrile, respiratory disease using virus isolation, polymerase chain reaction and serology. Australian Veterinary Journal, 85, 46–50.

Grubman, M.J. (2005). Development of novel strategies to control foot-and-mouth disease: marker vaccines and antivirals. Biologicals, 33, 227–234.

King, D.P., Dukes, J.P., Reid, S.M., et al. (2008). Prospects for rapid diagnosis of foot-and-mouth disease in the field using reverse transcriptase-PCR. Veterinary Record, 162, 315–316.

Klaey, M., Sanchez-Higgins, M., Leadon, D.P., et al. (1998). Field case study of equine rhinovirus 1 infection: clinical signs and clinicopathology. Equine Veterinary Journal, 30, 267–269.

Koenen, F., Vanderhallen, H., Castryck, F. and Miry, C. (1999). Epidemiologic, pathogenic and molecular analysis of recent encephalomyocarditis outbreaks in Belgium. Journal of Veterinary Medicine, Series B, 46, 217–231.

Krumbholz, A., Wurm, R., Scheck, O., et al. (2003). Detection of porcine teschoviruses and enteroviruses by LightCycler real-time PCR. Journal of Virological Methods, 113, 51–63.

Lin, F., Mackay, D.K.J. and Knowles, N.J. (1997). Detection of swine vesicular disease virus RNA by reverse transcription-polymerase chain reaction. Journal of Virological Methods, 65, 111–121.

Lin, F., MacKay, D.K.J. and Knowles, N.J. (1998). The persistence of swine vesicular disease virus infection in pigs. Epidemiology and Infection, 121, 459–472.

Mackay, D.K. (1998). Differentiating infection from vaccination in foot-and-mouth disease. Veterinary Quarterly, 20 (Suppl. 2), 2–5.

Mackay, D.K.J., Forsyth, M.A., Davies, P.R., et al. (1997). Differentiating infection from vaccination in foot-and-mouth disease using a panel of recombinant, non-structural proteins

第六篇

in ELISA. Vaccine, 16, 446–459.

Mezencio, J.M.S., Babcock, G.D., Kramer, E. and Brown, F. (1999). Evidence for the persistence of foot-and-mouth disease virus in pigs. Veterinary Journal, 157, 213–217.

Nunez, J.I., Blanco, E., Hernandez, T., et al. (1998). A RT-PCR assay for the differential diagnosis of vesicular viral diseases of swine. Journal of Virological Methods, 72, 227–235.

Palmquist, J., Munir, S., Taku, A., Kapur, V. and Goyal, S.M. (2002). Detection of porcine teschovirus and enterovirus type II by reverse transcription-polymerase chain reaction. Journal of Veterinary Diagnostic Investigation, 14, 476–480.

Paton, D.J., de Clercq, K., Greiner, M.D., et al. (2006). Application of non-structural protein antibody tests in substantiating freedom from foot-and-mouth disease virus infection after emergency vaccination of cattle. Vaccine, 24, 6503–6512.

Reid, S., Ferris, N.P., Hutchings, G.H., Samuel, A.R. and Knowles, N.J. (2000). Primary diagnosis of foot-and-mouth disease by reverse transcription polymerase chain reaction. Journal of Virological Methods, 89, 167–176.

Reid, S.M., Ferris, N.P., Hutchings, G.H., King, D.P. and Alexandersen, S. (2004). Evaluation of real-time reverse transcription polymerase chain reaction assays for the detection of swine vesicular disease virus. Journal of Virological Methods, 116, 169–176.

Sorensen, K.J., Madsen, K.G., Madsen, E.S., Salt, J.S., Nquindi, J. and Mackay, D.K.J. (1998). Differentiation of infection from vaccination in foot-and-mouth disease by the detection of antibodies to the non-structural proteins 3D, 3AB and 3ABC in ELISA using antigens expressed in baculovirus. Archives of Virology, 143, 1461–1476.

Todd, D., Weston, J.H., Mawhinny, K.A. and Laird, C. (1999). Characterization of the genome of avian encephalomyelitis virus with cloned cDNA fragments. Avian Diseases, 43, 219–226.

Vanderhallen, H. and Koenen, F. (1997). Rapid diagnosis of encephalomyocarditis virus infections in pigs using a reverse transcription-polymerase chain reaction. Journal of Virological Methods, 66, 83–89.

Woodbury, E.L. (1995). A review of the possible mechanisms for the persistence of foot-and-mouth disease virus. Epidemiology and Infection, 114,1–13.

Xie, Z., Khan, M.I., Girshick, T. and Xie, Z. (2005). Reverse transcriptase-polymerase chain reaction to detect avian encephalomyelitis virus. Avian Diseases, 49, 227–230.

Zell, R., Krumbholz, A., Henke, A., et al. (2000). Detection of porcine enteroviruses by nRT-PCR: differentiation of CPE groups Ⅰ–Ⅲ with specific primer sets. Journal of Virological Methods, 88, 205–218.

Zhang, Z. and Bashiruddin, J.B. (2009). Quantitative analysis of foot-and-mouth disease virus RNA duration in tissues of experimentally infected pigs. Veterinary Journal, 180, 130–132.

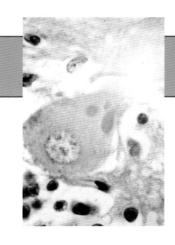

嵌杯病毒科

电镜下，嵌杯病毒科（*Caliciviridae*，拉丁语calix表示"杯"）粒子表面具有杯状凹陷。该科病毒颗粒无囊膜，直径27～40纳米，呈二十面体对称。病毒基因组为单分子线状正链单股RNA（图77.1）。在感染细胞的胞浆内复制，通过细胞裂解而释放。不少嵌杯病毒迄今未能适于体外细胞培养。病毒对乙醚、氯仿和温和去垢剂不敏感。相对耐热，但对酸性pH敏感。

嵌杯病毒与微RNA病毒非常接近，以前归类于微RNA病毒科。该科分为5个属：水疱疹病毒属（*Vesivirus*）、兔病毒属（*Lagovirus*）、纽布病毒属（*Nebovirus*）和2个人类的嵌杯病毒属，即诺瓦病毒属（*Norovirus*）和札幌病毒属（*Sappovirus*）。在新设立的纽布病毒属中，纽伯里-1病毒（牛肠嵌杯病毒）为其典型的种，是从小牛粪中分离得到的。水疱疹病毒属包括本科典型成员猪水疱疹病毒（vesicular exanthema of swine virus）、圣米格尔海狮病毒（San Miguel sea lion virus）和猫嵌杯病毒（feline calicivirus）。兔病毒属的两个成员是兔出血症病毒（rabbit haemorrhagic disease virus）和欧洲野兔综合征病毒（European brown hare syndrome virus）。人类嵌杯病毒（诺瓦克病毒和札幌病毒）可引起肠胃炎。电镜观察时，由于缺乏清晰的表面结构，且外观比较模糊，诺瓦克病毒也被称为小圆结构病毒。已有研究报道了牛（纽伯里-2型病毒）和猪诺瓦克病毒的存在（Scipioni等，2008）。人戊型肝炎病毒，原归类于嵌杯病毒科，目前独立建科，即戊肝病毒科（*Hepeviridae*）。

◉ 临床感染

嵌杯病毒可引起包括人类、猫、猪、海洋哺乳

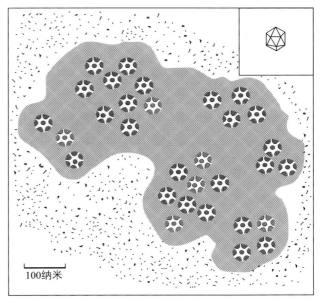

图77.1 嵌杯病毒电镜下形态示意图（右上插图为结构示意图）

100纳米

△ **要点**

- 体积小，无囊膜，单链RNA病毒，呈二十面体对称
- 胞浆内复制
- 在环境中稳定
- 分为5个属：
  - 水疱疹病毒属，包括猪水疱疹病毒和猫嵌杯病毒
  - 兔病毒属，包括兔出血症病毒和欧洲野兔综合征病毒
  - 纽步病毒属
  - 人类嵌杯病毒属，包括诺瓦病毒属和札幌病毒属，可引起肠胃炎

表77.1　兽医学上重要的嵌杯病毒

病毒	宿主	备注
猪水疱疹病毒（13个血清型）	猪	急性、高度传染性、水疱性疾病，临床症状与口蹄疫相似。1956年出现在美国。可能源于饲喂圣米格尔海狮病毒污染的海狮和海豹肉
圣米格尔海狮病毒（17个血清型）	海洋哺乳动物、乳色眼鱼	鳍足类动物鳍状肢水疱和过早分娩；给猪接种，会导致水疱疹
猫嵌杯病毒	家猫及野猫	世界各地猫上呼吸道感染的重要原因。某些暴发的疫情描述了致命的全身性疾病（VSD）
兔出血症病毒	欧洲兔	2月龄以上欧洲兔的急性致死性疾病
欧洲野兔综合征病毒	欧洲野兔	与兔出血症病毒有关。导致肝坏死和广泛出血，死亡率高
犬嵌杯病毒	犬	偶尔引起腹泻

动物、兔、野兔、牛、犬、爬行类、两栖类和昆虫等多个物种的呼吸道病、水疱、坏死性肝炎和胃肠炎等疾病（表77.1）。嵌杯病毒的感染，常常是持久的，症状可分为不明显、轻微或严重。直接或间接传播，无媒介参与。然而已有报道，兔出血症病毒可通过蚊和跳蚤机械传播。

■ 猪水疱疹

　　猪水疱疹（vesicular exanthema of swine，VES），猪的一种高度传染性的急性疾病，1932年在美国南加州最先被发现，20世纪50年代广泛流行于美国。随后由于立法禁止用未煮熟的泔水喂猪，并对发病猪场采取屠杀对策，疫情明显下降。最后一次暴发于1956年，美国官方于1959年宣布在全国范围内消灭了该病。海洋哺乳动物是病毒的储存宿主。1972年，从加州海狮分离到圣米格尔海狮病毒（San Miguel sea lion virus，SMSV），其症状为鳍状肢水疱。感染的动物出现早产。随后，从其他一些海洋哺乳动物和乳色眼鱼（opal eye fish）中也分离到圣米格尔海狮病毒。给猪接种该病毒，可引起水疱疹病变。因此，通常认为猪水疱疹病毒来自饲喂未煮熟的、含有感染SMSV海洋哺乳动物肉的猪食。这些水疱疹病毒表现出抗原异质性。猪水疱疹病毒有13个血清型，SMSV有17个血清型。目前，SMSV被归类为猪水疱疹病毒的一个毒株。

　　猪水疱疹潜伏期可长达72小时，病程约2周。病猪舌、唇、鼻镜、趾间和蹄冠等部位出现水疱。病猪发热，出现急性跛行。发病率很高，但死亡率较低。临床上很难与口蹄疫、水疱性口炎、猪水疱病等疾病区分。由于与口蹄疫相似，猪水疱疹也是一

种重要的疾病。该病引起育肥猪体重减轻和新生仔猪死亡，造成重要经济损失。

　　水疱液和水疱皮富含病毒。可以采用RT-PCR（Reid等，2007）、ELISA、CFT、免疫电镜和猪肾细胞病毒分离等方法进行鉴定。

■ 猫嵌杯病毒感染

　　世界各地猫的上呼吸道疾病约40%左右是由猫嵌杯病毒（feline calicivirus，FCV）感染所致。所有的猫科动物都易感，但自然发病往往局限于家猫和人工饲养的猎豹。大多数FCV分离株属于同一个基因型，不过在日本发现了另一个基因型（Sato等，2002）。FCV菌株之间有高度的抗原异质性。序列分析表明，个别分离株作为准种而存在，进化和表现出抗原漂移。有学者认为，从带毒猫分离到的一系列病毒，其抗原谱发生的重大改变是由免疫选择压力造成的，并可能是病毒持久生存的重要条件（Radford等，1998）。

流行病学

　　所有年龄的猫对猫嵌杯病毒都有易感性，但急性发病常见于2~3月龄的幼猫，因为此时母源抗体缺失。病猫通过口鼻分泌物排出大量的病毒。急性感染恢复后，或受母源抗体及疫苗接种保护的亚临床感染猫，很多从口咽部分泌物排毒至少30天。少数猫仍会持续感染，并连续排毒数月，偶尔长达数年。持续感染主要是由于带毒猫传染给受体猫群，发病率最高是在那些群居猫群中。持续感染的原因在于病毒和宿主两方面的因素。对猫的地方性感染群体分离的病毒开展的一系列研究表明，一些机制确保

了病毒在宿主群体中的长期存活。持续感染个体内的病毒进化是通过点突变积累，导致核衣壳蛋白免疫支配区改变，从而使病毒逃避宿主的免疫反应。另外，不同毒株之间的重组也有报道（Coyne等，2006b）。因此，病猫群内的大多数猫会随后出现病毒变异株或明显不同的共流行毒株的再感染（Coyne等，2007）。该病通常通过直接接触病猫或带毒猫而感染，但由于病毒能够在室温下干燥环境存活长达1个月，所以也可以间接传播。

致病机理

病毒复制主要发生在口咽部，迅速蔓延至整个上呼吸道及结膜。出现一个短暂的病毒血症，病毒传播到其他许多组织。临床症状从亚临床型到严重型，反映出感染病毒毒力的不同。猫嵌杯病毒强毒株能够引起幼猫的间质性肺炎。从跛脚猫的关节处曾获得病毒。近年来研究表明，致命的全身性疾病（VSD-FCV）与病毒的某些强毒株有关，以血管炎、多器官受损和死亡率高为特征（Hurley等，2004；Coyne等，2006）。

临床症状

潜伏期长达5天。通常仅出现上呼吸道和结膜临床症状，往往没有猫疱疹病毒1型感染严重。病猫发热、眼鼻分泌物增多、结膜炎，伴随着舌头和口腔黏膜特征性疱疹。水疱破裂，留下浅薄的溃疡。发病率高，但死亡率往往很低。有时，急性感染期或接种疫苗后，猫会出现四肢僵硬、跛行的症状，但这些症状通常几天内消失。有人提出，当存在猫免疫缺陷病毒合并感染时，猫嵌杯病毒感染与慢性牙龈炎及口腔炎的发生有关。

VSD-FCV病例，病猫出现呼吸道疾病，伴有发热、皮肤水肿、溃疡性皮炎及黄疸等症状。成年猫常常比幼猫感染症状严重，疫苗接种似乎并没有起到保护作用。死亡率高达50%。VSD-FCV的暴发，通常与猫从大型收容所进入另一个群体有关，往往持续期较短。

诊断

- 猫嵌杯病毒感染表现出上呼吸道症状，伴有口腔黏膜溃疡。需要通过实验室检测与猫疱疹病毒1型感染相区别。
- 可采集口咽拭子或肺组织，接种猫源细胞分离病毒。由于猫群中存在大量带毒者和排毒者，猫嵌杯病毒的检测可能没有病原学意义。
- 临床样品病毒RNA的检测，可采用RT-PCR（Sykes等，1998）和实时RT-PCR（Wilhelm和Truyen，2006）方法。引物的设计必须要考虑到病毒基因组的变异性。
- 由于猫群中具有很高的血清阳性率，实验室诊断需要采集双份血清测定抗体效价的升高，来确认感染。

防控

主要的防控方法包括疫苗接种和旨在减少暴露于病毒的饲养管理。疫苗接种可注射灭活苗，注射或滴鼻接种弱毒苗。已经研发出DNA疫苗和病毒载体疫苗，但尚未上市。虽然疫苗接种能够有效保护不发生急性上呼吸道疾病，但不能预防亚临床感染或阻止其发展成带毒状态。疫苗以数量有限的猫嵌杯病毒分离株为基础，这些分离株与广谱的野毒株存在交叉反应。新近出现的越来越多的野毒株，在体外未被疫苗诱导产生的抗血清中和（Lauritzen等，1997），这就需要利用新疫苗株（Addie等，2008）。采取注射接种的活疫苗，如果应用其他方式接种可能会引起临床症状。鼻腔疫苗产生的保护更迅速有效，例如当存在高风险疾病的暴发时可使用，但接种后可能会出现轻微的症状，如打喷嚏。处于高风险环境的猫，建议每年加强免疫1次；而发病低风险的猫，每3年免疫1次已足够保护（European Advisory Board on Cat Diseases，2007）。旨在减少大型猫舍病毒传播和负载的管理措施，包括疫苗免疫、使用隔离设施、新加入猫的分群隔离、良好卫生习惯、使用小圈、防止直接接触和避免过度拥挤。地方性流行的繁殖群还需要其他一些防控措施，包括降低放养密度、早期疫苗免疫及幼猫早断奶后隔离饲养。

■ 兔出血症

兔出血症（rabbit haemorrhagic disease）是一种急性、高度传染性，对欧洲兔（穴兔，Oryctolagus cuniculus）常常高度致死性的传染病。2月龄以下兔不易感。兔出血症病毒存在一个单一的血清型和两个主要亚型，即兔出血症病毒（RHDV）和兔出血症病毒抗原变种（RHDVa）。1984年，中国最先报道

第六篇

兔出血症（RHD），从那以后，世界各地多个国家或地区暴发过该病。该病毒有时被称为兔嵌杯病毒（rabbit calicivirus），被认为是欧洲商品兔和野兔流行多年的一个非致病性病毒的突变株（Capucci 等，1996）。兔出血症病毒分离株的系统发育分析表明，强毒株不止一个场所出现过，而在中国，疫病的暴发是在从德国引进安哥拉兔后，由欧洲的病毒所致（Forrester 等，2006）。在澳大利亚和新西兰，兔出血症病毒曾被用于兔的生物控制。

流行病学

病毒通过所有排泄物和分泌物排出体外。兔密切接触时，病毒主要经粪-口途径传播。也可能通过吸入或结膜感染病毒。已有证据表明，通过多种昆虫，包括蚊和跳蚤，可机械性传播病毒。该病毒能够在环境中存活，通过被污染的饲料或污染物间接传播。养殖单元间和国家间的病毒传播，可能是由于未控制感染兔的移动或接触了感染兔的肉、昆虫或污染物所致。1995年，澳大利亚的一个研究机构意外使该病毒流传到外界，随后，1997年新西兰非法引进该病毒用以控制当地过多的野生兔。在欧洲，兔出血症暴发的严重程度不一样，在意大利，归因于非致病性兔嵌杯病毒的感染。某些兔群中，兔出血症病毒的流行似乎无疾病临床表现（Forrester 等，2007）。因为大多数传播发生在繁殖季节期间和之后，确定疾病转归时，流行病学因素可能很重要（White 等，2004）。有研究表明，幼兔的感染可能会诱导产生抗体，在它们成年后能够保护其免受兔出血症病毒的侵袭（Ferreira 等，2008）。

致病机理和病理学

单核吞噬细胞系的细胞被认为是该病毒侵袭的主要目标（Ramiro-Ibanez 等，1999）。2月龄以下幼兔对该病有抵抗力。存在这种抵抗力的原因目前还不清楚，但可能跟生理性基础有关。病兔最明显的病变是肝脏严重坏死。此外，也可能出现弥散性血管内凝血的症状。

临床症状

潜伏期为3天。该病的特点是高发病率和高死亡率。病程短，出现临床症状的在36小时内死亡。急性感染动物发热和精神不振，并伴有呼吸频率增加。鼻孔流出红色泡沫状液体、血尿，可能会出现神经系统症状包括抽搐。兔在抽搐后或抽搐中死亡。在流行的后期阶段，一些兔可能会出现温和的、亚急性症状。有些动物可以存活几周，并有黄疸、体重减轻和嗜睡症状。

诊断

若兔出现死亡率高的疾病，且具有肉眼可见的特征性病变，如肝坏死、脾和肺充血，则表明为兔出血症。兔出血症病毒的培养一直都不成功。受感染的肝脏存在高浓度的病毒。诊断可通过电镜检测病毒，或ELISA、免疫荧光或用人红细胞做血凝试验等方法检测病毒抗原。RT-PCR和实时RT-PCR方法可用于兔出血症病毒核酸的检测（Moss 等，2002；Gall 等，2007）。血凝抑制试验和ELISA等血清学试验可用于病毒特异性抗体的检测。

控制

在兔出血症呈地方性流行的国家，可通过疫苗免疫防控此病。人工攻毒致死的家兔，取肝脏研磨匀浆上清液，制备成含佐剂的灭活苗，并通常在10周龄左右进行接种。新型疫苗正在研发中，如表达兔出血症病毒核衣壳蛋白的重组黏液瘤病毒，或杆状病毒表达系统表达病毒核衣壳蛋白而产生的病毒样颗粒。

◉ 参考文献

Addie, D., Poulet, H., Golder, M.C., et al. (2008). Ability of antibodies to two new caliciviral vaccine strains to neutralise feline calicivirus isolates from the UK, Veterinary Record, 163, 355–357.

Capucci, L., Fusi, P., Lavazza, A., Pacciarini, M.L. and Rossi, C. (1996). Detection and preliminary characterization of a new rabbit calicivirus related to rabbit hemorrhagic disease virus but nonpathogenic, Journal of Virology, 70, 8614–8623.

Coyne, K.P., Jones, B.R., Kipar, A., et al. (2006a). Lethal outbreak of disease associated with feline calicivirus infection in cats. Veterinary Record, 158, 544–550.

Coyne, K.P., Reed, F.C., Porter, C.J., Dawson, S., Gaskell,

R.M. and Radford, A.D. (2006b). Recombination of feline calicivirus within an endemically infected cat colony. Journal of General Virology, 87, 921–926.

Coyne, K.P., Gaskell, R.M., Dawson, S., Porter, C.J. and Radford, A.D. (2007). Evolutionary mechanisms of persistence and diversification of a calicivirus within endemically infected natural host populations. Journal of Virology, 81, 1961–1971.

European Advisory Board on Cat Diseases (2007). ABCD guidelines on feline calicivirus. http://www.abcd-vets.org/guidelines/index.asp.

Ferreira, P.G., Dims, M., Costa-E-Silva, A. and Aguas, A.P. (2008). Adult rabbits acquire resistance to lethal calicivirus infection by adoptive transfer of sera from infected young rabbits. Veterinary Immunology and Immunopathology, 121, 364–349.

Forrester, N.L., Trout, R.C., Turner, S.L., et al. (2006). Unravelling the paradox of rabbit haemorrhagic disease virus emergence, using phylogenetic analysis; possible implications for rabbit conservation strategies. Biological Conservation, 131, 296–306.

Forrester, N.L., Trout, R.C. and Gould, E.A. (2007). Benign circulation of rabbit haemorrhagic disease virus on Lambay Island, Eire. Virology, 358, 18–22.

Gall, A., Hoffmann, B., Teifke, J.P., Lange, B. and Schirrmeier, H. (2007). Persistence of viral RNA in rabbits which overcame an experimental RHDV infection detected by a highly sensitive multiplex real-time RT-PCR. Veterinary Microbiology, 120, 17–32.

Hurley, K.E., Pesavento, P.A., Pedersen, N.C., et al. (2004). An outbreak of virulent systemic feline calicivirus disease. Journal of the American Veterinary Medical Association, 224, 241–249.

Lauritzen, A., Jarrett, O. and Sabara, M. (1997). Serological analysis of feline calicivirus isolates from the United States and United Kingdom. Veterinary Microbiology, 56, 55–63.

Moss, S.R., Turner, S.L., Trout, R.C., et al. (2002). Molecular epidemiology of rabbit haemorrhagic disease virus. Journal of General Virology, 83, 2461–2467.

Radford, A.D., Turner, P.C., Bennett, M., et al. (1998). Quasispecies evolution of a hypervariable region of the feline calicivirus capsid gene in cell culture and in persistently infected cats, Journal of General Virology, 79, 1–10.

Ramiro-Ibanez, F., Martin-Alonso, J.M., Garcia-Palencia, P., et al. (1999). Macrophage tropism of rabbit haemorrhagic disease virus is associated with vascular pathology. Virus Research, 60, 21–28.

Reid, S.M., King, D.P., Shaw, A.E., et al. (2007). Development of a real-time reverse transcription polymerase chain reaction assay for detection of marine caliciviruses (genus Vesivirus). Journal of Virological Methods, 140, 166–173.

Sato, Y., Ohe, K, Murakami, M., et al. (2002). Phylogenetic analysis of field isolates of feline calcivirus (FCV) in Japan by sequencing part of its capsid gene. Veterinary Research Communications, 26, 205–219.

Scipioni, A., Mauroy, A., Vinjé, J. and Thiry, E. (2008). Animal noroviruses. Veterinary Journal, 178, 5–6.

Sykes, J.E., Studdert, V.P. and Browning, G.F. (1998). Detection and strain differentiation of feline calicivirus in conjunctival swabs by RT-PCR of the hypervariable region of the capsid protein gene. Archives of Virology, 143, 1321–1334.

White, P.J., Trout, R.C., Moss, S.R., et al. (2004). Epidemiology of rabbit haemorrhagic disease virus in the United Kingdom: evidence for seasonal transmission by both virulent and avirulent modes of infection. Epidemiology and Infection, 132, 555–567.

Wilhelm, S. and Truyen, U. (2006). Real-time reverse transcription polymerase chain reaction assay to detect a broad range of feline calicivirus isolates. Journal of Virological Methods, 133, 105–108.

◉ 进一步阅读材料

Radford, A.D., Coyne, K.P., Dawson, S., Porter, C.J. and Gaskell, R.M. (2007). Feline calicivirus. Veterinary Research, 38, 319–335.

第六篇

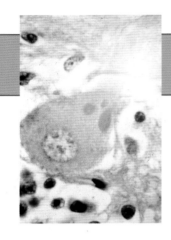

第78章

星状病毒科

星状病毒科英文名"Astroviridae"中"aster"来自希腊语，表示"星"。该科包含一些表面结构呈星样轮廓的病毒。星状病毒直径为28～30纳米，无囊膜，呈二十面体对称（图78.1）。该科病毒基因组为单一的线状正链RNA，能耐受低pH、各种去垢剂及60℃热处理5分钟，在宿主细胞胞浆内复制，通过细胞裂解释放出病毒颗粒。该科病毒培养需要胰蛋白酶。

星状病毒科包含禽星状病毒属（Avastrovirus）和哺乳动物星状病毒属（Mamastrovirus）。前者主要感染禽类，后者主要感染哺乳动物（图78.2）。该科病毒按照宿主来源进行病毒种的命名，而血清型的命名是通过交叉中和试验确定的。牛星状病毒的2个

血清型和火鸡星状病毒的2个血清型已经得到确认。

◉ 临床感染

星状病毒呈世界性分布，从人、牛、猪、羊、犬、猫、鹿、鸡、鸭和火鸡的粪便都曾检测出该病毒。星状病毒经粪-口途径传播。从不同种类宿主中分离到的星状病毒存在显著的抗原性差异和宿主特异性。多数宿主感染星状病毒是温和的。哺乳动物星状病毒与哺乳动物和人类的自限性胃肠炎密切相关，潜伏期1～4天，其后出现腹泻症状。星状病毒的感染可能很严重，并经常涉及多个器官（Koci 和 Schultz-Cherry，2002）。雏鸭感染星状病毒后，可发展为重型肝炎，而禽类感染鸡星状病毒（禽肾炎病毒）出现肾脏病变；火鸡星状病毒2型与幼禽肠炎死亡综合征（poult enteritis mortality syndrome，PEMS）密切相关。

星状病毒的诊断主要用粪样品直接进行电镜观察，或采用ELISA方法进行检测。也可用RT-PCR方法检测病毒RNA的存在（Koci 等，2000；Day 等，2007），或用原代细胞、鸡胚分离病毒。除了鸭星状病毒的疫苗，其他星状病毒由于引起的疾病通常比

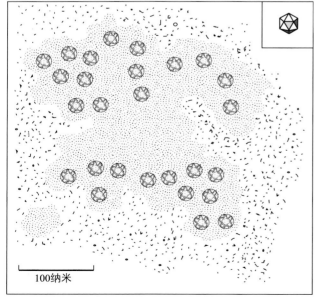

100纳米

图78.1　星状病毒颗粒电镜下形态示意图（右上插图为结构示意图）

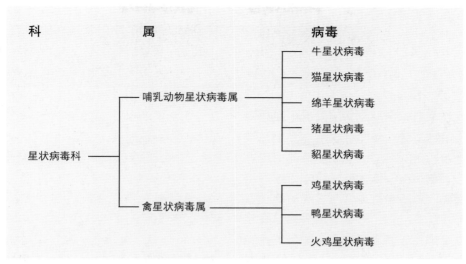

图78.2 兽医学上重要的星状病毒科病毒

较温和，而没有开发相应的疫苗。该病的防控主要是依靠适当的饲养方法，预防幼年动物肠炎。

◉ 参考文献

Day, J.M., Spackman, E. and Pantin-Jackwood, M. (2007). A multiplex RT-PCR test for the differential identification of turkey astrovirus type 1, turkey astrovirus type 2, chicken astrovirus, avian nephritis virus, and avian rotavirus. Avian Diseases, 51, 681–684.

Koci, M.D. and Schultz-Cherry, S. (2002). Avian astroviruses. Avian Pathology, 31, 213–227.

Koci, M.D., Seal, B.S. and Schultz-Cherry, S. (2000). Development of an RT-PCR diagnostic test for an avian astrovirus. Journal of Virological Methods, 90, 79–83.

第六篇

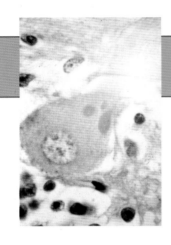

第79章

冠状病毒科

冠状病毒科英文名为 *Coronaviridae*。其中"coro"来自拉丁文，表示"王冠"。冠状病毒个体较大，形态多样，有囊膜。冠状病毒基因组是一个线状、单股、正向的RNA分子。它们囊膜上镶嵌着许多一端较粗的膜粒（peplomer），形成王冠状结构（图79.1）。每个膜粒由一个大的三聚体糖蛋白组成。该蛋白称为纤突蛋白（spike）或S蛋白。S蛋白能够与宿主细胞受体结合，并介导病毒和宿主细胞的融合；它还是自然感染过程中诱导宿主产生中和抗体的主要抗原成分。S蛋白中有些部分变异快，这些变异促使病毒逃避宿主的获得性免疫反应。

冠状病毒科和动脉炎病毒科（*Arteriviridae*），共同构成了套式病毒目（*Nidovirales*）。冠状病毒科的分类新近变化较大，目前包括冠状病毒亚科（*Coronavirinae*）和凸隆病毒亚科（*Torovirinae*）（图79.2）。冠状病毒亚科的病毒几乎是球形的，直径120~160纳米，有螺旋形核衣壳；凸隆病毒亚科的病毒有一个管状核衣壳，可以是圆盘形、肾形或棒状，直径为120~140纳米。冠状病毒亚科包括三个属，即甲冠状病毒属（*Alphacoronavirus*）、乙冠状病毒属（*Betacoronavirus*）和丙冠状病毒属（*Gammacoronavirus*）。遗传相似的一些冠状病毒组合在一起，并更名为：甲冠状病毒1型（包括猫冠状病毒、犬冠状病毒和传染性胃肠炎病毒）、乙冠状病毒1型（包括人类肠道冠状病毒、人类冠状病毒OC43株、牛冠状病毒、猪血凝性脑脊髓炎病毒、马冠状病毒和新认可的犬呼吸道冠状病毒）；禽冠状病毒（包括禽传染性支气管炎病毒、火鸡冠状病毒、雉冠状病毒、鸭冠状病毒、鹅冠状病毒和鸽冠状病毒）。凸隆病毒亚科包括两个属，凸隆病毒属（*Torovirus*）

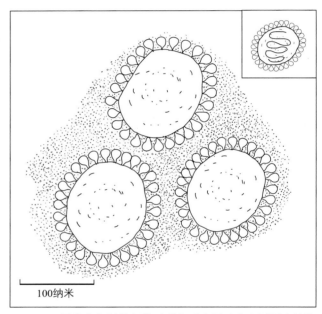

100纳米

图79.1 冠状病毒颗粒电镜下形态示意图（右上插图为结构示意图）

和新创建的鱼杆菌样套式病毒属（*Bafinivirus*），后者包含一种鱼的病毒。汉语中，"凸隆病毒"有时也被称为"环曲病毒"。

冠状病毒在细胞质中复制。新合成的病毒颗粒在内质网和高尔基复合体中获得囊膜。病毒颗粒进入囊膜后被运送到细胞表面。当病毒囊膜与细胞膜融合以后，完整的病毒粒子被释放出来。冠状病毒容易变异，导致变异毒株不断出现。亲缘关系较近的冠状病毒之间经常发生基因重组。这种重组是通过一种"复制选择（copy choice）"机制发生的。

除传染性支气管炎病毒外，冠状病毒通常很难进行细胞培养。病毒粒子对热、脂溶剂、甲醛、氧化剂和非离子型去污剂，都很敏感。在低pH情况下，

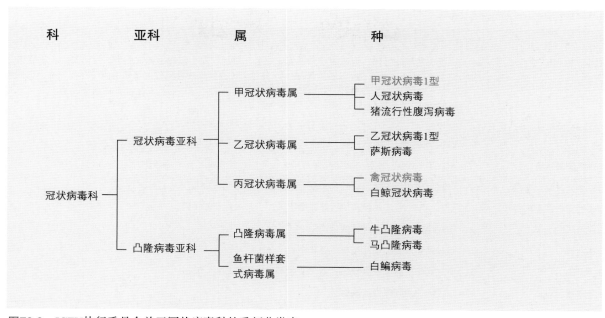

图79.2　ICTV执行委员会关于冠状病毒科的重新分类表
修订内容包括引入新亚科和调整相关的新种类。红字显示的病毒可引起OIE规定通报的疫病。

不同种类的冠状病毒的稳定性，有所不同；有些在pH3.0是稳定的。

> **△ 要点**
> - 有囊膜，形态多样，单链RNA病毒
> - 在细胞质中复制
> - 容易在环境中发生变化
> - 两个亚科：
>   - 冠状病毒亚科，螺旋形核衣壳
>   - 凸隆病毒亚科，管状核衣壳
> - 冠状病毒亚科：
>   - 可引起猫的全身性症状（猫冠状病毒）
>   - 可引起猪的肠胃以及全身性症状（猪血凝性脑脊髓炎病毒）
>   - 可引起家禽的呼吸系统疾病（禽冠状病毒）
>   - 可引起牛的肠道疾病（牛冠状病毒）

◉ 临床感染

冠状病毒可感染一些种类的哺乳动物和鸟类，主要感染呼吸道和肠道的上皮细胞。表79.1中汇总了兽医学上一些重要的冠状病毒及其临床意义。成年动物感染冠状病毒通常症状较轻微或不明显，而幼年动物感染冠状病毒，症状可能会很严重。引起人类感冒的诸多病原中，冠状病毒占很重要的地位。近几年来，一种能够引起严重的人类疾病的冠状病毒，也就是萨斯（severe acute respiratory syndrome，SARS）病毒，被认为是从动物传染给人类的。中华菊头蝠（Chinese horseshoe bat）可能是感染的源头。

虽然已经在猪、绵羊、山羊和猫中发现了凸隆病毒感染的证据（Muir等，1990），但这些感染的临床意义值得商榷。有两种凸隆病毒可能引起家养动物肠道疾病（表79.2）。

■ 猫传染性腹膜炎

猫传染性腹膜炎（feline infectious peritonitis，FIP）是猫冠状病毒（甲冠状病毒1型）某些毒株引起的疾病。这种免疫介导疾病对猫和其他猫科动物是致命的；它在全球范围内零星呈现。猫冠状病毒不同毒株致病性有所不同。已确认，猫肠道冠状病毒（feline enteric coronavirus，FECV）能够导致轻度或隐性肠炎，而引起猫传染性腹膜炎的病毒，即猫传染性腹膜炎病毒（feline infectious peritonitis virus，FIPV），是广泛分布的猫肠道冠状病毒（FECV）的一个变异株。其变异导致了该病毒从专门侵染肠上皮细胞的病毒，变成可以侵染骨髓细胞、单核细胞和巨噬细胞的病毒（Pedersen 和 Floyd，1985；Poland 等，1996；Rottier 等，2005）。由于上述原

第六篇

表 79.1　兽医学中一些重要的冠状病毒

病毒名	感染后果
猫冠状病毒（FCoV）	在肠上皮细胞增殖；通常表现为亚临床感染；可以引起小猫轻微的胃肠炎；有时又称为猫肠道冠状病毒（feline enteric coronavirus，FEC）。猫传染性腹膜炎病毒是猫冠状病毒的一些变异株，它们起初在肠上皮增殖，变异后开始在巨噬细胞内增殖，引起小猫零星的、致死性的疾病，通常表现为渗出性腹膜炎
猪传染性胃肠炎病毒（TGEV）	高度传染，临床表现为仔猪呕吐、腹泻；新生仔猪发病后死亡率高；猪感染了TGEV一个缺失变异株，即猪呼吸道冠状病毒，产生的免疫应答能够对TGEV的感染有交叉免疫力
猪流行性腹泻病毒	和TGEV相似，能够引起猪肠道感染，但新生仔猪发病后死亡率较低
猪血凝性脑脊髓炎病毒	引起小猪神经症状、呕吐和消瘦，感染很普遍，但很少发病
禽传染性支气管炎病毒	引起幼禽急性、高度传染性呼吸道感染；引起蛋鸡产蛋下降
火鸡冠状病毒	引起火鸡传染性肠炎（蓝冠病）
牛冠状病毒	引起犊牛腹泻；引起成年牛冬季痢疾
犬冠状病毒	引起犬隐性感染或犬腹泻；后者发病率高，死亡率低
犬呼吸道冠状病毒	与犬场的犬呼吸道疾病有关

表 79.2　兽医学中一些重要的凸隆病毒

病毒名	宿主	相关说明
马凸隆病毒（伯尔尼病毒）	马	该病毒是从瑞士伯尔尼一匹有腹泻症状的马的直肠拭子中分离到的。临床病例似乎很少
牛凸隆病毒（Breda病毒）	犊牛	引起犊牛腹泻，尤其是缺失初乳喂养的犊牛

因，人们设置了另一个术语，即猫冠状病毒（feline coronavirus，FCoV）。FCoV包括毒力不同的一些菌株，它们大致分成肠道型和FIP相关型。基因研究显示，在相同的区域，这两类毒株遗传上高度相似（Vennema等，1998）。该病毒3C基因编码一个未知功能的蛋白质基因；这个基因上的一个突变可能是FIPV特殊的细胞偏嗜性的形成基础（Pedersen，2009）。未变异的FECV对成熟的肠上皮细胞具有很强的嗜好性，而FIPV毒株则在巨噬细胞中复制能力大为增强。猫冠状病毒（FCoV）有两种血清型：血清1型在欧洲占大多数，血清2型在北美和日本占主导地位。血清2型被认为是猫冠状病毒和犬冠状病毒基因重组的结果（Herrewegh等，1998）。这两种血清型都可以引起猫传染性腹膜炎。

流行病学

　　FIP在猫集中饲养的地方或多猫家庭中，零星发生。据报道，纯种猫的发病率更高（Sparkes等，

1992）。虽然任何年龄的猫都能感染此病，但1岁以下的幼猫似乎最易感染。此外，10岁以上的猫也容易发生FIP（Barr，1998）。感染的猫通过粪和口鼻排泄病毒；此病也因此以粪–口途径传播为主。垃圾箱被认为是猫群中主要的传染源。幼猫从它的母亲或其他成年猫处，接触到病毒而感染（Addie 和 Jarrett，1992）。在被感染的猫群中，大约有40%猫的粪便随时带毒，且约有15%的猫长期带毒；它们是此病传播的主要源头。虽然大部分猫仅感染一个特定的FIPV毒株，但少数一些猫可以再次感染不同的FIPV毒株。在自然情况下，同一只猫感染一株FIPV后，再次感染另一株有所差异的FIPV后，不会对外排泄和传播那株有所差异的FIPV。

病理学

　　图79.3描述了FIP的病理机理。FIPV感染并不总是导致临床症状，仅约九分之一感染FCoV的猫最终形成FIP。导致疾病发展的因素包括年龄、免疫状态和遗传特征，也包括毒株的特性（Addie 等，1995）。猫感染FCoV后承受某些应激刺激，可能促使猫形成FIP。随着感染的FCoV病毒发生一些变异，形成在巨噬细胞内增殖的FIPV毒株，最终导致全身性感染。大部分被感染的小猫中，有效的细胞介导免疫（cell-mediated immunity，CMI）会限制病毒复制，并最终消除感染。某些CMI能力较低的猫会在临床表现正常的情况下间歇性传播病毒。当CMI发生严重受

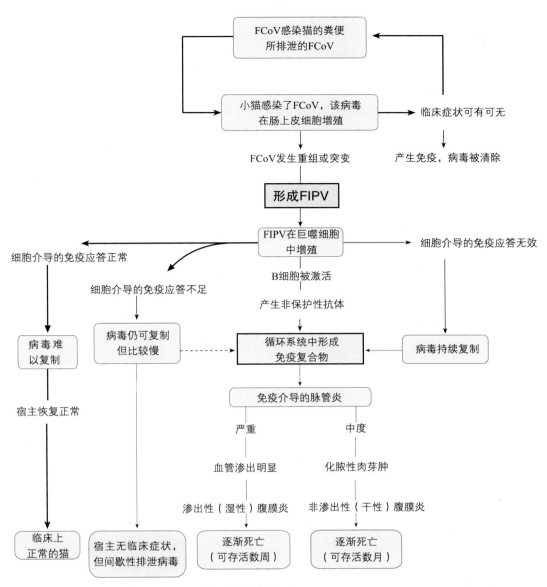

图79.3 猫肠道冠状病毒感染和猫传染性腹膜炎病毒感染之间关系

这种关系导致猫传染性腹膜炎的出现。FcoV：猫冠状病毒；FIPV：猫传染性腹膜炎病毒；FIP：猫传染性腹膜炎。

损或缺陷时，病毒将持续复制，导致B细胞活化并产生非保护性抗体。这些抗体和FIPV形成免疫复合物，激活补体，导致免疫介导的脉管炎。脉管炎决定了该病的临床症状和疾病的进展速度。除上述 Ⅲ 型超敏反应外，有证据显示FIPV也会导致Ⅳ型超敏反应（Paltrinieri 等，1998a，b）。在动物试验形成的FIP中，拥有猫冠状病毒抗体的猫可使该病症状加重。人们认为这种抗体依赖的增强现象（antibody-dependent enhancement，ADE）是调理性抗体促进巨噬细胞吞噬猫冠状病毒的结果（Hartmann，2005）。因为针对猫冠状病毒的抗体能够促进巨噬细胞对其吞噬，而

不是产生中和抗体，这是至今未能开发出有效的FIP疫苗的原因。

临床症状

　　FIP潜伏期从几周到几个月不等。其临床症状可能突然出现或缓慢出现。早期症状一般都是非特异性的，包括厌食、体重下降、精神萎靡和脱水。被感染的猫经常出现黄疸。

　　被感染的猫在腹腔和胸腔都会渗出富含纤维蛋白的积液。如果胸腔积液很多，则引起持续性呼吸困难。出现这种情况，病猫通常在8个星期内死亡。

第
六
篇

在无腹腔和胸腔积液的FIP中，典型的临床特征比较少。50%左右的病猫在腹腔内器官或组织上有标志性病变。约有30%的病猫会出现前葡萄膜炎（anterior uveitis）、脉络视网膜炎（chorioretinitis）及神经系统症状。出现这些情况，病猫通常可以存活数周或数月。猫感染了猫白血病病毒或猫免疫缺陷病毒，其对FIPV的易感性可能会增加，临床症状也会加重。

诊断

- 目前，唯一权威性FIP诊断方法是对感染组织的病理学检测。
- 通过免疫组化证明组织中的巨噬细胞里面含有猫冠状病毒抗原。然而，通过微创技术可以获得相应的组织样本。
- 胸膜或腹膜透析液，其中可能含有固体纤维蛋白碎片或者凝块。蛋白质含量比较高。丙种球蛋白的含量超过总蛋白的32%，提示有FIP（Weiss，1991）。检测到体液中巨噬细胞中猫冠状病毒的抗原，提示与FIP相关，但在某些情况下，积液中巨噬细胞的数量太低，以至于不能检测到病毒。
- 典型的血象变化包括中性粒细胞增多、淋巴细胞增多；在慢性病例中，可出现红细胞正常、血红蛋白正常的再生障碍性贫血。
- 猫传染性腹膜炎血清常伴随丙种球蛋白增高，导致血清总蛋白含量增高。血清肝酶和总胆红素也可能增高。
- 间接荧光抗体检测（IFA）和酶联免疫吸附试验（ELISA）等血清学诊断方法，可以用来确定猫冠状病毒的抗体水平。考虑到抗体阳性和抗体高效价的健康猫占猫群数量比例很高，尤其是多猫家庭，所以血清学检测结果应谨慎解读。用IFA检测时，某些FIP病例的抗体效价可能很高，而另外一些病例的抗体效价很低（Sparkes等，1991）。
- 逆转录PCR（RT-PCR）可用于检测血液和胸腔/腹腔积液中病毒的RNA（Hartmann，2005），也可用于检测粪中的病毒和确定病毒携带者（Addie和Jarrett，2001；Addie等，2004）。遗憾的是，这种方法难以从引物设计上来区别引起FIP的猫肠道冠状病毒和普通的猫冠状病毒。对可疑FIP病例死前检测中，用RT-PCR检测到单核细胞中病毒的mRNA，被认为是最可靠的检测结果（Simons等，2005）。

治疗和防控

对于FIP和最终死于FIP感染的猫，目前还没有特效的治疗方法。维持疗法和广谱抗生素可用于治疗身体状况良好的猫（Weiss，1994）。免疫抑制和抗炎治疗可以减缓疾病的发展，但不能阻止最后致命的结果。

用FIPV血清2型温度敏感的突变株制作的一种鼻内使用的疫苗已研制成功。这种疫苗被认为是安全的，不会引起ADE（抗体依赖的增强现象）。虽然已有一些报告支持这种疫苗的有效性（Postorino Reeves等，1992；Hoskins等，1994；FEHR等，1997），但另外一些研究都没有证明该疫苗具有显著的免疫保护性。该疫苗已被许可用于16周龄以上的猫。然而，在有这个病毒污染的多猫家庭中，这个周龄的猫往往已被猫冠状病毒感染，并且是血清学阳性。

形成和维护猫冠状病毒血清学检测阴性的多猫家庭很困难。减少该病发生率的措施包括：遵守严格的卫生条件、减少每个多猫家庭的猫的数量、饲养无FIP家族感染史的猫、隔离饲养幼猫（Addie和Jarrett，1990）、减少猫的应激反应等。

■ 犬冠状病毒感染

犬冠状病毒（CCoV），现在的分类属于甲冠状病毒1型，可引起多种症状，并可以从正常的犬和腹泻的犬（Tennant等，1993）中分离到CCoV。已确认两种基因型：CCoV-1和CCoV-2（Pratelli等，2003）。偶尔可见CCoV的强毒株的报道（Decaro和Buonavoglia，2008）。该病毒与猫冠状病毒抗原相关。犬呼吸道冠状病毒（CRCoV）与CCoV是一种遗传学和抗原型显著不同的病毒，CRCoV引起犬（尤其是养犬场的犬）轻度呼吸系统疾病（Erles和Brownlie，2008）。

流行病学

血清学研究发现CCoV的感染很普遍（Tennant等，1991）。CCoV可以在展览和犬场的敏感犬之间迅速传播。犬场犬的血清阳性率可接近100%，宠物犬中的感染率为6%～75%。通过RT-PCR法调查，发现兽医诊所中关于犬的CCoV感染率的流行病学横截面调查为2.8%（Stavisky等，2010）。

感染犬的粪会传播该病。犬感染CCoV 9天后就会散播病毒，并且这种散毒过程可能会断断续续维持数月。该病毒对于环境条件没有特殊的耐受性，因此携带病毒的犬对于维持该病毒的存在很重要。呼吸系统的黏膜免疫，对于阻止病毒重复感染，似乎比循环抗体更重要。如果没有频繁接触到病毒，犬对该病毒的免疫力持续时间可能较短。

致病机理

CCoV可耐受胃的酸性环境，在十二指肠部位发生感染。感染蔓延迅速，涉及部分小肠。由于小肠中成熟表皮肠绒毛受损，小肠消化和吸收能力降低，引起犬的腹泻。在无并发症的情况下，病犬康复很快。

临床症状

尽管CCoV可以引起犬、狐狸和狼的临床疾病，但CCoV感染后通常不引起宿主发病。所有年龄的犬都可以受到感染，通常感染最严重的有可能发生在犬崽。病毒的潜伏期为3天。临床症状可能不同，包括食欲减退、抑郁、呕吐和腹泻。大多数犬在7~10天内可以康复。有时，病犬可能因为继发细菌、寄生虫或其他病毒感染，而延迟康复。该病的死亡率低。

诊断

- 电镜下可能会在粪中检测到病毒。
- 病毒可以用一些细胞系进行分离，但这个过程耗时且不可靠。
- 通过多种PCR检测都可以检测到粪样品中的犬冠状病毒（Pratelli 等，1999；Naylor 等，2001）。
- 血清中和试验或间接免疫荧光试验都可以用来检测血清抗体效价是否增加。

治疗和防控

- 必要时应进行维持治疗，包括补液和抗生素治疗。
- 虽然已有可用于怀孕的母犬的灭活疫苗，目的是提高初乳中免疫抗体含量，但这些疫苗诱导的保护程度并不确定。已证明一种经修饰的活疫苗有效，但仅对预防同源的CCoV感染有效（Pratelli 等，2004）。
- 应尽量减少接触感染动物及其粪便。
- 场所和器具用3%的次氯酸钠或2%福尔马林可以进行有效的消毒。

■ 猪传染性胃肠炎

猪传染性胃肠炎（transmissible gastroenteritis, TGE）是冠状病毒引起的在幼猪中传染性极强、全球范围发生的疾病。猪传染性胃肠炎病毒（TGEV）仅有一个血清型，它的抗原性与猫冠状病毒、犬冠状病毒非常类似。这三个病毒现在被归为同一种病毒，被命名为甲冠状病毒1型。1984年，首次发现与TGEV相关的、非致病性的猪传染性胃肠炎病毒的变异株，该变异株被称为"猪呼吸道冠状病毒"（porcine respiratory coronavirus, PRCV）。PRCV是TGEV缺失变异株，在许多欧洲国家的猪群中流行，并已在美国和亚洲一些国家发现。猪感染PRCV后通常临床症状不显著。

流行病学

TGEV通常是通过粪-口途径传播。该病毒在对蛋白水解酶、pH为3.0等条件下，比较稳定。这有利于它在胃和小肠中的生存。感染TGEV的猪的粪便排泄TGEV可达2周。TGE疫情往往发生在冬季。在完全易感猪群中，该病毒传播迅速，并可感染所有日龄的猪。然而，新生仔猪感染TGEV后，症状最为严重。如果猪场没有引进新的易感猪，该病引起的疫情通常在几周内就自行结束。

致病机理

该病毒经口摄入之后，主要在小肠绒毛处成熟的肠上皮细胞内复制。病毒的增殖导致小肠所有的小肠绒毛萎缩，严重影响小肠消化和吸收营养物质，也导致肠腔液体积聚，引起腹泻。仔猪很容易因为腹泻而引起脱水和代谢性酸中毒。

临床症状

TGE潜伏期为3天。对于7日龄以内的仔猪，常见呕吐和水样腹泻，随后很快就出现脱水和体重锐减。这种疾病通常局限在3周龄以内的仔猪和新生仔猪，死亡率接近100%。日龄稍大的猪，有食欲不振、短暂腹泻等症状，有时也可发生隐性感染。成年母猪感染后迅速获得免疫，母源免疫和乳源性免疫球蛋白IgA，能够降低仔猪的临床症状。TGE通常会持续几周。然而，如果一个猪场随着母源免疫保护的消失，连续存在仔猪TGEV感染，则该病将在这个猪场持续存在。临床上，这种持续存在的TGEV感染通常是比较轻微的。

诊断

如果仔猪突然腹泻，并迅速蔓延，并且伴随100%死亡率，这是发生TGE很强的信号。尸检中发现由于肠绒毛萎缩，洗净后的小肠壁像纸一样薄。空肠和回肠的肠壁受到影响，而十二指肠通常是正常的。

- 对小肠进行黏膜涂片或冰冻切片，用免疫荧光法，可检测到病毒抗原。有必要对一些发病初期的仔猪实施安乐死，以获得合适的实验室检查标本。用ELISA方法，可检测到粪中的病毒抗原。
- 粪中的病毒可用猪睾丸细胞系进行分离。
- 可用RT-PCR检测和区分TGEV和PRCV（Paton等，1997）。
- 可以用病毒中和方法检测血清中的抗体。然而，这种方法不能区分中和病毒的抗体是TGEV还是PRCV感染诱导出来的。在有些商品化的竞争阻断ELISA试剂盒中，使用了针对TGEV糖蛋白抗原表位的单克隆抗体，可用于区分TGEV还是 PRCV感染诱导出来的抗体。

治疗和控制

- TGE没有特效治疗方法，但补液治疗可能有一些效果。保持产房的最佳温度，可提高仔猪生存率。
- 在急性TGE疫情中，故意让妊娠母猪暴露于病毒污染的环境中，会降低新生仔猪的死亡率。暴露后的怀孕母猪应转移到清洁处所。新生仔猪出生时通常会通过初乳获得母源抗体的被动保护。
- 可以用改良后的弱毒活疫苗和灭活疫苗预防TGE。改良的弱毒活疫苗给产仔母猪产前5～7周口服，在产前1周再进行一次加强免疫。怀孕母猪接种疫苗降低了幼崽死亡率，但并不能消除感染。
- 欧洲PRCV长期流行地区的猪群已很少发生TGE严重疫情。PRCV在猪群中通过气溶胶传播，母猪感染PRCV后通过初乳，给仔猪强有力的保护（Wesley和Woods，1993）。

■ 猪流行性腹泻

猪流行性腹泻（porcine epidemic diarrhoea，PED）临床上类似于TGE。该病发生在欧洲和亚洲。猪流行性腹泻病毒（porcine epidemic diarrhoea virus，PEDV）只有一个血清型，它与猪传染性胃肠炎病毒抗原上差异显著。

流行病学

该病毒通过粪-口途径传播，在易感猪群中通过感染猪的污染物以及其他间接方式感染猪。该病毒在一个农场内的传播速度慢于猪传染性胃肠炎病毒TGEV。

致病机理

病毒复制发生在小肠和结肠的上皮细胞中。在小肠中，使肠绒毛缩短。但与猪传染性胃肠炎病毒对于细胞的破坏率和严重程度相比，不太明显。

临床症状

潜伏期长达4天。受感染动物的年龄、相关的发病率和死亡率是可变的。一些农场中，所有年龄段的猪都会发病，1周内仔猪的死亡率可能接近50%。水样腹泻加上之前的呕吐，为主要临床表现。偶尔有几只动物突然死亡，验尸发现其背部肌肉明显坏死。该病毒可能会通过猪连续繁殖，持续污染大型养殖场。大部分受感染的猪约1周后痊愈，死亡率通常较低。

诊断

- 对于急性腹泻的猪进行安乐死，取小肠样品做冷冻切片，通过直接免疫荧光法检测，灵敏而可靠，尤其是新生仔猪的标本。
- 可以通过ELISA法检测急性腹泻的猪的粪便、肠道内容物中的病毒抗原。
- 已有报道，通过一种双向设计的RT-PCR检测并可区分猪流行性腹泻病毒和传染性胃肠炎病毒（Kim等，2001；2007）。
- 成对的血清样品，使用阻断ELISA或间接免疫荧光法、PEDV阳性肠冷冻切片法都可以检测到抗体。

治疗和控制

- 没有特效疗法。一般不利用疫苗，但一种口服的减毒活疫苗已在韩国被报道（Song等，2007）。
- 农场里任何动物之间的适当的卫生控制措施是预防疾病所必需的。
- 种猪场内如果发生TGE疫情，良好的卫生措施有助于减缓感染的传播。有时故意使怀孕母猪接触到带有TGEV的猪粪，使其感染TGEV，可以提高初乳的免疫力，并可缩短疾病暴发过程。

■ 猪血凝性脑脊髓炎病毒感染

这是由冠状病毒引起幼猪的一种以呕吐和水样腹泻为症状的疾病。这种疾病是猪血凝性脑脊髓炎病毒引起的。该病毒只有一个血清型，可以凝集数种动物的红细胞。

流行病学

该病毒感染可能在全球普遍存在。病猪鼻腔分泌物中的病毒很容易通过气溶胶传播。种猪场可以存在该病毒的感染，表现为亚临床呼吸道症状。在地方性流行的猪群中，免疫母猪保护性抗体转移到它们的后代仔猪上，这种保护将一直维持到它们形成与周龄相应的抵抗力。8~16周龄的亚临床症状的猪可以形成主动免疫抵抗力。

致病机理

该病毒在上呼吸道和扁桃体内复制，然后通过外周神经系统扩散至延髓，继而又扩散到中枢神经系统的其他部分。该病毒侵害胃内壁的神经丛，引起呕吐；该病毒也侵害迷走神经，导致胃排空延迟。

临床症状

该病潜伏期长达7天，小于3周龄的猪表现出急性脑脊髓炎一些临床症状，包括四肢不协调、抽搐，以及呕吐、脱水、消瘦造成的高死亡率。初生仔猪会发生严重脱水，甚至死亡。幼猪的死亡率往往是100%。日龄较大的猪继续呕吐，变得非常消瘦。存活的猪可能会永久发育不良，变成僵猪。

诊断

- 必须是临床症状发病2天之内采集脑干样本，进行病毒分离，或进行冰冻切片，用免疫荧光试验检测病毒特异的抗原，猪甲状腺细胞也适合进行病毒分离。
- 临床剖检，可以观察到非化脓性脑脊髓炎的病灶。
- 病毒RNA可以用巢式RT-PCR方法进行检测（Sekiguchi 等，2004）。
- 可以用病毒中和试验或血凝抑制试验，检测成对血清样本，观察血清抗体效价是否显著上升。

治疗和控制

- 没有特效治疗方法。
- 由于该病在自然界零星散布，还不需要进行疫苗接种。
- 应采取适当措施，防止种猪场受到感染。如果种猪场受到感染，需要确保母猪可以产生足够的母源抗体，用以保护仔猪。为了确保母猪怀孕前接触到该病毒，母猪应该在配种前，进行成群饲养。

■ 传染性支气管炎

传染性支气管炎（infectious bronchitis）是禽冠状病毒（avian coronavirus，译者注：随着禽鸟中多种多样的冠状病毒被陆续发现，此病毒名称的妥帖性已经受到质疑）中传染性支气管炎病毒（infectious bronchitis virus，IBV）引起的一种具有高度传染性的、重要经济意义的、全球分布的禽病。它影响禽类呼吸系统、生殖系统和泌尿系统。现在已经发现IBV存在多种血清型，各血清型通常具有不同的毒力和组织偏嗜性，这可能是IBV突变或重组的结果。

流行病学

虽然已从鸽子和野鸡中分离到IBV，但公认鸡是IBV主要宿主。气溶胶传播是最重要的传播途径，病毒可以迅速使易感禽类受到感染。发病率可能接近100%。禽类受到感染后，呼吸道会在几周内连续排泄病毒。数周内也可以通过粪便和蛋传播病毒。同一地区可以同时流行多个血清型。由于各血清型交叉免疫保护较差，鸡可以多次感染（Cavanagh，2007）。

致病机理

该病毒主要在呼吸系统复制。病毒血症会在接触到病毒后的1~2天内出现。该病毒广泛分布到全身，尤其在输卵管、肾脏和法氏囊中，分布较多。在这些组织中分布和病变的严重程度受毒株毒力和鸡品系的影响（Cavanagh，2007）。

临床症状

该病潜伏期可达48小时。鸡群的日龄、免疫状态和病毒毒株的不同，都会强烈影响疾病的性质和严重程度。通常，尤其是当发生继发性感染时，该病对于小鸡危害最为严重。小于3周龄的鸡感染后，出现喘气和鼻腔渗出液。感染可能会导致它们发育不良，一

第六篇

些鸡可能死于突发性支气管堵塞。日龄较大的鸡感染后，通常可以观察到啰音和喘气。在没有继发感染的情况下，病鸡死亡率一般比较低。疾病的过程对于个体来讲，可持续7天；对于群体来讲，可持续10~14天。蛋鸡出现明显的啰音后，产蛋量将显著减少，然后慢慢恢复正常。蛋质量差、软壳蛋、畸形蛋，可能会持续数周。1996年首次在中国发现IBV一个新毒株，被称为QX，它可以引起输卵管囊肿。受感染的鸡腹部增大，头部后仰，输卵管囊肿充满液体。鸡感染IBV的肾型毒株后，会发生间质性肾炎和呼吸道轻微症状，伴有中高程度的死亡率。

诊断

- 可以在疾病急性发作期分离到病毒。从呼吸道分离病毒是首选，但从肾脏、输卵管和粪便也可以进行病毒分离。样本通常接种到9~10日龄的鸡胚尿囊液中。分离的病毒也许需要传代数次后，才会出现IBV特征性的鸡胚发育不良和蜷缩。1日龄无特定病原体的小鸡的气管外植体可用于病毒中和试验，用以确定病毒的抗原型别。
- 可以通过实时荧光RT-PCR法（Callison 等，2005）对病毒进行检测和分型。
- 血清学检测，包括病毒中和试验、免疫琼脂扩散试验、血凝抑制试验和ELISA，都可用于检测急性期和恢复期的血清抗体效价的上升。

治疗和控制

- 没有特效治疗方法。服用抗生素可降低继发性细菌感染引起的死亡率。
- 弱毒活疫苗和含有佐剂的灭活疫苗都可以用来预防此病。疫苗保护期往往比较短，并且和毒株血清型相关。因此，使用多价联合疫苗和多次接种疫苗，都较为常见。弱毒活疫苗对于14日龄的小鸡，通常通过饮水或气溶胶给药，在4周左右再次给药。可以用一个株毒力较弱、传代很多次的疫苗病毒，用于初次免疫；然后，再用一株毒力稍强的病毒，用于加强免疫。一般来讲，先用活疫苗进行初次免疫，在鸡产蛋之前，用灭活疫苗再次免疫，可以避免蛋鸡产蛋下降，也可以确保种鸡产生足够的卵黄抗体。

■ 牛冠状病毒感染

冠状病毒（bovine coronavirus，BCV）是犊牛腹泻的原因之一，也会引起圈养成年牛的冬季痢疾。有证据表明它是引起牛呼吸系统疾病的复杂的原因之一。这种病毒仅有一个血清型，可以使小鼠、大鼠和仓鼠的红细胞，发生凝集反应。

流行病学及致病机理

BCV主要经粪-口途径传播。然而，BCV可以在小牛的呼吸道内复制（McNulty 等，1984），并且感染小牛通常既在肠道又在呼吸道中携带BCV（Thomas等，2006）。BCV在被感染有症状的小牛，以及持续性感染无症状的小牛和母牛的维持下，常在某些农场长期存在。病毒的复制能够损坏小肠和大肠内成熟的上皮细胞，导致吸收不良性腹泻。这种疾病的严重程度受到动物感染时的年龄以及管理方式的影响。导致冬季腹泻发生的重要风险因素包括饮食习惯的改变、寒冷的气温、密集的圈养，以及其他病原微生物（如空肠弯曲菌）的存在。

临床症状

对小牛来说，该病潜伏期2天，发病小牛通常为3~30日龄。病牛严重腹泻，这可能会导致脱水、酸中毒和死亡。进行适当的治疗后，通常在几天内腹泻停止。呼吸道感染通常是温和的，但可能诱发更严重的继发性感染。

对成年动物来说，冬季痢疾的潜伏期为3~7天。该病表现为突然发作的腹泻，伴随着产奶量急剧下降。有些病牛的粪中含有血液或血液凝块。病牛除腹泻外，还可流眼泪、咳嗽。牛群中此病的疫情可能会持续2周。

诊断

- 应在病程的早期收集粪便或肠内容物样本，进行实验室检查。
- 通过电镜（EM）可以直接观察到粪标本中典型的冠状病毒颗粒。免疫EM则因为更敏感和更特异，而更有诊断意义。其他诊断检测方法包括ELISA和血凝抑制试验。
- 以小肠或结肠壁的冷冻切片为样本，可通过免疫荧光法检测病毒的抗原。
- RT-PCR、巢式PCR和实时荧光定量PCR都可用于检测临床标本中的牛冠状病毒RNA（Cho 等，2001；Decaro 等，2008）。

- 用细胞培养方法，分离病毒是困难的。
- BCV抗体广泛存在于牛血清中，因此血清学检测，包括中和试验、ELISA和血凝抑制试验，对于该病诊断，都没有价值。

治疗和控制

　　该病采取支持疗法，无特效方法。在小牛中控制此病需要疫苗接种和良好的管理措施，包括彻底的清洁和消毒、良好的通风以减少空气传播、确保摄取足够的初乳等。为了避免传染给易感的小牛，不同年龄组的牛不应混养在一起。已开发出弱毒活疫苗和灭活疫苗，可用于小牛口服，用来刺激小牛的主动免疫。初乳中BCV母源抗体的存在，可能会干扰口服疫苗的疗效。此外，也可以给怀孕母牛接种疫苗，以增加初乳和牛奶中的抗体水平。目前，还没有疫苗用于成年牛冬季痢疾的预防。

◉ 参考文献

Addie, D.D. and Jarrett, O. (1990). Control of feline coronavirus infection in kittens. Veterinary Record, 126, 164.

Addie, D.D. and Jarrett, O. (1992). A study of naturally occurring feline coronavirus infections in kittens. Veterinary Record, 130, 133–137.

Addie, D. and Jarrett, O. (2001). Use of reverse-transcriptase polymerase chain reaction for monitoring the shedding of feline coronavirus by healthy cats. Veterinary Record, 148, 649–653.

Addie, D.D., Toth, S., Murray, G.D. and Jarrett, O. (1995). Risk of feline infectious peritonitis in cats naturally infected with feline coronavirus. American Journal of Veterinary Research, 56, 429–434.

Addie, D.D., Patrinieri, S. and Pedersen, N.C. (2004). Recommendations from workshops of the second international feline coronavirus/feline infectious peritonitis symposium. Journal of Feline Medicine and Surgery, 6 125–130.

Barr, F. (1998). Feline infectious peritonitis. Journal of Small Animal Practice, 39, 501–504.

Callison, S.A., Hilt, D.A. and Jackwood, M.W. (2005). Rapid differentiation of avian infectious bronchitis virus isolates by sample to residual ratio quantitation using real-time reverse transcriptase-polymerase chain reaction. Journal of Virological Methods, 124, 183–190.

Cavanagh, D. (2007). Coronavirus avian infectious bronchitis virus. Veterinary Research, 38, 281–297.

Cho, K.O., Hasoksuz, M., Nielsen, P.R., Chang, K.O., Lathrop, S. and Saif, L.J. (2001). Cross-protection studies between respiratory and calf diarrhea and winter dysentery coronavirus strains in calves and RT-PCR and nested PCR for their detection. Archives of Virology, 146, 2401–2419.

Decaro, N. and Buonavoglia, C. (2008). An update on canine coronaviruses: viral evolution and pathobiology. Veterinary Microbiology, 132, 221–234.

Decaro, N., Elia, G., Campolo, M., et al. (2008) Detection of bovine coronavirus using a TaqMan-based real-time RT-PCR assay. Journal of Virological Methods, 151,167–171.

Erles, K. and Brownlie, J. (2008). Canine respiratory coronavirus: an emerging pathogen in the canine infectious respiratory disease complex. Veterinary Clinics of North America Small Animal Practice, 38, 815–825.

Fehr, D., Holznagel, E., Bolla, S., et al. (1997). Placebocontrolled evaluation of a modified live virus vaccine against feline infectious peritonitis: safety and efficacy under field conditions. Vaccine, 15, 1101–1109.

Hartmann, K. (2005). Feline infectious peritonitis. Veterinary Clinics of North America, Small Animal Practice, 35, 39–79.

Herrewegh, A.A.P.M., Smeenk, I., Horzinek, M.C., et al. (1998). Feline coronavirus type II strains 79–1683 and 79–1146 originate from a double recombination between feline coronavirus type 1 and canine coronavirus. Journal of Virology, 72, 4508–4514.

Hoskins, J.D., Taylor, H.W. and Lomax, T.L. (1994). Challenge trial of an intranasal feline infectious peritonitis vaccine. Feline Practice, 22, 9–13.

Kapil, S. and Goyal, S.M. (1995). Bovine coronavirus-associated respiratory disease. Compendium on Continuing Education for the Practicing Veterinarian, 17, 1179–1181.

Kim, S.J., Song, D.S. and Park, B.K. (2001). Differential detection of transmissible gastroenteritis virus and porcine epidemic diarrhoea virus by duplex RT-PCR. Journal of Veterinary Diagnostic Investigation, 13, 516–520.

Kim, S.H., Kim, I.J., Pyo, H.M., et al. (2007). Multiplex realtime RT-PCR for the simultaneous detection and quantification of transmissible gastroenteritis virus and porcine epidemic diarrhea virus. Journal of Virological

Methods, 146, 172–177.

McNulty, M.S., Bryson, D.G., Allan, G.M. and Logan, E.F. (1984). Coronavirus infection of the bovine respiratory tract. Veterinary Microbiology, 9, 425–434.

Muir, P., Harbour, D.A., Gruffydd-Jones, T.J., et al. (1990). A clinical and microbiological study of cats with protruding nictitating membranes and diarrhoea: isolation of a novel agent. Veterinary Record, 127, 324–330.

Naylor, M.J., Harrison, G.A., Monckton, R.P., et al. (2001). Identification of canine coronavirus strains from faeces by S gene nested PCR and molecular characterization of a new Australian isolate. Journal of Clinical Microbiology, 39, 1036–1041.

Paltrinieri, S., Cammarata, M.P., Cammarata, G. and Mambretti, M. (1998a). Type IV hypersensitivity in the pathogenesis of FIPV-induced lesions. Journal of Veterinary Medicine, Series B, 45, 151–159.

Paltrinieri, S., Cammarata, M.P., Cammarata, G. and Comazzi, S. (1998b). Some aspects of humoral and cellular immunity in naturally occurring feline infectious peritonitis. Veterinary Immunology and Immunopathology, 65, 205–220.

Paton, D., Ibata, G., Sands, J. and McGoldrick, A. (1997). Detection of transmissible gastroenteritis virus by RT -PCR and differentiation from porcine respiratory coronavirus. Journal of Virological Methods, 66, 303–309.

Pedersen, N.C. (2009). A review of feline infectious peritonitis virus infection: 1963–2008. Journal of Feline Medicine and Surgery, 11, 225–258.

Pedersen, N.C. and Floyd, K. (1985). Experimental studies with three new strains of feline infectious peritonitis virus: FIPV-UCD2, FIPV-UCD3 and FIPV-UCD4. Compendium on Continuing Education for the Practicing Veterinarian, 7, 1001–1011.

Poland, A., Vennema, H., Foley, J.E. and Pedersen, N.C. (1996). Two related strains of feline infectious peritonitis virus isolated from immunocompromised cats infected with a feline enteric coronavirus. Journal of Clinical Microbiology, 34, 3180–3184.

Postorino Reeves, N.C., Pollock, R.V.H. and Thurber, E.T. (1992). Long-term follow-up study of cats vaccinated with a temperature-sensitive feline infectious peritonitis vaccine. Cornell Veterinarian, 82, 117–123.

Pratelli, A., Tempestra, M., Greco, G., Martella, V. and Buonavoglia, C. (1999). Development of a nested PCR assay for the detection of canine coronavirus. Journal of Virological Methods, 80, 11–15.

Pratelli, A., Martella, V., Decaro, N., et al. (2003). Genetic diversity of a canine coronavirus detected in pups with diarrhoea in Italy. Journal of Virological Methods, 110, 9–17.

Pratelli, A., Tinelli, A., Decaro, N., et al. (2004). Safety and efficacy of a modified-live canine coronavirus vaccine in dogs. Veterinary Microbiology, 99, 43–49.

Rottier, P.J., Nakamura, K., Schellen, P., et al. (2005). Acquisition of macrophage tropism during the pathogenesis of feline infectious peritonitis is determined by mutations in the feline coronavirus spike protein. Journal of Virology, 79, 14122–14130.

Sekiguchi, Y., Shirai, J., Taniguchi, T. and Honda, E. (2004). Development of reverse transcriptase PCR and nested PCR to detect porcine hemagglutinating encepha-lomyelitis virus. Journal of Veterinary Medical Science, 66, 367–372.

Simons, F.A., Vennema, H., Rofina, J., et al. (2005). A mRNA PCR for the diagnosis of feline infectious peritonitis. Journal of Virological Methods, 124, 111–116.

Song, D.S., Oh, J.S., Kang, B.K., et al. (2007). Oral efficacy of Vero cell attenuated porcine epidemic diarrhea virus DR13 strain. Research in Veterinary Science, 82, 134–140.

Sparkes, A.H., Gruffydd-Jones, T.J. and Harbour, D.A. (1991). Feline infectious peritonitis: a review of clinico-pathological changes in 65 cases, and a critical assessment of their diagnostic value. Veterinary Record, 129, 209–212.

Sparkes, A.H., Gruffydd-Jones, T.J., Howard, P.E. and Harbour, D.A. (1992). Coronavirus serology in healthy pedigree cats. Veterinary Record, 131, 35–36.

Stavisky, J., Pinchbeck, G.L., German, A.J., et al. (2010). Type 1 canine enteric coronavirus reported at a low prevalence in dogs in the UK. Veterinary Microbiology, 140, 18–24.

Tennant, B.J., Gaskell, R.M., Jones, R.C. and Gaskell, C.J. (1991). Prevalence of antibodies to four major canine viral diseases in dogs in a Liverpool hospital population. Journal of Small Animal Practice, 32, 175–179.

Tennant, B.J., Gaskell, R.M., Jones, R.C. and Gaskell, C.J. (1993). Studies on the epizootiology of canine coronavirus. Veterinary Record, 132, 7–11.

Thomas, C.J., Hoet, A.E., Sreevatsan, S., et al. (2006). Transmission of bovine coronavirus and serologic responses in feedlot calves under field conditions. American Journal of Veterinary Research, 67, 1412–1420.

Vennema, H., Poland, A., Foley, J. and Pedersen, N.C. (1998). Feline infectious peritonitis viruses arise by mutation from endemic feline enteric coronaviruses. Virology, 243, 150–157.

Weiss, R.C. (1991). The diagnosis and clinical management of feline infectious peritonitis. Veterinary Medicine, 86, 308–319.

Weiss, R.C. (1994). Feline infectious peritonitis virus: advances in therapy and control. In Consultations in Feline Internal

Medicine 2. Ed. J.R. August. W.B. Saunders, Philadelphia. pp. 3–12.

Wesley, D. and Woods, R.D. (1993). Immunization of pregnant gilts with PRCV induces lactogenic immunity for protection of nursing piglets from challenge with TGEV. Veterinary Microbiology, 38, 31–40.

◉ 进一步阅读材料

Addie, D., Belák, S., Boucraut-Baralon, C., et al. (2009). Feline infectious peritonitis. ABCD guidelines on prevention and management. Journal of Feline Medicine and Surgery, 11, 594–604.

Clark, M.A. (1993). Bovine coronavirus. British Veterinary Journal, 149, 51–70.

Gamble, D.A., Lobbiani, A., Gramegna, M., et al. (1997). Development of a nested PCR assay for detection of feline infectious peritonitis virus in clinical specimens. Journal of Clinical Microbiology, 35, 673–675.

Hoet, A.E. and Saif, L.J. (2004). Bovine torovirus (Breda virus) revisited. Animal Health Research Reviews, 5, 157–171.

Ignjatović, J. and Sapats, S. (2000). Avian infectious bronchitis virus. Revue Scientifique et Technique. 19, 493–508.

Olsen, C.W. (1993). A review of feline infectious peritonitis virus: molecular biology, immunopathogenesis, clinical aspects, and vaccination. Veterinary Microbiology, 36, 1–37.

Siddell, S.G. (1995). The Coronaviridae. Plenum Press, New York.

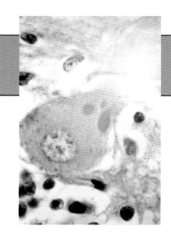

第80章

动脉炎病毒科

动脉炎病毒（arterivirus）以前分类上属于披膜病毒科（*Togaviridae*）的成员，后来归类到新成立的动脉炎病毒科（*Arteriviridae*）。其基因组的结构和复制模式与冠状病毒科（*Coronaviridae*）是相似的。因此，这两个病毒科现在都是套式病毒目（*Nidovirales*）的成员。动脉炎病毒科只有一个属，即动脉炎病毒属（*Arterivirus*）。动脉炎病毒科和动脉炎病毒属的名称来自马动脉炎，该病是由动脉炎病毒科动脉炎病毒属马动脉炎病毒造成的。

动脉炎病毒是球形的，直径40～60纳米，并具有含脂的囊膜，囊膜上携带一些小突起（图80.1）。囊膜上有两个主要的和四个次要的蛋白，其中4个为糖蛋白。该病毒囊膜之内是二十面体对称的核衣壳，

核衣壳内包含着病毒的基因组。其基因组是线状的、正向的、单股的一个RNA分子。该病毒在感染细胞的细胞质中进行复制。该病毒在复制过程中，形成特征性的可能含有复制复合体的双膜囊泡（double-membrane vesicles）。预先形成的核衣壳以出芽的方式，进入内质网或高尔基复合体的膜构成的管状腔隙（内质网或高尔基复合体的膜是细胞内平滑的膜）。带有囊膜的病毒粒子积聚在细胞内的囊泡中，然后由胞吐作用被运送细胞外。动脉炎病毒较为不稳定，对热、低pH条件、脂溶剂、清洁剂处理、紫外线照射和许多消毒剂敏感。

△ 要点
- 中等大小、有囊膜、单链RNA病毒
- 二十面体对称
- 在巨噬细胞和内皮细胞的细胞质中进行复制
- 引起马病毒性动脉炎（equine viral arteritis）和猪繁殖与呼吸综合征（porcine reproductive and respiratory syndrome，PRRS）

⊙ 临床感染

动脉炎病毒属的成员具有宿主特异性，且抗原性上差异显著。已证实马、猪、老鼠和猴都可以感染动脉炎病毒属的病毒。感染主要的靶细胞是巨噬细胞。该病毒通过气溶胶、叮咬或性接触，发生水平传播。感染常常是长期的。

■ 马病毒性动脉炎

虽然在全球范围内都有感染马动脉炎病毒

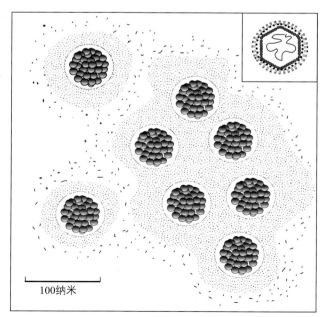

图80.1 动脉炎病毒颗粒电镜下形态示意图（右上插图为结构示意图）

100纳米

（equine arteritis virus，EAV）的病例发生，但该病暴发流行比较罕见。上呼吸道感染、腹部水肿和流产是该病临床特点。虽然EAV各个毒株之间存在生物特征和遗传学差异，但它们抗原上的差异是有限的，目前只发现一个血清型。

流行病学

马、驴和骡容易受到感染。标准竞赛系（standardbreds）品牌的马血清阳性率高于纯血系（thoroughbreds）品牌的马血清阳性率。目前还不清楚这是它们对病毒易感性的不同导致的，还是它们在不同管理方式下接触病毒的机会不同导致的。虽然在一些马群中该病毒感染很普遍，但它引起的疫情是零星的。近几年该病疫情发生的频率增加了。其原因可能包括国际间马匹运输的增加、马的繁殖上更广泛地使用人工授精，以及对该病的认识更加普及。

在急性感染期，病毒的传播主要是通过呼吸道气溶胶，也可以通过粪、尿液和阴道分泌物传播。密切接触有利于感染的传播。在母马和去势公马身上，病毒通常会在1~2个月消失，但约35%的种公马将会持续受到感染。携带该病毒的种公马通常无症状，但精液中持续携带病毒。超过80%的母马可能被这些携带病毒的种公马感染。持续性带毒并不损害公马的生育力，而且种公马持续性带毒似乎依赖于睾酮（McCollum等，1994）。通过性交而被感染的母马通过呼吸道途径和密切接触，将该病毒水平传播到其他易感动物。母马不会持续性感染该病毒。怀孕的母马感染此病毒，可能导致流产或产下带毒的小马驹。

致病机理和病理学

病毒随气溶胶传播后，它的复制发生在肺巨噬细胞里，随后蔓延至支气管的淋巴结，并会引起病毒血症。该病毒感染引起的病理变化包括内皮细胞增生、广泛分布的坏死性动脉炎，也包括许多组织发生水肿、充血和出血。流产的胎儿虽然常常表现出自溶现象，但很少显示特征性病变。

临床症状

病毒的潜伏期为3~14天。许多马感染后不表现临床症状。该病往往在年幼和年老的动物上产生更严重的症状。受感染的动物出现发热、厌食、抑郁、结膜炎、鼻炎、步态僵硬等症状。水肿是该病突出的症状，可能涉及眼皮、腹部和四肢，尤其是后肢。颈部皮肤通常发生荨麻疹样病变。马驹感染后，可以发展为急性、致死性很高的呼吸系统疾病（Del Piero等，1997）。受感染的大部分马都可以完全康复，并且可以保持数年的免疫状态。驴的临床症状和马类似，但一般较轻微。

诊断

由于马病毒性动脉炎的临床表现类似于其他马病，所以需要实验室确诊。国际公认的检测程序已经出版（Timoney，1996；OIE，2008）。

- 可采用兔或马肾细胞等适当的细胞系进行病毒分离。鼻咽拭子、结膜拭子、胎盘组织、胎儿组织和流体样品都是适合分离病毒的样本。
- 采用RT-PCR方法，可以从精液和其他样本中检测到病毒RNA。此方法诸多检测程序已经出版（OIE，2008）。
- 急性期与恢复期的血液样本，可以进行血清学检测。病毒中和试验被认为是敏感的和高度特异的，也是最广泛使用的检测技术。该方法通常在微量滴定板中进行，并且加入了补体，以提高检测的灵敏度。
- 通过血清学检测可以发现携带这种病毒的种公马。如果种公马血清学检测呈阳性，那么应尽力尝试从精液中分离病毒。精液中富含精子和病毒，适合进行病毒分离，或采用RT-PCR方法检测病毒RNA。另一种可选择的方法是，种公马可以与血清学检测阴性的母马进行交配，通过母马交配前后血清抗体的变化，判断种公马是否携带这种病毒。

治疗

病情严重的情况下需要采取支持性治疗。支持性治疗时，种公马仍然保持病毒携带状态。

控制

已经被确诊持续感染EAV的种公马将进行阉割或安乐死。为了减少马驹成为带毒者，建议对年龄在6~12个月的马驹接种疫苗（Timoney和McCollum，1996）。有两种商品化马病毒性动脉炎疫苗。

- 改良过的细胞培养的活疫苗对该病的预防有良好的保护作用，但不能阻止感染。这种疫苗对于怀孕的母马和6周龄以内的马驹禁止使用。种公马接种该活疫苗后，通常不会出现携带疫苗病毒的情况。

- 据报道，含有佐剂的灭活全病毒疫苗对怀孕母马很安全，但需要在首次免疫6个月后，进行加强免疫（Fukunaga，1994）。

表达两个主要的囊膜蛋白的委内瑞拉马脑炎病毒的疫苗株形成的复制子颗粒（replicon particles），能诱导宿主产生保护性中和抗体（Balasuriya 等，2002）。

■ 猪繁殖与呼吸综合征（PRRS）

PRRS是一种在经济上影响重大的猪病。它的特点是引起母猪繁殖障碍和仔猪肺炎。该综合征最初于1987年在美国被发现。尽管人们力图控制该病的传播，但目前该病已流行于许多国家。它的病原体，最初称为Lelystad病毒，是在荷兰首次被分离的（Wensvoort 等，1991）。后来，人们发现该病毒具有动脉炎病毒一些特点，将其更名为猪繁殖与呼吸综合征病毒（PRRSV）。欧洲和美国两地的PRRSV具有明显的抗原性和基因组差异，分别被称为 I 型和 II 型两个亚种。但I型毒株已经在美国被发现，而通过使用来自北美的改良活疫苗，已经将 II 型毒株引入欧洲。

流行病学

该病毒自然感染可发生在家猪和野猪身上。病毒具有很强的传染性，被感染的猪的唾液、尿液、精液、粪，都含有病毒。猪鼻与鼻的接触被认为是该病毒最有可能的传播路径。在疾病急性暴发时，大量病毒被排到环境中，此时猪场之间的空气传播发挥重要作用。目前认为，只有猪养殖密度高、环境温度情况适宜时，空气传播才是重要的传播途径。冬季在低温和高湿情况下，该病毒体外存活能力增强，更利于病毒传播。引进被感染的猪或采用被感染的精液，是养猪场发生感染的重要原因。在感染多年的养猪场，这个病毒的传播是连续性的或波浪状的。养猪场持续性受到病毒感染的原因较多（Albina，1997）。母源抗体的免疫力维持很短时间，使得4~10周龄的仔猪就进入了易感状态。新进的易感猪有助于维持该病毒在养猪场持续存在。这种病毒的感染可能以一种缓慢的、不可预知的方式传播，导致猪群中总是有些猪处于易感状态。免疫功能正常的猪抗体水平可以持续数月才逐渐下降，然后可

能再次感染这个病毒。实验室感染的猪，该病毒的感染可持续157天（Wills 等，1997）。

致病机理和致病性

PRRSV的感染最常发生在呼吸道。该病毒能够结合到肺泡巨噬细胞上，肺可能就是该病毒的靶器官（van Reeth，1997）。宿主早期的抗体反应不能有效地清除病毒感染。肺泡巨噬细胞感染该种病毒具有抗体依赖增强现象。病毒运输到区域淋巴结后，就开始传播到身体各个组织中的巨噬细胞里。病毒可经胎盘感染胎儿。目前还不清楚，为何母猪妊娠早期人工感染此病毒难以诱发流产，而妊娠晚期人工感染此病毒，容易诱发流产（Kranker 等，1998）。胎儿和胎盘异常的表现并不总是一样，而且胎儿死亡和繁殖障碍的机制还不明确。虽然该病毒不会使猪表现出全身性的免疫抑制，但它使猪易于感染其他微生物，如猪链球菌、猪呼吸道冠状病毒和副猪嗜血杆菌（Albina 等，1998）。

临床症状

PRRSV传入到一个种猪群，通常会引起繁殖障碍，包括流产、早产、较多的死胎和木乃伊胎、孱弱的新生仔猪。受感染的母猪会推迟再次受孕的时间。在受感染的猪群中，可能发生波浪性、渐进性的食欲不振。在某些情况下，病猪可出现耳朵发紫（故称之为"蓝耳病"）和外阴皮肤出现红斑。新生仔猪断奶前的呼吸窘迫和高死亡率也是该病的重要临床特征。亚临床型感染很常见。猪饲养密度高、某些PRRSV毒株的毒力强、地面有缝隙，都可以使病情加重。在受损最严重的猪群中，虽然零星的呼吸道和繁殖障碍是主要临床表现，但在多年感染的猪群中，慢性疾病占主导地位（Zimmermann 等，1997）。新近，中国报道PRRSV变异毒株引起了更为严重的PRRS疫情，使青年猪和成年猪发生死亡，平均死亡率为20%（Tian 等，2007）。

诊断

- 因为临床表现的多样性（尤其是在感染多年的地区），该病的确诊常需实验室检测。
- 血清学检测方法是使用最广泛的诊断方法，有一些商品化试剂盒。这些方法包括ELISA和免疫过氧化物酶单层细胞培养试验。然而，这些检测不能区分

自然感染和疫苗感染（Okinga等，2009）。

- 可以通过病毒分离、直接荧光染色、原位杂交或RT-PCR方法，来检测病原（Kleiboeker等，2005）。病毒分离很困难，需要使用猪肺泡巨噬细胞。合适的样本包括血清、胎儿的液体、脾、扁桃体、淋巴结肿大和肺组织。多重PCR法已被设计区分北美和欧洲的PRRSV株（Gilbert等，1997）。

治疗

该病没有特效治疗方法。支持疗法和使用抗生素抑制继发感染，可能有用。

控制

控制该种疾病的重要措施是使用疫苗和进行有效的卫生管理措施。

- 一种商品化的改进的活疫苗可用于3～18周龄的猪，也适合非妊娠母猪配种前使用。但它不适合在未清除PRRSV感染的猪群中对公猪和妊娠母猪使用。已报道，在某些情况下，活疫苗的病毒会感染没有接种疫苗的猪，导致临床疾病。另外一种灭活疫苗也可以使用（Plana-Duran等，1997）。疫苗接种对于预防临床感染提供了合理的保护。疫苗可能含有Ⅰ型或Ⅱ型病毒。如果疫苗中的病毒与流行的病毒相似，则疫苗的预防效果更好（Scortti等，2007；Okuda等，2008）。

- 为了避免出现非免疫母猪，并且为了避免再次感染PRRSV，稳定母猪群体非常必要。猪场引进新的母猪之前，应采用有效的隔离和适应新环境的措施。针对感染猪群中断奶仔猪如何饲养，以及猪场PRRSV感染如何清除，也有相应的控制措施建议（Dee和Joo，1997；Dee和Molitor，1998）。

◉ 参考文献

Albina, E. (1997). Epidemiology of porcine reproductive and respiratory syndrome (PRRS): an overview. Veterinary Microbiology, 55, 309–316.

Albina, E., Piriou, L., Hutet, E., et al. (1998). Immune response in pigs infected with porcine reproductive and respiratory syndrome virus (PRRSV). Veterinary Immunology and Immunopathology, 61, 49–66.

Balasuriya, U.B., Heidner, H.W., Davis, N.L., et al. (2002). Alphavirus replicon particles expressing the two major envelope proteins of equine arteritis virus induce high level protection against challenge with virulent virus in vaccinated horses. Vaccine, 20,1609–1617.

Dee, S.A. and Joo, H. (1997). Strategies to control PRRS: a summary of field and research experience. Veterinary Microbiology, 55, 347–353.

Dee, S.A. and Molitor, T.W. (1998). Elimination of porcine reproductive and respiratory syndrome virus using a test and removal process. Veterinary Record, 143, 474–476.

Del Piero, F., Wilkins, P.A., Lopez, J.W., et al. (1997). Equine viral arteritis in newborn foals: clinical, pathological, serological, microbiological and immunohistochemical observations. Equine Veterinary Journal, 29, 178–185.

Fukunaga, Y. (1994). Equine viral arteritis: diagnostic and control measures. Journal of Equine Science, 5, 101–114.

Gilbert, S.A., Larochelle, R., Magar, R., Cho, H.J. and Deregt, D. (1997). Typing of porcine reproductive and respiratory

syndrome viruses by a multiplex PCR assay. Journal of Clinical Microbiology, 35, 264–267.

Kleiboeker, S.B., Schommer, S.K., Lee, S.M., Watkins, S., Chittick, W. and Polson, D. (2005). Simultaneous detection of North American and European porcine reproductive and respiratory syndrome virus using real-time quantitative reverse transcriptase-PCR. Journal of Veterinary Diagnostic Investigation, 17, 165–170.

Kranker, S., Nielsen, J., Bille-Hansen, V. and Botner, A. (1998). Experimental inoculation of swine at various stages of gestation with a Danish isolate of porcine reproductive and respiratory syndrome virus (PRRSV). Veterinary Microbiology, 61, 21–31.

McCollum, W.H., Little, T.V., Timoney, P.J. and Swerczek, T.W. (1994). Resistance of castrated male horses to attempted establishment of the carrier state with equine arteritis virus. Journal of Comparative Pathology, 111, 383–388.

Office International des Epizooties (2008). Equine viral arteritis. In *Manual of Diagnostic Tests and Vaccines for Terrestrial Animals*. Fifth Edition. Chapter 2.5.10. OIE, Paris.

Okinga, T., Yamagishi, T., Yoshii, M., et al. (2009). Evaluation of unexpected positive results from a commercial ELISA for antibodies to PRRSV. Veterinary Record, 164, 455–459.

Okuda, Y., Kuroda, M., Ono, M., Chikata, S. and Shibata, I. (2008). Efficacy of vaccination with porcine reproductive and respiratory syndrome virus following challenges with field isolates in Japan. Journal of Veterinary Medical Sciences, 70, 1017–1025.

Plana-Duran, J., Bastons, M., Urniza, A., et al. (1997). Efficacy of an inactivated vaccine for prevention of reproductive failure induced by porcine reproductive and respiratory syndrome virus. Veterinary Microbiology, 55, 361–370.

Scortti, M., Prieto, C., Alvarez, E., Simarro, I. and Castro, J.M. (2007). Failure of an inactivated vaccine against porcine reproductive and respiratory syndrome to protect gilts against a heterologous challenge with PRRSV. Veterinary Record, 161, 809–813.

Tian, K., Yu, X., Zhao, T., et al. (2007). Emergence of fatal PRRSV variants: unparalleled outbreaks of atypical PRRS in China and molecular dissection of the unique hallmark. Public Library of Science ONE, 2, e526.

Timoney, P.J. (1996). Equine viral arteritis. In *Manual of Standards for Diagnostic Tests and Vaccines*. Third Edition. Office International des Epizooties, Paris. pp. 440–448.

Timoney, P.J. and McCollum, W.H. (1996). Equine viral arteritis. Equine Veterinary Education, 8, 97–100.

van Reeth, K. (1997). Pathogenesis and clinical aspects of a respiratory porcine reproductive and respiratory syndrome virus. Veterinary Microbiology, 55, 223–230.

Wensvoort, G., Terpstra, C., Pol, T.J.M., et al. (1991). Mystery swine disease in the Netherlands: the isolation of Lelystad virus. Veterinary Quarterly, 13,121–130.

Wills, R.W., Zimmermann, J.J., Yoon, K.-J., et al. (1997). Porcine reproductive and respiratory syndrome virus: a persistent infection. Veterinary Microbiology, 55, 231–240.

Zimmermann, J.J., Yoon, K.-J., Wills, R.W. and Swenson, S.L. (1997). General overview of PRRSV: a perspective from the United States. Veterinary Microbiology, 55, 187–196.

◉ 进一步阅读材料

Choo, J.G. and Dee, S.A. (2006). Porcine reproductive and respiratory syndrome virus. Theriogenology, 66, 655–662.

Glaser, A.L., Chirnside, E.D., Horzinek, M.C. and de Vries, A.A.F. (1997). Equine arteritis virus. Theriogenology, 47, 1275–1295.

Holyoak, G.R., Balasuriya, U.B.R., Broaddus, C.C. and Timoney, P.J. (2008). Equine viral arteritis: current status and prevention. Theriogenology, 70, 403–414.

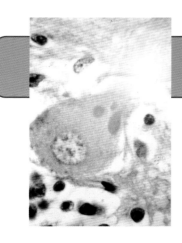

第81章

黄病毒科

黄病毒科（*Flaviridae*，"flavus"是拉丁文，表示"黄色的"）的名称，源自黄热病。黄热病是黄病毒引起的以黄疸为主要临床特征的一种疾病。黄病毒科成员直径40～60纳米，有囊膜；根据属的不同，囊膜上有两种或三种病毒编码的蛋白质（图81.1）。囊膜牢固地黏附着正二十面体的核衣壳。黄病毒基因组是单股正链RNA。

病毒的复制发生在细胞质中，并在其中装配；囊膜来自细胞的膜结构（很可能是内质网膜）。细胞质中的病毒颗粒通过空泡经胞外分泌途径进行释放。成熟的病毒粒子性质不稳定，对热、洗涤剂和有机溶剂敏感。

黄病毒科包括黄病毒属（*Flavivirus*）、瘟病毒属（*Pestivirus*）和丙肝病毒属（*Hepacivirus*）（图81.2）。黄病毒属和瘟病毒属，包括了兽医学上重要的病毒。黄病毒属有超过60个种，分成多个血清群。该属成员多数是虫媒病毒，需要蚊或蜱作为媒介。黄病毒属病毒可以凝集鹅红细胞。瘟病毒属包含四种兽医学上重要的病毒，即牛病毒性腹泻病毒（bovine viral diarrhoea virus，BVDV）1型和2型、边区病病毒（border disease virus）、猪瘟病毒（classical swine fever virus）。瘟病毒具有四个结构蛋白：衣壳蛋白和三种囊膜糖蛋白，即Erns（是一种可溶性核糖核酸酶）、E1和E2（又被称为gp55）。其中，E2是囊膜上

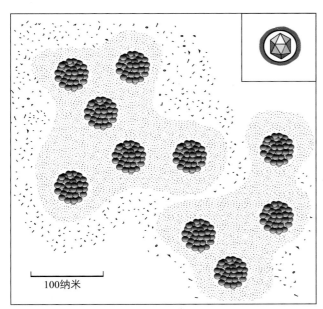

图81.1 黄病毒颗粒电镜下形态示意图（右上插图为结构示意图）

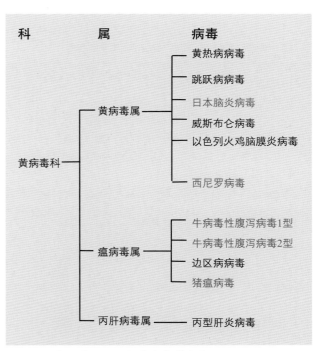

图81.2 兽医学上重要的黄病毒科病毒
红字显示的病毒可引起OIE规定通报的疫病。

主要的糖蛋白，免疫原性强，可诱导产生中和抗体。

◉ 临床感染

黄病毒属和瘟病毒属中，有几种兽医学上特别重要的病毒（表81.1）。黄病毒属的4个成员，即跳跃病病毒（louping ill virus）、日本脑炎病毒（Japanese encephalitis virus）、威斯布仑病毒（Wesselsbron virus）和以色列火鸡脑膜炎病毒（Israel turkey meningoencephalitis virus），都会导致家畜疾病。此外，西尼罗病毒（West Nile virus）作为一个重要的人类病原体，会对马和人引起致命的疾病。自1999年以来，该病毒在北美迅速蔓延，已成为一种非常重要的疾病。黄病毒属的其他一些成员，包括黄热病病毒（yellow fever virus）、登革热病毒（dengue virus）、日本脑炎病毒、蜱传脑炎病毒（tick-borne encephalitis virus）和圣路易斯脑炎病毒（St. Louis encephalitis virus），都是一些重要的人类疾病病原体。丙肝病毒属的唯一成员，丙型肝炎病毒（hepatitis C virus），是引起人类肝炎的一个重要病原。

瘟病毒属感染家畜的四个公认成员，其抗原性密切相关。牛病毒性腹泻病毒可以感染牛、羊以及其他反刍动物和猪。根据编码囊膜糖蛋白E2基因序列的不同，确认该属有6个不同的基因型（van Rijn等，1997），即猪瘟病毒、边区病病毒、经典牛病毒性腹泻病毒（从牛群中分离）、非典型牛病毒性腹泻病毒（从牛群、羊群以及猪中分离）、鹿瘟病毒和长颈鹿瘟病毒。新近从叉角羚羊中分离出一个新的基因型的瘟病毒（Vilcek等，2005）。系统发育的研究表明，可能存在9种瘟病毒（Liu等，2009）。瘟病毒感染可能是隐性的、急性或持续性的，并且对全球经济产生重要影响。

■ 跳跃病（louping ill）

"跳跃病"的名称来自苏格兰语"跨越"或"边界"，暗指一些动物步态异常。跳跃病是一种病毒性疾病，主要发生在羊群。虽然该病毒也对人致病，但罕见感染。这种病很大程度上局限发生在英国和爱尔兰，但挪威、西班牙、保加利亚和土耳其也已经存在。自西班牙和土耳其分离的病毒显著不

表81.1　黄病毒属和瘟病毒属中兽医学上重要的病毒

属	病毒	宿主	备注
黄病毒属	跳跃病病毒	羊、牛、马、红松鸡和人	出现在欧洲限定的地区。由篦子硬蜱传播，引起羊和其他动物的脑炎
	日本脑炎病毒	水禽、猪、羊和人	在亚洲广泛分布。由蚊传播。水禽是病媒。感染猪可导致流产和新生胎儿死亡
	威斯布仑病毒	羊	发生在撒哈拉以南非洲地区的某些地方。由蚊传播。导致普遍感染、肝炎和流产
	以色列火鸡脑膜炎病毒	火鸡	在以色列和南非有报道。由蚊传播。渐进性局部麻痹和瘫痪
	西尼罗病毒	鸟、人、马	鸟是天然宿主。由蚊传播。人和马的严重神经疾病偶有报道。在美国，是人类虫媒病毒性脑炎的主要原因
瘟病毒属	牛病毒性腹泻病毒1型和2型	牛（羊、猪）	世界各地均可发生。导致隐性感染、牛病毒性腹泻和黏膜病。先天性感染可导致流产、先天性缺陷和因免疫耐受而持续感染
	边区病病毒	羊	世界各地均可发生。怀孕母羊感染可导致流产和先天性发育异常
	猪瘟病毒	猪	高度传染性、高死亡率的重大经济性疾病。伴有神经症状和流产的全身感染；仔猪先天性震颤

同，且与英国、爱尔兰、挪威分离的毒株也不一样（Marin 等，1995）。跳跃病病毒是一组血清学相关的病毒，引起哺乳动物蜱传脑炎或其他疾病。该组的成员主要分布在北温带地区，是人类主要的病原体。

流行病学

跳跃病病毒是由篦子硬蜱（*Ixodes ricinus*）传播。蜱虫活动性与环境的季节性和区域性紧密相关，同时也反映出这种病的发病季节和区域分布，如高地放牧。蜱活动的两个主要时期，第一个是春天，第二个是在夏末或秋初。大量携带跳跃病病毒的篦子硬蜱可能会感染多种脊椎动物，包括羊、牛、马、鹿、红松鸡和人。红松鸡特别容易受到感染，试验性感染后，死亡率达到80%。在某些地方跳跃病是地方性疾病，感染可导致红松鸡的数量显著减少。因此，它们并不是重要的病毒维持宿主。跳跃病病毒在流行地区通过羊-蜱的生活周期维持存在。曾有人提议，山兔可能是一个重要储存宿主（Laurenson 等，2003）。病毒通过蜱传染但不经卵传播。在极少数情况下，被污染的工具可能传播病毒。在感染流行的农场，损失主要发生在2岁以下的羊。大多数羊可获得终身免疫。幼龄羊羔会受到母源抗体的保护。

致病机理

病毒的复制最初发生在淋巴结。随后病毒血症发生，病毒传播至其他淋巴器官、大脑和脊髓。在防止病毒传播和限制其引起中枢神经系统损伤的过程中，免疫应答的速度和启动是很重要的。感染蜱传热的病原体，即嗜吞噬细胞乏质体（*Anaplasma phagocytophilum*）而引起的免疫抑制，会使羊跳跃病的死亡率增加。

临床症状

受到感染后，羊有发热反应，这可能会被忽视。然后，温度将返回到正常状态。动物中有一定数量的个体，体温再次上升，同时出现神经症状。临床症状变化很大，从共济失调到急性昏迷和死亡。症状包括过度兴奋、肌肉震颤、共济失调和夸张的肢体动作。受影响最严重的动物先是抽搐，然后昏迷和死亡。一些羊可以恢复健康，但依然保留轻微的神经症状。在牛群中，跳跃病症状将会放大，发病更持久。受感染的动物可能会保持休息状态，但通常保持清醒，并最终恢复。在人类，临床体征类似流感，在大多数情况下，有轻度的神经障碍。

诊断

- 在流行地区，羊群存在神经症状或有不明原因死亡，并且处于羊蜱活动期，这样的病史预示可能存在跳跃病。通常需要实验室进行确诊。
- 组织学检查常会检测到非化脓性脑脊髓炎，脑干和脊髓病变最明显。可以用特异性免疫组化技术检测病毒抗原。
- 无菌采集大脑样本，置于50%的甘油生理盐水中，可以进行组织培养或接种到乳鼠脑内，以便分离病毒。
- RT-PCR方法检测跳跃病病毒已有报道（Gaunt 等，1997；Marriott 等，2006）。
- 补体结合试验和凝胶扩散试验可检测到病毒抗体。该病毒可使鹅红细胞凝集。IgM抗体的检测可提示急性感染。

治疗

没有特效治疗方法。精心护理和镇静作用，可以帮助恢复。

控制

- 灭活疫苗具有保护作用。过去，使用由受感染的羊脑生产出的福尔马林灭活疫苗，在某些情况下，接种动物会患上痒病。现在，使用组织培养的病毒制成灭活疫苗。
- 种用动物接种疫苗的时间为6~12月龄。1周岁以下的羊羔从接种疫苗的母羊初乳中获得抗体。最好在母羊第二次怀孕时加强免疫一次，以提高初乳中的抗体水平。
- 改善土地状况可能有助于减少蜱的数量。羊药浴也可减少感染的风险。

■ 日本脑炎

这种疾病主要影响人类，广泛分布在亚洲。感染发生于多种动物，包括马和猪。该病毒由蚊（库蚊）传播，通过蚊-水鸟（白鹭、苍鹭）循环保留下来。这种疾病对于马的重要性正在降低，因为在流行地区马的数量减少并且使用了有效的疫苗。猪是一个重要的放大宿主，因为亚洲部分地区猪与人联

第六篇

系密切。公猪精液中可以携带病毒。感染可引起母猪繁殖障碍。被感染的母猪可能产下木乃伊胎、死胎、带有神经症状的弱仔猪和临床正常的仔猪。通过病毒分离、使用RT-PCR检测病毒RNA或特异性抗体的检测，可以确诊。灭活和减毒活疫苗已被用于控制该疾病。

■ 西尼罗病毒

西尼罗病毒是日本脑炎病毒血清群的一员。有五种不同的遗传谱系：谱系1分布最广泛，1a分布于欧洲、非洲、美洲和亚洲，1b（即Kunjin病毒）分布于澳大利亚；谱系2发生在非洲，也被认为与欧洲中部禽死亡率相关；谱系3和4在俄罗斯被发现；谱系5（以前称为1c）在印度已被确认。新近流行的病毒多数属于谱系1。在1999年WNV被引入到西半球并迅速蔓延，使人类、马和禽类的严重致死性神经系统疾病病例数量增加。该病毒在疫区形成生态循环，涉及库蚊和禽类。该病毒另一生态循环通常发生在夏末，涉及伊蚊（"桥梁"载体），它先叮咬哺乳动物，导致人类和家畜的偶然感染。鸟类的迁徙可能携带病毒到新地区。鸟类感染常无症状，但乌鸦、松鸦和鹅等鸟感染后产生临床症状和高死亡率。只有一小部分受感染的马匹显现神经系统疾病。马的临床症状包括厌食、抑郁、共济失调、转圈、前冲和抽搐。约30%的临床病例将发展成瘫痪、昏迷和死亡。

诊断和控制

鸟类，尤其是鸦科的鸟类，出现神经系统症状，发病时间处于一年中的温暖月份，这就提示西尼罗病毒感染。病禽往往有病毒血症，病毒可能存在于血液、唾液和粪。采集样本应在生物安全三级的条件下进行。病毒广泛分布于禽类的组织中，但马样品采集的部位首选大脑和脊髓。通过细胞培养可进行病毒分离。另外，也可以通过免疫测定、免疫组化检测病毒抗原或RT-PCR检测病毒RNA（Johnson等，2001；Tewari 等，2004）。确认WNV感染的主要方法是使用PCR法。合适的血清学检测方法包括ELISA和蚀斑减少中和试验（PRNT）。相关的黄病毒可以发生抗体的交叉反应；PRNT是最特异的试验。防控措施主要是免疫接种。适用于马的商品化疫苗包括灭活疫苗、金丝雀痘载体疫苗、DNA疫苗和黄热病病毒作为载体的嵌合疫苗。

■ 威斯布仑病（Wesselsbron disease）

这是一种黄病毒引起的疾病，具有广泛的宿主，可感染家畜、野生哺乳动物和人类。然而，临床常见的动物通常是羊，其他物种感染后往往症状轻微或无症状。人类感染可能会导致发热和流感样症状。该病毒由蚊传播。感染广泛分布在撒哈拉以南的非洲国家。羊的病症类似裂谷热，但临床表现较轻。它的特点是引起流产、新生羊的死亡和先天畸形，如水脑畸形和关节弯曲。本病对新生羔羊致病性最强，它们可出现发热、抑郁、全身无力和呼吸急促。通过病毒分离可以确诊，对初生小鼠进行脑内接种，产生特异性抗体就可以确诊。有一种减毒疫苗可提供终身免疫。怀孕的动物不应该接种疫苗，因为有流产的危险。

■ 牛病毒性腹泻和黏膜病

牛病毒性腹泻病毒（BVDV）引起的感染在世界各地牛群中常见。该病毒可引起急性的牛病毒性腹泻病（BVD），因持续性感染，持久拖延后会形成黏膜病。采用细胞培养方法，将BVDV分成引起细胞病变和非细胞病变的两种生物型。从牛群中分离到的最常见生物型是非细胞病变型。细胞病变型产生于非细胞病变型BVDV，是基因重组的结果，包括宿主RNA的利用及病毒NS2-3基因的复制，后者导致NS2-3的剪切及NS3表达量的增加（Meyers 等，1996）。根据病毒基因组5'非翻译区的差异，分为BVDV1（经典的BVDV分离株）和BVDV2（非典型BVDV分离株）两种基因型，现被认为是两个独立的种。两种基因型均包括细胞病变和非细胞病变株，并在牛群中产生类似的临床病症。但只有BVDV2与血小板减少症和一种首次在北美报道的出血性综合征有关（Rebuhn 等，1989）。系统发育分析发现，BVDV1有13个基因亚型，BVDV2有2个基因亚型。

流行病学

牛感染BVDV初期，在很短时间内排毒，这可能将病毒传播给其他动物。持续感染的动物，可通过分泌物和排泄物排毒，是尤其重要的传染源。如果妊娠前120天胎儿感染了非细胞病变型毒株，就会发展为持续性感染。感染牛群中，大约1%的动物发生持续性感染并产生病毒血症。虽然持续性感染的母牛可能成功繁殖，但它们可以在妊娠过程中，将病毒经胎盘传染给小牛。这种形式的疾病传播比较常见。牛群中，持续性感染牛的存在，导致其他牛暴露于这种病毒之下，从而产生高水平的群体免疫。在这种牛群中，超过80%的牛血清学抗体呈阳性。

持续性感染或短期感染的公牛精液中含有病毒，因而该病毒可通过自然授精或人工授精传播。在持续性感染或短期感染的牛中进行胚胎移植时，将导致易感母牛受到感染。如果怀孕的牛接种活疫苗，它们的小牛可能会发展为持续性感染。由于该病毒不稳定，通过农场工人、机器设备以及昆虫叮咬的间接传播很少发生。虽然牛是最主要的宿主，但该病毒可以感染大多数偶蹄兽。已被证实，在自然条件下，牛羊之间会发生种间传播，但其流行病学意义并不确定的。

致病机理

该病毒通常经口鼻途径传播，初始复制发生在口鼻黏膜上。在随后的病毒血症中，病毒传播至全身，或者在血浆中自由传播，或者与白细胞一起传播。B和T淋巴细胞数量减少。由于病毒具有免疫抑制作用，感染可能引起牛的呼吸道和肠道疾病。胎盘传播的结果取决于胎儿感染时的日龄。在妊娠的头30天，感染可能会导致胚胎死亡。30～150天的妊娠胎儿受到感染后可引起流产、木乃伊胎和先天性中枢神经系统的异常，往往小脑发育不全。妊娠120天后胎儿被感染后，显示出积极的免疫反应，通常在出生时是正常的。如果病毒侵入胎儿时，胎儿的免疫能力还未发展，胎儿就会发展成免疫耐受，可能终身持续感染。参与终身持续性感染的病毒属于非细胞病变型病毒。随后，通常在6月龄至2岁的牛，细胞病变型毒株的感染会显现出来，这可能是由于非细胞病变型病毒发生突变，或是与宿主细胞或其他非细胞病变型病毒核酸重组的结果。这种细胞病变型病毒抗原性上与固有的非细胞病变型病毒具有同源性，不被免疫系统清除，其存在导致全身广泛的损害和黏膜病。在某些情况下细胞病变型病毒可能是外源的（如疫苗毒），从而引起疾病暴发。如果二次感染的病毒与上次感染的病毒抗原性不同，免疫系统会清除它。外源毒株与原有的非细胞病变型毒株重组后，可能会产生一个新的细胞病变型突变株。

细胞病变型毒株与相应的非细胞病变型毒株不同，可连续产生80 000道尔顿的非结构蛋白（NS3），这是NS2-3基因产物发生剪切的结果。NS3在黏膜病上的致病作用尚不清楚，但BVDV致细胞病变株引起的细胞损伤似乎是细胞凋亡的结果。在持续感染非细胞病变型病毒的牛中，NS3蛋白也可在白细胞和几个组织中检测到（Kameyama 等，2008），这可能解释了一些持续感染的动物免疫活性下降、发育不良及出现呼吸道症状的原因。细胞病变型毒株对肠道相关淋巴组织具有偏嗜性。

临床症状

大多数BVDV感染病例呈现亚临床型。BVD暴发通常伴随高发病率和低死亡率。一旦出现，临床症状包括食欲不振、抑郁、发热和腹泻。在一些BVD暴发中，高死亡率曾被报道（David 等，1994）。最急性BVD的特点包括高烧、严重腹泻和脱水。口腔黏膜、指叉及蹄冠上皮溃疡也可能存在。在某些情况下，血小板减少导致血性腹泻、鼻出血以及口部、结膜和巩膜发生瘀斑。

虽然有相当比例的持续感染动物在临床上是正常的，但一些个体出生时矮小，表现生长迟缓和发育不良，对肠炎和肺炎的易感性增加。黏膜病通常零星发生。这种持续感染通常会影响6月龄至2岁的动物，临床症状包括抑郁、发热、大量水泻、流鼻涕、流涎和跛行。溃疡性病变发生在口和指叉部位。病死率为100%，死亡通常发生在临床症状出现后的几周内。一些动物可以存活几个月，最终死于严重衰弱。

诊断

初步诊断可根据临床症状和病理检查结果。实验室确诊则需要抗体、病毒抗原或病毒RNA的检测结果。若确定畜群受到感染，则需要证实存在抗体阳性和病毒血症动物。

- 适合实验室检查的样本包括血清、脾、耳廓组织（对应"耳廓切片"试验）、淋巴结及胃肠道的病变部位。
- 病毒可在细胞培养物中分离。间隔3周的样本应该被用来确认持续性感染。在使用胎牛血清进行细胞培养之前，应对其进行病毒或抗体的检测筛选。

- 病毒抗原可以通过ELISA或免疫过氧化物酶技术检测。有研究显示，皮肤切片（"耳廓切片"试验）的免疫组化染色与血液检测结果符合率很高（Njaa等，2000）。
- 已有斑点印迹、原位杂交和PCR技术检测病毒RNA的报道（Letellier 和 Kerkhofs，2003）。多重PCR可用于检测和区分BVDV1和BVDV2（Gilbert 等，1999）。对于混合样本，如散装牛奶（Drew 等，1999）和血清（Weinstock 等，2001），可以使用RT-PCR检测病毒核酸。
- 对于检测BVDV抗体，最常用的检测方法是病毒中和试验和ELISA。要证实近期感染，需要确认双份血清中抗体效价有4倍增加。大多数商品化ELISA试剂盒使用NS3蛋白，它可单独使用或与其他BVDV蛋白一起作为抗原，因为NS3是一种高度保守的瘟病毒蛋白。已经表明，用一种灭活的BVDV疫苗接种后，血清和牛奶中的NS3特异性抗体水平非常低或检测不到，因此，使用合适的疫苗和相应的NS3抗体检测试验，就有可能对疫苗免疫牛的感染状况进行监测（Makoschey 等，2007年；Kuijk 等，2008）。

治疗和控制

在牛病毒性腹泻暴发时，支持疗法是有益的。由BVDV感染引起的畜群损失，大多是由BVDV的产前感染和黏膜病所造成的。控制策略旨在预防感染，也就是控制持续感染动物个体的出生。

- 灭活苗、减毒活疫苗和温度敏感突变体病毒疫苗已经开发出来。活疫苗可同时诱导细胞免疫和体液免疫，但可能会导致胎儿感染和免疫抑制。此外，它们还可能在一些持续感染的动物上诱发黏膜病。灭活疫苗主要引起体液免疫反应，可用于怀孕动物，但需要定期进行加强免疫，以维持保护能力。灭活疫苗保护胎儿达到什么程度目前还不清楚。来自单一毒株或单一基因型病毒生产的疫苗，由于抗原变异（BVDV分离株的特点），可能没有充分保护能力。疫苗大多数仅用于预防急性BVD，且疫苗厂家一般不会声称接种疫苗可以预防胎儿感染（van Campen 和 Woodard，1997）。动物配种开始前，将后备家畜暴露给一个持续感染的动物，可能有助于维持群体免疫，但不如接种疫苗可靠的。
- 如果想从牛群中消除BVDV，需要鉴别并清除持续感染的动物个体。有持续感染的母畜、公畜和后代都需要进行检测确定，因为BVDV可以通过双亲传给后代。
- 基于北欧成功执行的控制和根除计划，在高养殖密度和高血清阳性率的地区，对持续性感染的畜群进行BVDV检测和清除（Moennig 等，2005）并推荐两步疫苗接种，即先接种灭活疫苗，4周后再接种减毒活疫苗。
- 持续感染的动物清除后，群体免疫力也会减弱。因此，所有新收购的牛在进入畜群前都需要进行检测。
- 对畜群的散装牛奶或血液样本进行系统的抗体检测，在鉴定有持续感染动物的畜群上非常重要，这对国家进行BVDV根除计划也很重要。

■ 边区病（border disease）

这种羔羊的先天性失调病，也被称为羔羊被毛颤抖病（hairy shaker disease），在全球范围发生。边区病，首次来自英国威尔士边境地区的报道，是一种由非细胞病变型瘟病毒感染胎儿所致。边区病病毒（BDV）与牛病毒性腹泻病毒亲缘关系很近，可能属于同一种。从绵羊分离出的这种瘟病毒可以感染其他养殖的反刍动物和猪。此外，从其他一些动物分离出的这种瘟病毒，尤其是牛群中分离的，能够感染怀孕的绵羊，引起后代发生羊边区病。

流行病学

持续感染的动物通过排泄物和分泌物不断排毒。在野外条件下，虽然有些动物在没有临床症状时可以存活数年，但这些动物往往具有较低的成活率。持续感染的母羊可以生出持续感染的羔羊。易感羊的急性感染期比较短暂，产生免疫性，抵抗同源的BDV攻击。受感染的公羊通过精液排毒，可能会感染易感母羊。除了羊与羊之间的接触传播，也可能在羊群疫苗接种时通过被污染的针头发生传播。其他反刍动物排毒是羊感染的可能来源。

致病机理

病毒可能通过口鼻途径获得。对于易感的怀孕母羊，感染会导致胎盘炎症，并侵袭胎儿。母羊的免疫反应不会保护发育中的胎儿。受到病毒感染时，胎儿的年龄决定结果。妊娠60～85天，是胎儿免疫能力的发展期。胎儿如果在免疫力发展前期受到感染将会死亡，死去的胎儿将会被吸收、流产或木乃伊化。胎儿如果幸存下来，将成为免疫耐受个体，并保持持续性感染。这些动物可能在出生时临床上表现正常，或者可能会显示震颤和多毛，可能是由于病毒干扰了器官发育。感染羔羊的先天性生理缺陷包括骨骼发育迟缓、髓鞘生成不足以及初级毛囊肿大和次级毛囊减少。妊娠85天后感染，胎儿会产生免疫应答，能清除病毒，并生出一个健康的羔羊。在妊娠中期胎儿受到感染时，免疫系统正在发育，可能会导致中枢神经系统病变，包括大脑形成空洞和小脑发育不良。免疫介导的反应是这些严重病变可能的解释。一些持续感染的羊可能会发展成类似于牛黏膜病的状况。BDV的细胞病变分离株已从感染动物的肠道获得。

临床症状

感染BDV的羊群发生流产和产弱仔的数量有可能增多。受到感染的新生羔羊可出现体型改变、羊毛质量改变和震颤。毛发比正常羊毛长，尤其是沿颈部和背部，赋予一种光环效应，细毛羊品种尤为明显。受感染的羔羊通常个体很小，并且它们的成活率差。生存率不仅受到羔羊神经机能障碍严重程度的影响，也受到日常护理质量的影响。精心护理的羔羊，神经机能障碍的现象逐渐减弱，甚至可能最终表现为临床正常。

诊断

- 特征性的临床症状可用于诊断。
- 中枢神经髓鞘形成障碍可用组织学试验证实。可用免疫组化法证实病毒存在于脑组织中。
- 可用易感的牛或羊细胞系进行病毒分离。免疫组化染色法可用来证实没有细胞病变的细胞中存在病毒。
- 适合进行病毒分离的样品包括全血和受感染羔羊组织。羔羊在采食初乳前的血液样品是最好的，因为从初乳获得的抗体可能会干扰病毒分离。
- 病毒抗原可以通过冰冻切片的免疫荧光染色，或通过固定切片的免疫过氧化酶染色，进行检测。一种ELISA法可对持续感染羔羊的血液进行病毒抗原检测。
- RT-PCR方法可用于检测病毒的RNA，并对病毒进行基因型（Vilcek和Paton，2000；Willoughby等，2006）。
- 病毒中和试验或ELISA等血清学检测方法可用于确定羊群内部的感染程度。

控制

控制措施包括鉴定和清除持续感染动物，避免将感染动物引进畜群。有些地区，如果这样的政策行不通，那么种用畜群在交配之前至少2个月，需要人为地将它们与持续感染的动物混合饲养。一种商品化的添加佐剂的灭活疫苗（包含BDV和BVDV1）可用于免疫接种（Nettleton等，1998）。

■ 古典猪瘟（猪瘟）

这种高度传染性、高度致死性的猪病虽然在许多国家仍然存在，但已在北美、澳大利亚和大多数欧洲国家被根除。世界动物卫生组织（OIE）将其列为须通报（以前称A类）疫病。近几年，在英国、意大利、比利时、荷兰和德国发生零星的猪瘟疫情。在一些欧洲国家，它仍然是野猪的地方性疫病。基于核苷酸序列，该病病原猪瘟病毒（CSFV）分离株分为三个主要的群（Lowings等，1996；Moennig等，2003）。新近的欧洲分离株在第2群；20世纪40年代和50年代造成猪瘟疫情的毒株在第1群；亚洲流行的毒株在第3群（第3组）。这三群显著不同。有些分离株虽然可能属于同一个抗原群，且可能都不引起细胞病变，但它们在毒力上有可能差别很大。

流行病学

无论是家猪还是野猪，都是猪瘟病毒CSFV的自然宿主。感染动物与易感动物之间的直接接触是主要的传播途径。在猪瘟流行地区，疾病主要通过感染猪的流动传播。临床症状出现之前，可能已开始排毒。强毒通过所有排泄物和分泌物排出，直至感染后20天左右死亡。中等毒力的毒株可能会导致猪慢性感染，感染猪连续或间歇性排毒。另外，先天性感染低毒力毒株，可能会导致持续性感染仔猪的出生。在欧洲，感染的野猪群充当储存宿主，通过直接接触和感染的猪肉间接传播。猪场之间可能发生间接传播，尤其是具有高密度的养猪场的地区。疾病也可以通过人员、车辆和节肢动物的叮咬传播。病毒抵抗力相对较弱，不会在环境中持续存在，不能通过空气长距离传播。尽管CSFV不稳定，但它可以长时间存活于富含蛋白质的生物材料如肉或体液中，尤其是在冷藏或冷冻情况下。虽然多数欧洲国家已有立法禁止使用未煮熟的泔水饲喂动物，但新近暴发的猪瘟疫情还是被追踪到是用泔水饲喂猪引起的。

致病机理和致病性

猪通常经口鼻途径受到感染。扁桃体是首要的病毒增殖位置。病毒会传播至局部淋巴结，病毒增殖后，进一步发展成病毒血症。病毒对血管内皮细胞和网状内皮细胞有亲和力，所以可从所有主要器官和组织中进行分离。在急性猪瘟期，血管损伤伴随严重血小板减少症，会引起广泛的点状出血。目前，大部分感染CSFV的猪呈现非化脓性脑炎，有明显的血管套。低毒力毒株可引起轻微的疾病。在怀孕母猪中，病毒可以通过胎盘传染胎儿，但这种传染的最终结果由胎儿的年龄和病毒毒株的毒力共同决定的。感染妊娠早期的胎儿，胎儿会死亡并被吸收或发生流产。子宫内感染也会导致流产或产出先天性震颤的弱仔猪，偶尔情况下，也会产出临床正常的仔猪。免疫耐受仔猪可能持续感染，并持续排毒。持续感染的动物，出生时临床表现正常，在随后数周或数个月也无临床症状，但后来可能发病。这种延迟发病的原因，目前还不清楚。

临床症状

经过长达10天的潜伏期，感染动物逐步出现高烧、食欲不振和抑郁。病猪都挤在一起。接着出现腹泻、呕吐和便秘。有些猪随后发生抽搐直至死亡。患病猪后肢麻痹前通常会出现摇摆步态。多数情况下，患有急性猪瘟的猪于感染后20天之内死亡。

低毒力毒株引起的症状比较温和。有些猪在急性症状初期即恢复，但后来仍有可能复发，然后死亡。有些猪可能存活数月，但表现出明显的生长迟缓。种猪群中可能发生流产、木乃伊胎、畸形胎和死胎。受感染的活产仔猪，往往表现出先天震颤，可能会在出生后不久死亡。一些受感染的仔猪可能出现皮下出血。仔猪先天性畸形包括头和四肢畸形残缺和小脑发育不全。

诊断

虽然临床症状和病史可以提供初步诊断的证据，但实验室确诊是必不可少的，尤其是低毒力毒株引起的感染。

- 在急性猪瘟中，许多内脏和浆膜表面都出现出血。肾脏表面和淋巴结常常出现瘀点。其他具有诊断意义的病理特点是脾脏梗死，靠近回盲瓣的回肠末端出现"纽扣"样黏膜溃疡。

- 用直接免疫荧光检测扁桃体、肾脏、脾脏、回肠末端和淋巴结的冰冻切片，可以对猪瘟病毒进行快速确认。由于猪可感染BVDV，所以需要使用猪瘟病毒特异性单克隆抗体，才可能达到一个明确的诊断结果。抗原捕获ELISA试剂盒已商品化，适合检测血液、组织匀浆液中的病毒抗原。这些检测方法都不如病毒分离敏感，它们最好用于群体水平的检查。

- 可以使用脾脏和扁桃体匀浆，采用猪的细胞系进行病毒分离。由于大多数毒株都属于非致细胞病变型，所以必须对病毒抗原进行免疫染色确认。

- RT-PCR可以检测CSFV的RNA，这个方法敏感而快速（Dewulf等，2004；Hoffmann等，2005）。目前已经取代了大部分其他病毒检测方法。

- 血清学检测可在感染低毒力毒株的猪场使用，或者进行血清学调查时使用。病毒中和试验和ELISA法是最广泛使用的方法。一种阻断ELISA已开始使用，用于区分CSFV或BVDV（Wensvoort等，1988），但最准确的区分方法是比较中和试验，它比较的是不同的瘟病毒毒株的抗体水平。

控制

- 在许多国家，猪瘟都是必须通报的疫病，一般都采用扑杀政策，并禁止接种疫苗。禁止生猪及生猪产品从有CSFV感染的国家进口。饲喂猪的泔水必须煮沸。应尽量避免家猪和野猪接触。

- 在疾病流行的国家，或实施根除计划的初期，可使用疫苗接种。目前使用的弱毒苗要么是兔体连续传代（中国大陆株），要么是组织培养（日本豚鼠株或法国Thiverval株）。这些疫苗是安全有效的，然而接种疫苗的动物不能从血清学上与野毒感染动物相区分。重组E2糖蛋白标记疫苗与一个能够检测囊膜糖蛋白（Erns）抗体的特异性ELISA法的联用，为区分疫苗接种和野毒感染提供了手段（Baars等，1998；Langedijk等，2001）。

◉ 参考文献

Baars, J., Bonde Larsen, A. and Martens, M. (1998). Porcilis pestis: the missing link in the failing non-vaccination policy for classical swine fever. The Pig Journal, 41, 26–38.

David, G.P., Crawshaw, T.R., Gunning, R.F., et al. (1994). Severe disease in adult dairy cattle in three UK dairy herds associated with BVD virus infection. Veterinary Record, 134, 468–472.

Dewulf, J., Koenen, F., Mintiens, K., Denis, P., Ribbens, S. and de Kruif, A. (2004). Analytical performance of several classical swine fever laboratory diagnostic techniques on live animals for detection of infection. Journal of Virological Methods, 119, 137–143.

Drew, T.W., Yapp, F. and Paton, D.J. (1999). The detection of bovine viral diarrhoea virus in bulk milk samples by the use of a single tube RT-PCR. Veterinary Microbiology, 64, 143–152.

Gaunt, M.W., Jones, L.D., Laurenson, K., Hudson, P.J., Reid, H.W. and Gould, E.A. (1997). Definitive identification of louping ill virus by RT-PCR and sequencing in field populations of Ixodes ricinus on the Lochindorb Estate. Archives of Virology, 142, 1181–1191.

Gilbert, S.A., Burton, K.M., Prins, S.E. and Deregt, D. (1999). Typing of bovine viral diarrhoea viruses directly from blood of persistently infected cattle by multiplex PCR. Journal of Clinical Microbiology, 37, 2020–2023.

Hoffmann, B., Beer, M., Schelp, C., Schirrmeier, H. and Depner, K. (2005). Validation of a real-time RT-PCR assay for sensitive and specific detection of classical swine fever. Journal of Virological Methods, 130, 36–44.

Johnson, D.J., Ostlund, E.N., Pedersen, D.D. and Schmitt, B.J. (2001). Detection of North American West Nile virus in animal tissue by a reverse transcription-nested polymerase chain reaction assay. Emerging Infectious Diseases, 7, 739–741.

Kameyama, K., Sakoda, Y., Matsuno, K., et al. (2008). Cleavage of the NS2-3 protein in the cells of cattle persistently infected with non-cytopathogenic bovine virus diarrhoea virus. Microbiology and Immunology, 52, 277–282.

Kuijk, H., Franken, P., Mars, M.H., Bij De Weg, W. and Makoschey, B. (2008). Monitoring of BVDV in a vaccinated herd by testing milk for antibodies to NS3 protein. Veterinary Record, 163, 482–484.

Langedijk, J.P., Middel, W.G., Meloen, R.H., Kramps, J.A. and de Smit, J.A. (2001). Enzyme-linked immunosorbent assay using a virus type-specific peptide based on a subdomain of envelope protein E(rns) for serologic diagnosis of pestivirus infections in swine. Journal of Clinical Microbiology, 39, 906–912.

Laurenson, M.K., Norman, R.A., Gilbert, L., Reid, H.W. and Hudson, P.J. (2003). Identifying disease reservoirs in complex systems: mountain hares as reservoirs of ticks and louping-ill virus, pathogens of red grouse. Journal of Animal Ecology, 72, 177–185.

Letellier, C. and Kerkhofs, P. (2003). Real-time PCR for simultaneous detection and genotyping of bovine viral diarrhea virus. Journal of Virological Methods, 114, 21–27.

Liu, L., Xia, H., Wahlberg, N., Belák, S. and Baule, C. (2009). Phylogeny, classification and evolutionary insights into pestiviruses.Virology, 385, 351–357.

Lowings, P., Ibata, G., Needham, J. and Paton, D. (1996). Classical swine fever virus diversity and evolution. Journal of General Virology, 77, 1311–1321.

Makoschey, B., Sonnemans, D., Munoz Bielsa, J., et al. (2007). Evaluation of the induction of NS3 specific BVDV antibodies using a commercial inactivated BVDV vaccine in immunization and challenge trials. Vaccine, 25, 6140–6145.

Marin, M.S., McKenzie, J., Gao, G.F., et al. (1995). The virus causing encephalomyelitis in sheep in Spain: a new member of the tick-borne encephalitis group. Research in Veterinary Science, 58, 11–13.

Marriott, L., Willoughby, K., Chianini, F., et al. (2006). Detection of louping ill virus in clinical specimens from mammals and birds using TaqMan RT-PCR. Journal of Virological Methods, 137, 21–28.

Meyers, G., Tautz, N., Dubovi, E.J. and Thiel, H.J. (1996). Origin and diversity of cytopathogenic pestiviruses. In International Symposium Bovine Viral Diarrhoea Virus. A 50 Year Review. Cornell University, New York. pp. 24–34.

Moennig, V., Floegel-Niesmann, G. and Greiser-Wilke, I. (2003). Clinical signs and epidemiology of classical swine fever: a review of new knowledge. Veterinary Journal, 165, 11–20.

Moennig, V., Eicken, K., Flebbe, U., et al. (2005). Implementation of two-step vaccination in the control of bovine viral diarrhoea (BVD). Preventive Veterinary Medicine, 72, 109–114.

Nettleton, P.F., Gilray, J.A., Russo, P. and Dlissi, E. (1998). Border disease of sheep and goats. Veterinary Research, 29, 327–340.

Njaa, B.L., Clark, E.G., Janzen, E., Ellis, J.A. and Haines, D.M.

(2000). Diagnosis of persistent bovine viral diarrhoea virus infection by immunohistochemical staining of formalin-fixed skin biopsy specimens. Journal of Veterinary Diagnostic Investigation 12, 393–399.

Rebuhn, W.C., French, T.W., Perdrizet, J.A., et al. (1989). Thrombocytopenia associated with acute bovine virus diarrhoea infection in cattle. Journal of Veterinary Internal Medicine, 3, 42–46.

Tewari, D., Kim, H., Feria, W., Russo, B. and Acland, H. (2003). Detection of West Nile virus using formalin fixed paraffin embedded tissues in crows and horses: quantification of viral transcripts by real-time RT-PCR. Journal of Clinical Virology, 30, 320–325.

van Campen, H. and Woodard, L. (1997). Fetal infection may not be preventable with BVDV vaccines. Journal of the American Veterinary Medical Association, 210, 480.

van Rijn, P.A., Gennip, H.G.P., Leendertse, C.H., et al. (1997). Subdivision of the pestivirus genus based on envelope glycoprotein E2. Virology, 237, 337–348.

Vilcek, S. and Paton, D.J. (2000). A RT-PCR assay for the rapid recognition of border disease virus. Veterinary Research, 31, 437–445.

Vilcek, S., Ridpath, J.F., Van Campen, H., Cavender, J.L. and Warg, J. (2005). Characterization of a novel pestivirus originating from a pronghorn antelope. Virus Research, 108, 187–193.

Weinstock, D., Bhudevi, B. and Castro, A.E. (2001). Single-tube single-enzyme reverse transcriptase PCR assay for detection of bovine viral diarrhoea virus in pooled serum. Journal of Clinical Microbiology, 39, 343–346.

Wensvoort, G., Bloemraad, M. and Terpestra, C. (1988). An enzyme immunoassay employing monoclonal antibodies and detecting specifically antibodies to classical swine fever virus. Veterinary Microbiology, 17, 129–140.

Willoughby, K., Valdazo-González, B., Maley, M., Gilray, J. and Nettleton, P.F. (2006). Development of a real time RT-PCR to detect and type ovine pestiviruses. Journal of Virological Methods, 132, 187–194.

◉ 进一步阅读材料

Blitvich, B.J. (2008). Transmission dynamics and changing epidemiology of West Nile virus. Animal Health Research Reviews, 9, 71–86.

Blome, S., Meindl-Bohmer, A., Loeffen, W., Thuer, B. and Moennig, V. (2006). Assessment of classical swine fever diagnostics and vaccine performance. Revue Scientifique et Technique (Office Internationale des Epizooties), 25, 1025–1038.

Brownlie, J., Thompson, I. and Curwen, A. (2000). Bovine virus diarrhoea virus—strategic decisions for diagnosis and control. In Practice, 22, 176–187.

Dauphin, G. and Zientara, S. (2007). West Nile virus: recent trends in diagnosis and vaccine development. Vaccine, 25, 5563–5576.

Graham, D.A., Beggs, N., Mawhinney, K., et al. (2009). Comparative evaluation of diagnostic techniques for bovine viral diarrhoea virus in aborted and stillborn fetuses. Veterinary Record, 164, 56–58.

Trevejo, R. and Eidson, M. (2008). West Nile virus. Journal of the American Veterinary Medical Association, 232, 1302–1309.

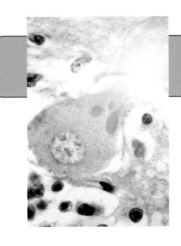

第82章

披膜病毒科

披膜病毒科英文名"*Togaviridae*"中"Toga"是拉丁语，意指"覆盖物、披盖物"。该科病毒是有囊膜的RNA病毒。它们的直径约70纳米，呈二十面对称。囊膜主要含有糖蛋白，与二十面体的蛋白衣壳构成直接相关（图82.1）。它们可以凝集鹅和鸡的红细胞。披膜病毒科有两个属，即甲病毒属（*Alphavirus*）和风疹病毒属（*Rubivirus*）。风疹病毒属仅有一个成员，即风疹病毒（rubella virus）；它不需要节肢动物媒介，可以导致儿童和年轻人的风疹。

甲病毒属包括的病毒超过25种。其中一些成员是重要的动物病原体。按照病毒基因组的组成，甲病毒属被划分成几个组，包括委内瑞拉马脑炎病毒（Venezuelan equine encephalitis virus，VEEV）组、东部马脑炎病毒（eastern equine encephalitis virus，EEEV）组、塞姆利基森林病毒组（Semliki forest virus）、西部马脑炎病毒（western equine encephalitis virus，WEEV）组。西部马脑炎病毒已被证明是由EEEV和辛德比斯样病毒（Sindbis-like viruses）重组产生的。这次重组可能发生在1 300~1 900年之前（Weaver 等，1997）。甲病毒之间重组是罕见的，因为这些病毒基因变化主要是依赖于点突变的积累。

甲病毒单链RNA复制发生在细胞质中，同时也在细胞质中进行病毒颗粒组装。在脊椎动物中，甲病毒感染会导致细胞溶解。病毒囊膜中含有病毒编码表达的糖蛋白纤突；病毒核衣壳在宿主细胞膜出芽过程中，病毒获得了囊膜。甲病毒感染无脊椎动物细胞时，宿主细胞通常并不溶解，并且可以持久存活。在这种情况下，病毒颗粒组装发生在细胞内部的细胞器膜上，而不是在细胞膜上。

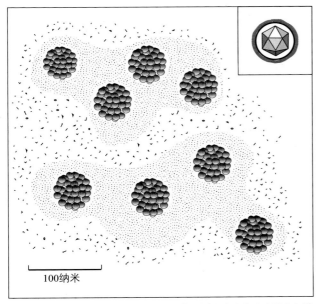

图82.1 披膜病毒粒子电镜下形态示意图（右上插图为结构示意图）

100纳米

> △ 要点
> - 有囊膜，RNA病毒，二十面体对称
> - 细胞质中复制
> - 在环境中不稳定
> - 甲病毒属
>   - 节肢动物传播
>   - 导致东部马脑炎、西部马脑炎、委内瑞拉马脑炎
>   - 人畜共患传染病的主要原因之一

甲病毒成熟的病毒粒子对pH的变化、热、有机溶剂、清洁剂、消毒剂，都很敏感，因此甲病毒在环境中不稳定。甲病毒与常见的黄病毒、呼肠孤病

毒、弹状病毒、布尼亚病毒科的某些成员类似，被称为虫媒病毒（arbovirus），即这些病毒是经节肢动物传播的。然而这一术语并没有分类学意义。甲病毒主要传播和感染方式是蚊虫叮咬。虽然甲病毒能够感染多种脊椎动物宿主，但通常需要有一种无脊椎动物作为主要的媒介，并且需要一种脊椎动物作为扩增或储存宿主。甲病毒的传播循环特点很大程度上确定了其地理分布范围。

◉ 临床感染

家畜和人类通常被认为是甲病毒的"终末宿主"，因为家畜和人类感染后，不能够产生足够多的病毒，而继续感染下一个对象。马的许多重要传染病都是由甲病毒感染引起的（表82.1）。VEEV、EEEV和WEEV这三种脑炎病毒都局限于西半球，由蚊传播。盖它病毒（Getah virus）主要发生在东南亚和澳大利亚。日本已经记录了许多由这种病毒引发的疾病。新近又发现感染鱼的鲑胰腺病病毒（salmon pancreas disease virus，SPDV）以及感染象海豹的南部象海豹病毒（southern elephant seal virus），丰富了人们对甲病毒多样性的认识。SPDV很可能不是节肢动物传播的。

■ 马脑炎

在美洲，甲病毒引起了重要的委内瑞拉马脑炎、东部马脑炎和西部马脑炎。虽然西部马脑炎症状较轻，但这三种脑炎症状相似。VEEV被认为是这三种病毒中最重要的一种。在南美洲，它大约每10～20年引发一次大规模疫情。

流行病学

马脑炎都有一些共同的流行病学特征。这些疾病的高峰期与其媒介昆虫数量最大的季节一致，通常都在夏末强降雨之后。病毒的分布区域与蚊分布区域非常相关。随着天气变冷或出现干旱，蚊数量减少，临床病例的数量也会随之急剧下降。

EEEV感染主要发生在北美大西洋沿岸地区。然而，密歇根州、加勒比海群岛和南美洲也分离到EEEV。北美和南美的病毒分离株显示出抗原性和遗传上的明显差异，被分成两个不同的谱系。北美分离株高度保守（第一组）；相比之下，南美分离株包括几个基因型，分成至少三个不同的亚组（第Ⅱa组、第Ⅱb组、第Ⅲ组）。南美EEEV主要感染马类，很少使人患病。因此，人们认为这些病毒比北美毒株的毒力弱。该病毒的传播涉及一个生态循环系统；这个循环涉及雀形目鸟类和灌溉沟的蚊，即黑尾赛蚊（Culiseta melanura）。这种蚊生活于淡水沼泽，经常叮咬禽鸟（图82.2）。许多种类的野鸟通过蚊叮咬，感染此病毒后，能够产生很多的病毒，但没有临床症状。然而，也有报道，一些野鸡、鹧鸪和美洲鹤感染此病毒后，出现高的死亡率。病毒可以在野鸡之间通过啄食和相互争斗传播。定期发生的野鸟感染疫情，可能会传播给人和马。这涉及烦扰伊蚊（Aedes sollicitans）和扰动库蚊（Coquillettidia perturbans）等一些种类的蚊。它们既叮咬鸟类，也叮咬哺乳动物。蚊携带病毒通常会引起人、马和野鸡的散发性病例。动物疫情往往发生在秋季，至第一次霜冻前消失。人们认为野鸟很可能是该病毒的储存宿主，但该病毒的越冬机制还不清楚。还没有证实病毒是否经蚊卵传播。

VEEV的分离株可以分为6个亚型（Ⅰ～Ⅵ）。Ⅰ亚型中，有5种不同的抗原型或血清型（AB、C、D、E、F）。以前，Ⅰ亚型的Ⅰ-A血清型和Ⅰ-B血清型被认为是不同的血清型，但现在认为是相同的血清

表82.1 兽医中重要的甲病毒

病毒	宿主	注明
东部马脑炎病毒	蚊（黑尾赛蚊，依蚊）	在雀形目鸟中流行感染，雀形目鸟是北美东部、加勒比岛和南美某些地区常见水禽。可引起马、野鸡和人的疾病。
委内瑞拉马脑炎病毒	蚊（库蚊种）	在中美洲和南美洲小型哺乳动物中流行感染。引起流行地区马、驴和人疾病暴发，有时可以传播到美国南部。
西部马脑炎病毒	蚊（环跗库蚊和其他库蚊种，伊蚊种）	在美洲，雀形目鸟感染普遍。引起马和人轻微疾病。
盖它病毒	蚊	在东南亚和澳大利亚可引起零星病例，以发热、荨麻疹和四肢水肿为特征，引起猪亚临床感染。

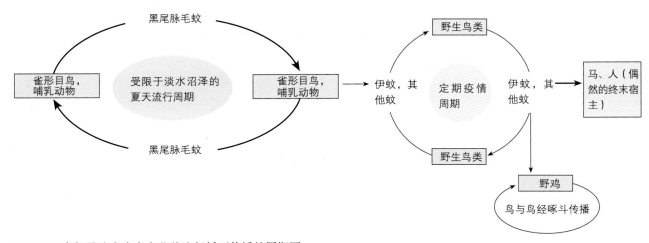

图82.2 东部马脑炎病毒在北美流行循环传播的周期图
这种地方性循环传播发生于夏季，仅限于沼泽较多的地区。这种循环周期性传播涉及蚊和野生鸟类，它们不一定都在沼泽附近。病毒感染马和人这两类终末宿主的感染，是病毒从其循环传播链中"溢出"所致。对于农场饲养的野鸡，病毒可能通过它们个体间的互啄进行传播。

型，因此将它们合并为 I-AB血清型。VEEV主要是由两个致病性很强的血清型，即 I-AB和 I-C，引起委内瑞拉马脑炎疫情。血清型 I-D、I-E和 I-F，以及VEEV的其他五个亚型（Ⅱ～Ⅵ），都是局部流行的病毒，并且通常对马都不致病。然而，已被证明，在墨西哥某一地区，I-E病毒引起了数起马神经系统疾病的疫情。值得注意的是，由这些地方性毒株引起马的病毒血症水平，通常比较低。

该病毒在沼泽地区的野外循环系统中循环存在；该循环涉及啮齿类动物和库蚊。系统发育研究表明，引发疫情的致病性毒株可能是某些局部流行的非致病性毒株突变形成的（Weaver 等，1992）；这些突变提高了病毒对蚊或马的感染性。马科动物适合作为这些流行毒株的放大宿主。遗传研究表明，I-AB、I-C和I-D三个血清型之间有密切的关系。1962年和1972年在南美洲北部和中美洲一带，一直延伸到德克萨斯州，VEE定期流行。其中，有几次疫情是由于甲醛处理的疫苗中残余活病毒而引起的。经过20年的消停期，1992年，委内瑞拉发生一些小规模的疫情，随后1995年委内瑞拉和哥伦比亚发生大规模的疫情（Weaver 等，1996）。马感染VEEV一个毒力强的亚型后，马就成为该病毒的放大器，其病毒血症水平很高，蚊吸食其血液后，可以传播这种病毒。

虽然西部马脑炎一直发生在美国密西西比河以西，但目前它也发生在北美大陆许多其他地区。某些地区此病往往反复感染。该病循环传播涉及蚊，通常是环跗库蚊（*Culex tarsalis*），以及当地野生鸟

类。这些鸟类感染后不表现临床症状。马偶尔受到感染，因此马疫情少见。由于感染的马血液中的病毒水平一直很低，因此马是该病毒终末宿主。一些引起马疫情的毒株可能是地方性非致病性毒株。病毒的越冬机制尚不清楚，但可能涉及鸟类、爬行动物或蚊。在美国东部发现的高地 J 病毒（highlands J virus）属于WEEV组，与WEEV遗传上很接近。它很少引起马脑炎，但却能引起较多数量的鸟类，如鸲鹟和火鸡，感染发病。

致病机理

蚊叮咬马并将病毒传给马后，病毒开始在叮咬部位以及附近的淋巴结中增殖。血液中有可能检测不到病毒，也有可能血液中病毒含量很高（伴随着发热）。在病情严重时期，病毒可侵入中枢神经系统，导致神经细胞坏死及血管周围淋巴袖套样浸润。

临床症状

上述三种马脑炎病毒引起的疾病，临床上都很相似。潜伏期可能长达9天。临床症状通常持续4～9天，发病程度从轻度发热和抑郁，到发热性脑脊髓炎和死亡。神经系统症状包括畏光、失明、头部下垂、转圈、共济失调和吞咽困难。病马表现出严重的抑郁、头部低垂和站立不稳、四肢外移。最后，动物处于半昏迷状态，死亡前发生抽搐。EEE病死率是90%；VEE病死率是50%～80%；WEE病死率是20%～40%。

第六篇

诊断

依据马临床症状，以及同一地区已有马病毒性脑炎发生，可作出初步诊断。确诊需要实验室检测。由于该病毒可能感染人类，在标本采集时，必须采用合适的方法和生物安全防范措施。

- 病毒分离能提供明确的诊断结果，一般使用细胞培养或乳鼠接种进行分离。在动物发热阶段采集全血或血清，适合用于病毒分离。采集已经死亡动物的脑或脑脊髓液也可以进行病毒分离。当怀疑是VEE时，应采用单克隆抗体或核酸测序的方法，进行鉴别，以区分VEEV致病性毒株和非致病性毒株。
- 已固定的脑切片用免疫组织化学染色方法，可以检测到EEEV抗原（Patterson等，1996）。
- 可以用RT-PCR方法，检测感染动物组织和蚊体内的病毒RNA（Pfeffer等，1997；Linssen等，2000）。
- 诊断WEE或EEE通常还采用血清学方法。应收集感染前期或初期以及感染后期的双份血清，以观察血清中特异性抗体效价的上升情况。合适的检测方法包括ELISA、空斑减少中和试验、血凝抑制试验、补体结合试验。利用IgM捕获的ELISA法用于单份血清样品的检测，可提示病毒感染的证据。血清学检测结果判定时，必须考虑到动物疫苗接种情况。VEEV的非致病性毒株有时产生隐性感染，其血清抗体检测的结果解释起来比较复杂。

治疗和控制

虽然支持治疗可能有益，但通常预后较差。对马进行疫苗接种是基本的控制手段，并且应积极采取措施减少蚊虫数量。

- 可以使用一价、二价和三价疫苗。EEE和WEE的疫苗都是灭活的。一种VEEV的减毒活疫苗TC-83为马提供了有效的保护，并已成功用于VEE的预防控制。
- 媒介昆虫数量控制措施，包括向宿主栖息地喷洒药物、破坏蚊的滋生地点、对马使用驱虫剂、对马厩采取防虫措施。

◉ 参考文献

Linssen, B., Kinney, R.M., Aguilar, P., et al. (2000). Development of reverse transcription-PCR assays specific for detection of equine encephalitis viruses. Journal of Clinical Microbiology, 38, 1527–1535.

Patterson, J.S., Maes, R.K., Mullaney, T.P. and Benson, C.L. (1996). Immunohistochemical diagnosis of eastern equine encephalomyelitis. Journal of Veterinary Diagnostic Investigation, 8, 156–160.

Pfeffer, M., Proebster, B., Kinney, R.M. and Kaaden, O.R. (1997). Genus-specific detection of alphaviruses by a seminested reverse transcription polymerase chain reaction. American Journal of Tropical Medicine and Hygiene, 57, 709–718.

Weaver, S.C., Bellew, L.A. and Rico-Hesse, R. (1992). Phylogenetic analysis of alphaviruses in the Venezuelan equine encephalitis complex and identification of the source of epizootic viruses. Virology, 191, 282–290.

Weaver, S.C., Salas, R., Rico-Hesse, R., et al. (1996). Reemergence of epidemic Venezuelan equine encephalomyelitis in South America. Lancet, 348, 436–440.

Weaver, S.C., Kang, W., Shirako, Y., et al. (1997). Recombinational history and molecular evolution of western equine encephalomyelitis complex alphaviruses. Journal of Virology, 71, 613–623.

◉ 进一步阅读材料

Weaver, S.C., Powers, A.M., Brault, A.C. and Barrett, A.D. (1999) Molecular epidemiological studies of veterinary arboviral encephalitides. Veterinary Journal, 157, 123–138.

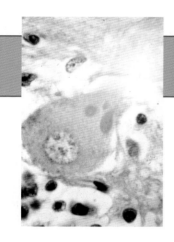

第83章

朊病毒（特殊的传染性物质）

长期以来，人们按照以下层面，描述和鉴定引起哺乳动物传染病的微生物病原体：病原体的大小、形态、生化特征、复制模式、对物理和化学灭活方法的敏感性。由于有些传染性物质不符合这套描述和鉴定体系，许多科学家对这套描述和鉴定体系的有效性，持怀疑态度。渐渐地，人们把不符合这套描述和鉴定体系的病原，称为特殊的传染性物质（unconventional infectious agent）。该类病原体的属性与典型的病原微生物，如病毒、细菌和真菌不同。这些特殊的传染性物质没有核酸，能感染动物和人类，而不诱导免疫应答，对物理和化学灭活方法的耐受力远远大于传统的传染性病原体。

由特殊的传染性物质引起的疾病，被命名为传染性海绵状脑病（transmissible spongiform encephalopathies，TSEs）。它们是一类以神经元变性为特征的神经系统疾病。这些引起TSEs的物质被归为一类特殊的传染性物质的提法（Prusiner，1982），逐渐得到认可，并且它们获得一个专有名词，即朊病毒（prions）。朊病毒有两类，一类与哺乳动物有关，另一类与真菌有关（Wickner，1994）。朊病毒是由自然存在的糖蛋白，通过一系列不同的生物学机制，转变而来的（Prusiner等，1999）。发生上述变化后，朊病毒诱导宿主体内发生病理变化，导致TSEs的产生。

自然存在的PrP^{C}糖蛋白，即宿主细胞朊病毒蛋白，在大多数物种之间高度保守；它由252~264个氨基酸组成，对蛋白酶K敏感，可溶于去污剂（Wopfner等，1999）。该分子C末端有两个短的β折叠和3个较长的α螺旋。PrP^{C}糖蛋白N末端开始的23个氨基酸为信号肽，引导PrP^{C}糖蛋白固定到细胞膜，C末端连接在糖基磷脂酰肌醇（glycosyl phosphatidylinositol，GPI）上。PrP^{C}糖蛋白存在于多种细胞的细胞膜上，尤其是神经元和淋巴细胞。已被发现PrP^{C}糖蛋白有多种功能，包括调节免疫反应、信号转导、结合Cu^{2+}，参与突触传递和细胞凋亡。

PrP^{C}糖蛋白暴露于异常prion蛋白（PrP^{Sc}，scrapie prion protein）后，PrP^{C}结构发生改变，变成PrP^{Sc}。PrP^{C}变成PrP^{Sc}后，以β折叠为主，部分耐蛋白酶K消化，并且容易聚集在一起（图83.1）。PrP^{C}和PrP^{Sc}有三种糖基化形式，即无糖基化、单糖基化和双糖基化。PrP^{Sc}诱导PrP^{C}发生结构改变的机制尚不明确。然而，新生成的PrP^{Sc}在三维结构上与"传染性"PrP^{Sc}高度相似，意味着后者在导致细胞内积累大量PrP^{Sc}的连锁反应中，发挥着核心作用（Jarrett和Lansbury，1993）。

随着越来越多的PrP^{C}转换PrP^{Sc}，这些能部分耐蛋白酶K消化的分子逐渐积累增多，尤其是在中枢神经细胞中。在某些时候，大的PrP^{Sc}聚合物发生裂变并分成多个小的颗粒。这些颗粒又可以作为"种子"，进一步促进PrP^{C}转变为PrP^{Sc}。新近研究表明，PrP^{C}向PrP^{Sc}转变的过程，是在它与内体（endosome）结合之前，在细胞膜上窝样结构中进行的。细胞正常代谢时，细胞膜糖蛋白由内吞小体运送到溶酶体内，进行降解。然而，因为PrP^{Sc}是部分耐蛋白酶K消化，导致它在细胞质吞噬小泡内，尤其是在溶酶体内，没有被降解而发生积聚（Prusiner等，1999）。空泡化被认为含有大量PrP^{Sc}沉积的溶酶体释放一些具有水解活性的酶，破坏神经元细胞骨架而造成的（Laszlo等，1992）。PrP^{Sc}的聚集导致神经细胞凋亡、突触功能障碍和神经元变性。朊病毒本身不具有直接的神经细胞毒性，但其可溶性错误折叠的中间体和淀粉

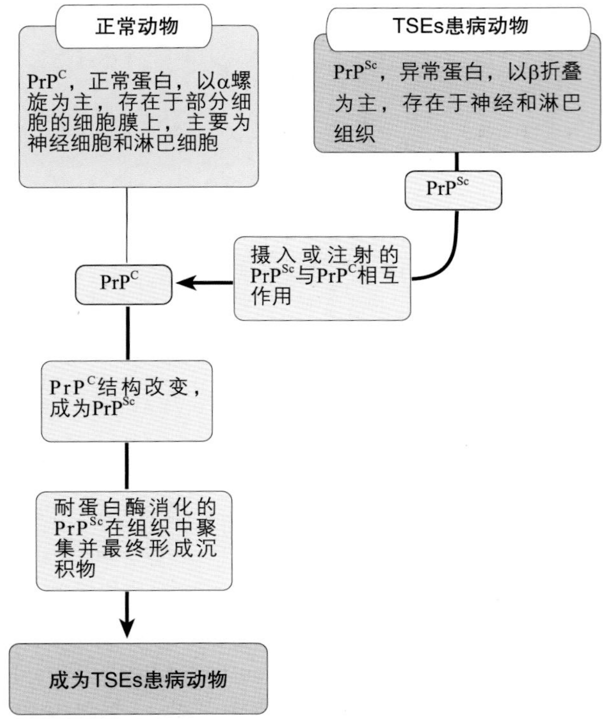
正常动物
PrP^{C}，正常蛋白，以α螺旋为主，存在于部分细胞的细胞膜上，主要为神经细胞和淋巴细胞
TSEs患病动物
PrP^{Sc}，异常蛋白，以β折叠为主，存在于神经和淋巴组织
PrP^{Sc}
摄入或注射的PrP^{Sc}与PrP^{C}相互作用
PrP^{C}
PrP^{C}结构改变，成为PrP^{Sc}
耐蛋白酶消化的PrP^{Sc}在组织中聚集并最终形成沉积物
成为TSEs患病动物

图83.1 传染性海绵状脑病致病机理示意图

PrP^{C}为细胞自然存在的蛋白。PrP^{Sc}为存在于痒病和传染性海绵状脑病病例体内的朊病毒，是一种结构异常的蛋白质。

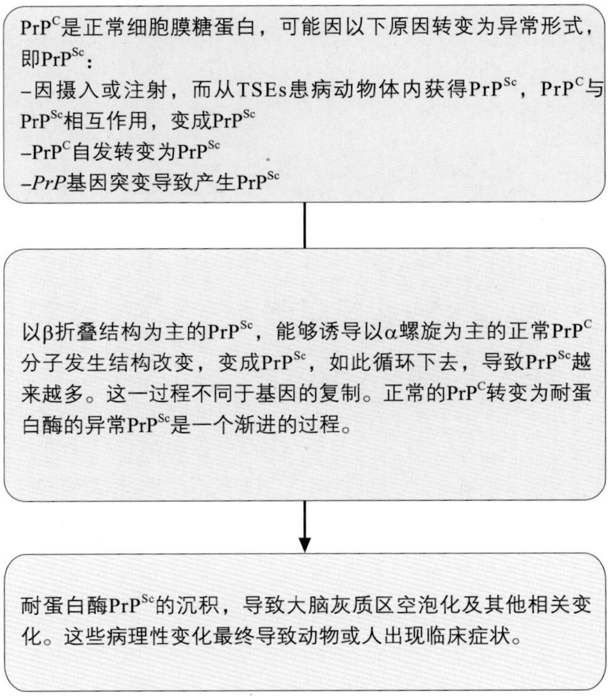
PrP^{C}是正常细胞膜糖蛋白，可能因以下原因转变为异常形式，即PrP^{Sc}：
–因摄入或注射，而从TSEs患病动物体内获得PrP^{Sc}，PrP^{C}与PrP^{Sc}相互作用，变成PrP^{Sc}
–PrP^{C}自发转变为PrP^{Sc}
–*PrP*基因突变导致产生PrP^{Sc}
以β折叠结构为主的PrP^{Sc}，能够诱导以α螺旋为主的正常PrP^{C}分子发生结构改变，变成PrP^{Sc}，如此循环下去，导致PrP^{Sc}越来越多。这一过程不同于基因的复制。正常的PrP^{C}转变为耐蛋白酶的异常PrP^{Sc}是一个渐进的过程。
耐蛋白酶PrP^{Sc}的沉积，导致大脑灰质区空泡化及其他相关变化。这些病理性变化最终导致动物或人出现临床症状。

图83.2 PrP^{Sc}在神经元中沉积的可能机制框架图

样纤维沉淀，都具有毒性，并且两者毒性机理有所不同（Soto 和 Estrada，2008）。

△ 要点

- 朊病毒是蛋白质颗粒，缺乏核酸
- 从病原学上看，传染性海绵状脑病是潜伏期长的、致死性的、神经元变性的疾病
- 神经病理性变化为朊病毒积累沉积导致的神经元和神经纤维形成空泡，但没有炎症反应
- 传染性海绵状脑病包括：
  – 羊痒病
  – 牛海绵状脑病
  – 猫海绵状脑病
  – 貂传染性脑病
  – 人类库鲁病和克雅病（CJD）

试验显示，温和的酸化和降解处理，可导致PrP^{C}发生结构重排，产生高水溶性、富含β折叠结构的单体PrP，即β-PrP（Jackson 等，1999；Zou 和 Cashman，2002）。β-PrP能还原为α构象。β-PrP也可以作为一个稳定的“种子”，在体外诱导不溶性纤维状结构发生聚合，该不溶性纤维在结构上与PrP^{Sc}经洗涤剂处理而提取的朊病毒纤维相似。这些试验表明，结合在一起的几个β-PrP分子，可以导致不可逆的β折叠结构。这可能是TSEs中发生PrP^{Sc}沉积的基础。

发生传染性海绵状脑病时，PrP^{C}向PrP^{Sc}的转变可能是接触到外源PrP^{Sc}后开始的。通常是通过食入而接触到外源PrP^{Sc}。库鲁病是由于巴布亚新几内亚的原始部落同类相食习俗造成的（图83.2）。PrP^{C}向PrP^{Sc}随机自发转化的典型例子是散发型克雅病（CJD），这种散发型病例在人类朊病毒病中很普遍，70%～80%人类朊病毒病为该种类型。其发病率为百万分之一。PrP基因的突变也会引发TSEs，PrP基因突变后使PrP^{C}容易发生构象变化，人的GSS综合征（Gerstmann-Sträussler-Scheinker syndrome）即是如此产生的。

PrP基因序列决定了其氨基酸序列。不同动物的PrP基因序列有所不同，各种哺乳动物对异种动物的朊病毒感染有一定的抵抗力，这被称为“物种屏障”。两个物种间TSE交叉感染的容易程度决定于它们PrP^{Sc}同源程度和结构上的相似性（Collinge 和 Clarke，2007）。跨宿主传播PrP^{Sc}引发的TSEs潜伏期

往往很长，同种宿主的PrP^{Sc}引发的TSEs潜伏期较短。"物种屏障"的存在可以解释人类对来自羊痒病的PrP^{Sc}感染有抵抗力。牛海绵状脑病（BSE）的PrP^{Sc}毒株易于突破物种屏障。这可能与其热力学特点有关。

朊病毒依据其自身的特点和其诱导的病理特征，被划为一些不同的毒株（Aguzzi等，2007）。根据小鼠体内的生物测定情况，人们描述了一些来自羊痒病的朊病毒毒株。这些毒株的区别是基于潜伏期、致死方式、PrP^{Sc}沉积方式、病变形式、蛋白酶K耐受程度和在基因型已知的小鼠大脑中的含量。朊病毒不同的毒株决定了PrP^{Sc}的构象和糖基化形式。朊病毒不同毒株的存在，曾经让人怀疑"朊病毒只有蛋白质没有核酸的理论"的正确性（Chesebro，1998）。

朊病毒在很宽的pH范围内稳定，并能耐受大多数生物灭活方法。早期发现该病原能耐受化学灭活方法的证据，是对18 000只因注射甲醛处理的震颤病疫苗而感染朊病毒病的羊进行回顾性研究时发现的。当时，这类疫苗是用羊脑、脊髓和脾脏制备的。甲醛处理时，疫苗中的痒病病原没有失活（Greig，1950）。接种疫苗的动物中，大约有10%得了痒病。用于固定蛋白的醇和醛类处理方法不仅不能灭活该病病原，反而可能更有助于其稳定性。对脑组织进行甲醛固定时加入蚁酸处理，目的是降低痒病、疯牛病和克雅病组织切片中病原的传染性。因为对受感染的尸体必须进行无害化处理，所以对疯牛病和痒病病原的物理灭活方法，已有深入的调查研究。

虽然建议在132℃下高压灭菌，但这并不能确保朊病毒完全灭活。高浓度次氯酸钠或氢氧化钠热溶液，可灭活对热稳定的痒病朊病毒（Taylor，2000）。

◉ 临床感染

朊病毒病常零星散发，通常与被感染动物的遗传基因显著相关。朊病毒病是多种动物"蛋白质折叠"引起的神经元变性的疾病之一。这类神经系统疾病包括人类的老年痴呆症、帕金森症。这些疾病有一系列共同的特点，包括在生命后期出现神经元消失和错误折叠的蛋白聚集物在脑组织内的沉积（Soto和Estrada，2008）。传染性海绵状脑病是一种缓慢渐进的神经元变性的疾病，其特点是潜伏期长和脑组织发生海绵状变化。这些特征在反刍动物和某些食肉动物病例中已经阐明（表83.1）。羊痒病和人库鲁病具有相似的神经系统病理变化特征，暗示了这两种疾病病原学特征相似（Hadlow，1959）。随后，库鲁病也被确定为由特殊的传染性物质引起。人类神经元变性的其他一些疾病被列为传染性海绵状脑病，其中一些是由基因决定的。这些人类的传染性海绵状脑病在表83.2中介绍。人类TSEs发生可能是因感染、遗传或散发导致的。令人信服的证据表明，某些品种的羊，它们的基因结构决定了对该病的易感性。

表83.1 动物的传染性海绵状脑病

疾病名称	描述
痒病（scapie）	在欧洲部分地区，在绵羊上发现该病300余年；现在全球除澳大利亚和新西兰外都有发生，山羊也发病
牛海绵状脑病（BSE）	1986年在英国首次报道；大规模流行超过10年。实施有效措施后，流行率下降。在欧洲其他许多国家呈低发病率流行。美国、日本和加拿大也有发生
猫海绵状脑病（feline spongiform encephalopathy）	20世纪90年代早期，牛海绵状脑病流行时首次报道，多数病例出现在英国
水貂传染性脑病（transmissible mink encephalopathy）	1947年在威斯康辛州的笼养水貂中首次发现；发病原因为饲喂了感染痒病的绵羊肉
圈养反刍动物海绵状脑病（spongiform encephalopathy in captive ruminants）	1986年牛海绵状脑病流行时首次报道，发病动物包括动物园中大捻角羚、林羚、羚羊和其他捕获的反刍动物
慢性消耗性疾病（chronic wasting disease）	1980年在科罗拉多州的黑尾鹿上首次报道。发生于北美洲的鹿群和麋鹿群。水平传播，唾液可散布朊病毒。临床症状包括严重的全身性消瘦、颤抖和共济失调

第六篇

表83.2　人类传染性海绵状脑病

疾病名称	描述
库鲁病（kuru）	在巴布新几内亚的原始部落中发现。最初感染是食入同类脑组织造成的
克雅病（creutzfeldt-jakob disease，CJD）	
散发型（sporadic CJD）	病原学尚不清楚，可能由于*PrP*基因发生变异，或者PrP^{C}随机转变为PrP^{Sc}引起
医源性（latrogenic CJD）	因手术过程中使用了污染的器械或接触了感染者的组织器官引起传染
变异型（variant CJD）	因接触到牛海绵状脑病牛的PrP^{Sc}引起
家族性（familial CJD）	家族遗传性*PrP*基因变异
GSS综合征（Gerstmann-Sträussler-Scheinker syndrome）	家族遗传性*PrP*基因变异
致死性家族性失眠症（fatal familial insomnia）	家族遗传性*PrP*基因变异

■ 痒病

羊痒病是潜伏的、致死性神经系统疾病，在成年绵羊、山羊和欧洲盘羊中发生较多，遍布除澳大利亚和新西兰外的全球所有国家。

流行病学

痒病的传播模式尚不十分清楚。由于该病可水平传播，且病原在环境中存活力很强，该病难以根除。该病可通过破损的皮肤表面和母羊传给羔羊等方式传播。有证据表明，该病的传染通常发生在生命早期，感染母羊通过胎盘和母乳传播给下一代可能是主要传播途径（Konold 等，2008）。感染动物采食的牧场可以持续多年保持痒病病原污染状态。

某些品系的绵羊具有特殊*PrP*基因多态性，其痒病发病率较高。绵羊的*PrP*基因编码序列具有高度多态性。*PrP*基因136、154和171密码子的多态性，翻译产生的PrP蛋白对痒病易感性有重要影响。在许多品种中，136位缬氨酸、171位谷氨酰胺和154位精氨酸（表示为VRQ）与痒病易感性密切相关（Laplanche 等，1999）。一些研究人员通过育种试验倾向于认为痒病是一种遗传性疾病。然而，尽管澳大利亚和新西兰的羊存在与痒病相关的朊病毒等位基因，但这两个国家却没有痒病（Hunter 等，1997）。此外，在欧洲和美国发现一种非典型的痒病，命名为Nor98。该PrP^{Sc}在组织中的分布与经典痒病不同。Nor98能使对经典的痒病有抵抗力的羊发病（Benestad 等，2003）。

致病机理

自然感染后，通常首先在淋巴网状系统，包括脾、扁桃体及咽后及肠系膜淋巴结，检测到PrP^{Sc}。PrP^{Sc}在淋巴结的滤泡树突细胞中复制。一般认为，口腔摄入病原后进入神经系统的门户是十二指肠和回肠。然后，病原通过植物性神经，传播到脊髓和延髓（van Keulen 等，2008）。本病的组织病理学特征是神经元和神经纤维形成空泡以及星形胶质细胞增生。

临床症状

该病潜伏期长。3～4岁时，出现神经系统症状的比例最高。感染动物最初可能表现为烦躁不安或紧张，周围突然有声音或物体移动时表现尤为严重。头部和颈部轻微颤栗，因动作不协调，出现行动踉跄是特征性症状。皮肤瘙痒导致羊毛脱落。一些感染羊，因擦伤背部引起啃咬反射。随病情发展而消瘦。病羊往往在出现临床症状6个月内死亡。在受感染的羊群中，因痒病造成的年死亡率通常是3%～5%，但在感染严重羊群可以达到20%。

诊断

临床症状和中枢神经系统病理组织学检查是诊断的基础。该病特征性微观变化包括神经细胞出现空泡、变性，神经纤维发生空泡样变化以及星形胶质细胞增生（髓质表现更明显）。然而，因为某些特定毒株引起了大脑其他部位发生特异性变化，所以需要对大脑所有主要部位进行观察，以便于得出更加全面的结论（Benestad 等，2003）。本病无明显的炎症反应。确诊方法包括对PrP^{Sc}进行免疫组织化学染色、免疫印迹检测耐蛋白酶K消化的PrP^{Sc}、脑组织经洗涤剂处理后用电镜观察痒病相关纤维。宰前检测方法包括组织化学方法活体检测扁桃体淋巴组织、第三眼睑和直肠PrP^Sc；这些检测虽被报道，但不能检出所有感染羊。许多基于免疫学原理的快速诊断方法如Western blot和ELISA，最初是为检测BSE而建立的，现在也应用于痒病诊断（Novakofski等，2005）。检测阳性或可疑样品，需要通过免疫组化和Western blot法确诊。血清学诊断是无效的，因为没有发现只针对痒病而不与PrP^C发生交叉反应的特异性抗体。

控制

在欧盟，羊痒病被列为必须报告疫病。无该疫病国家实施严格的检疫程序。一些国家执行感染羊扑杀策略，已取得不同程度的成功。例如，澳大利亚和新西兰由于痒病传入后及时实施了根除策略，成功消灭了该病。在美国，因为这一策略实施成本高昂，执行难度大，没有执行根除计划。美国控制该病的措施有感染羊群确认和移动限制。在降低痒病发病率方面，选育能抵抗痒病的羊可能是一个理想的方法（Parry，1983）。

■ 牛海绵状脑病（bovine spongiform encephalopathy, BSE）

BSE是成年牛的一种渐进性、神经元变性的疾病。1986年，BSE在英国首次确诊（Wells等，1987）。随后，超过180 000例病牛被确诊，估计有一百万头感染。该疫情的流行在1992年达到顶峰，超过36 000例。之后，确诊病例的数量一直稳步下降。曾经从英国进口过动物的一些国家，也报道发生了本病。此外，包括瑞士、爱尔兰、法国和葡萄牙等许多欧洲国家发生了本土牛BSE病例，加拿大、美国、以色列和日本也发生了本土病例。

引起BSE的朊病毒毒株被认为没有物种特异性。动物园进口的一些有蹄动物因摄入了被BSE病牛组织污染的饲料，也发生BSE。此外，在疯牛病流行的20世纪90年代初期，猫海绵状脑病被首次证实。1996年，在英国发现了一种人的新型朊病毒病，称为变异型克雅病（variant Creutzfeldt–Jakob disease, vCJD）。朊病毒分型的分子生物学研究，以及在转基因和常规小鼠上的感染性试验表明，引起vCJD和BSE的朊病毒为同一毒株。因风险因子和vCJD潜伏期不确定，所以无法准确评估人在多大程度暴露于

BSE的朊病毒，才能引起vCJD（Collinge，1999）。人PRNP基因129位是甲硫氨酸纯合子基因型时，对vCJD高度易感。在英国，vCJD病例在2000年达到顶峰，为28例，截至2010年，因vCJD死亡的总人数达到了170人。

英国的BSE疫情被认为是由同一个朊病毒毒株引起的。然而，随着大规模的主动监测研究，根据病理学和/或分子特征不同，确定在一些国家发现了一些非典型BSE。例如，有一种"H型"BSE，其特征是病原分子量比经典BSE病原分子量大，还有一种"L型"或牛淀粉样变海绵状脑病（BASE），其病原分子量比经典BSE病原分子量小。非典型BSE的发现表明，这种神经退化性疾病有时可能会自发产生，因此，零星的病例还会继续出现。

流行病学

英国多个地方在同一时期发生BSE疫情，其原因是给牛饲喂了PrP^Sc污染的肉骨粉（meat-and-bone meal，MBM），补充蛋白质。这些MBM的生产制作使用了屠宰场PrP^Sc污染的动物内脏。据推测，20世纪80年代早期，由于饲养方式的改变，牛饲料里面MBM中的痒病PrP^Sc含量增加，导致痒病PrP^Sc突破物种屏障传染给牛。在没有找到病因之前，以及有效防控措施的缺失，BSE病牛的PrP^Sc通过MBM，而不断感染新的牛，导致BSE病牛越来越多。由于英国羊养殖数量很多、地方性痒病的发生频率较高，以及奶牛养殖过程中高度依赖MBM作为蛋白补充成分，导致英国BSE疫情非常严重（Nathanson等，1999）。在BSE流行早期，虽然英国曾经出口MBM，但整个欧洲随后迅速实施的监测显示，欧洲大陆许多国家的发病数很少。1988年，英国实施了反刍动物源性MBM禁令，1993年以后英国疯牛病发病率有了明显的下降。虽然呈下降趋势，但由于反刍动物源性肉骨粉依然可以饲喂给猪和禽类，饲料加工厂在生产过程中，禽猪饲料和牛羊饲料发生交叉污染，导致在禁令实施后，仍有疯牛病的发生。1996年，英国实施了更加严格的规定，禁止向所有家畜动物饲料中添加哺乳动物源性MBM。

BSE不发生水平传播。同时，虽然怀孕母牛可能传播给下一代，但发生概率很低，一般认为母婴传播对该病的传播影响很小。牛对疯牛病的敏感性，很可能与性别、品种和基因型无关。

致病机理

BSE的致病机理尚不完全明确。动物试验显示通过口腔食入朊病毒后，在回肠末端可以检测到朊病毒。在自然发病的情况下，朊病毒主要出现在中枢神经系统、视网膜和回肠末端。中枢神经系统的特征性变化包括空泡形成和神经胶质细胞增生。

临床症状

平均潜伏期大约为5年。不同的病牛出现的神经系统症状差异很大。通常，病牛发生行为改变、站立不稳、运动减少、体重减轻和产奶量下降。其他临床症状包括震颤、神经过敏、情绪不安、磨牙、容易惊恐和胆怯。随着病程深入，病牛出现共济失调、四肢伸展过度；发病后期，体质下降的趋势更加明显，病程一般持续数天或数月。

诊断

可通过组织病理学检测和其他适用的方法，检测脑组织，从而对BSE进行确诊。可以检测脑闩部髓质的冠状面。BSE组织病理学特征性变化包括持续出现的神经纤维空泡变性和星形胶质细胞增生。其他确诊方法有免疫组织化学方法，对PrP^{Sc}进行免疫组织化学染色检测，以及免疫印迹法检测耐蛋白酶K的PrP^{Sc}，还有电镜观察经洗涤剂处理后脑组织提取物中的朊病毒纤维。商品化适合于大规模筛选的免疫印迹和ELISA自动检测技术已经得到应用（Novakofski等，2005）。蛋白质错误折叠循环扩增技术（protein misfolding cyclic amplification，PMCA）可增加样品中PrP^{Sc}的含量（Saborio等，2001；Soto等，2005），因此能够提高检测敏感性，有望用于检测还没有出现临床症状的动物和人。

控制

在欧盟国家，BSE是必须报告的疫病，并对倒地牛和年龄超过48个月的牛进行强制检测。在一些国家，如果一头牛检测为阳性，整个牛群将被宰杀。在其他国家，只宰杀临床感染牛，或宰杀感染牛和同群牛。反刍动物源性蛋白应禁止用作反刍动物的饲料。感染牛的尸体应高温焚烧，确保这种耐热的病原被完全销毁。建筑物和设备可以通过高浓度的次氯酸钠或加热的氢氧化钠强碱溶液，以消除污染（Taylor，2000）。在许多国家，被认为具有传播BSE的高风险物质，如颅骨、脊柱、扁桃体、小肠和肠系膜组织，不允许进入人的食物链。

◉ 参考文献

Aguzzi, A., Heikenwalder, M. and Polymenidou, M. (2007). Insights into prion strains and neurotoxicity. Nature Reviews Molecular Cell Biology, 8, 552–561.

Benestad, S.L., Sarradin, P., Thu, B., Schonheit, J., Tranulis, M.A. and Bratberg, B. (2003). Cases of scrapie with unusual features in Norway and designation of a new type, Nor98. Veterinary Record, 153, 202–208.

Chesebro, B. (1998). BSE and prions: uncertainties about the agent. Science, 279, 42–43.

Collinge, J. (1999). Variant Creutzfeldt-Jakob disease. Lancet, 354, 317–323.

Collinge, J. and Clarke, A.R. (2007). A general model of prion strains and their pathogenicity. Science, 318, 930–936.

Greig, J.R. (1950). Scrapie in sheep. Journal of Comparative Pathology, 60, 263–266.

Hadlow, W.J. (1959). Scrapie and kuru. Lancet, 2, 289–290.

Hunter, N., Cairns, D., Foster, J.D., et al. (1997). Is scrapie solely a genetic disease? Nature, 386, 137.

Jackson, G.S., Hosszu, L.L.P., Power, A., et al. (1999). Reversible conversion of monomeric human prion protein between native and fibrillogenic conformations. Science, 283, 1935–1937.

Jarrett, J.T. and Lansbury, P.T. (1993). Seeding 'onedimensional crystallization' of amyloid: a pathogenic mechanism in Alzheimer's disease and scrapie? Cell, 73, 1055–1058.

Konold, T., Moore, S.J., Bellworthy, S.J. and Simons, H.A. (2008). Evidence of scrapie transmission via milk. BMC Veterinary Research, 4, 14.

Laplanche, J.L., Hunter, N., Shinagawa, M. and Williams, E. (1999). Scrapie, chronic wasting disease and transmissible mink encephalopathy. In Prion Biology and Diseases. Ed. S.B. Prusiner. Cold Spring Harbor Laboratory Press, New York. pp. 393–429.

Laszlo, L., Lowe, J., Self, T., et al. (1992). Lysosomes as key organelles in the pathogenesis of prion encephalopathies. Journal of Pathology, 166, 333–341.

Nathanson, N., Wilesmith, J., Wells, G.A. and Griot, C. (1999). Bovine spongiform encephalopathy and related diseases. In

Prion Biology and Diseases. Ed. S.B. Prusiner. Cold Spring Harbor Laboratory Press, New York. pp. 431–463.

Novakofski, J., Brewer, M.S., Mateus-Pinilla, N., Killefer, J. and McCusker, R.H. (2005). Prion biology relevant to bovine spongiform encephalopathy. Journal of Animal Science, 83, 1455–1476.

Parry, H.B. (1983). Scrapie Disease in Sheep. Academic Press, New York.

Prusiner, S.B. (1982). Novel proteinaceous infectious particles cause scrapie. Science, 216, 136–144.

Prusiner, S.B., Peters, P., Kaneko, K., et al. (1999). Cell biology of prions. In *Prion Biology and Diseases*. Ed. S.B. Prusiner. Cold Spring Harbor Laboratory Press, New York. pp. 349–391.

Saborio, G.P., Permanne, B. and Soto, C. (2001). Sensitive detection of pathological prion protein by cyclic amplification of protein misfolding. Nature, 411, 810–813.

Soto, C. and Estrada, L. (2008). Protein misfolding and neurodegeneration. Archives ofNeurology, 65, 184–189.

Soto, C., Anderes, L., Suardi, S., et al. (2005). Pre-symptomatic detection of prions by cyclic amplification of protein misfolding. FEBS Letters, 579, 638–642.

Taylor, D.M. (2000). Inactivation of transmissible degenerative encephalopathy agents: a review. Veterinary Journal, 159, 10–17.

van Keulen, L.J.M., Bossers, A. and van Zijderveld, F. (2008). TSE pathogenesis in cattle and sheep. Veterinary Research, 39, 24.

Wells, G.A.H., Scott, A.C., Johnson, C.T., et al. (1987). A novel progressive spongiform encephalopathy in cattle. Veterinary Record, 121, 419–420.

Wickner, R.B. (1994). [URE3] as an altered URE2 protein: evidence for a prion analog in Saccharomyces cerevisiae. Science, 264, 566–569.

Wopfner, F., Weidenhofer, G., Schneider, R., et al. (1999). Analysis of 27 mammalian and 9 avian PrPs reveals high conservation of flexible regions of the prion protein. Journal of Molecular Biology, 289, 1163–1178.

Zou, W.Q. and Cashman, N.R. (2002). Acidic pH and detergent enhance in vitro conversion of human brain PrP^C to a PrP^{Sc}-like form. Journal of Biological Chemistry, 277, 43942–43947.

◉ 进一步阅读材料

Beringue, V., Vilotte, J.-L. and Laude H. (2008). Prion agent diversity and species barrier. Veterinary Research, 39, 47.

Crozet, C., Beranger, F. and Lehmann, S. (2008). Cellular pathogenesis in prion diseases. Veterinary Research, 39, 44.

Gavier-Widen, D., Stack, M.J., Baron, T., Balachandran, A. and Simmons, M. (2005). Diagnosis of transmissible spongiform encephalopathies in animals: a review. Journal of Veterinary Diagnostic Investigation, 17, 509–527.

Harman, J.L. and Silva, C.J. (2008). Bovine spongiform encephalopathy. Journal of the American Veterinary Medical Association, 234, 59–72.

Heymann, D.L. (2008). Control of Communicable Diseases Manual. Nineteenth Edition. American Public Health Association, Washington, DC. pp. 216–223.

Mathiason, C.K., Powers, J.G., Dahmes, S.J., et al. (2006). Infectious prions in the saliva and blood of deer with chronic wasting disease. Science, 314, 133–136.

Prusiner, S.B. (1997). Prion diseases and the BSE crisis. Science, 278, 245–251.

Prusiner, S.B. (1999). Prion Biology and Diseases. Ed. S.B. Prusiner. Cold Spring Harbor Laboratory Press, New York.

Prusiner, S.B. (2001). Shattuck lecture – neurodegenerative diseases and prions. New England Journal of Medicine, 344, 1516–1526.

Raeber, A.J. and Aguzzi, A. (2000). Engulfment of prions in the germinal centre. Immunology Today, 21, 66–67.

Sejvar, J.J., Schonberger, L.B. and Belay, E.D. (2008). Transmissible spongiform encephalopathies. Journal of the American Veterinary Medical Association, 233, 1705–1712.

Soto, C. (2004). Diagnosing prion diseases: needs, challenges and hopes. Nature Reviews Microbiology, 2, 809–819.

Wilesmith, J.W. (1993). Epidemiology of bovine spongiform encephalopathy and related diseases. Archives of Virology, 7, 245–254.

第六篇

Section

第七篇

7

病原微生物及所致传染病

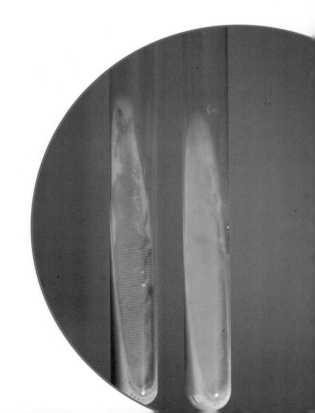

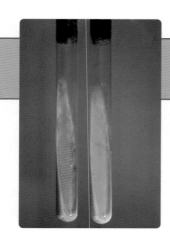

第84章

各类微生物的致病特性

许多病原微生物倾向于在特定组织或器官中定殖，并引起宿主特定组织或器官发生疾病。病原微生物在这些组织或器官中可以获得足够的营养，能够生存和繁殖，或者能够逃避宿主免疫反应。

宿主对病原微生物的易感性受多种因素的影响，包括宿主方面的因素（物种、品系、年龄、性别、基因型和免疫状态等）、病原方面的因素，以及管理和环境方面的因素。无论宿主处于哪个年龄段、免疫力如何，有些致病细菌和病毒都能侵入并引起疾病。相反，只有当易感宿主未被免疫，或者因为宿主发生免疫低下或免疫抑制时，机会性致病微生物才能引起宿主感染和发病。有时，机会致病微生物可以通过外伤创口进入机体组织，引起宿主感染和发病。在过度拥挤、通风不足或长途运输等应激条件下，宿主动物免疫功能受抑制，使在宿主黏膜层定殖的许多机会致病菌可以进入宿主体内而引起疾病。

在某些情况下，原发性病毒感染可能会导致继发性细菌感染。例如，犬感染细小病毒后，肠黏膜和肠系膜淋巴结受到损伤，革兰阴性细菌通过这些受损的组织侵入机体，造成继发性细菌感染。饮食习惯突然改变会影响幼畜肠道内微生物群，使大肠杆菌等革兰阴性细菌易于在肠道内定殖，并导致一些局部组织损伤甚至全身性疾病。这对于反刍动物和猪，尤为明显。动物摄入大量的谷物或营养丰富的牧草后，肠致病性梭菌（enteropathogenic clostridia）等革兰阳性细菌可能会快速增殖并产生大量毒素，造成严重的肠道疾病。

革兰阳性细菌引起的疾病包括由炭疽杆菌引起的反刍动物和其他家养动物的致死性败血症、神经毒性的梭菌引起的致死性中毒、葡萄球菌引起的化脓性炎症，以及放线杆菌引起的局部和弥散性损伤（图84.1）。致病性分枝杆菌可以引起人和动物的慢性进行性疾病。尽管该菌在细胞化学上属于革兰阳性细菌，但革兰染色效果不佳，可用抗酸染色法（Ziehl-Neelsen staining）对这些细菌进行涂片染色。

革兰阳性细菌在培养特性、宿主偏嗜性、致病能力及对化学药物的敏感性方面，具有广泛的多样性。葡萄球菌能够表达多种毒力因子，对抗菌药物产生耐药性的能力强，因此该菌临床上特别重要。对多种动物来说，葡萄球菌对抗生素的耐药性，是影响抗生素疗效的主要原因。致病性梭菌产生的外毒素，可以引起组织损伤、神经障碍和肠毒血症（enterotoxaemia），而类毒素制成的疫苗可以有效预防梭菌病。通过注射疫苗产生保护性免疫来抵抗葡萄球菌、链球菌、李氏杆菌（*Listeria*）、棒状杆菌（*Corynebacteria*）或放线菌（*Actinomycetes*）等引起的感染，效果并不理想。革兰阳性细菌具有复杂的毒力因子，感染动物机体后呈现多样化特征，且不能产生持续的保护性免疫反应，因此，目前尚未研制出安全有效的疫苗来防治这些重要的病原。对致病性分枝杆菌的疫苗研究虽然取得一定进展，但仍不能准确识别这些胞内细菌产生的毒力因子，而这些抗酸菌所引起的疾病是慢性的，导致难以分析其致病机理，同时也影响了分枝杆菌疫苗的预防接种。

人和动物肠道内的肠杆菌（*Enterobacteriaceae*）是一群重要的革兰阴性细菌，可以引起机会性感染、小肠结肠炎、败血症和流产等多种疾病。肺炎克雷伯菌（*Klebsiella pneumoniae*）和产气肠杆菌（*Enterobacter aerogenes*），是在奶牛的肠杆菌乳腺炎（coliform mastitis）中常见的两种机会致病菌。变形

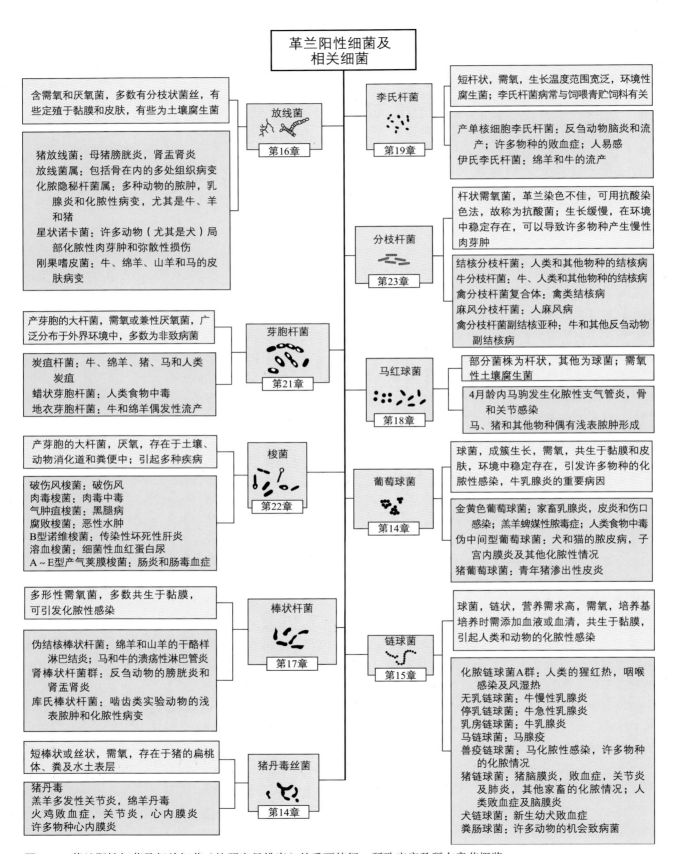

图84.1　革兰阳性细菌及相关细菌（按照字母排序）的重要特征、所致疾病及所在章节概览

杆菌（*Proteus*）和克雷伯菌（*Klebsiella*）可以引起犬和猫等动物的尿道感染。沙门菌有多种血清型可以引起多种动物的肠道疾病，如犊牛、马驹和仔猪败血症、人食物中毒等。此外，沙门菌血清型在毒力和数量上变化多样，以便于适应特定的宿主。

大肠杆菌可引起幼畜的肠道疾病、败血症和毒血症。布鲁菌是一种重要的细胞内病原，主要感染雌性和雄性动物的生殖系统。妊娠后期流产是反刍动物和猪感染布鲁菌的特征之一。布鲁菌不仅感染动物，也可以引起人类严重的全身性疾病，表现为持续时间不一的间歇热、多汗及消瘦。螺旋体（*spirochaetes*）属于革兰阴性细菌，是感染人和动物的重要病原。钩端螺旋体（leptospira）有多种血清型，其中黄疸出血型问号钩端螺旋体（*Leptospira interrogans*）可以引起幼畜败血症、牛流产及人的严重感染。另一种螺旋体——伯氏疏螺旋体（*Borrelia burgdorferi*），可以引起犬、其他家养动物和人的莱姆疏螺旋体病（*Lyme borreliosis*）。猪痢短螺旋体（*Brachyspira hyodysenteriae*）为厌氧螺旋体，可以引起断奶仔猪痢疾，进而导致食物转化率低，并造成经济损失。图84.2简要总结了致病性革兰阴性细菌及其所致疾病。

根据革兰染色结果，可以将大多数细菌简单地分为革兰阳性细菌和革兰阴性细菌。但是，有些细菌并不符合这种分类模式，它们被称为非典型细菌（atypical bacteria）。这些非典型细菌在组织结构、染色特点、生长需求及致病性等方面，也存在较大差异。其中，支原体（*Mycoplasmas*）没有细胞壁，高度多形性且革兰染色不易着色。此外，有一些支原体最初被归为立克次体（*Rickettsiae*），现称作亲血性支原体（haemotropic mycoplasmas），这一类支原体不能在体外培养，可能通过节肢动物传播，并可引起多种哺乳动物的传染性贫血。支原体可以引起反刍动物、猪和家禽的呼吸道疾病，许多国家还出现了反刍动物感染支原体而引发乳腺炎和关节炎的病例。在非洲、中东和亚洲的部分地区，支原体引起的牛传染性胸膜肺炎（contagious bovine pleuropneumonia）呈地方性流行；支原体引起的猪地方流行性肺炎肆虐全球；在非洲的北部和东部及土耳其发现了支原体引起的山羊传染性胸膜肺炎（contagious caprine pleuropneumonia）。支原体病对发展中国家，乃至全球范围内反刍动物、猪和家禽的养殖密集区，都有重要的经济学意义。贝氏柯克斯体（*Coxiella burnetii*）有两种抗原相，可通过气溶胶传播，在环境中非常稳定，耐消毒剂，养殖场和屠宰场工人感染后会产生类似流感的职业病，而动物感染时多数表现为亚临床症状。衣原体（*Chlamydiae*）于专性细胞内寄生菌，具有独特的发育周期，可导致人和动物的呼吸系统、肠道和生殖系统疾病。乏质体（*Anaplasma*）在普通培养基中不能生长，可经蜱传播，引起反刍动物、马、人和犬的疾病。许多国家还出现了艾立希体（*Ehrlichia*）感染反刍动物、犬和人的病例，这些经蜱传播的病原可在粒细胞、单核细胞和巨噬细胞中复制。其中，反刍动物艾立希体（*E. ruminantium*）和牛艾立希体（*E. ondiri*）的靶细胞是血管内皮细胞。里氏立克次体（*Rickettsia rickettsii*）经蜱传播，可引起落基山斑点热（Rocky Mountain spotted fever），人、犬和啮齿类动物均易感。血管内皮损伤是人和动物感染立克次体的重要特征。图84.3简要总结了非典型细菌的重要特征及其所致人和动物的疾病。

真菌性病原可以通过入侵组织、产生毒素或引起超敏反应而使宿主发病。通过组织入侵而发生的真菌性疾病，可以根据入侵部位不同而分为浅表真菌病（superficial mycoses）、皮下真菌病（subcutaneous mycoses）和全身性真菌病（systemic mycoses）。浅表真菌病被列为皮肤真菌病（dermatomycoses）或皮肤癣菌病（dermatophytoses）。前者因某些真菌，如念珠菌（*Candida*）或厚皮马拉色菌（*Malassezia pachydermatis*），在皮肤或与皮肤相连的黏膜层过度增殖造成。在临床上，皮肤癣菌病比皮肤真菌病更为重要，因为皮肤癣菌不仅可以在动物间进行传播，还存在人畜共患的潜在性，如小孢子菌（*Microsporum*）和毛癣菌（*Trichophyton*）可以入侵宿主并破坏角质层结构。皮下真菌病，通常是由外来异物入侵而导致的局部皮肤真皮层和皮下组织真菌感染。全身性真菌病常继发于由腐生（saprophytic）真菌导致的机会性感染，多起源于呼吸道和消化道。长时间抗菌治疗使正常的微生物群发生改变，使用糖皮质激素疗法或病毒感染后，机体产生免疫抑制，在这些条件下，真菌更易入侵组织，此外，真菌孢子也是一个很大的威胁。真菌性病原在入侵组织的同时还会产生毒素，即真菌毒素

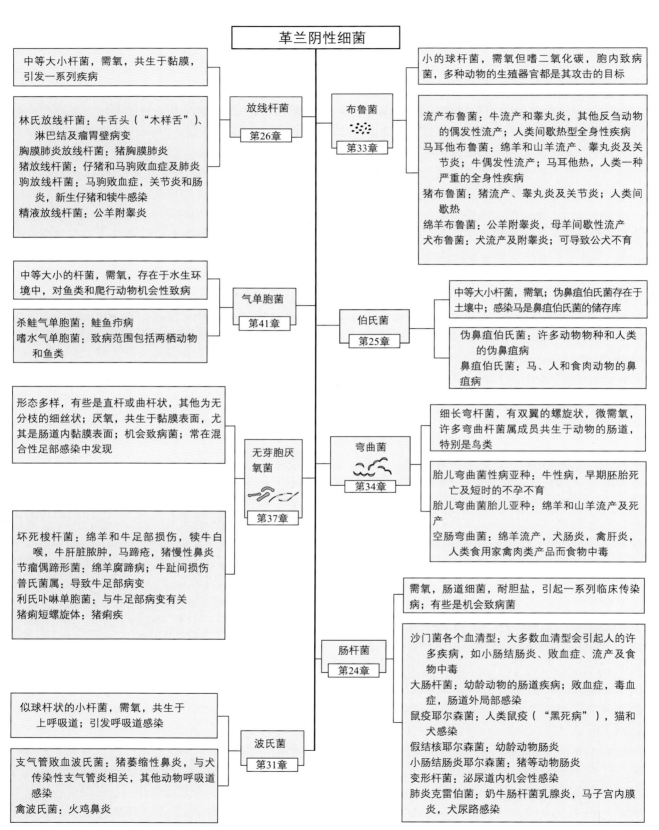

图84.2   革兰阴性细菌（按照字母排序）的重要特征、所致疾病及所在章节概览

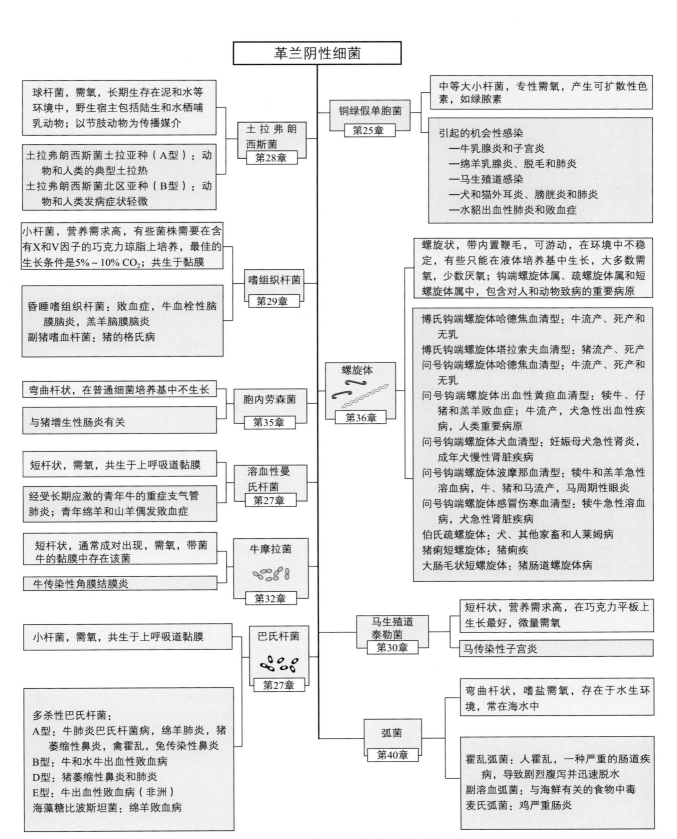

图84.2　革兰阴性细菌（按照字母排序）的重要特征、所致疾病及所在章节概览（续）

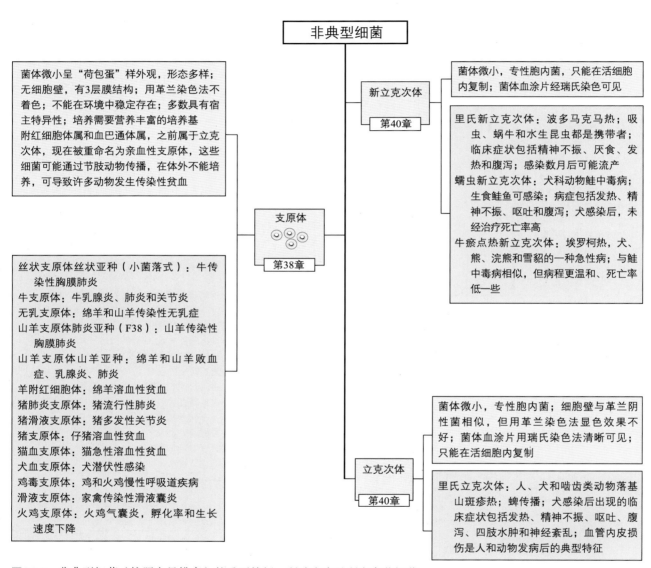

图84.3　非典型细菌（按照字母排序）的重要特征、所致疾病及所在章节概览

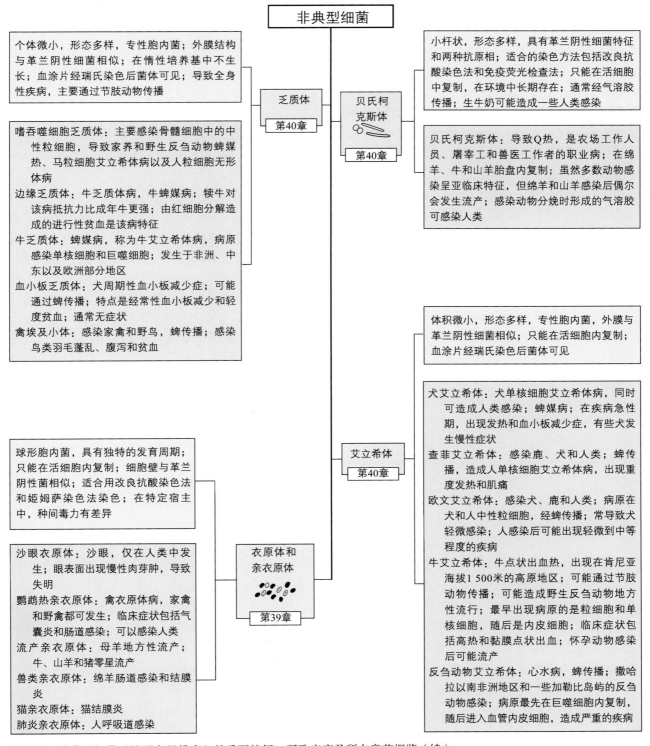

图84.3 非典型细菌（按照字母排序）的重要特征、所致疾病及所在章节概览（续）

（mycotoxins）。有些真菌毒素会产生免疫抑制、致突变、致畸和致癌等毒性作用。当摄入了受真菌污染的植物性饲料、谷物和坚果时，会表现真菌毒素中毒。一些水分含量较高的饲料储存不当而有利于真菌生长，可能是真菌毒素产生的源头。因为气候条件会影响真菌在植物性饲料、特定牧草或潮湿季节收获的储存饲料中的生长，真菌毒素中毒呈现季节性特点。真菌毒素中毒与细菌或病毒引起的传染病之间有一个区别，即发病动物不会将疾病传给密切接触的未感染的动物。图84.4简要总结了致病性真菌性、其他相关病原、真菌毒素及真菌毒素中毒的重要特点。

病毒性病原，无论是单独感染，还是与细菌混合感染，均可引发呼吸道、胃肠道或生殖道疾病。许多病毒对特定的细胞有亲和性，并在环境中稳定存在，易于通过污染的环境感染易感动物。细小病毒仅在快速分裂的细胞中复制，耐热性很强，适应的pH范围广，可抵抗消毒剂作用。犬感染细小病毒后，犬舍环境及设备、工人的衣物及鞋子均会被广泛污染。犬细小病毒的稳定性高及对易感犬的致病量低，是该病传播的重要因素。猪细小病毒感染是导致猪繁殖障碍的一个重要原因。怀孕母猪感染猪细小病毒后，两周内胎盘出现感染，1周龄的胚胎感染该病毒后，死亡并被吸收。在怀孕后期，70天以内的胎儿感染猪细小病毒，出现死胎和木乃伊化；70天以上的胎儿已具有免疫能力，感染病毒后产生免疫应答，出生后的健康仔猪血清学呈阳性。

各种DNA病毒导致的疾病类型以及危害的宿主动物种类，有很大差异（图84.5）。疱疹病毒可引起呼吸系统、生殖系统和神经系统疾病。疱疹病毒感染后通常是潜伏存在，并通过周期性或持续性再活化和排毒造成终生感染。潜伏的病毒被再次激活常与交通运输、恶劣天气条件、过度拥挤和并发感染等应激因素相关。有些疱疹病毒自然感染通常局限于特定种类的宿主。

一些RNA病毒，如动脉炎病毒科（Arteriviridae）和波纳病毒科（Bornaviridae）的一些病毒，仅对少数种类的宿主动物感染发病。相反，其他一些RNA病毒，如微RNA病毒科（Picornaviridae）与逆转录病毒科（Retroviridae）的一些病毒，能够引起很多种类的宿主动物感染发病（图84.6）。动物感染逆转录病毒后，形成慢性进行性终生感染。逆

转录病毒科许多病毒属具有一个相同点，即可以诱发特定类型的细胞产生肿瘤。该科病毒包括禽白血病病毒（avian leukosis virus）、猫白血病病毒（feline leukaemia virus）、猫免疫缺陷病毒（feline immunodeficiency virus）、马传染性贫血病毒（equine infectious anaemia virus）及绵羊梅迪/维斯纳病毒（maedi/visna virus）。人免疫缺陷病毒（human immunodeficiency virus）属于慢病毒属（Lentivirus），可以导致人类获得性免疫缺陷综合征（acquired immunodeficiency syndrome）。

一些逆转录病毒具有靶向攻击辅助性T细胞的能力，导致动物产生渐进性免疫缺陷，易受机会致病菌和真菌感染，最终死亡。慢病毒感染的进程缓慢，而口蹄疫病毒感染致病的进程快速，两者形成了鲜明的对比。口蹄疫病毒可以通过直接接触、气溶胶、器械用具、污染物和动物产品进行传播。受感染的动物，尤其是猪，排出大量病毒形成气溶胶，在有利于病毒存活的条件下，可远距离、大范围地传播。除家养反刍动物和猪之外，许多野生物种也易受口蹄疫病毒感染。口蹄疫病毒潜伏期短，并可在此期间排毒，病毒具有抵抗环境因素的能力。此外，在一些国家存在该病毒的野生动物储库，这对世界上很多地区采取有效防控措施产生了不利影响。

弹状病毒科（Rhabdoviridae）及披膜病毒科（Togaviridae）病毒对中枢神经系统细胞具有亲和性。马脑炎病毒侵入中枢神经系统，引起神经元坏死及血管周围淋巴套。被患狂犬病的动物咬伤后，狂犬病毒在伤口附近组织复制，而后侵入外周神经末梢（peripheral nerve endings），沿神经轴索上行至中枢神经系统，通过轴突内神经弥散性传播到周围神经组织。通常在病毒引起神经元损伤后，才出现明显的临床症状。黄病毒属（Flavivirus）的病毒通过节肢动物传播，致病动物种类多，人畜共患。病毒在接种部位周围的淋巴结复制，随后扩散至其他淋巴器官，有时甚至到达大脑和脊髓，形成病毒血症。

许多动物性病原具有重要的公共健康意义。肠杆菌科的沙门菌有许多感染人的血清型都源于动物；人类常因食用被这些细菌污染的食品，如冰激凌、花生酱、谷类和加工食品，而感染发病（Maki，2009）。许多正黏病毒科（Orthomyxoviridae）的病毒可以感染鸟类、马、猪和人。动物群体中广泛存在的甲型流感病毒的一些毒株，引起了人类感染。在20

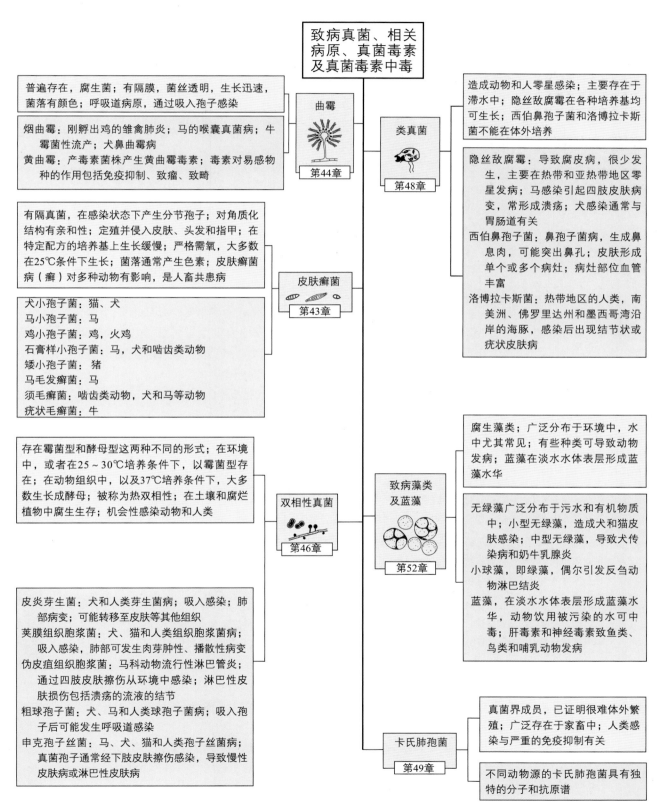

图84.4 致病真菌及相关病原（按照字母排序）的重要特征、所致疾病及所在章节概览（真菌毒素和霉菌毒素包含在内）

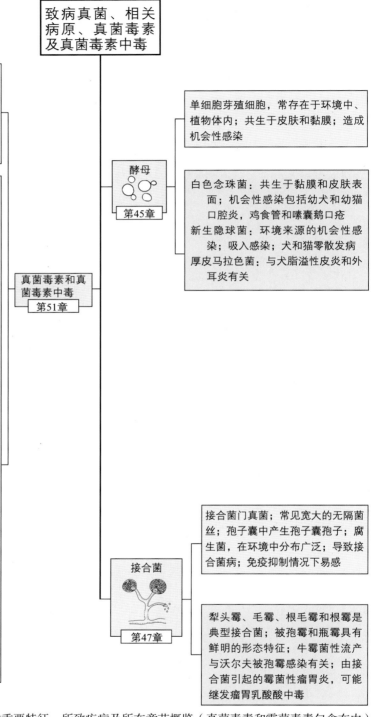

真菌毒素，是一些真菌的次级代谢产物；分子量低，热稳定，非抗原性物质；由农作物、牧草和储存饲料中生长的产毒素真菌产生；食入被污染的植物饲料或农作物可发病，称为真菌中毒症；毒素效应包括免疫抑制、诱变、致畸、致癌；真菌中毒症无传染性，零星发生，有季节性

黄曲霉毒素中毒，由玉米和储存粮食中生长的黄曲霉和寄生曲霉产生的黄曲霉毒素引起；受影响的动物包括猪、家禽、牛、犬和鳟鱼；黄曲霉毒素可造成肝脏损伤、免疫抑制、致畸和癌变

麦角中毒，由黑麦草种穗、其他牧草和谷物中生长的麦角菌产生的麦角生物碱引起；该真菌毒素有神经毒性，并使小动脉痉挛，导致血管收缩

面部湿疹，由生长于牧场枯枝落叶中的纸皮思霉产生的葚孢霉素引起；该真菌毒素造成肝脏损伤和胆管阻塞，导致牛、绵羊和山羊的光敏反应和黄疸

脑白质软化症，由摄入玉米中生长的轮状镰刀菌产生的伏马毒素引起；因大脑液化性坏死导致神经症状

羽扇豆中生长的半壳孢样拟茎点霉产生的拟茎点霉毒素，可造成羽扇豆中毒，同时也可导致茎疫病；绵羊常发，牛和马偶尔发病；该真菌毒素造成肝脏损伤，食欲不振和黄疸

储存饲料中生长的淡褐色黑曲霉等曲霉属和疣孢青霉等青霉，产生赭曲霉毒素，造成赭曲霉毒素中毒；引起肾脏细胞变性，导致猪多饮和多尿症

储存的玉米、大麦和淀粉类饲料中生长的禾谷镰刀菌等镰刀菌，产生的玉米赤霉烯酮，引起雌激素症；猪、牛和绵羊可感染发病；该真菌毒素的雌激素活性，导致幼龄小母猪的阴门充血、水肿和乳腺发育过早

牧草和储存饲料中生长的内生真菌、雀稗麦角菌、许多青霉和棒曲霉，产生的真菌毒素，可引起震颤毒素中毒；该真菌毒素造成神经损伤，导致肌肉震颤和惊厥发作

储存的谷类和青草类饲料中生长的禾谷镰刀菌等镰刀菌、黑色葡萄穗霉和疣状漆斑菌，产生的真菌毒素可引起单端孢菌素中毒；临床症状包括神经损伤、凝血障碍和免疫抑制

致病真菌、相关病原、真菌毒素及真菌毒素中毒

真菌毒素和真菌毒素中毒
第51章

酵母
第45章

单细胞芽殖细胞，常存在于环境中、植物体内；共生于皮肤和黏膜；造成机会性感染

白色念珠菌：共生于黏膜和皮肤表面；机会性感染包括幼犬和幼猫口腔炎，鸡食管和嗉囊鹅口疮
新生隐球菌：环境来源的机会性感染；吸入感染；犬和猫零散发病
厚皮马拉色菌：与犬脂溢性皮炎和外耳炎有关

接合菌
第47章

接合菌门真菌；常见宽大的无隔菌丝；孢子囊中产生孢子囊孢子；腐生菌，在环境中分布广泛；导致接合菌病；免疫抑制情况下易感

犁头霉、毛霉、根毛霉和根霉是典型接合菌；被孢霉和瓶霉具有鲜明的形态特征；牛霉菌性流产与沃尔夫被孢霉感染有关；由接合菌引起的霉菌性瘤胃炎，可能继发瘤胃乳酸酸中毒

图84.4　致病真菌及相关病原（按照字母排序）的重要特征、所致疾病及所在章节概览（真菌毒素和霉菌毒素包含在内）（续）

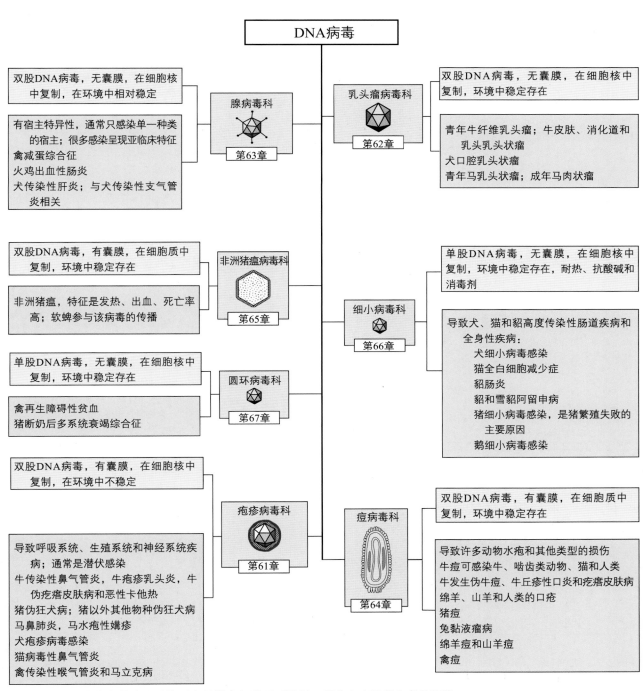

图84.5 DNA病毒家族成员（按照字母排序）的重要特征、所致疾病及所在章节概览

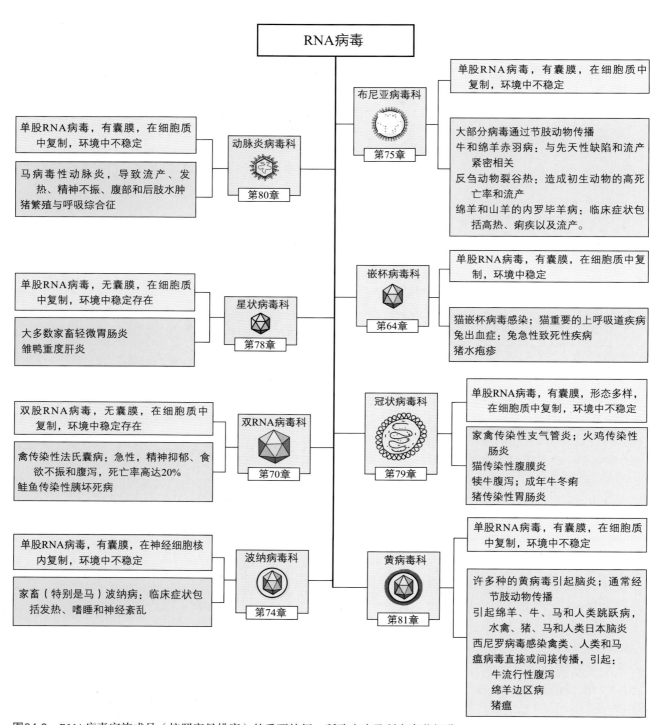

图84.6　RNA病毒家族成员（按照字母排序）的重要特征、所致疾病及所在章节概览

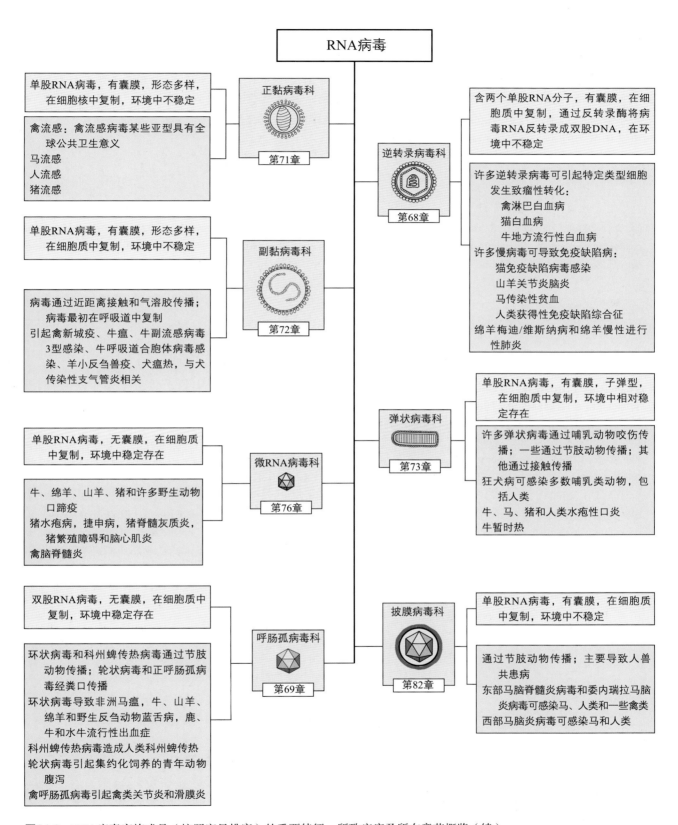

图84.6 RNA病毒家族成员（按照字母排序）的重要特征、所致疾病及所在章节概览（续）

世纪90年代后期出现的H5亚型高致病性禽流感病毒，已经造成数百个人间死亡病例。2009年，北美出现的甲型H1N1猪流感病毒，最终引发全球人流感大流行。属于黄病毒科的西尼罗病毒（West Nile virus）最早发现于非洲，目前已在世界范围内传播，并成为美国虫媒病毒性脑炎（arboviral encephalitis）的首要原因（Trevejo 和 Eidson，2008 ）。

本篇后面的章节将从临床角度出发，讨论影响宿主身体特定系统或器官的病原微生物及其致病作用，着重于阐述它们的致病机理，以及病变部位在组织或全身的分布情况。

◉ 参考文献

Maki, D.G.(2009). Coming to grips with foodborne infection – peanut butter, peppers, and nationwide *Salmonella* outbreaks. New England Journal of Medicine, 360, 949–953.

Trevejo, R.T. and Eidson, M. (2008). Zoonoses Update, West Nile virus. Journal of American Veterinary Medical Association, 232, 1302–1309.

◉ 进一步阅读材料

De Franco, A.L., Locksley, R.M. and Robertson, M. (2007). Immunity. Oxford University Press, Corby, Northants.

Engleberg, N.C., DiRita, V. and Dermody, T.S. (2007). Schaechter's Mechanisms of Microbial Disease. Fourth Edition. Lippincott, Williams and Wilkins, Philadelphia.

Gilbert, D.N., Moellering, R.C., Eliopoulos, G.M., et al. (2009). The Sanford Guide to Antimicrobial Therapy. Thirty- ninth Edition. Antimicrobial Therapy, Sperryville, Virginia.

Heymann, D.L. (2008). Control of Communicable Diseases Manual. Nineteenth Edition. American Public Health Association, Washington, DC.

Kuno, G. and Chang, G-J.J. (2005). Biological transmission of arboviruses: reexamination of and new insights into components, mechanisms, and unique traits as well as evolutionary trends. Clinical Microbiology Reviews, 18, 608–637.

McGavin, M.D. and Zachary, J.F. (2007). Pathologic Basis of Veterinary Disease. Fourth Edition. Mosby, St. Louis.

Merz, W.G. and Hay, R.J. (2005). Medical mycology. Topley and Wilson's Microbiology and Microbial Infections. Tenth Edition. Hodder Arnold, London.

Mims, C.A., Nash, A. and Stephen, J. (2000). Mims' Pathogenesis of Infectious Disease. Fifth Edition. Elsevier, Amsterdam.

Murray, P.R., Rosental, K.S. and Pfaller, M.A. (2005). Medical Microbiology. Fifth Edition. Elsevier Mosby, Philadelphia.

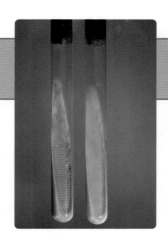

第85章

神经系统与病原微生物相互作用

病原微生物可以通过多种方式损坏神经系统，如入侵神经组织并复制、诱导免疫病理反应以及产生毒素。宿主的品种、年龄及免疫状态，致病原的性质、剂量、偏嗜性及毒力，都是决定致病作用的重要因素。此外，还有一些具有特殊意义的因素，包括病原侵入和扩散的途径、病原靶向的组织及细胞类型，也会影响神经系统紊乱的临床特征和流行病学特征。病原进入神经系统的途径，如通过血流而来，或沿着神经侵入，或从附近感染的组织扩散而至，常常决定了病变发生的部位，进而决定着可观察到的神经症状。

◉ 血源性细菌感染

引起全身性疾病的细菌可以通过血液，侵入中枢神经系统（表85.1）。葡萄球菌或化脓隐秘杆菌等化脓性细菌引起局部化脓感染后，可以通过局部扩散，导致神经脓肿。全身性细菌病的急性症状常表现为大范围的血管损伤。立克次体等病原在血管内皮细胞中复制、细菌毒素作用或者免疫病理都可以导致血管损伤。无论引发血管损伤的具体原因如何，血管损伤后产生的血管炎症反应都可导致血栓形成，引起血管周围组织的变性和坏死。

脑脊髓软脑膜炎（cerebrospinal leptomeningitis）是血源性细菌侵入中枢神经系统后的常见后遗症，虽然有时单核细胞可能占优势，但通常表现为化脓症。脑脊液（cerebrospinal fluid，CSF）细胞增多是细菌性脑膜炎的重要指征。此外，病原体可以通过表层扩散引起脑膜病变，而脑脊液循环有助于病变的弥散性分布。并发的脑室炎（ventriculitis），可导致颅内压增高。犬和猫很少发生化脓性脑脊髓软脑膜炎，但新生家畜发生较多。缺乏初乳喂养是新生家畜发生这种疾病的一个主要原因。由于缺乏母源抗体，肠杆菌、链球菌及肠道和脐带血管内的其他机会致病微生物可以引起败血症。细菌性软脑膜炎几乎总是伴随着动物多发性浆膜炎（polyserositis）和多发性关节炎（polyarthritis）。

多数血源性细菌感染导致的中枢神经系统损伤分布广泛，神经系统症状表现为非特异性。虽然神经系统紊乱可能是最主要的表征，其他器官系统的功能障碍也很常见。

◉ 血源性病毒感染

在全身性病毒病的发展过程中，病原体通常在淋巴组织中复制，而后形成病毒血症。当发展为脑炎时，一般是非化脓性的，主要影响血管或神经组织。

涉及多系统的全身性病毒病中，有多种不同的机制引起血管损伤。猪瘟病毒和犬传染性肝炎病毒可以损伤血管内皮细胞，引起毛细血管破裂、出血及血管壁的淋巴细胞浸润；而猫传染性腹膜炎免疫病理反应发挥重要的致病作用，引起血管壁的纤维素性变化以及包括中性粒细胞在内的多种免疫细胞反应。恶性卡他热（malignant catarrhal fever，MCF）也可以引起纤维素样脉管炎，但免疫病理机制在MCF致病中的作用还未明确。犬感染犬瘟热病毒和犬疱疹病毒1型，中枢神经系统等许多器官组织发生多种病变，但血管病变却不明显。据报道，仔猪感染猪水疱病病毒或脑心肌炎病毒，可出现非化脓性

表85.1　引起神经系统功能紊乱等全身性临床症状的血源性细菌病

疾病种类	病原	易感物种
恶性马腺疫	马链球菌	马驹
犬单核细胞艾立希体病	犬艾立希体	犬
格氏病（Glasser's disease）	副猪嗜血杆菌	猪
心水病	反刍动物艾立希体	牛、绵羊、山羊
莱姆病	伯氏疏螺旋体	犬
羊艾立希体病	羊艾立希体	绵羊、山羊
落基山斑疹热	里氏立克次体	犬
沙门菌病	猪霍乱沙门菌	猪（断奶仔猪）
鲑中毒病	蠕虫新立克次体	犬
散发性牛脑脊髓炎	兽类亲衣原体	牛
链球菌脑膜炎	猪链球菌	猪（幼猪）
血栓性脑膜炎	昏睡嗜组织杆菌	牛
蜱媒性脓毒症	金黄色葡萄球菌	绵羊（羔羊）

表85.2　引起神经系统功能紊乱等临床症状的全身性病毒病

疾病类型	病毒	易感物种
非洲猪瘟	非洲猪瘟病毒	猪
犬瘟热	犬瘟热病毒	犬
犬疱疹病毒1型感染	犬疱疹病毒1型	犬（幼犬）
猪瘟	猪瘟病毒	猪
脑心肌炎病毒感染	脑心肌炎病毒	猪
马疱疹病毒1型感染	马疱疹病毒1型	马
猫传染性腹膜炎	猫冠状病毒	猫
犬传染性肝炎	犬腺病毒	犬
恶性卡他热	角马疱疹病毒1型，牛疱疹病毒2型	牛

脑膜脑炎。

　　与影响中枢神经系统的全身性细菌病相似，全身性病毒病引起的神经组织的损伤呈弥散性分布，且产生非特异性临床症状，其他器官系统功能障碍所致症状可能更有助于临床诊断。表85.2列出了一些引起神经组织损伤的全身性病毒病。

　　当病毒的靶器官为神经组织时，临床上主要表现为神经系统功能障碍（表85.3）。这些病毒病中，灰质区的病变部位变化很大。例如，马脑炎的主要病变部位在大脑皮层，而猪捷申病（Teschen–Talfan disease）的病变部位主要为脑干和脊髓。因此，它们的临床症状也不相同。西部马脑脊髓炎病（western

表85.3　以神经系统功能紊乱为主要临床症状的病毒病

疾病种类	病毒	易感物种
波纳病	波纳病病毒	马，极少绵羊
东部马脑脊髓炎	东部马脑炎病毒	马，其他马科动物
跳跃病	跳跃病病毒	绵羊、牛、马、犬、山羊
捷申病	猪捷申病毒1型	猪（断奶后仔猪）
蜱传脑炎	蜱传脑炎病毒	绵羊
委内瑞拉马脑炎	委内瑞拉马脑炎病毒	马，其他马科动物
西部马脑脊髓炎	西部马脑炎病毒	马，其他马科动物

equine encephalomyelitis）引起马属动物失明、强迫行走和抑郁症，而猪患捷申病时表现为脊髓性共济失调和截瘫。虽然在这些疾病过程中没有发现明显的血管损伤的形态学特征，血管周围单核细胞浸润却是常见现象。另外，马脑炎也会出现血管内皮肿胀和微血栓。

◎ 经外周神经感染

　　可以通过外周神经侵入中枢神经系统的病原微生物见表85.4。感染这些病原体产生的临床症状，常常是由于大脑的特定区域和相关神经发生了故障。例如，产单核细胞李氏杆菌感染反刍动物后，沿口腔内的感染部位侵入颅神经，在脑干的髓质部和其他部位形成特征性微脓肿。这些局部的组织损伤常常呈不对称分布，可导致单侧面部神经麻痹，并伴有眼睑、嘴唇和耳朵的下垂现象。冠状病毒引起仔猪的呕吐消瘦病（vomiting and wasting disease），并可以通过影响神经系统的特定区域而产生典型的临床反应。这种病毒首先在呼吸道、消化道或咽部上皮细胞内复制，然后向外周神经扩散传播，并侵入神经节，如延髓部的感觉迷走神经核及胃壁中的肌间神经丛。病毒在上述这些部位复制时，会导致仔猪呕吐和便秘。

　　狂犬病的临床症状、潜伏期和传播，均与病毒的复制部位及轴突内传播的方式有关。对每个病例而言，病毒侵入部位与大脑之间的距离，以及病毒在侵入部位肌细胞内的复制速率，可显著影响该病潜伏期的长短。另外，病毒通过轴突内传播方式进入中枢神经系统，速度相对缓慢，这可能导致潜伏期延长。病毒在中枢神经系统的海马体（hippocampus）以及大脑

表85.4 沿着神经入侵中枢神经系统的细菌和病毒

疾病种类	病原体	易感物种
李氏杆菌病	产单核细胞李氏杆菌	绵羊、牛、山羊、美洲驼
伪狂犬病	猪疱疹病毒1型	猪和多种家养动物
狂犬病	狂犬病毒	所有家养动物，尤其是犬和猫
呕吐消瘦病（vomiting and wasting disease）	猪血凝性脑脊髓炎病毒	猪（哺乳仔猪）

表85.5 可能出现神经功能障碍的慢病毒病

疾病	主要靶器官	神经病理学
山羊关节炎–脑炎	关节、乳腺、肺	非化脓性脑炎，髓鞘脱失，脑白质软化症（幼畜）
马传染性贫血	巨噬细胞和淋巴细胞	肉芽肿性软脑膜炎和脑室管膜炎
猫免疫缺陷病	淋巴组织	非化脓性脑膜脑炎
绵羊梅迪/维斯纳病	肺（梅迪病，绵羊进行性肺炎）、乳腺、关节	非化脓性脑膜炎和脑脊髓炎，髓鞘脱失（绵羊脱髓鞘性脑膜炎）

其他的边缘部位大量复制，常导致一些攻击性的行为变化。这在食肉动物上表现尤为突出。继而，病毒沿着神经从中枢神经系统向外围扩散，感染包括唾液腺在内的其他器官。病毒在唾液腺上皮细胞内复制，随口腔分泌物排出体外，也可以通过患狂犬病动物的咬创引起其他动物感染。

虽然猪疱疹病毒1型的嗜神经特性不如狂犬病毒明显，但通常可以感染口鼻上皮细胞，进而沿颅神经轴感染易感猪的中枢神经系统。猪伪狂犬病（Aujeszky's disease）的潜伏期已被证实，该病毒长期存在于神经节和扁桃体内。潜伏期的带毒者，通过口鼻分泌物间歇性排毒，造成猪群感染。由于强烈的皮肤刺激而导致的自残，是伪狂犬病的特征之一，这种现象尤其常见于牛羊，犬猫也可能偶尔发生。当病毒到达脊髓部感染相应的区域，将会出现瘙痒症。

⊙ 慢病毒感染（infections with lentiviruses）

神经系统功能障碍是一些慢病毒（lentiviruses）病少见的临床特征（表85.5）。这类感染的临床症状常常并不明显，且持续时间长。大脑脑室周围的髓鞘脱失，呈随机性分布，是绵羊维斯纳病（visna）和山羊关节炎–脑炎（caprine arthritis-encephalitis，CAE）最突出的神经病理学特征。脊髓的髓鞘脱失点较多，且多分布在软膜下。脱髓鞘的致病机制尚不清楚。绵羊维斯纳病很少引起2岁以内绵羊的神经机能障碍。该病发病时表现为肌肉震颤和共济失调，逐渐发展为麻痹和瘫痪。相反，CAE引起的神经机能障碍常见于3月龄左右的幼畜，并在几周内从脊髓性共济失调迅速发展为瘫痪。猫免疫缺陷病毒感染中

枢神经系统后，引起的临床症状包括痴呆以及与脑损伤有关的行为障碍。马传染性贫血病很少出现的脊髓性共济失调可归因于马传染性贫血病病毒引起了马肉芽肿性脑脊髓炎。

⊙ 导致发育异常的病毒性感染

导致家养动物中枢神经系统发育异常的病毒，列于贴85.1。这些病毒对发育中的神经组织有破坏性，这种破坏性与感染病毒时母畜所处的妊娠阶段密切相关。病毒对生殖细胞的破坏导致畸胎，如脑空泡化（cerebral cavitation）和小脑发育不全（cerebellar hypoplasia）。猪瘟病毒、牛病毒性腹泻病毒（bovine viral diarrhoea virus）和边区病病毒（border disease virus）等瘟病毒感染子宫，可导致畸胎。髓鞘形成过少（hypomyelinogenesis）是羔羊感染边区病引起的另外一种发育缺陷，主要是由于寡树状细胞（oligodendrocytes）的延迟成熟。羔羊在这种情况下出现特征性的颤抖，该病可以通过精心调理而康复。

△ 贴85.1 对神经组织有致畸作用的病毒

- 赤羽病毒
- 边区病病毒
- 牛疱疹病毒5型
- 牛病毒性腹泻病毒
- 卡奇谷病毒
- 猫全白细胞减少症病毒
- 猪瘟病毒

◉ 传染性海绵状脑病

传染性海绵状脑病（transmissible spongiform encephalopathy，TSE）是因为感染动物的神经组织出现特征性的空泡化病变。这类神经变性的疾病已出现在一些家养动物和捕获的野生动物中（参见第83章）。它们有许多共同特征，包括病原体的本质、传染性以及潜伏期长和病程长。

朊病毒（prions）作为TSE的病原体已被广泛接受。朊病毒是宿主细胞膜上的一种正常的蛋白（即PrP^{C}蛋白）结构变性形成的。这种变性的蛋白与结构正常的PrP^{C}蛋白结合后，导致正常的PrP^{C}蛋白发生变性，变为朊病毒，从而导致朊病毒的积累。PrP^{C}蛋白变为朊病毒的结构变性主要是其α螺旋代替β折叠，从而可以抵抗酶消化。这种构象的变化可以引起聚合作用，使感染动物的大脑组织中出现淀粉样斑点。羊痒病是一种TSE，从患羊痒病的羊脑组织提取液中发现了与该病有关的纤维样物质，其中含有变性的蛋白（即可传染的朊病毒），这是该病的一个标志性特征。

被宿主摄入的朊病毒首先经过局部淋巴结处理，而后沿内脏神经传播到脊髓，这一观点通过小鼠和绵羊的动物试验取得了强有力的证据。虽然各种海绵状脑病的病灶分布有所差异，但感染动物的脑干都会出现空泡样变化，尤其是髓质部，这是该病的主要特征。在疾病的后期，可能出现弥散性的星形胶质细胞增生。虽然该病临床症状有一定的可变性，但通常与运动失控和行为变化有关。

◉ 藻类、细菌和真菌的神经毒性

由细菌毒素引起的影响神经系统功能的疾病，见表85.6。梭菌病、肉毒中毒和破伤风等疾病均是毒素影响了神经肌肉的功能。肉毒中毒时，摄入释放的毒素在神经肌肉接头处阻断了乙酰胆碱的释放，造成弛缓性麻痹（flaccid paralysis）。破伤风毒素由感染伤口处的微生物合成，通过阻断中枢神经系统释放的抑制信号而造成肌肉痉挛。在肉毒中毒和破伤风的病程中没有组织形态上的变化。

局灶对称性脑软化（focal symmetrical encephalomalacia）和水肿病（oedema disease），分别是由肠道内的D型产气荚膜梭菌和某些大肠杆菌繁殖时产生的毒素造成。这些毒素通常会导致急性疾病，突然或迅速死亡。疾病急性期之后存活的动物出现与血管受损有关的细胞变性损伤，并伴有进行性神经功能障碍。

藻类和真菌中毒主要是摄入了在其他地方产生的神经毒素（表85.7）。摄入禾本科雀稗属（Paspalum genus）的雀稗麦角菌（Claviceps paspali）生长过程中释放的真菌毒素后，会出现神经症状。摄入饲料中黑麦草内生真菌（Neotyphodium lolii）产生的黑麦草神经毒素（lolitrem），或者摄入牧草中其他真菌产生的黑麦草震颤毒素（tremorgen）后，也会产生相似的神经症状。感染动物头部呈现细微的震颤，强行移动时可能出现运动失调、僵硬或肌肉痉挛。该病的死亡率低，将动物迁出被毒素污染的草场或者停止饲喂被毒素污染的饲料后，动物很快可以康复。马脑白质软化症（equine leukoencephalomalacia）的临床症状更严重，包括抑郁、失明、咽麻痹和步履蹒跚，几天后死亡。

◉ 藻类和真菌感染

可能影响神经系统的藻类和真菌感染，见贴85.2。虽然真菌病变一般分布在呼吸道，但偶尔会感染中枢神经系统。使用免疫抑制剂或长期服用抗生素，会造成免疫缺陷，进而使宿主易受真菌的入侵。中型无绿藻（Prototheca zopfii）感染有时可能会从肠道的感染位点扩散至中枢神经系统。

△ 贴85.2 可能影响神经系统的藻类和真菌感染

- 曲霉病
- 芽生菌病
- 球孢子菌病
- 隐球菌病
- 组织胞浆菌病
- 原藻病

表85.6　细菌毒素导致的神经系统疾病

疾病名称	细菌/表现形式	毒性作用	被感染物种
肉毒中毒	肉毒梭菌/摄入在其他地方已经合成的毒素（毒素形式）；在感染的伤口或肠道产生的毒素（毒素感染形式，较少）	在神经肌肉接头处，阻断乙酰胆碱释放	多种动物
局灶对称性脑软化	D型产气荚膜梭菌/肠毒血症	血管病变，中脑和基底神经节脑软化	绵羊（羔羊）山羊
水肿病（脑脊髓血管病）	导致水肿病的大肠杆菌/肠道内产生毒素，被吸收进入血液	血管病变，小动脉管壁纤维素样坏死，脑软化	猪
破伤风	破伤风梭菌/局部受感染的组织产生毒素	在突触前传递时，阻断中枢神经释放的抑制信号	多种动物，尤其是马和绵羊

表85.7　藻类和真菌毒素导致的神经系统疾病

疾病名称	微生物病原体/表现形式	毒性作用	被感染物种
蓝藻毒素中毒病	蓝藻/从水中摄入外毒素	乙酰胆碱的竞争物	许多物种
棒曲霉毒素中毒	棒曲霉/饲喂被真菌外毒素污染的饲料	脑干、脊神经节和脊髓神经细胞内染色质溶解，脊髓沃勒变性	牛、绵羊
马脑白质软化症	轮枝样镰刀菌/饲喂被真菌外毒素污染的谷物类饲料	脉管炎，血管周围水肿，软化	马
震颤毒素中毒			
雀稗蹒跚病	雀稗麦角菌/摄入带有麦角菌的雀稗属植物	神经肌肉功能障碍至震颤	反刍动物、马
青霉毒素蹒跚病	皮落青霉及其他青霉/摄入污染的牧草	临床表现同雀稗蹒跚病	牛、绵羊
多年生黑麦草蹒跚病	黑麦草内生真菌/摄入污染的黑麦草茬	临床表现同雀稗蹒跚病	反刍动物、马

◉ 进一步阅读材料

Barlow, R. (1983). Neurological disorders of cattle and sheep. In Practice, 5, 77–84.

Barlow, R. (1989). Differential diagnosis of bovine neurological disorders. In Practice, 11, 64–73.

Done, S. (1995). Diagnosis of central nervous system disorders in the pig. In Practice, 17, 318–327.

Kitching, P. (1997). Notifiable viral diseases and spongiform encephalopathies of cattle, sheep and goats. In Practice, 19, 51–63.

Luttgen, P.J. (1988). Inflammatory disease of the central nervous system. Veterinary Clinics of North America: Small Animal Practice, 18, 623–640.

Maxie, M.G. and Youssef, S. (2007). Nervous system. In Jubb, Kennedy and Palmer's Pathology of Domestic Animals. Volume 1. Fifth Edition. Ed. M.G. Maxie. Saunders, Edinburgh. pp. 281–457.

Pattison, I.H. (1988). Fifty years with scrapie: a personal reminiscence. Veterinary Record, 123, 661–666.

Sargison, N. (1995). Scrapie in sheep and goats. In Practice, 17, 467–469.

Scott, P.R. (1995). The collection and analysis of cerebrospinal fluid as an aid to diagnosis in ruminant neurological disease. British Veterinary Journal, 151, 603–614.

Zachary, J.F. (2007). Nervous system. In Pathologic Basis of Veterinary Disease. Fourth Edition. Eds M.D. McGavin and J.F. Zachary. Mosby, St. Louis, Missouri. pp. 833–971.

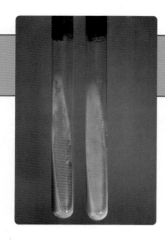

第86章

生殖系统与病原微生物相互作用

在影响家养动物繁殖性能的因素中，微生物感染只占据相对小的一部分（贴86.1）。绵羊弓形体病（ovine toxoplasmosis）及牛新孢子虫病（bovine neosporosis）等原生动物病对胎儿存活的威胁，比细菌、真菌或病毒感染更严重。此外，通过调查许多农场中动物流产的诊断记录，发现微生物及原生动物病原体两者引起的动物流产所占比重合起来不到30%。遗传、内分泌、营养、毒素及物理性因素，可能导致更多的胚胎死亡和流产。然而，在许多国家中，某些微生物感染是动物繁殖性能降低的重要原因。

△ 贴86.1 对家养动物的繁殖性能产生不利影响的因素

- 病原微生物
  - 细菌
  - 真菌
  - 病毒
- 寄生虫
  - 原生动物
- 生理结构缺陷
- 遗传因素和发育缺陷
- 激素失调、合成或诱导
- 营养不良
- 物理性伤害
- 包括真菌毒素在内的有毒物质

雄性和雌性家养动物生殖系统的发育和功能完整性，依赖于激素作用的精确平衡。微生物感染雄性动物生殖系统时，繁殖性能的改变主要表现为生殖系统的组织损伤和结构改变。相对而言，微生物感染雌性动物生殖道后，可扰乱激素的作用，从而影响雌性动物与生殖有关的组织和行为的变化，而这些变化是维持妊娠必不可少的。

◉ 雄性生殖系统感染

雄性家养动物生殖系统的微生物感染可能会降低它们的生育能力。此外，感染的雄性动物可以通过交配将病原传给易感的雌性动物，从而对雌性动物的繁殖产生严重影响。牛疱疹病毒1型（bovine herpesvirus 1）是传染性脓疱性外阴阴道炎（infectious pustular vulvovaginitis）的病原；马疱疹病毒3型（equine herpesvirus 3）是马媾疹（equine coital exanthema）的病原；它们均可通过交配而传染。这些病原通常仅引起阴茎、外阴和阴道的黏膜表面损伤。有些交配传播的疾病引起子宫炎或流产等严重后果。

引起阴茎和包皮发炎（即龟头包皮炎，balanoposthitis）的感染，很少有重要的临床意义。由疱疹病毒引起的公牛和公马的龟头包皮炎，导致广泛的溃疡性病变，但可在几周内自愈。许多家养动物的包皮内存在多种不同种类的微生物，如细菌、真菌和原生动物等。其中一些微生物在适当的微环境中具有潜在的致病性，当其中一种微生物选择性地过度繁殖时，会引发临床疾病。例如，阉羊和公羊在高蛋白饮食条件下，肾棒状杆菌（*Corynebacterium renale*）可能会过度繁殖，导致溃疡性龟头包皮炎。

原发性睾丸感染通常是血源性感染，而涉及附睾的感染常起源于泌尿生殖道。当阴囊感染时，可能会扩散至睾丸和附睾。睾丸和附睾常同时发生炎症。在影响雄性生殖系统的病原微生物中，布鲁菌（*Brucella*）对公牛、公猪、公羊和犬的睾丸及附睾组织有偏嗜性。公牛感染流产布鲁菌引发急性睾丸炎，导致组织坏死。马耳他布鲁菌（*B. melitensis*）可引起公羊的睾丸炎，而绵羊布鲁菌（*B. ovis*）主要引起附睾炎症。精液放线杆菌（*Actinobacillus seminis*）和昏睡嗜组织杆菌（*Histophilus somni*）感染公羊，其主要的攻击部位也是附睾组织。公猪感染猪布鲁菌（*B. suis*）引发多发性化脓性睾丸炎，同时伴有附睾病变。犬布鲁菌（*B. canis*）常引起犬的睾丸及附睾的并发症。除布鲁菌外，大肠杆菌及沙门菌各血清型也可引发公牛睾丸炎和附睾炎。鼻疽伯氏菌（*Burkholderia mallei*）可引起公猪及犬的睾丸病变。化脓隐秘杆菌（*Arcanobacterium pyogenes*）是引发公牛、公猪及公羊睾丸炎的重要病原体。种马患马鼻疽（glanders）及感染马流产沙门菌（*Salmonella* Abortusequi）表现为睾丸组织损伤。睾丸炎可能是马病毒性动脉炎（equine viral arteritis）及马传染性贫血（equine infectious anaemia）等病毒性疾病的特征之一。据报道，犬瘟热病毒（canine distemper virus）感染可引发犬睾丸炎及附睾炎。

在公牛中，化脓隐秘杆菌、葡萄球菌、链球菌以及流产布鲁菌（*B. abortus*）等微生物感染常引发精囊炎（seminal vesiculitis）。公牛的精囊也是问号钩端螺旋体Hardjo血清型（*Leptospira interrogans* serovar Hardjo）的主要定殖部位。犬尿液中大肠杆菌和变形杆菌等病原体可以通过尿道上行感染前列腺。

◉ 未妊娠子宫的感染

虽然未妊娠的子宫有较强的抗感染能力，但母畜在发情周期内不同阶段对病原体的易感性有所不同。在发情初期，母畜在雌激素的影响下，子宫活力增强，有助于机械性地清除入侵的病原体。在这个阶段，子宫腔内的中性粒细胞特别活跃。母畜在发情间期，黄体分泌的孕酮增多，子宫容易发生感染。此时，子宫腔内的中性粒细胞吞噬活性降低，抑制免疫的物质被分泌到宫腔内。此外，试验研究已证实，子宫内膜在受到孕酮刺激时，对机会性病原体的易感性增强。

许多病原微生物可通过交配侵入未妊娠的子宫

（贴86.2）。但即使能够引起子宫疾病的病原体，通过交配感染时，通常仅导致轻度而短暂的子宫内膜炎。多种动物的阴道中存在一些化脓隐秘杆菌、大肠杆菌、链球菌等机会致病菌，它们在阴道中存在时间短暂，但可以通过交配感染引发子宫内膜炎。母马在发情期间宫颈显著松弛，此时外阴、阴道及公马外生殖器官携带的机会致病菌，易于通过交配感染子宫，引发子宫内膜炎。

△ **贴86.2 通过交配传播的病原微生物**

- 牛
  - 牛疱疹病毒1型（bovine herpesvirus 1）
  - 流产布鲁菌（*Brucella abortus*）（稀少）
  - 胎儿弯曲菌性病亚种（*Campylobacter fetus* subsp. *venerealis*）
  - 流产亲衣原体（*Chlamydophila abortus*）
  - 问号钩端螺旋体（*Leptospira interrogans*）
  - 牛生殖道支原体（*Mycoplasma bovigenitalium*）
  - 差异脲原体（*Ureaplasma diversum*）
- 马
  - 马疱疹病毒3型（equine herpesvirus 3）
  - 马动脉炎病毒（equine arteritis virus）
  - 肺炎克雷伯菌（*Klebsiella pneumoniae*）
  - 铜绿假单胞菌（*Pseudomonas aeruginosa*）
  - 马生殖道泰勒菌（*Taylorella equigenitalis*）
- 羊
  - 绵羊布鲁菌（*Brucella ovis*）
  - 马耳他布鲁菌（*Brucella melitensis*）（稀少）
  - 流产亲衣原体（*Chlamydophila abortus*）（稀少）
- 猪
  - 猪布鲁菌（*Brucella suis*）
  - 猪繁殖与呼吸综合征病毒（porcine reproductive and respiratory virus）
  - 猪疱疹病毒1型（porcine herpesvirus 1）
  - 猪细小病毒（porcine parvovirus）
- 犬
  - 犬布鲁菌（*Brucella canis*）
  - 犬疱疹病毒1型（canine herpesvirus 1）

母畜刚分娩时，子宫和输卵管特别容易受到感染。滞留的胎盘以及难产造成的创伤，是引发产后子宫炎和输卵管炎的重要因素。无论是感染性流产，还是自

第七篇

然流产，常伴随有胎盘滞留及子宫复旧延迟的情况，此时一些机会致病菌易通过子宫颈侵入。有多种细菌可引发产后子宫炎，其中一些还可导致胎盘炎和流产（贴86.3）。这些感染可能混合发生，常常可以自愈。然而，有些严重的感染能够造成毒血症，导致母畜死亡。此外，还有一些感染可能会导致慢性子宫炎，它的特征是持续地向子宫腔中分泌一些炎性渗出物。

△ 贴86.3　引发家畜产后子宫炎的病原微生物

- 牛
  - 化脓隐秘杆菌（*Arcanobacterium pyogenes*）
  - 拟杆菌（*Bacteroides*）
  - 流产布鲁菌（*Brucella abortus*）
  - 胎儿弯曲菌性病亚种（*Campylobacter fetus* subsp. *venerealis*）
  - 大肠杆菌（*Escherichia coli*）
  - 坏死梭杆菌（*Fusobacterium necrophorum*）
  - 溶血性链球菌（*haemolytic streptococci*）
  - 变形杆菌（*Proteus*）
  - 铜绿假单胞菌（*Pseudomonas aeruginosa*）
  - 葡萄球菌（*Staphylococcus*）
- 马
  - 拟杆菌（*Bacteroides*）
  - 梭菌（*Clostridium*）
  - 大肠杆菌（*Escherichia coli*）
  - 克雷伯菌（*Klebsiella*）
  - 变形杆菌（*Proteus*）
  - 假单胞菌（*Pseudomonas*）
  - 金黄色葡萄球菌（*Staphylococcus aureus*）
  - 兽疫链球菌（*Streptococcus zooepidemicus*）
- 羊
  - 坏死梭杆菌（*Fusobacterium necrophorum*）
  - 沙门菌（*Salmonella*）一些血清型
  - 链球菌（*Streptococcus*）
- 猪
  - 机会性革兰阴性细菌
  - 葡萄球菌（*Staphylococcus*）

■子宫积脓（Pyometra）

牛细菌性产后子宫炎可进一步发展为子宫积脓，即在子宫内蓄积脓液。在这种情况下，发生病变的子宫内膜产生的前列腺素$F_{2\alpha}$（prostaglandin $F_{2\alpha}$，

$F_{2\alpha}$）减少。正常情况下，$PGF_{2\alpha}$作为黄体溶解因子（luteolytic factor），促进黄体的退化。黄体持续分泌的孕酮可以刺激子宫内膜增生，且对病原的易感性增强。子宫积脓后，子宫肌层的活性受到抑制，使子宫颈保持封闭状态，导致脓液和子宫分泌物在子宫内部积聚。

家养食肉动物导致子宫积脓，与上述牛子宫积脓的病理过程不同。犬子宫积脓常发于未交配的成熟雌犬，在发情期，被雌激素处理过的子宫内膜在孕酮的影响下，发生该病。除子宫腔内有大量脓液外，还存在典型的囊性子宫内膜增生。已有试验证实，在发情的早期造成子宫内膜损伤，可引发囊性子宫内膜增生。这种损伤可能是机械性损伤，也可能是由一些进入子宫的大肠杆菌造成的。在自然发生的犬子宫积脓的异常分泌物中，最常分离到的微生物是大肠杆菌，也能分离到其他一些机会致病菌（贴86.4）。受感染的母犬常出现内毒血症（endotoxaemia），尤其是出现封闭性子宫积脓时。在某些情况下，循环免疫复合物沉积在肾小球中，引发肾小球肾炎，并最终导致肾衰竭。由内毒血症性休克造成的肾皮质血液流量减少也有可能损害肾功能。

△ 贴86.4　引起犬子宫积脓的病原微生物

- 大肠杆菌（*Escherichia coli*）
- 溶血性链球菌（*Haemolytic streptococci*）
- 克雷伯菌（*Klebsiella*）
- 巴氏杆菌（*Pasteurella*）
- 变形杆菌（*Proteus*）
- 铜绿假单胞菌（*Pseudomonas aeruginosa*）
- 葡萄球菌（*Staphylococcus*）

与母犬相比，母猫较少发生子宫积脓，而几乎所有成熟的母猫都有子宫内膜增生症，因此，子宫内膜增生与子宫积脓之间的关系还不清楚。

◉ 妊娠子宫的感染

母畜在很大程度上依靠黄体分泌的孕酮维持早期妊娠。发情周期中，前列腺素$F_{2\alpha}$在子宫内膜合成并释放，随后黄体组织细胞溶解。母畜怀孕后，抑制子宫内膜产生前列腺素$F_{2\alpha}$，防止黄体溶解，从而维持妊娠。死亡胚胎可重新激活前列腺素$F_{2\alpha}$的合成

和释放，黄体组织退化并再次发情。随后，死亡的胚体可能被吸收或排出体外。虽然大部分早期胚胎死亡很可能由染色体异常引起的，牛的胎儿弯曲菌性病亚种（*Campylobacter fetus* subsp. *venerealis*）和母马的肺炎克雷伯菌（*Klebsiella pneumoniae*）等病原也会导致早期胚胎死亡。每次只产一仔的动物排出早期死亡的胚胎时，可能无法被人察觉。它们出现少量的阴道分泌物及晚些时候的再次发情，可能是唯一的迹象。

母牛、母马和母羊在妊娠的前半段，发育得比较成熟的胎儿死亡会对黄体的持久性有不同的影响。在某些情况下，死胎被排出之前可能已脱水呈木乃伊化，且黄体仍然存在。在其他情况下，黄体组织溶解，促使死胎快速排出体外。相反，这些物种在妊娠后半期时，若胎儿死亡，维持妊娠所必需的胎儿激素也停止生成，随后发生流产。

母犬、母猫和母猪等一胎多仔（multiparous）的动物，在整个妊娠期间，黄体一直存在。与一胎产一子的动物相比，这些一胎多仔的动物出现木乃伊化胎儿的概率更高。事实上，妊娠母猪被一些病毒感染后，会出现死产、木乃伊化、死胚和不孕等繁殖障碍综合征（stillbirths，mummification，embryonic death and infertility，SMEDI）。被感染的母猪群出现不同形式的繁殖障碍，有时反映了胎儿被感染时处于不同的发育阶段。其他种类的母畜发生某些病毒性疾病时，胎儿也会出现相似的变化，并且母畜可能出现不孕。绵羊边区病（border disease）和牛病毒性腹泻病毒（bovine viral diarrhoea virus，BVDV）感染，均可发生胎儿发育迟缓、发育缺陷和持续性感染的证据，而所有这些症状都与胎儿感染时的胎龄有关。例如，只有在胎儿建立免疫能力之前发生感染，牛的BVDV持续感染才会发生。

可能导致牛和羊流产的微生物感染，分别见表86.1和表86.2。它们包括问号钩端螺旋体（*Leptospira interrogans*）一些血清型、沙门菌一些血清型、流产亲衣原体（*Chlamydophila abortus*）、产单核细胞李氏杆菌（*Listeria monocytogenes*）和地衣芽胞杆菌（*Bacillus licheniformis*），感染后均可导致牛和羊的流

表86.1　引起牛流产的病原微生物

病原体	注释
烟曲霉 沃尔夫被孢霉	从肺和其他部位的病灶经血源性传播扩散至胎盘；妊娠7个月后流产；胎盘炎；有时胎儿皮肤表面出现局灶性霉斑
地衣芽胞杆菌	干革病变性胎盘炎；劣质的青贮饲料、霉变干草、垫料或饲料通过口腔造成感染
牛疱疹病毒1型	妊娠后的5~8个月出现流产；发生胎盘炎、胎儿自溶以及胎儿肝脏多灶性坏死现象
牛病毒性腹泻病毒（BVDV）	影响范围从受精失败、流产到先天性缺陷，在很大程度上取决于感染时的妊娠阶段；胎儿可能刚刚形成、自溶或木乃伊化；胸腺萎缩，小脑发育不全；如果在妊娠期的前100天内感染，存活的犊牛对BVDV免疫耐受
流产布鲁菌	在妊娠后期发生流产；坏死性胎盘炎、弥散性子宫内膜炎和胎儿水肿；子宫分泌物和牛奶中会出现该菌；布鲁菌可以从局部的慢性病灶扩散至胎盘
马耳他布鲁菌	偶发性流产，随牛奶排出
胎儿弯曲菌性病亚种	偶尔在妊娠期第5个月左右流产
流产亲衣原体	常在妊娠6个月以后偶发流产；通常感染绵羊；引发严重的胎盘炎和子宫内膜炎；引起的胎儿损伤包括：胸腺、黏膜和浆膜出血，肝脏肿大及腹水；粪口传播
钩端螺旋体一些血清型	多数在妊娠6个月后流产；流产胎儿常出现自溶现象；犊牛出生时体弱；病原通过血液循环扩散至胎盘和胎儿；通过被污染的环境和性接触传播
产单核细胞李氏杆菌	妊娠期的最后1/3阶段偶发流产；常发胎盘滞留；通过劣质青贮饲料经口感染
都柏林沙门菌及其他血清型	偶发性流产或流行性流产；胎盘炎；胎儿自溶及腐败；可能并发胎盘炎
差异脲原体	在妊娠期的最后1/3阶段流产；早产犊牛体弱或死亡；胎盘滞留、出血及坏死性胎盘炎

表86.2　引起绵羊流产的病原微生物

病原体	注释
地衣芽胞杆菌	胎盘炎；通过劣质青贮饲料、霉变干草、羊圈或饲料导致经口感染
边区病病毒	从胚胎和胎儿死亡到羔羊先天性畸形和产后体弱等影响，与感染时的孕龄有关；胎儿在子宫内发育迟缓；胎盘炎
马耳他布鲁菌	流产可能是感染后唯一的特征性症状；子宫分泌物被严重污染；母羊感染后可能出现持续性流产
绵羊布鲁菌	主要通过性接触传播；偶发性流产；胎盘绒毛小叶间组织增厚、水肿；胎儿木乃伊化或自溶；感染公羊发生附睾炎
胎儿弯曲菌胎儿亚种空肠弯曲菌	粪口传播；通过血源感染妊娠子宫；妊娠后期发生流产；胎盘炎和轻微肠炎；部分胎儿肝脏出现脐型凹陷、苍白、坏死性损伤
流产亲衣原体	羊地方性流产；流产通常发生在妊娠期的最后一个月；胎盘炎；胎盘绒毛小叶间组织增厚、水肿；胎儿肝脏肿大并伴有针尖状坏死斑
贝氏柯克斯体	很少发生流产，或在妊娠后期零星发生流产；弥散性胎盘炎；持续性感染；牛奶中含有病原体
产单核细胞李氏杆菌	经口感染；青贮饲料是常见来源；通常零星发生流产；胎盘炎；胎儿多病灶性肝炎；妊娠后期流产可能会继发子宫炎和败血症
沙门菌一些血清型	有些沙门菌血清型引发流产，并伴有次要临床特征；都柏林沙门菌和鼠伤寒沙门菌可引起全身性症状及流产；流产常发生在妊娠后期

产。但是，这两种反刍动物对特定病原影响感染结果的敏感性不同。问号钩端螺旋体一些血清型是牛繁殖损失的重要原因，其中Hardjo血清型尤其明显。而与牛相比，绵羊似乎对钩端螺旋体更有抵抗力，虽然集约饲养的母羊群也会感染这种细菌，但很少出现流产现象。钩端螺旋体引发牛流产时，该病菌引起的急性炎症反应往往已经消退，因此通常难以发现胎儿组织和胎盘的病理变化，也很难分离到致病菌，必须通过血清学试验来确定发病的牛群中是否有钩端螺旋体病的感染。相反，当牛和绵羊暴发沙门菌病时，在疾病的急性期即可发生流产，且伴有明显的发热和腹泻等临床症状。虽然有很多沙门菌血清型可以感染家养反刍动物，但在许多国家中发现，都柏林沙门菌（Salmonella Dublin）是导致牛流产的重要因素。沙门菌一些血清型引发的反刍动物流产中，这些细菌在胎盘中大量繁殖，是导致流产的重要因素。

流产亲衣原体（Chlamydophila abortus）是导致羊群流产的一个重要原因，新引入感染羊群的青年母羊及初次怀孕的动物都特别容易受到感染。受感染动物的临床表现通常是正常的，直到妊娠期的最后一个月，胎盘被入侵，导致流产。刚出生不久的羔羊被感染后，直到其怀孕前都可能是携带者。胎盘炎是胎儿感染后出现的显著特点，偶尔也有多灶

性肝细胞坏死出现。

劣质青贮饲料中含有大量产单核细胞李氏杆菌，牛和羊在进食这些饲料的同时摄入大量产单核细胞李氏杆菌，因而导致流产。有记录显示，牛和羊感染该菌后，可出现胎盘炎和胎儿感染，且在妊娠的后三分之一时期出现流产。接近足月的胎儿感染后死亡，其滞留在母体内可能会导致难产，产后可能继发败血症或子宫炎。流产的羔羊整个肝脏上有时会出现许多小而苍白的微脓肿。

在苏格兰、英格兰和北爱尔兰地区，由地衣芽胞杆菌（Bacillus licheniformis）引起的母牛和母羊流产问题一直存在。牛和羊通过摄入劣质的青贮饲料和发霉的干草，可以感染该菌，感染后胎盘增厚、硬化，临床上类似真菌性流产。

牛布鲁菌病（Bovine brucellosis）是由流产布鲁菌引起的，是研究得最多的牛的生殖道疾病。该病在世界上的大部分地区都有发生，在没有有效控制措施的地区，通常呈地方性流行。牛群感染后繁殖性能严重受损，并有向人类传播的可能性。性发育未成熟的牛感染该病后相当难治。发育成熟的牛感染后，细菌可能长期存在淋巴结和其他组织内，并不表现临床症状，雌性动物尤其明显。由于流产布鲁菌对子宫内膜和胎盘组织有偏嗜性，因此，在妊娠期间该菌可以在这些组织内复制传播。流产是该

病主要的临床表现，通常发生在妊娠期的第7～8月龄。

　　能够引起母猪流产的病原微生物中，病毒尤为重要（表86.3）。由于种猪群的密集饲养，使这些病毒容易在猪群中传播。它们造成的母猪繁殖障碍往往带来巨大的经济损失。母猪SMEDI繁殖综合征是猪群受到病毒感染的一个重要指标。潜伏感染或亚临床感染可能会使这些病毒在猪群中持续存在。

　　引起马流产的微生物列于表86.4中。马疱疹病毒1型（equine herpesvirus 1，EHV-1）是世界范围内引起马流产的重要原因，有时甚至会引发马流产"风暴"。与其相关的马疱疹病毒4型（equine herpesvirus 4，EHV-4）是引起马鼻肺炎的重要原因，已从流产的马驹中分离到该病毒。由EHV-1引起的流产通常出现在妊娠7个月后，流产的马驹肝脏表面散布明显的坏死灶。该病毒隐性携带者可能是其感染源。

　　犬布鲁菌（*Brucella canis*）可引起母犬流产，它也是严重影响雄性和雌性犬生殖系统唯一的病原微生物。

　　如表86.5所示，许多全身性细菌或病毒感染可引发病毒血症、败血症或毒血症，从而直接影响怀孕母畜和胎儿组织。这些感染也可以通过扰乱怀孕母畜的激素调节而间接影响怀孕母畜和胎儿组织，进而引起流产。

表86.3　引起猪流产的病原微生物

病原体	注释
猪布鲁菌	主要通过性交传播；病灶分布在雌雄动物的生殖器官、关节和骨骼；慢性子宫炎，黏膜有大量肉芽肿结节；妊娠期后半段发生流产；仔猪死产及弱仔
猪瘟病毒	种畜群感染后出现死产、木乃伊胎、死胎及不孕不育综合征（SMEDI）；胎儿生长迟缓；中枢神经系统先天性缺陷；疫苗株可以导致先天性缺陷
脑心肌炎病毒	美国发生SMEDI综合征的主要原因之一；青年猪心肌炎
钩端螺旋体（尤其是波摩那血清型、布拉迪斯拉发血清型和塔拉索夫血清型）	妊娠后期流产可能是畜群感染的唯一表征；亚临床感染；发生钩端螺旋体血症时，细菌可感染子宫和胎儿；死产、木乃伊胎、自溶及弱仔
猪捷申病毒，猪萨佩罗病毒（猪肠病毒）	首个与SMEDI综合征相关的病毒，但可能引发流产的作用轻微
猪疱疹病毒1型（伪狂犬病毒）	流产后继发发热和全身性疾病；某些毒株侵入胎盘及胎儿；胎盘及胎儿器官多灶性坏死；种畜群感染后出现SMEDI综合征
猪疱疹病毒2型（细胞巨化病毒）	母猪亚临床感染；死胎和木乃伊胎；新生儿坏死性鼻炎
猪细小病毒	口头和性交传播；易感母猪被引入感染畜群出现SMEDI综合征；病毒入侵胎儿快速分裂的细胞内
猪繁殖与呼吸综合征病毒	肺炎和繁殖损失；种畜群感染后出现SMEDI综合征

表86.4　引起马流产的病原微生物

病原体	注释
马疱疹病毒1型（EHV1）	EHV1是引起马流产最常见的原因；EHV4引起散发性流产；妊娠8个月后流产；胎儿通常是新鲜的，表明近期死亡；胎儿多灶性肝炎、黄疸及肺水肿
马动脉炎病毒	马感染后，有半数以上发生流产或死胎；胎儿自溶，胸水和腹水增多
钩端螺旋体一些血清型	急性钩端螺旋体病常继发流产；胎儿肝脏出现巨形多核肝细胞
马生殖道泰勒菌	妊娠7个月后流产

表86.5　引起全身性疾病并导致流产的病原体

病原体	宿主
细菌（Bacteria）	
贝氏柯克斯体（*Coxiella burnetii*）	绵羊、山羊
嗜吞噬细胞乏质体（*Anaplasma phagocytophilum*）	绵羊、牛
猪丹毒丝菌（*Erysipelothrix rhusiopathiae*）	猪
猪链球菌2型（*Streptococcus suis type* 2）	猪
病毒（Viruses）	
非洲猪瘟病毒（African swine fever virus）	猪
赤羽病毒（Akabane virus）	牛、绵羊
蓝舌病毒（Bluetongue virus）	绵羊、牛
犬疱疹病毒1型（Canine herpesvirus 1）	犬
暂时热病毒（Ephemeral fever virus）	牛
内罗毕羊病病毒（Nairobi sheep disease virus）	绵羊、山羊
裂谷热病毒（Rift Valley fever virus）	绵羊、牛
威斯布仑病病毒（Wesselsbron disease virus）	绵羊、牛

◉ 进一步阅读材料

Barr, B.C. and Anderson, M.L. (1993). Infectious diseases causing bovine abortion and foetal loss. Veterinary Clinics of North America: Food Animal Practice, 9, 343–368.

Buergelt, C.D. (1997). Colour Atlas of Reproductive Pathology of Domestic Animals. Mosby-Year Book, St. Louis.

Caffrey, J.F., Dudgeon, A.M., Donnelly, W.J.C., Sheahan, B.J. and Atkins, G.J. (1997). Morphometric analysis of growth retardation in foetal lambs following experimental infection of pregnant ewes with border disease virus. Research in Veterinary Science, 62, 245–248.

Carson, R.L., Wolfe, D.F., Klesius, P.H., Kemppainen, R.J. and Scanlan, C.M., (1988). The effects of ovarian hormones and ACTH on uterine defense to Corynebacterium pyogenes in cows. Theriogenology, 30, 91–97.

Ellis, W.A. (1994). Leptospirosis as a cause of reproductive failure. Veterinary Clinics of North America: Food Animal Practice, 10, 463–478.

Foster, R.A. (2007). Female reproductive system. In Pathologic Basis of Veterinary Disease. Fourth Edition. Eds M.D. McGavin and J.F. Zachary. Mosby, St. Louis, Missouri. pp. 1263–1315.

Foster, R.A. (2007). Male reproductive system. In *Pathologic Basis of Veterinary Disease*. Fourth Edition. Eds M.D. McGavin and J.F. Zachary. Mosby, St. Louis, Missouri. pp. 1317–1348.

Foster, R.A. and Ladds, P.W. (2007). Male genital system. In *Jubb, Kennedy and Palmer's Pathology of Domestic Animals*. Volume 3. Fifth Edition. Ed. M.G. Maxie. Saunders, Edinburgh. pp. 565–619.

Goyal, S.M. (1993). Porcine reproductive and respiratory syndrome. Review article. Journal of Veterinary Diagnostic Investigation, 5, 656–664.

Kirkbride, C.A (1992). Viral agents and associated lesions detected in a 10-year study of bovine abortions and stillbirths. Journal of Veterinary Diagnostic Investigation, 4, 374–379.

Kirkbride, C.A. (1993). Bacterial agents detected in a 10-year study of bovine abortions and stillbirths. Journal of Veterinary Diagnostic Investigation, 5, 64–68.

Lander Chacin, M.F., Hansen, P.J. and Drost, M. (1990). Effects of the stage of the estrous cycle and steroid treatment on uterine immunoglobulin content and polymorphonuclear leukocytes in cattle. Theriogenology, 34, 1169–1184.

Potter, K., Hancock, D.H. and Gallina, A.M. (1991). Clinical and pathological features of endometrial hyperplasia, pyometra and endometritis in cats. Journal of the American Veterinary Medical Association, 198, 1427–1431.

Schlafer, D.H. and Miller, R.B. (2007). Female genital system. In *Jubb, Kennedy and Palmer's Pathology of Domestic Animals*. Volume 3. Fifth Edition. Ed. M.G. Maxie. Saunders, Edinburgh. pp. 429–564.

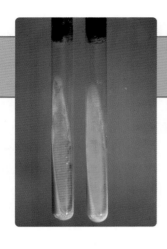

第87章

肠道与病原微生物相互作用

消化系统常常受到周围环境中微生物的入侵。在消化道前段，所有的主要微生物群成员都可以定殖于口腔和咽部黏膜，在某些条件下，可以产生特定的临床症状。有些消化道疾病，如犬口腔乳头状瘤（canine oral papillomatosis），是由特定的致病微生物造成；而其他一些消化道疾病，如急性坏死性龈炎（acute necrotizing ulcerative gingivitis），与一些定殖的微生物菌群的过度生长有关。后者常常因宿主免疫抑制所致。上消化道的其他部分不易受到微生物的侵袭。食道黏膜的复层扁平上皮、胃黏液腺的酸性分泌物，食道和胃（或皱胃）黏膜上覆盖的黏液层，都不利于微生物的定殖。相反，肠道环境特别适于微生物定殖，许多肠道微生物的表面已经进化出一些特殊的结构，使它们能够黏附到肠细胞的表面。

◉ 肠道的结构及功能

肠道是消化系统的一部分，主要负责食物的消化，营养物质、水和电解质的吸收。在所有的家畜中，肠道的长度及解剖位置存在相当大的种间差异，但其一般结构和功能类似。小肠和大肠是消化道的两个主要部分，它们在消化和吸收方面存在功能性差异；这些功能性差异主要体现在黏膜表面结构的差异。小肠主要消化和吸收有机化合物，黏膜表层有褶皱和绒毛，使表面积大大增加。大肠黏膜表层褶皱不突出，没有绒毛，有少量微绒毛。食肉动物的大肠只有吸收水和电解质的功能。食草动物的盲肠和结肠中正常菌群代谢产生的营养物质，可以随同水和电解质被吸收。杯状细胞（goblet cells）遍布于整个肠道黏膜上皮，大肠中数量较多，其分泌的

黏液起到润滑肠道的作用。在所有物种中，直肠内的固体或半固体内容物储存24～36小时后，以粪便排出体外。

隐窝腺（glandular crypts）内未分化细胞的复制，维护了肠黏膜上皮细胞的完整性。未成熟的肠细胞随着在黏膜表面的迁移而不断分化，取代从小肠绒毛和大肠表面脱落的细胞。

肠上皮细胞除了参与营养物质的消化和吸收，还在控制肠腔和黏膜固有层之间水和电解质的传输过程中，发挥重要作用。最终结果是肠腔内的水被吸收，其他物质形成粪。此过程中相关机制被破坏，是一些肠致病性微生物能够致病的重要原因。

在小肠中，主要通过跨细胞运输吸收钠离子和氯离子以及非电解质（如葡萄糖和氨基酸），并通过细胞内氢离子和碳酸氢根离子的流失保持细胞内的离子平衡。水通过肠上皮细胞间的紧密连接从肠腔进入细胞间隙。这种细胞间的运输是由肠内容物和细胞间液体的渗透梯度（osmotic gradient）诱导产生的。钠离子可以依靠能量从肠上皮细胞质膜基底外侧转移至细胞间，使细胞间液与肠腔间产生梯度。由于小肠上皮细胞间的紧密连接相对来说具有渗透能力，因此可以产生回流，十二指肠和空肠尤其明显。整体上，这一过程有利于水分和营养物质通过扩散，进入固有层（lamina propria）的毛细血管，而后被吸收。与小肠相比，大肠上皮细胞间的紧密连接的渗透性低，在细胞间隙与固有层之间形成高渗透压，从而促进水的吸收。此外，结肠处挥发性脂肪酸的吸收，引起水的进一步吸收。

溶质穿过肠上皮细胞的质膜是由细胞内第二信使，即腺苷酸环化酶（adenyl cyclase）和鸟苷酸环化

酶（guanyl cyclase）等肽类激素调控的。这些酶的激活可以提高细胞内环腺苷酸和环鸟苷酸的含量，抑制隐窝细胞对钠离子的吸收，并促进氯离子的分泌。

◉ 正常菌群

新生动物肠道中无菌。它们出生后数小时内，一系列细菌进入肠道并定殖。这些细菌包括乳酸杆菌、大肠杆菌和梭菌等严格厌氧菌、各种厌氧革兰阳性球菌和坏死梭杆菌（*Fusobacterium necrophorum*）。在小肠前段，营养物质因胃酸的分泌而保持酸性，因此，这些菌群通常定殖在小肠后段和大肠中，并伴随宿主的整个生命过程。反刍动物瘤胃、盲肠和结肠中的微生物菌群包括酵母、原生动物及细菌，负责纤维素降解及其他碳水化合物和含氮化合物的代谢。单胃食草动物盲肠和结肠中的正常菌群具有类似的消化功能，从而有助于它们对营养物质的需求。

肠道常驻菌群确立后，在它们的抗原刺激下，肠相关淋巴组织（gut-associated lymphoid tissue, GALT）发生扩张，局部产生免疫球蛋白。这是防止病原微生物定殖的重要因素。GALT包括上皮内淋巴细胞（intraepithelial lymphocytes）、肠系膜淋巴结集结（Peyer's patches），以及小肠黏膜和黏膜下层局部聚集的淋巴细胞和浆细胞。上皮细胞（M细胞）覆盖在肠系膜淋巴集结上方，进行积极的胞饮作用，并可以将抗原摄取、加工并提呈给下方的淋巴细胞。GALT主要产生IgA免疫球蛋白。IgA被分泌到肠上皮细胞表面，可防止病原黏附于肠细胞。

某些特定的常驻菌群产生的短链脂肪酸，可以抑制外源性细菌的生长。此外，不同细菌之间对提供能量的营养物质和肠细胞受体的竞争，可影响肠道微生物群的组成。

◉ 肠炎的发病机理

由于不同的微生物表面结构与肠上皮细胞特异性受体的结合力不同，因此，肠道内各种常驻细菌分别占有特定的生境（niches）。正常菌群的变化可能使病原微生物有机会结合上皮细胞受体，从而引发感染。导致正常菌群变化的因素包括抗菌药物治疗、饲养或管理引起的应激反应。此外，初生动物体内正常菌群未完全建立之前，易受病原微生物感染。贴87.1至贴87.4列出了与大型动物肠道疾病有关的主要病原微生物。

病原微生物利用多种机制使肠上皮的代谢和结构发生变化，从而导致腹泻（diarrhoea）和痢疾（dysentery）。因为肠道内部微环境复杂，且病原体之间可能有协同作用，因此，要说明某一病原体导致的功能和结构变化通常是不可能的。然而，一些特异性的病理变化可能由特定的肠道致病菌感染引起，如肠分泌过多（hypersecretion）、肠绒毛萎缩（villous atrophy）、肠黏膜变形和坏死。

△ 贴87.1 与牛肠道疾病有关的病原微生物
- 大肠杆菌（*Escherichia coli*）
- 沙门菌（*Salmonella*）一些血清型
- 禽分枝杆菌副结核亚种（*Mycobacterium avium* subsp. *paratuberculosis*）
- B型和C型产气荚膜梭菌（*Clostridium perfringens* types B and C）
- 轮状病毒（rotavirus）
- 牛冠状病毒（bovine coronavirus）
- 牛病毒性腹泻病毒（bovine viral diarrhoea virus）
- 牛瘟病毒（rinderpest virus）

△ 贴87.2 与绵羊和山羊肠道疾病有关的病原微生物
- 大肠杆菌
- B型和C型产气荚膜梭菌
- 沙门菌一些血清型
- 轮状病毒
- 小反刍兽疫病毒（peste-des-petits-ruminants virus）

△ 贴87.3 与猪肠道疾病有关的病原微生物
- 大肠杆菌
- A型和C型产气荚膜梭菌
- 猪痢短螺旋体（*Brachyspira hyodysenteriae*）
- 胞内劳森菌（*Lawsonia intracellularis*）
- 沙门菌血清型
- 轮状病毒
- 猪传染性胃肠炎病毒（transmissible gastroenteritis virus）
- 猪流行性腹泻病毒（porcine epidemic diarrhoea virus）
- 猪瘟病毒（classical swine fever virus）
- 非洲猪瘟病毒（African swine fever virus）

△ 贴87.4　与马肠道疾病有关的病原微生物

- 沙门菌一些血清型
- A型和C型产气荚膜梭菌
- 艰难梭菌（*Clostridium difficile*）
- 里氏新立克次体（*Neorickettsia risticii*）
- 马红球菌（*Rhodococcus equi*）
- 马放线杆菌（*Actinobacillus equuli*）
- 大肠杆菌（作用不明确）
- 轮状病毒

■肠分泌过量（hypersecretion）

产肠毒素大肠杆菌（enterotoxigenic E.coli）感染后，可导致肠上皮细胞功能障碍。该菌是引发初生犊牛、仔猪和羔羊腹泻的常见病原。这种类型的肠道感染所涉及的毒性机制在第24章有详细说明。产肠毒素大肠杆菌具有菌毛黏附素，能够黏附于小肠细胞。该毒素诱导的肠分泌过多，与肠细胞内腺苷酸环化酶和鸟苷酸环化酶的激活有关。肠分泌过多的本质是氯化物和水分泌增加以及钠和水吸收受到抑制，这些过多的液体进入大肠，使大肠吸收能力超负荷，导致腹泻。小肠黏膜没有形态和炎症变化，或者变化可以忽略不计。

■肠绒毛萎缩（villous atrophy）

小肠绒毛表面或隐窝内上皮细胞的损伤，导致绒毛和肠细胞的大小和形状发生变化。被立方上皮（cuboidal epithelium）覆盖的绒毛发育不良，且常出现融合现象。小肠末端被某些细菌，如A/E型大肠杆菌（attaching-effacing E. coli），感染后常出现肠绒毛萎缩。然而，肠绒毛萎缩最常见的原因是一些肠道病毒性的感染。肠上皮细胞的损伤程度以及随后的绒毛变化不一样，如新生家畜感染轮状病毒时出现相对温和的改变，而犬细小病毒感染引发显著的结构损坏。这些差异不仅涉及病毒的毒性，同时也与特定病毒的靶细胞有关。轮状病毒感染时，靠近绒毛前端的成熟肠上皮细胞受到影响。由Lieberkuhn隐窝内大量未分化细胞库增殖的细胞，作为肠上皮细胞的更新细胞，可能未完全成熟，呈立方形。在无并发感染中，肠上皮细胞更新至临床痊愈可能只需要几天时间。然而，由于肠绒毛萎缩和更新的上皮细胞分化不完全，引起消化和吸收障碍，导致结肠内液体潴留而造成腹泻。猪冠状病毒和传染性胃肠炎病毒也以肠绒毛细胞为靶目标，但它们引起肠绒毛损伤程度比轮状病毒感染更广泛，且可能是永久性的。被感染的新生仔猪腹泻严重者可能导致迅速脱水，死亡率高。

犬细小病毒感染正在旺盛分裂的细胞。这个病毒感染肠道后，侵袭和损坏Lieberkuhn隐窝内的祖代细胞（progenitor cells），影响肠绒毛上皮的更新，导致空肠和回肠中大面积绒毛萎缩。腺体结构的扩张和萎缩可能会使肠黏膜产生永久性的损伤。如果祖代细胞存活，则肠黏膜可能恢复。GALT等淋巴组织生发中心的快速分裂细胞也是该病毒攻击的目标，而继发性细菌感染通常使疾病恶化。

■肠黏膜的浸润性和增生性变形

副结核病（paratuberculosis）也称为约翰病（Johne's disease），是由禽分枝杆菌副结核亚种引起的成年反刍动物的一种慢性、进行性以及细胞介导的免疫炎性疾病。其特征在于固有层和黏膜下层浸润大量巨噬细胞和T淋巴细胞，主要发生在回肠和大肠末端。大量浸润的细胞使隐窝被压缩，绒毛变形和萎缩。因此，回肠的吸收表面积显著减小，从而影响大肠中液体的吸收。该病固有的特征是引起肉芽肿性淋巴结炎（lymphadenitis）和淋巴管炎（lymphangitis），从而阻碍部分肠壁淋巴液回流。牛副结核病中，淋巴管堵塞可能是蛋白质流失的起因。血管内皮细胞和肠上皮细胞间的紧密连接通透性增强，使蛋白质损失进一步增加。此外，血浆白蛋白流失到肠道中引发低蛋白血症（hypoalbuminaemia），导致循环系统中的液体进一步流失。副结核病中，感染动物虽保持食欲，但仍变得消瘦，部分原因就是由于蛋白质的流失。

猪在成长期患肠腺瘤症候群（intestinal adenomatosis complex）时，对黏膜增生性变化的影响显著。该症候群中各种临床病理综合征是由胞内劳森菌引起的。顾名思义，这种微生物在隐窝腺肠细胞的胞质内存在并复制，回肠中尤其明显。被感染肠细胞经过有丝分裂，导致腺体增生并产生未分化肠细胞群。这些未分化细胞并不脱落，而是保留下来形成假复层柱状上皮（pseudo-stratified columnar epithelium），导致腺体结构膨胀以及黏膜增厚。在胞内劳森菌刺激下，肠上皮细胞进行有丝分裂的机制并未明确。腺瘤组织的坏死归因于定殖在回肠末端厌氧微生物的繁殖。增生性出血性肠病（proliferative haemorrhagic enteropathy）也是肠腺瘤症候群的一部分，在青年猪中零星出现。该病特征表现为腺瘤上皮细胞坏死、中性粒细胞浸润黏膜以及出血。这些病变与从胞内劳森菌提取的抗原引起的超敏反应是吻合的。

■肠黏膜坏死

肠黏膜坏死是某些细菌感染的一个特征。坏死的严重程度和范围取决于感染微生物的毒力和宿主的免疫状况。C型产气荚膜梭菌产生的细胞毒素可引起小肠前段急性坏死性肠炎，犊牛、羔羊、仔猪和马驹均可发生。坏死常延伸到黏膜的深层组织，并导致出血性病变。

青年家养动物感染大肠杆菌和沙门菌的某些菌株后，小肠部位出现严重的、广泛的黏膜糜烂，并伴有重度中性粒细胞浸润。此外，革兰阴性细菌产生的内毒素使黏膜血管内形成血栓，并进一步通过局部缺血性坏死造成肠道损伤。沙门菌可感染所有年龄段的牛，造成小肠末端和大肠纤维素性出血性肠炎（fibrinohaemorrhagic enteritis）。相比之下，由猪痢短螺旋体引起的猪痢疾主要发生在结肠。在浅表糜烂性病变部位有大量与猪痢短螺旋体相关联的微生物，如拟杆菌（*Bacteroides*）和坏死梭杆菌。黏液分泌过多是该病的一个重要特征，同时黏膜中毛细血管形成血栓，结肠内液体吸收被干扰，引起腹泻。

◉ 进一步阅读材料

Blinkslager, A.T. and Roberts, M.C. (1997). Mechanisms of intestinal mucosa repair. Journal of the American Veterinary Medical Association, 211, 1437–1441.

Bolton, J.R. and Pass, D.A. (1988). The alimentary tract. In *Clinicopathologic Principles for Veterinary Medicine*. Eds W.F. Robinson and C.R.R. Huxtable. Cambridge University Press, Cambridge. pp. 163–193.

Brown, C.C., Baker, D.C. and Barker, I.K. (2007). Alimentary system. In *Jubb, Kennedy and Palmer's Pathology of Domestic Animals*. Volume 2. Fifth Edition. Ed. M.G. Maxie. Saunders, Edinburgh. pp. 1–296.

Gelberg, H.B. (2007). Alimentary system. In *Pathologic Basis of Veterinary Disease*. Fourth Edition. Eds M.D. McGavin and J.F. Zachary. Mosby, St. Louis, Missouri. pp. 301–461.

Isaacson, R.E. (1998). Enteric bacterial pathogens, villous atrophy and microbial growth. Veterinary Quarterly, 20, Supplement 2, 68–72.

Tzipori, S. (1985). The relative importance of enteric pathogens affecting neonates of domestic animals. Advances in Veterinary Science and Comparative Medicine, 29, 103–206.

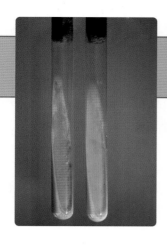

第88章

呼吸系统与病原微生物相互作用

呼吸系统包括上呼吸道和下呼吸道；上呼吸道包括鼻腔、咽和喉；下呼吸道包括气管、支气管、细支气管和肺实质。由于支气管黏膜与气管、喉和咽部黏膜没有显著性差异，因此，从鼻腔到支气管的部分统称为传导性气道（conducting airways），而细支气管和肺泡是肺部不可分割的组成部分。

呼吸系统的主要功能是为血液补充氧气（这些氧气将运送到全身各个组织），同时将身体代谢产生的二氧化碳排出体外。吸气时，空气进入肺毛细血管，氧气通过肺部呼吸道表面扩散形成压力梯度，在接下来的呼气过程中，血液中的二氧化碳扩散至肺泡排出体外。空气和血液之间的气体交换发生于血气屏障（blood-gas barrier）上。血气屏障非常薄，1.0~2.0微米厚，含有肺泡上皮细胞、肺泡毛细血管内皮细胞以及二者之间融合的基底膜。由于该屏障对氧气和二氧化碳的扩散阻力较小，因此，气体交换的效率依赖于肺泡内气流量（ventilation）与肺泡毛细血管内血流量（perfusion）的协调程度。在呼吸系统疾病中，气流和血流不协调是造成气体交换损失的主要原因；当不协调的程度加大时，可能导致严重的呼吸窘迫。无论是血液或者心血管系统疾病，还是呼吸系统紊乱，都有可能造成气体交换损失。引发严重呼吸道疾病的病原微生物，可导致气流量下降以及气体交换损失。因气流/血流不协调造成的组织缺氧，是肺炎动物及因上呼吸道阻塞性病变造成气流量下降动物的一个重要并发症。气道内的黏液、炎性渗出物，或者因发炎而增厚的黏膜，都可能阻塞空气的流通。

血流和气流是微生物进入呼吸系统的两个主要途径。体循环中，所有静脉回流血均来自右心室，经过肺部回到左心室。因此，肺毛细血管会经常接触血源性病原体，包括具有内皮细胞偏嗜性的细菌和病毒。同样，吸气时呼吸道接触大量微生物，其中一些在上呼吸道（鼻腔、咽和喉）形成了一个复杂的微生物群落，包括常驻微生物和暂居微生物。这种微生物群落的组成，受宿主种类和畜牧业养殖模式的影响。鼻腔菌群中的一些细菌是潜在的致病菌，当宿主的防御遭到破坏时，可引起严重的呼吸系统疾病。共生于牛鼻腔内的溶血性曼氏杆菌（*Mannheimia haemolytica*），在运输、拥挤、通风不好等应激条件下，可引起青年牛严重的支气管肺炎和胸膜炎，有时称为"船运热（shipping fever）"。

环境中的气溶胶污染使呼吸道暴露于潜在的病原微生物中。如果呼吸系统疾病流行，或者大量动物共同生活在一个通风不良、卫生条件差的密闭环境中，发生的概率会更大。吸入的空气常包含一系列的无机颗粒、有机颗粒和有害气体，这些物质可以破坏组织，并有助于空气中的病原体在气道内定殖。一般来说，呼吸道的解剖结构和组织形成了足够稳定的防御机制，可以确保肺和胸部支气管内保持无菌状态。

◉ 传导性气道中的防御机制

呼吸道能够采取一系列的防御机制，阻止有害病原体到达血气屏障（这一娇嫩的组织如果存在炎性渗出，可能会阻碍气体交换）。这些防御机制中最重要的是鼻腔对吸入气体中的大颗粒物质的去除、呼吸道黏液纤毛的清除作用以及先天性和获得性体液免疫。

传导性气道上皮组织包括纤毛细胞（ciliated cells）、分泌型杯状细胞（secretory goblet cells）和树突细胞（dendritic cells）。这些气道腔表面被上皮细胞和黏膜下腺体分泌的液体覆盖。这些表面液体包含一个黏性的黏液层，黏液层下面是一层润滑的浆液层，纤毛在该层中摆动。黏液捕捉和纤毛运送气体中颗粒的过程，就是黏液纤毛清除作用。这两层含有相关组织分泌的抗菌物质，如溶菌酶（lysozyme）、乳铁蛋白（lactoferrin）、防御素（defensins）、杀菌肽（cathelicidins）和分泌型IgA（见第3章），因此，这些表面液体既是一个重要的物理屏障抵抗空气中的微生物，也是一个化学屏障，可以防止对某些物质敏感的微生物的定殖。

传导性气道黏膜表面覆盖一层黏液，鼻咽部的结构特点有助于将吸入的微生物带至黏液层。吸入的空气通过鼻腔时，突出的鼻甲结构扰乱气流，使气体中大于5微米的颗粒和相关微生物与黏液层碰撞而被困于其中。浆液、黏液和覆盖的材料由下层的纤毛推向咽部，全部被吞下，或者被咳出体外。黏液纤毛清除作用能够推动体液从鼻腔向下到咽部，也可以从支气管和气管向上到咽部。此外，当吸入的空气经过鼻腔时，鼻甲进行加热和湿润，从而防止肺泡干燥，反过来，呼气时对排出体外的饱和气体中的热量和水分进行回收。

巨噬细胞和树突细胞密布于传导性气道黏膜中，可作为抗原提呈细胞（Holt 等，2008）。树突细胞位于表面上皮层以及下层基底膜中。上皮内树突细胞的分枝，可延伸至相邻的上皮细胞并到达气道腔内，而不破坏气道上皮屏障的完整性（Vermaelen 和 Pauwels，2005）。因此，树突细胞能感知气体中的微生物抗原，并进行捕捉和处理。抗原的处理过程，在树突细胞表面的MHC分子上进行。移行至局部淋巴结后，树突细胞将抗原提呈给幼稚淋巴细胞，诱导抗原特异性T淋巴细胞增殖，并移行到入侵位点，作用于相应的微生物抗原（见第3章）。

◉ 肺部防御机制

肺部支气管经过多次分支，最终形成小的气道称为细支气管。支气管树的下属分支中杯状细胞和黏膜下腺的数量逐渐减少，因此，细支气管中不再存在这些分泌细胞。细支气管的这些细小终末分支

与肺泡管相连，且众多相连的肺泡是血气屏障的上皮组成部分。约95%的肺泡腔的内层由鳞状上皮细胞（Ⅰ型肺泡细胞）构成；剩余的5%由Ⅱ型肺泡细胞组成，该细胞分泌的表面活性物质可以防止肺泡塌陷。Ⅰ型细胞受损后不能复制，Ⅱ型细胞受损后可以通过复制取代受损细胞。Ⅰ型细胞严重受损时，被Ⅱ型细胞广泛替代，称为肺泡上皮化，此状态下的肺泡气体交换效能下降。为了防止遇到有害病原体时发生这种结果，宿主必须能够激活并有效控制先天性免疫和获得性免疫，避免肺实质的损伤。

经血源性途径进入肺部的微生物可诱发全身性的防御机制。它们进入肺组织后，需要面对局部的防御机制。局部先天性免疫防御由肺泡液中的抗菌肽和免疫球蛋白形成（贴88.1）。在肺泡中，IgG是主要的免疫球蛋白，而在传导性气道中，IgA更重要。表面活性物质在保护血气屏障免受损害的过程中起到一定作用。表面活性蛋白A和D是胶原凝集素家族的成员，有助于宿主的防御。它们是单核细胞和中性粒细胞的强有力的趋化因子，可提高肺泡巨噬细胞和中性粒细胞的吞噬活性（Haagsman 等，2008）。呼吸道炎症失控可能危及动物生命（Thacker，2006）。

△ **贴88.1　肺泡内液体中的可溶性保护因子**

- **影响微生物生存的非特异性因子**
  - 溶菌酶
  - 乳铁蛋白
  - 补体
  - 表面活性物质
- **抑制炎性介质和有害酶的因子**
  - 谷胱甘肽过氧化物酶
  - 过氧化氢酶
  - α1-抗胰蛋白酶

树突细胞是肺部最重要的抗原提呈细胞（antigen-presenting cells），是先天性免疫和获得性免疫的结合点。肺脏可以供应充足的未成熟的树突细胞，当血液中的单核细胞进入感染的肺脏，未成熟树突细胞的数量可能会增加。γδT细胞和自然杀伤细胞等免疫细胞不借助专职的抗原提呈细胞也可以对病原体做出反应，并在肺部免疫过程中发挥重要作用（Nikod，2005）。它们在肺脏对细菌、真菌和病毒感染作出应答的早期，就产生了快速反应。例

如，γδT细胞在人、小鼠和牛感染牛结核分枝杆菌（*Mycobacterium bovis*）的早期阶段，就出现了积极反应。通过试验诱发的败血症的研究数据表明，缺乏γδT细胞的实验动物与γδT细胞正常的对照动物相比，炎性浸出物的处理滞后且死亡率更高（Hirsh等，2006）。这些结果表明，γδT细胞在炎症部位发挥调整组织应答的作用，并保护肺实质免受炎症物质引起的损伤。

巨噬细胞存在于肺泡间隔中，可进入肺泡腔并附着于上皮细胞。正常情况下，这些肺泡巨噬细胞的主要作用是吞噬多余的表面活性物质，防止抗原和病原体通过血气屏障进入肺泡。它们吞噬细菌并释放IL-8等吸引中性粒细胞的因子。激活的中性粒细胞吞噬细菌，并分泌包括防御素、TNF-α、IL-1和IL-6等免疫分子，有助于清除病原体。最重要的是调节宿主反应，使血气屏障保持结构和功能的完整性。一旦感染或炎性反应得到很好的控制，巨噬细胞将清除肺泡中的渗出物和组织碎片。

据Mariassy等（1975）报道，牛肺泡中很少见肺泡巨噬细胞，提示肺血管内存在的巨噬细胞可能弥补了肺泡巨噬细胞的不足。在牛、绵羊、山羊、猪、马和猫等动物体内，肺部血管内的巨噬细胞依附于肺泡毛细血管的内皮细胞上。这些都是有高度吞噬性的细胞，在清除肺血管循环中的细菌方面，发挥重要作用。然而，在应对血源性病原体的炎性反应中，它们释放的促进炎症的介质（pro-inflammatory mediators）可能损伤肺组织（Caswell 和 Williams，2007）。

◉ 传导性气道微生物疾病

虽然有时传导性气道只有一部分受到感染，但传导性气道多个部位同时感染更为常见。鼻腔的炎症称为鼻炎，可能是原发的局部症状或者全身性疾病的一部分。引发鼻炎的原因包括病原微生物、致敏原、刺激性气体或粉尘。一些引发鼻炎的细菌和病毒列于贴88.2。鼻腔对传染性病原体的基本反应包括鼻腔黏膜血管充血、杯状细胞和黏液腺机能亢进，以及黏膜出现免疫细胞浸润。多数情况下，急性鼻炎最初分泌浆液性分泌物，而随着坏死的白细胞和脱落的组织数量增加，常转变为卡他性或脓性分泌物。鼻炎严重程度各有不同，从许多细菌和病毒感染导致的轻度卡他性鼻炎（mild catarrhal rhinitis），到鼻腔上皮细胞坏死性鼻炎，且表面常出现纤维蛋白沉积物。在假膜性鼻炎（pseudomembranous rhinitis）中，纤维蛋白沉积物可以剥离且不损伤下面的组织。相反，由坏死梭杆菌引起的犊牛白喉（即纤维素性、坏死性或白喉性病变），表层的纤维蛋白膜移除后会留下溃疡。真菌和分枝杆菌可引发肉芽肿病变。鼻疽伯氏菌（Burkholderia）引起的鼻疽在鼻内的临床表现为鼻中隔黏膜出现化脓性肉芽肿结节（pyogranulomatous nodules）。

△ 贴88.2　一些以鼻炎为主要特征的疾病

- 牛传染性鼻气管炎
- 犬窝咳（犬腺病毒2型）
- 牛恶性卡他热
- 黏膜病
- 牛瘟
- 病毒性马鼻肺炎
- 流感
- 蓝舌病
- 包涵体鼻炎
- 萎缩性鼻炎
- 鼻疽
- 马腺疫
- 猫嵌杯病毒感染
- 猫病毒性鼻气管炎

鼻腔炎症可以扩展至咽、喉、气管、支气管、鼻旁窦（paranasal sinuses），以及马科动物的咽鼓管囊（guttural pouches）。在由马链球菌（*Streptococcus equi*）引起的马腺疫（strangles）中，上呼吸道和相关淋巴结出现化脓性病变，并进一步扩展导致咽鼓管囊（guttural pouches）积脓症。曲霉（*Aspergillus*）也可以沿咽鼓管扩散至咽鼓管囊，引发白喉型炎症，真菌和炎症可能进一步扩散至颈内动脉和颅神经第九和第十分支。

多杀性巴氏杆菌（*Pasteurella multocida*）在幼猪鼻腔内定殖后引发渐进性萎缩性鼻炎（progressive atrophic rhinitis）。这种细菌产生的一种不耐热毒素干扰鼻甲正常的塑形过程，导致鼻腔和口鼻部畸形（见第91章）。此后，鼻腔的过滤功能下降，使宿主易继发支气管肺炎。

无论上呼吸道或下呼吸道炎症性疾病，都有可能涉及咽和喉部。坏死梭杆菌（*Fusobacterium necrophorum*）可引起口腔坏死杆菌病（oral necrobacillosis）（犊牛白喉，calf diphtheria），喉炎是该病的一部分；但是，这种疾病不会损伤喉以外的其他部位。昏睡嗜组织杆菌（*Histophilus somni*）引起的犊牛败血症和肺炎相关的败血性静脉炎（septic phlebitis），可导致喉溃疡。由某些血清型的大肠杆菌释放的毒素可导致猪水肿病，其中，喉水肿可能影响气流量，并引发严重的呼吸窘迫。

支气管感染后，黏液分泌细胞极度活跃，炎症细胞进入黏膜中，表面上皮细胞出现多种增生、组织转化或溃疡。纤毛细胞缺失是支气管炎的早期症状，这影响对渗出物和病原体的清除。某些动物的支气管炎在支气管树分叉处的高内皮微静脉（high endothelium venule）周围出现支气管相关淋巴样组织（bronchus-associated lymphoid tissue，BALT）增生（Bienenstock 和 McDermott，2005；Pabst 和 Tschernig，2010）。B细胞和T细胞的堆积导致上皮叠起，并向支气管腔内形成突起，该段上皮包含专职抗原摄取细胞，与肠道内覆盖于肠系膜淋巴结集结上的M细胞类似。猪流行性肺炎由猪肺炎支原体（*Mycoplasma hyopneumoniae*）引起，可能由病原体细胞膜上的超抗原诱导发生，有非常明显的BALT增生。猪、绵羊、猫、兔和鸡体内都存在BALT。

◉ 肺部微生物疾病

传导性气道和肺部的防御机制，可以成功处理绝大多数有害物质，肺部不会再出现炎症反应。因此，不会因炎症反应而造成肺组织损伤。中性粒细胞释放的杀微生物物质包括活性氧和蛋白酶。但是，如果防御不够充分，肺部会做出迅速而有效的反应。肺部微血管分布广泛，完整的肺泡毛细血管在边缘部位含有中性粒细胞库，这些细胞可以直接从肺泡毛细血管中浸出，而无需像系统其他部位那样从毛细血管后微静脉中赶来（Burns 等，2003）。此外，对TNF-α，IL-1和IL-8等炎性介质应答时，其他的中性粒细胞也会向肺泡毛细血管快速聚集。

许多由细支气管炎造成的肺部感染过程中，未被黏液纤毛结构捕捉的3微米以下的颗粒，主要沉积在细支气管和肺泡的交界处。引起支气管病变的呼吸道病毒，可以对细支气管和肺泡造成相同的病变。随着炎症进一步发展，呼吸性细支气管腔内分泌物、脱落的上皮细胞和积聚的炎症细胞会堵塞气道，完全堵塞可造成肺不张，不完全堵塞可引起空气滞留及肺泡过度膨胀。这两种情况下，肺泡气体交换会因末梢堵塞而受影响。据Mariassy等（1975）报道，这种气道堵塞使肺泡囊内渗出液的外排受到干扰，有些物种通过相邻肺泡间连通的肺泡间孔使炎症横向扩散，而牛肺部肺泡间孔极少，且由完整的隔分离为不同的肺小叶，故容易出现局灶性肺不张（focal pulmonary atelectasis）。

■诱发肺部感染的因素

在呼吸系统中，宿主与病原体之间相互作用的结果，在很大程度上取决于宿主抵抗感染的能力。这种能力不仅涉及病原体的毒力和感染量，同时也与宿主防御机制的效力有关。在许多传染病中，环境因素或者呼吸系统或其他器官系统并发病，使这种平衡向着利于病原体的方向发展。仔畜特别易受有害环境和其他应激因子的影响（贴88.3）。低温、尿毒症或脱水，会通过减少纤毛活动及降低异物清除率而影响黏膜纤毛功能。在干热的大气条件下，具有清除机制的黏液成分液体流失，也会降低异物清除率。免疫缺陷动物特别容易出现肺部感染，显示肺部防御机制局部免疫作用的重要性。此外，免疫抑制可能增加肺部对病毒和细菌性病原体的易感性。与仔畜混合肺部感染相关的常见细菌列于贴88.4。

> △ **贴88.3　诱发犊牛肺炎的因素**
> - 动物处于密闭、狭小的空间中
> - 运输和其他应激因素
> - 通风不良和过度拥挤
> - 母源抗体水平下降
> - 并发感染

> △ **贴88.4　与仔畜混合呼吸道感染有关的常见细菌**
> - 大肠杆菌
> - 链球菌
> - 放线杆菌
> - 多杀性巴氏杆菌
> - 支气管败血波氏菌

■肺部炎症的作用方式

引起大型动物肺炎的重要微生物列于表88.1至表88.4。支气管肺炎（bronchopneumonia）和间质性（增生性）肺炎（interstitial或proliferative pneumonia）是公认的肺炎的两种形式。

支气管肺炎

支气管肺炎通常由细菌感染引起。但是，病毒或支原体引起的呼吸道感染及环境因素可能会干扰呼吸道的清除机制和免疫反应，常与支气管肺炎的发病机理相关。典型病变位于肺的前腹侧部位，由不规则的实变区域组成。在肺炎急性炎症期，感染的肺部发红、肿胀，之后出现衰竭。吸入的细菌和飞沫气溶胶常沉积在细支气管与肺泡的交界处，因此是最早出现炎性病变的部位。中性粒细胞浸润和浆液纤维素性渗出物，在感染的肺小叶内从原发灶向周围的肺泡和细支气管扩散。支气管肺炎的预后取决于病原体的毒力和炎症反应的严重程度。如果肺泡基底膜保持完好，且炎性渗出物被快速清除，肺泡的结构和功能可以完全恢复。更多情况下，原发病灶扩散，发展成慢性化脓性和纤维性病变。如果化脓隐秘杆菌（*Arcanobacterium pyogene*）和马红球菌（*Rhodococcus equi*）等化脓性细菌在病灶内留存并繁殖，会形成脓肿。畜禽慢性支气管肺炎

表88.1　与牛肺炎有关的重要病原

病原体	引起的疾病或症状
甲1型溶血性曼氏杆菌	与急性纤维素坏死性支气管炎相关；常影响牛肉及拥挤环境下运输的肉牛；圈舍内的犊牛也有感染；可能使病毒性肺炎恶化
昏睡嗜组织杆菌	产生的肺部病变与溶血性曼氏杆菌感染相似
多杀性巴氏杆菌	偶尔从患急性纤维素坏死性支气管肺炎的成年牛的病灶内分离到
牛分枝杆菌	造成肺部慢性肉芽肿性损伤；进一步发展为与细胞介导的超敏反应相关的干酪样病变
丝状支原体丝状亚种（小菌落式）	造成传染性牛胸膜肺炎，是一种急性纤维素坏死性肺炎，肺泡及增厚的小叶间隔内充满浆液纤维素性渗出物；在多数国家该病属于须申报疾病
牛支原体	与犊牛地方流行性肺炎综合征相关；感染肺部的细支气管和血管周围出现明显的淋巴样增生
殊异支原体	与犊牛地方流行性肺炎综合征相关；可能引发低级细支气管炎
副流感病毒3型	与犊牛地方流行性肺炎综合征相关；集中于脑腹侧和肺中叶；血管和细支气管周围淋巴增生；支气管上皮细胞内存在嗜酸性胞浆内包涵体
牛呼吸道合胞病毒	与犊牛地方流行性肺炎综合征相关；细支气管和肺泡中的合胞体细胞中可能包含胞浆内包涵体
牛疱疹病毒1型	造成牛传染性鼻气管炎，主要影响上呼吸道；病毒对肺组织的直接影响目前还未明确；严重感染引起犊牛继发细菌性肺炎
牛病毒性腹泻病毒	可能通过免疫抑制诱发细菌性肺炎

表88.2　与绵羊和山羊肺炎有关的病原微生物

病原体	引起的疾病或症状
溶血性曼氏杆菌	引发羔羊急性纤维素坏死性肺炎和胸膜炎；应激因素引起疾病的进一步恶化；3型副流感病毒和绵羊肺炎支原体可能与病变的进一步发展有关
山羊支原体肺炎亚种	造成典型的山羊传染性胸膜肺炎
丝状支原体山羊亚种	丝状支原体所有亚种都可以造成胸膜肺炎；肺部病变包含浆液纤维素性支气管炎，小叶间隔因炎性渗出物而增厚
绵羊梅迪/维斯纳病毒	属于慢病毒（逆转录病毒）属，可造成一种成年绵羊慢性间质性肺炎，即梅迪病（绵羊进行性肺炎）；被感染的肺组织的大小和重量显著大于正常肺组织；肺泡壁增厚，血管和细支气管周围出现显著的淋巴增生样变化
山羊关节炎/脑脊髓炎病毒	一种与绵羊梅迪/髓鞘脱落病毒密切相关的慢病毒；慢性间质性肺炎，肺泡上皮和肺泡内有蛋白液渗出
绵羊肺腺瘤病毒	造成绵羊肺腺瘤，绵羊的一种慢性增生性肺炎；肺泡柱状细胞核立方细胞多处出现增生上皮组织，具有低度恶性癌症的特点；局部淋巴结偶尔出现这些病灶细胞；肺积水显著

表88.3   与猪肺炎有关的病原微生物

病原体	引起的疾病或症状
多杀性巴氏杆菌	常造成猪肺炎支原体引起的猪气喘病的继发感染；导致急性纤维素性肺炎
胸膜肺炎放线杆菌	常造成仔猪传染性胸膜肺炎；靠近肝门的肺脏背尾端有出血性实变，在实变区有坏死灶
猪肺炎支原体	造成仔猪气喘病，不致死；继发的细菌感染可致死；腹侧的肺实变；支气管和血管周围淋巴聚积，肺泡腔内巨噬细胞浸润，具有显著的微观特征
甲型流感病毒	典型的猪流感由H1N1亚型引起；所有猪流感病毒亚型均具有人畜共患的潜能；腹侧的肺实变；激发细菌感染常致死
猪疱疹病毒1型	造成伪狂犬病；有些毒株可从肺部病变部位分离到
猪繁殖与呼吸综合征病毒	这种动脉炎病毒对肺巨噬细胞有亲和性；导致新生仔猪肺炎；诱发猪链球菌、副猪嗜血杆菌和猪呼吸道冠状病毒感染

表88.4   与马肺炎有关的病原微生物

病原体	引起的疾病或症状
马红球菌	造成6月龄以下马驹化脓性支气管肺炎
鼻疽伯氏菌	马鼻疽，一种重要的动物传染病；慢性感染动物肺部出现化脓性肉芽肿结节
马链球菌马亚种	马腺疫，一种上呼吸道传染病；恶性马腺疫可扩散至全身；肺部和其他内脏器官脓肿
马疱疹病毒1型和4型	新生和幼龄马驹肺炎；马疱疹病毒4型多感染2~12月龄马驹；马疱疹病毒1型引起的肺部疾病是次要的
甲型流感病毒	马甲1型H7N7亚型和马甲2型H3N8亚型主要引起青年马上呼吸道疾病；病重时，支气管间质性肺炎可能因继发细菌感染而恶化
甲型马腺病毒	马群中常见亚临床感染；阿拉伯马驹感染后引起重症联合免疫缺陷病；坏死性细支气管炎，增生的细支气管上皮细胞内常出现核内包涵体；可能继发感染兽疫链球菌

导致生产力降低，造成重大的经济损失，但受感染的呼吸道很少出现临床症状。对于急性纤维素坏死性肺炎，支气管和肺部的损伤难以检测。这种炎症反应在肺组织内快速扩散，以至整个小叶都受到影响。该类型肺炎是由一些细菌的有毒菌株感染引起，如反刍动物溶血性曼氏杆菌、猪胸膜肺炎放线杆菌（*Actinobacillus pleuropneumoniae*）以及一些家畜的多杀性巴氏杆菌。感染的肺组织肿胀，呈暗红色，切面有带血丝的液体渗出，可发现不规则白色坏死点。肺小叶间隔因充满浆液纤维素性渗出物而肿胀，胸膜上常有纤维蛋白沉积。败血症和毒血症频繁发生，一些动物可能突然死亡。

间质性肺炎

与支气管肺炎的组织反应相反，间质性肺炎主要影响肺泡壁，发生渗出、浸润和增生性反应。间质性肺炎有时与有毒化学物质吸收或超敏反应有关，同时也是许多细菌和病毒感染的特征。传染病常通过血源性传播至肺部，在与气道无直接联系的部位出现弥散性或多灶性损伤，尤其是急性全身性疾病。例如，犬瘟热以及牛和猪的败血性沙门菌病中，都会出现这种急性间质性肺炎。犬瘟热病毒一般通过气溶胶传播，也可在扁桃体和其他淋巴组织内复制造成病毒血症，使肺部感染。肺泡壁被淋巴细胞浸润，来源于2型肺泡细胞的多核巨细胞，可能与肺泡巨噬细胞一起存在于肺泡内。在疾病后期，局部可能出现肺泡上皮化。败血性沙门菌病中，肺泡壁因白细胞浸润而增厚。毛细管和肺泡壁也可能由于内毒素而受到损伤，随后纤维素性出血性渗出物进入肺泡。青年动物常出现这种类型的急性败血性感染，并在进一步的病理变化前死亡。

由绵羊梅迪／维斯纳病毒（maedi/visna virus）引起的绵羊进行性肺炎中，会出现慢性间质性组织变化。这种慢病毒可通过气溶胶传播给成年绵羊，并通过被感染母羊的乳汁传播给羔羊。这种病毒靶细胞是单核细胞和巨噬细胞。它们在宿主免疫应答的情况下，仍可持续存在并复制。绵羊在感染后的几年内，可能不表现明显的临床症状，稍后发展为渐进性消瘦和气喘。解剖胸腔后，肺脏并未发生塌瘪，且重量可高达正常肺的四倍。在切面上可检测到灰色的实变区。该病的微观特点为肺泡壁被巨噬细胞和淋巴细胞浸润，以及支气管和血管周围的淋巴结增生。

◉ 参考文献

Bienenstock, J. and McDermott, M.R. (2005). Bronchus-and nasal-associated lymphoid tissues. Immunological Reviews, 206, 22–31.

Burns, A.R., Smith, C.W. and Walker, D.C. (2003).Unique structural features that influence neutrophil emigration into the lung. Physiological Reviews, 83, 309–336.

Caswell, J. and Williams, K. (2007). The respiratory system. In *Jubb, Kennedy, and Palmer's Pathology of Domestic Animals*. Fifth edition, Volume 2. Ed. M.G. Maxie. Elsevier, Saunders, Philadelphia. pp. 523–653.

Haagsman, H.P., Hogenkamp, A., van Eijk, M. and Veldhuizen, E.J.A. (2008). Surfactant collectins and innate immunity. Neonatology, 93, 288–294.

Hirsh, M.I., Hashiguchi, N., Chen, Y., Yip, L. and Junger, W.G. (2006). Surface expression of HSP72 by LPS-stimulated neutrophils facilitates γδT cell-mediated killing. European Journal of Immunology, 36, 712–721.

Holt, P.G., Strickland, D.H., Wikström, M.E. and Jahnsen, F.L. (2008). Regulation of immunological homeostasis in the respiratory tract. Nature Reviews Immunology, 8, 143–152.

Mariassy, A.T., Plopper, C.G. and Dungworth, D. L. (1975). Characteristics of bovine lung as observed by scanning electron microscopy. Anatomical Record, 183, 13–25.

Nikod, L.P. (2005). Lung defences: an overview. European Respiratory Review, 95, 45–50.

Pabst, R. and Tschernig, T. (2010). Bronchus-associated lym-phoid tissue: an entry site for antigens for successful mucosal vaccinations? American Journal of Respiratory Cell and Molecular Biology, 43, 137–141.

Thacker, E.L. (2006). Lung inflammatory responses. Veterinary Research, 37, 469–486.

Vermaelen, K. and Pauwels, R. (2005). Pulmonary dendritic cells. American Journal of Respiratory and Critical Care Medicine, 172, 530–551.

◉ 进一步阅读材料

Done, S.H. (1991). Environmental factors affecting the severity of pneumonia in pigs. Veterinary Record, 128, 582–586.

Healy, A.M., Monaghan, M.L., Bassett, H.F., et al. (1993). Morbidity and mortality in a large Irish feedlot: microbiological and serological findings in cattle with acute respiratory distress. British Veterinary Journal, 149, 549–560.

Høie, S., Falk, K. and Lium, B.M. (1991). An abattoir survey of pneumonia and pleuritis in slaughter weight swine from 9 selected herds. IV. Bacteriologicalfindings in chronic pneumonic lesions. Acta Veterinaria Scandinavica, 32, 395–402.

Lopez, A. (2007). Respiratory system. In *Pathologic Basis of Veterinary Disease*. Fourth edition. Eds M.D. McGavin and J.F. Zachary. Mosby Elsevier, St Louis, Missouri. pp. 463–558.

Redondo, E., Masot, A.J., Fernandez, A. and Gazquez, A. (2009). Histopathological and immunohistochemical findings in the lungs of pigs infected experimentally with *Mycoplasma hyopneumoniae*. Journal of Comparative Pathology, 140, 260–270.

Reese, S., Dalamani, G. and Kaspers, B. (2006). The avian lung-associated immune system:a review.Veterinary Research, 37, 311–324.

Whitely, L.O., Maheswaran, S.K., Weiss, D.J., et al. (1992). *Pasteurella haemolytica* Al and bovine respiratory disease: pathogenesis. Journal of Veterinary Internal Medicine, 6, 11–22.

Wright, J.R. (1997). Immunomodulatory functions of surfactant. Physiological Reviews, 77, 931–962.

Zielinski, G.C. and Ross, R.F. (1993). Adherence of *Mycoplasma hyopneumoniae* to porcine ciliated respiratory tract cells. American Journal of Veterinary Research, 54, 1262–1269.

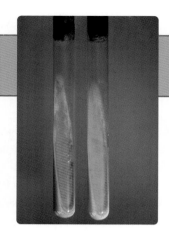

第89章

泌尿系统与病原微生物相互作用

循环系统带到肾脏的废液由泌尿系统排出体外。肾脏将废液从血液中转移到诸多盲端上皮管（即肾小管）处。然后，这些废物通过一系列富含肌肉的管道，最终转化成尿，排出体外（图89.1）。正常情况下，肾脏和输尿管内没有微生物。但是，病原微生物可以通过血源性途径或尿路上行途径，到达这些器官。尿路上行感染与血源性感染导致泌尿系统损伤的机理截然不同。对肾脏和尿路的微观解剖学进行仔细分析，了解泌尿系统的结构特性如何影响宿主-病原体动态的相互作用，有助于认识泌尿系统感染的致病机理和病理学特征。

本章第一部分专门介绍病原体与尿路的相互作用，而第二部分介绍影响肾脏实质及其内部尿路的传染性疾病。

◉ 尿路上行性感染

人与家养动物大部分尿路上行性感染由宿主大肠内正常菌群引起的，主要是大肠杆菌。这些大肠杆菌具有一些毒力因子，使它们能在尿道内存活。雌性动物比雄性动物更易患上行性感染。这主要是因为雌性动物尿道短，且尿道口和肛门距离很短，还有其他一些原因，如雌性动物尿道暴露于生殖道感染的概率更高，也更有可能因为交配、人工授精、宫内手术或膀胱导尿引入外源微生物。上行性感染的细菌可能定殖于膀胱（引起膀胱炎）、肾脏（引起肾盂肾炎）或前列腺（引起前列腺炎）。

雌性动物尿路的末端常被肛门、皮肤和阴道中细菌定殖。这些细菌进入膀胱后，多数不能牢固地附着于膀胱和尿路的上皮细胞上，从而随下一次的排尿过程被排出体外。这些微生物多数在尿液中生长不良，从而不引起宿主出现临床症状。因此，尿液中检出病原体，不能表明尿道受到感染。另一方面，泌尿系统容易受某些病原微生物（表89.1）的攻击，这些微生物能够结合到宿主泌尿系统的上皮细胞受体上，诱导产生炎性反应和临床症状。例如，猪放线棒菌（*Actinobaculum suis*）是公猪包皮内常驻菌群，可通过交配传播到母猪体内，引起母猪膀胱炎和肾盂肾炎，发病母猪常因肾功能衰竭死亡。

皮质

外髓部

肾盂

内髓部

输尿管

膀胱

尿道

图89.1　泌尿系统解剖图（含肾脏矢状面）

表89.1 家畜尿道中常见细菌

细菌	备注
大肠埃希菌（Esherichia coli）	多种动物尿道都常见此菌
棒状杆菌（Corynebacterium）	肾棒状杆菌（C. renale）、纤毛棒状杆菌（C. pilosum）和膀胱炎棒状杆菌（C. cystitidis）导致母牛膀胱炎和肾盂肾炎
肺炎克雷伯菌（Klebsiella pneumoniae）、铜绿假单胞菌（Pseudomonas aeruginosa）、奇异变形杆菌（Proteus mirabilis）、普通变形杆菌（P. vulgaris）	犬和马膀胱炎和肾盂肾炎；形成鸟粪石和磷灰石结石
伪中间葡萄球菌（Staphylococcus pseudintermedius）	犬膀胱炎；形成鸟粪石结石
猪放线棒菌（Actinobaculum suis）	主要引起公猪膀胱炎和肾盂肾炎；交配传播，常致死

⊙ 尿路的结构和功能

　　肾脏排泄过程从非选择性过滤开始，20%的肾脏血流量以无蛋白无细胞形式进入肾小管。肾小管上皮细胞选择性吸收其中许多溶质和水，并选择性分泌其他物质，从而改变滤液的组成。此后，大约1%的滤液被输送到输尿管成为高渗的尿液，其成分在排出体外之前基本保持不变。尿路覆盖着一层移行上皮（transitional epithelium），保护着尿路系统不被高渗的尿液损伤。这个特殊的尿路上皮（uroepithelium）由基底细胞（basal cells）和未分化的中间细胞（intermediate cells）组成，尿路内表面还覆盖着一层伞状细胞（图89.2）。这种分层次的上皮既可充分扩张，使膀胱可以容纳尿液，又足够紧致，在高渗的尿和尿路上皮下的组织（包括其中的血管）之间形成渗透阻隔，防止尿液中溶质透过尿路上皮进入尿路上皮下的组织，同时也防止尿路上皮下的组织中的水分进入高渗的尿（Lewis，2000；Apodaca，2004）。因此，尿液在尿路内运输、储存和排泄过程中，尿路上皮可防止其组成发生显著变化。尿路上皮也可以作为抵抗细菌感染的物理屏障。

　　扫描电镜显示未分化的伞状细胞膜几乎完全被扇贝型斑块覆盖，每个斑块都包含数百个跨膜蛋白（尿板块蛋白，uroplakins）。该蛋白的碳水化合物部分是几种定殖于尿道内病原体（尿道病原体，uropathogens）的特异性受体。伞状细胞无纤毛，也没有阻止细菌附着的黏多糖连续层（如黏液、黏液素、多糖或黏蛋白）（N'Dow等，2005）。泌尿系统通过排尿冲洗以及可溶性Tamm-Horsfall蛋白（TH蛋白）的抗黏着作用，防止病原体在尿路上皮表面定殖。TH蛋白是髓袢升支粗段上皮细胞分泌进入尿液

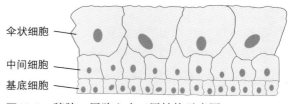

图89.2 膀胱：尿路上皮三层结构示意图

伞状细胞
中间细胞
基底细胞

的糖蛋白，其甘露糖残基可与尿道病原体结合，从而竞争性阻断它们与尿路上皮受体的结合，帮助清除尿液里的细菌。肾单位中尿路上皮细胞和肾小管上皮细胞，不断分泌防御素（defensins）和杀菌肽（cathelicidins）这两种抗菌肽（Valore等，1998；Chromek等，2006）。这些肽的组成性表达（即本底表达）水平低，但尿路上皮细胞与细菌接触后，能迅速迅速增加这些抗菌肽的分泌，从而在尿路上皮细胞表面形成抗微生物屏障。当炎症细胞对尿路感染的病原体作出反应时，这些炎症细胞也可以分泌抗菌肽。

　　膀胱-输尿管瓣膜是阻碍上行性感染进入输尿管的主要屏障。当瓣膜发育缺陷，或因结石、肿瘤、前列腺肥大、膀胱或尿道畸形等造成尿潴留和膀胱高压时，该屏障的功能将会减弱，导致尿液回流到输尿管和尿路持续充满液体，大大增加病原体向肾脏扩散引发肾盂肾炎的风险。

⊙ 尿道病原菌毒力因子

　　尽管大肠杆菌许多菌株在尿道内没有生存能力，但尿道致病性大肠杆菌（uropathogenic E. coli，UPEC）菌株表达一些毒力因子，使其可附着于尿路上皮细胞，逃避或抵抗宿主先天性免疫反应，与

第七篇

宿主组织竞争性吸收营养物质，并定殖于新的位点。UPEC和尿道内机会致病菌，如克雷伯菌、铜绿假单胞菌和变形杆菌，表达一些重要的毒力因子，如黏附素、毒素和铁吸收系统。UPEC是标准的尿道病原体，在尿道感染的致病机理和病理变化方面，其毒力因子决定了细菌与宿主组织之间的相互作用。尿道内的机会致病菌也有类似的毒力因子，但它们作用的分子基础还不清楚。

■尿道致病性大肠杆菌毒力因子

黏附素

尿道致病性大肠杆菌表达黏附素，这种细菌蛋白与伞状细胞表面糖脂或糖蛋白的碳水化合物部分相结合。有些黏附素固定在细菌细胞膜表面（无菌毛或非菌毛的黏附素），其他黏附素存在于菌毛的自由末端，而菌毛是从细菌细胞膜伸出的丝状结构。通常情况下，细菌细胞表面均匀分布数百根菌毛。每个细菌都可能有多个不同的黏附素基因，通常不同时全部表达；每个基因的表达可能受到随机相位变化的支配，周围环境的改变也会使它们被开启或关闭。因此，这些细菌能够适应不同的部位，并在它们之间移动。尿道致病性大肠杆菌可以很好地利用相位变化，黏附膀胱时用1型菌毛，而黏附肾脏时用P菌毛。1型菌毛的黏附蛋白是FimH，即尿溶蛋白（uroplakin 1a，UPK 1A），直接作用于膀胱腔表面，与膀胱表面糖蛋白的甘露糖残基末端结合。大多数大肠杆菌菌株携带fimH基因，但并不总是表达。P菌毛的黏附蛋白是PapG，与尿路上皮细胞、肾小管上皮细胞和肾血管上皮相结合，黏附于细胞表面糖脂类受体的双半乳糖部分。

毒素

尿道致病性大肠杆菌可产生α溶血素和细胞毒性坏死因子1（cytotoxic necrotizing factor 1，CNF1）。α溶血素是一种穿孔毒素，对多种细胞具有细胞毒性，包括红细胞、白细胞、内皮细胞、成纤维细胞和尿路上皮细胞。该毒素形成跨膜孔，使正常离子梯度减小，而胞内蛋白无损失；这些细胞被穿孔后，水进入细胞内，细胞随后发生渗透性溶解而死亡。在亚致死剂量水平下，α溶血素可以有效刺激白介素1β（IL-1β）的释放，从而诱导发热和急性期蛋白（acute phase proteins）的产生。由于IL-1能够提高大肠杆菌强毒株的增殖，所以宿主体内IL-1含量升高，可能会加快病原的生长速度，并增加了宿主与细菌毒力因子接触的可能性。

在尿道致病性大肠杆菌中，CNF1基因与溶血素基因密切相关。产生CNF1的菌株中，只有一小部分不溶血。CNF1导致宿主上皮细胞支架发生重排，促进对非侵入性细菌的吞噬。此外，已证实CNF1能降低中性粒细胞跨上皮层迁移，并减弱其吞噬活性。CNF1能够通过细胞凋亡杀死培养的尿路上皮细胞。据此推测，CNF1可能与膀胱内感染的尿路上皮细胞的脱落有关。

脂多糖

脂多糖（lipopolysaccharide，LPS）作用于有toll样受体4（TLR-4）的细胞，如巨噬细胞、中性粒细胞、树突细胞和B淋巴细胞。低浓度的LPS是病原相关分子模式（pathogen-associated molecular pattern，PAMP），提供激活先天性免疫反应的预警信号。高浓度的LPS可激活补体、XII因子和巨噬细胞，导致IL-1、TNF-α、一氧化氮和其他介质的释放，诱发发热、炎症、弥散性血管内凝血和低血压性休克。

铁吸收系统

尿道内铁离子含量低。因此，大肠杆菌为了在这种条件下能够生存，必须能够从宿主铁离子结合蛋白中获取铁。这要求大肠杆菌产生铁离子结合载体（如铁离子螯合剂）。尿道致病性大肠杆菌比粪中的大肠杆菌能够产生更多的铁离子螯合剂。铁离子摄取不足会削弱病原感染肾脏的能力；因此，铁吸收系统被列为尿道致病性大肠杆菌的毒力因子。

■尿道机会致病性病原的毒力因子

与尿道致病性大肠杆菌一样，机会致病菌也需要多个毒力基因。机会致病菌有一系列的菌毛性和非菌毛性黏附素。多数黏附素的实际意义还有待商榷，但已知有些菌毛性黏附素的表达受相位变化支配，这对细菌的定殖有重要作用。例如，可导致犬和马尿道病变的奇异变形杆菌和普通变形杆菌是机会致病菌，可以表达多个黏附素基因，与尿道不同位点特异性结合。相位变化是普通变形杆菌对尿道有强烈偏嗜性的一个原因，可导致肾盂肾炎。有人认为，该病原借助于奇异变形杆菌菌毛（*P. mirabilis fimbriae*，PMF），黏附到膀胱上。然后，这些细菌有些开始表达大量的鞭毛蛋白，并通过输尿管向上运动至肾脏，再借助于甘露糖抗性/变形杆菌样（mannose-resistant /*Proteus*-like，MR/P）菌毛，黏附到肾脏上皮细胞。

肺炎克雷伯菌是尿道中另一种机会致病菌，可以表达一些黏附素基因。但是，这些黏附素在该病的致病机理中发挥的作用仍然未知。肺炎克雷伯菌主要通过1型菌毛黏附到膀胱上皮，引发膀胱炎。已知它们能够与近曲小管的细胞结合，并与肾盂肾炎的发病机理相关。然而，由于菌毛可诱导吞噬细胞破坏细菌，细菌在侵入皮下组织时，就关闭1型菌毛表达（相位变化）。

感染牛和羊的肾棒状杆菌群（肾棒状杆菌、纤毛棒状杆菌和膀胱炎棒状杆菌），可由生殖道转移到尿道。膀胱炎棒状杆菌可引发轻度膀胱炎，而肾棒状杆菌和纤毛棒状杆菌可造成严重出血性膀胱炎，甚至发展为输尿管炎和肾盂肾炎。这个微生物群以及其他一些侵入肾脏的细菌，包括变形杆菌、铜绿假单胞菌、肺炎克雷伯菌和猪放线棒菌，可以产生脲酶（贴89.1），将尿素水解为氨和二氧化碳，充分提高局部区域pH，使尿液中镁盐和钙盐沉淀，形成磷酸铵镁性尿结石（struvite uroliths）和磷灰石性尿结石（apatite uroliths）。尿液pH升高有助于细菌增殖，氨损害尿路上皮，沉淀物增大黏膜炎性变化。此外，该沉淀物提供了细菌生长的条件，保护病原逃避宿主的防御机制和治疗剂作用。结石可阻碍尿液流动，影响细菌的外排。大肠杆菌不产生脲酶，与尿道结石也没有直接联系。

> △ 贴89.1　产脲酶的细菌
>
> - 变形杆菌
> - 克雷伯菌
> - 假单胞菌
> - 解脲支原体
> - 肾棒状杆菌
> - 伪中间葡萄球菌
> - 猪放线棒菌

多糖荚膜是奇异变形杆菌的一个毒力因子，帮助细菌黏附到尿路上皮细胞腔表面。附着的细菌分裂并形成生物被膜（biofilm）。钙离子和镁离子可能在生物被膜内形成沉淀，保护细菌抵抗宿主防御机制，并影响抗微生物治疗的效果。

⊙ 宿主对尿路上行性细菌感染的反应

尽管尿道病原非常适合在尿道中存活和增殖，但也需要抵抗宿主一系列的抗感染因子。许多尿道致病性大肠杆菌在尿路的下部被排出。这些细菌有些是自由流动，有些与分泌型免疫球蛋白A（sIgA）结合并附着于中性粒细胞表面（或内部），还有一些通过FimH黏附素与TH糖蛋白结合。侵入的大肠杆菌通过FimH黏附素，与伞状细胞腔表面尿溶蛋白的甘露糖残基结合，在膀胱内定殖，启动一系列复杂的反应，这些反应决定了感染过程的结果。尿道致病性大肠杆菌在膀胱内引起膀胱炎，到达肾脏后可导致肾盂肾炎。

■膀胱炎

病原可能由尿道末端上行至膀胱，偶尔也可能从上部尿道活跃的病变部位下行至膀胱。病原的附着和内化，是引发膀胱炎的必要步骤。细菌附着可激活尿路上皮。伞状细胞膜表达toll样受体4（TLR-4），识别细菌LPS并激发先天性免疫反应，引发一连串信号（图89.3）。最终发生炎症反应，尿路上皮细胞吞入细菌，伞状细胞脱落并形成细胞内细菌群落，该群落可能是尿道致病性大肠杆菌在未分化的尿路上皮层的潜在的储存库。这些存储库中的大肠杆菌可能使膀胱炎反复发作。

活化的尿路上皮细胞分泌白介素-6（IL-6）和白介素-8（IL-8），介导早期的炎症反应。膀胱炎时，IL-6主要在尿液中，而肾盂肾炎时，尿液和血清中IL-6都达到了可测量的浓度。全身性IL-6诱导发热，并刺激肝脏产生急性期蛋白，引起体液免疫反应和细胞免疫反应。IL-6可促进免疫球蛋白的分泌和T淋巴细胞增殖，分泌的免疫球蛋白包含分泌型IgA。局部释放的IL-8诱导中性粒细胞离开血液，增加它们对病原的攻击。吞噬细胞在组织间迁移，并穿过尿路上皮屏障，与尿液中的细菌相互作用。由病原释放的物质如α溶血素、LPS和CNF1等，可能会降低这些吞噬细胞的趋化反应。

尽管由FimH介导的宿主和病原的相互反应，激

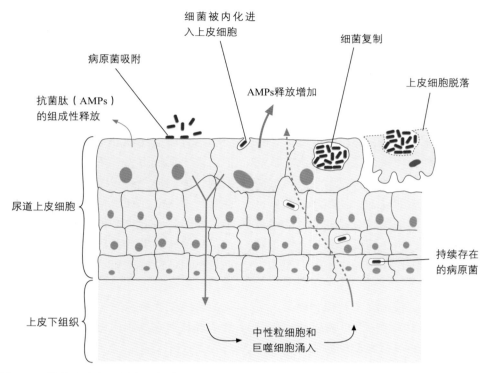

图89.3 膀胱炎中侵入的病原与膀胱尿路上皮细胞的相互作用

活许多先天性宿主防御，它们同时也会帮助细菌进入伞状细胞，从而躲避吞噬细胞、抗体、T细胞活动和抗菌药物的作用。伞状细胞还可以向细菌提供比尿液中更好的营养和生长条件。FimH诱导伞状细胞骨架重排，并诱导细菌周围细胞膜的伸长，从而帮助伞状细胞吞入附着的细菌。被吞入的细菌在伞状细胞的细胞质内生长繁殖，形成类似生物被膜的细菌群落。然后，FimH诱发宿主对细菌入侵一些负面响应：伞状细胞充满细菌，出现凋亡，并脱落进入尿液。附着的病原和胞内病原也因此被同时排出。然而，在凋亡的细胞完全脱落之前，一些病原能够逃离其内，可能进入新的伞状细胞，或者进入未分化中间细胞和基底细胞中。细菌在较未成熟的细胞中处于静止状态，从而形成胞内病原储存库。这些被储存的细菌可以被重新激活，可再次引发膀胱炎。

◎ 肾脏传染病

病原可通过血流途径到达肾脏，而更常见的是上行性感染途径。血源性病原的目标是肾皮质，而上行性病原主要定殖于肾髓质。肾脏皮质和髓质的结构和功能有差异，入侵的病原不得不应付这些差异带来的后果。局部脉管系统和相关肾小管的结构适应性，在很大程度上决定了病原与这两个区域肾组织之间的早期相互作用。

■ 肾皮质结构特点

肾小球、肾小管和包裹在间隙内的毛细血管决定了肾皮质的结构体系。在肾脏，血液通过入球小动脉进入肾脏皮质，然后进入一套毛细血管网，再进入另一套毛细血管网，再汇入出球小动脉。第一组毛细血管网是肾小球。第二组毛细血管网，包括皮质内肾小管周围毛细血管以及髓质内直小血管，二者都可以向肾小管细胞提供氧气和重要营养物质，传递细胞分泌物，并回收水和溶质进入循环系统。在血液进入皮质内周围毛细血管前，多达90%的肾血流量经过皮质内肾小球；其他10%～15%的血流量经过近髓肾小球（juxtamedullary glomeruli），通往髓质内直小血管。

出球小动脉是门脉系统中的第二条阻力血管，是形成两组毛细血管网血压的主要因素。该动脉为肾小球提供一个高血压（达到60毫米汞柱）环境，将超滤血液输入肾小管，同时也确保第二组毛细血管网内血压（低于20毫米汞柱）显著低于毛细血管胶体渗透压，促进肾小管细胞对滤液中的水和溶质进行再吸收。肾小球之后的循环血压和血流速度，低于身体其他部位毛细血管，这是决定肾组织对病原反应的一个重要因素。

■ **肾髓质结构特点**

　　髓质内间隙组织比皮质内更加广泛。肾小管和血管进入髓质的部分，在回到皮质之前，都是以类似发卡的结构存在。在髓质间隙内，亨利套（the loop of Henle）的降支和升支以及直小血管相互平行。这一结构导致滤液在亨利套两个支段内反向流动，且由于两个支段的渗透性和离子运输特性，在皮质与髓质结合处（等渗）和髓质内部（高渗）的肾小管内，以逆流倍增的方式形成了较高的渗透梯度。髓质内部间隙液体中，氯化钠和尿素以大致相等的方式积累，形成了高渗环境。直小血管发卡结构内血液逆流，在维持间质渗透梯度方面，发挥了重要作用。作为髓质与周围间质液的通道，此血管对水和溶质的透性高，达到渗透平衡。因此，直小血管可作为逆流交换器，调动多余的水和溶质，维持髓质内部的渗透梯度。在直小血管内，水的逆流交换大大增加了血液黏稠度；相应地，进入直小血管内血液的血细胞含量必须处于较低水平，确保逆流交换可以正常运行。进入直小血管内血细胞压积多数测量值约为10%（Lote等，1996）。

　　肾脏血流总量的10%～15%进入髓质，血压低、流速慢，约是皮质内1/4水平。与体循环相比，直小血管内每单位体积中血细胞含量较低，而且由于直小血管上行支段和下行支段之间的逆向流动促进了氧气的扩散，肾皮质与髓质之间氧气含量存在显著差异，从某种程度上说，髓质"生活在缺氧的边缘"。这导致髓质的抗菌能力较弱。

■ **肾组织对上行性感染的反应**

　　膀胱的尿液回流到输尿管促进膀胱感染向肾盂扩散。尿道病原可引起肾盂肾炎，这是一种肾小管间质性疾病，可导致肾盂和肾盂下的肾组织出现破坏性损伤。

肾盂肾炎

　　肾盂肾炎可能由特定的尿道病原引起。牛肾盂肾炎可能是肾棒状杆菌、膀胱炎棒状杆菌和纤毛棒状杆菌引起的；猪肾盂肾炎可能是猪放线棒菌引起的。机会致病菌，如大肠杆菌、变形杆菌、肺炎克雷伯菌或者摩氏摩根菌，也可引起多种动物的肾盂肾炎。许多病原在肾脏系统的不同区域使用不同类型的黏附素。例如，大多数与肾盂肾炎相关的大肠杆菌，在早期阶段通过1型菌毛黏附于膀胱内表面，而到达肾盂后出现相变异，开始表达P菌毛。同样地，变形杆菌通过PMF菌毛定殖于膀胱，而使用MR/P菌毛吸附于肾脏。这些吸附作用是肾组织暴露于脂多糖（LPS）、溶血素和CNF1等细菌毒素的原因；它们也触发细胞内第二信使的分子活性，激活上皮细胞释放细胞因子和趋化因子。虽然宿主反应的主要目的是保护肾组织的结构和功能，但也会引起一些病理性损伤。免疫系统通过IL-8募集中性粒细胞进入受感染组织，是清除病原所必需的，但这些吞噬细胞的裂解酶可能导致局部组织损伤。

　　肾盂肾炎在扩散至上皮下组织前，表现为发炎和肾乳头坏死。病原穿过肾髓质上皮屏障，进入髓质。髓质的结构和生理特征有利于细菌的生存和增殖。髓质的大量松散的间质基质有利于病原的渗透和病变的扩散。相邻的病变部位可能会发生融合。髓质中的防御能力较差。在直小血管中，血压很低，血流慢，每单位体积血液中血细胞含量低。因此，在肾盂肾炎早期急性期，吞噬细胞运动缓慢且数量不足。此外，受低氧和高渗环境的影响，这些细胞向髓质内迁移的活动受阻。有些病原，如变形杆菌、克雷伯菌、假单胞菌和肾棒状杆菌，可以产生脲酶，将尿素分解成氨和二氧化碳。高浓度氨有益于病原，表现在两个方面：第一，氨抑制补体的激活；第二，氨促进形成尿结石，保护病原抵抗宿主防御。肾乳头对传染病的易感性，使病原菌定殖于肾脏，它们经过内髓部和外髓部向外运动至皮质部，通常引起楔形化脓灶，内部出现肾小管内和间质性浸润，浸润细胞主要是中性粒细胞。

■ **肾脏对血源性感染的反应**

　　泌尿系统一些较为严重的细菌和病毒性疾病是血源传播的，尤其是肺结核病、钩端螺旋体病和犬传染性肝炎。此外，经肾动脉进行的血液传播，可能使肾脏面临细菌其他产物的攻击，如细菌毒素、循环免疫复合物。有时，抗微生物抗体可能与肾小球的抗原成分交互反应。

肾血管系统的独特适应性，在很大程度上决定了肾实质内病原的分布。免疫复合物常常聚集在肾小球滤过膜的基底膜上，并引起该位置炎性病变。同样地，抗链球菌抗体与滤膜的表位相互作用，引发增生性肾小球肾炎。约90%肾小球输出血流量存留在肾皮质部，因此，皮质部出现结核和钩端螺旋体病变的频率高于髓质部。

菌血症/毒血症

血源性的细菌团块或感染性栓子易于存留在肾血管系统内，尤其是皮质内肾小球或肾小管周围毛细血管网中，而髓质内毛细血管中很少存留这些感染性物质。通常，肾皮质因此出现多个小脓肿，这是一些细菌性疾病的特征。脐带感染或瓣性心内膜炎增生性病变部位的感染，易于产生上述血源性的细菌团块或感染性栓子。

牛分枝杆菌经血源途径传播，可能引起双侧肾脏出现一些小肉芽肿性病变。最初，对这些耐酸菌的捕获发生在毛细血管内，或者只在皮质远侧肾小球内。肾小球动脉血流量大、氧含量高，促进这类杆菌的增殖，有时可导致一些毛细血管袢破裂，随后细菌和细胞碎片脱落进入近曲小管。反过来，这种受感染实质的通道可能驻留在亨利套底部，细菌可以穿过此处引发髓质病变。髓质间质的物理结构、较弱的抗菌能力（因血流供应不足和血氧含量低造成的）以及高渗的间质液，促进该位点损伤的扩大及融合。髓质病变可以侵蚀肾盂壁，细菌由此进入尿液，并造成尿路下行性感染。

致病性钩端螺旋体对肾脏的损伤

在钩端螺旋体病的流行病学中，泌尿系统发挥非常重要的作用。新的宿主与感染动物尿液直接或间接接触，可感染致病性钩端螺旋体。螺旋体可通过割伤、擦伤、水软化的皮肤或完好的黏膜侵入宿主，也可以穿过淋巴管进入血液。无毒钩端螺旋体可通过吞噬作用被迅速清除，而致病性钩端螺旋体可逃避吞噬作用。致病性钩端螺旋体被巨噬细胞吞噬后能够存活，并诱导细胞凋亡。有人提出，该病原将吞噬细胞作为运输工具，到达适宜的组织部位（Merien 等，1997）。通常，钩端螺旋体病急性期引发的获得性免疫反应，可在10日内将血液中细菌清除。少数情况下，钩端螺旋体迅速增殖，造成急性

病，最终可能导致死亡。在长期宿主中，钩端螺旋体存留在免疫球蛋白不能直接作用的地方，如近曲小管、眼房液、脑脊液，有些血清型还会进入雌性生殖道。病原在肾脏的位点特别重要：钩端螺旋体与近曲小管上皮细胞腔表面接触，并从此处脱落进入尿液，是螺旋体感染传播的主要方式。

值得注意的是，钩端螺旋体在长期宿主的肾小管内长久存留，对肾脏组织学和功能影响不大。相反，在偶然宿主中，钩端螺旋体经血源性传播，可能引起全身性病变和不同程度的功能紊乱。根据肾脏病变的严重程度和扩散范围，宿主可能显露不同症状，包括急性肾功能衰竭、慢性肾功能衰竭或者只有轻微的一过性功能障碍。

各种器官和组织的基本病变是小血管内皮细胞损伤。血液和细菌进入宿主的组织后，扰乱正常的血管灌注，使血液中氧气含量降低，先天性抗菌反应减弱，导致细菌及其产物对组织和器官造成显著损伤。在肾脏，钩端螺旋体可以从肾小球毛细血管或肾小管周围毛细血管逃脱。钩端螺旋体从肾小球逃脱后，经肾小囊进入近曲小管。离开肾小管周围毛细血管的螺旋体，进入肾皮质组织间隙，诱发肾小管间质性肾炎，表现为上皮细胞坏死、基底膜破裂、间质水肿以及多种细胞浸润（包括淋巴细胞、单核细胞和浆细胞，偶尔出现中性粒细胞）。钩端螺旋体从组织间隙进入近曲小管腔内，黏附在上皮细胞腔表面，形成细菌团块，然后被排泄到尿液中。

致病性钩端螺旋体造成的全身感染，可引起一系列反应，包括危及生命的急性病、中等程度的亚急性病、慢性病，还有只能通过血清学检测的亚临床感染。钩端螺旋体的毒力在感染宿主时表达，是暴露于细菌表面的外膜成分的一个功能。感染该菌的哺乳动物，迅速作出先天性免疫应答，随后出现对外膜成分的获得性免疫反应。脂多糖（LPS）、脂蛋白和糖脂蛋白（GLP）是钩端螺旋体的主要表面成分。钩端螺旋体LPS的毒性最多只是其他革兰阴性菌LPS的毒性的1/10，但它被CD14和TLR-2识别后，可以激活肾脏上皮细胞、巨噬细胞和B淋巴细胞。因此，钩端螺旋体LPS，对先天性免疫应答和获得性免疫反应极为重要。LPS是循环抗体的靶目标，使钩端螺旋体易受巨噬细胞和中性粒细胞的吞噬作用。可诱导产生保护性抗体的特异性表位，存在于LPS的多糖侧链上。因此，诱发的抗体可以保护宿主，防止

具有该特异性抗原决定簇血清型的钩端螺旋体感染，但不能防止缺乏这些抗原决定簇血清型的钩端螺旋体感染。一些表面脂蛋白，在与CD14和TLR-2受体相互作用后，可激活先天性免疫应答。有两种表面蛋白已被确认为黏附素（黏附于细胞外基质的组成成分）：一种黏附于层连蛋白（laminin），另一种黏附于纤黏蛋白（fibronectin）。黏附于近曲小管上皮细胞的黏附素，目前尚未鉴定。但是，近来发现的钩端螺旋体一种表面蛋白，即钩端螺旋体免疫球蛋白样蛋白（leptospiral Ig-like，Lig），可能是近曲小管上皮细胞的黏附素。许多致病性钩端螺旋体释放溶血素，如波摩那钩端螺旋体（L. Pomona）释放一种溶血素，诱发犊牛溶血性贫血。外膜GLP具有细胞毒性，因为它能够抑制肾小管上皮细胞钠离子泵的活性，而诱发低血钾症。

微生物毒素造成的损伤

多种细菌可释放毒素，损伤肾小管上皮细胞。由产气荚膜梭菌D型产生的 ε 毒素，可以导致肾脏近曲小管和远曲小管上皮细胞变性。尽管多种动物，如绵羊、牛和人，仅在远曲小管腔的表面有该毒素的特异性受体，而近曲小管腔的表面没有该毒素的特异性受体，但这两个区域的损伤都非常显著。急性肠毒血症的羔羊的肾小管变性并迅速自溶，死后剖检可发现髓样肾。这是该病的特征性病变。人体内一些大肠杆菌菌株（如O157:H7）释放志贺毒素，对肾小球和肾小管周围毛细血管网内皮细胞造成损伤，同时对皮质和髓质内肾小管细胞有直接毒性作用。

免疫介导疾病

免疫介导的肾脏疾病分为两类：一类是肾小球滤过膜捕获血液中形成的抗原–抗体复合物，引起的免疫复合物型肾小球肾炎；另一类是抗微生物抗体与肾小球基底膜的成分相结合，在肾小球基底膜上形成抗原–抗体复合物，引起的抗肾小球基底膜病（anti-GBM disease）。血液中形成的抗原–抗体复合物中抗体可能是微生物的抗原诱导的，也可能是微生物在破坏宿主细胞或组织时，新表达的抗原诱导的。免疫复合物型肾小球肾炎可出现在犬子宫蓄脓以及犬传染性肝炎、猫白血病、马传染性贫血、猫传染性腹膜炎、猪瘟和非洲猪瘟等病毒病中。

在抗肾小球基底膜病中，与针对微生物抗原的循环抗体结合的抗原有两种：一种是肾小球基底膜天然组分，另一种是外源性物质与肾小球组分相互作用，形成基底膜上新的抗原物质。

⊙ **参考文献**

Apodaca, G. (2004). The uroepithelium: not just a passive barrier. Traffic, 5, 117–128.

Chromek, M., Slamova, Z., Bergman, P., et al. (2006). The antimicrobial peptide cathelicidin protects the urinary tract against invasive bacterial infection. Nature Medicine, 12, 636–641.

Lewis, S.A. (2000). Everything you wanted to know about the bladder epithelium but were afraid to ask. American Journal of Physiology Renal Physiology, 278, F867–F874.

Lote, C.J., Harper, L. and Savage, C.O.S. (1996). Mechanisms of acute renal failure. British Journal of Anaesthesia, 77, 82–89.

Merien, F., Baranton, G. and Perolat, P. (1997). Invasion of Vero cells and induction of apoptosis in macrophages by pathogenic Leptospira interrogans are correlated with virulence. Infection and Immunity, 65, 729–738.

N'Dow, J., Jordan, N., Robson, C.N., Neal, D.E. and Pearson, J.P. (2005). The bladder does not appear to have a dynamic secreted continuous mucous gel layer. Journal of Urology, 17, 2025–2031.

Valore, E.V., Park, C.H., Quayle, A.J., Wiles, K.R., McCray, P.B. and Granz, T. (1998). Human beta-defensin-1: an antimicrobial peptide of urogenital tissues. Journal of Clinical Investigation, 101, 1633–1642.

第七篇

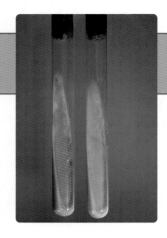

第90章

心血管系统与病原微生物相互作用

心血管系统包括心脏、肺循环（pulmonary circulation）和体循环（systemic circulation）。在这个系统中，心脏两个相邻的泵腔发挥泵血作用，为全身血液的流动提供动力（图90.1）。每个泵腔由一个心房和一个心室组成。右心室为肺循环泵血，肺循环是排出二氧化碳吸收氧气的低压系统。左心室为体循环泵血，体循环是一个高压系统，它将氧气和其他必要的营养物质运输和分配到身体各处，同时将身体各处代谢产生的挥发性和非挥发性的"垃圾"带走。体循环的静脉将血液输回右心房。血液在重新进入体循环的动脉前，先进入肺循环。这个不可或缺的、封闭的、具有分配功能的循环系统，能够因为微生物感染而受到损害。这些微生物感染累及心脏的泵血活动，影响血液的流动，继而直接和间接影响很多器官系统的功能。

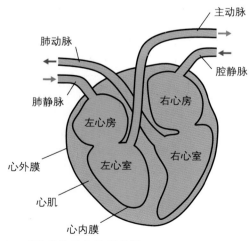

图90.1　哺乳动物的心脏示意图
显示相邻的两个泵腔。右心室在较低压力下将血液送入肺循环，左心室在高压下将血液送入体循环。

◉ 心脏：结构和功能的关系

微生物感染可引起心包、心肌或心内膜发生病变，继而影响心脏的泵血功能。

■ 心包

心包（pericardium）是纤维性的囊，包裹着心脏以及体循环和肺循环的大血管。该囊将心脏固定在纵隔内。心包由两层组成：外层为厚的纤维层（fibrous layer），内层为薄的浆膜层（serous layer）。纤维层主要是由硬的、相对无弹性的胶原蛋白组成。因为它弹性低，纤维层能防止心内容量急剧增加时心肌过度扩张，在大输血时这种作用也被发挥出来。心包能够适度扩张，以容纳心包内压力的逐渐增加。在运动员、赛犬和赛马持续很久的训练时，心脏体积增大，相应的心包也随之扩大。然而，心包腔内压急剧升高，可导致心包僵硬而不是扩张。这会严重影响心脏的功能。

心包的内层位于心包纤维层内，并且形成了一个封闭的空间，即为心包腔（pericardial cavity）。心包腔靠近心包纤维层一侧是心包腔壁层（parietal pericardium），靠近心脏一侧是心包腔脏层（visceral pericardium），又称为心外膜（epicardium）。心包腔由一层间皮细胞（mesothelial cell）组成，这些间皮细胞分泌心包液。心包液是一种润滑剂，减小心脏搏动时的摩擦力。在生理条件下，心包腔包含少量液体（犬少于10毫升，马约20毫升）。心包腔内的压力通常在其周围组织的作用下，维持在一个适度的水平。由于心包腔外围缺乏弹性的心包纤维层的束缚，促使心脏体积变大的某些因素都会导致心包腔压力陡然增加，这反过来又会干扰心脏的泵血功能。

■心肌

心脏泵血的能量是由心肌（myocardium）产生。心肌由有横纹的心肌细胞（cardiomyocyte）组成，该细胞又分为两大类：一类负责收缩，另一类负责传导动作电位激发负责收缩的细胞。心脏泵血的效率取决于心脏各个部分功能的完整性，以及窦房结产生电流信号传送到心脏的各个部位的有序性。这种电流信号从起搏点（窦房结）出发，流经心房壁后到达房室结，然后通过心肌束及其分支传递到心室，指挥心脏有节律地舒张收缩。心肌损伤可干扰这种电流信号的传导，从而影响心脏泵血的功能。

在心脏收缩期（systole）血液被泵出；在心脏舒张期（diastole）血液充盈心脏。在舒张期，心房和心室的壁是松弛的，同时房室瓣处于打开状态；血液从大静脉自由地穿过心房，经打开的房室瓣，进入舒张的心室。在初始阶段，心室的充盈是非常迅速的，因为在房室瓣开放之前，心房被最大限度地充盈。在最后的充盈阶段，心房收缩（处于心房收缩期）迫使更多的血液，进入心室。因此，心室充盈大多是被动的，取决于静脉回流。静脉回流的血液量的增加或回流速度的增加，都会增加心脏一次收缩所射出的血液量，即每搏输出量；静脉回流减少导致每搏输出量减少。此生理学原理的一个例子见于缩窄性心包炎。随着该病的进展，纤维化心包给予松弛的心肌上施加压力，使右心房通常较低的舒张压升高，从而妨碍右心房的血液充盈，继而减少每搏输出量。

■心内膜

心内膜（endocardium）是心脏腔室的内表面，包括心脏瓣膜，由内皮细胞构成。心内膜带负电荷，从而避免血细胞的黏附（因为血细胞也带负电荷）。完整的内皮细胞与正常的血小板不发生相互作用。相反，内皮下层的成分对血小板很有吸引力，当内皮的完整性受到破坏而暴露于血液时，在损伤部位血小板凝聚可引发血栓形成。内皮细胞的损伤常发生在心脏瓣膜的瓣叶末端，即心脏瓣膜相互闭合的地方。因为这些地方在瓣膜开闭时反复发生接触摩擦，也因为给心脏供应血液的血管未延伸到瓣膜底端1/3的部位，所以瓣叶末端的内皮细胞很容易受损

（Leask 等，2003）。细菌或真菌感染心内膜，可以引起血栓，继而导致心内膜增生性病变，还会进一步引起心脏瓣膜狭窄或机能不全。心脏瓣膜的机能不全或狭窄可以导致高速喷射的血液形成湍流，继而又可以损伤心内膜承受喷射压力处的内皮细胞（即"射流损伤"）。血小板和纤维蛋白在射流损伤部位的发生沉积，导致无菌血栓壁的形成，经血液携带的细菌可以黏附其上。

◎ 心脏的感染

病原体可以通过血源性途径侵入心脏组织，也可由胸腔中其他感染部位扩散而来，或因外伤而入侵。新生犊牛的口蹄疫、羔羊和牛犊的金黄色葡萄球菌败血症等血液传播的全身性的病毒性或细菌性疾病，可染及心脏组织。引起乳房、子宫或足部的持续性化脓性局部病变的细菌，也可以通过血液传播染及心脏。感染哺乳动物的许多微生物中，绝大多数是共生菌（正常菌群），栖居在皮肤和黏膜上，少数可引起局部炎症反应，如脓包病或牙龈炎。这些内源性的细菌时而不时也会进入血流。在血液中，在血浆的杀菌活性和中性粒细胞的吞噬活性作用下，这些细菌引起的菌血症往往是暂时的，但它可能会导致某些细菌定殖于心肌。正常血管内皮细胞是一种有效的屏障，起到保护宿主的组织和器官免受血源性细菌的入侵。但如果内膜受损，即使是短暂的菌血症，也可导致心脏感染。当病毒性或细菌性病原侵入心脏组织，它们触发先天性免疫反应。组织细胞和免疫细胞等宿主细胞分泌趋化因子、一氧化氮和促炎细胞因子，如IL-1β、IL-6、TNF-α和IFN-γ，调动和激活巨噬细胞和自然杀伤细胞（NK），进入受到侵袭的部位，对微生物侵袭作出反应。

■心包炎

虽然心包可以感染多种细菌，但许多心包病变不是发病和死亡的首要原因。然而，即使是在急性败血症时，心包病变也并非无关紧要：这些病变可引起血流紊乱，显著地促进全身性病理变化。心包膜感染不同的病原后，发生纤维素性、浆液纤维素性、纤维素出血性或化脓性炎症反应。这些炎性渗出物中纤维蛋白的积累，可诱发心包腔壁层和脏层（即心外膜）之间形成粘连，并且心包腔中炎性渗出

物的积累可升高心包腔内的压力，继而施压于心脏而影响心脏功能。心包腔渗出液对心脏功能的影响与渗出液的积累速率有关（图90.2）。心包腔渗出物如果迅速增加，可以很快就充盈心包腔。在这种情况下，由于心包纤维层缺乏弹性，心脏不得不与心包腔渗出液竞争空间。心包腔渗出液体积如果进一步增加，可继续增加心包内的压力，进一步挤压心脏，尤其是壁薄的右心房和右心室，从而紧缩干扰右心房舒张期的充盈，导致静脉压增高及全身静脉阻塞，从而出现颈静脉扩张、颈静脉怒张和腹部水肿等症状。反过来，静脉回流减少导致心室输出减少。因此，前期病情表现为心脏右侧低输出量的心脏衰竭。与此相反，当心包腔渗出物缓慢积累时，心包纤维层能渐渐地扩展，从而使心包腔的容纳体积增大数倍，因此有时并不出现心脏右心衰竭。对马来说，扩大的心包腔能容纳几升心包积液，这可见于亚急性非洲马瘟的病例。牛创伤性化脓性心包炎的渗出液的体积可能达到甚至超过4.5升。

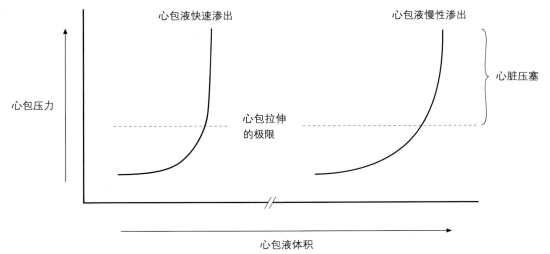

图90.2　与心包液压塞有关的心脏压力变化

图左侧提示当心包液体积迅速超过心包壁层所能伸张的限度时，心包压力徒然升高；图右侧提示当心包液慢性渗出时，给予心包腔的壁层更多时间去容纳更大体积的液体。

　　牛化脓性心包炎通常是由尖锐异物，钉子或一段金属丝，刺穿网胃，再穿过横膈膜和心包膜而导致的。在穿刺部位可以形成瘘管，引起化脓隐秘杆菌、铜绿假单胞菌和坏死梭杆菌等许多细菌的感染，感染随后扩散到心包腔。心包腔纤维脓性和腐败性的渗出物显著增多，病原体和腐化渗出物的毒性作用导致全身反应，如发热、抑郁和白细胞增多。心包腔包裹的渗出物和心包腔的粘连，会不断损害心脏功能，引起心脏填塞和右心衰竭。从这种全身性疾病幸存下来的牛，心包病变消退或组织化。对于非化脓性心包炎，心包腔渗出液被吸收，残余病变程度不同的病灶，如心包表面的串珠样粘连、弥漫性纤维化等。这种纤维化使心包腔很多地方遭到毁坏，使心脏压缩。对于化脓性心包炎，可能形成广泛的组织化的粘连，以至于心包腔消失。慢性窄缩性心包炎干扰心脏充盈和心输出量，导致心肌代偿性肥大，最终导致充血性心脏衰竭。

■心肌炎

　　许多传染病和中毒性疾病都可以引起心肌炎（myocarditis），但心肌炎通常不是原发损伤。心肌炎常作为幼畜败血症和脓血症的转移损伤而出现。在其他情况下，心肌炎也可能是心肌细胞坏死的局部反应。例如，当新生犊牛、羔羊或者仔猪发生口蹄疫疫情时，病毒诱导心肌细胞的坏死引起心肌炎，可导致病畜突然死亡。细菌、病毒、原生动物或者真菌对心肌的入侵，都可导致心肌炎。此外，心肌炎还可能是由循环系统中的毒素或者感染引起的免疫病理反应的结果。心肌炎的炎症部位可能是集中某处，也可能是弥散的；原发性心肌炎可能对心肌细胞、传导系统、血管成分、自主神经或者间质组织，造成损伤。心肌炎的临床症状由病灶的数量、大小和位置决定。一些局灶性病变可能不会引起临床症状。有时，心肌炎的症状可能被原发性全身性疾病症状所掩盖。如果病灶侵犯传导系统，能干扰心脏的电传导，导致部分或全部心脏传导阻滞和相关的心律失常。因此，渐进性心肌损伤能引起难以运动、心率失常或者猝死。急性心肌炎的病变有时可能完全消除，或者仅留下不明显的病变痕迹，但有时也会发展为扩张性心肌疾病和慢性充血性心脏衰竭。

细菌性心肌炎

细菌性心肌炎往往呈病灶性分布，常表现为粟粒状的病灶形式，由化脓病原体的血源性传播引起。急性化脓性心肌炎的病灶以产单核细胞李氏杆菌（*Listeria monocytogenes*）和驹放线杆菌（*Actinobacillus equuli*）引起的败血症为特征。其他造成组织坏死的细菌，如化脓隐秘杆菌（*Arcanobacterium pyogenes*）、铜绿假单胞菌（*Pseudomonas aeruginosa*）、马红球菌（*Rhodococcus equi*）、坏死梭杆菌（*Fusobacterium necrophorum*）、被毛梭菌（*Clostridium piliforme*）、葡萄球菌和链球菌，能引起脐炎、马腺疫或者子宫炎，继而可以转移到心肌上，引起心肌炎。由气肿疽梭菌（*Clostridium chauvoei*）引起的坏死和出血性心肌炎，能造成犊牛和羔羊的突然死亡（死亡时，骨骼肌没有黑腿病的临床表现）。对牛而言，昏睡嗜组织杆菌病症候群（Histophilus somni disease complex）的心肌损伤可造成动物在没有任何发生早期症状的情况下，突发死亡。该病也可能会发展为呼吸系统疾病，并留下后遗症。

循环粒细胞数量的消耗，可使动物易患细菌性心肌炎。嗜吞噬细胞乏质体（*Anaplasma phagocytophilum*）某些菌株的感染，造成反刍动物蜱传热，导致羔羊的B淋巴细胞、T淋巴细胞和中性粒细胞显著减少，使这些动物对金黄色葡萄球菌的易感性增加，这是蜱传脓血症（tick pyaemia）的原因。通过蜱的叮咬，葡萄球菌被引入组织，进入血液，在身体里广泛散布，在包括心肌的许多内部器官形成脓肿。血小板和中性粒细胞数量的严重衰竭，也可出现在反刍动物的蕨类中毒病程中。血小板减少症可导致全身性多处出血，包括肠黏膜，使肠道菌群进入血液。中性粒细胞减少症减弱了宿主终结菌血症的能力，并不断形成细菌栓，造成心肌中出

现多个小病灶。

细菌可能从心包膜或心内膜原发病灶进入心肌。对牛而言，心肌炎可能是创伤性心包炎的延伸，该创伤性心包炎是由感染的异物穿透网胃引起的。这种情况可引起很多细菌的混合感染，可能包括化脓隐秘杆菌、葡萄球菌、链球菌和昏睡嗜组织杆菌。心脏瓣膜上细菌感染可形成松散的赘生物（表90.1）。

表90.1　引起瓣膜病变的心肌细菌性感染

宿主	细菌种类
马	链球菌属、马红球菌、铜绿假单胞菌或大肠杆菌
牛	化脓隐秘杆菌、葡萄球菌、链球菌、假单胞菌属
猪和羊	链球菌属、猪丹毒丝菌
犬和猫	链球菌属、巴尔通体

病毒性心肌炎

有些病毒感染可以引起动物心肌炎，但往往心肌并不是病毒的主要靶器官。然而，全身性病毒感染引起心肌炎后，可增加动物的发病率和死亡率。这是因为病毒诱导心肌细胞的变性和相关的炎症反应，能够造成血流动力学紊乱，损害心血管系统针对全身病理变化所发挥的稳态反应（homeostatic response）。

病毒性心肌炎中，两种致病机制造成心肌组织的破坏：病毒诱导的细胞溶解和免疫介导的组织损伤。这两种机制在不同阶段发挥作用。病毒诱导的细胞溶解发生在感染的最初急性期，是病毒进入心肌细胞并在其中复制，造成了心肌局灶性坏死。这一个过程仅涉及少数炎症细胞。随着病毒的出现，心肌先天性免疫反应被激活。心肌细胞有toll样受体（TLR）和其他模式识别受体（PRRs），它们能识别病毒性病原，并触发细胞内的信号级联反应，导致其先天性免疫反应体系分泌一些活性物质，包括炎症促进因子IL-1β、IL-6、TNF-α和INF-γ。细胞因子TNF-α和IFN-γ促进一氧化氮的产生，一氧化氮能抑制病毒的复制。经历剧烈运动的动物或者用皮质类固醇激素治疗的动物，病毒复制的数量和心脏损伤程度都会增加。先天性免疫反应诱发了一系列炎症细胞，主要是自然杀伤（NK）细胞、γδT细胞和巨噬细胞，进入受感染区域。在感染区域，单核细胞也分泌一些炎症促进因子。在第一波炎性细胞中，

一些大的NK样细胞释放穿孔素分子，能在感染的心肌细胞的细胞膜上形成微孔，造成心肌细胞的死亡。与细胞因子和一氧化氮协力，单核细胞开始消灭来自心肌的病毒。当心肌被另一波单核细胞浸润时，加快了宿主消灭病毒的进程，同时也标志着获得性免疫应答的开始。

进入感染部位的第二波免疫细胞中，淋巴细胞占首要地位，主要是T细胞和少量的B细胞。其中，CD4⁺辅助性T细胞和CD8⁺细胞毒性T细胞发挥重要作用。CD4⁺T细胞是诱导获得性免疫应答的主要因素，CD8⁺T细胞的反应导致了病灶的产生。T细胞和B细胞在限制病毒性病原体的扩散中，都发挥着重要的作用：细胞毒性T细胞破坏和消除病毒感染的心肌细胞，B细胞分泌中和抗病毒抗体。在很多情况下，这些细胞和体液免疫应答足以清除病毒感染，并且只留下少量的损伤痕迹。理想情况下，一旦病毒感染被控制，局部免疫应答应该恢复到休眠状态。然而，炎症反应并不总是随着病毒的清除而自发消退。其结果导致了免疫介导的心肌损伤。炎症促进因子的过量分泌和T细胞的持久活化，对心肌细胞造成的损伤有可能大于病毒感染初期造成的损伤。在感染的早期，因为抗原提呈细胞在心肌细胞损伤情况下，能接触到通常隐秘在心肌细胞的抗原性物质，如心肌肌球蛋白，所以有些心肌细胞可能变成免疫系统的攻击目标。因此，病毒原发感染可在病理过程的第二阶段（慢性期），引发自身免疫应答。有时，心肌细胞上某种蛋白质与病毒抗原具有相似的表位，该病毒抗原表位引发的宿主免疫应答也因此能够攻击一些心肌细胞。

免疫应答的持续激活可造成很多心肌细胞被破坏，由于心肌缺乏产生新一代肌细胞来代替它们的能力，所以，心肌收缩能力的损伤是永久性的。幸存的心肌细胞过度增大以维持正常的心输出量。然而，这种代偿反应可能并不足以抵消心肌功能的退化。心肌细胞随着胶原蛋白的沉积、积累而减少，在细胞间质形成相对无弹性的物质。此纤维状胶原蛋白的逐渐积累，使心肌变硬，并与心肌纤维的渐进性肥大一起，导致心腔的大小和形状发生改变。因为胶原蛋白在心舒期干扰心肌的舒张，在心缩期干扰收缩性，所以心脏的每搏输出量减少。细胞间质内过量的胶原蛋白可能裹住心肌纤维，破坏收缩心肌细胞间收缩力的有序传输，从而损害代偿性肥大的心脏泵血功能。最终，这些结构和功能上变化促进了心肌病和心脏衰竭的发生发展。

一般来说，幼龄动物相比成年动物，病毒性心肌炎更常见，且死亡率更高。对一些病毒，如犬细小病毒，对幼龄宿主更易感，可能与新生动物的心肌中存在分裂活跃细胞有关。对于其他病毒，通过特异性受体表达的变化，决定年龄依赖易感性。例如，由B组柯萨奇病毒（coxsackievirus B）诱导的心肌炎小鼠模型发现，随着宿主从胎儿期到成年的过程，心肌细胞上柯萨奇病毒–腺病毒受体的表达自发性减少，与之相对应的是对病毒易感性的降低。当病毒初次感染宿主时，成年动物和幼年动物呈现的急性感染模式，体现了病毒在这两个发育阶段的动物中，可用于病毒复制的组织，往往不同。

在很多病毒性疾病中，胎儿心肌炎症是一个特征。这继而造成繁殖障碍，表现为晚期流产、死胎和生存能力差的后代。对猪来说，脑心肌炎病毒（encephalomyocarditis virus）感染的一个特征是年轻的患病动物容易发生心肌炎。脑心肌炎病毒是啮齿动物的主要病原体，但它可传染给猪。虽然很多猪的感染往往是亚临床的，但该病毒可诱发急性心肌炎，这导致了两种截然不同的疾病模式：怀孕母猪体内胎儿的心肌病变造成死胎和木乃伊胎；未断奶仔猪和育肥猪的心肌炎可引起突然死亡。猪圆环病毒2型（PCV2）也被证明是心肌病变的原因之一。在断奶仔猪多系统性衰竭综合征（post-weaning multi-systemic wasting syndrome，PWMWS）的猪群中，母猪怀孕后期常经胎盘感染PCV2，导致产死胎和弱仔猪；很多这些后代存在心肌炎病灶区，这些病灶区有大量PCV2抗原。2006年Opriessnig等人将先前健康的3只4~7周龄猪的突然死亡，归因于PCV2引起的心肌炎。

口蹄疫（foot-and-mouth disease，FMD）是一种水疱性病，成年牛羊的死亡率很低，但犊牛和羔羊感染FMD病毒经常造成急性心肌炎而突然死亡。受感染的心肌表现为灰白色病变，这在心脏呈现斑点状，因此被称为"虎斑心"。猝死和斑点状心肌病变，在犬细小病毒感染时也可发现。1978年，人们发现犬细小病毒是犬一个重要传染性病原，并且发现对于任何年龄的犬而言，小肠都是犬细小病毒的靶器官，但对8周龄及更小的幼犬，病毒更偏爱感染心肌，并且常常引起很高的死亡率。对这些幼犬，病毒感染常常导致弥漫性病变，包括一些含有退化的心肌细胞和单核细胞的病灶。退化的心肌细胞有些含有嗜碱性核内包涵体。通过数年的干预措施，自然感染和接种疫苗提升了成年犬对病毒的免疫力，而幼犬对犬细小病毒感染的易感性也显著降低。犬瘟热（canine distemper）病毒和犬传染性肝炎（infectious canine hepatitis）病毒也嗜好感染新生和未断奶幼犬的心肌。

■ 心内膜炎

通常，心内膜炎（endocarditis）发生在心脏瓣膜上，但它可能延伸到心腔壁层的心内膜。在所有物种中，心脏任何一个瓣膜上都可以出现单个或多个病变，但对牛来说，感染性心内膜炎最常出现在三尖瓣上，而对于其他物种，感染性心内膜炎常出现在二尖瓣上。在二尖瓣或三尖瓣的心尖表面上、半月瓣的心室表面上、瓣膜的自由端附近，出现病变。虽然大多数情况下感染性心内膜炎是由于细菌感染导致的，但一些真菌感染也会引起心内膜炎（表90.2）。在全身感染的急性期，感染心脏瓣膜的细菌可以进入血流。还可以侵袭外周器官已经存在的亚急性或慢性病灶。人医上发现，感染性心内膜炎常由短暂的菌血症引起，菌血症要么是自发引起的，要么是牙齿检查、内窥镜检查或采集活体组织时，对黏膜表面进行机械操作的后果。尽管这类菌血症血液中的细菌很少（每毫升少于10个菌落形成单位），且在15～20分钟内可被清除（Seifert 和 Wisplinghoff，2005），但它能导致细菌定殖于心内膜。

一些致命的细菌，如金黄色葡萄球菌，能结合到心脏瓣膜上的未受损的血管内皮细胞，引起心内膜炎。金黄色葡萄球菌通过纤维蛋白原结合蛋白（fibrinogen-binding protein），可以黏附于未受损的内皮细胞，也可以黏附于受损的内皮早先形成的血栓上。在后一种情况中，细菌在内皮细胞无菌的血栓上附着，这些血栓是以前内皮细胞受损形成的。这个被感染的血栓随后可以在心脏瓣膜上形成菜花样增生性病变。菜花样增生性病变的形成关键因素是心内膜出现病灶性损伤，在这些病灶上形成无菌血栓，以后持续性或者间歇性的菌血症携带的细菌黏附到这些血栓上，并在其上增殖，导致血栓上的血小板和纤维蛋白不断增加。

通常，病变开始于瓣膜内皮下组织受损暴露的部位。循环的血小板黏附于这一部位的胶原蛋白上，然后血小板脱颗粒，刺激纤维蛋白的沉积。这导致了无菌血栓的形成和炎症反应。一些血源性细菌能黏附到这些无菌血栓上，并在其上细菌繁殖，刺激更多血小板和纤维蛋白的沉积，从而进一步促进了这些感染血栓的体积增大，而血栓中又能够为其内的细菌抵制宿主免疫系统的攻击。这样，血小板和纤维蛋白层的连续沉积使血栓不断增大。这样的血栓是易于脱落的，脱落的血栓容易进入循环系统，导致相应的组织梗死，并在外周器官引起感染性转移病灶。当血栓进入肺循环，可引起肺出现感染性转移病灶；当血栓通过体循环转移到肾脏，可引起肾出现感染性转移病灶。心内膜炎的感染可能扩展到心肌或者心包。成熟的血栓中沉积的纤维蛋白形成纤维结缔组织，产生不规则的、结节状的、疣状病变。

◎ 脉管系统的感染

脉管系统分为动脉系统、微脉管系统、静脉系统和淋巴系统（Maxie 和 Robinson，2007）。微脉管系统包括小动脉、毛细血管和小静脉。这是一个交换系统，液体、电解质、激素、营养物、炎症细胞和产生的废物，通过脉管系统，在血液和血管外组织之间转移交换。内皮细胞及相关基底膜构成血管主要的、可发生物质交换的渗透性屏障。除作为渗透性屏障交换物质的功能外，血管内皮细胞在脉管系统的发育和重塑（remodelling）、维持血管张力和防止血管内凝血等方面，均发挥重要作用。宿主对病原体引起的组织损伤应答中，血管重塑是其一个重要特征。

表90.2 从动物心内膜炎病变中分离出的病原微生物

宿主	细菌菌株
马	马放线杆菌、马链球菌、兽疫链球菌、铜绿假单胞菌、马红球菌、曲霉属
牛	化脓隐秘杆菌、α-溶血链球菌、金黄色葡萄球菌、铜绿假单胞菌
羊	粪肠球菌、猪丹毒丝菌
猪	链球菌属、猪丹毒丝菌
犬	链球菌属、金黄色葡萄球菌、大肠杆菌、巴尔通体、扁桃体丹毒丝菌
猫	链球菌属、巴尔通体

第七篇

通过调节白细胞迁徙到血管外面及产生炎症细胞因子，内皮细胞在宿主抵抗病原体的应答中发挥关键作用。当组织中不需要炎症细胞时，内皮细胞将白细胞留在血液中。当病原体入侵后，毛细血管之后的微静脉的内皮细胞能被激活，表达黏附分子，并分泌趋化因子，促进白细胞迁移到需要这些细胞的组织中。

炎症是指血管的结缔组织针对损伤作出的一种局部反应，该定义强调了微循环血管在对病原体产生的炎症反应中的核心作用。在本书讨论各个系统感染性疾病的章节里，反复提到了微循环血管参与宿主对病原体反应。本章主要介绍感染性病原对各种血管通路，包括动脉、静脉和淋巴系统，在结构和功能上的病理作用。

动脉、静脉和淋巴系统都可发生炎症，分别称为动脉炎（arteritis）、静脉炎（phlebitis）或淋巴管炎（lymphangitis）。当这三类炎症同时发生时，这些炎症被称为脉管炎（vasculitis）。脉管炎组织病理学特征包括血管壁或淋巴管壁内及其周围存在炎症细胞，伴随着血管壁或淋巴管壁损伤，形成纤维蛋白沉淀、胶原蛋白变性、内皮细胞和平滑肌细胞的坏死（Maxie 和 Robinson，2007）。脉管炎是动物很多疾病的重要症状之一。

局部组织感染的扩大，可引起穿过该局部组织的动脉的管壁发生感染。来自血液里的病原体也可以直接对动脉壁造成损伤，或对大动脉管壁上的小血管造成损伤，继而扩大到大动脉管壁上。有不少种类的病原，尤其是立克次体和一些病毒，嗜好感染血管内皮细胞。这类微生物包括昏睡嗜组织杆菌（*Histophilus somni*）、引起反刍动物心水病（heartwater）及犬落基山斑疹热（Rocky Mountain spotted fever）的立克次体，以及引起马病毒性动脉炎、非洲马瘟、古典猪瘟、非洲猪瘟等疫病的病毒。一些由嗜内皮病原造成的损伤，可归因于内皮细胞在血液和软组织间作为通透屏障的功能受损。例如，由于毛细血管渗透性增加，导致浆膜广泛点状出血，

以及体腔和血管周围组织出现渗出液。除此之外，血管内皮细胞也是急性炎症反应的重要参与者和调节者（Pober 和 Sessa，2007）。它们产生并释放多种介质，从而影响全身的细胞和器官的功能。

毛细血管内皮细胞的结构及它们所释放的介质，可随解剖结构部位的不同而有所变化。有些组织的血管床（译者注：血管床是由微动脉、微静脉和毛细血管组成）能够为这些组织提供"个性化服务"，即表达特定的细胞分子。分布在不同血管床的内皮细胞，有相当大的功能异质性。这些内皮细胞的分子特性沿着血管树而变化。某些病原嗜好感染血管树的特定区域，其中一个原因可能就是血管内皮细胞的多样性。

嗜好血管内皮的微生物要么针对整个脉管系统，要么针对特定的血管床。马动脉炎病毒针对整个脉管系统。该病毒造成广泛的脉管炎，包括静脉炎、毛细血管炎、淋巴管炎和动脉炎。该病静脉、毛细血管和淋巴管的早期病变可引起腹壁和后肢浮肿。数天之后，出现全身中等大小动脉和小动脉的坏死和脉管炎。非洲马瘟是一种病毒病，出现明显的选择性血管损伤。非洲马瘟临床上有四种形式：轻度形式、亚急性心脏病形式、混合或者心肺形式及特急性肺形式（Mellor 和 Hamblin，2004）。通常，非洲马瘟仅引起轻度到中度发热和框上窝水肿，且病毒性抗原主要出现在脾脏的内皮细胞，少量出现在其他组织。但是，在该病特急性形式时，病毒抗原遍布整个心血管和淋巴系统（Behling-Kelly 和 Czuprynski，2007）。静脉炎的病变易于形成血栓甚至堵塞血管。动脉炎形成的血栓可引起相应的组织缺血和坏死（猪丹毒丝菌感染造成的菱形皮肤坏死，即属于这一病理类型）。心内膜炎产生的血栓容易阻塞肾动脉的分支，且如果是无菌的血栓可导致典型的缺血性坏死，而感染细菌的血栓能引起脓肿。感染细菌的血栓如果阻断肾小叶动脉或其分支动脉，可造成肾皮质脓肿；感染细菌的血栓如果阻断肾叶间动脉，可引起肾皮质和髓质发生脓肿。

◉ **参考文献**

Behling-Kelly, E. and Czuprynski, C.J. (2007). Endothelial cells as active participants in veterinary infections and inflammatory disorders. Animal Health Research Reviews, 8,

47–58.

Leask, R.L., Jain, N. and Butany, J. (2003). Endothelium and valvular diseases of the heart.Microscopy Research and

Technique, 60, 129–137.

Maxie, M.G. and Robinson, W.F. (2007). Cardiovascular system. In *Pathology of Domestic Animals*. Fifth edition. Ed. M.G. Maxie. Volume 3. Elsevier Saunders, Edinburgh. pp. 1–105.

Mellor, P.S. and Hamblin, C. (2004). African horse sickness. Veterinary Research, 35, 445–466.

Opriessnig, T., Janke, B.H. and Halbur, P.G. (2006). Cardiovascular lesions in pigs naturally or experimentally infected with porcine circovirus type 2. Journal of Comparative Pathology, 134,105–110.

Pober, J.S. and Sessa, W.C. (2007). Evolving functions of endothelial cells in inflammation. Nature Reviews Immunology, 7, 803–815.

Rose, N.R., Herskowitz, A. and Neumann, D.A. (1993). Autoimmunity in myocarditis: models and mechanisms. Clinical Immunology and Immunopathology, 68, 95–99.

Seifert, H. and Wisplinghoff, H. (2005). Bloodstream infection and endocarditis. In *Topley and Wilson's Microbiology and Microbial Infections*. Tenth edition. Eds S.P. Borriello, P.R. Murray and G. Funke. Volume 1. Hodder Arnold, London. pp. 509–554.

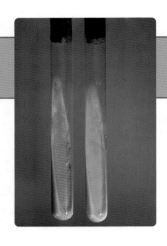

第91章

肌肉骨骼系统与病原微生物相互作用

肌肉骨骼系统的机械功能是明确的。它为动物身体提供了支持和保护作用，在运动、呼吸和矿物质平衡中，发挥至关重要的作用。其机械功能是依靠骨骼肌、肌腱、骨骼、软骨、关节和韧带的协调活动实现的。这些不同的组织，在鸟类和哺乳动物中，经过演变，都具有不同的生物学特性和结构特点，以满足特定的机械功能要求。这些组织中显著适应机械功能的结构特点不可避免地影响着宿主与病原微生物的相互作用。由于这个原因，在防治一些感染性疾病时，需要采取一些措施，保护肌肉骨骼系统，或促进它们康复。

◉ 肌肉对病原微生物的反应

虽然活的肌肉组织不适合于微生物的生长（Van Vleet 和 Valentine，2007），许多家养动物传染病（包括一些致命的传染病）都可以导致肌肉组织损伤。某些病毒的感染可引起骨骼肌和心肌出现坏死灶。蓝舌病病毒能损伤绵羊的血管内皮细胞，导致小血管微血栓与水肿、局灶性出血和许多组织（包括骨骼肌和心肌）缺血性坏死。这些病毒诱导的变化被称为肌炎（肌肉发炎），是肌纤维变性导致的炎症反应。

临床上，厌氧芽胞梭菌引起的骨骼肌病变很重要。致病性梭菌产生一些毒素和酶，破坏肌肉，引起危及生命的毒血症（toxaemia）。这种局部肌肉病变应称为肌坏死（myonecrosis），而不是肌炎。它最初的病变是肌纤维坏死。受损的肌肉组织分泌一些细胞因子，可以募集一些炎症细胞，但由于骨骼肌结构独特，大多数炎症细胞聚集在间质组织中，而

不是在肌纤维中。

◉ 骨骼肌独特的结构特征

骨骼肌是由很多平行的肌纤维组成，外面紧密包裹着由结缔组织形成的网状深筋膜（deep fascia）。每块肌肉是由一层致密的纤维结缔组织包膜（称为肌外膜，epimysium）包裹着。筋膜从肌外膜内表面伸入到肌肉之中。肌束膜（perimysium）将诸多肌纤维分成一束束，即肌束（fascicle）。肌内膜（endomysium）对单个的肌纤维进行包裹，从而将单个肌纤维与其他肌纤维分开（图91.1）。肌纤维产生收缩力，而结缔组织作为一个支持系统，支持肌肉组织的各个组成部分，也参与将肌肉的收缩力传递到相邻的肌纤维和肌腱上（Trotter 和 Purslow，1992）。对整个肌肉的完整性和正常功能的维护而言，肌纤维与周围的结缔组织之间的紧密协作是很重要的（Jarvinen 等，2002）。

肌外膜包围整个肌肉，与周围邻近肌肉筋膜鞘（fascia sheath）接触。这些光滑的、广阔的结缔组织提供光滑的表面，使相邻结构的移动产生的摩擦阻力很小。紧密相邻的两个鞘筋膜之间潜在的间隙表面，称为筋膜平面（fascial plane）。不同的筋膜平面将四肢、躯干、颈部和头部的肌肉分隔开来。在这些地方，筋膜平面在大块肌肉里形成天然的分隔带，能够阻碍漏出液、渗出液、溢出血管的血液和细菌的传播。因此，筋膜平面能够限制感染可能蔓延的方向，并在一定程度上设置了组织损伤的界线。脓液和其他分泌物流向筋膜平面的最腹侧区，可能会形成瘘（fistula）。在手术部位，脓液和其他分泌物最

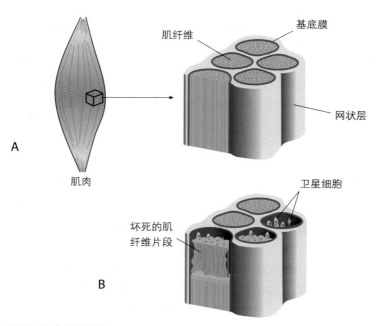

图91.1　正常和受损的肌纤维及肌内膜示意图

A. 正常的肌肉的网状层（reticular lamina）包裹着基底膜（basal laminae）和健康的肌纤维；B. 受损的肌肉中一些肌纤维发生坏死；基底膜和卫星细胞（satellite cell）没有损伤。

好朝着人为设置的引流口处流动。

肌束膜和肌内膜构成的间质组织是血管和神经达到单个肌纤维的通道。肌内膜有两个主要的组织学成分（图91.1）：独立分开的毛毡样的基底膜（basal lamina），和弥漫性、胶原性的网状层（reticular lamina）。基底膜包围着一个个独立的肌纤维，网状层则填充着筋膜中所有的基底膜之间的细胞外间隙（Sanes，2003）。小动脉和微动脉在肌束膜内分支蔓延，形成了网状层内的毛细血管。这些毛细血管通常与肌纤维是平行的，但它们通过分支以及重合，在肌细胞周围形成广泛的毛细血管网。因此，肌内膜是一个血管丰富的组织，为肌肉活动提供营养，也能在肌肉组织需要时，提供足够的炎症细胞。即使没有病原体的干预，骨骼肌肉因为钝性外伤、突然用力收缩，或不寻常的剧烈活动而导致肌纤维发生变性，也需要清道夫细胞，清除变性的肌细胞碎片。

在这些情况下，募集的单核细胞分化为巨噬细胞，进入坏死肌纤维中，除去细胞碎片。同时，完整的基底膜变成一种有选择的滤器：它不允许成纤维细胞、卫星细胞和它们子代通过，而允许巨噬细胞通过。肌内膜较大的机械强度可以防止肌纤维因为收缩而引起的损伤。肌纤维收缩产生强大的力量，尤其是过度负重时，会损害扯断含有肌纤维的脂质双层细胞

膜。跨膜受体将肌细胞牢固地黏附在基底膜内表面；这种紧密的物理黏附有助于肌细胞的细胞膜保持完整性，防止肌纤维收缩引起的肌细胞损伤。

每一个成熟的肌纤维是一个长的、圆柱形的多核细胞，含有很多能收缩的组分，即肌原纤维。每个肌纤维中约80%的体积填充着数百根肌原纤维（Purslow 和 Duance，1990）。肌细胞的前体称为成肌细胞（myoblast）。成肌细胞有两种发展途径：一种是分化为成熟的肌纤维；另一种是作为静止的卫星细胞（satellite cell），贴在肌纤维与基底膜之间的成熟肌纤维的表面（McGeady 等，2006）。因为成熟的肌纤维的核不能复制，所以肌纤维的维护、生长、修复和替代所需的成肌细胞，主要来源于激活的卫星细胞。

细长的肌纤维是由许多成肌细胞片段融合形成的。每个成肌细胞都为肌纤维提供了一个有丝分裂后的细胞核和一部分细胞膜，从而形成了管状肌肉细胞。随后，在肌小管（myotubule）中合成特定的可收缩的蛋白，在肌丝（myofilament）和肌原纤维（myofibril）中有序排列的肌动蛋白（actin）和肌球蛋白（myosin）形成可收缩的结构元件。这些元件的有序排列形成了横纹骨骼肌。在一个成熟的肌纤维肌浆中，细胞核是沿肌纤维全线分布的，每个核负责所在区域（即核域，nuclear domain）的基因表

达（Gundersen 和 Bruusgaard，2008）。由于这一功能性布局，肌纤维每个片段是可以独立活动的。通常，当一个肌纤维某段发生坏死后，与坏死片段相邻的片段仍然能够继续发挥正常作用。肌纤维可以分段发生损伤是骨骼肌受损的一个特征。

⦿ 肌肉对损伤的反应

骨骼肌的主要病理损伤反应是肌纤维坏死、炎症细胞浸润、肌纤维再生，以及肌肉之间筋膜中的成纤维细胞活化。这些过程通常延伸为三个相互重叠的阶段：变性、再生和重塑。

变性期最早出现肌纤维坏死。最常见的是，肌纤维分段发生坏死，且在每个受损的肌纤维中，一些相连的肌节都可以发生坏死。这种坏死可能是外源性因素引起的，如微生物毒素，也可能是内源性蛋白酶被激活后，降解肌原纤维和细胞骨架蛋白而引起的。这些内源性蛋白酶能够被高浓度的细胞内钙离子激活。而细胞内的高浓度的钙，可以通过破坏的细胞膜，或受损的肌浆网（sarcoplasmic reticulum，译者注：肌浆网是肌纤维内特化的滑面内质网），或受损的调节细胞内离子运输的线粒体，由细胞外进入细胞内。

炎症促进因子，如IL-1β、IL-6、IL-8和TNF-α，将炎症细胞吸引到损伤的部位。这些炎症

细胞穿过肌肉细胞外面的毛细血管网，迁移到受损的组织。基底膜不阻止吞噬细胞进入肌纤维。炎症反应最初是中性粒细胞的大量涌入，其后是单核细胞的侵入。单核细胞迅速分化为吞噬坏死物质的巨噬细胞。这些坏死物质包括附着在基底膜上的残余细质膜。巨噬细胞特异性吞噬坏死物质，而不破坏周围的基底层或卫星细胞。当坏死物质被清除后，肌纤维坏死处的近端和远端由没有变性的基底层的空心管联通。该管作为一个支架，使受损的肌纤维可以有序再生。

由于成熟的肌纤维不能增殖复制，参与肌纤维再生需要依赖卫星细胞。这些卫星细胞通常以静态模式，贴在肌纤维与基底膜之间的成熟肌纤维的表面。在坏死的肌纤维中，卫星细胞在上述基底膜的空心管中，接收到受损肌细胞发出的信号而被激活（图91.2）。卫星细胞激活后，开始在空心管中增殖、分化，形成多核肌管，与现有的肌纤维融合，从而修复受损的区域；这些细胞液可以彼此融合，形成新的肌纤维。基底膜是否完整导致显著不同的结果。如果基底膜已被破坏，则卫星细胞从基底膜中迁移出来，在间质组织中形成独立的非功能性肌肉细胞，而成纤维细胞进入基底膜，形成纤维组织，阻碍或完全限制基底膜内的肌纤维再生。当基底膜完好时，其内部的卫星细胞被激活，且能用基底膜作为支架，使新产生的肌纤维片段能够插入到两端肌纤维仍然存活的受损

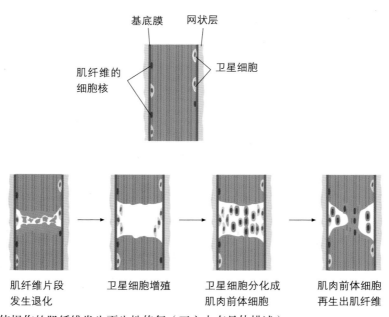

图91.2 通过卫星细胞使损伤的肌纤维发生再生性修复（正文中有具体描述）

处，使肌纤维恢复结构完整性和功能延续性。在重塑期，原先基底膜对应的延伸部分被清除。

在基底膜外的细胞间质中，在一些炎症细胞和肌细胞释放的生长因子作用下，成纤维细胞增殖。通常，在肌肉组织再生阶段的早期由成纤维细胞形成的肉芽组织，在重塑期被降解掉。但是，如果成纤维细胞形成的肉芽组织过多，或对细胞间质的降解不足，则可以形成纤维化瘢痕。肌肉间的筋膜纤维化会导致肌肉力量和灵活性下降，并且使受损部位容易再次发生损伤。

◉ 肌肉对细菌感染的反应

感染骨骼肌的细菌可以来自血液。例如，羔羊感染昏睡嗜组织杆菌（*Histophilus somni*）与马驹感染驹放线杆菌（*Actinobacillus equuli*），都能引起局灶性多发性肌炎。感染骨骼肌的细菌更多的是来自开放性外伤，如刺伤、肌内注射，或是因为腱鞘、骨关节、深筋膜等结构发生化脓性细菌感染而延伸过来的。肌肉对细菌性病原体的组织反应可能导致化脓、坏疽或肉芽肿。

■化脓性肌炎

引起肌肉化脓感染的细菌有化脓隐秘杆菌、伪结核棒状杆菌、金黄色葡萄球菌和链球菌等。化脓性细菌进入肌肉后，引起局部化脓和肌纤维坏死。这种感染有时被不恰当地称为蜂窝组织炎，可能最终形成小疤痕而结束，或者沿筋膜平面扩散蔓延，或形成一个有组织包裹的脓肿。沿筋膜平面扩散蔓延可引起大面积损伤破坏，并可能使身体表面出现一个或多个瘘；有些瘘可能与最初的感染部位距离很远。肌肉的脓肿可能愈合较慢，也可能扩大而形成瘘。在这种情况下，它要么发生纤维化的愈合，要么形成慢性肉芽肿性病变，连续或间歇地对外排放液体。猫咬伤导致巴氏杆菌的感染，常常引起大面积蜂窝组织炎，导致肌纤维广泛破坏和皮下分泌物积累，但皮肤通常没有液体渗出。感染的皮肤通过穿刺治疗愈合也更容易。但是，在缺少充分引流时，这些地方可形成一些脓肿和瘘管。

在马中，伪结核棒状杆菌（*Corynebacterium pseudotuberculosis*）可在全身多个器官和组织中引起脓肿。这些脓肿可以分为三类：溃疡性淋巴管炎、外部脓肿和内部脓肿。肌肉中发生的脓肿属于外部脓肿。对于病马个体而言，脓肿可以单点发生，也可多点发生。它们经常位于胸部和腹部的腹侧中线上。紧紧包裹的脓肿直径可达到15～20厘米。这种疾病被称为"鸽子热"（这是由于病马肿胀的胸肌看起来像一个鼓鼓的鸽胸）。这种疾病在美国南部各州尤为多见。过去，此病是零星发生的，通常一个马群中只有一匹马发生此病。近年来，成千上万的马感染此病，导致此病成疫。其流行的范围已经远不止其地方性流行的地区（Spier，2008）。人们怀疑，此病可能是由节肢动物传播的。这是因为该病发病率每年都有波动，与降雨量和其他与昆虫群体大小相关症状密切相关；降雨量多的年份发病率较高。

伪结核棒状杆菌致病性与细菌细胞壁外面的脂质层以及细菌分泌的外毒素磷脂酶D（phospholipase D，PLD）有关。这两种物质都可以帮助病原菌在感染部位生存繁殖。对这些细菌的先天性免疫反应首先是中性粒细胞主导的，然后是巨噬细胞称为最主要的吞噬细胞。中性粒细胞在感染部位吞噬病原菌后，并不能彻底清除这些病原菌。这是由于伪结核棒状杆菌能分泌的分枝杆菌酸，导致中性粒细胞发生变性。此外，PLD毒素在感染部位与补体结合，消耗了感染部位的补体，减弱补体对细菌的免疫调理作用（Yozwiak和Songer，1993）。当巨噬细胞吞噬伪结核棒状杆菌后，细菌细胞壁外面的脂质层能够保护细菌，防止细菌被巨噬细胞溶酶体酶降解；因此该菌作为一个兼性细胞内的病原体，能够在细胞内生存和繁殖。该菌持续表达的PLD能够降低宿主细胞的活力（McKean等，2007）。被感染的巨噬细胞死亡后，释放细胞碎片和活的棒状杆菌；这又引发下一轮的细菌被吞噬、细菌在吞噬细胞内繁殖、吞噬细胞死亡的过程；脓肿由此而生。

PLD毒素不引起全身中毒症状。它的作用局限在感染部位。PLD主要作用是催化水解鞘磷脂（sphingomyelin），形成神经酰胺磷酸（ceramide phosphate）和胆碱。宿主细胞膜的鞘磷脂被水解后，导致细胞内水分流失，细胞发生死亡。在血管内皮细胞中，PLD使血管通透性增加，导致血浆从血管渗漏到周围组织，继而进入淋巴管。PLD作为渗透因子，还有利于体液流动和吞噬了病原的巨噬细胞扩散到其他部位，包括骨骼肌。在肌肉中形成开放性脓肿是一个较长的过程；在这个过程中，细菌被吞噬-细菌在吞噬细胞内繁殖-吞噬细胞死亡的循环，要发生很多次。

■ 骨骼肌发生肉芽肿性病变

骨骼肌形成传染性肉芽肿，通常是因为动物在软组织感染放线杆菌病（actinobacillosis）、放线菌病（actinomycosis）、葡萄状颗粒病（botryomycosis）和结核病（tuberculosis）。如今，在牛和猪肌肉组织很少会出现结核病变。在牛中，林氏放线杆菌（*Actinobacillus lignieresii*）是牛舌上发生化脓性肉芽肿病变的常见原因，可引起"木舌"病（timber tongue或wooden tongue）。木舌病是舌头发生慢性化脓性肉芽肿，其骨骼肌纤维被扩大的纤维组织替代，这些纤维组织包含许多小的化脓性感染灶。在炎症位点，纤维组织包裹的化脓性碎片或分枝的突出结构中存在一些硫黄样颗粒，这些颗粒中存在一些分散的革兰阴性菌聚集体。变大和变硬的舌头会影响采食和咀嚼。牛颌骨骨髓炎（大颌病，lumpy jaw）主要是因为感染牛放线菌（*Actinomyces bovis*）引起的，它偶尔也会引起牛舌头发生与上述木舌病相似的肉芽肿性病变。两者在显微镜下区别明显：颌骨骨髓炎病灶中的硫黄样颗粒里的细菌是革兰阳性放线菌，而木舌病的病灶中硫黄样颗粒里的细菌是革兰阴性放线杆菌。牛颌骨骨髓炎中，从发炎的颌骨中迁移的牛放线菌感染了咬肌和咬肌邻近的肌肉，引起肉芽肿性病变。

在马中，葡萄状颗粒病引起的肉芽肿性病变可发生在颈部和胸部的肌肉。它是因为持续性感染少量的金黄色葡萄球菌引起的皮炎进一步发展而形成的。葡萄球菌病的肉芽肿性病变的发展可能是由原发性肉芽肿性皮炎经过持续轻度感染金黄色葡萄球菌引起的一个扩展。挽马（draft horse）似乎尤为敏感，大概是因为马具引起的皮肤擦伤容易感染葡萄球菌。葡萄球菌感染和它引起的组织反应，最终导致皮肤和肌肉中形成由纤维组织构成的硬结节性肿块，这些肿块中包围着一些小的脓肿，这些脓肿可与鼻窦互通，也在皮肤表面形成瘘。

■ 骨骼肌坏死性病变

一些梭菌属的细菌嗜好骨骼肌。它们在肌肉中，可能会产生损伤的肌肉的毒素和酶，并引起的毒血症。这些细菌包括一些组织毒性梭菌，如气肿疽梭

菌（*Clostridium chauvoei*）、腐败梭菌（*C. septicum*）、产气荚膜梭菌（*C. perfringens*）、诺维梭菌（*C. novyi*）和索氏梭菌（*C. sordellii*）。这些细菌分布广泛，存在于自然界、土壤、人类和动物的肠道中。组织毒性梭菌产生一连串的外毒素，其中大部分是胞外酶，维持细菌在土壤中的腐生生活和在动物宿主体内的寄生生活。在骨骼肌中，梭菌外毒素引起感染部位坏死、水肿、出血和气体的形成。每个梭菌的主要毒素用希腊字母进行有序命名；某种细菌的α毒素通常是该菌分泌的最重要的毒素。由于这种命名规则，不同细菌分泌的同一名称的毒素，在结构和功能上可能显著不同。例如，腐败梭菌分泌的α毒素有穿孔作用，而产气荚膜梭菌分泌的α毒素能水解宿主细胞膜的磷脂，导致宿主细胞裂解，两者在结构和功能上都没有相似性。

大部分梭菌的栖息地是土壤。哺乳动物通过口腔或伤口摄入，从而接触到这些土壤中的病原菌。在这两种情况下，梭菌芽胞或正常菌体进入体内后，都不会立即引发病变。正常组织氧化还原电位高，这能抑制厌氧菌的生长，抑制它们分泌毒素和酶。在厌氧环境缺失时，梭菌芽胞处于休眠状态。有证据表明，这些芽胞通过口服途径进入机体后，能够通过巨噬细胞传播到肝、脾和骨骼肌等处，并在这些地方保持休眠状态。当这些地方局部环境发生改变后，这些芽胞能萌发、繁殖和产生毒素，引起内源性感染。从健康马的骨骼肌肉已经检测到休眠的梭菌芽胞（Vengust 等，2003）。许多发生梭菌性肌坏死的马都有近期或历史肌内注射的记录，从而使芽胞不断萌发，许多发生梭菌性肌坏死的马在发病前不久，也有肌内注射历史，或者有静脉输液时导致血管周围损伤的历史。上述内源性梭菌感染可以给这些马发病做出一个合理的解释（Peek 等，2003）。休眠梭菌芽胞可以通过非穿透性的外伤被激活。例如，早先存在于未被免疫的小牛后腿肌肉中的气肿疽梭菌芽胞，能够因为肌肉挫伤和相关组织缺氧，而被激活，最终引起气肿疽。

休眠在外源性梭菌感染中也发挥重要作用。家养动物外伤伤口处绝大多数都会感染一些细菌，其中包括一种或多种组织毒性梭菌。但是，仅有很少一些伤口最终形成厌氧环境，厌氧的梭菌在有氧环境中是无法繁殖的。因此这些侵入伤口的梭菌可引起以下三种结果：在无厌氧的环境下，梭菌保持休眠状态，在伤

口处不表现出它们的存在，而它们在被宿主免疫细胞清除之前，一直存在于伤口部位（第一种结果）；在伤口缺氧条件下，这类细菌污染迅速转变为感染，造成组织损伤和毒血症，甚至可能形成梭菌性蜂窝组织炎（恶性水肿），这是一种体表的毒血症，受损的部位局限于局部皮肤和皮下组织，不涉及肌肉（第二种结果）；在伤口缺氧条件下，这类细菌也会引起梭菌性肌坏死，伴随着全身性毒血症的症状（第三种结果）。梭菌性蜂窝组织炎和梭菌性肌坏死可发生在反刍动物、马和猪身上，很少在肉食动物中发生。临床报告中，经常用"气性坏疽（gas gangrene）"一词，描述梭菌蜂窝织炎或梭菌性肌坏死。

梭菌性蜂窝织炎

通常，梭菌蜂窝织炎是这样发生的：浅表伤口中有少量的坏死组织，这些坏死组织接触到一些微生物，其中有些是组织毒害梭菌，还有一些需氧菌和兼性厌氧菌；这些需氧菌和兼性厌氧菌（多数是具有蛋白水解酶腐蚀特性的腐生菌）；通过这些伤口污染的腐生菌和致病菌的协同活动，促进了感染的发生；特别值得一提的是，兼性厌氧细菌降低了伤口内的氧化还原电位，这能促进产生毒素的厌氧菌的繁殖。此外，梭菌增生所需的能量大多是通过腐生菌分泌的蛋白水解酶降解筋膜蛋白而获得的。厌氧菌能降低宿主吞噬细胞的功效，促进无毒细菌繁殖。因此，合并感染的腐生菌为组织毒害梭菌释放毒素，创造了有利的局部环境。

这些细菌产生的毒素数量和效能，对于不同的宿主动物，有所不同。梭菌蜂窝织炎（clostridial cellulitis）的特征是严重水肿、由于细菌产气而形成创口的爆裂声、受影响的部分变冷和毒血症症状。积累的气体和血色水肿液沿着筋膜扩散；在很多情况下，甚至在毒素急性暴发性感染时，肌肉却没有明显受损。然而，如果最初的创伤或后来细菌分泌的毒素，损伤了血管，导致肌肉的血液供应显著减少，那么梭菌性蜂窝织炎也可导致肌坏死（Van Vleet 和 Valentine，2007）。

梭菌性肌坏死

深的创伤处出现梭菌性肌坏死最为频繁。由于物理损伤，以及为受损处的肌肉等组织提供血液的血管发生收缩，导致受损处的血流量减少。阉割、剪切、穿透性刺伤、母畜生殖器官的分娩伤口，都易于发生梭菌性肌坏死。多种微生物（包括组织毒性梭菌）可污染这些深的创伤处。深的创伤处为细菌生长提供了一个现成的营养丰富的环境，而此处血流减少又为组织毒性梭菌的繁殖与分泌毒素，提供了有利的厌氧环境。梭菌性肌坏死的典型特征是这些梭菌分泌的毒素会破坏健康的活组织。

最初，这些细菌在伤口的坏死组织中生长，能够产生一群具有侵略性的病原体，它们可以侵入和破坏邻近的健康组织。而这些邻近的健康的肌肉组织因为血流量减少而发生缺氧，导致无氧代谢产生乳酸，降低局部pH，又为梭菌从伤口处入侵伤口邻近的肌肉组织，创造了有利条件。在这种情况下，梭菌迅速繁殖，引起所在环境发生变化，使组织损伤进一步扩大。细菌分泌的蛋白酶、组织细胞溶酶体释放的酶和梭菌外毒素，进一步促进了宿主组织溶解。一旦肌肉开始被破坏，就会沿着肌肉发生的坏死性损伤迅速进展，有时每小时可以坏死数厘米。

引起肌坏死病变最常见的病原菌是腐败梭菌和A型产气荚膜梭菌。它们单独或与其他细菌一起，发挥致病作用。虽然在此方面，产气荚膜梭菌出现更为频繁，但腐败梭菌引起的疾病进展更为迅速和凶猛，且发病的动物即使经过兽医细致的治疗，也难以恢复正常。这两种细菌引起的组织损伤归因于腐败梭菌分泌的α梭菌毒素和产气荚膜梭菌分泌的α和θ梭菌毒素（Kennedy 等，2005，2009）。A型产气荚膜梭菌分泌的α和θ梭菌毒素有相互促进作用（Awad 等，2001）。虽然不同种类的组织毒性梭菌所分泌的毒素在结构上有显著不同，但它们引起的病理变化都很相似。典型的梭菌性肌坏死，与金黄色葡萄球菌、链球菌等细菌引起的软组织炎症病变，在组织学上有明显不同。通常，局部组织对这些细菌感染的反应是血管扩张、血流量增加、白细胞渗出并移动到被感染的部位。

值得注意的是，随着梭菌性肌坏死的发展，受损组织的血流量发生不可逆地减少，感染部位的白细胞数量也在减少。当组织毒性梭菌侵入一个新伤口，机体会发生一个短暂而典型的炎症反应，包括吞噬细胞吞噬细菌。但是，被吞噬的产气荚膜梭菌可以从吞噬体逃离出来，并且即使在有氧条件下，也能在巨噬细胞细胞质中存活（O'Brien 和 Melville，

2000，2004）。这可能是新鲜创口所感染的厌氧菌数量减少的决定性因素。当适合梭菌生长的厌氧条件具备时，这些厌氧菌开始繁殖，分泌毒素，并逐渐破坏感染部位附近的肌肉。

这些毒素可诱导局部血管发生变化，阻止血液向病变部位流动；当血流被切断时，受影响的肌肉并不出血。肌肉组织产生的气体在筋膜紧密包围下，发生聚集而产生压力，能使小血管重新畅通。但是，随后发生的血小板、血管内白细胞和纤维蛋白在小血管处聚集，形成血管栓，彻底阻断血液流动。进而导致在血管栓远端的健康肌纤维发生缺血性坏死，从而降低氧化还原电位，使疾病进程快速发展。毒素引起的肌坏死病变部位缺乏炎症细胞，也可导致宿主限制病原扩散的能力受损。这些毒素能够阻止白细胞从血管渗透出来，还能破坏进入感染部位的炎症细胞。因此，白细胞积聚在健康肌肉组织和坏死的肌肉组织之间的边界处的血管内。所以肌肉以及覆盖肌肉的筋膜和皮肤发生大量坏死，肌坏死处并没有出现白细胞浸润现象。因此，受影响的肌肉组织表现以下病理特点：坏死、肌纤维断裂、受损的肌纤维之间出现由大量的液体和气体、肌坏死组织内缺乏白细胞、在健康肌肉组织和坏死的肌肉组织之间的边界处的血管内聚集了白细胞；有些白细胞还渗透到筋膜表面。

◉ 骨骼对病原微生物的反应

骨骼感染的细菌可以来自血液，或者临近的被感染的软组织，或者偶然发生的创伤或外科手术造成的创伤。研究表明健康动物的骨骼是不容易感染细菌的。往往需要用物理的或化学的方法使实验动物骨骼损伤后，才能可靠地诱导产生相应的动物骨骼感染模型。在健康完好的骨骼，矿化成分保护底层的软组织，可以防止病原体在这些软组织中定殖。在开放性骨折中，骨软组织暴露于土壤、砂砾和病原体污染的环境中。当动物出现菌血症时，没有引起骨骼裂缝或明显的伤口的钝伤，也会增加骨骼感染的风险。某些细菌表达一些受体，可以与骨样基质（osteoid matrix）中胶原蛋白、纤连蛋白、层粘连蛋白和唾液酸糖蛋白等分子发生结合。骨骼感染的细菌倾向于定殖在受伤的骨骼上；这些细菌可能结合到骨样基质中一些与细菌受体互补的分子上。

感染骨骼的细菌必须与骨牢固结合，避免宿主的防御，才可在感染部位繁殖。例如，金黄色葡萄球菌具有受体，通过它可以结合到胶原蛋白和唾液酸糖蛋白上；一旦结合上去，它就能分泌黏多糖被膜（mucopolysaccharide glycocalyx）；这层生物被膜既可以提高细菌的附着力，又可以屏蔽宿主的防御机制，并允许细菌繁殖。宿主对繁殖的病原体的组织反应，在很大程度上，受到感染部位结构特征的影响，包括骨骼的不断更新。

■ 骨骼解剖学要点

骨组织是一个动态的组织，其结构不断发生更新。骨的生物力学功能和代谢功能都依赖于新的骨组织代替旧的损坏的骨组织。动物一生中周期性发生的骨骼以新换旧的过程，被称为重塑（remodelling）。在生理情况下，重塑发生在破骨细胞（osteoclast）再吸收小块的旧骨头，然后成骨细胞（osteoblast）填充于其中。按照这种方式，骨骼的重塑过程并不影响骨骼大体形状和结构。炎症促进因子在这个过程中发挥着重要的调节作用。它们在病原体侵入骨骼和关节时，也发挥调节作用。

骨骼区别于其他结缔组织的一个特点是其细胞间隙中充满着钙化物质。血管沿着骨组织中的一些管道，分布于这些硬的钙化物质中。在长骨的骨皮质中，有网格状的血管通道，包括哈佛氏管（Haversian canal）和福尔克曼管（Volkmann canal）。哈佛氏管是大致与长骨的轴平行的方向分布，而福尔克曼管大致与之垂直分布，并与哈佛氏管相衔接，与骨膜和骨髓腔也相互连通。血管从福尔克曼管的骨膜（periosteal surface，在骨骼的外面）和骨内膜（endosteal surface，在骨髓腔的表面），进入骨组织。

如图91.3所示，动脉血是由三个系统运送到长骨中：骨膜小动脉（periosteal arterioles）、营养动脉（nutrient arteries）和干骺端动脉（metaphyseal-epiphyseal arteries）。骨膜小动脉末端分支进入骨膜下福尔克曼管，以向心路线供应皮质的外部区域。相反，营养动脉、干骺端动脉和骺动脉通过小孔，进入骨髓腔。在骨髓腔，这些传入血管形成一些分支，有些给髓腔组织供应血液，有些形成薄壁血管，进入骨内膜表面的福尔克曼管，朝着外侧皮质方向，发生辐射性分布。

在上述紧密的骨组织中的血管通道里，既有动

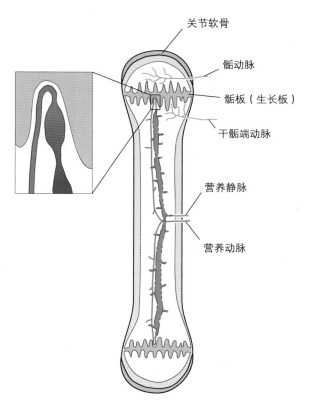

图91.3 在长骨生长板关闭之前的血管模式
该图描述了干骺端的窦状隙中血管分布情况。

脉，也有静脉。但是，这些动脉和静脉之间过渡性的血管，并不能发挥典型的毛细血管作用。软组织中，毛细血管是嵌入在疏松结缔组织中；当这些软组织出现炎症时，便允许其中的毛细血管扩张，血流量增大。毛细血管充血改变了血管的渗透压，使血管中液体进入血管周围结缔组织的间隙中。骨皮质坚硬孔隙里的薄壁血管外面，只有一层薄薄结缔组织形成的支持性的鞘状结构。因此，这些血管不能通过扩张来增大血流量，而且血管外与坚硬的骨孔间的结缔组织也难以接受血管渗出的液体。当骨皮质发生炎症时，由于上述循环系统的限制，会导致血管充血和血流混乱，继而容易引起血栓和局部梗死。如果所感染的病原分泌毒素，使这些血管的内皮细胞受损，那么上述病理变化会更加明显。

在长骨生长部位的血管系统的结构特征，对于血源性骨髓炎病灶的定位，有显著影响。在幼龄动物中，这种疾病开始于干骺端（metaphysis）；此部位是生长期骨中血管最丰富的地方；在成年动物中，这种疾病通常开始于骨骺（epiphysis）。对于正在生长的动物，骺生长板将干骺端与骨骺分离，而骺生长板

是一个厚厚的软骨组织，它将两个区域的血管系统分开。营养动脉是干骺端血液主要来源。营养动脉进入骨髓腔后，分为升支和降支。这些髓动脉升支和降支存在于骨皮质的血管通道里，进一步分成一系列的小分支，一直延伸到干骺端，形成了广泛分布的小动脉网络。其中的小动脉并不吻合。终末小动脉（end-arterioles）终止于有孔毛细血管（fenestrated capillaries），允许血源性病原体进入骨髓中。

这些毛细血管在通向生长板处，形成明显的发夹样弯路，血管增粗，形成大的窦状隙血管（sinusoidal vessels）；窦状隙血管在干骺端中进一步蔓延，然后变为营养静脉（图91.3）。终末小动脉和窦状隙血管中的血液氧含量少，并且血流缓慢而湍洄，这种情况有利于这些血管内形成血栓，导致血液中吞噬细胞所吞噬的细菌驻留于血栓中。这使病原体能够存活、繁殖和诱发炎症。当长骨的生长完成后，骨取代了软骨，这一过程称为骨骺闭合。骨骺关闭后，干骺端和骨骺血管中的血液通过封闭的生长板自由交流，因此，血源性病原体引起的原发病灶通常发生在成年动物的骨骺中。

骨膜组织学有助于解释感染骨遭受细菌感染导致的变性和再生的过程。骨膜由外纤维层（outer fibrous layer）和内细胞层（inner cellular layer）组成。在长骨中，外纤维层提供骨膜与骨相结合的胶原纤维，同时为骨皮质区域提供了骨膜小动脉。内细胞层的细胞包括静态的骨祖细胞（osteoprogenitor cell），它们被激活后，能够变为成骨细胞。外伤或其他形式的损伤了取代来自于骨表面的骨膜，可激活静态的骨祖细胞，形成新的骨组织。因为未成年动物骨膜与骨的结合更为松弛，所以这种骨再生过程在未成年的感染动物体内，更为明显。这种现象最常见的刺激是骨膜下渗出物的积累，骨膜下渗出物的积累可堵塞一些骨膜小动脉，并且导致骨皮质的外侧区域部分发生缺血性坏死，继而激活骨祖细胞，发生骨再生。

■ 骨对病原微生物的反应

家养动物骨感染有些是真菌或病毒性病原体引起的，而幼龄家养动物骨感染大多数是由于脐部、肠道和呼吸道所感染的病原微生物经血传播引起的。在这些动物中，最常见的病原菌是化脓隐秘杆菌、葡萄球菌、链球菌、沙门菌和大肠杆

菌。骨骼组织对病原体的反应是由许多细胞因子介导的，其中有些细胞因子在成熟的骨骼重塑过程中，不断地发挥调节破骨细胞和成骨细胞的作用（图91.4）。在生理情况下，成骨细胞被IL-1和TNF-α激活；激活的成骨细胞分泌IL-6、IL-11和前列腺素E2（prostaglandin E2，PGE2）。PGE2激活破骨细胞。破骨细胞降解骨组织，释放骨基质蛋白和TGF-β，它们抑制破骨细胞却刺激成骨细胞的产生（图91.4）。然后，成骨细胞进入被降解的骨组织处，分泌骨样物质（含有矿物质），形成新骨。这种骨转换过程中受到了严格控制，以维护骨的正常结构和生物学特性。在感染的骨中，炎症细胞释放炎症促进因子，如TNF-α、IL-1和PGE2，可以破坏骨吸收和骨形成之间的平衡。因此，细菌感染骨可能导致骨骼发生局部破坏性病变或者局部增生性病变，或兼而有之。

病原体繁殖可引起骨膜、血管槽的结缔组织或骨髓等骨的软组织发生局部急性炎症反应。炎症可能开始于骨髓腔（medullary cavity），引起骨髓炎（osteomyelitis），也可能开始于骨膜，引起骨膜炎（periostitis）。然而，在骨膜和血管之间，以及血管槽和骨髓之间，存在着广泛联系，促使炎症反应能够扩散到血管、骨髓和骨膜等处。在这些地方，只有很小的空间能容纳炎性渗出物。在骨髓腔和血管槽中，炎性渗出物被限制于硬的骨组织中，增加了骨髓腔的内压，使营养动脉的分支被压缩，导致血栓

的形成，造血骨髓和骨小梁（trabecular bone）梗死。随着骨髓腔内压的升高，迫使骨髓腔的渗出物进入血管通道，再通过骨皮质，渗透到骨的外面。渗出液沿血管通道的渗出能够阻碍血液流入骨皮质，尽管这些硬的血管槽中的小血管有许多吻合，它们并不能提供足够的侧支循环，结果导致硬的骨组织发生局部缺血性坏死。骨髓腔渗出物挤压到骨的外面能破坏骨膜附着到骨。如果渗出物被困于骨和骨膜之间，会形成骨膜下脓肿；如果骨膜破裂，炎症就会扩散到周围的软组织。有时，这类渗出物可经瘘管，排出到体外。

因此，骨的急性炎症的主要特点是在有限的空间内聚集了炎性渗出物，然后引起骨髓腔内压升高，压迫血管，导致骨髓腔和骨组织发生局部缺血性梗死。细菌分泌的毒素和酶可加剧这些缺血性坏死。当坏死范围较大时，坏死的骨组织可能会脱落到炎性渗出物中，形成死骨片（sequestrum）。之后，宿主身体可能会将死骨片限制在肉芽组织中，通过这种方式产生的新的骨组织称为新骨（involucrum）。小的骨坏死灶可能会被缓慢吸收，但大的骨坏死灶可能会脱落为死骨片，死骨片中的病原体难以被宿主防御机制或抗生素消除。即使病原体并不活跃，坏死骨仍作为一种异物妨碍愈合过程。病原体，如金黄色葡萄球菌，可以在成骨细胞和血管内皮细胞中持久地保持不活跃的生存状态。这些细菌有些菌株可以突变为小菌落变异株（small colony variant，

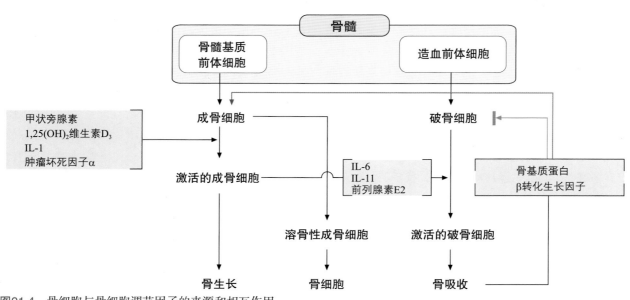

图91.4　骨细胞与骨细胞调节因子的来源和相互作用

SCV）。SCV在培养基中生长缓慢，产生小的、无色素和不溶血性的菌落。在宿主体内，SCV表现新陈代谢速率非常缓慢，从而能够长久地在宿主内皮细胞内存活，能够产生对抗生素的强耐受性。在人类患者中，SCV与慢性骨髓炎和慢性复发性骨髓炎有关。慢性骨髓炎长期用抗生素都难以治疗，而慢性复发性骨髓炎经常有较长的间歇期。

萎缩性鼻炎（atrophic rhinitis）

　　细菌毒素能损害幼猪鼻腔的鼻甲骨（conchae）。支气管败血波氏杆菌（*Bordetella bronchiseptica*）某些菌株释放的不耐热细胞毒素能诱导非渐进式的、中度严重的萎缩性鼻甲病变。临床症状很轻微，宿主能够自发再生受损的骨头。然而，这些产生细胞毒素的支气管败血波氏杆菌菌株倾向于在鼻腔定殖，引起进行性萎缩性鼻炎。这种病很严重，对鼻甲的损害越来越严重且不可逆转。D血清型和少数A血清型的多杀性巴氏杆菌（*P. multocida*）分泌的一种不耐热细胞毒素，也能导致进行性萎缩性鼻炎（Chanter等，1986）。萎缩性鼻炎临床症状包括打喷嚏、流鼻涕、鼻畸形以及发育不良。典型症状是由于鼻甲受损后不能进行正常的重塑，从而引起鼻甲缩短或扭曲。在此过程中，成骨细胞和破骨细胞的配合不协调：成骨细胞的造骨作用受到抑制，而破骨细胞作用的骨吸收却在增加。多杀性巴氏杆菌毒素并不直接作用于破骨细胞；相反，它刺激成骨细胞释放可溶性介质（细胞因子和前列腺素）来调节破骨细胞的活动（Dominick 和 Rimler，1988）。病情严重时，鼻甲骨完全被毁。

放线菌病（actinomycosis）

　　放线菌病是一种慢性肉芽肿疾病，常导致牛的"大颌病（lumpy jaw）"。它的病原是牛放线菌（*Actinomyces bovis*），是生活在正常牛的口咽和消化道的一种细菌。该细菌通过食物中尖锐碎片等物体引起的口腔黏膜伤口，进入黏膜下深层组织，也可能是从牙龈通过牙槽直接延伸而致，这容易发生于幼龄的患龋齿的动物。多数情况下放线菌病影响下颌骨，很少影响上颌骨。在下颌骨，病情逐步从最初小的骨肿大（常位于中间的水平臼齿处）扩展而致。在骨中，牛放线菌侵入骨髓腔，引起化脓性肉芽肿性炎症反应：腔内充满的肉芽组织，其中含

有很多化脓性病灶和化脓性区域。病灶处脓液和肉芽组织中的细菌堆积成硫黄样颗粒，这些颗粒是由梨状红染的菌体包裹着杂乱的、革兰阳性菌丝组成的。受影响骨的结构发生了大面积病变。对肿胀的下颌骨进行浸润性检查时，容易发现这些病变。肉眼看到的肿胀是由于骨膜被激活后释放出骨祖细胞，产生了过量的骨小梁。新产生的骨与邻近旧骨因为化脓感染的扩散而相互沟通。结果，病变的古组织形成海绵状结构。因此，放线菌引起的病变是一种稀松式的骨髓炎。此感染还可能会扩散到邻近的软组织，再沿着筋膜蔓延，通过黏膜或皮肤，排出含有硫黄样颗粒的脓液。在下巴受影响部位，牙齿松动、错位或丢失，导致动物难以摄取和咀嚼食物。

脊椎骨髓炎（vertebral osteomyelitis）

　　脊椎炎症可源自脊椎穿刺伤口或邻近的组织感染（包括椎间盘感染），但大多数脊椎感染性炎症是细菌通过脓毒性栓子发生的血源性传播导致的。这些脓毒性栓子来自脐部等部位的原发性感染。犊牛和马驹脐炎、牛的子宫炎、乳腺炎和创伤性腹膜炎，以及小猪尾巴咬伤和小狗断尾，都可继发性引起脊椎骨髓炎。这种疾病主要发生于新出生的动物，大概是因为被动免疫不足引起的。化脓隐秘杆菌（*Arcanobacterium pyogenes*）是其常见的病原体之一，但其他一些细菌也会引起此病。在一项研究中，从10头患有脊椎骨髓炎的犊牛中，有8头患有颈胸椎骨髓炎，从这8头病牛的病灶处分离出都柏林沙门菌（*Salmonella* Dublin）（Healy 等，1997）。在猪上，由猪丹毒丝菌（*Erysipelothrix rhusiopathiae*）引起的椎间盘脊椎炎和多发性关节炎，经常会引起脊椎损坏和塌陷，或脊髓受到挤压，导致突然出现一些神经症状。

◎ 关节对病原微生物的反应

　　从家养动物感染的关节中，已经分离出许多种类的细菌、病毒和真菌。感染性关节炎在马和农场动物中是很常见的。往往是幼龄的动物没有在初乳中吸收足够的免疫球蛋白，导致新生幼畜菌血症，继而发生感染性关节炎。在非常年幼的动物中，细菌在鼻咽部、肠道内或脐部，发生原发性感染，然

后进入血液，经常会定殖于关节中含有丰富血管的滑膜上。由此产生的关节炎可能是全身性疾病的一部分，即其他器官和组织也会发生病变。在其他情况下，继发的关节感染可能被限制在骨骼系统内部，通常被限制在一个以上的关节中；在这类情况中，难以鉴别关节是唯一受影响的继发感染的部位，还是其他部位的感染已经被清除了，使感染仅局限于关节部位（Thompson，2007）。通常，幼龄动物的关节炎作为同时涉及多个关节的急性疾病，而成年动物的关节炎往往是发生在单个关节上的慢性细胞变性类疾病。在这两种情况下，关节病变的发展反映了关节各个结构间的相互关系，以及关节和关节软骨组织之间的力量分布。

■解剖学要点

一个典型的滑膜关节由关节软骨、滑液腔和关节囊组成（图91.5）。关节软骨是覆盖骨端的透明软骨，滑液腔含有一层薄薄的滑液，由外层和内层组成：外层为致密纤维组织组成，内层为薄而柔软的滑膜层（synovial membrane），但滑膜层附着于关节软骨的边缘但没有进入软骨表面。在一些凹处的关节，滑膜具有许多非常小的绒毛状突起。滑膜由两

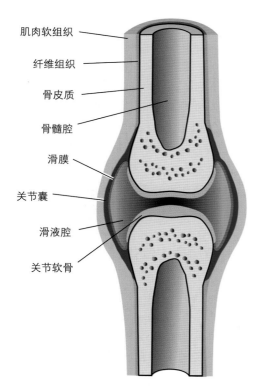

肌肉软组织
纤维组织
骨皮质
骨髓腔
滑膜
关节囊
滑液腔
关节软骨

图91.5　一个典型的双侧联动关节滑膜

层构成，两层之间没有被基底膜分离：一层是薄的内层滑膜细胞，另一层是血管丰富的内膜层结缔组织。内膜层由两种滑膜细胞组成：A型吞噬细胞，在关节腔可以吞噬和清除细胞碎片及废弃物；B型细胞，释放出多种产物进入滑液，包括表面活性磷脂，是轻负重时健康关节的主要润滑剂。B型细胞也产生胶原蛋白和内膜层其他成分。这两种类型的细胞产生很多调节因子，包括TNF-α和IL-1。

在正常生理条件下，关节软骨提供了一个几乎无摩擦的、耐磨的表面，用于骨之间机械载荷的传递和分配。胶原纤维牢固地将关节软骨固定在骨之端头。与关节软骨相连的骨之端头的变形率是骨皮质变形率的许多倍，从而让很重的机械载荷在软骨和骨之间能够更均匀分配（Thompson，2007）。在结构上，关节软骨是由胶原纤维组成的蛋白多糖凝胶状基质，其中含有大量而分布广泛的孤立的软骨细胞。这些软骨细胞负责产生基质。软骨细胞通过对机械信号和信号分子（如生长因子、趋化因子和细胞因子）的应答，进行相应的调节活动（Goldring和Marcu，2009）。软骨细胞也能产生许多这样的调节因子，然后作为自分泌或旁分泌的信号分子。关节软骨基质没有血管、淋巴管和神经。软骨细胞依赖于从滑液中营养物质的扩散而生存。关节软骨中70%~80%细胞外基质是水，因此关节软骨可作为关节负重的弹性缓冲垫层。在较重的机械负荷中，水分受到压迫，离开关节软骨基质进入到滑液，从而关节中相对的软骨之间形成一层流体动力的润滑液。当机械负重消除后，水分通过渗透牵引返回到关节软骨基质中。

与骨的持续更新相比，关节软骨的重塑过程非常缓慢。在成年动物中，关节软骨的自然重塑是在酶的作用下，关节软骨基质中蛋白多糖成分发生变换，而不是依赖于软骨细胞和胶原纤维。参与这一过程的降解酶大多数是软骨细胞分泌的，它们先是以非活性前体形式存在；它们被关节软骨基质中的其他酶裂解后，才被激活。同时，关节软骨基质中有特定的酶抑制剂，有助于调节这些降解酶的活性。在健康的关节软骨中，蛋白多糖成分的变换受到严格地调节，非常缓慢，维持着降解和置换之间的平衡。机械损伤、机械载荷的变化以及分子信号，包括在受感染的关节释放的趋化因子和细胞因子，都可以引起关节软骨重塑速率的增加。

■关节对病原菌的反应

病原体可通过血液途径、伤口，或从相邻的骨或关节周围的软组织的感染扩散，进入关节中。它们入侵关节后，引起一种炎症反应：血流量增加、毛细血管的通透性增加、炎症细胞增多（最初是中性粒细胞增加，后来是单核细胞和淋巴细胞增加）。局限于滑膜的炎症被称为滑膜炎（synovitis），而关节炎这一术语意味着关节囊和关节软骨发炎；骨性关节炎是炎症已经扩展到关节邻近的骨组织。关节内结构的损伤可能是由于病原体释放的毒素引起的，也可能是在炎症过程引起的，还可能是从软骨或者滑膜组织中释放的蛋白水解酶引起的。关节中持续存在微生物抗原，以及变性的软骨细胞在维持蛋白多糖的含量上的失败，也可以引起关节内结构的损伤。

急性发炎的关节因为充血表现为红热、肿胀和疼痛，并伴有关节囊滑膜水肿和滑膜液体积增加。渗出物可能是纤维性的、脓性的或浆液性的。随着关节炎的进展，滑膜组织水肿变得不明显；随着基质细胞和滑膜细胞的增殖，关节囊和滑膜增厚。在受影响的关节内释放的颗粒物被A型滑膜细胞吞噬。吞噬了这些颗粒物的吞噬细胞能长时间存在于血管内膜下层。当一个关节严重受损时，许多这些滑膜细胞可以积聚在滑膜并刺激关节囊发生纤维化反应。滑膜绒毛扩大并形成很多分支，导致肉芽组织形成。这些肉芽组织跨过关节软骨，形成一种翳状物（pannus），阻断软骨从滑液中吸收营养成分。这是微生物入侵滑膜关节造成关节软骨变性的负面作用之一。

因为关节软骨是一种无血管的结构，它不能产生典型的炎症反应，但滑膜、关节囊或软骨下骨的炎症可以影响关节软骨。在纤维素性关节炎中，除了翳状物覆盖的关节软骨部分，关节软骨大体可以保持完整。在化脓性（败血性）关节炎中，关节软骨可能在中性粒细胞的溶酶体酶释放的胶原酶的作用下，受到大范围的破坏。在分子水平上，关节软骨细胞和关节内病变部位释放的一系列炎症调节因子，可以刺激关节软骨做出应答。这些调节因子，包括那些作为自分泌和旁分泌的信号分子，刺激软骨细胞产生蛋白水解酶，破坏导致软骨基质；它们阻止关节软骨本身的蛋白水解酶抑制剂的合成，同时还可以抑制关节软骨基质的合成。

关节软骨的变性和置换之间失去平衡，可以导致基质减少，软骨变薄，产生裂缝，关节内液体润滑作用逐渐降低。关节软骨逐渐变薄，可导致关节所连接的两个骨头直接发生接触和摩擦。这个过程长期发展下去，可使这两个骨头的接触面变得非常坚硬，并获得象牙般的外观，即骨质象牙化（eburnation）。这种软骨下的骨头硬化的病变可使关节吸收和分配机械负重的能力减弱，从而又增加了机械负重对关节软骨的损伤，形成恶性循环。软骨下的骨头发生炎症，可以使软骨失去其所依赖的支撑物，从而导致软骨关节面塌陷和变性。在牛感染牛支原体（*Mycoplasma bovis*）与羊感染猪丹毒丝菌（*Erysipelothrix rhusiopathiae*）时，可以发生这一系列的病变过程。

尽管红斑丹毒丝菌可以引起猪的慢性关节炎，但在发生病变的关节中不能总是分离到这种细菌。在这种情况下，关节持久的病理变化可能是由于在滑膜组织中细菌抗原的存在。在慢性关节炎的关节滑液中已检测到针对这些抗原的特异性抗体。这些抗体很可能是肥厚的滑膜绒毛中许多浆细胞产生的。

在化脓性关节炎中，关节相连的两个骨头表面之间产生的粘连破坏了关节的可动性，可能最终导致关节腔闭塞，并通过结缔组织、关节软骨或者相邻的骨组织进一步降低关节的可动性。所以，骨骼炎症愈合后，却因为关节变得僵硬，而无法运动。

◎ 牛、羊、猪足部微生物感染

跛行，尤其是足跛行，在家养动物中可造成重大经济损失。在各种家养中，牛和羊足部跛行危害最为严重。节瘤偶蹄杆菌（*Dichelobacter nodosus*）和其他细菌病原体感染引起的腐蹄病是导致羊跛行的一个主要原因。相对于羊，奶牛的足部感染较为少见。虽然细菌感染是家养动物足跛行的主要原因，但有时病毒感染也会导致家养动物跛行（表91.1）。有些全身性病毒病中，除了足部病变，其他器官组织也会发生病变。相反，细菌感染引起的跛行通常局限于足部。细菌影响家养动物足部的皮肤和蹄，这些细菌包括坏死梭杆菌（*Fusobacterium necrophorum*）、化脓隐秘杆菌（*Arcanobacterium pyogenes*）、卟啉单胞菌（*Porphyromonas*）和普氏菌（*Prevotella*）。它们多数是生活在胃肠道的正常微生物。节瘤偶蹄杆菌的毒性菌株主要引起羊腐蹄病，

第七篇

被认为是致病菌而不是共生菌。这些致病菌通过临床感染发病的动物和康复的病菌携带动物，而维持群体的存在。牛蹄炎的流行病学研究结果还表明，携带这些致病菌的动物能够将这些致病菌传给没有这些致病菌的牛群。

足部感染的病原学和流行病学是复杂的，往往难以做出确切诊断。有时需要遵循特定的程序，从足部病变处分离厌氧菌等致病微生物（见第37章）。此外，机会致病菌污染可以造成病原分离结果难以解释。羊、牛足部感染及其相关病原分别汇总于表91.2和表91.3。有些常见分离菌在某些足部感染中的病原学作用是明确的，但在另外一些足部感染中的作用，并不清楚。

例如，人们对造成羊腐蹄病的主要病原体，即节瘤偶蹄杆菌，没有争议，但对于该菌在趾间皮炎中的作用还不确定。此外，对于许多足部感染而言，两种或两种以上的病原微生物之间的协同作用很重要。例如，绵羊腐蹄病中坏死梭杆菌和节瘤偶蹄杆菌之间发挥着协同致病作用，牛的腐蹄病（趾间坏死杆菌病）中坏死梭杆菌和利氏卟啉单胞菌（*Porphyromonas levii*）之间发挥着协同致病作用。

足部片状化脓性细菌混合感染，简称脚趾脓肿，常与外伤有关，涉及坏死梭杆菌、化脓隐秘杆菌、节瘤偶蹄杆菌、普雷沃菌和其他机会致病菌。化脓性感染位于蹄和敏感层之间。细菌通常进入蹄壁与蹄底之间的白线。

需要注意的是，一个畜群可能同时存在多种感染，因此需要检查足够的发病动物数量，才能做出正确的诊断（Winter，2008）。此外，细菌入侵家畜足部可能要依赖于一定的环境条件或诱发因素。由于致病性微生物和诱发因素之间的复杂关系，如果不能消除环境诱发因素的话，难以确定最合适的有效的控制措施。

■ **绵羊腐蹄病（ovine footrot）**

羊腐蹄病的临床上可表现为恶性和良性。这两

表91.1 引起的牛、羊和猪足部跛行的一些全身性病毒病

疾病/宿主	病毒种/属/科	足部病变性质和范围
蓝舌病/羊、牛	蓝舌病毒/环状病毒属/呼肠孤病毒科	蹄叶炎（laminitis）；冠状带炎（coronitis）
口蹄疫/牛、羊、猪	口蹄疫病毒/口蹄疫病毒属/微RNA病毒科	趾间皮肤和冠状带形成水疱、溃疡可导致继发性细菌感染
黏膜病/牛	牛病毒性腹泻病毒/瘟病毒属/黄病毒科	趾间裂缝发生溃疡性病变、冠状带炎；可能四个蹄上都可发病
猪水疱病/猪	猪水疱病毒/肠病毒属/微RNA病毒科	冠状带发生水疱、溃疡，可涉及整个冠状带，产生严重跛行
水疱性口炎/牛、猪、马、羊（少）	水疱性口炎病毒/水疱病毒属/弹状病毒科	冠状带的水疱性病变可发生破裂溃疡，并可继发细菌感染

表91.2 羊的足部感染性疾病

临床症状	细菌种类	注释
绵羊腐蹄病	节瘤偶蹄杆菌、坏死梭杆菌、化脓隐秘杆菌、一些螺旋体	病变的严重程度取决于节瘤偶蹄杆菌的毒力；可能有良性和恶性两种形式
绵羊趾间皮炎	坏死梭杆菌、节瘤偶蹄杆菌（良性菌株）	表面趾间炎症主要是由坏死梭杆菌引起的
绵羊传染性蹄炎	密螺旋体	溃疡病变出现在冠状带并延伸到蹄壁；发病动物可能需要被宰杀
蹄跟脓肿	坏死梭杆菌、化脓隐秘杆菌和一些机会厌氧菌	与长期潮湿的季节有关；通常会影响成年羊。疼痛的化脓性症状往往会延伸到趾间关节
丹毒蹄叶炎	猪丹毒丝菌	在羊中发生是由于在污染的浸渍液中浸泡。细菌进入蹄部擦伤的皮肤引起蜂窝组织炎和蹄叶炎
草莓样腐蹄病（strawberry footrot）	刚果嗜皮菌	增生性炎症病变影响冠状带和下肢
片状化脓（lamellar suppuration）	细菌混合感染：坏死梭杆菌、化脓隐秘杆菌、节瘤偶蹄杆菌、普雷沃菌	化脓性感染位于角和敏感层之间。细菌通常进入壁角与蹄底之间的白线。常与外伤有关

表91.3 牛的足部传染症状

临床症状	细菌种类	注释
牛趾间皮炎	节瘤偶蹄杆菌、坏死梭杆菌、普雷沃菌、一些螺旋体	良性病变的仅局限于趾间皮肤表面；通常呈亚临床症状
牛趾间坏死杆菌病	坏死梭形杆菌、利氏卟啉单胞菌	引起严重的坏死性趾间皮肤炎症；特点是有恶臭气味，可能扩展到更深的组织包括关节，也被称为臭蹄病（foul-in-foot）
蹄炎	梅毒螺旋体、其他机会致病菌	增殖性皮炎影响牛蹄跟的突起，也被称为疣状皮炎。继发机会致病菌可能加重病变的程度
片状化脓	坏死梭杆菌、化脓隐秘杆菌、节瘤偶蹄杆菌、普雷沃菌和其他机会致病菌等细菌混合感染	蹄和敏感层之间发生细菌化脓性感染，通常进入蹄角质层与蹄底之间的白线，常与外伤有关，被称为白线脓肿（white line abscess）

种临床表现形式显然与感染的节瘤偶蹄杆菌的菌株有关。虽然节瘤偶蹄杆菌是羊腐蹄病的主要病原体，其他一些微生物也发挥一定的作用（表91.2）。该病最初可能是坏死梭杆菌感染引起的，它导致组织坏死和炎症反应。由于持续的潮湿趾间感染化脓隐秘杆，引起皮肤损伤，也能促进该病的发展。足部局部组织的厌氧微环境有助于具有菌毛的节瘤偶蹄杆菌黏附到足部的上皮细胞。如果节瘤偶蹄杆菌仅有微弱的分离角质的活性，在蹄后跟处蹄角质与蹄底基质可能很少发生脱离。这种良性形式的腐蹄病表现为轻微跛行，经过局部治疗后或者天气干燥时，会迅速消退。节瘤偶蹄杆菌的恶性菌株能引起蹄角质与蹄底基质发生大块地分离，可能从蹄跟一直延伸到蹄底和足尖，并伴有恶臭的坏死性渗出物。恶性腐蹄病可引起严重和持久性的跛行，通常涉及一个以上的蹄。成年羊比羔羊更容易感染，美利奴品种的羊也比其他一些品种的羊更容易感染。

节瘤偶蹄杆菌是一种革兰阴性厌氧菌，也是临床发病羊和携带该菌的慢性羊的足部一种必需的病原。它可以在温暖、潮湿、泥泞的环境下生存长达7天。夏季在茂盛的牧场上进行羊的放牧，以及冬季在潮湿的环境下生活的羊，能延长该菌生存时间。这两种环境条件下，有助于趾间皮肤发生液体浸渍软化。该病的传播需要日平均温度超过10℃。

腐蹄病的诊断主要基于临床检查。许多评分系统已被设计出来，用于分析表征和控制疾病（Whittington 和 Nichols，1995）。如果恶性节瘤偶蹄杆菌的毒力属性需要确认，那么可以用生化试验进行检测。然而，弹性蛋白酶产生的检测和明胶液化试验需要用1~5周的时间来完成。因此，该法仅仅具有一定回顾性调查价值。基于PCR的新方法能够检测细菌特异性的毒力基因，可用于恶性和良性菌株的快速检测（Liu 和 Webber，1995）。因为临床上区分良性腐蹄病和恶性腐蹄病是很困难的，所以快速检测菌株毒力是很重要的。

澳大利亚对腐蹄病控制开展了大量研究。该国从多种控制策略中，选择了一些成本较小而效益较大的策略（Egerton 等，1989；Egerton 和 Raadsma，1991）。这些控制策略包括对发病的足部进行局部治疗、鉴定和清除致病性节瘤偶蹄杆菌菌株、疫苗接种和进行抗腐蹄病的遗传育种。传统治疗和控制腐蹄病的方法是削掉病死的足部组织，去掉脱落的蹄角质，并建立引流系统。随后局部使用抗菌溶液，如10%~20%硫酸锌或5%土霉素溶液。这种治疗方法劳动量大，简便的替代方法是将发病动物从畜群中隔离出来，然后对畜群进行药物足浴。

节瘤偶蹄杆菌良性菌株的携带者难以识别。这是因为这些菌株不引起趾间皮肤感染发炎，也不引起动物发生跛行。澳大利亚的部分地区已经通过一些控制策略，清除了腐蹄病。这些策略包括扑杀携带病菌的羊。扑杀是在炎热、干燥的春/夏季期间进行的。在那个时候节瘤偶蹄杆菌不能传播。从其他没有持续的炎热和干燥天气的地区，清除腐蹄病似乎并不可行（Green 和 George，2008）。

尽管自然感染节瘤偶蹄杆菌并没有产生明显的免疫保护力，但接种疫苗可以提高短期抵抗力。这对控制和治疗此病有一定的辅助作用。菌毛抗原可以产生保护性免疫反应。节瘤偶蹄杆菌有十种主要血清型，而疫苗免疫仅对同一血清型的菌株有免疫保护作用。因此，在选择疫苗时，需要了解当地畜

第七篇

群主要流行哪些血清型的菌株。目前可用的疫苗是灭活苗。虽然这些灭活疫苗通常包含多个血清型的菌株，且羊群中流行的血清型与疫苗中的菌株可能是匹配的，但其免疫保护性并不总是可靠。体外试验已证明，节瘤偶蹄杆菌血清型可以发生转变，这可能是某些免疫接种失败的原因（Wani 和 Samanta，2006）。疫苗接种也可用于治疗，以减少感染的严重程度和持续时间。疫苗需要注射两次。

可以通过遗传育种选择，提高动物对致病性节瘤偶蹄杆菌的抵抗力。另外，也可以采取提高疫苗接种效果的策略。虽然在美利奴羊的腐蹄病易感基因研究上已积累很多信息，但在畜牧业生产中，上述两种策略都还没取得实际应用效果。

■绵羊趾间皮炎

绵羊趾间皮炎是一种轻度疾病，炎症局限于趾间皮肤。坏死梭杆菌是该病主要的病原体。由于绵羊蹄底浸渍潮湿处或发生损伤，导致坏死梭杆菌侵入羊蹄表皮，引起趾间皮肤出现红斑和肿胀，并有可能在表面出现浅灰色的脱色。跛行通常是不明显的，当蹄底环境改善后，病羊可以自行康复。绵羊趾间皮炎在临床上与轻微的腐蹄病难以区分。

■绵羊传染性蹄炎

绵羊传染性趾间皮炎是一种新病，只有少数几个国家已经确认，主要在英国（Winter，2008）。它与其他毒性极强的腐蹄病有区别，因为溃疡性病变首先出现在冠状带，并且趾间病变不明显。病变主要发生在蹄壁，引起蹄从敏感层上分离，随后蹄完全脱落。虽然病因不确定，但从发病蹄上分离出螺旋体的概率比从健康蹄中分离的概率更大（Moore 等，2005）。这种病原微生物已被确定为索氏密螺旋体（*T. phagedenis-like*）、中间密螺旋体（*T. medium*）、文氏密螺旋体（*T. vincentii-like*）（Sayers 等，2009）。这些螺旋体类似于从牛蹄炎病变分离出来的细菌（Evans 等，2008）。引起羊传染性趾间皮炎的节瘤偶蹄杆菌也类似于从绵羊羊腐蹄上分离出的毒株（Moore 等，2005）。因此，由细菌微生物引起的作用以及其他因素引发的疾病，目前尚不清楚。

■足部机会性化脓感染

绵羊的蹄跟或足尖可发生片状脓肿（lamellar abscessation）。蹄角质层的缺陷也会导致坏死梭杆菌（*F. necrophorum*）和化脓隐秘杆菌（*A. pyogenes*）等机会致病菌的感染。妊娠后期母羊体重增加，容易诱发蹄后跟脓肿。绵羊趾间皮炎感染，可发展为第二趾间关节感染。当脚趾发生脓肿时，感染通常仅限于蹄部真皮，而关节则不会受感染。

牛蹄的片状脓肿经常被称为白线病（white line disease）。牛蹄的角质层缺陷导致机会致病菌的感染可以发生在蹄部白线上任何一点。在奶牛中，这种情况往往会影响后肢的横向爪。这个位置特别容易受到机械压力，也容易发生破坏蹄结构的亚临床蹄叶炎，从而有利于化脓性细菌的入侵。化脓性感染可能会沿着蹄叶敏感部位扩大，并在冠状带或在足跟皮肤与蹄角质层接合处排出脓汁。如果不及时治疗，炎症过程可能涉及更深的足部组织，导致第二趾间脓毒性关节炎。

当猪的蹄白线发生创伤或蹄底发生感染时，猪蹄也会发生片状脓肿。在密集饲养的仔猪养殖场中，将近100%养殖场会因为地面粗糙导致创伤，出现仔猪蹄部角质层创伤、出血、糜烂等现象。除非感染扩大到蹄叶的敏感部位，否则这些部位的病变通常不会造成跛足。化脓性感染可能会沿着蹄叶敏感部位扩大，并在冠状带处排出脓汁。该病可以出现关节炎、腱鞘炎等一些严重的后遗症。

■ 牛趾间坏死杆菌病（bovine interdigital necrobacillosis）

牛趾间坏死杆菌病有时也被称为腐蹄病。它是一种急性或亚急性坏死性趾间皮炎（表91.3）。该病导致趾间皮肤感染和细胞坏死，产生脓性渗出物。该病如果感染深部组织，还会引起蹄部肿胀。该病疼痛感和跛行特征明显。该病是坏死梭杆菌和利氏卟啉单胞菌协同作用的结果。利氏卟啉单胞菌原名是*Bacteroides melaninogenicus* ssp. *levii*（Berg 和 Loan，1975；Berg 和 Franklin，2000）。与感染趾间皮肤和蹄的其他细菌一样，一些诱发因素在趾间坏死杆菌病的发病过程中，发挥重要作用。

蹄部局部创伤、蹄部长时间浸泡变软、营养不良都是该病发展的重要因素。牛趾间坏死杆菌病通常只影响第一趾间关节，但感染可延伸到第二趾间关节。该病可引起深部组织特别严重的感染，被称为"超级腐烂（super foul）"（Cook 和 Cutler，

1995），并且抗生素治疗效果不佳。从这些严重的病变组织中分离到的坏死梭杆菌，具有很强的毒性（Berg 和 Franklin，2000）。在病变部位还观察到螺旋体，但它们在该病中的作用并不明确（Doherty 等，1998）。全身抗菌治疗是治疗该病常用方法，虽然该病可以不经治疗而自愈。早治疗和持续治疗是治疗"超级腐烂"的基本要求，包括局部坏死组织的清创和注射高剂量的抗生素5天。

■牛蹄部皮炎（bovine digital dermatitis）

1974年意大利首次描述了牛蹄部皮炎。炎症病变发生在趾间皮肤并可扩展到蹄冠。该病有两种形式：侵蚀性和疣状。它们可能是该病不同发展阶段的具体表现。该病引起不同程度的跛行。触摸病变部位时，牛可能表现疼痛感觉。牛蹄部皮炎的发生与多种因素有关，包括许多种类的传染性病原体和环境因素。牛蹄部皮炎经常发生于第一次产犊的母牛。在卫生和管理状况较差的圈养牛群中，该病发生率较高，而放牧饲养的牛该病患病率较低。

尽管没有明确的试验证据，但螺旋体可能是该病的主要病原。在遗传上许多这些螺旋体似乎与人口腔内的密螺旋体密切相关。同一患病动物可感染数个不同谱系的螺旋体（Klitgaard 等，2008）。除存在于病变表面，螺旋体还在真皮深层被发现，这也支持它们是该病病原的推测。从病变部位分离的螺旋体能诱导小鼠形成脓肿（Demirkan 等，1999；Elliott 等，2007）。病牛能产生抗密螺旋体的抗体。从病变部位分离的其他细菌包括坏死梭杆菌、普雷沃菌、卟啉单胞菌和吲哚嗜胨菌（*Peptoniphilus indolicus*）（Döpfer，2000）。抗生素可用于局部治疗。牛群暴发疫病可以用林可霉素、红霉素、土霉素进行足浴治疗，虽然许多国家法律上可能会限制这些抗生素的使用（Laven 和 Logue，2006）。

■牛趾间皮炎（bovine interdigital dermatitis）

节瘤偶蹄杆菌被认为是牛趾间皮炎主要的病原体。引起牛趾间皮炎的节瘤偶蹄杆菌菌株，与引起绵羊恶性腐蹄病的节瘤偶蹄杆菌有所不同。有些调查发现，一些厌氧菌，如坏死梭杆菌和普雷沃菌，而不是节瘤偶蹄杆菌，引起了牛趾间皮炎。在蹄部足垫处的病变部位，可发现螺旋体的存在。牛蹄炎和牛趾间皮炎可能是密切相关的。牛趾间皮炎很少导致跛行。用福尔马林、硫酸铜进行牛足部浸浴，是控制牛趾间皮炎的策略之一。

◉ 参考文献

Awad, M.M., Ellemor, D.M., Boyd, R.L., Emmins, J.J. and Rood, J.L. (2001). Synergistic effects of alpha-toxin and perfringolysin O in *Clostridium perfringens*-mediated gas gangrene. Infection and Immunity, 69, 7904–7910.

Berg, J.N. and Franklin, C.L. (2000). Interdigital phlegmon a.k.a. interdigital necrobacillosis a.k.a. acute footrot of cattle: considerations in etiology, diagnosis and treatment. In *Proceedings of the XIth International Symposium on Disorders of the Ruminant Digit and HI International Conference on Bovine Lameness*, Parma, Italy, 3–7 September. Eds C.M. Mortellaro, L. De Vecchis and A. Brizzi. pp. 24–26.

Berg, J.N. and Loan, R.W. (1975). *Fusobacterium necrophorum* and *Bacteroides melaninogenicus* as etiologic agents of footrot in cattle. American Journal of Veterinary Research, 36, 1115–1122.

Chanter, N., Rutter, J.M. and Mackenzie, A. (1986). Partial purification of an osteolytic toxin from *Pasteurella multocida*. Journal of General Microbiology, 132, 1089–1097.

Cook, N.B. and Cutler, K.L. (1995). Treatment and outcome of a severe form of foul-in-the-foot. Veterinary Record, 136, 19–20.

Demirkan, I., Walker, R.I., Murray, R.D., Blowey, R.W. and Carter, S.D. (1999) Serological evidence of spirochaetal infections associated with digital dermatitis in dairy cattle. Veterinary Journal, 157, 69–77.

Doherty, M.L., Bassett, H.F., Markey, B., Healy, A.M and Sammin, D. (1998). Severe foot lameness in cattle associated with invasive spirochaetes. Irish Veterinary Journal, 51, 195–198.

Dominick, M.A. and Rimler, R.B. (1988). Turbinate osteoporosis in pigs following intranasal inoculation of purified *Pasteurella* toxin: histomorphometric and ultrastructural studies. Veterinary Pathology, 25, 17–27.

Döpfer, D. (2000). Summary of research activities concerning (papillomatous) digital dermatitis in cattle published or developed since 1998. In *Proceedings of the XIth International Symposium on Disorders of the Ruminant*

Digit and HI International Conference on Bovine Lameness, Parma, Italy, 3–7 September 2000. Eds C.M. Mortellaro, L. De Vecchis and A. Brizzi, pp. 19–23.

Egerton, J.R. and Raadsma, H.W. (1991). Breeding sheep for resistance to footrot. In *Breeding for Disease Resistance in Farm Animals*. Eds J.B. Owen and R.F.E. Axford. CAB International, Wallingford. pp. 347–370.

Egerton, J.R., Yong, W.K. and Riffkin, G.G. (1989). Footrot and Foot Abscess of Ruminants. CRC Press, Boca Raton, Florida.

Elliott, M.K., Alt, D.P. and Zuerner, R.L. (2007). Lesion formation and antibody response induced by papillomatous digital dermatitis-associated spirochetes in a murine abscess model. Infection and Immunity, 75, 4400–4408.

Evans, N.J., Brown, J.M., Demirkan, I., et al. (2008). Three unique groups of spirochetes isolated from digital dermatitis lesions in UK cattle. Veterinary Microbiology, 130, 141–150.

Goldring, M.B. and Marcu, K.B. (2009). Cartilage homeostasis in health and rheumatic diseases. Arthritis Research and Therapy, 11, 224, 16 pp.

Green, L.E. and George, T.R.N. (2008). Assessment of current knowledge of footrot in sheep with particular reference to *Dichelobacter nodosus* and implications for elimination or control strategies for sheep in Great Britain. Veterinary Journal, 175, 173–180.

Gundersen, K. and Bruusgaard, J.C. (2008). Nuclear domains during muscle atrophy: nuclei lost or paradigm lost? Journal of Pathology, 586, 2675–2681.

Healy, A.M., Doherty, M.L., Monaghan, M.L. and McAllister, H. (1997). Cervico-thoracic vertebral osteomyelitis in 14 calves. Veterinary Journal, 154, 227–232.

Jarvinen, T.A.H., Jozsa, L., Kannus, P., Jarvinen, T.L.N. and Jarvinen, M. (2002). Organization and distribution of intramuscular connective tissue in normal and immobilized skeletal muscles. An immunohistochemical, polarization and scanning electron microscopic study. Journal of Muscle Research and Cell Motility, 23, 245–254.

Kennedy, C.L., Krejany, E.O., Young, L.F., et al. (2005). The alpha-toxin of *Clostridium septicum* is essential for virulence. Molecular Microbiology, 57, 1357–1366.

Kennedy, C.L., Lyras, D., Cordner, L.M., et al. (2009). Poreforming activity of alpha-toxin is essential for *Clostridium septicum*-mediated myonecrosis. Infection and Immunity, 77, 943–951.

Klitgaard, K., Boye, M., Capion, N. and Jensen, T.K. (2008). Evidence of multiple *Treponema* phylotypes involved in bovine digital dermatitis as shown by 16S rRNA gene analysis and fluorescence in situ hybridization. Journal of

Clinical Microbiology, 46, 3012–3020.

Laven, R.A. and Logue, D.N. (2006). Treatment strategies for digital dermatitis for the UK.Veterinary Journal, 171, 79–88.

Liu, D. and Webber, J. (1995). A polymerase chain reaction assay for improved determination of virulence of *Dichelobacter nodosus*, the specific causative pathogen for ovine footrot. Veterinary Microbiology, 42, 197–207.

McGeady, T.A., Quinn, P.J., FitzPatrick, E.S. and Ryan, M.T. (2006). Muscular and skeletal systems. In Veterinary Embryology. Blackwell, Oxford. pp. 184–204.

McKean, S.C., Davies, J.K. and Moore, R.J. (2007). Expression of phospholipase D, the major virulence factor of Corynebacterium pseudotuberculosis, is regulated by multiple environmental factors and plays a role in macrophage death. Microbiology, 53, 2203–2007.

Moore, L.J., Woodward, M.J.and Grogono-Thomas, R.(2005). The occurrence of treponemes in contagious ovine digital dermatitis and the characterization of associated *Dichelobacter nodosus*. Veterinary Microbiology, 111, 199–209.

O'Brien, D.K. and Melville, S.B. (2000). The anaerobic pathogen *Clostridium perfringens* can escape the phagosome of macrophages under aerobic conditions. Cellular Microbiology, 2, 505–519.

O'Brien, D.K. and Melville, S.B. (2004). Effects of Clostridium perfringens alpha-toxin (PLC) and perfringolysin O (PFO) on cytotoxicity to macrophages, on escape from the phagosomes of macrophages, and on persistence of *C. perfringens* in host tissues. Infection and Immunity, 72, 5204–5215.

Peek, S.F., Semrad, S.D. and Perkins, G.D. (2003). *Clostridial myonecrosis* in horses (35 cases 1985–2000).Equine Veterinary Journal, 35, 86–92.

Purslow, P.P. and Duance, V.C. (1990). The structure and function of intramuscular connective tissue. In *Connective Tissue Matrix*. Ed. D.W.L. Hukins. Volume 2, Macmillan, London. pp. 127–166.

Sanes, J.R. (2003). The basement membrane/basal lamina of skeletal muscle. Journal of Biological Chemistry, 278, 12601–12604.

Sayers, G., Marques, P.X., Evans, N.J., et al. (2009). Identification of spirochetes associated with contagious ovine digital dermatitis. Journal of Clinical Microbiology, 47, 1199–1201.

Spier, S.T. (2008). *Corynebacterium pseudotuberculosis* infection in horses: an emerging disease associated with climate change? Equine Veterinary Education, 20, 37–39.

Thompson, K. (2007). Bones and joints. In *Pathology of*

Domestic Animals. Fifth edition. Ed. M.G. Maxie. Volume 1. Elsevier Saunders, Edinburgh. pp. 1–184.

Trotter, J.A. and Purslow, P.P. (1992). Functional morphology of the endomysium in series fibered muscles. Journal of Morphology 212, 109–122.

Van Vleet, J.F. and Valentine, B.A. (2007). Muscle and tendon. In *Pathology of Domestic Animals. Fifth edition.* Ed. M.G. Maxie. Volume 1. Elsevier Saunders, Edinburgh. pp. 184–280.

Vengust, M., Arroyo, L.G., Weese, J.S. and Baird, J.D. (2003). Preliminary evidence for dormant clostridial spores in equine skeletal muscle.Equine Veterinary Journal, 35, 514–516.

Wani, S.A. and Samanta, I. (2006). Current understanding of the aetiology and laboratory diagnosis of footrot. Veterinary Journal, 171, 421–428.

Whittington, R.J. and Nicholls, P.J. (1995). Grading the lesions of ovine footrot. Research in Veterinary Science, 58, 26–34.

Winter, A.C. (2008). Lameness in sheep. Small Ruminant Research, 76, 149–153.

Yozwiak, M.L. and Songer, J.G. (1993). Effect of *Corynebacterium pseudotuberculosis* phospholipase D on viability and chemotactic responses of ovine neutrophils. American Journal of Veterinary Research, 54, 392–397.

◉ 进一步阅读材料

Raadsma, H.W. (2000). Genetic aspects of resistance to ovine footrot. In *Breeding for Disease Resistance in Farm Animals* Eds R.F.E. Axford, S.C. Bishop, F.W. Nicholas and J.B Owen. Second Edition. CAB International, Wallingford. pp. 219–241.

第七篇

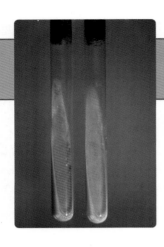

第92章

皮肤系统与病原微生物相互作用

皮肤是动物体内、外环境之间的一层广泛的、功能复杂的屏障。皮肤在稳态调节中发挥关键作用，从而使哺乳动物在陆地上可以生存。皮肤有调节体温的重要作用。皮肤色素及黑色素可以保护组织免受紫外线伤害。皮肤表面的外部角质层，限制了液体经体表蒸发产生的流失。当烧伤剥蚀角质层的深层区域时可以引起水分和电解质失衡，导致生命危险，这进一步说明表皮在保存水分和电解质的重要性。皮肤为微生物进入提供了一个重要的机械和化学屏障，当病原突破该屏障时，它可以帮助产生有效的免疫反应。皮肤的这些功能都依赖于其相应的组织结构，使皮肤进行必要的自我调整。

◉ 结构和功能

皮肤是由上皮细胞和结缔组织细胞组成的两个截然不同但又相互依赖的区域：表皮（epidermi）和真皮（dermis）。这两个区域被基底膜（basement membrane）分隔开来，基底膜是连接表皮和真皮的一个复杂的结构，也可选择性地作为允许体液和细胞往任一方向渗透的半透膜。这是基底膜一个非常重要的属性，因为供应营养到真皮的血管和淋巴管并不延伸到表皮中。表皮中的汗腺、毛囊及相关的皮脂腺延伸到真皮中。真皮依托于一层皮下脂肪组织。皮下脂肪组织的下方是一层纤维结缔组织，即筋膜（fascia），筋膜将皮肤与皮肤覆盖的组织和器官连接起来。

■表皮

表皮是皮肤的上皮组分，包括4种不同类型的细胞：角质形成细胞（keratinocyte）、黑色素细胞

（melanocyte）、郎罕细胞（Langerhans cell）和默克尔细胞（Merkel cell）。其中，角质形成细胞占绝大多数，它们是上皮细胞，不断分裂增殖，形成分泌角蛋白（keratin）的细胞。角质形成细胞的祖细胞位于表皮底部（即细胞开始分裂的地方）。这些细胞分裂到不再分裂时，向外移动，体积增大，并分化和合成大量的角蛋白；在这个过程中，这些细胞形成了独特的复层鳞状上皮，包括基底层（stratum basale）、棘层（stratum spinosum）、颗粒层（tratum granulosum）以及最外面的角质层（stratum corneum）。（图92.1）。棘层的特色是存在大量的细胞间桥粒（intercellular desmosome），它们连接相邻的细胞。颗粒层胞质内含有许多透明胶质颗粒，挤压到细胞间隙颗粒层的交界处，为角质层提供细胞间水屏障和维持角质层细胞间的凝聚力。角质层细胞的细胞质、细胞核和细胞器都发生退化，并被角蛋白所替代，而角蛋白又被一个硬的、不溶于水的小囊（即角质化的细胞膜）包裹。角质层也可以说是由多层紧密堆积的、扁平的、死亡的、角质化的细胞（corneocyte或keratinized cell）构成。角质化的细胞与不溶性的细胞外的脂质相互作用，形成"墙"一样的结构（在这个结构中，角质化细胞类似于"砖块"，而细胞外的脂质代表"砂浆"）。皮肤表面角质化细胞不断脱落为片状鳞屑。角质形成细胞和其祖细胞表达toll样受体（TLRs），能够识别病原体相关分子模式（PAMPs），从而可以感知病原体的存在。角质形成细胞分泌抗菌肽（防御素和杀菌肽）、趋化因子和细胞因子，使这些细胞参与先天性免疫和获得性免疫应答。

表皮的其他类型细胞，来源于神经嵴或骨髓。黑色素细胞，即合成黑色素的细胞，位于表皮的基

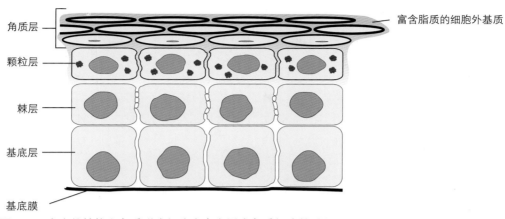

角质层

颗粒层

棘层

基底层

基底膜

富含脂质的细胞外基质

图92.1　表皮的结构和角质形成细胞有序发展为角质细胞的过程

底层，是胚胎早期从神经嵴迁移过来的树突细胞。它们的树突在表皮的角质细胞的间隙中延伸很长距离。每个黑色素细胞与多种角质形成细胞接触，它可以传输黑色素颗粒到这些细胞。默克尔细胞也位于基底层，起源于神经嵴细胞，它们可以检测到触觉刺激。郎罕细胞是未成熟的树突细胞，主要集中在棘层。它们细长的树突，延伸到表皮的间隙空间，创建一个蜂窝式系统，可以检测入侵的抗原物质（Merad等，2008）。它们参与先天性和获得性免疫应答。这些未成熟的树突细胞捕捉和消化外来抗原肽片段（先天性免疫反应）后，转化为成熟的树突细胞，将抗原肽传递给附近淋巴结的幼稚型T细胞，根据所检测到传染性病原的类型，激发最初的获得性免疫应答（Lipscomb和Masten，2002）。

■真皮

真皮底部是由一些亲水性的胶原蛋白和弹力纤维等黏多糖凝胶状物质构成的。营养物质和细胞穿越真皮底部，再从真皮血管传输到缺血的表皮。真皮供血丰富，这缘于三个互通的血管丛，有些动脉直接转变为静脉，发挥了显著的体温调节作用。真皮微血管内皮细胞表达toll样受体；这些受体在探测感染、募集血液中免疫细胞以及皮肤伤口愈合等方面，发挥重要作用（Miller和Modlin，2007）。在炎症或免疫反应过程中，炎症促进因子引起毛细血管后微静脉的内皮细胞表达大量的黏附分子，从而促进白细胞的迁移，进入真皮。虽然真皮固有细胞的数目很少，在接近毛细血管后微静脉处发现多种类型的细胞，如成纤维细胞、肥大细胞、巨噬细胞、淋巴细胞和真皮树突细胞，这些细胞都表达toll样受体，并有助于免疫反应。肥大细胞参与炎症反应，它们释放组胺、前列腺素、TNF-α趋化因子和其他介质。真皮树突细胞与郎罕细胞虽然均为抗原提呈细胞，但两者有一系列不同的特性。总之，真皮中紧邻后微血管的免疫细胞负责抗原刺激皮肤后发生的免疫反应。正常的未发生炎症的皮肤里的T细胞大多数位于后微血管周围，从而能够对皮肤局部启动的免疫反应迅速作出应答。

◉ 皮肤对病原微生物的免疫应答

皮肤上共生的微生物可在皮肤角质层外面和皮肤表面生存。虽然皮肤表面的角质化细胞不断脱落，一些共生微生物仍可长期定殖于皮肤之上。入侵的微生物必须与这些共生的微生物争夺结合位点与营养。在皮脂腺分泌的油脂中存在的共生菌群能够产生对细菌有毒性的游离脂肪酸。这些常驻的正常菌群可能会释放出一些抗菌物质，如细菌素（bacteriocins），抑制其他细菌生长。因此，这些正常菌群有助于抑制病原菌在皮肤上的定殖。完好的皮肤为病原体的入侵提供了强大的物理屏障。角质层凋亡的角质细胞和细胞间的脂质形成"砖墙"样的连锁结构，使病原体无法穿透，除非这个结构受损。角质层下方颗粒层致密的有核角质细胞进一步增强了皮肤的屏障功能。此外，皮肤表面还具有保护性化学屏障，即皮肤表面持续分泌一些有抗微生物活性的脂和肽。当皮肤的免疫防御系统受到病原体攻击时，这些抗菌物质释放量显著增加。

第七篇

■皮肤的免疫防御

皮肤暴露于病原体后，可诱导先天性和获得性免疫应答。

先天性免疫系统识别入侵的病原体后，立即采取一些防御行为，并引发获得性免疫应答程序。继而，树突细胞启动获得性免疫系统。这类细胞将微生物抗原降解为抗原肽，然后将这些抗原肽传递给附近的淋巴结的幼稚型T淋巴细胞，进而激活这些T淋巴细胞。因此，皮肤感染引起的获得性免疫应答始于附近的淋巴结中，而不是皮肤。

先天性免疫反应

皮肤的先天性免疫防御有五个基本要素。其中，前两个要素分别是角质层构成的物理屏障（可抵挡微生物的侵袭）和由持续释放的抗菌活性的脂和肽构成的化学屏障（贴92.1）。角质形成细胞可以合成和释放一些抗菌脂；还有一些抗菌脂存在于皮脂腺分泌物中（Drake 等，2008）。表皮细胞释放的抗菌肽主要是防御素和杀菌肽。健康皮肤可少量表达这些阳离子肽。它们具有广谱抗微生物活性，可对抗革兰阳性菌、革兰阴性菌、真菌和有囊膜的病毒。通过这两个要素，机体可在没有炎症反应下，防止皮肤感染。然而，当病原突破皮肤物理屏障后，由角质形成细胞释放的抗微生物肽显著增多，并可引起局部炎症反应。

```
△ 贴92.1　皮肤先天性免疫应答的关键要素
• 皮肤角质层构成物理屏障
• 皮肤表面持续性释放抗菌物质，构成化学屏障
• 皮肤中的细胞Toll样受体识别病原
• 皮肤感染后，释放的抗菌物质增多
• 从血液循环中募集免疫细胞进入皮肤
```

皮肤先天性免疫反应的第三个要素是皮肤内一些细胞携带toll样受体（TLR），能够识别入侵的病原。TLR识别病原后，可刺激炎症促进因子、趋化因子和抗微生物肽的产生。这些分子启动并协调局部和全身性炎症反应（Medzhitov，2007）。局部反应包括提高抗菌分子释放量（皮肤先天性免疫反应的第四个要素）和通过循环系统募集免疫细胞（皮肤先天性免疫反应的第五要素）。诱导产生的抗微生物肽试图控制皮肤感染，杀死入侵的病原，与其他肽共同募集中性粒细胞、单核细胞、树突细胞、NK细胞、T细胞和B

细胞，进入感染部位。这些抗微生物肽可以联合多种趋化因子和细胞因子，参与补体反应、抗体产生、细胞因子产生、吞噬作用和组织修复等一系列免疫调节活动（Pálffyi 等，2009）。值得注意的是，抗微生物肽能够募集和激活树突细胞，它既是先天性免疫系统中能识别入侵的病原的一类细胞，又是激活获得性免疫应答一种抗原提呈细胞（Lee 和 Iwasaki，2007）。

获得性免疫应答

角质形成细胞、巨噬细胞和树突细胞通过toll样受体（TLR）识别侵入皮肤的病原体（贴92.2）。这三类细胞在TLR识别病原体后，都能够释放多种趋化因子和炎症促进因子，主要是IL-1、IL-6、TNF-α。未成熟的树突细胞表达的受体可以识别这些趋化因子和细胞因子。因此，TLR识别病原体后，可直接和间接地激活树突细胞。这立即导致树突细胞的吞噬活性出现急剧而短暂的增强，开始吞噬传染性病原体，并将它们降解为一些抗原肽。树突细胞经过这一短暂的收集和处理病原体的阶段后，沿着淋巴管，迁移到附近的淋巴结。在迁徙过程中，它们逐渐发育为成熟的抗原提呈细胞，表现为吞噬能力丧失，以及共刺激分子和许多MHC分子表达，继而激活T细胞。

```
△ 贴92.2　皮肤获得性免疫应答的关键要素
• toll样受体识别入侵的病原
• TRL信号引起趋化因子和炎症促进因子的释放
• 未成熟树突细胞吞噬病原和对T淋巴细胞表达
  免疫原性肽
• 树突细胞表达的多肽与细胞表面MHC分子形
  成复合物
• 成熟树突细胞的MHC-肽复合物转移到引流区
  淋巴结
• 免疫原性肽激活淋巴结的幼稚型T细胞
• 活化T细胞迁移到感染部位，启动获得性免疫反应
• 活化的B细胞增殖并分化为浆细胞，产生免疫
  球蛋白
```

成熟的树突细胞表面的MHC分子与抗原肽结合，形成MHC-抗原肽复合物，可以将肽类提呈给淋巴结副皮质区的幼稚型T细胞，从而激活这些T细胞。这些T细胞激活后，从淋巴结迁移到感染部位，继而发生克隆增殖，启动针对入侵病原的特异性获得性免

疫应答。

微生物感染的真皮组织病理学应答

真皮应答感染的主要部位是微血管，尤其是真皮浅层的毛细血管–微静脉床（图92.2）。炎症促进因子能扩张这些血管，增加它们的通透性，激活它们的内皮细胞。这些血管通透性增加后，体液和组织蛋白可从血管渗透到组织间隙中。血液流经扩张的毛细血管和小静脉时速度减慢，促使白细胞贴到血管的内表面，与血管内皮细胞接触。而活化的血管内皮细胞表达黏附素分子，可以吸附白细胞。同时，有些刺激趋化因子表达的介质能够诱导这些贴附到血管内表面的白细胞穿过内皮细胞，渗透到真皮血管的外面。中性粒细胞、单核细胞、淋巴细胞、嗜碱性粒细胞和嗜酸性粒细胞，可能都参与了皮肤感染的细胞应答过程。在这个过程中，细胞渗出物的成分和浓度是不定的，取决于这个应答过程所释放的介质和介质的活性。这些介质能调节内皮细胞黏附素分子的表达和亲和力，也能调节真皮中多种趋化因子的表达。在大多数细菌性病原引起的急性炎症反应中，中性粒细胞是首先进入血管周围结缔组织的免疫细胞，它们在第6 ~ 24小时仍能作为主导细胞存在。其后，巨噬细胞等单核细胞成为炎性部位的主要免疫细胞。大部分巨噬细胞由血管外渗的单核细胞衍生而来。在炎症后期，炎症部位出现较多的淋巴细胞。如果细菌感染蔓延到慢性期，巨噬细胞、淋巴细胞和浆细胞进入炎症部位。真皮的慢性炎症性病变常导致成纤维细胞增殖和新合成的胶原纤维沉积。当沉积的胶原蛋白过量时，会形成疤痕组织。

毛囊感染时，炎症细胞聚集在毛囊腔内，形成管腔毛囊炎（luminal folliculitis），可导致毛囊壁破裂

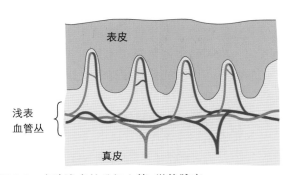

图92.2　皮肤浅表的毛细血管–微静脉床

和毛囊内容物释放（包括角蛋白）到真皮中，引起疖疮。疖疮通常由葡萄球菌引起。但链球菌和假单胞菌也可以引起疥疮。由于角蛋白被释放到真皮的细胞间隙，引起大量嗜酸性粒细胞参与的炎症反应。

在一些全身性感染疾病中，由于真皮血管炎症和血栓的发生，使皮肤的血流受损。在许多情况下，真皮血管病变导致表皮出现一些可见的病变，主要表现为缺血性梗死。通常情况下，猪丹毒丝菌引起的红色菱形病变是由于真皮小动脉形成的血管炎和血栓，引起部分皮肤发生干性坏死（即缺血性梗死）。一些幼龄动物感染败血症沙门菌后，由于小动脉发生炎症和血栓，耳朵和尾巴末端出现干性坏死灶。3月龄以下的犊牛感染败血症型都柏林沙门菌感染后，多半在皮肤、皮下软组织和后肢远端部分形成严重的坏死灶，类似于黑麦麦角菌生物碱引起的坏疽性麦角中毒，但这两种病变的机理是不同的。感染立克次体（洛基山斑疹热的致病病原）的犬在阴囊、耳朵、鼻子、口和肢体都可见坏死灶。这种专性细胞内病原在宿主的内皮细胞内复制，破坏细胞并诱导坏死性血管炎，使真皮内形成血栓，转而导致皮肤发生缺血性梗死。

犬的皮肤坏死是毒素休克综合征的一个特征。许多病例记录表明这种病变主要是由犬链球菌引起的，可能与伪中间黄色葡萄球菌也有关联。虽然最初感染部位不总是在皮肤上，该综合征往往引起深层次的皮下组织感染和坏死性筋膜炎。病原可从表皮破损处（或许是轻微的皮肤损伤）入侵，并沿着浅筋膜和深筋膜繁殖。细菌分泌的酶和毒素可能使犬感到极其痛苦且疼痛面很大。链球菌外毒素和链球菌的超抗原引起TNF-α、IL-1和IL-6的大量表达，引发病理损伤，最终导致死亡。感染分泌物沿筋膜传播，可引起炎症部位的筋膜、脂肪、真皮和表皮坏死。真皮中血管内形成血栓，真皮和皮下组织内广泛水肿和出血。皮肤可能成块脱落。

猪患水肿病时，产生志贺毒素Stx2e的大肠杆菌的菌株在肠道内增殖。这种外毒素被吸收到体内并附着于血管内皮细胞的受体上，导致血管通透性增加，引起靶组织（包括眼睑皮肤和下颌下方）水肿。

表皮微生物感染的组织病理学反应

在正常情况下，基底层发生细胞分裂与角质层细胞的角质化和脱落是相匹配的。皮肤表皮成分的

连续性，依赖于角质形成细胞的增殖、分化和脱落三个步骤之间的相互匹配。这三个步骤如果不相互匹配，或分化的角质形成细胞间的凝聚力失调，都可导致表皮结构的改变。皮肤感染可引起一系列的结构性变化。

角质形成细胞增生（hyperplasia）是未角质化的角质形成细胞分裂与损失不成比例，导致细胞数量增加的病变。通常由于棘层的扩大，引起表皮厚度增加，这种"棘皮症（acanthosis）"几乎是所有的慢性皮肤炎症的共同特征。通常，细胞增生使表皮突起深入真皮底层（图92.3）。

角质形成细胞角质化过度（hyperkeratosis）即角质层过厚，是角质形成细胞产生过量或脱落减少导致的。鼻部和足部角质化过度通常发生在一些犬瘟热的病例（"硬足垫病"）中。角质化不全症（parakeratosis）是某些情况下，角质层角质形成细胞角质化不彻底，保留有细胞核，这是不成熟的角质化细胞向外移动得太快导致的。这种症状在犊牛癣病和仔猪渗出性表皮炎中较为常见。

表皮中桥粒将邻近细胞的细胞膜粘连在一起。表皮中无数的桥粒和细胞间的黏性物质，将多层的角质形成细胞组合成一个致密细胞层。在急性皮肤炎症中，中性粒细胞释放蛋白水解酶，导致桥粒破裂。由于桥粒破裂，棘层角质形成细胞之间紧密的凝聚力丧失（称为棘层松解，acantholysis），使角质形成细胞变圆，棘层组织出现裂缝、小水疱、大水疱。在裂缝的狭小空间中，没有液体，而小水疱或大水疱则是表皮下或表皮中周围包裹固定的含有组织液的病理结构；大水疱直径大于1厘米。在表皮充满脓性液体的腔被称为脓疱。由于表皮是缺血区，

水疱中的液体和导致脓疱的中性粒细胞都来自真皮。这些液体和细胞从真皮外部区域毛细血管后微静脉中迁移出来后，穿过表皮底层进入表皮，并在角质形成细胞之间的移动。这些流入的组织液可以撑大细胞间隙，使细胞间的桥粒移位，导致角质形成细胞被拉长，也导致表皮呈"海绵状"（即间质水肿）。间质水肿是葡萄球菌或马拉色菌引起的表皮炎症反应的一个共同特性。严重的间质水肿可导致细胞间桥破裂和棘层松解。相似地，由痘病毒引起的角质形成细胞的细胞内水肿（气球样变性）不断发展，直到细胞破裂，导致液体积聚在多腔室的小疱内，这些小泡又被残留的细胞壁分隔开，形成网状病变。

皮肤棘层松解是哺乳和断奶仔猪渗出性皮炎（猪煤烟病）的初始病变。本病中，猪葡萄球菌或产色葡萄球菌释放的表皮剥脱毒素引起表皮松解。这些表皮剥脱毒素裂解颗粒层和角质层的表皮。这些外毒素破坏桥粒，与皮肤烫伤综合征患儿感染的金黄色葡萄球菌分泌的表皮溶解素的破坏特性相类似。最早的微观病变是当中性粒细胞角质层下空隙后，导致这些空隙出现化脓性病变。

◉ 细菌性皮肤病

上面所讨论的物理、化学和免疫防线，能确保动物皮肤具有很强的抗细菌感染能力。

然而，当表皮的完整性被伤口、创伤、擦伤、昆虫叮咬、芒刺或皮下针头注射破坏后，细菌可以穿透表皮这层物理屏障，进入体内。皮肤上被化学刺激损坏、烧伤、冻伤的区域，以及长期受到潮湿的区域和被污垢、杂乱的毛发或分泌物覆盖的区域，都容易发生细菌感染。犬类比其他动物，更易发生细菌性皮肤病。这归因于犬类角质层较薄、角质层细胞间脂质较少，以及皮肤pH较高和毛囊入口处缺少保护性脂质。许多细菌可引起皮肤感染，大多数的病原是化脓性的，会导致皮肤产生"脓皮病"的病理变化。凝固酶阳性葡萄球菌是引起家畜脓皮病最常见的病原。伪中间葡萄球菌主要引起犬和猫的脓皮病，金黄色葡萄球菌对牛、羊和马致病，猪葡萄球菌主要对猪致病。脓皮病分为表皮脓皮病和深层脓皮病（贴92.3）。表层脓皮病的病变局限于表皮，可能不会涉及毛囊的外部。深层脓皮病的炎症性病变位于真皮或皮下组织，或两者都有病变。它们可

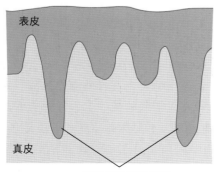

表皮增生形成的突起，深入到真皮中

图92.3　表皮增生形成的深入真皮的突起

形成瘘道，将脓性渗出物释放到皮肤表面。

△ 贴92.3　细菌性脓皮病的分类

- 表皮脓皮病
  - 皮褶脓皮病
  - 皮肤黏膜脓皮病
  - 脓疱疮
  - 表皮扩散性脓皮病
  - 猪渗出性皮炎
  - 毛囊炎
  - 嗜皮菌病
- 深层脓皮病
  - 毛囊炎
  - 疖疮病
  - 蜂窝织炎
  - 趾间脓皮综合征
  - 脂膜炎
  - 化脓性肉芽肿

■表层细菌性脓皮病

表层脓皮病是一些皮肤感染过程的综合作用的结果，包括皮肤红斑、水疱、脓疱、炎性渗出、痂皮和向外扩大的有鳞屑的环形病变。后者被称为"表皮领饰"，是水疱的角质化顶端残余部分鳞屑样脱落形成的。这种表层脓皮病的圆形病灶酷似环形癣斑。凝固酶阳性葡萄球菌是本病的常见病原，该病很少引起全身性疾病，也不会留下疤痕。

脓疱疮是一种表层脓疱性皮炎，不涉及毛囊。在幼龄动物（青春期前的动物）的脓疱疮中，这种疾病开始为角质层下的脓疱，然后沿着毛囊之间的皮肤表层向外延伸。脓疱主要成分是中性粒细胞，脓疱易破裂，形成脓性分泌物附着在皮肤表面。幼猫的病变通常位于颈部和双肩（母猫用嘴咬住幼猫的部位）。感染的病原是母猫口腔菌群中的链球菌和巴氏杆菌。成年动物可能出现恶性脓疱疮，它跨越数个毛囊，由一些大的松软的脓疱组成。在犬中，这种形式的脓疱疮经常和肾上腺机能亢进、糖尿病、甲状腺功能减退症相关联。

犬的伪中间葡萄球菌脓皮病可以引起表层扩散性脓皮病。该病中，表皮脓疱相互合并，形成大的红斑。这些密集的红斑提示脓疱中的葡萄球菌引发

宿主超敏反应。炎症部位下面的真皮出现一些与超敏反应一致的病变，包括水肿、充血、浅表静脉中性粒细胞血管炎，在血管周围聚集一些中性粒细胞、嗜酸性粒细胞和单核细胞。有些病犬出现剧烈瘙痒。

猪葡萄球菌是引起新生仔猪和哺乳仔猪渗出性皮炎的病原，能产生针对靶细胞颗粒层的外毒素，破坏将细胞黏附到角质层的细胞间的桥粒分子，直接导致皮肤棘层松解，导致表皮在和颗粒层之间裂解。细菌最初在表皮角质层下引起脓疱皮炎，然后延伸到毛囊，造成表层化脓性毛囊炎。新生仔猪最早的病变是在头部，然后迅速蔓延到喉、腹和腿部。先出现角质层小面积剥落，然后下层组织很快被油脂性、深棕色渗出物覆盖。病变部位迅速相互合并，很快渗出物就覆盖动物全身，呈现油滑的外观。病变可进一步发展到棘层，形成微脓肿，出现裂开的深褐色的角蛋白结痂和渗出物。新生仔猪受损的皮肤无法发挥其维持体液和电解质平衡的正常作用，导致仔猪脱水和电解质失衡，可引起死亡。

表层渗出性皮炎是由一种革兰阳性放线菌，即刚果嗜皮菌引起的，可发生在多种哺乳动物身上。这种细菌的生活史中有两种不同的表型：游动的孢子和细长的菌丝。有鞭毛的游动孢子具有感染性；进入表皮后，萌发成菌丝。菌丝在活的表皮内形成分支，诱发炎症反应，并产生新一代游动的孢子，从而完成一个生命周期。在自然界中，此菌携带者的皮肤是刚果嗜皮菌的储存场所，处于休眠状态的孢子可以在这个储存场所长期生存。受感染动物的干性结痂中也可长时间保存休眠的孢子。在这两种场所的休眠的孢子在激活之前需要持久的水分，才可以通过直接接触或节肢动物媒介（包括蜱、苍蝇和蚊），转移到新的动物上。通常，皮肤表面的物理和化学屏障能够防止刚果嗜皮菌的入侵。然而，当这些屏障被刺破或在较长时间暴露于潮湿的环境中，刚果嗜皮菌可侵入表皮中。

嗜皮菌病在全球范围内都有发生，但最常发于热带和亚热带气候条件下，强降雨、高湿、高温和媒介蚊虫叮咬可促进疾病的传播和发展。这种在表皮内增殖的丝状菌可诱发强烈的炎症反应，导致皮肤表层产生微脓肿以及在表皮下方形成致密的中性粒细胞条带，这个条带将上皮组织和其下的真皮组织隔开。皮肤表层细胞角质化，形成结痂。在中性粒细胞条带下方，通过毛囊和邻近的表皮组织的生

长，形成新的表皮。这样，大量的炎症细胞将感染的角质化上皮组织和新形成的表皮组织隔开。毛囊中的细菌微丝常常可以侵入新的表皮，启动新一轮的细菌感染、炎症反应和表皮更新的循环。这最终导致皮肤表面形成多层脓性结痂（含有大量的角蛋白），这是嗜皮菌病的典型特征。刚果嗜皮菌是草莓样腐蹄病（strawberry foot rot）的致病菌。该病在潮湿的夏季可引起绵羊下肢发生增生性皮炎。在膝盖或跗关节到踝关节之间皮肤上，有很多隆起的小结痂。去除结痂，可看到出血的肉芽组织，外观上类似于一个新鲜的草莓。

深层细菌脓皮病

深层细菌性脓皮病可表现为毛囊炎、疖病、皮下脓肿、蜂窝织炎、脓性肉芽肿性炎症或肌纤维束坏死。葡萄球菌是家养动物深层细菌性脓皮病中最常见的致病病原，而链球菌、假单胞菌和多杀性巴氏杆菌也会引起深层细菌性脓皮病。全身性细菌感染可通过血液循环进入真皮和皮下组织。血源性马红球菌可引起马驹皮下脓肿。绵羊感染昏睡嗜组织杆菌也会出现皮下脓肿。较为常见的是，病原通过表皮破损处或毛囊外部区域的感染，到达真皮。毛囊深处的严重炎症反应往往导致囊泡壁的断裂，将感染延伸到周围的真皮和脂肪。角蛋白、皮脂及炎症反应产物激发局部异物反应，产生疖疮，并通过瘘道将脓性渗出物排到皮肤表面。真皮内脓性渗出物局限于肉芽组织或成熟纤维组织中，形成脓肿。真皮和皮下组织的弥漫性深层急性炎症，形成蜂窝织炎，此时病变累及皮肤下面的筋膜，但边界不清。炎症处的皮肤可以发生坏死和脱落。蜂窝织炎是猫被咬伤很深的常见后果。葡萄球菌、败血性巴氏杆菌、伪结核棒状杆菌和梭菌等细菌感染，都可导致家养动物蜂窝织炎。犬、猫、马和牛可以发生脓性肉芽肿性病变，累及真皮或筋膜，或两者兼而有之。引起这些病变最常见的菌株是黏性放线菌（*A. viscosus*）或星状诺卡菌（*N. asteroides*）。眼观可见坚实的结节、脓肿、瘘道和广泛的纤维性病变。渗出物中含有"硫黄样颗粒"，从组织学角度来看，病变由一些化脓性肉芽肿组成，广泛分布在纤维组织区域。脓肿中含有大量的革兰阳性菌，它们集中于聚集的中性粒细胞内部，而后者又被上皮样巨噬细胞和多核巨细胞包围。纤维组织将许多含有淋巴细胞和浆细胞的脓肿包裹在一起，并与正常组织隔离开来。

◉ 病毒性皮肤病

尽管完好的皮肤对病毒入侵具有抵抗作用，但病原可通过伤口或节肢动物叮咬进入体内。一些病毒可引起病原入侵点附近的皮肤损伤。例如，疱疹病毒可引起牛乳头炎；乳头瘤病毒可引起某些种类的动物乳头肿瘤。更多时候，全身感染的病毒在病毒血症时期会出现病毒引起的皮肤损伤。这一现象在牛疙瘩皮肤病（lumpy skin disease）等一些经皮肤入侵的病毒病中，尤为明显。

病毒引起的皮肤损伤可能呈水疱状、增生型或肿瘤型。在口蹄疫和猪水疱病中，水疱是典型的原发性病变。此后病变会在口腔周围的皮肤、蹄部、乳头以及乳腺不断扩散。这些病毒对棘层中新陈代谢活跃的细胞具有偏嗜性，它们将引发个别角质细胞的气球样病变。受感染细胞的桥粒将会消失，角质形成细胞彼此分离，细胞间充满水疱液。患口蹄疫后，小水疱连接形成大水疱。患牛体表一些大水疱直径可达6厘米，表皮细胞形成的水疱很容易被擦破，留下擦伤性溃疡，极易引起继发性细菌感染。

痘病毒能导致皮肤细胞增生和细胞变性。痘病毒引起的病变之一是可在表皮、真皮或二者中同时观察到胞浆内包涵体。通常，这些嗜酸性小体可在被感染的角质形成细胞中发现；在真皮层中，常见于内皮细胞、巨噬细胞以及成纤维细胞。在绵羊痘中，包涵体主要见于真皮的单核细胞。在表皮，痘病变的发展具有以下典型的顺序：斑疹、丘疹、水疱、脓疱、结痂和留疤。组织病理改变开始于角质形成细胞气球样病变和破裂，引起皮肤棘层的多发性水疱（网状变性）。水疱液和中性粒细胞从真皮中进入表皮。水疱液使细胞间隙扩大、桥粒延伸（海绵样病变）直至断裂（皮肤棘层松解）。在有些痘病毒感染（如羊痘）中，水疱性病变显著。但在其他一些痘病毒感染（如羊传染性脓疱皮炎，即羊口疮）中，水疱期不明显。中性粒细胞在水疱中浸润聚集，形成脓疱。在羊传染性脓疱皮炎中，脓疱保持扁平且覆盖较厚一层痂。在其他痘病中，脓疱具有凹陷的中心和突起的边缘。这种脐形病变被称为"痘痕"。突起的边缘由邻近角质形成细胞增生形成。

不同的痘病毒感染引起的表皮增生特征并不相同。羊传染性脓疱皮炎的一个典型特征是角质化不全和角质化过度，表皮层可达到正常厚度的4倍。绵羊痘是家畜所患痘病中最严重的一种，引起真皮发生显著的病理变化以及表皮出现典型的痘变。真皮中出现大量带有胞浆内包涵体并被病毒感染的单核细胞（被称为"绵羊痘细胞"），真皮层小动脉和毛细血管后微静脉中相继出现严重的坏死性脉管炎、缺血性血管坏死，对应的表皮也随之发生病变。

乳头瘤病毒诱发两种肿瘤样皮肤损伤：鳞状乳头瘤和纤维状乳头瘤。典型的乳头瘤是表皮细胞增殖而来的疣状肿块，不是真皮中成纤维细胞增殖而来的。由薄薄一层真皮支撑的表皮发生过度角质化并增生。病变大小不一，从小的结节到大的菜花样结构均可发生。犊牛的这些肿瘤在几个月内会自动退化。纤维乳头瘤由真皮成纤维细胞增生而来，表现为结节或表皮有不同程度角质化和增生的斑块。马最常见的肿瘤是马的肉样瘤（sarcoid），它是由一种与牛乳头瘤病毒Ⅰ、Ⅱ型相近的病毒引发的纤维状乳头瘤。

◉ 真菌性皮肤病

真菌在环境中比比皆是，但只有一小部分能在哺乳动物组织内较高的温度条件下生存。只有真菌能引起动物发病时，才被视为真正的病原；其他真菌为机会致病菌，它们只能在动物健康状况不佳、免疫抑制或营养不足的条件下诱发疾病（贴92.4）。

基于病变的位置，皮肤真菌感染可划分为三个基本类别：表皮感染、皮下感染和全身性感染。表层皮肤病是由于真菌感染局限于黏膜或头发、羽毛、爪和角等表皮角质化结构中所引起的。这类感染包括念珠菌病、马拉色菌性皮炎（Malassezia dermatitis）和皮肤癣菌病（癣）。皮下皮肤病的诱因可能是多种腐生真菌在皮肤意外被刺伤时通过被污染的物体直接进入真皮和皮下组织。这些真菌毒力越低，疾病进程就越慢，且病变范围就越小。病变开始为表皮或皮下的小丘疹，在数月或数年逐渐扩大成为足菌肿（mycetomas），即结节状的含有纤维素性病变的肉芽肿性炎症，可形成瘘管将分泌物排到皮肤表面。通常，渗出液含有由大量真菌菌丝形成的颗粒状物。全身性真菌病往往引起呼吸系

统、消化系统等内部器官病变，这些病变可通过血源性途径扩散到皮肤组织。这些感染包括芽生菌病（blastomycosis）和组织胞浆菌病（histoplasmosis）。

△ 贴92.4　导致免疫抑制或使动物易于感染的因素
- 对细胞有毒的化学治疗
- 长期进行激素治疗
- 肾上腺皮质机能亢进
- 糖尿病
- 病毒感染
- 肿瘤
- 霉菌毒素中毒
- 使用或食用可损伤骨髓的毒性植物
- 衰老引起的胸腺萎缩
- 暴露于电离辐射

■浅表性皮肤病

白色念珠菌（Candida albicans）一般不寄生于皮肤，但该菌的酵母相可在有营养的黏膜、上呼吸道、生殖道和皮肤黏膜体孔结合处，以共生的方式存在。因此，大多数情况下的白色念珠菌是内源性条件致病菌。该菌从酵母相转变为分枝假菌丝相时，易于感染宿主组织。念珠菌病是一种角质化上皮细胞疾病，主要发生于幼畜的口腔和消化道黏膜，尤其是仔猪、犊牛和马驹。少数情况下，当机体抵抗力下降时白色念珠菌可侵入角质化表皮。皮肤病变发展为丘疹、水疱、脓疱，并可继续形成红斑边缘的溃疡或排出恶臭的渗出液。

一些特殊染色方法，如过碘酸-希夫染色（periodic acid-Schiff stain）或Gomori六胺银染色（Gomori methenamine silver stain）可以用来区分伤口表面的酵母细胞和入侵角质化表皮的假菌丝。

厚皮马拉色菌（Malazessia pachydermatis）是一种亲脂类酵母，是犬猫类皮肤的正常菌群之一。它通常是引起外耳炎的致病病原。当宿主抵抗能力下降时，厚皮马拉色菌会在皮肤中增生并引起油脂性皮炎。临床症状表现为充血、鳞状斑块、色素沉着、脱发、瘙痒和产生腐臭气味。

皮肤癣菌病（癣）是一种感染角质层、头发和指甲角蛋白的皮肤病。这些感染主要由少数真菌引起，这些皮肤真菌可以降解角蛋白并以此为营养物。角蛋白是一种不溶性蛋白，大量的半胱氨酸残基之

第七篇

间存在着二硫键使多肽链更加稳固。这样稳固的结构使角蛋白不易被化学药品降解，但还原剂可以破坏其对蛋白水解酶类的抗性。在感染过程中，真菌会分泌大量亚硫酸盐，并分泌一组蛋白水解酶类。这种亚硫酸盐是一种还原剂，可以裂解角蛋白间的二硫键，并且促使蛋白酶降解这类蛋白质。蛋白酶可以将这类蛋白质降解为短肽和氨基酸，并被真菌作为营养物质吸收。

　　感染家养动物的皮肤真菌属于小孢子菌属（*Microsporum*）或毛癣菌属（*Trichophyton*）。基于它们的天然栖息地和宿主偏嗜性，皮肤真菌可分为嗜土、嗜动物和嗜人三类。嗜土性真菌，如石膏样小孢子菌（*M. gypseum*），存在于土壤中，是自由存活的腐生菌，但它们可作为机会致病菌引起动物和人类发病。相比之下，嗜动物和嗜人皮肤真菌寄生于哺乳动物皮肤。嗜动物真菌专性寄生于动物皮肤，例如专性寄生于猫的犬小孢子菌（*M. canis*）和专性寄生于牛的疣状毛癣菌（*T. verrucosum*）。嗜好人的真菌专性寄生在人体皮肤。一些专性寄生菌专门仅寄生于某一个宿主，如猪小孢子菌（*M. nanum*），仅寄生于猪；而其他一些皮肤真菌，如须毛癣菌（*T. mentagrophytes*），会感染多种哺乳动物。嗜好动物的真菌常可引起人类发病，而嗜好人的真菌却很少感染非人类宿主。人的皮肤对嗜好人真菌和嗜好动物的真菌，会产生不同类型和不同程度的炎症反应。儿童感染嗜好人的奥杜盎小孢子菌（*M. audouinii*）会引起轻微的炎症反应，可能不容易被发现，而儿童感染嗜好动物的疣状毛癣菌（*T. verrucosum*），则会引起非常明显的炎症反应，有时伴有全身性症状。一般来说，皮肤真菌在已经适应的宿主中所诱发的炎症往往没有在其他宿主中那么强烈。

◉ 参考文献

Drake, D.R., Brogden, K.A., Dawson, D.V. and Wertz, P.W. (2008). Antimicrobial lipids at the skin surface. Journal of Lipid Research, 49, 4–11.

Lee, H.K. and Iwasaki, A. (2007). Innate control of adaptive immunity: dendritic cells and beyond. Seminars in Immunology, 19, 48–55.

Lipscomb, M.F. and Masten, B.E.J. (2002). Dendritic cells: immune regulators in health and disease. Physiological Reviews, 82, 97–130.

Medzhitov, R. (2007). Recognition of microorganisms and activation of the immune response. Nature, 449, 819–826.

Merad, M., Ginhoux, F. and Collin, M. (2008). Origin, homeostasis and function of Langerhans cells and other langerin-expressing dendritic cells. Nature Reviews: Immunology, 8, 935–947.

Miller, L.S. and Modlin, R.L. (2007). Human keratinocyte toll-like receptors promote distinct immune responses. Journal of Investigative Dermatology, 127, 262–263.

Pálffy, R., Gardlík, R., Behuliak, M., Kadasi, L., Turna, J. and Celec, P. (2009). On the physiology and pathophysiology of antimicrobial peptides. Molecular Medicine, 15, 51–59.

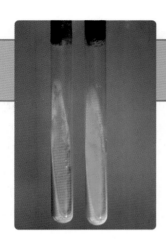

第93章

牛细菌性乳腺炎

奶牛乳腺炎是规模化奶牛养殖场的一种常见传染病。从奶牛乳腺中已经分离出100多种微生物，但只有少数种类的微生物可引起奶牛乳腺炎。通常，可以根据微生物的来源来命名乳腺炎。传染性乳腺炎由定殖于乳腺的细菌引起，而环境性乳腺炎与环境中的微生物息息相关。以前，奶牛传染性乳腺炎占绝大多数。近三十年来，由于采取了一些控制措施，由金黄色葡萄球菌和无乳链球菌引起的传染性奶牛乳腺炎的发病率有所下降。英国数据显示，奶牛乳腺炎的临床发病率从20世纪60年代每100头牛每年150例（Wilson 和 Kingwill，1975）下降到2004—2005年每100头牛每年47～65例（Bradley 等，2007）。针对乳腺内生长的奶牛乳腺炎病原，容易实施一些有效的控制措施，但对环境中广泛存在的奶牛乳腺炎的病原，很难实施有效的控制措施。对奶牛而言，乳腺炎仍是最常见且最具有重要经济意义的传染病（Kossaibati 和 Esslemont，1997）。

除了支原体可经血流入侵乳腺，大多数引起奶牛乳腺炎的微生物都是通过乳头管进入乳腺的。真菌和病毒性病原偶尔引起乳腺炎。五种细菌性病原是引起大多数的奶牛乳腺炎的病原（贴93.1）。

┌─ △ **贴93.1** 从患乳腺炎的奶牛体内经常分离出的─
│ 细菌性病原
│ • 大肠杆菌（*Escherichia coli*）
│ • 乳房链球菌（*Streptococcus uberis*）
│ • 金黄色葡萄球菌（*Staphylococcus aureus*）
│ • 停乳链球菌（*Streptococcus dysgalactiae*）
│ • 无乳链球菌（*Streptococcus agalactiae*）
└─

⊙ 乳腺防御机制

乳头孔和乳头管是乳腺感染的第一道防线。一些致病原菌（如金黄色葡萄球菌）在乳头皮肤和乳头管定殖，增加了乳房内感染的概率。乳头管上皮表面的角化细胞脱落，可有助于从这个位置机械清除细菌。此外，角化层的脂肪酸可发挥抑菌作用。挤奶的冲洗动作可作为一种天然防御机制，频繁挤奶被建议用于治疗由革兰阴性细菌引起的乳腺炎。乳头长度对确定易感性可能非常重要。乳头短且并发乳腺组织水肿的青年母牛易发生乳腺炎（Waage 等，2001）。由于机械性屏障损伤造成的浅表性乳头病变，增加了乳腺感染的可能性。即使是由挤奶机操作不当引起的乳头孔轻微的角化过度，也可增加隐性乳腺炎的感染率（Lewis 等，2000）。

贴93.2列出了乳腺中的非特异性抗菌因子。其中，乳铁蛋白通过与自由三价铁离子结合，发挥抑菌作用。

┌─ △ **贴93.2** 乳腺中有抗菌活性的非特异性可溶性─
│ 因子
│ • 乳铁蛋白
│ • 乳过氧化物酶-硫氰酸盐-过氧化氢系统
│ • 补体
│ • 溶菌酶
└─

哺乳期乳腺中乳铁蛋白的浓度较低，这可能有助于抵抗干奶期感染的大肠菌。溶菌酶是一种对革兰阳性菌有活性的抗菌蛋白，但由于它在牛奶中的浓度低，与其他防御机制相比，它的重要性尚不确定。乳过氧化物酶（lactoperoxidase）-硫氰酸盐

（thiocyanate）-过氧化氢酶（hydrogen peroxide）系统对革兰阳性菌有抑菌作用，对革兰阴性菌有杀菌作用。该系统发挥作用依赖于乳腺内这三种成分达到足够的浓度：乳过氧化物酶在乳腺上皮细胞合成的，而奶牛摄入某些青饲料可影响硫氰酸盐水平，过氧化氢可通过牛乳中诸多酶促反应或某些细菌的代谢活动产生。由旁路途径激活的补体可在有限程度上防御革兰阴性菌。先天性免疫系统的其他因素的作用，包括一氧化氮合成酶和急性期蛋白（如血清淀粉样蛋白A），在保护乳腺方面的作用尚未明确。抗菌肽或许具有重要的免疫调节功能，但其对乳腺炎确切的保护作用未知（Bowdish等，2005）。

未感染的奶牛的乳汁中的体细胞的数量通常每毫升少于十万个。这些细胞包括巨噬细胞、少量的淋巴细胞和中性粒细胞，以及更少的上皮细胞。在泌乳早期和晚期，奶汁中的细胞数量趋于增加，并且在泌乳后期中性粒细胞百分比增加。乳腺细胞的募集速度是影响乳腺炎发生的一个重要因素，并且在感染前奶汁中体细胞数低的奶牛，比体细胞数高的奶牛，发生严重的乳腺炎的风险更高。巨噬细胞识别入侵的病原，并引发炎症反应。巨噬细胞释放细胞因子，如IL-1β和TNF-α，它们不仅激发炎症反应，而且增加中性粒细胞的杀菌活性。在清除入侵乳腺的细菌方面，中性粒细胞发挥主要作用。作为对一些炎症介质（如细胞因子和前列腺素）的响应，来自血液中的中性粒细胞积聚到感染部位，这是炎症反应起始的一个环节。上皮细胞和内皮细胞在中性粒细胞的募集中发挥重要作用，因为细菌对上皮细胞的黏附和细菌毒素对这些细胞的作用，能够诱导TNF-α和IL-6等细胞因子合成（Rainard 和 Riollet，2003）。然后，这些细胞因子激活内皮细胞一些黏附分子的表达。随后，中性粒细胞和内皮细胞通过这些黏附因子而结合。C5a、C3a、LPS、IL-1、IL-2和IL-8等趋化因子促进中性粒细胞穿过血管内皮细胞间隙，迁移进入组织中（Rainard 和 Riollet，2006）。感染数小时内乳汁中体细胞数量增加，亚临床感染的奶牛乳汁通常每毫升有几百个细胞。在患有乳腺炎的病牛奶汁每毫升可能存在数百万个体细胞。中性粒细胞吞噬入侵的细菌后，通过依赖氧或不依赖氧的系统杀死被吞噬的细菌。其中，依赖氧的系统通常能有效地抗击革兰阴性菌，但一些微生物，如金黄色葡萄球菌，它能产生过氧化氢酶，从而能抵抗

依赖氧的杀菌系统。不依赖氧的杀菌系统是通过溶酶体内的水解酶介导的。然而，由于中性粒细胞摄入酪蛋白和脂肪颗粒，这种杀菌机制效率在乳汁中可能较低。被募集的中性粒细胞活化时，出现呼吸爆发并释放一些酶，它们在抗菌的同时，也会导致组织损伤和乳腺功能障碍。

淋巴细胞对乳腺的保护作用成为很多研究的主题。T淋巴细胞的比例随泌乳期的阶段而变化，在泌乳后期比例最高。T淋巴细胞亚群的比例在哺乳期之间也会发生变化。目前还不清楚这些变化在功能上的意义，可能与产后期对感染的抵抗力下降有关（Sordillo等，1997）。

在正常牛乳中，免疫球蛋白主要是IgG1，它们被选择性从血清转移到牛乳。但IgG1在奶汁中浓度较低，约为0.6毫克/毫升（Butler，1981），其他免疫球蛋白的浓度更低。患乳腺炎时，将奶汁和细胞间隙隔离的上皮细胞的渗透性增加，使一些大分子从血液中进入乳汁。这种渗透性的增加有重要意义，导致患乳腺炎的牛乳中免疫球蛋白的浓度升高。IgG1亚类可调理巨噬细胞对细菌的吞噬作用。随着中性粒细胞进入到受感染组织，IgG2的重要性增加，因为IgG2能调理中性粒细胞对细菌的吞噬作用。IgM也能发挥调理素作用。IgA能凝集细菌，阻止细菌黏附上皮细胞，并中和细菌毒素。

◉ 传染性乳腺炎

奶牛乳腺是传染性乳腺炎的病原（金黄色葡萄球菌、无乳链球菌、牛支原体和牛棒状杆菌）的主要储存器官。受感染的乳腺是常见的传染源。感染的传播和控制措施的适当性与特定病原体在宿主体内的存活能力等因素相关。由于链球菌和支原体对环境影响耐受性差，它们在宿主体外的生存周期比金黄色葡萄球菌更短。病原的毒力直接决定乳腺炎局部病变和全身性反应的严重程度。

■金黄色葡萄球菌

尽管已实施乳腺炎控制措施，金黄色葡萄球菌感染仍是引发奶牛临床和亚临床乳腺炎的常见病原。金黄色葡萄球菌可定殖于乳头皮肤和乳头管，可造成乳房内感染。然而，乳房被认为是主要的传染源。用菌株分型技术（如多位点序列分型技术）表

明，自乳房内分离的金黄色葡萄球菌的菌株，与从身体其他部位分离的菌株，有所不同。Smith等（2005）报道，从三个国家（英国、美国和智利）分离到的造成乳房内感染的大多数菌株属于同一个单克隆。这一发现表明，某些菌株易在牛乳房内定殖。虽然金黄色葡萄球菌是有抵抗力的微生物，在环境中可以存活数周，但其感染主要发生在挤奶的过程中，且主要是通过被污染的挤奶员的手、乳头杯衬垫和乳房敷料传播。一些黏附素，如纤维蛋白原结合蛋白和纤连蛋白结合蛋白A，可促进内部黏膜表面的黏附性。尽管存在局部免疫应答，但细菌产生一些毒力因子，使细菌能够定殖于乳腺中。细菌分泌的透明质酸酶、葡激酶和蛋白酶等酶，可协助细菌入侵。细菌的抗吞噬因子，如荚膜，可协助葡萄球菌的抗吞噬作用。即使这些细菌被吞噬，它们也可在吞噬细胞内持续繁殖。当这种情况发生时，金黄色葡萄球菌不仅不能被吞噬细胞杀死，而且可以从吞噬细胞释放出来，继而感染和损伤其他的宿主细胞。乳腺上皮细胞内生存的菌株及其可以产生生物被膜的细菌，能够帮助这些细菌在乳腺中持续存在（Melchior等，2006）。细菌的毒力因子，如胞外酶、杀白细胞素和溶血素，会加重组织损伤。

由金黄色葡萄球菌引起的乳腺炎，根据严重程度，可以分为超急性至亚临床等一些类型。其中，伴有周期性临床发作的慢性亚临床型乳腺炎是最常见的形式。急性和慢性金黄色葡萄球菌乳腺炎分离株产生的毒力因子没有明显区别，它们临床表现可能会受到感染时所处的泌乳阶段的影响。严重的乳腺炎通常发生在泌乳初期。最严重的形式（急性坏疽性乳腺炎）会形成静脉血栓，伴有乳房局部水肿和充血，可导致组织坏死。急性坏疽性乳腺炎罕见，发病突然，临床症状包括高烧、极度抑郁和厌食。触诊时，感染乳区存在肿胀和疼痛乳房变色明显，在24小时内能明显看到黑色坏疽区域。该病除非尽早进行适当的治疗，否则引发毒血症可能会导致死亡。急性乳腺炎的特点是感染的腺体严重肿胀，有含凝块的脓性分泌物。该病常导致乳腺广泛的纤维性变化。

在慢性或亚临床金黄色葡萄球菌乳腺炎中，细菌从感染部位脱落，伴随着体细胞数升高。这种类型的乳腺炎的临床表现与组织损伤的程度有关。细菌繁殖主要发生在集合管，也有一些在乳泡中繁殖。炎症反应导致乳管堵塞和相关乳泡萎缩。大量的吞噬细胞可能会导致脓肿和纤维性变化，这会妨碍病原菌的有效清除，并且干扰治疗过程中抗生素的渗透。因此，尽管有些金黄色葡萄球菌引起的乳房内感染可被免疫机制清除，但多数转为慢性、轻度或亚临床型乳腺炎，造成巨大的生产损失。

■无乳链球菌

无乳链球菌，作为奶牛乳腺炎的一种致病病原，相比过去，近年来感染率下降显著。然而，在个别细胞计数偏高的牛群中，它仍是一个问题。此病原是牛乳腺的寄生菌，在某些环境中也可生存。对于卫生条件差的牛群，环境性感染可能很重要。此菌感染的过程与慢性金黄色葡萄球菌感染类似，伴有周期性排菌和偏高的体细胞计数。引起牛乳腺炎的无乳链球菌的毒力因子研究较少。该菌多种表面蛋白可能在黏附过程中发挥重要作用；该菌荚膜使其能够抵抗吞噬作用；该菌胞外酶（包括溶血素）可造成组织损伤。这种细菌进入乳腺后，开始繁殖并侵入输乳管，通过管壁进入淋巴系统，且在乳腺的淋巴结出现。募集的中性粒细胞随后进入腺体，引发炎症反应，导致乳头导管堵塞和分泌器官萎缩。这些炎症周期性循环发生，导致分泌性能逐渐丧失。该病第一次感染引起的细菌繁殖和炎症反应常导致相对温和的全身性症状。随后，临床症状通常是轻微的，且只限于乳腺。当腺泡和导管的炎症开始消退，上皮层脱落，可致牛乳中形成凝块。在牛乳出现明显变化之前，常常已经发生乳房损伤。

■支原体

虽然从暴发的奶牛乳腺炎病例中已经分离出多种支原体，最重要的支原体是牛支原体。在大规模奶牛群中，支原体乳腺炎特别常见。该菌的储存宿主通常是健康犊牛和幼牛，它们的呼吸道中寄生有牛支原体。通过偶尔的乳头注射和插管，也可将支原体传播到未感染的牛群。一旦感染，通过挤奶会传播给其他奶牛。感染奶牛每毫升牛奶中可含有十万到千万个支原体。污染的挤奶机、挤奶工人的手和衣服，都是重要的传染源。四个乳区之间会发生血源性支原体传播。牛支原体也可引起先天性感染，因此该病能在牛群中引起持续感染。由支原体引起的乳腺炎的机理目前还不清楚。有人认为与支原体感染其他组织一样，支原体表面蛋白对于组织黏附和免疫逃避非常重要。

该病引起乳腺出现广泛的化脓性间质性渗出，导致乳泡上皮细胞变性。在疾病晚期，上皮细胞增生伴有纤维性变化和乳腺萎缩。

感染支原体的奶牛并不都表现临床症状，亚临床携带者是重要的传染源。如果奶牛感染后出现临床症状，牛奶的黏度会发生剧烈变化，牛奶产量在感染后几天内会急剧下降。牛奶表观正常，但静置后会出现泥沙状或絮状物沉淀，并形成乳清样上清。在疾病后期，牛奶产量减少，黏稠或呈血清样，并含有凝乳状物质。治疗效果通常有差异，常引起无乳症。

■凝固酶阴性葡萄球菌和棒状杆菌

凝固酶阴性葡萄球菌和棒状杆菌是次要的乳腺炎致病病原，但它们可引起亚临床或轻微的乳腺炎。它们之所以被归类为传染性病原，是因为凝固酶阴性葡萄球菌可以认为是动物正常菌群的一部分，而牛棒状杆菌是牛乳腺和乳头管内的寄生菌。与实施有效控制措施的牛群相比，不实施乳头浸泡也不进行干奶期治疗的牛群中，这些细菌病原的感染较为普遍。表面上看，在干奶期定殖的凝固酶阴性葡萄球菌，在奶牛产犊时发生感染很常见。虽然从患乳腺炎的奶牛中可分离到多种类型的凝固酶阴性葡萄球菌（见第14章），但产色葡萄球菌和猪葡萄球菌最为常见。许多奶牛感染凝固酶阴性葡萄球菌后，在分娩后不久病原就会被清除，但也可能转变为持续感染。有些凝固酶阴性葡萄球菌菌株可侵入乳腺，并产生毒素（Anaya-Lopez 等，2006）。如果奶牛场对引起乳腺炎的其他主要病原菌控制得比较好，那么感染凝固酶阴性葡萄球菌只是引起牛群的体细胞计数升高或轻微的临床症状。有人认为，牛感染凝固酶阴性葡萄球菌后，不易感染引起传染性乳腺炎的其他主要病原菌。感染牛棒状杆菌后，可能使奶牛免受金黄色葡萄球菌的感染，但并不能使奶牛免受链球菌的感染。

◉ 环境性乳腺炎

从许多国家奶牛的临床乳腺炎病例中，经常可以分离到大肠杆菌和乳房链球菌等存在于环境中常见的致病菌。乳头末端污染是诱发环境性乳腺炎的一个主要因素。在有机垫料中，环境中的病原微生物能存活

并繁殖，奶牛饲养环境会影响乳头的污染率。稻草做的垫料容易引起乳房链球菌乳腺炎。用锯末、刨花做垫料时，容易引起大肠杆菌和克雷伯菌乳腺炎。对环境性病原菌的感染率，圈养奶牛通常高于放牧奶牛，虽然从密集放牧的草场分离到的乳房链球菌与在垫料中分离的链球菌数目接近（Harmon 等，1992）。这类感染可通过乳导管的环境污染而传播。铜绿假单胞菌或者对抗生素有耐药性的真菌等环境性病原菌引起的乳腺炎暴发，与这种传播方式也息息相关。环境中的病原引起的感染多发生于干奶期，或在产犊前数周。多数大肠杆菌引发的感染发生于产犊前7~10天。这在一定程度上可以解释为大肠杆菌通过肠菌素铁捕获系统（enterobactin iron-acquisition system）在干奶期的乳腺中能够获取较多的铁（Smith 和 Hogan，1993）（Hogan 和 Smith，2003）。通常情况下，环境性乳腺炎比传染性乳腺炎的持续时间短。此外，大肠菌引起的乳腺炎在临床症状比较明显和严重。贴93.3列出了从患乳腺炎的奶牛能够经常分离出的环境性病原菌。

┌─ △ 贴93.3　从奶牛环境性乳腺炎能够经常分离到的病原菌

- 化脓隐秘杆菌（*Arcanobacterium pyogenes*）
- 芽胞杆菌（*Bacillus*）
- 产气肠杆菌（*Enterobacter aerogenes*）
- 粪肠球菌（*Enterococcus faecalis*）
- 肺炎克雷伯菌（*Klebsiella pneumonia*）
- 钩端螺旋体（*Leptospira*）一些血清型
- 溶血性曼氏杆菌（*Mannheimia haemolytica*）
- 牛支原体（*Mycoplasma bovis*）
- 吲哚嗜胨菌（*Peptoniphilus indolicus*）
- 铜绿假单胞菌（*Pseudomonas aeruginosa*）

■大肠杆菌和其他肠杆菌

混装牛奶体细胞数量减少与毒素性乳腺炎发病率升高之间的关系已有报道。此类乳腺炎多数是由大肠杆菌感染引起的（Green 等，1996；Menzies 等，2000）。混装牛奶体细胞数、单头奶牛的牛奶体细胞数和毒素性乳腺炎之间的关系并没有被完全阐明。新近研究表明，乳腺细胞的募集缓慢是发生此病的诱因，单头奶牛感染前体细胞数量的高低可影响后续乳腺炎的发展速度和严重程度（Hill，1981；

Shuster 等，1996；Green，2000）。体细胞数与大肠菌乳腺炎的发病风险并无直接相关性。

大肠杆菌乳腺炎的致病机理主要是内毒素的作用。内毒素可以损伤乳腺泡腔壁和乳腺间质组织中的微血管，可引起乳区充血、出血和水肿。大肠菌通常不直接侵入组织内部，如果奶牛耐受内毒素的作用而存活，则在同一泌乳期内，感染的乳区可部分恢复牛奶的分泌。该病的严重程度依赖于中性粒细胞应答和乳腺中存在的中性粒细胞数量。若应答延迟或中性粒细胞数量少，临床症状可能会很明显——这通常发生于刚产犊的奶牛。患急性大肠菌乳腺炎的奶牛可能突然发病，伴有毒血症、厌食、精神萎靡和发热等症状。发病数小时内，奶牛躺卧，温度下降到正常或低于正常水平，接着发生过度腹泻和脱水。通常情况下，感染乳区不表现明显的肿胀或发热。浆液性分泌物中含有小片坏死组织，出现此症状后一两天内，奶牛会症状加重甚至死亡。存活的奶牛数日内可以康复。有些存活的奶牛多日保持侧卧姿势，从而引起一些并发症，因此可能需要对这些奶牛实施安乐死。急性感染的特点是患病乳区产生水样或浆液性分泌物，通常可康复。大肠杆菌慢性、亚临床性和反复性感染可能比预想的更为常见（Bradley 和 Green，2001）。

■乳房链球菌

牛身体的多个部位，包括扁桃体、胃肠道、生殖道和表皮，可感染乳房链球菌。污染的垫料被认为是该菌从一头奶牛的奶头传染到另一头奶牛的奶头重要来源。该菌在稻草垫料中含量很高，在木屑垫料中含量适中，在无机垫料（如沙）中含量较低。从密集放牧的草场中可分离到与污染垫料中数目相似的乳房链球菌。

乳房链球菌黏附到完好的乳腺组织上，对于乳房链球菌不是首要原因。然而，Almeida等2006年报道了乳房链球菌表达一种特异性地黏附到牛乳腺上皮细胞的黏附分子。乳房链球菌的成功定殖可能与该菌抵抗中性粒细胞的吞噬作用以及从牛乳获得营养物质的能力有关。乳房链球菌是营养依赖性微生物，无法合成其繁殖所需的氨基酸。这种微生物分泌一种血纤维蛋白溶酶原激活剂（plasminogen activator），可将血液中纤维蛋白溶酶原转换成纤维蛋白溶酶，从而可以将酪蛋白水解成多肽。据认为，乳房链球菌利用这些多肽以维持其生长。这种假设的致病机理尚未得到证实，但针对纤维蛋白溶酶原激活剂的疫苗在应用上取得某些成功，表明这个蛋白对乳房链球菌的致病机理有重要意义（Leigh，1999）。该菌对中性粒细胞的吞噬和杀伤作用的耐受性归因于荚膜的存在。乳汁异常是大多数奶牛临床感染这种病原菌的显著特性，而出现发热和厌食等全身性症状的奶牛，不超过10%。

■其他环境微生物

停乳链球菌的感染率介于传染性乳腺炎和环境性乳腺炎病原感染率之间。这种微生物可存在于养牛的环境中，从奶牛的扁桃体、口腔和阴道也能分离到。然而，这些细菌可在乳腺持续存在，这可能与其侵害奶牛乳腺上皮细胞有关。这类病原可通过挤乳过程在奶牛之间传播，与干奶期奶牛和育成牛的夏季乳腺炎也有关联。

┌─ △ 贴93.4 环境中偶尔可以引起奶牛乳腺炎的微─┐
生物
- 空肠弯曲菌（*Campylobacter jejuni*）
- A型产气荚膜梭菌（*Clostridium perfringens type A*）
- 溃疡棒状杆菌（*Corynebacterium ulcerans*）
- 真菌
- 昏睡嗜组织杆菌（*Histophilus somni*）
- 产单核细胞李氏杆菌（*Listeria monocytogenes*）
- 牛分枝杆菌（*Mycobacterium bovis*）
- 星状诺卡菌（*Nocardia asteroids*）
- 多杀性巴氏杆菌（*Pasteurella multocida*）
- 中型无绿藻（*Prototheca zopfii*）
- 黏质沙雷菌（*Serratia marcescen*）
- 兽疫链球菌（*Streptococcus zooepidemicus*）
- 化脓链球菌（*Streptococcus pyogenes*）A群
- 假结核耶尔森菌（*Yersinia pseudotuberculosis*）
└─────────────────────────────────┘

偶尔，乳房内输液过程中导致环境性病原菌进入乳腺，引起乳腺炎。蜡状芽胞杆菌的芽胞或真菌可通过粗心的乳房注射侵入乳腺。铜绿假单胞菌是一种环境性微生物，可在水中存在，偶尔它们也会污染奶牛用的商品（如乳头湿巾）。输入乳房的抗生素对蜡状芽胞杆菌的芽胞或真菌无效，对假单胞菌类也无效。这类乳腺炎的临床症状轻重不一，如蜡状芽胞杆菌可引起的急性出血性乳腺炎，而产单核细胞李氏杆菌引起的乳腺炎症状较轻。然而，这类轻度感染可以引起牛乳产量下降。此外，产单核细胞李氏杆菌引起的感染具有人畜共患意义。贴93.4列出了环境中偶尔可以引起奶牛乳腺炎的微生物。

■夏季乳腺炎（summer mastitis）

"夏季乳腺炎"用来描述一种急性化脓性乳腺炎，发生在夏季和初秋的干奶期奶牛和放牧的育成牛。它主要发生在欧洲北部和西部，在其他地方偶尔暴发。化脓隐秘杆菌和吲哚嗜胨菌（以前称为 *Peptostreptococcus*，即消化链球菌）被认为是引起该混合感染的两个主要病原。停乳链球菌也可能发挥主要作用，从感染乳区还可以经常分离到其他一些细菌（尤其是厌氧菌）。本病的季节特性表明夏季的感染风险高。蝇，尤其是 *Hydrotoea irritans* 类的蝇，可能引起夏季乳腺炎病原在奶牛之间的传播，粗放放牧引起乳头损伤后，较易发生微生物的定殖和感染。干奶期奶牛和育成牛经常在集约化程度低的与农田相邻的树林和灌木丛放牧，这些树林和灌木丛是适合苍蝇生存的栖息地。通过乳头管引起的乳头损伤，可导致严重的临床乳腺炎，并伴有全身症状。化脓隐秘杆菌的毒力因子包括一种溶血素，对免疫细胞具有溶细胞性，它也是一种候选疫苗的研究对象。细菌分泌的神经氨酸酶与胞外基质结合蛋白可促进细菌黏附到乳腺上皮细胞上。感染夏季乳腺炎的动物出现发热、厌食、乏力和精神沉郁等症状，有些甚至流产。受感染的乳区表现肿胀、坚硬、疼痛，分泌含凝块的水样物质，随后伴有化脓性恶臭气味。如果奶牛从毒血症恢复，会形成脓肿，并最终排出体外。受感染的乳区会完全丧失功能，因此被感染奶牛将遭到淘汰。

◉ 诊断

国际乳品联合会在1967年设定的乳腺炎的判定标准，现在已经改成每毫升牛奶中超过十万个体细胞（Hamann，2005）。混装乳的判定标准各个国家不尽相同，因此同样的体细胞计数结果在各个国家可能有不同的判定。某头奶牛体细胞计数每毫升大于20万个，可作为亚临床乳腺炎的判定标准。病原学诊断依赖于提交的牛乳样品的质量。如果从一份牛乳样品中分离到一种以上的微生物，不能由此判断对应的奶牛存在混合感染，除非是由乳头创伤引起的乳腺炎（这种乳腺炎混合感染较为常见）。正确的样品采集程序如下：

如果乳头有明显污物，应先进行清洗并擦干；

乳头末端用70%酒精清洗，停留1分钟后，再进行取样；

因为挤出的第一阶段奶可能受到污染，所以应该丢弃；

收集奶样的无菌容器应平行于地面放置，并与取样乳头保持90°角。这样会降低接触乳房表面或腹壁细菌的风险。

采样后采样容器应密封好，贴上奶牛编号和日期，并立即用于细菌培养。如果无法立即进行细菌培养，应保存于4℃环境，直到送至实验室。很多乳腺炎病原在-20℃环境中可存活，因此，采集的样品应冷冻并成批提交到实验室。有些细菌在冷冻环境下无法生存，因此如果病原很难分离，那么样品采集后应立即进行病原培养分离。

乳腺炎病原很多可通过常规方法进行分离。初始培养介质可以是血琼脂、爱德华培养基（可用来选择性分离链球菌）和麦康凯琼脂。根据病原在这些培养基的菌落形态、溶血模式和生长特性，通常可进行初步鉴定。病原的明确鉴定需要采用本书有关章节中描述的病原特异性检测方法。诊断试剂盒同样可用于常见乳腺炎病原的检测。这些试剂盒包括一种测试微生物利用不同糖类化合物等生化特性的微生化检测系统。这些检测常用于链球菌和肠杆菌科的成员的鉴定。可用的商品化凝集试验试剂盒包括链球菌兰氏分类检测试剂盒和金黄色葡萄球菌与凝固酶阴性葡萄球菌的鉴别检测凝集试剂盒。

有时，无法从乳腺炎牛乳样品中分离出细菌。其原因包括：

· 取样前使用过抗生素。

· 在炎症反应期间，细菌被破坏。由大肠杆菌或其他环境微生物引起的乳腺炎，乳中虽然没有病原菌，但其分泌的内毒素仍然可以继续引起全身性症状。

· 慢性乳腺炎的致病病原已经消除，但病变依然存在。

· 病原分离失败可能与所使用的培养基和培养方法有关。有些病原如支原体、钩端螺旋体Hardjo血清型和真菌的培养，需合适的培养基、特定的分离程序和适当的培养条件。

·外伤引起的乳腺炎

采样时可以收集相应奶牛的历史背景信息。如果检测结果（如细菌分离阴性）与历史背景信息不符，则需进行进一步研究。分子生物学方法提高了检测的敏感性，并且可以对受损的或死亡的微生物进行检测。新近，Taponen等（2009）采用实时聚合酶链式反应，发现43%的乳腺炎样品在培养时无细菌生长，但每毫升乳样品中含有$10^3 \sim 10^7$个乳腺炎病原基因组的拷贝。

■ **分子诊断方法**

应用分子生物学方法检测乳腺炎病原的技术已发展成熟，并且对难于分离培养的病原检测特别有用。Cai等（2005）使用实时聚合酶链式反应，对乳制品中的支原体（一种需特殊培养的微生物）进行了检测。在一篇分子诊断的综述中，Cai 等（2003）指出在众多方法中实时聚合酶链式反应可能是最有用的，这是因为这种方法可以定量，能区分真正的病原和少数污染的微生物。采用多重聚合酶链式反应对引起乳腺炎的主要革兰阳性菌进行检测和鉴别，已有相关报道（Gillespie 和 Oliver，2005）。

◉ **治疗**

抗生素在奶牛乳腺炎的治疗控制中有广泛应用。许多国家奶牛场很容易获得奶牛乳腺炎治疗用的抗生素，这有可能导致抗生素的滥用。有些国家，如挪威，抗生素制剂只能通过处方买到，因此很少发生抗生素滥用情况。开处方的兽医需彻底了解这些抗生素用于治疗乳腺炎的基本原理，并将这些信息清晰地传达给养殖场负责人。使用抗生素治疗乳腺炎，可通过注射或乳房内给药两种途径。大多数情况下，建议使用乳房内路径，以便牛乳中达到治疗浓度（Constable 等，2008）。肌肉或静脉注射抗生素，对于由金黄色葡萄球菌引起的急性乳腺炎或大肠杆菌引起的菌血症治疗，非常有效。急性乳腺炎发生时，由于炎症渗出物引起乳导管闭塞，通过乳房内路径使用的抗生素可能无法到达受感染的部位。通过注射抗生素进行乳腺炎的治疗时，所用的抗生素应该有合适的特性（贴93.5），适用于乳腺炎的治疗（Sandholm，1995；Ziv，1980）。

△ **贴93.5 进行乳腺炎治疗的注射途径使用的抗生素理想特征**

- 对乳腺炎病原最低抑菌浓度小
- 在肌肉或静脉注射后，在乳腺组织的生物利用度高
- 抗生素的化学结构有利于在乳中积累
- 与血清蛋白结合少
- 半衰期长

■ **宿主、病原和抗微生物剂的相互作用**

治疗奶牛乳腺炎时，抗生素的选择与病原的特性及感染的位置有关，也与宿主的应答和药物代谢动力学和作用机理有关。因为每头患乳腺炎的奶牛通常只感染一种病原菌，所以应该尽可能选择一种有效的抗生素，避免联合使用多种抗生素和广谱抗生素。在进行治疗之前，应对进行病原分离和药物敏感性测试。临床症状和牛群背景信息可能会提示感染了哪种病原菌。通常在确定病原之前就已经开始治疗奶牛乳腺炎，所以如果有必要的话，根据体外抗生素敏感试验，可以调整治疗方案。

用抗生素对大肠杆菌引起的乳腺炎进行治疗的效果还不确定。这是因为这类乳腺炎涉及内毒素活性和后续炎症介质的释放。对大肠杆菌急性乳腺炎进行的试验研究表明，抗生素治疗没有明显地缩短奶牛康复时间。此外，大肠杆菌亚急性和轻度感染的自然痊愈率比例可达到90%。催产素配合乳腺频繁挤压的治疗，与抗生素疗法一样有益。

有些抗生素难以进入细胞内部，这类抗生素对于链球菌乳腺炎治疗是有效的，因为链球菌不是细胞内病原。相反，它们很难清除金黄色葡萄球菌的感染，因为金黄色葡萄球菌可在吞噬细胞中存活。此外，脓肿形成和纤维性变化限制抗菌药物的渗透，而且由于葡萄球菌的刺激，吞噬细胞发生呼吸爆发，导致β-内酰胺抗生素被灭活。

可以通过体外抗生素敏感性试验，确认抗生素的有效性。然而，体外效果可能和体内效果有所区别。另外，当牛乳掺入药物敏感性测试的培养基后，许多抗菌剂会丧失活性。对于葡萄球菌来说，用有牛乳的培养基进行测试，大环内酯类抗生素可失效90%，而四环素可失效75%（Sandholm，1995）。

除葡萄球菌对青霉素有抗性，许多乳腺病的病原对大多数抗生素敏感。表93.1列出了目前常用于奶牛乳腺炎治疗的抗生素，虽然它们都不是完全理想的。

表93.1 化学疗法对细菌性病原引起的牛乳腺炎进行治疗

病原	用于治疗的抗菌剂	备注
金黄色葡萄球菌	头孢类抗生素、青霉素、红霉素、青霉素（如果病原菌没有抗性）、青霉素结合新生霉素、吡利霉素、四环素类、泰乐菌素、替米考星	由于药物在感染部位缺乏渗透性，治疗效果和清除细菌感染都不能确定
无乳链球菌	头孢类抗生素、青霉素、大环内酯类、青霉素	泌乳期可治疗成功。用密集的抗生素治疗，可从畜群中根除此病原
牛支原体	四环素类药物、泰乐菌素	抗生素治疗通常无效，扑杀受感染动物可控制此病
大肠杆菌	氨苄青霉素-邻氯青霉素、头孢菌素、庆大霉素、麻保沙星、四环素类	抗生素治疗效果现在受到质疑，但可能有助于提高免疫系统受损的奶牛的康复率。对于急性乳腺炎，采取支持性治疗很重要
环境链球菌	氨苄青霉素、头孢菌素类、氯唑西林、庆大霉素、麻保沙星、四环素	乳房途径给予抗生素治疗临床效果良好
化脓隐秘杆菌	青霉素、四环素	化脓隐秘杆菌引起的化脓性反应使抗生素难以渗透到感染部位，因此抗生素治疗通常无效

抗生素耐药性

葡萄球菌对抗生素的耐药性是成功治疗奶牛乳腺炎的一个主要障碍。虽然引起葡萄球菌乳腺炎治疗失败的原因很多，但葡萄球菌某些菌株产生β-内酰胺酶是导致失败的主要原因。金黄色葡萄球菌青霉素耐药菌株在各个国家流行程度不同。挪威分离出的金黄色葡萄球菌大约有20%的菌株对青霉素有耐药性（Brun，1998）；一些欧洲国家以及美国和津巴布韦调查表明，这些国家36%的金黄色葡萄球菌的菌株对青霉素有耐药性（de Oliveira 等，2000）。在苏丹的一份研究中，73%的金黄色葡萄球菌的菌株表现出多重耐药性（Kuwajock 等，1999）。金黄色葡萄球菌耐大环内脂类治疗药物的菌株，不如耐青霉素药物的菌株普遍，比例为14%~17%。邻氯青霉素可选择性用于耐甲氧西林的金黄色葡萄球菌的治疗。

泌乳奶牛乳腺炎的抗生素疗法

泌乳期临床乳腺炎通常用抗生素进行治疗，而干奶期奶牛抗生素治疗主要用于亚临床乳腺炎的控制。无乳链球菌引起的奶牛乳腺炎的治疗是个例外，这类临床和亚临床的乳腺炎在泌乳期都可以完全治愈。无乳链球菌通常通过乳房内途径治疗，治愈率接近100%。饱和治疗甚至可以从奶牛群体中清除这种病原菌。这需要对被感染牛群进行病原菌检测和鉴定、对所有感染的奶牛进行治疗以及严格的卫生措施，彻底阻断这种病原菌的传播。通过这种疗法，仍然患病的奶牛需接受进一步治疗。另一种治疗方案是对牛群中所有的泌乳奶牛进行治疗（即饱和治疗）。

泌乳期金黄色葡萄球菌引起的乳腺炎的治愈率为30%~60%，但在泌乳期的治疗很难完全清除病原，常常需要在干奶期继续治疗。虽然新近的研究表明在某些奶牛群体中，对泌乳期亚临床乳腺炎进行治疗可以获得较大收益，但通常认为对泌乳期亚临床乳腺炎进行治疗无经济效益（Swinkels 等，2005a，b）。抗生素治疗支原体乳腺炎一般无效，然而也有加州支原体（M. californicum）和加拿大支原体（M. canadense）引起的一起奶牛乳腺炎疫情，通过乳房内途径使用氯四环素和肌内注射泰乐菌素的联合用药，得到治愈的报道（Mackie 等，2000）。大肠杆菌乳腺炎的抗生素疗效有很多不确定性，但尽早治疗可以减少内毒素的产生，并且对于在产后早期可能存在一定程度免疫抑制的奶牛，抗生素疗法可能会提高康复率。另外，一旦出现严重的大肠杆菌乳腺炎引发的菌血症，需要全身性使用抗生素疗法（Wenz 等，2001）。

干奶期奶牛乳腺炎的治疗

乳房内途径使用抗生素用于治疗干奶初期由传染性病原（主要是金黄色葡萄球菌）引起的乳腺炎。

对泌乳后期检测到的环境性病原（如乳房链球菌）引起的亚临床乳腺炎的治疗，可能延迟到干奶期。

干奶期奶牛乳腺炎的治疗可使金黄色葡萄球菌的清除效率达到25%~75%。年长的奶牛、持续感染且体细胞计数较高的奶牛、多乳区感染且体细胞计数较高的奶牛，治愈率都比较低。

■其他治疗方法

为消除内毒素的影响，静脉输送抗炎药物的支持疗法是治疗超急性和急性大肠杆菌乳腺炎的重要手段。催产素结合手挤也有助于去除病菌以及它们的毒素和炎症碎片。此外，在治疗人工接种金黄色葡萄球菌引起的奶牛乳腺炎方面，催产素已被证实与抗生素同样有效（Knight 等，2000）。一些天然药物、草药和其他药物也被用于治疗奶牛乳腺炎，但它们的效果难以评估，因为缺乏相应的客观的数据。

◉ 预防和控制

传染性乳腺炎和环境性乳腺炎合适的预防控制措施是不同的。虽然使用功能正常的挤奶设备等措施，对预防奶牛乳腺炎是有效的，但每个奶牛场还需要对引起奶牛乳腺炎的主要病原进行检测和鉴定，以便制定有效的控制策略。贴93.6列出了奶牛乳腺炎通用的控制措施。

△ 贴93.6　奶牛乳腺炎通用的控制措施
- 正确维护挤奶设备
- 采用卫生的挤奶措施
- 挤奶后进行乳头消毒
- 对干奶期奶牛和发病奶牛进行抗生素治疗
- 淘汰持续感染奶牛

■传染性乳腺炎

传染性乳腺炎的传染源是患病奶牛，因此清除乳腺感染对传染性乳腺炎的控制非常重要。

对干奶期奶牛进行抗生素治疗的功效依赖于病原菌对抗生素的敏感性。这种治疗对链球菌的有效率可以达到80%，但对金黄色葡萄球菌的有效率平均仅为50%。

消除乳头病变有助于减少病原在乳头皮肤的定殖（尤其是金黄色葡萄球菌）。

淘汰持续感染的母牛对葡萄球菌乳腺炎及支原体乳腺炎的控制，尤为重要。

预防新的感染需采取措施，阻止病原进入乳头并减少乳头接触病原的机会。

正确维护挤奶设备，使挤奶设备运转正常，可减少衬垫滑落，减少真空压力波动和异常，从而减少病原进入乳头管的风险。另外，挤奶设备运转状态可直接影响乳头组织。减少乳头管角化过度等较小的病变，可以降低乳腺炎的发生率。挤奶设备的奶杯可以传播病原，合理进行奶杯设计可以降低病原传播概率。研究显示爪钳容量小、空气流通不好和奶流速度低可以增加病原在乳头之间的传播（Woolford，1995）。

用消毒液冲洗较脏的乳头，然后用纸巾擦干，用消毒液冲洗挤奶设备，这些卫生的挤奶措施可以减少感染率。

有效的挤奶后乳头浸润或喷雾是控制传染性乳腺炎的一项重要措施。用于乳头浸润或喷雾的化学消毒剂种类较少，包括一些释氯的化合物、碘化合物、季铵类化合物和氯己定葡萄糖酸盐。这方面的消毒剂需要符合一系列的有效性和安全性的标准，所以种类较少。它们应无刺激性、无毒性。此外，它们应在牛奶等有机质中保持活性，不能被组织吸收，且在牛乳中无残留。

最后对临床感染的奶牛进行隔离会减少感染传播的可能性。如果不能将临床患病奶牛隔离，牛奶集群应及时消毒，或给患病奶牛使用单独的牛奶集群，以减少感染的传播。

图93.1列出了引起传染性乳腺炎的细菌传播方式和适当的预防控制措施。理论上，通过疫苗接种增强奶牛的抵抗力是预防和控制传染性乳腺炎的有效方式。虽然针对金黄色葡萄球菌的疫苗的研究仍在继续，并且美国已经使用一种商品化灭活疫苗，但该疫苗的效力有限，且经济上可能不太合算。这是因为使用其他效果确切的控制措施也可以降低金黄色葡萄球菌乳腺炎的患病率。

■环境性乳腺炎

减少环境中病原的数量取决于奶牛在圈养或放牧时环境的维护。在奶牛泌乳期和干奶期，奶牛棚房设施应予正确设计和较好维护。对控制大肠杆菌乳腺炎而言，用于干奶期和产犊期奶牛的棚房设施尤为重要。这是因为在许多情况下，大肠杆菌感染恰好发生在产犊之前。为减少环境中的病原数量，可以采取以下措施：

合理设计奶牛棚房设施，以确保奶牛正确的躺卧行为，有助于预防乳头受伤；

采用清洁和干燥的垫料，以减少环境性病原的

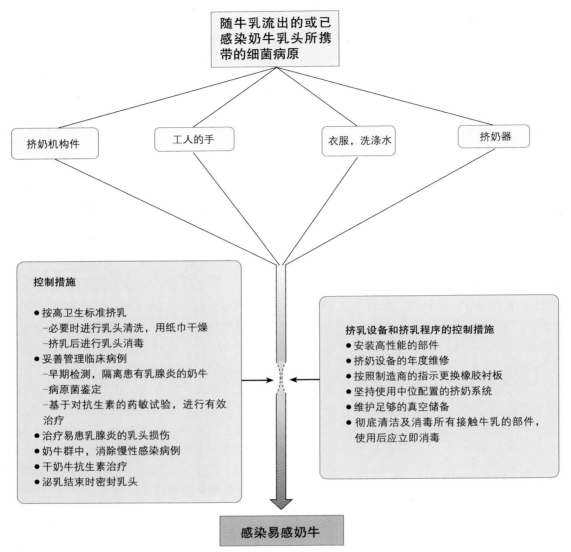

图93.1　引起奶牛乳腺炎的细菌性病原传播方式及其控制措施

增殖，干燥的无机垫料（如沙或厚垫子）比有机垫料（如稻草或木屑）的细菌要少。

通风良好的建筑物可防止环境性病原在潮湿环境繁殖。

为减少环境性病原引起的感染，可以采取以下措施：

正确操作挤奶设备，可预防环境中的病原进入到乳头管和乳腺；

在干奶期封闭乳头内部，可降低干奶期和产犊期出现新的感染（Woolford 等，1998；Berry 和 Hillerton，2007）（干奶期奶牛进行抗生素治疗也有助于预防新的感染，但它不能预防环境性乳腺炎）；

挤奶后，动物应保持站立姿势，直至乳头括约肌完全关闭，可降低感染的风险。这可以通过挤乳后饲喂奶牛来实现。

有些研究表明，挤奶前进行乳头药浴可使环境性病原的感染率下降50%，但在其他一些研究中，没有发现这个方法的预防效果。

商品化疫苗可预防由大肠杆菌引起的乳腺炎。这种疫苗是缺乏O抗原的大肠杆菌突变株，仅由核心抗原组成。这个核心抗原在革兰阴性菌之间高度保守，由脂质A和某些共同核心多糖组成。核心抗原使这种疫苗能够提供对一系列革兰阴性菌的交叉保护（Dosogne 等，2002）。尽管奶牛在干奶期和泌乳早期接种这种疫苗可降低大肠杆菌乳腺炎的严重程度，但它不能预防感染，也不一定能减少大肠杆菌乳腺炎的发生率（Wilson 等，2007）。除了降低乳腺炎的严重程度，接种这个疫苗的另一个好处是提高患乳腺炎的奶牛的牛奶产量（Wilson 等，2008年）。目前尚无用于预防引起奶牛链球菌乳腺炎的商品化疫苗，但针对乳房链球菌的疫苗正在进一步研究中（包括

对T细胞免疫应答的研究）（Denis 等，2009）。细胞介导的免疫应答与体液免疫应答相结合，对金黄色葡萄球菌疫苗的研发也至关重要。

◉ 参考文献

Almeida, R.A., Luther, D.A., Park, H.M. and Oliver, S.P. (2006). Identification, isolation, and partial characterization of a novel *Streptococcus uberis* adhesion molecule (SUAM). VeterinaryMicrobiology, 115,183–191.

Anaya-Lopez, J.L., Contreras-Guzman, O.E., Carabez-Trejo, A., et al., (2006). Invasive potential of bacterial isolates associated with subclinical bovine mastitis. Research in Veterinary Science, 81, 358–361.

Berry, E.A. and Hillerton, J.E. (2007). Effect of an intramammary teat seal and dry cow therapy in relation to dry period length on postpartum mastitis. Journal of Dairy Science, 90, 760–765.

Bowdish, D.M., Davidson, D.J., Scott, M.G. and Hancock, R.E. (2005). Immunomodulatory activities of small host defense peptides. Antimicrobial Agents and Chemotherapy, 49, 1727–1732.

Bradley, A.J. and Green, M.J. (2001). Adaptation of Escherichia coli to the bovine mammary gland. Journal of Clinical Microbiology, 39, 1845–1849.

Bradley, A.J., Leach, K.A., Breen, J.E., Green, L.E. and Green, M.J. (2007). Survey of the incidence and aetiology of mastitis on dairy farms in England and Wales. Veterinary Record, 160, 253–258.

Brun, E. (1998). Use of antibiotics and antibiotic resistance in Norwegian animal husbandry. Meierposten, 87, 216–218.

Butler, J.E. (1981). A concept of humoral immunity among ruminants and an approach to its investigation. Advances in Experimental and Medical Biology 137, 3–55.

Cai, H.Y., Archambault, M., Gyles, C.L. and Prescott, J.F. (2003). Molecular genetic methods in the veterinary clinical bacteriology laboratory: current usage and future applications. Animal Health Research Reviews, 4, 73–93.

Cai, H.Y., Bell-Rogers, P., Parker, L. and Prescott, J.F. (2005). Development of a real-time PCR for the detection of *Mycoplasma bovis* in bovine milk and lung samples. Journal of Veterinary Diagnostic Investigation, 17, 537–545.

Constable, P.D., Pyörälä S. and Smith, G.W. (2008). Guidelines for antimicrobial use in cattle. In *Guide to Antimicrobial Use in Animals*. Eds L. Guardabassi, L.B. Jensen and H. Kruse. Blackwell, Oxford. pp. 143–160.

Denis, M., Wedlock, D.N., Lacy-Hulbert, S.J., Hillerton, J.E. and Buddle, B.M. (2009). Vaccines against bovine mastitis in the New Zealand context: what is the best way forward? New Zealand Veterinary Journal, 57, 132–140.

de Oliveira, A.P., Watts, J.L., Salmon, S.A. and Aarestrup, F.M. (2000). Antimicrobial susceptibility of Staphylo-coccus aureus isolated from bovine mastitis in Europe and the United States. Journal of Dairy Science, 83, 855–862.

Dosogne, H., Vangroenweghe, F. and Burvenich, C. (2002). Potential mechanism of action of J5 vaccine in protection against severe bovine coliform mastitis. Veterinary Research, 33,1–12.

Gillespie, B.E. and Oliver, S.P. (2005). Simultaneous detection of mastitis pathogens, *Staphylococcus aureus*, *Streptococcus uberis*, and *Streptococcus agalactiae* by multiplex real-time polymerase chain reaction. Journal of Dairy Science, 88, 3510–3518.

Green, L. (2000). Latest situation on low SCC and subsequent intramammary infection. Cattle Practice, 8, 239–241.

Green, M.J., Green, L.E. and Cripps, P.J. (1996). Low BMSCC and endotoxin associated (toxic) mastitis: an association. Veterinary Record, 138, 305–306.

Hamann, J. (2005). Diagnosis of mastitis and indicators of milk quality. In *Mastitis in Dairy Production, Current Knowledge and Future Solutions*. Ed. H. Hogeveen.-Wageningen Academic Publishers, Wageningen. pp. 82–90.

Harmon, R.J., Clark, T., Ramesh, T.,etal. (1992). Environmental pathogen numbers in pastures and bedding of dairy cattle. Journal of Dairy Science, 75, 256.

Hill, A.W. (1981). Factors affecting the outcome of Escherichia coli mastitis in the dairy cow. Research in Veterinary Science, 31, 107–112.

Hogan, K.L. and Smith, J. (2003). Coliform mastitis. Veterinary Research 34, 507–519.

Knight, C.H., Fitzpatrick, J.L., Logue, D.N. and Platt, D.J. (2000). Efficacy of two non-antibiotic therapies, oxytocin and topical liniment, against bovine staphylococcal mastitis. Veterinary Record, 146, 311–316.

Kossaibati, M.A. and Esslemont, R.J. (1997). The costs of production diseases in dairy herds in England. Veterinary Journal, 154, 41–51.

Kuwajock, V.L., Bagadi, H.O., Shears, P. and Mukhtar, M.M.

(1999). Prevalence of multiple antibiotic resistances among bovine mastitis pathogens in Khartoum State, Sudan. Sudan Journal of Veterinary Science and Animal Husbandry, 38, 64–70.

Leigh, J.A. (1999). *Streptococcus uberis*: a permanent barrier to the control of bovine mastitis? Veterinary Journal, 157, 225–238.

Lewis, S., Cockcroft, P.D., Bramley, R.A. and Jackson, P.G.G. (2000). The likelihood of subclinical mastitis in quarters with different types of teat lesions in the dairy cow. Cattle Practice, 8, 293–299.

Mackie, D.P., Finlay, D., Brice, N. and Ball, H.J. (2000). Mixed mycoplasma mastitis outbreak in a dairy herd. Veterinary Record, 147, 335–336.

Melchior, M.B., Vaarkamp, H. and Fink-Gremmels, J. (2006). Biofilms: a role in recurrent mastitis infections? Veterinary Journal, 171, 398–407.

Menzies, F.D., McBride, S.H., McDowell, S.W.J., et al. (2000). Clinical and laboratory findings in cases of toxic mastitis in cows in Northern Ireland. Veterinary Record, 147, 123–128.

Rainard, P. and Riollet, C. (2003). Mobilization of neutrophils and defense of the bovine mammary gland. Reproduction, Nutrition, Development, 43, 439–457.

Rainard, P. and Riollet, C. (2006). Innate immunity of the bovine mammary gland. Veterinary Research, 37, 369–400.

Sandholm, M. (1995). A critical view on antibacterial mastitis therapy. In *The Bovine Udder and Mastitis*. Eds M. Sandholm, T. Honkanen-Buzalski, L. Kaartinen and S. Pyorala. University of Helsinki, Finland. pp.169–186.

Shuster, D.E., Lee, E.K. and Kehril, M.E. (1996). Bacterial growth, inflammatory cytokine production and neutrophil recruitment during coliform mastitis in cows within ten days of calving compared with cows at mid-lactation. American Journal of Veterinary Research, 11, 1569–1575.

Smith, E.M., Green, L.E., Medley, G.F., et al. (2005). Multilocus sequence typing of intercontinental bovine *Staphylococcus aureus isolates*. Journal of Clinical Microbiology, 43, 4737–4743.

Smith, K.L. and Hogan, J.S. (1993). Environmental mastitis. Veterinary Clinics of North America, Food Animal Practice, 9, 489–498.

Sordillo, S.M., Shafer-Weaver, K. and De Rosa, D. (1997). Immunobiology of the mammary gland. Journal of Dairy Science, 80, 1851–1865.

Swinkels, J.M., Hogeveen, H. and Zadoks, R.N. (2005a). A partial budget model to estimate economic benefits of lactational treatment of subclinical *Staphylococcus aureus*

mastitis. Journal of Dairy Science, 88, 4273–4287.

Swinkels, J.M., Rooijendijk, J.G., Zadoks, R.N. and Hogeveen, H. (2005b). Use of partial budgeting to determine the economic benefits of antibiotic treatment of chronic subclinical mastitis caused by Streptococcus uberis or Streptococcus dysgalactiae. Journal of Dairy Research, 72, 75–85.

Taponen, S., Salmikivi, L., Simojokim, H., Koskinen, M.T. and PyÖrälä, S. (2009). Real-time polymerase chain reaction-based identification of bacteria in milk samples from bovine clinical mastitis with no growth in conventional culturing. Journal of Dairy Science, 92, 2610–2617.

Waage, S., Odegaard, S.A., Lund, A., Brattgjerd, S. and Rothe, T. (2001). Case-control study of risk factors for clinical mastitis in postpartum dairy heifers. Journal of Dairy Science, 85, 392–399.

Wenz, J.R., Barrington, G.M., Garry, F.B., et al. (2001). Bacteremia associated with naturally occurring acute. coliform mastitis in dairy cows. Journal of the American Veterinary Medical Association, 219, 976–981.

Wilson, C.D. and Kingwill, R.G. (1975). A practical mastitis control routine. International Dairy Federation Annual Bulletin, 85, 422–438.

Wilson, D.J., Grohn, Y.T., Bennett, G.J., Gonzalez, R.N., Schukken, Y.H. and Spatz, J. (2007). Comparison of J5 vaccinates and controls for incidence, etiologic agent, clinical severity, and survival in the herd following naturally occurring cases of clinical mastitis. Journal of Dairy Science, 90, 4282–4288.

Wilson, D.J., Grohn, Y.T., Bennett, G.J., Gonzalez, R.N., Schukken, Y.H. and Spatz, J. (2008). Milk production change following clinical mastitis and reproductive performance compared among J5 vaccinated and control dairy cattle. Journal of Dairy Science, 91, 3869–3879.

Woolford, M.W. (1995). Milking machine effects on mastitis progress 1985–1995. In *Proceedings of the 3rd IDF International Mastitis Seminar, Session 7: Milking Machine and Udder Health* 28 May-1 June 1, 1995. Tel Aviv, Israel.-pp. 3–12.

Woolford, M.W., Williamson, J.H., Day, A.M. and Copeman, P.J.A. (1998). The prophylactic effect of a teat sealer on bovine mastitis during the dry period and the following lactation. New Zealand Veterinary Journal, 46, 12–19.

Ziv, G. (1980). Drug selection and use in mastitis: systemic vs local drug therapy. Journal of the American Veterinary Medical Association, 176, 1109–1115.

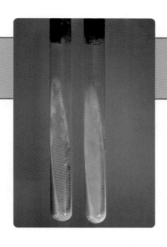

第94章

消毒、生物安全措施等传染病控制策略

　　化学治疗药物和有效疫苗的研究发展，为防控动物传染病，尤其是密集饲养的动物传染病，提供了改进方法。尽管取得了这些进步，动物传染病仍是畜牧业生产的一个主要障碍。由于化学治疗和疫苗接种在传染病控制上都存在一些局限性，世界上许多地区的动物养殖场和养殖户都认识到提高生物安全水平，结合有效的消毒措施，是防控动物疾病的重要手段。

　　许多动物传染病不仅可以由被感染的动物直接传播，也可间接地通过环境污染而传播。集约化管理系统可能会导致动物（尤其是幼畜）肠道病和呼吸道疾病的发生。因此，为了减少传染病在易感动物群体间的传播，必须采取一些有效的控制措施，尤其是在动物饲养密集的地区或养殖场。疫苗接种是有效控制方法之一，可以预防某种特定病原引起的传染病。然而，很多重要的动物疫病尚不能通过接种疫苗来进行控制。此外，许多混合感染引起的复杂疾病，或未确定病因的疾病，也不能通过这种方法来进行控制。

　　家养动物传染病控制措施包括对动物来源进行准确鉴定及进出口活动的限制。发生大的动物传染病疫情时，隔离感染动物和接触动物，可以限制疫病进一步扩散蔓延。如果是动物外来疫病，或属于国家根除计划内的动物疫病，需要对临床发病动物进行实验室检测，如果发现阳性感染动物，则需要对感染动物和接触动物进行扑杀和无害化处理。对于地方流行性的动物传染病，需要根据病原的特征及对该病采取的控制策略，选择用疫苗免疫、消毒、化学药物治疗和预防等具体措施。在大多数国家，适用于某一特定疫病的控制措施，与该病在这个国家的流行状况、该病在国内和国际的经济重要性、

该病对公共卫生的意义等因素有关。表94.1列举了适合某些动物传染病预防性的治疗和控制措施。

　　尽管针对动物传染病，有很多化学治疗性药物和很多有效的预防用的疫苗，动物传染病每年仍然对世界各地的动物造成重大的危害。除了死亡率造成的损失，肉、牛奶和蛋的生产力下降，动物繁殖障碍以及治疗过程，都可以导致动物饲养成本升高。感染动物频繁地散播微生物病原（有时大量散播），由此导致的环境污染是传播疾病、引起健康动物感染的重要途径。沙门菌病、副结核病、钩端螺旋体病、细小病毒感染、轮状病毒感染等动物传染病，都可以导致环境中病原微生物严重污染。与此同时，外观健康的携带病原的宿主，通过长距离运输、恶劣的居住条件或恶劣的气候变化引起的应激时，也会散播病原微生物（表94.1）。

　　动物的销售、繁殖、补栏或参加竞赛等活动，往往有助于传染性病原的传播。除了表现临床症状的患病动物，亚临床感染动物也能散播传染性病原。还有一些病原携带的宿主，临床表现正常，它们也会间歇性地散播病原。伴随着牛海绵状脑病在英国牛群中的出现，动物饲料在疾病传播中的作用已受到国际关注。牛海绵状脑病的病原对热和化学灭活的极端耐受性，使动物源性食品的循环利用不可取，尤其是反刍动物源性食品不可循环利用（译者注：许多国家法律上已经禁止使用反刍动物的肉和骨，作为动物饲料的来源之一）。

◉ 病原微生物在环境中的存活情况

　　动物通过排泄物和分泌物对外排出的传染性病

表 94.1　部分动物传染病的预防、治疗和控制方法

传染性病原	疾病/宿主	治疗和控制方法					评价
		活动限制[a]	媒介控制	化学治疗	消毒	疫苗	
炭疽芽胞杆菌	炭疽/许多种类	+	−	+	++	++	芽胞在土壤中可存活多年；疾病暴发时，允许使用疫苗
链球菌	马腺疫/马类	+	−	+	++	+	疫苗效果不明确
破伤风梭菌	破伤风/许多种类	−	−	+	+	++	破伤风梭菌的芽胞在土壤和动物排泄物中广泛存在
犬小孢子菌	癣/很多种类	+	−	+	+	+	犬小孢子菌通过直接和间接接触传播
组织胞浆菌	组织胞浆菌病/许多种类	−	−	+	+	++	土壤性芽胞能引起机会性感染
口蹄疫病毒	口蹄疫/许多种类	++	−	−	++	+	此病大暴发时，可使用疫苗。疫苗毒株需匹配，产生保护的持续时间有限
非洲猪瘟病毒	非洲猪瘟/猪	++	++	−	++		软蜱属钝缘蜱是此病毒的贮存宿主

a：包括禁止进口、检疫或限制出入受感染的养殖场。
++：方法有效；+：特定情况下有效；±：效果不确定；−：无效。

原微生物，或动物源性食品中携带的传染性病原微生物，可在环境中长期存活。感染动物的粪或尿液中的细菌或病毒可以污染建筑物、车辆、土壤、牧草、水和其他一些可传播疫病的物体。

动物病原在环境中存活时间上的差异已有记录（图94.1）。它们存活时间受到很多因素影响。这些因素包括被感染动物排出的传染性病原的数量、环境提供的养分的数量和质量、在同一环境中与其他微生物的竞争，以及其他微环境因素，如环境中有机物质的类型和数量、温度、酸碱度、湿度以及紫外线照射情况。

支原体、许多有囊膜病毒和螺旋体的一个共同特性是在环境中具有不稳定性。相反，致病性分枝杆菌、沙门菌、真菌孢子和细小病毒在环境中相当稳定，可在粪、土壤或被污染建筑中存活数月，在适合病原需求的环境中，可存活一年以上（Quinn和Markey，2001）。朊病毒和细菌内芽胞对环境因素有超常的稳定性。感染羊瘙病的仓鼠脑组织匀浆，和土壤混合后，装在带孔的培养皿中埋于地下，其感染力可超过三年（Brown和Gajdusek，1991）。炭疽芽胞杆菌的芽胞是土壤中最有抵抗力的微生物。1942年第二次世界大战进行生化武器试验期间，在苏格兰海域附近的一个小岛上释放了炭疽杆菌的芽胞，该岛每年的土壤样本显示芽胞数量下降缓慢（Manchee等，1994）；四十多年后，这个小岛的土壤表层还可检测到炭疽杆菌的芽胞。海水中加入甲醛溶液，可用于海岛的净化。

⊙ 传染性病原的传播

传染性病原可由感染动物通过接触、摄入、吸入、咬伤等途径进行传播（图94.2）。传播模式、感染动物所排出的病原数量，以及病原在环境中的稳定性，都会影响传染病散播的速率，也会影响养殖场户的主人或兽医部门（地方的、国家的或国际的）所实施的疫病控制措施的有效性。昆虫媒介（有助于病原的传播）和病原的野生动物储存宿主（哺乳动物或鸟类）通常也会影响疫病控制措施的有效性；在一些情况下，它们可使这些措施无效。

传染病被认为是影响密集饲养的动物（如猪和家禽）经济收益最重要的限制因素。传染性病原在养殖场间的传播风险可被降低，很多情况下实施有效的生物安全措施，可彻底消除病原。这些措施主要是通过精心的设计，规范养殖场间畜禽、动物饲料、养殖场工人和参观者的活动，以此来限制疫病传播的风险性。隔离患病动物、化学治疗、药物预防、接种疫苗、卫生清洁，对患病动物接触过的建筑、环境和交通工具进行消毒等措施，都可能达到降低长期流行的疫病在养殖场内的传播风险。在某些情况下，可能需要对野生鸟类、啮齿动物、昆虫和伴侣动物，采取适当的疫病控制措施（图94.2）。

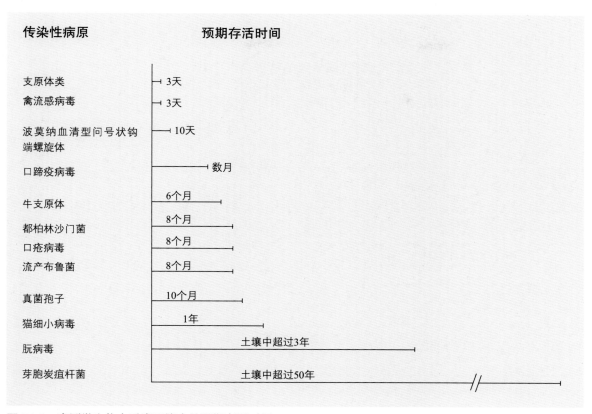

图 94.1　病原微生物在适当环境中的预期存活时间

◉ 生物安全措施

　　生物安全措施是为了降低养殖场户饲养的动物暴露于外界病原微生物的风险所采取的多种措施。它还包括预防或限制传染病在养殖场、犬舍、养禽场或其他圈养或放养着相互密切接触的动物的地方发生传播的一系列措施。传染性病原可通过购买已患病动物进行传播，也可通过污染的饲料、媒介生物和环境物质，传染给健康动物。一个有效的生物安全设计包含许多环节，全都致力于将健康动物遭受感染的风险降到最低。

　　生物安全设计涉及众多环节，从养殖场建筑物的设计、位置和环境，到动物的购买、饲料供应、员工、车辆、服务人员和养殖场参观人员（无论是偶然来访或事先预约）的管理（表94.2）。养殖规模越大，越需要严格的生物安全措施。联合采购昂贵的农用设备，从经济学角度来说可能是可取的，但当这类设备从生产管理较差的养殖场转移到高标准管理的养殖场，会引发很多疫病的传播。谚语"一个链条的强度取决于其最薄弱的环节"，完全适用于

生物安全设计和实施。在生物安全设计和实施中的任何疏忽，都会可能引起严重后果。正确制定和实施的生物安全计划需要包含相应的限制病原的传播的控制措施（图94.3）。

◉ 动物

　　对国家和地方兽医管理人员和兽医实验室人员（包括辅助人员）来说，防止家畜感染一些主要动物传染病是个长期挑战。禁止从国外进口可疑的动物、动物入境时进行检疫、在入境后对患病动物和密切接触的动物进行隔离，然后进行疫病诊断检测。如果有必要的话，常用扑杀屠宰的方法来控制外来传染病在动物群体中的发生。在国家之间或国内各地区之间的动物（包括宠物）的自由流动，总会导致病原微生物的肆意传播。

　　重要的国内传染病由中央政府和动物饲养者共同进行预防控制。中央政府制定这些传染病的诊断、控制和预防方案，并由区一级兽医部门和养殖场组织实施。发生某起需要政府控制的重大传染病疫情

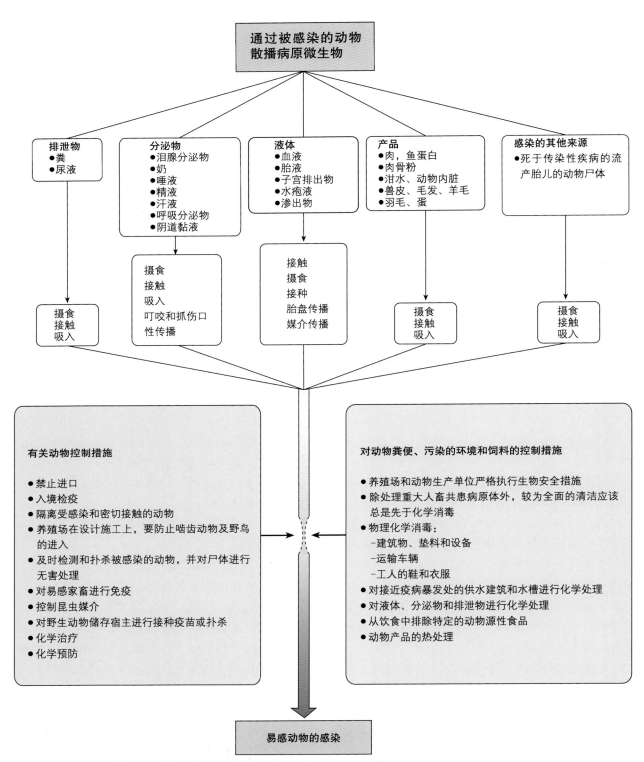

图 94.2 传染性病原从患病动物到易感动物的传播方式及相关控制措施

表 94.2　动物的生物安全计划构成

措施对象	注意事项	备注
动物	应该从信誉好的来源地购买需要更新的动物	新购买的动物应至少隔离2周，并进行密切监测
饲料	需密切关注饲料的来源和质量	饲料存储时可被野生鸟类和啮齿动物污染
水	水质受到来源、气候和当地环境的影响	动物喝水用的水槽等，可被含有病原微生物的粪或尿液污染
动物环境	养殖场建筑物设计应切合相关功能，促进动物健康、方便清洗和消毒	建筑设计不当，通风不足以及地面空间不足，可使动物处于应激状况
车辆和行人交通	送货车辆应彻底清洁，司机在入口处应遵循相应的控制措施。员工、服务人员等其他到访养殖场的人员，应穿防护服，并进行鞋浴	用于运输动物和泥浆罐的车辆，以及处理动物垫草或垃圾的车辆，需特别注意
用于养殖场的设备	应避免共享养殖场设备，如用于动物运输的拖车	用于清洗养殖场建筑物或扩散动物垃圾的任何设备，不得借入或借出
动物垃圾	动物液体垃圾通常存储在泥浆罐；固体垃圾可能在养殖场堆肥或在耕地上频繁处理掉	浆料用于牧草和放牧，应间隔至少2个月
啮齿动物、野生鸟类、野生动物	啮齿动物可作为一些病原微生物的储存宿主；野生鸟类能传播禽流感和其他对家禽有商业影响的病原；许多野生动物，可将传染性病原传播给草食动物	在可行的情况下，建筑物应设置防鼠设施；家禽的房舍或喂料槽应设置防鸟设施
清扫和消毒	在有效的清扫后，进行彻底消毒，对病原微生物的消除至关重要	清洁可减少建筑内病原微生物的数量，但需配合消毒剂来灭活残余病原微生物

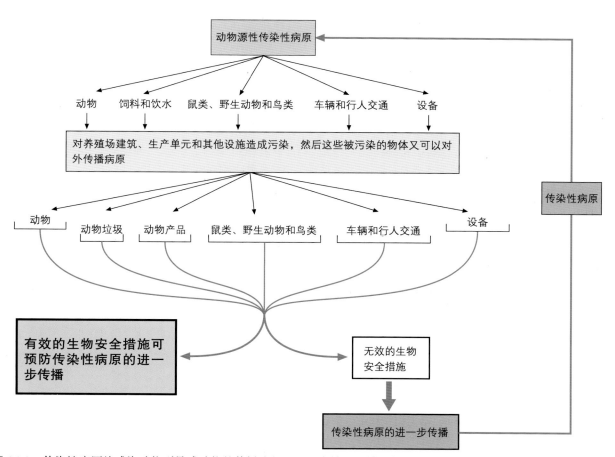

图 94.3　传染性病原从感染动物到易感动物的传播途径，以及有效和无效生物安全措施所引发的后果

时，需要采取严格的检测方案，然后屠宰感染动物，并对密切接触的动物进行复检、隔离和监测。保护动物免受重大传染病的感染，养殖场的主人需要时刻保持警惕。在封闭的设施中进行畜禽饲养，是避免感染病原最有效的方法。

应该从信誉较好、历史来源清晰的畜群或禽舍购买新批次的动物。除了购买动物时存在传入疫病的风险，在动物竞赛、买卖、治疗等类似事件过程中，动物外出后回到原来饲养场所，也可能引入疫病。这是因为这些外出的动物与其他动物发生了密切接触。

进口动物应进行入境检疫，包括严格的临床检查和适当的实验室检测。在从市场、展会或私人处购买动物时，即使销售方出具了动物健康证明，也需要对新购买的动物至少隔离观察2周，以对它们的健康状况进行监测。这种对购入的动物采取的检疫和隔离措施，对潜伏期较长的疫病（如牛副结核病、羊痒病、犬和猫的狂犬病）的预防，存在弊端。潜伏的病毒感染或细菌感染通过临床检测和隔离观察，往往察觉不到。因此，有时需要用血清学检测和其他诊断方法进行检测，确定外观健康的动物是否携带某些病原，或用来确定是否有潜伏感染。

种马场必须明确所有用于繁殖后代的母马和公马的健康状态。种母马与种公马进行配种时，有传播一些疫病的风险。种母马进行配种前，应有疫苗免疫证书，并证实未感染马生殖道泰勒菌。因为配种、竞赛和销售等原因，马聚集在一起时，需要持续关注是否可能发生马链球菌的传播。在这些马到达相关场所时，需要进行全面的临床检查，了解每匹马的详细病史，有助于马链球菌的检测和清除可疑马匹。

⊚ 饲料

养殖场需仔细分析动物饲料来源和质量，以确保没有受到病原微生物和毒素的污染。谷类等饲料原料在粉碎加工前，储存时可能被病毒或细菌病原污染。野生鸟类和啮齿动物可引起饲料污染，猫粪中排出的刚地弓形虫（*Toxoplasma gondii*）的卵囊可污染饲料厂养殖场的谷类饲料。当给牛饲喂被含有犬新孢子虫（*Neospora caninum*）卵囊的犬粪污染的青贮饲料、干草和收获的农作物时，可引起多发性流产。在潮湿季节收获的谷类和坚果作物，又在不

适当的环境中储存后，能导致真菌繁殖和霉菌毒素产生。由于饲喂肉骨粉可引起疯牛病，反刍动物的饮食中不应含有动物源性蛋白。由于泔水中含有一些病原，这样的廉价饲料应避免给猪饲喂。

由养殖场主人种植的农作物有时携带一些传染性病原或毒素。例如，产单核细胞李氏杆菌能在质量差的青贮饲料表层繁殖，导致反刍动物感染李氏杆菌病。养殖场动物发生肉毒梭菌毒素中毒与饲喂腐败的青贮饲料有关。黑麦麦角菌（*Claviceps purpurea*）寄生在未收割的黑麦草、黑麦和其他粮食作物上，它产生的麦角肽生物碱（ergopeptide alkaloids）可能存在于由这些农作物制成的青贮饲料中。

⊚ 水

养殖场动物饮用水的水源和水质可能受养殖场位置、气候和其他环境因素的影响。集约化饲养动物（如猪和家禽）通常集中供水，由此引发的健康问题很少被关注。室内的饮水器和室外的水箱被粪和尿液污染后，可引起养殖场洁净水的污染。牧区所处位置低的饮水器比位置高的饮水器，更易被污染。位于屋顶或平台上的开放式水槽，可被野生鸟类污染。

对放牧动物来说，池塘和更大的水体可能会被化粪池的排放或溢出的污水所污染。定居或迁徙的野生动物都可使池塘污染肠道病原或钩端螺旋体。如果禽舍位于湖边或大的池塘边，迁徙的水禽或海鸟能将禽流感和新城疫传播给家禽（Lister，2008）。

牧区动物的水槽会吸引野生动物。这些野生动物中，獾可通过尿液排出牛分枝杆菌，大鼠尿中排出的钩端螺旋体可污染水槽，其他野生动物可将诸多能经水传播的病原，传播给家畜。升高牧区动物所用水槽的位置，使其远离野生哺乳动物，可降低野生动物污染水槽的风险。经常性清洗集中饲养动物的水槽，应成为养殖场管理工作的一部分。

⊚ 家畜的饲养环境

养殖场的环境，可对动物的健康状况产生积极或消极的影响。棚舍、场院、围场和其他牧区要进行科学规划，以便促进动物的健康。相反，不恰当的棚舍设计、不适当的通风设备、不充足的地表面

积，会诱发集约化饲养的动物处于应激的饲养环境下。乳猪和雏鸡需要对温度进行控制。家禽和猪的饲养环境应控制在最适宜其生长的温度下。棚舍的设计应考虑到有利于在养殖周期结束后或疫病暴发后，进行清洁和消毒工作。哺乳动物棚舍设计时，要考虑到用于动物隔离的空间和设施。地面和墙要适度平滑，不要引起动物滑倒损伤，又有助于清洁。饲料存储区域的设计应尽可能避免啮齿动物和野鸟造成饲料污染和饲料浪费。窗户、门和通风系统应进行防啮齿动物出入的设计。养殖场安装防水插座可降低了员工触电的风险。在大型养殖场，应考虑建造用于运输动物的车辆清洗和消毒的设施。

充满灰尘的围场和过度放牧后的牧场会导致马红球菌（*Rhodococcus equi*）的滋生。这将导致4月龄以内的马驹患化脓性支气管肺炎。高低不平的牧场为蜱类媒介生物（如硬蜱）提供了藏匿场地。经蜱传播的疾病（如羊跳跃病和蜱传热）的发病通常都与在高低不平的牧场放牧有关。

一个安全的围栏是所有生物安全体系的核心组成部分。对猪和家禽饲养来说，围栏的设置应考虑运输车辆和行人通行便利。放牧场围栏的设置应确保放牧的动物在限定的区域内活动，不会进入相邻的场所。经济成本是养殖场（尤其是大型牧场）围栏设置和维护的主要限制性因素。

◎ 车辆和行人交通

养殖场车辆出入的控制，尤其对于养猪和家禽养殖企业，是养殖场有效管理的基础性要求。饲料、垫料和其他供应物品的运输车辆应保持清洁，应建议司机按照养殖场生物安全要求进行货物的运送。运送牛奶的车辆在牛奶场运输时应按照特定路线行驶。运输动物、粪便、垃圾的车辆应进行非常严格的管理。对这些车辆的司机，应该按照程序给予明确的指令，有时还需要对其进行监督。在养殖场入口处对车轮进行清洗消毒是常用的生物安全措施。这些车轮浴的设施必须按照特定的规格制作，并保持常规的良好状态，才能在疫病预防中发挥作用。

养殖场员工、服务人员、兽医及其他商务办公人员，应随时严格按照规定穿着隔离服和鞋套。某些情况下，需给养殖场参访者提供防水鞋套。进入养殖场的所有人员，不论有何来由，必须严格按照

程序进行鞋底消毒。如果养殖场分成一些独立的生产单元，每个单元的入口处都须设置鞋底清洗装置。在高标准生物安全体系养殖场，参访者需要登记姓名和住址后方可入内。

◎ 设备

在不同管理标准和患不同疾病的养殖场之间，应避免共同使用某些设备。用于建筑物清洁、粪便清除以及运输动物所用的设备，都应单独采购。

◎ 动物垃圾

养殖场动物产生的垃圾的形式和数量，由动物数量和种类、棚舍的设计、大动物或家禽用的垫草的材料决定。建有漏缝地板的棚舍中，动物垃圾储存于储粪池。这类储粪池应按照较高的规格建造，有足够的容量以确保粪便不会溢出，并且应定期进行清除。粪便清理通常有严格的时间限制，在储粪池的底面情况比较适合清除时，或粪便溢流的风险最低时进行。在许多欧洲国家，粪便清理需在政府法规限定的时间进行。这些粪便如果用于牧场肥料，需要在施肥后间隔两个月以上，才能放牧。当粪便中可能有肠道病原（如沙门菌）或抗酸细菌病原时，应在间隔更长的时间后，才能放牧。

大动物用作垫料的稻草和禽用的褥草，应该放置在远离养殖场棚舍的场所。这些垫料和褥草用做耕田的肥料时，应堆放两个月。它们应当堆放于最不可能溢流的场所，这可通过选址和设计好的储存设施来实现。这些垫料和褥草也可定期移走并撒在耕地上。如养殖场发生了某种疫病，那么这些垫草和褥草在撒到耕地中用做肥料之前，应至少堆放两个月（译者注：堆放垫草和褥草等固体垃圾时，加盖塑料薄膜能够加快病原体的灭活）。

◎ 野生哺乳动物和鸟类

■ 啮齿动物

养殖场容易吸引鼠类，缘于这些场所既可以御寒，又可以提供充足的食物。啮齿动物是沙门菌的储存宿主，小鼠排出的粪中通常携带鼠伤寒沙门菌。

鼠类经常通过尿液排出钩端螺旋体，并将这些致病性病原传播给家畜和人。

养殖场的建筑物，尤其是饲料储存场所，应当有防止啮齿动物进入的设计。饲料储存柜应能够防止啮齿动物进入，散溢的饲料应及时清理以减少引来啮齿动物和野鸟的概率。在养殖场附近使用灭鼠药，可有效控制鼠患。

■野生鸟类

粮食和棚舍容易将野生鸟类吸引到场院和屋舍里。迁徙的水禽可将禽流感和新城疫传播给商用禽群。当地野生鸟类能将诸如沙门菌、耶尔森菌以及支原体等病菌，传播给禽群。禽舍应在所有的开口处，包括风井，覆盖防鸟网，以阻止野鸟飞入。

放牧的动物和野生动物的亲密接触会导致传染性病原在野生动物和家畜之间的传播。养殖边缘设有狩猎保护区、国家公园或者其他用于保护野生动物的区域，为家养和野生的反刍动物提供了共同吃草的机会。南非野生水牛持续携带的口蹄疫病毒传播给放牧的家养水牛已被文献报道。獾和负鼠通常生活在牧场中或牧区附近，它们和放牧的牛所处的环境相同，也与放牧的牛一样，易患由牛分枝杆菌引发的肺结核病。患结核病的獾和负鼠也会在舔舐、嗅闻或撕咬草原上濒死动物时，将这些病菌传染给放牧的牛。通过对獾的夜间行为活动的观察发现，獾在寻找食物过程中容易被饲料棚屋、畜棚、干草垛和饲料水槽所吸引（Garnett 等，2002）。人们还观察到牛的饲料被獾的粪便污染时有发生，且獾与牛有近距离的接触。

◉ 养殖场建筑的清洁和消毒

在养殖周期结束或疫病暴发后，进行高效的清洁和消毒是生物安全管理的一项重要组成部分。如果操作得当，仅清洁这一项工作就可以非常有效地降低建筑内部病原的数量，使相应的环境中的动物接触到病原的风险显著下降。养殖场消毒失败的一个重要原因是清洁不彻底导致有机物的大量残留。因此，清洁步骤是消毒成功的前提和先决条件。清洁的方式受屋舍的设计以及所使用的建筑材料的影响。料槽和水槽等设施需专门进行清洁。假设屋舍内感染某种高传染性病原，集中供水的系统应当清空、清洁并且进行消毒处理。

对养殖场建筑选择高效且经济实用的终端消毒剂时，应考虑可能存在的病原、建筑物表面存在的微生物数量、消毒剂的抗菌谱、消毒剂量的需求、消毒剂的作用方式、操作的安全性及成本因素。

◉ 微生物病原的热灭活

不同的传染性病原对热灭活的敏感性差异很大（图94.4）。虽然湿热和干热都可使微生物灭活，但湿热比干热更高效，且实现灭活所需的时间更短。很多正常代谢的细菌在72℃小于20秒就会被杀死。在高于80℃条件下，绝大多数正常代谢的细菌在几秒内就会被杀死。细菌芽胞具有显著的热稳定性，湿热121℃条件下至少15分钟才可将其破坏。在温度接近70℃时，很多病毒失去活性。但犬细小病毒是一个明显的例外，100℃ 1分钟才可将其灭活。牛乳中的口蹄疫病毒能在72℃下15秒的巴氏消毒法下存活，甚至在72℃下存活5分钟（Blackwell 和 Hyde，1976）。这种病毒在奶油中，在93℃条件下可以存活15秒。在接近100℃时，将牛奶中这种病毒灭活需要20分钟以上

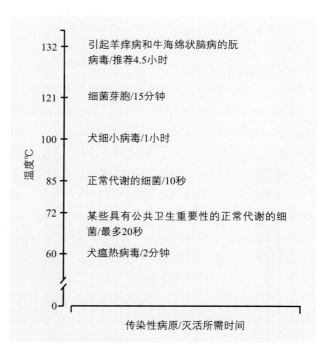

图 94.4　用湿热法进行传染性病原的热灭活
传染性病原的最初的数量会影响灭活所需的时间。用来确定微生物存活或者灭活的方法可能决定了结果的可靠性。朊病毒的热灭活目前还没有最终结论。

（Walker 等, 1984）。将牛乳进行148℃高温3秒热处理，也能使其有效灭活。

可导致传染性海绵状脑病的朊病毒具有极强的耐热性。干热需160℃可使其失活，132℃高压下5小时也可能将其有效灭活。

◉ 消毒、抗感染和杀菌

对于一个国家以及国内的某个地区的动物疫病的预防和控制，有一系列非常明确的措施。这些措施包括禁止引进可疑动物、入境检疫、隔离，以及对临床和实验室检测证实患有外来动物疫病的动物进行扑杀。当某种动物疫病在国内长期流行时，有疫苗免疫、化学治疗和药物预防等控制措施（图94.2，贴94.1）。在实施疫病消除方案时，疫苗免疫和扑杀措施在许多情况下可同时进行。与环境、动物垃圾和动物产品有关的有效控制措施是疫病消除方案顺利进行的首要影响因素（图94.2，贴94.2）。对养殖场建筑物、设备、车辆、鞋和衣服可进行化学消毒，对奶、乳制品和动物来源的废料性食品（如泔水）可进行热处理，对液体、分泌物和排泄物可进行化学处理。这些措施对传染病控制也至关重要。

△ 贴94.1　动物传染病预防、治疗和控制的策略

- 禁止从某国家或大洲进口可疑动物
- 进口动物需进行入境检疫
- 用耳标或植入微芯片对养殖场动物（尤其是反刍动物）进行准确的身份标识；马类的身份识别可用颜色标记，犬和猫需要详细填写具体的信息并随附照片
- 对来源于养殖场或可疑圈舍的患病动物及其密切接触的动物进行隔离饲养
- 反刍动物饲料中应排除动物源性食品成分
- 临床和实验室证实动物患有外来疫病时，对其进行扑杀和无害化处理
- 在可能暴露于的地方流行性疫病或外来疫病之前，对易感的家畜进行疫苗免疫
- 是否对野生动物宿主进行疫苗免疫或扑杀取决于疫病的重要性，以及这项措施实施的可行性
- 对患有地方性疫病的动物进行化学治疗
- 当疫苗免疫不可行或者无效时，对预测可能发生的动物传染病进行药物预防

△ 贴94.2　环境、动物垃圾和动物产品的控制措施

- 对养殖场建筑物、垫料、设备、车辆、鞋和工作服进行化学消毒
- 建筑物消毒后，对水源进行化学消毒
- 对液体、分泌物和排泄物进行化学消毒
- 对牛乳和乳制品进行热处理；如果用泔水对猪进行饲喂，需对泔水进行强制性煮沸处理

消毒（disinfection）意味着用物理或化学的方法破坏微生物，尤其是环境中或无生命物体表面潜在的病原。抗感染（antisepsis）可定义为用某些对宿主器官组织无毒且无刺激的化学药品，破坏或抑制宿主器官组织中的微生物。消毒剂（disinfectants）和抗感染物质（antiseptics）在毒性上显著不同。大多数用作消毒剂的化学药品不仅对病原微生物有毒性，同时对宿主细胞也有毒性，因此仅用于降低无生命物体的表面或有机材料的微生物数量，而抗感染物质对宿主细胞毒性小，可应用于宿主活组织表面。

由于病原微生物的极其多样性，用灭菌法完全破坏细菌、真菌和病毒时，需仔细控制灭菌条件。蒸汽高压灭菌需121℃作用20分钟，干热灭菌需160℃作用2小时，电离辐射（γ射线）可使传统的病原微生物有效灭活。戊二醛和过乙酸在适当浓度下可被用作消毒剂。用于手术器械、全身用药的液体、培养微生物所用的培养基，以及实验室含有特定病原微生物的样本的灭活，必须严格遵守既定的程序和方法。相对而言，用于屋舍、设备、车辆、鞋和工作服的消毒措施，在实施时有一定的灵活性。

◉ 化学消毒剂的特性、作用方式和选择

虽然有一系列物理方法（包括干热、湿热、电离辐射和机械法）可应用于实验室、养殖场、临床设施和动物竞赛或销售的聚集场所，但是化学消毒比物理方法得到了更广泛的应用。

许多具备对抗微生物活性的化学物质，即化学消毒剂，可用来对建筑物、牲畜饲养场、车辆以及设备进行病原灭活。常用的化学消毒剂包括酸类、碱类、醇类、醛类、卤类、酚类及季铵盐类化合物。理想的消毒剂特性列于贴94.3中。目前没有一种化合物能具备上述所有特性。化学消毒剂的选择应考虑每种消毒剂适用范围、效力，以及它们的活性被有

机物耗损的可能性。此外还需考虑与肥皂和清洁剂的兼容性、对人体和动物的毒性、消毒作用时间和温度要求、消毒剂的残留性、腐蚀性、对环境的影响以及成本。

△ 贴94.3　理想的化学消毒剂的特性

- 低浓度时对正常代谢的细菌（包括分枝杆菌）、细菌芽胞、真菌孢子、有囊膜病毒、无囊膜的病毒和朊病毒具有广谱的杀灭或抑制作用
- 对生物被膜内和物体表面干燥的细菌有效
- 无刺激性、毒性、致畸性、致突变性和致癌性
- 在室温下可长期储存
- 可溶解于水，以便于稀释到最佳工作浓度
- 与一系列化学消毒剂（如酸类、碱类、阴离子和阳离子化合物）兼容
- 在有机物较多的情况下，仍保持消毒性能
- 与金属和其他结构物质不产生腐蚀以及化学反应
- 在宽泛的温度范围内保持其消毒性能
- 应用于乳品、肉品、食品的生产和加工区域以及器具消毒时，不会产生腐蚀性和毒性
- 对地下水无污染，并具有生物降解性
- 价格适当且容易购买到

消毒剂的选择和使用应考虑可能存在哪些病原，以及这些病原污染所发生的环境条件。如果引发某起疫情的病原已得到确认，那么就应当选择对这种病原具有很好效力的消毒剂（表94.3）。复合消毒剂的性能可根据它们的配方发生变化。表94.3列出了单一种类的消毒剂的消毒性能及其最佳的使用条件。在使用消毒剂之前，应对表面进行彻底的清洁。这个物理步骤，如恰当地执行，可以清除绝大多数病原。对整个清洁和消毒工作成功执行来说，对员工进行培训和有效监督至关重要。除家养动物感染炭疽等重要人畜共患传染病外，对建筑物消毒之前应进行清洁。

不同的传染性病原对化学消毒剂的敏感性不同（图94.5）。多数正常代谢的细菌和有囊膜病毒容易被消毒剂灭活；真菌孢子和无囊膜的病毒相对不易被灭活。分枝杆菌和细菌芽胞对常用的消毒剂有抗性。朊病毒对化学灭活具有特别高的耐受性。高浓度的次氯酸钠或者加热的高浓度氢氧化钠，可用来灭活这些特殊的病原（即朊病毒）。

◉ 病原微生物的化学灭活

病原微生物的多样性不仅表现于形态学外观上，

表 94.3　化学消毒剂的抗微生物谱[a]

消毒剂	病原微生物							
	细菌				真菌孢子	病毒		朊病毒
	革兰阳性	革兰阴性	支原体	芽胞		有囊膜	无囊膜	
酸（无机酸）	++	+	−	±	+	+	±[b]	−
醇	++	++	++	−	+	+	−	−
醛	++	++	+	++	++	++	++	−
碱	++	++				±[b]		±[c]
双胍类药物	++	+	−	−	+	+	−	−
卤化物								
氯化合物	++	++	+	+	+	++	++	±[d]
碘化合物	++	++	+	+	+	++	++	−
超氧化物								
过氧化氢	++	+	±	++	+	++	+	−
过氧乙酸	++	+	+	++	++	++	+	−
酚类化合物	++	++	+	−	+	++	−	−
季铵类化合物	++	+	−	−	+	+	−	−

a: 合成消毒剂的抗微生物活性可伴随其剂型有不同的表现。上表中列出的数据说明，在理想条件和适当浓度时化合物的使用方法。
b: 酸和碱可灭活口蹄疫病毒。
c: 加热的2摩尔/升的NaOH可有效灭活。
d: 高浓的氯化合物可用来灭活。
++: 高效；+: 有效；±: 有限的作用；−: 无效。

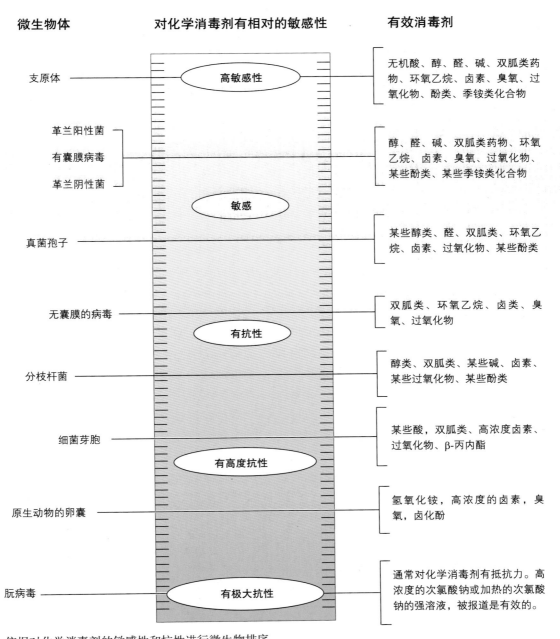

图 94.5 依据对化学消毒剂的敏感性和抗性进行微生物排序

此图列出能有效对抗特定类型的微生物的消毒剂。消毒剂的构成、消毒剂的工作浓度、周围环境和接触时间，都可以影响消毒剂的效力。建筑物表面、车辆、饲喂器具、设备以及工人的鞋套和衣物上有机物的存在可干扰许多化学消毒剂的活性。QACs：季铵类化合物。

而且也表现在不同的营养需求和新陈代谢活动中。因此，这些具有多样性的微生物对化学消毒剂展现出不同的抵抗力亦不足为奇。细菌、真菌和病毒对一些化学消毒剂表现出显著不同的耐受性。有些革兰阴性菌对一些常用消毒剂例如季铵类化合物和双胍类，具有耐受性。铜绿假单胞菌（*Pseudomonas aeruginosa*）和洋葱伯氏菌（*Burkholderia cepacia*）对聚乙烯吡咯酮碘酒具有抗性。然而，值得关注的

是越来越多的革兰阴性菌对化学消毒剂能够后天性获得耐受性。有报道，有些大肠杆菌的菌株可以使甲醛活性失活。试验也观察到革兰阳性菌和革兰阴性菌对双胍类和酚类化合物以及季铵类化合物，能够后天性获得耐受性。

由于细菌芽胞复杂的分层结构和独特的化学组成（如吡啶二羧酸），它们对一系列化合消毒剂具有显著的抗性。它们也可以在环境中长时间存活，并且也能

抵抗可以很容易杀死正常代谢的细菌的高温。

有囊膜病毒对许多常用化学消毒剂较为敏感，而一些无囊膜的病毒，如细小病毒，对一些化合消毒剂表现出很强的耐受性。只有少数特定消毒剂能够有效灭活这些无囊膜的病毒。这些无囊膜的病毒在环境中也相当稳定，并且能在较短时间内耐受100℃高温。

相对于正常代谢的细菌来说，真菌对化学消毒剂的敏感性低。真菌对化合物的显著抗性与其细胞壁的构成有关。真菌细胞壁相对细菌细胞壁而言，对阳离子化合物和醇类等化学消毒剂的渗透性弱。真菌细胞壁较厚，存在葡聚糖和甘露糖蛋白，这些都能阻止某些化学消毒剂进入真菌内部。传统的病原体，如细菌、真菌和病毒，表现一些共同的特性，都对化学消毒剂比较敏感，而一些特殊的病原体，具有与传统的微生物不同的特性。这些非传统的病原，即朊病毒（prion）似乎无核酸，可感染动物和人类，不诱导可检测到的免疫应答，对物理和化学消毒方法表现出强大耐受性。朊病毒能导致一系列独特的神经系统疾病，即传染性海绵状脑病。目前，通常认为朊病毒由变性的蛋白质组成，这种变性的特性可部分解释朊病毒为什么对物理和化学消毒方法具有超强的耐受性。因为朊病毒尚未像传统的病原体一样能被分离出来，所以还不完全清楚它们对各类消毒方法的耐受性是源于这些病原内在的特性，还是源于宿主相应的组织能给它们提供对抗物理和化学灭活方法的保护作用。

◉ 细菌

抗生素和磺胺类药物通常作用于细菌内部特定的靶位点，而化学消毒剂通常作用于细菌多个位点。化学消毒剂会作用于细菌细胞壁、细胞膜、DNA、核糖体或细胞质成分。化学消毒剂的作用取决于需要杀灭的微生物种类、消毒剂的物理和化学特性、消毒剂的浓度和环境因素。图94.6列出了化学消毒剂作用位点和引起细菌成分的改变情况。

革兰阳性菌通常比革兰阴性菌对化学消毒剂更具敏感性。革兰阴性菌细胞壁含有较多的脂质，这可能是它们对化学消毒剂耐受性较强的原因。通常，葡萄球菌细胞壁脂质含量低，当它们细胞壁脂质含量增加后，可相应地提高它们对酚化合物和其他消毒剂的耐受性。在革兰阴性菌中，变形杆菌属和铜绿假单胞菌对季铵类化合物和氯己定有耐受性。聚维酮碘溶液中如果存在有机物，或者形成了细菌的生物被膜，可延长铜绿假单胞菌和洋葱博克霍尔德菌的存活时间。近些年来，革兰阴性菌和革兰阳性菌都显示出对消毒剂的后天获得的耐受性。对某些

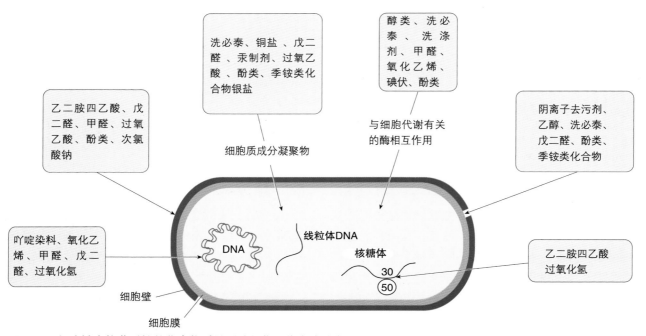

乙二胺四乙酸、戊二醛、甲醛、过氧乙酸、酚类、次氯酸钠

洗必泰、铜盐、戊二醛、汞制剂、过氧乙酸、酚类、季铵类化合物银盐

细胞质成分凝聚物

醇类、洗必泰、洗涤剂、甲醛、氧化乙烯、碘伏、酚类

与细胞代谢有关的酶相互作用

阴离子去污剂、乙醇、洗必泰、戊二醛、酚类、季铵类化合物

吖啶染料、氧化乙烯、甲醛、戊二醛、过氧化氢

DNA

线粒体DNA

核糖体

30

50

细胞壁

细胞膜

乙二胺四乙酸过氧化氢

图94.6 细胞被有抗菌活性的化合物诱导所致的作用位点或改变

特定的建筑物（如医院或诊所）重复性使用某种化合消毒剂，能促成细菌对这种化学消毒剂选择性耐受。为了降低这种情况的发生风险，建议轮换使用不同种类的化学消毒剂。

■分枝杆菌

就对化合消毒剂的耐受性大小而言，分枝杆菌的耐受性介于革兰阴性菌和细菌芽胞之间（图94.5）。分枝杆菌对化学消毒剂的耐受性与其细胞壁的构成有关。它们细胞壁含有较多的脂类成分，从而具有疏水性，可以防止亲水性物质进入细胞。分枝杆菌细胞壁的其他成分，包括分枝杆菌酸衍生物和分枝杆菌多糖体，使其有别于其他种类的细菌。不同的分枝杆菌对化学消毒剂的耐受性有所不同，龟分枝杆菌对平常用于灭活分枝杆菌的戊二醛耐受。这与龟分枝杆菌依附于光滑平面的超常特性有关。

季铵类化合物、某些染料和双胍类药物可抑制结核分枝杆菌和其他分枝杆菌，但不能灭活这些病菌。虽然有些酚类消毒剂包括双酚类对抗酸类细菌的杀灭无效，但邻苯基苯酚对这些致病菌特别有效。据报道，戊二醛、甲醛、酒精、环氧乙烷和一些卤类消毒剂对分枝杆菌非常有效。过氧化氢以及其他过氧化合物对分枝杆菌的灭活能力还不完全明确（Hawkey，2004）。对一种商品化的过氧化合物消毒剂的调查表明，这种消毒剂不能有效杀灭分枝杆菌（Griffiths 等，1999）。然而，有报道称过氧乙酸能有效灭活分枝杆菌。

养殖场发生牛分枝杆菌大面积感染后，养殖场建筑物的净化消毒需考虑建筑物的结构、大小和地面特性（地面需要在消毒前，先进行清洁），还要考虑如何选择最合适的化学消毒剂。由于甲醛和戊二醛释放有毒蒸汽，这两者都不适合于养殖场的日常所用。酚类化合物（包括邻苯基苯酚和其他酚类）可用作杀灭分枝杆菌的消毒剂。如果表面很清洁，没有明显的有机物残留，次氯酸钠或其他合适的卤类消毒剂也可用于杀灭分枝杆菌。

■细菌芽胞

梭菌属和芽胞杆菌属的细菌可形成芽胞。芽胞比它们相应的正常代谢的形态，对不利的环境因素、热处理和化学消毒剂更有耐受性。某些细菌，如梭状芽胞杆菌和炭疽芽胞杆菌，能够形成芽胞，是它们能够在不利条件下可长期生存以及耐受化学消毒剂的根本原因。虽然有些化学消毒剂，如醇类、双胍类、酚类化合物和季铵类化合物，可以抑制芽胞，但并不能杀灭芽胞。

表94.4列出了具有杀灭芽胞活性的烷化剂、氧化剂和卤类等类型的化学消毒剂。其中，少数一些消毒剂的杀灭芽胞的活性还不完全确定，大多数所列的化学消毒剂能有效杀灭芽胞。甲醛和戊二醛灭活芽胞的能力很明确。同样，在有机物质较少的情况下，次氯酸钠、二氧化氯和其他释氯的化合物也是有效的杀灭芽胞的消毒剂。氧化剂（过氧化氢和过乙酸）杀芽胞的有效性取决于使用时的工作浓度和周围存在的有机物质。

图94.7描绘了具有杀灭芽胞活性的化学消毒剂的作用位点。某些杀灭芽胞的化学消毒剂的作用位点尚未确定。有些化学消毒剂首先破坏芽胞的外部结构，然后进入芽胞内部，并与DNA作用或与芽胞萌发所需的酶相互作用。

◉ 真菌

许多化学消毒剂兼有杀灭细菌和杀灭真菌活性。细菌和真菌有许多不同的结构特点。真菌细胞壁含有葡聚糖聚合物、甘露糖蛋白和甲壳素等化合物。真菌细胞膜富含麦角甾醇，这是许多抗真菌药的靶位点。由于真菌细胞壁的结构复杂性，真菌性病原比非芽胞形式的细菌对化学消毒剂具有更强的耐受性。

季铵类化学消毒剂的抗真菌活性取决于所使用的化合物的种类、工作浓度和被作用的真菌细胞。酚类化合物（包括卤化酚类）具有抗真菌活性，但许多酚类化合物可能对致病性真菌孢子无效。

过氧乙酸和过氧化氢等氧化剂具较强的杀灭真菌的活性。氯己定对酵母细胞具有一定的杀灭活性，但可能需要较高的工作浓度。以甲醛和戊二醛为基础的消毒剂也有较强的杀真菌活性。次氯酸钠和其他卤类化合物可有效杀灭致病性真菌的孢子。有人对12种消毒剂（包括释氯化合物、乙醇、氯二甲酚、季铵化合物、氯己定和戊二醛）杀灭自然感染的猫科动物毛发的犬小孢子菌孢子的灭活能力进行了评价（Rycroft 和 McLay，1991），发现以次氯酸钠、苯扎氯铵和戊二醛为基础的消毒剂是最为有效的杀灭

表 94.4　具有杀灭细菌芽胞活性的化学消毒剂

消毒剂	作用的位点	备注
环氧乙烷	细菌芽胞DNA和蛋白质成分	具有明显的杀灭芽胞活性
甲醛	细菌芽胞DNA和蛋白质成分	5%的福尔马林溶液（甲醛气体溶解于水中）可灭活土壤中的炭疽杆菌芽胞
戊二醛	虽然没有完全明确，但可能是细菌芽胞的核酸和蛋白质	2%碱性戊二醛溶液能有效杀灭芽胞
过氧化氢	外层的和内层的芽胞壳、皮层，可能还包括小的酸溶性的DNA结合蛋白	过氧化氢杀灭芽胞活性是缓慢的；可能破坏芽胞萌发所需要的酶
碘伏	蛋白质组分可能是碘作用的部位；芽胞壳和皮层损伤后，碘可能方便进入芽胞核芯	高浓度和较长作用时间是发挥杀灭芽胞作用的条件
邻苯二甲醛	与芽胞萌发相关的酶是可能的靶位点	这个环状二醛的杀灭芽胞的活性是有限的
臭氧	与氨基酸、RNA和DNA反应；外层芽胞壳是最可能的靶位点	在水中不稳定，但它产生的自由基延长了它的抗菌活性
过氧乙酸	很可能与小的酸溶性DNA结合蛋白质反应；高浓度过氧乙酸能直接破坏芽胞结构	过氧乙酸杀灭芽胞的性能有相互矛盾的报道；但无论如何，这种强氧化剂能杀灭土壤中炭疽杆菌的芽胞
次氯酸钠和其他释放氯的化合物	芽胞壳和皮层是初始靶位点；随后，细菌芽胞核芯的成分受到影响	许多释氯化合物（如二氧化氯）具杀灭芽胞活性；环境中的有机物使二氧化氯失活的速率，小于使次氯酸钠失活的速率

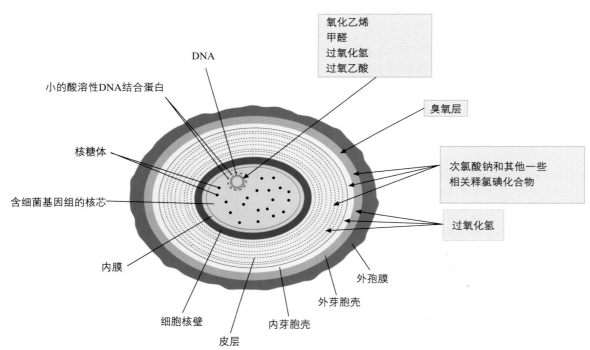

图94.7　化学消毒剂作用于细菌芽胞中的位点或结构
戊二醛和邻苯二醛等化学消毒剂的作用位点还不明确。

真菌孢子的消毒剂，而酚类化合物、乙醇和阴离子清洁剂对真菌孢子无效。

◉ 病毒

许多化学消毒剂既可杀灭细菌，也可杀灭病毒。然而，仔细检测这些消毒剂的活性，可以发现它们存在一些显著的差异。除了分枝杆菌，大多数正常代谢的细菌比无囊膜的病毒更易被化学消毒剂灭活。有囊膜的病毒与正常代谢的细菌以相似的方式，被一些化学消毒剂杀灭（图94.5）。感染动物排出的许多病毒是包含在粪便、分泌物或体液等的有机物中，这些有机物能提高病毒对化学消毒剂的耐受性。此外，动物大量排出的一些对化学消毒剂有抵抗力的动物病毒，尤其是犬和猫细小病毒，能加大在附近的易感动物被感染的机会，也能促使车辆和传播媒介将病毒传播到更远的地方。主要通过污染的地面、设备或者非生物媒介传播的动物病毒性疾病，比主要通过气溶胶、分泌物、体液或动物产品传播的疾病，更适合用化学消毒剂进行控制。杀病毒的消毒剂发挥有效作用的能力受到许多因素制约，包括病毒颗粒的特性、有机物质存在与否、接触时间、消毒剂有效作用范围、消毒剂的浓度和环境温度。在某些情况下，选择和使用杀灭病毒的化学消毒剂时，需要了解被消毒范围中可能存在哪些病毒性病原、需要消毒净化的建筑物和圈舍的具体状况、消毒剂的抗病毒谱、工人的安全和所涉及的费用。

表94.5列出了能够抑制或杀灭病毒的化学消毒剂的作用位点和作用模式。虽然酸和碱对大多数病毒的灭活有限，但对灭活口蹄疫病毒显得尤为重要。常用的灭活剂对这种无囊膜的微RNA病毒的杀灭通常无效，但它可被碳酸钠、氢氧化钠、柠檬酸和乙酸灭活。醇类、双胍类、氧化剂（如过氧化氢）、季铵化合物和许多酚类化合物的杀灭病毒性能有限。醛、环氧乙烷、β-丙内酯和卤化物，尤其是次氯酸钠和其他释氯化合物，是有效的杀灭病毒制剂。图94.8描绘了化学消毒剂和有囊膜或无囊膜的病毒作用的结构性和功能性的位点。复合消毒剂的杀病毒活性通常取决于其确切的配方和每种活性成分的工作浓度。

◉ 朊病毒

不同于传统的传染性病原，引起神经元变性的病原，即朊病毒，对大多数能灭活细菌、细菌性芽胞、真菌和病毒的化合物都耐受。这个特殊的耐受机制，尚未被清楚阐明，但可能与朊病毒是变性的蛋白质有关，其可以耐受有机溶剂、氧化剂、酚类化合物、某些卤类和烷化剂的化学修饰。

试验表明，朊病毒对物理和化学灭活有超强的抵抗力。基于许多公布的数据，表94.6和表94.7对朊病毒用物理和化学方法灭活的效果进行了总结。

对朊病毒的灭活程序的科学报道缺乏一致性，可能与用于评估其效果的生物学样品的选择以及判定是否有效灭活的标准有关（Taylor，2004）。

朊病毒对干热、湿热、γ射线照射、微波辐射和紫外线照射等多种物理灭活方法有耐受性。从表94.6中的数据可以看到，干热200℃或湿热接近130℃并不能使朊病毒灭活。在600℃对脑样品进行灰化，也未能完全灭活引起羊痒病的朊病毒（Brown等，2000）。用适应仓鼠的羊痒病263K毒株感染的仓鼠的脑浸没固定后，经1 000℃作用15分钟，才完全灭活这个朊病毒（Brown等，2004）。据报道，在138℃下高压处理，比134℃下高压处理，更难灭活疯牛病的朊病毒。引起这个难以解释的结果的原因是在138℃下高压处理前，在玻璃表面污染并干燥了浸渍固定的含有朊病毒的脑组织（Taylor，2000）。预先将相关的组织浸没固定在酒精或福尔马林中，已被证明能提高羊痒病病原对灭活剂的抗性。

盐酸、烷化剂、洗涤剂、有机溶剂和氧化剂对杀灭朊病毒无效（表94.7）。通过对一系列化合物进行广泛深入的调查，逐渐取得了对这些有抗性的病原进行灭活的相关数据。据报道，在PrP^{Sc}绑定到金属表面时，比目前在组织更耐灭活。次氯酸钠溶液和加热的氢氧化钠可灭活引起BSE、CJD和羊痒病的朊病毒。2.5%（w/v）次氯酸钠处理1小时，可灭活引起CJD和羊痒病的朊病毒（Brown等，1986）。次氯酸钠产生的有效氯浓度为8 250～16 500毫克/升时，可灭活引起疯牛病的朊病毒。在2摩尔/升氢氧化钠存在下，121℃高压灭菌30分钟，可灭活引起羊痒病的朊病毒（Taylor等，1997）。

用高压灭活方法对引起疯牛病和羊痒病的朊病毒进行的灭活研究，得到了模棱两可的结果（Schreuder

表94.5　具有抑制或杀灭病毒活性的化学消毒剂的作用位点和作用方式

消毒剂	作用位点	作用方式	备注
酸类（有机酸或无机酸）	病毒衣壳	作用于病毒衣壳蛋白，诱导易感病毒构象变化	柠檬酸和磷酸能灭活口蹄疫病毒；盐酸能灭活轮状病毒和水疱性口炎病毒
碱类	可能是病毒衣壳	高pH时，可使衣壳蛋白等蛋白变性	高pH的溶液能杀灭口蹄疫病毒、腺病毒和猪水疱病病毒
醇类	作用于脂质囊膜和某些病毒的衣壳蛋白	引起病毒囊膜蛋白变性	可能对一些有囊膜病毒有效，但不能灭活无囊膜的病毒
醛类			
甲醛	病毒囊膜、病毒衣壳和病毒核酸	作用于氨基、羧基和巯基；使蛋白发生交联反应；与核酸反应	广谱抗微生物；用于建筑的熏蒸和疫苗的制备
戊二醛	病毒囊膜、病毒衣壳和病毒核酸	蛋白和核酸反应的烷化剂	作用比甲醛更迅速；广谱抗微生物
双胍类			
氯己定	很可能与病毒囊膜反应	与病毒囊膜反应	对囊膜病毒有抗病毒活性
环氧乙烷	病毒衣壳和病毒核酸	蛋白和核酸反应的烷化剂	有效的杀病毒剂；用于气体消毒程序
β-丙内酯	病毒衣壳和病毒核酸	蛋白和核酸反应的烷化剂	有效的杀病毒剂；广泛用于兽用疫苗的制备
卤族			
氯化合物	病毒衣壳和病毒核酸	与蛋白和核酸反应；造成一些病毒的结构变化	最有效的杀病毒剂之一；次氯酸钠、二氧化氯和氯被广泛用作杀病毒剂
碘伏	病毒衣壳	结合病毒蛋白；蛋白质中酪氨酸和组氨酸很可能是碘作用的靶目标	广泛应用于乳品业和皮肤伤口消毒
氧化剂			
过氧乙酸	很可能与囊膜中的蛋白、病毒衣壳蛋白和核酸反应	能与蛋白质中的巯基和氨基团反应，也能与核酸多个基团反应	广谱抗微生物制剂；强氧化剂，对多种病毒有杀灭活性
过氧化氢	与病毒衣壳蛋白等蛋白的巯基反应	有效氧化剂；与巯基基团和半胱氨酸残基反应	没有记录抗病毒活性
臭氧	病毒衣壳和病毒核酸	强氧化剂，能损伤衣壳蛋白及病毒核酸	明显的抗病毒活性；用于水的消毒和食品工业
酚类化合物			
种类较多	某些酚类化合物能损伤病毒囊膜；大多数酚类化合物的抗病毒活性局限于有囊膜病毒	使蛋白变性，与病毒囊膜反应	每种消毒剂的配方确定了它的抗病毒活性；虽然有囊膜病毒可能被灭活，但对无囊膜的病毒的杀灭效果不确定
季铵类化合物	病毒囊膜；一些病毒的衣壳蛋白可能被改变	与病毒囊膜或者嵌入囊膜的糖蛋白反应；一些病毒衣壳蛋白可能出现变化	可能对有囊膜病毒有杀灭活性，但通常对无囊膜的病毒无效

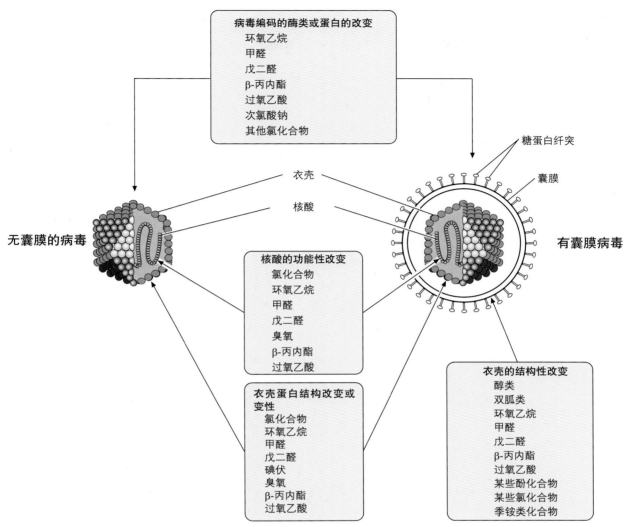

图 94.8　与化学消毒剂相互作用的病毒的结构和功能部分

这些化学消毒剂可能对病毒具有抑制或杀灭活性。化学复合消毒剂的杀灭活性取决于它们的构成和一些环境因素。

表 94.6　物理学方法对朊病毒灭活的效果评估

处理方法	朊病毒及其毒株	灭活方法	灭活效果
干热	羊痒病病原		
	ME7 株	160℃作用24小时	未灭活
	ME7株	200℃作用20分钟	未灭活
	ME7株	200℃作用1小时	未发现感染性
	263K株	200℃作用1小时	未灭活
	301V株	200℃作用1小时	未灭活
	羊痒病病原	360℃作用1小时	未灭活
	羊痒病病原263K株	在马弗炉中，600℃作用15分钟	残留物可检测到感染性
	羊痒病病原263K株	1 000℃焚烧15分钟	完全灭活

（续）

处理方法	朊病毒及其毒株	灭活方法	灭活效果
湿热			
重力置换高压灭菌（gravity displacement autoclaving）	羊痒病病原		
	139A株	126℃作用2小时	据报道，可灭活
	22A株	126℃作用4小时	灭活
	克雅病（CJD）病原	132℃作用1小时	据报道，可灭活
	羊痒病病原 263K株	132℃作用1小时	据报道，可灭活
	牛海绵状脑病（BSE）病原 301V株	126℃作用30分钟	未灭活
	羊痒病病原 ME7株	126℃作用30分钟	据报道，可灭活
孔负荷高压灭菌法（porous load autoclaving）	羊痒病病原 BSE病原	134～138℃作用1小时	据报道，可灭活，但有效性受到质疑
化制处理（rendering treatment）	羊痒病病原	138℃作用125分钟	未灭活
	BSE病原 羊痒病病原	3个大气压133℃下作用20分钟	不一定能完全灭活
放射			
γ射线照射	CJD病原 库鲁病病原 羊痒病病原 传染性水貂脑病（TME）病原	150万戈瑞	未灭活
微波辐射	羊痒病剂 22A株	频率2450兆赫兹，能量650瓦作用35秒	未灭活
紫外线照射	CJD病原 库鲁病病原 羊痒病病原 TME病原	在254纳米下，每平方米100千焦	未灭活

表94.7　化学处理方法（有些还辅以物理学处理方法）对朊病毒进行灭活的效果评估

处理方法	朊病毒及其毒株	灭活方法	灭活效果
酸	羊痒病病原 263K株	1摩尔/升盐酸，在室温下作用153小时	未灭活
	羊痒病病原	8摩尔/升盐酸作用1小时	未灭活
	羊痒病病原	1摩尔/升盐酸65℃作用1小时	可大量灭活，但不彻底
碱	羊痒病病原 263K株	2摩尔/升氢氧化钠作用2小时	未灭活
	CJD病原	1摩尔/升氢氧化钠60分钟，随后通过重力置换高压蒸汽灭菌，121℃高压灭菌30分钟	灭活

（续）

处理方法	朊病毒及其毒株	灭活方法	灭活效果
	羊痒病病原22A剂	2摩尔/升氢氧化钠存在情况下，重力高压蒸汽灭菌，121℃作用30分钟	灭活
烷化剂	羊痒病病原	感染的脑组织在20%甲醛盐水中浸泡974天	未灭活
	CJD病原	10%甲醛盐溶液作用1年	未灭活
	TME病原	甲醛固定组织6年	未灭活
	BSE病原	10%甲醛盐溶液作用2年	未灭活
	羊痒病病原	12.5%非缓冲戊二醛作用16小时	未灭活
	CJD病原	5%缓冲戊二醛作用14天	未灭活
	CJD病原	43℃下，14磅/英寸^2（psi）的88%（v/v）环氧乙烷作用4小时	未灭活
去污剂	羊痒病病原22A株	5%的十二烷基硫酸钠（SDS）在室温下作用2小时 在5%的SDS中煮沸15分钟 在5%的SDS中121℃高压灭菌15分钟	未灭活 未灭活 未灭活
卤族	CJD病原	2.5%的次氯酸钠（有效氯为25 000毫克/升）在室温下1小时	灭活
	羊痒病病原263K株	2.5%的次氯酸钠（有效氯为25 000毫克/升）在室温下1小时	灭活
	羊痒病病原	1.4%的次氯酸钠（有效氯为14 000毫克/升）在室温下30分钟	灭活
	BSE病原	次氯酸钠提供有效氯浓度范围8 250~16 500毫克/升，30~120分钟	灭活
	羊痒病病原263K株	2%（w/v）的碘组成的2%碘元素和2.4%碘化钠的混合物，作用4小时	未灭活
有机溶剂	羊痒病病原	5%氯仿作用2周	未灭活
	羊痒病病原	4%苯酚作用2周	未灭活
氧化剂	羊痒病病原	50毫克/升的二氧化氯作用24小时	未灭活
		3%过氧化氢作用24小时	未灭活
	CJD病原	高锰酸钾的浓度范围从1%~0.4%，作用60分钟	未灭活
	羊痒病病原ME7株	用高达19%的过氧乙酸，处理羊痒病病原感染小鼠的脑组织匀浆，作用24小时 用2%的过氧乙酸，处理羊痒病病原感染小鼠的完整脑组织的碎片，作用24小时	未灭活 灭活

等，1998）。这些朊病毒的湿热灭活程序尚未最终确定。引起疯牛病的朊病毒比引起羊痒病的朊病毒，对加热灭活程序更有耐受性（Schreuder等，1998）。尽管引起疯牛病的朊病毒对化学灭活表现出极大的耐受性，但次氯酸钠释放的高浓度的有效氯和2摩尔/升的氢氧化钠，加热到121℃，对灭活此朊病毒行之有效。

◉ 兽医中用作消毒剂的化学品

■酸类

酸往往抑制细菌生长，因此许多有机酸被用作食品及药物的防腐剂。酸的抗菌活性通常具有pH依赖性。有机酸可有效对抗革兰阳性菌，但对革兰阴性菌效果较差。

病毒对酸的敏感性有很大差异，通常与其结构特性有关。某些病毒的衣壳蛋白，在酸性条件下可被显著抑制。用有机酸处理它们时，可使其构象发生变化。

包括柠檬酸和磷酸在内的许多酸可灭活口蹄疫病毒。无机酸也可用于此目的，但其对人有腐蚀性和危险性。盐酸可用于灭活人轮状病毒和水疱性口炎病毒。浓度2.5%的盐酸已被用于灭活畜皮中的炭疽杆菌芽胞。

在食品加工行业中，无机酸被广泛用于清除管道和挤奶机表面上的水垢、乳石等碱性沉淀。通常通过分析被处理对象的构成成分及其对高温和酸的承受力，选择用何种酸进行消毒处理。

乙酸是一种有效的抗菌剂，浓度达到0.5%时，可用于治疗假单胞菌引起的伤口感染。这种有机酸低浓度时无刺激性，已被用于局部慢性细菌性疾病的治疗，如外耳炎。

在各种消毒方法中，有机酸和无机酸的消毒作用是明确的，但作用有限。它们的抗菌活性通常与低pH有关，并且作用缓慢。因为无机强酸对人有危险性，在使用这些强酸时，应注意保护眼睛并佩戴橡胶手套。

■醇类

醇类能够杀灭革兰阳性菌、革兰阴性菌、分枝杆菌、一些病原性真菌和某些有囊膜的病毒。醇类不能杀灭芽胞和无囊膜的病毒。醇类的杀菌性能随其碳链长度而增加，但同时水溶性下降。乙醇和异丙醇被广泛用作消毒剂。水的存在会增加乙醇的杀菌活性，乙醇的最有效杀菌浓度大约为70%。醇类可使蛋白变性。醇类作为脂类的溶剂，表现出对正常代谢的细菌的快速杀灭活性。醇的抗真菌活性归因于真菌的酶、细胞膜和细胞在含有醇的水中难以保持结构和功能的稳定性（Maillard，2004）。因为醇类迅速挥发，在局部应用后无残留。

醇类常在局部消毒时单独使用。将碘或氯己定溶解于70%的酒精溶液，可用于皮肤部位的术前消毒。公布的数据表明，预防病人手术部位感染，含2%氯己定的70%异丙醇相比含10%聚维酮碘的水溶液，用于术前消毒更具优势（Darouiche 等，2010）。与其他消毒剂相比，醇类消毒剂不昂贵、相对无毒、无腐蚀且无色。醇的抗菌活性受限于被消毒的表面是否存在有机物。有机物干燥于被消毒的表面时，对醇的抗菌活性影响很大。由于醇类消毒剂可溶解橡胶和一些塑料材料，所以用醇类消毒剂消毒橡胶和一些塑料材料，可能会破坏这些材料。由于醇易燃，醇类消毒剂不适用于对接近明火的表面消毒。

■醛类

醛是高活性的一类化学品，能够杀灭很多种类的微生物。常用的醛类消毒剂包括甲醛、戊二醛和邻苯二甲醛。醛、环氧乙烷和β-丙内酯等消毒剂都是烷化剂，它们具有不稳定的氢原子结构（如巯基基团），可灭活酶和其他蛋白质。醛类可与蛋白质的氨基、羧基、巯基和羟基基团反应，引起蛋白质结构不可逆的变化。某些醛类可与核酸的嘌呤和嘧啶碱基的氨基以及肽聚糖反应。甲醛气态存在时，易溶于水，也可以固态存在。室温时，甲醛聚合，形成一种无色的固体物质称为多聚甲醛。甲醛溶液（福尔马林）是含有约38%的甲醛的水溶液（w/w），加入甲醇可以延迟甲醛的聚合。气相甲醛可用于密封建筑物熏蒸消毒。这种消毒室在甲醛加入高锰酸钾晶体，或加热多聚甲醛，产生甲醛蒸汽，通过甲醛蒸汽达到全面消毒的效果。甲醛的抗微生物谱广，可有效对抗正常代谢的细菌（包括分枝杆菌）、芽胞、真菌和病毒，但它与戊二醛相比，作用速度较慢。除了作为消毒剂，甲醛被用于兽用疫苗的制备、足浴消毒或治疗牛和羊跛行。即使在较低的水平，甲醛的刺激性蒸汽和刺鼻气味也是明显的。甲醛有毒，若被吸入可致敏人工。由于甲醛的毒性和其潜在的致癌性，甲醛作为一种广谱抗微生物制剂在应用上呈下降趋势。释氯的消毒剂不应与甲醛共同使用，因甲醛与盐酸、次氯酸钠或其他含氯化合物反应，可产生强致癌物双氯甲基醚。

戊二醛是一种二醛。通常，商品化戊二醛采用的是2%、25%或50%的酸性溶液。虽然戊二醛在酸性pH时稳定，但在pH接近8时它们的活性更高。它对正常代谢的细菌、细菌芽胞、真菌孢子和病毒，具有很高的杀微生物活性。与甲醛不同，戊二醛可与病原微生物迅速反应。高水平的消毒时，戊二醛可配成2%的溶液。戊二醛可与蛋白、细菌细胞壁和芽胞成分相互作用。虽然戊二醛是公认的最有效的杀芽胞剂之一，但它与芽胞相互作用的方式还没有完全明确。除了其消毒性能，戊二醛还用于电子显微镜标本固定和商业皮革处理，并被广泛用于内窥镜和麻醉设备等不能进行加热灭菌仪器的杀菌。即使在较低的水平，戊二醛蒸汽对眼睛和黏膜也有刺激性。一些人暴露于戊二醛时，会引起过敏性接触性皮炎、哮喘和鼻炎。由于对暴露于戊二醛的风险的担忧，戊二醛作为一种广谱消毒剂的应用趋势已明显下降。人们正考虑使用与之效果相当、毒副作用较少的化学品替代戊二醛。

邻苯二甲醛是一种芳香醛，被评定为戊二醛可能的替代品。新近推出的这种化学品具有显著的杀菌和杀病毒活性，但它杀芽胞活性比戊二醛要弱一些。邻苯二甲醛优于其他醛类的是它的亲脂活性，能促使这种消毒剂穿透革兰阴性菌和分枝杆菌的细胞壁（Moore 和 Payne，2004）。需要进一步的研究来确定这种芳香醛的安全性和有效性。

■碱

碱的抗微生物能力与氢氧离子浓度有关。碱经常被用来增加工业消毒剂和清洁剂的pH。氢氧化钠、氢氧化钾和碳酸钠（洗涤碱）是最经常采用的清洁建筑物和车辆表面的碱；氢氧化钙（熟石灰）有时被用来消毒传染病暴发后建筑物的表面。高浓度的这些化学物质有着显著的杀菌特性。苛性碱溶液对多种病毒有效，包括口蹄疫病毒、腺病毒和猪水疱病病毒。虽然4%浓度的碳酸钠主要用作清洗剂，但它对口蹄疫病毒特别有效。浓度超过5%时，氢氧化钠能够杀灭很多种类的微生物，包括细菌芽胞。朊病毒能耐受很多种类的消毒方法，但2摩尔/升的氢氧化钠在121℃作用30分钟，可灭活朊病毒。氢氧化钠和氢氧化钾对金属有腐蚀性并且对人有危险性。使用强碱性溶液时，所有工作人员都应被告知强碱的腐蚀性，并且他们必须戴防护眼镜、橡胶手套和防护服。

氢氧化铵是一种弱碱，可灭活对大多数标准化学消毒剂有耐受性的球虫卵囊。这种弱碱的水溶液即使在低浓度下也具有较强的抗微生物活性。高浓度的氢氧化铵溶液散发出强烈的刺激性气味。

■双胍类

双胍类消毒剂是一组阳离子化合物，包括氯己定、双胍啶和一些聚合形式双胍类化合物。双胍类被广泛用作洗手液和手术前皮肤的消毒溶液。因为双胍类是阳离子，所以肥皂和其他阴离子化合物会显著降低它们的活性。氯己定是这组化合物中最重要的成员，能以二盐酸盐、二乙酸酯和葡萄糖酸盐等形式存在。氯己定葡萄糖酸盐可溶于水，是最常用的形式。无毒性是双胍类的一个重要特征。

氯己定是一种膜活性剂，在低浓度时它能抑制细菌细胞膜上的酶，促进细菌细胞成分的渗漏。当浓度升高时，可凝固细菌细胞质中的成分，从而杀灭细菌。这个双胍类化合物能够杀灭很多种类的微生物，包括革兰阳性菌和许多革兰阴性菌，但它杀灭真菌的活性有限。某些革兰阴性细菌，如变形杆菌和假单胞菌，对这种消毒剂可能有很高的耐受性。此外，它对分枝杆菌和芽胞无杀灭作用。虽然氯己定可能对一些有囊膜的病毒有效，但其抗病毒活性并不确定，因此不建议把它用作一种有效的抗病毒消毒剂。氯己定-乙醇溶液作为局部消毒剂特别有效，能够将乙醇的抗菌速度和氯己定的持久性结合起来。由于氯己定在乳头处的残留消毒活性比其他许多消毒剂持续时间长，因此被广泛应用于奶牛乳腺炎的控制，用于乳头浸渍消毒。氯己定的活性与pH有关，在碱性pH中更为活跃。当被消毒的表面存在有机物质时，氯己定消毒活性降低。由于一些双胍类对水生动物可能有毒，在处置氯己定废弃溶液时，应小心谨慎。

■环氧乙烷

在室温条件下，环氧乙烷是带着淡淡的气味、对眼睛和黏膜有刺激作用的无色气体。它易溶于水和一系列有机溶剂，且易燃，当空气中的浓度超过3%时，可形成爆炸性混合物。将环氧乙烷和二氧化碳或其他合适的不可燃气体混合，可以提高环氧乙烷使用的安全性。环氧乙烷不腐蚀金属，可自发分解成甲烷、乙烷和二氧化碳。

作为烷化剂，环氧乙烷与氨基、羧基、巯基和羟基反应，导致微生物蛋白（包括酶）和核酸变性。环氧乙烷是一种非常有效的抗微生物剂，具有杀菌、杀病毒和杀芽胞活性。据报道，某些正常代谢的细菌如肠球菌可相对地耐受环氧乙烷这种气体，环氧乙烷不能灭活朊病毒。原生动物寄生虫隐孢子虫对环氧乙烷的耐受性已被报道。环氧乙烷适用于热敏感设备的低温消毒。这种气体的一个良好特性是它能够穿透各种材料，包括大包、捆布和某些塑料。

第七篇

然而，环氧乙烷灭活微生物缓慢，其抗菌活性受相对湿度、温度、气体浓度、接触作用时间和水蒸气的存在与否的影响。有机残留物和盐晶体等物质可干扰环氧乙烷的抗菌活性。

在使用环氧乙烷进行消毒时，以及环氧乙烷消毒后的材料中残余的环氧乙烷，都对人的健康构成一定的威胁，因此环氧乙烷的使用率已经下降。20世纪90年代以来，环氧乙烷已被列为一种诱变剂和人类致癌物。改进环氧乙烷灭菌设备和灭菌程序，可以降低这种低温化学杀菌剂相关的风险。尽管已经有这些改进，这种高效广谱抗微生物剂的毒性和易燃性，仍引起人们不安。另外一个关注的问题是，当环氧乙烷用作日常低温设备的灭菌时，一旦释放到环境中，将对周围的居民产生潜在的风险。

■卤类化合物

氯和碘化合物因其抗微生物活性被广泛用于动物诊疗。溴化合物有时也被用作消毒剂，它们可能比氯化合物有更强的抗菌活性。尽管如此，溴化合物很少被用作消毒剂。卤类消毒剂除了在水处理方面具有悠久历史，氯气和释氯的化合物被广泛应用于食品加工。碘化合物也被用于食品加工过程中的消毒剂和奶牛的乳头浸渍。因为它们是相对无毒的，碘化合物被用于兽医术前手的消毒和人类的医疗保健设施、实验室及养殖场的消毒。

氯化合物

许多不同类型的释氯化合物可用于常规用途的消毒，尤其应用于食品加工和动物诊疗方面。氯制剂的抗微生物活性由溶液中有效氯的含量决定。溶液中游离氯的稳定性，受氯浓度、pH、残留的有机物质和暴露于光线等因素的强烈影响。释氯化合物包括次氯酸钠、N-氯化合物（N-chloro compounds），也被称为有机氯化合物（organic chlorine compounds）。氯胺-T、二氯胺-T、对二氯基氨磺酰苯甲酸、二氯异氰脲酸酯和二氯异氰脲酸酯钾盐，都是典型的有机氯化合物。据报道，这些化合物的抗微生物活性比次氯酸盐要慢，但这些有机氯化合物相比于次氯酸钠，不容易受到残留的有机物质的严重影响。二氧化氯在室温下是一种气体，可作为次氯酸钠的一种替代品。这种气体溶于水，在黑暗中形成稳定的溶液，在光照下缓慢分解。在

空气中，当浓度高于10%时，二氧化氯不稳定且易爆炸。但在杀菌浓度下，它是一种有效的抗微生物化合物，具有非易燃性和非爆炸性。二氧化氯广谱抗微生物，可杀细菌、真菌病毒（表94.5）和芽胞（表94.4），还能灭活朊病毒（表94.7）。20年前开发的气态二氧化氯消毒装置，在市场上可以买到。据报道，二氧化氯的消毒能力相当于环氧乙烷。

氯及其化合物的抗微生物活性取决于游离氯溶入水中时生成的次氯酸。当溶入水时，次氯酸盐与氯胺进行水解，从而形成次氯酸。这种酸释放出初生态氧，是一种强氧化剂。氯直接与细菌胞浆蛋白和病毒衣壳蛋白结合。释氯化合物对多种病毒的基因组有损害，但这些反应的特性尚未明确阐述。抗微生物活性与环境的pH成反比，如次氯酸钠的氯化合物，在pH低于7时是最有效的。次氯酸盐的最适pH接近5。因其不稳定性，在一个月之内如果存储于敞开的容器中，次氯酸盐的浓度会损失50%。考虑到其不稳定性，这类消毒剂应现配现用。

释氯化合物是一种有效的杀病毒剂。氯化（chlorination）是一种标准的水消毒处理方法，能有效防止传染病的传播，被普遍认为是一种安全的程序。几十年来，氯气已被用于公共供水的水处理，次氯酸钠用于游泳池的水处理。家用漂白剂，通常含有高浓度的次氯酸钠，使用合适浓度稀释后适用于乳制品、食品加工厂、一般消毒设备和养殖场建筑物的消毒。次氯酸钠作用迅速，不染色，并且廉价。然而，因其腐蚀性及相对不稳定性，在某些情况下限制了它的应用。限制次氯酸盐抗微生物活性的两个最重要因素是残余有机物的存在及碱性物质，后者可中和次氯酸。由于清洗不充分，若环境中有机物质的残留高，低含量的氯化合物消毒是无效的。

使用氯化合物所产生的健康风险，似乎非常有限。由于氯化水中检测到三氯甲烷，引发了对这种公共供水处理方法的安全担忧，这是因为三氯甲烷对实验动物有致癌作用。目前几乎没有可替代的处理方法为人饮用水提供安全保障。与其他消毒剂相比，氯化合物的优点包括在有效浓度时毒性低、广谱抗微生物、易于使用和相对较低的成本。

碘化合物

180多年前，碘化合物的抗微生物活性已被确认。作为有效的抗微生物剂，碘和氯的化合物有一些共

同的特征，但它们也具有各自的一系列特性。碘的化学活性比氯更弱，在有机物质存在下，碘化合物比氯化合物活性更强。在碱性pH条件下，碘的抗微生物活性比在酸性pH条件下更强。

碘元素是一种具有金属光泽的青黑色的结晶状物质，仅微溶于水。尽管溶解度低，碘的水溶液以前常被用作抗微生物剂。碘易溶于乙醇、碘化钾和碘化钠的水溶液。当溶解于乙醇（碘酒），会产生高含量的游离碘。用碘溶液消毒的弊端包括这种消毒剂不稳定、可使皮肤和织物染色、有毒性、对皮肤有刺激性等。无机碘已经在很大程度上被碘伏制剂取代，碘伏制剂中的碘与表面活性化合物或聚合物的载体复合，既增加了溶解性，又增加了游离碘的持续释放。在大多数碘伏制剂中，载体通常是一种非离子型的表面活性剂，碘以胶束状聚集体形式与载体结合。当以复合物存在时，游离的碘的浓度被有效控制，而碘的水溶液或醇溶液难以避免过高的游离的碘。碘与聚乙烯吡咯烷酮聚合的复合物，简称为聚维酮碘，是一种常用的消毒剂。用水稀释碘伏后，碘的胶束状聚集体分散会引起碘的缓慢释放。因为碘伏溶液中的游离碘的量取决于所用的浓度，碘的高浓度溶液比低浓度溶液，可能具有较低的杀微生物活性。稀溶液中更高的抗微生物活性水平，反映了游离碘的水平。为了获得最好的杀菌效果，碘伏溶液应按照制造商的说明进行相应稀释。

当在恰当的稀释度和pH小于5时，碘伏具有广谱抗微生物活性，可杀细菌、真菌和病毒。现已表明，病毒衣壳的酪氨酸和组氨酸是碘作用的靶目标。据报道，这些消毒剂也可与巯基反应。一些无囊膜的病毒比有囊膜病毒对碘伏的敏感性弱。碘的缓冲溶液可有效杀灭枯草杆菌芽胞，但需要高浓度和较长的作用时间才能有效杀灭芽胞。芽胞的芽胞壳和皮层是其作用位点。据报道，铜绿假单胞菌和洋葱伯氏菌在聚维酮–碘溶液中的生存期延长，被归因于残留的有机物、无机材料或形成的生物被膜。此外，乙醇能提高碘伏的抗微生物活性。在一些国家，碘伏的乙醇溶液被广泛用于外科手术前手部和手术部位的消毒。酸性碘伏溶液被用作食品工业消毒剂。当碘伏在乳制品厂被用作消毒剂时，需加入磷酸以保证其酸性pH，还要事先去除残留的干燥的奶汁。挤奶后进行有效的乳头药浴，是控制奶牛传染性乳腺炎的重要措施，碘伏常用于这一方面。

重金属及其衍生物

重金属包括汞、铅、锌、银和铜等，常被应用于农业、园艺以及人和动物诊疗所需的消毒工作。几个世纪以来，极低浓度含量的重金属（如银和铜）对细菌、藻类和真菌有着显著的抑制作用，这已经得到了公认。有着抗细菌和抗真菌活性的重金属衍生物如铜盐，通过与巯基结合来抑制微生物膜和细胞质中的酶活性，发挥其抗性作用。

铜在空气中被慢慢氧化，形成一系列的化合物，有些呈现出显著的抗微生物活性。几十年来，铜盐已被用于防腐剂和止血剂中。除此之外，铜对DNA有极强的亲和力，在低浓度下能发生可逆性变性，与巯基结合而抑制微生物的代谢。铜盐具有与蛋白分子结合的能力，据报道，这一能力对于病毒衣壳蛋白有一定的副作用。硫酸铜与石灰的混合物被称为波尔多液（Bordeaux mixture），于19世纪80年代被引入中国，作为一种喷雾能控制和预防如土豆这样敏感的植物免受真菌感染。当喷洒于植物时，便黏附在叶子上形成一种能持续抗真菌的缓释铜络合物。硫酸铜也已被用于开放性的水域或池塘中，以防止藻类的生长。一些铜化合物还可以在木材、纸及涂料工业中作为防腐剂使用。

多年来，大量的汞化合物（包括氯化汞、红药水、硫柳汞和硝酸苯汞）用于治疗小伤口和皮肤感染。硫柳汞曾被用作皮肤消毒剂和杀真菌剂，现在被用作生物制品的防腐剂，如细菌和病毒的疫苗。近年来，由于存在污染环境的风险、直接毒性和在环境中持久性存在等情况，导致汞化合物的使用率逐步下降。大多数的汞化合物已被毒性更小、更有效且不易造成环境污染的消毒剂和治疗剂所取代。在农业和工业中使用汞产品，遭到监管部门的强烈反对。

银化合物可能通过作用于巯基来破坏细菌和真菌的酶，实现杀灭这些微生物的效果。硝酸银溶液是用于防止患者烧伤面感染的一种杀菌剂。银释放于外科敷料，可产生抗微生物作用。涂银的沙放在过滤器中，可用于水的净化，这与涂银的炭有类似的用途。银化合物还对许多有囊膜和无囊膜的病毒具有灭活作用。虽然它对病毒的作用方式尚未完全明确，但衣壳蛋白的改变很可能是其作用方式。

■β-丙内酯

β-丙内酯在室温下是一种无色、非易燃的液体，可与水混溶。β-丙内酯的抗微生物活性取决于它的浓度、相对湿度和温度。它具有杀细菌、真菌、芽胞和病毒活性。其杀灭微生物的机理是与DNA进行烷基化反应。这是一种高效的气体灭菌剂。虽然β-丙内酯比环氧乙烷活性更高，但它缺乏环氧乙烷的穿透能力。当残留有机物质存在时，β-丙内酯的工作浓度需要相应增加。

β-丙内酯已被广泛用于兽用病毒灭活疫苗的生产。β-丙内酯对动物场地的消毒及动物源性污染液体的处理也有潜在的使用价值。但β-丙内酯有一些毒性，包括直接接触后引起皮肤损伤和眼部刺激。更令人担心的是有限接触β-丙内酯后的远期风险，因为β-丙内酯被认为有致癌风险。

■过氧化合物

过氧化氢、过氧乙酸、臭氧和含有钠或钾的过硫酸盐等过氧化物消毒剂是强的氧化剂，具有广谱抗微生物活性。然而，一些报告显示，一些过氧化合物（包括过硫酸盐）不能杀灭分枝杆菌。每种过氧化物的消毒特性决定了它在兽医消毒剂中的效用。

过氧化氢可作为溶液存在，是一种无污染且可以分解成氧和水的化合物。过氧化氢溶液的强度通常被规定为10单位体积或20单位体积，表明从1个体积过氧化氢溶液中释放出的氧的体积数。工业上可用较高浓度的溶液。由于过氧化氢溶液极不稳定，加入苯甲酸或其他合适的物质，可以作为稳定剂。该氧化剂具有杀细菌和杀芽胞的作用。有关过氧化氢杀病毒活性的数据还有限。一些无囊膜的病毒经过氧化氢作用后仍可存活。过氧化氢是一种有效的杀芽胞剂，其活性在浓度增加和温度升高时会增强。与其他一些过氧化合物一样，过氧化氢对分枝杆菌的杀灭活性值得商榷。某些细菌存在过氧化氢酶或过氧化物酶，可增加细菌对低浓度过氧化氢的耐受性。由于组织过氧化氢酶的活性，在污染伤口应用过氧化氢后会有强烈的反应，这种反应有助于去除细胞碎片和脓液。当应用于组织消毒时，过氧化氢抗微生物活性持续时间较短。过氧化氢形成的羟自由基与细胞成分（包括核酸）进行反应，解释了这种化合物的抗微生物活性。近几年，已经开发出一种新的工艺，使用无线电波来产生等离子体活化过

氧化氢蒸汽。等离子的杀微生物活性，源于产生的氢氧根离子等自由基。除了用作消毒剂和防腐剂，过氧化氢在食品工业中被应用于无菌包装。

过氧乙酸是一种无色、有刺激性气味的液体，是一种强氧化剂。它可与水混溶，并具有比过氧化氢更大的脂溶性和更有效的抗微生物活性。此消毒剂在市场上可作为15%水溶液快速杀灭一系列微生物（包括细菌及其芽胞、真菌、藻类和病毒）。即使在低温下和残留有机物时，它也具有杀芽胞活性。不同于一些其他的过氧化合物，过氧乙酸具有杀灭分枝杆菌活性。它能够氧化巯基和氨基基团，也可使蛋白质和核酸变性。由于其广谱抗微生物，它被用来作为一些不耐热的医疗器械的低温消毒剂。过氧乙酸能腐蚀钢、铜和其他金属，能破坏天然橡胶和合成橡胶。由于其无残留以及在低温下强大的抗微生物作用，过氧乙酸被广泛应用于食品加工和饮料工业。它也可用于消毒污水和粪便等垃圾。在接近60%的浓度时，过氧乙酸在室温下可爆炸。暴露于过氧乙酸蒸汽，可对眼睛和呼吸道产生刺激性。除了可对黏膜造成刺激，过氧乙酸的安全隐患也引起关注。长时间暴露于中等浓度的过氧乙酸，可能会增加发生肿瘤的风险。

臭氧是氧的同素异形体，有强氧化性。臭氧具有杀细菌、杀芽胞以及杀病毒活性。臭氧在水中的化学性质不稳定，但由于产生包括羟自由基之类的自由基，其抗微生物活性依然存在。臭氧与半胱氨酸、色氨酸和蛋氨酸反应，引起蛋白质变性。臭氧似乎先引起病毒衣壳的结构性损坏，然后造成病毒核酸的失活。臭氧的杀芽胞活性缘于外芽胞壳层所产生的变化。臭氧有时被用来对水进行消毒，并且也应用于食品工业。许多商品化消毒剂在其配方中使用过氧化合物。经评估，一种商品化制剂Virkon®不能有效杀灭分枝杆菌（Griffiths 等，1999）。

除过氧乙酸外，许多过氧化合物的杀灭分枝杆菌活性具有不确定性。近些年报道了一些新的利用过氧化氢气体等离子体和过氧乙酸形成的离子体进行的低温灭菌方法。相对一些目前可用于灭菌的方法，这些新方法具有许多潜在的优势。

■酚类化合物

苯酚作为首批用于外科手术防腐剂的一种化学药品，久负盛名，其抗微生物活性已经被应用了150多

年。苯酚也作为一种标准的消毒剂，用于对其他化学品消毒能力的定量测试。这种测试方法称为酚系数法（phenol-coefficient technique）。以前，大部分用作消毒剂的酚类化合物都是从焦油中提炼获得的，因此，这类物质曾被称为"煤焦油消毒剂"。焦油本身是煤干馏的副产品，含有许多种类的化合物。分馏焦油可得到酚类、有机碱和中性产品。分馏采用的温度，决定了所得产品及其生物学活性的类别。随着沸点的增加，煤焦油酚理想的生物学特性逐步增加，但与此同时煤焦油酚在水中的溶解度下降。之前，一些著名的专利煤焦油产品，如Jeyes液和来苏儿（Lysol）是普遍通用的消毒剂，它们都是通过加入肥皂得以溶解。现在，许多酚类化合物都是合成的。除了各式各样的煤焦油酚类，2-苯基苯酚（邻苯基苯酚）等非煤焦油酚也可用于消毒。简单酚类和取代酚类构成了种类庞大的化学物类，从苯酚和甲苯基酸，到一系列高沸点焦油酸的集合。其消毒活性与化学结构关系复杂。卤化和硝化可增加酚的抗微生物活性，但硝化也会增加它的毒性。在双酚类中，卤化可提高它们抗微生物活性。黑液（black fluids）用来表示用肥皂增溶的煤焦油馏分；白液（white fluids）是从焦油馏分制备的乳剂。由于成分不同，对酚类化合物抗微生物活性难以一概而论。这类化合物的抗微生物活性及毒性取决于每种制剂中有效成分配方和浓度。苯酚可通过结合氨基酸残基和取代水分子，而使蛋白质变性，进而使膜蛋白的构象变化，导致细胞质膜损伤，引起细胞内成分的泄漏。一些酚类化合物也与巯基反应，导致代谢抑制。

在推荐浓度下，酚类化合物具有杀菌活性。邻苯基苯酚和黑液对杀灭分枝杆菌特别有效，但双酚不能杀灭分枝杆菌。卤化后，酚和甲酚都具有抗真菌活性。总体来讲，酚类化合物不具有杀灭芽胞的活性，杀灭病毒的活性依赖这种于消毒剂的组成成分；有囊膜病毒可被灭活，无囊膜的病毒通常有耐受性。邻苯基苯酚对有囊膜和许多无囊膜的病毒都有杀灭活性。由于酚类化合物极大的多样性，以及组分的广泛差异，这组消毒剂不是可靠的杀病毒剂。酚类化合物通常价格适中，不受存在的有机物质的严重影响。因为这些化合物带有刺激性和脱色性，应尽量避免与皮肤的接触。由于猪和猫对酚类消毒剂的毒性作用尤为敏感，所有处理过的地面应在动物再次引入前彻底清洗。酚类化合物的柏油气味和表面残留，可能会导致食品和农产品的污染。因此，

在肉类加工厂、乳品或食品的存储区域不应使用这类消毒剂。它们不适合消毒与人类食物直接接触的表面或容器。对人、家畜以及野生动物来说，含有酚类化合物的消毒剂具有潜在的毒性。在这种情况下，大量使用这些消毒剂对建筑进行消毒后，不应将消毒污水排入池塘、湖泊、河流或小溪。含有酚类消毒剂的消毒液，必须收集在污水池或其他合适的控制设施中，相关的有机肥只能用于远离河道的耕地。

■季铵化合物

季铵化合物（quaternary ammonium compounds，QACs）的结构与氯化铵相似，可以看作是有机基团取代铵的化合物。这些阳离子化合物有表面活性，但它们与包括肥皂、磷脂等非离子和阴离子表面活性剂在内的众多化学剂不相容。季铵化合物在中性或微碱性环境中最有效。它们毒性低，且在水中的溶解度高。这些消毒剂通过与胞质膜上的阴离子脂质以及与革兰阴性菌的外膜相互作用来发挥其抗微生物的效能。低浓度的QACs可破坏细菌细胞膜，进而造成细胞质成分的泄漏，阻断脂质和蛋白质在膜结构中的相互作用。高浓度的QACS诱导细胞质成分凝固。这些化合物与对细胞新陈代谢必需的酶相互作用，干扰了其代谢过程。QACs被吸引到微生物带负电荷的表面，在此与细胞膜的磷脂结合，并使蛋白变性，进而损害细胞膜的通透性。鉴于其抗微生物活性可被诸如血液、牛乳或粪便等有机物质降低，它们适用于比较清洁的表面的消毒。

与许多其他消毒剂相比，QACs价格适中，但它们抗微生物谱较窄，相对革兰阴性菌而言，它们对革兰阳性菌表现出更强的杀灭活性。某些革兰阴性菌（如假单胞菌属和黏质沙雷菌），可以在QACs溶液中存活和繁殖。这些阳离子化合物既不能杀死分枝杆菌，也不能杀死芽胞。虽然这些化合物有些能杀灭有囊膜的病毒，但无囊膜的病毒对其有耐受性。总体来说，这类化合物是不可靠的杀病毒剂。

苯扎氯铵（benzalkonium chloride）是最常用的一种QACs，具有杀灭细菌和真菌活性。它与一些橡胶制品而非硅胶橡胶的成分不相容。这种化合物被用于皮肤和黏膜的术前准备。苄索氯铵（benzethonium chloride）被用于治疗浅表伤口，也可用于控制游泳池中藻类的生长。乙醇可增强QACs的效能。

高浓度的QACs会导致皮肤发炎。由于它们不着色、无味、无毒且通常无腐蚀性，QACs被广泛用作食品加工中的消毒剂。它们也用于犊牛自动喂饲器的消毒，以及用于绵羊浸泡消毒，以杀灭影响羊毛的微生物。

消毒剂可用于人与动物诊疗，维护公众健康，也可以用于食品加工。表94.8中总结了各类消毒剂的特性。

◉ 微生物的耐消毒性

消毒剂在限制细菌性病原的传播方面发挥了重要作用（Russell，2003）。在动物诊疗等方面连续使用消毒剂，可能会造成细菌对消毒剂的耐受性，已

表94.8 各类化学消毒剂的化学结构和抗微生物活性

杀菌剂	特点	应用	备注
酸类	在低浓度时，有机酸如柠檬酸和乙酸无刺激性；无机酸如盐酸、硫酸，有腐蚀性且危险	在食物和药物中，有机酸作为防腐剂使用；无机酸作为清洁剂使用，可净化养殖场建筑	有机酸抑制革兰阳性菌；有机和无机酸都可灭活口蹄疫病毒
醇类	两种醇类，即乙醇和异丙醇，被广泛用作消毒剂；它们相对无毒，无污染且无色；它们的溶剂活性会损害橡胶和一些塑料材料；它们易燃，不应接近明火使用	醇可使蛋白变性，是脂溶剂；在70%浓度下，乙醇迅速杀菌；醇不具有杀芽胞活性	醇类的抗微生物谱包括革兰阳性菌、革兰阴性菌、分枝杆菌、一些真菌和许多有囊膜病毒
醛类	这组的高活性化学物质是烷化剂，与蛋白质、肽聚糖和核酸反应；三种醛类，即甲醛、戊二醛和邻苯二甲醛作为消毒剂使用；醛类的刺激性蒸汽和气味是这些广谱消毒剂不受欢迎的主要特性	高效的杀细菌剂和杀病毒剂，戊二醛是一种有效的杀芽胞剂；甲醛用于兽用疫苗的制备和牛羊足浴	这类化合物是高效消毒剂；由于其毒性及潜在的致癌性，它们使用率在下降
碱类	这些化学试剂的抗微生物活性与氢氧根离子浓度有关；很多对金属有高腐蚀性，对人有危险性；苛性碱溶液可引起组织损伤	常用于提高工业清洁剂和消毒剂的pH；某些（如碳酸钠）用于建筑和运输车辆表面清洁	在高浓度有明显的杀微生物活性；加热的氢氧化钠溶液可灭活朊病毒；工作人员必须穿防护服，戴护目具和手套
双胍类	这些阳离子化合物包括氯己定和双胍啶；它们相对无毒，广泛用于洗手与术前的现场准备；肥皂和阴离子化合物可抑制其抗微生物活性	作为一个群体，双胍类药物具有广泛的抗微生物活性；氯己定具有有限抗真菌活性，既不杀分枝杆菌也不杀芽胞；双胍类不是有效的杀病毒剂	一些革兰阴性菌耐氯己定；作为局部消毒剂，氯己定醇溶液是高效的；氯己定广泛应用于奶牛乳头浸泡消毒
环氧乙烷	这种无色的气体有微弱的气味、刺激眼睛和黏膜、易燃，在空气中浓度超过3%时，可形成爆炸性混合物	这种烷化剂能杀细菌、真菌、病毒和芽胞；用于对热敏感的设备的低温杀菌	环氧乙烷被列为诱变剂和人类致癌物；暴露于环氧乙烷的蒸汽，可引起急性或者慢性中毒；长期暴露于该气体，可导致肿瘤和组织其他变化
卤族氯化物	释氯化合物包括次氯酸钠、二氧化氯和N-氯化合物；这些化合物广泛应用于动物诊疗，具有广泛的抗微生物谱，包括细菌、芽胞、真菌和病毒，在特定的浓度下对朊病毒有效。有机物质或碱性物质的存在限制这些化合物的抗微生物活性	因为释氯化合物强效杀病毒特性，已用于水处理几十年；它们被用于乳制品、食品加工厂及建筑和设备的一般消毒；二氧化氯用于设备的灭菌（包括包装材料）	由于它们不稳定，很多释氯化合物的新鲜溶液不得不现用现配；设备或表面不够清洁可导致这些化合物灭活微生物的失败
碘化物	尽管相比氯化合物而言，化学活性较弱，碘化物也是有效的抗微生物剂；碘伏提供了很多无机碘所不及的优点，它被广泛用于外科手术前手和场所的消毒，能杀细菌、真菌、芽胞和病毒；添加酒精可提高碘伏的抗微生物活性	碘伏用于术前手和表面的消毒；广泛应用于食品工业、乳品厂和养殖场；碘伏制剂通常用作奶牛传染性乳腺炎的控制	已报道，在聚维酮碘溶液中，一些革兰阴性菌生存期延长；有机物、生物被膜的形成或其他因素影响这类消毒剂的灭活作用

（续）

杀菌剂	特点	应用	备注
重金属	重金属盐因其抗微生物活性，以前主要用于农业、人与动物疾病诊疗；铜盐的抗细菌和抗真菌活性缘于它们能抑制酶活性；银化合物的抗细菌和抗真菌活性源于巯基的干扰	铜盐因其杀菌活性已用于洗液；硫酸铜与石灰混合作为一种喷雾，在19世纪80年代用于易感植物真菌感染的预防；银的化合物已被用于治疗烧伤创面及污水净化的过滤系统	汞化合物以前用于小伤口及皮肤感染的治疗；它们也被用来作为生物制品如疫苗防腐剂；这些化合物的毒性引起的担忧导致它们使用率逐渐下降
β-丙内酯	此烷基化化合物抗微生物谱广；它能杀细菌、真菌、芽胞及病毒，已被广泛用于灭活兽用疫苗的生产；使用此类化合物可能引起许多健康问题	该化合物有可能用于消毒处理动物源性污染的液体；在兽医病毒疫苗灭活制备中有特殊的作用	β-丙内酯的可疑致癌物活性限制了它在兽医中作为消毒剂的使用
过氧化物	过氧化氢、过氧乙酸、臭氧等过氧化物消毒剂是强氧化剂，具有较广的抗微生物谱；有些不能杀灭抗分枝杆菌；过氧乙酸对细菌、芽胞、真菌、藻类和病毒迅速致死，被用作一种低温杀菌剂	过氧化氢是用于冲洗伤口、局部消毒和无菌包装；过氧乙酸用于消毒不耐热的医疗器械和污水污泥；臭氧用于水的消毒和食品工业	在浓度接近60%，过氧乙酸可爆炸；刺激眼睛和黏膜；长期暴露于过氧乙酸，可能增加肿瘤发展的风险
酚类化合物	这类消毒剂的范围从苯酚和甲酚到一批高沸点焦油酸。酚类消毒剂的毒性和抗微生物活性取决于它们的组分。这些消毒剂杀细菌但不杀芽胞；有些能灭活囊膜病毒；有机物质的存在不会严重影响它们的消毒活性	酚类消毒剂适用于有机质残留的表面、建筑物和运输车辆；因表面遗留的气味和残留，它们不适合用于与食品直接接触的表面或容器	对人类和动物尤其是猫和猪有毒；应避免与皮肤接触，这些消毒剂处理建筑的流出物不应进入池塘、湖泊、河流或小溪
季铵类化合物	这些阳离子化合物有表面活性；在中性或碱性的pH下最有效。它们引起膜的损伤，从而干扰细胞代谢。它们抗微生物谱较窄，包括革兰阳性菌和一些革兰阴性菌；它们既不能杀死分枝杆菌，也不能杀死芽胞，是不可靠的杀病毒剂；无毒，通常无腐蚀性	一些季铵类化合物用于术前皮肤准备和伤口的治疗；广泛用于食品加工；有时，为了控制引起羊毛问题的微生物而用于绵羊浸泡消毒	季铵类化合物与很多化学品不相容，包括肥皂和磷脂等非离子型和阴离子表面活性剂

有这方面的报道。在特定实验室条件下，可进行选择提高细菌对消毒剂的耐受性（McMurry 等，1998；Braoudaki 和 Hilton，2004；Randall 等，2004）。当消毒剂使用不当时，作用过的细菌可以继续存活。这可能是由于消毒剂被过度稀释引起的，也可能与被处理环境中存在有机物质而使消毒剂失活有关，或消毒剂在其他方面使用不当。

相比对抗生素的耐受性，细菌对消毒剂的耐受性较为少见（Poole，2002）。尽管如此，兽医学中重要的病原（包括大肠杆菌、空肠弯曲菌、李氏杆菌、葡萄球菌和假单胞菌属）对不同类别的消毒剂的耐受性已有报道（Randall 等，2001，2003；Brenwald 和 Fraise，2003）。商品化消毒剂按照使用说明进行使用时，通常有效。

已经描述了几种对消毒剂耐受的机制，其中许多耐受性机制与抗生素耐药性机制交叉。细菌对多种类消毒剂耐受，可能会引发对治疗用的重要抗生素的交叉耐受性。

■**靶位点改变引发的对消毒剂的耐受性**

在实验室，可实现选择性获得细菌对消毒剂的耐受性。对三氯生敏感性降低的大肠埃希菌、鼠伤寒沙门菌和金黄色葡萄球菌的突变株，可在体外进行筛选。三氯生是一种广泛使用的消毒剂，并且是唯一已知的在低浓度时能抑制细菌特异性酶FabI的消毒剂。FabI编码烯醇酰基载体蛋白（ACP）还原酶，该酶涉及脂肪酸的生物合成。*fabI*突变体能够耐受1~64毫克/毫升的三氯生，这仍显著低于在现实中三氯生的应用浓度（从2 000~20 000毫克/毫升）。有趣的是，Braoudaki和Hilton（2004）报道了大肠

第七篇

杆菌O157菌株对三氯生的最小抑制浓度（minimum inhibitory concentration，MIC）大于1 024毫克/毫升。该菌株在FabI编码基因上无任何改变，因此这可能涉及一个尚未发现的机制。新近报道了铜绿假单胞菌的另一个烯醇ACP还原酶（命名为FabV）（Zhu 等，2010）。

由于结核分枝杆菌和耻垢分枝杆菌（*M. smegmatis*）中的inhA基因是三氯生和用于抗菌治疗的异烟肼的共用靶位点，这两个不相关的化合物可诱导交叉耐药性（McMurry 等，1999）。

■细胞渗透性改变所引发的对消毒剂的耐受性

细菌对消毒剂固有的耐受性常见于革兰阴性菌，如肠杆菌科细菌和假单胞菌属细菌。这些细菌细胞膜外的结构成分能形成有效的屏障，阻止一些消毒剂进入细菌内部（表94.9）。

在革兰阳性菌中，高机械强度、厚实的和由肽聚糖构成的开放性网状结构的外层细胞壁对抗生素

和其他抗微生物化合物等小分子扩散进入细菌内部，难以提供足够的阻力。新近报道了一株对环丙沙星有交叉抗性的金黄色葡萄球菌对三氯生有耐受性（Tkachenko 等，2007）。

与革兰阳性菌相比，革兰阴性菌的细胞膜由多层结构组成。这些结构对消毒剂具有更好的耐受性（Stickler，2004）。革兰阴性菌的细胞壁有一个外膜，能够限制一系列消毒剂进入细菌内部。

充水的外膜蛋白通道，也就是所谓的细胞外膜孔道蛋白（porin），如大肠杆菌外膜蛋白F，选择性允许某些小分子进入细菌内部，同时限制疏水性和大的亲水性的消毒剂分子进入细菌内部（Poole，2002）。据报道，对QACs和氯己定敏感性降低的假单胞菌某些菌株与细胞膜通透性的改变有关（Tabata 等，2003）。

作为通透性屏障，革兰阴性菌中脂多糖的作用已被广泛报道。脂多糖（LPS）是革兰阴性菌外膜的一个独特的组成部分，它形成一个刚性壁障以限制

表94.9　细菌产生对消毒剂耐受性的本质

消毒剂种类/例子		耐受性的本质	细菌种类	备注
醛类				
	甲醛	外膜蛋白的改变限制甲醛进入细菌细胞	大肠杆菌	
		细菌产生甲醛脱氢酶使甲醛失活	大肠杆菌 肺炎克雷伯菌	质粒编码甲醛脱氢酶。有些菌株对甲醛有抗性
	戊二醛	细胞壁多糖改变	龟分枝杆菌	
双胍类				
	氯己定	细菌降解氯己定	木糖氧化无色杆菌	外排基因通常由质粒编码
		细菌表面疏水性的改变，阻断氯己定进入细菌	施氏假单胞菌	
		细菌细胞主动外排氯己定	肺炎克雷伯菌	
酚类化合物				
	三氯生	由于编码三氯生作用对象的基因发生突变	大肠杆菌、金黄色葡萄球菌、结核分枝杆菌、铜绿假单胞菌	
		细菌细胞里主动外排三氯生	大肠杆菌、铜绿假单胞菌	从铜绿假单胞菌鉴定了多个外排决定簇
季铵类化合物		细菌细胞外膜蛋白变化、表面变化及疏水性变化，导致季铵类化合物难以进入细菌内部	铜绿假单胞菌	
		与外膜蛋白减少有关的表面变化	大肠杆菌	
		细菌细胞主动外排季铵化合物	金黄色葡萄球菌、粪肠球菌、肺炎克雷伯菌、大肠杆菌、铜绿假单胞菌	

亲脂性化合物渗透进入细胞（Stickler，2004）。其他膜蛋白和膜的特性，如表面疏水性，也能影响消毒剂进入细胞内。

细菌细胞表面的静电荷，在耐受消毒剂方面发挥了作用，尤其是对QACs类的化合物（Bruinsma等，2006）。

革兰阳性芽胞菌的芽胞结构提供了一个强大的物理屏障，形成了天然的对消毒剂耐受性，使许多消毒剂无效（Gilbert等，2004）。芽胞能耐受可使大多数正常代谢的细菌失活的消毒剂，如醇、双胍、有机酸、酚类化合物、有机汞制剂和QACs等。

■ 外排泵介导的对消毒剂的耐受性

外排泵（efflux pumps）是膜相关蛋白，可从细胞质中排出一系列结构不同的有毒化合物。已确认五类外排泵在细菌中广泛存在，包括小多重耐药家族（the small multidrug resistance family，SMR家族，现在是药物/代谢产物运输超家族，即the drug/metabolite transporter superfamily，简称DMT超家族的一部分）、主要易化子超家族（the major facilitator superfamily，MFS超家族）、ATP 结合盒家族［the ATP-binding cassette（ABC）family，ABC家族］、耐药节结化细胞分化家族［the resistance-nodulation-division（RND）family，RND家族］及多药和毒性化合物外排超家族（the multidrug and toxic drug extrusion superfamily，MATE超家族）。外排泵结构的其他信息在第12章介绍。

革兰阳性菌中，编码SMR和MFS家族基因通常位于质粒上。金黄色葡萄球菌对季铵盐（QACs）、酚类化合物和核酸嵌入剂（intercalating agent）的敏感性降低，与外排泵Qac A-D 有关（Wang等，2008）。在不动杆菌、大肠杆菌、沙门菌、假单胞菌和其他的革兰阴性菌中，转运蛋白基因如OacE 基因和OaceΔ1基因可以位于质粒上，也可以位于染色体上。后者通常与引起广泛传播的整合子有关。鼠伤寒沙门菌DT104包含一个 43 000个碱基对的沙门菌基因组岛1（*Salmonella* Genomic Island 1，SGI 1）（第12章具体描述）。SGI1编码与一类整合子相关的*qacEΔ1*基因。已在超过15个不同血清型的沙门菌和奇异变形杆菌中发现这种结构或者它的衍变形式。

下列革兰阴性菌的膜转运蛋白，包括铜绿假单胞菌MexAB-OprM、MexCD-OprJ、MexEF-OprN和MexJK（POOLE，2007），大肠杆菌和沙门菌AcrAB-TolC、AcrEF-TolC和EmrE，空肠弯曲菌和结肠弯曲菌CmeABC（Piddock，2006），都已有深入研究。虽然染色体编码外排泵有能力传输一系列不同结构的化学化合物，它们能否提升细菌对消毒剂的耐受性尚未明确（Poole，2004）。大肠杆菌中AcrAB-TolC外排泵的过量表达，促使产生对三氯生和松树油的耐受性（Moken等，1997）。

细菌对各种类别消毒剂的耐受性，能对动物治疗用的抗生素产生交叉耐受性。抗微生物剂和抗生素耐药性之间的关系仍有待确定（Poole，2004）。

对汞耐受性源于质粒编码的*mer*基因（Poole，2004）。由于细菌能降解抗微生物剂所引起的对氯己定的耐受性也已有报道（Ogase等，1992），在大肠杆菌（Kummerle 等，1996）和黏质沙雷菌中（Kaulfers 和 Marquardt，1991），质粒编码的甲醛脱氢酶对甲醛有耐受性。

■ 细菌生物被膜介导的对消毒剂的耐受性

许多细菌存在于表层，以生物被膜而不是以游离的细胞方式生长。生物被膜中的细菌群体对消毒剂的耐受性，可能在宿主体内发挥了很重要的作用。生物被膜中的细菌群体对消毒剂的耐受性要远远高于游离的细菌（Smith 和 Hunter，2008）。在手术设备、埋植物等地方可能会形成生物被膜，这在兽医传染性病原的控制上具有重大意义。生物被膜由细菌细胞外多糖基质或称为糖萼的物质包裹着多个种类的细菌组成。沙门菌和变形杆菌的生物被膜表现出对三氯生（triclosan）的耐受性增强。李氏杆菌形成的生物被膜显示对过氧化物的耐受性增强。生物被膜中的这些菌群的代谢被改变，表现出了与生物被膜相关一些代谢特征，包括由细菌细胞外多糖基质引起的消毒剂渗透性的减弱（Pan等，2006）、抗微生物剂中酶的失活（Huang等，1995）以及外排泵的诱导（Maira-Litran等，2000）。

生物被膜对抗微生物剂耐受性的增加可能有数种原因。首先，细菌细胞外基质作为一个物理障碍，限制了消毒剂扩散到细菌细胞内。此障碍也可通过化学反应促进抗微生物剂的失活，这往往是通过细菌酶促成的（Stickler，2004）。生物被膜中的糖萼复合物具有高浓度的胞外酶（Gilbert等，2004）。如果生物被膜内存在一种能够产生灭活特定消毒剂酶的细菌，它将使整个生物被膜中的细菌群体耐受这种消毒剂。

生物被膜内的细菌在这种有限的营养条件环境下，其生长速度比游离的细菌要慢。因此，在这样微环境下存在的细菌细胞，细菌可能以代谢缓慢或者休眠形式存在。比起生长速度较快的细菌，缓慢生长的细菌对抗微生物剂表现更大的耐受性（Stickler，2004）。相似的，生物被膜相关的表型与OM蛋白的改变有关，这种改变降低了细胞膜的渗透性且上调了外排泵的活性。

◉ 消毒程序

正确选择消毒剂是消毒方案成功的根本。为了获得最佳的活性，使用消毒剂时，应使用正确的浓度，并保证与表面或设备有足够的接触时间。使用消毒剂之前，彻底清洗所有物品表面对于传染性病原的灭活是最基本的，因为许多化学消毒剂的抗微生物活性会被残留的有机物严重损坏。这些有机物包括粪便、血液、分泌物、食物和垫料。有机物较多时会干扰卤类消毒剂的活性（尤其是次氯酸钠），而酚类消毒剂在类似条件下可保留较多活性。

设置成低压状态的压力清洗机，以0.4升/米²的速率使用消毒剂，可用于建筑物表面的消毒。背负式喷雾器可以用于小的区域。如果已证实法定传染病疫情，熏蒸消毒可能是用于建筑物消毒的首选方法。由于很多消毒剂，比如甲醛，在低温下是无效的，在寒冷的冬天，建筑物应加热到20℃左右才能有效。

消毒程序中应包含运输车辆，因为病原可以在货物区、驾驶室或有时在车辆外部长距离传输。使用含洗涤剂的温水进行高压清洗后，应用热水漂洗。车辆的所有部件包括车体和车轮表面全部晾干后，使用正确浓度消毒剂进行消毒。接触时间要求至少30分钟。清洗车辆的废水应放在泥浆罐里，且只能用来耕作土地用。

注重细节是消毒程序成功的根本。建筑物、设备或者运输车辆中的传染性病原灭活失败的原因，可能是选择了无效的消毒剂、有效的消毒剂没有正确使用和一些环境因素，或者是由临床感染动物、健康携带动物、食物或啮齿类动物再次引入了传染性病原（表94.10）。

■鞋浴

动物的粪或尿液会排出很多传染性病原，可以通过鞋子从一个地点传播到另一地点。所有员工和参观者应使用位于养殖场或建筑物入口处的鞋浴设施。为了切合鞋浴，所有行人进入前都应该穿干净的防水鞋。鞋浴设施应该足够大，以保证人员和参观者所穿的最大尺寸的鞋子可以适用。适合鞋浴的消毒剂包括碘伏、酚类化合物和甲醛。如果鉴定出某特定传染性病原引起了某种疫病的暴发，那么所设置的鞋浴设施要使用已知的对抗此种病原有效的消毒剂。

■车轮浴

车轮浴（wheel baths）有时设置在养殖场入

表94.10　导致消毒失败或限制其有效性的因素

消毒剂的因素	环境因素	备注
选择的消毒剂不能杀死特定的病原	由于打扫不彻底，残余较多的有机物	尽管受污染的地方已有效消毒，但这些地方不能长期保持消毒状态
消毒剂工作浓度太稀而无效	对表面、设备或运输车进行消毒的方式不适当	传染性病原可能会被受感染的动物、媒介物、人员、运输车辆和其他方式再次污染
消毒剂作用时间不足		
温度太低没能充分发挥消毒剂作用	由于被消毒的表面一些特殊性状，使消毒剂难以与病原接触	
相对湿度太低，不能充分发挥气态消毒剂的作用	被消毒的表面形成生物被膜	
	由肥皂和洗涤剂残留成分引起的季铵类和双胍类消毒剂灭活	
	污染的建筑物里供水的处理不充分	

口，作为疫病控制方案的一部分（Quinn 和 Markey，2001）。车轮浴的设计应保证车轮与消毒液有足够的接触时间，确保可以破坏车轮表面上的传染性病原。最大车轮的轮胎各个部分应能在移行过程中某个时段都能完全浸于消毒液中。

安装一个设计适当的车轮浴装备是很昂贵的，且可能会有一种不切合生物安全实际的印象。很多情况下，车辆所载的物品，包括动物及它们的分泌物和排泄物、饲料和垫草，比车轮传输传染性病原的威胁更大。

■消毒程序方面的实践

为了确保成功，消毒程序需配合周密的计划和有效的实施。用来消毒的很多化学物质是有腐蚀性、有毒的或有害的。活性强的一些消毒用化学物质，比如甲醛和戊二醛，可能会致癌。设计和实施消毒方案的人员应确保工人避免长时间接触有毒化学品。消毒剂应保存在阴凉、避光的存储区，且在指定的有效期内用完。它们应该按照生产商的说明，由受过培训的人员稀释，所有接触强酸或强碱的人员，工作时都需戴面罩和橡胶手套。释放氯气的化合物和甲醛一定不能同时使用，或者先后无时间间隔地使用，否则这两种物质相互作用后，会立即形成一种强效致癌物质。熏蒸程序需要周密的计划，且不能由没有经验的人员进行。

消毒前清洗建筑物要小心。用软管冲洗会产生包含多种活的病原的气溶胶。如果工作人员佩戴面罩不适当，将会吸入这些气溶胶。炭疽病暴发后，应封闭建筑物，堵上所有排水管。建筑物里的东西包括垫层、配件、设备，应用5%福尔马林喷洗。所有东西移走之前，应与福尔马林连续作用至少10个小时。然后，整个建筑及其配件应进行清洁和消毒。因为没有单一的化学消毒剂可以适用于每一种用途和环境，针对特定病原微生物的消毒剂的选择和使用，要求对其抗微生物谱和局限性有一个清晰的认识。很多消毒剂，比如醛，有较广的抗微生物谱，而其他化合物像双胍类的抗微生物活性有限。在养殖场、食品加工厂或疾病控制所需的消毒剂的选择，要考虑成本、可用性、稳定性、被有机物质失活及毒性等因素，这些因素还影响消毒剂的安全性及一般用途。化学消毒剂对于疫病根除方案的成功是必不可少的。为了确保成功，执行这些方案的人应理解各种化学消毒剂的用途、应用范围和局限性。小心选择、准确稀释和审慎使用消毒剂，很容易就能避免组织残留，食品腐蚀和环境的污染，同时确保兽医病原微生物的被彻底破坏。

近几年，除了细胞芽胞、分枝杆菌和某些革兰阴性菌对某些化合物具有天然的抗性，人们发现许多病原菌具有获得抗化学消毒剂的能力。有证据表明，在一些情况下，病原菌耐消毒剂和耐抗生素通常在遗传上是相关的。虽然病原菌耐消毒剂目前还没有引起较大的关注，但这一现象提示病原菌对于用化学消毒剂控制环境中病原菌的措施，具有一定的耐受适应性。这种现象提示，消毒作为动物和人类疾病控制计划的一种技术方案，应该慎重选择，也应谨慎使用化学消毒剂。对于农民、生产商、食品加工商和其他从事生物安全计划制定及实施的人员的培训教育，需要兽医学、医学和卫生学专业的人员协调一致，共同努力，使每位培训教师都可以在化学消毒剂的谨慎选择、正确使用和安全处置方面，提出明智的建议。

◉ 参考文献

Blackwell, J.H. and Hyde, J.L. (1976). Effect of heat on foot-and-mouth disease virus (FMDV) in components of milk from FMDV-infected cows. Journal of Hygiene (Cambridge), 77, 77–83.

Braoudaki, M. and Hilton, A.C. (2004). Low level of cross-resistance between triclosan and antibiotics in *Escherichia coli* K–12 and *E. coli* O55 compared to *E. coli* O157. FEMS Microbiology Letters, 235, 305–309.

Brenwald, N.P. and Fraise, A.P. (2003). Triclosan resistance in methicillin-resistant *Staphylococcus aureus* (MRSA),

Journal of Hospital Infection, 55, 141–144.

Brown, P. and Gajdusek, D.C. (1991). Survival of scrapie virus after 3 years' internment. Lancet, 337, 269–270.

Brown, P., Rohwer, R.G. and Gajdusek, D.C. (1986). Newer data on inactivation of scrapie virus or Creutzfeldt-Jakob disease virus in brain tissue. Journal of Infectious Diseases, 153, 1145–1148.

Brown, P., Rau, E.H., Johnson, B.K., et al. (2000). New studies on the heat resistance of hamster-adapted scrapie agent: threshold survival after ashing at 600℃ suggests inorganic

第七篇

template of replication. Proceedings of the National Academy of Science USA, 97, 3418–3421.

Brown, P., Rau, E.H., Lemieux, P., et al. (2004). Infectivity studies of both ash and air emissions from simulated incineration of scrapie contaminated tissues. Environmental Science and Technology, 38, 6155–6160.

Bruinsma, G.M., Rustema-Abbing, M., van der Mei, H.C., et al. (2006). Resistance to a polyquaternium-1 lens care solution and isoelectric points of *Pseudomonas aeruginosa* strains. Journal of Antimicrobial Chemotherapy, 57, 764–766.

Darouiche, R.O., Wall, M.J., Itani, K.M.F., et al. (2010). Chlorhexidine-alcohol versus povidone–iodine for surgical-site antisepsis. New England Journal of Medicine, 362, 18–26.

Garnett, B.T., Delahay, R.J. and Roper, T.J. (2002). Use of cattle farm resources by badgers (Meles meles) and risk of bovine tuberculosis (*Mycobacterium bovis*) transmission to cattle. Proceedings of the Royal Society London B, 269, 1487–1491.

Gilbert, P., Rickard, A.H. and McBain, A.J. (2004). Biofilms and antimicrobial resistance. In *Russell, Hugo and Ayliffe's Principles and Practice of Disinfection, Preservation and Sterilization*. Eds A.P. Fraise, P.A. Lambert and J.-Y. Maillard. Fourth Edition. Blackwell Publishing, Oxford. pp. 128–138.

Griffiths, P.A., Babb, J.R. and Fraise, A.P. (1999). Mycobactericidal activity of selected disinfectants using a quantitative suspension test. Journal of Hospital Infection, 41, 111–121.

Hawkey, P.M. (2004). Mycobactericidal agents. In *Russell, Hugo and Ayliffe's Principles and Practice of Disinfection, Preservation and Sterilization*. Fourth Edition. Eds A.P. Fraise, P.A. Lambert and J.-Y. Maillard. Blackwell Publishing, Oxford. pp. 191–204.

Huang, C.T., Yu, F.P., McFeters, G.A. and Stewart, P.S. (1995). Nonuniform spatial patterns of respiratory activity within biofilms during disinfection. Applied and Environmental Microbiology, 61, 2252–2256.

Kaulfers, P.-M. and Marquardt, A. (1991). Demonstration of formaldehyde dehydrogenase activity in formaldehyde resistant *Enterobacteriaceae*. FEMS Microbiology Letters, 79, 335–338.

Kummerle, N., Feucht, H.H. and Kaulfers, P.M. (1996). Plasmid-mediated formaldehyde resistance in *Escherichia coli*: characterization of resistance gene. Antimicrobial Agents and Chemotherapy, 40, 2276–2279.

Lister, S.A. (2008). Biosecurity in poultry management. In *Poultry Diseases*. Eds M. Pattison, P.F. McMullin, J.M. Bradbury and D.J. Alexander. Sixth Edition. Elsevier, Edinburgh. pp. 48–65.

Maillard, J.-Y. (2004). Antifungal activity of disinfectants. In *Russell, Hugo and Ayliffe's Principles and Practice of Disinfection, Preservation and Sterilization*. Fourth Edition. Eds A.P. Fraise, P.A. Lambert and J.-Y. Maillard. Blackwell Publishing, Oxford. pp. 205–219.

Maira-Litran, T., Allison, D.G. and Gilbert, P. (2000). An evaluation of the potential of the multiple antibiotic resistance operon (mar) and the multidrug efflux pump acrAB to moderate resistance towards ciprofloxacin in Escherichia coli biofilms. Journal of Antimicrobial Chemotherapy, 45, 789–795.

Manchee, R.J., Broster, M.G., Staff, A. J., et al. (1994). Formaldehyde solution effectively inactivates spores of Bacillus anthracis on the Scottish island of Gruinard. Applied Environmental Microbiology, 60, 4167–4171.

McMurry, L.M., Oethinger,M.and Levy, S.B. (1998). Triclosan targets lipid synthesis. Nature, 394, 531–532.

McMurry, L.M., McDermott, P.F. and Levy, S.B. (1999). Genetic evidence that InhA of Mycobacterium smegmatis is a target for triclosan. Antimicrobial Agents and Chemotherapy, 43, 711–713.

Moken, M.C., McMurry, L.M. and Levy, S.B. (1997). Selection of multiple-antibiotic-resistant (mar) mutants of Escherichia coli by using the disinfectant pine oil: roles of the mar and acrAB loci. Antimicrobial Agents and Chemotherapy, 41, 2770–2772.

Moore, S.L. and Payne, D.N. (2004). Types of antimicrobial agents. In *Russell, Hugo and Ayliffe's Principles and Practice of Disinfection, Preservation and Sterilization*. Fourth Edition. Eds A.P. Fraise, P.A. Lambert and J.-Y. Maillard. Blackwell Publishing, Oxford. pp. 8–97.

Ogase, H., Nagai, I., Kameda, S., Kume, S. and Ono, S. (1992). Identification and quantitative analysis of degradation products of chlorhexidine with chlorhexidine-resistant bacteria with three-dimensional high performance liquid chromotography. Journal of Applied Bacteriology, 73, 71–78.

Pan, Y., Breidt, F., Jr and Kathariou, S. (2006). Resistance of *Listeria monocytogenes* biofilms to sanitizing agents in a simulated food processing environment. Applied and Environmental Microbiology, 72, 7711–7717.

Piddock, L.J. (2006). Clinically relevant chromosomally encoded multidrug resistance efflux pumps in bacteria. Clinical Microbiology Reviews, 19, 382–402.

Poole, K. (2002). Mechanisms of bacterial biocide and antibiotic resistance. Journal of Applied Microbiology, 92, Suppl., 55S–64S.

Poole, K. (2004). Acquired resistance. In *Russell, Hugo and Ayliffe's Principles and Practice of Disinfection, Preservation and Sterilization*. Eds A.P. Fraise, P.A. Lambert and J.-Y. Maillard. Fourth Edition. Blackwell Publishing, Oxford. pp. 170–183.

Poole, K. (2007). Efflux pumps as antimicrobial resistance mechanisms. Annals of Medicine, 39, 162–176.

Quinn, P.J. and Markey, B.K. (2001). Disinfection and disease prevention in veterinary medicine. In *Disinfection, Sterilization, and Preservation*. Fifth Edition. Ed. S.S. Block. Lippincott, Williams and Wilkins, Philadelphia, pp. 1069–1103.

Randall, L.P., Cooles, S.W., Sayers, A.R. and Woodward, M.J. (2001). Association between cyclohexane resistance in Salmonella of different serovars and increased resistance to multiple antibiotics, disinfectants and dyes. Journal of Medical Microbiology, 50, 919–924.

Randall, L.P., Ridley, A.M., Cooles, S.W., et al. (2003). Prevalence of multiple antibiotic resistance in 443 *Campylobacter* spp. isolated from humans and animals. Journal of Antimicrobial Chemotherapy, 52, 507–510.

Randall, L.P., Cooles, S.W., Piddock, L.J. and Woodward, M.J. (2004). Effect of triclosan or a phenolic farm disinfectant on the selection of antibiotic-resistant *Salmonella enterica*. Journal of Antimicrobial Chemotherapy, 54, 621–627.

Russell, A.D. (2003). Biocide use and antibiotic resistance: the relevance of laboratory findings to clinical and environmental situations. Lancet Infectious Diseases, 3, 794–803.

Rycroft, A.N. and McLay, C. (1991). Disinfectants in the control of small animal ringworm due to *Microsporum canis*. Veterinary Record, 129, 239–241.

Schreuder, B.E.C., Geertsma, R.E., van Keulen, L.J.M., et al. (1998). Studies on the efficacy of hyperbaric rendering procedures in inactivating bovine spongiform encephalopathy (BSE) and scrapie agents. Veterinary Record, 142, 474–480.

Smith, K. and Hunter, I.S. (2008). Efficacy of common hospital biocides with biofilms of multi-drug resistant clinical isolates. Journal of Medical Microbiology, 57, 966–973.

Stickler, D.J. (2004). Intrinsic resistance of Gram-negative bacteria. In *Russell, Hugo and Ayliffe's Principles and Practice of Disinfection, Preservation and Sterilization*. Eds A.P. Fraise, P.A. Lambert, and J.-Y. Maillard. Fourth Edition. Blackwell Publishing, Oxford. pp. 154–169.

Tabata, A., Nagamune, H., Maeda, T., Murakami, K., Miyake, Y. and Kourai, H. (2003). Correlation between resistance of *Pseudomonas aeruginosa* to quaternary ammonium compounds and expression of outer membrane protein OprR. Antimicrobial Agents and Chemotherapy, 47, 2093–2099.

Taylor, D.M. (2000). Inactivation of transmissible degenerative encephalopathy agents: a review. Veterinary Journal, 159, 10–17.

Taylor, D.M. (2004). Transmissible degenerative encephalopathies: inactivation of the unconventional causal agents. In *Russell, Hugo and Ayliffe's Principles and Practice of Disinfection, Preservation and Sterilization*. Fourth Edition. Eds A.P. Fraise, P.A. Lambert and J.-Y. Maillard. Blackwell Publishing, Oxford. pp. 324–341.

Taylor, D.M., Fernie, K. and McConnell, I. (1997). Inactivation of the 22A strain of scrapie agent by autoclaving in sodium hydroxide. Veterinary Microbiology, 58, 87–91.

Tkachenko, O., Shepard, J., Aris, V.M., et al. (2007). A triclosan–ciprofloxacin cross-resistant mutant strain of *Staphylococcus aureus* displays an alteration in the expression of several cell membrane structural and functional genes. Research in Microbiology, 158, 651–658.

Walker, J.S., de Leeuw, P.W., Callis, J.J. and van Bekkum, J.G. (1984). The thermal death time curve for foot-and-mouth disease virus contained in primarily infected milk. Journal of Biological Standardization, 12, 185–189.

Wang, J.T., Sheng, W.H., Wang, J.L., et al. (2008). Longitudinal analysis of chlorhexidine susceptibilities of nosocomial methicillin-resistant *Staphylococcus aureus* isolates at a teaching hospital in Taiwan. Journal of Antimicrobial Chemotherapy, 62, 514–517.

Zhu, L., Lin, J., Ma, J., et al. (2010). Triclosan resistance of *Pseudomonas aeruginosa* PAO1 is due to FabV, a triclosan-resistant enoylacyl carrier protein reductase. Antimicrobial Agents and Chemotherapy, 54, 689–698.

◎ 进一步阅读材料

Block, S.S. (2001). Disinfection, Sterilization and Preservation. Fifth Edition. Lippincott Williams and Wilkins, Philadelphia.

Fraise, A.P., Lambert, P.A. and Maillard J.-Y. (2004). Russell, Hugo and Ayliffe's Principles and Practice of Disinfection, Preservation and Sterilization. Fourth Edition. Blackwell Publishing, Oxford.

Helme, A.J., Ismail, M.N., Scarano, F.J. and Yang, C.-L. (2010). Bactericidal efficacy of electrochemically activated solutions and of commercially available hypochlorite. British Journal of Biomedical Science, 67, 105–108.

Russell, A.D. (2005). Microbial susceptibility and resistance to chemical and physical agents. In *Topley and Wilson's Microbiology and Microbial Infections*. Tenth Edition. Volume 1. Eds S.P. Borriello, P.R. Murray and G. Funke. Hodder Arnold, London. pp. 421–465.

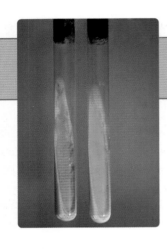

一、主题众多

美国微生物学学会：http://www.asm.org

美国标准细胞库（American Tissue Culture Collection，ATCC）：http://www.atcc.org

动物疫病：http://www.oie.int/

抗生素敏感试验：http://www.clsi.org

美国疾病预防控制中心：http://www.cdc.gov

二、基因组分析

细菌基因组名录：

http://www.ncbi.nlm.nih.gov/genomes/static/eub_g.html 和 http://www.genomesonline.org/

序列BLAST比对工具：

http://www.ncbi.nlm.nih.gov/BLAST

分子生物学电脑模拟实验：http://insilico.ehu.es

J. Craig Venter研究所（前身是TIGR）：

http://www.jcvi.org/

基因和基因组京都百科全书：

http://www.genome.jp/kegg

多位点序列分析（MLST）：http://www.mlst.net

核糖体数据库项目：http://rdp.cme.msu.edu

三、细菌学

美国微生物学学会–已经批准的细菌名称：

http://www.ncbi.nlm.nih.gov/bookshelf/br.fcgi?book=bacname&part=A60

PathoSystems资源整合中心收录的细菌分类和基因组信息：

http://patricbrc.vbi.vt.edu/portal/portal/patric/Home

已经分类的原核生物名录：

http://www.bacterio.cict.fr/

伯杰细菌学手册第3、4、5卷关于细菌分类框架：

http://www.bergeys.org/outlines.html

四、真菌学

真菌名录（Index Fungorum）：

http://www.indexfungorum.org/

五、病毒学

欧洲猫病咨询委员会关于猫传染性疾病的综述性文章：http://www.abcd-vets.org/

国际病毒分类委员会（ICTV）最新病命名和分类信息：

http://ictvonline.org/virusTaxonomy.asp?bhcp=1

六、传染病

英国环境、食品和农村事务部（DEFRA）发布的动物疫病介绍：

http://www.defra.gov.uk/foodfarm/farmanimal/diseases/atoz/index.htm

欧洲食品安全机构生物危害小组关于人与动物共患的疫病：

http://www.efsa.europa.eu/en/panels/biohaz.htm

Iowa州立大学食品安全和公共卫生中心编写的

动物传染病手册：

　　http://www.cfsph.iastate.edu/DiseaseInfo/index.php

　　联合国粮农组织：http://www.fao.org/

　　加拿大疫病控制实验室中心编写的物质安全数据手册：www.phac-aspc.gc.ca/id-mi/index-eng.php

　　由国际传染病学会（ISID）举办的世界疫症情报网（ProMED mail）：http://www.promedmail.org/pls/apex/f?p=2400:1000

　　美国食品药品监督署（FDA）食源性病原微生物和天然毒素手册：

　　http://vm.cfsan.fda.gov/~mow/intro.html

　　美国食品药品监督署（FDA）病原解析追踪资源网：http://www.patrn.net

　　世界的动物卫生组织（OIE）动物疫情网站和动物疫病诊断和疫苗手册：

　　http://www.oie.int/wahis/public.php?page=home

　　http://www.oie.int/eng/normes/mmanual/A_summry.htm

　　世界卫生组织：http://www.who.int/en/

英文缩略语汇总

59be，59 base elements，重组元件59be

A/E，attaching and effacing，黏附/脱落

ABC，the ATP-binding cassette，ATP结合盒

ActA，actin-polymerizing protein，肌动蛋白聚合蛋白

ADCC，antibody-dependent cell-mediated cytotoxicity，抗体依赖性细胞介导的细胞毒性作用

ADE，antibody-dependent enhancement，抗体依赖的增强现象

ADV，*Aujeszky disease virus*，奥捷斯基病病毒

AEEC，attaching and effacing *E. coli*，黏附/脱落大肠杆菌（A/E型大肠杆菌）

AFLP，amplification fragment length polymorphism，扩增片段长度多态性

AHSV，*African horse sickness virus*，非洲马瘟病毒

AIDS，acquired immunodeficiency syndrome，获得性免疫缺陷综合征（艾滋病）

AlHV-1，alcelaphine herpesvirus 1，角马疱疹病毒1型

ALV，*Avian leukosis virus*，禽白血病病毒

APC，antigen-presenting cell，抗原提呈细胞

APMV，*Acanthamoeba polyphaga mimivirus*，多噬棘变形虫拟菌病毒

ASFV，*African swine fever virus*，非洲猪瘟病毒

ATCC，American Type Culture Collection，美国菌种保藏中心

BALT，bronchus-associated lymphoid tissue，支气管相关淋巴样组织

BCG，Bacille Calmette-Guérin，卡介苗

BG，brilliant green，亮绿

BHV，bovine herpersvirus，牛疱疹病毒

BLV，*Bovine leukaemia virus*，牛白血病病毒

BPI，bacterial permeability increasing protein，细菌渗透性增强蛋白

BPIV，bovine parainfluenza virus，牛副流感病毒

BPV，bovine papillomavirus，牛乳头瘤病毒

BRSV，*Bovine respiratory syncytial virus*，牛呼吸道合胞体病毒

BSE，bovine spongiform encephalopathy，牛海绵状脑病

BTV，*Blue tongue virus*，蓝舌病毒

BVDV，bovine viral diarrhoea virus，牛病毒性腹泻病毒

CAEV，*caprine arthritis-encephalitis virus*，山羊关节炎/脑炎病毒

CAM，chorioallantoic membrane，绒毛尿囊膜

CAV，*Chicken anaemia virus*，鸡贫血病毒

CAV，*Canine adenovirus*，犬腺病毒

CCPP，contagious caprine pleuropneumonia，山羊传染性胸膜肺炎

CD，cluster of differentiation，分化群

CDC，Centers for Disease Control and Prevention，疾病控制中心

CDV，*canine distemper virus*，犬瘟热病毒

CELOV，*Chicken embryo lethal orphan virus*，鸡胚致死孤儿病毒

CEV，cell-associated enveloped virus，细胞结合的囊膜病毒

CFT，complement fixation test，补体结合试验

CFU，colony-forming unit，菌落形成单位

CNF，cytotoxic necrotizing factor，细胞毒性坏死因子

CPE，cytopathic effect，细胞病变

CPV，*Canine parvovirus*，犬细小病毒

CR2，type 2 complement receptor，2型补体受体

CRFK，Crandell feline kidney，猫肾细胞系

CS，conserved structure，保守结构

CSF，cerebrospinal fluid，脑脊液

CSFV，*Classical swine fever virus*，猪瘟病毒

DANMAP，Danish integrated antimicrobial resistance monitoring and research programme，丹麦耐药性监测与研究项目

ddNMP，dideoxyribonucleoside monophosphate，双脱氧核酸一磷酸

ddNTP，dideoxyribonucleoside triphosphates，双脱氧

核苷酸

DIG，digoxigenin，地高辛

DIVA，differentiating infected from vaccinated animals，区分感染动物与疫苗免疫动物

DMT超家族，the drug/metabolite transporter superfamily，药物/代谢产物运输超家族

D值，the decimal reduction time，90%递减时间

EAE，enzootic abortion of ewes，绵羊地方性流产

*eae*基因，enterocyte attaching and effacing gene，肠上皮细胞黏附/脱落基因

EB，elementary body，元体

EBL，enzootic bovine leukosis，牛地方流行性白血病

ECF，extracellular fluid，细胞外液

EEV，extracellular enveloped virus，胞外囊膜病毒

EF，extracellular factor，细胞外蛋白因子

Eh，reduction potentials，还原电位

EHEC，enterohaemorrhagic *E. coli*，肠出血性大肠杆菌

EHV，equine herpers virus，马疱疹病毒

EIA，equine infectious anaemia，马传染性贫血

EIAV，*Equine infectious anaemia virus*，马传染性贫血病毒

EIV，*Equine influenza virus*，马流感病毒

ELISA，enzyme-linked immunosorbent assays，酶联免疫吸附试验

EMB，eosin-methylene blue，伊红美蓝

EMCV，*Encephalomyocarditis virus*，脑心肌炎病毒

EMJH，Ellinghausen、McCullough、Johnson和Harris人名首字母缩写

ENTV，enzootic nasal tumour virus，地方性鼻内肿瘤病毒

EPEC，enteropathogenic E. coli，肠致病性大肠杆菌

ETEC，enterotoxigenic E. coli，产肠毒素大肠杆菌

FAO，Food and Agricultural Organization，联合国粮农组织

FAT，fluorescent antibody test，荧光抗体检测

FAVN，fluorescent antibody virus neutralization test，荧光抗体病毒中和试验

FeLV，feline leukaemia virus，猫白血病病毒

FeSV，*Feline sarcoma virus*，猫肉瘤病毒

FHV-1，*Feline herpesvirus 1*，猫疱疹病毒1型

FISH，fluorescent in situ hybridization，原位杂交技术

FITC，fluorescein isothiocyanate，异硫氰酸荧光素

FIV，*Feline immunodeficiency virus*，猫免疫缺陷病毒

FMD，foot-and-mouth disease，口蹄疫

FOCMA，feline oncovirus-associated cell membrane antigen，猫肿瘤病毒相关的细胞膜抗原

FPI，Francisella pathogenicity island，弗朗西斯菌毒力岛

GaHV，Gallid herpesvirus，禽疱疹病毒

H或HA，haemagglutinin，血凝素

HA，haemagglutination，血凝，血凝作用

HA0，viral precursor haemagglutinin，血凝素前体

HAART，highly active antiretroviral therapy，高效抗逆转录病毒疗法

HEPA，high efficiency particulate air，高效空气过滤器

Hfr，high frequency recombination，高频重组（菌）

HGE，human granulocytic ehrlichiosis，人粒细胞艾立希体病

HI，haemagglutination inhibition，血凝抑制

HIV-1，human immunodeficiency virus 1，人免疫缺陷病毒1型

HPAI，highly pathogenic avian influenza，高致病性禽流感

HUS，haemolytic uraemic syndrome，溶血性尿毒综合征

HYAL2，hyaluronidase 2，透明质酸酶2

IBD，infectious bursal disease，鸡传染性囊病

IBDV，*Infectious bursal disease virus*，传染性囊病病毒

IBH，inclusion body hepatitis，包涵体肝炎

IBK，infectious bovine keratoconjunctivitis，牛传染性角膜结膜炎

ICNV，International Committee on Nomenclature of Viruses，国际病毒命名委员会

ICTV，International Committee on Taxonomy of Viruses，国际病毒分类委员会

IEV，intracellular enveloped virus，胞内包膜病毒

IFN，interferon，干扰素

ILT，infectious laryngotracheitis，传染性喉气管炎

IMV，intracellular mature virions，胞内成熟病毒颗粒

IS，insertion sequence，插入序列

ISCOMs，immunostimulating complexes，免疫刺激复合物

ISVPs，infectious or intermediate subviral particles，传染型或中间型亚病毒颗粒

IVPI，intravenous pathogenicity index，静脉接种致病指数

JAK，Janus kinase，Janus激酶

JSRV，jaagsiekte sheep retrovirus，羊肺腺瘤病病毒

LAD，leukocyte adhesion deficiency，白细胞黏附缺陷病

LATs，latency-associated transcripts，潜伏相关转录物

LD_{50}，50% lethal dose，半数致死量

LEE，locus of enterocyte effacement，肠上皮细胞脱落基因座

LF，lethal factor，致死因子

Lig，leptospiral Ig-like，钩端螺旋体免疫球蛋白样蛋白

LOS，lipooligosaccharide，脂寡糖

LPAI，low pathogenic avian influenza，低致病性禽流感

LPS，lipopolysaccharide，脂多糖

LTA，lipoteichoic acid，脂磷壁酸

LTRs，long terminal repeats，长末端重复序列

MASP，mannose-binding lectin-associated serine protease，MBL相关的丝氨酸蛋白酶

MATE超家族，the multidrug and toxic drug extrusion superfamily，多药和毒性化合物外排超家族

MATSA，Marek's disease tumour-associated antigen，鸡马立克病肿瘤相关抗原

MBC，minimum bactericidal concentration，最低杀菌浓度

MBL，mannose-binding lectin，能结合甘露糖的凝集素

MCF，malignant catarrhal fever，恶性卡他热

MDR，multiple-drug resistance，多重耐药性

MDV，*Marek's disease virus*，马立克病病毒

MFS超家族，the major facilitator superfamily，主要易化子超家族

MHC，major histocompatibility complex，主要组织相容性复合体

MIC，minimum inhibitory concentration，最小抑菌浓度

MLST，multilocus sequence typing，多位点序列分析

moi，multiplicity of infection，感染复数

MR/P菌毛，mannose-resistant/*Proteus*-like fimbria，甘露糖抗性/变形杆菌样菌毛

MRP，muramidase- released protein，溶菌酶释放蛋白

MRSA，methicillin-resistant Staphylococcus aureus，耐甲氧西林的金黄色葡萄球菌

MZN染色，modified Ziehl-Neelsen staining，改良的抗酸染色

NARMS，National Antimicrobial Resistance Monitoring System，美国国家肠道菌耐药性监测系统

NDV，*Newcastle disease virus*，新城疫病毒

NF-κB，nuclear factor kB，核因子kB

NI，neuraminidase inhibition，神经氨酸酶抑制

NK细胞，natural killer cell，自然杀伤细胞

NOD，nucleotide oligomerization domains，核苷酸寡聚结构域

NPC，nuclear pore complex，核孔复合体

OMP，outer membrane protein，外膜蛋白

Osp，outer surface protein，外表面蛋白

PAMP，pathogen-associated molecular pattern，病原相关的分子模式

PAS，periodic acid-Schiff，过碘酸-希夫染色

PBPs，penicillin binding proteins，青霉素结合蛋白

PCR，polymerase chain reaction，聚合酶链式反应

PCV，*Porcine circovirus*，猪圆环病毒

PDNS，porcine dermatitis and nephropathy syndrome，皮炎与肾病综合征

PEDV，porcine epidemic diarrhoea virus，猪流行性腹泻病毒

PFGE，pulsed-field gel electrophoresis，脉冲场凝胶电泳

PFU，plaque forming unit，空斑形成单位

PGF2α，prostaglandin F2α，前列腺素F2α

PHF，Potomac horse fever，波多马克马热

PKR，protein kinase R，蛋白激酶R

PMF，*Proteus mirabilis* fimbriae，奇异变形杆菌菌毛

PPD，purified protein derivative，纯蛋白衍生物

PPLO，pleuropneumonia-like organisms，类胸膜肺炎微生物

PPR，Peste des petits ruminants，小反刍兽疫

PPRV，peste des petits ruminants virus，小反刍兽疫病毒

PRR，pattern recognition receptor，模式识别受体

PRRSV，*Porcine reproductive and respiratory virus*，猪繁殖与呼吸综合征病毒

PWMWS，post-weaning multisystemic wasting syndrome，断奶仔猪多系统性衰竭综合征

P因子，properdin，备解素

qPCR，quantitative realtime PCR，实时定量PCR

R，reproduction number/ reproduction rate，增殖数

R_0，basic reproduction number，基准增殖数

Rb，retinoblastoma，视网膜母细胞瘤

RB，reticulate body，网状体

RdRp，RNA-dependent RNA polymerase，RNA依赖的RNA聚合酶

REP，repetitive extragenic palindromic sequence，基因外重复回文序列

RFFIT，rapid fluorescent focus inhibition test，快速荧光抑制试验

RFLP，restriction fragment length polymorphism，限制性片段长度多态性

RITC，rhodamine isothiocyanate，异硫氰酸罗丹明

RND家族，the resistance-nodulation-division family，耐药节结化细胞分化家族

RT，reverse transcription，逆转录

SARS，severe acute respiratory syndrome，萨斯

SASP，small acid- soluble protein，酸溶性小蛋白

SAT，serum agglutination test，血清凝集试验

SCID，severe combined immunodeficiency diseases，重症联合免疫缺陷病

SCV，Salmonella-containing vesicle，含沙门菌的小泡

SGI，Salmonella Genomic Island，沙门菌基因组岛

SGLT1，the sodium-glucose linked transporter protein，钠/葡萄糖协同转运蛋白

siRNAs，small interfering RNAs，小干扰RNA

SK，streptokinase，链激酶

SMEDI syndrome，stillbirths, mummification, embryonic, death and infertility syndrome，SMEDI繁殖障碍综合征

SMR家族，the small multidrug resistance family，小多重耐药家族

SOD，superoxide dismutase，超氧化物歧化酶

SPG，sucrose–phosphate–glutamate，蔗糖–磷酸盐–谷氨酸盐

SPI，Salmonella pathogenicity island，沙门菌毒力岛

SU，surface unit，膜表面亚基

TBF，Tick-borne fever，蜱媒热

TC，cytotoxic T cells，细胞毒性T细胞

$TCID_{50}$，50% tissue culture infective dose，半数细胞感染量

TCR，T cell receptor，T细胞受体

T_H，T helper cells，辅助性T细胞

T_H17，T helper 17，辅助性T细胞17

Tir，转位的紧密素受体，translated intimin receptor

TLR，toll-like receptor，toll样受体

TME，thrombotic meningoencephalitis，血栓性脑膜脑炎

TNF，tumour necrosis factor，肿瘤坏死因子

Tn，transposon，转座子

T_{REG}细胞，regulatory T cells，调节性T细胞

TSE，transmissible spongiform encephalopathy，传染性海绵状脑病

TSI，triple sugar iron，三糖铁

TSST，toxic shock syndrome toxin，毒素休克综合征毒素

TTSS，type Ⅲ secretion system，Ⅲ型分泌系统

TU，transmembrance unit，嵌膜亚基

UPEC，uropathogenic *E. coli*，尿道致病性大肠杆菌

UPK，uroplakin，尿溶蛋白

VLP，virus-like particle，病毒样颗粒

VN，virus neutralization，病毒中和试验

VRG，vaccinia–rabies virus glycoprotein，牛痘-狂犬病毒糖蛋白重组疫苗

VSV，*vesicular stomatitis virus*，水疱性口炎病毒

WAS，Wiskott-Aldrich syndrome，维斯科特-奥尔德里奇综合征

XLD，xylose-lysine-deoxycholate，木糖赖氨酸-脱氧胆酸盐

Yops，*Yersinia* outer proteins，耶尔森菌外膜蛋白质

索引